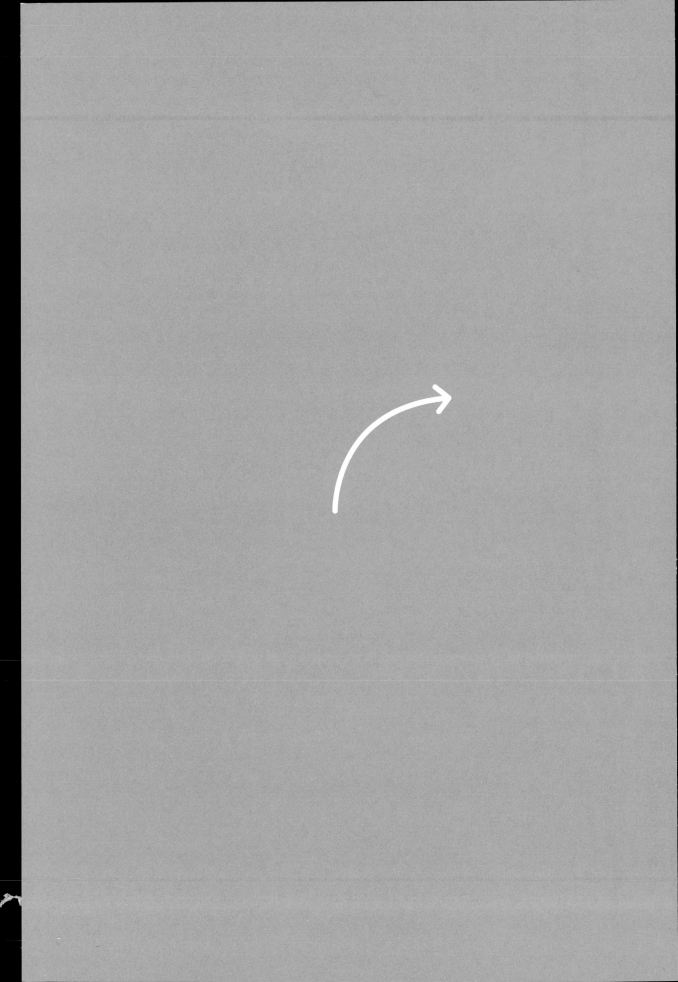

Lateral Cooking

風味達人的文字味覺

水平思考的廚房事典

《風味事典》作者

妮姬·薩格尼特

Niki Segnit —————— 著

蕭秀姍、黎敏中 —————— 譯

作者 ■ 妮姬‧薩格尼特（Niki Segnit）

擁有行銷背景，專精於食品與飲料的行銷。曾與多家知名糖果糕餅公司、點心食品公司、嬰兒食品公司、調味品公司、乳製品公司、酒類公司，與一般食材等公司合作。

第一本書《風味事典》（*The flavor Thesaurus*）獲得了安德烈‧西蒙（André Simon Award）的最佳食品書獎、食品作家協會（the Guild of Food Writers Award）最佳處女作獎，並入圍了銀河國家圖書獎（the Galaxy National Book Awards），已被翻譯為十三種語言行銷至各國。薩格尼特也曾參與英國廣播公司（BBC）第四廣播頻道的《食物計畫》（*The Food Programme*）、《女人的時光》（*Woman's Hour*）和《口口相傳》（*Word of Mouth*）等節目。而她的專欄、專題報導和評論更頻繁地刊載於《衛報》（*The Guardian*）、《觀察家》（*The Observer*）、《泰晤士報》（*The Times*）、《泰晤士報文學增刊》（*The Times Literary Supplement*）、《星期日泰晤士報》（*The Sunday Times*）和《展望》（*Prospect magazine*）等媒體雜誌上。

目前與丈夫和兩個孩子居住在倫敦。

譯者 ■ 蕭秀姍

國立成功大學物理治療系學士、醫學工程研究所碩士，比利時魯汶大學醫療影像處理碩士、家庭與兩性關係碩士。旅居歐美超過十年，目前回台定居。身兼全職媽媽與半職譯者，以照顧家庭為主業、翻譯書籍為調劑，在文字與生活之中尋找平衡。擅長科普、心理、醫藥理工、親子與食材料理等翻譯，有《重力簡史》、《事物的奇怪順序》、《改變自己大腦的女人》、《p53：破解癌症密碼的基因》、《天天在家玩科學》、《毀了這本書吧！》系列、《風味聖經》與《風味事典》……等等譯作。

譯者 ■ 黎敏中

隨先生旅居歐洲期間進入翻譯世界，是個熱愛文字，旅遊與美食‧並喜歡在廚房中玩樂的女生。

「《紐約客》雜誌（*New Yorker*）曾採訪一位人士，名為雷米爾・班尼迪克（Lemuel Benedict），而他的名字目前已成為代表紐約的專有名詞。班尼迪克在某次嚴重宿醉後來到華爾道夫飯店（Waldorf）用餐，他點了塗上奶油的熱烤吐司、酥脆培根、兩顆水煮荷包蛋及一份荷蘭醬（hollandaise）。當時的飯店主廚受到啟發，以英式馬芬鬆糕（English muffin）代替吐司、以加拿大培根（里肌肉）取代一般培根（五花肉），一道傳奇菜餚就此誕生。這就是廚師創作料理的方式：觀察、品嚐、再加以改良。」

——吉爾（A.A. GILL）
所著《在渥斯利餐廳享用早餐》（*BREAKFAST AT THE WOLSELEY*）

「當我們試圖從自然中單獨取出某物時，我們才會知道它與宇宙萬物緊密相連。」

——約翰・繆爾（John Muir）
所著《夏日走過山間》（*MY FIRST SUMMER IN THE SIERRA*）

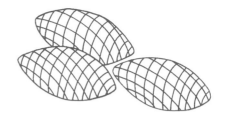

目錄

009　推薦序　名廚尤坦・奧圖蘭吉（YOTAM OTTOLENGHI）
011　前言　學習觸類旁通地料理菜餚

020　第一章　**麵包**（Bread）
麵餅與薄脆餅乾（FLATBREAD & CRACKER）｜蘇打麵包、司康餅與鵝卵石派（SODA BREAD, SCONES & COBBLER）｜酵母發酵麵包（YEAST-RISEN BREAD）｜餐包（BUNS）｜布里歐許麵包（BRIOCHE）｜巴巴蛋糕與薩瓦蘭蛋糕（BABAS & SAVARINS）

080　第二章　**玉米麵包、義式玉米糊 / 玉米糕
與麵疙瘩**（Cornbread, Polenta & Gnocchi）
玉米麵包（CORNBREAD）｜印度蒸糕：鷹嘴豆蒸糕（DHOKLA: KHAMAN DHOKLA）｜哈爾瓦糖糕：粗麵粉哈爾瓦糖糕（HALVA: IRMIK HALVA）｜義式玉米糊 / 玉米糕（POLENTA）｜羅馬式麵疙瘩（GNOCCHI ALLA ROMANA）｜巴黎式麵疙瘩（GNOCCHI PARISIENNE）/ 法式泡芙（CHOUX PASTRY）｜馬鈴薯麵疙瘩（POTATO GNOCCHI）｜瑞可達乳酪麵疙瘩（RICOTTA GNOCCHI）

132　第三章　**麵糊**（Batter）
可麗餅、約克郡布丁與雞蛋泡泡芙（CREPES, YORKSHIRE PUDDING & POPOVERS）｜小薄餅與發酵煎餅（BLINIS & YEASTED PANCAKES）｜平底鍋煎餅（GRIDDLE PANCAKES）｜天婦羅（TEMPURA）｜油炸餡餅（FRITTERS）｜吉拿棒（CHURROS）

174　第四章　**油麵糊**（Roux）
什錦濃湯（GUMBO）｜褐醬（ESPAGNOLE）｜白湯醬（VELOUTÉ）｜貝夏美白醬與一般白醬（BÉCHAMEL & WHITE SAUCE）｜舒芙蕾：乳酪舒芙蕾（SOUFFLÉ: CHEESE SOUFFFLÉ）｜可樂餅（CROQUETTES）

226　第五章　**高湯、濃湯與燉鍋**（Stock, Soup & Stew）
高湯：褐色雞高湯（STOCK: BROWN CHICKEN STOCK）｜肉湯：法式燉肉湯（BROTH: POT AU FEU）｜濃湯：蔬菜濃湯（PURÉED SOUP: VEGETABLE SOUP）｜總匯濃湯（CHOWDER）｜燉鍋：燉羊肉與蔬菜鍋（STEW: LAMB & VEGETABLE STEW）｜燉豆：西班牙燉豆（BEAN STEW: FABADA）｜印度燉豆：印度香料燉鷹嘴豆（DAL: TARKA CHANA DAL）｜只煮但不攪拌的米飯：印度雞蛋豌豆飯（UNSTIRRED RICE: KEDGEREE）｜義大利燉飯：原味燉飯（RISOTTO: RISOTTO BIANCO）

310　第六章　**堅果**（Nuts）
杏仁蛋白糖（MARZIPAN）｜馬卡龍（MACAROONS）｜堅果粉蛋糕: 聖地牙哥蛋糕（NUT-MEAL CAKE: TORTA SANTIAGO）｜杏仁奶油（FRANGIPANE）｜堅果醬：塔拉托醬（NUT SAUCE: TARATOR）｜堅果燉鍋：石榴醬核桃燉肉（NUT STEW: FESENJAN）

362　第七章　**蛋糕與餅**（Cake & Biscuits）
天使蛋糕（ANGEL CAKE）｜熱那亞蛋糕（GENOISE）｜奶油海綿蛋糕（BUTTER SPONGE CAKE）｜薑餅（GINGERBREAD）｜餅乾（BISCUITS）｜奶油酥餅（SHORTBREAD）｜燕麥酥餅（FLAPJACKS）

424　第八章　**巧克力**（Chocolate）
巧克力醬（CHOCOLATE SAUCE）｜松露巧克力、巧克力塔與巧克力糖衣（CHOCOLATE TRUFFLES, TART & ICING）｜巧克力慕斯（CHOCOLATE MOUSSE）｜巧克力冰蛋糕（CHOCOLATE FRIDGE CAKE）｜無麵粉巧克力蛋糕（FLOURLESS CHOCOLATE CAKE）

470　第九章　**糖**（Sugar）
焦糖（CARAMEL）｜乳脂軟糖（FUDGE）｜蛋白霜（MERINGUE）｜糖漿與果汁糖漿（SYRUP & CORDIAL）｜雪酪與義式冰沙（SORBET & GRANITA）｜果凍（JELLY）｜義式奶酪（PANNA COTTA）

538　第十章　　**卡士達醬**（Custard）
蛋塔（CUSTARD TART）｜焦糖布丁（CRÈME CARAMEL）｜法式烤布蕾（CRÈME BRÛLÉE）｜英式蛋奶醬（CRÈME ANGLAISE）｜冰淇淋（ICE CREAM）｜甜點師蛋奶醬（PASTRY CREMA）｜油炸蛋奶醬（CREMA FRITTA）

596　第十一章　**醬**（Sauce）
沙巴雍醬（SABAYON）｜荷蘭醬（HOLLANDAISE）｜美乃滋（MAYONNAISE）｜白奶油醬（BEURRE BLANC）｜油醋醬（VINAIGRETTE）

642　第十二章　**酥皮／麵皮**（Pastry）
熱水酥皮（HOT-WATER PASTRY）｜酥皮餡餅捲（STRUDEL）｜義大利麵食（PASTA）｜奶油酥皮、甜味酥皮與板油酥皮（SHORTCRUST, SWEET & SUET PASTRY）｜簡易千層酥皮（ROUGH PUFF PASTRY）

679　**參考書目**
689　**索引**
724　**歸功於**
726　**致謝**

推薦序

世界名廚尤坦・奧圖蘭吉（*YOTAM OTTOLENGHI*）

就我的理想標準，所謂「指南」，是我會隨身攜帶、隨時取用的手冊，且能為我熱愛的事物提供絕對可靠並具威信的建議。能稱得上是指南的只有少數書籍，而妮姬・薩格尼特（Niki Segnit）的第一本著作《風味事典》（*The Flavour Thesaurus*）就是我在風味配對上的指南。

有位朋友在二〇一〇年給了我一本《風味事典》。我快速瀏覽了一番，馬上就對作者進行這種壯舉的膽量感到佩服。於是我坐下來仔細閱讀，在從頭到尾閱讀完這本書後，我不敢相信自己的好運氣，竟然有人給了我這樣一本書，足以媲美小時候所擁有的魔術方塊解答手冊——只有《風味事典》能解答你在廚房中會遇到的每個難題！

身為主廚及料理作家，我的工作就是無止境地嘗試各種風味組合。我在腦中想像，在燉鍋、烤盤、湯碗及玻璃杯中實作，並用舌尖品嚐。唯一一本能讓我不用實際動手做就可以測試某些假設的工具書，就只有《風味事典》了。洋茴香籽（aniseed）跟鳳梨對味嗎？我來看看妮姬的建議。我該在燉魚鍋中加些歐洲防風草塊根（parsnip）嗎？我只需翻翻我的小指南就可以了。

我的無盡喜悅並非來自於不用把時間浪費在盲目料理菜餚上，而是來自於知道自己的作法正確、想法合理，並有依據的鼓舞及踏實感。妮姬・薩格尼特在著作中匯集了廚師、美食作家與專家的紮實經驗，激發出強大的自信心。另一方面，即便是在陳述這些人士的重大觀點，她也能以風趣的筆調來描寫。對我而言，一邊閱讀美食書籍一邊輕笑不是常發生的情形，但在閱讀薩格尼特的兩本著作時，我常有這樣的反應。

這裡有個來自本書中的好例子：「肉湯（Broth）可以算是一種不浪費的高湯（stock），用來料理肉湯的食材不會被丟棄，而是吃下肚。法式燉肉湯（Pot au feu）就是個簡單的好例子。根據名廚丹尼爾・布呂德（Daniel Boulud）所言，這是一道『法式靈魂詩歌』，需要花費時間才能創作出來。著名演員瑪琳・黛德麗

（Marlene Dietrich）喜歡在拍戲空檔料理這道菜餚，因為這就是道不用隨時顧爐火的菜餚，讓你有足夠的時間對台詞及修眉毛。」這道由布呂德、黛德麗及薩格尼特聯手演出的料理三重奏，怎麼可能不引人入勝？

我可不是講玩笑話。薩格尼特的世界會如此吸引人，原因就在於她創作自己非凡作品的方式，而這無疑是花費長時間在書房中大量閱讀文獻的成果，然後她再巧妙地融入某些人的故事及趣聞。為了避免有人對這本書產生錯誤的印象，要說明一下，幽默跟讓味蕾滿足一樣，都是書中絕對不能少的元素。

本書充滿了她輕鬆獨特的風格，以及將龐大主題分解成可口小片段（雖然有時分量不少）的巧妙圖示法。就像她在《風味事典》中解析我們對食物的體驗一樣，這本書檢視我們對食材的料理方式，說明食材彼此間如何能夠神奇地連結在一起，給了我們清楚明確的內容以及許多「啊哈！原來是這樣」的驚喜時刻。經由體驗一個個相關的料理技巧，以及一道又一道的相關菜餚，這本書揭開了烹飪的核心語法。

身為料理作家，我必須承認個人相當嫉妒這樣的成就，因為它顯示了我可能無法駕馭的理解深度與見識程度。讓我更加憤慨的是，薩格尼特成功達成了我最感興趣的深層夢想。在撰寫食譜時，我幾乎無法接受得停止嘗試、讓自己休息的那個時間點。每次被迫要放下一堆還沒嘗試的各類食材組合時，就會讓我覺得自己要死了那般。如果沒有試過最後一個組合，我可能就無法發現到具有潛力的美味料理。這是對於料理的恐懼，體現出我們這個時代的焦慮。

這本充滿開放性食譜的料理書籍，排除了所有這類焦慮。套用薩格尼特的說法，就是書中除了基礎食譜之外，還提供了大量「舉一反三」的內容，讓食譜得以靈活運用。薩格尼特慷慨提供我們內容豐富的工具書，讓我們在這樣的信心加持下能夠自由進行實驗。舉例來說，一條簡單的麵包中有三分之一的麵粉可以用同等重量的溫蘋果泥來替換，這在烘烤麵包時會帶來滿室的「油炸蘋果餡餅香」。讀完這一段，誰還要做那種無聊的老式麵包？而且，如果可以改用蘋果，那來試試榅桲（quince）、杏桃（apricot）或是櫛瓜（courgette）又何妨呢？

我們需要一位具有專門知識的人士，為我們這些熱中探索的人們開闢許多未知的路徑。她知道要如何以靈巧、大膽但又適度的方式寫下天馬行空的想法；她知道要怎麼料理食材；她也知道要如何詳述內容又不會讓人感到無聊；她知道要怎麼提供讀者樂子以及讓人發笑；她也知道如何讓我們沉迷陶醉在想像力之中。薩格尼特的這些特質，為我們帶來了另一本指南，就是這本富有想像力的料理著作。

學習觸類旁通地料理菜餚

　　我的外婆單憑記憶就可以從無到有生出任何料理，她有著善於估量的眼睛、經驗豐富的手感，完全不用按照書面指示來做菜。由她來打理我廚房中的書架，那會是什麼樣的光景？我的書架上有安娜（Anna）、克勞蒂亞（Claudia）、德莉亞（Delia）、扶霞（Fuchsia）、馬德赫（Madhur）、瑪契拉（Marcella）、奈傑（Nigel）、奈潔拉（Nigella）與尤坦（Yotam）等廚師及美食作家撰寫的書籍。也有《水果之書》（*The Fruit Book*）、《蔬菜之書》（*The Vegetable Book*）、《芥末之書》（*The Mustard Book*）、《優格之書》（*The Yogurt Book*）以及《河邊小屋的肉類料理之書》（*The River Cottage Meat Book*）……等等書籍。還有《料理的方式》（*How to Cook*）、《享用美食的方式》（*How to Eat*）以及《要吃什麼》（*What to Eat*）與《現在要吃什麼》（*What to Eat Now*）等書籍。然而這麼多年來，我擁有的書籍數量卻與我從中獲得的料理自信心成反比。一道煮了十幾次的菜餚，我還是得挖出食譜才煮得出來。我的那副模樣，完全符合電影《超完美嬌妻》中的煮婦形象：墨守成規到像是有強迫症的程度。如果有道食譜需要加入一茶匙的水，我會彎下身子平視水龍頭，確認茶匙中裝入恰到匙緣的水量。若是水潑灑出來，比食譜所說水量少了一點點，我就會倒掉重新再裝一次。

　　我會說外婆的料理廣度不如我，好為自己辯解。她的料理菜單可能只有幾十道隨著季節調整的經典英式料理。她的奶油酥派（crumble）酥皮下會藏著什麼食材，取決於當季的水果是什麼，可能是從倒扣水桶下取出的大黃（rhubarb）莖，也可能是她在小小後花園中種的六種蘋果之一。在我兒時與青少年時期，除了我媽媽那個世代所擅長的法式、義式、西班牙經典料理外，印度、泰式與中式料理也加入英式料理（或至少是英式料理手法）這個大熔

爐中。今日，熱中於此的煮夫煮婦們可以在當地超市買到日本紫菜與壽司捲簾。夏威夷生魚飯（Hawaiian poke）則明顯成為今年的大流行。我外婆的家常料理菜單只有蟾蜍在洞（toad in the hole）、牧羊人餡餅（shepherd's pie）及果醬布丁捲（jam roly-poly）等等幾道，相較之下，今日這麼大量的各國料理作法肯定超出記憶所能負荷。無論如何，當你上網就搜尋得到時，那些資訊真值得你記下來嗎？

簡單回答：是的。詳細一點回答的話，就是參考我這本書了。

本書是從風味組合的實驗中誕生，而那些組合來自於我的第一本著作《風味事典》。簡單來說，要檢視某種食材是否與另一種食材對味，通常需要對經典菜餚進行調整，或是創造新的菜色。將應用一個個風味組合的參考食譜及原創食譜整理出來後，我開始抓到支撐風味組合的基本公式。我經由實質上算是一種逆向操作的方式來進行整理——調整或創造一道菜餚，然後抽絲剝繭到我有了一個基礎食譜，可以嘗試我想要的所有其他風味組合。

11　　隨著我記錄基礎食譜的資料夾不斷增厚，我也開始寫下許許多多的不同菜色及分量大小，還有能夠「舉一反三」的空間——就是手邊沒有某些食材時的可行替代方案，或是我讀到、想到的有趣變化版本。最終，我不只明白到自己參考那本破爛資料夾的次數遠勝於書架上的任何一本料理書籍，也意識到自己取用資料夾的次數正在減少中。跟我外婆一樣，我學到根據直覺及記憶中的組合來烹煮菜餚。

以麵包為例，過去我會看看什麼樣的主題符合我當下的心情，再從書架上選出一本書。極為嚴謹的家常作法？傳統作法？現代作法？某個地區的在地料理？難怪我從來就弄不清楚菜色之間的常見共同點是什麼。我太執著於高粱粉（sorghum flour）的產地，或是出產於英國威爾斯圍牆花園中並加有葛黎耶和乳酪（Gruyère）及核桃的法式葉子麵包（fougasse），跟從倫敦尤斯頓路（Euston Road）旁不穩定的老舊烤爐所烤出的滋味是否一樣。不過，在確立出麵包的標準基礎後（麵包有個最標準的基礎），我做了幾個麵包，就戒掉了一直看食譜的習慣。不僅如此，麵粉、水、酵母、鹽糖的比例都已經烙在記憶中。而我同時也已經習慣用手去感覺麵團，知道是否要再加麵粉或水，也知道出筋的時間點。你會感受到像季節更迭那般微妙卻又清楚的一致性變化。

本書的根基是一組基礎食譜，一旦你熟悉了這些基礎食譜，無論是冰箱中的食材、當季食材、市場上買得到的食材或是你想要用的食材，幾乎都可以無限運用。運氣好的話，這些基礎食譜會讓你變成我夢想成為的廚師——拿出

碗來就可以動手做菜的廚師，而菜餚中的食材分量及組合，每次可能都有所變化。簡單地說，就是憑直覺做菜的廚師。

我偏向於簡化基礎食譜以便於記憶。不過在製作麵包、高湯或美乃滋（mayonnaise）上都還有更好的作法。我並沒有說我的方法就是最好的，但我希望這些基礎食譜代表的是一套能讓你發揮、創造專屬個人料理的基本配方。每個基礎食譜都經過嚴格的測試，但本書的重點之一在於鼓勵實驗。當我不再是那個有強迫症的煮婦後，我樂於接受實驗。但實驗可能會出錯，我只能說，坦然面對錯誤是自由創作料理的先決條件，而自由創作料理正是我希望這本書能賦予你的。

我在《風味事典》上的努力，讓我有了時時以風味為導向的特質，這個特質也促成了本書的第二個重要元素——每個風味基礎食譜的對味選項範圍。許多經典菜餚本質上是在同個主題下變化風味的版本，從基本作法中自然而然地調整風味後所得出的結果。舉例來說，像是白醬（béchamel）就可以衍生出乳酪奶油白醬（Mornay）或洋蔥醬（soubise）。除了經典料理外，我也將大致相關的風味變化版本整理在一起。以石榴醬核桃燉肉（fesenjan）這道通常以碎核桃及石榴糖蜜（pomegranate molasses）所做成的波斯燉肉（Persian stew）為例，從石榴醬核桃燉肉這個基礎食譜出發，你可以找到其他的堅果燉肉，像是科爾馬咖哩（korma）、非洲梅芙燉肉（African mafe）、喬治亞的薩斯維香料核桃料理（Georgian satsivi）、祕魯辣燉雞（Peruvian aji de gallina）。這些菜餚中有部分食材相同，作法也類似。請你試做看看其中幾道美味的燉肉吧，你很快就會在櫥櫃中擺上各式堅果，從中創造出你自己對燉肉的一番見解。

我還會提到非傳統式，也較不為人所知的建議，這些建議甚至違反我們的直覺。我從今昔的大廚及美食作家那兒蒐集到這些想法，其中也有部分是我自己的想法。就算有時候只有香草口味的冰淇淋是最佳選擇，身為冰淇淋的愛好者也應該試試其他口味。像是我在西班牙隆達（Ronda）首次品嚐到的橄欖油冰淇淋，或是名廚艾倫·杜卡斯（Alain Ducasse）所開發的酸甜奶油乳酪冰淇淋（sweet and sour cream-cheese ice cream）。日本還有芝麻口味的冰淇淋。我當前最愛的冰淇淋口味是檸檬，作法簡單，不需要用到卡士達（custard），也不用攪拌。

至於在原創的調味作法上，我會從示範如何打底的經典料理出發，也希望從中而生的樂趣可以讓你依著自己一連串的聯想自由發揮。舉例來說，我在研究卡士達時，碰巧找到一道名為「卡拉梭穆列苟」（galaktoboureko；希臘酥

皮奶凍）的甜點，雖然這道甜點有著像是死星食堂（Death Star canteen）[1] 才會供給的料理名稱，但它是一道卡士達千層派（custard slice）與果仁蜜餅（baklava）合體的家常甜點──更具體的說，它是檸檬（或香草、或肉桂）口味的卡士達醬夾在薄酥皮（filo pastry）間，再淋上柳橙、白蘭地或茴香烈酒（ouzo）風味的糖漿，最後撒點糖粉。那時我手上有些薄酥皮，還有可以替代茴香烈酒的茴香酒（pastis）。那要做什麼口味的卡士達醬呢？香草口味太無趣，檸檬好像不錯。不過我又變心到椰子口味。我在七歲時就愛上了椰子塔（coconut tart），那是我第一次讀到克萊門特‧弗洛伊德（Clement Freud）所著的《格林布爾》（*Grimble*），書中提到：「那個塔……是從鹽漬牛肉杏桃醬三明治（the corned beef and apricot jam sandwich）以來，他所吃過最好吃的東西了。」我還央求媽媽做一個給我。想像著薄薄的酥脆派皮配上讓人驚喜的椰子口味，喚起了我幼時的渴望。淋上強烈萊姆味糖漿讓奶油的甜味爆發好嗎？還是用肉桂口味的糖漿帶出溫潤口感？或是香料蘭姆酒（spiced rum）口味？我的思緒從希臘漫遊到遠處，但與原版的本質相去不遠，所以成果既算不上什麼大成功，也沒有什麼新發現（我最後用了椰子跟萊姆的組合，味道棒極了，超級棒的）。

13
　　當我依照一則理論上很棒的食譜動手做時，常常會感到沮喪，因為我只會發現應該要呈現出來的主要風味，卻被其他味道強烈的東西蓋過了。同樣的，我買了各種味道的巧克力棒，外頭包著與價格相稱的亮麗包裝紙，但不過是滿足了我的好奇心而已。本書中的所有風味配對選項都經過試驗──味道是好的，而且盡量以客觀的方式確保成品中嚐得出應有的風味。今日的煮夫煮婦可以隨意運用各種價格低廉的香料，如果你要用，就用得漂亮些。

　　當我開始在整理資料夾的內容時，就想到要讓各別基礎食譜排列得具有連續性，每個基礎食譜與下一個基礎食譜都有相關。我認為，以這種方式排列基礎食譜，尤其若我盡可能讓分量及方法一致，會更容易記住要怎麼料理。就以堅果類的連續性系列食譜為例，杏仁蛋白糖（Marzipan）就是用等重的杏仁粉及糖加上足夠的蛋白混合而成的。系列食譜上的下一道食譜則是馬卡龍（Macaroons），這只需要多一點蛋白與糖打發，並在加入杏仁後翻拌就可以。杏仁蛋白糖使用等重的糖及杏仁粉，若用全蛋取代蛋白，就成了聖地牙哥蛋糕（Santiago cake）的麵糊，再加入整顆柳橙及泡打粉（baking powder）就

1　「死星食堂」是由喜劇演員埃迪‧伊扎德（Eddie Izzard）運用樂高積木做出的星戰惡搞影片。

成了克勞蒂亞‧羅登（Claudia Roden）著名的變化版。若加入跟糖及杏仁等重的奶油就成了杏仁奶油（frangipane）。在堅果相關的食譜列表上以此類推，最終的一道食譜就是波斯石榴醬核桃燉肉。

我從「以食譜為導向」到「以食材為導向」的穩定轉變過程中，發現到自己也比較不會浪費食材，因為我對手邊食材能做什麼有了更多的主意。除此之外，學習了解食譜間的關聯性，讓我更能善用廚房中的資源。若你計畫做道英國傳統料理「週日烤肉」（Sunday roast），那早餐就可以吃吃美式煎餅（American pancake），因為煎餅的麵糊加水稀釋一下就可以拿來做「週日烤肉」裡所需的約克郡布丁（Yorkshir pudding）。或也可以加入牛奶做成義式可麗餅（crespelle），包入瑞可達乳酪（ricotta）及菠菜，當成星期一的蔬食晚餐，為週日吃了太多肉而懺悔。如果在為晚餐製做巧克力塔時留下了一些巧克力甘納許（ganache），你可以分裝成幾碗，一碗以小豆蔻（cardamom）調味，一碗加入西洋梨白蘭地（poire eau-de-vie）或任何你喜歡的調味料，然後做成松露巧克力（truffle）。或是加多一點鮮奶油做成用途多多的巧克力醬（chocolate sauce）。在冰箱擺罐巧克力醬沒什麼不好。

無論是在食材還是作法上，了解到料理之間的群組關聯性後，你就會安心地知道，你自認為沒經驗的料理其實跟之前做過幾十次的菜餚很類似。若我常做印度薄餅（chapatis），為何要對試做墨西哥薄餅（tortillas）裹足不前？一旦我開始將做印度薄餅的經驗應用到墨西哥薄餅上，就會有了增進料理技巧這項明顯的附加好處——在這個例子中，我擀麵的技巧變好了。很快的，比起使用義大利麵製麵機還要擺好、擦拭、組裝、操作、折卸及清洗，我徒手擀製義大利麵條的時間還快兩倍。追根究柢，重點在於自信心。每天做條麵包及布里歐許麵包（brioche）不再艱難。這不代表對食譜嗤之以鼻，我還是會沉浸在新舊的料理書籍中，撕下雜誌上的食譜，貼在剪貼簿中。只是現在我看到食譜，就會去思考它基本上可否歸納到我書中的其中一個基礎食譜。若是不行，我得記下來研究研究。

關讀本書的一般建議

我的第一個建議就是：多多下廚吧。深不可測的網路很容易讓你以為理論上可行，但大量練習是無可取代的。要經過一番試誤才能創造出你個人的料理，你需要嘗試好幾次才會有好成果。請在料理的過程中做筆記。我太常固執

14

己見，自信滿滿以為自己無論如何都記得住拿來改良菜色的食材，結果就是隔天得要絞盡腦汁回想。我去年即興創作的耶誕蛋糕備受好評，但我沒有記錄下精準的作法。而我今年做的蛋糕還沒有去年的一半好，讓我對去年的耶誕蛋糕念念不忘。

第二個建議：試著對自己寬容些。你首次試做一道料理時偶爾會有佳作，但你要做好心理準備，更常發生的情況是，當你從烤箱拿出巧克力海綿蛋糕（chocolate Genoise），你得面對人類並非完美的殘酷現實。事情就是這樣。第一個變種煎餅的壯烈犧牲，才能讓後續的煎餅生存下來。體驗動手料理的過程，是了解料理不可缺少的一部分。當然，你得先知道自己在調整的是什麼，才能根據自己的喜好做出調整。

第三個建議：接受器材會出錯。炊具、餐具、廚具、室溫的不同，還有心情的好壞，都會對你的料理產生無法預測的影響。烤箱就是惡名昭彰的難以捉摸。在「Slate.com」上有篇名為「忽略烤箱旋鈕」的好文章，我建議你要看看。你所能做的，似乎就是使用烤箱溫度計來檢查溫度旋鈕與實際烤溫差異。接受家用烤箱的調控不精準，並開始仰賴自己的感覺來判斷烤好了沒。

15　使用本書上的一些想法

本書分為十二章，也就是有十二組系列食譜。每章的開頭都有篇短文介紹系列食譜中所包含的菜餚，以及這些菜餚之間的關聯性。其餘的內容則分為「基礎食譜」及「風味與變化」兩部分。「基礎食譜」為每道菜餚提供基本的食譜，並在「舉一反三」的段落中詳述可行的調整與替代方案。「風味與變化」則闡述了料理可採行的多個方向，並希望為你的料理實驗提供一些靈感。另外還有個有用的圖示部分，可以刺激進一步的想法。

我試著要釐清「正統」食譜與各種類似版本，但我完全能接受有些例子會有爭議。就算是最簡單的料理，在「什麼才是正統」上也會有爭議，甚至到武力衝突的程度。也請留意，基礎食譜的內容不是按一般食譜的慣例書寫。舉例來說，預熱烤箱溫度及準備烤模的指示不會在一開始就提到。所以在開始動手做之前，務必至少從頭到尾看過食譜一遍。

一旦你了解基礎食譜（或你自己版本的基礎食譜），你可以利用它們來「讀懂」其他料理書籍或雜誌中的食譜。舉例來說，利用你謹記在心的卡士達基礎食譜，你可以準確判斷其他版本的食譜對你來說會不會太甜或太油膩。

你同樣可以運用本書「舉一反三」段落中的訣竅，調整你在其他地方發現的類似食譜。但我不能保證一定有用，也不會把結果歸咎到原來的食譜上。但若是你手邊缺了顆蛋或一盒白脫乳（buttermilk），「舉一反三」所提供的轉圜空間也許會有幫助，能把你從網路食譜論壇的地獄中解救出來，單純實際的問題在那裡很快會被轉成惡毒武斷的廢言。

書中有些「風味與變化」會與基礎食譜完全一致。有些則在食材、比例或方法上有某種程度的差異，其中也會包含更多的內容，以證明就算與基礎食譜不同也可達到相似結果。當基礎食譜中包含了兩個或更多的品項時，例如：麵餅（flatbread）及薄脆餅乾（cracker），那麼「風味與變化」中的內容就可能是針對其中一個品項或是另一個品項，內容脈絡會清楚表明所要針對的品項。不過，基礎食譜中絕大多數的調味食材還是都可應用在所有品項中。而且在許多系列食譜中，某個基礎食譜底下分類的風味也可應用在其他基礎食譜上。

為了讓你更清楚了解，我就舉個例子說明，就像雪酪（sorbet）這個基礎食譜底下會有草莓風味，請記住，「風味與變化」的內容是應用在雪酪這整個基礎食譜上，而非只有草莓風味上。在多數情況下，「舉一反三」也是應用在整個基礎食譜而非特定風味上。

在衛生及食物中毒的風險上，請運用你的常識判斷，隨時保持雙手及器具的清潔。要確實了解你所用的食材是否需要完全煮熟才能食用。如果你不確定怎麼樣才算「煮熟」，料理用電子溫度計及其所附的溫度熟度對照表會很有用。務必了解什麼食材必須冷藏，熟食也要盡快冷藏，特別是米飯、肉類、海鮮、蛋類和奶製品。

計量及食材上的注意事項

體積與重量 我使用美制的單位，因為我自己用得比較上手，不過我會標出公制的分量。你一定會有自己慣用的單位，也請不用擔心，在這些基礎食譜中，分量都可以換算。在遵守指示到吹毛求疵的今日，秤重要精準到連毫克也不差（尤其在烘焙上）才跟得上流行，但我對此深感懷疑。美國使用粗略的體積計量已有多年，在我個人的經驗中，有許多可靠且極佳的烘焙書籍也樂於使用不精準的美制單位。

液體秤重 水以公克為計量單位也成了規矩。記住1毫升（ml）的水重量是1公克（g），你可選擇在秤上量水重，或是用量杯計水量。牛奶及鮮奶油也差

不多是1毫升就1公克重。

無麩質（GLUTEN-FREE） 雖然我要承認自己缺乏這個領域的經驗，但我盡可能列出不含麩質的選項，特別是從飲食需求的角度來切入。我會依據無麩質混合麵粉（gluten-free flour mixes）一般使用者所能的理解方式，來告知在什麼地方可以使用替代品，以及要如何使用。

小蘇打（BICARBONATE OF SODA） 不可跟泡打粉互換使用。小蘇打需要酸性物質（白脫乳、紅糖〔brown sugar〕、金黃糖漿〔golden syrup〕）來活化它。在蛋糕或麵包中加入太多的小蘇打會產生肥皂味或金屬味。至於泡打粉（baking powder）則是小蘇打及某種酸性活化物的混合物。

奶油（BUTTER） 請用無鹽奶油，這樣你可以依照喜好自己調整鹽量。若只是要在麵團或麵糊中加幾湯匙的奶油，那用有鹽奶油也可以。

17 **食用油（COOKING OIL）** 我通常使用溫和的油，我指的是花生油、玉米油、葡萄籽油或是植物油。葵花油也是溫和的油，不過我知道有許多人為了健康的理由，不喜歡把葵花油加熱使用。

雞蛋（EGGS） 除非包裝特別標明，不然蛋的尺寸不是中（medium）就是大（large）。英國的中型蛋大約在53克到63克之間，大型蛋則在63克到73克之間。

米爾普瓦（MIREPOIX） 是綜合調味蔬菜料的美名，裡頭有洋蔥丁、胡蘿蔔丁和芹菜丁等等，是許多食譜的基底。

調味料（SEASONING） 多數情況下，我不會提到是否要加胡椒以及加入的時機，這讓你自己決定。至於鹽，我是根據自己的口味建議用量，你可能會發現使用的鹽量偏低。若這本書由我先生執筆，我想鹽的用量會多一點吧。

糖（SUGAR） 如果食譜只有寫糖而非細砂糖（caster sugar），要使用細砂糖或是一般砂糖皆可。一般砂糖只是需要更長的時間在麵團或麵糊中打成乳狀或攪拌融解。

沒有專用炸鍋的油炸注意事項

不要在鍋中放入超過三分之一高的油。發煙點高的油較合適油炸，這包括了花生油、玉米油及植物油。豬油（lard）也可以。有些人喜歡使用炒鍋（wok）油炸，但要確定炒鍋放在爐子上不會晃動。若你的鍋子有把手，請將

把手移入爐子內側，避免撞到把手。請不要讓小孩及寵物靠近，也絕對不能離開爐火旁。請確保鍋蓋隨時在手邊，若著火了務必立即蓋上鍋蓋。如果沒有鍋蓋，也可用烤盤、防火毯或滅火器。千萬不要在油火上倒水。

　　以中火熱油，並且不要蓋上鍋蓋。用油炸專用溫度計測油溫，目標溫度為攝氏180至190度。如果你沒有專用溫度計，可以使用烤乾的麵包丁，若麵包丁入油鍋後10到15秒開始變成金黃色就可以了。若是你要炸麵糊類的東西，也可以滴一滴麵糊入油鍋，當麵糊沉入鍋中又馬上浮至表面，並開始有油炸聲且上色，就表示可以了。濕的食材會讓熱油噴濺，因此在油炸前盡可能將食材瀝乾及拭乾。不要直接把食材丟到鍋中，這會讓油濺出來，請改用夾子或濾網來放。請分批油炸，以免鍋中東西太多造成油溫降低。每炸完一批，要讓油回到最佳溫度，並撈出鍋中所有碎屑。任何時候只要油開始冒煙，請馬上關火降油溫。

　　食材炸熟後，取出放在鋪有廚房紙巾的托盤或盤子中，好吸走多餘的油。如果需要，可將炸好的食材放在設定低溫的烤箱中保溫。炸完後請將油放涼，並過濾到罐子中，再用漏斗裝進瓶子裡保存。若炸油的味道開始酸敗或出現奇怪的氣味，請丟棄勿用。

第一章 | 麵包（**Bread**）

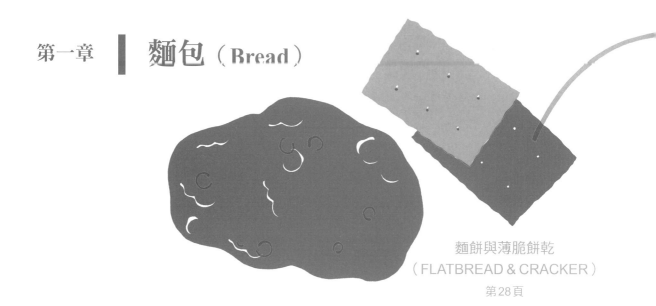

麵餅與薄脆餅乾
（FLATBREAD & CRACKER）
第28頁

巴巴蛋糕與薩瓦蘭蛋糕
（BABAS & SAVARINS）
第66頁

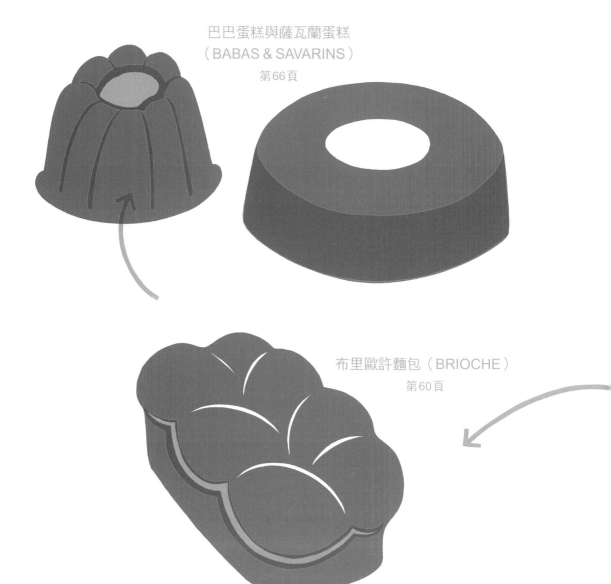

布里歐許麵包（BRIOCHE）
第60頁

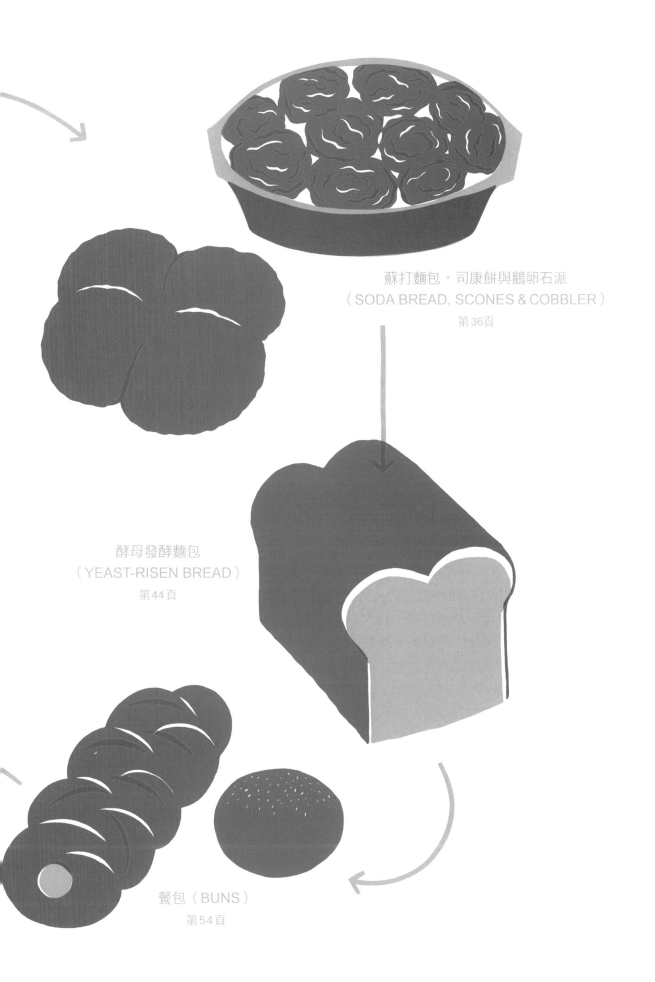

蘇打麵包，司康餅與鵝卵石派
（SODA BREAD, SCONES & COBBLER）
第36頁

酵母發酵麵包
（YEAST-RISEN BREAD）
第44頁

餐包（BUNS）
第54頁

　　從路易斯安那州到內華達州長達一個月的公路旅行接近尾聲時，我開始想念起我的廚房。你可以在美國的大型生鮮超市中看到我的身影，但因為沒有地方做菜，所以我打消了購買牛排、魚或蔬菜的念頭。我提籃裡的東西少到讓我確信超市保全正在打量我。多數情況下，我最終會買罐乾燥香草（herbs）或有趣的綜合香料，但這勢必會在機場造成一堆問題。鼓鼓的透明包裝中裝滿著棕綠色植物食材，會讓你難以順利通過安檢。

　　我的筆記本跟我的行李箱一樣滿，裡頭有些一路上隨手記下的想法草圖及描述，有一部分還清楚易懂。筆記本的內容包括了：二十層的千層麵（lasagne）、桶裝發酵的雞尾酒、加了韓國泡菜（kimchi）的法式庫克先生三明治（croque monsieur）、我在索諾拉沙漠（Sonoran Desert）吃到且躍躍欲試的三奶蛋糕（tres leches cake）。當我結束這場精神式的料理冒險，回到倫敦後做了什麼呢？我做了麵包，我沒有做加了綠橄欖與莧菜籽（amaranth seed）的德式饅頭（dampfnudel），而是做了樸實、美味且熟悉的普通全麥麵包。

　　當我打開公寓前門時聞到一股怪味，於是我在腦中的氣味資料庫上瀏覽，找到了索維拉（Essaouira）這個位於摩洛哥大西洋沿岸充滿鹽餅味的風城。那裡販售著以側柏（thuya）製作的雙陸棋（backgammon）、筆筒及各式廉價遊客紀念品。側柏是一種以刺鼻氣味聞名的當地樹種。一定有什麼地方出了錯，通常幾天沒人住的公寓會散發出一種像冷藏糕點那般冰涼溫和的氣味，不會有北非市集的刺鼻味。後來發現原來是樓上的公寓漏水，吸水的木板造成了這種氣味。我捲起袖子，拿了大碗來做麵包。至少在這點上我的房屋仲介說對了，沒有什麼比全麥麵粉及酵母更有溫暖呵護且舒適的香氣了。麵包的香氣不只掩蓋了腐爛木板的臭味，也重建了家的感覺。

　　我在處理漏水保險事宜的那幾個月裡，做了許許多多的麵包，也在那段時間奠定了根深柢固的習慣，甚至從此以後幾乎沒買過一塊麵包。意外的漏水損害直接成就了我做麵包的習慣，這可說是上帝的旨意。用酵母發酵的麵包是最容易記住的食譜，只需四種基本食材以差不多固定的比例混合，並運用簡單

的方法就可製作。這也非常合適做實驗。在方法上，只需做幾個麵包就能抓到正確手感，也能拿捏出麵團揉好的時機點。這並不是說我做起麵包非常得心應手。我的手不像麵包師傅那麼有力，他們可以用力扯麵及揉麵，真正掌控麵團。不過對我而言，夠用就行了。無論麵包完美與否，我持續自製出不錯的麵包，而且也比當地高檔麵包店的麵包便宜許多。在我自製的上百個麵包中，只有一個味道不佳（我知道，我知道，那是因為我加了松露油的緣故），還有一些發酵得不理想，罪魁禍首之一是我公公放了六年的那包速發乾酵母（instant yeast），其他多數原因則是因為加了對酵母而言溫度過高的水。雖然如此，烤一烤後再抹上大量的煙燻鮭魚醬（smoked salmon pâté），就算是最微不足道的麵包片也會看起來很優雅，你大可以對客人說這是專門客製做為開胃小菜的麵包。

一旦你養成做麵包的習慣，很快就會進入實驗階段。有多種方法可以調整基礎食譜：將水換成啤酒、牛奶、蘋果酒（cider）、葡萄酒或果汁，使用不同的麵粉組合，加入堅果、種籽或水果乾。以少量麵團開始試做，是嘗試更多種特殊口味的好主意。麵包很容易就能按比例加量製作，而且單手就能揉捏小麵團讓人感覺很愉快，以致於有一天我忍不住就用單手做了十四個小麵團，將它們擺滿了廚房的每個檯面。一小時後回來，我就像走進隆乳植入物的展示間那般。

要做個基本麵包，需用上 500 克的高筋麵粉（strong flour）、300 毫升溫水、2 茶匙速發乾酵母和 1 茶匙鹽。還可以添加油或一點奶油，以及 1 至 2 湯匙的糖來產生並增添風味。請了解這絕不是我私人的食譜，這是非常基本的配方，因此值得把它記下來。這道食譜在大英帝國的時代比較容易記得，因為這相當於 1 磅麵粉對上半品脫的水，但公製的版本也會很快地牢牢印在你腦海中。這種麵粉與液體的比例適用於麵包系列食譜中的所有基礎食譜（有一個除外），因此更容易比對過程中食材的調整和變化所帶來的實際差異，並了解當你做了一個調整後可能會發生的情況。不久之後，你就可以單憑記憶做出各式各樣的麵包了。

麵餅（FLATBREADS）

接下來要提到的是麵包系列食譜的第一個基礎食譜：無發酵麵餅（unleavened flatbreads）和薄脆餅乾（crackers）。製作這種麵團很簡單，在麵粉中加入足量的溫水，均勻揉成手感不錯的麵團即可。你根本不需要食

譜，不過遵循上面的基本麵包比例但不加酵母也可以。你可能需要額外添加一點液體，才能將所有的麵粉都揉成團，特別是使用全麥麵粉製作印度薄餅（chapatis）之類的麵餅時。全麥麵粉比白麵粉更需要水分。按照基礎食譜的比例開始做起，少量添加液體，直到麵團在乾燥和黏稠之間達到具有彈性的最佳軟硬度為止。噴霧器會是你的好朋友。如果液體加太多，請再加些麵粉。一旦手感覺得不錯，請揉捏個幾分鐘，然後在室溫下靜置（要蓋起來或包起來）半小時再擀麵。熟練的印度薄餅師傅（chapati-wallahs）無需擀麵棍，只要用雙手甩拍就能將一球麵團變成馬上可以下鍋的薄餅，那種手法有些像是我們用來拍掉手上多餘麵粉的動作。

22　　以麵粉、鹽和水組成的最基本麵餅食譜，可以出現數量驚人的各式變化。印度薄餅麵團是用阿塔麵粉（atta）製作而成，這是一種軟質全麥麵粉，也可用來製作片狀的印度抓餅（parathas）和會膨脹的印度普里炸脆餅（puris）。只要一批麵團就可以試做這三種麵餅，它們的差別只在於最後製成的手法不同（請參考 32 頁「舉一反三」中的 A 項和 38 頁的「印度馬鈴薯薄餅」）。同樣的麵團若是以邁達麵粉（maida）這種軟質白麵粉製成，則可做出一種名為印度路奇炸脆餅（luchi）的麵餅和一種甜味版的麵餅，甜味麵餅可以擀得特別薄，做成搭配中式脆皮烤鴨食用的麵餅。墨西哥薄餅的作法類似，但有的會用麵粉，有的則使用經過處理的粗玉米粉（cornmeal），這種玉米粉稱為墨西哥特級細磨粗玉米粉（masa harina），有時候也會加點豬油。值得注意的是，無論是粗玉米粉或是特級細磨粗玉米粉所做出的麵團都會相當地黏稠。

薄脆餅乾（CRACKERS）

有幾種類型的薄脆餅乾與麵餅基礎食譜相同，但餅乾的麵團會被擀平、切割再烘烤，而不是在爐子上煎炸。猶太逾越節薄餅（Jewish matzo crackers）是用白麵粉製成，而且麵團中的橄欖油用量大到需要加點水調和一下。逾越節薄餅像小圓餅乾（water biscuits）一樣，也會用叉子戳洞，避免它們在烤箱的高溫烘乾下變形。你還可以在「風味與變化」中找到燕麥餅乾（oatcakes）和木炭餅乾（charcoal crackers），以及日本二八蕎麥麵（ni-hachi soba）。不加蛋的義大利麵麵團也是使用同樣比例的麵粉、油和溫水混合製成，不同之處在於揉麵的時間，義大利麵麵團需要揉麵 10 分鐘左右，然後在室溫下靜置 30 分鐘。

在同樣的麵團中加入一點點化學發酵劑（像是小蘇打或泡打粉），就會產

生極大的差異。這個萬用基礎食譜就是系列食譜上的下一個基礎食譜。其所做出的成品就像稍微膨起的麵餅一樣，會更有蜂窩及海綿狀的質地，也更適合製作經典起司三明治。

蘇打麵包（SODA BREAD）

如果你想做可以切片的麵包但時間又不多，沒有什麼比蘇打麵包更好的選擇了。正如美食作家伊麗莎白・大衛（Elizabeth David）所言，製作蘇打麵包需要靈巧的雙手，但不用耐心等待，這與酵母發酵麵包的要求剛好相反。她說：「每個會做菜的人，無論會做的東西多麼有限，都應該要知道製作蘇打麵包的方法。」要製作蘇打麵粉，應用一般的麵粉與液體比例即可，也就是250克麵粉對上150毫升白脫乳（或「舉一反三」中所列的任何類似的酸性液體替代品），還要 $1/2$ 茶匙鹽和 $1/2$ 茶匙小蘇打。蘇打麵粉與無發酵麵餅和發酵麵包一樣，還可加入少許的糖和油脂。如果我急著做塊麵包，我會用阿塔麵粉再加顆蛋來做蘇打麵包（阿塔麵粉是做印度薄餅的極佳全麥麵粉）。你不可能在愛爾蘭多尼戈爾郡（Donegal）農舍桌上找到這種蘇打麵包，但這是我做過的多種蘇打麵包中最喜歡的一種。在愛爾蘭，名為斑點狗（Spotted Dog）的蘇打麵包是加了水果乾的甜味麵包，而英國人則叫這種麵包為血腥大司康餅（Bloody Big Scone）。

司康餅（SCONES）

司康餅與蘇打麵包有相同的基礎食譜，但還必須要加入奶油。每250克麵粉需要揉入約25克的奶油。按慣例要加1至2茶匙的糖，通常還會再添加適量的蘇丹娜白葡萄乾（sultanas）。司康餅在美國稱為比司吉（biscuit），通常不加水果乾。和英國一樣，美國的比司吉也會附上奶油和果醬一起上桌，但更常見的是在比司吉淋上肉汁（gravy），並搭配香腸當做早餐。初到亞特蘭大時，我不斷看到路邊有比司吉淋上肉汁的廣告，那讓我聯想到漂浮在濃稠肉湯中的巧克力消化餅（chocolate digestive）。我想我對這道料理的觀感跟他們大不相同，不過，當喬治亞州當地人點了一盤淋滿濃稠胡椒肉汁的比司吉給我時，我馬上就能理解美味的點了。

我媽媽做司康餅時會加泡打粉。當我第一次嚐到用泡打粉製作的司康餅

時，我不太能接受。泡打粉中含有的小蘇打散發出明顯的怪味，像是金屬或肥皂那類含鹼的怪味。添加太多小蘇打，會讓你的快樂下午茶時間充滿了歐陸市集結束後以漂白水刷洗的那種味道。小心使用泡打粉，可以為司康餅帶來明顯酥脆的口感，這與鮮奶油或奶油凝結產生的濃郁滑順口感形成美好的對比。少量的小蘇打與醃製食品特別對味，例如美國南部在地的鄉村火腿配上比司吉，或是愛爾蘭蘇打麵包和煙燻鮭魚（smoked salmon）的無敵組合。

鵝卵石派（COBBLER）

相同的麵團還可以製作鵝卵石派——在燉肉或糖煮水果（fruit compote）上鋪滿像是厚度薄一點的司康餅，再放入烤箱烘烤。這是個可以讓你大享派餅的捷徑。這個基礎食譜不只可以快速製成麵包，還能快速製成糕點。一般酥皮糕點的麵團在烘烤前需要放入冰箱中靜置，但鵝卵石派的麵團則最好一做好就馬上便用。你甚至不需要擀平，只需一匙匙舀起鋪在餡料上再烘烤即可。

酵母發酵麵包（YEAST-RISEN BREAD）

另一方面，製作發酵麵包就絕對是個緩慢的過程。就算使用只需發酵一次的速發乾酵母製作，並放在極為溫暖的角落進行發酵，仍需花上一個半小時，才能完成麵包放進烤箱前的程序。大多數人都會同意，麵包在出爐前至少要花上好幾個小時的時間製作。從我的天花板出現水傷後，我開始一復一日地做麵包，這樣的好處是你很快會知道如何安排時程。這可能無法快速完成，但你可以善用時間。在做麵包的整個過程中，實際動手的時間其實不多。基礎食譜的部分需要12到15分鐘，然後休息1個小時左右（在此期間你可以看完幾本小書，並用清潔劑除去牆壁上的霉斑），然後在麵包二次發酵前幹些活，最後再放入烤箱烤半小時左右即可。

倘若你覺得合適，也可以將麵團置入冰箱中放慢發酵的速度。多數經驗老道的麵包師傅都認為，拉長發酵時間可以增進風味。有個星期五傍晚，我在畫眼線的空檔做了個基本麵團，放入冰箱後就前去酒吧。第二天早上，當我打開冰箱取出培根和奶油要做早餐時，我發現兩個美麗的麵包脹滿烤模，已經可以放入烤箱烘烤，好像是魔法變出來的那般。即使我先生在昨晚上床睡覺前提醒我說我做了麵團放在烤模中，破壞了我的魔法想像。

24

我一定是酒喝多了，因為我最初的計畫是做一個麵包，然後利用剩下的麵團做個披薩和一盤中東鹹派（fatayer），這是一種像印度咖哩餃（samosa）的三角形阿拉伯餡餅，裡頭會填入羊肉、菠菜或奶酪。這種基本麵團的用途多得驚人。它可以整成環形，經過發酵、煮沸，再烤成貝果（bagel）。也可以在麵團中揉進些油做成佛卡夏麵包（focaccia）：將麵團擀成長方形後發酵，弄出像切斯特菲爾德沙發（Chesterfield sofa）那樣的皺折，再加入你喜歡的餡料並烘烤即可。義大利麵包棒（grissini）、麵包湯碗（bread soup bowls）甚至派餅，都可以使用相同的麵團製作。如果你有足夠的空間存放，這種麵團絕值得你大量製作。拿一公斤的麵粉來，就可以開始動手做了。

如果你從未自己動手做過可頌（croissant），可將剩下來的麵團層壓（laminating）做做看。層壓是將一般老式糕點麵團變成膨鬆多層的過程。這個過程很簡單，就是在麵團上鋪一塊方形的冰奶油，然後擀平並折疊個幾次。一旦完成層壓，可將麵團擀平切成許多三角形做成經典的牛角形可頌，也可切成長方形做成巧克力或葡萄乾可頌（pains au chocolat or raisin）。

在移動到系列食譜上的下一個基礎食譜之前，值得注意的是，製作發酵麵包還有兩種重要的方法。首先是中種法（sponge method）：使用酵母、溫水和一些麵粉製作中種麵團，靜置發酵產生風味（盡量放一晚），再加入其他配料，以正常程序發酵並烘烤。你可以在第51頁「舉一反三」的I項找到中種法的詳細內容。如果沒有時間壓力，這是最佳作法，因為發酵得越慢，所創造的風味就越深層。

如果真的沒有時間壓力，準備好要花個幾天來培養天然酵母，你可以考慮做個酸麵包的酵頭（麵種）。將麵粉和水混合就可以製作酸麵種。定期以新鮮的麵粉和水「餵養」麵種，運氣好的話，就會產生一種充滿風味的天然發酵麵糊，最終強大到足以發酵一整塊麵包。以這種方式製作麵包不容易，但讓人樂在其中，一旦你握有天然酵母，你必定會忍不住製作酸麵團。多年來我得到的結果有好有壞。我不止一次發現到麵種太弱以致於無法完整發酵一塊麵包，就算可以，卻是酸味過度，像是添加了過多的維生素C粉那般。在《TARTINE BREAD：舊金山無招牌名店的祕密》（*Tartine Bread*）中，喜歡衝浪的麵包師傅查德・羅勃森（Chad Robertson）寫下了做酸麵包的技術（長達二十六頁以上）。他所做的酸麵包不但風味豐富也不會太酸，這是我認為酸麵包應該有的樣子。就像悲觀的朋友會認為所有事情都是負面的一樣，你在趕流行的麵包店中找到太多過酸的手工酸麵包，讓你對這種麵包有了錯誤的印象。

25

餐包（BUNS）

　　做個小小的調整就能將酵母麵包變成餐包，像是小葡萄乾餐包（currant buns）、熱狗捲和漢堡麵包。這些柔軟蓬鬆的麵包使用較為濃郁的麵團，麵團中的部分或全部的水改用牛奶代替，並加入蛋、少許奶油及糖。如果你要做英式茶點（teacakes），還可以加入少量水果乾和英式綜合香料（mixed spice）。餐包麵團因為多加了雞蛋這個液體成分（雞蛋）導致麵團變黏，這並不會讓人感到意外。你會樂於改用裝上麵鉤的電動攪拌機來攪麵，若一定要自己來時，請至少戴上塑膠手套。

布里歐許麵包（BRIOCHE）

　　在《法國烘焙藝術》（*The Art of French Baking*）中，吉奈特・馬吉歐（Ginette Mathiot）給了一道「窮人版布里歐許」的食譜。細讀這道食譜會發現跟餐包（buns）的基礎食譜差異不大。真正的布里歐許麵團，就是多加些雞蛋及奶油的餐包麵團。正如你所想像的那樣，大量的雞蛋和奶油會讓一般麵團中用來黏合的牛奶或水變得極為多餘。儘管如此，液體與麵粉的分量仍與酵母發酵麵包的基礎食譜一致。布里歐許麵包需要5個雞蛋。一個大型雞蛋約50毫升，所以5個雞蛋就是250毫升。再加上用於活化酵母的50毫升水或牛奶，再次達到300毫升液體對上500克麵粉的標準。這裡做出的是可以揉捏的麵團，但重點在於你需要把奶油揉進麵團中。標準的奶油用量是麵粉重量的一半，這與酥皮糕點一樣（事實上，這種麵團可以拿來做糕點，像是擀平做為塔皮，或者用它包住香腸做成香腸布里歐許麵包〔saucisson brioche〕）。因此，一個含有500克麵粉的麵團，得加入一整塊250克的奶油。基於這個理由，大多數的食譜都建議使用直立式攪拌機製作布里歐許。如果沒有，那就用配有麵鉤的手持式電動攪拌機或食物處理機。如果你也沒有這些器材，除了自己動手外別無他法時，那就捲起袖子，聽點抒情音樂，開始動手揉麵團，直到奶油與麵團合為一體為止。就算你不喜歡這種感覺，知道你的手將因此而細緻幾天應該也會開心點。

　　正如任何糕點師傅都知道的，奶油會防止麵粉出筋，這也是製作酥皮糕點時所需的效果，但這並不是製作麵包時所樂見的效果。此外，奶油與酵母及雞蛋都不合。就是這些原因導致布里歐許成為最棘手的麵包。最常見的問題是發

風味達人的文字味覺
——水平思考的廚房事典

酵不足，沒有達到預期的程度（即使大量的雞蛋會產生一些發酵的作用）。 最常見的解決方法就是耐心等候，製作布里歐許麵包很容易花費到原先預期的三倍時間。

布里歐許麵包中的大量蛋白也會讓它在烘焙過程中容易變乾。有些製作布里歐許的師傅會將一兩顆蛋白以蛋黃代替，來避免這種情況。即便如此，要特別注意的是，自製的布里歐許麵包與超市品販售的保存期限不同。確保冰箱有空間可以冷藏任何未在 48 小時內食用的布里歐許麵包，或將剩餘的布里歐許麵包善加利用，可像法式吐司（pain perdu）那樣鋪在奶油麵包布丁（bread-and-butter pudding）上，或是切片烤過再淋上糖漿並搭配鮮奶油享用。若將布里歐許麵包淋上蘭姆酒糖漿，就很像是塊扁扁的巴巴蛋糕。

巴巴蛋糕與 薩瓦蘭蛋糕（BABAS & SAVARINS）

巴巴蛋糕與薩瓦蘭蛋糕是系列食譜的下一個基礎食譜。在倒入糖漿之前咬一口蛋糕，你會發現到蛋糕很乾。不過，這種蛋糕本就該浸在蘭姆酒中，也因此它實際上變成了浸著蛋糕的餐後酒。根據著名俄國美食作家伊蓮娜·莫洛霍韋茨（Elena Molokhovets）的說法，巴巴蛋糕的傳統做法是要發酵三次，但大多數的現代食譜只要求兩次，而有些只要一次，本書中的就是。甚至還有一些版本不用酵母改用泡打粉，例如《法國烘焙藝術》中的巴巴蛋糕。基礎食譜所做出的麵團是比較偏濕的一種，不像布里歐許麵包用了雞蛋代替了大部分的水或牛奶。這種麵團保留液體並再加入雞蛋，我用了150毫升牛奶和3個雞蛋對上250克麵粉。這樣混合出來的結果不太像麵團，比較像是濃稠的麵糊。

根據料理歷史學家理查德·福斯（Richard Foss）所述，法國人在一八三五年以前都是使用白蘭地來調味巴巴蛋糕。同年有位巴黎糕點師改用蘭姆酒，也引起了大廚們的注意。一八四四年發明的環形烤模則在歐陸打響了蘭姆酒巴巴蛋糕的名聲。名廚艾倫·杜卡斯的巴巴蛋糕則以另一種經典形狀呈現：將外型有些像是粗柄小蘑菇的巴巴蛋糕放在閃閃發亮的銀製餐具中。服務生會將小蘑菇從蕈頂到蕈柄末端剖開，並提供六種優質的蘭姆酒讓你選擇（每種都會有品酒紀錄給你參考），最後再加入香堤鮮奶油（Chantilly cream）即可享用。

不同於杜卡斯直接使用純蘭姆酒，大多數食譜用的則是含有蘭姆酒的糖漿（較為經濟實惠的選項）。伊蓮娜·莫洛霍韋茨說這應該要是「甜甜的且水水的」，但我並不想做到這種程度。經典的蘭姆酒巴巴蛋糕出了名的像是被

第一章
麵包（Bread）　　029

遺忘在大雨中淋濕的蛋糕。我偏愛印度玫瑰甜球（gulab jamun）和果仁蜜餅（baklava）的那種濃郁甜味，讓人每咬一口都散發出如同浪漫小說那般如膠似漆的甜味。基於這個原因，我用 3：2 的糖水比例來製作蘭姆酒糖漿，而非標準的 1：1。許多食譜建議用糖漿來煮蘭姆酒。但這是一個可怕的想法。煮蘭姆酒會讓它喪失風味分子，讓好東西嚐起像便宜貨，便宜貨嚐起來像壞掉的人工香草精（vanilla essence）。如果你想不想讓糖漿中的酒精含量太高，最好將少量的生蘭姆酒添加到以香草豆莢（vanilla pod）調味的糖漿中即可。以利口酒（liqueur）代替蘭姆酒也可以減少酒精含量，多數利口酒的酒精含量約是蘭姆酒的一半。如果你打算用奶油裝飾巴巴蛋糕，搭配可可酒（Crème de cacao）和咖啡利口酒（Kahlua）則是極佳的選擇。如果蛋糕加了水果，可以試試搭配義大利杏仁香甜酒（Amaretto）。你也可以參考像《Death & Co》這樣的雞尾酒書籍，或若是想要點靈感來做做不含酒精的糖漿，可參閱第 509 至 514 頁的糖漿「風味與變化」部分。

有些食譜會將巴巴蛋糕做些改良。像俄羅斯巴巴蛋糕常使用檸檬皮屑（lemon zest）或杏仁調味。搭配小葡萄乾（currant），泡在更多蘭姆酒或櫻桃白蘭地（kirsch）中也很受歡迎，也可以像小型的義大利水果耶誕麵包潘娜朵妮（panettone）那樣，用磨碎的柑橘皮屑和蜜餞果皮來增強風味。顯而易見的是，無論蛋糕用什麼調味，都要能搭配糖漿的風味，反之亦然。

你可能已經注意到，系列食譜上的麵團變得越來越濕潤，從乾到可以擀得非常薄的無發酵麵餅麵團、接著酵母發酵麵包的麵團和餐包的發黏麵團，到充滿奶油的布里歐許麵團以及麵糊狀的巴巴蛋糕麵團。而麵團的味道通常也會變得越來越濃郁。它們都有相同的基本概念做為核心：300 毫升液體對上 500 克麵粉，這也很容易記憶。無論天花板受損了沒有，你都能很快拿個碗來，抓些食材開始動手做。獎勵就是享用及分享你的成果。除非鐵了心要徹底執行低碳水飲食，不然的話，新鮮美味的麵包都讓人無法抗拒。

麵餅與薄脆餅乾（Flatbreads & Crackers）

　　這是個用途多多的基礎食譜，可以用來製作包括印度薄餅及墨西哥薄餅在內的各式麵餅麵團。試做個幾次，你就會明白為何印度人和墨西哥人會費心動手做薄餅。不要受限於原來的料理方式。剛出爐的麵餅非常適合搭配濃湯、燉豆或像墨西哥起司餡餅（quesadilla）那樣包料享用。同樣的麵團也可以製作麵條（參見33頁的蕎麥麵）以及製成薄脆餅乾。

此一基礎食譜可製作8個直徑17公分的圓形麵餅，或16個直徑9公分的圓形薄脆餅乾。

食材

　　250克麵粉 ᴬᴮ

　　1茶匙鹽

　　150毫升溫水 ᶜᴰ

　　1至2湯匙油（可加可不加）

1. 將麵粉和鹽過篩入碗中，在麵粉中心挖個洞倒入溫水。用勺子或手或兩者並用將麵粉混合成團。根據情況加點麵粉或加點水，揉成不要太黏的柔軟麵團。

   水要有點溫度才能使麵團黏稠並合為一體。可將1至2湯匙油或融化的奶油或豬油混入溫水中，或是將固態的油脂揉入麵粉中直到完全看不見再加水，這樣可以讓麵團的風味濃郁些，並讓麵團更加柔軟。

2. 將麵團揉個1至2分鐘直到光滑為止。

3. 用乾淨的棉布蓋住揉好的麵團，靜置30分鐘。如果要做薄脆餅乾，請用保鮮膜包好，放在冰箱中30分鐘讓麵團變硬，這樣麵團就可以擀薄並切成想要的形狀。

製作麵餅

　　將麵團等分成8份滾圓。使用擀麵棍將每份擀成厚度約為0.2至0.3公分的大圓麵餅。將煎鍋或平面烤架燒熱但不加油，放上麵餅煎烤至底下那一面麵

皮出現微焦斑點，再翻面讓另一面也煎烤出微焦斑點。在煎烤其他麵餅時，記得將煎烤好的麵餅包好保溫。

你可以在擀麵時撒點麵粉，但這也會讓麵餅有點乾。麵餅的表面稍微帶油會比較好。煎烤時要像轉動方向盤那般不時轉一下大圓麵餅，並翻面個幾次。未使用的麵團請包好以防變乾。為了讓煎烤過的麵餅味道更好，你可以在麵餅仍然熱騰騰的時候刷上一點融化的奶油或酥油（ghee），並撒上適量的鹽。麵餅最好在煎熟後立即食用。生麵團則可以在冰箱中存放個幾天。

製作薄脆餅乾

將冷藏過的麵團擀成 0.2 至 0.3 公分的厚度，然後用一般刀或披薩刀或餅乾模切割成餅乾狀。將餅乾放到抹油的烤盤上，並用一般叉子、烤肉叉或烘焙專用針滾輪（docking roller）戳些洞。以 200°C 烘烤 8 至 10 分鐘，直至餅乾出現金黃色的斑塊。從烤箱取出後置於架子放涼，然後放入罐子中密封保存。

舉一反三

A. 阿塔麵粉或全麥麵粉可以用來製作印度薄餅。請注意，全麥麵粉得要加入更多的液體才能揉成柔軟的麵團，請從150毫升液體開始加起，需要時再添加。中筋白麵粉可以用來製作南非薄餅（South African roti）或印度路奇炸脆餅（luchi）。白麵粉也可以用來做印度普里炸脆餅（puris），這裡的製作程序不一樣，麵餅擀好後以一次只放一個麵餅下鍋的方式油炸。這種麵團會膨脹，所以要準備好拿鉗子夾住麵餅，讓它完全浸在油中。

B. 這種麵團適合添加胡蘿蔔絲或切碎的香草（herbs）等等。

C. 可以用溫熱的果汁代替水。像胡蘿蔔汁這類汁液，會帶給麵團溫和的風味和明亮的色澤。記得擀麵時要抹點油，而不是撒麵粉（我在做甜菜根麵餅時撒麵粉，導致我的麵餅看起來跟嚴重曬傷後抹上藥膏的樣子沒什麼不同）。

D. 也可以用冷水，但量可能要多一點。

大麥（BARLEY）

　　中世紀的英國農民是如此討厭粗糙的棕色大麥麵包，跟著豆子一起吃時更是厭惡。想像一下衣衫襤褸的農民，挺著脹氣的肚子上床睡覺，做夢想到的是小麥做成的軟麵包。要是他們可以嚐嚐看一片加工處理過的白麵包，那種可以揉成黏黏一小團的白麵包，那該有多好，而這種渴望又為我們帶來了什麼光景呢。隨著小麥的品種變得更能適應惡劣氣候，不但收成容易且產量高，大麥就不再受到青睞了。不過，某些存活作物不多的地方還在種植大麥，例如斯堪的納維亞半島（Scandinavia）上的一些地方。在挪威，傳統上會用大麥麵餅來慶祝孩子受洗，其中有些麵餅還會保留到他們孫子的受洗典禮上。大麥現在再度流行起來，而流行的原因正是它曾被捨棄的理由：味道強烈和缺乏麩質，另外還有符合現代需求的理由，像是升糖指數明顯較低等等。你可以百分之百使用大麥麵粉來製作麵餅，但約四分之一的麵粉改用小麥麵粉會讓麵團更容易擀開，做出的麵餅也會柔軟些。比起只使用小麥麵粉的麵團相比，大麥麵粉可能需要更多溫水才能將麵粉揉捏成團，請從150毫升的溫水開始加，並少量添加直到形成柔軟的麵團為止。

蕎麥（BUCKWHEAT）

　　麵餅的基礎食譜可用於製作包括日本二八蕎麥麵在內的麵條。二八的意思是「兩個八」，因為幾個世紀以前，日本一碗蕎麥麵要價16文錢（一八七〇年起改用日圓）。而二和八剛好也代表了小麥麵粉與蕎麥粉的比例。傳統手工蕎麥麵是用100%的蕎麥製成，但是對於沒有經驗的一般人而言，這種麵團很難做成煮了不會糊掉的麵條。相較之下，小麥麵粉的筋性有助於麵團凝聚。我還使用熱水加速麵團活化，雖然這不是正統作法。要製作蕎麥麵團，請使用200克蕎麥粉、50克白麵粉（高筋麵粉或是你手上有義大利00號麵粉也可以）和150毫升熱水。作法跟做麵餅麵團的方式一樣。你會發現，只要一在麵粉中加

入液體，蕎麥的香味就會像幽靈那般瞬間飄出，那是種乾燥的堅果香混雜著會讓人聯想到酸麵團的強烈氣味。麵團一旦成形，請揉麵10分鐘，然後盡可能擀成長方形薄片。輕輕用蕎麥粉撒滿整張麵皮，然後對折讓短邊疊合。接著撒粉再對折一次，之後切成約0.2至0.3公分寬的麵條。馬上將麵條放入煮沸的鹽水、綠茶或肉湯中煮個1至2分鐘。吃手工蕎麥麵條的簡單方法，就是灑些醬油、麻油及蔥花享用。不過這種麵條也可以用在任何需要新鮮蕎麥麵條的食譜中，或根據日本料理專家辻靜雄（Shizuo Tsuji）所言，用在需要烏龍麵的食譜中也可以。另外也可以用100%的小麥麵粉來製作麵條，像義大利麵就是，但是請用粗麵粉（semolina flour）或細玉米粉（cornflour）做為手粉。

木炭（CHARCOAL）

湯馬斯・斯金納醫學博士（Thomas Skinner M.D）在一八六二年《英國醫學期刊》（*British Medical Journal*）上發表的一篇論文中指出，木炭這個「最寶貴藥物」的問題在於幾乎無法食用。他說，木炭餅乾或許是個可行的解決方案，只要病人在鼓勵之下願意一口一口地吃下肚。大約在這個時候，倫敦威格莫爾街（Wigmore Street）的麵包師傅布拉格（J.L. Bragg）以細磨炭粉製作餅乾解決了這個問題。今日，以他為名的公司仍然繼續使用椰殼活性炭來製作餅乾。活性炭仍然是急診室中毒患者的主要治療方法，尤其是不知名原因或多重中毒的患者。活性炭通常是以飲料或糖漿的方式服用，它可以吸收毒素並對大多數患者產生催吐作用。若是你的未殺菌康門貝爾乳酪（Camembert）已經有點熟成，你會很高興學到怎麼使用木炭。只要你不介意廚房看起來像是被黑板漆潑過一樣，那就來做做自己的木炭餅乾吧。請在步驟1中將2湯匙奶油揉入加了鹽的麵粉中，接著混入4湯匙活性炭細粉（可在 www.charcoal.uk.com 購買）再加入液體，然後從步驟2開始按照基礎食譜所示做出餅乾即可。

鷹嘴豆、菠菜與黑種草（CHICKPEA, SPINACH & NIGELLA）

米西薄餅（Missi roti）是一種在印度拉賈斯坦邦（Rajasthan）和旁遮普邦（Punjab）常見的無發酵麵餅，它結合了鷹嘴豆和全麥麵粉，並常以綠色蔬菜調味——可能是菠菜、芫荽葉（coriander leaves）或青蔥，有時三種都加。石榴或印度藏茴香籽（ajwain，印度和巴基斯坦當地產的百里香風味香料）則是另一種可提供酸味、辛辣味或苦味的選擇。印度藏茴香籽在印度當地包裝上所印的名稱有時是獨活草（lovage），你要有心理準備這跟歐洲獨活草的芹菜風

味不同，會嚐到的是隱約透點洋茴香（anise）和奧勒岡（oregano）味的百里香風味。我喜歡加入菠菜及黑種草籽的米西薄餅，這種麵餅富含纖維，讓人不禁以為這是編織出來的而非揉捏成形。使用1：1的鷹嘴豆粉和全麥麵粉，然後加入鹽和2把切碎的冷凍菠菜（要解凍及擠出水分）以及1茶匙黑種草籽混合。接著按照麵餅的作法，加入溫水將麵粉揉捏成團，但不要加那麼多，因為菠菜會出水。在熱過的平底不沾鍋上煎麵餅，一面煎好後翻面並刷上酥油或奶油，這樣重複一至兩次。在煎好的麵餅上再刷點酥油或奶油，然後撒上少許海鹽將風味提升到極致。米西薄餅要趁熱吃，我喜歡在薄餅中加些優質的茅屋乳酪（cottage cheese）以及醃萊姆（lime pickle）一起享用。

中式薄餅（CHINESE PANCAKES）

　　一般人不會堅持要自己做脆皮烤鴨和薄餅，就像沒有人會堅持要自己製造汽車一樣。如果你堅持要自己動手做，根據到正宗中式餐廳的用餐經驗，請確保薄餅數量不會太多，好讓每位賓客有意猶未盡的感覺。英國大廚詹姆斯·馬丁（James Martin）有個製作濕潤麵餅麵團的食譜，他要求使用的是沸水而非溫水。按照這道食譜所示，要在225克高筋白麵粉中加入175毫升沸水揉成麵團，無需靜置，只需將麵團等分成16份並滾圓。然後盡可能將小圓麵團擀成圓形薄片，並按照麵餅的基礎食譜煎烤，在吃之前也請保溫。中式薄餅通常會放在竹蒸籠裡擺上桌享用。

肉桂（CINNAMON）

　　當我在倫敦莫洛餐廳（Moro）的姊妹店莫里托西班牙小酒館（Morito）享用一盤熱騰騰的炸茄條時，在麵包籃底部發現了一張偽裝成餐巾的麵餅。我用麵餅包了一塊炸茄條後咬了一口，感覺到麵餅帶有恰到好處的肉桂風味。我們招手叫了服務生，急著加點一籃，這全是為了確定肉桂味麵餅與西班牙鹽漬鱈魚可樂餅（salt-cod croquetas）、哈里薩辣醬（harissa）和搭配蜂巢的美味綿羊乳酪是否對味。那麵餅裡隱約透出的溫暖肉桂味，就像充滿香氣的營火炊煙那般籠罩著鹽漬鱈魚（bacalao）和乳酪。若想做出類似的麵餅，可以按照基礎食譜來製作混合了全麥麵粉和白麵粉的麵團。麵餅煎熟後刷點奶油，並搖搖調味罐，撒些肉桂在上面。要撒多少？搖調味罐的聲音要像竊竊私語談論八卦時的音量那麼小，如果聲音大到像耶誕鈴聲般響亮，那就太多了。

椰子（COCONUT）

　　椰子薄餅（Pol roti）是一種非常普遍的斯里蘭卡麵餅，由磨碎的椰子和小麥麵粉混合製成。要手工磨碎新鮮的椰子跟要手工榨百香果汁一樣，都是白費力氣的作法。對自己好一點，改用食物處理機，或者更好的作法是，從附近的印度或泰國超市購買一袋磨碎的冷凍椰子。其他都是小事一樁，因為這是一個平滑好擀的美妙麵團。美味的椰子煎餅會加入切片的洋蔥、切碎的咖哩葉以及新鮮辣椒或乾辣椒。椰子薄餅通常配著咖哩一起吃，或是搭配以洋蔥、魚乾及辣椒製成的盧紐米里斯辣醬（lunu miris）當做早餐。椰子薄餅也會上塗奶油和果醬或是基索糖蜜（kithul treacle）食用，這是一種從孔雀椰子（Caryota urens；toddy plam；jaggery palm；wine palm）所萃取出類似楓糖漿的糖蜜。請將125克麵粉與125克磨碎的椰子、1/2茶匙鹽、60至75毫升溫水或椰子水混合，接著按照麵餅的作法來製作（由於磨碎的椰子帶有水分，所以要減少加入麵團中的液體量）。

玉米（CORN）

　　舀起一勺特級細磨粗玉米粉（masa harina），我就能理解為什麼墨西哥跟許多國家不一樣，玉米在這裡並沒有完全被小麥取代。以玉米粉新鮮製作的墨西哥薄餅口感柔順並帶有甜味，使得以薄餅做為基底的墨西哥披薩（tostada）或墨西哥辣椒肉餡捲餅（enchilada）滋味絕佳。相較之下，商店買到的墨西哥薄餅，口感就像在嚼濕掉的紙板一樣。粗玉米粉比麵粉需要更多水分，所以250克特級細磨粗玉米粉得加入350毫升的溫水。墨西哥薄餅的作法就是完全按照麵餅的基礎食譜製作，然後以中火煎15秒。之後翻面再煎30至45秒，直到薄餅出現焦黃斑塊後，再次翻面煎到另一面也出現焦黃斑塊，記住，火太小薄餅會變乾，而火太大薄餅則會起泡。請將煎好的墨西哥薄餅用棉布包起來放在籃子裡，靜置10分鐘後再享用。

逾越節薄餅（MATZO）

　　傳統上在逾越節晚餐（Passover Seder）時，會將逾越節薄餅稱為「紀念苦難的麵餅」。無論沙洛姆·奧斯蘭德（Shalom Auslander）在《希望：一場悲劇》（*Hope: A Tragedy*）中的筆下人物庫格爾（Kugel）如何好奇地想知道代表救贖的七層蛋糕到底怎麼了，要製作逾越節薄餅，請按照基礎食譜使用中筋白麵粉來製作。如步驟1所示，在麵粉中間挖個洞，但倒入水前，請先倒入3

湯匙橄欖油，再加入足量溫水，揉成柔軟而不太黏手的麵團。若是要製作他種麵餅，接著就需要靜置一段時間。但因為要製作的是逾越節薄餅，為了避免麵餅發酵，麵團必須在18分鐘內做好及烤好。請將麵團等分成12份，並將每個小麵團擀平到幾乎透明的程度。撒些鹽，並用叉子（或烘焙專用針滾輪）將整片麵餅戳洞，然後放在以240°C預熱過的烤盤上烤3分鐘左右，再翻面烤1至2分鐘。烤好後置於架子上放涼，繼續烘烤其他薄餅。

小米（MILLET）

美食作家瓦維萊‧魯特（Waverley Root）對小米有些不屑一顧，他認為：小米是遠古文化的原始食物。小米是外殼最堅硬的穀類作物之一，羅馬人一有了大麥就把小米扔到一邊。但是根據《牛津食物指南》（*The Oxford Companion to Food*）所述，小米的種類從「美味可口到苦澀難以下嚥都有」。在印度，有種叫做龍爪稷（finger millet；ragi）的小米被用來製作薄餅，作法請參照麵餅的基礎食譜。但請注意，這可能需要多一點水才能將小米麵粉揉製成團。龍爪稷有一種明顯的香味，很像那種從印度雜貨店香料貨架上飄出的混合粉塵香氣。當我把粉灰色麵團擀成一個有點樣子的麵餅並將它放到鍋中煎時，看起來真像是一九七二年當時歌手伊吉‧帕普（Iggy Pop）的舌頭。

燕麥餅乾（OATCAKES）

這是基督教衛理公會（Methodist）的招牌餅乾。在樸實的燕麥餅乾上，擠些乳酪做對鬥雞眼，再加上用火腿做成的長舌頭，看起來還是太正經。燕麥餅乾甚至看起也很像麻布。不過燕麥餅乾非常容易製作，特別若是你已經熟記了基礎食譜的比例：250克麵粉（這裡就用燕麥粉）對上150毫升熱水（先在水中融入1至2湯匙的油）和1茶匙鹽。一般使用細粒燕麥粉（medium oatmeal）製作，若你想要多一點纖維，可以使用70%的細粒燕麥粉混合30%的粗粒燕麥粉（coarse oatmeal）或鋼切燕麥粒（pinhead oatmeal）。將燕麥粉揉捏成團大約需要2分鐘的時間，手上溫暖沉重的麵團會讓人想起冬天製作的馬飼料。麵團揉好後給燕麥幾分鐘的時間膨脹黏合，然後按照薄脆餅乾的食譜將麵團擀開、切割和烘烤。這種麵團很容易就能製作一大團，所以可分成幾小團來嘗試一些不同的風味。你可以添加像葛縷子籽（caraway）或小茴香（cumin）這類風味顯著的整粒種籽再搭配臭味乳酪，或是添加綜合水果皮屑和芥末再搭配巧達乳酪（Cheddar）也可以。英國大廚馬庫斯‧瓦寧（Marcus Wareing）做了一

34

道南瓜籽百里香燕麥餅乾，他建議搭配康門貝爾乳酪或山羊乳酪一同享用。

印度馬鈴薯薄餅（POTATO PARATHAS）

　　這是兩種碳水化合物的結合，對於減肥人士來說，可怕的程度就有如兩件式牛仔穿搭之於時尚達人。但英式薯條三明治（English chip butty）、西班牙馬鈴薯煎蛋三明治（bocadillo de tortilla）都是這樣，印度馬鈴薯薄餅甚至還帶點贖罪的意味用了全麥麵粉製作。馬鈴薯薄餅的基礎就是印度薄餅，作法如同「舉一反三」中的 A 項所示，不過一旦小麵團被擀開，就要在中心處加入約一湯匙的馬鈴薯咖哩。然後將薄餅側邊拉起包住咖哩，在不讓內餡溢出的情況下，盡可能重新擀成薄餅狀。接下來就可以按照麵餅的煎法下鍋煎。有些廚師發現將餡料放在薄餅上再用另一張薄餅蓋住的作法更簡單，還有個優點是能裝入更多餡料。要製作馬鈴薯咖哩，請在鍋裡熱些植物油。加入 1 茶匙小茴香籽（cumin seeds），直到小茴香籽在鍋中彈跳，再加入半顆切末的洋蔥拌炒至稍軟，加入切碎的青辣椒調味。接著撒上 2 茶匙印度咖哩粉（masala）攪拌後，迅速加入 250 克馬鈴薯泥。混合均勻後，加入調味料試一下味道，另外還可以加入 1/4 茶匙的芒果粉（amchoor）來增添一點酸味。若你喜歡，也可以拌入一些切碎的芫荽。馬鈴薯餡料通常也可以用肉醬咖哩（keema；用豌豆搭配辣羊絞肉製作）、濃稠燉豆或蔬菜咖哩代替。

豆泥薄餡餅（REFRIED BEAN PUPUSAS）

　　在薩爾瓦多（El Salvador）和洪都拉斯（Honduras），會將薄餅進一步做成薄餡餅（pupusas）。請將第 36 頁「玉米」段落所示的玉米薄餅麵團等分成高爾夫球大小。拿起一球以拇指按壓，壓出一個足夠裝進 1 湯匙豆泥的凹洞。填入豆泥後，輕輕拉起周圍的麵皮覆蓋住內餡。接著將麵團擀平（或壓平）至 0.5 公分厚左右。只要麵團不過乾，內餡就不太會跑出來。以中火在鐵板上煎薄餡餅，每面煎 1 至 2 分鐘，直到表面有焦黃斑點為止。這有些像是較薄的墨西哥起司餡餅，但邊緣較為酥脆。在充滿鹹香的小茴香豆泥襯托下，玉米麵餅本身的甜味極為明顯。磨碎的乳酪或炸豬皮（chicharrones）也可以當做餡料。混合豆類、乳酪及炸豬皮的餡料也可以。傳統上，享用薄餡餅時會搭配以甘藍、胡蘿蔔、洋蔥和辣椒製成的辛辣發酵泡菜（crudito）。

墨西哥薄餅湯（TORTILLA SOUP）

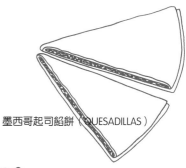

墨西哥起司餡餅（QUESADILLAS）

蛋炒薄餅（MATZO BREI）

薄餅撕碎泡水與打散的蛋混合，
放入鍋中以奶油翻炒。有人會加
洋蔥一起炒，也有人加蘋果，還
可以淋上糖漿。

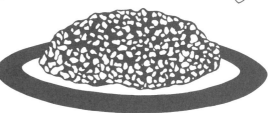

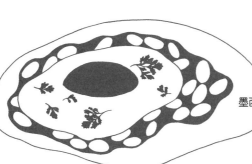

卡丘里炸脆餅（KACHORI）

以中筋白麵粉製作基礎食譜
中的麵團，將麵團壓成圓餅
狀再包入濃稠辛辣的豆類料
理，然後拉起邊緣麵皮做成
袋狀，再封口下鍋油炸。

墨西哥塔可餅（TACO SHELLS）

將剛出爐的玉米薄餅上刷油，掛在
烤架上以200℃烤8至10分鐘。

墨西哥蛋餅（HUEVOS RANCHEROS）

中東蔬菜沙拉（FATTOUSH）

將麵餅撕碎，與黃瓜、青蔥、番茄、萵苣
（lettuce）、薄荷和荷蘭芹（parsley）拌
在一起，再淋上橄欖油和檸檬汁，並撒上
大蒜和鹽膚木（sumac）。

咖哩捲餅（CURRY ROTI）

用熱熱的薄餅包起羊肉、雞肉、魚肉或蔬菜咖哩。

蘇打麵包、司康餅與鵝卵石派
（Soda Bread, Scone & Cobbler）

這裡得從麵餅和薄脆餅乾的基礎食譜跨出一小步。仍需要250克麵粉對上150毫升的液體（這裡要是冷的），但會加入化學發酵劑。這意味著麵團可以塑形做成麵包，像是愛爾蘭蘇打麵包。同樣的麵團加點奶油讓它濃郁些就可以做成司康餅，也可以放在水果或燉肉上做成鵝卵石派。這種麵團少見的變化版是做成牡蠣餅乾（oyster crackers），傳統上這種餅乾會搭配總匯濃湯（chowder；請參考265頁）享用。

此一基礎食譜可製作6個司康餅或1個蘇打麵包或直徑23公分的鵝卵石派。

食材

250克中筋麵粉[AB]

¹/₂茶匙小蘇打[CD]

¹/₂茶匙鹽

25克奶油（用於司康餅及鵝卵石派。蘇打麵包可加可不加）[E]

1至3茶匙糖（用於司康餅及鵝卵石派。蘇打麵包可加可不加）

150至200毫升白脫乳[FGHIJ]

1. 將麵粉、小蘇打和鹽過篩入碗中拌勻。
2. 將奶油（若有使用）全部揉入麵團中直到看不見為止。加入糖（若有使用）。在麵團中心挖個洞，倒入白脫乳。用勺子、手或兩者並用揉製成團。根據需要添加一點麵粉或水，做出柔軟而不太黏手的麵團。
   不過有些廚師在製做鵝卵石派時喜歡黏一點的麵團，這樣就可以用湯匙一匙匙挖起麵團鋪在水果或燉肉上再烘烤。
3. 雙手沾些麵粉，將麵團移到稍微撒粉的桌面上。輕輕按壓（不是揉捏）至一整個麵團成形。

製作蘇打麵包

　　將麵團做成圓弧狀後立即擺在抹油的烤盤上，並用竹籤將整個麵團都戳洞。接著在麵團頂部劃出深而寬的十字刀痕，以200°C烘烤25至30分鐘，或

將烤肉叉插入中心處，抽出時乾淨沒有沾黏即代表烤好了。將麵包移到架子上放涼一點再食用。請在一至兩天內食用完畢。

製作司康餅

　　將麵團擀成 2 公分厚，再切成正方形、三角形或圓形。將司康餅移到抹了點油的烤盤上，想要餅皮有光澤就在表面刷上蛋液或蛋黃，若不要光澤就撒點麵粉即可。放入烤箱烤 15 分鐘，烤溫最高不可超過 200°C，要隨時檢查以確保不會烤焦。

　　將麵團擀成方形再切成小方形或三角形是比較明智的作法，這樣麵團一次就能全部切好。有些廚師則是將麵團擀成圓形，然後再切成楔形做成司康餅。如果你覺得這不夠傳統，那就用模子在擀開的麵團上割出直徑 6 公分的圓形。不過你需要把剩下的碎麵團拼湊在一起才能做出第六個司康餅。割麵團時要將圓模垂直下壓且不要轉動，否則司康餅就無法膨脹變高了。

製作鵝卵石派

　　如果你打算直接用湯匙一匙匙地鋪在餡料上，那麼做到步驟 2 就可以了，若不採用這樣的方式就進行至步驟 3，請將麵團擀成 1.5 公分厚，並用模子割出直徑 5 公分左右的圓形鋪在水果或燉肉上。

　　鵝卵石派的派皮在 160 至 180°C 下烤 30 至 45 分鐘就會烤熟。如果派皮下面的餡料需要更長時間的烘烤，請將餡料先烤一段時間後再鋪進派皮裡烘烤。

舉一反三

A. 使用至少半全麥麵粉來做蘇打麵包。也可以使用高筋麵粉，但中筋麵粉更好。阿塔麵粉（極佳的全麥薄餅麵粉）可以做出絕佳的蘇打麵包，雖然這不像傳統愛爾蘭麵包那麼樸實。

B. 不建議全部用無麩質穀物粉來替換所有小麥麵粉，最多可以替換一半的量。傳統的做法是在麵粉中添加約 50 克燕麥粥（porridge oats），這樣的話，你可能需要再加一點白脫乳。

C. 如果你喜歡小蘇打的味道，請加入 $3/4$ 茶匙的小蘇打。

D. 也可以改用 2 茶匙泡打粉取代 $1/2$ 匙小蘇打。這樣就不需要白脫乳的酸度，改用一般牛奶就行了。

E. 撰寫司康餅（或說是「比斯吉」，因為作者是美國人）專書的作者詹姆斯・畢拉斯（James Villas）認為，可以用高脂鮮奶油（double cream）取代奶油。

F. 如果你需要超過200毫升的白脫乳，超出200毫升的部分可以改用牛奶或是水。

G. 牛奶加上檸檬汁也可以用來取代白脫乳。將1湯匙檸檬汁倒入量杯中，再倒入牛奶至150毫升的位置，然後靜置10分鐘使其凝固。或是將1茶匙的塔塔粉（cream of tartar）倒入150毫升的牛奶中，靜置10到15分鐘讓魔法再次發生。

H. 將天然優格用水稀釋也可以取代白脫乳。

I. 有些廚師會用水和醋（150毫升水加2茶匙醋）取代白脫乳來製作蘇打麵包。這種麵包的質地會粗一點，但同樣美味。

J. 有些蘇打麵包的食譜會加顆雞蛋拌入白脫乳中。這種麵包烤出來會比沒有加蛋的蘇打麵包來得大，其麵包體不那麼紮實，而外皮則更有嚼勁。

鯷魚與百里香（ANCHOVY & THYME）

馬克·麥威廉斯（Mark McWilliams）在《佳餚背後的故事》（*The Story Behind the Dish*）中提到了一道十九世紀中葉的鵝卵石派食譜，這道食譜建議先在派模的側邊鋪一圈酥皮，再放入水果並蓋上一層酥皮。鵝卵石派烤好後倒扣在盤子上，就成了相當家常口味的水果塔了。這是避免塔皮濕軟的一種精心作法（這在《英國烘焙大賽》〔*The Great British Bake Off*〕中是非常受歡迎的終結說法，幾乎算是一句名言了）。當前的鵝卵石派用的是司康餅麵團而不是酥皮，而且不需要先在派模上鋪一圈派皮，只需簡單地將小顆麵團鋪在美味的燉肉或烤過的水果表面上就行了，這是能最快速完成的派。其中一種作法是，廚師只需要在餡料表面一匙一匙地間隔放下像肉丸般的濕黏麵團即可。鯷魚和百里香是適合搭配胡蘿蔔燉牛肉（beef and carrot casserole）的另一種風味組合。將8至10條鯷魚剁得細碎，拌入加有液體、1茶匙乾燥百里香或2茶匙切碎新鮮百里香的麵粉中。記得將鹽的用量減少到$1/4$茶匙。

芹菜、洋蔥與香草（CELERY, ONION & HERB）

名廚米歇爾·魯·二世（Michel Roux Jnr）製作高香氣蘇打麵包的做法是，先用奶油將洋蔥丁、芹菜丁及芹菜籽（celery seed）炒軟出汁，再將其加入麵粉及小蘇打粉中，奶油一旦揉進麵團裡，就會散發出高度的香氣。再隨興以牛奶及檸檬汁代替白脫乳加入麵團中，可以讓麵團開始合為一體，之後再拌入大量切碎的薄荷、荷蘭芹和獨活草或芹菜葉。這個麵團的分量是基礎食譜麵團的兩倍，要放在900克（2磅）的吐司烤模烤40至50分鐘。這種麵包的滋味鮮美，味道不可思議地像極了康瓦爾肉餡餅（Cornish pasty），我指的是正統的牛肉配蕪菁那種，而不是雞肉配上西班牙辣香腸（chorizo）或番茄咖哩花枝（squid rogan josh）的那一種。

巧克力豆玉米餅乾（CORN CHOC CHIP）

一個寒冷的下午，我用粗玉米粉和小麥麵粉混合製作了一批司康餅，並加入黑巧克力豆。當司康餅放涼後，我坐在廚房的桌子旁，閉著眼睛吃了一個。它讓我想起了某個東西，但我想不出那是什麼。突然間，我知道了。我翻新了「巧克力玉米片薄餅（chocolate cornflake wheel）」，那是一種外頭包著巧克力

的玉米片薄餅，在我小時候會切成六塊在超市裡販售，這種零嘴如今已經被布朗尼和杯子蛋糕這類利潤史高的巧克力零食所取代。按照司康餅的食譜就能製作出這種餅乾，請用細磨粗玉米粉取代一半的中筋麵粉，至於要加多少巧克力豆，就隨你喜歡或是根據你的食材預算來決定吧。糖的用量則差不多要用到基礎食譜建議的最高量了。

洋蔥（ONION）

餐館老闆史蒂芬・布爾（Stephen Bull）寫道，如果他「因為某些想像中的過失，而被懲罰永遠禁止吃一種愛吃的食物」，那種食物一定就是司康餅了。「灰腳鷓鴣（grey-legged partridge）或焦糖扇貝都沒關係……司康餅雖然不起眼，但被禁止享用仍是個可怕的懲罰。我自己也不懂為什麼。從烘焙的角度來看，司康餅算是種低等生物，絕對不是精緻的點心。」布爾有一道用乳酪和日曬番茄乾（sun-dried tomato）來做麵團的食譜，他認為這種麵團很適合製作搭配炒蛋和培根的鵝卵石派或司康餅。我也喜歡布爾的洋蔥司康餅食譜，特別因為他建議搭配水煮荷包蛋和洋蔥醬來享用，如果你用奶油替換食譜中的動物油，這就會是一道極佳的素食早午餐。將大顆西班牙洋蔥剁得細碎，在 2 湯匙的鴨油或培根油中炒至微焦。倒出後，另將 2 湯匙切成薄片的韭蔥（leeks）放入同一個平底鍋中翻炒 5 分鐘。將 225 克的中筋麵粉與 $^1/_2$ 茶匙的小蘇打及 $^1/_2$ 茶匙的鹽混合過篩後，再將 50 克奶油揉進麵粉中。接著加入洋蔥、韭蔥和 20 克磨碎的帕馬乾酪（Parmesan）攪拌均勻。加入優格（最多不超過 200 克）以做成具有黏性但不會太濕的麵團。將麵團移到撒粉的桌面揉捏幾秒鐘，擀成 2 公分厚，並用模子切割出直徑 5 公分的圓形。將小圓麵團放在抹了點油的烤盤上，以 200°C 烤 15 分鐘。將烤好的司康餅切半在上面放顆水煮荷包蛋並佐以洋蔥醬享用。請將150 克切成薄片的洋蔥放入鍋中用 25 克奶油及一小撮鹽燜煮至軟（要蓋上鍋蓋），然後將洋蔥與130 毫升熱牛奶攪打做成洋蔥醬，套句布爾的話，若「你不怕胖」，那就再加些高脂鮮奶油吧。

歐洲防風草塊根、帕馬乾酪與鼠尾草（PARSNIP, PARMESAN & SAGE）

歐洲防風草塊根和帕馬乾酪是料理作家德莉亞・史密斯（Delia Smith）的招牌組合。她將歐洲防風草塊根放在帕馬乾酪中烤的那道菜餚，已經成為耶誕大餐的必備菜色，之後她也自創了包有鼠尾草洋蔥餡的歐洲防風草塊根帕馬乾酪捲（類似蘇打麵包那一類的速成麵包捲）。史密斯建議用番茄湯搭配這種

麵包捲享用，或是跟蘋果、芹菜及洗式乳酪（washedrind cheese）一同上桌享用，不過我個人偏好熟食早餐。前一天晚上先將歐洲防風草塊根磨碎並將乳酪切丁，當天就只要混合好麵團，無需再找出煎鍋來煎炒，直接放進烤箱中就行了。以下即為運用基礎食譜做出史密斯風味蘇打麵包的步驟。請使用中筋麵粉，將麵粉過篩後加入$1/2$茶匙鹽和2茶匙泡打粉。接著加入175克磨碎的歐洲防風草塊根，攪拌至塊根均勻裹上麵粉。加入50克切丁（0.5公分見方）的帕馬乾酪，以及1大湯匙切得細碎的新鮮鼠尾草。再加入75毫升牛奶及1顆打過的大型蛋混合成麵團。（由於磨碎的歐洲防風草帶有水分，還有雞蛋的關係，使用的液體要少於基礎食譜的用量。）放入烤箱烘烤35至40分鐘，差不多比未調味的麵包多個10分鐘，以烤肉叉插入麵包中心檢查看看，若烤肉叉乾淨沒有沾黏，就表示麵包烤好了。

義式青醬（PESTO）

超市賣的青醬具有一種割草時會飄出的氣味，加進義大利麵中感覺不佳。不過加進司康餅麵團添增點風味的效果倒是還不錯。若在司康餅的基礎食譜中加入2湯匙的青醬，白脫乳就只需要用到125毫升。不要只想做傳統的圓形司康餅，可以做方形或三角形的司康餅，這樣20分鐘內就可以做好並享用。將熱熱的司康餅分成兩半，加入手指般高且冰涼濃郁的白色山羊奶酪享用吧。

葡萄乾（RAISIN）

假如你正在注意糖分攝取量，這種略帶甜味的愛爾蘭水果蘇打麵包「斑點狗（Spotted Dog）」就是蛋糕的極佳替代品。請切一片斑點狗麵包塗上奶油享用，若你還是想塗上果醬，就把一些成熟的覆盆子壓碎撒在麵包上吧。蘇打麵包和司康餅都無法存放太久，但是幾天後烤來吃味道仍不錯，若在麵團中加些糖和油，則可存放得久一點。可以在基礎食譜的麵團中加入1湯匙的糖和少量的葡萄乾混合。若想要更柔軟、更有蛋糕的口感，可以在加入麵團的液體中打顆蛋。美國的愛爾蘭蘇打麵包除了糖和葡萄乾外，通常還會添加1至2湯匙葛縷子籽（caraway seeds）。

粗麵粉（SEMOLINA）

摩洛哥的粗麵粉蛋糕（Harcha）是麵餅和蛋糕的合體，跟英式瑪芬鬆糕（English muffins）有點像。粗麵粉蛋糕是用粗麵粉、少許糖、溫牛奶和奶油做成，並像煎餅一樣用平底鍋煎熟。在碗裡將250克細磨粗麵粉、1至3湯匙糖、1/4茶匙鹽和1/2茶匙泡打粉混合拌勻。另將100克奶油融化在100毫升牛奶裡，然後拌入乾性食材中。給乾性食材一至兩分鐘的時間吸收牛奶和奶油，然後揉成光滑（泛油光）的麵團。接著將麵團擀至0.5公分左右的厚度，用模子割出圓餅狀，放入煎鍋以中火煎至下面呈焦黃色，然後翻面也將另一面煎至焦黃。做好後將餅分成兩半，塗上蜂蜜和奶油乳酪趁熱吃。有些廚師會使用白脫乳或是隔夜的薄荷茶來代替牛奶。我曾經試過用剛煮好的薄荷茶，但是在做好的粗麵粉蛋糕中嚐不出薄荷的味道來。

蕃薯與胡桃（SWEET POTATO & PECAN）

美食家湯馬斯・傑佛遜（Thomas Jefferson）是美國第一位種植茴香（fennel）的人士，他也特別喜愛法國勃艮第（Burgundy）的優質葡萄酒。費城有家歷史悠久的「城市酒館餐廳（The City Tavern）」就採用了傑佛遜的一道番薯「比斯吉」食譜並加以改良，餐廳每天都會製作這種比斯吉。（「比斯吉」就等同於英國的司康餅。）它們的味道濃郁，帶有堅果和水果味，還隱約透著一絲香料和奶油的風味。如果司康餅跟葡萄一樣有分級，這款比斯吉必定會列入第一等級。接下來的配方就是對餐廳的改良食譜再略微調整後的食譜。請將100克奶油揉入250克麵粉中，然後加入100克紅糖（light brown sugar）、1/2茶匙的薑粉、1/2茶匙的多香果粉（allspice）和1/2茶匙的肉桂粉，以及1湯匙泡打粉。在麵團中心挖個洞，倒入250克冷番薯泥、125毫升高脂奶油和4湯匙切碎的山核桃，將它們全部揉成一團。接著將麵團擀成3公分厚，切割成直徑5公分的圓形。放在抹了點油的烤盤上，兩兩間隔2公分，以180°C烘烤25至30分鐘（即是比司康餅基礎食譜的烤溫稍低一點，烘烤時間更長一點。）

糖蜜（TREACLE）

如果啤酒是液體麵包，那麼以麥芽釀製並帶點苦味的糖蜜所做成的愛爾蘭麵包就是可以切片的健力士啤酒（Guinness）了。可在這種麵包上擠上量大到足以沾到鼻頭的乳白色鮮奶油。要製作這種麵包，請按照蘇打麵包的基礎食譜進行，在 250 克白麵粉中加入 1 湯匙糖。另在步驟 2 中只需加入 125 毫升白脫乳，並在其中拌入 3 湯匙的糖蜜。

優格與黑種草籽（YOGURT & NIGELLA SEED）

饢餅（Naan）成了吃下太多咖哩的經典代罪羔羊。在吃下一堆扁豆脆片（poppadoms）、巴哈吉炸菜餅（bhajis）和帕可拉炸菜餅（pakoras）、燉豆（為了健康）、印度串烤（tikkas）、塔里套餐（thalis）和印度咖哩（bhunas）後抱著肚子的時候，一定有人會說：「我們不應該點饢餅。」但誰能抵抗黑種草籽特有的香味？即使傳統饢餅通常要用酵母發酵，你也可以用蘇打麵包的基礎食譜快速做出還不錯的近似成品。液體部分請將溫優格與牛奶以 1：1 的比例混合，並加入 2 茶匙泡打粉而不是小蘇打，另外每 250 克的白麵粉請加入 $\frac{1}{4}$ 茶匙的黑種草籽。如果你有時間，可以在室溫下將麵團揉 5 分鐘，然後靜置 15 分鐘。接著將麵團擀成老人垂耳的形狀並撒上一些黑種草籽，然後放在平底鍋中煎，或也可以將擀開的麵團直接鋪在烤肉架上烤，這會讓饢餅產生焦脆的邊緣。接著要翻面一次。請記住，不要讓還沒有烤的饢餅麵團靠近火源，否則它會變得黏答答的。若是想做類似白沙瓦的饢餅（Peshwari naan），請將 50 克磨碎的椰子或椰蓉（desiccated coconut）、50 克蘇丹娜白葡萄乾（sultanas）和 50 克杏仁片或開心果攪打成糊狀，並在兩個擀平的麵團之間少量塗抹。然後將麵團邊緣黏合再次擀平，盡量不要把餡料擠出來，最後再下鍋煎即可。

波士頓焗豆吐司
（BOSTON BAKED BEANS ON TOAST）

都柏林鵝卵石派佐蘇打麵包
（DUBLIN CODDLE WITH SODA BREAD）

在水或蘋果酒中慢慢熬煮培根、香腸、
洋蔥和馬鈴薯，並撒點荷蘭芹點綴，再
搭配一大塊蘇打麵包。

生蠔佐蘇打麵包，
再配上一杯健力士啤酒
（SODA BREAD, OYSTERS &
APINT OF GUINNES S）

用在棕色麵包冰淇淋
（BROWN-BREAD ICE CREAM）

鹹麵包奶油布丁
（SAVOURY BREAD & BUTTER PUDDING）

因為蘇打麵包帶有明顯的蘇打味，所以
不適合做成甜味版的麵包奶油布丁。

麵包丁（CROUTONS）

將放太久的麵包撥成碎片，裹
層油後放入烤箱中以200℃烤
至酥脆，可以撒在湯和沙拉上
享用。

佐乳酪享用的麵包脆片
（CRACKERS FOR CHEESE）

將放太久的蘇打麵包切成薄片，
抹油並以200℃烘烤10分鐘。

蘇打麵包（SODA BREAD）

搭配煙燻鮭魚或是加熱後塗上
奶油及果醬享用。

愛爾蘭燉肉蘇打麵包鵝卵石派
（IRISH STEW WITH SODA-BREAD COBBLER）

酵母發酵麵包（Yeast-risen Bread）

　　這個基礎食譜所用的液體與麵粉比例與前兩個基礎食譜相同，但使用酵母來代替蘇打麵包中的化學發酵劑。發酵麵團的用途極多，可以製作麵包、麵包捲、披薩餅皮、麵餅、麵包棒（grissini）、貝果、派餅等等，若再加入油脂，還可以做成佛卡夏麵包（focaccia）及可頌麵包（croissants）。做個一公斤的麵團，你的烤架上就會像豐收慶典那般擺滿麵包。如果你有時間，請試試「舉一反三」第I項所提到的中種法，這會讓成品的風味更佳。

此一基礎食譜可製作1個中等大小的圓麵包或12至14個麵包捲。[A]

食材

　　500克高筋白麵粉[B]

　　2茶匙速發乾酵母[C][D]

　　1茶匙鹽[E]

　　1至2湯匙糖（可加可不加）[F]

　　1至2湯匙奶油或油（可加可不加）[G]

　　300毫升溫水[H]

　　刷在麵包表面用的牛奶或蛋液（可用可不用）

1. 在大碗中倒入麵粉秤重。拌入酵母粉、鹽和糖（如有使用）。若需要用到油脂，可以將1至2湯匙奶油丁揉進麵粉中直到完全看不見為止，或在下個步驟中，在要倒入的溫水中加幾湯匙油。
   脂肪有助於維持麵包的風味。即使是少量的奶油也可以增進風味。

2. 在麵粉堆的中心挖個洞，倒入溫水。用勺子或手或兩者並用將麵粉揉成團。按情況加點麵粉或水，揉成柔軟但不沾手的麵團。

3. 將麵團揉8至10分鐘直到光滑為止。
   若要加入任何碎堅果、水果乾或混合果皮，請在揉麵接近完成時再加。有些廚師可能會在步驟5才添加這些東西，也只會簡單揉捏使其均勻分布而已。

4. 將麵團移到抹了點油的大碗中，找個溫暖的角落準備發酵。用乾淨的棉布或抹油的浴帽或保鮮膜蓋住碗，然後靜置到麵團變成兩倍大。需要多久的

時間取決於環境的溫度，40分鐘後就可以開始檢查看看。

5. 當麵團膨脹後，用手指擠壓出麵團中的空氣。

   可在這個時間點將麵團放入大保鮮袋（它將會慢慢膨脹）置於冰箱中，留待之後使用。這可以存放7天。

6. 將麵團整形，然後移到抹了點油的烤盤上。

7. 將麵團放在溫暖的地方蓋起進行二次發酵，一樣等它膨脹至約二倍大為止。若是製作圓麵包，大約30分鐘後可檢查膨脹的情況，若是麵包捲則為20分鐘。

   乾淨的塑膠袋是蓋住麵團的好選擇。不要讓麵包過度膨脹，否則它會在烤箱中皺縮。寧可發酵不足，也不要過度發酵。

8. 在麵包表面撒點麵粉。或者是輕輕刷上牛奶或蛋液。蛋液可以讓麵包表面產生光澤，也可以黏住撒在麵包上的種籽。如果你喜歡，也可以在麵包上劃刀痕。

   可以劃上十字、葉脈狀，或任何你喜歡的刀痕。這不僅有美觀的效果，也讓麵包能夠自由膨脹。除非你有一把非常鋒利的刀子，不然請使用刮鬍刀片。

9. 以220°C烘烤麵包20分鐘，然後將烤溫降至180°C再烘烤10至20分鐘。麵包捲只需以220°C烤12至15分鐘。敲敲烤好的麵包應該有空心的感覺。若你用烤模烤麵包，可能需要在烘烤30至40分鐘後將其脫模，直接擺在烤箱的烤架上再烤5分鐘，好讓外皮更酥脆。

10. 將麵包取出擺在架子上放涼。

舉一反三

A. 這個麵團的大小也足夠做出4到6個披薩餅皮。若要製作2全3個麵包捲（適合測試味道的分量），請用125克麵粉、$1/4$茶匙鹽、$1/2$茶匙速發乾酵母和75毫升水。若要以900克（2磅）的吐司模做麵包，請使用400克麵粉、$3/4$茶匙鹽、$1\frac{1}{2}$茶匙速發乾酵母及240毫升水。麵團在步驟7時應該要膨脹到烤模邊緣的高度。

B. 全麥麵粉和斯佩爾特小麥麵粉可以做出極佳的發酵麵包。部分麵粉可以用等重的黑麥麵粉或蕎麥粉或細磨粗玉米粉代替，但最多只能替換30%左右的麵粉量，因為它們的筋性較低，膨脹的幅度會比較小。

C. 用速發乾酵母做出的麵包可以只發酵一次就烘烤，因此若你趕時間，可以跳過步驟4和5。然而，如同本文所述，發酵兩次的風味更好。

D. 若使用需要活化的酵母，請在150毫升溫水中混入1茶匙糖後，加入15克的新鮮酵母或1湯匙的乾酵母，靜置15分鐘讓它產生泡沫，然後連同150毫升溫水在步驟2中倒入麵粉堆中心。

E. 這道食譜的鹽用量少一點。許多食譜都用2茶匙的鹽。

F. 你可以依個人喜好在麵團中添加1至2湯匙的糖。楓糖漿、蜂蜜或任何你喜歡的糖都可以。全麥麵包通常使用糖蜜和麥芽糖漿。

G. 油脂可加可不加，也可以替換。可用奶油、豬油、橄欖油或葵花籽油，或日曬番茄乾罐頭中剩下的風味油也可以。

H. 液體的選擇很多：可用蘋果汁、啤酒、蘋果酒等等。牛奶能做出柔軟白皙的麵包，而煮過馬鈴薯的水則可為麵包外皮帶來更加美味酥脆的口感。

I. 中種法絕對能製作出風味更加細緻的麵包。要在基礎食譜上應用中種法，請將 $1\frac{1}{2}$ 茶匙速發乾酵母、一半（250克）的麵粉和200毫升溫水混合後蓋起靜置至少4小時，最多24小時。然後加入剩餘的麵粉、溫水及鹽揉成麵團（可依照個人喜好斟酌加入奶油）。剩餘的100毫升溫水可能不敷使用，要再補一點水。然後接續步驟3進行。請注意，由於麵包發酵的時間較長，所以酵母的用量也要少一點。

酵母發酵麵包→風味與變化

蘋果（APPLE）

　　法國諾曼第奧格地區的伯夫龍（Beuvron-en-Auge）小村莊裡有著以半木頭骨架建構的房屋，有一家名為「Au Bon Pain」的麵包店就坐落在這樣的屋群中（這家與美國的「Au Bon Pain」連鎖店無關），它販售由當地主要農產蘋果塊和蘋果酒製成的蘋果酒麵包（pain au cidre）。《現代實作麵包師》（*The Modern Practical Bread Baker*）一書的蘋果麵包食譜，建議以等重的溫蘋果泥替換三分之一的麵粉，並只使用足夠將麵粉揉成團的溫水水量即可。我試了這道配方。麵團一完成發酵，我就將其烘烤成麵包捲，當我打開烤箱，滿室都是油炸蘋果餡餅香。可惜的是，味道並不像油炸蘋果餡餅，但包覆在美味酥脆外皮裡的，則是帶著有如餐包那般微微甜味的麵包體。

貝果（BAGELS）

　　從酵母發酵麵團分出一點麵團來做做貝果，你就會知道這是多麼簡單。雖然簡單，但難處在於要讓貝果看起來圓滑無接縫，像是手鐲而不是腳踏車鎖。如果你正在使用中種法做麵團（請見上一頁），那麼風味會更好，但如果沒有也請不用擔心。畢竟，貝果最重要的是口感，帶有嚼勁的口感。我住在紐約的表弟總會在早餐時吃個貝果，然後他可以整天說個不停。當麵團第一次膨脹後，請壓平並等分成14份，每份約65克。接著滾圓，並在中間挖洞，套在手指上旋轉形成環狀。或者將每塊小麵團滾成一條18公分長的圓條，再將兩端牢牢接合做成環狀。接著放入加鹽的大量沸水中水煮，一次最多煮兩三個，每面煮一分鐘。煮好後取出放在乾淨的棉布上吸乾水分，之後移到抹了點油的烤盤並刷上蛋液，你也可以依照個人喜好斟酌撒些種籽，以200℃ 烤 20 至 25 分鐘即可。

巴斯奧利弗餅乾（BATH OLIVERS）

　　一八七四年版的《食品期刊》（*The Food Journal*）提到，「這種餅乾特別好吃，但作法簡單，以致於它們看起來好像只用麵粉、奶油和水就可以做出來。但在製作上還是有些祕訣，沒經驗的人做出的餅乾就可以印證這一點，他們想做出真正的餅乾，卻只是沒有用的模仿而已。奧利弗餅乾特別酥脆，適合做成甜點或搭配乳酪享用，據說它是唯一一種發酵過的餅乾，對於胃酸

過多的患者來說有好處，因為酵母有改善胃酸過多的效用。」你可以考慮丟掉胃藥了。這款餅乾是以發明者威廉・奧利弗博士（Dr Willia Oliver）之名來命名，而奧利弗博士也認為巴斯（Bath）這個城市的水可以治療不孕症、癲癇和痔瘡。《食品期刊》接續提到巴斯奧利弗餅乾永遠都是貴族青睞的禮物。在《慾望莊園》（*Brideshead Revisited*）中，塞巴斯汀（Sebastian）和查爾斯（Charles）在布萊茲海德莊園（Brideshead）的地窖中，經過持續的努力終於學會了品酒（他們會說出「這是一種像瞪羚一樣小巧差澀的酒」/「這就像在靜水畔的長笛聲那般」這類評語），而他們在大口喝下五十年葡萄酒之間用來清潔自己味蕾的就是巴斯奧利弗餅乾。以下食譜改良自一八四二年的《家務辭典》（*Domestic Dictionary*）。請在 225 毫升溫牛奶中融化 75 克奶油，然後拌入 500 克高筋白麵粉、2 茶匙速發乾酵母和 $1/2$ 茶匙鹽。將麵團揉至光滑後用乾淨的棉布（或保鮮膜）包裹，並在溫暖處靜置 15 分鐘。接著將麵團桿平並折疊幾次，就像製作千層酥皮（rough puff pastry，見 677 頁）一樣，然後擀出錢幣那樣的薄度。將麵團刺洞（使用竹籤或針將整面都戳洞）並切割出許多大圓。將餅乾放在抹了點油的烤盤上，以 140°C 烤 20 分鐘。烤出來的成品不像工廠製造的那樣平整，但味道更好，因為目前市面上販售的巴斯奧利弗餅乾是以棕櫚油製成（《慾望莊園》中的佛萊德家族不會認可的作法）。如果你從未吃過巴斯奧利弗餅乾，想像一下無糖的富貴佐茶餅乾（Rich Tea）會是什麼味道就知道了。

櫻桃與榛果（CHERRY & HAZELNUT）

水果和堅果是注定要搭配乳酪麵包的經典組合。葡萄乾和核桃並列第一。高檔連鎖麵包店「梅森凱瑟」（Maison Kayser）則販售美味的開心果和杏桃乾麵包。而將榛果和櫻桃乾用來搭配山羊奶酪、風味鮮明的戈根索拉藍黴乳酪（Gorgonzola）或是帶有水果風味的鞏德乳酪（Comté）都可以。半全麥麵團是最理想的麵團（1：1 比例的白麵粉和全麥麵粉），但你還是可以根據喜好微調比例。可以考慮添加 1 至 2 湯匙麥芽糖或糖蜜，特別若你偏愛有奶酪的水果蛋糕。請在步驟 3 揉麵結束時加入烤堅果和水果乾，記得要均勻分布。一開始使用 500 克麵粉的話，加入 50 克堅果和 25 克櫻桃乾最為適當。

栗子（CHESTNUT）

如果你住的地方離最近的村莊還有兩百英里，而且剛剛才狼吞虎嚥下荒

山上的最後一頭瘦羊，碩果僅存的食物可能就只剩栗子麵包了。法國名作家大仲馬（Alexandre Dumas）寫道，用栗子粉製成的麵包「總是品質不好，沉甸甸的且難以消化」。蘇格拉底的學生，雅典的歷史學家色諾芬（Xenophon），稱栗子麵包「讓人頭痛」。第一次試做栗子麵包的最佳作法，是將栗子粉跟其他穀物麵粉混合使用。主廚喬吉歐・羅卡泰利（Giorgio Locatelli）在他的佛卡夏（focaccia）食譜中，建議 500 克高筋白麵粉中有 50 克的麵粉可以用栗子粉（或鷹嘴豆粉或烤過的米粉末〔rice flour〕）代替。美國的栗子樹在被栗疫病徹底摧毀之前，原住民切羅基人（Cherokees）會用栗子泥和粗玉米粉混合製作麵包。栗子會放在石頭堆成的小爐上煙燻烘乾，對於沒有看過《厄夜叢林》（*The Blair Witch Project*）的人來說，這看起來可能相當小巧且樸實。

芫荽籽與茴香（CORIANDER SEED & FENNEL）

雖然我喜歡跟女星朱莉・安德魯斯（Julie Andrews）在電影《真善美》中一樣轉動張開的雙臂，但我人在半山腰且早餐時間已過了四個小時，我覺得自己不像她，反倒更像是靴子裡有顆石頭的湖區健行作家阿爾弗雷德・溫賴特（Alfred Wainwright）。當我蹣跚地走進位於英國湖區克羅思韋特（Crosthwaite）的龐奇鮑爾飯店（Punch Bowl Inn）時，我餓到喝不了開胃酒，也說不出話來且讀不了菜單。這時一籃麵包以救星之姿出現，籃子裡頭裝滿了一片片加有芫荽籽和茴香的深色麵包。飢餓不僅是最好的醬汁，也天殺地是最棒的奶油。我想在家裡做出類似的麵包，所以將 250 克的黑麥麵粉、250 克全麥高筋麵粉、酵母及鹽混合，再加上 1 湯匙的可可粉，並同時攪入 1 湯匙稍微壓碎的茴香和芫荽籽。然後也在溫水中加入 1 湯匙糖蜜。這次我只是漫步在倫敦攝政公園的櫻草山（Primrose Hill）上，不過麵包可是相當美味哦。

牛角麵包／可頌麵包（CROISSANTS）

如果只是喜歡可頌烘烤時散發的香氣，那就至少做一次看看。可頌的香氣幾乎不下於它在口中所散發的味道，可以說是平分秋色了。自製的可頌有著更為顯著的強烈奶油鹹香。可頌就像是麵包籃中的龍蝦：末端有著像螯那般的裂痕，而內部則有柔軟的麵包體。請不要搭配果醬，要用小紙杯裝著融化的奶油沾著吃。這裡要鄭重聲明，真的沒有必要為了讓可頌在進烤箱前有時間發酵，因此早上 5 點就起床。你只需要在要吃的前一兩天做好可頌，接著放涼、包好並在室溫下保持密封即可。當你要享用時，取出並以 180°C 重新烘烤 5 至 10 分

49

鐘，可頌仍是美味（和香氣）十足。要製作可頌，請按照基礎食譜的步驟1至5進行，用500克麵粉製作酵母麵包麵團。接著將麵團放入冰箱靜置。在此同時將250克奶油擀成1公分厚的長方形。然後取出麵團，擀成一個足以包住奶油的長方形。將奶油放在麵團中心處，摺起麵團完全包住奶油。將包了奶油的麵團翻面，盡可能地擀成一個大的長方形，再像做千層酥皮一樣，將麵團摺起翻面（請參考677頁），若是麵團的溫度太高，就把麵團放入冰箱冷藏或冷凍一下，然後再將麵團折起擀平，這樣重複四次。接著將做好的麵團冷卻至少30分鐘後取出，並大致等分成兩塊。將每塊擀成一個寬約25公分、長則盡可能拉長的長方形。將長方形麵團切成底約10公分、高為25公分的等腰三角形。這個麵團大概可以做出20至24個三角形，數量的多寡取決於你擀出的麵團厚薄度。在每個三角形底部中間往中心切出1公分的切口，接著在將三角形麵團往尖端捲起時稍微將底部拉開，並將兩端向內彎曲成新月狀。移到墊有烘焙紙的烤盤中，在表面抹上打好的蛋液，進行最後一次發酵。最後以200°C烘烤20至25分鐘即可。

小茴香或葛縷子（CUMIN & CARAWAY）

美食作家伊麗莎白·大衛寫道，在黑麥麵包中添加小茴香「特別對味」，不過她也認同對味的還有葛縷子及少見的蒔蘿籽（dill seed）。你會在北歐和中東地區發現小茴香風味的麵包，而法式小茴香麵包（French pain au cumin）則與慕斯特乳酪（Munster cheese）、艾波瓦斯乳酪（Époisses cheese）或維切林乳酪（Vacherin cheese）有美妙的對比風味。小茴香麵包實際上使用可能是小茴香，也可能是葛縷子──無論哪一種都跟乳酪很對味。來自法國孚日地區（Vosge region）的慕斯特乳酪偏黏，據說風味辛辣，無論搭配小茴香或是葛縷子都能帶出絕佳風味，若再佐上一杯辛辣的格烏茲塔明那白葡萄酒（Gewürztraminer），滋味更棒。

50

佛卡夏麵包（FOCACCIA）

午餐時間想要在羅馬野餐，可以去托拉斯特區（Trastevere）找家麵包店購買像片地墊的佛卡夏麵包（可以購買朝鮮薊葉〔artichoke leaf〕搭配帕馬乾酪的口味，或櫛瓜花〔courgette flower〕搭配鯷魚及莫札瑞拉乳酪〔mozzarella〕的口味，或者是只撒上海鹽的口味）。接著去市場攤位買一袋新鮮的桃子或無花果，並在愛諾特卡葡萄酒專賣店（enoteca）停下腳步買瓶淡白葡萄酒，再前往多里亞潘菲利別墅公園（Villa Doria Pamphili），在努力爬上山丘的途中可以欣賞城市美景。然後在湖邊享用午餐，看著淺淺的湖水中如踏腳石般的烏龜正在曬太陽的模樣。若有沒吃完的佛卡夏麵包，剛好可以拿來墊著睡午覺。製作佛卡夏麵包看似要比一般麵包要省力，但事實並非如此。請按照基礎食譜來製作佛卡夏麵包，如果你的儲藏室有空間存放兩種麵粉，請一半使用高筋白麵粉，另一半使用義大利00號麵粉。在步驟2中，將3湯匙橄欖油揉入麵團中。接著在抹油（不要撒粉）的桌面上繼續揉捏。在這個階段，你可能會想要用有麵團鉤的攪拌機來和麵，可是發酵之後，麵團就會有絲滑般的愉快彈性觸感了。請繼續執行後續步驟。在步驟6中，將麵團整成約30公分×20公分的長方形。接著將麵團移到抹了點油的烤盤上用塑膠袋包著，靜置發酵至膨脹良好。最後，請做個有毅力的人，用食指把整面麵團戳出一個個的凹陷，再將2湯匙橄欖油和1湯匙水混合後刷在麵團表面上。最後撒些海鹽，以200℃烘烤20至25分鐘。烤之前還可以將迷迭香、日曬番茄乾、橄欖或洋蔥片等其他食材撒在表面。

檸檬（LEMON）

有句英文俗諺說：「假若人生帶給你酸澀的檸檬，就把檸檬變成好喝的檸檬水吧。」做完檸檬水但還是一直收到檸檬的話，那就來做做檸檬麵包吧。麵包師傅理查・柏堤內特（Richard Bertinet）建議夏天時可以用沙拉或煙燻鮭魚搭配檸檬麵包捲享用。調整一下基礎食譜，在揉麵完成前加入2顆檸檬磨碎的皮屑即可。

香草紅酒麵包（PAIN AU VIN & AUX HERBES）

　　紅葡萄酒和百里香能夠撫平所有的不適。請在基礎食譜的步驟2中，使用300毫升溫葡萄酒（紅酒、白酒或粉紅酒〔rose wine〕都可以）來代替水。再加入4茶匙糖，然後看是要從幾片濃密的百里香枝上摘下新鮮百里香葉，或者使用大約1茶匙的乾燥百里香都可以。另外若在第二次揉麵時加入磨碎的小紅洋蔥（small red onion），麵包會更加美味。

馬鈴薯（POTATO）

　　根據伊麗莎白・大衛所言，我們之所會發現馬鈴薯對麵團具有神奇功效，都要歸功於糧食短缺。伊麗莎白認為馬鈴薯麵包特別美味，我也同意她的看法。剛出爐的馬鈴薯麵包鮮甜且具有彈性，有著類似於英式烤餅（crumpet）的口感，值得切下厚厚一塊享用。使用馬鈴薯泥及煮過馬鈴薯的水來製作麵包成效最佳。與製作義式馬鈴薯麵疙瘩（potato gnocchi）一樣，使用粉質馬鈴薯（floury potatoes）是最明智的作法，將馬鈴薯帶皮水煮後瀝乾並去皮及搗碎。稍微調整一下基礎食譜，將150克的馬鈴薯泥揉進350克高筋白麵粉中，就像將奶油揉進麵粉中一樣。請在麵粉堆上撒點鹽，要注意的是，如果煮馬鈴薯的水中加了鹽，揉麵粉時，鹽的用量要減少到 $1/2$ 至 $1/4$ 茶匙。在麵粉堆中間挖個洞，放入2茶匙速發乾酵母和最多250毫升煮過馬鈴薯的溫水。倫敦國王十字車站（King's Cross）的糧店餐廳（Grain Store）以300克馬鈴薯泥、150克高筋白麵粉和75克黑麥麵粉來製作馬鈴薯黑麥麵包，因為馬鈴薯泥帶有水分，所以溫水的用量限制在60毫升。當你揉麵時，還需要再加麵粉，因為麵團會越揉越濕潤。烤過的馬鈴薯麵包塗上海藻奶油（seaweed butter），再撒些琉璃苣（borage）和生蠔葉（oyster leaves）即可上桌享用。

黑麥（RYE）

　　我求教挪威作家卡爾・奧偉・格瑙斯高（Karl Ove Knausgård）關於脆餅（crispbread）的配方，但是看到第二十六頁，他還是沒有提到麵粉的用量，我只好自己想辦法。令人驚訝的是，脆餅麵團與酵母發酵麵團沒有什麼兩樣，只是用的是黑麥，所以水的用量要多一點。試試使用500克黑麥麵粉、400毫升左右的溫水（或任何可以讓麵團成形的東西）、分量減半的酵母（無論你用的是哪一種酵母）和2茶匙鹽。雖然你可以在麵團中添加一些糖蜜，並在擀麵時整面撒上葛縷子籽或茴香籽，不過其實並不需要任何潤色及裝飾。讓麵團發

第一章
麵包（Bread）　057

酵一小時（或者放入冰箱一夜或整個上班時間），但別以為會看到大幅度的發酵膨脹。接著將麵團擀薄，至於脆餅的尺寸大小及形狀則全憑個人喜好，不過若你想要做個大圓薄餅，請在正中心挖個1公分的小洞，以確保在烘烤時能保持平整。基於同樣的理由，無論是什麼樣形狀和尺寸的脆餅，在放入烤箱前都要用烘焙專用針滾輪、烤肉叉或針戳滿洞。請將餅放在稍微撒粉的烤盤上以200°C烤15分鐘左右，直到變得酥脆乾燥為止。做好的脆餅放在密封罐中至少可以保存兩週。想做更容易擀的麵團，或是想做黑麥三明治麵包，請將黑麥麵粉與全麥麵粉混合使用。黑麥麵粉的用量最好不要超過50%，越接近這個極限，麵包就會帶有越多英格瑪·伯格曼（Ingmar Bergman）中期電影的黑暗和複雜度。英國麵包大師安德魯·惠特利（Andrew Whitley）警告過，如果你在使用麵包酵母的配方上將所有小麥麵粉全都改用黑麥麵粉，那麼可以「預期做出的會是一塊磚頭」。儘管黑麥麵包質地粗糙，仍有幾種適合搭配黑麥的有趣風味組合。美食作家奈傑·史雷特（Nigel Slater）以黑麥麵粉、斯佩爾特全麥麵粉及小麥白麵粉製作麵包，並在第二次揉麵的過程中加入磨碎的帕馬乾酪和切碎的核桃。麵包師傅丹·萊帕德（Dan Lepard）則有道會加入溫黑咖啡的黑胡椒黑麥麵包配方。

德國酸菜（SAUERKRAUT）

52

將醋加到酵母麵包麵團中，可以產生近似酸麵團的效果。也可以用檸檬酸、酸奶油（sour cream）或德國酸菜產生類似的酸味。這種酸菜麵包可以製作很棒的煙燻牛肉（pastrami）三明治或任何魯賓三明治（Reubenesque）。將800克的罐頭酸菜取出一半擠出水分，拌入250克高筋白麵粉、1湯匙糖、$1\frac{1}{2}$茶匙鹽、60毫升天然優格、1湯匙葛縷子籽、$1\frac{1}{2}$速發乾酵母和175毫升的水（水溫是雙手感覺溫熱但不過燙的程度），並加入適量的斯佩爾特小麥麵粉揉成團（大約175至200克）。然後接續步驟3，讓麵團在大碗中進行第一次發酵，再放到900克（2磅）的吐司模中進行第二次發酵。接著以200°C烘烤15分鐘，再降溫至180°C烤40分鐘。

斯佩爾特小麥（SPELT）

斯佩爾特小麥曾經是歐洲最常食用的穀物，今日食用的品種在生物學上與羅馬時代食用的品種相同。它是小麥家族（Triticum）的一員，小麥還有其他新品種，像是用來做麵包的普通小麥（Triticum aestivum），以及主要用來

製作義大利麵條和庫斯庫斯（couscous）的硬粒小麥（Triticum turgidum var. durum）。斯佩爾特小麥所含的蛋白質、礦物質和維生素要比其他新品種來得多，愛用者也堅信它的風味更好。但其營養豐富的雙層麥殼像士兵的頭盔那樣堅硬，所以到了十九世紀就不再受到青睞，因為收割斯佩爾特小麥並磨粉實在太辛苦了。十二世紀的德國女修道院院長赫德嘉·賓根（Hildegard of Bingen；在二〇一二年被追封為聖人）可能是斯佩爾特小麥最偉大的粉絲之一，她以斯佩爾特小麥製作的烤麵包及麥片粥做為每日的第一餐，有時還會搭配一杯斯佩爾特小麥咖啡（她還推廣啤酒、葡萄酒以及中午小睡一下，按理來說，應該要有個以她為名的連鎖健康水療中心才是）。斯佩爾特小麥麵粉可直接以高筋白麵粉來替換，但麵團的發酵速度就會加快。

全麥（WHOLEMEAL）

著名園藝家格特魯德·積克爾（Gertrude Jekyll）的弟媳艾格妮斯·積克爾（Agnes Jekyll）有本美食著作《看劇前的簡餐》（*A Little Dinner Before the Play*）。艾格妮斯在書中回憶起「在初夏陽光明媚的星期五所舉行的一場奶蛋素食午餐會」。她們幾個人吃了用新鮮雞蛋做的嫩蘆筍炒蛋，以及搭配小馬鈴薯及清脆萵苣的粉紅色鱒魚。「那裡有全麥麵包和牛奶司康餅，還有自製的奶油乳酪，以及品嚐得到椴花香氣的第一批採收蜂蜜，與最後一批製成的金黃奶油（golden butter）。鋪上葉子的籃子裡有著預告夏天來臨的野草莓（Woodland strawberries）散發出匆匆即逝的香氣，最後來一壺新鮮烘焙的現磨咖啡，炙熱的咖啡有著超乎過往的香氣，為美味佳餚獻上最後的禮讚。」你到格雷格斯連鎖烘焙坊（Greggs）就可以吃到洋蔥乳酪餡餅（chees an onion pasty）。至於艾格妮斯提到的全麥麵包，可以調整基礎食譜來製作，請以高筋全麥麵粉代替白麵粉，並準備超過 300 毫升溫水，且水溫要略微高些。

披薩餃（CALZONE）

麵團壓平拉成圓形，將餡料放在一半的麵皮上，將另外半片麵皮摺疊過來，並沿著邊緣內側沾水，與放餡料的半面麵皮邊緣捏緊收合。以220°C烘烤10至15分鐘。

中東鹹派（FATAYER）

壓出半公分厚的圓麵餅，並放上羊肉、菠菜或乳酪做內餡。拉起麵餅的三邊往中間收合，邊緣內側沾點水捏緊封起，以220°C烘烤10至15分鐘。

做成裝湯的麵包碗
（AS A BOWL FOR SOUP）

芫荽蒸餃
（STEAMED CORIANDER BUNS；YUTANGZA）

麵團壓成幾個圓形，刷上融化的奶油並放一些切碎的芫荽。將邊緣往中間收合並滾圓。外皮刷上融化的奶油，發酵後蒸20分鐘，蓋子不要完全闔上。

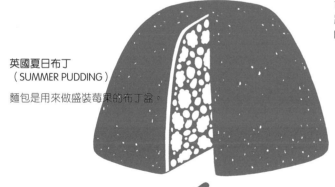

英國夏日布丁
（SUMMER PUDDING）

麵包是用來做盛裝莓果的布丁盅。

加進湯中的麵包（BREAD IN SOUPS）

可做成大麵包丁加入義大利雜燴湯（ribollita），或將麵包撕成碎片加進義大利麵包番茄湯（pappa al pomodoro）、放入湯中煮到軟爛做成義大利麵包粥（pancotto）。也可以磨成麵包粉做成西班牙冷湯（gazpacho）。

椒鹽脆餅（PRETZELS）

麵包醬（BREAD SAUCE）

麵包也用於製作像塔拉托醬（tarator；請見第347頁）這類醬品，以及像祕魯辣燉雞（aji de gallina；請見第356頁）和西班牙紅椒堅果醬燉魚（romesco de peix；請見第359頁）這類堅果燉肉。

牧羊人麵包屑（MIGAS DE PASTOR）

將麵包屑與大蒜、辣椒粉、切碎的塞拉諾火腿（serrano ham）和橄欖油混合。這道料理還有許多其他作法，其中也有甜的作法。

風味達人的文字味覺
——水平思考的廚房事典

餐包（Buns）

在酵母麵包中可加可不加的奶油及糖，在製作餐包時則是必備食材。餐包麵團還以牛奶及蛋取代水，讓麵團的風味更為濃郁。這個基礎食譜可以用於製作漢堡麵包（burger buns）、熱狗捲、英式茶點（teacakes）和水果麵包。

此基礎食譜可製作 8 至 10 個餐包或熱狗捲，或一個中等大小的圓形水果麵包。[A]

食材

50 克（3 湯匙）奶油

500 克高筋白麵粉[B]

2 茶匙速發乾酵母[CD]

1 至 4 湯匙糖[E]

1/2 茶匙鹽[F]

300 毫升溫牛奶

1 顆雞蛋[G]

若要製作英式茶點或水果麵包，請再加 2 茶匙英式綜合香料（mixed spice）和 75 克小葡萄乾。

1. 先在一個大碗裡將奶油揉進麵粉中至看不見為止，然後拌入酵母、糖、鹽和英式綜合香料（若有使用）。

2. 在麵粉堆中心挖個洞，倒入溫牛奶和打好的蛋液。用湯勺、手或兩者並用揉捏成團。這會比一般麵包的麵團更為黏手。

3. 將麵團移到稍微撒粉的桌面揉 8 到 10 分鐘左右，直至麵團變得光滑為止。完成前才添加小葡萄乾（若有使用）。
   如果不喜歡揉會黏手的麵團，請使用附有麵團鉤的攪拌機。

4. 將揉好的麵團移到抹了點油的大碗中，找個溫暖處靜置。請用乾淨的棉布或抹油的浴帽或保鮮膜覆蓋碗面，讓麵團靜置膨脹至兩倍大。40 分鐘後即可開始查看膨脹的情況。

5. 當麵團膨脹至兩倍大時，請用手指輕輕壓平麵團。
   你也可以在這個時機點將麵團裝進保鮮袋放入冰箱保存備用，這樣可以存

放一個星期。

6. 將麵團滾圓做成英式茶點或漢堡麵包，或整成長條做成熱狗捲，或做成圓形麵包。接著移到抹了點油的烤盤上。

7. 蓋起麵團進行第二次發酵。若是製作餐包，20分鐘後可以開始查看麵包發酵的情況，若是圓形麵包則需要30分鐘。等到麵團膨脹至二倍大左右即可。也可以用大塑膠袋套在烤盤上蓋起麵團。

8. 餐包以200°C烘烤12至18分鐘，而圓形麵包則以200°C烘烤35分鐘左右。可依照個人喜好，先在漢堡麵包或熱狗捲上刷蛋液並撒些芝麻後再烘烤。

9. 將麵包從烤盤移到架子上放涼。
   趁熱在英式茶點或水果麵包刷上一層加熱且過篩的杏桃果醬（apricot jam）。

舉一反三

A. 使用900克（2磅）的吐司模來烤麵包，需要用上400克麵粉、2湯匙奶油、1$\frac{1}{2}$茶匙酵母、2湯匙糖、240毫升溫牛奶、1顆雞蛋（減少2茶匙的蛋白），如果需要，則再加上英式綜合香料和小葡萄乾。

B. 若使用全麥麵粉或黑麥麵粉代替部分或全部的白麵粉來製作英式茶點或水果麵包，可能需要多一點牛奶才能將麵粉揉成團（漢堡麵包或熱狗捲可能不適合這樣替換）。

C. 使用速發乾酵母製成的麵包可以在發酵一次後就烘烤，因此若是趕時間，可以跳過步驟4和5。不過發酵兩次的風味更好。

D. 若是使用需要活化的酵母，請將15克新鮮酵母或1湯匙乾酵母加入已含1茶匙糖的100毫升溫牛奶中。靜置15分鐘讓它起泡，然後在步驟2中跟剩下的200毫升溫牛奶一起倒入麵粉堆中心。

E. 可以使用任何種類的糖。

F. 食譜中鹽的分量適用於任何餐包，倘若你不想要餐包太甜，那就再加$\frac{1}{2}$茶匙的鹽吧。

G. 可以不用雞蛋。或者用1或2個蛋黃代替整顆雞蛋，讓餐包的質地更柔軟（蛋白會讓麵包變乾）。

哈拉麵包（CHALLAH）

　　風味濃郁且呈辮子狀的猶太「哈拉麵包」是乳糖不耐症者的天賜之物。它使用的是水而不是牛奶，用的是食用油而不是奶油。比起我們的基礎食譜，製作哈拉麵包需要多一點雞蛋，也經常以蜂蜜取代糖。人們常說，哈拉麵包是製作法式吐司或麵包奶油布丁的最佳麵包。也許是吧，但這代表你得先有前一天剩下的麵包，才能做法式吐司或麵包奶油布丁，然而若你烤過哈拉麵包，就知道這種情況不太可能發生。我的第一個哈拉麵包在做好的那一天就吃完了。要製作哈拉麵包，請按照基礎食譜進行，但不使用奶油和糖，另將 2 湯匙蜂蜜溶在 250 毫升溫水中以取代牛奶。也請在原來的蛋液中再多加入一顆蛋黃。在步驟 6 中，請將麵團分成三等分並滾成長條狀（請在麵團上撒層麵粉方便整形）。將長條麵團移到抹了點油的烤盤上開始編辮子，從中間往兩端編辮子。再次發酵後刷上打好的蛋液，撒上罌粟籽（poppy seeds）或芝麻，以 180°C 烘烤 40 分鐘左右。出爐後靜置在烤架上放涼。依照猶太人的傳統，安息日（Sabbath）的餐食通常以兩塊哈拉麵包開始，這代表著以色列人在沙漠的四十年間從天上掉下來的雙倍嗎哪（manna）。

蒔蘿與茅屋乳酪（DILL & COTTAGE CHEESE）

　　在一九六〇年的品食樂烘焙大賽（Pillsbury Bake-Off）中，內布拉斯加州（Nebraska）的里歐娜·史奈爾女士（Mrs Leona Schnuelle）以「絕妙的蒔蘿麵包」贏得了相當可觀的首獎兩萬五千美金。史奈爾以茅屋乳酪取代母親在自家農場製作麵包時所用的乳清（whey），而她之所以使用蒔蘿籽，則是因為之前的獲獎者用了芝麻這類食材，最後她還將磨碎的洋蔥加入麵團之中。當她聞到麵包在烤箱裡散出的第一股香味時，她就知道自己會是贏家。美食作家 M.F.K·費雪（M.F.K. Fisher）建議以細香蔥（chives）、荷蘭芹（新鮮或乾燥皆可）或龍蒿（tarragon）取代蒔蘿製作這種味道濃郁的麵包，她說在野餐時配著冷的烤雞吃非常對味。以下是將原版配方略微調整後的蒔蘿麵包食譜。將 1¹⁄₂ 湯匙奶油、250 克高筋白麵粉、1 湯匙速發乾酵母、2 湯匙糖和 ¹⁄₂ 湯匙鹽混合均勻，這裡大約是基礎食譜的一半分量。接著加入 150 毫升溫牛奶和雞蛋，此時也請加入 225 克茅屋乳酪、1 湯匙磨碎的洋蔥、2 茶匙蒔蘿籽和 ¹⁄₄ 茶匙小蘇打。進行二次發酵時，請將麵團靜置在抹了點油的直徑 20 公分活底圓形烤

模中，發酵完成後以175°C烘烤40分鐘。麵包出爐再刷上融化的奶油並撒上海鹽就可以享用了。

薑（GINGER）

　　薑味餐包（Ginger buns）是阿姆斯特丹猶太麵包店一定會販售的一種麵包。調整一下基礎食譜就可以製作薑味餐包。由於雞蛋也要併入300毫升的液體中一起計算，所以總共只需要250毫升牛奶（這很重要的，因為麵團太濕就很難擀開）。請按照基礎食譜製作麵團，可按照個人喜好不加糖。第一次發酵後，將麵團擀成兩塊約30公分×18公分的長方形，然後每塊切成6個18公分×5公分的小長方形。取出六塊左右的糖漬薑塊（preserved ginger）切成小丁，與3湯匙融化的奶油及4湯匙的細砂糖（caster sugar）混合在一起。在每個長方形麵團的中間縱向鋪一長條，然後捲成管狀並沾點水將邊緣黏合。用雙手將管狀麵團在一些砂糖上滾一滾，就像將黏土滾成長條蛇那樣，將管狀麵團滾成約22公分的長條，接著將每一條捲成螺旋狀，並移到抹了點油的烤盤上。從糖漬薑塊罐頭裡倒些薑味糖漿出來塗在麵包上，接著再次進行發酵直到體積變成兩倍大，以180°C烘烤15到20分鐘。

豬油蛋糕（LARDY CAKE）

　　豬油蛋糕或許讓人覺得是種放縱的食物，實際上多數配方中的糖、油用量，都要來得比一般餅乾或杯子蛋糕（fairy cake）少得多了。豬油蛋糕有各種不同的在地作法，但大多數都是將酵母麵團與豬油、糖和水果乾層壓製作而成。正如美食作家查爾斯·坎皮恩（Charles Campion）所言，豬油蛋糕是可頌麵包的表親（順帶一提，坎皮恩在他的食譜中以奶油替代豬油）。有些食譜用的是普通麵團，也就是按照酵母發酵麵包基礎食譜所做出的麵團，不過我更喜歡使用餐包麵團。我隨興調整了美食作家伊麗莎白·大衛的諾森伯蘭豬油蛋糕（Northumberland lardy cake）食譜，並使用餐包麵團製作。請按照餐包的基礎食譜進行，將分量減半，並以蛋黃代替全蛋且不加奶油。請在步驟5壓平麵團後將它擀成長方形，同時在腦海中將麵團縱向分成三分等，把25克豬油切成豌豆大小，連同25克小葡萄乾和25克糖輕輕撒在其中的三分之二上。將未加餡料那三分之一的麵團向內折到中間三分之一的麵團上，然後將另外三分之一的麵團再向內蓋在上面，形成一個三層的麵團。將三層麵團再次擀成原來大小的長方形，並重複之前的步驟，撒上同等分量的豬油、小葡萄乾和糖，最後做

57

成一個可以放入 20 公分見方烤模中的正方形麵團。將麵團靜置發酵一個小時左右，再以 200°C 烘烤 30 至 35 分鐘即可。

南瓜（PUMPKIN）

巴西有種像是用餐包麵團做出的南瓜麵包（pão de abóbora；pão de jerimum）。要製作這種南瓜麵包，請按照基礎食譜進行，將糖的用量增加到 100 克，並用 60 毫升植物油代替奶油。想做英式傳統口味的甜南瓜麵包，請在麵粉中加入 1 湯匙英式綜合香料。若想做鹹南瓜麵包，則不要加糖，並用點切碎的鼠尾草。請將酵母和鹽混入麵粉中，加入油和一半的溫牛奶及 250 毫升南瓜泥或白胡桃瓜泥（butternut squash purée）。再根據需要來添加剩餘的熱牛奶，只要做出柔軟不黏手的麵團即可。然後接續步驟 3 繼續進行。

迷迭香（ROSEMARY）

對於復活節有品味的人士，或許會避開裝滿 M&Ms 的巧克力蛋，投向葡萄乾迷迭香橄欖油麵包（pan di ramerino）的懷抱。這種具有甜味的義大利托斯卡尼麵包類似餐包，但不使用牛奶和奶油，而是用水及食用油製作。請在步驟 2 中，用 4 湯匙橄欖油將迷迭香枝（rosemary stalk）及 100 克小葡萄乾炒軟，關火後取出迷迭香枝丟掉，另外拌入 50 克細砂糖，留著備用。接著將 300 毫升溫水加入麵粉、酵母和鹽中，並將小葡萄乾連油刮下，與打好的蛋液一同加入麵粉堆中揉成團。然後接續步驟 3 進行，做出 10 個餐包。若你好奇這跟復活節有什麼關係，其實只是因為迷迭香有「紀念」之意而已。

芝麻（SESAME）

芝麻格塔麵包捲（Tahinov gata）是中東白芝麻醬風味的亞美尼亞麵包捲（Armenian rolls），這是一種有資格與巧克力可頌或杏仁可頌麵包並列的麵包捲。要製作這種麵包捲，請按照餐包的基礎食譜製作麵團，但要加入兩倍已融化而非只是軟化的奶油，另外還要加入牛奶和雞蛋。第一次發酵後，請將麵團分成 8 等份滾圓，再將每份擀成一個直徑 20 公分的圓形麵皮，並在上面撒 1 至 2 湯匙的中東白芝麻醬（tahini）及 4 茶匙的紅糖。另外也可以再撒點肉桂粉。接著像捲地毯那般把麵皮捲起，然後拉伸並搓成繩子的形狀。將繩子繞圈捲成蝸牛殼狀，並將尾端塞進裡頭。所有麵團移到抹了點油的烤盤上發酵 30 分鐘，接著在表面輕輕刷上蛋黃，並以 190°C 烘烤 35 分鐘。我也曾用

風味沒那麼濃郁的酵母麵包麵團（請參考49頁）做過芝麻格塔麵包捲，滋味仍然很棒。中東白芝麻醬味甘濃郁，糖還能將其提升至特別享受的層次，這時應該要來一杯你最喜歡的咖啡搭配享用。你也可以用能多益榛果巧克力醬（Nutella）、花生醬或杏仁蛋白糖來取代芝麻醬。或也能從蝸牛的形狀中獲得一些啟發，改用烤蝸牛專用的苔綠色奶油，也就是將混合碎荷蘭芹和蒜末的奶油糊（不要加糖）做成內餡。

螺旋麵包捲（SPIRAL BUNS）

十八世紀初，倫敦皮姆利科路（Pimlico Road）的麵包屋（Bun House）發明了切爾西麵包捲（Chelsea buns），淋上糖漿的螺旋麵包裡捲著檸檬皮屑、小葡萄乾、糖及奶油。這種麵包捲馬上掀起熱潮。有些人喜歡借用英式茶點的吃法，撕開麵包捲並塗上奶油享用，但我認為這吃法錯了，應該要像吃輪狀甘草糖（liquorice wheel）那樣，將切爾西麵包捲解開成長條，分成一口一口食用的長度。這種麵團含有布里歐許麵包等級的奶油分量，作法類似酥皮點心，先將麵團擀成長方形後再折疊，這要重複個幾次，然後再捲起來。也可以調整一下基礎食譜，做個更輕鬆簡單的螺旋麵包捲。在麵團第一次發酵後，拍打排氣擀成45公分×30公分的長方形。除了邊緣2公分處，請將切成豌豆大小的75克無鹽奶油及75克小葡萄乾撒在麵團上，接著再撒上75克紅糖。將麵團從長邊捲起成擋風條那般，然後將兩端切齊並切成12個等分，移到抹油的烤盤上，間隔約2.5公分放置，蓋上塑膠袋，直到膨脹成二倍大左右。隨著麵包捲在發酵和烘烤過程中膨脹（以220°C烤15至20分鐘），它們應該會連在一起，形成所需的方形。從烤箱中取出後，立即淋上牛奶糖漿（以2湯匙糖溶於1湯匙熱牛奶中製成），靜置5分鐘後將麵包捲分開。畫家亞瑟‧萊特-海因斯（Arthur Lett-Haines）認為標準尺寸的切爾西麵包捲「太大又太有鄉土味」，所以他製作了如小點心般的切爾西麵包捲，並以安哥斯圖娜苦酒（Angostura）風味的皇家糖霜及罌粟籽裝飾麵包捲。

59

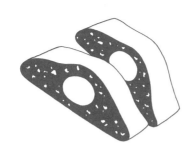

德國耶誕蛋糕史多倫（STOLLEN）

這個經典德國耶誕蛋糕的形狀，應該是代表在襁褓之中的耶穌寶寶，至少包著杏仁蛋白糖的那類史多倫是這樣。英國會做生意的烘焙師傅已經開始在耶誕節販售史多倫，但總是吝於多加杏仁蛋白糖。而自己動手製作史多倫，就可以自己掌控關鍵的杏仁蛋白糖與麵包麵團的比例。當我第一眼看到切片的史多倫時，覺得好像是個煎蛋。味道嚐起來不錯，可是杏仁糖太過於集中在一小塊地方。麵包大師安德魯・惠特利（Andrew Whitley）在麵團上鋪一層杏仁蛋白糖再將其捲成蛋糕捲，這種作法解決了我的問題，讓杏仁蛋白糖能夠更均勻分布。經典的史多倫可以按照基礎食譜來製作。我在這裡只用一半的分量，即250克麵粉。不用$1/2$顆全蛋，只用蛋黃。再加入葡萄乾（可按個人喜好以白蘭地或蘭姆酒先浸泡過）、綜合糖漬果皮丁（mixed peel），磨碎的柑橘皮屑和烘焙用的香料來調味——加點小荳蔻也不錯。在麵團第一次發酵膨脹後，將其拍打壓平並擀成約25公分×15分方的長方形。將一條約150克重、23公分長的圓筒狀杏仁蛋白糖（請參考319頁）沿著長邊放在麵團的中間處。麵團兩端多出的地方包住杏仁蛋白糖的兩端，拉起麵團的兩側長邊蓋在杏仁蛋白糖上，要有適當的重疊。將麵團移到抹了點油的烤盤上，接縫面朝下放置等候發酵。一旦膨脹至原先的兩倍大，就以190°C烘烤20分鐘。從烤箱取出後撒上糖粉，或淋一層檸檬糖霜。料理作家德莉亞・史密斯（Delia Smith）喜歡把史多倫切片烤到酥脆再享用。

布里歐許麵包 / 奶油甜麵包（Brioche）

布里歐許是一種微帶甜味的金色麵包，經常當做早餐，與牛奶咖啡或熱巧克力一同享用。製作布里歐許，得將前一個基礎食譜（餐包基礎食譜）中的大部分牛奶以打過的蛋液來取代。這會使得麵團非常黏手，接續又得加入大量奶油，這讓徒手揉捏布里歐許麵圈成為特別的體驗，但也是個折磨，因此「舉一反三」的 A 項中提供你使用攪拌機的選擇。

此一基礎食譜可製作兩個450克（1磅）吐司模的布里歐許麵包，或可在直徑25公分的圓形烤模中做9個排成「花形」的小餐包。B

食材

　　1湯匙速發乾酵母C

　　500 克高筋白麵粉D

　　1茶匙鹽

　　2 至 4 湯匙糖

　　50 毫升溫牛奶或水

　　5 顆雞蛋E

　　250 克軟化的無鹽奶油F G

1. 將酵母、麵粉、鹽和糖量好分量，倒入大碗中混合均勻。

2. 在麵粉堆的中心挖個洞，倒入牛奶或水及打好的蛋液，混合成團。將麵團移到稍微撒粉的桌面揉捏 8 至 10 分鐘，直至變得光滑為止。

3. 將奶油等分成四份，並一份一份地揉進麵團中。每加一次奶油，你就會經歷麵團黏手的階段，但不要害怕，請繼續揉麵，麵團會再次變得光滑有彈性。整個過程可能長達 30 分鐘。

4. 用抹了點油的保鮮膜包覆裝有麵團的碗，找個溫暖處靜置1至2小時。這種麵團的奶油含量太高，別指望它發酵得像一般麵包麵團一樣快。H

5. 用手指拍打麵團排氣後，再揉一分鐘。接著包好放入冰箱4至16小時進行再次發酵。

　　如果麵團沒有膨脹到兩倍大，就從冰箱取出放到較溫暖的地方完成發酵。

如果你想要做球狀或辮子狀的布里歐許，最後可能還需要在冰箱放置一小段時間定型。

6. 將麵團整形後移到烤盤上，包好放置於溫暖處進行第三次發酵，再次等到麵團膨脹至兩倍大為止。

7. 在布里歐許麵包表面刷上蛋黃，以190°C烘烤20至25分鐘。小餐包入烤箱12分鐘後，要檢查一下情況。

8. 烤好後的布里歐許包在鋁箔中或放入保鮮袋可以保存兩三天。若你覺得自己可能無法在兩三天內吃完，那就包好冷凍起來。

舉一反三

A. 使用電動攪拌機的過程與徒手作法幾乎相同。請以麵團鈎將麵團混合攪拌7分鐘，直至變得光滑有彈性為止，然後一次只加入2湯匙奶油，讓奶油完全拌入麵團中，再繼續加奶油。當所有奶油都攪進裡頭，麵團也變得光滑有光澤時，請接續步驟4繼續進行。

B. 若使用直徑23公分的布里歐許經典烤模，則用基礎食譜的一半分量即可。請在步驟6時，分出五分之一的麵團，並將五分之四的大麵團和五分之一的小麵團都滾圓，然後將大麵團放入烤模，在中央壓出凹陷處讓小麵團置於其中，接著進行第三次發酵並繼續進行剩餘步驟。刷上蛋黃並烘烤30至35分鐘。

C. 可用14克活性乾酵母或20克新鮮酵母取代速發乾酵母，有些食譜比較喜歡使用這類酵母。請在溫牛奶或水中加入1茶匙糖來活化酵母，靜置15分鐘讓其產生泡沫，並在步驟2中連同蛋液一起加入麵團中。

D. 有些廚師會使用中筋白麵粉或義大利00號麵粉取代高筋白麵粉。

E. 如果你只有4顆雞蛋，請用100毫升溫牛奶。

F. 將奶油先融化並在一開始就加進麵粉中的作法，令人遺憾地是行不通的。許多人嘗試過都失敗了。

G. 想做熱量沒那麼高的布里歐許請將奶油分量減半。想做香濃綿密的布里歐許就用1：1的麵粉和奶油比例製作，不過若你是徒手揉麵的話不建議這樣做，因為麵團黏手到難以揉捏的程度。

H. 製作布里歐許麵團不容易，發酵時間常常不若食譜所寫的那麼短。請多點耐心。還有要注意的是，要將含有大量奶油和雞蛋的麵團在室溫下放置5或5個小時，有人會覺得不安心，但我不會，所以請你自行斟酌。

布利乳酪（BRIE）

是誰把布利乳酪加進布里歐許麵包中的？大仲馬在著作《美食詞典》（*Dictionary of Cuisine*；一八七三年出版）中聲稱，用乳酪來製作布里歐許曾是尋常可見的作法，但食品學者達拉‧哥德斯坦（Darra Goldstein）認為這是假的，沒有這種傳統作法。這並非表示這個主意不好，也有幾位廚師嘗試過這種作法。原為乳酪製造者的麵包師傅彼得‧瑞因賀特（Peter Reinhart）指出，雖然在麵團中加入磨碎的乳酪可能會增加一些風味和柔軟度，可是麵包烤好後這些特點有消失的傾向。他建議擀開麵團包住乳酪。試著做成形狀類似中東鹹派（請參考 60 頁）的小三角形布里歐許。義大利乳酪麵包（Pane al formaggio）就是一種加了乳酪的布里歐許，這種麵包其實與義大利耶誕麵包潘娜朵妮沒什麼兩樣，只是用了風味濃郁的磨碎帕馬乾酪及小塊佩科利諾乳酪（pecorino）取代葡萄乾而已，或是將乳酪跟葡萄乾通通加進去也可以。

巧克力與花椒（CHOCOLATE & SICHUAN PEPPER）

包有巧克力豆的布里歐許普遍到連大賣場都有在販售。如果巧克力太膩，讓你的味覺變得遲鈍，可以試試巴黎糕點師傅貢特朗‧切利爾（Gontran Cherrier）的巧克力花椒布里歐許配方。若是奶油麵包、巧克力及花椒透著檸檬味的隱約麻感還不夠帶勁，切利爾建議可以試試搭配鵝肝醬（foie gras）或草莓果醬（strawberry jam）享用，其實我不喜歡他用「或」這個字眼，因為我兩種都想加。加了可可粉的麵團比一般布里歐許麵團處理起來更棘手，因此不建議徒手揉麵。切利爾不使用高筋麵粉（bread flour）而是改用法國的中筋麵粉（French all-purpose flour）來製作，這種麵粉的蛋白質含量介於我們的中筋麵粉和高筋麵粉之間。這裡請使用活性乾酵母（dried active yeast），將酵母加在已含 1 茶匙糖的溫熱牛奶中。並在碗中倒入 4 湯匙糖及麵粉，還有 4 湯匙過篩的可可粉、2 茶匙鹽、1 茶匙碎花椒和 8 湯匙巧克力豆。接著將加有酵母的牛奶倒入碗中拌勻，然後再加入 6 顆雞蛋。接續按照基礎食譜製作，分四次將 225 克奶油加進麵團中。麵團需在室溫中進行兩次發酵，第一次約一個小時，第二次約 45 分鐘，然後再移到 2 個 450 克（1 磅）的吐司模中進行最後一次發酵，最後以 180°C 烤 35 分鐘就完成了。

橙花露（ORANGE FLOWER WATER）

　　這是布里歐許這類麵包常用的調味料。法國麵包大師雷蒙德・卡爾維爾（Raymond Calvel）在名作《麵包的滋味》（*The Taste of Bread*）中提到了普羅旺斯耶誕麵包「國王麵包（pompe des rois）」、來自法國阿韋龍省（Aveyron）的環形「羅德茲烤餅（fouace de Rodez）」和「孟納麵包（mouna）」。其中孟納麵包原產於阿爾及利亞（Algeria），但目前在法國南部及其他地方也可以見到，這是種極佳的橙花味布里歐許麵包，表面撒上糖粒，也常添加糖漬橙皮（candied orange peel）及君度橙酒（Cointreau）來增強風味。在阿爾及利亞四個基督教區之一的奧蘭（Oran），有著復活節食用孟納麵包的傳統。若要製作簡單的橙花味布里歐許麵包，請用3湯匙橙花露取代1顆雞蛋，與另外4顆雞蛋拌在一起使用。

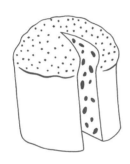

潘娜朵妮（PANETTONE）

　　法國人瞧不起源自義大利米蘭的潘娜朵妮，認為不過就是個用香味來虛張聲勢的布里歐許麵包。添加過多的元素反而妨礙了雞蛋、奶油及發酵所產生的天然風味。我曾看過一個華而不實的潘娜朵妮食譜，天曉得他們為什麼要在麵團中添加磨粉的芫荽、茴香及松子（我常常在想什麼樣的東西你才會放在布魯明戴爾百貨〔Bloomingdale's〕賣的凡賽斯〔Versace〕點心盤中享用，現在我知道了）。根據《費那羅利的食材風味手冊》（*Fenaroli's Handbook of Flavor Ingredients*），正宗的米蘭潘娜朵妮是用小麥麵粉、天然酵母、奶油、糖、全蛋、蛋黃、葡萄乾、香橼（citron）、橙皮、蜜餞（candied fruit）、鹽、牛奶和麥芽粉（powdered dry malt）製作，並加入濃縮的綜合香精來增強風味，以免干擾發酵過程。費那羅利建議柳橙、香橼和柑橘油的用量要一樣，至於佛手柑（bergamot）和香草（vanilla）的用量則要少一點。你可以在家裡做出類似的成品，過程非常簡單而且成果極佳。基本原理是將蛋糕的作法與酵母麵團

中種法混用。先秤出100克小葡萄乾。將四分之一的小葡萄乾移到小鍋中，倒入馬沙拉酒（Marsala）蓋過葡萄乾並加熱。另將1顆柳橙、1顆檸檬和2顆柑橘的果皮磨成皮屑拌入其中後浸泡一段時間。將剩餘的小葡萄乾與50克水果皮屑混合，再撒點麵粉後留著備用。接著用150克高筋白麵粉、1¹/₂茶匙速發乾酵母、1茶匙糖和120毫升溫水製作酵母中種。讓酵母中種麵團發酵至兩倍大。一旦麵團接近兩倍大時，將75克糖與150克室溫下的奶油拌勻。繼續在麵團中加入2顆雞蛋和4個蛋黃（同樣要室溫）混合。如果你是徒手攪拌，雞蛋可能會凝結，但不要擔心，這對成品不會有影響。加入100毫升手感溫熱的牛奶、2湯匙馬莎拉酒、1茶匙橙精（orange extract）、¹/₂茶匙鹽與酵母中種麵團混合均勻。再加入250克麵粉混合，然後根據需要加入200至225克的麵粉，揉捏成柔軟的麵團。接續基礎食譜的步驟4進行，注意麵團可能需要至少2小時才能膨脹至兩倍大。發酵完成後將麵團拍打排氣，再加入浸泡過及撒過粉的水果皮屑揉捏到均勻分布在麵團中即可。將麵團移到直徑20公分且鋪著一圈高高烘焙紙的活底圓形烤模中，讓其靜置發酵至潘娜朵妮麵包應有的適當高度為止，這可能要花上2個半小時，或甚至需要4個小時。之後請刷上蛋白，並按照個人喜好斟酌撒上珍珠糖（pearl sugar）。先以220°C烘烤10分鐘，然後再以180°C烘烤30至40分鐘。放入烤箱15至20分鐘之後，可能需要用鋁箔紙蓋住頂面以防烤焦。如果你不喜歡小葡萄乾和水果皮屑，可以看看倫巴第斯卡爾帕托糕點店（Lombardy pasticceria Scarpato）的作法，他們以糖漬栗子（marrons glaces）取代小葡萄乾和水果皮屑來製作潘娜朵妮。另一種選擇是做潘多洛麵包（Pandoro）。潘多洛麵包雖然含有一點檸檬油（citron oil），但沒有其他的配料在裡頭，麵包的主要風味就是奶油。切一片麵包搭配瑪莎拉酒冰淇淋並灑幾滴優質的巴薩米克香醋（balsamic），就是耶誕布丁的絕佳替代品了。

果仁糖（PRALINE）

專門品嚐昂貴點心的老饕都很熟悉來自里昂附近羅阿訥市（Roanne）的品牌普拉呂斯（Pralus））。但普拉呂斯這個名牌在因巧克力而聞名之前，是以奧格斯特・普拉呂斯（Auguste Pralus）本人發明的頂級「玫瑰果仁糖布里歐許麵包」（'Praluline' brioche）而聞名。這種麵包以瓦倫西亞杏仁（Valencian almonds）和皮埃蒙特榛果（Piedmont hazelnuts）調味，會先把杏仁及榛果用粉紅玫瑰糖（pink rose sugar）煮過並壓碎後再加入麵團之中，也會撒些在麵

64

包表面上。成品看起來像瑪麗亞‧凱莉（Mariah Carey）享用午茶時會餵給獨角獸的東西（粉紅果仁糖可在專門的美食商店購得或是從網上購買）。請將 75 克碎果仁糖加入麵團中再整形。最正宗的形狀是徒手整出的圓形，但也可按照個人喜好做成布里歐許麵包的傳統樣式。請刷上蛋液後再撒上 25 克碎果仁糖，接續依照基礎食譜所述，進行發酵和烘烤。

香腸（SAUSAGE）

　　將香腸包在布里歐許麵包中烘烤是法國很普遍的作法。這絕對比一般的香腸麵包捲更勝一籌，特別是法國里昂當地的香腸布里歐許麵包還會加上具有一定分量的松露和大蒜。西班牙馬略卡島（Majorca）的茵賽瑪達麵包（ensaïmada）是用類似布里歐許的麵團製成，但以豬油代替奶油（茵賽瑪達麵包原文「ensaïmada」中的「saïm」在當地語言是豬油的意思）。茵賽瑪達麵包與布里歐許麵包的模樣截然不同：茵賽瑪達麵團可不像畢卡索筆下的瑪麗-特雷斯‧沃爾特（Marie-Thérèse Walter）半身像那樣緊繃，它經折疊滾成長條後，會捲成像消防水管那般鬆散的圈圈。大多數的茵賽瑪達麵包會撒上大量糖粉，但有些則會抹上西班牙肉泥香腸（sobrassada）做成鹹口味。西班牙肉泥香腸柔軟且內餡可塗抹，是西班牙辣香腸（chorizo）在巴利阿里群島的表親。因為西班牙在菲律賓殖民，使得茵賽瑪達麵包在當地有第二個家。菲律賓的茵賽瑪達麵包（Ensaymada）比起西班牙原產的茵賽瑪達麵包胖一點，可能還會在表面鋪一層磨碎的乳酪，或者包入紫薯（ube）或綠豆醬（monggo）做成的內餡。

甜玉米（SWEETCORN）

　　可以像在倫敦國王十字車站的糧店餐廳用餐那樣，將一片發酵過的甜玉米布里歐許麵包片烘烤一下，搭配以墨魚汁煮過像是魚子醬的木薯小粉圓，以及蒔蘿酸奶油醬來享用。我無法從甜玉米中嚐到發酵過的勁味，但玉米和奶油是如此美妙對味，誰還在乎那件事呢？將鹽的用量減到極低，這種麵包就可以當作蛋糕來享用。將 1 條甜玉米的玉米粒放在 100 毫升牛奶中熬煮 2 分鐘後瀝乾備用，並留下 25 毫升牛奶用於麵團。要製作甜玉米布里歐許麵包，請按照基礎食譜製作，分量減半，並使用 2 個全蛋加 1 個蛋黃。在揉捏接近完成時將煮好的玉米粒加入麵團中。這種麵團發酵的時間會比一般麵團更久。發酵完成後，請將麵團移到 450 克（1 磅）的吐司模中進行二次發酵。

漢堡麵包（BURGER BUNS）

聖卓佩塔（TARTE TROPÉZIENNE）

用蘭姆酒或橙花露布里歐許麵包做成的
夾心蛋糕，裡頭夾著滿滿的鮮奶油霜、
卡士達醬和/或奶油霜（buttercream）。

布里歐許水果塔（BRIOCHE FRUIT TART）

作法類似酥皮點心中的倒轉水果塔（tarte
Tatin），將水果置於奶油和糖中煮至焦糖
化，接著蓋上圓形布里歐許麵團，以180℃
烘烤30分鐘。

甜味麵包奶油布丁
（SWEET BREAD & BUTTER PUDDING）

亡者麵包（PAN DE MUERTO）

這款熱量較低的布里歐許麵包以洋茴香
籽、柳橙皮屑或橙花露調味，還會加上
骨頭或骷髏做為裝飾。這是墨西哥亡靈
節（the Day of the Dead in Mexico）時
會烘烤的麵包。

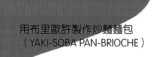

布里歐許烤吐司（BRIOCHE TOAST）

搭配肝醬（paté）、印度甜酸醬（chutney）
及醃小黃瓜（cornichons）享用。

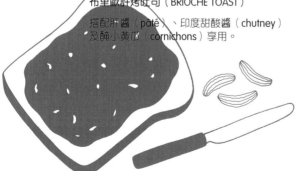

用布里歐許製作炒麵麵包
（YAKI-SOBA PAN-BRIOCHE）

在麵包中裝滿熱騰騰麵條。也可以
使用熱狗捲麵包。

法式甜甜圈（BEIGNETS）

油炸布里歐許麵團後再撒糖即可。

巴巴蛋糕與薩瓦蘭蛋糕（BABAS & SAVARINS）

巴巴蛋糕跟所有在系列食譜的其他麵包及餐包一樣，都有著相同的液體與麵粉比例。那麼做麵包的麵團是打哪兒開始變成做蛋糕的麵糊呢？就是從加了大量的雞蛋及融化的奶油開始的。同樣的麵糊也適用於製作薩瓦蘭蛋糕，這種蛋糕會放在環形烤模中烘烤，用的可能是一個個的小烤模，也可能是單一的大烤模。

此基礎食譜可製作6個的巴巴蛋糕或1個大的薩瓦蘭蛋糕。[A]

食材

1 ¹/₂ 速發乾酵母[B]

250克高筋白麵粉[C]

¹/₄ 茶匙鹽

1 湯匙糖[D]

150 毫升牛奶[EF]

3 顆雞蛋[G]

65 克融化放涼的無鹽奶油[H]

製作蘭姆酒糖漿 [IJ]

200 毫升沸水

300 克糖

1 至 5 湯匙蘭姆酒（請按個人喜好斟酌）

1. 將酵母、麵粉、鹽和糖秤好放入大碗中，碗要有足夠的空間讓最後的麵糊發酵至兩倍大。接著在麵粉堆中間挖個洞。

2. 加熱牛奶（不可以過熱，否則雞蛋會變熟結塊），然後跟打好的蛋液倒入麵粉中混合。再加入融化的奶油攪拌成均勻的麵糊。

3. 用刮刀將麵糊徹底刮到抹上奶油的烤模中。麵糊倒到烤模的一半高即可，不要再多了。

4. 當麵糊發酵膨脹到接近烤模的頂端時，就可以準備烘烤。可按個人喜好斟

酌在表面刷上蛋液。

在我溫暖的廚房裡，麵糊發酵的時間大約是 45 分鐘。無論如何請隨時留意，以避免麵糊溢出烤模外。

5. 以 190°C 烘烤。若以個別小烤模烤巴巴蛋糕需要 15 至 20 分鐘；以單一大烤模烤薩瓦蘭蛋糕則需 20 至 25 分鐘。

6. 巴巴蛋糕烘烤時，可以來製作糖漿。請將沸水倒入糖中攪拌至糖溶解，然後再加入蘭姆酒攪拌均勻。

7. 從烤箱取出烤好的巴巴蛋糕，放涼一點後移到深底的盤子淋上糖漿。

8. 先在巴巴蛋糕上淋一半的糖漿，讓蛋糕吸收 10 分鐘左右。再將巴巴蛋糕翻面淋上剩下的糖漿，這樣即可上桌享用，也可以佐著鮮奶油霜及水果一起享用。ᴷ

舉一反三

A. 可以裝入 6 個 150 毫升的小烤模（深底的連杯或單個小蛋糕模或布丁杯都可以）或一個 24 公分的環形蛋糕模。

B. 如果你使用的是需要活化的酵母，請先將 1 茶匙糖溶入熱牛奶中，再加入 8 克新鮮酵母或 1 1/2 茶匙的乾酵母，置靜 15 公分讓它起泡。接著在步驟 2 中加入酵母溶液並按常規發酵，但要發酵兩次。先讓麵糊在大碗中發酵到兩倍大，然後攪拌並倒入烤模中，進行二次發酵。當麵糊膨脹至接近烤模邊緣時就放入烤箱烘烤。

C. 許多巴巴蛋糕食譜用的是中筋白麵粉而非高筋白麵粉。就我而言，成品差不多，難分軒輊。

D. 最多可以加到 3 湯匙的糖讓麵糊甜一點。

E. 用水代替牛奶，就會跟法式泡芙（choux pastry）一樣，有著更加酥脆的口感。

F. 可用椰奶和花生油（groundnut oil）取代牛奶和奶油，製作不含乳製品的蛋糕。

G. 請使用 2 顆雞蛋和 1 個蛋黃，剩下的蛋白可在烘烤前刷在蛋糕上。

H. 在每 250 克麵粉加入 100 克的奶油可以做出更香濃的麵糊。但請注意，油脂會減緩酵母發酵的速度，因此麵糊膨脹的速度會變慢。

I. 這裡做出的糖漿會比一般糖漿濃，一般通常用 400 克糖對上 400 毫升水的比例來製作。

J. 當然也可以製作其他風味的糖漿（請參考 509 至 514 頁）。

K. 美食作家伊麗莎白・大衛享用巴巴蛋糕時只會淋上糖漿，她會先將巴巴蛋糕放入烤箱熱一下再淋糖漿。我則偏愛冰涼且浸潤在蘭姆酒中的巴巴蛋糕。

香蕉與香料（BANANA & SPICE）

　　想要在蘭姆巴巴蛋糕中帶入其他的風味，必須先有心理準備蘭姆酒會竭盡全力地蓋過其他風味。我發現要製作香料香蕉巴巴蛋糕極為困難，因為這些風味鮮明的食材還是會被杜蘭朵蘭姆酒（El Dorado rum）的強烈風味所掩蓋。不過，還沒有浸過蘭姆酒的巴巴蛋糕，只要烤一下再抹上氣味濃郁優雅的諾曼第奶油就味道絕佳了。調整一下基礎食譜，使用250克麵粉及1茶匙肉桂粉和1茶匙丁香粉。將溫牛奶減少至100毫升，並使用紅糖。將60毫升的極熟香蕉泥和1茶匙的天然香草精（vanilla extract）與奶油一起加入麵糊中混合均勻。如果你發現香蕉比酒更有吸引力，那就不要加蘭姆酒，使用一般糖漿即可。

椰子與紅糖（COCONUT & BROWN SUGAR）

　　在我列出的所有巴巴蛋糕風味裡，這是根據我個人喜好所選出的。但是我必須承認自己收集的資料有個問題，因為我是用小小的中空蛋糕模製作椰子紅糖巴巴蛋糕，讓蛋糕看起來像是特別可愛的小甜甜圈，尤其是外層還滾了一圈蓬鬆的椰蓉，這可能造成了我對這種蛋糕的偏愛。當我在蛋糕上淋些蘭姆酒和擠些鮮奶油時，我想起年輕那時會在擺著富美家餐桌（Formica table）且飄著醋味、炒培根味及和煙味的咖啡館中，吃著「布朗德比」（brown derby）這道甜點。那是道在甜甜圈洞裡放一球冰淇淋的甜點，上面還加了鮮奶油霜、巧克力醬及碎堅果。如果你不喜歡酒或也不喜歡濕透的蛋糕口感，可以考慮用這種方式來享用你的巴巴蛋糕。要製作椰子巴巴蛋糕，請將8湯匙椰蓉（desiccated coconut）與2湯匙黑糖（dark brown sugar）混入250克麵粉中。也可用椰奶代替牛奶。

粗玉米粉與白脫乳（CORNMEAL & BUTTERMILK）

　　這個想法的靈感來自於一種含蛋量高且經過發酵的克羅埃西亞玉米麵包

（Croatian cornbread），這種玉米麵包的作法非常接近我們的基礎食譜。我以1：1的比例混合高筋白麵粉和細磨粗玉米粉，並使用溫熱的白脫乳——若想要自製白脫乳的替代品，請參見第42頁「舉一反三」中的G項。這種黃色麵糊發酵得極為活躍，而白脫乳則帶給麵包鮮明的風味。因為玉米的關係，所以這種玉米麵包比一般巴巴蛋糕粗糙些。除非你想要幫舌頭去角質，不然的話，別想用粗玉米粉取代所有麵粉。

69 ## 萊姆（LIME）

許多廚師害怕其他風味與蘭姆酒的風味不搭，所以只用不摻其他風味的巴巴蛋糕，不過橙皮屑或檸檬皮屑或兩者的綜合皮屑則是例外。例外的還有萊姆，如果你曾喝了一兩杯蘭姆潘趣雞尾酒（rum punch）後站上桌子跳舞，你就會知道萊姆跟蘭姆酒特別對味。想想看，若你為了製作巴巴蛋糕而削了萊姆皮屑，你就有萊姆可以擠汁，那麼乾脆就將萊姆汁及蘭姆酒拿來製作潘趣雞尾酒吧。調製這種潘趣雞尾酒的口訣是「一酸二甜三強四弱」，一酸是指一份萊姆汁、二甜是兩份糖漿、三強是指三份蘭姆酒、四弱是指四份果汁（以柳橙、芒果和百香果混合而出的美味果汁）。將調好的酒倒入裝有冰塊的玻璃杯中，再加點安哥斯圖娜苦酒和現磨的肉豆蔻（nutmeg）即可。糖漿則可用等量的糖和熱水調製。

黑麥與托卡依貴腐酒（RYE & TOKAJI）

路易十五的皇后，來自波蘭的瑪麗·萊什琴斯卡（Marie Leszczynska），常被認為是將巴巴蛋糕傳入法國的人士。在法國主廚馬利·安東尼·卡姆漢（Marie-Antoine Carême）的回憶中，皇家餐廳裡的巴巴蛋糕十分巨大，與裝有以馬拉加甜酒（sweet Malaga wine）和艾菊（eau de tanaisie；Tansy）製成之淋醬的大船型醬汁壺（sauceboat）一起上桌。（艾菊為多年生草本植物，花朵呈鮮黃色，有人覺得嚐起來有迷迭香味，有人覺得像薑味。）萊什琴斯卡皇后聲稱，這種蛋糕應該用黑麥麵粉製作並以匈牙利葡萄酒（Hungarian wine）調味。黑麥有自身的優點，但是要做成能浸潤在糖漿中的輕盈膨鬆質地時，就比不上白麵粉了。不過請注意，如果將黑麥巴巴蛋糕淋上用托卡依貴腐酒調製而成的糖漿，或許還是會讓人覺得美味。

番紅花與葡萄乾（SAFFRON & RAISIN）

　　根據一九三〇年代在聖詹姆斯街（St James's）克羅克福德（Crockford）賭場的主廚路易斯-尤斯塔切・烏德（Louis-Eustache Ude）所言，巴巴蛋糕的經典風味來自番紅花、小葡萄乾、葡萄乾和馬德拉酒（Madeira）混合而出的香氣。《牛津糖果甜食指南》（The Oxford Companion to Sugar and Sweets）證實了巴巴蛋糕確實加有番紅花和小葡萄乾，並指出蘭姆酒糖漿是從一八四〇年代才開始出現，當時巴巴蛋糕已經存在幾個世紀了。要製作這種風味的巴巴蛋糕，請在步驟 2 中，加點番紅花粉到正在加熱的牛奶裡，然後加入融化的奶油後再拌入一把葡萄乾。製作康瓦爾番紅花麵包及餐包的發酵麵團也是用番紅花搭配水果乾的這種類似風味組合。要是有個彭贊斯的海盜（Penzance pirate）[2] 因為每日限量飲用摻水烈酒（grog；大多是用蘭姆酒摻水調製成）而手腳不靈活，那麼康瓦爾郡可能在飲食史上就多了一件值得驕傲的事情。

2　彭贊斯的海盜（Penzance pirate）為一部經典的輕歌劇，後也改編成電影，故事內容有關一群住在英國康瓦爾郡彭贊斯市的海盜們。

第二章 | 玉米麵包、義式玉米糊／玉米糕與麵疙瘩（Cornbread, Polenta & Gnocchi）

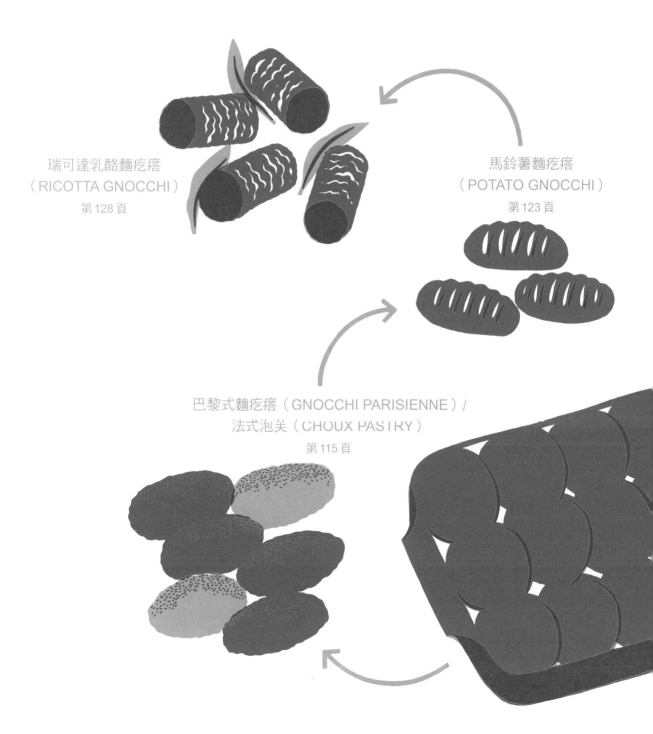

瑞可達乳酪麵疙瘩
（RICOTTA GNOCCHI）
第 128 頁

馬鈴薯麵疙瘩
（POTATO GNOCCHI）
第 123 頁

巴黎式麵疙瘩（GNOCCHI PARISIENNE）／
法式泡芙（CHOUX PASTRY）
第 115 頁

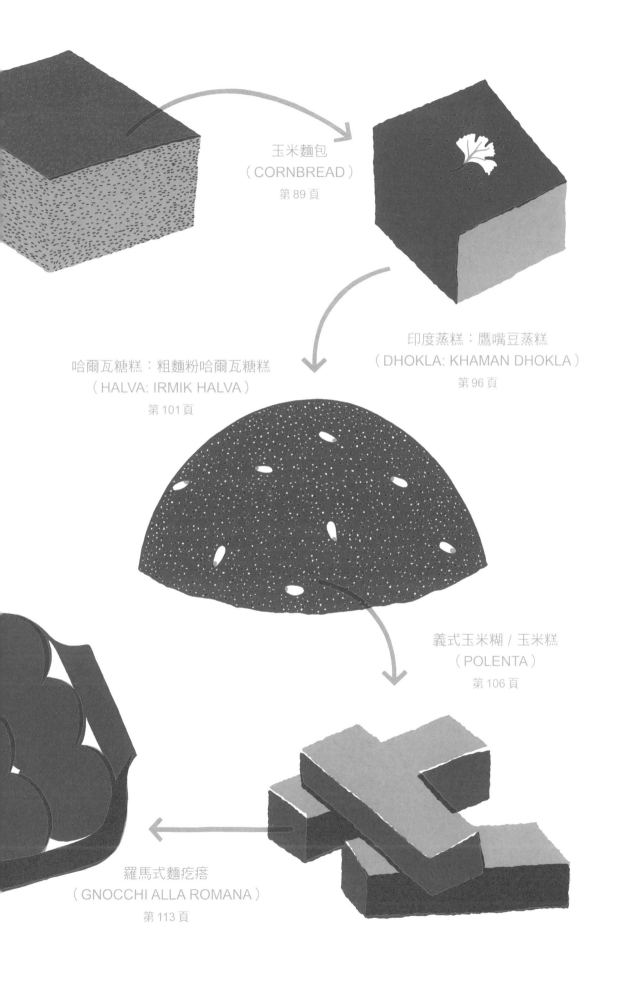

玉米麵包
（CORNBREAD）
第 89 頁

印度蒸糕：鷹嘴豆蒸糕
（DHOKLA: KHAMAN DHOKLA）
第 96 頁

哈爾瓦糖糕：粗麵粉哈爾瓦糖糕
（HALVA: IRMIK HALVA）
第 101 頁

義式玉米糊 / 玉米糕
（POLENTA）
第 106 頁

羅馬式麵疙瘩
（GNOCCHI ALLA ROMANA）
第 113 頁

本章系列食譜中的每個食譜都能將穀物和液體轉變為豐盛的主食。我希望你最終能去找出那些在櫥櫃深藏已久、即將腐敗及受到蟲害的穀物。自己動手製作玉米麵包、玉米糊／玉米糕或麵疙瘩，會為你帶來無盡的滿足感，你將從中見識到無窮無盡的實驗空間。

玉米麵包（CORNBREAD）

位於系列食譜開頭的玉米麵包，較為接近美國北部食用的那種彈性十足玉米麵包，而非美國南部那種油脂含量較少的玉米麵包。玉米麵包是蘇打麵包的隔代表親，這兩種麵包都採用快速混合的方法製作，並趁發酵劑還有作用時就放進烤箱中烘烤。這兩種麵包所需之穀物和小蘇打的分量類似，也都可以再適量添加些油脂和糖分。玉米麵包需要更多的白脫乳，若不加白脫乳就得再加雞蛋。玉米麵包的配方往往需要兩到三顆雞蛋。而蘇打麵包通常不加蛋，所以代表著蘇打麵包的麵團適合揉捏。另一方面，要將玉米麵包的食材揉捏成團，我想只存在於那種把這件事當成處罰的世界吧。雞蛋會使食材的混合物呈麵糊狀，並且在烘烤後讓麵包帶有濕潤的蛋糕口感，所以適合切成塊狀或楔形而非薄片。由於沒有加入培根或乳酪等鹹味食材，所以玉米的天然甜味也會讓麵包嚐起來很有蛋糕的感覺。

粗玉米粉有多種顏色和等級。顏色對麵包的品質幾乎沒有影響，但顆粒則有一定的影響。由粗磨粗玉米粉做出的一般玉米麵包會有顆粒口感，並帶有獨特的田園風味。老饕會推薦石磨玉米粉（stoneground corn），這種玉米粉保留了一些膜和胚芽，所以帶有更多的油脂，也因此留住了風味。然而較高的油脂含量也會縮短保存期限，這代表著不太可能在一般超市中找到這種粗玉米粉。

另一種選擇是墨西哥的特級細磨粗玉米粉（masa harina），這是用灰化法（nixtamal）製成的細磨粗玉米粉 —— 玉米經過煮熟，在石灰溶液中洗滌並（通常都會）去膜 —— 這種粗玉米粉成功結合了麵粉柔軟度和玉米甜味。無論

使用哪種粗玉米粉，你都會發現將玉米麵糊放在先熱過油的鑄鐵鍋中烘烤所做出的麵包最美味（最好使用豬油或培根榨出的油）。

印度蒸糕（DHOKLA）

來到印度西北部古吉拉特邦（Gujarat）的美國遊客看到鷹嘴豆蒸糕（khaman dhokla）時，思鄉之情可能油然而生。有著海綿蛋糕體且分成四四方方一塊塊的鷹嘴豆蒸糕，看起來就像是玉米麵包。不過這種蒸糕的麵糊是用鷹嘴豆粉製成，仔細端詳，會發現麵包體偏土黃色，就像拉賈斯坦宮（Rajasthani palace）的色澤一樣；而玉米麵包的顏色則是亮麗的黃色，就像《綠野仙蹤》中前往奧茲國的那條黃磚路一樣。蒸糕的食材與玉米麵包差不多，包括了粉類、用來黏合的液體、發酵劑和少許鹽、油和糖。因為是用蒸的而不是用烤的，所以這種蒸糕的口感更有彈性、更濕潤，有著近似奶油的綿密感。

雖然你可能會覺得傳統上印度蒸糕已經撒了太多裝飾用的碎菜葉，無需在麵糊中添加什麼，但還是有幾種印度蒸糕會將剁碎的蔬菜混入麵糊中。首先，可將芥末籽（mustard seeds）和小茴香籽在酥油或食用油中爆香釋出風味，然後倒在剛蒸好的熱蒸糕上。只要你事前不辭勞苦地刺破蒸糕的表面（像是製作檸檬糖霜蛋糕〔lemon drizzle cake〕一樣），這種帶有風味的油會滲入蛋糕的孔洞中。最後，在蒸糕上撒些風味鮮明的碎芫荽、椰蓉和新鮮紅辣椒薄片即可。成品看起像是在一場意外春雪後被棄置的套圈玩具組。

印度蒸糕的麵糊再加入檸檬元素（檸檬酸、檸檬汁或兩者都加），就很類似檸檬糖霜蛋糕的麵糊了。在印度買得到的檸檬酸類型，通常是以羅（Eno）這個品牌出品的「果子鹽」，這種東西具有舒緩胃腸的作用。若是沒有以羅果子鹽，可以混合等量的小蘇打和檸檬酸來製作代用品。以羅果子鹽中強烈的酸味來自羅望子（tamarind），你嚐第一口時可能會覺得酸到受不了。但對我來說，我嚐了第一口後卻還想再嚐第二口、第三口，我是到印度超市去採購鷹嘴豆粉後才知道這種東西。

傳統的印度蒸糕不加藥用果子鹽，而是將生豆或米（或兩者混合）磨粉，浸泡在優格中緩慢發酵膨脹並產生酸味。許多經典的印度料理都採用這種作法，包括白色小圓餅狀的「蒸米漿糕」（idli）、大薄餅狀的「多薩餅」（dosas）、在麵糊中加入番茄或椰子的小型厚煎餅「烏塔帕姆餅」

（uttapam；詳見153頁「扁豆（lentil）與米」段落），和充滿內餡的油炸甜甜圈「炸豆餅」（vadai）。平心而論，這跟酸麵包和摩洛哥粗麵粉煎餅（beghrir，請參考154頁「粗麵粉」段落）一樣，是一種時間花得越多，風味就越明顯的作法。雖然如此，速成法也能做出美味的成品，而且速成法還有個優點，就是讓你更有可能「起而行」，不只是「坐而言」而已。不過若你確實有時間也想直接用鷹嘴豆（chana dal）來製作適當發酵的蒸糕時（請參考98頁「鷹嘴豆」段落），請務必事先檢查食物調理機的刀片是否有辦法把泡過的豆子打成泥。我第一次試做時，我那台萬能牌（Moulinex）老機子的刀片追著豆子轉啊轉的，就像卡通中傻大貓（Sylvester）追著崔弟（Tweety Pie）一樣徒勞無功。

哈爾瓦糖糕（HALVA）

按著蒸糕的基礎食譜，改變使用的穀物食材，就可以做出不同口味的蒸糕。可以用玉米來製作，但少有人這麼做。粗麵粉蒸糕（rava dhokla；sooji）這種較為普遍的蒸糕即是用粗麵粉做成，可是我覺得味道有點淡。就像在英國教育系統中所供應的許多餐點一樣，我對粗麵粉的印象來自令人反胃的粥狀粗麵粉布丁——那種被全國各地學校打菜阿姨原封不動地清到垃圾桶的東西。不過，哈爾瓦糖糕顛覆了這個印象。特別是來自土耳其的甜味粗麵粉布丁「粗麵粉哈爾瓦糖糕」（irmik halva），而這也成了我們的基礎食譜。將粗麵粉加上奶油或食用油烘烤，然後再加入已加糖的溫牛奶，以小火熬煮並攪拌混合物至所需的質地。烘烤會產生類似爆米花的香氣，就是那種撐起電影產業一整個世紀的香氣，一種美好的香氣。值得注意的是，除了穀物，哈爾瓦糖糕（halva；這個詞衍生自阿拉伯語中的「甜點」一字）還可以運用廣泛的食材製作，包括水果、蔬菜或乳酪。有種特別受歡迎的口味是以中東白芝麻醬製作而成，雖然我會在書中提到這種口味的哈爾瓦糖糕，不過我把它歸類為一種乳脂軟糖（fudge），放在糖的系列食譜上。用穀物製作哈爾瓦糖糕比用白芝麻醬製作乳脂軟糖要簡單，但如果你堅持要加正宗食譜所標示的糖量，就不要指望這會比較不甜。

在哈爾瓦糖糕中，液體與穀物的體積比例剛好跟玉米麵包和印度蒸糕相反，液體比上穀物是2：1，而不是1：2。這反映出烤製方法的不同：哈爾瓦糖糕是在爐子上煎烤，即使降到小火，受熱還是強烈多了。因此，穀物可以更

為迅速徹底地吸收液體，不過製作者本身還是可以確實控制吸收速率和程度。煎烤粗麵粉哈爾瓦糖糕時，可以在麵糊還是一團濕的情況下就起鍋，差不多介在粥和馬鈴薯泥之間的質地即可──不過通常會繼續煎烤到酥糖麵糊具有濕麵團的質地並帶有彈性為止，就是最後酥糖麵團脫離鍋身的那種彈性。一旦達到這種質地，你就可以確定酥糖麵團之後會凝固，接著就可按傳統將其倒入形狀精巧的模具中。

要裝飾哈爾瓦糖糕會是項挑戰。有時會使用烤堅果，或者也可從印度蒸糕的華麗裝飾中獲取靈感，在酥糖上撒些玫瑰花瓣、石榴籽和開心果碎粒。基本上無論採用哪種裝飾，還是得接受一項事實：粗麵粉哈爾瓦糖糕看起來就像大量製造的現成布丁，它跟鼓鼓的破爛資料夾一樣外觀不佳但內容實在。粗麵粉哈爾瓦糖糕的美麗全藏在裡面。堅果或水果乾有時會跟著麵粉一起烤，而加入酥糖中的液體有時也會用糖以外的東西來煮，像是濃郁的蜂蜜或土耳其水果糖蜜（pekmez），這是一種將葡萄、無花果或桑椹汁濃縮製成的糖漿。在印度，哈爾瓦糖糕可能是與蒙兀兒布丁（Mughals）一起傳入的，蒙兀兒布丁會用小豆蔻或肉桂之類的香料來製作。希臘的粗麵粉哈爾瓦糖糕布丁（Greek semolina halva）則會加入柑橘和肉桂味糖漿。

不過，哈爾瓦糖糕的種類實在太多了，無法試過一次就下筆撰寫。用粗麵粉製成的哈爾瓦糖糕有種碎屑般的質地，它浸泡在甜糖漿中時，讓我想起了在家政課上所製作的蒸布丁。這種哈爾瓦糖糕熱熱的配著卡士達醬享用也很不錯，不過我在土耳其當地餐廳吃到的則是搭配香草冰淇淋。在穀物分類表的另一端，細玉米粉（cornflour）與牛奶混合製成的哈爾瓦糖糕，有著較為人所知的名字「牛奶凍」（blancmange），它在 FBI 十個最驚人的國際犯規美食名單中排名第三，僅次於珍珠奶茶（bubble tea）和那些在餅皮中加入迷你漢堡的比薩之後。

義式玉米糊 / 玉米糕（POLENTA）

把粗麵粉哈爾瓦糖糕做成鹹口味，差不多就是義式玉米糊 / 玉米糕了。從歷史的角度來看，義式玉米糊 / 玉米糕的原文「polenta」是個通稱，泛指任何煮熟且呈糊狀的穀物。今日的「polenta」通常使用粗玉米粉製作，但在哥倫布載著整船的新奇外國食品回到歐洲之前，「polenta」可以用斯佩爾特小麥、小米、大麥、栗子或鷹嘴豆粉等各式各樣的食材製作。玉米很快就摺倒了其他競

爭對手，不過蕎麥在一些北部地區仍然屹立不搖，時到今日，在這些區域仍然可以找到「黑色polenta」（taragna）。如果你曾經煮過蕎麥就會知道這種「黑」並不是真的黑，不是睫毛膏用語中的極黑，甚至也不是黑褐色。若你真的想做出黑色玉米糊，你最好用墨魚汁來染黑粗玉米粉。

　　根據經驗，要製作玉米糊／玉米糕的液體與穀物比例為3：1或4：1。有些廚師會加入更多液體稀釋，以進行更長時間的熬煮，因為他們認為以非常緩慢的速度熬煮的效果最佳。作家比爾‧布福德（Bill Buford）描述了他熬煮玉米糊三個小時之間的三個階段：最初是「濃稠無汁」，然後是「結塊有光澤且邊緣脫離鍋身」，最後是「在自身的玉米糊中烘烤」至適度焦糖化並具有彈性的程度。然而，就算你努力做了一個星期的玉米糊，仍然無法說服某些人接受它的價值。我的丈夫說玉米糊就是有個細微之處讓他無法接受。歌德將其歸咎於義大利提洛爾農民讓人討厭的外表，以及他沒有對讀者詳述的便秘問題。派翠克‧弗莫（Patrick Leigh Fermor）在《山與水之間》（*Between the Woods and the Water*）這本描述一九三〇年代他從荷蘭角港（Hook of Holland）徒步走到君士坦丁堡的第二本遊記中（整套共三本），描述自己在羅馬尼亞的特蘭西瓦尼亞（Transylvania）第一次吃到玉米糊的情形，玉米糊在那裡被稱為馬馬利加（mamaliga）。他寫道：「我曾被警告過不要吃這種東西。」對於一位腳上有著水母這麼大水泡且又生病的男人，還得面對不擇手段的妓女與迫在眉睫的戰爭前景，你可能會認為他根本不會在意羅馬尼亞玉米糊的口感。結果他「反而發現這很不錯」。無論警告他的是誰，顯然沒有考慮到他的國籍和階級。如果有任何東西可以連結英國中上層階級與喀爾巴阡山脈（Carpathians）的棕眼牧羊人，那就是看起來微不足道的美味食物了。

羅馬式麵疙瘩（GNOCCHI ALLA ROMANA）

　　將玉米糊冷藏凝固，就變成可以切成一片片的玉米糕。可將玉米糕片放入軟麵包卷中，再加入摩德代拉香腸（mortadella）和莫斯塔爾果醬（mostarda di cremona）這樣辛辣又提振食慾的東西享用，就像你會在英式薯條堡（chip butty）中加些番茄醬來除去過重的澱粉味那樣。也可以將玉米糕烘烤一下，搭配奶油及乳酪上桌，就像羅馬式麵疙瘩的吃法一樣，畢竟羅馬式麵疙瘩的作法與玉米糕及哈爾瓦糖糕都一樣。要製作麵疙瘩，請將粗麵粉和牛奶一起熬煮，然後打入一點雞蛋還有一些奶油和乳酪，再將煮好的麵糊鋪在淺烤盤中放涼凝

固，這樣就可以切塊放進烤箱烘烤後享用。

如同培根蛋義大利麵（spaghetti carbonara），羅馬式麵疙瘩也能做出一頓足以引發午睡意圖的豐盛午餐，讓你倒頭睡在方格桌布上。（羅馬能夠建造出來就是奇蹟了，更不用說要在一天之內建出來。）當你醒來時，發現自己的口水流到餐墊上，這是該來杯開胃酒（aperitivo）的時候了。在羅馬當地，麵疙瘩傳統上是在星期四享用，但美食作家克勞蒂亞·羅登說她無法找出這項傳統的起源。有人說是因為這道菜的熱情能讓人準備好面對星期五的禁食[3]。我則猜想是不是在發薪日的前一天，粗麵粉、牛奶、雞蛋和奶油混出麵糊可以做出便宜又飽足的一餐。不過美食作家伊麗莎白·大衛的一道麵疙瘩食譜，還加了些切丁的熟火腿，但少有食譜會添加其他的東西。請按照基礎食譜製作羅馬式麵疙瘩，加入約 150 克火腿並拌入雞蛋。在軟質粗麵粉的麵糊中加入雞蛋，可能會讓你想起法式泡芙的製作過程。兩者同樣都需要相信老天，歷經大量結塊的階段，才會形成得之不易且光滑的最終麵糊。

法式泡芙（CHOUX）

法式泡芙碰巧成為系列食譜上的下一個基礎食譜，因為它還有個別名是巴黎式麵疙瘩（gnocchi Parisienne）。如果羅馬式麵疙瘩是建立帝國的一餐，那麼巴黎式麵疙瘩就是更為輕盈與更為優雅的結合，不過料理的方式仍然與其他麵疙瘩相同：撒些磨碎的帕馬乾酪，在醬汁中烘烤或熬煮，或加入奶油與鼠尾草在平底鍋煎也可以。或可將其擠成長條或塑成小球，再烘烤製成閃電泡芙（éclairs）或巧克力泡芙（profiteroles）。同樣的麵團一匙匙挖起下鍋油炸就成了法式甜甜圈，這適合撒點糖粉再配杯咖啡歐蕾（café au lait）趁熱吃，至於想要吃得健康點的話，只要你把整批麵團都清光沒得吃之後，就會比較健康了。

馬鈴薯麵疙瘩（POTATO GNOCCHI）

馬鈴薯麵疙瘩又稱皮埃蒙特麵疙瘩（gnocchi Piedmontese），是用富有澱粉的溫馬鈴薯與麵粉或雞蛋混合做成麵團，再滾成長條並切成小塊。馬鈴薯

3　星期五禁食（Friday's fast）：由於星期五是耶穌的受難日，所以早期羅馬天主教為了紀念耶穌受難，會在星期五禁食。

麵疙瘩是近代才出現的麵疙瘩，直到二十世紀初期才有食譜出現在義大利的料理書籍中。過去的馬鈴薯麵疙瘩食譜指出，250克的馬鈴薯需要用到500克的大量麵粉。然而現代的食譜則完全不同，大多數都建議只要加入能夠形成麵團的少量麵粉已足夠，不過一般其實會用250克馬鈴薯對上50克麵粉的比例來製作。

對於馬鈴薯麵疙瘩這個主題，除了請你放棄逐字逐句閱讀食譜並請你自己動手做個幾次之外，我幾乎沒有什麼可以補充的。若有個東西是經驗勝過理論，那非馬鈴薯麵疙瘩莫屬了。當你正在烘烤東西時，順便將一兩個馬鈴薯放入烤箱中烤，烤好後刮下馬鈴薯泥，趁熱試做看看。麵疙瘩製作指南的第一課就是先試做一個（我想就是一個小小的麵團）之後再做其他的。如果它在鍋中不會散開，且咬起來軟硬適中，那麼就可以繼續製作其他的麵疙瘩。如果你的小麵團散成一片，那就請耐心加入麵粉不斷調整麵團的狀態——你要找的是那個在麵體成團與輕盈之間難以捉摸的最佳點。

77 瑞可達乳酪麵疙瘩（RICOTTA GNOCCHI）

馬鈴薯麵疙瘩的作法同樣適用於瑞可達乳酪麵疙瘩，只是用瀝乾的瑞可達乳酪來代替馬鈴薯。在乳酪中加入一點麵粉及雞蛋大致拌勻，再加點帕馬乾酪增添風味，之後塑成小塊準備下鍋料理。由於這裡的混合物不像麵團反倒更像是濕濕的麵糊，因此乳酪麵疙瘩無法像馬鈴薯麵疙瘩那樣將麵團滾成長條切小塊，而是要一個一個塑形。跟之前一樣，明智的作法就是先試做幾個麵疙瘩看看，再花時間製作其他的麵疙瘩。

這個基礎食譜從未讓我失望，也非常適合搭配其他食材，是個適合種菜愛好者的麵疙瘩配方，應該要分享給有小菜園的人。瑞可達乳酪麵疙瘩並非只能搭配風味鮮明的番茄、大蒜和羅勒，它也非常適合搭配各種輕煮蔬食。在夏天，可以嘗試搭配蠶豆（broad beans）、韭蔥及少許龍蒿奶油。在秋天，烤白胡桃瓜佐梨子及鼠尾草是菠菜及瑞可達乳酪麵疙瘩的暖心配菜。到了冬天，為了展現好客之情，你可能想要增加每份麵疙瘩的分量，並考慮改用煎鍋煎些球芽甘藍絲（shaved Brussels sprouts）、栗子和蔓越莓（cranberries）來搭配。若有任何剩下的小麵團則可以加到清湯中，這是義大利的典型作法，或者也可以加在用料更為豐富的蘑菇湯或豌豆湯中。

玉米麵包（Cornbread）

　　這裡的玉米麵包指的是美國北部各州所做的那類玉米麵包，他們會將粗玉米粉與小麥麵粉及少許糖混合製作。玉米麵包上桌時會搭配培根和雞蛋、手撕豬肉（pulled pork），或簡單地將麵包切半，夾入奶油乳酪和切碎的醃墨西哥辣椒（jalapeños）。隔夜玉米麵包的用法與酵母發酵麵包類似，可以用來做成法式吐司，或夾上餡料，或做成麵包奶油布丁。請注意，玉米麵包的食材就是製作平底鍋煎餅（griddle pancakes；請參考第156頁）的食材再加上一杯粗玉米粉並多一顆雞蛋而已。

　　此基礎食譜適用於20公方見方的方形平底鍋或直徑23公分的圓形平底鍋，或12連杯蛋糕模。

食材

　　1杯（150克）細磨粗玉米粉[AB]

　　1杯（125克）中筋麵粉[AB]

　　1/2茶匙小蘇打[C]

　　1茶匙鹽

　　1湯匙糖[DE]

　　1杯（240毫升）白脫乳[F]

　　2顆雞蛋

　　1至2湯匙融化的脂肪或食用油[G]

1. 粗玉米粉、麵粉、小蘇打、鹽和糖倒入碗中拌均，然後在中心挖個洞。

2. 將白脫乳、雞蛋及油等濕性食材拌均後，加入上面的乾性食材快速混合。不用混合得太徹底。

3. 將麵糊倒入抹油的鍋（最好是鑄鐵鍋）或烤模中，放入烤箱以180°C烘烤25至30分鐘，或是直到叉子插入麵包中心取出後乾淨沒有沾黏為止。[H]理想情況下，會將抹油的鍋子或烤模放入烤箱加熱，再將麵糊倒入其中，就像製作約克郡布丁（Yorkshire pudding）那樣。

4. 稍微放涼後切塊或切片。

請當天吃完，或也可以包好冷凍起來，最多可保存三個月。

舉一反三

A. 可以用粗磨粗玉米粉來代替細磨粗玉米粉，這裡需要用到1杯（175克）的粗磨粗玉米粉。

B. 粗玉米粉與麵粉的比例需介於3：1至1：3之間。有些玉米麵包，例如葛縷子口味（請參考92頁的「葛縷子」段落）和葡萄乾柳橙口味（請參考94頁的「萄葡乾與柳橙」段落）就只用粗玉米粉製作，這類玉米麵包偏乾也比較質樸。

C. 有些廚師除了小蘇打外還會再加1茶匙泡打粉。或是直接用2茶匙泡打粉就不加小蘇打了（請參考下面的F項）。小蘇打做出的玉米麵包會柔軟些。

D. 任何種類的糖都可以使用，無論是白糖、紅糖、楓糖漿或糖蜜都可以。你也可以什麼糖都不加。

E. 有些食譜建議的糖量高達150克（但只要60克我就覺得已經接近蛋糕的甜度了）。

F. 可在酸奶油或天然優格中加點水或牛奶來取代白脫乳。或者在225毫升的牛奶中攪入1湯匙檸檬汁來自製白脫乳，請靜置5分鐘後再使用。也可以用鳳梨汁取代白脫乳，這樣烤出的麵包會有美味的褐色脆皮並帶有溫和的鳳梨味。若以泡打粉取代小蘇打，就不需要使用酸性液體，改用牛奶或甚至水都可以。

G. 任何油都可以使用（無需用到太高級的油）。豬油、培根油或奶油都能帶來極佳的風味。

H. 某些廚師會以低溫長時間的方式烘烤玉米麵包，例如以160°C烤40至45分鐘。

培根（BACON）

　　在美國，什麼東西都大，培根卻是例外。當你咬下一口會造成下巴暫時脫臼的三層漢堡，以及像墨西哥摔跤選手前臂那麼粗的捲餅後，會驚訝地發現到美國培根就像小說人物波麗安娜（Pollyanna）的帽子緞帶一樣，呈現又薄又鬆軟的細長條紋帶狀。無可否認，美國培根會搭配包有藍紋乳酪的煎蛋捲（omelette）、水牛城雞翅（buffalo wings）以及加了奶油並淋上糖漿的煎餅堆等大量食物上桌，但培根太小片仍是不爭的事實。身為習慣大片培根的英國人，我只能假設美國人之所以喜歡薄片條紋培根，是因為這可以很快榨出培根油。美國南方人更是高度重視培根油，他們使用培根油的方式極多，其中一種用法就是加進玉米麵包中。培根油的鹹香煙燻風味，讓帶有蛋糕般甜味的粗玉米粉自然而然地就跟雞蛋很對味。大約使用 4 到 6 片英國條紋培根就足夠了，請將培根放入鍋中攤平不要重疊，開中小火煎至出油。如果最後榨出的油多過你所需要的，那就一起加進麵糊吧。也請將培根壓碎加入麵糊中。

白胡桃瓜、菲達羊乳酪與辣椒（BUTTERNUT SQUASH, FETA & CHILLI）

　　在摩爾多瓦共和國（Moldova）和希臘，通常會在玉米麵包中加入像菲達羊乳酪這一類的乳酪丁。菲達羊乳酪與白胡桃瓜是經典組合，讓麵包美妙到可以成為藝術家亨利・馬諦斯（Henri Matisse）的素材。要製作這種風味的玉米麵包，請按照基礎食譜製作，但在濕性食材中拌入 200 克白胡桃瓜丁（1公分見方，不用先煮過），並按個人口味加入 50 至 100 克的菲達羊乳酪丁及一些辣椒片。你也可以添加小茴香和奧勒岡——這兩種香草搭配大量碳烤羊排的滋味絕佳。當烤羊排的煤炭燒成白色時，請將麵糊拌勻放入烤箱中。並將一兩罐的罐頭黑豆洗乾淨，加入切得細碎的番茄、紅洋蔥和芫荽葉中，並淋上由萊姆汁以及風味溫和的橄欖油所調製的油醋醬（vinaigrette）做成一道沙拉。當玉米麵包還在烤、沙拉還在入味，而掉落到煤炭上的羊排油滴蒸乾之際，脫掉鞋子、開罐啤酒、擺動你的腳趾吧。這是一道能夠在下班後快速完成的簡單豐富

又美味的晚餐。

葛縷子（CARAWAY）

　　這種全玉米粉不加小麥麵粉的作法，是來自料理作家瑪麗亞．卡尼瓦-強森（Maria Kaneva-Johnson）的普羅亞麵包（proja；一種塞爾維亞的速成玉米麵包）食譜。堅持正統作法的人士會用豬油製作這種麵包，並在早餐時搭配炒蛋或味道濃烈的白色乳酪享用，或搭配凝脂奶油（clotted cream）和甜椒醬（ajvar）作為開胃菜，甜椒醬源自塞爾維亞，是結合了焦化紅椒和大蒜的黏糊醬料。這讓我想起曾在亞利桑那州吃過的玉米麵包馬芬（cornbread muffins），那個麵包馬芬搭配著濃稠的冷奶油乳酪和刺鼻的辣椒果醬（chilli jelly）上桌。那是種牛仔版的英式奶油下午茶（cream tea）。大多數的玉米麵包會加入酸性液體和發酵劑的組合讓麵包較為膨鬆，但卡尼瓦-強森卻不這樣做，以致於此款麵包的液體對上粗玉米粉的用量比例雖然偏高，卻能做出紮實的質地。烘烤一半時間後，會在麵包上再抹層油，以避免麵包變乾。請按照基礎食譜製作，但只需使用1杯（175克）粗磨粗玉米粉，不用中筋麵粉，並加入$1/4$茶匙鹽、1茶匙葛縷子籽、400毫升牛奶及1顆雞蛋和1湯匙油。麵糊拌好後倒入已抹油的直徑20公分圓形烤模中。接著在烤箱中烤25分鐘讓麵包定型，之後取出刷上由$1/2$茶匙融化奶油及$1/2$茶匙葵花油所調製的混合油。最後放回烤箱再烤一下，烤10分鐘後請開始觀察，只要出現淡淡的金黃色澤就可以了，最多不要烤超過20分鐘。

乳酪（CHEESE）

　　另一種普羅亞麵包（proja；請參考前面的葛縷子段落）就是在麵糊中拌入茅屋乳酪製成。在美國，像巧達乳酪或蒙特里傑克乳酪（Monterey Jack）這類硬質乳酪，通常在玉米麵糊放入烤箱前就會磨碎加進麵糊中（按照基礎食譜的食材分量，大約需要100克乳酪）。另外一種作法是將不加料的玉米麵糊倒一半至抹油的烤模中，接著撒上大量乳酪與不要太濕的番茄莎莎醬（tomato salsa），再將剩下的麵糊倒入烤模中抹平後進行烘烤。有一種原產於巴拉圭（Paraguay）及阿根廷東北部的玉米粉鹹糕（sopa Paraguaya）是玉米麵包的遠親。這種鹹糕的原文中有個「湯」（spoa）字，有人說這是因為那麵糊是出了名的濕。玉米粉鹹糕是婚禮上的傳統料理，會搭配啤酒或威士忌享用。要製作乳酪玉米麵包，請將1個大洋蔥切丁跟125毫升水及1茶匙鹽一起熬煮10分

鐘，然後放著備用。並將 75 克奶油軟化後加入 4 顆蛋黃，一次一顆，另將蛋白留著備用。接著加入 125 克切丁的墨西哥鮮乳酪（queso fresco）或印度鄉村乳酪（paneer）、1 杯大致切碎的甜玉米粒（175 克或 1 條玉米的玉米粒），還有剛剛煮過的洋蔥丁連同煮水一起加入，全部混合均勻。接著再慢慢加入 $1\frac{1}{2}$ 杯（225 克）細磨粗玉米粉和 1 杯（240 毫升）白脫乳，兩者分次輪流加入。將蛋白打至濕性發泡並翻拌入麵糊中。麵糊倒入抹油的 20 公分見方深烤模，放在烤箱中央以 200°C 烘烤 30 至 35 分鐘直到烤出金黃色澤為止。

卡士達（CUSTARD）

卡士達風味的玉米麵包並不常見，這種麵包做得好的話，會有一層完整的卡士達層。這種風味的玉米麵包會比基礎食譜的甜一些，而且濕潤許多，因為液體與穀物的比例為 3：2。以下食譜出自美國農業部於一九二三年發布的農民公告第 1236 號：玉米及其食品用途。在 20 公分見方的深烤模中抹上至少 2 湯匙的奶油，放入烤箱中以 180°C 預熱。將 2 顆雞蛋和 50 克糖大力攪打混勻。在另一個碗裡，將 $\frac{1}{2}$ 杯（65 克）中筋麵粉、比一茶匙再少一點的小蘇打及 1 茶匙鹽過篩加入 $1\frac{3}{2}$ 杯（250 克）細磨粗玉米粉中。將 1 杯（240 毫升）牛奶和 1 杯（240 毫升）白脫乳加入蛋糊中，再一起拌入乾性食材中。接著將拌好的麵糊倒入預熱的烤模中抹平。再倒入 1 杯（240 毫升）高脂鮮奶油到烤模中，不可攪拌，然後以 180°C 烘烤 30 分鐘。在液體中加入兩倍的糖及 1 茶匙天然香草精，做出的成品更有傳統卡士達蛋糕的樣子，但是什麼都不加的版本更有趣。

洋蔥（ONION）

任何認為英國炸魚片和薯條（British fish and chips）配了太多蔬菜的人，都應該去認識一下美式金黃玉米球（hush puppies）。這種核桃大小的玉米球是用加了洋蔥的粗玉米粉麵糊所做成，是美國南部搭配炸魚片或炸蝦的經典配菜。製作這種麵糊的食譜與玉米麵包的基礎食譜非常類似，不過粗玉米粉對上小麥麵粉的用量比例較基礎食譜為高，另外還加了洋蔥。要製作美式金黃玉米球，請將 $\frac{3}{4}$ 杯（110 克）細磨粗玉米粉、$\frac{1}{4}$ 杯（30 克）中筋麵粉、$\frac{1}{2}$ 杯（120

毫升）白脫乳、½茶匙泡打粉、½茶匙鹽、1茶匙糖、1個切成細末的小洋蔥與1粒雞蛋混合拌勻。接著在加熱到180°C的油中一次炸4或5小塊麵糊，可以用兩個沾水的甜點匙舀起麵糊並刮入油中。油炸一兩分鐘後，若玉米球不會自己在油中翻滾，就用漏勺撥弄一下。接著再炸一分鐘，就用漏勺取出放在廚房紙巾上吸油。炸好的玉米球請放入100°C的烤箱保溫等到整批完成。

葡萄乾與柳橙（RAISIN & ORANGE）

在第二次大戰德國與義大利佔領希臘的期間，博博塔（bobota）這種玉米麵包是當時可取得的少數食物之一，但博博塔在那段期間所獲得的評價極差，以致於直到今日老一輩仍然視其為劣質食品。事實上，博博塔是一個包羅萬象的用語，根據你在希臘的位置，它可能是指一般玉米麵包，也可能是指玉米糊，或是加有葡萄乾和柳橙汁並淋上蜂蜜的玉米糕之類。在愛奧尼亞的紮金索斯島（Zakynthos）上，有種用碎核桃、肉桂、丁香和洋茴香籽製成的博博塔。在六千英里外的多明尼加共和國（Dominican Republic），則有種甜玉米麵包是用葡萄乾、肉桂和奶水（evaporated milk）烤製而成，這種麵包的原文名稱為「pan de mais」就是電影《慾望街車》（*A Streetcar Named Desire*）的結尾處，可憐的白蘭琪‧杜波依斯（Blanche DuBois）在擰茶巾時不斷嘀咕著的東西。這個配方與基礎食譜的不同之處在於只使用粗玉米粉，不用小麥麵粉，也不用雞蛋。其成品較為粗糙並帶有顆粒的質地，如果你想要做出切開時能夠平整勻稱的玉米麵包，那就把蛋加回去，不過就不是正宗的「pan de mais」了。請將200克細磨粗玉米粉、100克糖、1茶匙泡打粉、½茶匙小蘇打、少許鹽和50克葡萄乾混合拌勻。接著加入240毫升柳橙汁、60毫升水和2湯匙橄欖油攪拌均勻後，將麵糊倒入抹油的18公分見方烤模中，然後迅速放入烤箱中以180°C烘烤25至30分鐘。可依個人喜好在烤完後趁熱抹上蜂蜜糖漿（honey syrup）。請記得讓麵包先在烤模中放涼後再取出切片。

紅辣椒、甜玉米與芫荽（RED PEPPER, SWEETCORN & CORIANDER）

我在紐約大廚巴比‧福雷（Bobby Flay）的梅薩燒烤餐廳（Mesa Grill），品嚐到第一個也是最難忘的玉米麵包，那是用藍色和黃色的玉米混合製成。福雷聲稱藍色玉米帶有更多風味，因為它是以有機方式少量種植。也有人說那種風味差異是嚐不出來的。但誰在乎？它就是藍色！真的是瘋狂到徹底的藍色。（根據動畫《道格與藍貓》〔*Dougal and the Blue Cat*〕中的巴克斯頓

〔Buxton〕所言，藍色是最為美好的顏色。你不會想跟巴克斯頓爭論的。）可以調整一下基礎食譜，使用藍色玉米或是藍黃玉米混用，做出類似福雷的那種玉米麵包馬芬。將 1/2 顆小洋蔥丁與 1 個蒜瓣的蒜末在 1 湯匙油和 2 湯匙奶油炒軟。炒好後倒入乾性食材中，與白脫乳、雞蛋、一把切丁的紅辣椒、1 至 2 湯匙切碎的芫荽葉和 3 至 4 湯匙新鮮或冷凍的甜玉米粒混合均勻。添加辣椒片或切碎的新鮮墨西哥辣椒，則可以來點讓人想偷罵髒話的辣度。

黑麥（RYE）

　　黑麥和玉米的組合跟豆煮玉米（succotash）一樣，都是老派的美式風格。這種組合在美國新英格蘭地區被稱為「黑麥和印第安的」（粗玉米粉有時被稱為「印第安餐食」〔Indian meal〕，因此「印第安的」成為玉米的代稱）。亨利・大衛・梭羅（Henry David Thoreau）在《湖濱散記》（*Walden*）這本自給生活的讚美詩中提到，他最喜歡的玉米餅（hoe cakes）就是以黑麥和玉米磨成的粉所製作。玉米餅（hoe cakes）的麵糊跟玉米麵包基礎食譜中的麵糊是一樣的，製作方式是將幾湯匙麵糊以培根油或植物油煎熟，跟美式煎餅（pancake）類似。梭羅回憶說：「我像埃及人孵蛋那樣小心翼翼地將玉米餅翻面。它們是我收成的一種真正的穀物果實，在我看來，它們有著像其他高貴果實一樣的芳香，我用布把它們包裹起來盡可能長時間保存。」具有實驗精神的梭羅也試做過其他不加發酵劑的麵包，希望自己「不用老是得在口袋裡放只瓶子，有時瓶子爆開，裡頭的東西四散開來，讓我覺得很尷尬。」要製作玉米餅的黑麥玉米麵糊，請參照基礎食譜進行，以 1：1 的比例混合黑麥麵粉和細磨粗玉米粉，另可用加入 2 湯匙糖蜜（molasses）的一般牛奶代替白脫乳。先在煎鍋中放入奶油加熱，然後放下玉米餅以中火煎烤，就像煎美式煎餅一樣，當底面呈金黃色時即可翻面。

印度蒸糕：鷹嘴豆蒸糕
（Dhokla: Khaman Dhokla）

　　一道這樣漂亮的糕點可以讓你愉快地坐在糕點店中享用。在紅、白和綠的食材裝飾下，鷹嘴豆蒸糕就猶如維多利亞蛋糕（Victoria sandwich）那般，不過它是用鷹嘴豆粉製成，味道也明顯是鹹的。它像糖漿海綿蛋糕（syrup sponge）一樣是用蒸的，形成了夢幻般的濕潤口感。還有其他不同配方可以製作蒸糕的豆糊，傳統配方是將豆子和米混合發酵製成，而我們的基礎食譜製作起來最為簡單，也非常好吃。與玉米麵包一樣，這裡的液體與豆粉比例也是1：2，另外還要再加進少許的鹽、糖、油脂和發酵劑。

以下基礎食譜適用於製作一個直徑20公分圓形模的鷹嘴豆蒸糕。

食材
　　1 $^1/_2$ 杯（150克）鷹嘴豆粉 A

　　1 茶匙鹽

　　1 茶匙糖

　　$^3/_4$ 杯（180毫升）水 B

　　1 湯匙植物油

　　1 茶匙以羅果子鹽 C

最後撒在蒸糕上的食材
　　1至2 茶匙芥末籽和小茴香籽 D

　　2至3 湯匙植物油

　　切片的新鮮辣椒、椰蓉和芫荽葉（裝飾用食材，可加可不加）

1. 準備蒸煮的器材。需要一個能夠容納圓形模的帶蓋鍋子，還有能將圓形模墊高不進水的東西。倒些水入鍋中煮沸，然後轉小火熬煮。
   我將蒸菜盤倒扣放在壓力鍋底部，做為圓形模的支架。
2. 將鷹嘴豆粉、鹽、糖、和水及植物油混合成光滑的豆糊。
3. 當鍋中的水已煮沸可蒸煮時，請將以羅果子鹽加入豆糊中攪拌均勻。接著

將豆糊倒入抹油的直徑 20 公分圓形模中。

4. 將圓形模放在鍋中的支架上，蓋上鍋蓋，蒸 15 至 25 分鐘。請用烤肉叉插入蒸糕中檢查是否已煮熟，若烤肉叉拔出時乾淨沒有沾黏就是蒸好了。然後從鍋中取出蒸糕。

5. 將芥末籽和小茴香籽用 2 至 3 湯匙植物油爆香。

   你需要在鍋子上方放一個防濺板（splatter guard），以防止芥末籽和小茴香籽四處飛濺。

6. 將芥末籽和小茴香籽連油一起倒在熱騰騰的蒸糕上，再撒上其他裝飾用的配菜（可加可不加）。

7. 將蒸糕切成方形即可上桌享用。傳統上會將芫荽葉、薄荷葉、青辣椒（green chilli）、薑、檸檬汁和鹽混合製成的印度甜酸醬（chutney）搭配蒸糕食用。

舉一反三

A. 鷹嘴豆粉（chickpea flour）也稱為雞豆粉（besan flour；gram flour）。

B. 某些廚師喜歡使用優格或將優格混水使用。

C. 將等量的小蘇打與檸檬酸徹底混合，可以產生類似以羅果子鹽的混合物。若你不喜歡檸檬酸的強烈酸味，請改用 2 茶匙泡打粉代替以羅果子鹽。

D. 可用其他香料（完整或磨粉的皆可）、咖哩葉或辣椒片來製作風味油，也可以全部混加調製。若你使用香料粉，要注意鍋子不能太乾，爆香的時間也不要太長，因為它們容易燒焦。

印度蒸糕 → 風味與變化

焦化洋蔥（BURNT ONION）

也許在漫步倫敦蘇活區（Soho）時，會發現到自己被妓女纏上，或被兜售裝著古柯鹼的紙包，或也可能被臉上帶有睫毛膏髒污、腳上穿著破絲襪的異裝癖者偷走自己的錢包。碰到這些情況，時間就是最好的療癒。今日，在機場商店想要爭取優勢的發展中，你可能也會碰上一樣的情況，那就是罷工持續到半夜，而此時西班牙點心酒吧（pintxo bars）、東亞燒烤概念餐廳（East Asian BBQ concepts）以及港式點心休息室的值班經理，在保全系統中用力輸入了密碼。沒人知道行李推車打哪來，那必定是從下水道的洞口偷偷冒出來，或是從漆黑劇院的舞台後門冒出來的。然後，洋蔥開始炒了。擁有另一種完美美食認證的倫敦人，也就是那些能夠分辨在地土產與進口產品且知曉湯豆腐（yudofu）與日式炸豆腐（agedashi tofu）有何不同的時尚人士，突然招架不住那股就是想吃的強烈慾望。喔，但明天早上他們就會後悔了！如果不是因為焦化洋蔥令人無法抗拒的香味，他們可能永遠不會咬一口那個令人討厭且幾乎不知道成分的法蘭克福燻腸（frankfurter），那條燻腸被塞在慘白的軟麵包中，上面還被擠了一道彎彎曲曲且不知品牌的番茄醬。炒焦的洋蔥應該要有更好的用途。而印度就做到了，印度人在素食菜餚中大量使用炒洋蔥，並作為印度燉豆用香料（tarka in dal，請參考第288頁）的其中一項食材。我曾試過把炒洋蔥放在蒸糕上，弄成像尼斯洋蔥塔（pissaladière）那樣的風格，我甚至也會把炒洋蔥放進豆糊中一起蒸，這樣的味道更棒。將中等大小的洋蔥切丁或切片，炒至微焦再拌入基礎食譜的蒸糕豆糊中，但只需用 $1/2$ 杯（120毫升）的水，也不用另外再準備油，因為洋蔥已含水份，而且炒過洋蔥的油更具有風味。用黑種草籽取代小茴香，加幾撮到芥末籽中，然後跟芫荽葉一起撒在煮熟的蒸糕上。

鷹嘴豆（CHANA DAL）

我們的基礎食譜使用鷹嘴豆粉，這比傳統作法要快得多了，傳統作法會將乾燥剖半的鷹嘴豆浸泡、攪碎混合成光滑的豆糊，然後靜置發酵一夜。類似的豆糊可用於製作蒸米漿糕（idli）和多薩餅（dosas），這些是用豆子和米混合製作出的煎餅，但要製作這種豆糊，需要一個能夠將泡過的豆子打成光滑豆糊的食物處理機。要製作純鷹嘴豆糊（不加米的），請將1杯（200克）鷹嘴豆洗乾淨後浸泡約6小時或一晚。在泡過的豆子中舀出4湯匙的量，再將其餘的

豆子瀝乾加入1條切末的青辣椒、1湯匙薑泥和最多1杯（240毫升）的水，攪打成濃濃的豆糊。在豆糊中加入預留的4湯匙豆子、2湯匙優格、1茶匙檸檬汁、$1/2$茶匙薑黃粉及$1/2$茶匙鹽拌勻，再度靜置發酵6小時或一晚。之後拌入1茶匙以羅果子鹽或$1/2$茶匙小蘇打，將豆糊倒入直徑20公分的圓形模中蒸15至20分鐘，直到烤肉叉插入再取出後插入乾淨不沾黏為止。將香料用油爆香，倒在蒸糕上再加點裝飾即可。

椰子（COCONUT）

我發現自己只剩下100克鷹嘴豆粉，不過我並沒有花力氣到印度超市去，而是用50克椰蓉來補足，並用椰奶取代水，以及用2茶匙的泡打粉取代以羅果子鹽。這樣搭配的效果很不錯。鷹嘴豆的鹹香風味仍然占主導地位，搭配椰子的甜味也很對味。再次製作時，我加入英國主廚馬克・希克斯（Mark Hix）在鷹嘴豆椰子咖哩糊中所用的相同香料粉，當中包括了：丁香、肉桂、小豆蔻、芫荽、茴香、印度什香粉（garam masala）和薑黃，我還加了一堆椰子和青辣椒片做為裝飾。

大蒜、迷迭香與黑胡椒（GARLIC, ROSEMARY & BLACK PEPPER）

有鑑於義大利人對鷹嘴豆的熱愛，將義大利作法應用在鷹嘴豆蒸糕上應該不會太離譜——我將來自義大利利古里亞區（Liguria）的鷹嘴豆麵餅（farinata）風味應用到蒸糕上。不過，以羅果子鹽的強烈味道與這種風味道不協調，所以請按「舉一反三」中的建議改用2茶匙泡打粉。在蒸糕快蒸好時，請用少許橄欖油爆香幾瓣蒜泥，然後倒出蒜泥，在爆香過的油中輕輕加熱一些切碎的迷迭香針葉。接著將迷迭香連油一起倒在熱騰騰的鷹嘴豆「蒸糕」上，撒上風味十足的現磨黑胡椒，再切成方塊即可。

紅辣椒與西班牙辣香腸（RED PEPPER & CHORIZO）

將蒸糕的作法改良一下，就能做出非常適合野餐的料理。請按照基礎食譜製作豆糊，但不使用以羅果子鹽，改用2茶匙泡打粉。請在攪拌所有食材時，

一併加入 4 湯匙烤紅辣椒末和 100 克的熟西班牙辣香腸片，可用廚房剪刀將香腸剪成小片（除了杳腸是合完全熟透旳這種問題外，其實把這種杳腸煮熟也是很無禮的表現）。將豆糊倒入抹油的直徑 20 公分深鋁箔盤中蒸 15 分鐘。蒸好取出後用鋁箔紙包覆好，一隻手拿著鋁箔盤，另一隻手拿著半瓶冷藏過的菲諾雪利酒（fino sherry）。請一位朋友負責帶玻璃酒杯（因為雪利酒就要用玻璃杯喝）以及他們能找到的最好的綠橄欖。如果有那麼一點點可能性，請約在無花果樹下見面。

粗麵粉（SEMOLINA）

如果你習慣了味道濃郁的鷹嘴豆粉，可能就會覺得用粗麵粉（rava；semolina）製成的蒸糕缺乏豆子的細緻濃郁質地，而且滋味比較平淡，像是鷹嘴豆蒸糕被丟進洗衣機中洗個幾次那樣。不過，若是你用了容易被鷹嘴豆風味所掩蓋的細緻風味食材，那麼滋味平淡的粗麵粉會是比較好的選項。

哈爾瓦糖糕：粗麵粉哈爾瓦糖糕
（Halva: Irmik Halva）

「哈爾瓦」一詞就是糖的意思，泛指廣大的含糖食品。粗麵粉哈爾瓦糖糕是哈爾瓦糖糕家族中以穀物來製作的一個分支，是種簡單且深受喜愛的土耳其甜點。在鄂圖曼土耳其帝國的時代，哈爾瓦糖糕是野餐的必備食物，會在吃過烤羊肉後享用。今日，你可能會發現安卡拉（Ankara）的牛肚餐廳在早餐時供應哈爾瓦糖糕，或一般家庭的廚房也會備有哈爾瓦糖糕，等著早上醒來時享用。烘烤過的粗麵粉為糖糕帶來了美妙的風味，讓人想起爆米花的香氣，若是再加點鹽，則會讓人聯想到消化餅乾。

此基礎食譜適用於一個15公分圓形麥片碗或是6個小圓模的哈爾瓦糖糕。[A]

食材

　　100克無鹽奶油

　　1杯（175克）粗磨粗麵粉[B]

　　2 1/2 杯（600毫升）牛奶[CDE]

　　1杯（200克）糖[EF]

　　2至3湯匙烤松子（可加可不加）

1. 將一半的奶油放進中型平底鍋以中火加熱融化後，加入粗麵粉拌炒，直到麵粉呈金黃色為止。

   請注意，不要因為拌炒的香氣迷人就炒過頭，千萬不要把金黃色的麵粉炒到焦黑。

2. 將牛奶倒入另一只平底鍋中，以中火加熱。再加入糖和另一半奶油，等它們融化後，再倒入粗麵粉中慢慢攪拌均勻。

3. 以小火熬煮，不時攪拌，直到麵糊開始變稠並脫離鍋身。這時可以加入烤松子。

   如果你喜歡蓬鬆的口感，當麵糊煮到像馬鈴薯泥的樣子時，就可以關火舀到盤子上。

4. 將煮好的麵糊刮入碗或小模中並輕拍。接著靜置在室溫中讓糖糕成形。

當你按壓麵糊邊緣，發現它乾淨脫離模具時，你就知道糖糕做好了。這需要多長時間取決於碗的大小，以及煮好時的麵糊濕度。小型模可能只需15分鐘，而大型容器可能就要幾個小時了。

舉一反三

A. 某些製作哈爾瓦糖糕的師傅會等到麵糊放涼一點，再手工塑形。

B. 細磨粗麵粉可用於製作一般哈爾瓦糖糕，但粗麵粉哈爾瓦糖糕就必須用粗磨粗麵粉來製作。

C. 正宗的粗麵粉哈爾瓦糖糕食譜通常需要2：1的牛奶與粗麵粉比例，但我發現這樣分量的液體往往很快就會蒸發掉。將牛奶增加到 2 $1/_2$ 杯（600毫升）可以讓粗麵粉熬煮多一點時間。

D. 類似的希臘食譜則是用香料糖漿（spiced sugar syrup）取代牛奶。這意味著當糖漿倒入拌炒粗麵粉的熱鍋中時，會劈里啪啦地大量噴濺出來。（有關糖漿調味的作法，請參見509至514頁。）

E. 有些食譜會使用以1：1比例混合的水和牛奶，而非單用牛奶。有人會用罐裝煉乳，然後不加糖。

F. 可減少糖的用量。$1/_2$ 杯（100克）的糖，我就覺得夠甜了。

鷹嘴豆（CHICKPEA）

　　有人說邁索爾甜點（Mysore pak；順帶一提，原文中的「pak」即為甜點之意）是種軟糖，也有人說這是種脆餅，但根據本書的分類，它與哈爾瓦糖糕歸在同一類。邁索爾甜點首次現身的地點就是邁索爾皇宮，它就像皇宮一樣華麗甜美，是個奢華的享受。它跟本章節中的其他哈爾瓦糖糕不同，需要先將糖水煮到成絲的階段（thread stage，請參照473頁「焦糖」的第三段落），再加入穀物。請將2杯（400克）糖倒入 $^1/_2$ 杯（120毫升）水中煮到106至112°C，也就是成絲的階段，然後慢慢加入1杯（100克）過篩的鷹嘴豆粉，小心不要結塊。鷹嘴豆粉可以預先烘烤一下，順便加點小豆蔻粉或番紅花粉添增點風味。接著在豆糊中慢慢攪入1杯（240毫升）融化的熱酥油。煮至豆糊起泡後，它會脫離鍋身，此時就可起鍋倒進18至20公分的盤子中靜置定型，然後再切成小塊。

粗玉米粉與糖蜜（CORNMEAL & MOLASSES）

　　「印第安布丁」（Indian pudding）是一種在美國新英格蘭地區特別受歡迎的甜玉米糊。它以牛奶和糖蜜製成，像哈爾瓦糖糕那樣食用。這種以粗玉米粉（cornmeal；Indian meal）製作的印第安布丁，會先放入烤箱中烘烤，或是用小火慢熬直到湯匙插入可以立起為止。食品歷史學家認為，印第安布丁可能是美國民謠「洋基歌」（Yankee Doodle）所提到的美國快煮布丁（hasty pudding）演變而來，歌詞是這麼唱的，「在那裡我們看到了不少男人和男孩，堆得像塊厚厚的快煮布丁。」以燕麥或小麥麵粉製成的快煮布丁，風靡了十七世紀的英國，但到了十九世紀卻幾乎從食譜書中絕跡。跟約克郡布丁（Yorkshire pudding；請參考第135頁）一樣，印第安布丁和快煮布丁經常是肉類料理的前菜，用意在於填飽一點肚子的空間，以免接下來的肉類料理分量少得可憐，讓人有填不飽肚子的失望感。隨著時間演進，印第安布丁的甜味加重，現在更常當作甜點享用。要製作印第安布丁，請先將 $^1/_2$ 杯（90克）粗磨粗玉米粉倒入4杯（960毫升）溫牛奶中，以中火煮沸，然後盡可能以最小火熬煮。邊煮邊攪拌20分鐘後，加入 $^1/_2$ 杯（120毫升）糖蜜、50克奶油、$^1/_4$ 茶匙鹽和 $^1/_2$ 茶匙薑粉或 $^1/_2$ 茶匙肉桂粉（或兩種粉都加）。將玉米糊倒入直徑20公分、抹過奶油的圓形烤盤中。以130°C烘烤約 $2\,^1/_2$ 個小時，烤完應該像極

了一個完美的烤布丁——表面凝固但中心會略微晃動。今日的印第安布丁通常搭配冰淇淋享用，但根據蘇格蘭詩人托比亞斯・斯摩萊特（Tobias Smollett）所述，十八世紀時，通常會把這種布丁擺在盤子上，並在中間留個空間，放進一大塊奶油和一大勺糖（或糖蜜），熱騰騰的布丁會讓糖油融化變成焦糖醬（caramel sauce）。吃的時候要用湯匙從布丁外圍往內舀起，讓湯匙沾到中間的醬汁。在義大利威尼托（Veneto），會用搗碎的隔夜玉米糕製作類似的甜點。將碎玉米糕與糖蜜、牛奶、水果乾、糖漬檸檬皮和松子攪拌均勻即完成，這很像是一碗花花綠綠的綜合麥片粥。

椰棗與香草（DATE & VANILLA）

91

　　飛到阿曼（Oman），去露天市場買套阿拉伯男裝（dish-dash）。飛回來後，在接下來的六個月中，製作加入椰棗糖漿的哈爾瓦糖糕。你會發現這套剪裁漂亮的新衣服讓人做起事來很方便。椰棗糖漿嚐起來很像為了生活得更自在而向南遷移的楓糖漿。請按照基礎食譜製作哈爾瓦糖糕，但用 1 杯（240 毫升）椰棗糖漿取代糖，並加入 2 茶匙天然香草精和少許鹽，然後不要加松子。最後加上含鹽的糖漬核桃或胡桃即完成。

石榴與柳橙（POMEGRANATE & ORANGE）

　　我發現，像絲綢般柔滑的白米粉末（white rice flour）可以做出柔滑的哈爾瓦糖糕。首先在鍋中放入 1 湯匙奶油和 2 湯匙花生油的混合油，再將 1 杯（150克）白米粉末倒入鍋中翻炒至微焦。接著加入 $2^1/_2$ 杯（600 毫升）含有果粒的鮮榨柳橙汁，以及 2 湯匙石榴糖蜜。然後我一匙一匙地慢慢加入糖，直到鍋中的米糊帶有甜味為止，請不要加太多，過多的甜味會破壞柳橙和石榴的鮮活酸味。接著讓這種水果味的哈爾瓦糖糕靜置定型，再切成小塊，並撒上希臘優格及開心果碎粒，當我先生品嚐這種酥糖時，他說他會很樂意配著乳酪吃，因為它帶有他喜歡的榅桲醬（membrillo；quince paste）味道或結晶密李（damson cheese）味道，不會過甜，且帶有鮮明的水果風味。他說得真好，這種哈爾瓦糖糕與熟成的英式巧達乳酪非常對味，是取代花生醬果醬三明治中的果醬的更好選擇。

番紅花、玫瑰、肉桂與杏仁（SAFFRON, ROSE, CINNAMON & ALMOND）

　　來自亞塞拜然（Azerbaijan）的番紅花布丁（zerde），可能是粗麵粉哈爾瓦糖糕的親戚。番紅花布丁通常指的是在土耳其婚禮上供應的番紅花米布丁，但我的這個食譜不用米，只使用杏仁粉（ground almonds）和少許粗麵粉。料理作者安妮亞·馮·布連姆森（Anya von Bremzen）表示，這種布丁質地絲滑且口感清新。要製作番紅花布丁，請在中等尺寸的平底鍋中，倒入 $1^1/_4$ 杯（125 克）杏仁粉，與 5 杯（1.2 公升）牛奶和 $^1/_4$ 至 $^1/_2$ 杯（50 至 100克）糖混合煮沸，然後關火加入一撮番紅花粉。接著再拿另一只鍋來，先放入1湯匙奶油後倒入 $^1/_4$ 杯（45 克）粗磨粗麵粉翻炒到呈棕色，然後倒入之前煮的甜杏仁牛奶持續攪拌至煮沸。接著以小火慢熬，不要蓋上鍋蓋，三不五時攪拌一下直至變稠，大約需要15 至 20 分鐘。關火再倒入 $^1/_4$ 杯（30 克）的杏仁片、2 茶匙玫瑰露（rosewater）和 $^1/_2$ 茶匙肉桂粉攪拌均勻。倒入 8 個小模具中後冷藏凝結，最後再撒上一點肉桂粉就可享用。

義式玉米糊 / 玉米糕（Polenta）

將粗玉米粉煮到如馬鈴薯泥的稠度，就成了可以直接食用的玉米糊。或是煮好後讓玉米糊靜置凝固成玉米糕，再切塊煎一下或烤一下就可享用。粥狀的玉米糊常會與大量的奶油和乳酪混合食用，不過若是作為配菜搭配豐盛又濃稠的燉鍋料理時，清淡的滋味反而可以解膩，這時就不用加入太多東西。玉米糕 / 玉米糊的愛好者表示，要避免使用金屬器具或金屬餐具，據說這會影響風味，最好使用木匙攪拌，並用線切割做好的玉米糕，這樣也省下洗刀子的麻煩。

此基礎食譜可製作 3 至 4 人份的玉米糊 / 玉米糕。

食材

3 杯（720 毫升）水 [AB]

1 茶匙鹽

1 杯（175 克）粗磨粗玉米粉 [C]

1/4 茶匙白胡椒粉

奶油、橄欖油、鮮奶油、乳酪（可加可不加）

1. 將水和鹽倒入平底鍋中，以中火加熱。[D]
2. 當水煮沸時，先攪動一下讓水旋轉，然後以穩定的速度倒入粗玉米粉，同時要一直攪拌，盡量減少結塊。
   有些廚師會先將玉米粉與一些水混合來避免結塊。
3. 請以小火熬煮且不斷攪拌，至少要避免玉米糊黏在鍋底，一直煮到你想要的稠度為止。
4. 撒點胡椒並根據喜好加入奶油、橄欖油、奶油或乳酪來調味。[E]

製作玉米糊（WET POLENTA）

簡單判斷出何時達到適當的稠度。

若是要加入奶油、橄欖油、鮮奶油和乳酪，請在一開始多加一點水稀釋，以便於讓玉米糊保持糊狀——從 6 杯（1.4 公升）液體對上 1 杯（175 克）粗玉

米粉開始。請注意，只要離火，玉米糊自然會慢慢凝固。

製作玉米糕（SET POLENTA）

93

當玉米糊煮到脫離鍋身時，將它刮到抹油的盤子上，在室溫下靜置凝固。
玉米糕可以切塊烤一下或煎一下，也可以像麵疙瘩那樣運用。

舉一反三

A. 若你想讓玉米糊快速凝固且質地乾一點，只需要用上2杯（480毫升）的水即可。有些廚師用的水量高達8杯（1.9升）之多。這其實取決於你想熬煮及攪拌玉米糊多久。請記住，隨時都可以再添加熱水進去。

B. 用湯來取代部分或全部的水會讓滋味更為豐富。改用牛奶則會帶來較為濃郁的質地。

C. 玉米糊／玉米糕的原文「polenta」是個通稱，最初由斯佩爾特小麥、法羅小麥（farro）、蕎麥、苔麩（teff）及粟子等各種穀物和食材製成的糊或糕都稱為「polenta」。

D. 為了增加額外的口感和風味，可先將洋蔥和大蒜或米爾普瓦（洋蔥丁、胡蘿蔔丁和芹菜丁）入油鍋中翻炒，然後再加水，將程序倒過來進行。

E. 可將整顆甜玉米粒加入玉米糊中帶來額外的口感。罐裝玉米粒顯然需要先瀝乾，但除此之外，只需要在快煮好時加入甜玉米粒攪拌均勻即可。

白花椰菜、續隨子 與 葡萄乾（CAULIFLOWER, CAPER & RAISIN）

　　一般玉米糊的滋味或許很平淡，但若你尚未試過將玉米糊作為其他食材的配料或基底之前不要這麼篤定。就像馬鈴薯泥與甘藍菜和洋蔥混合出來的滋味極佳一樣，可以試試將玉米糊與芥藍（kale）和豆子混合製成托斯卡尼綜合玉米糊（Tuscan polenta incatenata），或是將玉米糕剁成小塊，搭配以白花椰菜、續隨子花蕾（caper buds）及大蒜混合做成的西西里在地料理享用。可以把這種玉米糊 / 玉米糕想成能被包起來的餡料。請按照基礎食譜製做，將 $^3/_4$ 杯（130 克）粗磨粗玉米粉倒入 1 $^1/_2$ 杯（360 毫升）水中，烹煮到玉米糊脫離鍋身為止，然後將玉米糊刮到盤子上凝固定型。請壓下想偷吃的衝動，用湯匙抹平表面。在等待玉米糊放涼的期間，將小株白花椰菜切成一口大小的小朵狀，並裹上一層橄欖油，以 200°C 烤 30 分鐘，直到微焦變軟，再取出備用。將烤溫降至 180°C 並將幾湯匙松子放入烤箱烤至金黃色。接著將凝固好的玉米糕剁成硬幣大小的小塊。倒些橄欖油進煎鍋以中火加熱，翻炒兩蒜瓣分量的蒜末直到呈金黃色。在鍋中加入 2 湯匙洗過並瀝乾水分的鹽漬續隨子，以及 2 湯匙葡萄乾。幾分鐘後再加入白花椰菜和玉米糕炒幾分鐘，之後加入 1 湯匙鯷魚醬（anchovy paste）、1 茶匙葡萄酒醋和 1 湯匙水。攪拌一下再關火，加入烤松子和一大把切碎的平葉荷蘭芹（flat-leaf parsley），加調味料拌勻，就可以上桌享用。

美式乳酪玉米糊 / 玉米糕（CHEESE GRITS）

　　我認為美式乳酪玉米糊 / 玉米糕（CHEESEGRITS）跟義式乳酪玉米糊 / 玉米糕（polentaalformaggio）差不了多少，就像「pastaparcels」與「tortelloni」兩字指的都是義大利餃的情況一樣。但事實並非如此。美式玉米糊 / 玉米糕（grits）用的是玉米糝（hominy），這是種經鹼化的石磨粗玉米粉，偏白而非黃色，也更具風味。不過，美國南部的玉米糊 / 玉米糕卻是用未經鹼化的白玉米做成的。其實粗玉米粉是用哪種方法製成的都不重要，重要的是，味道強烈的乳酪融入其中，變得柔和，讓玉米微妙的滋味更加大鳴大放。要製作乳酪玉米糊 / 玉米糕，請在 2 杯（480 毫升）水和 2 杯（480 毫升）牛奶中加入 1 杯（175克）粗磨粗玉米粉。接著按照基礎食譜進行至步驟 3，蓋上鍋蓋，以中小火煮20 至 30 分鐘，直到呈現馬鈴薯泥般的糊狀質地為止。然後關火，加入 50 克奶

油以及分量介於100克至450克之間的任何乳酪。雖然巧達乳酪，或巧達乳酪加上蒙特里傑克乳酪是玉米糊的典型搭配，但各式各樣的義大利乳酪都可以用來搭配玉米糊，包括：帕馬乾酪、芳汀那乳酪（fontina）、戈根索拉藍黴乳酪（Gorgonzola）、莫札瑞拉乳酪（mozzarella）等等……全部都加也可以。

栗子與紅葡萄酒（CHESTNUT & RED WINE）

　　十一月時，傳統的托斯卡尼人會坐在火爐邊享用新鮮烤栗子和一杯新釀的紅葡萄酒。人類植物學教授安德里亞·裴洛尼（Andrea Pieroni）指出，用新釀紅葡萄酒來煮栗子糊曾經是托斯卡尼北部常用來緩解咳嗽的配方。這聽起來比合成的檸檬蜂蜜喉糖更好。試試在500毫升水及500毫升紅葡萄酒中熬煮250克栗子粉吧。配合薄酒萊新酒（Beaujolais Nouveau）的產季，你可以在十一月的第三個星期來場感冒，就算這個配方治不好你的咳嗽，喝喝還剩下250毫升的薄酒萊新酒可能會讓你心裡好受點。也可以將未加糖的栗子糊加入剛煮好的玉米糊中做成栗子玉米糊。

火鍋（FONDUE）

　　當你覺得「美味」和「玉米糊」這兩個字的意思很接近時，你就會知道「大量乳酪」或「大量奶油」這些字詞的意思也相差不遠。西班牙大廚費蘭·阿德里亞（Ferran Adrià）抓到這個重點，於是他製作了焗烤玉米糊（polenta gratin）。除了來自義大利阿歐斯塔谷（Valina d'Aosta）山區的油質芳汀那乳酪之外，還有多種乳酪可以用來豐富玉米糊的滋味。我曾經因為被迫要將本來打算自己享用的義式切片牛排（steak tagliata）分享出來，所以靈機一動再弄了個玉米糊火鍋（polenta alla fonduta）。我在1 1/2杯（360毫升）的淡鹽水及4湯匙的皮朴爾白酒（Picpoul de Pinet）中倒入1/2杯（90克）的粗磨粗玉米粉烹煮——我想很少人會在火鍋派對上使用皮朴爾白酒，但這是我廚架上唯一一種具有所需酸味的葡萄酒。我以小火煮好玉米糊，加入少量磨碎的葛黎耶和乳酪（Gruyère）和艾曼塔乳酪（Emmental）攪拌至融化，然後加入1茶匙的櫻桃白蘭地（kirsch）、幾滴檸檬汁和少許白胡椒。將玉米糊保溫，另把牛

排放在熱過的平底鍋中煎得吱吱作響，再鬆弛幾分鐘後，將它切片擺在芝麻葉（rocket leaves）上灑幾滴檸檬汁。基於在淡黃色的玉米糊旁放上帶血的牛排並不搭調，所以我另用法國名牌 Le Creuset 的迷你鍋來裝玉米糊。這種火鍋玉米糊有點類似來自法國奧弗涅地區（Auvergne）的香蒜乳酪馬鈴薯泥（aligot）。

小米（MILLET）

有鑑於小米豐富且帶有堅果香的風味，歷史教授肯‧阿爾巴拉（Ken Albala）對於小米不再是歐洲主食的來源感到遺憾，他也將文藝復興時期大廚巴托洛梅奧‧斯卡皮（Bartolomeo Scappi）的建議傳達給我們知道。大廚建議可以將小米連同一塊鹹豬頰肉或司華力香腸（cervelat sausage）一起放入牛奶或肉湯中燉煮。小米煮熟後，斯卡皮會加入碎乳酪、雞蛋、肉桂、胡椒和番紅花。不過當前小米的勢力正在捲土重來。料理作家瑪麗亞‧史佩克（Maria Speck）對於如何料理小米粥列出了以下要點。在加了月桂葉的橄欖油中將青蔥（spring onion）炒軟，加入小米炒幾分鐘，然後加入小米體積兩倍量的水。煮沸後轉小火慢燉並攪拌15至20分鐘。加入跟小米同分量的天然優格，以及大量切碎的新鮮香草（herbs），再撒上帕馬乾酪。英國大廚西蒙‧羅根（Simon Rogan）在馬里波恩車站（Marylebone）的快閃餐廳羅根尼克（Roganic）做了一道小米燉飯佐藍紋乳酪與西洋梨。美食作家山德爾‧卡茨（Sandor Katz）則提到了一種發酵小米粥的作法，就是將小米裝罐泡在鹽水中蓋緊蓋子靜置24至48小時，然後用自來水沖洗，加水燉煮，還可以加點奧勒岡、紅椒粉（paprika）、薑黃和小茴香。接著加入橄欖油和檸檬汁，當小米粥變稠時，將粥倒入盤子中等它凝固，就可以切片食用，或烤一下再享用。

秋葵（OKRA）

從加勒比海的安地卡（Antigua）飛回來後，我們在巴貝多（Barbados）度過了等待轉機的漫長星期五夜晚。我們不想在機場附近逛逛，瀏覽那些拼接手提包和帶有鈦金屬錶框的巨大手錶，以及整套的熱導魚叉槍，而想要來一杯啤酒和享受點合宜的巴貝多海鮮。旅客中心的女士建議我們可以到奧伊斯

廷斯（Oistins）去看看。坐在計乘車裡，我開始想像那是間微風吹拂的海濱餐廳，裡頭有個開放式廚房和一位穿著高貴米白色亞麻服飾、十分體面且非常纖瘦的顧客。但我大錯特錯了。奧伊斯廷斯根本不是家餐館，是個村莊，或是說它過去是村莊，現在看起來就是個專門在料理及販售海鮮的地方。若非它自然不修飾的原始樣貌所帶出的奇特氛圍，這個地方可能會與西班牙馬蓋魯夫（Magaluf）或法國胡安萊潘（Juan les Pins）那些喧鬧且品質不佳的度假城鎮差不了多少。星期五晚上的料理是「炸魚」，你可能會吃到搭配飛魚的「庫庫」（coucou）。庫庫是加了秋葵一起煮的玉米糊/玉米糕，會佐上一份車前草（plantain）當配菜上桌享用。幾十個小吃攤前的排隊人潮反映出加勒比海人不疾不徐的態度，所以找個涼爽一點的攤位慢慢排吧。接下來的挑戰是在食物變冷前，在一千個左右的公共桌區中找到位子坐。我們選擇站著吃，喝著我們的啤酒，看著站在舞區上使出渾身解數擺動肢體的夫妻檔，舞區的木地板看起來不太安全。這趟行程很值得，跟這輩子轉機都在吃包在濕黏包裝紙中的帕尼尼三明治（panini）相比更是值得。若要製作「庫庫」，請將秋葵切碎熬煮至剛好熟透（每1杯的粗玉米粉需用上 100 克的秋葵。粗磨粗玉米粉 1 杯為 175 克，而細磨粗玉米粉 1 杯則為 150 克）。將秋葵瀝乾，煮過秋葵的水留下再加足量的水來煮玉米粉，裡頭還要加入 1/2 茶匙鹽、1 茶匙糖和 1 至 2 湯匙奶油。當玉米糊煮好時，拌入秋葵就完成。還可用椰奶取代部分的水，讓玉米糊多點加勒比海安地列斯群島（Antillean）的愉悅風情。

鷹嘴豆油炸糕（PANELLE）

義大利巴勒莫（Palermo）的街頭小吃鷹嘴豆油炸糕，是將鷹嘴豆粉加鹽在熱水中熬煮至豆糊脫離鍋身為止。接著馬上將豆糊鋪在抹油的檯面或烤盤上，大概是 1 公分的厚度，靜置放涼到呈現緻密而有彈性的質地為止，就是跟頂級地毯襯墊差不多的質地。再將具有彈性的豆糕切片油炸或炙烤即可享用。咬一口鬆軟的鷹嘴豆油炸糕，會嚐到像是雞蛋、洋芋片和豌豆的味道。換一種說法，就是充滿幸福的滋味。法國普羅旺斯也有鷹嘴豆油炸糕，可以撒些糖當作甜點享用。鷹嘴豆油炸糕在尼斯稱為「panisso」，跟義大利文的「panissa」是同源詞，這個詞跟「polenta」（目前主要是指玉米糊/玉米糕）一樣都是通稱，泛指任何煮熟的糊狀穀物。

97

牛肝蕈與藍莓（PORCINI & BLUEBERRY）

用高湯煮玉米糊的作法，能為玉米糊增添風味。將兩把乾牛肝蕈浸泡在500毫升的溫水中，加入少許的鹽和糖，靜置一晚。第二天以細網過濾後，你就有了牛肝蕈風味高湯。將100克的粗磨粗玉米粉倒入高湯中熬煮，如果需要，可再加少量熱水。之前泡過水的乾牛肝蕈若沒有其他用途，可以切丁跟一把藍莓在玉米糊快煮好前丟入鍋中。請將玉米糊搭配野豬燉肉（boar stew）、烤珠雞（roast guinea fowl）或鹿肉香腸（venison sausages）享用，並享受新鮮藍莓不時在嘴中爆開的滋味。

豬肉（PORK）

玉米肉餅（Scrapple）是從德國北部傳入美國賓州的，作法是將碎豬肉及穀物放入高湯中煮熟，然後倒入吐司模中靜置凝固。人們認為玉米肉餅是從豬血及蕎麥做成的料理演變而來。因為在美國，糖精煉的過程中需要用上血清蛋白（blood albumin），這使得家禽家畜的血液價格居高不下，因此就改用豬肉代替，並搭配便宜的粗玉米粉來製作。玉米肉餅最常在早餐享用，會搭配雞蛋或糖漿，也可能是蘋果。玉米肉餅有著各式各樣的不同版本，包括了在俄亥俄州辛辛那提市（Cincinnati）很普遍的燕麥肉餅（goetta）、北卡羅來納州與南卡羅來納州（Carolinas）夾在葡萄果醬三明治中的「肝醬玉米糕」（liver mush）。玉米肉餅的作法很簡單。將一般碎肉（高級部位的肉塊也可以）跟香料一起煮沸，煮出一鍋肉湯，然後撈出碎肉先放置一旁，肉湯則過濾去沫，且要倒出足夠的量來煮玉米糊（按照基礎食譜上3：1的比例）。煮玉米糊的同時，將肉從骨頭上剝下，並去皮切或撕成碎塊。當玉米糊煮到像馬鈴薯泥那樣濃稠時，加入碎肉拌勻，接著將玉米糊倒入吐司模中。最後讓玉米糊靜置幾個小時至凝固成型，就可以切片煎一下做成玉米肉餅。嘿嘿，要煎到整面都是焦黃色才行喔。沒煎熟的玉米肉餅看起來就像小說《一九八四》裡政府富裕部（the Ministry of Plent）配給的今日餐點。在以前的食譜中，每500克豬肉需要用上約1杯（150克）細磨粗玉米粉，但你會發現這個比例有很大的彈性。

墨魚汁（SQUID INK）

這是帶有閃亮黑色並像橡膠連身衣那樣吱吱作響的另類玉米糊。1杯（175克）粗磨粗玉米粉要用上2小袋墨魚汁，請在玉米糊還未煮稠之前加入墨魚汁以便於攪拌。這種玉米糊可搭配煎魚享用，煎得魚皮酥脆的紅鯔魚排（a fillet of red mullet）是極佳的選擇。

羅馬式麵疙瘩（Gnocchi alla Romana）

羅馬式麵疙瘩實際上就像是用粗麵粉和牛奶製成的圓形玉米糕，還多了雞蛋增添風味。無需製作醬料，只需將麵疙瘩擺在耐熱盤中，丟入大量的小塊奶油，並撒上大量的帕馬乾酪即可。小小的麵疙瘩在烤箱裡會膨脹起來並烤得酥脆，而上頭的乳酪和奶油都會融化。這種麵疙瘩適合搭配味道辛辣且帶點苦味的生菜葉。面對羅馬式麵疙瘩最重要的訣竅就是，當你坐下來享用時要夠餓且有愉悅的心情。

此基礎食譜可以製作4人份的羅馬式麵疙瘩主菜，或6人份的羅馬式麵疙瘩前菜。

食材

6杯（1.6公升）牛奶[AB]

$1/2$ 茶匙鹽

$1 1/2$ 杯（225克）細磨粗麵粉[CD]

125克奶油[E]

250克磨碎的帕馬乾酪[E]

1顆雞蛋[F]

1. 將牛奶及鹽倒入平底鍋中煮至溫熱。這個時候可將你個人喜歡的風味食材泡在牛奶中。
2. 關火後一邊慢慢撒入粗麵粉一邊攪拌，然後再開小火，繼續攪拌。
3. 邊煮邊用木勺或矽膠勺不停攪拌5至8分鐘，直到麵糊變稠出現彈性，能夠脫離鍋身。
4. 繼續煮，並拌入50克奶油和150克乳酪以及任何其他調味料，然後關火放涼一下。
5. 打顆蛋進去攪拌均勻。

   一開始會有點凝結，可能會讓人覺得憂心，不過請堅持下去直到全部融為一體為止。
6. 將麵糊刮入微濕的淺烤盤或矽膠模具中，並用沾濕的刮刀抹平表面。麵糊大約要有1公分的厚度。[G]

7. 靜置放涼等待麵糊凝固成型。

   放進冰箱需要1個小時左右，若放置在室溫下所需的時間更長。

8. 麵糊切成圓形或方形的麵疙瘩，在抹油的烤盤中稍微重疊排列，然後將剩下的奶油剁小塊連同剩下的乳酪一起撒在麵疙瘩上，以200°C烘烤15至20分鐘。

舉一反三

A. 無論使用全脂、低脂或脫脂的牛奶都可以。如果牛奶的量不夠用，可以加點水來補足。

B. 傳統作法會加入現磨的小豆蔻，假如你要加的話，請在步驟1中添加到牛奶裡。

C. 有些食譜需要 $1^1/_2$ 杯（210克）磨到像一般麵粉那樣細緻的粗麵粉。不過，若你不介意較有顆粒的質地，可以改用 $1^1/_2$ 杯（265克）的粗磨粗麵粉。

D. 可用粗玉米粉取代粗麵粉來製作麵疙瘩。可按個人喜好選用粗磨或細磨的粗玉米粉，會需要 $1^1/_2$ 杯的粗玉米粉（265克粗磨粗玉米粉或225克細磨粗玉米粉）。

E. 奶油和/或乳酪的用量可以減少，但要記住這些是會產生風味的食材。

F. 有些食譜不加雞蛋，雖然這也能夠做出麵疙瘩，可是麵疙瘩會稍微鬆散一點，烘烤時膨脹的幅度也比較小。你也可以改用2個蛋黃而不是1顆全蛋。

G. 當麵糊已經放入冰箱定型後，可用湯匙起挖起烤模中凝固的麵糊，弄出花俏點的形狀。另外也可以用兩支湯匙將麵糊塑成橢圓形（Quenelles）。

巴黎式麵疙瘩 / 法式泡芙
（Gnocchi Parisienne / Choux Pastry）

　　這種用途多多的麵糊可以煮成麵疙瘩，炸成法式甜甜圈（beignets），或烘烤製作成各種法式泡芙，例如閃電泡芙（éclairs）、乳酪小泡芙（gougères）和巧克力泡芙（profiteroles）。為了說明各種泡芙的不同作法，基礎食譜在步驟4之後會分開說明。麵疙瘩和法式甜甜圈的作法非常簡單。法式泡芙則略有挑戰性，要謹慎加入雞蛋以達到所需的濃稠度。有些師傅製作吉拿棒（churro）時會使用泡芙麵團，因為它相當於第150頁那個常見配方的風味增強版。

此基礎食譜可製作4人份麵疙瘩、20至24個巧克力泡芙或法式甜甜圈，或12個一般泡芙或閃電泡芙。

食材

　　1杯（125克）中筋麵粉 A B

　　1杯（240毫升）水 C

　　少許鹽

　　60克奶油

　　4顆中型雞蛋或3顆大型雞蛋 D

　　現磨肉豆蔻（可加可不加）E

1. 先將麵粉過篩。接著將加了鹽的水倒入平底鍋以中火加熱，然後放入奶油煮融。奶油鹽水煮沸後關火並攪拌，一直攪拌。

2. 邊攪邊倒入過篩的麵粉，混成糊狀，再以小火煮一至兩分鐘，期間仍要不斷攪拌。此時麵糊會開始脫離鍋身。關火靜置約5分鐘放涼，之所以要放涼，是因為不想之後加入的雞蛋熟到變成蛋花。

3. 打入雞蛋並用攪拌匙或木勺拌勻，請一顆一顆慢慢加，並且要徹底攪拌均勻，這樣麵糊中才會充滿空氣。請將麵糊攪拌至滑順有光澤但還可以塑形的程度。

　　製作麵疙瘩和法式甜甜圈時，不用太過於要求麵糊的濃稠度，但泡芙就不一樣了，根據麵包師傅南希・貝特維斯圖（Nancy Birtwhistle）的說法，最

適當的麵糊濃稠度就是當你將攪拌匙或木勺從麵糊中拿起時，底下應該要掛一團呈 V 形的麵糊，也就是比會滴落的麵糊再稠一點的程度。

4. 某些廚師會在煮麵疙瘩和炸甜甜圈前，先將麵糊靜置 30 分鐘。若將麵糊放入冰箱可保存 12 小時。麵糊做好後就可以塑形，然後看是要烘烤還是冷凍起來。

冰箱中的麵糊取出後，要讓它回到室溫再開始烹煮或油炸。

製作巴黎式麵疙瘩

在沸水中試煮一下 1 茶匙麵糊，確定它不會散開，再用湯匙將麵糊舀入裝有直徑 2 公分噴嘴的擠花袋中。直接將麵糊擠到大鍋中煮沸的鹽水裡，再用濕剪刀剪成 3 至 4 公分長。請一次不要煮太多麵疙瘩，慢慢煮 3 至 4 分鐘，它們會浮到水面上，然後用漏勺舀起，放到廚房紙巾上吸出水分。煮熟的麵疙瘩可以煎炒，也可以放在烤盤上，加點奶油和乳酪一起烤，或與醬汁混合後烘烤也可以。

製作法式甜甜圈（BEIGNETS）

將 1 至 2 茶匙的麵糊下鍋，以 190°C 的油溫炸 4 分鐘左右。一次炸一些就好，請從第一批炸好的甜甜圈中拿一個起來對半切開，檢查是否炸熟了。甜甜圈炸好後放在廚房紙巾上吸油並撒上糖粉，或搭配水果泥上桌享用。如果你不熟悉要怎麼油炸，請參考第 17 頁的「沒有專用炸鍋的油炸注意事項」。

製作閃電泡芙（ÉCLAIRS）、巧克力泡芙（PROFITEROLES）、一般泡芙（CHOUX BUNS）或乳酪小泡芙（GOUGERES）

將麵糊在略微沾濕的烤盤上擠成手指般的長條，或用湯匙塑型成球狀或球圈。若要製作閃電泡芙或是一般小泡芙，請以 200°C 烘烤 20 分鐘，然後將烤溫降至 180°C 再烤 10 分鐘（大一點的泡芙請烤 15 至 20 分鐘）。取出後立刻切開底部或側面，好讓蒸汽可以逸出。

舉一反三

A. 有些廚師偏好使用高筋白麵粉製作法式泡芙，因為高筋麵粉會有額外的筋性，有利於泡芙膨脹。

B. 想要更酥脆的泡芙，可將 10% 的麵粉以米粉末（rice flour）代替。

C. 製作泡芙或甜甜圈時，請像名廚米歇爾・魯・二世（Michel Roux Jnr）那樣，一半用水，一半用牛奶。牛奶的風味較好，而水則能讓口感酥脆。據說牛奶和水的組合還可以做出最美味的約克郡布丁——這是法式泡芙裝模作樣的英國表親。

D. 製作匈牙利麵疙瘩（Hungarian gnocchi）則需要 $^2/_3$ 杯麵粉（85克）、$^2/_3$ 杯牛奶（160公升），以及75克奶油和6個蛋黃。

E. 製作麵疙瘩時，可按個人喜好在步驟3完成後加入一些現磨肉豆蔻（nutmeg）。

乳酪（CHEESE）

　　乳酪小泡芙是世界上最棒的開胃小點心，它源自於法國勃艮第（Burgundy），但最常用來製作小泡芙的乳酪卻是瑞士葛黎耶和乳酪。由於法國人是出了名的不愛用外國食材，因此這可以當做是一種實實在在的認可。法式泡芙原文「choux pastry」中的「choux」是捲心菜的意思，這是因為泡芙在製作過程中會做成捲心菜那般的造型。不過法式泡芙有著各式各樣的別名，皇家酥皮點心（pate royale）就是其中一個別名。按照電影《黑色追緝令》裡文生・維加（Vincent Vega）說話的調調，那乳酪小泡芙就是皇家乳酪酥皮點心了[4]。製作乳酪小泡芙需要使用約 75 克的碎乳酪，請在步驟 3 的所有雞蛋與麵糊均勻混合後，拌入大部分的乳酪。接著用擠花袋將麵糊擠成小圓麵包狀，然後將剩下的葛黎耶和乳酪撒在上面。你還可再撒上 $1/2$ 茶匙乾燥百里香或 $1/2$ 顆磨碎的小洋蔥在泡芙上。不過，跟乳酪舒芙蕾（cheese soufflé）及乳酪脆條（cheese straws）一樣，用來增添乳酪小泡芙風味的最強食材就是芥末了。我曾經不用乳酪只用芥末來製作泡芙，成品竟然出現驚人的乳酪味。你可以在麵糊中加入 1 茶匙芥末粉或 1 湯匙粗粒芥末（coarse grain mustard）。在巴西，由木薯（cassava）製成的酸木薯粉（sour tapioca flour）被用來製作另一種稱為乳酪麵包球（pão de queijo）的泡芙。這些乳酪小泡芙可當作早餐食用，也可作為零食享用。

可可（COCOA）

　　巧克力做成的酥皮點心往往令人失望，但它在泡芙中的味道極佳。淋上淡咖啡糖霜的冰巧克力閃電泡芙，看起來不像是經典的法式糕點，讓人有點既熟悉又陌生的感覺（這是個很好的比喻）。將麵粉跟 1 湯匙滿滿的可可粉一起過篩，可可粉會帶給人深邃獨特的巧克力風味。如果你想要蛋糕的感覺，請在步驟 1 中加入 2 湯匙細砂糖。無糖的可可粉則可以做出其他種類的鹹味泡芙。舊金山 Tartine 麵包店的師傅查德・羅勃森將可可粉與黑麥麵粉混合，當作乳酪小泡芙的基底（請參考上面的乳酪段落），其中黑麥麵粉約佔所有粉類總重量的 15%。

4　《黑色追緝令》的主角文生・維加在某段調侃歐洲人的經典對話中提到，法國巴黎的麥當勞把加有乳酪片的四盎司牛肉堡叫做「皇家乳酪漢堡」。

茴香（FENNEL）

　　泡芙若是沒有膨脹總會讓人覺得失望。不想做出失敗泡芙的必勝方法就是不用烤的，改將麵糊油炸。義大利大廚巴托洛梅奧‧斯卡皮（Bartolomeo Scappi）在十六世紀用泡芙麵糊製作油炸餅。西班牙人在四旬期（Lent）時，會在微甜的泡芙麵糊中加入茴香籽粉調味做出類似的點心，你可以試試看在每杯（125克）麵粉中加入1茶匙的茴香籽粉。西班牙油炸泡芙（Buñuelosde viento）通常在萬聖節那天享用，有時會被趣譯成「修女放的屁」（nun's fart），這種油炸泡芙也是以泡芙麵糊做為基底。這種泡芙是用牛奶而非水製做，會先加些檸檬皮屑和白蘭地後再放入橄欖油中油炸。西班牙特里亞納（Triana）與瓜達幾維河（Guadalquivir）另一岸的塞維利亞（Seville）之間曾有座用船搭起的橋樑將兩地連接起來。作家湯馬斯‧羅斯科（Thomas Roscoe）曾經提過，他在一八三〇年代的某個夜晚，穿過了那座燈火通明的船橋到特里亞納去參觀節日慶典，他回憶起在炭火燒鍋中炸出「西班油炸泡芙（buñuelos）的吉普賽小販點起的無數閃爍燈光」。

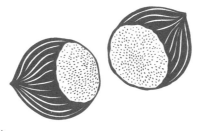

榛果（HAZELNUT）

　　凡事都是有利必有弊，你獲得風味的同時也就失去了口感。在麵粉中加入50克烤榛果粉所做出的泡芙，會比小麥麵粉做出的泡芙口感更為厚重粗糙。不過，未填餡或未冰過的一般泡芙吃起來有點無味，但這種榛果泡芙不一樣，可以配著咖啡單獨食用，也可以佐覆盆子香緹鮮奶油（raspberry cream Chantilly；跟少許糖粉、香草及碎覆盆子一起打發的鮮奶油）一起享用。如果你的客人抱怨他們比較喜歡有內餡的泡芙，那就給他們一個裝好內餡的擠花袋，請他們自己擠吧。

豬油（LARD）

　　在義大利那不勒斯（Naples），會用豬油製作麵疙瘩的麵糊。告訴你，那可是很危險的。當我簡單地用相同重量的豬油取代奶油做好一批麵糊時，熱水、麵粉及豬油混出的質地和香味，讓我想起了豬肉酥皮餡餅（the pastry for pork pies；幸好在烤好的泡芙中吃不出豬味）。奶油及豬油泡芙的主要差異在於顏色，豬油泡芙的色澤比奶油或植物油做出的泡芙要來得淡。那不勒斯的麵包師傅從這個城市中最好的熟肉鋪（salumerie）採購豬油，拿來製作拿波里千層貝殼酥（sfogliatella）。這種包著瑞可達乳酪的千層貝殼酥還有另外一個名字「shfooyadell」，這是義大利裔美國人及影集《黑道家族》（Sopranos）戲迷所熟知的名字。像翻書那樣用拇指翻動千層貝殼酥的層層酥皮，你會看到自己的皮帶擴展到爆開程度的那個光景。若跟只會包著一團鮮奶油內餡的泡芙相比，豬油泡芙肯定更加健康。

橄欖油（OLIVE OIL）

在泡芙麵糊中以橄欖油取代奶油的效果極佳，兩者能以同等重量替換。有人說他們可以嚐出其中的風味差異，但我沒辦法。對我來說，麵粉烘烤產生的風味比較明顯。將奶油、豬油和橄欖油採樣比對，彼此之間的風味差異極小，若需要考量成本，那豬油就是個非常具有說服力的選擇。儘管如此，橄欖油還是有其愛用者，而且廉價橄欖油也必定有其用武之地。澳洲麵包師傅丹·萊帕德（Dan Lepard）就用橄欖油泡芙麵糊來製作黑橄欖乳酪小泡芙。我做了一些不加乳酪的橄欖油小泡芙給不吃乳製品的朋友，不過我在還未混入麵粉的水及油中，加入切碎的黑橄欖和切得細碎的百里香。

橙花露與杏仁（ORANGE FLOWER WATER & ALMOND）

法國名廚馬利-安東尼·卡漢姆（Marie-Antoine Carême）使用橙花露來為泡芙麵糊調味。他做出小圓麵包狀的泡芙，並將杏仁碎粒和糖混合後撒在泡芙上做為裝飾（要先刷上蛋白來固定杏仁碎粒及糖）。然後將泡芙放入已降溫的烤箱中靜置，讓杏仁及糖黏牢。橙花露常用來為煎餅調味，而泡芙麵糊則可視作是種含有大量雞蛋的煎餅麵糊。各種橙花露的風味濃淡不同，因此先從每杯（125 克）麵粉加入 1 茶匙橙花露開始試起，請在加入一半雞蛋後再加入橙花露。

馬鈴薯（POTATO）

法式達芙妮炸薯球（Pommes Dauphines），已經消失，似乎是滅絕了。為什麼？這是一種結合了甜甜圈並以酥脆金黃丸子外型呈現的炸薯球。在過去的日子裡，它們可能會擺在一堆火柴薯條（pommes allumettes）中間，做

104

為簡單禽類料理的雙馬鈴薯配菜。美食家安德烈・西蒙（André Simon）注意到，在達芙妮馬鈴薯丸中塞滿了奶油菠菜，就成了伊麗莎白炸薯球（pommes Elizabeth）。請將 500 克馬鈴薯泥與基礎食譜中的泡芙麵糊混合，並用挖球器挖起麵糊放入油溫 180°C 的鍋中分批油炸。

煙燻五香火腿與佩科利諾乳酪（PROSCIUTTO & PECORINO）

大廚喬吉歐・羅卡泰利（Giorgio Locatelli）提過，西西里海灘的小吃店會販售一種油炸泡芙餡餅。在麵糊中加入雞蛋後，還會再加入碎乳酪、煙燻五香火腿丁、荷蘭芹及大蒜。根據《銀匙》（*The Silver Spoon*）一書所述，另一種正統作法是加入義大利撒拉米香腸（Salami）。請在加入雞蛋後，再加入 50 克煙燻五香火腿丁和兩把碎佩科利諾乳酪到泡芙麵糊中。

修女泡芙（RELIGIEUSE）

一種包著卡士達醬並以巧克力甘納許裝飾的雪人造型泡芙（choux snowman）。

修女泡芙（PARIS-RELIGIEUSE）

夾著果仁奶油、以杏仁片裝飾並撒上糖粉的泡芙圈。

澳洲麵包師傅丹‧萊帕德的布利乳酪泡芙（DAN LEPARD'S BAKED BRIE IN CHOUX）

將每個小烤模抹層奶油，倒入一半高的泡芙麵糊後烘烤，烤好後切下頂部，填入布利乳酪丁，再放回烤箱烤到乳酪融化。

擺在湯上做為裝飾的迷你泡芙（MINI CHOUX BUNS AS A SOUP GARNISH）

拿坡里聖若瑟泡芙（ZEPPOLE）

請參考第131頁

請參考第131頁

新橋（LE PONT-NEUF）

用泡芙麵糊及卡士達製作的酥皮點心。

黑芝麻閃電泡芙（ÉCLAIR AU SÉSAME NOIR）

巴黎青木定治糕點店（patisserie Sadaharu Aoki）的泡芙。

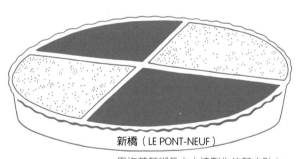

泡芙塔（CROQUEMBOUCHE）

將許多含有卡士達醬的泡芙用糖拉絲黏成泡芙塔。

宮殿酥條（TULUMBA）

一種吸飽糖漿的油炸泡芙糕點，在土耳其、阿爾巴尼亞、馬其頓和其他原屬奧斯曼帝國的國家很普遍。

馬鈴薯麵疙瘩（Potato Gnocchi）

　　將溫熱的馬鈴薯泥與麵粉（或雞蛋）混合做成麵團，捏小塊下沸水煮熟就成了簡單的馬鈴薯麵疙瘩。好吃的馬鈴薯麵疙瘩超級無敵好吃，難吃的馬鈴薯麵疙瘩就索然無味。一定要用粉質馬鈴薯，但請注意，也要選用比較有味道的馬鈴薯。

以下基礎食譜可做出4人份的馬鈴薯麵疙瘩主菜，或6人份的馬鈴薯麵疙瘩前菜。

食材

　　1公斤粉質馬鈴薯^A

　　150至250克中筋麵粉^{BCDE}

　　1茶匙鹽

　　¹/₂茶匙黑胡椒

　　現磨肉豆蔻（可用可不用）^F

　　2顆蛋黃^G

1. 將帶皮馬鈴薯以蒸、烤或水煮的方式煮到熟透為止。待馬鈴薯稍涼至手可以觸碰但仍溫熱的狀態下，就開始去皮。
   熱度有助於麵粉產生筋性。許多廚師喜歡用蒸或烤的方式，以減少馬鈴薯的含水量。

2. 用壓泥器（ricer）、研磨器（mouli）或篩網將馬鈴薯壓成泥。
   只要能將馬鈴薯搗成滑順泥狀，用手持式搗泥器（masher）也可以。

3. 在桌面均勻撒上75克麵粉後，鋪上馬鈴薯泥。接著再撒上另外75克麵粉，然後用鹽和胡椒調味，並按個人喜好斟酌加入現磨肉豆蔻。將蛋黃稍微打一下，均勻倒在加了麵粉的馬鈴薯泥上。

4. 用手指輕柔快速地將加了麵粉的馬鈴薯泥揉成團。

5. 挖取網球大小的麵團，放在稍微撒粉的桌面上將它滾成長條狀。
   現在是試煮幾個檢查麵團會不會散開的好時機。如果會散開，就加入更多麵粉。你隨時可以挖一塊麵團出來試試看會不會散開。有時就是做不好，在這種情況下，我建議做成菜肉薯餅（bubble and squeak）或是火腿洋芋泥

（ham hash）以減少損失。麵團中的麵粉會讓菜餡變得美味酥脆。

107
6. 可以做成方形麵疙瘩，或用拇指按壓，做成中間凹陷的圓形麵疙瘩。或將短邊在叉子或麵疙瘩壓紋板上滾動，做成有條紋的圓柱狀麵疙瘩。盡量讓每個麵疙瘩的大小一致，好讓它們可以同時煮熟。塑型後，將每個麵疙瘩移到撒過麵粉的托盤中。

   若你沒有馬上要煮麵疙瘩，可在它們上面撒一層薄薄的麵粉。只要閒置時間不要太長，這樣可以保持麵疙瘩的完整性。

7. 在大鍋中將鹽水煮沸，然後將麵疙瘩放入鍋中分批煮熟。它們需要大約一、兩分鐘才會浮上水面，接著再煮 30 秒左右就可以用漏勺取出。

   不要將生麵疙瘩放著不煮好幾個小時，因為它們會開始變黏且變形。不過你可以先把麵疙瘩煮好放入冰水，徹底瀝乾拍乾後放入冰箱中，這樣最長可保存兩天。冷藏的麵疙瘩可加上奶油或醬汁，在平底鍋或烤箱中重新加熱。或者將生麵疙瘩擺在托盤上冷凍之後再裝到保鮮袋中凍起來。冷凍的麵疙瘩可以直接下鍋煮，但是分量不能太多（可以分在多個平底鍋中煮），因為一次放入太多麵疙瘩會降低水溫，造成麵疙瘩在煮熟之前就溶在水裡了。基於同樣的理由，請將要冷凍的麵疙瘩以小分量分裝。

舉一反三

A. 梅莉斯吹笛手（Maris Piper）、愛德華國王（King Edward）、迪賽兒（Desiree）、公雞（Rooster）和馬佛那（Marfona）都是粉質馬鈴薯。根據大廚喬吉歐・羅卡泰利所言，英國最好的選擇是迪賽兒馬鈴薯，而最理想的義大利品種則是皮亞欽提（Piacentine）或斯布托（Spunto）。

B. 可用高筋白麵粉或義大利00號麵粉。

C. 有些廚師會在麵粉中添加泡打粉，讓麵粉變得輕盈點，可以試試在這個分量的麵粉中加入1茶匙泡打粉，或改用自發麵粉也可以。

D. 這裡的分量比例絕對可以做出美味的麵疙瘩，不過有些食譜在每公斤的馬鈴薯泥中只加入 25 克麵粉。

E. 可以將一些磨碎的帕馬乾酪連同麵粉一起加入馬鈴薯泥中，本基礎食譜大約需要25克的帕馬乾酪。

F. 肉豆蔻很適合加在味道平淡的馬鈴薯中，因為這類馬鈴薯可能無法蓋過稍微煮過的麵粉味。加點現磨帕馬乾酪或灑點格拉巴酒（grappa）都可以讓味道重一點。

G. 是否要使用雞蛋仍有爭議。雞蛋有助於麵團凝聚，但有人說它會讓煮好的麵疙瘩變得厚重。有些食譜完全不使用雞蛋，但麵疙瘩就容易鬆散，還有食譜建議只使用蛋白或用全蛋。你可以全都試試看，反正就是做做麵疙瘩而已。

甜菜根（BEETROOT）

這是種容易製作的粉紅色麵疙瘩。不過，當然不是最簡單的，因為甜菜根的含水量差異頗大。如果你的甜菜根太濕，為了不讓麵團不散開，你最終會用上太多麵粉，於是就失去了美味麵疙瘩該有的輕盈感。許多大廚建議先將甜菜根烤熟或蒸熟而不是煮熟，因為這樣可以蒸發水分。有些人則是先水煮甜菜根，再放到烤箱中烘乾。紐約曼哈頓的翠貝卡燒烤餐廳（Tribeca Grill），會將 5 個大的愛達荷馬鈴薯（Idaho potatoes）和 2 個甜菜根水煮 20 分鐘，再壓成泥鋪在烤盤上，然後在烤箱中以 70°C 的低溫烘乾約 20 分鐘。接著將馬鈴薯甜菜根泥與 2 顆雞蛋、1/2 杯（50 克）細磨帕馬乾酪、2 杯（250 克）中筋麵粉、1 茶匙鹽和 1/2 茶匙白胡椒粉混合揉捏成團，接著用保鮮膜包裹好，放入冰箱中冷藏幾個小時，就可以滾成長條並切成麵疙瘩。

巧克力（CHOCOLATE）

巧克力麵疙瘩源自於義大利東北部的弗留利（Friuli）。這種麵疙瘩不加糖，也不做成布丁，而是當作前菜。請按照基礎食譜製作，將 200 克麵粉及 100 克可可粉加入 500 克馬鈴薯和 1 顆蛋黃中。典型的醬汁可能是將番茄及櫛瓜放在大蒜、鹿肉醬（venison ragù）或鮪魚卵（tuna bottarga）及風信子球莖（Lampascioni）混合醬中烹煮製成。風信子球莖在奇怪食材的評比中得到 8 分，其外觀及味道都類似小洋蔥，但實際上是一種葡萄風信子（muscari；grape hyacinth）。由於對風信子球莖的需求量大增，義大利南部採收的野生風信子球莖已供不應求，所以目前在義大利普利亞（Puglia）也種植葡萄風信子以補足產量。風信子球莖以苦味聞名，需要煮過才能釋出本身的天然甜味。多數情況下只會將風信子球莖簡單水煮或烤過，然後加油和醋一起上桌。不過有些人會用葡萄酒或番茄來煮風信子球莖，有時會煮到變成果醬般的質地再抹在吐司上享用。

歐洲防風草塊根（PARSNIP）

美食作家凱特·科爾奎霍（Kate Colquhoun）建議將歐洲防風草與馬鈴薯混合做成麵疙瘩。歐洲防風草塊根要削皮切丁，以 200°C 烤到軟嫩但外層不變脆的程度，再搗成泥。500 克的馬鈴薯歐洲防風草塊根泥所需的麵粉量為基礎

食譜中的一半，麵粉中還要加入 50 克的細磨帕馬乾酪和一點現磨肉豆蔻，至於雞蛋和調味料的分量則要減半。

愛爾蘭馬鈴薯薄餅（POTATO FARLS）

愛爾蘭馬鈴薯薄餅所用的麵團與麵疙瘩的麵團類似，但更容易製作。將 1 公斤馬鈴薯削皮切塊，再煮到變軟。將馬鈴薯連同 100 克的奶油搗碎或壓碎，調味後再拌入 100 克麵粉和 $1/_2$ 茶匙泡打粉。將麵團分成相同大小的兩球。將每個球都擀成茶盤大小，再切成四份——愛爾蘭馬鈴薯薄餅的原文「Potato Farls」中的「farl」有「四」的意思。放塊奶油在煎鍋以中火煮融，再將薄餅放入鍋中煎至兩面呈金黃色。製作愛爾蘭馬鈴薯薄餅的規矩不像做麵疙瘩那麼多，隔夜的馬鈴薯泥也可以用來製作薄餅。可以多加一些奶油食用，或者搭配英式油煎料理（fry-up）一起享用。

南瓜（PUMPKIN）

美食作家 M.F.K·費雪最愛的，莫過於用南瓜做的麵疙瘩，也就是她在義大利盧加諾（Lugano）吃過的義式南瓜麵疙瘩（gnocchi di zucca）。請注意，她的食譜可以使用罐頭南瓜。將 500 毫升不加糖的南瓜泥、2 顆稍微攪打的雞蛋、1 至 2 湯匙中筋麵粉、$1/_2$ 泡打粉、肉豆蔻、鹽和少許蒜泥混合揉成團。然後接續基礎食譜的步驟 5 進行。費雪認為南瓜麵疙瘩可以搭配禽肉、野味、豬肉享用或單獨做為主菜享用。我會把南瓜麵疙瘩拌些奶油、帕馬乾酪和碎義大利杏仁餅（amaretti biscuits）一起享用。

米飯（RICE）

在義大利的艾米利亞羅馬涅（Emilia Romagna），麵疙瘩是以米飯來製作。將 200 克的短粒米水煮至軟。瀝乾後移到碗中，加入 2 個稍微攪打過的雞蛋和足量的麵包屑揉捏成團，再調味。和大多數的麵疙瘩一樣，可以在這個階段加點奶油、碎乳酪或肉豆蔻。將米團塑成小球，分批在高湯中煮熟，一次少量煮幾分鐘。煮好後，可佐奶油和乳酪享用。

匈牙利李子馬鈴薯丸（SZIVÁS GOMBÓC）

這種匈牙利丸子是用麵疙瘩的麵團來製作。德國也有類似的料理，稱為德式李子馬鈴薯丸（Zwetschgenknödel）。要製作李子馬鈴薯丸，請將李子（plums；damsons）的籽取出後，塞入糖塊代替。然後用麵疙瘩麵團包起來做成丸子，將丸子下鍋熬煮10分鐘左右，瀝乾放到一盤加了奶油的麵包屑中滾一滾即完成。將丸子切成兩半，切面看起來與荔枝（lychee）有幾分神似。

核桃（WALNUT）

大廚莫妮卡・加萊蒂（Monica Galetti）的無麩質馬鈴薯麵疙瘩需要用到碎核桃。磨碎核桃時最好小心一點，不要連指甲也磨進去。（好吧，你可以用研磨機或食物調理機來磨碎，但不要磨得太細碎。）將75克的碎帕馬乾酪、75克的碎核桃、1顆全蛋再加上1個蛋黃都拌入500克的馬鈴薯泥中。接著按照基礎食譜製作，不過麵疙瘩一旦煮好，要放入在冰水中冰鎮後瀝乾，然後在放了油及奶油的平底鍋中煎一下。加萊蒂將這種麵疙瘩搭配淋上巧克力醬的鹿肉享用。或者搭配芝麻葉，再稍微撒點橄欖油、檸檬汁及小塊戈根索拉藍黴乳酪也可以。

瑞可達乳酪麵疙瘩（Ricotta Gnocchi）

這是所有麵疙瘩中最輕盈也是最容易製作的一種。只要將瑞可達乳酪瀝乾，製作的速度也會比其他麵疙瘩來得快。與馬鈴薯麵疙瘩一樣，瑞可達乳酪麵疙瘩也需要用上麵粉好讓麵團不會散開——再次重申，請將麵粉的用量盡可能降到最低。瑞可達乳酪麵疙瘩非常適合搭配夏季蔬菜和生菜，或是放在清湯中享用也可以。

此基礎食譜可製作32個軟木塞大小的麵疙瘩，這樣的分量足夠作為2份小主菜或4份前菜。

食材

250 克瑞可達乳酪（不要用輕質乳酪）

40 克中筋麵粉 [AB]

50 克細磨帕馬乾酪 [B]

1 顆打過的雞蛋 [AC]

現磨肉豆蔻

當做手粉用的細磨粗麵粉或米粉末

1. 將瑞可達乳酪瀝乾放置至少 30 分鐘，最好是在冰箱中放一晚。
2. 將瑞可達乳酪鋪在盤子上，然後均勻撒上麵粉、帕馬乾酪、雞蛋和肉豆蔻，迅速將所有東西揉捏成柔軟濕潤的麵團。
   跟馬鈴薯麵疙瘩一樣，盡可能將揉捏的次數降到最低。
3. 撒些手粉在手上。將 2 茶匙大小的麵圈搓成長條或球狀，然後放在撒有粗麵粉或米粉末的盤子上，再撒上一層粗麵粉或米粉末。
   若麵團太濕無法搓揉成形，可以試試將一小塊麵團放在撒粉的盤子上，然後不用手改用叉子塑形。
4. 在大型平底鍋裡裝些鹽水煮沸，並將第一個麵疙瘩放入鍋中試煮看看。它應該不會散開並在一分鐘左右後浮上水面。接著再煮一分鐘，然後用濾網或漏勺舀出，試吃一下口感。如果沒問題，就將剩下的麵團做成你想要的形狀下鍋煮。如果麵疙瘩散開的話，就加點麵粉再試煮看看。

這裡是要盡可能用最少量的麵粉，讓瑞可達乳酪麵團不會散開。這樣就可以將生麵疙瘩冷凍起來。只要將生麵疙瘩間隔且不重疊地放在稍微撒粉的托盤上冷凍好，就可以放到保鮮袋中再冷凍起來。冷凍麵疙瘩取出後可以直接下鍋煮，但一次的量不要太多。

5. 將麵疙瘩分批下鍋煮。煮好的麵疙瘩如果沒有要馬上食用或裹上醬汁，請 111
將煮好的麵疙瘩瀝乾擺在盤子上蓋起來，再放入烤箱中以100°C保溫。
同時煮好兩鍋水來煮麵疙瘩，就不用這麼麻煩了。

舉一反三

A. 若你沒有將瑞可達乳酪瀝乾一晚，可能就需要更多的麵粉。有些廚師使用等重的瑞可達乳酪和麵粉，然後不用全蛋只用蛋黃，這樣就無需瀝乾瑞可達乳酪。這是製作瑞可達乳酪麵疙瘩更便捷的方式。

B. 大廚雅各·甘迺迪（Jacob Kenedy）使用40克的自製麵包屑來取代麵粉，也用佩科利諾乳酪（pecorino）來取代帕馬乾酪。

C. 美食作家伊麗莎白·大衛的食譜需要將2顆雞蛋、60克軟化的奶油和25克麵粉及25克帕馬乾酪加入250克瑞可達乳酪中混合成團，放入冰箱靜置一晚。

白胡桃瓜（BUTTERNUT SQUASH）

白胡桃瓜的果肉就像傍晚時分的羅馬式房屋前壁一樣，展現出赭黃色澤。當白胡桃瓜與瑞可達乳酪混合，則呈現出白堊般的淡白色澤，讓人聯想到粉色調的脆糖「愛丁堡硬糖」（Edinburgh rock）。這種麵疙瘩本身就很甜，甚至在加了些帕馬乾酪和鹽後還是很甜。要製作這種風味的麵疙瘩，只需在步驟2中的瑞可達乳酪裡加入200克乾一點的白胡桃瓜泥即可。也可將烤過的南瓜搗成泥，以用同樣的方式製作麵疙瘩，所以請在日曆上註記一下，在製作南瓜燈（jack-o'-lanterns）時可以順便做道瑞可達乳酪南瓜麵疙瘩。

山羊乳酪或綿羊乳酪（GOAT'S OR SHEEP'S CHEESE）

義大利食譜經常規定只能使用綿羊瑞可達乳酪來製作瑞可達乳酪麵疙瘩，不過要找到哪裡有賣不容易。乾脆就在你的小小陽台養幾隻撒丁島母羊（Sardinian ewes）吧——但要先警告你，牠們會把你的衣夾袋啃出幾個洞來。可以將基礎食譜中的帕馬乾酪以羊乳酪來取代，為風味溫和的乳牛瑞可達乳酪增加點富有魅力的羊味。像味道強烈的柏克斯威爾硬質綿羊乳酪（Berkswell）、熟成的佩科利諾乳酪或像伍索里山羊乳酪（Woolsery）都可以拿來使用。用全脂軟質的山羊乳酪取代一些瑞可達乳酪，在風味上並不會產生顯著差異，但口感卻棒極了。

檸檬（LEMON）

舊金山的祖尼咖啡館（Zuni）以伊麗莎白·大衛的食譜為底，製作瑞可達乳酪麵疙瘩，可能還用了現磨的肉豆蔻，或用奶油煮過的鼠尾草或切得細碎的檸檬皮屑來為麵糊調味。已故主廚兼老闆的茱蒂·羅傑斯（Judy Rodgers）指出，只要瑞可達乳酪麵疙瘩「柔軟細緻」，就能與多種食材搭配。舉例來說，這種麵疙瘩可以搭配笛豆（Flageolet）並佐以特級初榨橄欖油和黑胡椒，或也可以搭配櫛瓜條（courgette matchsticks）。要製作檸檬風味的瑞可達乳酪麵疙瘩，請將檸檬皮屑、麵粉及瑞可達乳酪等等食材混成麵團（每250克瑞可達乳

酪加入 1 至 2 湯匙檸檬皮屑）。請注意，將檸檬皮切碎與將其磨碎不同，正如羅傑斯所指出的，這表示要切成細末。

菠菜（SPINACH）

　　義大利人有個值得稱許的好習慣，即便是那些重量級的廚師做起事來也是全力以赴。他們有一種凹凸不平的杏仁風味馬卡龍叫做「醜但好吃」（brutti ma buoni；請參考 291 頁的「榛果與巧克力」段落）。他們另將菠菜和瑞可達乳酪麵疙瘩的組合稱為馬法提（malfatti）——這有「亂做」之意（馬法提也被稱為菠菜裸餃〔spinach nudi〕，因為它們實際上就是沒有麵皮包著的菠菜瑞可達乳酪餃子）。馬法提具有夢幻般的質地，讓人確信會是道比馬鈴薯麵疙瘩更美味的佳餚。可用莙蓬菜（chard）、蕁麻（nettles）及香草（herbs）之類的葉菜來取代菠菜。至於葉菜與乳酪的比例應該是多少，意見則極為分歧。舉例來說，《銀匙》（Silver Spoon）一書要求在 350 克瑞可達乳酪及 2 顆蛋黃（非全蛋）中，加入 1 公斤的菠菜（還未煮過的重量），而麵粉在這裡只做手粉用。不過我則是在 250 克瑞可達乳酪中加入 200 克的菠菜，這也是較為常見的用量。將菠菜洗淨甩一甩後下鍋煮，附在菜葉上的水就會讓菠菜皺縮。將煮過的菠菜放涼擠乾，差不多需要兩把的分量，然後切得細碎（可依個人喜好在菠菜中加入幾湯匙切得細碎的荷蘭芹和一個蒜瓣的蒜泥）。將菠菜、麵粉、帕馬乾酪和雞蛋加入瑞可達乳酪中揉成麵團，然後將麵團滾成多個核桃大小的圓球。將圓球擺在托盤上放入冰箱冷藏 30 分鐘。接著以一般煮麵疙瘩的方式來煮就可以，不過馬法提一浮上水面，就要將它們舀起。

香草（VANILLA）

　　將義大利麵疙瘩的麵團與瑞可達乳酪、雞蛋和一點麵粉混合在一起，讓我聯想到乳酪蛋糕，也好奇地想知道甜的瑞可達乳酪麵疙瘩嚐起來是否好吃。我發現並不好吃，水煮的不好吃。不過有種油炸且撒上糖粉的版本絕對美味，那就是義大利眾多甜點之一的拿坡里聖若瑟泡芙（zeppole）。將 1 杯（125 克）麵粉、1 杯（250 克）瑞可達乳酪、2 顆雞蛋、2 茶匙泡打粉與 1/4 茶匙天然香草精混合揉捏成團。接著靜置約 10 分鐘以產生筋性，然後滾成多個核桃大小的圓球。接著入鍋油炸至金黃色，一次炸一些就好，趁熱撒點糖粉享用，也可以再加點肉桂粉或是肉桂洋茴香綜合香料。順帶一提，甜味麵疙瘩並非前所未聞。澳洲雪梨的賓利餐廳酒吧（Bentley Restaurant and Bar）就有供應一道佐草莓醬和肉桂糖的柳橙瑞可達乳酪丸子。

第三章 ┃ 麵糊（Batter）

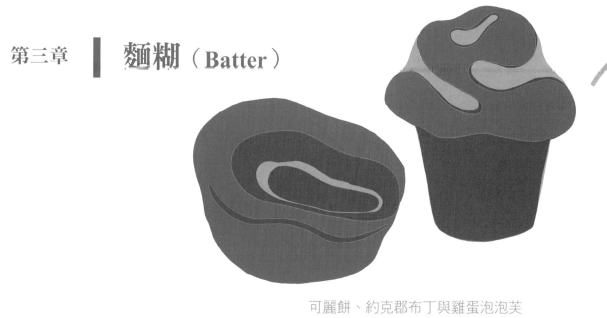

可麗餅、約克郡布丁與雞蛋泡泡芙
（CRÊPES、YORKSHIRE PUDDING & POPOVERS）
第141頁

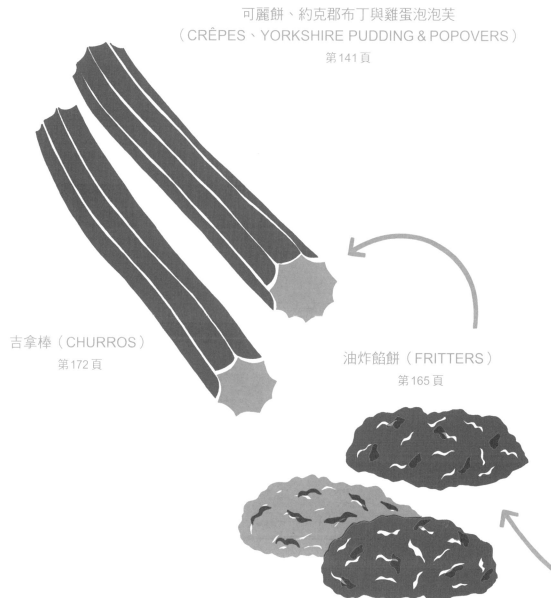

吉拿棒（CHURROS）
第172頁

油炸餡餅（FRITTERS）
第165頁

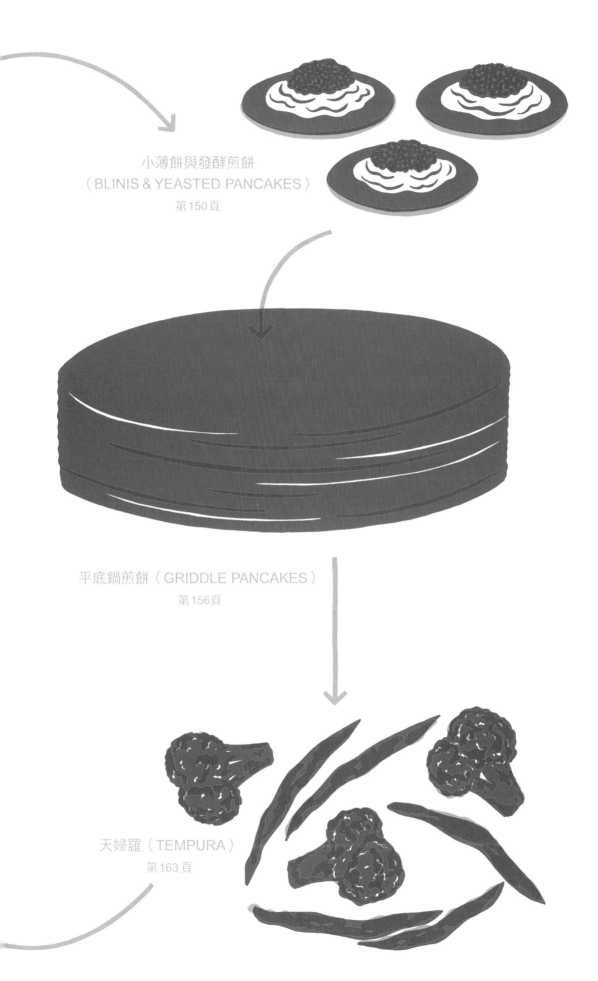

小薄餅與發酵煎餅
（BLINIS & YEASTED PANCAKES）
第150頁

平底鍋煎餅（GRIDDLE PANCAKES）
第156頁

天婦羅（TEMPURA）
第163頁

　　美國人早餐時會吃煎餅堆，但英國人不會，之所會有這種差異必定是因為英美兩國測量食材的方式不同所致。按照公製或英製單位的食譜來製作麵糊得設定好秤、將麵粉秤重、找到（放在洗碗機中的）量杯、量一下牛奶的分量——在你連自己名字都還迷迷糊糊的一日之晨，這些事情太過複雜了。在美國，只要找到量杯裝滿1杯麵粉，加入1茶匙糖和1茶匙泡打粉，再攪入1顆雞蛋、1杯牛奶，並加些鹽調味即可。就像「輕鬆之都」紐奧良那樣輕鬆寫意[5]。

　　這種一次解決的食譜足夠製作兩三人份的煎餅。如果你想要多做一些，只要將食材的分量加倍即可，兩倍、四倍、甚至十倍都沒有問題。還可以按個人喜好再多加一顆蛋、少許糖或融化的奶油來豐富麵糊的滋味。不過，連六歲小孩都知道，要讓煎餅變身成超級煎餅堆的最佳作法，就是在層層煎餅之間夾入奶油及淋上糖漿，這樣最後一個煎餅就會像是浮在楓糖味的金色池塘上那般。

可麗餅（CRÊPES）

　　但我講得太遠了。麵糊的系列食譜其實是從可麗餅開始，可麗餅對比平底鍋煎餅，就像十丹尼（denier）的薄絲襪對上羊毛厚褲襪一樣。可麗餅麵糊必須夠稀，才能用手腕傾斜一下鍋子就讓麵糊覆蓋整個平底鍋的表面，所以這種麵糊要稀一點。如前所述，平底鍋煎餅麵糊的液體與麵粉比例為1：1。而在可麗餅麵糊中，這個比例則接近3：2。這種稀稀的濃稠度讓人不會注意到它的韌性，這種韌性讓煎好的可麗餅既薄又不會分崩離析。我偏好用1杯麵粉和1杯液體來製作可麗餅麵糊，靜置之後再加入剩下的半杯及額外多加的四分之一杯液體攪拌均勻以達到理想的濃稠度，接著才下鍋煎。順帶一提，請不要擔心整批中第一個下鍋煎的可麗餅做不好，它唯一的任務就是吸收鍋中多餘的油脂，

5　就跟紐約有個「大蘋果」（The Big Apple）的暱稱一樣，紐奧良也有「輕鬆之都」（The Big Easy）的暱稱。

並訓練手感，就像第一次試打迷你高爾夫球（crazy golf）的風車洞關卡一樣。

我記不住親愛家人的生日和自己的結婚紀念日，卻從未忘記過懺悔星期二[6]。然而，固守這種神聖的煎餅傳統卻對一年之中其他的三百六十四天造成壓抑，於是我在統整第 149 頁插圖的一系列想法時，說服了我自己每個星期二都應該是狂歡節（Mardi Gras）。我對曾在紐約蘇活區廉價義大利餐廳吃過的那種可麗餅（crespelle）特別著迷——三個包著瑞可達乳酪和菠菜的淡白煎餅，上頭淋了一層白醬，舒適地依靠在白色橢圓形的盤子裡——這是一道溫暖舒適的菜餚，讓其他的撫慰食物相形失色。你可按個人喜好撒上磨碎的帕馬乾酪，但黑胡椒可就像教會中的褻瀆言語一樣敬謝不敏了。

倫敦國王路（King's Road）上的阿斯泰利克斯餐廳（Asterix）所供應的布列塔尼式格雷特薄餅（galettes）風味更為大膽，這是一種裝滿餡料的薄蕎麥煎餅，會摺疊成工整的棕色包裹那般以入口享用。無論是過去還是現在，普羅旺斯燉菜（Ratatouille）及葛黎耶和乳酪都是我的餡料首選。格雷特薄餅麵糊與可麗餅麵糊的麵粉和液體比例相等，但通常以水代替牛奶，好產生更為酥脆的質地。事實上，若你的重點就是要脆，將可麗餅基礎食譜中三分之一的牛奶換成水，就會有良好的效果。

同樣的麵糊加些油放入烤箱中烘烤，就成了有棕色脆皮的約克郡布丁。全牛奶麵糊製作的約克郡布丁較為軟嫩且偏白，這比較像是約克郡哈羅蓋特市（Harrogate）當地的作法，而非約克郡巴恩斯利市（Barnsley）的作法。

約克郡布丁（YORKSHIRE PUDDING）

已故的食品廣播節目主持人德瑞克‧庫珀（Derek Cooper）認為約克郡布丁是「一位勝利的棒球開場打者」，他想到的是在週日烤肉前搭配肉汁享用的約克郡布丁。這裡的用意在於填飽一點肚子的空間，以免接下來的烤肉分量少得可憐，讓人有填不飽肚子的失望感。這是個狡猾的伎倆。布丁入口的輕盈口感掩飾了它將很快佔據胃部一些空間的這件事。如果你曾在美國看到一籃餐前享用的熱騰騰雞蛋泡泡芙，那麼值得好好記住這件事。

6　懺悔星期二（Shrove Tuesday）又稱煎餅日，是基督教齋戒期開始的前一天，因為齋戒期不能吃奶蛋肉等食物，所以會先在這一天大吃含有奶蛋成分的煎餅，以面對接下來的齋戒期。

雞蛋泡泡芙（POPOVERS）

雞蛋泡泡芙的麵糊與可麗餅及約克郡布丁的麵糊非常類似，但雞蛋的量多一點。也因為雞蛋形成的膨脹效果，所以它們有了雞蛋泡泡芙這個名稱。它們會爆出烤模的邊緣，就像是清教徒朝聖帽（Pilgrim Fathers' capotains）倒立的樣子。這種東西極容易吃過量。吃雞蛋泡泡芙要像著名童書作家蘇斯博士（Dr Seuss）在「我叔叔泰維利格（Terwilliger）吃雞蛋泡泡芙的藝術」這段演講詞中所建議的那樣，只吃下實體部分，並將空氣吐出來。

雞蛋泡泡芙的麵糊通常會以香草（herbs）、香料或乳酪調味，也可全部加入調味，並在烤好的雞蛋泡泡芙中塞入炒雞蛋或三明治的餡料，或者佐湯一起享用。這種塞得亂七八糟的泡泡芙在北部不受重視，但即使在那裡，也不會不知道被金色糖漿或果醬淹沒的冷約克郡布丁片。過去常見的做法，是將麵糊倒在水果上做成一種與法式卡拉芙堤櫻桃派（clafoutis）類似的甜點。

如果要為法式卡拉芙堤櫻桃派在本書中寫個完整的段落，將它歸類在麵糊或卡士達的系列食譜上皆可。將法式卡拉芙堤櫻桃派視為麵糊，或視為添加少許麵粉凝固的烤卡士達，都同樣合理。無論你喜歡哪種定義，通常法式卡拉芙堤櫻桃派都是將麵糊大量倒在櫻桃上，並做成甜的口味。

在法國，偉大的卡拉芙堤櫻桃派的爭議並不在於它要歸類在麵糊還是卡士達之中，而是它應該被視做焦糖布丁（flan）還是蛋糕。法蘭西學院（Académie Française）估計會贊成前者；法國利穆贊區（Limousin）的在地居民則應是支持後者。我在這裡恭敬地提出另一個問題請他們想想。是這樣的，無論我試過多少道食譜，我總是發現法式卡拉芙堤櫻桃派要麼吃起來像橡膠，要麼太過厚實，抵消了水果的清新感。給我同樣的食材，我會選擇製作搭配糖煮水果（compote）的細緻可麗餅、熱騰騰的酥脆油炸餡餅，或若時間不緊迫的話，可以做成搭配自製果醬的溫熱小薄餅（blinis）享用。

小薄餅（BLINIS）

118

在小薄餅的原產地是俄羅斯，一個完美的小薄餅要經得起吸收大量奶油的考驗。因此，為了追求極致的海綿質地，經常會在麵糊中加入酵母和攪入雞蛋。這是我在小薄餅基礎食譜中採用的作法。儘管如此，製作小薄餅也可以不加酵母，完全仰賴雞蛋產生膨鬆的效果。現代的小薄餅也可以加入泡打粉之類

的化學發酵劑，並像平底鍋煎餅那樣的煎烤。兩種替代方案顯然都能更快完成，但就犧牲了酵母的風味。以蕎麥粉或黑麥麵粉取代最多一半的小麥麵粉，可以保留一些傳統風味。

　　與平底鍋煎餅一樣，加了酵母的小薄餅可以用等量的麵粉和牛奶製成。將1杯（125克）麵粉、1茶匙糖和 $1/2$ 茶匙速發乾酵母放入空間足夠讓麵糊膨脹的容器後，再加入1杯（240毫升）牛奶。若你想盡快煎薄餅，請先將牛奶加熱至手感溫熱的程度，以便可以馬上活化酵母。若你要將它置於冰箱一夜，使用冰牛奶就可以了。麵糊一旦膨脹，就可加入雞蛋和鹽，準備下鍋煎。

　　吃小薄餅已成為我家的新年傳統，有部分原因在於隔夜發酵的方便性。我發現彈性十足的薄餅和滋味鮮明的煙燻鮭魚，再加上檸檬和蒔蘿的一丁點後勁，比起全英式早餐的飽嗝更有新年新開始的氣息。務必要用小薄餅專用平底鍋一個一個地煎，但請注意，當有一大群人嗷嗷待哺時，你對使用小巧鍋子的新奇感很快就會消失。而且你會無心欣賞自己倒麵糊功力所達到的精準大小及圓度。美食作家艾倫・戴維森（Alan Davidson）說，理想的小薄餅直徑應該是10公分寬。我認為，就像瑪麗皇后（Marie Antoinette）的乳房一樣，小薄餅應該與香檳酒杯的直徑相同[7]。無論依循哪種標準，請用一隻手將小薄餅翻面，同時用另一隻手的兩根手指玩弄裝滿昨夜剩菜的酒杯，穿上綢緞睡衣並化上煙燻眼妝上菜。你所追求的是女星凱瑟琳・赫本（Katharine Hepburn）中期的心境，在與自己的丈夫悠閒地進行智慧交流之際，來場精彩的雙人演出。

平底鍋煎餅（GRIDDLE PANCAKES）

　　在小薄餅中加些食材調味並非前所未聞，葛縷子籽或磨碎一些像馬鈴薯和櫛瓜之類的蔬菜都是傳統上會選用的食材，這些食材會先拌入麵糊中再下鍋煎。平底鍋煎餅更常使用甜味食材來增添風味，例如：切片香蕉、藍莓和巧克力豆。煎餅專賣店（Pancake houses）提供各種主題狂野的煎餅：鳳梨倒立煎餅、淋上酸奶油的紅絲絨煎餅（red velvet pancakes）、肉桂捲味煎餅。不過對我而言，簡單就是王道。就跟爆米花一樣，鹹奶油和簡單甜味之間的對比讓煎過的麵糊散發出微妙的滋味。平底鍋煎餅的愛好者經常會說白脫乳粗玉米粉煎餅（buttermilk and cornmeal pancakes）的味道沒救了，不過如果你喜歡的話，那就是種在平淡中來點變化的滋味。

7　傳說第一支高腳香檳酒杯是仿造瑪麗皇后的乳房形狀設計出來的。

在我老舊的《讀者文摘完全料理指南》（*Reader's Digest Complete Guide to Cookery*）中，有一個炸洋蔥圈的麵糊配方，幾乎可以與平底鍋煎餅的基礎食譜互相套用。我偏好使用較薄較脆的麵糊來製作油炸餡餅，就是那種用水不用乳製品且不加雞蛋的麵糊。

天婦羅（TEMPURA）

日本料理專家辻静雄（Shizuo Tsuji）認為理想的天婦羅麵糊應該是「金色花邊的效果……而不是像厚盔甲般的煎餅皮」。在麵糊系列食譜中的最後三個基礎食譜都使用水而非牛奶，但液體對上麵粉的比例與小薄餅和平底鍋煎餅一樣都是1：1。大多數的天婦羅麵糊需要1杯（125克）麵粉、1杯（240毫升）冷水和1顆雞蛋，或只用蛋黃或蛋白。

還有一些配方完全沒有加雞蛋，只靠濕麵粉出筋來形成麵糊。相較之下，以傳統方式製作天婦羅反而能盡量避免麵粉出筋。許多配方會使用不含麵筋的細玉米粉或白米粉末代替一些小麥麵粉來避免出筋。基於同樣的理由，只有當你馬上就要使用麵糊時，才能動手混合麵糊。由於攪打麵糊會造成出筋，所以放棄追求平滑的麵糊吧，天婦羅就是凹凹凸凸的。請讓自己享受這個放棄的時刻，因為就像大多數日本料理一樣，天婦羅是種細緻的藝術。

天婦羅專賣餐廳（tempura-ya）都會針對每種食材精心挑選適當的炸油，有時還會與其他幾種油混合以創造完美的炸油，且使用一次後就丟棄。他們同樣也會調整麵糊的濃稠度以搭配每種食材。一位經驗豐富的天婦羅師傅會讓麵糊從筷子上滴下來檢查濃稠度是否適當，無論沾裹麵糊的是蓮藕（lotus root；看起來像一片絲瓜〔loofah〕的不起眼蔬菜）、蝦頭、和牛肉（wagyu beef）、胡蘿蔔絲（julienned carrot）、鵪鶉蛋（quail's egg）、栗子或鱈白子（shirako；若你想知道這是什麼的話，就是鱈魚的精囊），這些都是很費工夫才能取得的食材。你會發現基礎食譜中的所列食材較為輕鬆隨意。

義式炸物（fritto misto）就相當是一種天婦羅。根據地區的不同，你可能會吃到輕裹麵糊的朝鮮薊心（artichoke hearts）、櫛瓜花、小牛胸腺（sweetbreads）、小牛肝、鼠尾草葉、鰻魚、檸檬薄片或卡士達凍塊——義式炸物的種類豐富，也就是說這道菜永遠不會讓人感到無聊。美食作家瓦維萊‧魯特（Waverley Root）認為精緻的在地橄欖油使得義大利利古里亞區成為品嚐義式炸物的絕佳地點，他還注意到義式炸物針對禁食日和非禁食日的分別，還有有簡單版

（magro）和豐盛版（grasso）的存在。魯特將紫藤花瓣（wisteria petals）、婆羅門參（salsify stalks）、菇蕈類和毛茸茸的琉璃苣葉（borage leaves）都列為可做成義式炸物的食材。他寫道，有些更為精緻的食材多是因為可賦予麵糊特殊風味而採用的，並非要享用食材本身。當然，到好餐廳享用義式炸物的特別樂趣在於站在油鍋前油炸的是別人，你自己身上不會聞起來好似剛從炸魚薯條專賣店（chippy）下班那樣。

油炸餡餅（FRITTERS）

　　讓我對於在家油炸東西卻步的，不僅是揮之不去臭油味，還有油鍋火災的公共宣導短片，其引發失眠盜冷汗的程度僅次於男孩到變電所撿飛盤的那支宣傳短片（片中有著「吉米──！」這個淒慘叫聲）。幸運的是（或也可以說不幸的是，這取決於個人觀點），我的母親忙著炸蘋果及罐頭鳳梨圈的餡餅，沒有時間看電視，所以也沒有發現到她帶給我們致命的危險。在學校中，油炸餡餅出現在菜單上具有異國情調的別名「克羅梅絲基」（kromeskies）之下。這個名字是從波蘭傳入法國。當年路易十五為了取悅來自波蘭的妻子瑪麗·萊什琴斯卡，下令廚師製作具有波蘭家鄉味的菜餚，像是後來演變成蘭姆酒巴巴蛋糕的甜點還有「克羅梅絲基」這道料理。「克羅梅絲基」是個通稱，與可樂餅（croquette）通用，同樣適合包入海鮮、肉類或蔬菜等等的各種餡料。我想瑪麗·萊什琴斯卡皇后會覺得我的學校食堂非常寒酸，因為我們的「克羅梅絲基」是用培根包裹剩下的碎肉再拌入麵糊中油炸而成。

　　我直到在倫敦諾丁山（Notting Hill）奢華的萊德波里餐廳（Ledbury）看到「克羅梅絲基」，才記起這道料理。這裡的「克羅梅絲基」選用英國中白豬肉（Middle White pork）、榛果和酢漿草搭配以灰爐燒烤的根芹菜（celeriac）製作。大廚尚喬治·馮格里奇頓（Jean-Georges Vongerichten）則使用蟹肉製作克羅梅絲基，並搭配熱帶水果及芥菜苗（mustard cress）。「克羅梅絲基」已從學校晚餐的油膩主食回歸到自身的貴族起源：膨鬆的油炸餡餅。英國大廚莎莉·克拉克（Sally Clarke）則表示油炸餡餅就是油炸餡餅。幾年前，我在肯辛頓教堂街（Kensington Church Street）她開的餐廳中，吃了蘋果油炸餡餅。油炸餡餅上撒了肉桂糖粉。我不記得這道甜點是否有搭配冰淇淋，而這也證明了它們的美味──外層的麵糊乾爽酥脆，內層的蘋果切片厚度理想，吃起來蓬鬆柔軟。而兩層之間，則有一層由麵糊和蘋果汁混合而成約 0.1 公分厚的精緻糊狀物。

儘管油炸餡餅偏向簡單質樸，但是油炸麵糊仍有許多變化。不過，對於本書中的油炸麵糊，我決定保持簡單就好，不只是因為要提供一個實際可行的基礎食譜，也是因為麵糊厲害到什麼都能做。製作油炸餡餅麵糊也一樣需要1杯（125克）麵粉和1杯（240毫升）冷水，但不加雞蛋。一點泡打粉就能帶來所需的輕盈感，或也可以用汽水、啤酒這類碳酸飲料取代水（製作天婦羅時也可以這樣做），因為這類飲料跟化學發酵劑有同樣的功效。

吉拿棒（CHURROS）

吉拿棒是麵糊系列食譜裡最後一個基礎食譜。這種麵糊跟可麗餅以外的麵糊一樣，都需要等量的麵粉和液體，但這裡需要的是沸水，還要再加少許鹽但不加雞蛋。沸水的炎熱程度就像西班牙的太陽一樣直接。水的熱促使麵粉瞬間出筋，形成介於麵糊和麵團之間的某種混合物，其濃稠度足以讓吉拿棒製作機（churro extruder）壓擠成形。

我曾在西班牙赫雷斯（Jerez）的一家吉拿棒專賣店（churrería）外排隊，當時清晨灑過水的路面地磚仍未曬乾。那是星期六早上9點，排隊的隊伍已經圍住廣場其中兩側。時間在安達盧西亞這裡過得特別慢，更不用說當你在隊伍中緩慢地向小販前進時。小販擠出一公尺捲成線圈般的長管麵糊進入熱油鍋中，那條麵糊的切面大概介於消防水管與針筒的大小之間。星狀的長管麵糊可以增加表面積，當捲成線圈般的長管麵糊油炸完成，會用夾子取出並剪成一段一段的。

當我到達隊伍前端時，幾乎出現了低血糖的情況。我伸出發抖的手，以歐元交換白色紙袋，裡頭放著熱騰騰的吉拿棒和一大堆糖包，然後我回到廣場中央的一張桌子旁。我只瞧了隔壁桌一眼，就意識到自己的錯誤——我沒有吉拿棒的熱巧克力蘸醬。隊伍現在延伸到廣場的第三側。所以，我用盡全力在半秒鐘之內吃了一根只有撒糖的熱吉拿棒。沒有濃郁乳狀蘸醬的吉拿棒，就跟沒有鹽及醋的薯條一樣難以下嚥[8]。我走到廣場另一側沒有賣吉拿棒的咖啡館，買了那種在歐陸會找到的牛奶咖啡和香草冰淇淋，那個咖啡的味道就像是耶誕節特賣的廉價夾心軟糖（fondant creams）一樣。藉由不時啜飲咖啡，我把最後一根幾乎冷掉了的吉拿棒插進廉價冰淇淋中，然後吃掉大半。健忘的人就會備受折磨，吉拿棒還要再加上99分的巧克力蘸醬，才會達到美味的100分。

8　薯條加鹽和醋是英國很常見的吃法。

可麗餅、約克郡布丁與雞蛋泡泡芙
（Crêpes, Yorkshire Pudding & Popovers）

　　可麗餅是時尚的巴黎人會邊走邊小口吃著的精緻點心，而約克郡布丁則是英式烤肉餐點中必會出現的中堅分子，不過兩者都使用同樣的麵糊製作。但講到料理技巧時，英法兩國的協議就失效了，因此若你正在製作約克郡布丁，請注意作法與可麗餅作法的不同之處。雞蛋泡泡芙則是美國版的約克郡布丁，且使用了更多的雞蛋。雞蛋泡泡芙的麵糊通常會加料調味，做好後也可以像法式泡芙那樣填入餡料。

此基礎食譜可製作8個直徑20公分的可麗餅，8至12個小約克郡布丁或1個22公分見方的約克郡布丁，或6個雞蛋泡泡芙。

食材

　　1杯（125克）中筋麵粉 ABCD

　　幾撮鹽

　　1至2顆雞蛋 DE

　　1¹/₂杯（360毫升）牛奶 F

　　奶油、豬油或味道溫和的油 G

1. 將麵粉及鹽倒入碗中攪拌均勻。
   快速攪打麵粉就可以不用將麵粉過篩。

2. 在麵粉堆中間挖個洞打入雞蛋，並盡可能快速攪打，然後慢慢倒入1杯（240毫升）牛奶，將麵粉攪入液體中打成光滑的麵糊。接著再逐步將剩下的 ¹/₂ 杯（120毫升）牛奶快速拌入麵糊中，如果你認為麵糊可能會過稀，那牛奶就倒少一點。

3. 理想情況下，讓麵糊靜置30分鐘。
   這將使麵粉有機會充分吸收液體並使麵筋鬆弛。如果你打算將麵糊擱置超過幾個小時，就請放入冰箱，在冰箱中至少要放置24小時。

製作可麗餅

在煎鍋中放入少許奶油加熱融化後，搖轉鍋子讓鍋面都沾到油。將多餘的油倒到小耐熱碗中，留著在煎可麗餅的過程中為鍋面上油使用。開中大火熱鍋，熱好後將麵糊攪拌一下，倒入適量的麵糊鋪滿鍋面。當麵糊底下那一面煎至棕色時（需時30至90秒），翻面煎至另一面也呈金黃色即可。

123　　我認為製作可麗餅時，最重要的不是麵糊中蛋或油脂的分量，而是火候。請將煎好的可麗餅放在120°C的烤箱中保溫。放涼的可麗餅可以置入保鮮袋中（請用烘焙紙〔parchment〕交錯隔開）放進冰箱保存，最多可冷藏3天，冷凍則可保存1個月。無論是冷藏還冷凍，都要先解凍回到室溫才能重新加熱。

製作約克郡布丁或雞蛋泡泡芙

將麵糊倒入抹油且預熱過的烤模中。雞蛋泡泡芙應該用一個個分開的深杯烤模製作，像是金屬的深底圓形小蛋糕模就可以。製作小的約克郡布丁，請以220°C烘烤20分鐘。製作大型約克郡布丁或雞蛋泡泡芙，最初的20分鐘以220°C烘烤，然後將烤溫降至190°C繼續再烤10至20分鐘。

雞蛋泡泡芙烘烤的時間要比小約克郡布丁長，因為使用的是深底烤模，造成麵糊比較厚的緣故。

舉一反三

A. 一般中筋麵粉最適合製作可麗餅，因為這樣餅可以很薄。但我有時因應需求會採用自發麵粉，而成品也不會膨鬆到無法接受。

B. 比起中筋麵粉，高筋白麵粉或義大利00號麵粉的麵筋含量較高，會讓約克郡布丁和雞蛋泡泡芙膨脹得更好。

C. 無麩質麵粉適合製作可麗餅，但不適合製作約克郡布丁或雞蛋泡泡芙。

D. 想要做出海綿般質地的約克郡布丁，請將麵粉用量加倍，並用上4顆之多的雞蛋。

E. 使用2顆雞蛋會讓可麗餅更具有蛋味，質地也更為膨鬆。用上2顆雞蛋的約克郡布丁會膨脹得更高。各種約克郡布丁配方中的雞蛋用量各不相同，1顆是標準用量，倘若你不愛酥脆的布丁，而是偏好膨鬆柔軟的布丁，可以用到4顆之多的雞蛋。雞蛋泡泡芙則至少需要2顆雞蛋。

F. 想做酥脆一點的可麗餅，可在步驟2中用上全部的牛奶或加點水稀釋麵糊。要製作酥脆的約克郡布丁，則請用1杯（240毫升）牛奶和 $1/_2$ 杯（120毫升）水。

G. 可以在可麗餅麵糊中加入幾湯匙融化的奶油（或風味溫和的油），以避免麵糊沾黏在鍋子上。奶油還能豐富麵糊的滋味。豬油、奶油或植物油都可以用來為約克郡布丁和雞蛋泡泡芙的烤模抹油。

蕎麥（BUCKWHEAT）

　　在中古世紀的歐洲，只要是從東方傳入的東西通通都稱為「薩拉森」（Saracen）。蕎麥真正的發源地目前仍有爭議，但蕎麥的義大利文名稱「薩拉森小麥」（grano saraceno）和法文名稱「薩拉森」（sarrasin）一直都透露出端倪。蕎麥煎餅是法國諾曼地（Normandy）的特產，法文名稱為「薩拉森煎餅」（galettes de sarrasin）。現代的蕎麥煎餅配方會加入小麥麵粉，做出更能搭配其他風味的麵糊以及更為柔軟的煎餅，只用蕎麥做出的薩拉森煎餅可以說是帶著些微的中古世紀風味。蕎麥煎餅常會將圓弧的邊緣內摺，蓋在中間的餡料上，形成一個中間有洞口的方形煎餅，洞口還要放上一個蛋黃凸起的太陽蛋。傳統上會用鹹味食材搭配蕎麥煎餅，或將鹹味食材當作蕎麥煎餅的餡料，而用小麥麵粉製作的可麗餅則會加入甜味食材。不過，單獨品嚐蕎麥煎餅，可以發現它獨特的可可麥芽風味，這與能多益榛果巧克力醬（Nutella）相當對味。可用等重的蕎麥粉來替換小麥麵粉。

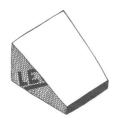

乳酪（CHEESE）

　　可以用一個普通的布丁來區分出美國人和英國人嗎？根據美國大廚詹姆斯・比爾德（James Beard）的說法，雞蛋泡泡芙不單只是美國版的約克郡布丁，但其實兩者的配方沒什麼差異。大不相同之處在於外觀。一個個分開製作的雞蛋泡泡芙，其極為蓬鬆的外形之於沒那麼蓬鬆的約克郡布丁，就像是美國梅西百貨的感恩節大遊行（Macy's Parade）之於英國奧特利農業博導會（Otley Agricultural Show）的耕作示範那麼不同。兩者上桌的方式也不同，雞蛋泡泡芙會擺在麵包籃中，不會擺在盤子裡淋上厚厚一層肉汁。美國連鎖餐廳 BLT 牛排館（BLT Steak）在端出葛黎耶和乳酪雞蛋泡泡芙（Gruyère popovers）這道料理時，會附上詳細介紹大廚布萊恩・莫耶斯（Brian Moyers）食譜的明信片以表敬意。莫耶斯在麵糊中加入溫牛奶，以加速麵粉出筋，確保了成品能有最大的膨鬆度。從烤箱裡取出熱騰騰的雞蛋泡泡芙，再加上甜奶油和高品質的

鹽，即可享用。雞蛋泡泡芙很像巨大的乳酪小泡芙，會這樣想很合理，因為雞蛋泡泡芙與法式泡芙的食材相當類似。在法國勃艮第，會將乳酪小泡芙當作開胃小菜，搭配一杯葡萄酒享用，而巧達乳酪雞蛋泡泡芙（Cheddar popover）搭配一杯不錯的啤酒也是個完美組合。在基礎食譜中使用2顆雞蛋，並在攪拌均勻的麵糊中拌入75至100克的碎乳酪，親自體驗一下吧。雞蛋泡泡芙放入烤箱前，再撒上一點乳酪。若沒有雞蛋泡泡芙的專用烤模，使用深底的圓形小蛋糕模或深底的馬芬蛋糕模也可以。

125　栗子（CHESTNUT）

　　大自然作家理查‧馬比（Richard Mabey）注意到栗子適合搭配柳橙，他建議使用栗子粉來製作蘇澤特橙香可麗餅（crêpes Suzette）。栗子粉具有濃郁的可可香氣，還帶有強烈的乳香風味，與英國品牌「綠與黑」（Green & Black）的牛奶黑巧克力相當類似。請在基礎食譜中以栗子粉替換最多一半分量的小麥麵粉。野食專家約翰‧萊特（John Wright）認為栗子煎餅的最佳搭檔是樺樹汁（birch sap）。樺樹糖漿含有葡萄糖和果糖的混合物，煮過的樺樹糖漿比起楓糖漿（主要成分為蔗糖）更具焦糖味也及少了點香草（vanilla）味。若你看了這段文字正打算到林子去抽取樺樹汁的話，請注意，製作一公升樺樹糖漿得用上一百公升的樺樹汁。

椰子與薑黃（COCONUT & TURMERIC）

　　下次你來到法國布列塔尼時，記得點一份可麗餅和一份沙拉。在沙拉上淋些醬汁，然後鋪到可麗餅上摺起包好，大口塞進嘴中，這時你會看到當地人口中的蘋果酒噴到餐巾上。這個想法的靈感來自越南的街頭小吃越南煎餅（bánh xèo；「bánh」是餅的意思，「xèo」則是滋滋聲）。這種用米粉末、椰奶和薑黃製成，下鍋會滋滋作響的煎餅像可麗餅一樣薄，會摺疊包起蔬菜絲、大量香草（herbs）、辣椒和一些肉類或海鮮的餡料，並佐以越南萬用蘸醬（nuoc cham）之類的醬汁享用。馬來西亞網煎餅（roti jala）也是用類似的麵糊製成，在平底鍋上隨意撒上麵糊做成網狀的煎餅，再搭配咖哩料理享用。要製作越南煎餅，請採用可麗餅的作法，使用1杯（150克）米粉末和以1：1比例混合的水和椰奶，並加入少許薑黃粉。薑黃會讓煎餅呈現鮮明的黃色。麵糊需要靜置30分鐘。接著將麵糊倒入一個抹了點油的鍋中，搖轉鍋子讓麵糊散開形成一個直徑約20公分的薄煎餅（我第一次試做的結果有點厚，再加上它的鮮黃色

澤，讓外觀或口感都很像洗碗用海綿）。將一些洗淨擠乾的豆芽、切碎的芫荽和青蔥排在半面薄煎餅上。許多食譜還會把炒豬肚和蝦與豆芽混合一起做為餡料。讓麵糊煎幾分鐘後（有些廚師會蓋上鍋蓋一會兒）輕輕移到盤子上，拿支鏟子將煎餅另外半面摺疊蓋在餡料上。可搭配生菜葉及大量新鮮薄荷，也可再加些蒔蘿和羅勒享用。最常搭配的蘸醬是越南萬用蘸醬——可用1個蒜瓣的蒜末、1湯匙糖、2湯匙魚露（fish sauce）和2湯匙萊姆汁混合製作。也可按個人喜好再加一些切得細碎的紅辣椒。

鮮奶油與雪利酒（CREAM & SHERRY）

料理作家漢娜·格拉塞（Hannah Glasse）要求用西班牙雪利酒（sack；這是莎士比亞筆下人物法斯塔夫〔Falstaff〕最喜歡的一種強化葡萄酒〔fortified wine〕）、鮮奶油和大量的雞蛋來製作薄煎餅。以下配方是按比例縮減了格拉塞一七四七年的原版食譜，維持了與可麗餅基礎食譜差不多的液體和麵粉比例。在步驟2中，將 $^2/_3$ 杯（160毫升）雪利酒、$^2/_3$ 杯（160毫升）鮮奶油、9顆雞蛋、少許鹽和 $^1/_2$ 杯（100克）糖攪打混合。再加點肉桂粉、肉豆蔻粉（nutmeg）和肉豆蔻皮粉（mace）調味，然後與麵粉混合。低脂鮮奶油（single cream）是最理想的選擇，不過將高脂鮮奶油加牛奶稀釋也可以。格拉斯指出，這種煎餅並不脆（用水才會脆），但非常美味。雪利酒與香料的組合帶來細緻的水果蛋糕風味，若被味道強烈的糖漿或醬汁蓋過就太可惜了。所以只需要用一點融化的奶油和細砂糖就好。順帶一提，若找不到西班牙雪利酒也不用擔心，那種你在教堂或村莊抽獎活動送不出去的甜味奶油雪利酒（cream sherry）就很好用了。

126

調味香草（FINES HERBES）

下次當你因為感冒臥病在床，意外好心腸的獄卒，也就是你的丈夫（煮夫）端給你感冒藥（Lemsip）和番茄奶油濃湯（cream of tomato soup）時，揮手推辭並刻意用充滿情感的沙啞聲音表示，唯一能拯救你免於死亡的或許就是薄煎餅條湯（consommé Celestine）了，千萬不要直接問是否有人可以花時間為你做這道菜……然後大力咳嗽，讓你的照顧者到廚房去，準備一份濃郁且

充滿肉味的肉湯，去除雜質讓湯呈現半透明的色澤，再放入加有綜合調味香草並切成長條的可麗餅。有些廚師認為「調味香草」就只含細香蔥（chives）而已，但事實上……咳咳……它是細香蔥、荷蘭芹、細葉香芹（chervil）及龍蒿的神奇組合。只要弄起來不麻煩就好。

薑（GINGER）

漢娜‧格拉塞在一七四七年出版的著作《烹飪藝術》（*Art of Cookery*）中有道約克郡布丁的食譜，據說這是第一個有文字記載的約克郡布丁食譜，格拉塞建議在麵糊中使用薑粉或肉荳蔻粉。五十年後，作家約翰‧柏金斯（John Perkins）在製作「一般煎餅」的麵糊中加入薑末，並建議使用豬油來煎餅。你可以試試看在可麗餅麵糊中加入 2 茶匙薑粉（或 4 茶匙薑末），以及 2 茶匙糖和 1/2 茶匙天然香草精。根據《生活百科全書》（*The Household Encyclopedia*）所述，薑在一八五〇年代仍然是麵糊的標準調味料，書中還建議在雞蛋短缺的情況下可用淡啤酒（weak beer）或「乾淨的雪」來製作煎餅。啤酒可以對麵糊產生發酵作用，而雪也是基於同樣理由被使用的，一八六五年《大西洋》雜誌有封「年輕管家」的信證實了這個用途，信中提到：「這裡跟新英格蘭一樣，有四個月的時間每天都在下雪，雞蛋在精打細算的家庭中變得超划算。然後，人們微笑想著可以不用去食品雜貨店，並祈求每週都要有厚厚的雲層。」

檸檬（LEMON）

有一天從學校回家時肚子餓了，我竟然少見地有了想要自己動手料理的強烈慾望。我想做的是夾入鮪魚和布蘭斯頓醬（Branston Pickle）混合餡料的可麗餅堆。基於口味的理由，本書中略過不提這道食譜。不過，當時這道可麗餅正合我意，我將它切成楔形塊後整道吃光光。有一段時間，我以為自己是將煎餅堆疊成蛋糕的發明者，但並非如此。以可麗餅層層堆疊而成的蛋糕在匈牙利很普遍，每層之間會夾入巧克力甘納許（請參見 380 頁的基礎食譜）或糖煮水果。名廚米歇爾‧魯‧二世有道食譜用全麥麵粉及白麵粉混合製成可麗餅，還加入檸檬皮屑調味並夾入檸檬酪（lemon curd）。檸檬與煎餅自然對味，甚至比鮪魚和布蘭斯頓醬還適合搭配煎餅。請在基礎食譜中使用白脫乳代替牛奶以提升檸檬味。此外，每 1 杯（125 克）麵粉需用上 2 個檸檬的皮屑。

柳橙（ORANGE）

　　料理作家卡爾・烏勒曼（Karl Uhlemann）用柳橙汁和白葡萄酒製成的冷沙巴雍醬（sabayon；參見 604 頁）做為橙味可麗餅的夾餡。每 1 杯（125克）麵粉加入 2 茶匙磨得細碎的橙皮屑。這道名為波希米亞可麗餅（crêpes Bohemian）的料理，聽起來比惡名昭彰的表親蘇澤特橙香可麗餅（Suzette）的壓力要小得多——蘇澤特橙香可麗餅不再流行的原因在於曝光度太高並且還需費心準備。蘇澤特橙香可麗餅做得好時，會像蕾絲手帕那樣精緻，並在適當比例的奶油、柳橙和君度橙酒或金萬利香橙甜酒（Grand Marnier）之中點燃上桌。當這種可麗餅做得不好時，就好像擤過鼻涕的手帕掉入一堆廉價的威士忌橘子醬中。傳說在一八九五年時，蒙地卡羅（Monte Carlo）巴黎咖啡館（Café de Paris）的十六歲廚師亨利・卡本特（Henri Charpentier）意外地發明了蘇澤特橙香可麗餅。根據本人的說法，那時他正在製作一批香甜酒可麗餅，而加有香甜酒的糖漿不小心被點燃了。當下他正在身分非凡的威爾斯親王（Prince of Wales）面前親自料理菜餚，他無法開口承認自己的錯誤，無論如何得硬著頭皮撐下去。幸運的是，愛德華七世（Bertie；當年的威爾斯親王後來成為英國國王愛德華七世）非常喜歡這道料理，他要求以同行用餐友人之名為這道可麗餅命名。之後，卡本特來到薩沃伊餐廳（Savoy）與名廚埃斯可菲（Escoffier）一同工作，然後再前往紐約，在德爾莫尼科餐廳（Delmonico's）擔任主廚。卡本特在洛克菲勒中心進行某個宏大計畫，但並沒有成功，後來到芝加哥停留了一段時間，又搬到了美國西岸。他在雷東多海灘（Redondo Beach）的自家客廳中經營著一家只有十四個座位的自備酒水餐廳，為饕客提供經典的法國美食，他們可能要等上一年才有位子。千萬不要說快閃餐廳是最近才有的新發明。

七葉蘭（PANDAN）

　　根據美食作家溫蒂・赫頓（Wendy Hutton）的說法，印尼煎餅「七葉蘭可麗餅」（bujan dalam selimut）按原文直譯就是「包在毯子裡的單身漢」。雖然它們呈薄餅狀而且包入黏稠椰子餡料捲起來，但除了添加七葉蘭風味香精並呈現極為鮮綠的色澤之外，它們與第 144 頁的椰子薑黃煎餅沒什麼兩樣。鮮綠色澤或許解釋了原文名稱中的「單身漢」，因為你不想與任何人分享這種顏色的毯子。七葉蘭的味道非常類似印度香米（basmati rice），它常被加在非印度香米的廉價米中，讓米看起來高貴些。七葉蘭如烤麵包那般的香氣，自然而然

就與椰子非常對味，不過你可以考慮添加像水果乾、熱帶水果或印度茶香料（chai spices）之類帶有酸味或苦味的食材，以抵消強烈的甜味。新鮮的七葉蘭葉可用來代替香精，在1杯（240毫升）椰奶（coconut milk）中放入四片用叉子劃出刮痕的七葉蘭葉加熱，然後再過濾。將新鮮或乾燥的椰蓉加入棕櫚糖或紅糖熬煮15分鐘左右，需加入足量的水避免煮太乾，要煮得跟椰子巧克力棒（Bounty bar）的內餡一樣濕潤，然後包在煎好的七葉蘭可麗餅中。椰子和糖的重量比例一般是1：1，但我更喜歡將糖的用量減半，並加點鹽。每個煎餅需用上大約2至3湯匙的糖，然後捲起來並盡可能整齊地塞好。請以室溫享用。

香草（VANILLA）

名廚侯布雄（Joël Robuchon）用香草莢和香草籽為製作可麗餅的牛奶調味。在美國，有時會在製作德國煎餅（German pancake）時加入天然香草精，德國煎餅也被稱為荷蘭寶貝（Dutch baby；這兩個名稱聽起來有國家名稱上的混亂，但其實不是這樣，因為這裡的荷蘭〔Dutch〕只是看錯德國的原文「Deutsch」而產生的誤用）。大多數食譜都要求要使用等量的牛奶和麵粉，不過有些則完全不用牛奶，只靠雞蛋來黏合麵粉，好讓煎餅最終有令人聯想到煎蛋（omelette）的更柔軟口感。將烤箱預熱至220°C。將2湯匙奶油和1湯匙溫和的油倒入直徑20公分的圓形烤模中，放入烤箱加熱。接著依據基礎食譜混合以下食材：5湯匙麵粉、少許鹽、1顆大型雞蛋、1茶匙天然香草精和5湯匙牛奶。無需靜置。從烤箱中取出熱過的烤模並小心搖晃旋轉烤模，讓油分布在整個烤模上再倒入麵糊。將烤模放回到烤箱10至12分鐘即完成。可搭配糖和檸檬，或法式酸奶油（crème fraîche）和蜂蜜享用。

義式可麗餅（CRESPELLE）

以加有磨碎肉荳蔻和帕馬乾酪的麵糊所製成的可麗餅。在已煎好的可麗餅上撒上更多的肉荳蔻和帕馬乾酪，然後捲起並放入清湯中享用。

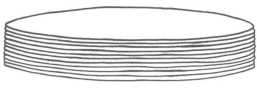

千層可麗餅（QUIRE OF PAPER）

由極薄的可麗餅堆疊而成，在十七及十八世紀很流行。

蟾蜍在洞（TOAD IN THE HOLE）

在厚厚的約克郡布丁麵糊中加入香腸。

裹上麵包粉並下鍋油炸的包餡可麗餅
（BREADED AND DEEP-FRIED STUFFED CRÊPES）

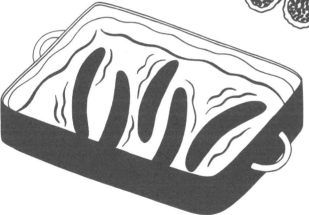

迷你約克郡布丁
（MINI YORKSHIRE PUDDING）

搭配少見的烤牛肉和辣根醬（horseradish cream）。

香蕉煎餅（BANANA PANCAKE）

匈牙利貢德勒可麗餅（GUNDEL PALACSINTA）

加有核桃粉、葡萄乾、糖、檸檬皮屑和白蘭地或蘭姆酒的可麗餅，並佐以巧克力醬。這道可麗餅來自布達佩斯的貢德勒餐廳（Restaurant Gundel）。

小薄餅與發酵煎餅
（Blinis & Yeasted Pancakes）

這個基礎食譜需要酵母和雞蛋，以產生最輕盈膨鬆的煎餅，這種煎餅浸在奶油中，或搭配更傳統的酸奶油和煙燻鮭魚、魚子醬都非常適合。此煎餅麵糊可以在一小時內準備好，但是如果你做的煎餅是要在早餐或早午餐時享用，那麼先將麵糊混合好，放入冰箱一晚慢慢發酵會更容易。這與麵包一樣，發酵得越慢，風味就越強。也可以不加酵母製作小薄餅——請參見「舉一反三」中的 E 項。

此基礎食譜可製作大約18個小薄餅。[A]

食材

1杯（125克）麵粉[BC]

1茶匙糖

1茶匙速發乾酵母[DE]

1杯（240毫升）牛奶

幾撮鹽

1顆雞蛋

1至2湯匙融化的奶油或溫和的油（可用可不用）

1. 將麵粉、糖和酵母倒入一個空間足夠讓麵糊發酵的容器中。
2. 將牛奶加熱至手感溫熱的程度，然後快速拌入乾性食材中。
   如果你要讓麵糊發酵一整天或一個晚上，牛奶就無需加熱了。
3. 將容器蓋好靜置一兩個小時進行發酵。
   或放入冰箱一晚，進行長時間的發酵。
4. 當你準備要煎餅時，先快速拌入鹽，然後拌入雞蛋及奶油或溫和的油（若有使用的話）。
   若要製作更厚且更有彈性的煎餅，請試著將蛋黃拌入麵糊，然後將蛋白打至濕性發泡，再翻拌入麵糊中。
5. 用中火加熱煎餅專用鍋或平底煎鍋。將少許奶油放入鍋中搖轉一下，然後

將多餘的奶油倒入小的耐熱碗中備用，在煎餅的過程中根據需要，再將油倒入鍋中使用。將1湯匙麵糊倒入鍋中，差不多可以擴散成直徑8公分的圓餅。你可以一次煎3或4個。煎至薄餅表面出現小孔，大約需要1至2分鐘，然後翻面煎至下面上色。

將做好的煎餅擺在以鋁箔包覆的盤中，放入120°C的烤箱中保溫。

131

6. 這種麵糊可在冰箱中保存3天（不過，不要指望任何進入蛋中的空氣可以保留這麼久）。煎好的薄餅可在密閉容器中保存幾天，或冷凍起來保存一個月。

舉一反三

A. 這裡的分量可以製作18個直徑8公分左右的小薄餅。若你想要做12個直徑10公分的小薄餅，每個請使用約 $1^1/_2$ 湯匙的麵糊。

B. 可使用1：1的蕎麥粉和小麥麵粉比例製作經典的蕎麥小薄餅。你也可以用細磨粗玉米粉或黑麥粉取代蕎麥粉。這裡可能需要多加一點牛奶才能達到恰到好處的麵糊濃稠度。

C. 你也可以使用全麥麵粉，但還要多加約 $1/_4$ 杯（60毫升）的牛奶。

D. 如果你使用的是需要活化的酵母，請將糖與10克新鮮酵母或1茶匙乾酵母一同加入溫牛奶中。讓它靜置15分鐘起泡，然後混合到麵粉中，再接續步驟3進行。

E. 如果你沒有酵母或是沒有時間，使平底鍋煎餅的方法來製作小薄餅也是可行的（請參見156頁的平底鍋煎餅），不過請加些蕎麥或黑麥麵粉來回復一定程度的小薄餅風味。

大麥（BARLEY）

　　用大麥麵粉製作小薄餅在俄羅斯曾經極為常見。這麼簡單就可以製作的東西，確切的作法卻存在著數量驚人的各種意見。大麥小薄餅的麵糊應該在哪裡混合？最好的地點是河岸、湖畔還是森林邊緣？這裡的目的在於捕抓到空氣中有用的酵母，就像熱中傳道的現代麵包製作者會帶著酸麵團麵種上山散步一樣。將第一批做好的小薄餅放在窗枱上送給路過的貧困人士也是一項傳統。在我住的城市中，這簡直就是要造成庭園中閒逛的松鼠與鵲鳥之間的戰爭。伊麗莎白・大衛認為得花點時間才能夠欣賞大麥麵粉「樸實且相當原始」的風味，她也認為以大麥麵粉製作並以酵母發酵的煎餅特別好吃。請按照基礎食譜，以1：1的高筋白麵粉和大麥麵粉比例製作煎餅。或者按照大衛在《英式麵包和酵母料理》（*English Bread and Yeast Cookery*）中的食譜，再多加一顆的雞蛋，並將麵糊稀釋成類似可麗餅麵糊的濃稠度──這裡要再多加 1/4 杯（60 毫升）的牛奶。使用這種麵糊製作薄薄的大煎餅，並將煎餅與乳酪層層交錯堆疊起來。

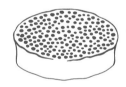

英式烤餅與澳洲煎餅（CRUMPETS & PIKELETS）

　　借調到美國六個月時的頭幾個星期，一位同事問我最想念家鄉的什麼。我停頓一下就說了英式烤餅，那停頓的時間之短讓我倆都很訝異。她說，介紹一下英式烤餅吧。我說：「它們類似煎餅，不過比較厚，上頭也有許多小洞。若拉開英式烤餅，它們裡頭會呈現脈絡狀。我猜跟海棉很像。若不再烤過就入口的話，幾乎就是果凍的口感。」我的新同事說：「好，我很確定我們這裡沒有。妳可以做一個嗎？」我說不。實際上沒人做過英式烤餅。它們就像氫化過的玉米零食那樣，都是一包一包生產的。但其實，製作英式烤餅的麵糊很容易，只是煎起來有些棘手。請按照基礎食譜製作，但不要在煎麵糊前加入雞蛋，改為徹底攪入 1 茶匙的泡打粉，靜置 10 分鐘。接著，將一個直徑約 10 公分且抹油的無底烤模放在已用中小火熱過油的煎鍋中，然後將適量的麵糊倒入烤模中。煎幾分鐘後取出烤模，在小洞開始出現且表面逐漸變乾的過程中繼續

煎。檢查底下的那一面，確保沒有燒焦。10分鐘後應該可以翻面，把另一面快速煎至棕色。這裡的困難點在於讓中心熟透。最好從一開始就將厚度控制在1至1.5公分，看看能否煎熟。如果煎不熟，或者你沒有合適的烤模，那就改做澳洲煎餅。請將麵糊倒入熱過的煎鍋中，直到與平底鍋煎餅差不多的大小。同樣也是以煎煎餅的方式來煎澳洲煎餅，當底面煎熟且上面開始出現洞孔時翻面。我發現，無論是英式烤餅還是澳洲煎餅，若能放涼再烤一下，口感會更棒。

扁豆與米（LENTIL & RICE）

　　烏塔帕姆餅（Uttapam）是印度早餐中常吃的一種煎餅，以米和扁豆混合製成，需將米及扁豆浸泡過夜並發酵，以產生溫和的味道。烏塔帕姆餅通常跟小薄餅差不多大，而更稀一點的麵糊則可以做成像可麗餅那麼大的多薩餅（dosa）。歐伊斯‧費伊（Orese Fahey）表示，不同類型的米和扁豆可以用來製作各種不同的多薩餅麵糊，只要一律採用米和扁豆2：1的比例即可。她還以多薩餅做了道甜點，用煎餅包裹新鮮水果、蘋果醬和鮮奶油霜。煎餅的酸味與餡料的甜味形成美味的對比。美食作家山德爾‧卡茨（Sandor Katz）注意到這些麵糊中經常會添加葫蘆巴籽（fenugreek seeds），這不僅僅是為了調味，也因為其中所含有的微生物有助於發酵的程序。除了烏塔帕姆餅和多薩餅之外，這種麵糊還可用於製作蒸米漿糕（idli）這種海綿狀小蒸糕以及印度蒸糕（dhokla）這種較大的蒸糕（請參見第98頁的「鷹嘴豆」段落）。說了這麼多所要表達的，就是這種麵糊的應用極廣。印度煎餅不佐糖漿，而是搭配印度甜酸醬（chutney）——一般是用現磨椰子、芫荽葉和青辣椒混合製成。要製作這種煎餅的麵糊，請將 $^2/_3$ 杯（125克）白米及 $^1/_3$ 杯（65克）的黑扁豆（urad dal）洗淨，然後浸泡在冷水中一夜。隔天早上瀝乾，倒在馬力強大的攪拌機中，加點水快速攪打成光滑的麵糊。然後加入 $^1/_2$ 茶匙鹽和足量的水來形成濃度適當的麵糊——若你之後覺得有需要，還可以加入更多水。請將麵糊靜置在溫暖的室溫下8小時左右，以進行發酵。也可按個人喜好準備一些食材撒在煎餅上，例如：番茄、椰蓉、洋蔥和芫荽葉、新鮮辣椒末、芥末和／或胡蘆巴籽。在加熱且上油（或不沾）的平底鍋（flat griddle；tawa）以中火煎麵糊，每次用長柄勺舀入約3湯匙麵糊，然後在餅面仍然濕潤黏稠時撒上其他食材。餅的第一面在煎時，要在餅周邊灑點油，然後翻面煎至開始上色，要稍微確認一下底面的情況。若要製作多薩餅，請將麵糊用水稀釋至低脂鮮奶油的稠度，並像可麗餅那樣，在微稍加了油的大平底煎鍋中煎熟。

燕麥（OAT）

　　若你以為斯塔福德郡燕麥餅（Staffordshire oatcake）是一種薄脆餅乾，這是可以被諒解的。事實上，斯塔福德郡燕麥餅是一種用燕麥粉做成的發酵煎餅，曾經深受該郡大量陶土工作者的歡迎——即使現在英國的陶器來自中國，特倫特河畔斯托克（Stoke-on-Trent）的咖啡館還在販售燕麥餅。它們常用來搭配全英式早餐享用，或者大概是以「捲餅」這種大街上糟糕又發黏的新主食風貌呈現。斯塔福德郡燕麥餅比其他發酵煎餅更具有麵包味，熱騰騰的燕麥煎餅包入融化的碎巧達乳酪捲起，這種撫慰人心的食物可做為烤三明治（toastie）的替代品。美食作家西門・馬杭達爾（Simon Majumdar）推測，斯塔福德郡燕麥餅可能會在一個世代內消失，之後只能在歷史書籍和「陶瓷民俗博物館」的展覽中才能找到。我建議我們三不五時就做此燕麥煎餅來盡一點心力。請按照小薄餅的基礎食譜製作燕麥煎餅，除了要用上1杯（240毫升）牛奶和1杯（240毫升）水外，還不能加雞蛋。麵粉方面，請以1：1的比例混合燕麥粉和小麥麵粉。大多數的食譜都需要使用極細燕麥粉（fine oatmeal），但細粒燕麥粉（medium oatmeal）也可以。請用一個重量輕的大煎鍋或可麗餅專用鍋，因為這裡要做的是直徑約22公分寬的薄煎餅，較為類似可麗餅非而小薄餅。

黑麥（RYE）

　　黑麥帶有北歐那般的季節性憂鬱症感。這種穀物口感粗硬且偏乾，帶有讓人胃口大開的酸味，但也有令人食慾降低的灰褐色澤。黑麥煎餅的質地往往比其他麥種更為乾燥且粗糙，不過味道鮮美，非常適合搭配煙燻魚。請依照基礎食譜，以黑麥麵粉與高筋白麵粉1：1的比例製作黑麥煎餅。為了讓麵糊擁有能夠流動的適當濃稠度，每1杯（125克）混合麵粉需要用上 1 1/2 杯（360毫升）牛奶混合成麵糊，牛奶還可以再多加一點。你可以坐在懸崖上，邊吃黑麥煎餅，邊詛咒人類這毫無意義的存在。

粗麵粉（SEMOLINA）

　　千孔煎餅（Beghrir）是一種摩洛哥發酵煎餅，以牛奶和水的混合物及粗麵粉製成。這會做出相當稀的麵糊。不過本就應該如此，因為這種作法是將麵糊在平底鍋上倒出薄薄的一層，好讓煎餅只煎一面就可以完全煎熟。若你一想到需要甩鍋將煎餅翻面就會焦慮的話，那麼千孔煎餅很適合你。大多數的平底鍋煎餅在煎時表面也會形成小孔，若你曾仔細觀察小孔，就會發現小孔的邊緣是如此光滑，孔洞也呈完美的圓形，看起來像是歷經長久侵蝕的結果。

製作千孔煎餅時，這些孔洞形成得如此之快、如此之多，就像在看縮時攝影一樣。根據摩洛哥的傳說，每個千孔煎餅都應該會有一千個孔洞，但只有傻瓜才會去計算孔洞的個數，還為了怕煎餅冷掉，就不戴帽子在烈日下進行計算。千孔煎餅一定要加奶油及蜂蜜趁熱吃，所以從小販手裡拿到，就要直接在街上吃起來，還要用一隻手捧著煎餅，以防止奶油滴落，弄髒你的摩洛哥駱駝皮拖鞋（camelleather babouches）。在非洲馬格里布地區（Maghreb）以外食用千孔煎餅的人士，會注意到千孔煎餅在英式烤餅和可麗餅之間取得了平衡，因為千孔煎餅結合了英式烤餅善於吸收奶油的彈性蜂窩組織，以及可麗餅的柔軟輕盈。有些人喜歡在蜂蜜和奶油中加點橙花露，或者撒點冰糖代替。而另一種正統的佐料是阿甘油杏仁醬（Amlou），這很難找到，但值得找一找。阿甘油杏仁醬是以杏仁奶油、蜂蜜和摩洛哥堅果油（argan oil）混合製作，它是花生醬夢幻般的異國替代品：這是天方夜譚中的謝赫拉莎德（Scheherazade）蹺起腳來觀看《週日滑雪》節目（Ski Sunday）時，會塗在吐司上的醬料。請按照小薄餅的作法製作千孔煎餅，但改用 3/4 杯（100 克）的粗麵粉和 1/4 杯（30 克）的中筋麵粉，與 3/4 杯（180 毫升）水及 1/4 杯（60 毫升）牛奶混合。並在步驟 4 中，將 1 茶匙泡打粉、1/4 茶匙鹽與雞蛋快速拌入麵糊中。請記住，無需甩鍋翻面。你可以製作各種尺寸的千孔煎餅，我會舀 4 至 5 湯匙的麵糊製作一個煎餅，差不多相當於一個茶盤的大小。你可以用 3/4 杯（110 克）的細磨粗麵粉代替粗麵粉，但是煎餅的口感就沒有那麼好，而且麵糊還需要再加幾湯匙牛奶稀釋才行。

135

酸麵團（SOURDOUGH）

　　如果你的酸麵團的麵種（mother；或酵頭）多到溢出，不要把它扔掉。用勺子舀一些到煎鍋上，以中小火煎成小薄餅。畢竟，這也是由麵粉、酵母和水混合出的麵糊。可依照基礎食譜添加類似比例的雞蛋和 / 或油，以獲得更為傳統的煎餅口感，還可再添加一點泡打粉來增加蓬鬆感。酸麵團的味道強烈，煎成小薄餅搭配熟成的巧達乳酪切片和印度甜酸醬味道極佳。還可在酸麵團中再外加些麵粉，減少原本明顯的酸味。在阿拉斯加，通常會於早餐時食用酸麵團煎餅，並搭配馴鹿香腸（reindeer sausage）或玫瑰果果凍（rosehip jelly）享用。有時還會在麵團中混入接骨木果（elderberries）。培養酵頭是阿拉斯加礦工賴以為生的重要方式，這為他們提供了珍貴的麵包和煎餅。在寒冷的夜晚，礦工們會帶著麵包和煎餅上床，抱在胸前，讓自己保持溫暖和活力。換句話說，這些男人和「媽媽」（mother；也是麵種之意）一起睡覺，這讓他們很幸運地只被戲稱為「酸麵團」，而不是更糟糕的東西。

平底鍋煎餅（Griddle Pancakes）

又名滴落司康餅（drop scones），在澳洲則稱為澳洲煎餅（pikelets）。我傾向於稱它們為美式煎餅（American pancakes），因為在我的想像中，會是由一位嚼著口香糖的女店員在霓虹燈閃爍的移動式餐車中遞出煎餅。此外，美國的量杯讓煎餅能夠快速製作且容易記憶：1 杯麵粉、1 杯牛奶、1 顆雞蛋、1 茶匙糖和 1 茶匙泡打粉。只要你會數到 1，就可以做煎餅了。這種麵糊也適用於製作鬆餅（waffles）。

此基礎食譜可製作 18 個左右的煎餅。

食材

1 杯（125 克）中筋麵粉[AB]

1 茶匙泡打粉[BC]

1 茶匙糖[D]

1 到 2 撮鹽

1 顆雞蛋[E]

1 杯（240 毫升）牛奶[F]

1 至 2 湯匙融化的奶油或風味溫和的油（可加可不加）

1. 將麵粉和泡打粉倒入碗中，快速拌入糖和鹽。在粉堆中心挖個洞。
   加入濕性食材後，最好盡快下鍋煎煎餅。
2. 加入雞蛋盡可能攪散，然後慢慢倒入牛奶，並將麵粉快速攪入液體中，形成光滑的麵糊。可按個人喜好加入融化的奶油或風味溫和的油。
3. 將厚重的煎鍋或平底鍋放在爐子上以中火加熱，抹上少許溫和的油或奶油，也可以兩者混合使用。倒入一大湯匙麵糊來製作一個煎餅。**麵糊會擴散，然後突然停止。如有需要，可以稀釋一下麵糊。當煎餅看起來開始起泡時，翻面讓另一面煎至金黃色。**
   做好的煎餅可置於以鋁箔包起的盤中，放入 120°C 的烤箱中保溫。
4. 尚未使用的麵糊可以在冰箱中存放幾天。尚未食用的煎餅則可以冷凍起來，下一次從冰箱取出後就可以直接進烤箱重新加熱。

舉一反三

A. 煎餅可以用不同的麵粉混合製作。粗玉米粉永遠是贏家。極佳的無麩質煎餅可以用細磨粗玉米粉和白脫乳製作，並使用兩倍量的雞蛋。

B. 可以用自發麵粉代替中筋麵粉和泡打粉。

C. 可用 $1/4$ 茶匙小蘇打代替1茶匙泡打粉，但你也需要一種能夠活化的酸性食材來取代牛奶，例如白脫乳或自製的替代品（請參見第90頁「舉一反三」中的F項）。

D. 可按個人喜好多加些糖，例如將1茶匙的糖量改為2湯匙。

E. 想要製作更蓬鬆的煎餅，請在步驟2中只將蛋黃混合到牛奶中，然後將蛋白打至濕性發泡，然後在煎之前翻拌到麵糊中。這樣做出的煎餅非常輕盈，無需使用泡打粉。

F. 只用半杯（120毫升）牛奶的話，就是蘇格蘭煎餅的標準配方。

血（BLOOD）

　　芬蘭的血煎餅（Veriohukaiset）是一種用豬血製成的煎餅。首先將豬血快速攪打至輕盈，然後與啤酒、黑麥麵粉和小麥麵粉、雞蛋和炸洋蔥混合均勻。這種麵糊需要調味，有時會加入少許乾燥馬鬱蘭（marjoram）。血煎餅通常會搭配越橘果醬（lingonberry jam）享用。如果你曾經吃過血腸佐蘋果，或是加有綜合果皮屑的義大利血布丁（sanguinaccio），你就會知道水果風味與煮熟血液中大量鐵味所形成的鮮明對比是多麼地對味。血液非常濃（無論如何都比水還濃），因此這些煎餅比一般平底鍋煎餅需要有更高的液體與麵粉比例。這種煎餅不需要雞蛋，我想是因為血液本身已有凝固作用，但也可按照個人喜好添加一顆雞蛋。請在1杯（125克）麵粉中加入1杯（240毫升）濾過的血液和 $\frac{1}{2}$ 杯（120毫升）啤酒來取代牛奶，並加入1至2湯匙金色糖漿增加甜味。請注意，新鮮血液極易腐敗，購買時記得請教保存的方式。

白脫乳（Buttermilk）

　　白脫乳的英文「Buttermilk」（直譯即為『奶油牛奶』）聽起來比實物更奢華。這個字總是讓我想起奶油脂肪含量高的金色澤西牛奶（Jersey milk）。事實上，白脫乳是奶油和乳酪的副產品，呈現稀薄奶狀。白脫乳的風味與優格沒什麼兩樣。白脫乳之所以在美國造成流行要歸功於荷蘭移民，他們在原生國家有將白脫乳倒在玻璃杯中佐正餐享用的習慣，而這個習慣也被他們帶到美國來。不過白脫乳會變得普及則要歸功於，它讓使用化學發酵劑的煎餅麵糊具有蓬鬆感。你可以在牛奶中擠點檸檬汁並靜置在室溫中幾分鐘，或者混合等量的牛奶和天然優格來製作白酪乳的替代品。你可用白脫乳來取代基礎食譜中的牛奶，若你要使用白脫乳，也請用 $\frac{1}{4}$ 茶匙的小蘇打取代泡打粉，記住麵糊一旦混好就要馬上下鍋煎。大廚湯姆·克里奇（Chef Tom Kerridge）製作了一道非常濃郁白脫乳煎餅，佐以杜松子酒醃鮭魚享用。要製作這種煎餅，請將3湯匙左右的糖和50克融化的奶油加入1杯（125克）麵粉製成的麵糊中。

巧克力（CHOCOLATE）

　　大廚馬庫斯·薩繆爾森（Marcus Samuelsson）在麵糊加入不少奶油，製作出真正的巧克力煎餅。他用無水奶油（clarified butter）煎巧克力煎餅，然後撒

些鹽之花（fleur de sel）帶出風味。你一定要試試看，但首先要問自己一個問題：抹上榛果巧克力醬的可麗餅或淋上熱騰騰黑巧克力醬的鬆餅之所以美味，是否因為來自巧克力的強烈風味以及麵糊的溫和鹹味之間的對比？正如詹姆斯・比爾德喜歡的作法，只有在巧克力醬中加入干邑白蘭地（Cognac）及香草（vanilla）才能增加對比度。將巧克力加入煎餅中會緩和它的強度。我試做過三次巧克力煎餅：我用商店賣的巧克力牛奶製作了一批煎餅，也用可可粉製作了另一批煎餅，還有一批煎餅則是用品質較好的巧克力製作。雖然巧克力牛奶本身可以嚐到豐富的巧克力滋味，也能做出深褐色澤的煎餅，但煎餅本身卻無法立即嚐出巧克力味，不過卻帶有令人愉快的麥芽風味，與另外添加的巧克力豆相當對味。可可粉比巧克力更具有深度的巧克力風味，以可可粉製作的煎餅就像是令人心滿意足的極薄巧克力蛋糕。此外，可可是純巧克力，讓你有足夠的空間添加糖、油脂和香草（vanilla）來調味。要製作可可煎餅，請將4湯匙可可粉和少許溫熱牛奶攪成糊狀，然後在步驟2結束時，也就是剩下的牛奶快速攪入麵糊後，將可可糊攪入麵糊中。

耶誕布丁（ CHRISTMAS PUDDING ）

　　大廚加里・羅茲（Gary Rhodes）有道風味不一樣的蘇格蘭煎餅。基於這些節日煎餅比蒸布丁（steamed pudding）更清爽，所以他希望這些煎餅能夠成為耶誕節的傳統菜色，但歷經二十年，證實了這根本做不到。失敗的原因可能與他上菜的建議有關，他建議將一堆煎餅浸泡在以香草、蘭姆酒糖漿、蘭姆酒卡士達和超濃鮮奶油製作的醬汁中。這比蒸布丁更清爽？我會說差不了多少而已。而且，無論如何，耶誕節午餐本來就油膩難消化。還有什麼說法能為沙發及電影《太空城》（Moonraker）辯解第七次？此外，耶誕布丁點起火來才好看。對著一堆煎餅點火，看起來就像是多層停車場的縱火事件。想一想，還是忘了耶誕節，把這些做成水果蛋糕風味的煎餅吧。我調整了羅茲的配方，以符合基礎食譜的分量，詳列如下：請在每1杯（125克）麵粉添加1/2茶匙英式綜合香料粉、40克葡萄乾或蘇丹娜葡萄乾、20克切碎的糖漬櫻桃、10克的綜合果皮屑和2湯匙糖。

鮮奶油（CREAM）

　　可麗餅就像一座荒島，最好的部分是沿岸（邊緣）。這也是鬆餅最為人稱道之處。所有那些焦脆的凸起，界定出一格格內有融化奶油或冰淇淋的凹格，

這種像是可麗餅邊緣那樣的酥脆網格是最好吃的地方。使用小薄餅麵糊製做出的鬆餅更為蓬鬆，並帶有開胃的酵母味。但是當你的家人握起餐具，不耐煩地坐在吧台時，平底鍋煎餅麵糊則是個更快速容易的選擇。美食作家 M.F.K・費雪說，她試過最好的鬆餅麵糊是用等量的高脂鮮奶油和麵粉製作。每 1 杯（240 毫升）鮮奶油和 1 杯（125 克）中筋麵粉，需加入 2 顆雞蛋和 2 湯匙融化的奶油。無需使用化學發酵劑，不過得進行大量的快速攪打。請先將蛋白與蛋黃分離，並將蛋白打至濕性發泡（費雪沒說要打到什麼程度，但我猜是這樣）。將蛋黃快速攪打 5 分鐘，然後慢慢交替加入麵粉和奶油，繼續快速攪打成麵糊。接著快速攪入奶油後，將蛋白翻拌入麵糊中。在你取用含糖的佐料之前，可以考慮一下炸雞和鬆餅這個偉大的美國靈魂食物組合。這是在凌晨提供給飢餓爵士樂團與疲勞觀眾的一道料理。在消夜及早餐之間的空檔，這可能是人們會喜歡的兩種口味。

乳酪通心粉（MAC＇N＇CHEESE）

美國人口普查局（US Census Bureau）近來公布的數據顯示，美國人口成長已經降到經濟大蕭條（the Depression）以來的最低點。我把這歸因於美國人發現到好幾件比性愛更美好的事物。對於作家加里森・凱勒（Garrison Keillor）來說，更美好的事物是甜玉米（請見下一頁）。對於餐館老闆肯尼・夏普森（Kenny Shopsin）來說，是煎餅。對我而言，是「比性愛更美好」這句話馬上被全球禁用。雖然如此，還是來看看肯尼的乳酪通心粉煎餅吧，這真的比性愛更美好！當肯尼紐約餐廳的顧客無法在自己最喜歡的兩道菜餚之間做出選擇時，乳酪通心粉煎餅就出現了。肯尼的反應自然是就打破菜餚的界限。現在他覺得這樣還不夠，即使這些菜餚看起來很奇怪。通心粉的象牙色圓管從煎餅中露出來，就像是某個內臟被切下來時切口處難以形容的閥門末端。肯尼的菜單上還有其他口味的煎餅，包括梨子和松子的組合，以及穀麥（granola）和猶太泥醬（charoset）的組合（請見 322 頁的「猶太泥醬」段落）。一旦你的平底鍋煎餅在煎鍋中看起來不錯且起泡時，用勺子舀 1 湯匙左右煮熟的通心粉加進煎餅中，然後再加入 1 湯匙碎乳酪即可。

馬鈴薯（POTATO）

並非所有的小薄餅都使用了酵母。有些小薄餅只靠打發蛋白來產生蓬鬆感。在東歐，用雞蛋產生蓬鬆感的馬鈴薯薄餅只需將磨碎的馬鈴薯加入麵糊中

即可製作。但還有其他方法可以製作馬鈴薯煎餅。在美國，大廚湯馬斯・凱勒（Thomas Keller）使用馬鈴薯泥來製作煎餅，他特別使用黃色果肉且帶有對味奶油風味的育空黃金馬鈴薯（Yukon Gold potatoes）製作。凱勒對於育空黃金馬鈴薯在麵糊中吸收鮮奶油的能力給予高度評價，他的麵糊是將大約250克馬鈴薯泥與2湯匙中筋麵粉、2顆全蛋和1顆蛋黃以及2至3湯匙法式酸奶油（crème fraîche）混合製成。英國美食作家琳賽・巴哈姆（Lindsey Bareham）的食譜則需要使用175克馬鈴薯粉代替新鮮馬鈴薯泥，並加入315毫升冷水、少許鹽和至少6顆雞蛋混合。她說，先將雞蛋打發，再加入馬鈴薯粉、鹽和足量的水以形成像高脂鮮奶油那般濃稠度的麵糊。靜置半小時左右再快速攪打一次，然後在上油的平底鍋中煎馬鈴薯餅。搭配糖漿、檸檬汁、糖等煎餅的典型配料即可上桌享用。

瑞可達乳酪（RICOTTA）

瑞可達乳酪煎餅專屬於住在乳白色內裝海邊豪華閣樓公寓或別墅裡的那些人士。他們頭髮蓬亂、穿著寬鬆亞麻衣裳且赤著雙腳，使用一塵不染且非常昂貴的鍋具製作煎餅，用來淋糖漿的瓶子也完全沒有沾黏到麵糊並形成硬殼。他們的孩子臉上不會沾到藍莓醬（blueberry compote）。這些人翻閱作家唐娜・海（Donna Hay）的料理書籍，並未留意到周遭一切是如此潔淨且一塵不染。早餐後，他們帶著一隻既不灑尿也不放屁的狗兒在海邊慢跑。你的生活跟他們不一樣。但你至少可以試試煎餅。加進麵糊中的瑞可達乳酪，通常會比一般食譜的標準用量還要多。要製作這款煎餅，請按照基礎食譜進行，但將約125克的瑞可達乳酪快速攪入牛奶中。通常還會再添加磨得細碎的檸檬皮屑。

甜玉米（SWEETCORN）

大廚湯馬斯・凱勒寫道，甜玉米是家庭的弱點。「我們已經準備好抵制無神論的共產主義、不道德的好萊塢、烈酒、賭博和跳舞、吸菸、淫亂，但如果撒旦帶來的是甜玉米，我們至少會聽看看。」另一方面，我在某日買的一些甜玉米所帶來的唯一好處，就是讓我沒有偏離美德的道路，那些玉米的風味呈現出9萬公頃玉米田的淒涼。不過，品質好的甜玉米有著飽滿鮮美的玉米

粒，這時你就能理解凱勒的觀點。甜玉米和粗玉米粉的含糖量高，使得玉米糊不需要外加甜味。委內瑞拉煎餅（Venezuelan cachapas）就是一種將新鮮玉米粒磨碎與鹽、雞蛋和奶油混合製成的甜玉米煎餅。委內瑞拉的玉米種類富含澱粉，磨碎玉米粒時會流出珍珠般的液體，因此無需加入麵粉或牛奶來製作極濃稠的玉米糊，此外玉米糊中還會加入玉米粒點綴。這種玉米煎餅一旦煎熟，就會抹上大量的克索布蘭可乳酪（queso blanco）對摺起來，克索布蘭可乳酪是拉丁美洲一種風味溫和的白色乳酪，可用一些莫札瑞拉乳酪或者哈羅米羊酪（halloumi）代替。最終成品較類似煎蛋捲（omelette）而非煎餅，有點像是日本的玉子燒（tamagoyaki），就是那種會放在握壽司（nigiri）上的煎蛋捲。祕魯烏米塔（Peruvian humitas）也是將類似的玉米糊裝入乾玉米殼中蒸熟做成。我曾經無意中將一批委內瑞拉煎餅的玉米糊留置了一晚，可能因為我累了，也可能是因為我想要看看會不會意外發現什麼驚人的東西，不記得是哪一個了，第二天早上我發現玉米糊已經略微發酵。用這種玉米糊做出的煎餅，少了點委內瑞拉煎餅該有的甜味，但換取到了令人愉悅的特別滋味，讓人想起印度蒸糕或蒸米漿糕。這個配方適用於英國可廣泛取得的那種甜玉米，但那種甜玉米缺乏真正的澱粉，得要仰賴雞蛋和少量麵粉讓玉米糊變得濃稠。請將 4 根玉米的玉米粒與 1 顆雞蛋、$1/2$ 茶匙鹽和 6 湯匙麵粉攪碎混合後，靜置 20 分鐘。接著舀幾湯匙玉米糊放入平底鍋中，檢查玉米糊會不會散開，如果會散開，就要添加更多麵粉（或雞蛋）。請以中小火煎玉米糊，並像過度保護的父母那般看照著，因為這些帶有玉米天然糖分的煎餅容易燒焦。這些煎餅的直徑應該介於 16 至 20 公分左右。

天婦羅（Tempura）

　　日本天婦羅裡頭包著各種蔬菜或海鮮，外面則有精緻的花邊麵糊。這種麵糊是如此輕盈酥脆，你可能會說它是種酥皮（酥皮糕點的酥皮）。與酥皮糕點一樣，這種麵糊也是要盡量減少麵粉出筋，因此使用冰涼的水且混合拌勻食材的時間也很短。基於同樣的理由，天婦羅麵糊的基礎食譜需要使用小麥麵粉和無麩質麵粉的組合。有些廚師會採取進一步降低麵粉出筋的措施，就是下鍋炸時才混好麵糊，確保在準備和油炸之間的那段時間中，出筋的程度能降到最低。

此基礎食譜可製作32個一口大小的天婦羅，即是4份前菜的分量。

食材

　　½杯（65克）中筋麵粉ᴬ

　　½杯（65克）細玉米粉（cornflour）ᴬ

　　¼茶匙鹽

　　1顆蛋黃ᴮ

　　1杯（240毫升）冰水ᶜ

　　油炸用植物油ᴰ

　　蔬菜和/或海鮮ᴱ

製作蘸醬

　　½杯（120毫升）日式高湯（dashi）

　　2湯匙醬油

　　2湯匙味醂（mirin）

　　2茶匙糖

1. 將麵粉及鹽過篩備用。將蘸醬食材全都倒入小平底鍋中混合加熱使糖溶解，然後靜置冷卻。
   你事前能準備的就這麼多了。剩下的都是上菜前要做的事情。不過炸好的天婦羅可以置於烤盤上，放入100°C門半開的烤箱中保溫至少半小時。

2. 在能夠容納麵粉的容器中輕輕打入蛋黃，然後倒入冰水用筷子或叉子輕攪幾下。

3. 麵粉全倒入，再輕攪幾下混合。

   如果麵糊看起來有結塊，那你就做對了。

4. 將油鍋或大鍋中的油加熱至180°C。

   千萬不要在鍋中裝入超過三分之一高度的油。請用一滴麵糊測試油溫。它應該要先下沉，然後迅速浮出油面。如果它下沉後沒有上浮，就表示油溫太低。 若它瞬間上浮，立即著色，即代表油溫太高。若你是油炸新手，請先參見第18頁的「沒有專用炸鍋的油炸注意事項」。

5. 將乾的天婦羅食材浸入麵糊，並小心地放入熱油中。

   不要一次炸太多個天婦羅，因為這會降低油溫，導致脆度沒那麼理想。炸完一批後，先讓油有時間回溫再炸下一批。根莖類蔬菜大概需要炸4分鐘，軟質蔬菜（soft veg）和海鮮則要炸2至3分鐘。

舉一反三

A. 使用100%的中筋麵粉。你也可以用¹/₂杯（75克）米粉末（rice flour）代替細玉米粉。

B. 有些食譜需要全蛋1顆，有些只需要蛋白。你也可以完全不使用雞蛋，若不使用雞蛋，請用1杯（125克）純中筋麵粉（而不是用小麥中筋麵粉與細玉米粉或米粉末的混合物），因為小麥麵粉中的麵筋有助於麵糊凝聚。

C. 可用冰涼的氣泡水取代一般水，氣泡水中的碳酸將使麵糊更加輕盈。就算使用一般水，在步驟1中將少量小蘇打混合到麵粉中也會有類似的效果。

D. 在天婦羅專賣店中，師傅會使用芝麻油、油菜籽油和黃豆油的調合油來油炸，讓食物產生獨特的香氣。也可以將芝麻加到麵糊中。

E. 我要做的是軟木塞大小的青椒、茄子、番薯、胡蘿蔔、白花椰菜（cauliflower）、青花椰菜（broccoli），香菇蕈傘（shiitake caps）、蓮藕和白肉魚（white fish），或整條蜜糖豆（sugar snap peas）和整隻明蝦（prawns）。

油炸餡餅（Fritters）

　　這是一個涵蓋眾多罪惡的名詞。油炸餡餅麵糊的基礎食譜雖然是那種裹在肉、魚、水果、蔬菜、甚至是巧克力棒上的麵糊食譜，但其實這個用語可以涵蓋天婦羅與吉拿棒這兩個前後的基礎食譜。許多油炸餡餅麵糊的配方會使用一顆雞蛋，或是只將一顆蛋的蛋白打至濕性發泡，並在油炸前才翻拌入麵糊中。在這種情況下，需要減少幾湯匙的水量。根據英國利斯烹飪學校（Leiths Cookery School）的說法，花生油、葵花油和蔬菜油是最佳炸油。

此基礎食譜做出的麵糊可油炸4份魚排、4顆蘋果或2條茄子的切片。

食材

1杯（125克）中筋麵粉[A]

$^1/_2$茶匙鹽

$^1/_2$茶匙泡打粉[AB]

1杯（240毫升）水[C]

作為炸油的植物油

1. 將麵粉、鹽和泡打粉倒入碗中快速拌勻，並在粉堆中心處挖個洞。
2. 在預熱炸油之前，先將水緩緩倒入粉堆中間的洞進行攪拌，並將麵粉快速攪入水中形成麵糊。

   麵糊需要有能黏在勺子背面的濃稠度，所以可能不需要把全部的水都加進去。如果你希望提前做好麵糊，請先不要加入泡打粉，並在要油炸時再將泡打粉拌入麵糊中。
3. 將炸鍋或大鍋中的油加熱至180°C。

   千萬不要在鍋中裝入超過三分之一高的油。請用一滴麵糊測試油溫。它應該要先下沉幾秒，然後就浮出油面。如果它下沉後沒有上浮，就表示油溫太低。若它瞬間上浮，立即著色，即代表油溫太高。若你是油炸新手，請先參考第18頁的「沒有專用炸鍋的油炸注意事項」。
4. 要裹上麵糊的任何食材必須盡量保持乾燥，先沾點麵粉，再浸入麵糊中，多餘的麵糊要滴落，然後小心放入熱油中。在油炸一半時間後翻面。蘋果

切片或茄子切片需要油炸 3 至 5 分鐘，魚排則需要 6 至 8 分鐘。炸好後用漏勺取出，放在廚房紙巾上吸油。

舉一反三

A. 可以使用自發麵粉，不過要將泡打粉減少到 $1/4$ 茶匙或完全不加。

B. 如果你沒有泡打粉，可改以 $1/4$ 茶匙小蘇打代替。也可以用氣泡水或像啤酒之類的氣泡飲品取代水。

C. 有些廚師喜歡使用牛奶。不過要注意的是，牛奶會降低麵糊的酥脆度。

啤酒（BEER）

　　指出麵糊中所含的是哪種啤酒，已經成為在連鎖酒館中用來區分這份炸魚薯條與那份炸魚薯條的流行作法。任何說自己可以在麵糊油炸後嚐出裡頭加的是時代啤酒（Stella）或是沛羅尼啤酒（Peroni）的人，都應該要向酒保問問他們到底喝了多少啤酒。美食作家費歐娜·貝克特（Fiona Beckett）建議製作油炸水果餡餅時，要使用「一般啤酒」（bog-standard lager）。奈森·梅爾福爾德（Nathan Myhrvold）和吉布斯（W. Wayt Gibbs）在美國《科學人》雜誌（Scientific American）中寫道，相較於其他液體，啤酒的主要優勢，在於它的一些二氧化碳在麵糊的製作過程中可以保留下來。這意味著當油炸餡餅或魚片浸入熱油時會產生氣泡，促使麵糊膨脹並產生輕盈蓬鬆的口感。啤酒還含有會讓泡沫更為持久的發泡成分，也就是倒入酒杯時會在上頭產生啤酒泡沫的成分。製作這款油炸餡餅，請按照基礎食譜進行，並以啤酒取代水。

燕麥與渣釀白蘭地（BUCKWHEAT & GRAPPA）

　　這是一種來自義大利阿爾卑斯山區以麵糊製作的點心，原文名稱為「sciatt」，這在義大利瓦爾泰利納（Valtellinese）當地方言中為蟾蜍之意。這個名稱直率地表明這道點心醜斃了，它是將乳酪塊裹麵糊油炸成的塊狀物。要製作這種點心，請將中筋麵粉與蕎麥粉以 3：1 的比例混合，然後加入 3/4 杯（180 毫升）含有少量渣釀白蘭地（grappa）的氣泡水開始製作麵糊，必要時再多加些氣泡水稀釋一下。炸好後請擺在睡蓮的綠葉上再上菜。

鷹嘴豆（CHICKPEA）

　　純素乳酪毫無疑問是我吃過的東西中最討厭的一個，而且我要補充一下，我三歲時還咬過自己抓到並放在保溫杯中的青蛙，然後被送到醫院去。純素乳酪吃起來有狗淋濕的氣味。出於某些複雜的原因，我在某個素食慶典第一次吃到純素乳酪，並急需別的東西來壓過那種氣味。值得慶幸的是，在慶典的邊

緣地區，我發現了一個安靜的攤位，販售以真的看得出來的食材製作的印度料理。 找賞了一袋熱騰騰的馬鈴薯油炸餡餅（batata vada），那是用馬鈴薯泥混合青辣椒、香草（herb）和香料所製作出如手掌般大的油炸球，它不僅消除了我味覺中的狗味，而且似乎是將味道完全洗掉。這也許是因為葫蘆巴能為口中帶來清新感的著名特質之故。馬鈴薯油炸餡餅與帕可拉炸菜餅（pakoras）和洋蔥巴哈吉炸菜餅（onion bhajis）一樣，都會裹上加有香料的鷹嘴豆麵糊下鍋油炸，這為它們帶來美味可口的硫磺風味。要馬鈴薯油炸餡餅，請按照基礎食譜進行，但是改用1杯（100克）鷹嘴豆粉，水量也加少一點，可能只需要 $1/2$ 杯（120毫升）水。請在步驟1中的鷹嘴豆粉裡加入 $1/2$ 茶匙胡蘆巴粉和 $1/4$ 茶匙鹽，若你喜歡風味細緻一點的香料，可以再加 $1/2$ 茶匙芫荽粉和 $1/2$ 茶匙小茴香粉。在製作馬鈴薯內餡方面，請在鍋中加熱2湯匙風味溫和的油，並放入1湯匙薑末與1至2條切得細碎的青辣椒、2茶匙芥末籽、1茶匙小茴香籽炒一下，若你有印度阿魏粉（asafoetida）的話，也可以加入 $1/4$ 茶匙。將前述炒過的香料與500克加鹽馬鈴薯、1湯匙芫荽末和 $1/4$ 茶匙薑黃粉混合做成球狀，裹上麵糊下鍋油炸即可。

可樂（COLA）

這絕對不健康。不過，可樂麵糊幫助阿貝爾·恭薩雷斯（Abel Gonzales Jnr）在德州博覽會（Texas State Fair）上贏得許多油炸食品獎項。這道料理裡頭有油炸過的可樂麵糊，並佐以可樂糖漿、鮮奶油霜、肉桂糖和一顆代表好運的櫻桃。所以你製作麵糊時，可以用可樂取代水和泡打粉。下次《麥胖報告》的導演摩根·史柏路克（Morgan Spurlock）順道來吃晚餐時，做這道給他吃吧。

粗玉米粉（CORNMEAL）

粗玉米粉為麵包和麵糊帶來令人心滿意足的鮮甜滋味，當然炸熱狗（corndogs）也是。電影《火線追緝令》（Seven）上映時，我人在美國明尼蘇達州的明尼阿波利斯（Minneapolis）。這部電影讓我心靈受創，以致於我的同伴直接帶我去酒吧喝了一杯烈酒和一份穩定心情的點心。炸熱狗是將法蘭克福香腸裹層厚厚的加糖玉米麵糊後下鍋油炸並插在竹籤上，這是一種拿在手上的墮落。雖然我第二次再看這部電影時，心情就沒有受到那麼大的影響，但自從看過這部電影，我就對炸熱狗噩夢連連。這裡可改用蝦子、鯰魚（catfish）或鑲有乳酪的青辣椒裹上玉米麵糊油炸較能引發食慾。這是一種濃稠且柔軟的麵

糊，所以要將基礎食譜中的水改用牛奶取代。有些食譜甚至會添加一顆雞蛋，這就變得跟平底鍋煎餅的基礎食譜一樣了。要製作這種麵糊，請將 1/2 杯（75克）粗玉米粉、1/2 杯（65 克）中筋麵粉、1 茶匙泡打粉、1 茶匙糖、1 杯（240毫升）牛奶和 1/2 茶匙鹽混合製作。若你對炸熱狗感到好奇，可將一些法蘭克福香腸輕拍擦乾，插在竹籤上，然後裹上玉米麵糊（將麵糊倒入一個較深的容器，這樣你就可以將香腸浸在麵糊中）。每次將幾支熱狗放入油溫180°C的油中炸 3 到 4 分鐘即可，記得竹籤要朝上。

咖哩（CURRY）

大廚湯姆‧諾林頓-戴維斯（Tom Norrington-Davies）建議可在製作炸魚薯條的麵糊中加入「些微」咖哩粉。如果你跟我一樣住在倫敦，咖哩與薯條的組合很奇怪，但在英格蘭北部，薯條搭配咖哩醬就像晚餐來杯茶一樣尋常。在英國威爾斯，薯條沾咖哩醬就像加鹽和醋那樣平常[9]。我會稍微多加一點的咖哩粉，因為滋味極佳：在麵粉中加入 1 至 2 茶匙超市的咖哩粉就很美味了。

蛋酒（EGG NOG）

中世紀的麵糊是以葡萄酒或啤酒，加上鮮奶油和比現在所用更多顆的雞蛋製成。那種麵糊有點像是凝固的卡士達醬，類似於第145頁「鮮奶油與雪利酒」段落中的煎餅麵糊。當時許多麵糊都會加入啤酒發泡酵母，那是啤酒發酵時從表面採集到的泡沫。十八世紀之前這是種尋常的做法，後來則改用蛋白代替發泡酵母以提供更蓬鬆的口感。儘管如此，如果你碰巧住在啤酒廠附近，就到酒廠櫃台，對著那位如發泡酵母般熱情洋溢的小伙子拋眉眼吧。如果他給你一些發泡酵母作為回報，那就試試加入麵糊中，並用做完煎餅剩下的麵糊製作一些發泡酵母麵包或蛋糕。蘭開夏郡（Lancashire）餐包就是一種發泡酵母麵包，傳統上會塞滿薯條或血腸（black pudding）享用。順帶一提，發泡酵母的英文「barm」一字帶來了「barmy」這個以「容易激動到像是發泡的性情」來表現「瘋癲」之意的形容詞，你可以在啤酒廠那小伙子眼神茫然時餵給他這個有關詞源的趣味知識。要製作蛋酒麵糊，請將 1 湯匙雪利酒、1 顆雞蛋與 2/3 杯（160毫升）水快速攪勻，接著加入麵粉中，然後在步驟 2 結束時加些現磨肉豆蔻入麵糊中。

9　薯條加鹽和醋在英國是很常見的吃法。

番紅花（SAFFRON）

　　美食作家伊麗莎白‧大衛在製作酵母煎餅麵糊時，注意到那可以稀釋成不錯的油炸麵糊，這是傳承自十五世紀的蘋果油炸餡餅麵糊配方，配方中加了啤酒酵母、小麥麵粉、番紅花和鹽。料理作家珍‧葛里格森（Jane Grigson）則提到了一種加有番紅花及黑胡椒的蘋果油炸餡餅麵糊，並感嘆現代的麵糊配方不再使用這類香料，這類香料具有類似薑的風味但不那麼強烈。牡蠣和鹽漬鱈魚油炸餡餅經常會使用番紅花麵糊製作。美食作家珍妮特‧孟德爾（Janet Mendel）將燉魚的湯汁與番紅花、荷蘭芹，大蒜和一顆蛋黃混合，然後拌入麵粉和泡打粉，做成鹽漬鱈魚油炸餡餅的麵糊。她將鹽漬鱈魚片攪入麵糊中，再將蛋白打至乾性發泡後翻拌入麵糊中。做好的油炸餡餅配上糖蜜，會令人聯想到越南的焦糖魚料理（Vietnamese caramelised fish dishes）。孟德爾表示，很像天婦羅的西班牙油炸餡餅（rebozados）也使用類似的麵糊。文藝復興時期的偉大美食家巴爾托洛梅奧‧普拉提納（Bartolomeo Platina，1421-1481）有道食譜即是將鼠尾草葉裹上甜味番紅花肉桂麵糊下鍋油炸。若要製作這種番紅花麵糊，請使用研杵和研缽，將幾撮番紅花絲磨成粉末，並在步驟1中加入麵粉裡。這會產生明顯的番紅花風味，並且讓麵糊染上秋日楓葉的顏色。

蝦貝蟹類（SHELLFISH）

　　傳統上，蝦貝蟹類油炸餡餅的麵糊是用牛奶製作，或可將牛奶和生蠔或蛤蜊殼內的汁液混合製成，還可以再外加鯷魚露（anchovy essence）、鮮奶油和／或卡宴辣椒。近來，大廚們已經找到帶出生蠔汁液更多鹹味的方法。赫斯頓‧布魯門索（Heston Blumenthal）將它與百香果汁混合，並在混合汁內擺顆生蠔製成的果凍。大廚奈森‧歐特拉（Nathan Outlaw）偶然發現這種汁液特別適合醃漬生鯖魚（mackerel），這給了他靈感，將這種汁液與黃瓜汁混合。在一八八七年出版的《白宮食譜》（*The White House Cookbook*）中，有道生蠔油炸餡餅的食譜，這道食譜需要1杯（240毫升）的生蠔汁液和1杯（240毫升）的牛奶、一些鹽、4顆雞蛋和足量的麵粉，以製作「類似平底鍋煎餅的麵糊」。然後將生蠔裹上麵糊，並在奶油和豬油的混合油中炸好。

油炸餡餅 → 其他應用

什錦水果油炸餡餅（FRUTTO MISTO）

內含蘋果、香蕉、鳳梨、柳橙、芒果和還未熟透的杏桃或李子，這道餡餅會佐醬汁享用。

印尼香炸雜菜（BAKWAN SAYER）

這是以高麗菜絲、胡蘿蔔絲、青蔥絲製作的印尼油炸餡餅，會搭配青辣椒上桌享用。

印度帕可拉炸菜餅（BREAD PAKORA）

在印度相當普遍的小吃，以一般麵包或三明治製作，裹上鷹嘴豆麵糊（besan batter）下鍋油炸即可。

炸鷹嘴豆丸口袋餅（FALAFEL IN PITTA）

甜玉米、豌豆與黑豆油炸餡餅
（SWEETCORN, PEA & BLACK BEAN FRITTERS）

要使用黏性強的濃稠麵糊製作，也就是基礎食譜中的液體用量要減至 $1/4$ 至 $1/2$ 之間。

炸花枝圈麵包（CALAMARI STUFFED IN A BUN）

佐以大量香草（herbs）及塔塔醬（tartare sauce）；請參見 623 頁的「法式酸黃瓜芥末蛋黃醬、調味蛋黃醬及塔塔醬」段落。

接骨木花（ELDERFLOWER）

還可試試蘋果花（apple blossom）、金合歡花（acacia blossom）及刺槐花（locust flowers）等風味。

吉拿棒（Churros）

可以把吉拿棒想像成在鍋底油炸的甜甜圈，或者就是只炸麵糊的油炸餡餅而已，不過一般老式吉拿棒仍佔有一席之地，讓人們忘卻更輕盈、漂亮或更時尚的點心。吉拿棒讓人印象深刻的是，要保持美味相當麻煩，所以一炸好就要馬上食用。你還要有個擠花袋或吉拿棒擠出機，將麵糊擠過星狀噴嘴產生吉拿棒特有的星狀凸起，這種形狀所能附著的糖量是圓柱或球狀所無法匹敵的。你可用一杯濃郁的熱巧克力、一杯牛奶咖啡，或者一杯不正統的印度奶茶（milky chai）搭配吉拿棒享用。

此基礎食譜可製作12支約12公分長的吉拿棒。

食材

1杯（125克）中筋麵粉 A

1/4茶匙鹽

1杯（240毫升）沸水 BC

油炸用葵花油或植物油

撒在吉拿棒上的糖粉或細砂糖 D

1. 將麵粉及鹽倒入碗中攪拌均勻，並在中心處挖個洞。
2. 將沸水倒入麵粉中，以木勺攪拌至光滑。麵團會變得非常黏稠，請靜置大約10分鐘。
3. 將油鍋或大鍋中的油加熱至190°C。
   千萬不要在鍋中裝入超過三分之一高的油。請用一滴麵糊測試油溫。它應該要在30秒左右炸成金黃色。若你是油炸新手，請先參考第18頁的「沒有專用炸鍋的油炸注意事項」。
4. 將麵糊擠過星形噴嘴直接注入熱油中，並用剪刀剪成一段段12公分左右的長度。每次炸一些就好，炸2至4分鐘後取出放在廚房紙巾上吸油。
5. 請趁熱撒上糖粉或細砂糖享用。

A. 若要有更蓬鬆的口感，可用自發麵粉，或在中筋麵粉中加入1茶匙泡打粉。若要製作口味甜一點的吉拿棒，可在麵粉中加幾湯匙糖。

B. 想做口感柔軟些的吉拿棒，可嘗試牛奶和水的組合。

C. 有些廚師會在水中加入少許的天然香草精。

D. 有些人會將糖與肉桂粉混合，4：1的糖與肉桂粉比例即可。

第四章 | 油麵糊（**Roux**）

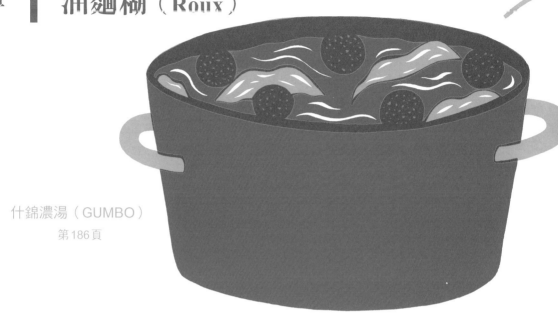

什錦濃湯（GUMBO）
第186頁

可樂餅
（CROQUETTES）
第220頁

舒芙蕾：乳酪舒芙蕾
（SOUFFLÉ: CHEESE SOUFFLÉ）
第214頁

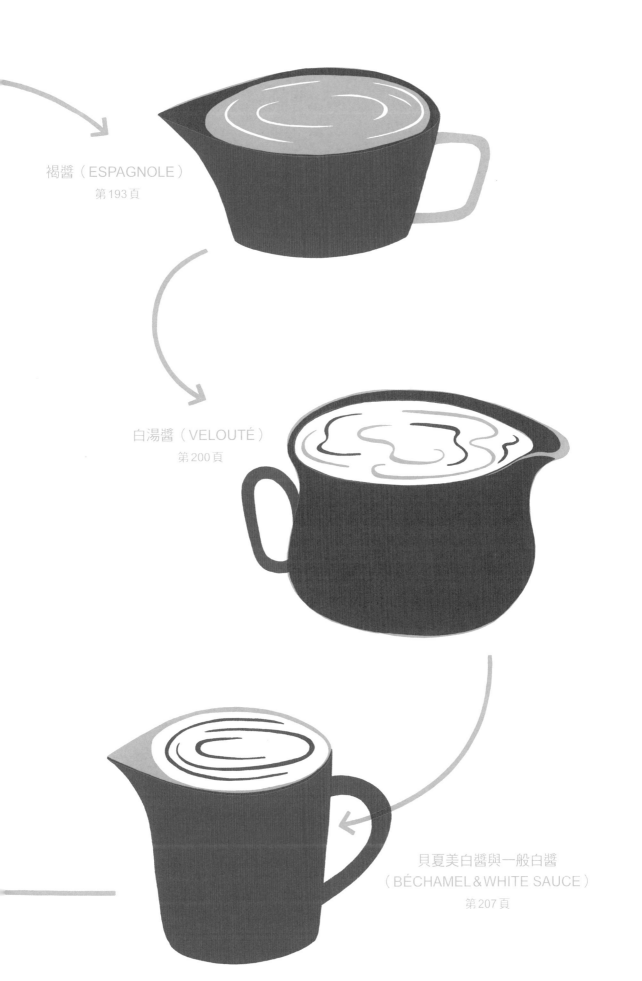

褐醬（ESPAGNOLE）
第193頁

白湯醬（VELOUTÉ）
第200頁

貝夏美白醬與一般白醬
（BÉCHAMEL＆WHITE SAUCE）
第207頁

傳奇人物馬利-安東尼‧卡漢姆（Marie-Antoine Carême）曾經說過，簡單以麵粉和油脂混合煮出的油麵糊是廚師不可或缺之物，就像墨水之於作家一樣。今日，除了少數幾個與大眾想法不同的不切實際者之外，支持油麵糊的廚師不過就跟拿筆而不用筆記型電腦寫作的作家一樣多罷了。

一九七三年，亨利‧高特（Henri Gault）和克里斯蒂安‧米魯（Christian Millau）在他們發行的同名法國餐廳指南中，召告天下一種全新的料理。他們的用意在於將廚師從令人窒息的高級料理規範中解放出來，那個規範是由名廚奧古斯特‧埃斯可菲（Auguste Escoffier）與前輩卡漢姆所建立和編纂的精緻法國料理傳統規範。高特與米魯條列了十條更有想像力的自由料理規範，鼓勵新一代的廚師烹調少見的肉類和魚類、縮減菜單、嘗試不常見的風味組合、注重料理健康，使用更新鮮的食材，並時常對自己的料理手法保持更開放的態度。這是法語文化會拍手叫好的一種矛盾：一套規範較少的規範。儘管如此，重點很明顯，就是「從系統化的料理手法及嚴格遵守此作法的食譜之中解放出來」。

在舊式料理體制的所有重要支柱中，浮誇的老式油麵糊是第一個被拖上斷頭台的。高特與米魯認為所有濃郁油膩的褐醬（espagnoles）和白醬（béchamels）是多麼平庸、狂妄且空洞。被砍頭的還有馬德拉酒、紅葡萄酒、麵粉、乳酪、小牛高湯和濃縮肉汁（meat glaze），不過鮮奶油、奶油、原汁肉湯（pure jus）和松露則（有些反常地）幸免於難。

高級料理規範的形成，有很大一部分是由於十九世紀晚期大型豪華飯店的出現，因為飯店裡頭有許多高級餐廳。在高級餐廳寬敞廚房裡的大廚不用親自購買食材，而是被寄予能夠根據有記載的經典食譜做出料理。一個世紀以來，許多早期的小型餐廳業者同時也是自家餐廳的新一代廚師，這些餐廳通常座落在巴黎以外的地方。這些廚師每天都會在當地市集採購，刻意觸摸感受食材並掂掂食材的重量。老派的衛道人士對這種作法嗤之以鼻，認為這連家庭主婦的程度都不比上，但老派作法已經開始衰退。今日，即使在盤中只放一顆豆子的

過度新式料理看起來跟其所取代的過度繁瑣作法一樣已經過時，但就像堅持使用在地當季食材的這項原則一樣，許多在高特與米魯召告中闡明的原則對於當代料理而言，就如同巴薩米克濃縮香醋（balsamic reduction）的標記與廚房看板人物那般成為正統規範。

可憐的油麵糊盛世不再。查查法國《拉魯斯美食百科》（*Larousse*），你就會開始明白為什麼了。經典的醬汁料理立基於五種「母醬」的基本食譜，而母醬中又有三種是以油麵糊為基礎，這三種母醬為：褐醬（espagnole）、白湯醬（velouté）及白醬（béchamel）。你可能會好奇另外兩種母醬是什麼，這裡順帶提一下，另兩種是荷蘭醬（hollandaise）和紅醬（sauce tomate）。每種「母醬」都衍生出不少醬料，數量就跟十九世紀賣魚婦盡心叫賣的方法一樣多。在舊版的《拉魯斯美食百科》中，這些衍生醬料的排列方式並不利於使用者查閱。如果你從來沒有看過《拉魯斯美食百科》，就想像一下若你試圖穿越一個中世紀的法國山城，但手上沒有地圖，只能沿著以當地貴族成員命名的街道行走，同時還要試著記住按戰前弗南梅森百貨公司（Fortnum & Mason）目錄排列的雜貨：龍蝦卵（lobster roe）、松露刨片（truffle shavings）、煙燻生蠔（smoked oysters）、川燙大腦（blanched brain）、碎續隨子、金色肉凍（gilded aspic）等等。年輕廚師被要求不僅要學習所有衍生出的各類醬料，還要學習什麼料理要佐什麼醬料。當具有創造性的新浪潮尋求更為新穎且不繁瑣的替代方式時，很容易就能理解為何許多廚房開始簡化作法。

在新宣言召告的四年後，名廚茱莉亞‧柴爾德（Julia Child）為《紐約》雜誌（*New York magazine*）撰寫了一篇文章，內容提及她最近的法國之行以及對新式料理的坦率評估。柴爾德既不支持傳統主廚也不支持可怕的新手，而是建議借鏡兩個陣營的作法可能會讓料理更好，而且料理本身比嚴格遵守哪種原則更為重要。對她來說，拋棄油麵糊是一種不必要的破壞行為，特別是看到那些猶如「肉湯塊加水」的新式醬汁──這是個讓她難以忘懷的壞例子，完全毀了她的鴨胸肉（magret de canard）。她堅持要求重振傳統的多蜜醬汁（demi-glace），尤其是因為其中的麵粉增加了醬汁的濃稠度，使它不再呈現沉重的深褐風味。

在柴爾德提出訴求的四十多年後，油麵糊仍在等待復興。特別是在大廚的圈子裡，它仍然是不受歡迎的備料。值得注意的是，雖然幾乎全部當代廚師的料理書籍都拋棄了油麵糊，但還是有少數例外。料理作家西門‧霍普金森（Simon Hopkinson）是油麵糊的愛好者。他問道，為什麼要屏棄一種製作精良

的美味白醬，改用一種「太過簡化且不含麵粉的流行醬汁」。美食作家克利福德・萊特（Clifford A. Wright）對於現代餐廳看待油麵糊醬汁和濃湯的勢利態度感到不解，建議家庭煮夫煮婦們以「我們尋求的是美食而不是時尚」的態度來回復平衡。畢竟，根據料理作家邁克・魯爾曼（Michael Ruhlman）的說法，油麵糊「可能是製作濃醬最優雅精緻的方式」。

我之所以大量提到油麵糊陣營的說法，只為了一個簡單的理由：傻子才會不把油麵糊變成自己的拿手好菜。油麵糊很容易掌握，然而這麼簡單的菜色卻是如此有變化。即使你覺得自己不太常做白湯醬或白醬，要成為製作油麵糊高手的祕訣就是做出美味肉汁，而這基本上就是從附在烤盤上半焦的美味黏稠小塊所製成的油麵糊。舉例來說，當你從烤箱取出一隻雞靜置一旁，舀出 2 至 3 湯匙雞油後，將剩下所有雞油與等分量的麵粉攪拌烹煮幾分鐘，然後慢慢加入 600 毫升左右的高湯、水和／或葡萄酒。快速或大力攪打，注意要打散結塊，試著盡量刮掉黏稠小碎塊讓它們融入肉汁中。完成後讓肉汁熬煮一陣子，同時讓雞肉繼續靜置。這種肉汁製作方法的唯一問題就是會有肉汁不夠吃的風險。美味的肉汁總是非常受歡迎，我確實從來沒有聽過有人說肉汁平庸、狂妄且空洞，但這可能是它被稱為肉汁而非拉馬特-胡丹庫爾馬奎薩公爵醬（Sauce Duc Marquisat de la Mothe-Houdancourt）所具有的優勢。

油麵糊的凋零也可歸因於家庭料理的國際化。現在，連最平凡的家庭煮夫煮婦的拿手好菜，時常也擴展到本身已有醬料的菜色，例如：摩洛哥塔吉鍋（tagines）和咖哩、紅醬義大利麵和以醬油為基底的亞洲菜餚，以油麵粉為基底的醬料難以找到容身之處。不過，以牛肉高湯和少量辛香料製成的「褐醬」，或是以小牛高湯、雞高湯或魚高湯製作的白色類似醬料「白湯醬」，則可以將一盤煮熟的肉（或魚）與蔬菜的風味融為一體。這是少有醬料能做到的事，像是將香腸與馬鈴薯泥的風味融為一體，或是做為醬汁搭配沒有太多肉汁的瘦肉食材。提升自己廚藝的方法，幾乎沒有比學習用自製高湯製作醬汁更好的方法了。

在一九七〇年代長大的我，吃了許多以油麵糊為基底的餐食。漢普郡議會的煮菜阿姨並不認同原汁肉湯。他們供應去皮無骨的雞胸肉（chicken supreme），或是鱈魚或雞蛋佐乳酪奶油白醬（Mornay），這算是小孩的大餐，我們會拿著刀叉在中國風的餐盤上用餐，而不是使用像監獄裡的那種塑膠分隔餐盤，今日使用這類餐盤的學童會將用餐與處罰聯想在一起。無可否認的，我小時候吃的蔬菜本來會造成更多的陰影，但醬汁非常美味，幾乎彌補了蔬菜的

缺憾。還有用咖哩粉調味油麵糊製成的咖哩醬，那本質上就是一種微辣的肉汁。我在學校中被迫吞下那些黏稠的咖哩，多年後，當我在咖哩專賣店吃到第一道真正的科爾馬咖哩（korma）時，那帶著腰果、芫荽和番紅花甜美夢幻的芳香讓我驚奇到說不出話來。不過我現在很喜歡老式學校咖哩的味道。當我前幾天在滑鐵盧車站大廳聞到一陣老式學校咖哩的味道時，我有些期待轉身後會看到在學校煮菜的皮爾斯太太揮舞著一只鋼勺。然而讓我莫名失望的是，那是來自日本食品的特殊氣味。

日本人稱學校咖哩為「海軍咖哩」，他們從英國水手那裡習得這道他們偏愛的料理，並加了點中式（或日式？）的調味，改良成在地口味。這與印度咖哩（rogan josh）的差異極大。大廚小野正志（Tadashi Ono）和美食記者哈里斯‧薩拉特（Harris Salat）有道豬肉咖哩食譜，需要使用乳酪、蜂蜜、番茄醬和咖啡，並且搭配沙拉、水煮蛋和一杯牛奶上桌。許多日本人每週至少吃一次咖哩，通常搭配米飯享用，在此同時南亞風格的花生醬燉肉（karē）風味已經全面蔓延到拉麵和馬鈴薯可樂餅等日本國家級的美食上。有幾種品牌的速溶咖哩油麵糊都做成厚巧克力塊那樣的咖哩塊。「佛蒙特」咖哩塊含有蘋果、蜂蜜、高達乳酪和巧達乳酪，你可將它想像成以日式、美式及荷蘭風味重塑印度料理的英國私生子。這種咖哩搭配小薄餅上桌，用一杯茴香酒向捍衛正統的人士致敬。我的天啊。

什錦濃湯（GUMBO）

有鑑於什錦濃湯起源於法國文化，故美國路易斯安那州的料理會融入這種油糊麵就不足為奇了，不過他們或許是以爵士樂的標準即興重新演繹，創造出具有在地風味的特別料理。深色油麵糊之於經典法國油麵糊，就像影集《無間警探》（*True Detective*）之於《梅格雷探長》（*Inspector Maigret*）書系一樣——如沼澤般神秘美味的墮落。深色油麵糊在路易斯安那州的卡津料理（Cajun dishes）與克里奧爾料理（creole dishes）中扮演重要角色，讓辣醬什錦濃湯（gumbos and sauce piquante）變得濃稠有滋味，這有點像是道什錦濃湯加上番茄燉煮的料理。深色油麵糊常會使用奶油取代植物油，或是使用豬油或人造奶油（margarine）等凝固的油脂，因為這至少要煮一兩個小時，直到顏色介於舊便士硬幣與河口夜色之間，而且還不能焦燒。因此，它有時被稱為「巧克力油麵糊」。從風味的角度來說，雖然你可以說它帶了點巧克力的深度

焦化口感，但反而更容易讓人聯想到炸雞的味道，並且給濃湯和燉鍋帶來了一種憂鬱厚重的濃稠滋味。

紐奧良運河街（the Canal Street）電車北端的幾個街口外，有一家名為「軌道旁的里霧薩」（Liuzza's by the Track）的著名餐廳，其隔板外牆和搖搖晃晃的招牌讓我在第一次拜訪時滿眼都是夢幻美國風。餐廳老闆比利・格魯伯（Billy Gruber）講述了一位顧客的故事，那位客人喝了一小口什錦濃湯就說：「比利一定也有親自下廚。」格魯伯最後了解到這是極高的讚譽。自己動手製作深色油麵糊在做好時，你的頭髮就會聞起來好似你整夜都在膜拜螯蝦（crayfish）這種可怕神靈。因此，為了顧及方便性還有你的頭髮，你可以考慮一次煮一大鍋，分裝存放在冰箱或冰櫃中。雖然系列食譜上的其他食譜不像什錦濃湯那樣需要花費長時間製作，但任何油麵糊都可以預先做好，存放在冰箱或冰櫃中，在你有道濃湯或燉鍋需要勾芡時就可以拿出來使用。

為使油麵糊色澤變深而長時間熬煮所付出的代價，是油麵糊會少了些勾芡的作用。人們對油麵糊到底失去多少勾芡作用並沒有共識，最好的假設就是以125克油和125克麵粉製成的深色麵糊，能將約2升的液體勾芡至類似什錦濃湯的程度，這比起燉鍋更接近濃湯的程度。要是結果不如你想要的濃稠，可以製作少量的金黃油麵糊（golden roux，請參見第200頁）並將其加到濃湯中。另外兩種勾芡什錦濃湯的選項包括添加黃樟樹葉粉（file）或秋葵（okra）。請注意，黃樟樹葉粉如蛙卵般的黏稠質地比秋葵更難控制。一旦添加了黃樟樹葉粉又加熱過快，這道濃湯就只能用來黏壁紙了。不過除此之外，黃樟樹葉粉具有最美妙的異國風味。黃樟樹是月桂樹家族（laurel family）的成員，其樹葉所磨出的粉末與月桂葉（bay leaf）一樣有著尤加利樹的風味，乾燥後也有類似的鉛綠色。黃樟樹葉粉獨特的水果酸味與深色麵糊的濃郁以及「三位一體」的甜味形成鮮明對比，「三位一體」是指洋蔥、青椒和芹菜切丁混合而成的蔬菜丁，這也是許多路易斯安那料理的基礎。黃樟樹葉粉也可能讓你想起檸檬茶或羅望子。但是，若黃樟樹葉粉和秋葵都不合你的口味，也請不要擔心，只需用油麵糊就足夠了。

記住這一點，然後讓我們把注意力轉到油麵糊的系列食譜上，也就是從顏色最深也最稀的油麵糊一直到顏色最淡也最濃稠的油麵糊。列表從什錦濃湯的深色稀油麵糊開始，接著是棕色油麵糊，然後是金黃油麵糊，一直到用來製作白醬的白色油麵糊，並更進一步到製作舒芙蕾和可樂餅的最濃稠白色油麵糊。有多少油麵糊的食譜，就有多少建議的油水比例，不過除了略微不同的深色油

麵糊外，你只需要記住下列經驗法則即可。

1、製作褐醬或白湯醬，請在1公升的高湯中加入各50克的油脂和麵粉。

2、製作白醬，請在1公升牛奶中加入各50至100克的油脂和麵粉。

3、製作舒芙蕾的基底，請在1公升牛奶中加入各100至200克的油脂和麵粉。

4、製作可樂餅，請在1公升牛奶或高湯中加入各150克至250克的油脂和麵粉。

褐醬（ESPAGNOLE）

棕色油麵糊與淡一點的深色油麵糊在顏色上沒什麼實際差別，但由於棕色油麵糊通常都是少量製作，不像他的卡津表親深色油麵糊會一次大量製作，因此製作棕色油麵糊不用一直枯等及攪拌。棕色油麵糊的經典應用是褐醬。褐醬是以棕色油麵糊混合由洋蔥丁、胡蘿蔔丁和芹菜丁組成的米爾普瓦（mirepoix），以及一些培根和味美的深色高湯製作，通常是用牛肉高湯。還可以添加番茄和其他香料來增加風味。接著將其慢熬撈渣並過濾成具有光澤的濃稠醬汁，就可隨時使用或進一步調味，例如加入苦橙搭配鴨肉上桌，或是加入馬德拉酒和蘑菇搭配牛排享用。

根據料理作家安妮・維蘭（Anne Willan）所言，褐醬「曾經是法國廚房的榮耀」，而今日的法國廚師偏好使用細玉米粉或馬鈴薯澱粉來為牛肉高湯或棕色小牛高湯勾芡，或是將美味的骨頭高湯煮至濃稠。如果你有幾加侖的牛肉高湯可以攪拌，或是有個容易取得大量骨頭的史前洞穴，那一切都沒有問題。若不是這樣，我會建議使用燉湯用牛肉塊及牛尾或牛小排（short ribs）這類帶骨的部位，來製作相當基本的燉牛肉。加入大塊的胡蘿蔔、洋蔥和芹菜、少量番茄泥、一些紅酒、一束香草束（a bouquet garni）以及比平常多一點的液體，然後慢慢熬煮——詳細步驟請參閱272頁的「燉鍋：燉羊肉與燉蔬菜」。燉過的牛肉、蔬菜再加一點點液體就可以製作上頭鋪了千層酥皮的菜肉餡派（pot pies；請參考677頁的「千層酥皮」〔rough puff pastry〕）。將燉湯過濾、放涼及撈掉過多的油脂後，你就會有能做為褐醬基底的極佳牛肉「高湯」。

傳統的法式料理往往會將油麵糊與對味的食材搭配製作醬汁，像是深色油麵糊搭配深色高湯、淡色油麵糊搭配淡色高湯、白色油麵糊搭配牛奶，但沒有理由連一點點都不能混搭。在美國南部，炸雞、煎牛排或培根的鍋中剩下的油

汁加入麵粉可拌炒成深色油麵糊。然後加入牛奶攪拌混合，就會形成具有「鄉村風味」或「鍋味」的肉汁。再加入巧達乳酪，則可製成帶有深色麵糊烘烤風味的一種特別乳酪通心粉醬。

白湯醬（VELOUTÉ）

不要對這個經典配方嗤之以鼻。加了淡色高湯的金黃油麵糊是白湯醬的基底（可以將其想成褐醬的金髮姊妹），也可做成像白湯醬燉小牛肉（blanquette de veau）這樣的主菜，在法國最受歡迎菜餚的票選中，這道料理時常高居第一。這是將小牛肉放在混合了金黃油麵糊、淡色高湯、鮮奶油、小白洋蔥（small white onions）和鈕釦蘑菇（button mushrooms）的醬汁中燉煮而成。伊麗莎白·大衛認為這道菜餚味道平淡，但這只是在與番茄燉小牛肉相比的情況下，大衛認為番茄與小牛肉特別對味。值得注意的是，大衛寫書的期間，以白湯醬為基底的菜餚，要來得比以番茄為基底的菜餚更常見，然而今日的情況則恰恰相反，而且白湯醬的溫和風味可能是一種與那些強烈味道不同的愉快平淡滋味。我丈夫在耶誕節後幾天，用剩下的火雞以及雞架熬的高湯做了一道白湯醬燉火雞（blanquette de dinde）。在吃了一星期的烤馬鈴薯、奶油球芽甘藍（buttered sprouts）佐栗子、火雞填料（stuffing）切塊冷盤、煙燻鮭魚醬（smoked salmon pâté）、煙燻火腿甜酸醬三明治（gammon and chutney sandwiches）、甜肉餡餅（mince pies）、佩德羅希梅內斯雪利酒（Pedro Ximénez sherry）搭配洛可可牌天竺葵鮮奶油巧克力（Rococo geranium creams）後，白湯醬燉火雞的平淡奶油風味帶來像關上電視那般的平靜。

白醬（BÉCHAMEL）

在油麵糊系列食譜上的下一個基礎食譜是白醬，這是一種濃稠的白色調味醬汁，市售的盒裝白醬讓人嗅不出其中有什麼成分。白醬出現在十七世紀，後於十八世紀時在法國上流階級裡風靡一時。今日，白醬最常出現在家常撫慰料理中，例如乳酪通心粉、魚肉餡餅或雞肉餡派（chicken pot pie）等等。白醬為千層麵（lasagne）及肉末茄泥千層派（moussaka）帶來美妙的滋味。加入乳酪後味道更濃郁的白醬，可以用來製作乳酪奶油白醬，這道醬汁可以淋在白花椰菜上，或與碎荷蘭芹混合搭配煙燻火腿享用。雖然美食作家奈潔拉·勞森

風味達人的文字味覺
——水平思考的廚房事典

（Nigella Lawson）說班尼士濃醬（béarnaise）是她最喜歡的醬料，但她也承認必不能少的醬料是白醬。

舒芙蕾（SOUFFLÉ）

舒芙蕾是一種濃稠的白醬，含有大量的空氣。如果我計畫要做舒芙蕾，我通常會製作一分白醬基礎食譜裡的濃稠白醬做為基底，並在保留足夠製作舒芙蕾的分量後，將剩下的白醬冷藏在冰箱中，之後再以葡萄酒或高湯稀釋製作成任何我想要的醬汁（一個星期之內用掉）。製作舒芙蕾時，我會用蔬菜泥或一些乳酪為油麵糊調味，接著加入蛋黃，然後再將蛋白打發翻拌入油麵糊中。製作舒芙蕾就要像詹姆斯・比爾德那樣保持冷靜。舒芙蕾像是馬兒，千萬別讓它們感覺到你很緊張。從各方面來看，比爾德本人就是像演員勞勃・密契恩（Robert Mitchum）那樣冷靜的舒芙蕾製作者。他相信所有不能打破的規則都可以放心地無視，例如：還未烤過的舒芙蕾要放在冰箱裡冷卻、在烘烤過程中不可打開烤箱門等等，只要：（1）你保持冷靜，不讓舒芙蕾感受到任何焦慮的氣氛，和（2）把蛋白打到濕性發泡，就是打到當你提起打蛋器時蛋白尖端會開始下垂，但又沒有完全垂下來的那種程度。

我猜想，要做出成功的舒芙蕾也是需要了解你自己的烤箱和廚房用具。要讓舒芙蕾的中心處完美烤熟得仰賴試誤學習，所以一次只做一項改變（不論是使用的烤模、烤箱的溫度、進烤箱前的麵糊溫度），其他狀態保持不變，直到你抓到要領為止，這會是比較明智的做法。光靠眼睛是看不出舒芙蕾中心處是否烤熟的，請放心地打開烤箱，以比爾德那樣的冷靜態度，拿根乾義大利麵條插入舒芙蕾中心處，抽出查看麵條是否乾淨無沾黏。或是若你正用陶瓷小烤模製作一個個小型的舒芙蕾，請另外多做幾個，每隔一段時間取出一個，並記下烘烤多久時間所烤出來的效果最佳。對你而言，進行一些標準化的試驗，會比食譜書中的任何指示更有用，而且你會知道舒芙蕾保持原樣的時間有多長。油麵糊做出的舒芙蕾能維持原樣不塌陷的時間，會來得比使用卡士達、巧克力甘納許或單純的麵糊所製作出的舒芙蕾來得長，但是不會長到從烤箱取出後還有時間讓你磨蹭浪費。舒芙蕾塌陷，就像對著滿屋的清教徒說黃色笑話那般悲慘，少有美食會達到這樣悲慘的境界。

可樂餅（CROOUETTES）

　　英國人對可樂餅的印象不佳，因為想到可樂餅就會聯想到學校的飯菜，但在西班牙，可樂餅裡頭則有伊比利火腿（jamon）或纖維口感的鹽漬鱈魚（bacalao），再來一小盤蒜泥美乃滋（allioli）和一罐冰冰涼涼的生啤酒就宛如置身天堂。咬一口可樂餅（croqueta），會先吃到麵包屑脆皮，然後取而代之的是濃郁乳狀的油麵糊。在比利時，炸蝦可樂餅（garnaalkroketten）是一種國民美食，可樂餅裡頭的棕色小蝦懸浮在熱騰騰的濃湯狀油麵糊裡，猶如一道方便攜帶的總匯濃湯（hand-held chowder）那般。在荷蘭，像范多布（Van Dobben）這樣的美食專賣店販會售可樂餅（kroketten），也會販售可樂餅較小也較圓的親戚炸肉泥丸（bitterballen）。炸肉泥丸的經典口味有牛肉、小牛肉和雞肉，另外還有帶點異國風味的沙爹（satay）及匈牙利燉牛肉（goulash）口味。順帶一提，炸肉泥丸的原文「Bitterballen」中的「bitter」為「苦」之意，但這並不是因為炸肉泥丸本身會苦，而是因為傳統上炸肉泥丸會搭配一杯荷蘭琴酒（jenever）享用，荷蘭琴酒是種以琴酒形式呈現的苦精（aromatic bitters；一種略帶苦味的藥草酒）。

　　我曾在阿姆斯特丹參與一場午間會議，會議前一天晚上我熬夜喝了太多種類的酒也喝過量，在租來的船屋中虛脫到整夜睡不著。那場會議提供午餐，我們坐在會議桌周圍的辦公椅上，辦公椅的襯墊柔軟而且重要的是椅背還可以傾斜。此外，會議桌中心處擺了個裝滿熱騰騰可樂餅的紙盒，那些可樂餅是如此金黃香脆，幾乎讓人可以聽到它們彼此碰觸的酥脆聲音。吃法是拿起一個麵包捲（荷蘭人最喜歡的超甜極白麵包），抹上黃芥末，將可樂餅塞進麵包中，然後大口咬下。那柔軟接著酥脆又再感受到柔軟的口感。真是極樂享受。

　　宿醉之後會喜歡吃碳水化合物，如果你咬一口那些碳水化合物時還會溢出濃郁紮實的油麵糊更是如此。這是能拯救生命且沒有多餘裝飾的速食。不過，要讓可樂餅出現在更時尚的菜單上已不再是不可能的事，但餡料也變得更高檔就是了。西班牙加泰隆尼亞料理大廚塞爾吉・阿羅拉（The Catalan chef Sergi Arola）以戈根索拉藍黴乳酪製作可樂餅，而蘇格蘭大廚馬丁・威沙特（Scot Martin Wishart）則使用煙燻黑線鱈（haddock）製作可樂餅。義大利那不勒斯附近「當奧豐素1890」餐廳（Don Alfonso 1890）的大廚埃內斯托・亞卡利諾（Ernesto Iaccarino）將可樂餅做成立方塊，讓人想起切成一塊塊的油炸蛋奶醬（crema fritta），或者讓人無法抗拒的西西里鷹嘴豆泥油炸餡餅（panelle）。亞

卡利諾做了兩種橄欖油麵糊，一種使用小麥麵粉，另一種使用木薯粉（tapioca flour），並將它們與泡過辣根的牛奶混合。等油麵糊凝固，將其切成方塊並裹上摻有薑黃的麵包屑下鍋油炸，再搭配茉莉花味優格享用。前述那些例子就是用來告訴你調味可樂餅的各種方法。

於是，廚師們不再以高級料理神聖醬汁的思維來回歸油麵糊料理，而是以**翻轉剩菜**的節約新精神，運用美味方便的方法，加上大量創意詮釋空間來回歸。也就是說，如果有人為此想出十項宣言，類似以前那樣的新式料理可能會取得主導地位。

什錦濃湯（Gumbo）

　　最早出版的什錦濃湯食譜中並無油麵糊，不過現在大部分的食譜都採用了。什錦濃湯通常做為主菜搭配長粒米享用，還會撒上碎荷蘭芹與青蔥的蔥綠末。除此之外，什錦濃湯的其他配料及調味料的差異極大。名廚凱斯・弗洛伊德（Keith Floyd）按慣例以爵士樂來做比喻，他說：了解曲調，你就能以「滿滿的心靈和靈魂」即興創作其他部分。

此基礎食譜可製作6人份的燉鍋或8人份的濃湯。A

食材

125克（135毫升）植物油BC

125克中筋麵粉C

炸油

1公斤帶骨大雞塊（chicken joints）D

500克香辣煙燻香腸（切片）D

1顆大洋蔥（切丁）

1個青椒（切丁）

2至3根芹菜莖（切丁）

3至4片蒜瓣（切末）

3片月桂葉E

$1/4$茶匙卡宴辣椒粉（cayenne）E

$1\,1/2$茶匙鹽

2公升溫熱雞高湯F

5至6湯匙的荷蘭芹（切碎）

4至8條蔥的蔥綠部分（切末）

長粒米（最後搭配上桌享用）

1. 先製作油麵糊。以中火加熱鑄鐵煎鍋或厚重平底鍋中的油。接著慢慢攪入麵粉，以小火煮30至45分鐘，三不五時攪拌一下，直到油麵糊呈深棕色。用烤箱製作深色油麵糊是個更容易的方式：先在爐子上將烤箱適用鍋子中的油加熱後攪入麵粉，然後移到180°C的烤箱中烤1個半至2小時，每15

分鐘要攪拌一下。

2. 當你準備製作什錦濃湯時，請用煎鍋加熱一些油，一次放入一種肉煎至棕色，然後移到湯鍋（或大鍋）中。將洋蔥、青椒、芹菜和大蒜加入煎鍋煮軟，然後也倒到湯鍋中。

3. 以中火煮湯鍋，並加入油麵糊、月桂葉、卡宴辣椒粉和鹽，然後倒入溫熱的雞湯攪拌。[G]

4. 煮沸後不蓋鍋蓋慢慢燉煮，直到食材熟透為止——帶骨大雞塊及香腸大約要煮一個小時。

   如果湯的水位降到比食材還低的話，可能需要加水蓋過食材。

5. 撈起油渣，然後拌入荷蘭芹和蔥。[GH]

6. 將什錦濃湯舀入深底的湯盤中，最好在盤中心放入一碗量的米飯。

   拿塊脆皮麵包，好好灑上塔巴斯科辣椒醬（Tabasco），再搭配冰鎮啤酒，這樣也很受歡迎。

舉一反三

A　要增加什錦濃湯的量，請加入更多高湯、油麵糊和米飯。

B. 可使用豬油或培根油這類凝固的油脂取代植物油。

C. 值得製作兩倍分量的油麵糊，多的一分可在冰箱中保存數個月，若在冷凍庫中則可保存至一年。

D. 許多食材都可以加進什錦濃湯，像是魚類、蝦貝蟹類、野味或禽肉，紅肉則比較少見的。若是加入海鮮，請將油麵糊、辛香料（最好是自製的）和高湯燉煮一小時左右，好讓風味顯現和結合，然後再加入魚或蝦貝蟹類稍微煮一下，只要熟透即可。相關例子請參考後續的風味與變化。

E. 一般還會再加乾燥或新鮮百里香、乾燥奧瑞岡、塔巴斯科辣椒醬、伍斯特辣醬油（Worcestershire sauce）、辣椒粉和白胡椒等調味料。

F. 可用400克切碎的番茄或250毫升白葡萄酒來取代250毫升的高湯，以進一步提升風味。

G. 可用秋葵勾芡什錦濃湯，秋葵通常加在海鮮什錦濃湯中，較少加在肉類的什錦濃湯中。將秋葵切成1公分厚，若你喜歡燉煮久一點且軟一點的秋葵，可以在步驟3中將它們拌入濃湯中，或若想有一點咬勁，就將秋葵在植物油中煎幾分鐘，於步驟5時再拌入濃湯中。

H. 黃樟樹葉粉是另一種勾芡用的食材，主要加在肉類的什錦濃湯中。請注意，加入黃樟樹葉粉後若將濃湯以高溫加熱，則會變得非常黏稠。基於這個理由，有些人會偏好在上桌享用時，在自己的碗中拌入$1/2$茶匙的黃樟樹葉粉就好，或者在步驟5關火後，以每1公升高湯加入1湯匙黃樟樹葉粉的比例加進什錦濃湯中。

血腸、辣味香腸與煙燻火腿
（BLACK PUDDING, SPICY SAUSAGE & SMOKED HAM）

　　我到倫敦伊斯林頓區（Islington）的肉販那裡尋找風味十足的便宜食材要製作什錦濃湯，我從那裡帶回來的食材跟我在美國路易斯安那州巴頓魯治市（Baton Rouge）購買的東西沒什麼兩樣，都有火腿、半公斤辣味香腸和250克金字塔塊狀血腸。在路易斯安那州可以找到血腸，但美國聯邦衛生稽查人員對它較為擔心緊張，因此當地的餐廳為了讓自己好過點，往往不使用血腸。如果你可以找到一些血腸的話，那會是很值得開心的事，因為血腸可以帶給什錦濃湯深鬱的風味，就像它帶給西班牙阿斯圖里燉豆（Asturian bean stew fabada；請參見第281頁）的那樣。要製作這種什錦濃湯，請按照基礎食譜進行，以火腿取代雞肉。無論要料理什麼樣的肉湯及燉鍋，烹煮的時間都要以食材為準，像是要煮多久才會熟透且口感仍然極佳。這裡的話，火腿需要在步驟4中慢燉2至3小時。而香腸和血腸都可以切片，並在燉好前的一個小時加入。快煮好時，請從鍋中取出火腿，將火腿切成一口大小，然後再放回鍋中重新熱一下，即可放上米飯並加點裝飾上桌享用。

螯蝦（CRAYFISH）

　　「卡津」（Cajun）是「阿加底亞」（Acadian）讀音的誤傳，阿加底亞是個歷史悠久的法國殖民地，大約位於現今加拿大的新斯科舍省（Nova Scotia）、新布倫瑞克省（New Brunswick）和愛德華王子島（Prince Edward Island）一帶。在十八世紀英國人入侵此地之後，許多居民被驅逐出境，其中很大一部分人在講法語的路易斯安那州落腳。傳說，阿加底亞人與加拿大龍蝦甚為親近，以致於龍蝦跟隨著人們向南移動，在兩千英里的長程游泳中失去大量體重而變成螯蝦。寓言作家伊索（Aesop）不需要為此擔心到睡不著覺，因為真的有一種螯蝦在潺潺小溪中湧現，這種被稱為泥蟲子（mudbug）的螯蝦有著傳說中的一切神話特質。路易斯安那州消耗的大部分螯蝦，都在當地廣闊的天然濕地

中養殖，與水稻交替輪作養殖。路易斯安那州像是一碗什錦濃湯，深棕色的海灣彷彿是以深色油麵糊料理而成。要螯蝦什錦濃湯，可按照基礎食譜進行，但不用雞肉，改在步驟4中加入1公斤乾淨完整的帶殼螯蝦。如果你使用帶殼螯蝦（本就應該如此），即可不用高湯，只用水就好。大多數的螯蝦什錦濃湯食譜需要用上番茄和克里奧爾調味料（Creole seasoning）。如果你的餐櫃中有湯尼・蘇希多（Tony Chachere）、保羅・普呂多姆（Paul Prudhomme）或埃默里爾・拉加斯（Emeril Lagasse）等著名品牌的克里奧爾調味料，那就自己動手做。請將3湯匙辣椒粉、2湯匙大蒜粉、1湯匙洋蔥粉、1湯匙乾燥百里香、1湯匙乾燥奧瑞岡、2茶匙黑胡椒、2茶匙鹽和1茶匙卡宴辣椒粉混合製作克里奧爾調味料。以我們基礎食譜的分量來看，大約需加入1至2湯匙的克里奧爾調味料。

野味（GAME）

　　從鴨、鵝或雞中取得的油脂，都是用來製作適合野味什錦濃湯（game gumbo）的極佳油麵糊。路易斯安那州拉法葉市（Lafayette）的普雷卡津餐廳（Prejean's Cajun restaurant），就在雉雞（pheasant）和鵪鶉（quail）什錦濃湯中使用豬油，此道濃湯在每年紐奧良爵士音樂節（New Orleans Jazz Festival）上的銷售量都很好。調整一下基礎食譜就可以做出類似料理，請使用2隻去骨雉雞、2隻去骨鵪鶉、500克安杜麗煙燻豬肉香腸（andouille；口感較為粗糙的煙燻豬肉香腸，近似波蘭的卡巴諾斯香腸〔kabanos〕）、250克新鮮煙燻細絞肉香腸（finer-ground smoked fresh sausage；在英國很難找到，所以我改用辣味香腸）。再加入月桂葉、2湯匙辣椒粉、$1/4$茶匙白胡椒和$1/4$茶茶匙黑胡椒。肉一旦煮熟，就倒幾滴塔巴斯科辣椒醬，並加入荷蘭芹和青蔥。如果你找得到，還可以加1至2茶匙「烹飪專用香料」（Kitchen Bouquet）這種液體，可用來調味並加深濃湯的色澤。最後再煮5分鐘，就可以搭配米飯上桌享用。

海鮮（SEAFOOD）

　　有人說什錦濃湯源自於法語區的另一道濃湯／燉鍋──馬賽魚湯（bouillabaisse）。《皮卡尤恩時報》（The Times Picayune）專欄作家羅利斯・艾瑞克・艾利（Lolis Eric Ellie）不同意。他聲稱這道料理傳承自非洲。如果什錦濃湯的起源真的可以追溯到一道歐洲料理，你可能會說最為接近的應該是西班牙海鮮飯（paella），因為海鮮飯明顯是用濃湯加入米（是短粒米，不是長

粒米）、椒類、洋蔥、香料製作而成，通常還會加入香腸及蝦貝蟹類。不過，什錦濃湯與馬賽魚湯的共同特點，就是有時會在肉湯中外加一點乳化用的醬汁。在什錦濃湯中使用的是美乃滋，那是馬鈴薯沙拉中的美乃滋，因為有些廚師會用馬鈴薯沙拉取代原先要放入濃湯碗中的米飯（美式玉米糊和馬鈴薯曾經是什錦濃湯中常用來取代米飯的食材，也許目前在餐廳中不常見，但在南方傳統的家庭料理中仍然存在）。馬賽魚湯中使用的則是紅椒醬（rouille），並且通常使用帶鰭的魚肉。而什錦濃湯中主要添加的則是蝦貝蟹類，尤其是專門販售觀光客的什錦濃湯，都會加有蝦子及牡蠣，並使用蝦貝蟹類燉煮的高湯製作。放下你的相機和鳳梨可樂達雞尾酒（pina colada），按照基礎食譜來製作蝦貝蟹類什錦濃湯吧，這道料理不用雞肉，只用魚肉或蝦貝蟹類熬煮的高湯。請在步驟4中熬煮45分鐘，然後加入500至1000克的明蝦、去殼牡蠣、蟹肉或螯蝦（請自行搭配），再煮10分鐘，最後加入米飯即可上桌享用。

煙燻黑線鱈、貽貝與秋葵（SMOKED HADDOCK, MUSSEL & OKRA）

　　無可否認，這樣的組合與其說是路易斯安那的料理，還不如說是蘇格蘭洛瑟茅斯（Lossiemouth）的料理。但是貽貝和煙燻黑線鱈的組合不但樸實，也帶有適當的強烈風味。搭配這些風味強烈的食材，甚至不需要使用高湯，只用水就足夠了。要做這款什錦濃湯，請按照基礎食譜進行至步驟4，但不使用雞肉或香腸。當肉湯燉煮30分鐘後，將250克秋葵切成1公分厚。若你沒有嘗過秋葵，那就像是節瓜和流星三明治（shooting star）的綜合口感。請將秋葵丟入倒有植物油的煎鍋中，你會注意到那些微小白色線條會像橡皮筋那樣彈跳，就像蔬菜一樣，非常有趣。接著將秋葵加入肉湯中，同時加入250克去皮切塊的煙燻黑線鱈魚排，以及1公斤刷洗乾淨的帶殼貽貝，以小火燉5至7分鐘，然後加入米飯、荷蘭芹和青蔥享用。這就像是道加了米飯的海鮮總匯濃湯，不過比較粗獷些就是了。

松鼠與牡蠣（SQUIRREL & OYSTER）

　　這道海陸雙拼的什錦濃湯出自於瑪麗恩・卡貝爾・泰瑞（Marion Cabell Tyree）一八七九年出版的《古老的維吉尼亞家務指南》（*Housekeeping in Old Virginia*），並使用了丁香、多香果、黑胡椒和紅辣椒、荷蘭芹和百里香調味。它還使用黃樟樹葉粉勾芡。沒嚐過松鼠的人，可以聽聽記者文森・特格拉夫（Vincent Graff）的說法，他認為：松鼠吃起來跟鵪鶉一樣麻煩，「吃完

時沒有什麼享受到的感覺」。美食家安德烈·西蒙（Andre Simon）較熱中於此。他說，灰松鼠「較肥美也最好吃，肉質和風味非常類似於養殖兔。」其他人士則認為味道類似野豬，或是鴨肉與羊肉的綜合體，特別是以堅果和漿果為食的松鼠。就像許多動物一樣，松鼠肉的風味道受到本身飲食的影響，這就是為什麼生活在松樹林中的松鼠嚐起來帶有松脂味，這種最好還是不要吃了。而住在你家對街公園裡的松鼠則絕對美味，因為這些松鼠以肯德基及丟棄的野餐蛋為食。一隻典型的帶骨灰松鼠重約 500 克，因此每一人份需要用上半隻松鼠及 4 至 6 顆牡蠣。

番薯、韭蔥、皇帝豆與黃樟樹葉粉
（SWEET POTATO, LEEK, BUTTER BEAN & FILÉ）

什錦濃湯中使用的深色油麵糊是用植物油而非奶油調製，因此可以做為純素燉菜的基底。沒有螯蝦眼睛或鱷魚肉鬐的什錦濃湯，其正統性可能會受到質疑。但是深色油麵糊的濃郁烘烤風味是如此特別，以致於只需加入蔬菜，不用其他食材，就能讓它嚐起來有什錦濃湯的道地風味。像製作深色油麵糊這樣長時間的烹煮麵粉，就會產生類似於骨頭先烤過再煮湯所產生的風味分子。如果你常煮許多素菜料理，深色油麵糊會是個非常方便取用的備料。它可以在冰箱中保存幾個月，在冷凍庫中甚至還能保存更長時間。製作純素什錦濃湯時，我會使用自己喜愛的番薯，還有皇帝豆，因為煮過番薯及皇帝豆的水可以做為高湯。還有韭蔥能成功達到蔥類增加風味深度的作用，並與番薯及皇帝豆的口感形成鮮明對比。有些人可能會覺得這種什錦濃湯有點黏膩，不過黏膩在什錦濃湯中算不上什麼缺點，因為秋葵和黃樟樹葉粉這兩種典型的勾芡食材都會造成一定程度的黏膩感。要製作純素什錦濃湯，請將 250 克乾燥皇帝豆浸泡至少 5 小時或浸泡過夜，接著烹煮至軟（約 30-40 分鐘），然後瀝乾並保留煮豆的水。接著按照基礎食譜進行，但將 4 根韭蔥切段來取代肉類，在煎鍋放入洋蔥、青椒和芹菜炒軟。再將炒軟的蔬菜連同煮熟的豆子和煮水倒到湯鍋中，並用自來水補到 1.5 公升的水量。接著加入 500 克切塊的番薯及少許新鮮百里香，以及月桂葉和卡宴辣椒粉。以小火燉煮 35 至 40 分鐘應該就可以了。最後加入荷蘭芹和青蔥，關火靜置幾分鐘，再攪入 1 湯匙黃樟樹葉粉即完成。

167

綜合蔬菜什錦濃湯（Z'HERBES）

綜合蔬菜什錦濃湯是由大量的蔬菜製作而成，比一般什錦濃湯更為濃稠，是天主教徒會在濯足節（Maundy Thursday）食用的傳統料理。今日，紐奧良杜奇蔡斯餐廳（Dooky Chase）的主廚利亞・蔡斯（Leah Chase）所料理的綜合蔬菜什錦濃湯吸引了各種階層的顧客。綜合蔬菜什錦濃湯通常被認為是素食的什錦濃湯，但除了在四旬期時不加肉之外，綜合蔬菜什錦濃湯通常是會加肉的，這也才符合法國人對這道料理的認知。火腿骨、香腸和肉骨湯是這道料理常用的食材，有些人甚至會使用牛肉或小牛肉。美食作家莎拉・羅亞（Sara Roahen）將綜合蔬菜什錦濃湯描述為「上頭覆蓋了一層蔬菜，其中有苦味、奇怪的甜味以及卡宴辣椒粉帶出的風味，比職業美式足球聯盟（NFL）的更衣室還具有肉感，而且非常清爽」。一年中製作綜合蔬菜什錦濃湯的最佳時間點不是復活節，而是一月的第二個星期，那時你為了新年新希望所買來的蔬菜正好在冰箱中開始枯萎。任何綠色蔬菜都可以做成綜合蔬菜什錦濃湯，但最好的選擇是羽衣甘藍（collards）、青蔥、菠菜、芥菜（mustard）、蕪菁（turnip），甘藍（cabbage）、胡蘿蔔葉（carrot tops）、菾菜（chard）、荷蘭芹、西洋菜（watercress）、蒲公英（dandelion）、芝麻葉、萵苣、龍蒿及百里香。有些人製作綜合蔬菜什錦濃湯時會使用十二種蔬菜以紀念十二門徒，但包括大廚利亞・蔡斯在內的大多數人，除了不吉利的十三之外，都使用單數的蔬菜種類。據說，你每添加一種不同的蔬菜，你就會多交一位朋友。比照今日，你只需在網上貼張背心上有小貓的照片就可以交到幾千個網友，這樣加菜反倒是沒事給自己添麻煩。是否要使用食物調理機混合濃湯由你自己決定，但若你選擇不用，你可以預期糾結的蔬菜會像垂吊在樹上的西班牙鬚草（Spanish moss）那樣掛在你的下巴上。這讓我想起了葡式甘藍菜湯（caldo verde），那是一種以綠色蔬菜和香腸製作的肉湯，並以粉質馬鈴薯而非油麵糊勾芡。要運用基礎食譜製作綜合蔬菜什錦濃湯，請不要使用雞肉，改用兩倍量的香腸，然後加入火腿高湯、1茶匙塔巴斯科辣椒醬、月桂葉、卡宴辣椒粉以及1.25至1.5公斤洗淨且切碎的蔬菜。熬煮一小時後關火，再拌入1湯匙的黃樟樹葉粉即可。

褐醬（Espagnole）

　　褐醬是以棕色油麵糊、少量辛香料和一些優質棕色高湯製成。料理得當的褐醬不但具有光澤，還十分濃郁，少量使用風味就足夠。褐醬常用於將一盤簡單烹煮的肉和蔬菜融為一體。它還可以製作出適合佐香腸和馬鈴薯泥的優質肉汁。在這種情況下，肉汁一點也不用保留。

此基礎食譜可製作500至900毫升褐醬，分量多寡取決於收乾的程度和是否使用葡萄酒。

食材

6湯匙（90毫升）植物油（玉米油、葵花油、花生油）

3湯匙（30克）培根丁或火腿丁[A]

1個小洋蔥或1個大紅蔥頭，切丁

1條胡蘿蔔，切丁

1根芹菜莖，切丁

5湯匙（50克）中筋麵粉[B]

1公升優質棕色小牛高湯或牛高湯

1束新鮮香草束（bouquet garni of fresh herbs）

2至3湯匙番茄泥[C]

200毫升葡萄酒 （可加可不加）[D]

鹽

1. 在小煎鍋中加熱1湯匙油，然後以中火煎培根，直到煎出油為止。加入洋蔥、胡蘿蔔和芹菜，煎至開始變金黃色，然後關火靜置一旁。在此同時加熱高湯。
2. 在厚重的平底鍋中加熱剩餘的5湯匙油，並攪入麵粉。以中小火烹煮，不斷攪拌5分鐘左右，或直到麵糊變成如山核桃那般的棕色。
3. 關火，慢慢地將溫熱的高湯加到麵糊中，大力攪打以打散結塊。[E]
4. 將鍋子放回爐子上以中大火加熱。加入煮熟的培根和蔬菜、香草束、番茄泥和葡萄酒（若有使用的話）。一直攪拌至煮沸，然後轉小火熬煮。

5. 繼續慢慢熬煮至醬汁收乾四分之一到一半左右的量，視需要撈渣並經常攪拌。醬汁最終應該要有光澤且變得濃稠。試嚐調味，然後過濾醬汁。
   要收乾這裡一半分量的醬汁可能需要35至40分鐘。F

6. 若你沒有要立即食用醬汁，請倒入耐熱壺，放在一鍋微煮的水中，隔水加熱保溫。或放涼後置於冰箱冷藏幾天，如果放入冷凍庫中可保存至一年。褐醬適合再加熱，也很適合添加其他食材。

舉一反三

A. 許多食譜還需要幾湯匙切碎的菇蕈類跟培根和蔬菜，一起熬煮。

B. 有些廚師會使用預先烤過的麵粉。將麵粉鋪在烤盤上，以180°C烘烤，每隔幾分鐘翻面一次，直到大部分呈現餅乾那般的色澤即可。

C. 去籽去皮的番茄可用來取代番茄泥。小心不要加過量，這會讓醬汁變成外面商店賣的那種味道。

D. 牛肉醬汁曾有一段時間經常添加白葡萄酒。另外，馬德拉酒以能製作出美味的醬汁而聞名。

E. 人們經常說應該把冷的液體倒入熱的油麵糊中，反之亦然。但我發現將熱的油麵糊倒入溫熱的液體中更可打散結塊。

F. 長時間熬煮很重要。要製作更精緻的醬汁，請在步驟1加熱剩餘高湯時，保留200毫升的高湯下來，然後在步驟5熬煮醬汁10分鐘後，加入100毫升冷高湯，這會讓所有浮渣和油汁浮到表面，讓你更容易撈起。約10分鐘後加入第二次100毫升冷高湯再重複一次。

苦橙（BITTER ORANGE）

　　苦橙醬（Bigarade）是製作褐醬的充足理由。這就是變出「香橙鴨胸」（duck' à l'orange'）這道料理的東西，不過英國料理作家珍·葛里格森（Jane Grigson）推薦將（鹿肉或牛肉製成的）苦橙醬搭配鹿肉享用，以及用芥末、柳橙汁、紅糖和橘子醬（marmalade）調製的醬汁淋在鹹豬肉（salt pork）上享用。我在廚師雜誌的精確索引上看到苦橙醬（bigarade）就列在麥當勞的大麥克（Big Mac）旁，這讓我心中逐漸浮現出鴨肉漢堡的想法，我可以在紮實的麵包中加上橙醬和半份從白堊溪流（chalk stream）中採收的西洋菜[10]，做成香橙大麥克（Bigarade Mac）。鴨肉漢堡並非原創的想法。倫敦加斯康櫃檯餐廳（Comptoir Gascon）販售混合生鴨肉和油封鴨肉的漢堡，這道鴨肉漢堡會佐上一片鵝肝醬（foie gras），和一點點印度甜酸醬。名廚米歇爾·魯·二世為了避免肉質乾柴，會將鴨肉連皮帶油脂一起混合絞碎，然後將維切林乳酪塞入中間，更確保口感絕對不會乾澀。我帶點要大展身手的態度，用一塊調味過的簡單絞肉餅，做了個鴨肉漢堡給我丈夫享用，因為我知道苦橙醬甘醇辛辣且帶有果香的滋味極佳。他咬了兩口後把一隻手搭在我肩上，低聲說：「不要再做這個了。」對他來說，這個漢堡散發著養鴨池的氣味，而我也不得不同意他的看法。有許多行星可讓太空人探索，但不是所有行星都是友善的。下次我會堅持做簡單的油炸鴨胸。要製作苦橙醬，請將 3 顆塞維爾柳橙（Seville oranges）或 2 顆甜橙及 1 顆檸檬的皮磨得非得細碎，然後將柳橙及檸檬榨汁。接著將果皮屑置入果汁中煮沸，並收乾一半的果汁，加入 500 毫升的褐醬熬煮 5 分鐘，並按照需要撈去浮渣。關火後試嚐調味並拌入 1 湯匙奶油，也可以再加點君度橙酒（Cointreau）或金萬利香橙甜酒（Grand Marnier）。

10　白堊是種細微的碳酸鈣沉積物，流經這種土質的溪流稱為白堊溪流。而西洋菜就是原產於英格蘭南部的白堊溪流中。

栗子與野味（CHESTNUT & GAME）

根據野食專家約翰·萊特在《河邊灌木籬笆小屋指南》（*River Cottage Hedgerow*）中的說法，「可用栗子粉做出極為濃郁的油麵糊」。他建議以你用獵槍可獵獲的森林動物來製作野味肉派。我將栗子粉與小麥麵粉以1：3的比例混合，這樣會產生些許濃郁的味道。栗子粉不含麩質，在油麵糊中作用良好，它可以完全取代小麥麵粉。不過，我仍然傾向於減少栗子粉的用量，改用風味溫和點的東西，像是前面提到的小麥麵粉，或者若你不食用含麩質食品的話，可以使用無麩質混合麵粉。

多蜜醬汁（DEMI -GLACE）

171

這個料理專用名詞的意思，我總是一查過就忘記。要記住這個醬汁是什麼，得聚焦在原文「demi-glace」中的「demi」（一半的意思）上，並忽略「glace」（糖漬）一字。原文名稱所帶出的線索是：這是由一半的褐醬與一半的牛高湯、小牛高湯或棕色雞高湯混合製成。將褐醬與高湯一同煮沸，然後收乾一半。接著放涼，就可以分裝成小分量冷凍起來，若你自家餐廳有像黛安娜牛排（Steak Diane）這種客人點菜後才做的菜色會非常有用。黛安娜牛排源自紐約，是道會澆上白蘭地點燃的料理，在一九七〇年代曾風靡一時。我第一次嘗到這料理已是流行的幾十年後了，不過我本來就跟崇尚簡單的新式料理菜色一樣是個不諳時尚的人。那是初夏的一個週五晚上，我姊姊和我是康瓦爾郡蘭茲角（Land's End）附近崖邊酒吧裡的唯二顧客。身兼服務生、侍酒師、主廚、衣帽間助手和酒保的老闆，可能因為原先這些角色統統跳下懸崖了，所以他在接過我們的點單後，完全無視我們點了什麼。他說，你們會有黛安娜牛排可以吃，然後消失進廚房去取來牛排、一些火柴和許多紅酒中的第一瓶。當他在我們餐桌旁的小桌上煎扁扁的牛排時，他說自己曾在倫敦的「劇院裡」工作過，也解釋自己為了逃避倫敦的生活壓力如何搬到康瓦爾郡來。他將牛排靜置一旁，用奶油將一些切末的紅蔥頭（shallot）和大蒜炒軟，然後加入干邑白蘭地（Cognac）用火柴點燃。火焰熄滅後，他加入一小杯多蜜醬汁和一茶

匙第戎芥末（Dijon mustard）和一茶匙伍斯特辣醬油，這也讓他回憶起他初來此地時村民不歡迎他的情況。他們不但離酒吧遠遠的，而且在街上見看他時還會突然轉身，在郵局中見到他也不願與他有目光接觸。這時，他將牛排重新放回鍋裡。接續表示自己逐漸被村民接受，最近還被邀請加入社區婦女研究所（Women's Institute）。然後災難降臨了。他在夏季園遊會上抽到了一等獎。當他手裡拿著雅麗（Yardley）這個名牌的爽身粉和香皂組的那一刻，他感覺到八月的空氣劈里啪啦凍結了，餐廳的訂位也全都沒了。姊姊和我都崇拜他。他一邊告訴我們倫敦一九六〇年代的荒誕故事，一邊製作蘇澤特橙香可麗餅，一個接著一個直到麵糊用罄。很明顯地，他的招牌菜是桌旁料理，因為待在廚房太孤單了。我們在隔年夏天回來，期待聽到更多倫敦西區喝酒鬥毆的故事，但已不見他的身影。酒吧的格局相同，家具和馬用黃銅飾品也一樣，但菜色是來自全國餐飲供應商的冷凍食品，而每張桌子都坐滿了。

魔鬼醬（DIABLE）

「diable」就是魔鬼的意思。在法式國民料理的食譜中，魔鬼醬就等同於褐醬再加點卡宴辣椒粉或芥末提味（也可以兩種都加）。在此同時，大廚丹尼爾·布呂德（Daniel Boulud）則認為，法國料理中名稱有魔鬼醬的任何菜餚，都會裹上芥末、麵包屑並燒烤過。布呂德有份雞肉食譜，會佐上以 2 湯匙第戎芥末醬、1 湯匙番茄醬、1 湯匙 A1 牛排醬、1 茶匙伍斯特辣醬油和幾滴塔巴斯科辣椒醬製成的「魔鬼醬」。魔鬼醬就像是瑪麗羅斯醬較為激進的兄弟；瑪麗羅斯醬是一種加在經典雞尾酒蝦（prawn cocktail）中的粉紅色醬汁。我用 HP 牛排醬取代 A1 牛排醬，製作一些布呂德版的魔鬼醬，然後灑些在菜肉薯餅（bubble and squeak）及煎蛋旁。料理節目主持人邱瑞秋（Rachel Khoo）則有道經典的法式魔鬼醬，搭配同樣樸實的香腸和馬鈴薯泥。要製作魔鬼醬，請按照褐醬的基礎食譜進行，最後再添加 $1/4$ 茶匙的卡宴辣椒粉即可。

水果與堅果（FRUIT & NUT）

　　蘿蔓醬汁（sauce romaine）是一種較為少見的褐醬，味道酸甜，並加有水果和堅果，因此會讓人聯想到中古世紀的料理，而非法式國民料理。要製作蘿蔓醬汁，要先做好褐醬，再從製作法式甜酸醬（gastrique）著手，法式甜酸醬是一種加醋的焦糖醬，跟義大利摩德納（Modena）能言善道的市場小販敲竹槓賣你45歐元的仿冒巴薩米克香醋差不了多少。對於一道簡單的牛排佐水煮菠菜而言，蘿蔓醬汁像是添加了蝙蝠俠（這裡指的是電視劇，而非電影）中大量出現的那種驚嘆號。要製作蘿蔓醬汁，請將2湯匙糖煮至焦糖化，再加入125毫升紅葡萄酒或白葡萄酒醋，煮到它再次開始焦糖化。接著倒入250毫升褐醬並煮沸。然後加入半把葡萄乾燉煮。試嚐調味，並拌入1至2湯匙烤松子後即可享用。

芥末、醋與洋蔥（MUSTARD, VINEGAR & ONION，羅伯特醬〔ROBERT〕）

　　我在倫敦騎士橋（Knightsbridge）文華東方酒店（Mandarin Oriental Hotel）赫斯頓・布魯門索撒的晚餐餐廳（Dinner）用餐時，吃了豬肉佐羅伯特醬，據說作家拉伯雷（Rabelais）稱這種醬汁「多麼清爽，多麼不可缺少」。拉伯雷指的是哪種版本的羅伯特醬已難以確定。這個食譜（可能）已經存在了六百多年。基本上，它是用奶油炒洋蔥，並加入肉湯（或褐醬）、芥末及醋所製成。布魯門索撒的羅伯特醬其不尋常之處在於，他將加熱至80°C的濃縮豬肉高湯倒入以奶油炒軟的紅蔥頭、大蒜和培根中，浸泡20分鐘，然後加入百里香和鼠尾草，再泡5分鐘。據布魯門索撒所言，這能使醬汁保持清爽的風味。還要以檸檬汁代替醋，拌入已加有粗粒芥末且濾過的醬汁中，直到全部醬汁乳化為止。若要製作老式的羅伯特醬，請在25克奶油中將2顆洋蔥的細末炒軟，再加入20毫升白葡萄酒和10毫升葡萄酒醋，收乾到幾乎看不到水分。最後加入500毫升褐醬或多蜜醬汁並煮至整鍋熱透，然後過濾。後取出一點溫熱的醬汁拌入1湯匙第戎芥末，再倒回整鍋醬汁中拌勻即可。

番茄、蘑菇與白酒（TOMATO, MUSHROOM & WHITE WINE〔CHASSEUR；法式獵人醬〕）

　　法式獵人醬看起來也許像是個奇怪的名稱，因為它所用的食材讓人聯想到的多是在溫室中閒逛的退休人員，而非涉水過溪、扣起板機的強壯野地求生者。儘管如此，這道醬汁能撐過法式國民料理的沒落讓人不得不稱讚它。或許可以說，它是經由將本身重塑成兼具多種功能於一身的醬料而達成。法式獵人醬最常搭配肉類就是雞肉，但也曾經很普遍搭配兔肉，而醬汁中的其他食材跟任何肉類也幾乎都很對味。在十九世紀末期的巴黎圍城戰（Paris siege）期間，當動物園再也無法養活動物時，瓦松餐廳（Voisins）的廚師修隆（Choron）就做了一道法式獵人醬佐象鼻的菜色。要製作法式獵人醬，請將 2 湯匙紅蔥頭末或洋蔥末以 2 湯匙奶油炒軟，再加入 100 克蘑菇切片炒至金黃出汁。接著倒入半杯白葡萄酒和 1 至 2 湯匙白蘭地，煮幾分鐘讓酒精蒸發之後，再加入 250 毫升褐醬和 125 毫升番茄泥煮沸。然後燉幾分鐘，加入切碎的荷蘭芹和多一點的奶油。你也可以用雞湯取代褐醬，並按照第 272 頁的燉鍋基礎食譜製作雞湯獵人醬（chicken chasseur）。這道醬汁的風味不像以牛肉高湯製作的經典褐醬那麼強烈，但以連皮帶骨的雞肉一鍋燉好的方法成效良好，也能縮短製作時間，讓你還有時間翻閱食譜指南，尋找其他可以做成燉鍋的醬汁。

白湯醬（Velouté）

　　白湯醬相當於褐醬的姊妹醬，兩者的製作方式相同，但白湯醬是以白色油麵糊與雞高湯、魚高湯或小白牛高湯（white veal；小白牛肉來自用牛乳餵養的小牛，其肉色偏白或淡粉紅）等淡色高湯製作。可將白湯醬想做是一種有較為正式作法的烤雞肉汁。製作白湯醬很重要的是要使用滋味鮮明的高湯，請務必在開始動手做之前確認高湯的味道。

此基礎料理可製作約1公升的白湯醬，可供應6至8人份的料理使用。

食材

　　1公升優質雞高湯、魚高湯或小牛高湯^A

　　200毫升干白葡萄酒（dry white wine）

　　50克奶油

　　50克中筋麵粉

　　一點檸檬汁（可加可不加）^B

　　鹽

1. 將高湯及葡萄酒加熱。
2. 在另一只厚重平底鍋中，將奶油以中小火煮融，然後倒入麵粉快速攪打。邊煮邊攪拌幾分鐘，直到油麵糊呈現乳白色。^A
3. 關火，慢慢加入溫熱的高湯大力攪打，打散結塊。^C
4. .燉煮醬汁30至45分鐘一下，偶爾攪拌，並在需要時撈起浮渣。這個時間已足夠讓麵粉不再釋出澱粉質了。
5. 過濾醬汁，並按個人喜好加入幾滴檸檬汁及試嚐調味。^DE
6. 若沒有要馬上使用醬汁，請倒入耐熱壺以隔水加熱法保溫。或者放涼後置入冰箱冷藏幾天，也可冷凍長達一年。白湯醬重新加熱後味道仍然極佳，也很適合再添加其他食材。

舉一反三

A.　與褐醬一樣，有些白湯醬食譜建議進一步使用米爾普瓦（mirepoix；綜合調味蔬菜料）來調味。請將1顆小洋蔥、1根胡蘿蔔和1條芹菜莖切成丁，然後在奶油中炒軟但不要燒焦，並加入麵粉。有些廚師只會在步驟3的高湯中加入1至2湯匙蘑菇末。

B.　檸檬汁可加可不加，不過只要幾滴就能使醬汁的風味變得清爽。

C.　比較費工的作法是將四分之三的高湯熱好在步驟3中加入，然後將剩下的冷高湯一點一點地加入燉煮的鍋中，這有助於將雜質帶到表面，你就可以小心撈除。

D.　想要更濃郁柔順的風味，請在最後加入高脂鮮奶油或法式酸奶油（2至6湯匙之間），再開小火輕輕煮至醬汁變溫熱。

E.　或快速攪入一點點調味奶油醬，像是第204頁的「海鮮」段落下的鰈魚奶油醬和海藻奶油醬。

白湯醬→風味與變化

貝西醬（BERCY）

　　這是以巴黎第十二區的一個街區命名的葡萄酒醬。至少在幾杯下肚後，會讓人愉快地想到緊貼著巴士底歌劇院（Opéra Bastille）閃亮金屬面板上的葡萄藤，或是文森動物園（Zoo de Vincennes）裡的長頸鹿嘬著嘴唇扯下一串掛在人造岩壁上的葡萄。遺憾的是，貝西這個街區之所跟葡萄酒有關，並不是因為它的風土條件，而是因為此街區在塞納河畔的葡萄酒倉庫。在十八世紀的鼎盛時期，這個街區有著大量的葡萄酒，當地的餐館都放棄了自己的葡萄酒單，因為比起花錢買一杯水，他們的客戶更不會想要花錢買一杯玻美侯產區（Pomerol）的葡萄酒。今日，跟世界上曾為工業區的地區一樣，那些倉庫已經變成了時髦的商店和酒吧。要製作貝西醬，請將 4 湯匙紅蔥頭末或洋蔥末以 4 湯匙奶油炒軟，倒入白葡萄酒燉煮至水分完全收乾，然後倒入 500 毫升用魚高湯製作的白湯醬中煮沸，再燉煮 5 至 10 分鐘。最後加入 1 至 2 湯匙奶油和一些荷蘭芹末即完成。這道醬汁適合搭配各種油炸、水煮或烘烤的魚肉。還有一種專門搭配肉類的貝西醬，是以多蜜醬汁及骨髓取代白魚湯醬及奶油製作而成的。

咖哩（CURRY）

　　克里斯‧迪龍（Kris Dhillon）所著《咖哩的祕方：在家煮出印度餐廳料理》（*The Curry Secret: Indian Restaurant Cookery at Home*）中的咖哩醬基底是混合了洋蔥、大蒜和薑的辛辣醬料，如果你曾經試做過這種咖哩醬，就會想知道這麼有硫磺味的東西為何長久以來一直都是祕方，讓迪龍想要寫下來。無論如何，這種蔥蒜類的基底一旦煮過並加了辛香料調味，就會產生美味的轉變。不過，鼻子敏感者可能會偏好製作以油麵糊為基底的咖哩醬料理，基本上，就是添加了咖哩味的白湯醬燉肉（blanquette）。這種料理手法在日本極為普遍，我小時候英國學校的煮菜阿姨也常用這種手法，她們會將隔夜的碎雞肉攪進醬料中。酒吧咖哩（Pub curry）這道料理的構想也大致相同，這道料理大致有著老年虎斑貓的顏色，並透著胡蘆巴的獨特風味。名廚埃斯可菲（Escoffier）以白湯醬做基底的咖哩醬可以猜想得出必是非常豪華。他為國王加冕創造了一道愛德華七世雞料理（Poularde Edward VII），在鋪滿松露的盤上放只塞滿松露和鵝肝的雞，並佐以咖哩醬，但比起愛德華七世皇冠上的寶石，這其實沒什麼

實質意義。至於學校/酒吧的咖哩料理,只需在製作油麵糊時,在麵粉中加入 2 茶匙買來的咖哩粉即可。

檸檬(LEMON)

料理作家卡爾文・施瓦比(Calvin W. Schwabe)在《難以提起的美食》(*Unmentionable Cuisine*)中,提到了一道專佐動物腦的俄羅斯檸檬醬食譜。(有點像是我喝了一晚蘇托力伏特加〔Stolichnaya〕後隔天的大腦那樣吧。)這種醬汁實際上是用小牛高湯,加入大量磨碎檸檬皮屑和「少許」檸檬汁和糖製成的白湯醬。先將檸檬醬熬煮好,再加入半熟的腦和一些切碎的蒔蘿煮沸,即可享用。蛋黃醬(Allemande sauce,請參見 206 頁)是腦最常見的佐醬——這是種濃郁的白湯醬,並像施瓦比的檸檬醬一樣帶有檸檬汁的清爽感。

177

菇蕈類與細葉香芹(MUSHROOM & CHERVIL)

白湯醬的原文「Velouté」意思為「天鵝絨般的」,像是布滿喉嚨的纖毛層。白湯醬是以濃湯的樣貌呈現,從歷史的角度來看,白湯醬會有這樣的質地可以歸因於油麵糊以及蛋黃和鮮奶油最後的稠化作用。不過,自攪拌機問世以來,只需按一下按鈕即可獲得厚實柔順的濃湯,而且只需高湯和一些蔬菜即可製作出白湯醬。以下為馬可・皮埃爾・懷特(Marco Pierre White)的白湯醬食譜,需要使用油麵糊和電動攪拌棒,這是道用菇蕈類和細葉香芹組合調味的白湯醬。請將 1 顆小洋蔥和 1 條小韭蔥切末,放入 50 克奶油中炒出汁,然後加入 25 克麵粉中攪拌成淡麵糊,再加入 1 公斤切片的菇蕈及 750 毫升雞湯煮沸,並常常攪拌。接著加入 500 毫升牛奶和 500 毫升鮮奶油再次煮沸,然後調味並燉煮 8 分鐘左右。接續將整鍋湯打泥、過篩、試嚐調味,要用手持電動攪拌棒打到像卡布奇諾咖啡上面泡沫那般的質地。最後放上細葉香芹的葉子裝飾即完成。金寶湯(Campbell's)這個品牌也發現到濃湯和油麵糊基底醬料的共同點,所以金寶湯出品的濃縮「奶油」湯廣泛用於製作乳酪通心粉、菜肉餡派內餡的醬料,或每年感恩節在美國數百萬個餐桌上應景的四季豆燉鍋(green-bean casserole)。

花生醬（PEANUT BUTTER）

這是美食作家安布羅斯・希思（Ambrose Heath）的食譜。將 2 湯匙奶油稍微煎一下後，加入 2 湯匙花生醬充分混合。再攪入 2 湯匙麵粉攪拌煮至呈棕色。接著加入 450 毫升雞高湯以中火熬煮，在湯煮至濃稠時需要攪拌。請試嚐調味。 希思說，搭配煮火腿或烤雞會「很有意思」。

番紅花、茴香酒與番茄（SAFFRON, PASTIS & PASTIS）

這三種食材可製作出馬賽魚湯的醬料。非常適合搭配蝦貝蟹類，以及帶有貝類風味的紅鯔魚（red mullet），但我最有可能把它做成風味鮮明且充滿茴香風味的醬料，搭配一片冬季從北海新鮮捕獲且色澤明亮的白鱈魚。要製作這種醬料，請將魚湯加熱，並加入一小撮番紅花及 1 湯匙的茴香酒。接著將魚湯混入油麵糊中，再加入去皮去籽且切碎的番茄。一定要按照建議讓醬汁至少燉煮 30 分鐘，這樣番茄的味道才會醇厚。在夏天時，撕點羅勒放入湯中會有畫龍點睛之妙效。

海鮮（SEAFOOD）

若你想要以海味為主題，《拉魯斯美食百科》（Larousse）有道經典的海鮮白湯醬食譜，其所用的螯蝦殼、牡蠣汁和龍蝦卵（lobster corals）都是非常好的食材，但在你穿上圍裙開始動手之前，其實蝦貝蟹類奶油醬（shellfish butter）、鯷魚奶油醬（anchovy butter）和海藻奶油醬（seaweed butter）都是美味與實用兼具的替代品。製作蝦貝蟹類奶油醬是一個非常費工的過程，我們就略去不談。至於製作鯷魚奶油醬，則是將 6 隻鯷魚與 100 克無鹽奶油、1 蒜瓣的蒜末、少許卡宴辣椒粉和幾滴檸檬汁混合攪打均勻。而簡單的海藻奶油醬，可將 2 片烤海苔片磨粉混合到 125 克無鹽奶油中來製作。可以預期這會呈現出深海綠色。此外，能從魚販和特別超市購買的英式小盆蝦料理（Potted shrimps）可以視為是另一種形式的海鮮奶油醬。若要製作搭配炸魚、水煮魚或烤魚的海鮮醬，請將紅蔥頭末或洋蔥末放入 2 湯匙奶油中炒軟，再加入一杯干白葡萄酒或苦艾酒（vermouth）收乾一半水分，然後加入 250 毫升白湯醬熬煮，再收乾一半的量。最後攪入任何一種上面提到的奶油醬，並試試味道和鹹度。

龍蒿（TARRAGON）

龍蒿可以將白湯醬變成滋味極佳的醬料，就跟它在許多醬汁中的作用一樣。你可以用燒烤過，雞胸肉或一份海鮮的平底鍋，來製作速成版的龍蒿白湯醬。先取出雞肉或海鮮另置保溫，然後在還有熱度的鍋中加入不超過1至2茶匙的油脂。接著加入1至2茶匙麵粉快速攪打，並於一兩分鐘後，加入250毫升高湯熬煮5分鐘。最後加入1茶匙切碎的龍蒿，並可按個人喜好再加入一點高脂鮮奶油或法式酸奶油。這種經典料理的現代版本傾向於不使用麵粉，並在高湯中加入大量鮮奶油收乾至濃稠，但我的路線和口味都偏好老式作法。如果很難取得新鮮龍蒿，冷凍乾燥龍蒿也不錯。

小牛肉（VEAL）

名廚主持人安東尼・波登（Anthony Bourdain）對這類料理非常了解。白湯醬燉小牛肉（Blanquette de veau）應該要呈現淡白色澤。米飯應該是白色的，盤子也要是白色。要不惜一切代價去阻止在這道料理中添加蔬菜的誘惑。因為這是一道白色的料理，我的老天啊。看看你是否敢不加切碎的荷蘭芹就將白湯醬燉小牛肉擺上桌，這就像是吃甜甜圈卻不能舔嘴唇那樣困難。我想知道波登對大廚菲利普・德拉庫爾（Philippe Delacourcelle）的版本會有什麼看法。德拉庫爾在燉煮小牛肉時會加入八角，並將少許小豆蔻粉加入製作油麵糊的奶油中。雖然他的版本仍像白粥一樣淡白，但比經典的白湯醬燉小牛肉更具有異國風味。波登在加有米爾瓦普（mirepoix；綜合調味蔬菜料）及香草束（bouquet garni）的水中燉煮小牛頸部或肩部的肉塊，直至變軟。至於淡白色的麵糊，他則使用了煮小牛肉的湯汁、小牛肉、一些煮過的珍珠小洋蔥（pearl onions）、白蘑菇、白胡椒和鹽來製作。波登最後在白湯醬燉小牛肉中加入一些蛋黃和一點檸檬汁，就像製作蛋黃醬那樣，請參考接續段落。

蛋黃與奶油或鮮奶油（YOLK & BUTTER OR CREAM〔ALLEMANDE；蛋黃醬〕）

　　蛋黃醬是卡漢姆最初認定的母醬之一，但後來被併入白湯醬之下。畢竟，蛋黃醬只是一種加了蛋黃和奶油或鮮奶油讓醬汁更為濃郁的白湯醬。許多人一直認為蛋黃醬應該要用小牛高湯，但名廚埃斯可菲對於任何白色高湯都持開放的態度，而巴黎塔鳳餐廳（Taillevent）的大廚菲利普‧勒尚德（Philippe Legendre）則在他著名的蛋黃醬中用了蝸牛高湯。順帶一提，蛋黃醬的原文「allemande」沾到種族主義的邊邊，因為這代表一種古老的淡白色，而褐醬的原文「espagnole」則是偏黑的深棕色。有些廚師目前仍使用蛋黃醬的別名巴黎醬（sauce Parisienne）來稱呼這種醬料，這是戰時反德情緒所造成，就像英國王室拋棄薩克森-科堡-哥達王朝（Saxe-Coburg-Gotha）之名為改為溫莎王朝（Windsor）[11]一樣。要製作蛋黃醬，若使用一份以500毫升高湯製成的白湯醬，則需要將2顆蛋黃與75克融化的無鹽奶油或100毫升高脂鮮奶油混合。混合好的奶蛋糊需加溫（例如加些溫熱的白湯醬快速攪打一下），然後加入剩餘的白湯醬，以小火慢慢整鍋熱透，最後再擠一點檸檬汁即可。蛋黃醬通常用於搭配簡單烹煮的魚肉或雞肉，或可取代白醬做為融合派餅中食材的醬料。

11　「allemande」（蛋黃醬）一字直譯就是「德國」的意思，所以反德人士不願使用這個名稱。而薩克森-科堡-哥達王朝（Saxe-Coburg-Gotha）則是一支源起於德國的歐洲王室血脈，這支血脈曾統治過包括英國在內的多個歐洲王國。1917年英王喬治五世為了順應反德民情，而將英國王室名從薩克森-科堡-哥達王朝改為溫莎王朝。

貝夏美白醬與一般白醬（Béchamel & White Sauce）

　　白醬採用比白湯醬更白的油麵糊所製成，並加入調味牛奶而非高湯來稀釋醬汁。這是一種快速簡單且多功能的醬汁，所需食材通常你手邊都有。不加辛香料的一般白醬有時是鹹味菜餚的最佳佐料選擇，更常是甜點的最佳選擇。

此基礎食譜可製作1公升左右的白醬，供6至8人份的餐點使用。ᴬ

食材

　　1公升牛奶ᴮ

　　¹/₂ 顆洋蔥，用一兩個丁香將月桂葉釘在洋蔥上——這種手法稱為「鑲嵌」
　　　　（clouté）

　　75 克奶油或其他油脂ᶜ

　　75 克中筋麵粉ᶜ

　　鹽和白胡椒

　　肉豆蔻（可加可不加）ᴰ

1. 先將牛奶與鑲嵌過的洋蔥一起燙熱，接著關火讓洋蔥泡在牛奶中一段時間入味，之後再過濾。
   這裡的燙熱是要到剛好煮沸的程度。浸泡入味的時間至少需要10分鐘。洋蔥、月桂葉和丁香是貝夏美白醬與一般白醬的區別。它們可為其他風味提供基本香味，但若可能會與其他風味衝突，或有壓過其他風味的風險，那就不要使用。

2. 取另一只厚重型平底鍋來，以中火融化奶油，然後加入麵粉快速攪打。在中小火下烹煮，要不斷攪拌，油麵糊最多可煮到白沙那般的色澤，顏色不能再深了。ᴱ

3. 關火，慢慢倒入溫牛奶並大力攪打以打散結塊。開中大火煮沸，期間要不斷攪拌。

4. 轉小火，輕輕燉煮8到40分鐘，之間要不時攪拌。以鹽、胡椒和肉荳蔻調味。ᶠ
   通常需要燉煮15分鐘，但想要有更好的風味及口感的話，建議燉煮久一

點。請隨時注意並不時攪拌，別讓醬汁黏在鍋子上燒焦。

5. 將醬汁過濾裝到耐熱壺中，蓋上保鮮膜或抹了點奶油的烘培紙。若會馬上使用的話，請將耐熱壺放在一鍋微煮的水中以隔水加熱法保溫。也可冷藏在冰箱中存放 5 天，或冷凍 3 個月之久。

醬汁再加熱後的味道一樣好，不過會變得更濃稠，可能需要另外加一點牛奶稀釋。請以小火微微加熱，同時快速攪打。

舉一反三

A. 如果你在步驟 4 選擇燉煮較長的時間，那麼則成品的分量將會變少。

B. 如果想要更濃郁的醬汁，可以使用任何種類的牛奶，或將牛奶和鮮奶油混合。名廚米歇爾·魯（Michel Roux）製作了一種以醬油和蒜泥調味的椰奶白醬。按基礎食譜分量所製作出的，會是濃稠但還能流動的醬汁。

C. 想做稀一點更容易流動的醬汁，請用 50 克的奶油和 50 克的麵粉製作。

D. 肉豆蔻可加可不加，但建議盡量使用現磨肉豆蔻。

E. 先把紅蔥頭末在奶油中炒軟，再攪入麵粉，這樣可為許多鹹味醬汁提供更強烈的基底風味。

F. 在醬汁中拌入一些高脂鮮奶油或法式酸奶油可讓醬汁變得濃郁。按照基礎食譜的分量，請使用 100 毫升左右的高脂奶油或法式酸奶油，在燉煮結束時加入醬汁中，並轉小火微微加熱 5 分鐘。

白醬→風味與變化

鯷魚（ANCHOVY）

　　我過去經常去倫敦切爾西地區（Chelsea）的一家小酒館，主要是我迷戀上酒保。這並不稀奇，每個人都會迷戀自己覺得漂亮或俊美的工作人員。我的酒保以他的不完美而著名，他有一個略帶粗野的鼻子和線條不明顯的下巴，這些降低他俊秀程度的特點，卻奇怪地強化了他的英俊臉龐。由於小酒館有服務生到餐桌來服務，所以我從來沒有跟酒保說過話，但是會坐在他視線所及之處，喝著黑咖啡或法式檸檬水（citron presse），試圖看起來像個對什麼都司空見慣的巴黎人，對於任何庸俗平凡且外形不佳的食物都沒興趣。看到他隱約瞥見我手上的《第二性》（The Second Sex）一書，我忍下了當服務生拿著庫克先生三明治、牛排三明治及薯條經過時對我帶來的痛苦飢餓感。有天早上，我到咖啡館時他不在那裡。我悶悶不樂地喝著濾泡咖啡（cafe filtre），直到我意識到，他不在，代表我可以真正吃點東西。小酒館做的庫克先生三明治相當不錯，份量不會太多，沒有加進過多的火腿或葛黎耶和乳酪，在烤架上烤出金黃斑塊的吐司被淋上適量的白醬，再搭配點菊苣（frisée）做裝飾。當我的酒保走進來時，我恰巧吃下最後一大口三明治，匆忙中嘴邊留下了一點菊苣。酒保目不轉睛地看著我。他說：「不好意思。」我當時說不出話來，只好揚揚眉毛，因為這最能裝出對什麼都司空見慣的巴黎人。「你的下巴沾到沙拉了。」之後我學會了在家裡製作庫克先生三明治。我認為這道三明治最適合搭配鯷魚白醬，當你隨時可以穿著睡衣跌進沙發時，呼出魚的氣味根本就沒有什麼關係。料理作家珍·葛里格森（Jane Grigson）建議在 3 湯匙奶油中搗碎 6 塊鯷魚片，然後加入用了一品脫（約 575 毫升）牛奶製成的白醬中。

茄子與乳酪（AUBERGINE & CHEESE）

　　土耳其有道名為「蘇丹喜悅」（hunkar begendi）的料理，是用番茄燉羊肉，搭配濃郁的煙燻茄子白醬享用，這種白醬因為加有卡薩里乳酪（kasseri；一種綿羊或山羊乳酪）而濃郁，並以現磨肉豆蔻調味。傑若米·朗德（Jeremy Round）以蘇丹喜悅這道料理贏得了一九八二年《衛報》與摩當卡地酒莊（Guardian / Mouton Cadet）舉辦的烹飪比賽，他認為巧達乳酪的效果比卡薩里乳酪更好。要製作茄子乳酪白醬，請將 1.4 公斤的茄子放入平底鍋或 200°C 的烤箱中煎烤至皺縮變軟，然後舀出肉，浸泡在淡鹽水中 30 分鐘。在你想把

整鍋茄肉都倒進垃圾桶且發怒之前，請注意朗德強調茄肉會看起來像「骯髒的破布」。然後將茄肉擠乾，搗泥或用食物調理機打成泥。再用各60克的奶油和麵粉製作油麵糊，然後加入450毫升溫牛奶。煮3分鐘後加入茄子泥和60克磨碎的巧達乳酪。關火攪拌，加入乳酪並在乳酪融化時攪拌均勻並調味。最後搭配以洋蔥、番茄、大蒜和香草（herbs）燉煮的羊肉即可享用。

培根與粗玉米粉（BACON & CORNMEAL）

當我責備老公在星期六早上煎完東西後不洗鍋子時，他會以還有其他用途的說法反駁我說：「我要留著做白肉汁（white gravy）。」這裡所說的肉汁是美國南部特有的肉汁，一種用培根、香腸或豬肉所榨出的油製成的白醬，可以搭配炸雞、火腿片或牛排，最後再加個像鹹味司康餅的美國比司吉（請參見25頁的「司康餅」段落）就可享用。有些廚師會使用小麥麵粉製作油麵糊，但也常用粗玉米粉，使用粗玉米粉製作的肉汁因為質地較為粗糙，被稱為「鋸木廠肉汁」（sawmill gravy）。要製作這種肉汁白醬，請在煎鍋中留下2湯匙的培根油/香腸油，然後攪入3湯匙麵粉混合成油麵糊，再加入400毫升溫牛奶和大量的調味料。持續燉煮到醬汁的質地變得濃稠，盡可能確保煎肉時黏鍋的殘渣都煮融在醬汁中。有些肉渣會在攪拌麵粉時脫落，而黏得較緊的一些部分就要用溫牛奶及勺子幫忙才能融解。

白蘭地（BRANDY）

白蘭地奶油醬（brandy butter）有著濃郁到讓人害怕的甜味，是種風味強烈的醬汁，傳統上用來搭配耶誕布丁和甜肉餡餅（mincepies），甜肉餡餅基本上是淋上一堆糖粉的蛋糕。料理作家德莉亞・史密斯對於佐耶誕布丁的含酒醬汁則有非常不同的主張，她認為：白蘭地奶油醬就像柴契爾夫人一樣，只有丹尼斯・柴契爾爵士（Denis Thatcher）適合與她相伴。其意為，這是宜人的樸拙平淡滋味，但搭配耶誕布丁（plum pudding）這樣喧騰的經典料理卻是滋味極佳（在千層麵或肉末茄泥千層派中撫慰人心的厚厚白醬，也具有差不多相同的功效）。可按照基礎食譜製作出類似的白醬，這裡不使用鑲嵌洋蔥、鹽和胡椒，而是在步驟4燉煮15分鐘後，加入125克糖攪拌幾分鐘。轉成最小火後，

加入175毫升白蘭地和300毫升高脂鮮奶油。慢慢將整鍋煮熱，並試嚐一下醬汁中的白蘭地濃度。關火，用保鮮膜或抹油的烘焙紙封起鍋口，留至上菜時使用。這個分量的白蘭地大約是史密斯食譜所用的兩倍，但我有客人還喜歡更強勁一點。你也可以將白蘭地換成等量的蘭姆酒、白蘭地蘋果酒（Calvados）、威士忌或半甜金色強化葡萄酒（sweet-medium golden fortified wine）。

乳酪（CHEESE〔MORNAY；乳酪奶油白醬〕）

以油麵糊為基底的醬汁不會消失。可能會有跟得上時代的新式方法來製作類似的醬汁，但誰想要前衛的花椰菜乳酪？還是時尚的雞蛋佐乳酪奶油白醬（eggs Mornay）？新奇過後仍努力不懈的追求者會發現以歷史悠久的作法來製作乳酪奶油白醬效果更好，並將醬汁以不尋常的方式加進英國料理中。法國經典名菜焗烤火腿菊苣（endives au jambon）是以整顆菊苣製作，將菊苣燉煮（10分鐘應該就夠了）後，用撒上芥末的火腿包起來，讓每顆菊苣的尖端如同突出在粉紅火焰中的豬腳（trotter）那般。接下來，將一顆顆包好的菊苣排在烤皿中，淋上一層乳酪奶油白醬，再撒上一些磨碎的乳酪，然後以180°C烤至冒泡，這大約需要20分鐘。或也可以考慮試做美食作家安娜‧德爾‧康特（Anna Del Conte）的料理，將義大利大吸管麵裹上月桂葉味乳酪奶油白醬，再與大蒜荷蘭芹炒茄子片混合拌勻。要製作經典的乳酪奶油白醬，請將75至150克磨碎的乳酪攪入剛做好已離火的白醬中讓乳酪融化——太熱的話，醬汁會分離。乳酪奶油白醬傳統上需要用一半的葛黎耶和乳酪以及一半的帕馬乾酪來製作，即使是巧達乳酪這種風味較強的品種也無法有效地賦予白醬風味。加入乳酪後請試嚐調味，因為乳酪的鹹度會有所不同。可按個人喜好可以加入一至兩茶匙的芥末，和/或幾湯匙奶油和一至兩顆蛋黃，讓醬汁更濃郁（若你要用乳酪奶油白醬來焗烤，就不要加蛋黃）。其他常添加的食材包括卡宴辣椒、青蔥、肉豆蔻、少許伍斯特辣醬油、塔巴斯科辣椒醬或櫻桃白蘭地。小茴香和葛縷籽也值得試試。

洋蔥（ONION〔SOUBISE；洋蔥醬〕）

過去會將洋蔥加蜂蜜煮沸，並將過濾出的汁液當作止咳糖漿。我想我還

寧可把感冒藥放在熱狗上一起吞下。洋蔥汁有更美味的用途，將它倒入濃厚的白醬中就成了洋蔥醬（soubise）。這種醬汁是油麵糊不再流行的眾多受害者之一，不過它仍偶爾會現身在經典搭檔羊肉料理中。洋蔥醬在過往還會搭配兔肉、鴨肉、雞肉、甚至魚肉。素食者應該會注意到，洋蔥醬在甜味和硫磺味之間取得平衡的勁道，讓它不但適合搭配紮實的菇蕈類菜餚，也同樣適合搭配水煮蛋或綜合烤蔬菜，還可以是煎蛋捲（omelette）的極佳餡料。要製作洋蔥醬，請將 2 顆大洋蔥切末放入 500 毫升鹽水中煮軟後瀝乾取出，煮過洋蔥的水及洋蔥都留著備用。將煮過洋蔥的水與 500 毫升牛奶混合，然後根據基礎食譜製作白醬。將煮熟的洋蔥（按照個人喜歡可打泥）加入完成的醬汁中，再加入少許現磨肉豆蔻。試嚐調味後，再以小火微微加熱洋蔥醬，若想製作風味更細緻的醬汁，最後請再加些白蘭地蘋果酒（Calvados）和法式酸奶油。

荷蘭芹（PARSLEY）

荷蘭芹會放在幾片攤開的粉紅色火腿上，做為點綴白醬的綠色斑點，旁邊再放些胡蘿蔔片和水煮的黃色馬鈴薯。謝天謝地，倫敦聖約翰餐廳（St John）仍在供應這道菜餚。英國大廚弗格斯·亨德森（Fergus Henderson）建議，當你的油麵糊煮到聞起來有「餅乾味」時就加入牛奶，以免煮過頭。亨德森有道以各 100 克麵粉及奶油加入 600 毫升牛奶中製作出的濃醬，他建議可按喜好以煮過火腿的水來稀釋醬汁。他還指定需要使用一大把捲葉荷蘭芹，切碎後搭配白肉魚上菜，在同樣的醬汁中再加入半把切碎的細葉香芹或蒔蘿也能增添風味。

雪利酒與鮮奶油（SHERRY & CREAM）

我們在紐約那時，我對朋友說：「我們去 21 俱樂部（21 Club）。」我的朋友說：「不要，那是遊客才會去的地方。」我說我就是遊客啊，不過朋友想帶我去布魯克林區（Brooklyn）的一家新餐廳。由穿著格子襯衫且鬍鬚上蠟的獨輪車手來服務的玻利維亞點心餐廳。我說：「這倫敦就有了。」對我而言，21 俱樂部很不一樣，那是最古怪的老式美國風。外頭有真人大小的騎師人像守衛著鍛鐵大門，裡面則像是有個被颶風橫掃的玩具店，被吹進了地下酒吧（speakeasy）之中。而且這也是電影《彗星美人》（All About Eve）中的場景。朋友的態度軟化了，與我一起到 21 俱樂部共進午餐。我點了著名的雞肉炒馬鈴薯（chicken hash）。回到家後，我在公公收藏的《紐約食譜》（New York Cookbook；作者：莫莉·奧尼爾〔Molly O'Neill〕）中找到了雞

185

肉炒馬鈴薯的食譜。裡頭製作白醬的方法不太尋常，因為它是在烤箱中長時間烘烤，而不是在爐子上慢慢燉煮。要將2湯匙奶油、2湯匙麵粉以及500毫升牛奶混合煮幾分鐘，再加入$1/4$茶匙白胡椒、一點塔巴斯科辣椒醬和伍斯特郡辣醬油。蓋上蓋子放入150°C的烤箱中烤$1^1/_2$小時。烤完後將醬汁過濾倒回鍋中，加入250克水煮雞胸肉丁、4湯匙雪利酒和120毫升低脂鮮奶油（single cream）。微微加熱5分鐘。將2顆蛋黃加溫（可加點溫熱的醬汁快速攪打）後加入剩餘的醬汁，以小火煮至醬汁變濃稠。適合搭配野米（wild rice）和菠菜、或鬆餅（waffle）或吐司。還可按個人喜好撒上磨碎的葛黎耶和乳酪，放在熱烤架烤至金黃冒泡。

香草（VANILLA）

卡士達粉是細玉米粉、香草調味劑（vanilla flavouring）和黃色色素的混合物。與僅用蛋黃來變稠的卡士達醬相比，使用卡士達粉製作的卡士達醬較不柔滑。不吃雞蛋的人可能會發現香草味白醬會比用粉調出的卡士達醬更美味，這不只是因為煮過的中筋麵粉比細玉米粉的口感更滑順，也因為這種油麵糊的色澤會比普通白醬深一點，還會帶點奶油酥餅（shortbread）的味道。在500毫升牛奶中浸泡1個剖開的香草莢，然後在步驟4轉小火燉煮時，拌入4湯匙糖（或試過味道後再多加一點）。

舒芙蕾：乳酪舒芙蕾（Soufflé: Cheese Soufflé）

美味舒芙蕾的基底是具有風味的濃稠白醬，並加入蛋黃讓醬汁更為濃郁，最後再將蛋白翻拌入醬汁中。混合好的白醬在烤箱中會膨脹至烤皿邊緣，最後還會溢出。製作的方式很簡單，剩下的端靠練習了。

此基礎食譜可製作一個直徑20公分舒芙蕾，或6個150毫升的小舒芙蕾。[A]

食材
覆蓋烤皿表面的食材：15 克融化的奶油、4 湯匙磨得細碎的帕馬乾酪或細麵包屑（breadcrumbs ）[B]

500 毫升牛奶

50 克奶油

50 克中筋麵粉

4 顆蛋黃[C]

150 克磨碎的乳酪，另外再多一點撒在表面上[D]

鹽和白胡椒

5 顆蛋的蛋白（室溫）[CE]

少許塔塔粉（cream of tartar）或 $1/2$ 茶匙檸檬汁

1. 在烤皿上刷上一層融化的奶油。撒上帕馬乾酪或麵包屑，然後往各個方向傾斜搖晃烤皿，直至表面完全覆蓋乾酪或麵包屑為止。倒出多餘的乳酪或麵包屑。
   無需在烤皿的周圍鋪一圈烘焙紙，除非你打算加入比基礎食譜中更多的蛋白。

2. 將牛奶倒入平底鍋中加熱。
   你可以像製作貝夏美白醬那樣（請見 207 頁），在牛奶中浸泡些東西，讓牛奶有其他層次的風味。

3. 在另一個厚重的平底鍋中，以中火融化奶油，然後拌入麵粉。接著以中小火燉煮且不停地攪拌 2 分鐘，不要讓油麵糊的色澤深過白沙的顏色。

4. 關火後慢慢倒入溫牛奶，大力攪打以打散結塊。再開中大火煮沸，期間要不斷攪拌。

5. 轉小火煮 5 分鐘後關火,放涼一點再拌入蛋黃。

   加入蛋黃後,就可以將舒芙蕾的基底醬汁放涼、蓋好並冷藏,最多可保存 2 天。當你要使用基底醬汁時,你需要重新微微加熱,讓它熱至足以融化乳酪的程度。

6. 加入磨碎的乳酪,讓它融化幾分鐘後再攪拌混合。加入調味料,請注意舒芙蕾中的空氣會稍微壓制味道。然後倒到一個方便混合攪拌的大碗中。

7. 在乾淨的玻璃碗或金屬碗中,將蛋白打至起泡並加入塔塔粉,接著繼續攪打至濕性發泡。

   所謂的濕性發泡就是當你拿起攪拌器,上頭打發的蛋白尖端開始下垂,但並沒有完全垂下來的程度。

8. 將三分之一的蛋白翻拌入舒芙蕾基底醬汁中,然後再將剩下的蛋白小心翻拌入醬汁中,以求盡可能留住更多的空氣。

   先在醬汁中混入少量的蛋白,會讓醬汁更容易與剩下的蛋白混合。

9. 將醬汁倒入已刷奶油且上一層乾酪或麵包屑的烤皿中,撫平表面,然後在邊緣處插入刀子繞一圈以防沾黏。並在表面再撒些磨碎的乳酪。

10. 將烤皿置於預熱的烤盤上,放在烤箱下層以 180°C 烘烤,大烤皿中的舒芙蕾需要烘烤 20 至 35 分鐘,時間長短取決於你喜歡濕潤會晃動的口感還是蛋糕那般的口感。小烤皿的舒芙蕾則需要烘烤 15 分鐘左右。

11. 烤好即可享用。

    沒有什麼能比放涼皺縮的舒芙蕾更讓人心情沮喪了。

舉一反三

A. 若要使用 35 公分×25 公分的瑞士捲烤盤製作舒芙蕾蛋糕捲(soufflé roulade),請烘烤 15 至 25 分鐘,直至凝固有彈性為止。

B. 製作甜味舒芙蕾,可改用細砂糖或細蛋糕屑。像巧克力或咖啡這類甜口味的舒芙蕾可用白醬為基底,不過使用甜點師蛋奶醬(請見 587 頁)或巧克力甘納許(請見 442 頁)更常見。

C. 將冰箱中的雞蛋(當然是還沒打破的雞蛋)放入溫熱的自來水中幾分鐘,就可以回復至室溫。

D. 葛黎耶和乳酪是經典乳酪舒芙蕾的口味,但是鞏德乳酪(Comté)和熟成的高達乳酪(Gouda),或前述的任一種乳酪與帕馬乾酪混合,都是值得一試的替代品。即便是風味強大的巧達乳酪用在這裡可能也會令人失望。

E. 再多一顆蛋的蛋白會讓舒芙蕾更膨鬆。多數舒芙蕾食譜的蛋白用量會比蛋黃多一顆。

白花椰菜、乳酪與小茴香（CAULIFLOWER, CHEESE & CUMIN）

　　美食評論家克雷格・克萊本（Craig Claiborne）寫道，所有當作主菜的舒芙蕾料理基本上都是以同樣方式製作，因此只要學會基本原理，就可以「任意」變化。舒芙蕾配方在現代食譜書中罕見的程度，就跟在吐司上塗抹酪梨這種訣竅普及的程度一樣，而且這些舒芙蕾配方往往都是經典款。因此，這裡有大量的實驗空間。我發現中東的白花椰菜和小茴香的組合奇怪地符合舒芙蕾的形式，兼具了蓬鬆與緻密口感，就像走過露天市場中那陣可以吃的雲霧一樣。將半顆大花椰菜切成小朵蒸軟，然後稍微打成泥狀。接著按照基礎食譜使用一半分量的奶油、麵粉和牛奶製作舒芙蕾的基底醬汁，並在步驟 5 開始時加入 2 茶匙小茴香粉，然後在該步驟結束時拌入 2 顆蛋黃就好。接著在步驟 6 中 150 克乳酪融化後，拌入約 250 毫升白花椰菜泥中，再接續步驟 7 進行，這裡只使用 3 個顆蛋的蛋白。用白花椰菜泥取代一些白醬意味著烘烤舒芙蕾的時間要更長，大舒芙蕾約需要 30 至 45 分鐘，小舒芙蕾約 20 至 22 分鐘。

巧克力（CHOCOLATE）

　　甜味舒芙蕾有許多不同的基礎食譜。若是巧克力口味，你可以將打發的蛋白翻拌入巧克力甘納許或巧克力卡士達中製作，也可將蛋白加入融化巧克力和蛋黃的混合物（其實就是在烤巧克力慕斯）或甚至是泥狀巧克力風味米布丁（rice pudding）中來製作。大廚休伯特・凱勒（Hubert Keller）還有道以香草（vanilla）和蘭姆酒調味的白醬巧克力舒芙蕾。當然，你可以嘗試所有五種方法，找出自己最喜歡哪一種。若想避免有偏見，我先補充一下，油麵糊中的麵粉會讓舒芙蕾產生一種非常輕盈的蛋糕口感，那是種非常美妙的口感。請按照基礎食譜製作，在步驟 6 中加入 100 克磨碎的黑巧克力、50 克糖、1 湯匙蘭姆酒和 1 茶匙天然香草精取代乳酪，並請攪拌幾分鐘以確保糖完全融解且巧克力均勻混合。

雞蛋與蒔蘿（EGG & DILL）

　　雞蛋舒芙蕾——舒芙蕾本就是用雞蛋做的，這算是個累贅的品名嗎？在研

究各種油麵糊時，我碰巧在《康斯坦斯·史普里食譜書》（*The Constance Spry Cookery Book*）中找到了雞蛋可樂餅的配方。與一般可樂餅風味強烈且鹹香的食材相比，水煮蛋的滋味似乎相當平淡。但這個想法一直在我腦中徘徊，我發現自己很好奇雞蛋碎粒舒芙蕾（egg-flecked souffle）是否可行。一天早上，我先烤了幾個雞蛋舒芙蕾後坐下來，把餐巾塞進睡衣裡，看對著泛著光澤的小烤皿和像特種部隊那樣堅實的奶油吐司條（buttered toastsoldiers）。我喜歡以蒔蘿溫和調味並在打發蛋白中懸浮著的碎碎水煮蛋。我關掉了電視上的《今日節目》，坐下看著花園裡的鳥兒跳來跳去，同時動動窩在絨毛拖鞋中的腳趾。我在拿第二個舒芙蕾時，心裡想著自己在做的就是種正念冥想吧。等到我丈夫起床時，下一批雞蛋舒芙蕾正好從烤箱中出爐，他的臉像本頁的最初草稿一樣皺了起來。我默默遞給他一個舒芙蕾，等待他的讚美。他說：「有些蛋太大塊了。」請記住，舒芙蕾的基底醬汁及小烤皿可以提早準備好，然後你只需要花幾分鐘打發蛋白，並在烤箱預熱時將蛋白翻拌入醬汁中。要製作雞蛋碎粒舒芙蕾，請按照基礎食譜進行，在步驟 b 中拌入 3 至 4 顆切得細碎的水煮蛋、1 湯匙切碎的新鮮蒔蘿和 1/2 茶匙白胡椒來取代乳酪。

189

薑（GINGER）

薑味舒芙蕾是詹姆斯·比爾德的最愛。在一封他寄給料理作家海倫·伊凡斯·布朗（Helen Evans Brown）的信中，他讚揚了布朗的薑味舒芙蕾「裡面滿滿都是糖漬薑塊（preserved ginger）」。我試了試這道食譜，並忍住不加薑粉、薑餅香料或肉豆蔻。這裡只加糖的白醬味道優雅平淡。布朗的舒芙蕾需要比基礎食譜更多的雞蛋，不過作法都一樣。請用 45 克奶油和 30 克麵粉製作油麵糊，並下鍋煮 1 分鐘左右。接著攪入 180 毫升溫牛奶，持續攪拌至油麵糊變成濃稠且光滑的白醬。在 5 顆蛋黃中加點溫白醬輕輕攪打，再拌入剩下的白醬。接著拌入 100 克糖和 8 湯匙切成細末的糖漬薑塊。並將 6 顆蛋的蛋白打至濕性發泡，然後將三分之一的蛋白倒入白醬中翻拌混合，之後也將剩下的蛋白翻拌混合入白醬中。將混合好的白醬倒入已抹奶油和撒細砂糖的 1.25 公升舒芙蕾烤皿中。以 190°C 烘烤 25 至 30 分鐘，直到膨脹並帶點褐色。最後佐上打發的甜味鮮奶油霜即可上桌享用。

金萬利香橙甜酒（GRAND MARNIER）

英國名廚休伊‧芬利-惠廷斯泰爾（Hugh Fearnley-Whittingstall）憶起自己有天去了可以俯瞰巴黎聖路易島（Ile St Louis）的傳奇餐廳拉佩魯滋（Lapérouse），並在酒單上發現了一瓶便宜的彼德綠堡葡萄酒（Chateau Petrus）。直到一杯免費的香檳端來時，他才懷疑餐廳經理是否有其他理由這樣款待顧客。原來這瓶酒要價650英鎊，而不是65英鎊，他算錯匯率了。值得慶幸的是，食物極佳，傲視全球的拉佩魯滋舒芙蕾（soufflé Lapérouse）……「外皮酥脆，酥皮下是輕盈慕斯般的質地，正中心處則是全然黏糊的白醬口感。」要製作這種口味的舒芙蕾，請先在烤皿上抹層奶油並撒層細砂糖，接著按照基礎食譜進行。在步驟6中拌入2湯匙柑橘醬（marmalade）、2湯匙金萬利香橙甜酒和 $1/4$ 茶匙天然香草精取代乳酪。

米布丁（RICE PUDDING）〉

除了油麵糊、巧克力甘納許及卡士達，可以作為甜味舒芙蕾基底的還有混合米布丁。大廚菲利普‧霍華德（Philip Howard）在自家「廣場餐廳」（The Square）中供應這道點心，也在兩本食譜套書中的甜點那一本裡，給出自己的蜜桃梅爾芭舒芙蕾（Peach Melba soufflés）配方（要先將米布丁和桃子泥混合後再快速拌入蛋白）。烤皿內會鋪一層烤乾的杏仁蛋糕屑，而做好的舒芙蕾則會配上酸味覆盆子醬和香草杏仁冰淇淋享用。霍華德認為，如果沒有加一勺冰淇淋在裡頭，就不能算是完整的甜味舒芙蕾，「吃一口熱騰騰且濃郁的舒芙蕾，再配上正在融化中的冰淇淋，那是享用甜點的最美好滋味。」要在家製作香草風味的米布丁舒芙蕾，請用100克短粒米、500毫升全脂牛奶（或將牛奶和鮮奶油混合也可以）、50克糖、1條剝開的香草豆莢和少許鹽製作米布丁。將米布丁打成泥後秤好250克做為舒芙蕾的基底，並將5個蛋的蛋白與75克糖打至濕性發泡後翻拌入米布丁泥中。在預熱過的烤盤放上4個小烤皿，以180°C烘烤最多8至9分鐘，在烘烤一半時間時小心將托盤轉向。如果你喜歡舒芙蕾中保有完整的米粒，那就去找找匈牙利的米蛋糕（rizskoch）食譜吧。

波菜與瑞可達乳酪（SPINACH & RICOTTA）

一九八〇年代中期，當我父母來到倫敦拜訪我及妹妹時，認為自己是時尚女孩的我們，帶父母到梅費爾區（Mayfair）的蘭根小酒館（Langan's Brasserie）去，這是一個名人出沒的地方，因此我的母親可能曾經在報紙上看過蘭根小酒館的名字。「不要指望看到名人。」我帶著青少年深鎖的眉頭這樣說：「倫敦才不是那樣。」我們被帶到歌手洛・史都華（Rod Stewart）和半支英格蘭足球隊隊員之間的桌子。我的父母在菜單後竊笑。著名球員加里・萊恩克爾（Gary Lineker）將一根蘆筍折起塞進嘴裡時，我鑽研著菜單一看也不看。這不只是要讓大家知道我的都會冷漠感，也因為我真的對前菜更感興趣，這是一道蘭根小酒館的經典料理：菠菜瑞可達乳酪舒芙蕾佐鯷魚醬。無論是過去或現在，蘭根小酒館都沒有出版食譜書——現在想像一下，當你可以從一輛舊雪鐵龍行動餐車出售炸魚條（fish fingers）並獲得書籍出版合約時的那個光景——這是我自己解析出的作法，將基礎食譜調整過後的配方。這個配方無需使用150克磨碎的乳酪。另將500克洗淨的菠菜放在大鍋中煮2至3分鐘，附在菜葉上的水就會讓菠菜皺縮，將菠菜擠乾後切碎靜置一旁。接著按照步驟1準備6個小烤皿，然後按照步驟2到4，使用400毫升牛奶、40克奶油和40克麵粉製作白醬。用小火熬煮白醬5分鐘，然後關火放涼一點，再拌入3顆蛋黃就好。將白醬倒到大碗中，加入菠菜、100克瑞可達乳酪和4湯匙細磨帕馬乾酪攪拌均勻。加鹽、胡椒和約四分之一顆的現磨肉豆蔻調味。將4顆蛋的蛋白打至濕性發泡，然後用金屬勺子將四分之一的蛋白翻拌入菠菜白醬中，然後將剩下的蛋白也翻拌入其中。可按個人喜好，分出幾個小烤皿多撒些磨碎的帕馬乾酪。接著將裝有白醬的烤皿放在預熱過的烤盤上，以180°C烘烤20至25分鐘，直到膨脹並變成淺棕色為止。在等待舒芙蕾膨脹的期間，可以來製作鯷魚醬：請將200毫升法式酸奶油、1½茶匙鯷魚泥、少許伍斯特辣醬油和幾滴塔巴斯科辣椒醬倒在小鍋裡加熱，或倒在壺中以微波爐加熱也可以。在每個剛烤好的舒芙蕾上切個小口，倒入少許鯷魚醬，然後將剩下的醬汁倒在壺裡一同上桌享用即可。

191

可樂餅：雞肉可樂餅
（Croquettes: Chicken Croquettes）

以油麵糊為基底的可樂餅進一步證明了白醬的可塑性，白醬是種特別適合油炸的混合物。製作淋汁用的白醬，每500毫升牛奶需要約25克麵粉，製作舒芙蕾則需要50克麵粉，至於可樂餅就需要75至80克麵粉，使其濃稠度更接近麵糊。

此基礎食譜可製作15個約6公分長的圓柱狀可樂餅。

食材

500毫升牛奶[A]

75克奶油

75至80克中筋麵粉[B]

50至100克切成小丁的熟雞肉[C]

鹽和白胡椒

1顆打好的雞蛋

150克乾麵包屑

油炸用植物油

1. 將牛奶倒入平底鍋中加熱。
   你可以像製作貝夏美白醬那樣浸泡其他食材，以獲得額外的風味。（請見207頁的步驟1）
2. 在另一只厚重平底鍋中，用中火將奶油融化後撒上麵粉，大力攪打。邊煮邊攪拌2分鐘，不要讓麵糊的顏色深過白沙色。[D]
3. 關火，慢慢加入溫牛奶，大力攪打以打散結塊。轉至中大火煮沸，過程中持續攪拌。
4. 燉煮5分鐘。關火放涼後，拌入雞肉並試嚐調味。[E]
5. 將可樂餅糊倒在烤盤上抹平，麵糊厚度約為2公分。靜置放涼後冷藏至少2小時。
6. 準備好三個淺碗：一個放麵粉、另一個放打好的蛋液，第三個放麵包屑。

要炸之前再將冷藏凝固的可樂餅從冰箱取出，揉成經典的圓柱形或球形。

7. 將每個可樂餅全部撒層麵粉後浸入蛋液中，再裹上麵包屑，注意要將表面完整覆蓋。

8. 在180°C的油中油炸，一次炸一些，每一面炸幾分鐘至金黃酥脆即可。炸好的可樂餅請放在120°C的烤箱中保溫。[F]

   如果你是油炸新手的話，請參見第18頁的「沒有專用炸鍋的油炸注意事項」。

舉一反三

A. 與大多數類似貝夏美白醬的醬料一樣，也可使用牛奶和高湯的組合。

B. 通常麵粉的使用量會比油脂多一點。

C. 可樂餅需要裹麵包屑下鍋油炸，因此加入內餡的食材越細碎越好，這樣成品才會光滑且不易裂開。

D. 在油麵糊中加入一些你想要放進可樂餅的食材，像是洋蔥或其他切碎的蔬菜（切成小丁的紅椒風味極佳）。務必把蔬菜切得細碎，並要先花時間在奶油中炒軟才能加入麵粉。

E. 康斯坦斯・史普里（Constance Spry）建議從較稀的白醬開始收乾，因為長期間慢慢收乾會產生更為濃郁的味道。（參見224頁用於類似作法之食譜中的塞拉諾火腿〔serrano〕。）

F. 可樂餅也能以烘烤代替油炸，但內餡可能會滲出。

蘆筍（ASPARAGUS）

我喜歡將蘆筍的基部泡在要製作可樂餅的牛奶中，基部取出丟棄後再用牛奶烹煮蘆筍的中段，之後再將中段瀝乾打成泥。浸泡過蘆筍的牛奶可用於製作濃厚的可樂餅基底白醬，然後用蘆筍泥取代雞肉加入基底白醬中。將可樂餅大致揉成小馬鈴薯尺寸的圓球，再裹上麵包屑下鍋油炸。如果可樂餅的內餡像應有的那樣濃郁，那麼就不需要任何醬汁，只需搭配彈牙爽口的嫩蘆筍尖即可。按照基礎食譜的分量，需要使用大約18根蘆筍。

牛肉（BEEF）

一次去東京出差時，我的同事建議我試試牛肉卡拉OK（beef karaoke）。這會是什麼？一條豆腐仿製得不像樣牛肋條（prime rib）？深愛蛋白質的歌手仙妮亞・唐恩（Shania Twain）的組曲？我同事再重複一次「卡拉餅」（Korroke），原來是日本發音的「可樂餅」（croquette）。如果英國速食連鎖店有賣這樣的東西，那應該會是很像迷你版牧羊人餡餅的東西。對於喝了一夜燒酒、跟跟蹌蹌趕上子彈列車的睡眼惺忪上班族而言，這是美味與救贖。儘管如此，以馬鈴薯泥為基底的日本可樂餅缺乏由濃郁白醬帶出的獨特奶油味。在荷蘭，炸肉泥丸（bitterballen）是球形的可樂餅（kroketten），通常會搭配夜間飲品享用。炸牛肉泥丸通常以牛肉高湯而非牛奶做基底，表示這是以褐醬（espagnole；請見193頁）製成的料理。請按照可樂餅的基礎食譜製作，使用50克奶油、75克麵粉和500毫升優質牛肉高湯。如果你沒有自製的牛肉高湯（這會帶有天然膠質），請在步驟4中將2片泡過並擠出水分的吉利丁片（leaves of gelatine）攪入煮好且放涼一點的可樂餅糊中，然後再拌入切碎的煮熟牛肉（用來取代雞肉）。

菇蕈類與蘋果酒（MUSHROOM & CIDER）

西班牙西北部肥沃的阿斯圖里亞斯山區（Asturias），是霧氣瀰漫的潮濕山谷，非常適合種植菇蕈類和製作蘋果酒。根據當地的神話，淘氣的蘑菇精靈（duendes de seta）晚上偷溜進蘋果酒廠，自己喝得醉茫茫。這就是為什麼被稱為「小傢伙雨傘」（paraguas de pequeñito）這種據說有精靈依附的菇蕈有大到下垂的蕈傘，因為這樣可以避免太陽照射到宿醉精靈的眼睛。這些神話都不

是真的，但在嚐過其中一種可樂餅後，你可能會希望這是真的，因為酸味蘋果酒和霉味蘑菇的組合幾乎是神話般的美味。要製作這種可樂餅，請在一些奶油中放入100克洗淨、修剪和切丁的蘑菇輕炒至軟，然後按照基礎食譜來進行，以蘑菇及取代雞肉，並以100毫升口味不那麼乾澀的蘋果酒取代牛奶。

橄欖（OLIVE）

經典可樂餅的食材是鹹的。那麼為什麼橄欖不能有個自己名稱的可樂餅？根據我的估量，黑色橄欖或是由黑色及綠色橄欖混合的效果最好。在基礎食譜中以80毫升橄欖油取代奶油製作油麵糊，是相當不錯的方式。將100克去核橄欖切碎，並在牛奶中浸泡一片輕輕壓碎的蒜瓣，微微加熱後靜置幾分鐘再試嚐一下牛奶的風味，一旦達到所需的風味深度，就取出蒜瓣丟掉。大蒜奶昔是一種多試幾次就會喜歡的味道，不過要提醒自己，這可是專為可樂餅做的。

柳橙與肉桂（ORANGE & CINNAMON）

這是一種甜味可樂餅，而且是沒有理由阻止你嘗試的組合。我用泡過橙皮和肉桂的牛奶做了一批這種口味的可樂餅。500毫升牛奶需要使用2顆臍橙（navel oranges）的碎皮、10公分長的肉桂棒以及 $1/4$ 茶匙肉桂粉。如果你趕時間的話，可以全部使用肉桂粉（再加 $1/4$ 茶匙），但肉桂棒的風味會更好。你需要在步驟1結束時從牛奶中撈出肉桂及橙皮。你也可以在白醬中加糖，不過我認為在剛做好的可樂餅上趁熱撒糖就享用更好。接下來請從基礎食譜的步驟5進行，將凝固的可樂餅糊切成三角形，並在麵包屑中加入幾撮碎茴香籽。柳橙肉桂可樂餅一炸好就能享用，你可以在享用時想像自己身處在聖徒紀念日慶典（Saint's Day feria）上。

番紅花、豌豆與紅椒（SAFFRON, PEA & RED PEPPER）

藝術家馬克·羅斯科（Mark Rothko）認為一幅畫作「本身就是一種體驗」，而不是體驗的呈現。他很少會以簡約的方式來詮釋自己的作品，但在一九五六年的畫作「綠與橘紅」（Green and Tangerine on Red）中，他將紅色與「生活中正常快樂的一面」做了聯結，也將上方的綠色矩形與「威脅我們的烏雲或憂慮」聯結起來。這款可樂餅則被稱為綠和番紅花紅，象徵著不用擔心要洗鍋底黏了米飯的大鑄鐵鍋，就能享受到西班牙海鮮飯風味的樂趣。要製作這種口味的可樂餅，請在加熱500毫升牛奶時，放入兩撮番紅花粉。再用1湯匙

橄欖油拌炒豌豆和切成小丁的紅椒幾分鐘（各抓一把豌豆及紅椒差不多就可以了），然後在步驟4中取代雞肉加入可樂餅糊中。

鹽漬鱈魚（SALT COD）

在七月炎熱的某一天，我有股不合季節的渴望需要滿足，我想要吃魚肉餡餅（fish pie）。在前往魚販的路上，我腦中跑了一遍準備事項。打好油麵糊、拌入白醬、用攝子從魚中取出魚刺、將馬鈴薯去皮、煮熟和搗碎。當我到達魚販時，那股渴望已經消失。也許只是因為隔壁的西班牙小吃吧馬上就能買到。接下來我面前擺了一杯斯特恩菲諾酒（stern fino），並點了一盤鹽漬鱈魚可樂餅。這盤可樂餅才剛從油鍋中撈出來，我吃了第一口就點了第二盤以及第三盤，以免吃不到。然後再點了另一杯菲諾酒以防萬一。鹽漬鱈魚可樂餅（Croquetas de bacalao）或伊比利火腿（jamon）是西班牙小吃吧的標準菜色，但倫敦朗廷酒店（Landau）的魯餐廳（Roux）會提供高檔一點的菜色，或是裹上漂亮墨魚汁麵包屑並佐以茴香泥的三個奢華點心。要製作這種風味的可樂餅，需要將鹽漬鱈魚浸泡24小時，之間要換過幾次水，然後撈出去除所有魚刺並切碎。150克的鹽漬鱈魚（未浸泡前的重量）是相當適合我們基礎食譜基底的用量。請將1顆小洋蔥切末放在2湯匙橄欖油中炒軟，再加入切碎的鹽漬鱈魚煮幾分鐘，然後留著備用。接著製作一批可樂餅基底白醬，並在步驟4中加入鹽漬鱈魚及洋蔥以取代雞肉。

塞拉諾火腿（SERRANO HAM）

西班牙大廚納喬‧曼扎諾（Nacho Manzano）以塞拉諾火腿可樂餅而聞名。他的名聲有部分歸功於長時間烹煮白醬：他不像我們的基礎食譜只煮5分鐘，而是煮了30至45分鐘。曼扎諾一開始在每500毫升牛奶中只用50克奶油和50克麵粉，並在加入麵粉前，先在奶油中炒過30克塞拉諾火腿丁。請在可樂餅

糊煮好一段時間後再調味，因為這時才可以判斷出火腿釋出了多少鹽分。請將可樂餅糊冷藏 24 小時，取出後接續步驟 6 進行，並使用葵花油來油炸。

蝦子（SHRIMP）

比利時特產炸蝦可樂餅（garnaalkroketten）裡頭包有美味的小褐蝦（crangon crangon）。在比利時奧斯坦德（Ostend），還存在有捕蝦者騎在馬上捕蝦的舊式捕撈法。穿著黃色防水衣的捕蝦者坐在耐寒結實的矮腳馬上，騎到水深及馬腹之處，用魚網網住蝦子，心裡也許期待著可以拿到東南亞的電影合約或至少一次的香煙廣告活動（或者也許只是買艘船）。炸蝦可樂餅跟著大量的優質比利時啤酒一起被吃下肚。喜歡優質啤酒的國家似乎也喜歡美味的可樂餅，這兩者之間可能存在有某種相關性。有些食譜要求以 1：1 的比例混合牛奶和蝦貝蟹類濃湯，以調合褐蝦煮熟出現的褐色，讓顏色呈現柿子般的紅色。褐蝦在英國就稱為「brown shrimp」，超市都買得到。許多廚師還會用蛋黃來使可樂餅糊的風味更濃郁，有時也會用磨碎的乳酪。

小牛或小羊胸腺（SWEETBREAD）

你可能認為在可樂餅中使用所有內臟之王很奢侈，但是胸腺不一定很貴，特別若你用的是小羊胸腺。胸腺之所以大多出現在專業廚房而不是在家庭廚房中的原因在於處理起來費時又費工。理想情況下，它們應該要先浸泡及川燙後再巧妙地去除軟骨、肌腱及脂肪的部位，並保持膜完好無損。如果你切開膜，你的砧板上會散落著只能餵狗吃的凌亂碎片，但其實你還可以將碎片做成可樂餅。美食家安德烈‧西蒙有道食譜，會使用到新鮮刨絲的蘑菇、火腿和「如果可能的話，切成小塊的松露」，將前述食材連同切好川燙過的胸腺都加入 250 毫升以 2 至 3 顆蛋黃製作的極濃厚白醬，即可製成可樂餅。

第五章 | # 高湯、濃湯與燉鍋
（Stock, Soup & Stew）

高湯：褐色雞高湯
（STOCK: BROWN CHICKEN STOCK）
第238頁

只煮但不攪拌的米飯：
印度雞蛋豌豆飯
（UNSTIRRED RICE: KEDGEREE）
第295頁

義大利燉飯：原味燉飯
（RISOTTO: RISOTTO BIANCO）
第303頁

印度燉豆：
印度香料燉鷹嘴豆
（DAL: TARKA CHANA DAL）
第288頁

燉豆：西班牙燉豆
（BEAN STEW: FABADA）
第281頁

肉湯：法式燉肉湯
（BROTH: POT AU FEU）
第249頁

濃湯：蔬菜濃湯
（PURÉED SOUP: VEGETABLE SOUP）
第258頁

總匯濃湯（CHOWDER）
第265頁

燉鍋：燉羊肉與蔬菜鍋
（STEW: LAMB＆VEGETABI F STEW）
第272頁

高湯（STOCK）

　　將水變成高湯或許不是掛保證的神奇事件，但幾乎都可以成真，而且對於平凡的一般人而言，這是個相當容易達成的事情。跟製作麵包一樣，製作高湯是個值得養成的好習慣，因為對於下廚者而言，需要實際動手的時間極少。看場電影的時間就可以煮好一鍋雞高湯。許多食譜書籍宣稱高湯塊在多數情況下都派得上用場。請完全不要相信這句話。這只是他們都認為你想聽到的是：自己很忙（所以要買可以節省時間的東西）。

　　就如同 Linn 9000 電子鼓機（Linn 9000 sequencer）可以為史脫克（Stock）、艾特肯（Aitken）、沃特曼（Waterman）唱片提供薄弱且重複的基調強節奏一樣，高湯粉或高湯塊能為料理帶來得也是這樣的效果。[12] 如果你正在做一道以高湯為主的料理，例如法式洋蔥湯（French onion soup），就很難不去熬煮適合這道料理的高湯。你可以招待客人享用白松露、異國風味組合或唸不出名字的稀有柑橘水果，但美味的高湯勝過這一切，而且這種高湯在腦中留下的感受就跟留駐在嘴唇上的滋味一樣多。在規畫本書的早期階段，我列出了自己吃過最好吃的料理，其中仰賴高湯產生美味的料理真是多得驚人。

　　製作高湯的人，就像野地求生者或自營工作者。他們帶著猶如世界末日後難民意外發現一塊鐵皮時的那種狂熱來貯藏骨頭和果皮，或像是提著一只裝滿文具收據的森寶利超市購物袋（Sainsbury's bag）的自由文字工作者。當這種堅持信念的溫和人士看到一副雞骨架[13]要被丟進垃圾桶時可能就會插手，而一位真正的狂熱人士還會虎視眈眈地看著你切下雞腿。我遊走在兩個極端之間。

12　史脫克（Stock）與艾特肯（Aitken）為英國專業音樂人，他們與行銷專家沃特曼（Waterman）合作，一同打造出一九八〇年代上百首膾炙人口的流行歌曲。而 Linn 9000 電子鼓機，則是許多八〇年代音樂人用於編曲及演奏的電子樂器。

13　雞骨架：是指整隻雞去掉雞皮、雞腿、雞胸肉、雞頭、雞脖子、雞翅、內臟後剩下的部分，主要是完整的雞胸骨以及還附在骨頭上的少許雞肉。

前幾天在朋友的家裡，當我正要隨意問問可否拿走午餐留下的一堆雞骨頭時，同時有另一位客人表示那些骨頭是要留給她的寵物鸚鵡的。我心懷感恩地把夾鍊袋折好放回手提包裡。但我的耶誕卡寄送名單現在要減少兩個地址了。

你在這裡學會製作高湯及肉湯的方法，都可以應用到本章系列食譜的大多數料理中。製作濃湯或燉鍋幾乎不需要什麼技巧。這種料理方法主要取決於你對食材、烹煮時間與溫度、味道與風味等等的感覺。這裡的挑戰在於要在固體和液體之間幹旋以產生最佳交易。出色的口感及風味是附加價值。讓人特別安心的是，在料理期間還有機會可以調整及改善風味，這是烘焙幾乎無法提供的奢望，因為麵包一旦放進烤箱，賭注就已經下好離手了。

我用雞高湯做為基礎食譜的範例。雖然有受到寵愛的鸚鵡來搶雞骨架，但因為雞骨架容易取得，雞湯無疑是大家相當熟悉的高湯。不過，一旦你真的迷上了自製高湯，你可能會發現週日烤肉所留下來的冷凍骨頭碎肉還不夠用。如果你有認識的在地肉販，運氣好的話，他會免費或以很便宜的價格提供你生骨和碎肉，特別若是你偶爾會買一些帶骨肉或一串香腸。雞骨架和火腿骨奠定了對自營肉販的非正式忠誠度。（魚販的鱈魚頭〔hake heads〕和鰈魚骨〔turbot frames〕也是如此。）但是，如果你的購物範圍僅限於超市，或者你的時間不夠，還有其他選擇。

第一種選擇是使用骨頭和肉的組合。雞腿因為雞皮、骨頭與雞肉的相對比例，所以具有極佳的風味和膠質，大約煮 40 分鐘就可以提供滿像樣的高湯。可以在一只 2 公升的平底鍋裡，用一點風味溫和的油快煎 1 公斤的雞腿，要不時拌炒一下。將食材先煎過可為所有高湯、濃湯和燉鍋帶來深度風味，並可以做出通常被稱為「褐色高湯」的基底。（「白色高湯」是用未煎過的生骨和生肉製成。）要製作更甜又更有焦糖風味的高湯，請在煎雞肉的同時，製作洋蔥丁、胡蘿蔔丁和芹菜丁組成的米爾普瓦（mirepoix），並一同下鍋煎炒。接著倒入 1.5 公升沸水（這會加快製作速度而且不會影響風味，不過湯汁會有點混濁），再將火轉小一點並熬煮至少 30 分鐘再過濾。這種速成法的一個優點是肉不會被煮爛，再加顆洋蔥及一些阿柏里歐米（Arborio）進去就是道極佳的雞肉燉飯了。請注意，這種高湯的味道溫和，所以適合做燉飯。它還可以製作出美味的蔬菜濃湯，為濃湯增添風味及湯汁，但若是要製做雞湯麵，你可能要收乾一點湯汁，讓風味更濃郁。雞高湯的風味多少取決於雞肉的美味程度，因此一定要常常試嚐味道。記得在每次試嚐味道時加點鹽來帶出風味。

如果要在不到 40 分鐘的時間內煮好菜，我會建議將市售高湯稀釋成包裝

指示上的兩倍量，再添加風味層次。這樣可以在 10 至 15 分鐘內完成。之所以要加更多的水來稀釋的原因很簡單，因為按照市售高湯本身所建議的水量稀釋，這些高湯都會帶有肉罐頭的味道，甚至是貓食的氣味，雖然在速成濃湯或燉鍋中這種味道不明顯，但在以高湯為主的料理中，這種味道就會非常明顯。我的想法是在滿滿的市售高湯味中加上真正食物的風味，就像為輕型磚別墅包上一層漂亮的裂紋橡木隔板一樣。我曾經將一條切片的韭蔥、一把冷凍豌豆、一些切剩的蘆筍碎料和一小撮茴香籽，放入市售蔬菜高湯中煮 10 分鐘。過濾後做出我所做過最好吃的蘆筍燉飯。同樣地，若要製作法式洋蔥湯，可將少量的牛絞肉、一些新鮮的百里香和少量干雪利酒放入高湯中燉煮 10 分鐘後再過濾。有計畫的廚師可能會冷凍少量的絞肉，以增添真正的肉味來削弱市售高湯的味道（這是購買奇怪家禽絞肉的一個少見原因）。但是請注意，沒有骨頭就代表你的高湯中沒有真正膠質，那正是史詩那般的真正高湯與一般市售高湯的差別。不過你也可以用點伎倆，小心使用吉利丁，只要高湯不會再煮沸即可。

肉湯（BROTH）

202

高湯（stock）、肉湯（broth）和濃湯（soup）之間的差異就跟法式清湯（consommé）中不應出現的混濁現象一樣模糊不清。美食作家艾倫‧戴維森認為「肉湯的定位介於高湯和濃湯之間」，這也是我個人在系列食譜上放置肉湯的位置。享用肉湯時，其固體食材通常會與湯水一起食用，但高湯中的固體食材卻會被丟棄。然而說到煮東西的水時，這種簡單的區別就變得模糊不清，因為煮東西的水既不能歸類到肉湯，也無法歸類到高湯。這並不是說它們不值得一提。舉例來說，煮甘藍的水是美味肉汁的主體，煮馬鈴薯的水則可使自製麵包的外皮有讓人深感滿意的嚼勁。在你用水煮完東西要把水倒入水槽前，請先停一下。料理作家扶霞‧鄧洛普（Fuchsia Dunlop）指出，在中國，用來煮豆豉和黃豆芽的水會被當作高湯使用。在法國佩里哥爾（Périgord），有道名為布格拉（bougras）的傳統湯品，是以甘藍及煮血腸的水所製作。煮東西的水可能不值得佔用冷凍櫃的珍貴空間，但它們滋味豐富，是方便的風味來源，所以不要連想都不想就倒掉。

當我想到肉湯時，我腦中會浮現一種半透明、不濃稠且風味強烈的液體，其豐盛程度有三：輕量級的就是像法式清湯這樣清淡又清澈的湯品，再來是豐盛些且有些小片食材懸浮在湯中的湯品，像是泰式酸辣湯（Thai tom yum）或

是義大利湯麵／餃（Italian pasta in brodo），最後是裡頭有著各種肉類或魚肉的最豐盛湯品，像是法式燉肉湯或馬賽魚湯。我以法式燉肉湯做為肉湯的基礎食譜，肉湯（broth）製作起來非常簡單，與高湯之間其實沒什麼差異。除了決定是否要先將肉類和蔬菜煎一下以及選擇辛香料外，你所要做的就是找出每種食材的最佳燉煮時間，並按正確的順序將食材加入鍋中。

對於大多數肉湯而言，主要關鍵並不是燉煮的速度要有多快，因為所謂的最佳燉煮時間，是要將肉煮到質地軟嫩可口但又不會過久致使風味流失的程度（通常這會有些轉寰的空間，特別是在燉煮帶骨肉或腿部和肩部那種經常在動作的強韌部位時）。去除肉湯中的油脂可能是這類料理的最大麻煩，不過其實這也很簡單，若是你提前一天煮好，可將肉湯冷藏一晚，這樣油脂就會凝固在表面。我喜歡伊麗莎白·大衛的建議，要算要好烹煮的時間，好讓肉類可以加點肉湯在午餐或晚餐時上桌，並搭配醃小黃瓜（cornichons）和芥末享用。然後將剩餘的肉湯冷藏保存至隔天，這時它味道不但變得更好，並且更容易去除油脂。

濃湯（PURÉED SOUP）

系列食譜上的下一個基礎食譜是濃湯。作法同樣簡單。就以製作肉湯的方法開始，但是食材一旦煮到熟透，就要將食材連同湯汁一起打成泥。濃湯與肉湯一樣，技術上要考慮的關鍵在於食材需要多長時間才能煮好。在大多數情況下，食材應該要煮得夠久才有辦法打成泥，但又不能久到食材的新鮮風味流失。請注意，有些種類的濃湯可以在其他的基礎食譜下找到，例如：印度燉豆（dal）下的扁豆湯（lentil soup；請見 290 頁的「扁豆、杏桃、小茴香濃湯」）、塔拉托醬（tarator）下的堅果濃湯（nut soups；請見 349 頁的「風味與變化」）和英式奶蛋醬（crème anglaise）下的希臘檸檬蛋黃醬（avgolemono；請見第 573 頁的「雞高湯與檸檬」）。無論如何，「濃湯」涵蓋了許多經典料理，像是番茄奶油濃湯（cream of tomato）、維奇濃湯（vichyssoise）、西洋菜濃湯、蘑菇濃湯和根莖蔬菜咖哩。

湯的液體性質讓本身極容易調整，幾乎可以隨時加量或減量（經由收乾的方式），這也讓湯成為即興做料理者理想的訓練場所。這也是我開始的地方，雖然早期我非常依賴食譜書籍，連當作附餐的麵包要怎麼抹奶油我可能都會查閱一下。沙拉保鮮盒和冰箱蔬菜櫃中的零碎食材都是即興料理很好（也就是低

風險）的食材來源。除了記住一人份的湯約是 250 至 300 毫升以外，還有兩個指導方針值得遵循。首先，為了謹慎起見，湯量寧可少一點。因為要稀釋濃稠且風味強烈的湯通常比要讓過稀的湯變得風味強烈且濃稠更加快速容易。製作濃湯，只需將食材浸入你算好量的液體中烹煮，或遵循以下經驗法則：「1 顆洋蔥和 500 克蔬菜需要 1.2 公升液體」即可。其次，需要對你要做出的料理有點概念。一鍋在爐子上煮得冒泡的湯總讓人忍不住想要一直東加西加。即使你正在烹煮像義大利蔬菜濃湯（minestrone）這樣用了一大堆食材的料理，什麼都想加的你要控制好自己。因為只用一兩種食材打出的純粹食物泥就可以是美味料理的精髓，像第 263 頁「番茄與胡蘿蔔」段落中的番茄胡蘿蔔濃湯就是一個例子。

總匯濃湯（CHOWDER）

總匯濃湯的定義不僅模糊，根本就像躲在深處的鰻魚一樣難以捉摸。在現代料理中，總匯濃湯（chowder）一般被認為是種濃湯（soup），與它在系列食譜上處於濃湯和燉鍋之間的定位一致，但從歷史的角度來看，總匯濃湯豐盛得讓人產生桂奎格（Queequeg）[14] 那般嗜鹹的食慾，使它足以擔當一天的主餐來享用。總匯濃湯的原文「chowder」被認為是源起於法文中的「chaudière」（大鍋）。據說，漁民會圍聚在公共廚房的大鍋旁，每個人都貢獻一些魚來換取一餐。這個習俗就此扎根，沿著大西洋沿岸一直擴展到新英格蘭。

最早記載的總匯濃湯非常簡單，是以當天的漁獲來烹煮。將鹽豬肉鋪在大鍋底部，然後是一層層的馬鈴薯、洋蔥、奶油和魚片。接著倒入以魚頭、魚骨、牛奶和調味料熬煮半小時的混合高湯。當總匯濃湯快煮好時加入硬餅乾（Ship's biscuits），讓餅乾溶解使湯汁變濃稠。你可能會說，魚片煮 30 分鐘口感都不好了，你是對的，不過這能從總匯濃湯的風味中獲得補償。現代食譜所定的烹煮時間較短，通常只要幾分鐘，因此要做出類似的風味深度，使用飽含風味的魚高湯就很重要了。極佳的海鮮高湯可以在短短 20 分鐘內準備好，所以雖然整個料理時間仍然落在半小時左右，但是湯中的魚片將會非常柔嫩。

總匯濃湯基礎食譜的食材分量很容易就可以記住：基本上與濃湯相同，蔬菜部分就使用切丁的馬鈴薯，其他還有 1.2 公升用魚高湯和牛奶混合成的液

14　桂奎格（Queequeg）是名著《白鯨記》中的人物，其最愛的菜餚為總匯濃湯（chowder）。

體，再加上 500 克魚肉和（可加可不加的）100 克培根。有些廚師會將一些馬鈴薯搗碎加入湯中使湯變稠，但其他方法也行得通，可在一開始就加入油麵糊（如同基礎食譜的作法）或在最後加入高脂鮮奶油也可以。總匯濃湯一定不能太稀，因為漁夫整天看水都看飽了。

硬餅乾或許不再是每個人用來讓湯汁變濃的首選，在美國買濃湯時通常會搭配的小片薄脆餅乾是種極佳的替代品。當我在明尼蘇達州明尼阿波利斯的一家小餐館裡首次拿到一小包這種餅乾時，我給了女服務員大大的微笑，那是種當小孩拿給你單個玩具火車軌道零件時會露出的微笑。真可愛，妳想要拿回去嗎？但是，過沒多久我就發現在湯中軟化的鹹味餅乾，在嘴裡上顎處壓成糊的滋味是會令人上癮的愉快體驗。

燉鍋（STEW）

從濃湯到總匯濃湯的過程，描繪了料理的豐盛程度在逐步地增加，持續下去就成了燉鍋。我發現，即使是濃湯料理經驗豐富者，在隨興烹煮燉鍋時的創造力也有限。怕會破壞昂貴肉類或魚肉的風險常是用來辯護的正當理由。當然，也有可能最後煮出一道沒人要吃的菜。但是，在大多數情況下，你可以大膽一點打開櫥櫃門，尤其若是你將下列問題謹記在心。

1. 我要料理的菜餚其主要食材是什麼——肉類、魚類、家禽、蔬菜？
2. 我要用什麼液體烹煮食材——水、高湯、葡萄酒、果汁、番茄、牛奶、還是混合湯汁？液體量要多少？量少一點做雜燴（braise），還是量多一點做燉鍋（stew）？
3. 我用什麼食材做為香味來源——米爾普瓦（mirepoix）、由洋蔥、芹菜和青椒組成的「三位一體」、香草束（bouquet garni）、香料（spices）、香草（herbs）、可可（cocoa）？
4. 要勾芡嗎？如果要，那要用什麼勾芡——油麵糊、搗碎的蔬菜、麵粉奶油糰（beurre manie）[15]、細玉米粉、鮮奶油、堅果粉？
5. 需要多久時間料理？

15　麵粉奶油糰（beurre manie）是將麵粉混入奶油中搓成的小糰，通常會在湯快煮好時加入湯中以增加濃稠度。

6. 採取哪種料理方式？放入烤箱、在爐子上煮，或使用電子慢燉鍋（slow cooker）？

如果你需要任何具說服力的「非傳統的風味組合」，我會建議你去看看第276頁搭配巧克力及馬莎拉酒的鴨肉（the duck with chocolate an Marsala），或第280頁的越南烤鴨（Vietnamese duck）和柳橙。或若你從未嘗試過用石榴和核桃（fesenjan）煮禽肉，可以參考第354至359頁。石榴醬核桃燉肉（fesenjan）跟科爾馬咖哩（korma）及杏仁醬肉（carne en salsa de almendras）之類的其他波斯、印度和摩爾燉堅果料理一樣，都能在堅果系列食譜上找到（理論上，它與這個燉鍋的系列食譜有交集，因為兩者的作法有許多共同點）。

燉豆（BEAN STEW）

燉豆（bean stew）和印度燉豆（dal）是接下來的兩個基礎食譜。大多數的食譜都需要將豆類浸泡過後才能料理。最簡單的燉豆料理就是將所有食材放入鍋中一起烹煮，像是阿斯圖里亞斯的經典西班牙燉豆料理（fabada）這個我們用來做為範例的食譜一樣。而在其他的燉豆料理（例如波士頓焗豆〔Boston baked beans〕）中，會先將豆類浸泡煮軟，才會跟肉類和辛香料混合燉煮。這可能是種以防萬一的作法：確保豆類在與更昂貴的食材混合之前已經變軟，或也可將豆子與鹹肉（salted meat）分開煮，因為有些廚師認為鹽會讓豆類無法變軟。關於這一點以及豆類是否在煮之前需要長時間浸泡，意見都相當分歧。無論什麼時候我都會盡可能地浸泡。如果沒有時間，更快的作法是將豆子煮10分鐘左右，然後浸泡在熱的煮水中一小時再先洗淨，接著再像浸泡一晚那樣下鍋煮。

在某些食譜中，完全可以使用（煮過的）罐頭豆子。你在西班牙燉豆中使用罐裝白豆（fabes或皇帝豆〔butter beans)〕）可能不大會被發現，因為這道料理中含有煙燻和未煙燻豬肉、西班牙辣香腸（chorizo）和血腸（morcilla）等風味明顯的食材組合，但在這道料理中，乾豆具有的優勢在於它們會在燉煮的過程中緩慢吸飽湯汁，而這道料理的美味有部分就取決於豆類本身的風味。有些西班牙燉豆食譜會需要用點番紅花，但我偏好不加。這道料理除了香腸裡所含的調味料外無需再多加，這是肉類和豆子的美好結合，不應該放入

其他食材把它們折散。我讀過的現代食譜裡聲稱可以不用血腸，請忽視這種極端的偏見。他們寫給的對象是那些認為門戶樂團（The Doors）沒有吉姆‧莫里森（Jim Morrison）還走得下去的人。如果你真的不想加，就把血腸留在盤子上當做配菜，但血腸其實需要放入鍋中，給肉湯帶來如歌曲《風暴騎士》（Riders on the Storm）那般嚴正的深黑色澤。

研究燉豆料理讓我明白一件事：世界需要更多的燉豆食譜。或者至少有一些不加豬肉的燉豆料理。歷史教授肯‧阿爾巴拉（Ken Albala）指出豆類料理在歷史上被排除在食譜書籍外的原因在於，人們認為豆類料理太常見，如果你不得不吃時，大概就會知道要怎麼烹煮。同時，除了奇怪的白豆什錦鍋（cassoulet），我根本記不得曾經在餐館菜單上看到燉豆料理，或任何豆類與海鮮組合。其實我有的，我忘了自己在研究資料時找到以蛤蜊與乾燥白豆（不同種類的白豆）製作的伊比利亞燉豆料理。還有在《拉魯斯美食百科》（Larousse）中，我找到了以鹽漬鱈魚代替傳統鹹肉來料理笛豆（flageolets）的食譜。英國料理作家珍‧葛里格森（Jane Grigson）所著的《魚類料理》（Fish Cookery）裡只有一道關於乾豆的食譜，不過那是一道出色的食譜。在這道鯷魚燉豆（haricots à l'anchoïade）中，小白豆煮熟後在仍然溫熱的情況下與鯷魚美奶滋（anchovy mayonnaise）混合。你可以用一湯匙鯷魚燉豆取代通常含糖的番茄醬汁，那將會帶出早餐香腸和培根的最佳風味。

為了找無肉或無魚的燉豆食譜，我看了以蔬菜為主的新奇食譜，但這些幾乎沒什麼好說的。這可能是因為缺少火腿或海鮮這類適當的鹹味食材來為豆類注入風味。當然還有味噌、海帶或橄欖可用，但根據我的經驗，很少會產生非常令人滿意的結果。在我嘗試過的食材中，最有效的是燒茄子（burnt aubergine）、黃豆和紅椒粉的組合，這個組合所啟發的食譜（參見283頁）通過了燉豆料理的嚴峻測試，你要做的就只有拿個碗、拿支叉子和一籃脆皮麵包來一同享用而已。同樣地，搭配蜂蜜、番茄和蒔蘿的希臘皇帝豆料理（參見286頁）是本書中我最喜歡的菜餚之一，這道料理還可以撒些羊乳酪塊讓味道更鹹一點。順帶一提，在我尋找素食燉豆食譜的同時，我不斷看到富爾梅達梅斯（ful medames）這道埃及所有社會階級在每個用餐間都會享用的料理。這道料理簡單到不能稱為燉豆，其是將某種乾燥蠶豆煮沸後全部或部分搗碎。接著大家輪流在自己盤中的成堆豆子上加些檸檬塊、蒜泥、荷蘭芹、小茴香、橄欖油、剛做好的麵餅和（經常會有的）水煮蛋，即可享用。

印度燉豆（DAL）

類似的原則也適用在印度的燉豆料理上，若不搭配常與燉豆一同上桌的醃漬食品（pickles）、印度甜酸醬（chutneys）、印度優格醬（raita）、薄餅（rotis）和新鮮香草（fresh herbs）就顯得單調。雖然沒有肉桂棒戳我的眼睛那樣糟糕，但直到我自己動手做印度燉豆時，我才了解到這道料理的要點。我試過各種濃淡和稠度的印度燉豆，有像恆河三角洲（Ganges-Brahmaputra Delta）沼澤那樣濃稠的燉豆，也有像錫蘭茶（Ceylon tea）那樣稀薄的燉豆，還有像是在嘲諷的羅望子燉豆，以及充滿藥用薑黃和小茴香粉，味道像是經營不善的醫院的燉豆。我曾在一個月內只煮印度料理，一遍又一遍地烹煮，直到我確定了一道印度香料燉鷹嘴豆（tarka chana dal）的配方為止，那是我試做的幾道料理的綜合體，然後我意識到這道料理就像記憶中的童年菜餚一樣，已成為一種我渴望的撫慰食物，這算是來自我胃部潛意識中少見的讚美。

印度料理的命名原則往往跟它複雜的風味一樣清楚明白，「印度香料燉鷹嘴豆」（tarka chana dal）是用鷹嘴豆烹煮的燉豆，並加入印度香料點綴。將剖半去皮的小顆鷹嘴豆（chana）燉煮至軟，再加入香料讓風味變得鮮活。印度香料（tarka）本質上算是用多種辛香料爆香做成的，是一鍋以肉桂棒、丁香、月桂葉、芥末籽、咖哩葉、小豆蔻莢（cardamom pods）、洋蔥片和碎番茄之類食材爆香的炙熱酥油。印度香料會在燉豆快煮好時攪入其中，讓這道料理從沉思隱士轉變為派對人生。那股香氣足以喚起任何人的食慾。印度香料應該要更廣泛地被應用，而不是只用在燉豆上。世界名廚尤坦·奧圖蘭吉（Yotam Ottolenghi）就將類似的東西應用在玉米濃湯（corn chowder）上，他將小茴香粉與芫荽籽乾炒過後再加入奶油、煙燻紅椒粉、白胡椒和鹽。

只煮但不攪拌的米飯（UNSTIRRED RICE）

207

從豆子到米，米飯的基礎食譜所應用的原則大致與印度燉豆相同——米會吸收調味過的水或高湯，創造出一碗撫慰人心的米飯。這種作法很容易調整應用，可用來製作印度雞蛋豌豆飯（kedgeree）、什錦飯（jambalaya）或一種不正統但美味的蔬菜波亞尼肉飯（biryani）。前述三道料理都可以用水而非高湯製作，因為它們的食材風味極為強烈：印度雞蛋豌豆飯中有嗆辣的煙燻魚和咖哩香料；什錦飯中有慢燉的洋蔥、芹菜和青椒所組成的「三位一體」，還有連

皮帶骨的雞肉、蝦貝蟹類和辣味香腸；蔬菜波亞尼肉飯中則有洋蔥、大蒜、蔬菜和香味咖哩醬。這就像你將美味肉湯及米飯一起烹煮一樣。運用吸收法以及可靠的液體與米比例，你在大約半小時內就可以煮好米飯。

燉飯（RISOTTO）

用來料理燉飯的常用手法是一種費工的吸收法。燉飯不是將米放在封閉空間中迫使其吸收所有倒入的高湯或水而已，而是逐步加入少量的液體，使米緩慢吸水，同時讓澱粉質經由攪拌釋出，促使剩下的液體帶些鮮奶油般的濃郁感。按照煮飯的基礎食譜，若要煮 400 克短粒或中粒米，需要 800 毫升的高湯。若要製作燉飯，則要假設這是你要用的最少液體量──有時可能需要多加至 50% 的液體量才煮得出完美燉飯。重規矩的燉飯愛好者會告訴你說，直到插進燉飯中的湯匙可以立起，燉飯才算煮好，或是表面應該要像勒‧柯比意（Le Corbusier）所建的廊香教堂（Ronchamp chapel）那樣有著微微的波浪。把我的經驗告訴你：唯一可靠的測試法就是吃一口看看。牙齒之間的米粒會告訴你是否已經煮好，或者更好的狀況是它快要煮好了，這時就可以關火了。

重規矩的燉飯愛好者也可能堅持只用水煮燉飯，因為水可以讓你品嚐到其他食材的味道，當然也包括米飯的味道。這個想法很有吸引力。我也想成為那種能夠欣賞衣服縫線的人，但我就不是。即使是放入風味強烈的特色食材，光用水煮的燉飯對我來說味道太淡了。那種味道很像義大利的料理作家經常規定使用的淡味「白色」高湯，他們似乎很喜歡那種淡味高湯。高湯也可以協助米飯提升風味，可也讓米粒膨脹。早先提到那種不收乾的快煮雞腿高湯就是個選項，不過我更偏好燉飯能帶有更鮮明的風味。我的理想是英國主廚馬克‧希克斯（Mark Hix）美味的白胡桃瓜燉飯（butternut squash risotto；請見第305 頁），這道料理用白胡桃瓜皮製作，以典型的辛香料強化風味，所需高湯也只要一個小時就能準備好。燉湯的時間雖然不夠你看部電影，但你或許可以看個電視節目。

高湯：褐色雞高湯（Stock: Brown Chicken Stock）

　　自製高湯是奠定優質濃湯、燉鍋和醬汁基礎的靈丹妙藥。我在基礎食譜中以雞高湯為例，因為這很容易就能取得食材。這是使用標準食材的經典作法，不過第 229 頁還有一些速成的雞高湯替代方案，其成效也非常令人滿意。煮高湯的新手無需過於擔心自己的技術。你真的可以把烤雞剩餘的零碎部分放入大鍋中加水蓋過並蓋上鍋蓋，然後以極小火燉煮幾個小時，就成熬出製作美味燉飯或麵類料理的基底。

此基礎食譜可以煮出約750毫升的美味高湯，其味道的濃淡程度取決於烹煮的時間和收乾的程度。

食材

　　1公斤的整副雞骨架 / 零散雞骨/帶骨雞塊 AB

　　1顆洋蔥，切成四塊（但不去皮）C

　　1根芹菜莖，切成幾段 C

　　1根胡蘿蔔，切成幾塊 C

　　番茄泥、葡萄酒或苦艾酒（可加可不加）

　　1至1.5公升水，或足夠覆蓋全部食材的水量即可 D

　　鹽

　　一些荷蘭芹莖 C

　　1片月桂葉 C

　　1茶匙黑胡椒粒（black peppercorns）C

　　2顆蛋的蛋白，用來去除湯裡的浮渣（可加可不加）

1. 在大型平底鍋或湯鍋中倒點味道溫和的油，放下碎肉或帶骨雞塊以中大火煎一下（若你的食材分量大過基礎食譜所示的分量，就需要分批下鍋煎，在這種情況下，你可能會比較喜歡用烤箱以 200°C 烤一下。不過，這也會帶來燒焦的風險，而且只要有點燒焦就不能放入鍋中煮）。蔬菜也可以煎烤一下，但如果你不想要蔬菜煎烤過的那種甜味，可以在步驟 4 中再加入生的蔬菜。

2. 可按個人喜好在鍋中加入番茄泥、葡萄酒或苦艾酒，煮1分鐘。接著將水倒入鍋中，開中大火燉煮。

    番茄泥、或幾湯匙葡萄酒或苦艾酒，會讓高湯的滋味變得濃郁。從冷水開始煮，有助於保持高湯的清澈，因為從骨骼中釋出的不溶蛋白質較少。如果時間緊迫而去除浮渣反倒不那麼重要時，就使用沸水，這對風味不會造成任何影響。

3. 當煮至接近沸騰時把火轉小。浮渣一浮出表面時就要撈掉。

    如果你想要煮出清澈的高湯，要以小火慢燉，表面要幾乎看不見冒泡。如果不在意高湯的清澈度，冒點泡就沒關係。

4. 若有需要可加點鹽調味，並在浮渣撈完後加入荷蘭芹、月桂葉和胡椒粒。如果蔬菜沒有煎過的話，就在這個時間點加入蔬菜。

    有人建議我快煮好時再加鹽。我是少數在煮沒多久就加一點鹽（約 $1/4$ 茶匙）的人，因為我知道自己不會收乾太多湯汁，導致過量的鹽讓高湯變難喝。有些廚師喜歡煮久一點後才加香草和蔬菜，例如在煮好的一個小時前才加，因為煮太久會開始流失新鮮風味。儘管如此，就像料理燉鍋一樣，慢慢烹煮幾個小時並沒有什麼問題。

5. 打開鍋蓋煮2至3小時，有需要時就撈撈浮渣。

    也可將鍋蓋半蓋，並將鍋子放入100°C的烤箱中煮3至4小時。低溫會產生細緻清澈的高湯。

6. 過濾高湯^E（若你有棉布，就用棉布過濾），然後倒回鍋中燉煮，按照需要收乾部分湯汁。根據高湯的最終用途來試嚐並加鹽調味。高湯放涼後，可放入冰箱冷藏一週或冷凍六個月。

    除非煮到鍋子燒乾，不然不大可能會過度收乾，因為你總是可以重新加水稀釋。不過，你可以少收乾一點。若你馬上要使用高湯，可用廚房紙巾滑過湯面盡可能地吸起浮油。若你有時間，可將高湯放涼並冷藏，讓油脂在表層凝固，這樣很容易就可以撈除。

7. 想讓高湯變清澈，則有兩種選擇。可以在高湯過濾冷藏後，撈除凝固在表層的油脂。然後將打過的蛋白加入冷高湯中，以小火慢慢燉煮30至40分鐘，此時蛋白將會形成可以被撈起的載體，並於從湯中浮上湯面的過程中吸附雜質。這種技巧的缺點是它會帶走高湯的一些風味，所以通常會在蛋白中拌入絞肉之類的一些其他生食材。另一種作法則是赫斯頓·布魯門索撒（Heston Blumenthal）所推薦的方法，就是將高湯放入製冰盒中，然後

將高湯冰塊移到放有棉布的碗上。蓋好並放入冰箱靜置一兩天，滲過棉布的高湯就會變得清徹了。

布魯門索撒的方法之所以有用，是因為高湯中的膠質，因此蔬菜高湯不適用這種方法（除非添加了吉利丁）。

舉一反三

A. 偏白或「白色」的雞高湯是用生雞骨熬煮的。有些廚師認為若你先用冷水沖洗雞骨，味道會更清爽。這裡請從步驟2繼續進行。

B. 冷凍和新鮮的零散雞骨/整副雞骨架可以混合使用，只要你讓它們可以好好熬煮幾個小時。冷凍肉也是如此，只要它煮好之前內部已達所需的安全溫度即可。當然，大塊的肉或帶骨肉之類的任何東西都需要更長時間的烹煮。

c. 雞湯可以使用各種食材來調味，相反地，或若你想保持自然風味（這樣應用更廣泛），也可以什麼都不加。食材的選項包括蕪菁、歐洲防風草塊根、番薯、西洋菜、萵苣、紅椒或黃椒、節瓜、芥藍、小白菜（bok choy）、豆芽（beansprouts）、根芹菜（celeriac）、瑞士甜菜（Swiss chard）、四季豆（green beans）、菇蕈類或菇蕈類的皮、整條甜玉米（不帶玉米粒的玉米軸也可以）、番茄、小黃瓜、香草束、杜松莓果（juniper berry）、芫荽葉/莖、芫荽籽、薑、檸檬香茅（lemongrass）、大蒜（整顆大蒜水平切成兩半）、芹菜葉、八角、茴香籽和多香果。注意：避免使用蘆筍、甜菜根、青花菜、白花椰菜、菊苣、球形朝鮮薊（globe artichoke）、青椒、紅菊苣（radicchio）、菠菜和球芽甘藍（sprouts）。因為這些食材要不是太苦，就是硫磺味或土味過重。還要注意的是，南瓜和馬鈴薯皮會讓湯變混濁。

D. 在大多數的肉類高湯食譜中，1公斤骨頭/肉大約需要1至1.5公升的水來煮，或是比蓋過食材的水量再多一點。可能需要隨時加點水進去以確保食材都被蓋過。當然，水量越少，高湯變濃的速度越快，當食材塞滿鍋子時更是如此。

E. 當你把骨頭及食材從最初的高湯中濾掉後，可以像西班牙大廚費蘭·阿德里亞（Ferran Adrià）建議的那樣，把這些骨頭及食材再熬煮另一鍋高湯，下次煮高湯時，就可用這鍋再煮高湯來取代水。經由這種方式，你可以告訴那些吹噓自己製作高湯的人，你可是用自己的高湯來製作高湯。

高湯→風味與變化

牛肉（BEEF）

　　要製作褐色牛高湯，請按照基礎食譜進行，不用雞骨改用牛骨，但在熬湯期間半蓋鍋蓋就好，熬煮 4 至 5 小時後進行過濾，若有需要再收乾一點。我必須承認，我對自己光用牛骨熬的高湯從未感到滿意。要避免失望可以改做肉湯（請見 249 頁）；骨頭再加上肉的風味都會很棒。

日式高湯（DASHI）

　　日式高湯是日本一種以海帶為基底的高湯。它可以只用兩種食材製作：昆布（kombu）和水。要購買這些食材在過去是製作日式高湯的最大挑戰，但現在很容易就可以在網路上購得。要製作日式昆布高湯（kombu dashi），請將 15 克乾昆布泡入 2 公升水中，以中火烹煮。在水開始沸騰之前轉小火熬煮，以小火熬煮是產生細緻風味的重要關鍵。熬煮 20 分鐘後過濾放涼。若要製作日式鰹魚高湯（katsuo dashi），請將 60 克柴魚（katsuobushi；乾鮪魚片）輕輕泡在做好的昆布高湯中。接著以小火加熱。當水似乎有微微波動時，關火放涼 5 分鐘，然後過濾。這時可以直接使用，或於放涼後置入冰箱中最多冷藏 2 天。至於將日式高湯冷凍起來是否合宜則是意見分歧。若你不想花錢購買昆布及柴魚，也覺得動手熬湯很麻煩，可以使用即溶日式高湯粉（instant dashi powder）。料理作家提姆·安德森（Tim Anderson）較傾向於從頭開始製作日式高湯，至少在家料理時會這樣做，他表示自製日式高湯還有個附加好處，可以灑在薯條上讓薯條的滋味更好。日式高湯除了可以應用在味噌湯、麵條和茶碗蒸（chawanmushi；參見554頁的「高湯」段落）中，在非日式料理中也有許多應用。在這個系列食譜的濃湯、總匯濃湯、燉鍋、豆類和米飯料理中都可以應用。

魚（FISH）

　　當你購買一塊魚販已剔除魚頭和魚骨的白肉魚排時，即使你沒有馬上要用到魚頭和魚骨，還是跟魚販開口要吧。客氣地詢問，魚販甚至會幫忙去鰓（鰓會給高湯帶來難聞的風味），若你懷疑自己菜刀的力道，他們也可以幫你

將魚骨剁成小塊。回到家，你可以將它們裝袋冷凍以後再用，但為什麼要等到以後？這種高湯製作起來非常快速，並且可應用在此系列食譜的西洋菜湯或蕁麻湯、總匯濃湯、燉魚、燉飯和海鮮飯那類料理、泰式湯品和咖哩中。至於其他應用，請參考什錦濃湯（gumbo；第186頁）和西班牙紅椒堅果醬燉魚（romesco de peix；359頁），以及白湯醬（velouté；第200頁）和白奶油醬（beurre blanc；第628頁）。我指定使用白肉魚，因為含油量較高的魚類通常不建議用來製作高湯。不過鮭魚高湯適合製作鮭魚總匯濃湯或濃湯，因此若你有鮭魚骨和碎塊時，可以試試看你自己是否會喜歡。鮭魚高湯的製作方式與白肉魚高湯一樣。無論製作哪種魚高湯，請按照基礎食譜進行，但食材與水的比例要趨近於下限——1公斤的食材用1公升的水最為理想。試試看食材中至少要有一個魚頭，它們會為整鍋高湯增添風味。此外，為了讓風味更強，先用奶油將魚骨慢慢煎到出汁再加水。將蔬菜磨碎或切成小丁，因為它們需要在相當短的20至30分鐘燉煮時間內產生風味，再煮久一點，魚骨就會開始產生奇怪的味道。魚高湯通常不太收乾些湯汁，不過有些食譜會建議煮20分鐘後撈出魚頭魚骨再加入蔬菜，也就是調味高湯的同時收乾一點湯汁。有些廚師不用胡蘿蔔而改用茴香，無論是切成丁的乾燥茴香頭（fennel bulb）還是一撮茴香籽都可以。名廚埃斯可菲（Escoffier）的魚高湯明顯地不那麼甜，他只將洋蔥、荷蘭芹、檸檬汁和白葡萄酒添加到魚和水中熬煮。紐約肥蟹餐廳（The Fatty Crab）的大廚扎卡里・佩拉西奧（Zakary Pellacio），則使用檸檬皮、白胡椒粒、芫荽籽、八角、洋蔥、茴香頭、大蒜和白葡萄酒製作了一種香氣十足的魚高湯。無論你做的是簡單還是費工的魚高湯，都請過濾放涼後放入冰箱冷藏並在四天內使用，或也可以冷凍保存三個月。

野鳥（GAME BIRD）

在巴爾扎克（Balzac）的著作《尤金妮・葛蘭德》（*Eugénie Grandet*）中，女主角尤金妮吝嗇的父親菲利克斯（Felix）指示僕人用野生烏鴉來熬高湯，宣稱牠們是可以「製作出全世界最棒肉湯的野味」。也有人喜歡鶴高湯（Crane stock）。美國的獵人稱沙丘鶴（sandhill crane）為「天空中的肋眼牛排」。但烏鴉很聰明，而鶴的壽命長達一千年。幸運的是，根據英國名廚休伊・芬利-惠廷斯泰爾（Hugh Fearnley-Whittingstall）的說法，鴿子可以熬出一種「如牛肉湯那般濃郁」的高湯。美食作家伊麗莎白・大衛建議在瘦牛肉和雞肉湯中加隻鴿子，可以讓高湯的風味更濃郁——對於鴿子這種「相當單調乏味

的小鳥」來說，這是個極佳用途。通常沒有理由不能在高湯中混入禽肉，不過水生禽鳥可能會有不受歡迎的腥味，這在高湯中會變得更加明顯。至於哪些蔬菜可以搭配使用，歐洲防風草塊根就非常適合加入野味高湯中。

羊肉（LAMB）

我懷疑其他明智的英國人習慣性地將煮熟羊腿、羊胸肉和排骨中的碎塊丟進垃圾桶，是因為羊高湯就是蘇格蘭大麥羊肉湯（Scotch Broth），而蘇格蘭大麥羊肉湯就是用珍珠大麥（pearl barley）煮的湯，珍珠大麥正是純素食者想要菜餚帶有肉味時的軟骨替代品。羊肉上面應加印「哈里拉湯」（harira）字樣，以提醒大家羊肉湯傳統上是在摩洛哥齋戒月結束後第一道食用的菜餚。哈里拉湯中可能會加有米飯或小麵條、鷹嘴豆、番茄、香料和芫荽葉。還可以將番紅花、北非摩洛哥綜合香料（ras-el-hanout）、煎蛋或小塊酸麵團麵種，在快煮好前拌入湯中。你還可以擠點檸檬汁，讓湯具有鮮明的味道。對於想要實驗的廚師而言，米飯或庫斯庫斯抓飯（couscous pilafs）提供了類似的機會，而羊高湯則為茄子、洋蔥和杏桃乾的組合（請見 297 頁）或豪華波亞尼羊肉飯（lamb biryani）提供了合適的背景風味。請注意，高湯中的油脂要是過多，會產生油膩感以及太重的農莊風味。要製作羊高湯，請按照基礎食譜進行，但需熬煮 3 至 6 小時後才過濾及收乾一些湯汁。番茄和/或百里香，以及蔬菜和月桂葉，都是常會加入羊高湯中的食材。

菇蕈類（MUSHROOM）

只需使用切碎的鈕釦蘑菇（button mushrooms）以小火煮至出汁，就可熬出風味濃郁的菇蕈高湯——記得要在湯汁全部蒸發前關火。若要製作長時間熬煮的典型高湯，請將 1 顆洋蔥、1 根胡蘿蔔和 1 根芹菜切碎做成米爾普瓦，在 25 克奶油中炒 3 分鐘，然後加入 1 公斤鈕釦蘑菇片。一旦蘑菇開始出汁，就加入 2 公升水和香草束煮 20 分鐘，接著靜置 10 分鐘再過濾。若要製作風味更複雜且更有層次的菇蕈高湯，請將 50 克乾菇泡在熱水中 15 分鐘，然後在高湯熬煮時加入。韭蔥是米爾普瓦（mirepoix）極佳的補充食材，或也可加點酒來取代一些水。

豌豆莢（PEA POD）

在將空豌豆莢做成堆肥前，先用它們來熬煮高湯，會讓你的料理具有雙重蔬菜特點。豌豆莢高湯是豌豆燉飯（risi e bisi）的重要成分，標準的威尼斯料理：表面令人眼花撩亂，底下陰鬱且深不可測。有些食譜要求添加茴香，但請先不要加，好鑑賞純豌豆的清爽和美味深度。至於添加義大利培根（pancetta）這種新奇的食材，我只會說：滾開啦（va'al diavolo）。讓豌豆成為矚目的焦點就好。豌豆莢湯也非常適合素食麵食料理。身兼萊茵選帝侯（Elector of Mainz）主廚暨《新式食譜》（*Ein new Kochbuch*；一五八一年出版）作者的馬克斯・魯姆波特（Marx Rumpolt），建議在以蛋黃、醋、奶油和新鮮切碎香草（herbs）製成的醬汁中使用豌豆高湯，這種醬汁算是班尼士濃醬（béarnaise）的一種原型，可用來搭配水煮荷包蛋（poached eggs）享用。要製作豌豆燉飯，請剝開 1 公斤豌豆，將豆莢與豆子分開，然後洗淨豆莢並拍乾。在平底鍋中，將豆莢用奶油煎幾分鐘至軟化，然後加入 1 公升水再煮 30 分鐘。過濾後留著高湯備用。另在奶油中將洋蔥煎軟，但不要煎到出現焦黃色。加入已剝除豆莢的新鮮豌豆煮 1 分鐘，再倒入高湯燉煮。10 分鐘後加入 250 克燉飯米慢慢煮，不時攪拌，直到飯粒具有口感。接著加入荷蘭芹讓風味變清新，也加入帕馬乾酪讓滋味更濃郁，但若你想吃得出米飯和豌豆的味道（你一定想要的），請加入適量的荷蘭芹及帕馬乾酪就好。若你有還有 15 分鐘的多餘時間，請將豌豆高湯攪打過濾後再來製作豌豆燉飯。雖然色澤會變得暗沉，但風味會變得更加有深度。

豬肉（PORK）

英國名廚休伊・芬利-惠廷斯泰爾的豬高湯食譜與我們的基礎食譜類似，不過他還建議豬骨要以 200°C 烤 10 至 15 分鐘（比雞骨或牛骨更短的時間），然後燉煮 3 到 5 個小時。在大多數食譜中，豬高湯都是雞高湯的適當替代品，但豬高湯在什錦濃湯、燉豆料理、豌豆或扁豆濃湯，海鮮飯那類料理、蛤蜊豬肉（pork with clams）和波蘭燉甘藍（kapusta）中更能發揮所長。豬高湯也非

常適合烹煮蔬菜，或讓墨西哥粽（Mexican tamales）中的特級細磨玉米粉黏合成團，或作為拉麵的湯頭。如果你需要能包在豬肉餡餅中的肉凍，或只是需要一鍋黏稠的高湯，加進一隻豬蹄就可以增加膠質的含量。豬高湯是中式料理的本質，就像小牛高湯是經典法國料理的本質一樣，豬高湯經常與雞肉或蝦貝蟹類一起料理，以獲得更豐富的風味。可以用豬肋骨和雞骨架或帶骨雞塊來燉煮豬與雞高湯。撈掉浮渣後，請加入少許薑片、少許紹興酒（Shaoxing wine）和一兩根青蔥的蔥白末。

蝦貝蟹類（SHELLFISH）

蝦貝蟹類的外殼非常美味，以致於甲殼類動物無法抗拒去吃自己的殼：龍蝦的胃裡有特製的磨碎器，用來處理最硬的甲殼碎片。除非你有類似的食材，否則我建議你用蝦貝蟹類的外殼來熬煮高湯。這種高湯製作起來快速簡單，而且會讓海鮮料理嚐起來就像你身處在義大利南部阿馬爾菲海岸（Amalfi coast）的一處小祕境那般。這種高湯可以當作醬汁，搭配簡單的熟魚享用，也可以用來製作燉飯、海鮮飯、總匯濃湯（chowder）、海鮮濃湯（bisque）或什錦濃湯（gumbo）。請依照基礎食譜，以 1 公斤蝦貝蟹類外殼對上 1 至 1.5 公升水的比例製作。如果你的蝦貝蟹類外殼不夠，請用去鰓的魚頭和魚骨來補足。將蝦貝蟹類外殼與少量的辛香料一起加入水中熬煮，會產生淡淡的風味。但若想要更深層的風味，請先將蝦貝蟹類外殼連同加有茴香的米爾普瓦（mirepoix）放入植物油或奶油中煎炒，接著加點番茄泥和少許白蘭地進去，之後再倒入水。大多數食譜規定熬煮時間最長至 30 分鐘為止，但來自路易斯安那州的大廚約翰・貝斯（John Besh）會花上 2 個多小時來熬煮。為了達到海鮮濃湯那樣的濃郁效果，請先將熬煮過的蝦貝蟹類外殼與高湯混合打碎，然後用細篩網或棉布篩網將碎片濾掉（如果你不想弄壞攪拌機或食物調理機的刀片，請將非常堅硬的蟹殼或龍蝦殼先拿掉）。

香菇與昆布（SHIITAKE & KOMBU）

菇蕈類和海帶的組合可以熬出絕佳的高湯來製作湯品或湯麵。菇蕈類要清洗一下，但海帶不用。請在鍋中倒入 1.5 升的水，並加入 30 克（約 6 個）乾香菇和 15 公分長的昆布浸泡 15 分鐘左右，開中火煮沸後慢燉。當高湯燉煮 3 分鐘後，取出昆布再煮 12 分鐘。香菇可加在要製作的料理中，或移做他用也可以。高湯放涼後要冷藏在冰箱中並於三天內用完。

火雞（TURKEY）

你當然沒有辦法在節禮日（Boxing Day；耶誕節後一天）出遠門，因為必須有人看顧高湯。不要用咖哩來消耗隔夜的火雞，改用來做道白湯醬燉小牛肉吧（blanquette de dinde；參見第 182 頁），在每年固定的大吃大喝後來點宜人的平淡滋味，或者做成像耶誕肥皂劇特集的劇情一樣陰鬱的什錦濃湯（gumbo；參見第 186 頁）。簡單將高湯基礎食譜中的雞換成火雞即可，因為火雞已經烤過了，所以不用經過煎炒這道程序，直接從步驟 2 開始製作。

小牛（VEAL）

西班牙人說：「不用火腿或雞肉製作的高湯比沙丁魚還不值。」這對法國人來說可能是種侮辱，因為他們喜歡小牛高湯那種淡白濃郁且溫和的肉味。料理作家邁克·魯爾曼（Michael Ruhlman）熱愛小牛高湯，在他看來，小牛高湯足以跟戈德堡變奏曲（Goldberg Variations）和柏拉圖的洞穴寓言（Plato's cave allegory）媲美。要製作魯爾曼的小牛高湯，請將 900 克小牛骨剁成 7 至 8 公分塊狀，並將它們分散鋪在放得下的大烤盤中，以 230°C 烤 45 分鐘，偶爾翻面一下。取出後將烤溫降至 90°C，把黏在烤盤上的渣末刮下，與小牛骨移到 2 公升的耐熱鍋中。將 1.35 公升水倒入鍋中，並將鍋子放入烤箱，不蓋鍋蓋烤 8 至 10 小時。無論你想要烤多久，請設定一個計時器，在最後一小時加入 1 顆洋蔥及 1 根胡蘿蔔所切成的丁和 1 片月桂葉。接著將高湯倒在棉布篩網上過濾，大約會濾出 1 公升的小牛高湯。若要製作極美味的法式洋蔥湯，你現在差

216

不多已經完成八九成了。小心不要做出「高湯憾事」，這是一種不經大腦的行為所造成的創傷，即是將寶貴的高湯倒入水槽，同時卻留下應該丟棄的骨頭。

蔬菜（VEGETABLE）

在所有老派的高湯當中，蔬菜高湯跟新鮮蔬菜一樣是最不受重視的。我不清楚為什麼要用一般鹽水熬煮。快速的萬用蔬菜高湯可以用切丁或磨碎的胡蘿蔔、洋蔥和芹菜，再加些月桂葉、胡椒粒和荷蘭芹製作。每公升冷水需要用上 2 顆洋蔥、2 根胡蘿蔔、2 根芹菜，12 顆胡椒粒和一小束荷蘭芹。將水煮沸後慢燉 10 分鐘，接著靜置 5 公鐘再過濾。這將產生淡淡的清新風味。若想熬出濃郁的棕色蔬菜高湯，也是如上所述進行，但得先用油（植物油或奶油皆可）將蔬菜炒至金黃色再加水，並將燉煮時間拉長至 1 小時。蔬菜高湯會有點甜，所以為了平衡味道，可以考慮加入醬油、帕馬乾酪、扁豆、香菇，洗淨瀝乾的豆豉（fermented black beans）或少許馬麥醬（Marmite）。想找經典米爾普瓦（mirepoix；洋蔥、胡蘿蔔和芹菜三種食材混合出的綜合調味蔬菜料）代替品的素食者，可以參考看看第 244 頁的豌豆莢高湯（pea pod stock）、第 253 頁的扁豆肉湯（lentil broth）或第 305 頁的白胡桃瓜燉飯（butternut squash risotto）；另請參閱第 240 頁「舉一反三」中的 C 項，了解適合在高湯中使用，或要避免的食材列表。

義大利湯麵或湯餃（PASTA IN BRODO）

在肉湯中慢燉義大利餃（Tortellini）或
義大利星星麵（stellini）。

用來煮羽衣甘藍的火腿高湯或濃郁雞高湯
（HAM OR RICH CHICKEN STOCK USED TO
COOK COLLARD GREENS）

用火腿及雞熬煮的煙燻味高湯來慢燉羽衣
甘藍30至60分鐘。

用來製作義式玉米糊／玉米糕
（POLENTA；參見第106頁）

馬鈴薯麵包師傅
（BOULANGÈRE POTATOES）

將馬鈴薯及洋蔥切成薄片，連同奶
油及百里香放入高湯中，以180°C
烤30至40分鐘。

希臘檸檬蛋黃醬
（AVGOLEMONO；參見第487頁）

亦可應用在油麵糊（ROUX）
系列食譜中的許多料理
（請見第186至225頁）

肉湯：法式燉肉湯（Broth: Pot au Feu）

　　肉湯（Broth）可以算是種不浪費的高湯（stock），用來料理肉湯的食材不會被丟棄，而會吃下肚。法式燉肉湯（Pot au feu）就是個簡單的好例子。根據名廚丹尼爾・布呂德所言，這是一道「法式靈魂詩歌」，需要花費時間才能創作出來。著名演員瑪琳・黛德麗喜歡在拍戲空檔料理這道菜餚。因為這就是道不用隨時顧爐火的菜餚，讓你有足夠的時間可以對台詞及修眉毛。肉湯與高湯一樣，可先將食材煎烤過，或也可不用，然後加入冷水煮到微微沸騰，再轉小火慢慢燉煮。肉湯與高湯的不同之處在於，你需要知道什麼時候得把肉從鍋中撈出來才不會煮過頭，最好的作法就是取一小塊吃吃看。

此基礎食譜可製作 10 至 12 人份的肉湯及主菜。

食材

　　1.5 公斤大塊無骨燉湯用牛肉（牛前腱〔shin〕、牛後腱〔leg〕、牛腹脅肉〔flank〕、牛胸肉〔brisket〕）ᴬ

　　1.5 公斤大塊帶骨燉湯用牛肉（牛前脛骨肉〔shin〕、牛小排〔short-rib〕、牛尾〔oxtail〕）ᴬ

　　4 根中等大小的胡蘿蔔，去皮切成大塊 ᴮ

　　4 根芹菜莖，切半 ᴮ

　　4 顆中等大小的洋蔥，去皮但不切開，其中 2 顆用丁香鑲嵌 ᴮ

　　4 根韭蔥，修剪洗淨並切大段 ᴮ

　　1 束含有月桂葉、荷蘭芹及百里香的香草束

　　8 顆黑胡椒粒

　　$^1/_2$ 茶匙鹽

　　500 克骨髓，切成 5 公分寬，如果可以的話，用棉布包好綁起來（可加可不加）ᴬ

1. 將肉放在足以容納所有食材的平底鍋或高湯鍋中，倒入足量的冷水蓋過食材幾公分，然後放在爐子上以中火加熱。

　　如果要煮的肉有好幾種，而它們所需的燉煮時間也不相同的話，請先放入要煮最久的肉類，然後計算何時該加入其他肉類。

2. 當肉湯煮到快要沸騰時,將火轉小慢慢燉煮。如果浮渣已經開始在表面聚集,請撈除至浮渣不再出現為止(或者到只剩稀薄的白色泡沫為止),然後加入蔬菜、香草束、胡椒粒和鹽。半蓋鍋蓋,如果沒有大鍋蓋,請用烤盤來代替,然後讓肉湯燉煮 2 $^1/_2$ 至3小時。^{C}

你可能需要使用加熱擴散器(diffuser)[16]來有效減緩烹煮的速度。若希望蔬菜不要煮太久,就晚一點再加。

3. 要補足沸水或高湯,好讓食材浸泡其中慢燉。

但是不要加太多,會有稀釋掉美味湯汁的風險。

4. 若要使用骨髓,請在燉煮2個小時後加入骨髓。

5. 加入骨髓塊約半小時後,檢查肉是否已經煮好。如果還要再煮一下,就放回鍋中繼續煮。如果已經煮好,而且當餐就要食用,請將它們取出保溫,若要留待以後使用,則請放涼後冷藏。香草束取出丟棄,肉湯則過濾並試嚐調味。

如果馬上就要享用肉湯,請用廚房紙巾盡可能地撈起或吸去湯面的油脂。若時間充裕,請先將肉湯放涼後冷藏,這樣油脂會在表面凝固,可以輕鬆撈除。如果想做濃一點的肉湯,可以在燉煮時收乾一些湯汁,或將一些濾出的蔬菜搗碎,再倒回湯中,也可以使用麵粉奶油糰(beurre manié;參見第276頁的「雞肉與葡萄酒」段落的最後部分)或細玉米粉漿勾芡。

6. 肉湯在傳統上當作開胃菜,而用來煮肉湯的肉則會做為主菜,佐上醃小黃瓜和芥末享用。

舉一反三

A. 牛肉有著大量不同的部位分類,但是將瘦肉、帶骨肉和骨頭混合燉煮則很常見。其他可添加的食材包括大蒜香腸、小隻燉雞、火腿、煙燻五花肉培根或牛舌。一位普羅旰斯的廚師則可能會添加羊肉、番茄、杜松子和白葡萄酒。

B. 蔬菜的種類和數量都可以調整。芹菜、蕪菁、馬鈴薯、整顆去皮紅蔥頭和切成四塊的甘藍都有人用。也可另外倒出一些肉湯來煮甘藍,以防止它帶給整鍋湯汁太多硫磺味。另外也請注意,馬鈴薯可能會讓肉湯變得較為混濁。

C. 如果你想使用烤箱,請在步驟2結束時將肉湯半蓋鍋蓋放入130℃的烤箱中,並設定計時器提醒你在2小時後添加骨髓。你還可能需要檢查所有食材是否都浸在湯汁中,若無,就再加些沸水。

16　加熱擴散器(heat diffuser)是一塊可架在爐子與鍋子之間的金屬板,有助於將熱量均勻傳導到鍋中,在台灣是不常見的廚房用具。

雞肉（CHICKEN）

　　我二十多歲時，跟一位賣掉房子並打算住在小船中的老人交了朋友。他在清理家中雜物時，清出了一個造型像雞的有蓋鍋子送給我。我以為這是用來放雞蛋的，但他很篤定地告訴我這是一種「雞陶鍋」（chicken brick），這鍋比中型雞略大一點，因此可以放進一隻中型雞，我也就這樣使用這只鍋子。那時候我幾乎每晚都會出門逛逛，除了星期天之外，我會在星期天晚上把洋蔥丁、胡蘿蔔丁、芹菜丁和培根丁撒在巢狀的陶鍋底部，然後放上一隻雞，倒些買來的高湯和白葡萄酒，蓋上蓋子，與一些馬鈴薯一同放入180°C烤箱中烘烤。90分鐘後，我就有一頓美味舒適的晚餐可以享用，這頓晚餐準備起來一點也不費力，而且要清理的東西也不多。與用九吋平底鍋煎烤相比具有很大優勢。第二天晚上，我過濾高湯將其煮至沸騰，收乾成美味的濃縮湯汁。然後將昨天剩下的雞肉切絲，與一些零碎蔬菜和一兩捲義大利雞蛋寬麵加入鍋中煮。閃爍著肉湯光澤的煮熟義大利麵，會搭配烤松子和切碎的荷蘭芹享用。在整個冬季裡，星期天我都會做這道料理。我在觀看《大學挑戰賽》（University　Challenge）這個電視節目時，也不會忘記看顧帶有膠質的雞高湯。如果我那時就知道海南雞飯（Hainanese chicken rice），那麼我很有可能已經將它加到我每週日至週一的懶人料理清單中。海南雞飯是種有趣的肉湯料理，雞肉只有稍微煮一下，造就出明顯柔嫩且近乎果凍般的質地。有幾種烹煮海南雞的傳統方法，其中一些方法要求將雞肉先後放入熱水和冷水中再取出，像在洗三溫暖一樣。我這裡用的是一種較簡單的版本。在一個大鍋中，放入一隻1.25至1.5公斤的全雞，雞胸朝下，倒入冷水蓋過整隻雞，再加入少許薑片和青蔥片，煮沸後以小火燉煮。讓湯面微微冒泡15分鐘，然後關火，蓋緊鍋蓋悶30分鐘，接著取出雞隻，用雞高湯來煮飯。將煮熟的全雞切塊，刷上麻油，佐以蘸醬享用。蘸醬可用以水稀釋的甜味醬油，或是炒至金黃並加鹽的薑和大蒜糊。

魚（FISH）

　　在西班牙伊維薩島（Ibiza）的一個小海灣有家魚餐廳，開車到不了，也無法打電話訂位。到得了的人是個奇怪的組合，不是有錢到可以乘坐遊艇到達的人，就是頑強到可以從鄰近海灘爬過懸崖的人。不過，到這裡的所有人都會露出自滿的得意笑容，這是因為以前都有過好不容易到達這裡卻鎩羽而歸的經

驗。每次最後一張桌子一定都是被古銅膚色的社交名流或滿頭大汗的攀爬者輪流預訂走。我第一次去的時候，當然發現每張桌子都被訂走了，於是訂了一個星期後的位子，然後悶悶不樂地回到海灘。當我正在手提袋中找尋一包剩下的洋芋片時，我的丈夫浮出海面，高舉著掛在租車公司鑰匙圈上的車鑰匙。他解釋說，他到二十英尺遠的地方浮潛，在海底發現一隻把餅乾罐當成家的章魚。還真令人驚訝！我想。顯然伊維薩島的遊客已經排泄了大量的毒品，以致於現在連海洋本身都出現幻覺。我丈夫在章魚上方盤旋了一段時間後，才注意到章魚反覆地往特定方向伸出一隻觸手。原來在觸手搆不到的海床上有個閃閃發光的東西。那是車鑰匙。它看起來還沒生鏽，應該是最近丟失的。我丈夫在海灘繞了一圈，問了那些在做日光浴的人們是否有掉東西。一位帶著妻子及三個孩子坐在岩石上的男子說了聲：「喔！」，沒說聲謝謝就拿走鑰匙，也沒有表現出看到有陌生人帶著鑰匙從海裡冒出來的驚訝表情，更不用說對鑰匙被一隻仁慈的頭足動物找到的這件事感到吃驚。

　　一週後，我們回到了小海灣吃午餐，坐在俯瞰水面的擱板桌旁，緊貼著一同來用餐的食客。不遠處有個巨大的高湯鍋在燒木柴的爐子上沸騰冒泡。菜單簡單到獨斷的程度。你可以點他們提供的那道料理，或也可以走人。那道料理是「魚子彈」（Bullet de peix），這是伊維薩島的傳統燉鍋，以早上的漁獲與馬鈴薯及番紅花製作。我想，只賣一道料理的餐廳會有兩種情況：料理越做越棒，或是越做越無趣。我們懷疑這家餐廳是後者。當天的漁獲魚刺多且土味重，黃色的魚湯又稀又酸，很受老顧客的青睞。為了省去你的麻煩，並能在家中做道適當的魚子彈。請將大蒜連同去皮切碎的番茄放入橄欖油中炒 15 分鐘至軟化，然後加入一些切塊的硬質馬鈴薯。接著倒入一小杯白葡萄酒和足夠的魚高湯蓋過食材。再加入鹽和番紅花，然後燉煮至馬鈴薯熟透。像大多數海鮮湯和燉鍋一樣，魚最後才放進去煮，煮幾分鐘就會熟了。可按個人喜好，添加一些蝦貝蟹類。你的第一道料理是帶著高湯的魚肉和馬鈴薯，再佐上少許蒜泥美乃滋。另外在剩餘的高湯中放入米及墨魚（cuttlefish）或魷魚（squid）燉煮，就成了一盤簡單的第二道料理。當天下午晚一點時，我的丈夫回去探望了章魚朋友，他在潛水呼吸管中打嗝，冒出滿是番紅花味的泡沫。他向章魚抱怨說他等了一個星期吃到的午餐不好吃。章魚伸出了觸手，這次牠指向北方。我們一直朝這個方向行駛，直到我們到達美麗的阿瓜布蘭卡海灘（Aguas Blancas），那裡有阿根廷人經營的小吃吧，我們坐在那裡嚼著美味的牛排和阿根廷青醬法式長棍麵包（chimichurri baguettes），喝著冰涼的馬侯啤

酒（Mahou），凝視著宛如跳台滑雪道的神祕島嶼塔戈馬格島（Tagomago）的明亮水面。

煙燻火腿 / 培根（GAMMON / BACON）

西班牙主婦會花時間用火腿骨熬湯來製作燉豆，這也證明了火腿骨的價值。在西班牙這個國家中，少有人會單純只做煙燻火腿高湯或培根高湯，因為熬過火腿的湯很容易就能應用到濃湯中，或是培根也能加到米爾普瓦（mirepoix）中。不過，大廚理查·科里根（Richard Corrigan）就專門製作了一道火腿高湯，並將此高湯提升到「最美味肉汁」的等級，他也回想起自己的母親會將火腿高湯添加到隔夜的愛爾蘭薯泥甘藍菜（colcannon）中。在豌豆湯中加入火腿高湯是很常見的作法，然而令人驚訝的是，根據《善用家中資源》（*The Family Save-all*；一八六一年出版）的作者羅伯特·肯普·菲利普（Robert Kemp Philp）所示，火腿高湯過去也經常使用在其他高湯中，包括：豬高湯、綿羊高湯、牛高湯及家禽類高湯。他還指出，火腿骨、舌根或一些紅鯡魚（red herring）就夠用了（這裡的紅鯡魚是指真的魚[17]，菲利普指的是那種味道強烈的醃漬魚）。若要煮一整隻煙燻火腿，請將其放在深底的鍋中並倒入蓋過火腿的冷水煮沸，再轉小火慢燉。每公斤要煮 40 分鐘，再外加 20 分鐘，或者煮到火腿中心處的溫度達到 75°C 為止。桃福餐廳（Momofuku）的創辦人張大衛（David Chang）建議，通常用來製作日式高湯（參見 241 頁）的柴魚（katsuobushi；乾鮪魚片）可以用煙燻培根取代。請將一塊 15 公分長、8 公分寬的乾昆布放在 1 公升冷水中煮沸，然後立即關火讓昆布浸泡 10 分鐘。之後從鍋中取出昆布放在一邊。將 110 克煙燻培根加入煮過昆布的溫水中，放回爐子上慢慢煮沸後，再轉極小火燉煮 30 分鐘，燉煮的這段時間可以用來思考要如何使用煮過的昆布。肉湯煮好後請過濾放涼，並置入冰箱冷卻，再去除油脂。蓋好鍋蓋的肉湯可在冰箱裡存放好幾天。可用這道肉湯來製作帶有肉味的味噌湯或是煮道自己做的蕎麥麵（請參見第 33 頁的「蕎麥」段落）。

扁豆（LENTIL）

生活中沒有多少場合需要準備扁豆湯，但做道扁豆湯是個明智的選擇。

17　red herring（紅鯡魚）：在英文有障眼法或是掩人耳目之物的衍生意思，所以作者在此強調她指的是魚本身，而非取用其衍生之義。

美食作家阿拉貝拉‧巴克瑟（Arabella Boxer）的蘑菇濃湯食譜需要將75克棕色或綠色扁豆放在600毫升淡鹽水中烹煮，以熬出約300毫升的湯汁。扁豆會另外用在別道料理上（這就是將扁豆湯歸類在肉湯這個段落的原因）。基於同樣理由，伊麗莎白‧大衛（Elizabeth David）極力主張不要倒掉煮白腰豆（cannellini beans）的水。請注意，跟蜂蜜、番茄和蒔蘿一起烹煮的皇帝豆（請見286頁），若用煮過乾豆的水來熬煮，味道明顯會更好。豆湯實際上很棒，當你碰到一批煮不軟的豆子時，你還可以安慰自己，最後會得到值得享用（或烹煮）的東西。讓豆湯如此有趣的是其鹹味深度，這股鹹味與洋蔥、胡蘿蔔和芹菜製成的蔬菜高湯中偏甜的味道形成對比。濃湯、麵類、抓飯或海鮮飯之類的料理，都可以使用豆湯來製作。

章魚（OCTOPUS）

希臘漁民會將章魚砸到石頭上，讓牠們的肉質變嫩。作家弗蘭克‧沃爾特‧萊恩（Frank Walter Lane）指出，檀香山島上的島民也是基於同樣理由，會將捕獲的章魚丟進洗衣機中，跑過漫長的洗衣流程。建議任何讀到這段的章魚都搬到日本去，因為牠們在被料理之前，至少會得到按摩。那不勒斯有道章魚湯（O'bror e purpo），是在街邊小吃攤上享用，裡面加了許多黑胡椒和一點檸檬汁。若你感冒了，這會是道適合食用的極佳料理。大廚根納羅‧康塔爾多（Gennaro Contaldo）會先沖洗1.2公斤的整隻章魚，另在1.5公升水中加入1茶匙鹽、4片月桂葉和15顆黑胡椒粒後煮沸。接著他會抓住章魚的頭部，將牠浸到熱水中。在章魚完全浸入沸水中之前，這會使牠的觸手蜷縮——當然也讓我整個人縮起來。之後再蓋上鍋蓋，用中小火燉煮 $1^1/_4$ 小時左右，或直到肉質變嫩。一旦你的感冒緩和且味覺恢復，就可以將章魚切碎放入沙拉、義大利麵或米飯中，連同章魚湯一起享用。

兔肉（RABBIT）

在《拉魯斯美食百科》裡用來燉肉湯的野味，其肉會被從骨頭上剝下來做成沙比康雜拌（salpicon），這種雜拌還可用來製作可樂餅（請參考第192頁）、炸魚肉丸（rissoles）、餡料、小餡餅或小點心（canapés）。根據本書的定義，這樣的湯就可以歸類到肉湯。一道清湯無論是肉湯還是高湯，肯定都不是自稱「非常挑剔之清湯瘋子」的食品評論家埃貢‧羅尼（Egon Ronay）會關心的事。他抱怨地說，清湯燉太久，顏色會變得太深，蔬菜放太多，味道會過

酸。如果廚師吝於花錢買肉，只用便宜的肉而不使用牛腱的話——上天保佑，或只用骨頭——就會產生「平淡無味」的結果。羅尼認為英國大廚布萊恩・特納（Brian Turner）就是能做出美味清湯的廚師，他稱讚特納的兔子清湯風味平衡（清爽並帶些畫龍點睛的肉味）且清新。想要製作特納的兔子高湯，請在 3.6 升冷水中放入 3 隻全兔，煮沸後撈去浮渣。加入切碎的 1 根韭蔥、4 根芹菜莖、1 顆洋蔥及 2 根胡蘿蔔，再加上 400 克罐頭番茄、1 片月桂葉、一些杜松莓果、一小枝百里香和一些荷蘭芹莖。燉煮 2 至 2 $^1/_2$ 個小時，然後過濾放涼。用大菜刀將另外 3 隻兔子剁得細碎。將 450 克大的扁蘑菇與 1 根胡蘿蔔、1 顆洋蔥、1 根韭蔥、1 瓣大蒜、2 茶匙杜松莓果、1 茶匙番茄泥和 2 顆蛋的蛋白混合打成泥。將此混合泥徹底攪入冷兔肉高湯中並煮沸，接著加入一枝百里香和一枝迷迭香，持續攪拌至浮渣形成薄皮。轉小火燉煮 1 $^1/_2$ 小時。用棉布做篩子，小心地將結皮倒到棉布上，讓清湯濾過。最後再調味並根據喜好做些點綴。

紅燒（RED BRAISE）

　　高血鈉症（Hypernatraemia；這是指血液中的鈉含量高於 145 毫莫耳 / 公升的病症）是我試過中式滷豬肉食譜後學到的名詞，然後我瘋狂地上網搜索我的症狀，以查看自己是否會死於心臟病發作。當然，因為攝入大量的醬油所帶來的極度口渴、突發疲憊和心跳過快，造成我極度不舒服，但是這道菜在其他方面是如此吸引人，以致於我又試做了幾次，才開始研究減少一些會讓你覺得像是剛跑完撒哈拉沙漠馬拉松的食材，但仍保留這道料理相似味道的可能性。我做出了法式燉肉湯（pot au feu）和紅燒肉的混合料理。將 5 公分長的薑切片與 4 瓣大蒜壓碎的蒜泥用些風味溫和的油爆香。加入剖半的豬蹄及 1 公斤切塊的豬肩肉，稍微煎一下，然後加入 6 湯匙紹興酒或干雪利酒、3 湯匙濃色醬油、2 湯匙淡色醬油、2 塊肉桂皮（cassia bark）、2 顆完整的八角茴香、3 條橙皮、1 湯匙糖蜜和 2 湯匙紅糖。煮至沸騰並蓋上鍋蓋，然後放入 160°C 的烤箱中烤半小時。加入 12 條辣香腸（不是西班牙辣香腸），放回烤箱再烤一小時。要上菜時，請將豬肩肉、香腸和豬蹄切成小塊。倒掉多餘的肉湯，加入少許與水混合的細玉米粉，勾芡鍋中剩餘的湯汁，然後熬煮幾分鐘。搭配米飯和炒青菜享用。剩下的高湯則可用來做為湯麵的煮水或是湯頭。

224

香腸（SAUSAGE）

在我從事行銷的那些日子裡，曾經因為職責所在，有幸前往義大利的一家洗衣機工廠參訪。我試著裝出商務人士的模樣，在樓層導覽時展現一身尊貴氣息，擺出愛丁堡公爵式的風格，雙手在背後緊握，半閉眼地點點頭，半專注地看著機器人手臂將葉輪插入離心泵中。我們繼續參觀滾筒洗衣機的組裝。這時出現了一位有著一頭驚人黑髮的年輕小伙子，他直直散發出帕索里尼（Pasolini）小說《求生男孩》（*Ragazzi di Vita*）裡的那種犯罪魅力，這名小伙子正將有孔的金屬板彎曲成圓柱狀。「哇，」我深吸一口氣說：「它們是手工打造的。」有著修剪過度的鬍鬚並穿著上漿白色實驗衣的主辦人，在感覺到終於有人對製造過程表現出興趣，而非只注意到漂亮小伙子板著臉對抗金屬阻力的情況時，露出了燦爛的笑容。我的好奇心得到了獎勵，我在法布里亞諾（Fabriano）鎮外的一家小餐館吃了有七道菜的午餐，在那裡我吃到一份超棒的「掐死麵」（strozzapreti），每當我將洗衣旋鈕轉至柔洗時，我仍會想念這道料理。「掐死麵」是細長如捲繩般的麵條，每條長約 10 公分，以我吃的料理為例，就是將麵條與香腸和蔬菜一起放在肉湯中享用，麵條的金黃色澤，就好像是將蛋黃攪入其中那般。第二道料理是野豬肉佐迷迭香烤馬鈴薯塊，接著是像依偎在綿羊群中的農家風味羊乳酪，然後是一盤切半的無花果，那舊象牙色的果肉上散布著血紅色的斑點，像是塊熟成狀態良好的牛排那般。我們暢飲了一杯羅索·康納羅葡萄酒（Rosso Conero），然後以一杯當地的格拉巴酒和濃烈黑咖啡做為結尾。但咖啡還不夠強勁到讓我在會議室中對於洗衣機技術最新進展（那個叫做模糊邏輯的東西）的冗長解說保持清醒。我覺得我瞇眼的時間開始變長。我的神智很快就變得模糊不清。當我醒來時，就看見回到工廠的主辦人，原本開心以為找到一位熱切求知學生的他難掩失望之情。我飛回倫敦後對洗衣機仍是一無所知，但立即成為了掐死麵肉湯（strozzapreti in brodo）的專家。在義大利馬爾凱（Le Marche）以外的地方也找得到掐死麵，也可以使用其他優質、不會太厚的乾燥義大利麵代替。義大利寬扁麵（Tagliatelle）就是一個很好的選擇。以下為兩人份的義大利麵肉湯配方。首先在少許橄欖油中將切末的 1 顆洋蔥、1 根胡蘿蔔和 1 根芹菜莖炒軟，再加入 2 個去膜、大致壓碎

的優質豬肉香腸煎一下。再加入 300 毫升熱水和 1 茶匙鹽，慢慢燉煮 15 分鐘，然後加入義大利麵煮至彈牙。全部食材都撈一點放入大碗中就可以享用。包有白胡桃瓜餡的義大利餃也可以放入香腸肉湯（salsiccie brodo）中煮熟，與肉湯一起享用，最好再刨些帕馬乾酪撒在湯中。

蔬菜（VEGETABLE）

我先是在羅賓・羅伯遜（Robin Robertson）一本有關素食慢燉的書中不經意看到素食義大利燉鍋（bollito misto）的想法。羅伯遜用橄欖油炒軟紅蔥頭、大蒜和芹菜，然後將它們與馬鈴薯、胡蘿蔔、番茄、高湯、月桂葉和調味料一起倒入慢燉鍋中，煮了足足 5 至 8 小時，在快煮好前再加入一些麵筋（seitan）和素食香腸。對我來說，麵筋帶有令人不快的麵團味，所以我寧可不加。我用蕪菁、蜜糖豆、育空黃金馬鈴薯、飛碟瓜（pattypan squash）、瑞可達乳酪麵疙瘩（參見第 128 頁）、幾束用繩子綁起的四季豆，以及刷洗過的帶葉小蘿蔔燉煮。使用帶葉小蘿蔔的想法是借鏡素食大廚黛博拉・麥迪遜（Deborah Madison）的作法，她為自己的素食義大利燉鍋佐上橄欖油和新鮮香草（但也建議可以改用調味奶油醬），還有傳統肉類版的義大利燉鍋會搭配的綠莎莎醬（salsa verde；參見第 638 頁）。這讓人極想要把這三種佐料通通都用上。水煮蔬菜的味道可能都有點類似，尤其若又是放在同一鍋水中煮的話，因此可以使用一些風味對比鮮明的調味品（一種是清新香草味、一種是濃郁的風味，還有一種是鹹味）來讓料理有點生氣。

濃湯：蔬菜濃湯（Puréed Soup: Vegetable Soup）

製作濃湯很簡單，就是熬個蔬菜湯然後混合打成泥即可，但是很難做出真正出色的料理。製作蔬菜濃湯是廚師味蕾的真正考驗之一。跟高湯、肉湯和燉鍋一樣，這裡的食譜分量只是個大概，多加一根胡蘿蔔或一顆洋蔥不會造成什麼傷害。如果你的食材短少 500 克，馬鈴薯會是多數蔬菜可靠的備用補充食材，而煮蔬菜濃湯也是實驗更多不常見組合的好時機（例如第 261 頁「豌豆」段落中的豌豆和梨子）。

此基礎食譜可製作 4 人份蔬菜濃湯[A]。

食材

  1 顆洋蔥，切丁[B]

  2 湯匙奶油或植物油

  500 克蔬菜，按需要洗淨、去皮並切碎[CD]

  1.2 公升水或高湯[E]

  香草（Herbs）或香料（可加可不加）[F]

  鹽

  醋或檸檬汁（可加可不加）[G]

1. 用奶油或植物油輕炒洋蔥 8 到 10 分鐘，炒至洋蔥軟化。
   洋蔥炒越久，甜味越重。可用植物油或奶油炒，或是兩者混用也可以。如果只使用奶油，請注意不要燒焦。若要製作冷湯，有些廚師會偏好使用植物油。

2. 加入準備好的蔬菜。若你想讓湯汁更為濃郁及甘甜，可將蔬菜用熱油炒 1 至 2 分鐘。

3. 加入水或高湯煮沸後轉小火慢燉。加入適量的鹽。
   冷水、熱水、冷高湯、熱高湯都沒關係，只要將蔬菜燉煮至軟就可以。

4. 放涼一下，撈除任何硬質或不需要的香料，然後根據喜好打成半泥狀或全泥狀。如有需要，可用湯汁或水稀釋。試嚐並調味。
   上菜前請以小火慢慢加熱。若是加了奶油或乳酪，就更要小心用極小火將

湯慢慢加熱。

舉一反三

A. 通常一人份的湯量是250至300毫升。

B. 或可按個人喜好，先加入米爾普瓦（mirepoix；由洋蔥丁、胡蘿蔔丁和芹菜丁混合製成），再加入切碎的培根或西班牙辣香腸，此外若是熬煮葉菜較多的蔬菜濃湯，則可加入馬鈴薯和洋蔥的混合物。當洋蔥幾乎煮軟時，還可以加進一些蒜末。如果不想要洋蔥帶來的濃郁和甜味，就不要加洋蔥。

C. 根莖蔬菜、菇蕈類、茄子、瓜類、煮熟的豆類、番茄和甘藍類都可以應用1顆洋蔥和500克蔬菜對上1.2公升液體的比例原則。冷凍豌豆和新鮮蘆筍則不一樣，大約需要750克左右。。

D. 如果使用小蘿蔔葉或西洋菜等綠葉蔬菜或韭蔥，請將它們與馬鈴薯混合——參見第263頁的「小蘿蔔葉／西洋菜／韭蔥／萵苣／蕁麻」段落。

E. 許多濃湯食譜中指定使用以高湯塊或高湯粉調製的高湯，但是水通常能帶來更好的風味，尤其是蔬菜先用奶油炒軟時，或者在濃湯快煮好時加點法式酸奶油或鮮奶油。水和牛奶的混合物也不錯。還可以用幾湯匙葡萄酒、果汁或椰子鮮奶油取代一些湯汁。

F. 在步驟1洋蔥炒到大約要起鍋的1分鐘前，加入硬質的香料，例如：百里香、迷迭香、八角、小茴香籽、肉桂、丁香、荷蘭芹莖，記住在混合打泥之前要撈掉。另外在步驟4進行混合打泥之前，可先加入軟質的香草（herbs），例如：龍蒿、羅勒、薄荷和芫荽葉，或也可做為點綴。

G. 蔬菜濃湯的味道可能太甘甜，所以請務必考慮添加酸味食材以平衡味道。先在一匙湯汁中加幾滴醋或檸檬汁試嚐看看，通常一鍋加入1茶匙醋或檸檬汁就足夠了。還可以考慮加入優格、白脫乳或法式酸奶油。

蘆筍（ASPARAGUS）

　　這是御用濃湯，要放在史柏德皇家瓷器（Spode）中上菜。按照基礎食譜做出的蘆筍湯會有點稀。你可能會認為這是精緻濃湯的樣子，但湯確實可能會太稀，更不用說有時則會太濃。有些食譜會用點麵粉來勾芡，也有食譜是用馬鈴薯來勾芡，例如第263頁「小蘿蔔葉／西洋菜／韭蔥／萵苣／蕁麻」段落中的小蘿蔔葉（radish-top）濃湯。勾芡過的濃湯雖然味道還不錯，但口感不佳，蘆筍湯必須是要柔滑優雅。我的建議是購買更多的蘆筍，以符合蘆筍與高湯的比例，至少要750克蘆筍對上1.2公升液體才行。無論你的蘆筍多麼高級，纖維幾乎肯定會是個問題。這有幾種方法可以解決，可以削去纖維化的莖末，或是利用莖末熬煮簡單的高湯，然後在高湯中煮剩下的蘆筍尖。或者像我一樣，最後將蘆筍打成泥，煮成濃湯再過濾。請按照基礎食譜製作蘆筍濃湯，但在步驟1中僅使用洋蔥或紅蔥頭。墨西哥美食大師戴安娜・肯尼迪（Diana Kennedy）有一道知名湯品是蘆筍柳橙濃湯（asparagus and orange soup），裡頭需要的是青蔥而不是洋蔥，並仿效血橙荷蘭醬（sauce maltaise；參見第613頁的「血橙」段落）的作法，以柳橙汁取代一部分的高湯，也加入柳橙皮，來增添柳橙味。

白腰豆和鼠尾草（CANNELLINI BEAN & SAGE）

　　這裡的基礎食譜非常適合煮乾豆子，250克的乾豆煮熟後可供4人享用（根據經驗法則，乾豆一旦煮熟，重量就會增加一倍）。但是，過程需要添加更多的沸水，好讓豆子在長時間烹煮的過程中有足夠的水可以蒸發。若你沒能將豆子浸泡一整夜，也不用擔心，只要簡單清洗並下鍋煮就可以。不過，可以預期未浸泡過的豆子所需的燉煮時間會比泡過的豆子還要更久。至於確切要多久時間，這很難說。白腰豆需要花上45分鐘到3個小時不等，部分取決於它們的成熟度和大小。如果快速是最優先的考量，你或許會覺得使用壓力鍋是最佳選擇，但請注意，許多廚師認為壓力鍋會減損豆子的風味和口感。鹽的問題

則又引發了另一場爭議。最可靠的資訊來源，都認為在豆子燉煮的初期加鹽是個好主意，即便這會拉長烹煮的時間。也有其他廚師聲稱，在浸泡過程中加鹽可以帶出最佳風味。若你放棄自己動手處理乾豆，選擇使用罐頭豆子，這是可以被原諒的。但是請注意，所有人都會同意，罐頭豆子的味道比不上乾豆。不過我認為兩者之間的差異還可以接受。將兩罐 400 克豆子罐頭中的液體濾除後，會留下約 400 克豆子，這已足夠與 1.2 公升的高湯製成豐盛的濃湯。無論是乾豆或是罐頭豆子，最好都使用米爾普瓦（mirepoix）而非只用洋蔥做為湯的基底，並在步驟 3 中添加 3 片切碎的鼠尾草葉或 1/2 茶匙的乾燥鼠尾草。有時我會放棄將豆湯打成泥，改佐番茄油麵包（pa amb oli）享用，這是巴利阿里島式的香烤麵包片（bruschetta）：一片樸實的白麵包，抹上大蒜和番茄，淋些橄欖油並撒上鹽。

韭蔥和燕麥粉（LEEK & OATMEAL）

這是類似維奇濃湯（Vichyssoise）的濃湯嗎？據說韭蔥是由逃離羅馬的奴隸聖帕特里克（Saint Patrick）傳入愛爾蘭的，韭蔥在那裡成了相當普及的蔬菜（在韭蔥還未傳入之前，下面提到的湯是用蕁麻或細香蔥製作）。這種湯中的燕麥含量雖少，但燕麥確實為湯增添了讓人無法抗拒的奶油質地，那也是維奇濃湯必須依靠真的鮮奶油才能達到的質地。有件可能很重要的事要提一下，「燕麥粥」（porridge）一字是十六世紀時「濃湯」（pottage）一詞的誤用，這也代表燕麥和濃湯之間的關係存在已久。要製作韭蔥燕麥濃湯的話，請用少許奶油和植物油，將 350 克韭蔥片和 100 克馬鈴薯丁炒軟。接著倒入 1.2 公升熱雞高湯，並加入 1/2 茶匙鹽及 50 克鋼切燕麥粒或粗磨燕麥粉燉煮 25 分鐘。混合打泥之前先試嚐一下，然後想像這個泥搭配烤鷓鴣的味道會有多好，那就像是玉米糊和肉餡的混合料理。混合打泥後再加入 500 毫升之多的水，使其具有濃湯質地。最後試嚐調味，必要時重新加熱。

豌豆（PEA）

不是作家狄更斯那種窮困風格並以乾豆製作的可切片泥塊物（請參見第 293 頁的豌豆布丁〔pease pudding〕），而是呈現出作家珍‧奧斯汀風格的新鮮現採豌豆濃湯。大多數食譜都要求將馬鈴薯丁加到炒軟的洋蔥中，以增加湯的分量。1.2 公升的水用上 500 克冷凍豌豆和 250 克馬鈴薯，就足夠了。如果不想加馬鈴薯，就改用 750 克豌豆，這樣還會帶來極佳的風味和口感。若你買

得到真正新鮮的豌豆，請務必使用新鮮豌豆。若你買的是帶莢豌豆，就需要買到兩倍重的量。你可以加入一兩把切絲的長葉萵苣（cos lettuce）或寶石萵苣（gem lettuce），萵苣在豌豆甘甜土味的搭配及延伸下，會帶出風味的深度。請在快煮好時才加入萵苣。英國美食作家琳賽・巴哈姆（Lindsey Bareham）喜歡在速成的豌豆湯中加入梨子，這種豌豆湯之所以可以快速製作，是因為不需要用到洋蔥，也就不用炒軟。這道湯的味道很特別，明顯帶有梨子的滋味。要製作這道濃湯，請將 450 克冷凍豌豆放入鹽水中，煮幾分鐘後過濾。接著從兩罐 400 克泡汁的梨子罐頭（罐頭裡的湯汁不是糖漿）中取出梨子，在湯汁裡加入冷水至 900 毫升。將豌豆和梨子連同湯汁混合打泥。重新加熱並用鹽、白胡椒粉和幾湯匙切碎的新鮮薄荷或薄荷凍（mint jelly）調味即可。

佐泰式香料的南瓜（PUMPKIN WITH THAI SPICE）

十月是最讓人感到飢餓的月分，商店和攤位染上一層令人開胃的橙色和棕色：楓糖、胡桃、薑餅、焦糖、肉桂和南瓜。噢！南瓜。當你將南瓜的所有果肉挖出，製作萬聖節南瓜燈後，那些果肉該怎麼辦？南瓜派不合我意，味道像是用壁紙糊做的素食龍蝦濃湯。義大利餃能用掉的南瓜量極少，那就做道南瓜湯吧，至少要在英國焰火節（Guy Fawkes Night）之前做，因為那時我會把剩下的南瓜肉扔到篝火上。在南瓜和蘑菇、南瓜和蘋果、南瓜和甜玉米等所有不同組合的南瓜濃湯中，我最喜歡南瓜和泰式風味的組合。將南瓜和椰子這個組合混合打泥，會做出一種極為柔軟滑順的東西，只要不要拿來做過辣且太過複雜的咖哩醬（又加上過量的魚露）即可。南瓜雖然聽起來可能不像正統的泰式料理食材，但泰式的湯品中確實會用到南瓜，不過是切成小塊煮湯，而不是像這道食譜那樣打成泥。要製作泰式風味的南瓜濃湯，請按照基礎食譜進行。在步驟 1 中，將 1 顆切末的洋蔥或 2 顆切末的紅蔥頭炒軟，再加入 2 湯匙泰式綠咖哩醬（梅普洛伊〔Mae Ploy〕這個牌子不錯）煮一兩分鐘。接著拌入 500 克切碎的南瓜肉，然後加入 600 毫升高湯和 600 毫升椰奶、2 湯匙魚露和 1 湯匙紅糖。另外，新鮮或冷凍的萊姆葉（lime leaf）會增加點新鮮甘甜的前調。南瓜煮熟後，放涼一下，撈出萊姆葉丟掉，再混合打泥並試嚐調味，最後用碎芫荽及辣椒片裝飾並撒些芝麻點綴。

小蘿蔔葉 / 西洋菜 / 韭蔥 / 萵苣 / 蕁麻
（RADISH TOP / WATERCRESS / LEEK / LETTUCE / NETTLE）

以綠色菜葉製作的濃湯，通常會以洋蔥和馬鈴薯的組合來取代米爾普瓦（mirepoix），因為洋蔥及馬鈴薯在富含鐵質的強烈葉綠素風味底下，能產生溫和且令人愉悅的滋味。要製作經典的西洋菜濃湯，請按照基礎食譜進行，但要以慢燉的方式將馬鈴薯丁（約 200 克）和洋蔥丁煮軟，然後加入西洋菜莖（200 至 300 克）煮幾分鐘至軟化，煮水最好是用水及牛奶混合。韭蔥、萵苣和蕁麻皆可應用同樣原則，根據我碰巧看到的一則自找麻煩的食譜，蕁麻要一把一把地來計算。美食作家珍妮・貝克（Jenn Baker）將小蘿蔔葉的莖和葉放入馬鈴薯洋蔥湯底中燉煮 15 分鐘，然後加鹽、胡椒粉和少許肉荳蔻調味，製成小蘿蔔葉濃湯。

番茄與胡蘿蔔（TOMATO & CARROT）

我是擁有太多胡蘿蔔濃湯食譜的老手。多數食譜都還好，有些還不錯，但是沒有一個值得寫。番茄也一樣。當我隨意翻閱一本美食作家阿拉貝拉・巴克瑟（Arabella Boxer）集結《時尚》雜誌（*Vogue*）專欄的書時，我偶然發現了兩者合一的食譜：胡蘿蔔番茄濃湯。我從未想過這樣結合。胡蘿蔔的無趣加上番茄的活力，成了驚人的滋味。巴克瑟的原始食譜是冷湯，在混合打泥階段添加了很多白脫乳，但我喜歡用攪拌機打得熱熱的濃湯，而且不加白脫乳。請注意，這裡不使用其他的香料，只放一片月桂葉而已。這是來自天堂的組合之一，過多的點綴會減損其風味。請將 250 克削皮胡蘿蔔切成圓片，然後在 25 克奶油中煎幾分鐘讓它出汁。加入 250 克去皮切碎的新鮮番茄再煮幾分鐘。倒入 1 公升雞高湯（如果使用雞湯塊，則要用雙倍的水量稀釋），然後加海鹽、1/2 茶匙糖和一些胡椒粉調味。蓋上鍋蓋，微微燉煮 35 分鐘再混合打泥。如果你打算做成冷湯，那就只用 800 毫升的高湯，等湯放涼後，與 200 毫升的白脫乳混合拌勻再冷卻。

231

蕪菁與棕色麵包和焦化奶油
（TURNIP WITH BROWN BREAD & BROWNED BUTTER）

不論蕪菁的名聲有多鄉土，我都將蕪菁視為白領階級的大頭菜（swede）。它具有柔滑的口感和更精緻的蔬菜風味。雖是十字花科的蔬菜，但咬一口卻不會嚐到硫磺臭味。即便如此，大廚麥克·史密斯（Michael Smith）還是建議在客人品嚐湯前，不要告訴他們這是用什麼做的。史密斯的蕪菁濃湯食譜如下，請在鍋中將 50 克奶油煎至焦化，然後加入 675 克蕪菁丁和 50 克切末的洋蔥。蓋上鍋蓋，以小火煎出汁，並煎到蕪菁變軟為止（約 25 分鐘）。另將 50 克棕色乾麵包切成丁，在 1 湯匙橄欖油中煎至金黃酥脆。接著將麵包與 1 公升冷雞高湯或小牛高湯加到蕪菁中慢煮至沸騰，再輕燉 20 分鐘。混合打泥後，加鹽、胡椒粉和現磨肉荳蔻調味。最後以西洋菜或切碎的熟栗子點綴，即可上桌。

總匯濃湯（Chowder）

奶油般質地的豐盛濃湯，曾經一度只做成海鮮口味。今日，它有著更開放的詮釋空間。不過，此基礎食譜所用的食材與早期的版本一致。牡蠣餅乾是總匯濃湯的傳統裝飾。要製作4人份濃湯所需的牡蠣餅乾，請將4湯匙無鹽奶油揉入250克中筋麵粉中，然後攪入1茶匙鹽、1茶匙糖和2茶匙泡打粉。接著加入150毫升水中的大部分水混合成麵團，若有需要才添加其餘的水。讓麵團在室溫下靜置30分鐘，然後擀成0.5公分厚，再用餅乾模壓出大約十元硬幣大小的圓形，或切成小方形。然後放在抹油的烤盤上，以160°C烘烤20分鐘，烤一半時間後將烤盤掉頭換邊再烤。

此基礎食譜可製作4人份的總匯濃湯[A]。

食材

1個魚頭和1副魚骨（用於製作魚高湯），或直接準備好600毫升的溫魚高湯

25克奶油[B]

100克煙燻培根[C]

1顆大洋蔥，切丁[D]

2至3茶匙中筋麵粉[E]

500克馬鈴薯，去皮切成2公分見方的小塊[FG]

1片月桂葉[H]

鹽

600毫升牛奶

500克黑線鱈魚片，去皮切成小塊[I]

$1/4$茶匙白胡椒

2至4湯匙奶油（可加可不加）

1. 如果你要製作新鮮的高湯，請將去鱗的魚頭和魚骨放入700毫升鹽水中煮20至30分鐘以製成高湯。接著用棉布過濾高湯，然後留著備用。

自己動手製作魚高湯既快速又簡單，而且在總匯濃湯中確實能產生附加價

值——更多詳細內容，請參見第241頁的「魚」段落。

2. 在半底鍋中融化奶油，然後將培根煎全邊緣酥脆，再用漏勺取出培根。

3. 利用鍋中餘留的培根油，或再多加一點奶油或植物油，來炒軟洋蔥。炒到洋蔥變金黃色就可以了，不要讓洋蔥燒焦。

4. 關火，將麵粉撒到洋蔥中並攪拌，再開火煮1分鐘。

5. 慢慢倒入溫熱的高湯攪拌，以稀釋洋蔥油麵糊，同時讓鍋裡的渣末融入湯中。

6. 加入培根、馬鈴薯和月桂葉，然後適量加鹽調味。煮沸後轉小火慢燉。培根和魚都會讓湯變鹹。

7. 煮10至15分鐘，直到馬鈴薯變軟。

8. 加入牛奶，煮至微微沸騰，然後拌入魚肉，蓋上鍋蓋，將火轉小，讓魚煮4至5分鐘。關火，加入更多鹽調味，然後輕輕攪入胡椒，還有鮮奶油（可加可不加）。

9. 將總匯濃湯搭配牡蠣餅乾、蘇打餅乾（鹹的薄脆餅乾）、脆皮麵包或甜玉米油炸餡餅一起享用。

舉一反三

A. 與大多數濃湯一樣，這是一個相當具有彈性的食譜。舉例來說，若要製作6人份的濃湯，再加一顆馬鈴薯和250毫升的液體就可以了。

B. 可用2湯匙植物油取代奶油，不過奶油的味道很難匹敵。

C. 培根可加可不加，但若不用培根，我強烈呼籲你要做出風味強大的魚高湯，或也可以考慮試試用海帶熬湯。

D. 可做為洋蔥替代品的有蔥、韭蔥或韭蔥與洋蔥的混合物。而大蒜與蝦貝蟹類總匯濃湯特別對味。

E. 並非所有的總匯濃湯都需要用麵粉勾芡。有些食譜會將一部分馬鈴薯搗成泥，倒回湯中攪拌均勻，或者加入奶油／鮮奶油。我曾看到有食譜在這種分量的湯中加了多達125毫升的高脂鮮奶油，但其實在煮魚時拌入2到4湯匙，就會產生非常濃郁的效果了。

F. 任何品種的馬鈴薯都能使用，但最好選擇煮了不會散的馬鈴薯。

G. 可用番薯、南瓜或其他根莖類蔬菜取代馬鈴薯，或與馬鈴薯混合使用。

H. 百里香是總匯濃湯的另一種經典香料。其他還有芹菜鹽（celery salt）、卡宴辣椒粉和肉豆蔻核皮粉（mace）。

I. 魚肉可以混搭，白肉魚，蝦貝蟹類、鮭魚和煙燻魚都可以混在一起煮。

總匯濃湯→ 風味與變化

蛤蜊（CLAM）

其他事情統統先不用提，《白鯨記》（*Moby-Dick*）就是一種強烈刺激食慾的東西了。在第15章「總匯濃湯」中，餓得不得了的伊斯梅爾（Ishmael）和桂奎格（Queequeg）正擔心南塔基特島（Nantucket）煉鍋旅店（Try Pots）的女房東用一隻蛤蜊就把他們打發走時，發現送來了兩碗熱騰騰的蛤蜊總匯濃湯，讓他們鬆了一口氣。「它是由比榛子大不了多少的多汁小蛤蜊所製成，再摻入搗碎的硬餅乾（ship biscuit）及鹹豬肉薄片。整道湯因為奶油變得濃郁，並用了足量的胡椒及鹽調味。」旅店老板娘胡賽太太「臉上長有雀斑，是個有著一頭黃髮且穿著黃色長袍的女人」，看上去很像總匯濃湯。根據伊斯梅爾的說法，「煉鍋」的魚腥味「是所有帶有魚腥味的地方中最腥的了」，甚至連牛奶都有魚腥味，這讓伊斯梅爾感到困惑，直到他沿著海灘漫步，看到胡賽家的「斑紋乳牛以魚的殘骸為食」才明白。調整一下基礎食譜就可以製作蛤蜊總匯濃湯，請用2公斤蛤蜊取代500克魚。在有蓋的大型平底鍋中，將200毫升干白葡萄酒收乾一半，再加入500毫升熱水。轉中火，加入洗乾淨的蛤蜊。蓋上鍋蓋煮4至5分鐘，在煮一半時間後搖動鍋子。時間到時，檢查看看是否大多數蛤蜊都已打開。如果沒有，就重新蓋上鍋蓋，每分鐘檢查一次，直到大多數蛤蜊都打開為止。然後從殼中取出蛤蜊。請在鍋子上進行此步驟，以盡可能留下更多的蛤蜊汁。丟棄所有沒有打開的蛤蜊。接續步驟2進行，將以細篩網或棉布過濾的煮蛤蜊水拿來取代魚高湯，在原先要加魚的地方改成加進蛤蜊，蛤蜊只需要再加熱一兩分鐘。大廚湯姆・凱里奇（Tom Kerridge）以鳥蛤（cockles）、馬鈴薯及甜玉米製作總匯濃湯，最後在完成的濃湯上淋點甜醋以向這道英國沿海的經典料理致敬。

烤馬鈴薯（JACKET POTATO）

在總匯濃湯中的馬鈴薯，即便只是用來當做配角，都會躍升為主角。如果你想吃些奶油般濃郁的東西，強烈建議使用馬鈴薯。請跳過基礎食譜中的步驟1，改用油搓揉兩顆大馬鈴薯（1顆250克）並撒上海鹽，放入烤箱以200°C烘烤，應該在1小時20分鐘之內就會烤軟。將烤好的馬鈴薯切成兩半，挖出大部分的果肉。再將馬鈴薯皮放回烤箱每面烤10分鐘。然後按照步驟2到7繼續進行，在步驟6中加入馬鈴薯肉，還需要加入生馬鈴薯丁，這對口感很重要，也

會帶來額外的風味層次，特別若是你使用不同品種的馬鈴薯時。至於液體部分，最好使用溫和的蔬菜高湯或雞高湯。另將培根切成薄片炸至酥脆做為綴點，並再加些細香蔥、酸奶油和青蔥末，烤得酥脆的馬鈴薯皮可用同樣的配料點綴。將飽滿的馬鈴薯皮搭配濃湯，做成一道豐盛菜餚享用。或是在馬鈴薯皮一烤好時就拿來吃（馬鈴薯皮重新加熱的效果不好），濃湯則留待隔天再享用。

貽貝與大蒜（MUSSEL & GARLIC）

235

這道濃湯就像是先將薯條加進裡面的白酒貽貝（moules mariniere）一樣，而且醬汁多到需要一個更大的麵包籃來裝麵包才行。切片的法式長棍麵包是搭配這道濃湯顯而易見的選擇，但是我建議搭配第57頁「馬鈴薯」段落的馬鈴薯麵包，因為它具有神奇的湯汁吸收力。貽貝大蒜總匯濃湯與上述的蛤蜊總匯濃湯類似，都跟我們的基礎食譜有些不同。煮過蝦貝蟹類的水都可做為高湯，不過這裡是以大蒜和葡萄酒調味，因此湯的味道更加濃郁。準備一個足夠放入所有貽貝的帶蓋鍋子，先在鍋中放入1至2湯匙奶油，以中火煮融，放入2至3蒜瓣的蒜末炒至金黃色。轉大火，加入250毫升干白葡萄酒煮沸，並燉煮1分鐘。加入2公斤刷洗去鬚的貽貝，蓋上鍋蓋煮2分鐘，然後攪拌一下再重新蓋上鍋蓋。如果貽貝尚未打開，請每分鐘檢查一次，看看大多數貽貝是否已經打開，若是殼太厚，最多可能需要8分鐘。貽貝打開後，立即拿起鍋蓋，將貽貝從殼中取出，丟棄沒有開的貽貝。留下煮貽貝的湯汁並加水至600毫升，這就成了你的高湯。接續步驟3到步驟7進行，你會發現有了貽貝和大蒜的濃烈風味，就不需要培根了。在步驟8中加入煮熟的貽貝，稍微煮到熱透。如果覺得貽貝太大顆，可將每個貽貝切成2或3塊。

紅葡萄酒（RED WINE）

第一份有記載的總匯濃湯食譜出現在一七五一年《波士頓晚間郵報》（*The Boston Evening Post*）的一首匿名詩中：

> 首先放入一些洋蔥以免豬肉燒焦，
> 因為在總匯濃湯中沒辦法翻面。

然後擺放一些切成薄片的豬肉，

你的總匯濃湯就此開始了。

接著好好擺放魚切片，

然後加入胡椒粉、鹽和香料調味，

還有荷蘭芹、甜馬鬱蘭、香薄荷（Savory）和百里香（Thyme），

接下來是餅乾，那需要浸泡一段時間（Time）。

這樣，你的基底就打好了，你就可以

建立一個像巴別塔一樣高的總匯濃湯；

不斷重複再做一次，

你可以為一千個男人製作總匯濃湯。

最後加瓶紅葡萄酒，還有水，把食材全蓋過，

你將會有道某些人稱為大雜燴的料理。

食譜作家可能會質疑詩人沒有標明是用爐子或烤箱料理；詩人為了適當押韻所以用了「Thyme」（百里香）與「Time」（時間）兩個詞。可是用上紅酒和魚？公平地說，從歷史上來看，這種搭配並不罕見。最好避免使用單寧酸重的波爾多酒，使用薄酒萊新酒比較好。即使這樣，葡萄酒還是要先煮過才會變香醇。

煙燻黑線鱈與馬鈴薯（SMOKED HADDOCK & POTATO）

卡倫湯（Cullen skink）是用煙燻黑線鱈和馬鈴薯製成的著名蘇格蘭濃湯。它與總匯濃湯的基礎食譜沒什麼不同，還更簡單。無需高湯或培根。只要將切丁的馬鈴薯和切末的洋蔥放入平底鍋中，加入 600 毫升水，以小火將兩種食材都煮軟（約 10 至 15 分鐘）。以同樣的方式，將煙燻黑線鱈（finnan haddie）放入另一只鍋中，倒入 600 毫升牛奶，加入月桂葉，以小火煮熟（不超過 10 分鐘）。取出魚留下牛奶，現在牛奶中的魚味就跟胡賽家乳牛所產出的牛奶一樣多了（參見第 267 頁的「蛤蜊」段落）。剔下魚肉並同時去除魚刺。將大約一半的煮熟馬鈴薯和洋蔥從鍋中取出，搗成糊狀，再連同魚肉和牛奶一起倒回鍋中。煮至熱透，撒上荷蘭芹或細香蔥，並搭配燕麥餅（參見第 37 頁的「燕

然後擺放一些切成薄片的豬肉，

你的總匯濃湯就此開始了。

接著好好擺放魚切片，

然後加入胡椒粉、鹽和香料調味，

還有荷蘭芹、甜馬鬱蘭、香薄荷（Savory）和百里香（Thyme），

接下來是餅乾，那需要浸泡一段時間（Time）。

這樣，你的基底就打好了，你就可以

建立一個像巴別塔一樣高的總匯濃湯；

不斷重複再做一次，

你可以為一千個男人製作總匯濃湯。

最後加瓶紅葡萄酒，還有水，把食材全蓋過，

你將會有道某些人稱為大雜燴的料理。

食譜作家可能會質疑詩人沒有標明是用爐子或烤箱料理；詩人為了適當押韻所以用了「Thyme」（百里香）與「Time」（時間）兩個詞。可是用上紅酒和魚？公平地說，從歷史上來看，這種搭配並不罕見。最好避免使用單寧酸重的波爾多酒，使用薄酒萊新酒比較好。即使這樣，葡萄酒還是要先煮過才會變香醇。

236

煙燻黑線鱈與馬鈴薯（SMOKED HADDOCK & POTATO）

卡倫湯（Cullen skink）是用煙燻黑線鱈和馬鈴薯製成的著名蘇格蘭濃湯。它與總匯濃湯的基礎食譜沒什麼不同，還更簡單。無需高湯或培根。只要將切丁的馬鈴薯和切末的洋蔥放入平底鍋中，加入 600 毫升水，以小火將兩種食材都煮軟（約 10 至 15 分鐘）。以同樣的方式，將煙燻黑線鱈（finnan haddie）放入另一只鍋中，倒入 600 毫升牛奶，加入月桂葉，以小火煮熟（不超過 10 分鐘）。取出魚留下牛奶，現在牛奶中的魚味就跟胡賽家乳牛所產出的牛奶一樣多了（參見第 267 頁的「蛤蜊」段落）。剔下魚肉並同時去除魚刺。將大約一半的煮熟馬鈴薯和洋蔥從鍋中取出，搗成糊狀，再連同魚肉和牛奶一起倒回鍋中。煮至熱透，撒上荷蘭芹或細香蔥，並搭配燕麥餅（參見第 37 頁的「燕

鍋中。煮至熱透，撒上荷蘭芹或細香蔥，並搭配燕麥餅（參見第37頁的「燕麥餅乾」段落）或班諾克麵餅（bannocks）享用。（班諾克麵餅是一種使用燕麥粉或大麥粉製作，並放在平底鍋上煎烤的麵餅，類似壓扁的司康餅）。傳統上，歐洲防風草塊根與煙燻魚的搭配相當常見。所以可用歐洲防風草塊根取代一半的馬鈴薯，讓口味有些變化。

甜玉米、番薯與法式酸奶油
（SWEETCORN, SWEET POTATO & CRÈME FRAÎCHE）

甜玉米總匯濃湯只要保持簡單就好，因為像月桂葉或百里香這類用在總匯濃湯中的經典香草（herbs），並無法改善玉米的土味。法式酸奶油也會抵消玉米的甜味。如果可能的話，請使用依斯尼（Isigny）這個品牌有產地認證的法式酸奶油，它的風味介於希臘優格和恰好熟成的康門貝爾乳酪之間，非常值得多花一點費用購買。要製作甜玉米總匯濃湯，請按照基礎食譜進行，在步驟1中熬製玉米高湯以取代魚高湯：從4條甜玉米上切下玉米粒，置於一旁備用；將玉米穗軸浸入加有 $1/_2$ 茶匙鹽的1公升水中燉煮20分鐘左右。留下600毫升的高湯，並把玉米穗軸丟棄做堆肥。接著從步驟3繼續進行，只用奶油或植物油將洋蔥炒軟。並在步驟6中，以番薯取代馬鈴薯，連同甜玉米粒、牛奶和鹽一起加入鍋中煮沸後燉煮10分鐘。加入4湯匙法式酸奶油慢慢燉煮至整鍋熱透。老羅斯福總統喜歡用爆米花取代牡蠣餅乾加進鮮魚總匯濃湯裡吃。如果你決定仿效他，那麼一次加一點爆米花，讓它們吸收一點湯汁，又不致於完全失去脆度。鹹味烤玉米粒（salted corn nuts）也是一種出色的配料。

番茄（TOMATO〔MANHATTAN CLAM CHOWDER；曼哈頓蛤蜊總匯濃湯〕）

一九三四年，曼哈頓蛤蜊總匯濃湯第一次在出版品上現身時造成了轟動：喬治‧弗雷德里克（J. George Frederick）稱番茄蛤蜊總匯濃湯的發明是美國料理史上最具爭議的事件，「輕易就超越草莓酥餅（strawberry shortcake）的爭議」。緬因州議員克利夫蘭‧史利普（Cleveland Sleeper）提出了一項法案，要禁止在總匯濃湯中加入番茄。埃莉諾‧埃爾里（Eleanor Early）則在一九四〇年撰寫的文章裡表示這是「可怕的粉紅色混合物」，並聲稱蛤蜊和番茄的組合還不比辣根和冰淇淋對味。然而隨著時間的改變。由番茄及蛤蜊製成的飲品克拉馬托（Clamato；於一九六六年推出）成了美國街角小店的主打產品，而且要是你家附近的冰淇淋店已經不再販售辣根冰淇淋，即表示這不過就是時間

製作，但在步驟1中熬製蝦貝蟹類高湯（參見245頁的「蝦貝蟹類」段落）而不是魚高湯。然後接續步驟2的作法進行，將洋蔥、1根胡蘿蔔、1個青椒和1根芹菜切末並將3至4個蒜瓣壓泥後，連同高湯全部加入鍋中。當蔬菜炒軟時，攪入2湯匙番茄泥煮一分鐘，再加入1顆切丁的馬鈴薯、蝦貝蟹類高湯、1片月桂葉、幾枝百里香和少許鹽和胡椒粉。燉煮至馬鈴薯剛好熟透。確定熟透了，再加入400克罐頭碎番茄和幾撮辣椒片煮15分鐘。接著加入1公斤刷洗過的蛤蜊，蓋上鍋蓋並燉煮到蛤蜊全部打開。你應該等到隔天才喝濃湯，最好把湯放在戶外。我把我的湯放在布魯克林的一處門廊上，第二天早上發現有東西在裡面開了一家小小釀酒廠。

燉鍋：燉羊肉與蔬菜鍋
（Stew: Lamb & Vegetable Stew）

這是一鍋有肉有菜或是有魚有菜的料理。基礎食譜中的例子是簡單的羊肉蔬菜燉鍋，但在「風味與變化」中還包括了咖哩和塔吉鍋（tagine），以及經典的法國砂鍋料理（French casseroles）。在我們的基礎食譜中，燉鍋要放進烤箱加熱，但也可以放在爐子上煮。如果要在爐子上煮燉鍋料理，請盡可能使用加熱擴散器（diffuser）讓火均勻分布，這會對任何魚或肉的質地產生明顯影響。

此基礎食譜可做出 4 人份燉鍋（裝在 3 公升帶蓋且適用在爐子上煮的砂鍋）。[A]

食材
50 克奶油或 2 至 3 湯匙植物油[B]

1 公斤去骨羊肩肉或羊腿，切丁[CDE]

2 顆洋蔥，稍微剁碎[F]

2 根胡蘿蔔，稍微剁碎[F]

2 根芹菜莖，稍微剁碎[F]

200 克肥培根（bacon lardons）[F]

3 至 4 瓣大蒜，切末[F]

1 湯匙中筋麵粉[G]

750 毫升熱高湯[H]

1 束香草束（bouquet garni）[I]

1. 加熱砂鍋中的奶油或植物油，將肉下鍋煎一下，如有必要，將肉分批煎。之後用漏勺取出。

2. 如有需要，加入更多油脂，待油熱後，以中火將洋蔥、胡蘿蔔和芹菜連同培根煮軟，約需 10 分鐘。再加入大蒜炒至金黃。

3. 關火，撒入麵粉攪拌。再開火煮 1 分鐘。
   如果培根和肉榨出太多油，你可能要倒出一些，只留下大約 1 湯匙油，再加入麵粉。

4. 慢慢倒入熱高湯，同時攪拌沾黏在鍋上的渣末。將肉放回鍋中，並加入香草束。

5. 煮沸後轉小火燉煮，然後移到160°C的烤箱中煮 1$^1/_2$ 至 2 小時。
   像羊腿這樣比較大的帶骨肉需要煮更久。

6. 接下來就可以上桌享用，不過最好還要在冰箱冷藏一兩天，以增進風味並
   使油脂在表層凝固以便於撈除。

239

舉一反三

A. 如果蓋子蓋不緊，請在蓋子和鍋子之間放入一張鋁箔紙或烘焙紙。這樣可以防止蒸汽逸出，以免燉鍋煮乾，最後燒焦，尤其是你想用少量液體燉煮時。如果你的砂鍋不能放在爐子上煮，請先在厚重的平底鍋中開始煮，並在烤箱中預熱砂鍋，然後在步驟 5 將內容物倒進砂鍋。雖然在大一點的鍋中燉煮也可以，但理想的情況是讓食材塞滿鍋子，用最少量的液體蓋過食材，以產生最強烈的風味。

B. 若根據風味配對的原則或料理本身的性質，使用植物油更適合你的燉鍋的話，就改用植物油，像是塔吉鍋或中式滷肉（Chinese braise）這類料理。

C. 如果你要購買帶骨肉，那要多加50%的重量，即1.5公斤。

D. 羊肩肉是燉羊肉鍋不錯的選擇，不過羊頸肉、臀肉、胸肉、腿肉和頸脊肉也是個選項（需根據部位調整烹煮時間）。

E. 寧可使用較大的肉塊，這樣不容易煮爛，成品看起來也更美味。

F. 以上是經典的調味料，但你可以隨意省略或替換。洋蔥、紅椒和番茄是大多數肉類的理想基底。

G. 除了用小麥麵粉勾芡，還可以在快煮熟時，將細玉米粉和冷水混合攪成粉漿勾芡（請參閱280頁「越南鴨和柳橙」段落）。或者，如果食材本身可以，你可將一小部分蔬菜搗碎或打泥，再倒回煮好的燉鍋攪拌均勻。還有第276頁段落「雞肉與葡萄酒」結尾部分提到的麵粉奶油糰（beurre manié）也可以用來勾芡。

H. 請根據液體的用量是多是少，來對應調整麵粉用量：每250毫升高湯加入1茶匙麵粉，就能產生稠度適當的醬汁。通常要加入高過食材一到兩公分左右的足量液體。如果你用的液體量較少（例如滷製），請確保鍋蓋蓋緊了，以使鍋內的食材可以烹煮得宜。還可以用等體積的葡萄酒或碎番茄來取代部分或全部的高湯。

I. 新鮮的香草束可使最終的風味大不相同。單獨使用月桂葉或幾枝百里香也不錯。1茶匙乾燥綜合香草（mixed herb）就足夠了。如果要添加任何香料，整顆的請在步驟2加入，粉狀的請在步驟3麵粉被吸收後再加入，記得要檢查鍋子是否會太乾，以免香料燒焦。

啤酒牛肉（BEEF IN BEER）

　　全世界將啤酒入菜的第二好料理是比利時的啤酒燉肉，在比利時南部法語區稱為「carbonnade」，在北部法蘭德斯區稱為「stoofvlees」。兩個地區的燉肉是一樣的，不過「stoofvlees」較常搭配薯條享用。料理作家德莉亞・史密斯（Delia Smith）提醒，至少要燉煮 2 $^1/_2$ 小時，才能享用這道料理，因為啤酒釋出的苦味需要一些時間才會能變得甘醇。布魯克林啤酒廠的老板嘉瑞特・奧利佛（Garrett Oliver）則建議 1 $^1/_2$ 小時就足夠了。他還指出，「正確使用啤酒，就可廣泛應用在料理上，為菜餚加分」，這與我丈夫在學校報告中提到的運動員一樣熱情（「在游泳和籃球項目中力求表現，是個愉快的男孩」）。你對自己的啤酒燉肉是否滿意，部分取決於所用的啤酒類型和分量。我使用麥克森（Mackeson）這品牌的牛奶黑啤酒來與牛高湯混合，它的色澤有如熱焦油那般黑，不過任何黑啤酒都可以。名廚埃斯可菲（Escoffier）則呼籲使用蘭比克啤酒（lambic；請參閱 606 頁的「櫻桃啤酒」段落），不過這款啤酒我會留著喝。要製作啤酒燉牛肉，請按照基礎食譜進行，使用相同分量的燉牛肉，不用胡蘿蔔和芹菜，但使用至少兩倍的洋蔥，切片不切塊。至於液體部分，則使用一半牛高湯及一半啤酒，再加上 1 湯匙滿滿的糖、1 湯匙第戎芥末和 4 茶匙蘋果酒醋或葡萄酒醋。香草束是必加之物。料理作家安妮・維蘭（Anne Willan）還會再加 $^1/_2$ 茶匙的現磨肉荳蔻。在烤麵包片抹上芥末醬再鋪在燉肉上是很常見的作法。美食評論家米米・謝爾頓（Mimi Sheraton）則有道鋪上薑餅的啤酒燉肉食譜。如果你不想搭配薯條享用，則可搭配大量水煮馬鈴薯或原味馬鈴薯泥享用，或是佐義大利長條雞蛋麵。我偶爾會用十幾根豬肉香腸取代牛肉（香腸不切開並且下鍋煎一下），燉煮不超過 45 分鐘的時間，並且發現這樣還會留有一點點可口的苦味，不過我不確定是否所有的黑啤酒都可以這樣做。

川法納（CHANFANA）

　　來自葡萄牙貝拉地區（Beira region）的燉肉。傳統版本是以山羊肉製作，而在現代版本中，山羊肉或綿羊肉（mutton）都可以。有人說這道料理可以追溯到半島戰爭（Peninsular war）那時，當年拿破崙的大軍把所有最好的家畜都清光了，葡萄牙人只剩下一堆老山羊。不過困頓造就了最極端但美味的燉肉，將肉浸在紅酒中慢慢醃製，到一定程度肉就會變軟。美食作家西

莉亞・佩德羅索（Celia Pedroso）和露西・佩珀（Lucy Pepper）表示，這道料理還需要「健壯的牙齒」。其中的辛香料也很有創意，混合的種類跟我看過的都不一樣——薄荷、月桂葉、荷蘭芹和辣椒粉，以及洋蔥和大蒜。這道料理值得一提的優勢是不需要炒軟或煎一下。將食材裝入有蓋的鍋（最好是陶器，且要適用於烤箱）中，可按個人喜好分層，然後倒入紅酒浸泡至味醇熟成，接著在烤箱中長時間緩慢燉煮。要製作這道料理，請將 2 公斤山羊或綿羊肉丁浸泡在 750 毫升紅酒中，並加入 1 整顆切末的大蒜、25 克切碎的荷蘭芹、15 克切碎的薄荷、1 茶匙紅椒粉、1 湯匙鹽、1 茶匙葡萄牙霹靂辣椒調味料（piri piri seasoning）或辣椒片和少量豬油，一起醃製 8 小時（要放入冰箱中）。要煮時請先攪拌一下，如果肉吸收掉很多紅酒，就再加一點酒。蓋上鍋蓋，移到 160°C 的烤箱中煮 3 小時。上菜時搭配水煮馬鈴薯享用，還要附上多種顏色的牙間刷哦。

雞肉與葡萄酒（CHICKEN & WINE）

因為我先生娶了我這位美食作家，其他人都覺得我先生應該吃得像國王一樣。因此，當他們問我為先生做過的最好料理是什麼時，他們時常對答案感到失望。昨晚我們在達特穆爾（Dartmoor）的度假小屋時，碰巧我手頭上有很多紅酒燉雞（coq au vin）所需的食材。而我所沒有的食材（白蘭地、紅蔥頭、麵包）也都從貨品充足的鄉村商店中買到了。我放入一隻雞，按照基礎食譜進行，用小瓶拿破崙干邑白蘭地（Courvoisier）讓雞燃燒起來。小屋對面是奇特到很吸引人的德魯紋章酒館（Drewe Arms），所以我將耐熱玻璃烤皿（Pyrex）置入設定為 150°C 的一九七〇年代烤箱後，我們就到對街閒逛尋找磨刀器。那間酒館就是間德文郡的鄉村酒館，都是用茅草搭建，有一些小房間可供選擇，裡頭配有樺槽式長凳，及由大塊石板鋪成的地板。這裡沒有吧台，要從酒水間的窗口購買啤酒，酒水間裡頭擺滿了用毯子包起來的小桶，好似它們經歷了從啤酒廠搬運過來的痛苦旅程，目前還在恢復中。黑板上簡單列了豐盛的經典料理——羊排（lamb chops）、派餅和馬鈴薯泥。我們屈服了，就點

了菜來吃。晚餐吃到一半,我躡手躡腳地過街去,從烤箱中取出了那隻被輕蔑的可憐雞。我想,在我把牠放到櫃檯放涼並要回去吃我的麵包奶油布丁時,應該還向牠道了歉。第二天早上,我們站在暴雨中,看著要駛出停車場的三條小路交匯處,爭論著哪一條通往哪座岩山,然後我們知難而退地回到車上。此時是早午餐時間。我用鋁箔紙包起來的東西沒什麼好看的,是紅酒燉雞三明治。紫色的醬汁滲入了麵包中,使它變得濕潤且看起來好像有毒的樣子。但是,多汁的雞肉略帶一點松露的風味,而濕掉的麵包則帶有堅果和水果味。當猛烈的雨水打在擋風玻璃上,我們看著窗外一片泥濘,那一刻我們在微微的機油臭味之中吃下濕濕的三明治,而這個三明治顯然成為我先生至今吃過的最美味食物。至於葡萄酒的部分,美食作家瓦維萊・魯特(Waverley Root)認為,法國希農(Chinon)或布爾蓋爾(Bourgueil)的紅葡萄酒煮起來跟肉類最對味,而紅酒燉雞(coq au vin)則「沒有比用都蘭(Touraine)釀造的葡萄酒煮更好的了」。他還注意到,法蘭西-孔德(Franche-Comte)的紅酒燉肉是用夏隆堡(Château-Chalon)紅酒燉煮的,這是一款濃郁的甜紅酒,他將其比擬為「山中的蘇玳貴腐酒(Sauternes)」。羅斯・格雷(Rose Gray)和露絲・羅傑斯(Ruth Rogers)的《河流咖啡館簡單食譜第二集》(*River Cafe Two Easy*)中則提供了十一種「葡萄酒與鳥類」的食譜,包括苦艾酒慢燉雞(slowroast chicken in vermouth)、義大利聖酒烤鷓鴣(roast partridge in vin santo)、夏多內白酒雉雞(pheasant in Chardonnay)和古典奇揚地酒烤松雞(roast grouse with Chianti Classico)。要製作經典的紅酒燉雞,請調整一下基礎食譜,改用切塊的整隻雞取代羊肉,並將紅酒做為煮水使用。芹菜可加可不加。傳統作法是在最後點綴裝飾時,會將一點洋蔥和肥培根用奶油煎10分鐘,加入鈕釦蘑菇後再煎5分鐘,然後若洋蔥已經煮軟到可以吃,就可以攪入燉雞中準備上菜了。若要勾芡,可將等重的無鹽奶油和中筋麵粉混合成糊狀,做成麵粉奶油糰(beurre manié)。每次只將一茶匙的麵粉奶油糰拌入煮好的燉湯中,而每加一次就需要再煮一分鐘,直到燉湯達到所需的稠度為止。紅酒燉牛肉(beef bourguignon)也適用相同的調味原則和點綴裝飾:只需按照基礎食譜,改用牛肉代替羊肉,並改用紅酒來煮即可。

巧克力馬莎拉酒鴨(DUCK WITH CHOCOLATE & MARSALA)
　　若我將困在荒島上,我會選擇攜帶的食材是鴨、大蒜、茴香,辣椒、一條「綠與黑」品牌的葡萄乾榛果巧克力棒以及一瓶馬特巴托里的馬莎拉酒

（Marco de Bartoli Marsala）。然後，我可以選擇喝酒喝到醉，吃掉巧克力，將剩下的東西都扔進海裡，或者做道像大廚雅各・甘迺迪（Jacob Kenedy）所著《柏卡小餐館食譜》（Bocca：Cookbook）中的那種豐盛西西里料理。請按照基礎食譜製作，改用切塊調味過的整隻全鴨。將鴨肉塊每面各煎 5 至 10 分鐘，去除鍋中所收集到會造成心臟繞道手術的油脂。接著倒入 1 湯匙橄欖油，放入 1 顆洋蔥和 2 個蒜瓣所切的末炒軟，再放入 3 公分的肉桂棒、$1/2$ 茶匙辣椒片和少許鹽。轉小火煮 10 至 15 分鐘，然後加入 1 茶匙壓碎的茴香籽、80 克葡萄乾、40 克松子再煮 2 分鐘。將鴨肉塊放回鍋中。倒入 250 毫升干馬莎拉酒或歐羅梭雪利酒（oloroso sherry）以及 80 毫升紅葡萄酒醋或白葡萄酒醋。蓋緊鍋蓋，慢慢燉煮至鴨肉變嫩且醬汁變稠，大約需要 1 個小時的時間。盡可能地從醬汁表面撈起油脂，再攪入 50 克切碎的黑巧克力，試嚐調味。撒上荷蘭芹，也可再撒點辣椒。可搭配庫斯庫斯一起享用（代表你認同這道菜應該是源自阿拉伯），或者按照雅各・甘迺迪的建議，搭配用點大蒜和辣椒輕炒一下的菠菜。

燉牛膝（OSSO BUCO）

燉牛膝的原文「osso buco」是骨洞的意思。聽起來像是在令人生厭的時尚達人還沒出現以前，可能會在曼哈頓肉品包裝區（Meatpacking District）發現的那種同性戀酒吧。燉牛膝（osso buco）指的當然是義大利倫巴底第地區（Lombardy）的燉小牛肉，從骨頭滲出的骨髓有著絨布那般的質地，柔軟到你可能會想脫下鞋子直接踩在上面。你會從骨腔中挖出剩下的骨髓，於是骨頭（osso）中間就出現一個洞（buco）了。因此，當一位朋友告訴我他要準備燉牛膝做為晚餐時，我感到非常高興。我刻意餓著肚子帶著滿腹的食慾前去，卻發現他雖然已經將要做義式三味醬（gremolata）的大蒜和荷蘭芹切末，但殘酷的是，生的小牛膝還一點也不愧疚地被放在廚檯上（義式三味醬是種檸檬味的裝飾醬料，傳統上會在料理煮好後撒在上面）。我問他要不要幫忙，被他婉轉拒絕了。「不，不。妳不用動手。」他遞給我一杯經典加維白葡萄酒（Gavi di Gavi）。我吸入了酒中的檸檬和香草香氣，卻只是讓我想到義式三味醬，以及還要等上好幾個小時，才能撒上三味醬的燉牛膝。在牛膝燉煮了一個半小時後，叛變正在醞釀中。有位客人自己弄了個煎蛋捲獨享。在其他場合，這簡直是無禮的舉動，但今晚就各人顧各人了。晚上十點四十五分，還未醉倒在沙發上的客人都拿到一盤佐著柔軟奶油狀番紅花燉飯的熱騰騰燉牛膝。這

實際上值得等待。這道菜餚恢復了大伙說話的力氣。多久才會有一頓料理可以達到這樣的程度？要製作燉牛黍，請按照基礎食譜進行，使用 6 塊 4 公分厚的小牛膝肉片，然後在橄欖油而非奶油中煎一下。另將米爾普瓦（mirepoix）的食材剁得比製作燉牛肉時更細碎。將米爾普瓦炒軟且其中的大蒜炒到稍微上色後，加入 125 毫升干白葡萄酒煮幾分鐘。接著倒入 2 罐 400 克的罐頭碎番茄、250 毫升水、1 枝迷迭香上切碎的針葉和 4 枝百里香上切碎的葉子。以鹽和胡椒粉調味。煮沸後蓋上鍋蓋，移到 150°C 的烤箱中煮 3 小時。可搭配番紅花燉飯、玉米糊或馬鈴薯泥享用。若不使用小牛肉，這道食譜就會非常類似砂鍋料理（cacciatore）。實際上，除了用兔子或雞肉取代小牛膝且不用義式三味醬之外，有些食譜幾乎可以互換。其他還有椒類或菇蕈類版本的砂鍋料理。在第 199 頁的「番茄、蘑菇與白酒」段落中，還可以找到與這些料理相似的法式獵人鍋（Chaseur）。

綠咖哩羊肉（SAAG GOSHT）

很難想像愛抱怨且帶有社會主義色彩的菠菜可以變得如此豐富。在印度料理綠咖哩羊肉（saag gosht）中，優格調和了大量菠菜與羊肉汁，產生了柔滑順口的醬汁（可以隨意改用其他肉類，但烹煮的時間也要調整）。首先，將 1 公斤清洗過、葉子上還帶有水分的新鮮菠菜快煮一下再擠乾切碎，或者將 250 克冷凍碎菠菜解凍後擠乾。接著按照基礎食譜進行，用油煎一下羊肉。這裡不用胡蘿蔔、芹菜和培根，改用 2 湯匙薑末，與大蒜一起加入。無需在步驟 3 中加入麵粉，因為菠菜就有勾芡的作用。另外還要倒入 1 湯匙芫荽粉、1 茶匙芥末粉、1 茶匙小茴香粉，1 茶匙薑黃粉、$1/2$ 茶匙黑胡椒粉、$1/4$ 茶匙現磨肉荳蔻以及辣椒粉或辣椒片調味，然後煮一分鐘。接著將羊肉連同菠菜一起放回鍋中，再拌入 300 毫升天然優格和 1 茶匙鹽。蓋上鍋蓋，並在 160°C 的烤箱中煮 2 小時，整個過程中若水快要煮乾時，就加點熱水。最後請搭配米飯或麵餅（請見第 31 頁）和印度甜酸醬享用。

244　海鮮（SEAFOOD）

製作海鮮燉鍋的主要挑戰，在於做出湯底的良好風味深度。很少有海鮮可以經得起超過 10 分鐘的烹煮，因此海鮮燉鍋與用肉或乾豆製成的燉鍋相當不同，要另外熬煮風味十足的湯底，才能把主要食材（像是去鱗去內臟的整條魚、魚片、蝦蟹、貝類或混用）加進去，讓海鮮食材稍微煮一下到熟就可

以。用魚頭、魚骨和/或貝殼熬煮的魚高湯通常風味很細緻，無需進一步的點綴，或可以用咖哩或塔吉鍋的辛香料調味。或也可像西班牙紅椒堅果醬燉魚（romesco de peix；請見第359頁）中的作法，用魚高湯來稀釋堅果糊。若沒有魚高湯可用，請嘗試以番茄為基底，並從以下食材中找一些來調味：洋蔥、韭蔥、大蒜、芹菜、茴香、甜椒（bell pepper）、百里香、月桂葉、龍蒿、番紅花、培根、西班牙辣香腸、香腸、辣椒、白葡萄酒或茴香酒。或者，更少見的作法是，做成紅燒口味（請見225頁的「紅燒」段落），然後用豬肉的滷汁作為湯底。做出美味燉鍋的方便捷徑是添加少量或兩個貽貝或蛤蜊，牠們煮熟打開時會讓汁液混入燉湯中。另外還可以考慮添加點魚露、鯷魚番茄醬（anchovy ketchup）或海菜來促進風味。

塔吉鍋（TAGINE）

　　在摩洛哥馬拉喀什（Marrakech）外出用餐的麻煩在於，大量的感官訊息正在爭奪可憐觀光客腦袋中的注意力。在舊城區（medina）的一家餐廳裡，我只吃了一點盤中的庫斯庫斯、羊肉和杏桃，因為我身處在以藍色和白色瓷磚鋪成的寬敞房間，裡頭的搖椅、華麗鏡子、地毯及靠墊都半價出售，還有散出金色光芒的小噴泉。幾英尺遠處，一個彈奏某種魯特琴的男人跟著音樂晃動著氈帽上的流蘇。在這裡，甚至連走到餐廳的路上也很驚人：一位穿著明亮紅色寬敞長袍的小男孩，來到我們住宿的摩洛哥傳統庭園住宅接送我們，他領著我們穿過在月光照耀下宛如迷宮般的後街。就像《威尼斯痴魂》（*Don't Look Now*）這部電影的魅影一樣，我們的小嚮導保持在前方幾步遠的距離，但從未消失在視線中。奇怪的是，風味最令我難以忘懷的塔吉鍋，是在法國科西嘉島某個海邊咖啡館吃到的，領我們前去的不是戴氈帽的孩子，而是租來的飛雅特汽車。那天下午，我們沿著島上GR20這條長長山路的最後一段走去，在涼爽舒暢地游了一場泳後感到飢餓的我們來到了咖啡館。壯碩的雞腿從燉鍋中伸出，好似在尋求協助，這也表示了這是條有在運動的腿，但只是代表牠更適合放在塔吉鍋這樣的慢燉料理中燉煮。之後，我們略過了果仁蜜餅（baklava）和薄荷茶，來到廣場對面的冰淇淋店，那裡的女服務員興致勃勃地

提供了每種口味一小匙的試吃，直到我的牙齒像腿一樣痠痛為止。要製作雞肉塔吉鍋，請按照基礎食譜進行，以切塊的整隻全雞（或雞腿）取代羊肉，另外也以橄欖油取代奶油。接著將麵粉連同1茶匙小茴香粉、1茶匙薑黃粉及1/2茶匙肉桂粉加進去。將煎過的雞肉連同瀝乾的400克罐頭鷹嘴豆和一些去核綠橄欖（可加可不加）倒入鍋中。至於液體部分，請將白葡萄酒和雞湯以1：1的比例混合，若不想要有酒精，就請全都使用雞高湯。若要製作紅肉塔吉鍋，請按照雞肉塔吉鍋的指示進行，但改用750克燉煮用的無骨羊肉塊或牛肉塊，並將紅酒和牛高湯混合使用。將鷹嘴豆連同8至12顆梅子或杏桃乾一起加入鍋中。紅肉塔吉鍋可以撒上荷蘭芹、芫荽和/或烤松子，與庫斯庫斯一起享用。

越南鴨和柳橙（VIETNAMESE DUCK & ORANGE）

大廚瑞克·史坦（Rick Stein）說過，在其《遠東美食遊》（*Far Eastern Odyssey*）電視節目中的所有食譜裡，用香料橙汁燉的鴨是每個人都應該試試看的料理。他是對的。煮過柳橙汁的獨特硫磺味是亮點之一。醬汁也可以與其他肉類（雞腿、牛小排）搭配使用，但是鴨肉無可匹敵。這裡混合的香料與中式滷汁（Chinese master stock）所用的類似，不過檸檬香茅讓它帶有東南亞風味。這道料理的作法與燉鍋的基礎食譜極為類似，只不過它完全是在爐子上燉煮。請將一隻2.5公斤的全鴨切大塊並下鍋煎後，取出鴨肉並倒出大部分的鴨油，只在鍋中留下約2湯匙的鴨油。用留在鍋中的鴨油將50克蒜末和50克薑末炒至金黃色。接著加入1公升柳橙汁、4湯匙魚露、1湯匙糖、5顆完整八角、4條鳥眼紅辣椒（red bird's eye chillies）和2枝切成細末的檸檬香茅莖。用黑胡椒調味後，將鴨肉放回鍋中半蓋鍋蓋慢燉1 1/2 小時。再將8根蔥的蔥白色部分縱向切片，放入鍋中後再煮30分鐘。取出鍋中的鴨肉保溫，同時撈去燉湯中多餘的油脂，然後大火燉煮以強化風味。最後，將1/2茶匙細玉米粉加入1茶匙冷水混合後倒入鍋中勾芡，並以小火再煮1分鐘。為了上桌享用時的方便性，你可以去除鴨肉上的骨頭和軟骨（應該很容易取下），然後放入醬汁中加熱。再將青蔥剩下的蔥綠部分切片，連同切碎的芫荽葉、切成片的紅辣椒和芝麻一起撒入燉鴨中點綴。盡量不要全部吃掉，因為這道菜的好處就是可以反覆再利用，可用剩下的鴨骨架熬一鍋鴨高湯，加入剩餘鴨肉做成隔天的晚餐再次上菜，這道料理的風味濃烈到會讓你瞪大眼睛吃驚不已。

燉豆：西班牙燉豆（BEAN STEW: FABADA）

　　西班牙燉豆來自西班牙阿斯圖里亞斯山區，是用大白豆以及豬肉塊和香腸混合製成的燉鍋。跟許多豬肉和豆類料理一樣，西班牙燉豆是分量極大的料理，而且因為加入了血腸（morcilla），使其更為濃郁豐盛。傳統上這道料理會搭配脆皮麵包和大杯蘋果酒享用。當你吃到要鬆開牛仔褲的鈕釦時，卻驚奇地發現到，在阿斯圖里亞斯，西班牙燉豆常常只是前菜而已。製作西班牙燉豆只需要將食材放入鍋煮中即可，但是對於「風味與變化」中的許多其他燉豆來說，你可能需要先煎過洋蔥和肉，或是豆子也需要先煮過才行。

此基礎食譜可製作6至8人份的燉豆料理A。

食材

> 500克乾燥皇帝豆B
> 1顆大洋蔥，切丁C
> 2至3個蒜瓣，切末C
> 750克豬五花肉、血腸和西班牙辣香腸的混合物（全部保持完整，不要切）D
> 100克煙燻肥培根
> 鹽

1. 將豆子浸泡在大量水中至少8小時，或浸泡一夜。
2. 瀝乾並洗淨豆子。將它們移到足以裝下所有食材的鍋中，並用冷水蓋過食材。煮沸後再煮10分鐘，然後轉小火燉煮。撈掉浮渣，直到看不到浮渣為止。
3. 加入洋蔥和大蒜，然後繼續慢燉。
4. 刺破血腸和西班牙辣香腸，和五花肉及肥培根一起放入鍋中。
5. 倒入足夠的沸水蓋過食材繼續燉煮，半蓋鍋蓋，以最小火煮2小時，如果豆子不夠軟，就再煮久一點。不時稍微翻動一下鍋子（不要攪拌，以免破壞食材）並檢查水位，不要讓水煮乾整鍋燒焦。試嚐一下豆子，看看煮得怎麼樣。當豆子吃起來相當軟嫩時，就撒點鹽。E

有些廚師喜歡早一點給豆子加鹽，有些廚師則認為這樣做會讓豆皮破裂。

6. 試嚐調味，將肉切成小塊。連同脆皮麵包上桌享用。

舉一反三

A. 肉類和豆子的比例請自行決定。在不增加肉類分量的情況下，豆子的分量要加倍是沒有問題的。西班牙燉豆可以冷凍保存好幾個月。

B. 如果豆子太老，擔心它們可能煮不軟，請先只煮豆子到剛好軟嫩，然後再加入其他食材慢燉1.5小時。

C. 雖然會有奇怪的食譜需要用到紅椒粉或番紅花，但西班牙燉豆通常就是以辣香腸和煙燻培根來調味。有些食譜甚至不加洋蔥和大蒜。

D. 對於以肉類和根莖類蔬菜製作的另一版西班牙燉豆，根莖類蔬菜要等到煮一個小時後再加入，以保留其質地和風味。若有使用番茄或其他任何特別的酸性食材，最好在豆子煮軟後再加。

E. 若想在烤箱中煮西班牙燉豆，請在步驟5煮到沸騰後蓋緊鍋蓋，並放入烤箱，以160°C煮約2個小時。

波士頓焗豆（BOSTON BAKED BEANS）

跟波士頓焗豆比起來，西班牙燉豆簡直可以算是速食了。波士頓焗豆中所用的白扁豆儘管小巧，卻需要長時間燉煮。波士頓人做起事來一絲不苟。他們將豆子浸泡一整夜，接著在爐子上煮約一小時後，再將它們移到裝有一些豬肉和一些香料的陶缽中，然後在烤箱中煮 4 至 5 小時，甚至煮過夜。這道料理做起來耗時，其實動手的時間不多。傳統上，焗豆會與波士頓棕麵包（Boston brown bread）一起享用，波士頓棕麵包類似於蘇打麵包，但特別之處在於使用全麥麵粉、黑麥麵粉、粗玉米粉以及牛奶和糖蜜一起混合製做。其與蘇打麵包的不同之處在於，無法在 30 分鐘內馬上做好享用。這種麵包要蒸 2 小時，然後在模中再靜置一個小時才脫模。我完全不能理解為什麼沒有「她有波士頓廚師的耐心」這種諺語。第一份公開出版的波士頓焗豆食譜，只使用了豬肉和豆子，但就跟被加油添醋的誇大傳聞一樣，這個食譜也經過多年的洗禮變化。以下這則食譜比較費工，但你可以任意簡化。請將 500 克乾白扁豆浸泡約 8 小時，再洗淨並移到一鍋未加鹽的水中，煮沸並慢燉 1 至 2 小時，或煮至變軟。在此同時，將大顆洋蔥切末，200 克煙燻培根切成塊狀或條狀將煮好的豆子瀝乾，留下煮豆的湯汁，約四分之一的豆子倒到有蓋的 2 1/2 公升（最好是陶製的）砂鍋中。接著撒上四分之一的洋蔥和培根，再鋪上另一層豆子。一層層交替鋪好，直到用完所有食材。另將 500 毫升的煮豆湯汁與 2 湯匙糖蜜或黑糖、1 湯匙番茄泥、1 湯匙芥末粉和 1 湯匙鹽混合。混合的湯汁倒在豆子上，直至蓋過豆子幾公分的高度，必要時可再多倒些湯汁。蓋上鍋蓋，在 150°C 的烤箱中至少煮 3 個小時。不時檢查砂鍋內的湯量，如果水位落到豆子表面以下，就請倒入更多熱的煮豆湯汁或一般熱水。

燒茄子、黃豆與辣椒粉紅點豆
（BURNT AUBERGINE, SOY & PAPRIKA BORLOTTI）

我告訴媽媽我煮了燒焦茄子燉鍋。「沒關係，」她說：「你還是可以吃

乳酪烤吐司（cheese on toast）。」「不，媽媽，妳誤會了，」我的反應就像三十年前當她對新建築倒塌樂團（Einsturzende Neubauten）的最新唱片感覺頗奇怪時一樣。「燒焦是現在流行的作法。」電話另一頭盡是沉默。她問：「妳怎麼分得出來是流行的作法還是真的燒焦？」「當然要看整道料理的內容。」我說，但我知道她不會了解的。茄子可以讓高湯帶有肉味，若你將茄子烤得又好又硬，肉味就更重。茄子就像是愛誇口政客的特別顧問一樣，可以為這道素食燉鍋提供主體風味。湯底則是用少許醬油和味酥製成的，足以使豆子充滿深度暗沉的鹹香風味，但還不至嚐起來像亞洲料理。這道料理值得使用乾燥的紅點豆（borlotti）來做製作。永遠不要憑著外皮來評判豆子，不過乾燥紅點豆的玫瑰紅點大理石般的外皮很難不讓人欣賞，就算煮熟時變成了斑駁的褐色也一樣。浸泡過的紅點豆，只需 25 分鐘就能煮熟，屆時豆子將使湯底的美味程度提高至三倍，並使料理輕易就達到 4 份主菜的分量。請將 2 條茄子切成 3 公分的塊狀，連同 12 個切半的櫻桃番茄用少許花生油以 200℃ 一起烘烤 30 分鐘。等待期間，將 1 顆洋蔥切丁並用油炒軟，並在快炒好的最後幾分鐘內加入 3 蒜瓣的蒜末和一小撮茴香籽，並倒入 1 大湯匙番茄泥煮 1 分鐘。接著加入 250 克泡過並瀝乾的紅點豆、1 公升沸水、1 湯匙醬油、2 湯匙味酥和 1 茶匙煙燻紅椒粉。慢燉 30 至 40 分鐘，或者直到豆子煮好變軟為止，必要時要再加一些的沸水。豆子煮好後倒掉一些多餘的水，拌入茄子和番茄，再調味並擠點檸檬汁（也可用兩罐 400 公克的罐頭紅點豆取代在 1 公升的水中煮乾燥紅點豆，罐頭豆子要先瀝乾，再加一點水煮成燉豆就可以了）。

炊事馬車利馬豆（CHUCKWAGON LIMA BEANS）

我曾在亞利桑那州參加過趕牛的活動。去牽馬的那晚，我失望地發現其中一位牧場工人已經先開車到營地，放置了一些花俏的舊躺椅當做睡床，那躺椅髒到不適合我們這種處在溫室的城市佬。我脫掉靴子並打開啤酒的時候，有些享樂的牛仔用坦奎利琴酒（Tanqueray）混了一壺琴通寧（G&T）調酒。那瓶坦奎利琴酒是他們請那位載躺椅的牧場工人一同帶過來的。營地的廚師在營火上煮豆子及煎牛排，而我們就在星光熠熠的黑夜中吃東西。我們喝光琴酒，醉倒在躺椅上。三個小時後，我因口渴醒來。負責看顧牛的牛仔抱著我的水瓶睡著了。我那甜美得不得了的水啊。正睡得打呼的他，手指扣在槍的扳機上。所以我在那兒躺了幾個小時，我的喉嚨有如祈求下雨的沙漠那般，而我耳朵聽到的是那些躁動的馬兒舐著水槽的水聲。根據歷史教授肯‧阿爾巴拉（Ken

Albala）的食譜，要將 2 杯（300 克）乾燥利馬豆（即皇帝豆）浸泡過夜，煮至幾乎變軟（約 30 分鐘），然後將 1 公斤軟化且灑過麵粉的後腿牛排（round steak；也稱為猶太菲力〔Jewish fillet〕或子彈肌〔bullet muscle〕）切成四塊，並將豆子與牛排分層疊好。將 1 湯匙紅糖、$^1/_2$ 茶匙芥末粉、250 毫升番茄汁和 1 湯匙培根油混合，然後倒在牛肉和豆子上。接著將一顆洋蔥切末撒在上面。以最小火慢燉至肉變軟（至少 2 小時），有需要時再加點水進去。

巴西燉豆（FEIJOADA）

　　身為巴西國菜的巴西燉豆之所以會有好看的外表，是因為以閃亮亮的小黑豆製作。除非你附近有正統的巴西肉販，否則很難製作出完全正統的巴西燉豆，但是我還是會力勸你來場即興發揮，因為在我看來，煙燻的牛舌或牛肉乾（carne seca）雖然很棒，但並不能為這道料理帶來歡樂。是這料理猶如嘉年華那般的配菜為它帶來歡樂：酸橙薄片、大蒜炒苦菜絲、辣馬拉格塔辣椒（malagueta peppers）、風味溫和的甜米飯，還有我的最愛：烤木薯粉（farofa），木薯粉就像粉狀消化餅乾一樣，有著甜鹹兼具的好味道。在里約熱內盧，吃完巴西燉豆就要去一趟海灘，但我只在倫敦吃過，倫敦泰晤士河有著油污的河畔讓人難以提起興致進行日光浴。若你有認識的巴西肉販，就向他請教他的巴西燉豆食譜，不然就試試這裡的類似食譜。請使用 500 克黑豆和 1 公斤的混合牛肉和豬肉。添加肉類的目的在於讓風味和口感有變化。我最近做的巴西燉豆內含豬肋排、辣香腸和一塊醃牛胸肉。請按照基礎食譜製作，但在豬油或植物油中將洋蔥和大蒜炒軟，然後連同 2 片月桂葉加入泡過且瀝乾的豆子中。整個料理要煮到肉變軟為止，我的需要煮 $2^1/_2$ 小時。如果你認為燉湯要濃一點，就舀出一些豆子打成泥，倒回鍋中再燉煮一下。接著將肉上的骨頭都剔除丟棄，並將肉切成小塊，放回燉豆中。配菜千萬不要草率，因為它們才是重點。同時請你的每位客人都準備一壺冰涼的卡琵莉亞雞尾酒（caipirinhas）。

鹽漬鱈魚燉笛豆（FLAGEOLETS WITH SALT COD）

　　笛豆差不多小到可以塞入與它同名的木管樂器「笛子」中。有一些笛豆有著康門貝爾乳酪的顏色，但大多數的笛豆則呈現帶有特殊陳舊感的淡綠色，像是啲嗒糖（Tic-Tacs）在進行「好飾牌油漆」（Farrow & Ball）的促銷一樣。笛豆所含的澱粉比多數其他豆類要來得少，因此會煮出光滑柔和的質地。《拉

魯斯美食百科》宣稱笛豆「也許是所有豆類中最細緻的豆子」，而且還是豬肉片或羊腿肉片的經典配菜。《拉魯斯美食百科》還提供了鹽漬鱈魚燉笛豆的食譜。鹽漬鱈魚是鹹豬肉的有趣替代品，吃魚不吃肉的人還會將鹽漬鱈魚應用在其他燉豆上。請注意，笛豆需要長時間浸泡，然後只跟鱈魚一起煮一下而已，因此這道料理與基礎食譜的作法不太相同。要製作鹽漬鱈魚燉笛豆，請將 400 克乾燥的笛豆浸泡在大量水中 24 小時。另將 1 公斤的鹽漬鱈魚切成 4 塊同樣也浸泡在大量水中 24 小時，但要換水好幾次。隔天，將笛豆與 1 根切成大塊的胡蘿蔔、1 顆切半並鑲嵌 2 顆丁香的洋蔥、3 蒜瓣的蒜泥和 1 束香草束一起放在不加鹽的水中燉煮 30 分鐘。過濾後只留下豆子及湯汁。將泡水的鱈魚瀝乾並拍乾，接著撒上一些黑胡椒，在花生油中煎至兩面變成褐色。將豆子倒入烤箱適用的盤子中並將魚放在上面，然後撒上 3 蒜瓣的蒜末。接著倒入 250 毫升的法式酸奶油，然後在 200°C 的烤箱中煮 20 分鐘。煮好後連同切碎的細葉香芹一起上桌。大廚瑞克・史坦（Rick Stein）在他的馬賽魚湯與什錦鍋混合料理中，也以差不多類似的作法使用笛豆，但手法更為精緻。

蜂蜜、番茄、蒔蘿與皇帝豆
（HONEY, TOMATO & DILL BUTTER BEANS）

希臘豆（Gigantes）是一種大型白豆，可做為小小鼴鼠旅行時方便使用的枕頭。希臘料理專家戴安娜・科奇拉斯（Diane Kochilas）就有道燉希臘豆食譜，以下即是將其稍微調整過的食譜。皇帝豆是希臘豆很好的替代食材，不僅因為這道食譜能夠展現出皇帝豆的風采，還有番茄、醋和蜂蜜結合出的酸甜味加上不常見的新鮮蒔蘿，能奇妙地帶出皇帝豆奶油般的質地。煮好的燉皇帝豆嚐起來更是美味濃郁。我一開始煮這道菜，是用來做為我自豪且出色羊腿的配菜。結果我的客人像蝗蟲那般湧向那鍋燉豆。這道料理就像優質奶油一樣，只需要一籃子酥脆的法國麵包來搭配即可。請將 500 克乾燥皇帝豆浸泡 8 小時。然後瀝乾煮沸 10 分鐘，再轉小火燉煮 20 分鐘，或煮到恰好熟透為止。在另一只適用烤箱的平底鍋中，用 2 湯匙橄欖油將 2 顆切末的洋蔥炒至淡金黃色。接著瀝乾豆子並保留煮豆的水，將豆子連同 3 湯匙橄欖油、2 罐的罐頭碎番茄、500 毫升的煮豆水和 2 湯匙蜂蜜一起加到洋蔥中，拌勻並緊緊蓋上鍋蓋或鋁箔紙。將平底鍋放入 190°C 的烤箱中煮 1 小時，如果有需要，可以再加些煮豆水。當燉鍋中的湯汁看起來美味又濃稠時，就加入一束切碎的蒔蘿、4 湯匙紅酒醋、2 湯匙番茄泥，並以鹽和胡椒調味，然後再放入烤箱 30 分鐘。科奇拉

251

斯會在燉豆上撒些碎羊乳酪後再上桌。

白豆、蛤蜊與蘋果酒（WHITE BEANS, CLAMS & CIDER）

豆子通常是沒有錢但有時間下廚者的主食，但這道料理不是。若有一種更快的配方能達到如此濃郁的風味，我會很想知道。要製作這道料理，請先刷洗1公斤蛤蜊。接著在一個大型平底鍋中，用2湯匙橄欖油將2蒜瓣的蒜末炒軟並炒至金黃色，加入250毫升蘋果酒煮沸後燉煮1分鐘。再加入蛤蜊，蓋上鍋蓋煮4至5分鐘。多數蛤蜊都打開時就算煮好了，請在煮2分鐘後，每分鐘檢查一次。在此同時，請將450克罐裝白豆（若你喜歡這道料理中的蛤蜊多一點的話），或者兩倍的白豆（若你希望這道料是以豆子為主，蛤蜊只是配菜的話）加熱。可以試試西班牙雜貨店的罐裝豆子，它們嚐起來更美味。皇帝豆、白腰豆或白扁豆（haricot beans）都可以。其中又以扁豆特別合適與蛤蜊搭配，因為它們與蛤蜊的大小差不多，容易嵌在蛤蜊殼中，加上又泡在大蒜味的蛤蜊湯汁中，就變身成為奶油質地的小小素食貝類。一個罐頭可以做出4人份的料理，若用兩個罐頭則可做出6人份的料理。將溫熱的豆子與蛤蜊混合，撒上荷蘭芹，並搭配優質脆皮麵包就可上桌享用。

印度燉豆：印度香料燉鷹嘴豆
（DAL: TARKA CHANA DAL）

「Dal」一字是「印度燉豆」這個料理名稱，也是主要食材「豆子」的名稱。「Tarka」是用油和香料（有時還有番茄和洋蔥）混合製作的印度香料，需要拌入剛煮熟的豆子中。並非所有的印度燉豆都加了印度香料（tarka），但也許應該都要加。以下食譜則要使用剖半的印度鷹嘴豆製作，這種鷹嘴豆比歐洲的鷹嘴豆更小，顏色也更深。這種豆子很容易被誤認為是剖半的黃豌豆，也可用黃豌豆代替，而且黃豌豆還不用浸泡，但印度鷹嘴豆的味道略佳。這道食譜可以視為上一個燉豆基礎食譜的的小分量版本——實際上就是採用吸收法，以少量液體來軟煮豆子，然後可以用自製的印度薄餅（chapatis；請見32頁「舉一反三」A項）吸掉剩下的湯汁。印度燉豆也可以搭配優格、印度甜酸醬和扁豆脆片。如果你偏好有湯汁的燉豆，就需要多加點水，詳情請參閱「舉一反三」中的B項。

此印度燉豆基礎食譜可以製作4人份的主菜，或8人份的配菜。

食材

250 克印度鷹嘴豆[A]

750 毫升水[BC]

½ 顆大洋蔥，切丁

1 湯匙薑末

½ 茶匙薑黃粉

鹽

製作印度香料的食材[D]

2 湯匙風味溫和的植物油或酥油

½ 顆大洋蔥，切片

1 根肉桂棒

4 顆丁香

4 條小荳蔻莢

2 個番茄，大致切丁

1 茶匙印度什香粉

$^1/_2$ 茶匙小茴香粉

$^1/_2$ 茶匙芫荽粉

1. 將鷹嘴豆洗淨並挑選過，接著浸泡 30 分鐘後瀝乾。
2. 將鷹嘴豆及水倒入平底鍋中，煮沸，轉小火燉煮。
3. 撈去浮渣直到看不見為止，然後加入洋蔥、薑和薑黃粉。
4. 不蓋鍋蓋燉煮 50 分鐘，不時攪拌，若豆子要煮乾了，就要加點沸水。約煮 20 分鐘後加鹽。[E]
5. 當鷹嘴豆快要煮好時，開始製做印度香料。在平底鍋中加熱植物油或酥油，然後將洋蔥片和所有香料爆香。當洋蔥炒軟並變褐色時，加入番茄，再加入粉狀的香料再炒一分鐘。
6. 將印度香料倒入豆子中，若有需要可再加熱。最後按個人喜歡點綴裝飾。[F]

舉一反三

A. 黑扁豆（Urad dal）、黃扁豆（toor dal）、邁索爾豆（Mysore dal）和綠豆（moong dal）都可以取代鷹嘴豆使用。這些豆子只需花費短短 20 分鐘就可以煮好。只是要注意一下剖半的黑色小扁豆，這種豆子很容易煮太軟。也可以將好幾種豆子混合燉煮，以產生具有複雜風味與口感的綜合燉豆。

B. 這個豆子與液體的比例會產生像馬鈴薯泥那樣的質地。若想要有濃湯的質地，請使用 250 克豆子對上 1.2 公升的水。

C. 可用椰奶、高湯或羅望子水取代一些液體。

D. 這裡的印度香料是基本款。還可以再加入幾種以下的香料或食材：咖哩葉、印度阿魏粉、番茄泥，完整或切片的大蒜、小茴香籽和芥末籽。（更多印度香料〔tarka〕的內容，請參見第 290、292 和 293 頁。）

E. 在豆子煮好前 10 分鐘可添加的食材計有：切碎的新鮮菠菜、冷凍豌豆或其他煮熟的豆子，例如罐裝鷹嘴豆或腰豆（kidney bean）。酸性食材則通常要等到豆子煮軟後再加。

F. 可用（烤）椰蓉、炸薑絲、炸完整蒜瓣、新鮮芫荽、羅勒或薄荷、壓碎的烤芫荽籽，印度什香粉（garam masala）、印度綜合豆零嘴（Bombay mix）及鹽焗腰果（roasted salted cashews）來點綴裝飾。

椰子、葡萄乾與腰果燉豆（COCONUT, RAISIN & CASHEW DAL）

　　孟加拉的特產椰子燉豆（cholar dal narkel diye）是那種適合在公共露天遊樂場上販售的燉豆之一。椰子燉豆在煮好後會隨興撒些糖，並搭配口感多元的甜味幸運蘸醬點綴和印度路奇炸脆餅（luchi；一種外型類似手拿包的薄圓麵餅），這是道甜美柔嫩且十分具有飽足感的燉豆，非常適合一大口一大口的舀起來吃。要製作這道燉豆請按照基礎食譜進行，使用鷹嘴豆並在步驟 3 中加入 1 片月桂葉、2 顆丁香和 2 條小荳蔻莢。當豆子在燉煮時，請按以下配方製作印度香料。將一塊巴掌大小的新鮮椰子切成 1 公分見方的小丁，用植物油或酥油炒至金黃，當椰子呈金黃色時，加入 1 湯匙白葡萄乾和 1 湯匙腰果。接著取出葡萄乾和腰果放在一旁，並用鍋中的油或酥油爆香 1 片月桂葉、1 根肉桂棒、2 顆丁香、2 個小荳蔻莢和 $1/2$ 茶匙辣椒片。若有需要，可將燉豆中多餘的水倒出，但請將這些水留下來，萬一這道料理太乾需要加水時，就可以用到。最後將葡萄乾和腰果以及印度香料，與 1 至 3 茶匙糖一起倒入燉豆中攪拌均勻即可。

扁豆、杏桃和小茴香濃湯（LENTIL, APRICOT & CUMIN SOUP）

　　這不算燉豆，不過這種美味的濃湯（根據大衛・安塞爾〔David Ansel〕的說法，這道料理源自亞美尼亞）充滿活力，足以在孟買的街上販售。其中兩種次要食材將豆子的基本風味往相反的方向拉扯——小茴香是陰鬱苦澀的土味，而杏桃則是明亮甜美的花香。這就像在一個燦爛的夏日午後聆聽史密斯樂團的歌曲那般。要製作這道料理，請將 1 顆大洋蔥和 2 根胡蘿蔔切丁。在有蓋的鍋中倒入橄欖油用小火將洋蔥和胡蘿蔔煎 10 分鐘至軟。加入 2 茶匙小茴香粉，蓋上鍋蓋後再煎 10 分鐘。接著加入 250 克洗淨的剖半紅扁豆和 1 公升水煮沸，然後燉煮約 20 分鐘直到扁豆變軟。關火，拌入 150 克切片的杏桃乾、1 茶匙鹽和再 200 毫升熱水。分批打泥，然後慢慢重新加熱即可享用。

扁豆咖哩（LENTILLES AU CURRY）

　　我想了解如何將印度燉豆的原理應用到綠扁豆（Puy lentils）上。綠扁豆與印度常用的紅扁豆（masoor lentils）或黑扁豆相反，板岩綠色的小巧綠扁豆不易煮爛，保持了高雅的法國完整性。與其像製作印度燉豆那樣，將煮熟的扁

豆與印度香料（以大略切末的洋蔥和所有香料製成）拌在一起的，倒不如將它們與精緻的咖哩油混合，再將扁豆咖哩倒在盤底，上面放些一般油炸海鮮並搭配一點用小茴香烤的白花椰菜一起享用。這裡的咖哩油改良自大廚雷蒙德．布蘭克（Raymond Blanc）的食譜，不過我的版本要使用更多的咖哩粉，因為我發現它需要多點辛辣的勁道來展現風味。在乾的煎鍋裡以中小火謹慎煎烤 1 湯匙的馬德拉斯咖哩粉（Madras curry）5 分鐘。接著倒入 100 毫升溫熱的特級初榨橄欖油，以及 1 條搗碎切末的檸檬香茅莖、2 片切成片狀的萊姆葉、$1/2$ 顆萊姆的碎皮屑及汁液與少許鹽。關火讓上述食材浸泡至少一個小時，在上桌前用棉布過濾。若要準備兩人份的料理，請將 175 克洗淨的綠扁豆和 1 顆切塊的紅蔥頭放入 750 毫升沸水中燉煮至扁豆變軟，這大約需要 25 分鐘。煮好後將扁豆趁熱與咖哩油和少許檸檬汁混合在一起即完成。

麥卡尼燉豆（MAKHANI DAL）

前述的椰子、葡萄乾和腰果燉豆是以糖、水果和堅果讓燉豆滋味濃郁，而麥卡尼燉豆則是截然相反，以慢燉方式並加入奶油和鮮奶油來強化風味。麥卡尼（Makhani）的意思就是「奶油」，這道料理也名不虛傳。它相當於名廚侯布雄（Joel Robuchon）著名奢華馬鈴薯泥的豆類翻版，但你可以不必假裝用其他任何東西配著吃。使用大量乳製品來產生濃郁風味的豆類料理在任何料理文化都不常見，你吃第一口時可能會感到吃驚。據說扁豆通常吃起來會有肉味，而這裡吃起來更是帶有牛肉味。這道燉豆再加一些豌豆，就成了素食肉醬咖哩了。在扁豆中摻入一些腰豆或鷹嘴豆是常見的作法，但我偏好只用黑色小扁豆來製作麥卡尼燉豆——要帶皮的黑色小扁豆，這樣當豆子內部在慢燉過程中煮成濃郁泥狀時，豆子的外型還能保持完整。這道料理的作法與我們的基礎食譜有些不同，會更費工點——煮好燉豆、做好印度香料並將兩者拌在一起後，還要將燉豆放入烤箱燉煮很長一段時間，才能拌入奶油和鮮奶油。將 250 克完整的黑色小扁豆浸泡 12 個小時後，倒入不加鹽的水煮沸，並以大火煮 10 分鐘，然後轉小火再燉煮 60 分鐘。當浮渣撈除不再出現後，加入 2 條切末的青辣椒、1 個黑小荳蔻莢和 $1/2$ 茶匙薑黃粉煮 1 小時。當豆子變軟後，另外拿只小煎鍋來，在其中融化 2 湯匙奶油或酥油，加入 2 湯匙甜紅椒粉、1 湯匙芫荽粉、1 湯匙小茴香粉與 $1/2$ 茶匙辣椒粉微微煎一下。1 分鐘後，加入 200 克煮過的洋蔥泥、1 湯匙番茄泥、8 瓣蒜泥和 1 湯匙薑末，輕輕煮 2 分鐘。連同 2 顆去皮去籽且切丁的番茄、$1/3$ 茶匙的現磨肉荳蔻、3 湯匙印度什香粉和足量的水（讓燉豆

具有可流動倒出的濃稠度）一起加入燉豆中。接著移到160°C的烤箱中，不蓋鍋蓋煮3小時，之間要檢查水量幾次，並在必要時加些熱水。在煮好前30分鐘左右，從烤箱中取出鍋子，拌入125克奶油、150毫升高脂鮮奶油和2茶匙鹽。此階段的另一種作法是將一小罐（210克）罐頭鷹嘴豆或腰豆瀝乾洗淨後加入燉豆中。煮好之後可與自製麵餅（參見33頁）一起享用。

衣索比亞燉紅扁豆（MISIR WOT）

這道衣索比亞料理是用紅扁豆、洋蔥、大蒜和柏柏爾綜合香料（berbere）製成的。柏柏爾綜合香料是衣索比亞和厄立特里亞（Eritrean）料理中備受稱讚的傳統複雜綜合香料，裡頭有辣椒，還有黑胡椒、薑和丁香等其他辛料，再加上藏茴香籽（ajwain）、多香果、小荳蔻、肉桂、芫荽籽、小茴香、胡蘆巴和肉荳蔻。大多數衣索比亞燉紅扁豆的作法，類似標準扁豆濃湯的作法，不過有少數食譜則是採用類似印度燉豆基礎食譜的作法，先煮扁豆，再將洋蔥、大蒜和柏柏爾綜合香料像印度香料那樣一起炒一炒，然後將它們拌入豆子中。但是，讓我最感興趣的衣索比亞燉紅扁豆食譜版本，採用更像是義大利燉飯的作法，因為在那種作法中，煮豆的液體是一點一點地加進去的（即使在這裡不用一直攪拌）。一旦水被吸收光，在還來不及加入幾湯匙水之前，扁豆可能就會黏鍋底或是開始燒焦。這是一場料理的懦夫賽局（game of chicken）：你準備讓扁豆煮多焦才將它們從鍋子上刮起來？你需要重複前述過程，直到扁豆煮熟為止。傳統上，最後還要添加香料無水奶油（niter kibbeh）。要製作這道料理，請將1顆大洋蔥切丁，放入中型平底鍋中用植物油或酥油炒軟。加入4瓣蒜泥和2湯匙番茄泥煮幾分鐘，再加進柏柏爾綜合香料、扁豆和125毫升熱水開始燉豆。在扁豆差不多煮軟時加鹽。若你沒有使用過柏柏爾綜合香料，我建議你以2或3茶匙開始加起——若有需要，可以在煮好時再多加幾茶匙。

印度拉賈斯坦邦綜合燉豆（PANCHMEL DAL）

這是一道用五種不同豆子（原文中的「panch」即是「五種」之意）製成的印度拉賈斯坦邦燉豆料理，裡頭有：綠豆、鷹嘴豆、去皮黑扁豆、黃扁豆和蛾豆（matki）或剖半紅扁豆（masoor dal）。浸泡在玻璃碗中的豆子看起來非常漂亮，就像熱帶魚缸中色彩斑斕的礫石那般。這道食譜保有印度耆那教（Jain）的傳統，因此不加洋蔥或大蒜。讓這道料理與眾不同的是配菜帕地（baati），帕地是用125克全麥粗麵粉、1/2茶匙鹽與4湯匙酥油混成麵包屑的

256

模樣（類似酥皮點心），再加水和鹽混合成麵團。然後將麵團塑成幾個小漢堡的形狀，並用炭火或烤箱（180°C）烘烤至變金黃色，每一面要烤10至15分鐘。將烤好的帕地浸入融化的酥油中，再打成碎屑，泡在燉豆中。另一道配菜是庫爾馬（churma），這要將帕地麵包屑在酥油中翻炒，再加粗糖（jaggery）調味。椰子、杏仁和小荳蔻都是可以加在帕地或庫爾馬中的食材。要製作印度拉賈斯坦邦燉豆，請將每種豆子取4湯匙泡水2小時，然後按照基礎食譜瀝乾燉煮（但不要放洋蔥）。至於印度香料，則將少許印度阿魏粉連同 $1/2$ 茶匙小茴香籽和4至5顆丁香，用植物油或酥油爆香1分鐘，接著加入1茶匙芫荽粉、1茶匙小茴香粉和 $1/2$ 茶匙辣椒粉再煮1分鐘，加入3個切碎的番茄。最後將印度香料拌入燉豆中，並撒上印度什香粉，搭配帕地和庫爾馬享用。

斯里蘭卡燉扁豆（PARIPPU）

這是斯里蘭卡日常食用的燉豆料理，以紅扁豆與椰奶製成。請按照基礎食譜使用紅扁豆製作這道料理，紅扁豆只需洗淨，不用浸泡。在步驟3當浮渣不再出現後，加入75克椰漿（coconut cream）、1條切碎的青辣椒、 $1/2$ 茶匙芫荽粉、 $1/2$ 茶匙小茴香粉以及洋蔥丁和薑黃粉，但不要放薑。燉煮20至30分鐘，直到扁豆煮軟。如果你喜歡再糊一點，就煮久一點。另將1茶匙小茴香籽和1茶匙芥末籽放入油中爆香至種籽開始爆裂（可用防濺板阻止它們飛散各處），製作出簡單的印度香料，然後加入 $1/2$ 顆大洋蔥的切片。若你手邊有的咖哩葉話，也可以加一些。將印度香料拌入燉豆中加熱幾分鐘。搭配米飯和辣椒片或第36頁「椰子」段落中的椰子薄餅一起享用。

豌豆布丁（PEASE PUDDING）

我曾向印度朋友解釋豌豆布丁。我說：「很像你們的燉豆，但不加任何香料。」我只能說他還是不太相信。當我補充說傳統上會把它煮成像舊抹布的樣子並沒有幫助。在我告訴他這道料理通常最後會加上奶油和／或鮮奶油，再撒上一點白胡椒粉或薄荷時，他已經回國了。這是他的損失，因為我喜歡這道料理。英國料理作家珍‧葛里格森（Jane Grigson）回憶，在她小時候，肉販那裡有在販售用剖半黃豌豆製成的豌豆布丁，那是切成一片一片販售的。要製作可切片的豌豆布丁，請按照基礎食譜的比例製作。在步驟3中，加入洋蔥丁（千萬不要加薑黃或薑），並可按個人喜好，在煮豌豆的水中加一點奶油。煮20分鐘後加鹽。煮50分鐘後，將豌豆及水與更多的奶油、白胡椒和一點點鮮

奶油混合打泥（鮮奶油可加可不加）。如果你打算將布丁切片，就將打好的豆泥刮進長條吐司模中。可將切片的布丁與炸魚或熟煙燻火腿片夾在撒粉的麵包捲中，或當作配菜佐最飽滿的香腸享用。

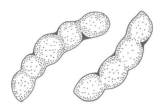

羅望子燉豆（TAMARIND DAL）

這是一道對身體健康有益的燉豆。能撫慰人心的柔軟扁豆在羅望子和萊姆的加持下美味大變身。若我在七月份感冒了，這就會是我想要吃的東西。要製作這道料理，需要一些羅望子水（tamarind water），請將 1 茶匙羅望子果泥泡在 2 湯匙沸水中，靜置 30 分鐘然後過濾，並倒掉濾出的果泥。這道料理可用印度最普遍的黃扁豆來製作，因為比起其他扁豆，這種扁豆的風味較為溫和，而且煮過後會產生柔和的膠質。你可以買「油油」亮亮的豆子，這種保存期限較長，只需記得在使用前要好好清洗即可。請按照基礎食譜製作，不過一開始就要再加 250 毫升的水，因為煮出來的燉豆不能太濃稠。燉煮時間約為 45 分鐘。至於印度香料的部分，請將 2 個蒜瓣的蒜末和 1 條切碎的青辣椒用油爆香幾分鐘後，加入 3 個碎番茄和 1 茶匙芫荽粉和 1 茶匙小茴香粉。再將羅望子水和 1 顆萊姆的果汁拌入燉豆中，與萊姆塊、芫荽葉和濃稠奶狀的優格一起享用。

只煮但不攪拌的米飯：印度雞蛋豌豆飯
（UNSTIRRED RICE: KEDGEREE）

這不是製作印度雞蛋豌豆飯的常見方法，但效果極佳，也是個比較不費工的作法——若你喜歡將印度雞蛋豌豆飯做為早餐或早午餐，這會是好處。鍋蓋一旦蓋上，你就可以快速準備雞蛋及點綴食材，因為你知道在半小時之內就會有完美煮熟的米飯和魚肉。此作法很容易就可改用烤箱製作，你可以在「風味與變化」中找到例子，也可以參考「舉一反三」中的 G 項。

此基礎食譜可製作6人份的主菜或豐盛早餐。

食材

1 顆中型洋蔥，切丁

2 湯匙奶油或風味溫和的油

3 茶匙印度綜合香料（garam masala）[A]

辣椒粉（按個人喜好添加）

$^1/_2$ 茶匙薑黃粉

700 毫升熱魚高湯或熱水

1 $^1/_2$ 茶匙鹽（若高湯很鹹，就減少些）

50 克冷凍豌豆

400 克白色印度香米，洗淨後瀝乾[BCD]

300 克煙燻黑線鱈，去骨切小塊[EF]

6 顆雞蛋

一點奶油或鮮奶油（點綴裝飾用）

切碎的荷蘭芹或芫荽和新鮮辣椒（點綴裝飾用）

1. 在鍋蓋緊緊蓋住的大鍋中，開中火以奶油或植物油煎軟洋蔥。

2. 拌入印度綜合香料、辣椒和薑黃煮 1 分鐘。

3. 倒入熱高湯或熱水和鹽，攪拌均勻。

4. 加入豌豆並煮沸，然後拌入米飯和魚肉，轉中小火並蓋上鍋蓋。這時應該聽得到鍋裡的東西慢慢燉煮的聲音。計時 10 分鐘，時間到後仍蓋著鍋蓋，

關火靜置 20 分鐘。^G

5. 飯在煮的時候，另將雞蛋放在平底鍋中，水煮約 6 至 8 分鐘，煮多久取決於你偏好的蛋黃熟度。稍微放涼後，將每個雞蛋剝殼並切成 4 或 6 塊。

6. 靜置完打開鍋蓋，檢查米飯是否煮熟。如果沒有全熟，請重新蓋上鍋蓋再等幾分鐘。如果看上去有點乾，就先撒上幾湯匙沸水再蓋上鍋蓋。

7. 用叉子翻鬆米粒並攪入奶油或鮮奶油，接著用雞蛋、荷蘭芹或芫荽和辣椒作點綴。

不要攪拌過度，因為會讓米飯變糊。

舉一反三

A. 可用你最喜歡的咖哩粉或慣用的混合香料粉來取代替印度綜合香料。你還可以添加一些整條或整顆的香料，像是肉桂棒、丁香、小荳蔻莢等等。

B. 這種方法和時間長度也可以煮長粒米（較不易熟透）。短粒米的煮法一樣，不過要再外加 100 毫升高湯或水，還有請注意，短粒米不適合用在印度雞蛋豌豆飯中。

C. 印度香糙米和長粒糙米都要煮 30 分鐘並靜置 5 分鐘，兩者也使用相同的米與液體比例。不過還要注意的是，有些長粒米可能需要煮更久。糙米煮的時間往往很不一樣，可以打開鍋蓋檢查一下。

D. 同樣的方法也可煮白飯。將熱高湯或熱水倒入鍋中，並讓 1 至 3 茶匙的植物油或奶油溶在水中，然後加入洗淨瀝乾的米以及 $\frac{1}{2}$ 茶匙的鹽。你也可改用 G 項所提的烤箱法。

E. 同樣的料理技巧可以應用在計時烹煮的任何生肉、魚或蔬菜上。若擔心煮不熟，也可以經由煎、烤、炸、燒烤或水煮等方式，來預先煮熟全部或部分的食材。若選用水煮的方式，煮過食材的水則可以做為煮飯用的高湯。

F. 分量上很有彈性，像是最多可以用到這裡兩倍量的魚肉。

G. 若想在烤箱中煮飯，請先將烤箱適用平底鍋或砂鍋放在爐子上煮。在步驟 4 中將所有食材放入鍋中後，蓋緊鍋蓋放入 160°C 烤箱中的烤架正中央。白色印度香米和長粒米大約需要 25 分鐘，白色短粒米也需要 25 分鐘左右，而 400 克的短粒米需要將液體量增加到 800 毫升。印度香糙米和長粒糙米則需要大約 30 至 35 分鐘的時間，但請注意，不同品牌的米會有所不同，可以打開鍋蓋檢查，但鍋蓋只能打開一下下，就要將鍋子蓋好放回烤箱中。

西班牙雞肉飯（ARROZ CON POLLO）

幾年前的夏天，我和我先生在西班牙加的斯（Cadiz）附近的扎哈拉海灘（Playa de Zahara）偶然找到一個獨立的小吃吧。當我們要買幾罐啤酒時，看到在海灘小屋後方有個差不多自行車輪大小的瓦斯爐。爐子上不是很牢靠地擺了個裝滿西班牙雞肉飯的西班牙海鮮飯專用鍋。鍋裡頭沒有蔬菜、沒有香草（herbs）或香料，只有一些雞肉在米飯裡。一個紙盤的分量要價一歐元，那是我吃過最好的餐點之一，主要是因為它用富含膠質的深色雞湯製成，嚐起來有莫名的深度風味。在戶外用餐實際上會降低風味的強度，原因很簡單，因為帶來誘人食物香氣的風，也會把香氣吹離我們鼻中的嗅覺器官，我不得不驚嘆這份午餐是多麼出色，在戶外嚐起來還能如此美味。要製作西班牙雞肉飯，請按照第229頁所述，用雞腿製作速成雞湯，並加入 $1/2$ 茶匙鹽。燉煮45分鐘後過濾、去掉浮渣並收乾至800毫升。接著按照基礎食譜進行，將去骨熟雞肉切塊取代魚肉，並煎一些大蒜跟洋蔥。不用雞蛋及豌豆，這裡不走印度雞蛋豌豆飯的風味。也不用印度香米，改用西班牙海鮮飯專用的短粒米。撒上一點卡宴辣椒粉和一些切碎的芫荽點綴即可。

茄子、鷹嘴豆、杏桃與松子
（AUBERGINE, CHICKPEA, APRICOT & PINE NUT）

這是在沒有時間汲汲於做抓飯時，可以做出經典抓飯風味的方法。抓飯的訴求是要米飯粒粒分明，因此務必先將米好好沖洗乾淨以除去澱粉。印度雞蛋豌豆飯中所用的魚、豌豆、香料和裝飾點綴食材，這裡都不用。要製作2人份的這種料理，請將1個大型或2個中型茄子切丁拌油，然後與步驟1中的洋蔥一起煎至兩者都變軟並變褐色，接著加入2至3蒜瓣的蒜泥。並撒上 $1/2$ 茶匙肉桂粉、$1/4$ 茶匙薑黃粉和2茶匙芫荽粉。等30秒後加入1湯匙番茄泥，再煮30秒。拌入200克煮熟的鷹嘴豆（罐頭豆子也可以，有機豆子的味道和口感明顯會更好），並將12個杏桃乾切成條。若你自己煮鷹嘴豆，請將350毫升的煮豆水做為高湯。如果沒有，一般水也可以。加入 $3/4$ 茶匙鹽後再次煮沸。拌入200克洗淨瀝乾的印度香米，按照步驟4煮30分鐘，再靜置5分鐘。將煮好的飯堆放在盤子上，擠一些彎彎曲曲的拉差香甜辣椒醬（Sriracha）或其他辣椒醬，再配上大量烤松子點綴。如果你覺得自己吃肉的慾望沒有得到滿足，那就請先

將 200 克羊絞肉（不要太瘦）炒幾分鐘後倒出，置於一旁，再開始煎洋蔥和茄子。之後再將肉連同米飯一起倒入。肉、豆子、堅果、水果和香料的組合，在整個中東以各種形式出現。此外，美食作家艾倫‧戴維森（Alan Davidson）在提到加勒比海抓飯（Caribbean pilafs）時，大致就是以豬肉、花生、橄欖、紅糖和伍斯特辣醬油組合而成的中東抓飯來說明。

261　蠶豆、洋蔥和蒔蘿（BROAD BEAN, ONION & DILL）

這是會蓋過主菜風采的配菜。這道料理深受波斯料理番紅花豆子抓飯（baghali polo）的影響，番紅花豆子抓飯有時會搭配碳烤肉或魚享用。其風味來自大量的洋蔥片、煎成褐色的熱狗，和用來讓印度香米更美味的足量奶油。蒔蘿則增加了可以平衡風味的清新感，還可以再加薄荷和／或荷蘭芹強化清新感。你可以在爐子上煮這道料理，但由於我經常在烤肉時做這道料理，所以我偏好使用烤箱製作。這裡的分量足以做出 6 人份的配菜。假設你不是在烤全羊，而是正在烤像烤肉串（kebabs）和北非辣香腸（merguez sausages）等較小的食物，那麼在木炭發紅並變白的同時將米倒入水中開始煮的話，每樣食物應該會在差不多的時間煮好。這也意味著洋蔥（3 顆中型的）要先在烤箱適用鍋或烤盤中慢慢煎一段長時間。當木炭燒好後，將 700 毫升開水、1 1/2 茶匙鹽和 1 湯匙奶油加到鍋中的洋蔥裡煮沸。接著拌入 400 克白色印度香米，放入 160°C 的烤箱中煮 25 分鐘。時間到了，就輕輕地攪入幾把去莢且去皮的煮熟蠶豆（或若你不介意，也可以不用去皮）、幾湯匙奶油和大量切碎的香草（herbs）。一堆米飯和一串羊肉就能滿足客人所需，用不著撒上大量的紅辣椒粉。我曾有一兩次為了省下將蠶豆去皮的麻煩而改用閃亮的綠毛豆（green edamame），但經濟效益似乎大有問題，因為風味就沒那麼好了。

什錦飯（JAMBALAYA）

紐奧良波依德斯街（Poydras Street）的「媽媽餐廳」（Mother's）的什錦飯，是我吃過最難忘的什錦飯，柔軟的米飯因為香腸和卡宴辣椒粉而帶有煙燻味和辣味，也因為香草（herbs）而帶有香氣，還因為雞肉和芹菜而帶有深度的

鹹香風味。要製作這道料理，請將350克雞肉（去骨雞胸肉或雞腿都可以）切成小塊。取一大鍋開中大火，用少許植物油煎250克煙燻辣香腸切片和雞肉。接著加入全切成丁的1個中型洋蔥、1個青椒和2根芹菜莖，以及2蒜瓣的蒜末攪拌均勻。然後加入滿滿1茶匙的乾燥奧瑞岡、1片月桂葉、1/4茶匙卡宴辣椒粉、1 1/2茶匙鹽和一些現磨黑胡椒，加入700毫升雞湯（或使用沸水並多加1/2茶匙鹽）攪拌均勻。煮沸後加入400克長粒米再次煮沸，然後轉中小火，蓋上鍋蓋煮10分鐘。關火，鍋蓋仍蓋著再放置20分鐘。之後把米飯翻鬆，加入青蔥片並灑點塔巴斯科辣椒醬，即可上桌享用。

印度牛奶燉米布丁（KHEER）

262

　　長期以來，我一直對印度排燈節（Hindu festival of Diwali）感到好奇，因此計畫去有著英國最大排燈節慶祝活動的萊斯特（Leicester）旅行。我邀請一位朋友跟我一道前去。我解釋說：「這是燈的節慶。」我之所以沒辦法說得動聽點，主要是因為我對此幾乎一無所知。我試了另一種說法。我說：「那其實是甜點的慶典。」但那時她已經完全沒興趣了。我獨自一人來到以販售印度莎麗和印度餐館聞名的貝爾格雷夫路（Belgrave Road）「黃金地帶」（the Golden Mile）。那是寒冷灰暗的十一月。在慶祝活動開始之前，我還有四個小時的空閒時間。有人推薦我去一家古吉拉特餐廳（Gujarati restaurant），我找了個位子坐下，目的是盡可能拉長我用餐的時間。我點了塔里特別套餐。開胃菜有著似乎永無止境供應的印度鹹味零嘴（farsan），那是裹上鷹嘴豆糊像是素食義式炸物的蔬菜，自己可以選擇搭配。接下來塔利套餐上菜了。拿下蓋在上面的印度脆餅（Poppadom）後，我發現有兩種咖哩，一種是煙燻茄子泥，另一種是綜合拌蔬菜，另外再加上白米飯、帶有土味的稀燉豆、帶有羅望子勁道的水果風味甜酸醬、冰涼的印度優格醬，以及拌入整顆香料種籽及芫荽葉的沙拉。印度薄餅（chapatis）則威風地另裝一盤上菜。我慢慢吃光所有東西，品嚐著每一道料理。服務生清理了我的盤子，然後帶了一碗東西回來。他表示這道印度牛奶燉米布丁（Kheer）是排燈節的應景料理。這是個壞消息，因為這是個米布丁，就算地球上只剩米布丁，我還是不會吃。我看了看碗中，這顯

然看起來跟我上學時的恐怖黏糊物不同，它比較稀。可能因為這是道鹹味料理的關係，其中的米粒也粒粒分明。我還可以看到開心果和烤杏仁。它聞起來不是嬰兒嘔吐物的味道，而是肉桂、小荳蔻和焦糖牛奶的味道。它也不加一團果醬，而是用金箔裝飾。不過，那還是個米布丁。討厭！我望向窗外，看見排燈節遊客手拿煙火及甜點盒在街道上熙熙攘攘。他們看上去很冷，也有受夠了的感覺。因此，我像倉鼠那般輕輕舔了一下湯匙的尖端。當肉桂和焦糖甜味一點一點地與我的味蕾交流時，我開始意識到這個味道很細緻。我坐了三個小時後，服務生給了我帳單，好像在暗示我坐夠久了。歐式米布丁通常是用短粒米製成的——例如用 75 克米加上 1 公升牛奶和 2 至 3 湯匙糖——然後不蓋蓋子在 150°C 的烤箱中烘烤 2 小時。印度牛奶燉米布丁則是在爐子上將長粒米慢慢燉煮而成（若有加熱擴散器會方便點），因此牛奶會煮稠並焦糖化。按照我們的基礎食譜是可以製作出類似牛奶燉米布丁的東西，而且沒有牛奶沸騰溢出的風險，也不用耐心等待米煮熟（在牛奶或椰奶中煮米，要花上比用水煮米更長的時間）。要製作這道料理，請在有蓋的大鍋中，將 2 湯匙奶油融在加了少許鹽的 700 毫升沸水中。接著拌入 400 克洗淨瀝乾的白色印度香米，蓋上鍋蓋並轉小火慢燉。10 分鐘後關火，鍋蓋繼續蓋著靜置 20 分鐘。在此同時，將 2 根 10 公分的肉桂棒、6 條壓碎的小荳蔻莢和 6 顆丁香放入 200 毫升牛奶中，用微波爐最大功率加熱 60 秒（你也可再加 1 撮番紅花）。接著讓香料泡在牛奶中 30 分鐘，之後檢查米飯是否煮熟。將牛奶過濾後與半罐 400 克的煉乳（可按個人喜好加點玫瑰露）混合，輕輕拌入米飯中。若要稀釋，請加入剩下的煉乳來稀釋，至於要加多少，請按個人喜好決定。此分量應該足夠 6 至 8 人食用。將布丁盛在碗中，冷的吃或熱的吃都可以，最後再以開心果、玫瑰花瓣和少許銀箔或金箔裝飾即可。

基奇里扁豆飯（KITCHURI）

　　基奇里扁豆飯是用扁豆和米混合製作，像是用點及線構成並充滿香氣的食物堆，經過解讀，或許能揭示印度雞蛋豌豆飯（kedgeree）如何變成十六世紀印度農民主食的原因，那也是小說人物貝帝・伍斯特（Bertie Wooster）喜愛的淡味咖哩早餐。我按照基礎食譜來製作這道料理，首先在奶油和植物油中煎 2 顆洋蔥（切片不要切丁）直到變成淡褐色。然後，加入香料——通常是小茴香粉、芫荽粉和印度什香粉的混合物——並在最後加入 1 杯（180 克）洗淨的剖半紅扁豆和 1 杯（190 克）洗淨的印度香米。接著倒入 3 又 $\frac{1}{3}$ 杯（800 毫升）

開水及 $1/2$ 茶匙鹽，蓋上鍋蓋以最小火燉煮10分鐘。關火，鍋蓋不打開，靜置20分鐘。然後試嚐調味，最後搭配麵餅（參見33頁）、印度脆餅、印度甜酸醬、醃黃瓜和（不正統的）煎蛋一起享用。

西班牙海鮮飯（PAELLA）

忙碌的小小海灣沒有天然的遮陰處，因此，為了躲避午餐時的艷陽，我們別無選擇地只能撤退到餐廳。當西班牙海鮮飯上桌時，我從表面挖了一小匙嚐嚐。「你知道嗎？」我對我先生說：「我有點暈。你可以幫我到車上拿我的扇子來嗎？」我一個人待在桌旁，挖起了大部分的鍋巴，直接塞到嘴裡。鍋巴是一層酥脆的米飯，需要一點運氣和技巧才會在西班牙海鮮飯底部形成。我先生回來了。他說：「妳應該要去看看，有一籃子超可愛的小狗。就在垃圾箱後面。」小狗！我趕緊去瞧瞧。當我回來時，西班牙海鮮飯被洗劫一空，其餘的鍋巴也都沒了。直到今天，我都記不得那些小狗的情況。另一個謎團是：怎樣才能稱為是正宗的西班牙海鮮飯？有人說，必須是在週末的西班牙鄉間，由男人在露天篝火上煮的，才能算是正宗的西班牙海鮮飯。我們度假完回到倫敦家裡的那天是個星期二，而我是一個女人，用瓦斯爐在煮菜。也就是說，完全不符合正宗西班牙海鮮飯的每一項條件。不過還是可以調整一下這裡的基礎食譜（用爐子或烤箱皆可），用西班牙海鮮飯的食材來製作近似西班牙海鮮飯的料理，因為此方法不只適用長粒米，也適用於西班牙海鮮飯所需的短粒米和中粒米。不過要做出超級美味的鍋巴，是要付出代價的，需要一個寬、淺、薄底且無鍋蓋的正統西班牙海鮮飯專用非不沾鍋。沒有鍋蓋就意味著，需要準確估算高湯對上米的比例，該比例遠高於我們的基礎食譜，並要仔細控制火候，讓米飯在高湯乾掉之前，以適當的速度吸收湯汁煮透。要將這份食譜用在你的火爐及鍋具上需要經過試誤練習。為了確保西班牙海鮮飯可均勻煮透，我通常會使用兩個爐子，然後每隔2至3分鐘將鍋子旋轉45度。而我為了練習做鍋巴的技術，就會在30公分的西班牙海鮮飯專用鍋中使用廉價且不用太費心的食材，這些食材下面會提到，分量足夠做出3人份的豐盛海鮮飯。請在3湯匙橄欖油中慢慢煎軟1顆切丁的大洋蔥，再加入4蒜瓣的蒜泥煎至金黃。將洋蔥和蒜泥推到鍋邊，再將3條切片的辣豬肉香腸及2隻切小塊的雞腿煎至焦黃。同

時，將 2 湯匙干白葡萄酒、2 湯匙煙燻的甜紅椒粉、1 茶匙（新鮮或乾燥）百里香葉、少量卡宴辣椒粉和 $1/8$ 茶匙番紅花粉，拌入 750 毫升熱雞高湯中。當香腸和雞肉煎至焦黃，拌入一把剖半的四季豆及一把冷凍豌豆，然後倒入雞高湯燉煮。接著將 250 克的專用米均勻倒入湯中，用勺子將米粒攤開。這時的訣竅是盡可能以小火燉煮，以保留多一點高湯——西班牙海鮮飯的邊緣很不容易煮熟，因此，若鍋子大於 25 公分，則可能需要來回移動。米需要 20 到 30 分鐘才能煮熟。當米煮熟（或幾乎煮熟），且高湯下降至食材露出時，就該注意鍋巴的情況（假設你們的感情經承得分享鍋巴的考驗）。將鍋子移到瓦斯爐的最大爐上再加熱[18]。幾分鐘後，用叉子刺刺鍋底的米飯檢查硬度，或是將米飯撥開一點，看看鍋底部分的顏色，最好是看中間的部分。如果鍋巴不夠酥脆或色澤也不夠金黃，請小心注意著煮，因為你不會想要鍋巴燒焦，或是其他的米煮成米糊。上菜時請連同薄鏟或其他任何可將鍋巴盡量挖出的工具一同上桌。

烤蔬菜香料飯（ROASTED VEGETABLE SPICED RICE）

這道料理的靈感來自在豪華宴會上品嚐到的異國情調波亞尼肉飯（Biryani），據說那是由蒙兀兒人（Mughals）傳入印度的。好吧，其實是因為我先生對這一切無能為力，所以我們的冰箱裡裝滿了小保鮮盒，裡頭有著一湯匙鮪魚美乃滋、兩根濕掉的烤蘆筍尖、一小撮帕馬乾酪屑。

在冰箱的蔬果保鮮櫃中，我發現到一個胡蘿蔔、一個孤零零的櫛瓜、四分之一顆白花椰菜和六分之一顆紅洋蔥，洋蔥各層像乾裂的花瓣一樣分開。我丈夫辯稱這是極為環保的行為，但實際上，他需要保留少量食物的原因似乎是他不願離開聚會，他無法承受聚會結束。要製作 2 人份豐盛的烤蔬菜香料飯，請將幾把蔬菜切成一口大小，並放入倒有 1 至 2 湯匙花生油的大烤模中，再放入 200°C 的烤箱中烤約 25 分鐘。接著將蔬菜倒到大型平底鍋中，倒入 350 毫升沸水，然後加入 3 湯匙優質的波亞尼肉飯糊和 1 湯匙鹽。還可以再加些冷凍豌豆、四季豆和／或一些小荳蔻莢。煮沸後，拌入 200 克洗淨瀝乾的白色印度香米燉煮，並按照基礎食譜進行。最後與碎芫荽、烤杏仁片、原味優格或印度優格以及一堆印度脆餅（poppadoms）一起享用。

18　三爐以上的瓦斯爐，每爐的大小可能會有所不同。

義大利燉飯：原味燉飯
（RISOTTO: RISOTTO BIANCO）

　　義大利原味燉飯的平淡滋味，可以做為燉鍋或簡單熟魚料理的絕佳配菜。它沒有過度的風味，這也意味著可以輕鬆有效地調味。在「只煮但不攪拌的米飯」的基礎食譜上，液體的用量可以很精確，但在義大利燉飯中，下廚的人必須因應手上食材的情況，持續餵給米粒溫熱的高湯，直到米粒全部恰到好處地熟透為止。米粒在燉煮及攪拌過程中所釋出的澱粉，會使高湯變濃稠，讓燉飯具有獨特的乳狀質地。在製作燉飯上，卡納羅利米（Carnaroli rice）比起其他米種更受好評。在燉飯煮好時加入奶油和鮮奶油，可以產生超級豪華的濃稠度，不過有些大廚則偏好在海鮮及蔬菜燉飯中使用橄欖油。

此基礎食譜可製作4人份的主菜或6人份的配菜。A

食材

> 800毫升至1.2公升的高湯或水BC
>
> 1個中等大小的洋蔥或2顆紅蔥頭，切末D
>
> 1湯匙奶油和1湯匙橄欖油
>
> 400克燉飯專用米E
>
> 1小杯白葡萄酒F
>
> 4湯匙磨得細碎的帕馬乾酪
>
> 鹽

1. 製作高湯（參見238頁），或若有之前做好的高湯，請重新加熱。以極小火慢慢加熱。若你使用的是水而不是高湯，請先煮沸再放涼一點。

2. 用中小火在奶油及橄欖油中將洋蔥或紅蔥頭煎軟。
   這需要8至10分鐘。不要讓洋蔥或紅蔥頭上色。你也可以在這裡加入其他辛香料。

3. 加入米粒攪拌一下 ，讓奶油和橄欖油包覆米粒後，煮1至2分鐘。
   許多食譜說，煮至你聽到它有「破裂」的聲音為止。不過我的聽力不太好。

4. 倒入葡萄酒，並讓它幾乎完全蒸發。

如果不喜歡，可以不用葡萄酒。但加入的量不多。沒有人因為吃燉飯就喝醉的。

5. 一勺一勺地開始加入溫熱的高湯，要經常攪拌讓米粒不沾黏。如果沾黏了，就將火轉小。煮約12分鐘後開始試嘗米粒。[G]

   使用定時器會很有幫助。有些人喜歡燉飯像白堊那樣，也就是米粒的中心還有一點白點，有些人則喜歡米粒完全熟透。高湯的精確溫度、鍋子的尺寸以及米的種類都會影響燉煮的速度。攪拌時要輕一點，以免米粒變糊。

6. 當米飯完全煮熟後，加入帕馬乾酪及鹽調味，即可上桌享用。

   有些廚師會先關火，再加最後一勺高湯進燉飯，以免燉飯過乾。還有些廚師會加入奶油、橄欖油或少許干白苦艾酒。

舉一反三

A. 大廚喬吉歐‧羅卡泰利（Giorgio Locatelli）建議不要一口氣製作10人份以上的燉飯，至少在家用廚房裡不要這麼做。

B. 義大利料理作家瑪契拉‧賀桑（Marcella Hazan）認為，相較於濃郁的法式高湯，義大利燉飯的高湯應該要來得清淡些。你也許會更喜歡棕色高湯的風味。

C. 大廚茱蒂‧羅傑斯（Judy Rodgers）和大廚雅各‧甘迺迪（Jacob Kenedy）都主張用水取代替高湯。羅傑斯說，水會讓燉飯具有該有的「純淨米飯」風味。當然，他們會使用一流的米種、奶油、乳酪等等。白色義大利燉飯和白色的泳裝一樣藏不住瑕疵。不按步就班的小伎倆和低檔食材都會表露無遺。有些廚師甚至規定只能使用瓶裝礦泉水。

D. 料理大師傑米‧奧利佛（Jamie Oliver）在他的義大利原味燉飯中加了一些切末的芹菜和洋蔥。而海鮮燉飯通常會加些茴香。在洋蔥或紅蔥頭快煎軟之前還可加入大蒜。

E. 據說卡納羅利米（Carnaroli rice）能做出偏向乳狀質地的義大利燉飯。而阿柏里歐米（Arborio）煮出來則較為紮實。兩種都不錯。

F. 在步驟4中，可用干白苦艾酒取代白葡萄酒，不過可以預期它會在煮好的義大利燉飯中留下明顯的餘韻。紅酒在適當的情況下也可以使用。

G. 我採用經典作法。不過，羅傑斯則建議先添加一半的高湯，並在高湯煮乾時，再開始一勺一勺地加入高湯及攪拌。她還建議使用深底平底鍋，而不是寬的淺底鍋——若要製作1至2人份的燉飯，因為食材分量少，高湯會太快蒸發掉，這會是個不錯的小技巧。

藍莓（BLUEBERRY）

要製作《銀匙》（*Silver Spoon*）一書中的藍莓燉飯，請調整一下基礎食譜，在步驟1中改製作蔬菜高湯（參見247頁的「蔬菜」段落），然後在步驟4白酒蒸發後加入幾把藍莓。另外要保留一些藍莓作為裝飾。在義大利北部的餐廳裡，有時會將藍莓加到蘑菇燉飯中。《銀匙》中還有一道草莓燉飯食譜，在米煮大約10分鐘後，就加入壓碎的草莓。這道料理與藍莓燉飯不同，不加帕馬乾酪，但兩道料理最後都會加入鮮奶油。

白胡桃瓜與茴香（BUTTERNUT SQUASH & FENNEL）

常春藤餐廳（The Ivy）的白胡桃瓜燉飯很特別，按照餐廳的傳奇食譜書在家製作這道料理，嚐起來就跟在餐廳裡吃到的一樣好吃。這並不是要貶低大廚的功力，而是要表示這道食譜是真正的經典。白胡桃瓜燉飯的部分美味來自於茴香籽，不過主要是用瓜皮燉煮的高湯，讓這道料理具有深沉的韻味，類似骨頭在肉高湯上的作用，以及豌豆莢在豌豆燉飯上的作用（參見244頁的「豌豆莢」段落）。這道食譜或多或少與我們的基礎食譜一致，但是無論如何，我還是使用了餐廳主廚馬克・希克斯（Mark Hix）的食材分量，因為沒有理由去更動完美的配方。請用1個白胡桃瓜的皮、400克切碎的胡蘿蔔、3條切片的韭蔥、6瓣去皮大蒜、一些荷蘭芹莖（葉子剝下後留著備用）、1茶匙茴香籽、20顆黑胡椒粒、5克百里香、1撮番紅花、100毫升白葡萄酒、110克番茄泥和3公升水，來製作高湯。在少量植物油中將蔬菜和大蒜煎5分鐘，不要上色，然後加入前述的食材及水，燉煮1小時，加深高湯的風味。過濾高湯，留下1.5公升高湯做燉飯，將其餘高湯冷藏或冷凍留到以後再用。接著將1.5公升高湯中的一半拿來煮400克至500克的白胡桃瓜丁直到軟嫩，然後用漏勺撈出置於一旁。將另一半高湯倒入鍋中加熱。另取一只厚底鍋，加熱4茶匙植物油，以小火將8顆切末的紅蔥頭炒幾分鐘，不要上色。加入330克卡納羅利米或阿柏里歐米，攪拌1至2分鐘，再開始添加高湯。當米粒差不多煮好時，加入白胡桃瓜，拌入碎荷蘭芹葉和100克無鹽奶油和磨碎的帕馬乾酪。試嚐調味，即可享用。

雞肝（CHICKEN LIVER）

這一道燉飯的主要食材與飯是分開煮的，在差不多煮好時才拌在一起。這個版本還包含了大廚彼得‧戈登（Peter Gordon）的一些創意。雖然我說這是一道燉飯，但是你的義大利奶奶可能不大認同。要製作這道雞肝燉飯，請按照基礎食譜進行，但改用棕色雞高湯。將洋蔥或紅蔥頭連同八角一起煎。這裡使用紅葡萄酒而不是白葡萄酒。在你舀完大約一半的高湯時，拌入1茶匙醬油。另將300至400克雞肝（去掉任何肌腱和淡綠色的部分，按個人喜好切小塊或整塊不切）炒到剛好熟，然後拌入接近煮好的燉飯中，這只需要幾分鐘。用1至2湯匙高湯將黏在鍋子上的殘渣溶解，然後也倒入燉飯中。請給自己倒一杯巴巴瑞斯科葡萄酒（Barbaresco）。如果醬油不太合你的口味，請套用義大利托斯卡尼（Tuscany）安蒂科‧馬塞托酒店（Antico Masetto）大廚瓦爾特‧麥克喬尼（Valter Maccioni）的作法，在雞肝燉飯中加入鰻魚或鰻魚醬。比起卡納羅利米或阿柏里歐米，他更推薦印度香米。這裡又再度證明，沒有什麼是神聖到不可改變的。我的天哪！

柑橘味 / 檸檬味（CITRUS）

茱蒂‧羅傑斯（Judy Rodgers）表示，她的柑橘味 / 檸檬味燉飯，讓廚師和用餐者都滿意。要製作這道料理，請在無鹽奶油中將50克切成小丁的洋蔥煎軟，拌入400克卡納羅利米或阿柏里歐米中，然後開始加入850毫升至1.25公升之間的雞高湯（此道燉飯不使用葡萄酒）。還要加入16瓣去膜切碎的粉紅色或紅色葡萄柚和8瓣成熟的萊姆，以及加入在切碎時收集到的所有葡萄柚汁及萊姆汁。米飯煮熟後關火，大力攪入4湯匙瑪斯卡彭乳酪（mascarpone），以使葡萄柚及萊姆「在奶油狀的米飯中散成漂亮斑點」。羅傑斯建議可將燉飯鋪底，上面擺上帶殼的嫩煎明蝦，另一種擺在燉飯上的理所當然選擇則是烤扇貝。

耶路撒冷洋薊（JERUSALEM ARTICHOKE）

我無意中看到一份建議在情人節晚餐時享用的耶路撒冷洋薊燉飯食譜。作者要麼把球形朝鮮薊和耶路撒冷洋薊搞混了，要麼就是在惡作劇。耶路撒冷

洋蔥會對大多數人造成嚴重消化問題，因此應該放在惡作劇道具專賣店出售。不過有些人則不受影響，他們真是幸運，因為味道很棒。要製作這道料理，請將6塊洋蔥去皮，切成0.3公分的薄片。接著加熱雞高湯、小牛高湯或蔬菜高湯，然後把洋蔥片放入高湯中燉煮至軟。用漏勺槽取出洋蔥片備用。按照基礎食譜進行，在第一勺高湯蒸發後，將煮熟的洋蔥片加入燉飯中。大蒜與耶路撒冷洋蔥的風味特別對味。

綿羊肉（MUTTON）

美食作家伊麗莎白·大衛（Elizabeth David）提到一道威尼斯綿羊肉義大利燉飯（Risotto in capro Roman）食譜，這是少數以綿羊肉製成的義大利燉飯之一。請在洋蔥煎軟後，將150至200克生綿羊肉丁加入同一鍋中煎。接著加入100克去皮番茄丁，加入一杯白葡萄酒，肉湯要足以蓋過食材並調味。蓋上鍋蓋慢燉至肉差不多煮熟為止（燉煮10分鐘後取一塊肉出來檢查，看看情況如何）。接著加入240克米，不蓋鍋蓋繼續燉煮，直至米飯吸收了鍋中所有的高湯為止。逐步加完1.15公升的高湯，在差不多所有高湯都被吸收後才加入帕馬乾酪和奶油。大衛建議在快煮好時要將木叉換成木勺，以免弄碎米粒。請注意，這裡所需的米量不到基礎食譜中的三分之二。

270

明蝦（PRAWN）

如果你很幸運地找到能購得美味明蝦的地方，請馬上回去買更多的明蝦來做道義大利燉飯。你需要300克帶殼生明蝦，但如果你興致高昂，也可以買到500克明蝦。請將800毫升鹽水煮沸，轉中小火將明蝦煮2分鐘，以漏勺撈出並關火。當明蝦放得夠涼時，去蝦殼並將剝下來的殼留著，若蝦頭還在的話也請保留，泥腸則挑出丟棄。在平底鍋中加熱一些奶油，將蝦殼炒幾分鐘。加入煮過明蝦的水，轉小火慢燉。約20分鐘後過濾湯汁，倒回鍋中開小火保溫，這時可按照基礎食譜來製作燉飯，並在步驟2中加入蒜末。煮過的明蝦可在燉飯只剩幾分鐘就煮好時加入。如果高湯用完了，熱水也可以。有些廚師用奶油煎生明蝦，並在燉飯煮好時才將明蝦放到燉飯中，將明蝦放入高湯中煮熟，可以確保蝦子的味道會散布在整道料理中，畢竟這是義大利燉飯的重點。

紅菊苣與戈根索拉藍黴乳酪（RADICCHIO & GORGONZOLA）

　　紅菊苣（Radicchio）是菊苣家族的紅色血統成員，在義大利北部的威尼托地區（Veneto）備受推崇。基奧賈紅菊苣（Chioggia radicchio）渾圓緊實，是最適合丟擲的菊苣，也是最容易買到的紅菊苣。特雷維索紅菊苣（Treviso radicchio）具有苦甜味，尤其是較晚採收的特雷維索紅菊苣苦甜味更是明顯，也因此受到特別推崇，它們會在仲冬時出現在市場的攤位上。特雷維索紅菊苣有著厚實如波浪狀的白色枝幹，像是從潟湖湖水底下的花園中採收而來那般。熱豬油和當地的蒙塔斯歐羊乳酪（Montasio）是紅菊苣在威尼斯（威尼托地區的首府）的傳統搭配食材，但近年來，有來自義大利北部另一邊的食材與紅菊苣形成最佳搭檔。現在，紅菊苣和戈根索拉藍黴乳酪的組合幾乎出現在你所能想到的所有義大利料理中：帕尼尼三明治、意式香烤麵包片（bruschetta）、義大利麵和燉飯的醬汁。他們是一對好看的搭檔，象牙白的乳酪上有著精美的藍色綴飾，而葉子上的粉色和白色條紋，則像佛羅倫斯大理石花紋紙的圖案一樣漂亮。但是，它們在口味上的結合才真正使它們出類拔萃。生紅菊苣微微的金屬草本風味，與戈根索拉藍黴乳酪中的相似風味極為對味，而苦澀的葉子更能襯托出戈根索拉藍黴乳酪的濃郁和辛辣滋味。戈根索拉藍黴乳酪的臭味聞名於世，但可能要到義大利去找，才找得到有強烈味道的這種乳酪。英國這裡販售的，大多數都是較為新鮮且味甜的戈根索拉藍黴乳酪，這樣的乳酪偏白、易於抹開，若閉眼試吃，嚐起來就像新鮮攪拌的奶油，還帶有微微的電流穿梭其中。要製作這道燉飯，請將1顆紅菊苣切片與洋蔥或紅蔥頭一起煎，然後加入米粒，按照基礎食譜進行，最後加入約100克切丁的戈根索拉藍黴乳酪。再撒些帕馬乾酪即可享用。

番紅花（SAFFRON，米蘭燉飯〔RISOTTO MILANESE〕）

　　這是燉牛膝（osso buco；參見277頁）的經典搭檔，因此，在向肉販購買小牛肉時，可以順便向他要些帶骨髓的骨頭。要製作米蘭燉飯，請按照基礎食譜進行，將大約25克取出的骨髓加到奶油，再來煎軟洋蔥或紅蔥頭，並加

入少許蒜末一起炒。如果可以的話，使用小牛高湯或淡味的牛高湯。將番紅花連同米飯一起加入——請用研杵和研缽，將一小撮狀況良好的番紅花絲磨成粉。我喜歡多做一些，然後將剩餘的燉飯壓成圓餅的形狀，裏一層麵包屑，在奶油中煎至金黃色。如果這聽起來有些像是節儉家庭主婦的作為，那你得知道這道料理叫做燉飯煎餅（risotto al salto），曾經是米蘭迷人的薩維尼餐廳（Ristorante Savini）裡最受歡迎的菜色，這裡可是會遇到風流匈牙利公爵的地方，公爵原本在斯卡拉大劇院（La Scala）裡觀看拿布果歌劇（Nabucco），但在半途看到睡著後就溜到餐廳來了。

第六章 ┃ 堅果（**Nuts**）

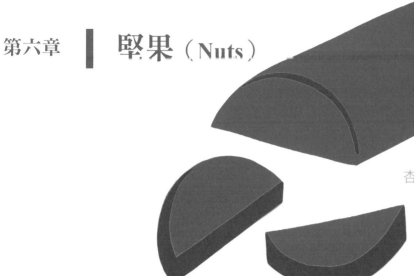

杏仁蛋白糖（MARZIPAN）
第319頁

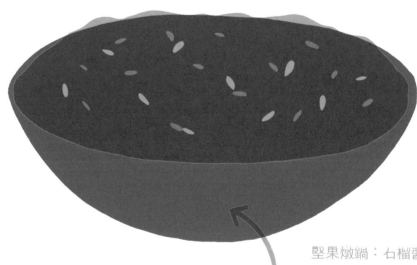

堅果燉鍋：石榴醬核桃燉肉
（NUT STEW: FESENJAN）
第354頁

堅果醬：塔拉托醬（NUT
SAUCE: TARATOR）
第347頁

馬卡龍（MACAROONS）
第328頁

堅果粉蛋糕：聖地牙哥蛋糕
（NUT-MEAL CAKE:TORTA SANTIAGO）
第335頁

杏仁奶油（FRANGIPANE）
第340頁

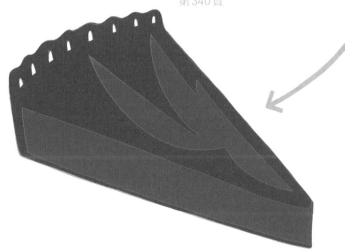

杏仁蛋白糖（MARZIPAN）

杏仁蛋白糖是婚禮上最不幸的客人，被卡在水果乾蛋糕和緊繃的皇家糖霜之間。只能感謝著名的英式幽默感，導致我們英國人會用這麼糟糕的蛋糕來慶祝這個歡樂時刻。難怪越來越多新人出國結婚。

我對杏仁蛋白糖情有獨鍾，在婚禮 DJ 放出〈We Are Family〉這首歌，以及會場餐飲服務人員將 200 片幾乎沒人碰過的蛋糕扔進垃圾桶之前，我常常想把杏仁蛋白糖從它乏味的鄰居當中剝下來。在英國，除了婚禮蛋糕和耶誕節蛋糕，杏仁蛋白餅在那些賣奇怪糖果點心的街角小店中很少見。在波蘭威化餅（Polish wafers）和衣索比亞棉花糖（Ethiopian marshmallows）中找一下，你可能會發現一小片杏仁蛋白糖，看起來像是被包在歌劇《蝙蝠》（*Die Fledermaus*）最初的宣傳材料中。不過當你了解杏仁蛋白糖多麼容易製作時，這些尋寶活動就變得多餘了。將等量的糖和杏仁粉混合，加入適量的生蛋白黏合成麵團，稍微揉一下，就可以吃了。

以上是基本款。要製作更細緻、更白皙、更費工的杏仁蛋白糖，你需要先將杏仁汆燙去皮並磨粉，然後製作達到硬球階段的糖漿（hard-ball sugar syrup；參見 405 頁）。接下來，將杏仁粉與大部分糖漿混合製成果仁糖（praline），然後烘烤、打碎，再重新磨粉，根據需要加入更多糖漿以製成麵團。做起來很辛苦，但是這裡的好處是沒有添加生雞蛋，加有生蛋白的杏仁蛋白糖保存期限短，且有食物中毒的風險。（320 頁「舉一反三」中的 G 及 H 項，概述了不加蛋和加熟蛋的杏仁蛋白糖作法。）

當然，杏仁蛋白糖有如可食用的黏土，就像我們從義大利糕點店的櫥窗中可以清楚看到的那樣，杏仁蛋白糖可以做成一大堆胖修士、暴牙獅及責難青蛙（我們只能假設它們真的可以吃）。比較沒那麼有創意的師傅可能會在杏仁蛋白糖塊上裹一層巧克力，稍微磨碎後撒在酥皮上做成蝴蝶酥（palmiers），或做成德國耶誕蛋糕史多倫（stollen）。在西班牙，杏仁蛋白糖餅會用洋茴香籽

利口酒（aniseed liqueur）或檸檬和肉桂調味，然後捲成雪茄狀，用薄薄酥皮包覆，油炸製成卡薩迪亞（casadielles）這道點心。杏仁蛋白糖嚐起來不一定要像杏仁蛋白糖。有許多人不喜歡杏仁蛋白糖中的招牌杏仁苦味，這苦味並不是來自於杏仁，而是來自於添加的杏仁精。用來製作糕點麵糊的杏仁是風味清淡的甜杏仁，裡頭所帶有的些微苦味，按個人需要，大多都可以蓋過。我說「大多」，是因為除非把杏仁磨成極細粉狀，不然杏仁會有個微微的回韻。不過，並非所有的杏仁蛋白糖都是用杏仁製作的，花生、開心果及核桃都是選項，請分別參考第 323 頁的「花生」、「開心果」段落，和 325 頁的「核桃」段落。

杏仁蛋白糖也可以用烤的。糕點師傅會將杏仁蛋白糖塑成迷你燈籠褲、辮子或長棍的模樣，他們說先將杏仁蛋白糖裏層糖漿，就會烤出如麵包那般令人垂涎的棕色。在我眼中，棕色和象牙色的別緻濃淡色度，非常適合做成牛肝蕈（porcini mushrooms）的模樣，不過你需要在烤箱中讓它們能以蕈柄平衡立起，以烤出棕色蕈傘和淡色蕈柄的效果。在以杏仁蛋白糖為傲的西班牙多雷多（Toledo），會運用同樣的技巧將杏仁蛋白糖做成一口大小的骨頭、蝸牛和魚，或是盤繞且裝飾精美的蛇。你還會發現用杏仁蛋白糖烘烤製作的小杯，裡頭裝有蜜馬鈴薯、蜜蛋黃或蜜栗子甜糊。

275

馬卡龍（MACAROONS）

杏仁蛋白糖與馬卡龍（堅果系列食譜的下一個基礎食譜）之間，幾乎是沒有分別的。十六世紀後期的資料完全打破了兩者的區分。所謂的馬卡龍實際上是小塊的烤杏仁蛋白糖。雖然今日馬卡龍及杏仁蛋白糖的作法截然不同，但兩者還是非常類似，都會在蓬鬆椰子圓頂模樣的糖餅上擠些鋸齒狀巧克力，或是做成扁平有裂縫的杏仁圓盤並用一顆堅果點綴，還是做成色彩繽紛的美味夾餡糖餅，在某些地區這就是跟痛苦表情或是迷你狗一樣重要的生活小品。所有的馬卡龍都是杏仁粉、糖和蛋白混合烘焙出的。這類混合麵糊的另類版本是一種富含堅果的蛋白霜甜餅（meringue），稱為達克瓦茲蛋白餅（dacquoise；參見500 頁的「杏仁」段落），這個甜餅可在糖的系列食譜上找到。與馬卡龍不同的是，達克瓦茲還含有少量的細玉米粉，而且烤溫較低，烘烤時間也更久。

堅果粉蛋糕（NUT-MEAL CAKE）

　　有些廚師不是只使用蛋白製作馬卡龍，而是將全蛋加到椰子中製作馬卡龍，以降低它會變乾的可能。這樣就會產生一種更像蛋糕的海綿狀質地，類似系列食譜中的下一個基礎食譜，那就是來自西班牙加利西亞（Galicia）的出色的堅果粉蛋糕，被稱為聖地牙哥蛋糕（Tort Santiago）。在以等重的杏仁粉和細砂糖與全蛋製作的蛋糕中，聖地牙哥蛋糕可以說是最著名的了。這種蛋糕以柑橘類果皮調味，常常還會再加點肉桂。其作法與馬卡龍一樣，你只需將蛋白加糖快速攪打，再翻拌入乾性食材並烘烤即可。徒步前往聖地牙哥德孔波斯特拉（Santiago de Compostela）進行朝聖之旅的朝聖者們，在完成朝聖後會有吃片聖地牙哥蛋糕來慶祝的習俗，蛋糕上飾有以糖粉撒出的優雅聖雅各十字架（the cross of St James）外緣形狀。聖地牙哥德孔波斯特拉當地的每家糕點店、咖啡廳和餐館都有販售這種蛋糕。

　　我曾在無意之間前往聖地牙哥朝聖。某次從倫敦開車前往機場的途中，當時還是我男友的老公患有一種稱為高速公路狂躁症的病，這種病迫使他這個可憐人不斷超車，只因為其他車輛不願意以他希望的速度開快點。在他讓自己最後再要帥一下並飛馳過往機場的滑坡道時，我們發現自己身處在某個地方，我現在知道那裡是英國第三長的交流道。「沒有關係。」他說，忽略了中央分隔道路另一邊往倫敦動彈不得的交通。我們坐在車內舒適的座椅上，眼睜睜地看著我們的飛機飛走。五個小時再加上代價昂貴的另一個小時後，我們搭飛機前往距離目的地三百英里遠，有起降跑道的某個牛棚。我們原先預計在聖地牙哥吃午飯。不過，我們到達時，發現這座城市迴盪著關閉金屬百葉窗的響聲。唯一還開門的地方飄著汗水味，提供的那種西班牙小吃讓你覺得幸好分量不多。裡頭只有聖地牙哥蛋糕算是能吃的東西，大概是因為它不是店家自製的。在我們隔壁桌，一對來自法國尼姆（Nimes）的七十多歲夫婦告訴我們，他們總共走了七百七十八英里來到這裡，「今天則走了十七點五英里」。我立即壓下想將他們的嚴峻考驗與我今天所受苦難相提並論的衝動。第二天，我的男朋友單膝跪下拿出讓行李箱也感染到焦慮不安的訂婚戒指。傳統上認為走完聖地牙哥德孔波斯特拉朝聖之旅是趟苦行。如果這能治癒他的高速公路狂躁症，並向我倆證明我們能夠忍受本來可以完全避免的六小時車程而又不殺了彼此，那對我來說就足夠了。讀者啊，嗯⋯⋯我想你知道的。

如果你曾做過克勞蒂亞‧羅登（Claudia Roden）著名的柳橙杏仁蛋糕，那麼你就會注意到聖地牙哥蛋糕跟它非常相似。主要的差異在於她添加了整顆煮熟打成漿的柳橙——除了籽之外的部分全都用上了。製作這道蛋糕本身就是個朝聖之旅，首先得花兩個小時辛苦地煮柳橙（雖然你還是可以搭便車到聖殿，將刺過洞的柳橙用微波爐熱幾分鐘）。羅登的食譜展示了在基本聖地牙哥式麵糊中自由添加食材的方式。堅果粉蛋糕的質地濕潤，可以簡單放在布丁盤上，再佐以一小團法式酸奶油。但有個缺點，除了羅登自創的柳橙杏仁蛋糕有著可愛的赭紅色之外，這種蛋糕往往不好看。這樣你就知道為什麼聖地牙哥的烘焙師傅要拿糖罐出來撒了。

杏仁奶油（FRANGIPANE）

以聖地牙哥蛋糕的麵糊為基底，加入與其他每種成分（糖、杏仁粉、雞蛋）等重的奶油，就有杏仁奶油的基礎食譜了。但是，加入奶油的方法需要改變，這裡不將糖加入雞蛋中打發，而是將糖加進奶油混成乳狀。杏仁奶油是貝克維爾塔（Bakewell tarts）的餡料，或在法式塔中，將扇形梨子切片或杏桃切片等水果固定住。它也是極佳的蛋糕麵糊。畢竟，除了用堅果粉取代麵粉，其他食材都與奶油海綿蛋糕相同（butter sponge cake；參見388頁）。

「杏仁奶油」最早出現在十七世紀的料理書籍中，但當時指的是填入卡士達醬的塔，這種塔常用堅果或碎馬卡龍來增強風味。杏仁奶油的原文「fragipane」可以追溯到中世紀羅馬強大的素馨貴族世家（Frangipani）。十七世紀初期，此家族居住在格拉斯（Grasse）的一位後裔，發明了將香氣液化在酒精中的方法，並將家族之名套用在做出的香水上，那是用鳶尾草根部、香料、麝香貓香料（civet）和麝香植物（musk）所混合出令人陶醉的東西，通常用來給手套增添香味。這種香氣聞起來與白雞蛋花（Plumeria alba flowers）的香味顯然極為相似，以至於這種花就以「素馨」而聞名。根據香水協會（Perfume Society）表示，這是植物以香水命名而非香水以植物命名的第一個實例，也是唯一一個實例。香水協會還說，素馨花聞起來有奶油及桃子般的柔和氣味，這可能是十七世紀的卡士達醬會採用這個名字的原因，特別若是醬裡頭有桃子等核果類水果和杏仁或馬卡龍的風味。目前尚不清楚為什麼「fragipane」（杏仁奶油）一詞開始指今日較濃的蛋糕麵糊，不過這個語義上的轉變是最近才發生的，追溯起來是在二十世紀後半葉的時候。

除了用在塔和蛋糕之外，杏仁奶油還有各種用途。你可以將其注入挖出果核的蘋果或切半桃子的空腔中烘烤。還可以點綴在酥皮餡餅捲（strudel）的水果餡上，再將餅皮捲起來。杏仁奶油也可翻拌入可頌麵團中，或混合適量的中筋麵粉做成麵團並擀成餅乾。這是值得大量準備，而不是要用才做的一項材料，當你舔掉一匙杏仁奶油，發現這是你嚐過最美味的生麵糊時，你更會這樣覺得。不要覺得這是不合宜的舉動，至少若你把它當成甜的堅果醬時就不會這麼覺得，而這也帶出了系列食譜上的下一個基礎食譜「堅果醬」。

堅果醬（NUT SAUCE）

生堅果粉的基本組合加上麵包屑、大蒜和香草（herbs），然後再以油、醋或檸檬汁混合乳化，可有多種風味變化。舉例來說，紅椒堅果醬（Romesco）是用杏仁和／或榛果、烤紅椒、番茄和雪利酒醋製成的美味西班牙加泰隆尼亞醬（Catalan sauce）。自從我在倫敦的莫洛餐廳（Moro）首次嚐到紅椒堅果醬後，我發現自己很難停手不做這道堅果醬。好的紅椒堅果醬在甜度、勁道和濃郁的堅果奶油味之間達到了完美平衡，可將烤肉、魚或蔬菜提升到真正讓人嘆為觀止的美味高度。這是我最喜歡料理的類別，很難從中選出一道最喜歡的菜色，但是我選擇了塔拉托醬（tarator）做為基礎食譜，因為它可以當淋醬、蘸醬和濃湯食用，對於具有實驗精神的廚師而言，這道料理的基本原理可應用的範圍是如此廣泛。

「塔拉托」一詞起源於土耳其，用來描述核桃搗碎後與醋混合出的東西。我們可以想像得出來，用醋稀釋的油糊可以做為濃郁的淋醬，搭配味道更強烈的配菜。黎凡特阿拉伯地區（Levantine-Arab）的塔拉托是用芝麻糊（以中東白芝麻醬〔tahini〕的形式）、檸檬汁（取代醋）和少許蒜泥製成的。會依據用途（它是該區最受歡迎的魚料理醬汁），看要不要加水稀釋成可以流動的濃稠度。更細緻的食譜可能還需要麵包屑和／或橄欖油，也可以不要打成光滑的泥狀，以保留其中的顆粒口感。在保加利亞，搗碎的核桃會與酸優格、蒔蘿、黃瓜末或丁混合做成冷湯享用。從搗碎堅果或種籽的簡單基礎食譜開始，再補上酸性食材，做出各種料理的可能性就會開枝散葉，以倍數增加。

當代廚師一直在尋找巧妙的方法來闡述這個基本原理。料理作家道格・杜卡普（Doug Ducap）用乾燥百里香與榛果及腰果來製作塔拉托醬，做為裹鷹嘴豆麵糊的羊肉「炸熱狗」的佐料。澳洲墨爾本積雲公司餐廳

278

（Cumulus Inc.）的安德魯・麥康奈爾（Andrew McConnell）則將切片的大蒜放入檸檬和紅酒醋中「煮」，然後加入大略切碎的烤松子、荷蘭芹、鹽膚木和橄欖油。他在烤酸麵包吐司上，鋪上與油、紅酒醋及葡萄乾一起煮的洋蔥，然後擺上碳烤沙丁魚，倒上他自製的塔拉托醬，再撒蒔蘿做點綴。料理作家格雷格・馬洛夫（Greg Malouf）將嫩烤鮭魚裹上用優格、中東白芝麻醬、檸檬汁和大蒜混合的塔拉托醬，並在兩面撒上特製醬料，那是以去皮切末的烤核桃、碎洋蔥、芫荽葉、紅辣椒、鹽膚木、檸檬汁和特級初榨橄欖油所混合製作的醬料。他的塔拉托醬是以室溫上桌，可能會是你見過最為乾淨整潔的醬料，特別是與土耳其博斯普魯斯海峽（Bosphorus）沿岸炸貽貝串的佐醬相比。

遍布世界各地的塔拉托醬有很多志同道合的親戚。其中一些鮮為人知，例如法式盧薩森醬（lou sassoun），這是一種用堅果、薄荷、茴香、鯷魚、橄欖油和檸檬汁混合的醬料，或是墨西哥的皮皮安醬（pipián），這是用搗碎的葵花籽和土荊芥（epazote；又名為墨西哥茶的一種香草〔herb〕）所製成。至於墨西哥摩爾醬（mole）和義式青醬（pesto）這類醬料則是舉世聞名。西班牙加泰隆尼亞的皮卡達堅果濃醬（Picada），常被認為是紅椒堅果醬的姊妹醬。這種濃醬是將大蒜、堅果、烤麵包和橄欖油混合在一起，連同香草（herbs）和 /或香料放入缽中搗碎。它既可以當醬料，也可以在燉鍋或米飯上桌享用前直接拌入其中。料理作家寶拉・沃佛特（Paula Wolfert）甚至稱皮卡達堅果濃醬為「料理的未來」。皮卡達堅果濃醬為料理帶來辛香烘烤風味，再加上它本身濃郁的特質，無論你是遵循傳統路線，還是試著自行運用這種醬料，都能很容易理解沃佛特對皮卡達堅果濃醬的熱情。

堅果燉鍋（NUT STEW）

如果你是皮卡達堅果濃醬的喜愛者，還可以考慮做做波斯石榴醬核桃燉肉（fesenjan），這是我們在堅果系列食譜上的最後一個基礎食譜。石榴醬核桃燉肉主掌了一個豪華堅果濃湯燉鍋的大家族，這個家族包括了印度科爾馬咖哩（korma）、喬治亞的薩茨維（satsivi）和非洲梅芙燉肉（mafe）。石榴醬核桃燉肉可使用各種肉類、魚類或蔬菜，但是最具有代表性的是鴨或雉雞。醬本身是用石榴製成的（用石榴汁，或者是用高湯和石榴糖蜜混合做成），並用烤核桃粉勾芡。若是只加肉桂和番紅花，它可能只有適度辛香味，但是石榴帶來的奇妙酸甜味，在對比下則讓燉鍋更有愛爾蘭燉肉（Irish stew）的異國風味。

石榴醬核桃燉肉與堅果列表上的大多數食譜一樣，作法都非常簡單。要製作石榴醬核桃燉肉，請按照經典燉鍋的煮法：先將肉煎過備用，接著將洋蔥煎軟。再將肉放回鍋中，加入辛香料和其他調味料，然後拌入液體和花生粉煮沸，蓋緊鍋蓋轉小火燉煮，直到肉煮軟且醬汁變稠為止。

非洲梅芙燉肉（Mafe）是一種堅果粉燉鍋（起源於馬利〔Mali〕，但普及整個西非），也能按照基礎食譜做出。但這道燉肉的湯汁是由番茄所提供，而堅果則以花生醬的形式出現（梅芙〔mafe〕按意思翻譯過來就是「花生醬」）。土耳其的切爾克西亞雞肉（Circassian chicken）與非洲梅芙燉肉類似，但切爾克西亞的雞肉會先與洋蔥、胡蘿蔔和香料一起水煮，再取出去骨，並同時讓高湯收乾一點。然後將雞肉連同足量的核桃粉加入收乾過的濃湯中，煮成濃醬。這道料理與喬治亞的薩茨維一樣，要以室溫享用。就像大多數燉鍋一樣，這道料理也會有留下剩菜的好處，就像我愛說的，這樣就是連同明天的份一起煮了。在某個大熱天，我試吃了一些直接從冰箱拿出的冰涼隔夜切爾克西亞雞肉，那就像鮪魚醬小牛肉冷盤（vitello tonnato）一樣讓人舒暢。

堅果燉鍋家族中的菜餚很容易料理。請以基礎食譜為起點，應用到任何你喜歡的堅果、堅果醬或堅果泥上。可以任意使用除了經典高湯、葡萄酒或果汁之外的液體。例如，祕魯辣燉雞（Aji de gallina）就是用淡奶（evaporated milk）搭配辛香水果風味的黃辣椒（aji amarillo）和小茴香燉煮，並用核桃或花生勾芡。與許多這類堅果料理一樣，可以用便宜的麵包屑或壓碎的餅乾取代一些堅果。這樣的代價是，幾乎沒有傳統食譜會使用開心果，至少不會用到像石榴醬核桃燉肉和同類料理那樣的分量，但若費用不是問題，開心果醬其實很適合搭配像紅鰭魚這樣風味細緻的油魚。

杏仁蛋白糖（Marzipan）

　　杏仁蛋白糖是以等重的杏仁和糖簡單混合製成，可以做為糖果食用，也可以製成其他可食用的裝飾物，像是傳統復活節水果蛋糕（Simnel cakes）上，如同麥提莎巧克力球大小（Malteser-size balls）的一般裝飾物，或是像迷你水果籃一樣的精緻裝飾品。在美國，按這樣比例混合的杏仁和糖可能被稱為杏仁膏（almond paste），那裡的「杏仁蛋白糖」中的含糖量會更高，而其中的杏仁粉也會磨得更細緻些，不過英國超市所販售的杏仁蛋白糖也沒什麼不同。

此基礎食譜做出的杏仁蛋白糖，足以覆蓋直徑20公分的圓蛋糕，或做成約36個兩公分立方的糖果[A]。

食材

　　200克杏仁粉[BCD]

　　100克過篩的糖粉[DE]

　　100克細砂糖[DE]

　　少量鹽（可加可不加）

　　幾滴杏仁精或其他調味料（可加可不加）[F]

　　1個輕輕攪打過的蛋白[GH]

1. 將杏仁粉與糖粉、細砂糖和鹽（若加鹽的話）充分混合。
2. 在粉堆中間挖個洞，若要使用調味料就加進洞，並慢慢攪入適量的蛋白，讓乾性食材黏合成可揉捏的麵團。
3. 揉幾分鐘後，放入冰箱讓它變硬點。
   若你打算用來做精緻小點心（petits fours）或蘸巧克力享用，可以趁杏仁蛋白糖還軟時，將其做成2公分高的正方形或矩形。
4. 要使用杏仁蛋白糖時，需要將其回復到室溫。
   若要擀開杏仁蛋白糖，像是用來覆蓋蛋糕，請撒上一層糖粉以防止它沾黏。
5. 將杏仁蛋白糖包好，可在冰箱中冷藏保存1個月，冷凍則可保存6個月。
   減少杏仁蛋白糖中糖的用量，保持期限就會縮短。

舉一反三

A. 要做小分量試試風味，請使用30克杏仁粉和各15克糖粉及細砂糖。

B. 還可以使用其他堅果，請參閱「風味與變化」。

C. 如果你的杏仁尚未磨粉，請將杏仁用沸水燙3分鐘再去皮。自己動手磨杏仁粉的話，所磨出的粉會比店裡販售的杏仁粉更潮濕，因此黏合用食材的需求量也會降底。

D. 若想要甜度較低的杏仁蛋白糖，請用重量比例2：1的堅果與糖。

E. 若想要質地軟一點，請不要用砂糖，只需使用200克糖粉即可。

F. 有些廚師會用天然香草精取代杏仁精，還有許多食譜會要求使用 $1/2$ 至1茶匙白蘭地或雪利酒。杏仁蛋白糖有著各式各樣的調味選擇，但是如果水分變多了，則可能需要增加杏仁粉的用量，以免麵團變黏膩。如果你打算將杏仁蛋白糖壓開或塑型，那麼這將會是個更大的問題，不過若你要裹層巧克力，問題就會比較少。

G. 有不用蛋改用其他液體黏合的杏仁蛋白糖配方。克勞蒂亞‧羅登的西班牙多雷多杏仁蛋白糖食譜，會在水中加入幾滴杏仁精。有些食譜則會使用金黃糖漿、葡萄糖漿或玉米糖漿。

H. 如果你偏好使用煮熟的雞蛋，也有食譜這樣做，它們將全蛋和糖在加熱時快速攪打至打發（ribbon stage）——參見第604頁的步驟2。關火後才加入所有調味料，再將蛋糊不斷快速攪打至變涼。然後把杏仁粉翻拌入其中，混合揉捏成麵團。

杏仁蛋白糖 → 風味與變化

洋茴香（ANISE）

　　西班牙北部阿斯圖里亞斯（Asturias）的「卡薩迪亞」（Casadielles；原文有「宅男」之意）中類似杏仁蛋白糖的餡料會使用洋茴香。卡薩迪亞是類似於酥皮餡餅捲（strudel；參見 654 頁）的長方形糕點，但用洋茴香酒（或白葡萄酒）代替雞蛋黏合，裡頭裝滿堅果餡料，將兩端捏合，然後油炸並撒上糖粉。它們可說是果仁蜜餅（baklava）的表親，比起果仁蜜餅這個工整勻稱又緊實的中東親戚，卡薩迪亞顯得鬆垮垮的又不修邊幅。卡薩迪亞有著各式各樣的配方，在某些版本中，堅果與糖的比例高過我們的基礎食譜。來自西班牙的洋茴香風味利口酒，知名度可能不及法國茴香酒（pastis）和義大利森布卡茴香酒（sambuca），但西班牙洋茴香酒（Anísdel Toro）在海明威的短篇小說《白象似的群山》（*Hills Like White Elephants*）中永垂不朽。小說中提到，一個男人和一個女孩在陽光普照的車站酒吧外喝著啤酒。女孩注意到珠簾上的公牛標誌，並要求品嘗看看。她啜飲了第一口後說：「嚐起來像甘草。」「所有的東西嚐起來都像甘草。尤其是你等待很久的所有東西，例如艾碧斯酒（absinthe）。」如果所有東西嚐起來都有甘草味的想法並不是你想要的，而且還覺得恐懼時，請記得（要謹記在心），有些卡薩迪亞是以雪利酒來調味。

卡里頌杏仁餅（CALISSONS D'AIX）

　　卡里頌杏仁餅是普羅旺斯艾克斯（Aix-en-Provence）生產的菱形甜點，是用杏仁粉、蜂蜜和糖漬甜瓜（candied melon）混合，再用金萬利香橙甜酒（Grand Marnier）和橙花露黏合，最後撒上糖粉，看起來像是停在安堤布碼頭（marina at Antibes）的雪白閃亮遊艇那般。它在嘴裡散出的滋味，有些像是少了點蛋糕口感的結婚蛋糕。關於卡里頌杏仁餅有一種說法，是一四五二年時，為了慶祝安茹國王勒邦羅伊·勒內（Le bon roi René）與珍妮·拉瓦爾（Jeanne de Laval）的婚禮所創作的——如果「慶祝」一詞是正確用語的話。

因為根據歷史記載，珍妮・拉瓦爾公主並不願意嫁給一個年齡是她兩倍的男人。儘管這是段被迫的婚姻，但仍值得動手做看看卡里頌杏仁餅。雖然在法國很容易找到糖漬甜瓜，不過自己動手做的效果更好。將綜合果皮浸泡在橙香白蘭地中即可製成不錯的替代品。

猶太泥醬（CHAROSET）

就如同你的猶太朋友會告訴你的那樣，猶太泥醬是逾越節餐點中連碎屑都值得吃光的餐點（老實說對手不多，其他對手就是骨頭、一些辣根、萵苣、鹽水和一些逾越節薄餅）。猶太泥醬是一種以水果、堅果、香料和紅酒製作的甜糊，旨在做出類似古埃及時期身為奴隸的以色列人被迫使用的黏土建材。猶太泥醬的版本很多，但最早記載的配方類似杏仁蛋白糖，像是一種早期的糖果，其中含有棗子、核桃、芝麻和紅酒醋。今日，廣為大眾所知的阿什肯納滋猶太人配方（Ashkenazi version）則需要使用蘋果、肉桂、核桃和紅酒。

蜂蜜（HONEY）

你可以試試用會流動的蜂蜜取代蛋白，做為杏仁蛋白糖的黏合劑。回想起二月份在繞著西班牙馬略卡島（Majorca）開車的旅程時，田野間開滿了杏仁花，所以我很好奇杏仁花蜂蜜（almond flower honey）是否就是我想要的東西。我查詢了一下，《後院養蜂人的蜂蜜手冊》（*The Backyard Beekeeper's Honey Handbook*）說，杏仁花蜂蜜不好吃，「味苦，口味不宜人」。全球五分之四的杏仁種植在美國加州，在授粉季節將蜜蜂帶到加州的養蜂人家，之後必須徹底擦洗蜂巢，以去除所有濃稠有怪味的殘存杏仁花蜂蜜，然後就是橙花了。

檸檬（LEMON）

根據西班牙多雷多當地法律規定，當地的杏仁蛋白糖必須用 50% 的甜杏仁和 45% 的糖製成，剩下 5% 則要使用檸檬酸這類防腐用的重要成分。為了符合這樣的規定，我製作了檸檬味杏仁蛋白餅，加入檸檬皮屑、少許檸檬汁和鏗鏘有力的檸檬酸，將檸檬皮的風味變成了重酸的檸檬味。這種杏仁蛋白糖外面再裹上黑巧克力的滋味真是太棒了，若不裹上巧克力，吃起來就像濃縮的小塊檸檬糖霜蛋糕（lemon drizzle cake）。若用 100 克杏仁和 100 克糖的分量製作這種杏仁蛋白糖，則需用上 1 顆檸檬的細碎皮屑、1 茶匙檸檬汁、少許檸檬酸和適量的蛋白或糖漿來黏合食材。我偶然發現一道檸檬味的杏仁蛋白糖食譜，那

食譜要求將十幾顆乾燥檸檬的皮浸泡在水中2天，每4小時更換一次水。然後將果皮洗淨，在水中燉煮約一小時，這樣檸檬皮會變得柔軟可打成果泥。秤一下檸檬皮泥的分量，並倒入平底鍋中，放入與檸檬皮泥等體積的杏仁粉，和兩倍檸檬皮泥的砂糖。以小火慢煮並攪拌，直到鍋中的混合物脫離鍋身。將其放涼後，加入糖粉揉捏，糖粉的用量也跟檸檬皮泥的體積相同。將混合物滾成小球靜置一天就可享用。

花生（PEANUT）

儘管嚴格來說，花生不是堅果而是豆類，而且不像杏仁或核桃那樣可互相取代使用，但花生可用來製作像杏仁蛋白糖這類的糖果。在墨西哥，花生會與糖和香草（vanilla）一起磨粉，製成德拉羅莎品牌（de la Rosa）的花生糖（dulce de cacahuate estilo marzipan）販售。這個糖果的包裝，看起來像一九五〇年代的小型化妝品。如果你曾經吃過瑞氏的花生醬巧克力餅（Reese's Peanut Butter Cup）、星棒花生醬巧克力棒的內餡（the marrow of a Star Bar），或放入糖罐沾糖的第一匙濕潤花生醬，你就會了解那是什麼樣的味道了。

開心果（PISTACHIO）

除了看似由丹麥設計師阿納・雅各布森（Arne Jacobsen）所設計的光滑唇狀外殼之外，開心果的最大視覺享受，在於其不協調的綠色，因此當開心果被切片或壓碎時，會令人胃口大開。另一方面，磨成粉狀的開心果則會帶有木質青苔的色澤，這在為耶誕節樹幹蛋糕（Yule log）外加點真實感時非常實用。美食作家瓦維萊・魯特（Waverley Root）寫道，開心果帶有「微微的異國風味」，但在他看來，並沒有出色到能為種植者以高價出售辯護。我用超市開心果所製作的杏仁蛋白糖，無法挑戰魯特的評價。不過用西西里的開心果來製作，可能會讓他重新評價這件事。

梨子（POIRE）

出於某種原因，我獨自一人在巴黎。我的旅館太靠近當地的回收中心，所以窗外有巨大的抽風機，若非如此，我或許能在地平線上看到埃菲爾鐵塔。真是令人沮喪到只想躺在床上看《亞洲商業報導》，同時又很不情願地嚼著夾了醃漬洋蔥和六片不新鮮生菜的總匯三明治。儘管如此，我還是起身拿了把一元

商店的摺疊傘走上街去，我的灰色麂皮鞋與灰濛濛的天空之間只有一傘之隔。我一直走到某個自己隱約知道的街區，在那兒我偶然看到一家餐廳，熱鬧、舒適並且符合刻版印象中的巴黎風，就是那種可能會出現在伍迪‧艾倫晚期電影中的餐廳。服務生把我帶到一張可以看到街景的小巧餐桌旁。我點了牛排炸薯條（steak-frites），和用玻璃水瓶裝的普通波爾多紅葡萄酒。我在二十多歲時，常常獨自一人在餐廳吃飯。在巴黎這個獨自用餐不會引起旁人側目的城市中，我想起了這帶給人的獨立感——也許是因為將用餐的目的與結構轉借給獨處的時間，讓你從沒有同伴的負擔中解放出來。突然之間，我的牛軋糖冰淇淋（nougat glace）就變成了法國吉維尼（Giverny）莫內花園中的條狀白雪那般。服務生建議來杯餐後酒（digestif）。我說好，因為我不願意離開舒適的餐廳裡頭，這裡有著灑在深色木頭上的金色燈光、咖啡機吱吱作響的運轉聲，以及在吧台上演出的愚蠢分手及事後譴責戲碼。但不只如此，也因為我不想匆匆忙忙。我點了一杯梨子風味餐後酒，那是杯有勁道的白蘭地，嚐起來像是白色果凍寶寶被穿過清澈大教堂窗戶的冬日陽光所照耀的滋味。這酒送來的模樣像是放在碎冰床上的試管，還有個白蘭地酒杯堅挺地立在一旁等著。這酒的邏輯就是要我慢慢來。雨停了，戀人、老太太和小巧發條狗等巴黎街景再度出現。

回到旅館的路上，我在一家超市停留，為了延長這種感覺，我買了一瓶威廉梨白蘭地（poire William），這樣我睡前可以再享用一杯。我走進旅館大廳不久，那種感覺就消失了，這瓶酒也一直沒有打開。直到幾個月後，在倫敦，當我想將傳統上會使用的櫻桃白蘭地加到杏仁蛋白糖中時卻發現我沒有，就想到了這瓶威廉梨白蘭地。我將杏仁蛋白糖裝在小烤模中，倒入同樣深度並加有威廉梨白蘭地的黑巧克力甘納許（chocolate ganache；參見第442頁），讓它凝固，然後切成小長方形，打算再浸到調溫好的巧克力中，但我從來沒有完全做到。鮮奶油狀的深色巧克力甘納許、杏仁和梨子的絕佳組合，讓人想起梨海倫（poire belle Hélène）這道以美女海倫命名的甜品，不過這道甜點中的海倫也喝了太多酒了。也許是因為她曾獨自去過巴黎的關係。

蘭姆酒松露巧克力（RUM TRUFFLE）

藝術評論家羅伯特‧休斯（Robert Hughes）寫道：「加泰隆尼亞人關注『屎』的程度，足以讓弗洛伊德（Sigmund Freud）感到驕傲。」每年一月六日的基督普世君王節（the Feast of the Kings），所有的好孩子都會得到用杏仁蛋白糖精心製作的亮麗甜點，而頑皮的孩子則會拿到「屎和煤炭」（caca i carbo），不過沒有人在意煤炭。有些糕點師傅會在撒上可可粉的糖塊上放些用糖雕製作的果蠅，盡可能逼真呈現「屎」感。如果你現在還沒有覺得很噁心的話，那可以試試以下的蘭姆酒巧克力口味的松露狀杏仁蛋白糖，這種口味的杏仁蛋白糖蓋過了讓很多人卻步的杏仁苦味：要製作這種杏仁蛋白糖，請在100克堅果和100克糖中，使用4茶匙篩過的可可粉和1茶匙蘭姆酒即可。

薑味布丁（STICKY GINGER PUDDING）

　　杏仁蛋白糖的時尚現代版本有著各式各樣的名稱，像是「威力球」（power ball）、「松露生巧克力」（raw truffle）或「能量一口食」（energy bite）等等，這些產品是由堅果粉和那類被認為在營養上優於白糖的甜味劑（例如棗泥或楓糖漿）製成的。你可以馬上自由運用這個想法，加些你喜愛的香料、香精及堅果醬，只要最後做成可以穩固擀開的糊狀物即可。要製作薑味布丁版的杏仁蛋白糖，請將下列食材加到食物調理機中：100克榛果粉、100克杏仁粉、100克切碎的帝王椰棗（medjool dates）、2茶匙天然香草精（vanilla extract）、2茶匙糖蜜、$1^{1}/_{2}$茶匙薑粉和幾撮鹽。用調理機打出相當光滑並開始成團的混合物。接著將混合物塑成12顆球，或是6根小棒（我偏好塑成小棒，就像是隨手包的巧克力棒那樣）。

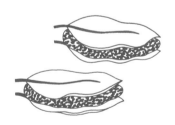

核桃（WALNUT）

　　根據十三世紀初編纂的《作者不詳的安達盧西亞食譜》（*The Anonymous Andalusian Cookbook*），「裘齊納克」（jawzinaq）是一種由杏仁粉和糖漿製成的杏仁蛋白糖。而瑞士巧克力專賣店娜德諾（Läderach）也有一款以白巧克力包覆的核桃杏仁蛋白糖，會裹上黑巧克力，再加顆核桃點綴。另外澳洲珍得巧克力公司（Zotter）則有一款可可含量50%的巧克力棒，裡頭的餡料是核桃蘭姆酒杏仁蛋白糖。我以杏仁蛋白糖的基礎食譜做了類似的甜點，發現初入口時，很難分辨出核桃蘭姆酒口味的杏仁蛋白糖與原味杏仁蛋白糖有什麼不同，直到核桃在不知不覺中現身才發現。核桃大多的獨特風味都在外皮中，而它的外皮也很難去除乾淨。許多大廚的食譜都要求使用去皮的核桃仁，若你有個

286

極具熱忱的學徒願意為你做這檔事，那就再好不過了。我的建議是不要自找麻煩。核桃外皮散發的單寧苦味是核桃的重要特質，就跟尖耳朵之於吸血鬼一樣。諾恰塔（Nociata）則是一種類似杏仁蛋白糖的義大利甜點，以等重的蜂蜜和切成末（不是磨成粉）的核桃製成。然後將甜杏仁糊夾在新鮮的月桂葉之間，使杏仁糊帶有月桂葉的風味。食用時將月桂葉剝下再享用。

杏仁蛋白糖 → 其他應用

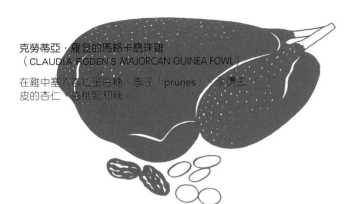

克勞蒂亞‧羅登的馬略卡島珠雞
（CLAUDIA-RODEN'S MAJORCAN GUINEA FOWL）

在雞中塞入杏仁蛋白糖、李子（prunes）、汆燙去皮的杏仁、杏桃乾和糖。

瑞典公主蛋糕
（SWEDISH PRINCESSTORTE）

裡頭是一層層的海綿蛋糕、果醬、卡士達醬和鮮奶油霜，外頭則用綠色杏仁蛋白糖包覆起來。

杏仁蛋白糖格狀水果塔
（MARZIPAN LATTICE ON A FRUIT TART）

摩洛哥瑪哈恰
（MOROCCAN M'HENCHA）

用薄酥餅皮包起杏仁蛋白糖滾成長條，再捲成線圈模樣烘烤，然後撒上糖粉。

夾有杏仁蛋白糖內餡的椰棗
（MARZIPAN-STUFFED DATES）

復活節水果蛋糕（SIMNEL CAKE）

會鋪上一層杏仁蛋白糖，並以11個杏仁蛋白糖球點綴的復活節水果蛋糕。

杏仁蛋白糖小豬
（MARZIPANSCHWEIN）

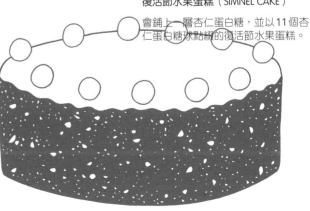

馬卡龍（Macaroons）

馬卡龍與杏仁蛋白糖一樣，都是用等重的糖、杏仁粉與蛋白混合製作，但使用更多的蛋白。在我們的基礎食譜中，蛋白要與糖一起打發，像製作蛋白霜甜餅那樣，讓最後做成的糖餅具有獨特的圓頂造型。使用相同食材，將蛋白徒手快速攪打至泡沫狀，再將堅果粉和糖翻拌入蛋白中，也可做出較為扁平的速成版本。

此基礎食譜可製作出 18 個直徑約 7 公分的馬卡龍。

食材

2 顆蛋的蛋白

少許鹽

200 克細砂糖 A B C

200 克杏仁粉 A D

米紙（Rice paper）——可用可不用，但建議使用

1. 將蛋白和鹽攪打至泡沫狀。E
2. 接著在攪拌時慢慢加進糖。讓蛋白打發並出現光澤。
3. 將杏仁粉翻拌入蛋白中形成糊狀，倒入擠花袋，擠出直徑 4 公分左右的圓餅，或用兩支湯匙塑成差不多大小的圓餅。F
4. 將馬卡龍糊擠在鋪有米紙或有矽膠墊的烤盤上，每個餅糊之間要留些空間。若沒有米紙或矽膠墊，烤盤最好要抹油。
   米紙是比較好的選擇。
5. 以 180°C 烘烤約 20 分鐘，直到頂部呈金黃色，取出擺在架子上放涼。
6. 放涼後大略撕開米紙（如果使用了米紙），取下馬卡龍。
   保存在密封容器內。

A. 杏仁粉與糖的比例，會因不同的食譜而有所差異，通常介於 2：1和1：2 之間。

B. 使用1：1的糖粉和細砂糖比例，會做出質地較軟的馬卡龍。

C. 全部或部分改用紅糖，會增強糖和堅果的風味。

D. 可以改用其他堅果粉，請參見「風味與變化」。

E. 如前所提，將蛋白打發可以讓馬卡龍具有獨特的圓頂外形。如果你不介意外型，可以徒手快速攪打蛋白，然後拌入糖和堅果粉。

F. 有些食譜會要求使用1茶匙至1湯匙的細玉米粉或米粉末，以吸收掉過多的水分。

G. 若要製作杏仁馬卡龍，請在烘烤前將一個完整的杏仁輕輕嵌在每個馬卡龍糊的頂部。

馬卡龍→風味與變化

杏仁與覆盆子（ALMOND & RASPBERRY）

名廚米歇爾‧魯‧二世（Michel Roux）以覆盆子粉製作馬卡龍，他將新鮮覆盆子放在烤箱中以低溫烘乾或放在通風櫥櫃自然風乾，然後再研磨成粉。我比較可能在超市烘焙區拿起冷凍乾燥覆盆子，然後壓碎使用。無論使用哪種方式，都能保留覆盆子別緻的特性，覆盆子與淺褐色的馬卡龍就像在淺褐色索諾拉沙漠中的粉紅色仙人掌果那般，形成鮮明對比。在馬卡龍糊中加入少量杏仁精，所做出的成品及其所散發的果醬般風味就形成了所謂的貝克維爾馬卡龍（Bakewell macaroons）。要製作覆盆子口味馬卡龍，請按照基礎食譜進行，並在步驟 3 中將 50 克壓碎的乾燥覆盆子連同堅果粉一起加入。

義大利杏仁餅（AMARETTI）

當我第一次在紐約蘇活區工作時，當地還有許多義大利餐廳。午餐時間，我和同事們會大口吃下棍子麵包（breadstick）和廉價的義大利麵。甜點吃布丁太撐了，我們的解決方式是火焰森布卡茴香酒（flaming sambuca shots）配上拉薩隆尼杏仁餅（Lazzaroni amaretti biscuits），按慣例，我們會把杏仁餅的包裝紙點燃，看著它像燃燒的願望飄向天花板。我的願望一直都是當天下午不必回去上班。後來義大利餐廳逐漸被泰國餐館和壽司吧取代，我過去以為這只是時勢所趨，但經過反思，也許與鼓勵在桌上點火的保險事宜有關。多年後，我對義大利餐廳的用餐者感到失望，他們做的最酷事情只不過是點燃一支又一支的登喜路香菸（Dunhill cigarettes）。當然，現在不能在餐廳中抽菸了。義大利杏仁餅有兩種類型，軟餅（morbidi）和脆餅（secchi）。拉薩隆尼杏仁餅是脆餅，因此很難在自家廚房中製作。你可能會問，為什麼要自找麻煩，尤其是當買來的脆餅還有如此誘人的包裝時？答案很簡單：這樣可以知道將馬卡龍基礎食譜做些基本調整，就能產生神奇結果。以下食譜可能無法完全達到拉薩隆尼杏仁餅的美妙滋味，但也是非常美味。在舊式食譜中，會借用杏桃仁

（apricot kernel）[19] 散出一些杏仁苦味，但現代食譜則是完全不使用，因為它們含有微量的氰化物（cyanide）。不過沒關係，優質的杏仁精會提供豐富的風味。請在 2 顆蛋的蛋白中加入 $1/2$ 茶匙蛋白粉攪打至起泡，再加入 $1/4$ 茶匙的塔塔粉，持續打到濕性發泡。接著以每次添加 25 克的方式加入 100 克細砂糖，每次都攪打一分鐘至乾性發泡。然後另取一碗，將 225 克杏仁粉、200 克糖粉和 $1/4$ 茶匙小蘇打混合均勻並過篩，再連同 2 茶匙杏仁精一起翻拌入蛋白中。然後裝入擠花袋，在矽膠墊或充分抹油的烤盤上擠出 5 公分的圓頂糊。若有珍珠糖，可在這時撒上一些。在室溫下靜置 30 分鐘後，以 140°C 烘烤 25 分鐘。接著將烤溫調至 180°C 再烤 10 分鐘。烤好後移到烤架上放涼。

椰子（COCONUT）

要製作椰子馬卡龍，請先在全蛋中加點鹽快速攪打，再倒入 100 克椰蓉和 100 克細砂糖混合均勻。多了蛋黃可讓馬卡龍變得更加輕軟，而且蛋黃帶來的額外濕潤度也彌補了椰蓉的乾燥。接著按照基礎食譜塑形及烘烤。放涼後，再擠條彎彎曲曲的巧克力醬裝飾。如果你偏好老式的錐狀椰子馬卡龍，可徒手將馬卡龍糊塑成錐形，還可按個人喜好在上面加顆櫻桃。若你就是想要粉紅色的馬卡龍，可將一些紅色食用色素與堅果粉和糖一起拌勻。這種馬卡龍得烤久一點，大約需要 25 分鐘。

榛果和巧克力（HAZELNUT & CHOCOLATE）

在義大利，「醜但好吃」餅乾（brutti ma buoni）正如其名那樣廣受歡迎，其配方也各式各樣。我看到的多數食譜都要求加熱雞蛋和糖，雖然加熱方式不盡相同。有的是在蛋白拌糖打發後微微加熱一下再加入堅果粉，有的是在雞蛋、糖和堅果粉翻拌完成後，倒入鍋中加熱。或是還有第三種選擇，就是將糖和蛋白隔水加熱攪拌 5 分鐘，然後打至中性發泡。但是你會發現也有用冷杏仁

19　杏桃仁（apricot kernel），一般也稱「杏仁」，是用來製作中藥及杏仁茶的杏仁，與用來製作馬卡龍等西式甜點的杏仁（almond）不同。

蛋白糊做成的「醜但好吃」餅乾，就像我們的基礎食譜一樣。你需要確實將蛋白打到乾性發泡，這樣餅乾才夠堅固，可以在烘烤時保持其凌亂的形狀。要將杏仁粉與大略切碎的杏仁混合，這樣才會做出有顆粒狀突起的正宗餅乾，這就完成了「醜」的部分。至於「好吃」的部分，請加點可可粉和天然香草精，讓榛果美妙的天然風味更為美味。這裡唯一不可原諒的改良就是讓餅乾的外型變漂亮，因為把「醜但好吃」餅乾變漂亮就沒有樂趣可言了。

夏威夷豆和紅糖（MACADAMIA & BROWN SUGAR）

夏威夷豆（Macadamias；又名「澳洲堅果」）是產自澳洲的高價堅果。包在殼中的夏威夷豆，看起來就像倫敦漢普斯特德區（Hampstead）女性到劇院時會穿戴的那種大木珠。食用帶殼夏威夷豆，就像咬一口瓷器茶杯那樣，清脆且非常細緻。集中精神細細品嚐，那風味可能會讓你聯想到巴西堅果（Brazil nut）。當你咀嚼掉其中的糖汁後，兩種堅果嚐起來都像椰子。不那麼專注地咀嚼可能只會覺得味道有些類以風味溫和的食用油，有鑑於夏威夷豆含油量高，這也不奇怪。事實上，它油到要將其磨粉成了件苦差事。與其他高油脂堅果一樣，研磨前先冷凍過會有暫時性的效果，但油脂終究會融化變成堅果醬。最好就是接受夏威夷豆最棒的特質就是油油的口感，並直接用粗碎粒加到馬卡龍中。請將100克夏威夷豆大略切碎，在步驟3中翻拌入蛋白中。接著用濕軟的紅糖取代替白細砂糖，以使馬卡龍具有額外的風味，並讓夏威夷豆散發出淡淡的奶油香。為了稀釋麵糊，我還加入了幾茶匙楓糖漿。

燕麥粉和葡萄乾（OATMEAL & RAISIN）

我第一次看到「早餐餅乾」（breakfast biscuits；一種用穀類和牛奶做成的可食用橢圓形餅乾）的發行廣告時，我感到困惑。以前的早餐也有餅乾啊！在我年輕時那段可以毫無節制享受美食的美好日子裡（那個年代還未思慮到熱量攝取的問題），我經常在上學或上班之前，配著加糖咖啡大口吃下醋栗醬夾心餅（garibaldis）和無花果夾心餅（fig rolls）。儘管如此，對於特定時段點心飲品之潛力很感興趣的我，寫了封信給思美洛伏特加公司（Smirnoff），向他們提出「早餐伏特加」的建議。我沒有收到回應，但我把這件事視做他們將要發行自己的版本，只是不打算提到我。後來我就將早餐餅乾這件事拋在腦後了，直到我嘗試用燕麥取代堅果製作馬卡龍時才又想起。我想要的是全燕麥帶出的嚼勁，但是我用的燕麥粉太細，以致於做出了像燕麥粥凝固的硬塊，那就像蘇

格蘭高地牧羊人在困頓時期會放在毛皮袋中的糧食一樣。為了做出適當的餅乾口感，需要質地較粗且甜味也多些的燕麥。我從美妙的紐澳軍團餅乾（Anzac biscuit）中得到靈感，第二批燕麥馬卡龍結合了100克煮粥用燕麥片、75克細砂糖、25克黑糖和1湯匙金黃糖漿、2湯匙葡萄乾和1/4茶匙小蘇打，以及打發的蛋白。若想製作超快速的早餐馬卡龍，也可使用「舉一反三」E項下所提到的徒手打蛋方法，只需花5分鐘攪打混合，並可在你為早上十點出席演講前先去洗個澡/修剪鼻孔時放進烤箱中烘烤。

馬鈴薯（POTATO）

　　杏仁松子餅（Panellets）是西班牙加泰隆尼亞地區的堅果餅乾，在諸聖節（All Saints' Day）前後及當天可與一杯甜葡萄酒一起享用。有個常見的配方會用到薯泥，馬鈴薯泥或番薯泥都可以。可以試試將200克煮熟的番薯泥應用到基礎食譜中。加入足夠的蛋黃（不用蛋白）來黏合，並加入一些細碎的檸檬皮屑調味。放入冰箱冷卻後，將麵團揉成小球。接著將小球浸到蛋白中，然後裹一層切碎未烤過的松子或榛果（與杏仁等重），以200°C烘烤15分鐘。

核桃、乳酪與卡宴辣椒粉（WALNUT, CHEESE & CAYENNE）

　　我有一位執行低碳飲食且不吃麩質的朋友來吃晚餐，我不想讓她錯過我買的美味乳酪。所以我從第408頁「紅色萊斯特乳酪與其他乳酪」段落中的餅乾取得靈感，為她製作了鹹味馬卡龍，其中的糖以等重的紅色萊斯特乳酪（Red Leicester）代替。我將100克杏仁粉與50克的碎核桃、100克磨得細碎的帕馬乾酪、1/4茶匙卡宴辣椒粉以及1顆打過的全蛋混合製成麵團（剛好足夠黏合）。我將麵團滾成小球，再以手掌根部壓扁，然後以180°C烘烤12至15分鐘。可是我的朋友說：「我想我對堅果過敏。」於是我微笑著遞給她一顆漂亮的威廉斯梨（Williams pear），我打算用今日的剩菜當做隔天的午餐，這是為搭配那頓午餐特地買的，另外我還端出了精美的乳酪盤給她。「我對乳製品也過敏。」她補充道，她看著康門貝爾乳酪的眼神就像是見到某種爆炸裝置那

般。不過，她拿了梨子。但是當我清理盤子時，我發現她將梨切成四塊，卻一口也沒吃。我可以忍受挑剔，浪費卻讓我心傷。我失去一個朋友，最後得到了一些美味的核桃乳酪餅乾。

堅果粉蛋糕：聖地牙哥蛋糕
（Nut-meal Cake: Torta Santiago）

　　這種西班牙堅果粉蛋糕通常用寬淺的圓形烤模製成，因此常常看起來像是沒有塔皮的內餡（有些版本會放在塔皮中烘烤）。以直徑 20 公分的烤模製作出的蛋糕看起來會比較有傳統感，這種尺寸的蛋糕所需的烘烤時間，接近於基礎食譜內所示的最長烘烤時間。聖地牙哥蛋糕像杏仁蛋白糖和馬卡龍一樣，是以等重的杏仁粉和糖製成，不過這裡使用全蛋，而不是只有蛋白。

此基礎食譜可製作一個直徑 23 至 25 公分的蛋糕。[A]

食材

　　4 個中型或 3 個大型雞蛋[B][C]
　　200 克細砂糖[D]
　　200 克杏仁粉[E]
　　1 茶匙泡打粉[F]
　　磨得細碎的 2 顆柳橙皮或檸檬皮[G]
　　2 茶匙肉桂粉[G]
　　糖粉（裝飾用）[H]

1. 將雞蛋和糖一起攪拌至膨鬆變白。
   可使用電動攪拌機，但用手工打蛋器大力攪打即可。
2. 將杏仁粉、泡打粉、柳橙皮屑和肉桂（或其他調味料）混合後，翻拌入蛋白糖糊中。
3. 將糊刮入已抹奶油的烤模。以 180°C 烘烤 20 至 30 分鐘。用烤肉叉插入蛋糕中心，取出時若是乾淨無沾黏，即表示蛋糕烤好了。
   蛋白糊很黏，因此也可將麵粉或杏仁粉撒滿烤模。這些蛋糕需要看顧，因為它們所形成的含糖外表很容易燒焦。請在烤 17 分鐘左右後開始檢查。如果蛋糕的顏色太深，就拿張鋁箔紙鬆鬆地蓋在蛋糕上頭。
4. 蛋糕烤好放涼後，在紙板上割出聖雅各十字的形狀，接著把紙板放在蛋糕上，撒好糖粉後再小心拿起紙板。

舉一反三

A. 使用50克糖、50克杏仁粉、$1/8$茶匙泡打粉和1顆雞蛋所做出的分量，可裝滿2個深底圓形小蛋糕模或烤皿，這裡要將烘烤時間減少至18到25分鐘。

B. 與海綿蛋糕一樣，雞蛋的重量與其他食材的重量大致相同，即每50克堅果粉和50克糖要用1顆雞蛋。可以再加一至兩顆蛋黃，以做出更濕潤濃郁的蛋糕。

C. 有些食譜建議先將蛋黃與糖攪打混合，再加入杏仁粉、柳橙皮屑和肉桂（或其他調味料），然後才翻拌入已打至濕性發泡的蛋白中。

D. 糖與堅果的比例可以調整。大廚瑞克・史坦（Rick Stein）的食譜要求杏仁粉與糖的比例為3：1。

E. 亦可使用其他堅果粉製作，請參考「風味與變化」。

F. 不一定要加泡打粉，但它可使蛋糕明顯變輕盈。

G. 西班牙大廚費蘭・阿德里亞（Ferran Adria）認為波特酒（port）是另一種調味選項。

H. 不一定要做出糖粉十字架，可用杏仁片裝飾，烘烤前撒在蛋糕上即可。

榛果（HAZELNUT）

　　比起杏仁更偏好榛果的人會很樂意知道，經典加利西亞聖地牙哥蛋糕有多種改用榛果的配方。斯洛維尼亞的配方通常淋上焦糖奶油糖霜，奧地利的配方則用摩卡咖啡糖霜。食品作家卡羅爾・菲爾德（Carol Field）則將糖漬橙皮添加到她的蛋糕中，並淋上一層巧克力糖霜。我最喜歡的是料理作家伊麗莎白・卡梅爾（Elizabeth Karmel）所提到的純蛋糕，這道蛋糕會搭配以酸奶油製成的醋栗醬（gooseberry sauce）享用。愛德華・貝爾（Edward Behr）的《飲食藝術食譜》（*The Art of Eating Cookbook*）中有道與聖地牙哥蛋糕類似的義大利榛果蛋糕（torta di nocciole），這款蛋糕通常會加點可可粉，而這也是榛果蛋糕和餅乾增強風味相當常見的作法。可可粉會帶來深度風味，改用即溶咖啡粉也可以（這個小技巧就是將1湯匙即溶咖啡溶在1茶匙的沸水中使用）。不過在貝爾看來，可可粉會分散注意力，蛋糕最好搭配巴羅洛酒（Barolo）或蜜思卡礡香葡萄酒調製的沙巴雍醬（zabaglione），或者只要搭配一杯蜜思卡礡香葡萄酒（Moscato d'Asti）就好。

蜂蜜與法式酸奶油（HONEY & CRÈME FRAÎCHE）

　　安德烈・梅茲（Andrée Maze）以筆名拉馬扎（La Mazille）著稱，她是經典《佩里哥爾美食》（*La Bonne Cuisine de Périgord*）的作者，跟美食作家伊麗莎白・大衛一樣是食譜收集家。她有道類似聖地牙哥蛋糕的榛果蛋糕食譜，但用蜂蜜取代糖來製作。我有一罐美味的石楠蜂蜜（heather honey），我想拿來試做蛋糕，但我決定使用杏仁而不用榛果，因為杏仁提供了更中性的基底風味。我還在麵糊中加了點法式酸奶油，以抵消一些甜味，做出來的蛋糕有著微妙且精緻的風味。奶油的酸味讓蛋糕變得非常有趣，以致於我放棄原來想要搭配一盤糖煮青李（greengages）的計畫，而只配上一杯冰涼的澤西牛奶（Jersey milk）享用。要製作這款蛋糕，請按照基礎食譜進行，但是將一半的細砂糖用等重的蜂蜜取代（如果罐子中的蜂蜜變硬了，請慢慢加熱）。接著將酸奶油翻拌入堅果粉中，每50克堅果粉需要用到1湯匙的酸奶油。

萊姆與中國肉桂（LIME & CASSIA）

聖地牙哥蛋糕傳統上會以柑橘皮和錫蘭肉桂（cinnamon）調味。這裡的配方則是用上中國肉桂（cassia）和萊姆皮屑的組合，如此強烈的香料風味像是預示著蛋糕要供奉給聖人那般。中國肉桂（cassia）對比錫蘭肉桂（cinnamon），就像演員查爾頓·赫斯頓（Charlton Heston）對比演員蒙哥馬利·克利夫特（Montgomery Clift）那樣——複雜度少一點但風味更強大。錫蘭肉桂會以精巧小雪茄捲的模樣出現，而中國肉桂則像是部分攤開的大雪茄一樣，厚實有斑點，經常碎成粗糙片狀。可將一些中國肉桂磨粉，然後撒些在剛切好的萊姆片上。中國肉桂的香氣可能會讓你聯想到可樂。因此，我建議在此蛋糕配方中使用紅糖，因為紅糖帶有焦糖風味。若要製作一個直徑20公分的蛋糕，請用2顆雞蛋、125克杏仁粉、100克紅糖、25克黑糖、3顆萊姆切成細末的皮屑（也可用柳橙皮或檸檬皮取代，或混合使用）、2茶匙現磨肉桂粉，以及1/4茶匙現磨肉荳蔻粉製作。

柳橙巧克力（ORANGE-CHOCOLATE）

克勞蒂亞·羅登（Claudia Roden）著名的杏仁柳橙蛋糕可以視作一種聖地牙哥蛋糕，將2顆完整柳橙煮熟打泥加入250克杏仁粉、250克糖中，還加了6顆雞蛋以及1茶匙泡打粉。所有材料都在食物調理機混合。食譜的唯一缺點就是會太常做以至於覺得乏味。為了增加點新鮮感，可試試巧克力-柳橙的版本，或應該說柳橙-巧克力版本，因為柳橙在食材中所佔的比例較高。若你想讓兩者的風味平衡點，可以增加可可粉的用量，或添加一些磨碎的黑巧克力。若要使用直徑18公分的深烤模做蛋糕，請使用125克杏仁粉和125克細砂糖、4湯匙可可粉、3顆雞蛋、1顆煮熟並打泥的完整臍橙和少許鹽。上一次我做這道蛋糕時，柳橙正處於多汁盛產期，我又想加點君度橙酒，所以我混入了幾湯匙中筋麵粉來吸收些過多的水分。與大多數此類蛋糕一樣，享用時必定要佐上法式酸奶油，以及配上一杯咖啡。《風味事典》的讀者可能會記得我是柳橙咖啡組合的喜愛者，因此我會建議將4茶匙即溶咖啡粉溶解在1茶匙沸水中，以取代蛋糕糊中的可可粉。

297

胡桃（PECAN）

根據歷史教授肯·阿爾巴拉（Ken Albala）的說法，胡桃派在一九二五年的原始食譜是出自一家玉米糖漿製造公司之手。堅果、糖和雞蛋的比例與我們的基礎食譜相當類似，它是以175克切半的胡桃、200克糖和3顆雞蛋製作，但添加了大量糖漿（240毫升），以及幾湯匙融化的奶油、1茶匙的香草和少許鹽。所有這些，都意味著烤好的蛋糕內部會與聖地牙哥蛋糕的海綿質地不同。它更像是晶瑩剔透的超甜卡士達凍，裡頭還含有堅果。若要製作這款蛋糕，請使用直徑20公分的派模，放入烤箱的最下層，以180°C烘烤50至60分鐘。

核桃（WALNUT）

製作聖地牙哥這類堅果蛋糕的優勢在於，可以在幾分鐘內就放入烤箱烘烤。缺點是這種蛋糕如此美味，來用餐的客人會不想離開。食譜作家佩萊格里諾·亞爾杜吉（Pellegrino Artusi）表示，他的客人發現他用磨碎核桃粉製成的核桃蛋糕（torta di noci）「優美細緻」。我只能說，我用核桃粉和現磨血橙皮屑製成的蛋糕，搭配咖啡和一杯阿瑪涅克白蘭地（Armagnac）的組合，讓我們的朋友在大打哈欠的許久之後還繼續撥動盤子中的零星蛋糕屑。事後看來，那一晚用白巧克力乳脂鬆糕（white chocolate trifle）配一杯穆利根的愛爾蘭薄荷奶酒來結束，會是比較明智的選擇。

杏仁奶油（FRANGIPANE）

　　杏仁奶油即是在堅果粉蛋糕的食材中再加入等重的奶油所製成的。雖然它可以製成極佳的蛋糕，但通常用來製作塔。它為貝克維爾塔（Bakewells）提供了經典的內餡，或者做為水果塔中扇形排列蘋果片和梨子片的柔軟內餡基底，這些塔在法式烘焙坊櫥窗都可見到。

此基礎食譜可製作一個直徑 20 公分的蛋糕或 750 毫升的塔餅餡料。[AB]

食材

　　150 克無鹽奶油，軟化到可以攪打[C]

　　150 克細砂糖[C]

　　3 顆中型雞蛋[D]

　　150 克杏仁粉[EF]

　　1 茶匙杏仁精（可加可不加）[G]

　　少許鹽

1. 將軟化的奶油和糖一起攪打至輕盈蓬鬆。[H]
2. 加入雞蛋攪打，一次放一顆。
3. 加入杏仁粉攪拌均勻。[H]
　　這時可加入任何液體調味料。
4. 將混合物刮入直徑 20 公分的深蛋糕模（裡頭抹上奶油並鋪上烘焙紙）或烤好的塔皮中（參見666頁的「奶油酥皮、甜味酥皮與板油酥皮」基礎食譜）。以180°C烘烤25至35分鐘。烤25分鐘後就要不時檢查。
　　請用烤肉叉測試，將烤肉叉插入蛋糕中心，若取出時乾淨無沾黏，就代表杏仁奶油烤好了。

A. 若要裝滿2個小烤皿（約250毫升），應使用各50克的奶油、糖和杏仁粉，再加上1顆雞蛋，並烘烤15至20分鐘。若要製作直徑25公分的厚蛋糕，請使用各200克的奶油、糖和杏仁粉，再加上4顆雞蛋，然後烘烤30至40分鐘。

B. 這個分量也足夠做為直徑23公分的貝克維爾塔內餡，這裡一定要用杏仁精。將杏仁奶油的混合物刮入烤好的塔皮中放涼，再抹上一層果醬。在撒上杏仁片後，按照步驟4烘烤。

C. 與奶油海綿蛋糕（參見388頁）一樣，都可將奶油和糖的用量減到堅果粉的一半，這樣的成效依然良好，但請記得烤模也要用小一點的。

D. 或2顆大型雞蛋也足夠使用。若想做出鬆軟的杏仁奶油蛋糕，請多用幾顆蛋（用在塔皮中的杏仁奶油餡就不適合太過鬆軟）。

E. 可用杏仁以外的其他堅果，請參見「風味和變化」部分。

F. 每100克杏仁粉加入1湯匙麵粉，會讓杏仁奶油的質地更紮實。小麥麵粉或米粉末或細磨粗玉米粉都可以。若你會在杏仁奶油糊中添加濕性食材，那就值得考慮加點麵粉。

G. 可用1茶匙天然香草精、玫瑰露或蘭姆酒為杏仁奶油調味，或者用幾滴杏仁精增強杏仁的味道。

H. 有些廚師將蛋黃混入奶油糖糊中，然後在杏仁粉翻拌入打發蛋白之後，也將蛋黃奶油糖糊翻拌入蛋白中。這樣可以讓蛋糕變得輕盈，但對塔來說則太蓬鬆。

杏仁奶油→風味與變化

腰果（CASHEW）

　　一份針對法式糕點的簡短（也算有趣）研究調查顯示，腰果受歡迎的程度跟艾金斯醫師（Dr Atkins）[20]不相上下。這也許是因為它們的模樣所致。腰果缺少開心果的鮮豔色澤，也沒有杏仁的優雅形狀，或核桃如大腦那般的複雜形狀。未烘烤且沒加鹽的腰果，有著像胎兒的外觀以及平淡的味道。美國作家菲德列克‧羅森嘉頓（Frederic Rosengarten）對於「滋味平淡」的腰果最好的恭維是，它有時被用來擴展杏仁的風味。我試著在杏仁奶油中將杏仁全用腰果取代，也從做出的腰果奶油中體會到羅森嘉頓的觀點。那滋味，就像是當你糖蜜用完，改用一般糖漿來製作糖蜜塔（reacle tart）內餡的感覺。WD~50餐廳和諾瑪餐廳（Noma）的糕點師傅馬爾科姆‧利文斯頓二世（Malcolm Livingston II）無法忍受腰果的平淡滋味，所以將腰果煙燻過，才用來製作焦糖杏仁糖（nougatine）。

法式杏仁小蛋糕（FRIANDS）

　　有剩下的蛋白並非就一定要做成蛋白霜甜餅。法式杏仁小蛋糕是在紐西蘭及澳洲非常受歡迎的蛋糕，享用起來極有樂趣。可以將它們視為用杏仁奶油隨興創作的點心。這個法式杏仁小蛋糕的配方並不像杏仁奶油（四種食材都等重）那樣容易記住，但我的經驗法則是：使用等重的糖粉和混合粉，混合粉是將杏仁粉與中筋麵粉以7：3的比例混合。奶油的分量則少一點，約是糖粉（或混合粉）重量的80%，另外每40克糖粉要加1顆蛋的蛋白。要製作法式杏仁小蛋糕，請將140克杏仁粉、60克中筋麵粉、200克過篩的糖粉和一小撮鹽在碗裡混合均勻，然後在粉堆中央挖個洞。將5顆蛋的蛋白打到出泡（徒手打就可以），倒入粉堆的洞中稍微混合一下，再加入160克融化放涼的無鹽奶油攪拌。你還可加些細碎的檸檬皮或香草籽，和100克覆盆子或藍莓。將混好的

20　艾金斯醫師（Dr Atkins）為著名心臟科醫師，創造了低醣飲食法。

蛋糕糊倒入 10 個小矽膠模或抹好油的烤模，以 180°C 烘烤 15 至 20 分鐘，直到呈金黃色即可。

橄欖油與巧克力（OLIVE OIL & CHOCOLATE）

美食作家奈潔拉・勞森（Nigella Lawson）有道類似杏仁奶油蛋糕的食譜，用的是橄欖油而非奶油。與我們的基礎食相比，這道食譜的含糖量高一點，所以抵消了可可的苦味。要製作這款蛋糕，請將 50 克可可粉與 125 毫升沸水混合。混合均勻後，就會像光滑的巧克力甘納許。請不要偷吃。雖然一開始嘗起可能像是巧克力，但很快就會產生像阿司匹靈那般的強烈苦味。當可可糊放涼而你也不那麼想吐時，將 3 顆雞蛋與 150 毫升非初榨橄欖油及 200 克細砂糖快速攪打均勻。糖溶解後，再將可可糊及 2 茶匙天然香草精拌入其中。這時再試嘗一下，你可能只嘗得到橄欖油的味道。接著加入 150 克杏仁粉、$^1/_2$ 茶匙小蘇打和 1 小撮鹽混合均勻。將混合好的蛋糕糊倒入抹了點油且內鋪烘焙紙的直徑 22 公分烤模中，以 170°C 烘烤 45 分鐘。成品會具有非常適合巧克力蛋糕的濕潤柔軟質地。

橙花露（ORANGE FLOWER WATER）

杏仁奶油（frangipane / franchipane）的古老食譜不一定含有堅果。它最初是一種甜點奶蛋醬（pastry cream，參見 587 頁），這可以在我們的卡士達系列食譜上找到。《專業廚師》（*The Professed Cook*；一七六九年出版）中有道杏仁奶油的食譜，需要 3 顆雞蛋、1 品脫鮮奶油、2 或 3 大湯匙麵粉和「適量」的糖。在卡士達煮好後，加入一些碎杏仁餅乾、檸檬皮、奶油、幾顆蛋黃、橙花和橙花露攪拌均勻。英國料理作家珍・葛里格森在《英國食品》雜誌（*English Food*）上，給出了一道類似的烤卡士達食譜，不過這道食譜使用杏仁粉而不用餅乾，使用雪利酒而不用橙花露。根據《牛津糖果甜食指南》（*The Oxford Companion to Sugar and Sweets*）的說法，杏仁奶油的原文「frangipane」是從「frangipani」（素馨）一字衍生而來，這是一種法國手套製造商用來為其產品增添香氣的花（又名雞蛋花）。

松子（PINE NUT）

我買了一包松子粉，試著用它們取代杏仁製作杏仁奶油。如同我預期的那樣，松子粉略帶有松脂味，但其顆粒大小卻讓我驚訝。它像小麥麵粉一樣細

緻，這意味著麵糊（按杏仁奶油比例製作）在烘烤過後會太紮實。加點泡打粉可以改善這個問題。有些廚師會在杏仁奶油中加點發酵劑，以獲得更膨鬆的質地。至於松子粉，我只會說，一旦這包用完，我就不會再買了。一方面它很貴，另一方面，與義大利松子蛋糕（torta di pinoli；用整顆松子覆蓋的杏仁奶油蛋糕）相比，松子奶油做成的塔顯得蒼白。若要製作義大利松子蛋糕，請在步驟 3 結束時混入 50 克松子，然後在上面另外撒上 50 克松子再烘烤。

開心果（PISTACHIO）

早期的杏仁奶油食譜曾用過開心果，但除了最高級的法式蛋糕店和餐廳，對一般蛋糕店和餐廳而言，開心果價格過於昂貴。在倫敦梅費爾區（Mayfair）的廣場餐廳（The Square），他們會做一種開心果奶油，並將成熟的無花果切碎翻拌入開心果奶油中。然後將開心果奶油擠到千絲酥捲（kataifi）中，並佐上香草杏仁奶油布丁（vanilla and almond panna cotta）、百里香冰淇淋和無花果泥。開心果和葡萄柚非常契合，也許是因為開心果的風味比較不像堅果，反倒類似香料（如美食作家瓦維萊・魯特〔Waverley Root〕所言），而葡萄柚則以跟香料對味著名，特別是肉桂。我曾經將開心果奶油放在一些粉紅色葡萄柚塊上一起烤，成品像極了水果奶油酥派（crumble）。如果在吃水果奶油酥派時挖深一點，就差不多是那樣的味道。

蘭姆酒（RUM）

大廚雷蒙德・布蘭克（Raymond Blanc）會在國王餅（galette des rois）的內餡中加入 1 湯匙蘭姆酒或干邑白蘭地。國王餅實際上可以算是一種杏仁奶油，因為製作這種餅需要等量的奶油、糖粉和杏仁粉（這裡要用到 75 克杏仁粉，再加 1 顆雞蛋和 1 顆額外的蛋黃）。這可以做為 400 克派皮的內餡，要將派皮分成上下兩塊圓餅，直徑各為 20 公分和 22 公分。將杏仁奶油鋪在下層圓餅上，周圍留出 2 公分的邊緣派皮不鋪餡料，另取一顆蛋黃抹在邊緣派皮上（布蘭克建議在杏仁奶油上撒些磨碎的巧克力，或以炸榅桲片覆蓋）。在喃喃的禱告聲中，將上層派皮蓋在下層派皮上，並將邊緣密封。放入冰箱冷藏一個小時，也順便讓自己放鬆一下。在上層派皮刷上更多蛋黃，並刮出一些圖案紋路，傳統上會刮出呈扇形的輻射線條，線條在靠近邊緣時會彎曲，但你可能會更喜歡菱形網格、月桂葉枝或穿著翻領連身衣的貓王圖案。請將國王餅以180°C 烘烤 45 分鐘。國王餅傳統上會在一月六日主顯節（Epiphany）時享用，

那一天三王（即三賢者）朝見還是嬰兒的耶穌基督。按照習俗，凡是發現藏在國王餅內的豆子或小飾品的人，都會戴上當天的皇冠（或得花錢打電話，預約牙醫看牙）。食譜作家多麗・格林斯潘（Dorie Greenspan）指出，現在法國蛋糕店從耶誕節到一月底都會販售國王餅，而其中的杏仁奶油可能會以玫瑰或柑橘調味。跟國王派沒什麼不同的皮蒂維耶派（Pithiviers）則是全年都有販售，這款派裡的杏仁奶油上面通常會鋪層果醬。

辣味巧克力（SPICY CHOCOLATE）

我的辣味巧克力蛋糕不是用杏仁奶油製作，而是用一排排法式杏仁小蛋糕（參見第 342 頁）做成的。若你曾將臉貼在法式蛋糕店的櫥窗上，並且想要裡頭的所有蛋糕，那麼這款蛋糕的風味就很適合你。它的靈感來自名廚尤坦・奧圖蘭吉（Yotam Ottolenghi）和薩米・塔米米（Sami Tamimi）出色的糖霜餅乾食譜，而他們又是受到以色列糖霜香料餅乾（duvshanyot）或德國香料餅乾（pfeffernusse）所啟發。我的辣味巧克力蛋糕嚐起來就像是把店中的蛋糕都咬一口那樣，裡頭有薑味蛋糕、水果蛋糕、巧克力蛋糕、柑橘蛋糕和香料蛋糕的味道，而且因為糖霜的緣故，還有檸檬糖霜蛋糕的風味。要製作這款蛋糕，請將 25 克小葡萄乾浸泡在蘭姆酒或白蘭地中數小時或數天。另將 100 克杏仁粉、50 克中筋麵粉、150 克過篩糖粉、1 $\frac{1}{2}$ 茶匙可可粉、$\frac{1}{2}$ 茶匙肉桂粉、$\frac{1}{2}$ 茶匙多香果粉、$\frac{1}{2}$ 茶匙薑粉、$\frac{1}{2}$ 茶匙現磨肉荳蔻、$\frac{1}{4}$ 茶匙鹽、1 顆檸檬和 1 顆柳橙磨得細碎的皮屑，以及 $\frac{1}{2}$ 茶匙天然香草精，倒入一個大碗中混合均勻。再取來一只碗，將 4 顆中型蛋的蛋白打到起泡，然後將它們翻拌入混合的杏仁粉中，直至充分拌勻。接著再攪入 120 克融化的奶油、75 克大略磨碎的 70% 可可黑巧克力，和瀝乾的小葡萄乾，直至混合均勻。將混合好的麵糊倒入 10 至12 個小蛋糕模或長條烤模或中型蛋糕模中，以 180°C 烘烤 15 至 20 分鐘。放涼後，用 75 克糖粉和 2 湯匙檸檬汁製成糖霜淋在蛋糕上，最後再加點綜合果皮裝飾。

杏仁香酥派（JÉSUITE）

包有杏仁奶油內餡的三角形酥皮
糕點，以糖霜和杏仁片裝飾。

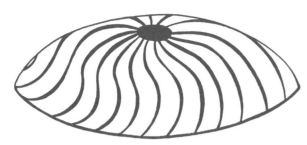

皮蒂維耶派（PITHIVIERS；參見 345 頁）

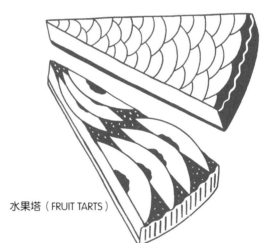

貝克維爾塔（BAKEWELL TART）

一種抹上果醬並加有杏仁奶油的烤奶油酥糕點（參見第 666 頁）。

甜肉餡餅（MINCE PIES）

在酥皮中放一點綜合甜味餡料，
再加上杏仁奶油。

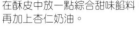

葡萄葉油炸餡餅（VINE- LEAF FRITTER）

將葡萄葉浸泡在白蘭地中，用杏仁奶油
包覆捲起。再裹上麵糊下鍋油炸，最後
撒上糖粉。

水果塔（FRUIT TARTS）

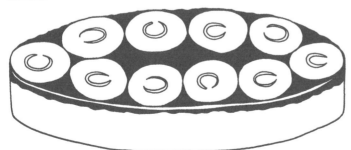

杏仁奶油翻轉蛋糕
（FRANGIPANE UPSIDE-DOWN CAKE）

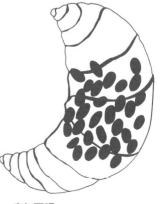

杏仁可頌
（ALMOND CROISSANTS）

堅果醬：塔拉托醬（NUT SAUCE: TARATOR）

　　「塔拉托」（tarator）一詞可指多種食材組合所製作出的堅果醬。不過就我們這裡而言，專指搗碎的核桃和大蒜所作成的醬料，有時還會與優格混合製成冷湯——參見第 349 頁的「黃瓜優格冷湯」段落。與杏仁奶油一樣，堅果醬的基礎食譜也需要等重的主要食材，以塔拉托醬為例，需要等重的麵包、牛奶、堅果和油。再根據個人喜好調整大蒜和醋的用量。

此基礎食譜可製作出約200毫升的堅果醬。

食材

100 克白麵包（大約 2 片吐司），最好稍微乾一點[A]

100 毫升牛奶或水

100 克堅果[B]

1 瓣大蒜，大略切碎[C]

$1/2$ 茶匙鹽

100 毫升橄欖油[B]

1 小束蒔蘿，切碎[D]

1 至 4 湯匙檸檬汁或紅酒醋[E]

切碎的核桃、切碎的蒔蘿和 / 或核桃油（裝飾用）

1. 將麵包切除外皮後，浸泡在牛奶或水中直到變軟，然後再擠乾。
2. 堅果放入攪拌機或小型食物調理機打碎。加入擠乾的麵包、大蒜和鹽，可根據個人喜好打成粗糙或光滑糊狀。
   若你沒有攪拌機或食物調理機，或者偏好使用研杵和研缽，可參閱「舉一反三」F 項的作法。
3. 在攪拌機或食物調理機運轉的同時，慢慢滴入橄欖油。
4. 拌入切碎的蒔蘿，然後加入檸檬汁或醋，邊攪拌邊試嚐味道。
5. 試嚐調味，再放入冰箱冷藏。如果可以，放久一點讓風味融合。
6. 用切碎的核桃或蒔蘿點綴，或灑些核桃油裝飾，三種全用也可以。

舉一反三

A. 若你喜歡，可用更多的堅果粉代替麵包。

B. 可使用去皮的核桃、杏仁、榛果或松子，最好先汆燙或烘烤，以增強風味。核桃可能很難磨碎，使用研杵和研缽可能會更容易。克勞蒂亞‧羅登用魚高湯取代油，來製作搭配魚肉的松子塔拉托醬。美食作家萊安娜‧基欽（Leanne Kitchen）則在自己的食譜中使用了汆燙過的杏仁，並加入了少量肉桂粉。

C. 某些廚師會使用多達5瓣的大蒜。

D. 料理作家莎莉‧布徹（Sally Butcher）以芫荽葉和夏香薄荷（summer savoury）取代蒔蘿，製作核桃塔拉托醬，這道堅果醬可以搭配油炸蔬菜一起享用。你可以不用加香草（herbs），這樣它依然是塔拉托醬。

E. 有些食譜要求更酸一點——4湯匙是相當正統的用量，但我覺得太酸了，往往只用2湯匙。

F. 歷史悠久（且費時）的製作方法是使用研杵和研缽。首先將大蒜和鹽搗碎，分次加入核桃，搗至成糊狀。然後加入麵包重複同樣的步驟。接下來可以改用攪拌機或食物調理機，從步驟3接續進行，或是徒手一點一點地將橄欖油快速攪入其中，就像製作油醋醬那樣，再接續步驟4進行。

茄子、核桃與紅椒（AUBERGINE, WALNUT & RED PEPPER）

　　加油站應將茄子放在烤肉用木炭旁一起販售。讓茄子隨著木炭餘燼變冷的過程燒到炭化變軟，這樣燒烤出的茄子會產生煙燻風味和絲滑質地，讓你的茄子沙拉（melitzanosalata；這相當於是一種希臘式的茄子醬〔baba ghanoush〕）不再索然無趣。這道料理有許多版本，烤茄肉是其中常見的食材，但堅果就不是了。不過我喜歡將茄子與核桃、烤大蒜和紅椒、紅酒醋、橄欖油、荷蘭芹和調味料結合在一起。這與紅椒堅果醬（romesco；參見 359 頁）沒有什麼不同，而這或許就是我喜歡它的原因。要製作這道醬料，請將 2 個烤過的蒜瓣和 100 克切碎的核桃放入食物調理機中打成泥，並在過程中一點一點地加入 2 湯匙橄欖油。接著再逐步加入 2 條烤茄子挖出的茄肉和 1 顆烤過去皮的紅椒、6 湯匙橄欖油、2 湯匙檸檬汁和 1 湯匙紅酒醋，以及鹽和胡椒。若你沒有食物調理機，請使用研杵和研缽將其搗成糊，然後搗入其他食材。最後再佐以大量碎荷蘭芹，並搭配新鮮的烤麵餅（參見第 31 頁）享用。

黃瓜優格湯（CUCUMBER & YOGURT SOUP）

　　這道保加利亞的黃瓜優格湯也稱為塔拉托湯（tarator），可用基礎食譜的醬汁為基底製作。在步驟 4 中，只加入 1 湯匙檸檬汁或醋，然後將混合好的糊狀物倒到碗中，並快速攪入 500 毫升天然優格。接著加入 1 條去皮去籽並切丁的黃瓜攪拌均勻。試嚐調味，根據個人喜好再加些檸檬汁或醋，並倒入適量冷水以稀釋至所需的質地。有些廚師會使用酸奶油，或是混合酸奶油和優格，好讓口感更濃郁，然後冷藏。有些廚師則偏好帶皮黃瓜，或將黃瓜磨碎或與茴香丁混合。這料道理以冷湯的形式享用。

大蒜杏仁濃湯（GARLIC & ALMOND SOUP）

　　西班牙有道濃湯名為「Ajo blanco」，直譯就是「白蒜」的意思，據說這種以杏仁為基底的濃湯，有數十種正統的版本，但大蒜是一定要加的。這道西班牙大蒜杏仁濃湯就像陽光一樣，讓你在啜飲之間邀遊其中。盡量在早晨涼爽的時候做這道料理，這樣你才不會覺得熱且煩人，而且湯也有足夠的時間可以冷卻。請按照堅果醬的基礎食譜製作大蒜杏仁麵包糊（不加蒔蘿），但麵包、堅果和大蒜的分量應為三倍。將糊倒入裝有 100 毫升橄欖油和 1/2 茶匙鹽

的食物調理機中快速攪打。在機器運轉時，慢慢加入 750 毫升冷水直到湯呈乳狀。最後倒入3湯匙雪利酒醋，並可根據口味再加點鹽調味。做好後放入冰箱冷藏幾個小時。你可以在花園裡放鬆，一邊品嚐一杯冰涼的西班牙堤歐雪利酒（Tio Pepe）和一些綠橄欖，一邊想想要用什麼裝飾這道湯品。成熟甜瓜丁、楄梓果凍、蘋果、梨子、蜜思卡麝香葡萄（Muscat grapes），或者按照大廚弗蘭克‧卡莫拉（Frank Camorra）的建議，使用葡萄雪泥（granita）呢？在安達盧西亞（Andalusia）的偏遠地區，西班牙大蒜杏仁濃湯會搭配烤馬鈴薯享用，但我會選擇灑些橄欖油就好。

窮人醬（LOU SAUSSOUN）

307

美食作家珍妮‧貝克（Jenny Baker）描述了法國瓦爾（Var）有種以堅果為基底的醬料，此種醬料名為「lou saussoun」，而這個詞是「窮人」的當地用語。要製作約125毫升的窮人醬，請將3枝帶葉薄荷枝、1/2茶匙茴香籽用研杵和研缽搗碎。再加入25克鰻魚片和50克杏仁粉，以及1至2湯匙橄欖油和足夠的水攪打成糊狀。試嚐看看，如果需要，可再加鹽和 / 或擠些檸檬調味。可將窮人醬倒在小鍋中放上一小枝薄荷，在薄脆餅乾上抹薄薄的一層享用。這讓我聯想起結合薄荷及辣魚的越南料理，於是就將脆白米餅（white-rice crackers）佐這道醬料一起享用。根據美食作家瓦維萊‧魯特（Waverley Root）所述，來自法國都蘭（Touraine）的舍魯醬（Cerneux）是以堅果為基底的類似抹醬。它是在綠葡萄汁中加入綠色核桃製成，並以切碎的細葉香芹裝飾。魯特說，這個抹醬很酸，但酸得很開胃。

梨子和核桃（PEAR & WALNUT）

來自西班牙巴斯克地區（Basque Country）的核桃醬（Intxaursalsa）是一種「核桃奶油」（walnut cream），以核桃粉加糖及肉桂在牛奶中燉煮而成，放涼後可舀一小份佐鮮奶油霜或香草冰淇淋一起享用。大廚湯馬斯‧凱勒（Thomas Keller）的精緻核桃濃湯就更加複雜了。他將梨子放入加有糖水的蘇維翁白酒

中燉煮打泥，接著將去皮的烤核桃放入浸泡過香草（vanilla）的鮮奶油中燉煮後過濾。然後將梨子泥和核桃味鮮奶油混合成濃湯放涼冷卻，再加點核桃油就可享用。要將煮過的核桃丟掉可能會讓你感到難受。雖然核桃的顆粒口感毫無疑問不受米其林檢查員的青睞，但在自家的餐桌上，它們可能會受到歡迎。你可以將法式洗衣店餐廳（French Laundry；大廚湯馬斯·凱勒的餐廳）的作法與巴斯克核桃醬的作法混用，做成凱勒式巴斯克核桃醬（kellerintxaursalsa）。我發現將水果、堅果、香草（vanilla）和鮮奶油混合後的滋味令人愉悅，就像冰淇淋聖代玻璃杯底部所有東西混合出的絕妙滋味一樣。製作凱勒式核桃醬的好處就是發現到梨子在蘇維翁白酒中煮過是多麼美味。我絕對不會再用紅酒了。

義式青醬（PESTO）

在吃大餐時被迫點了青醬料理，就好像在耶誕節只拿到襪子一樣。有位朋友帶我到倫敦諾丁山一家昂貴的義大利餐廳阿薩吉（Assaggi）吃午餐，並堅持每個人都要點青醬義大利麵，那時我的心沉了下去。這頓她請客，我怎麼好意思反對？送上來的義大利麵是新鮮做好的寬麵（tagliolini），緊緊糾結得像是小型的埃及木乃伊一樣。這裡的青醬是用七種香草（herbs）製成，確切的成分是個祕方。這道料理可以說是達到了完美的平衡，就像夏日漫步在香草花園中一樣，讓主要風味為羅勒的一般青醬顯得粗糙且味道過重。它以核桃取代松子，帶來了令人愉悅的苦味。那一次之後，我就在家裡嘗試重做這道青醬，我將羅勒、荷蘭芹、細葉香芹、薄荷、百里香、迷迭香和鼠尾草混合在一起，成效不錯，但仍與目標有謎樣的落差。特拉帕尼青醬（Pesto Trapanese）是來西西里島西部港口特拉帕尼（Trapani）的青醬版本，這是當地廚師為想家的熱那亞水手所做的青醬，據說使用當地小葉羅勒以及肉質飽滿的成熟番茄，並用杏仁代替松子或核桃，製成了近似利古里亞青醬（Ligurian pesto）的版本。這道青醬通常不加乳酪，不過確實有些版本的特色就是加了佩科利諾乳酪（pecorino）。西西里還有些青醬配方的特色是加了鯷魚、辣椒片，甚至是薄荷。特拉帕尼青醬很美味，但會讓人不禁想到這道青醬的主要作用是提醒利古里亞的老水手們，他們離家有五百英里遠。要製作經典的羅勒青醬，請將50克烤松子和1瓣大蒜、幾撮海鹽與40克羅勒葉搗到呈糊狀。接著倒到盤子中，拌入最多4湯匙的特級初榨橄欖油和50克磨得細碎的帕馬乾酪。試嚐調味，並可按個人喜好加點新鮮檸檬汁，或也可用攪拌機將食材打成糊。若要製作特拉帕尼青醬，請使用75克汆燙過的杏仁、2瓣大蒜、25克羅勒或薄荷

308

葉、500克去皮生番茄和50至100毫升特級初榨橄欖油，再加鹽和胡椒。裝在淺碗中與義大利細扁麵（Linguine）一起享用，這會讓你想到松子和帕格尼尼（Paganini；熱那亞出身的小提琴家）。

皮卡達堅果濃醬（PICADA）

這樣變化多端的醬料值得有一部自己的迪士尼電影。皮卡達堅果濃醬可以用來為燉鍋勾芡，為豆類或小扁豆料理增添風味，拌入蒸熟的蛤蜊（帕拉莫斯蒸蛤蜊〔almejas de palamos〕）中，佐烤肉、魚或蔬菜一起享用，或者簡單抹在法國麵包片上。要製作這款濃醬，請將一片去皮白麵包烤過或炸過，然後連同1至2瓣大蒜、去皮烤杏仁及榛果各一把、1/4茶匙海鹽和幾枝平葉荷蘭芹的葉子一起搗碎。有些皮卡達堅果濃醬的配方需要一小撮的番紅花，有些則需要加點巧克力。你可以用少許油、水或高湯稀釋。只使用一種堅果的配方，跟用杏仁和榛果組合的配方一樣都很常見。

核桃與鮮奶油（WALNUT & CREAM）

在汽車旅館的酒吧和燒烤店裡，核桃可能像前途黯淡的推銷員一樣苦。核桃磨成粉時的苦味特別明顯，但可以用一些濃稠的白色鮮奶油來緩和這種令人不舒服的味道。在義大利里維埃拉（Riviera）的核桃醬（salsa di noci），會以室溫佐熱騰騰的義大利麵享用。它是用搗碎的核桃、大蒜、荷蘭芹、橄欖油和高脂鮮奶油製作。名廚埃斯可菲（Escoffier）有一道聽起來相當類似的醬料食譜，該醬料是用切碎的核桃、酸奶油，現磨辣根、蒔蘿、雪利酒醋、鹽和胡椒製作而成。美食作家伊麗莎白・大衛（Elizabeth David），詳細記錄了短暫擔任英國駐南高加索首席專員的哈里・盧克爵士（Sir Harry Luke）對亞美尼亞塞凡湖（Lake Sevan）特有鮭鱒（salmon trout）料理的描述。這道魚搭配本身魚卵所做的琥珀色魚子醬，並佐上混合了水牛鮮奶油（buffalo cream）和少許辣根的新鮮核桃醬上桌。

堅果醬→其他應用

做成杏桃或無花果內餡

連同浸泡過金巴利酒（Campari）的松子和莫斯塔爾果醬（mostarda di Cremona）一起做為內餡，用培根包裹，烤至酥脆。

用油稀釋，做成沙拉醬

做為濃湯的裝飾，或用來讓燉鍋的風味更濃郁

像橄欖醬（TAPENADE）
一樣抹在烤薄吐司上

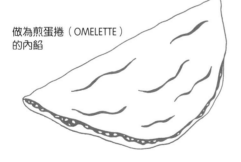

做為煎蛋捲（OMELETTE）的內餡

像青醬一樣拌入義大利麵中

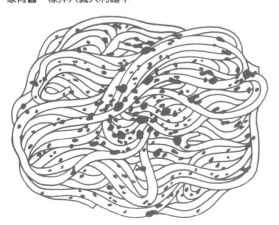

做成蝴蝶酥（PALMIERS）

在酥皮上抹層青醬並撒上碎帕馬乾酪。將一側長邊捲到中間，然後將另一側長邊也捲到中間。以1公分的厚度切片，並用200°C烘烤10至15分鐘。

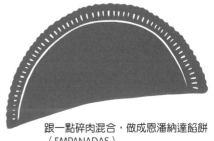

跟一點碎肉混合，做成恩潘納達餡餅
（EMPANADAS）

堅果燉鍋：石榴醬核桃燉肉
（NUT STEW: FESENJAN）

可以將這種堅果燉鍋想像成會讓人上癮的一種科爾馬咖哩（korma）。石榴醬核桃燉肉（Fesenjan）是種波斯燉鍋，涵蓋了甜鹹等所有口味，不過它之所以如此令人難忘，是因為石榴和核桃透著酸味與苦味的異國風味。這是道盛宴。波斯香米飯（chelow）是這道燉肉的正統配菜：它以奶油和番紅花調味，作法相當費工。所以我選擇搭配一般白米飯就好。

此基礎食譜可以做4人份的石榴醬核桃燉肉。

食材

250 克稍微烤過的核桃[A]

1.3 至 1.5 公斤帶骨雞肉塊或鴨肉塊[B]

橄欖油或酥油（煎肉用）

1顆大洋蔥，切末

$1/_2$ 茶匙肉桂粉[CD]

少量的番紅花[CD]

500 毫升石榴汁[AE]

1 至 2 湯匙石榴糖蜜[F]

1 至 2 湯匙糖或蜂蜜

1 茶匙鹽

切碎的荷蘭芹和/或石榴籽，裝飾用

印度白香米（跟著燉鍋一起上菜）

1. 將核桃磨粉。用研杵和研缽搗碎更好。
   用機器打碎核桃往往會變黏結塊。若有時間，請試著先將核桃冷藏過，但若是在研磨機/攪拌機/食物調理機中都無法打成粉，請改用研杵和研缽，或用堅固的塑膠袋和擀麵棍可能會更快。

2. 在足夠放入所有食材的大鍋中，用橄欖油或酥油將肉塊煎一下，若有需要可分批煎。用漏勺取出並置於一旁。

3. 在同一個鍋子中，將洋蔥炒軟。

   你可能需要加點油，不過若你用的是鴨肉，請倒掉一些鍋中的鴨油。

4. 拌入肉桂粉、番紅花和其他香料粉煎1至2分鐘。

5. 將帶骨肉塊放回鍋中。加入核桃、石榴汁、糖蜜、糖和鹽。徹底攪拌均勻後煮沸，然後轉小火慢燉。

6. 慢慢燉煮到肉熟透且醬汁變稠為止。

   帶骨雞肉塊或鴨肉塊大約需要煮1個小時。若有時間，可將整鍋肉用鍋蓋蓋緊或用鋁箔密封，放入烤箱以160°C煮1 1/2 個小時，這樣雞肉或鴨肉或許會煮得更嫩。

7. 有需要時就試嚐調味。

8. 用切碎的荷蘭芹裝飾。以石榴種籽來裝飾看起來也不錯。最後搭配米飯一起上桌食用。

舉一反三

A. 核桃粉和石榴汁的比例隨著不同食譜而有所差異，從1：1到1：4的核桃粉克數對上石榴汁毫升量都可以。無論使用哪種比例，最後的成品都應該有著濃稠乳狀的醬汁。

B. 羊肉、鵪鶉和雉雞也是這道料理傳統上會用到的食材，但也可用石榴核桃醬燉肉的作法來料理茄子切片、肉丸和魚。若你用的食材不需要長時間燉煮（例如魚或鵪鶉），請先將醬汁煮30分鐘，然後再加入食材，以產生風味並讓風味融合。

C. 使用的香料會因不同食譜而有極大差異。有些食譜不用番紅花而是使用薑黃。還有些食譜會加入黑胡椒或胡蘆巴。

D. 有些廚師會在步驟4中加入1至2湯匙番茄泥和香料。

E. 新鮮現榨或是商店購買的石榴汁都可以，若你不想石榴核桃醬燉肉中的水果味太重的話，可用雞湯取代一部分石榴汁。

F. 若沒有石榴糖蜜，可將蜂蜜和檸檬汁混合使用。

祕魯辣燉雞（AJI DE GALLINA）

　　這是一道裡頭有濃醬的雞肉料理，濃醬是用核桃、大蒜、辣椒和麵包製作，還經常會加入乳酪和奶水（evaporated milk）。祕魯辣燉雞原文「aji de gallina」中的「aji」是「辣椒」的意思，而「gallina」則是「母雞」之意，但是在祕魯首都利馬，你可能會吃到用天竺鼠製作的這樣一道濃醬燉鍋。如果孩子們從學校回來時，也沒見到有無人看管的籠子可以接近，那就改用明蝦、水煮蛋、甜玉米或南瓜代替。用「aji」表示的辣椒專指黃辣椒（aji Amarillo），這是種色澤鮮黃的辣椒，在滿分十分的辣度表中達到七分的辣度。若你找不到新鮮黃辣椒或是黃辣椒醬，倫敦祕魯餐廳薩維奇（Ceviche）的老闆馬丁・摩拉利斯（Martin Morales）建議，可以用橙色蘇格蘭帽椒（Scotch bonnet chilli）、橙椒或紅椒以及少許柳橙汁，來大致再現黃辣椒的辣度和風味。不過若是這樣聽起來太辣了（蘇格蘭帽椒的辣度至少是黃辣椒的兩倍），你可以用辣度溫和點的辣椒來製作類似料理，盡量找橙色的辣椒。根據料理作家瑪麗亞・貝茲・基亞克（Maria Baez Kijac）的說法，祕魯原住民原先使用核桃和花生來勾芡濃醬，直到西班牙人帶來杏仁和松子後才有所改變。要製作祕魯辣燉雞，請將帶骨雞塊連同胡蘿蔔、洋蔥和大蒜一起放入水中煮至熟透。食材過濾取出後，將湯汁收乾至250毫升。將洋蔥、4瓣大蒜和去籽的辣椒／橙椒用油炒軟至呈淡金色。倒入高湯、1湯匙小茴香粉、4湯匙堅果粉（核桃粉或花生粉），燉煮幾分鐘。將4至5把麵包屑或奶油蘇打餅乾屑與400克罐裝奶水混合攪打，並加入醬汁中。將雞肉從骨頭上剝下成碎塊，與100克碎帕馬乾酪一起加入醬汁中再加熱（如果你覺得在傳統祕魯料理中加入帕馬乾酪聽起來很奇特，請注意，在十九世紀中葉有大量的義大利移民湧入祕魯）。有些人會在辣燉雞撒上薑黃、全熟水煮蛋和橄欖來點綴，再搭配米飯和小馬鈴薯（new potatoes）一起享用。要製作正統祕魯辣燉雞的代價，就是成品活脫就像一九五〇年代全彩色食譜中的照片那樣。

杏仁醬燉肉（CARNE EN SALSA DE ALMENDRAS）

　　想要取消在托斯卡尼山烹飪學校的度假行程，改在巴塞隆納波格利亞市場（La Boqueria）的步行範圍內訂間公寓，那麼你的住所，就需要有個像樣的廚房、有貼在磁條上能夠切洋蔥的一排刀子，以及一些戶外空間，即使只

有一英尺寬的不牢靠長形空間陽台也可以。當杏仁醬燉肉在爐子上咕嚕咕嚕地燉煮時，你需要有個地方可以坐下或斜躺，好享用一杯冰涼的埃斯特拉啤酒（Estrella）和抹上一層西班牙香腸肉泥的烤麵包。這道料理所需要的肉通常是大塊的豬肩肉，不過克勞蒂亞・羅登的速成版本，用的則是小牛肉和／或豬肉製成的肉丸。面對著倚著大刀且血跡斑斑的不耐煩肉販，你要選擇用什麼肉，取決於你會講多少西班牙語。杏仁醬燉肉的作法與石榴醬核桃燉肉類似。若使用 1 公斤的豬肉，大約需要 250 毫升的高湯和 250 毫升的干白葡萄酒。請將肉切成大約 3 公分見方的肉塊，用橄欖油煎一下後取出備用，再將洋蔥放入鍋中炒軟。將雞湯、白葡萄酒和香料（$^1/_2$ 茶匙煙燻辣椒粉、1 枝百里香枝、1 片月桂葉、1 小撮番紅花）加入鍋中，再加入肉塊煮至沸騰，然後蓋緊鍋蓋慢燉 1$^1/_2$ 小時。最後拌入用杏仁、麵包和大蒜做成的皮卡達堅果濃醬（picada；參見第 352 頁）。這道料理可以當作小吃，也可以做為主菜。若是做為主菜，大廚瑞克・史坦（Rick Stein）建議可以搭配水煮馬鈴薯或蒸米飯和綠色蔬菜享用。

313

切爾克西亞雞肉（CIRCASSIAN CHICKEN）

十九世紀中葉之前，切爾克西亞（Circassia）還是黑海東北岸的一個獨立小國。在俄國併吞切爾克西亞後，許多切爾克斯族人被驅逐，流落到奧圖曼帝國各地中。切爾克西亞雞之所以用「切爾克西亞」為名，是因為這道料理的白皙色澤讓人聯想到傳說中切爾克西亞女性的膚色（切爾克西亞女性算是理想的女性典型，「切爾克西亞美女」說法的起源可追溯到中世紀末期）。切爾克西亞雞的食譜非常簡單，因此值得尋找最優質的食材來製作。這道料理與石榴醬核桃燉肉一樣，雞肉要先煮熟，不過是用水煮而非油煎或燉煮。請用足量的水蓋過雞隻幾公分高。因為用來煮雞的水實際上可做為高湯，所以就這樣處理，將雞肉連同煮高湯常見的食材一起煮，這些食材包括：胡蘿蔔、洋蔥、芹菜、月桂葉、荷蘭芹、大蒜和胡椒粒，還可以再加些小荳蔻莢和丁香。美食作家克利福德・萊特（Clifford A. Wright）的版本則用了芫荽籽、韭蔥和多香果莓果（allspice berries）。將煮熟的雞肉從雞骨和雞皮上剝下備用。另將高湯收乾到 400 至 500 毫升，接著將 200 克稍微烤過的核桃與 2 片沾了高湯的麵包一起磨粉。並將兩瓣大蒜連同切末的洋蔥炒軟，加點紅椒粉及卡宴辣椒粉後，與核桃粉混合。慢慢在核桃洋蔥糊中加入足量的高湯，做出濃稠但還能流動的醬汁（有些人會在這裡加點鮮奶油）。將雞肉與醬汁混合，要保留一點醬汁倒在

最上面。用 2 湯匙核桃油稍微熱一下 2 至 3 茶匙紅椒粉，和幾撮卡宴辣椒粉，然後淋在料理上，形成一個個紅色水窪，像是後蘇聯時代垂死的湖一樣。撒上切碎的芫荽即完成。切爾克西亞雞最好在室溫下食用，因此是野餐的最佳選擇。（伊芙琳・羅斯〔Evelyn Rose〕建議將切爾克西亞雞當作派皮中的餡料，這是一個好主意，因為它有點像酥皮餡餅的餡料〔vol-au-vent sauce〕。）除了切爾克西亞雞外，請帶著鐵鏽紅色澤的辣油瓶，一些優質麵包以及黃瓜丁、番茄丁和小蘿蔔加上檸檬醬汁做成的沙拉去野餐。再帶水果和土耳其軟糖當作點心。

科爾馬咖哩（KORMA）

我在十八歲時初次見識到倫敦的咖哩專賣店，那時還是個剛從漢普郡那個鄉下地方來到城市的笨拙女孩。我那比較見過世面的姊姊強迫我去嘗試科爾馬咖哩，提醒我辣椒很辣。我吃下的第一口就贏得了我的心，這一點也不令人驚訝，因為印度美食就像在丁香溫熱乳狀麵包醬汁中的耶誕節火雞那樣柔軟，和撫慰人心。正如美食作家帕特・查普曼（Pat Chapman）所指，科爾馬咖哩在印度表代得多是一種料理技巧，而不是一道菜名。該術語源起於中東，有「燴」的意思。查普曼還給了一道喀什米爾的科爾馬咖哩食譜，這道食譜要用上紅酒、瓶裝的醃漬甜菜根和大量的紅辣椒。你在泰姬瑪哈陵當地也不太可能買得到這些食材。不過，對於我們英國人一般認知的科爾馬咖哩，也就是那種象牙白的濃郁醬汁，若你還沒自己動手做過，請不要批評。這種象牙白的科爾馬咖哩醬是以各種香料與杏仁、腰果或椰子或上述全部食材混合做出的醬汁。要製作兩人份的科爾馬咖哩，請將 300 克去皮雞胸肉切成一口大小，然後浸泡在 250 克天然優格中，接著準備其他食材。將洋蔥切末，用油炒軟。另將 2 顆紅蔥頭或 1 顆小洋蔥、1 湯匙椰蓉、30 克川燙去皮的杏仁、2 條去籽去囊膜的青辣椒、3 瓣大蒜、1 塊姆指大小的薑（切末）、1 茶匙小茴香粉、2 茶匙芫荽粉、1 茶匙鹽以及少許丁香粉、少許小荳蔻粉和少許肉桂粉，全部加一起打成糊。將糊倒入炒軟的洋蔥中以小火煮分鐘，再加入雞肉及優格慢慢煮沸，然後蓋上鍋蓋轉小火慢慢燉煮 45 分鐘，其間不時攪拌。如果看起來快要煮乾了，就加一點熱水。快煮好前，拌入 5 湯匙杏仁粉或腰果粉。雖然我在這裡用的是市售香料粉，但若你能自行烘烤並研磨自己的綜合香料，會大大增進這道料理的風味。

非洲梅芙燉肉（MAFE）

　　梅芙燉肉需要一位全球大使。就像綠咖哩是泰國的代表料理一樣，梅芙燉肉也可以成為塞內加爾的代表料理。你櫥櫃裡的任何食材都可以用來製作這道料理，只有一種食材必不能少的就是花生。你在塞內加爾逛市集時可以買到用透明大塑膠袋裝的花生醬。我說的「大」是真的很大。當你在把那袋花生醬扛回家的路上需要停下來喘氣時，它就可以當作枕頭靠一下。製作梅芙燉肉不一定要加大量的花生，但至少要有足夠的量來抵消番茄的酸味。燉肉可以用羊肉、牛肉或雞肉製作，或挑選一些切塊的蔬菜來製做也可以，例如胡蘿蔔、馬鈴薯、樹薯（yuca）、蕪菁、秋葵和甘藍塊。請將1公斤肉調味後煎一下備用。將1顆洋蔥和1顆青椒切末，用花生油炒軟，再加新鮮辣椒末調味。接著將肉倒回鍋中，並將125克光滑的花生醬快速攪入500毫升的熱高湯，然後連同400克罐頭碎番茄一起倒入鍋中。還要加入1片月桂葉和幾枝百里香枝。之後調味並以最小火燉煮，不時攪拌直到肉軟嫩熟透。最後再用鹽和黑胡椒調味，即可與白米飯一同上桌享用。

西班牙紅椒堅果醬燉魚（ROMESCO DE PEIX）

　　西班牙紅椒堅果醬燉魚是以紅椒堅果醬為基底的主菜料理，與皮卡達堅果濃醬（參見第352頁）一樣，都源自於西班牙加泰隆尼亞。實際上，紅椒堅果醬也被認為是種精製的皮卡達堅果濃醬。堅果、麵包、油和大蒜是它的基礎，不過還會添加烤番茄和諾拉辣椒（ñora peppers）。這道料理所用的魚通常是安康魚，不過任何魚肉（只要魚肉不會散開）或你喜歡的蝦貝蟹類都可以。要製作紅椒堅果醬，請將2個乾燥的諾拉胡椒去梗去籽（可用安佳辣椒〔ancho chillies〕或帕西拉辣椒〔pasilla chillies〕取代），然後將它們泡在水壺倒出的熱水中至少30分鐘。將3或4顆肉質飽滿的番茄和半顆完整的大蒜放在

橄欖油中，以200°C烤至焦化變軟。剝去番茄皮後，將番茄連同1片撕開的烤白麵包、100克烤堅果粉（杏仁粉或榛果粉或兩者混用）、1茶匙鹽和泡過的諾拉辣椒，放入攪拌機中，與橄欖油（最多加到100毫升）一起打成濃稠糊狀。加入紅酒醋調味（一般加1至3茶匙），並置於室溫中備用。接著將紅椒堅果醬倒到一個裝得下魚的鍋中。加入一小杯干白葡萄酒和300毫升魚高湯煮沸，然後轉小火慢燉10分鐘左右。若有需要，請試嚐調味。將魚（或蝦貝蟹類）加到醬汁中，再煮4到5分鐘，或煮至熟透為止。有些人喜歡先將魚片調味和撒粉，兩面都煎一下再加入醬汁中完成這道料理——這種方式會讓魚片不容易散開。最後用碎荷蘭芹點綴，再搭配麵包上桌享用。

我的風味筆記

第七章 ┃ 蛋糕與餅（Cake & Biscuits）

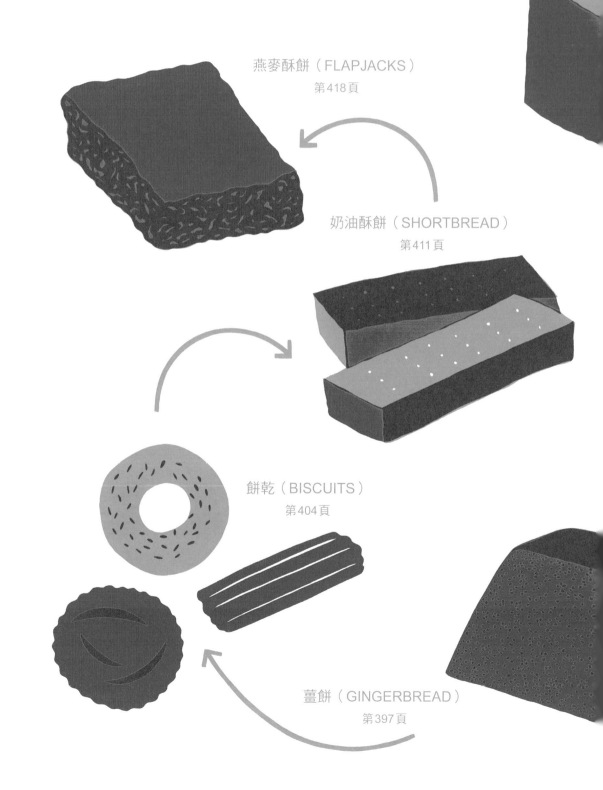

燕麥酥餅（FLAPJACKS）
第418頁

奶油酥餅（SHORTBREAD）
第411頁

餅乾（BISCUITS）
第404頁

薑餅（GINGERBREAD）
第397頁

天使蛋糕（ANGEL CAKE）
第372頁

熱那亞蛋糕（GENOISE）
第377頁

奶油海綿蛋糕
（BUTTER SPONGE CAKE）
第388頁

烘烤中的維多利亞海綿蛋糕（Victoria sponge）散發著陣陣迷人的香味，然而這些香味卻只來自麵粉、糖、奶油和雞蛋這四種成分。如果你集中注意力去分辨，還能將這些味道一一辨認出來：它們是酥烤過的麵粉香味、溫熱奶油的餅乾氣味、焦化砂糖的絲絲甜味，還有慢燉雞蛋所散發的香甜硫磺味。仿如剛洗完澡的嬰兒所散發的，那種令人陶醉的純真香甜氣味。雖然我在這裡只指出了四種成分，但嚴格來說，其實還有第五種成分。或者應該說是這四種成分再加上一點點近乎無味的膨鬆劑。在人們可以輕易取得泡打粉以及小蘇打（bicarbonate of soda）或是更早的粗珍珠粉（pearlash）之前，麵包師傅只能仰賴雞蛋、酵母或者啤酒（這是較不普遍的一種方式）來增加海綿蛋糕的彈性。所以像小圓麵包（buns）和巴巴蛋糕（babas）這類作法更近似於麵包的發酵蛋糕，就不屬於本章的產品，而是被歸類在麵包系列當中。本章將談論的是那些運用雞蛋與／或膨鬆劑來增加彈性的蛋糕，還有它們形狀上較為扁平的餅乾同類。你也許可以根據文章中的敘述，認定蛋糕與餅乾之間的區別，關鍵因素就是雞蛋。我們可以用雞蛋的使用數量（如果有的話）還有運用雞蛋的方法來區分蛋糕與餅乾：從這系列起始端含有打發蛋白以增加空氣量的蛋糕，以及運用蛋黃做為單一麵團粘合劑的糕餅，到另一端完全無蛋的奶油酥餅（shortbread）及燕麥酥餅等等，都適用這個判定方法。

天使蛋糕（ANGEL CAKE）

天使蛋糕（或者稱為天使的食物）是所有運用雞蛋做為膨鬆劑的蛋糕中，最具代表性的一款蛋糕，讓我們從這款蛋糕開始吧。天使蛋糕在本質上就是加了麵粉強化質地的蛋白霜甜餅（meringue）。它們都都帶著一點乾澀、令人發膩的甜味，若說蛋白霜甜餅是嬌嫩脆弱的紐約社交名媛，那麼天使蛋糕就是它更軟和綿密的中西部堂兄了。研究過它們的食譜後，你就會明白這種說法的原因了。天使蛋糕的蛋糖比例高於蛋白霜甜餅，但它們的起源相同。大量的蛋白

加入少量的塔塔粉（cream of tartar）和一些調味劑一起攪打，再慢慢加入一半的糖繼續攪打，直到湧現出閃閃發亮如波浪般的白色團塊，就好像邀邀雞蛋的奢侈白日夢。之後再將剩下的糖以及適量的麵粉和少許鹽拌入。傳統上用來烘烤天使蛋糕的容器，是形狀如巨大字母O的中空型烤模。當蛋糕冷卻脫模後，其斑駁金黃色的外觀，讓天使蛋糕看起來像個布滿苔癬的骨董，不過蛋糕內部則潔白如粉筆。若在花園聚會上提供這道糕點，可要冒著被異教徒淹沒的風險呢。

最偏愛天使蛋糕的人，是那些具有健康意識的蛋糕熱愛者，他們因為天使蛋糕不含脂肪而特別推崇這款蛋糕。不過這卻也是最諷刺的一點，因為享用天使蛋糕時通常會佐配著大量的鮮奶油──這像是蛋糕版的蓋亞假設（the Gaia hypothesis）了，雖然已將蛋糕中最肥膩的成分去除，但系統還是會透過其他方式將它補回來。而第二個諷刺的地方，則在於標準天使蛋糕特有的巨大體積抵消了零脂肪帶來的所有益處。我買過一個指定的中空型烤模，卻從來沒有使用過這個烤模，一來是擔心我們永遠無法吃完那麼大的一個蛋糕，不然就是擔心我們真的將這麼大的蛋糕解決了。諸如此類的種種原因阻礙我使用這個烤模，或者其實我就是從未接受過這個烤模罷了。不過與其將金錢揮霍在另一個容器上，不如考慮將你的大天使降級為小小天使，並且運用長條麵包烤模來製作天使蛋糕。這個食譜也適用於小圓杯模具（dariole mould），如果你想限制固定甜點的分量，或者進行各種風味變化的探險，這種小尺寸的蛋糕模具就很方便。

熱那亞蛋糕（GENOISE）

像天使蛋糕一樣，熱那亞蛋糕也是完全依賴雞蛋打發來增加彈性的蛋糕，這兩者都被歸類為發泡蛋糕。天使蛋糕是按照每個蛋白加入30克糖與15克麵粉的比例製成。熱那亞蛋糕則需同時使用蛋黃與蛋白，每個雞蛋需搭上各30克的糖與麵粉，再加入一點融化的奶油來提味。

立式攪拌機的出現終於讓熱那亞蛋糕的製作不再那麼麻煩了。不過如果家裡只有手持式電動打蛋器，那麼你很快就會發現為什麼和一般家庭廚師比起來，熱那亞蛋糕在傳統上更受專業烘焙師傅的青睞。製作熱那亞蛋糕的過程既繁瑣又費時，你必須先將奶油融化（還要考慮是否清化奶油），並在雙層鍋中以隔水加熱的方式攪打雞蛋和糖，還要注意在不能過多削減打發蛋糊體積的狀

況下，將麵粉以翻拌的方式全部拌入蛋糕中，最後再小心地拌入奶油。而所有這些過程對打發蛋白霜的傷害度，大概等同於鹽對蝸牛的傷害吧。在業餘人士眼中，所有這一切的努力卻只得到一個相當乾燥又乏味的蛋糕。但對專業烘焙師傅來說，熱那亞蛋糕卻有多個優點：它紮實的團塊糕體不僅較容易塑形，而且乾燥的質地也意味著，在佐慕斯及鮮奶油食用時，糕體不會變得過於濕潤與黏糊。而且它還可以吸收糖漿──這才真正開啟了創造奇特風味層次的大門。只有各種風味完全填滿熱那亞蛋糕時，才能真正享受到它的質感。

葡萄牙也有一種被稱為卡斯塔莉亞蛋糕（pão de castela）的同類型蛋糕。葡萄牙商人在十七世紀將這種蛋糕傳至日本，成為了我們現在所熟知的長崎蛋糕（kasutera），不過這種蛋糕之所以能在當地流傳，部分原因在於這是一種不含乳製品的蛋糕。長崎蛋糕現在已成為葡萄牙商人上岸所在地長崎縣的當地特產了。在以長崎蛋糕聞名的福砂屋（Fukusaya）烘焙坊中，一排排穿著看起來像抗輻射養蜂服的廚師們，正以手工方式攪打著麵糊。他們有節奏地旋轉攪打著蛋液，這些蛋液裝在碗口如網球拍大小的傾斜銅碗中。攪打完成後的麵糊被倒入扁平的長方形烤盤，之後進爐烘烤至蛋糕表面出現其特有的奶油焦糖質感為止，此時蛋糕內部是濃郁的蛋黃色，而外部則呈現深褐色。外觀的深褐色，主要是因為蛋糕中除了經典熱那亞蛋糕的標準含糖量，還多加了一些麥芽糖漿或蜂蜜。蛋糕烘烤完成後，呈木板狀的長條蛋糕按比例被切成較小的條狀，並被包裹在龐德街精品店，或華麗香檳酒莊中那些我們所熟悉的奢華包裝裡。就像香檳一樣，福砂屋的長崎蛋糕在出售之前也已經熟成了。每個人都知道，在冰箱中冷藏了一兩天的湯和燉菜滋味會更好，這種過程在我家都稱為「放久更好吃」。同樣的原理也適用在蛋糕和餅乾上。鬆糕（parkin）食譜（請參考第398頁）通常都會建議，完成後的鬆糕在食用前最好先放上一週。根據美國名廚詹姆士・比爾德（James Beard）的說法，奶油酥餅也需要一週才能達到最佳的奶酥風味。而且你也會發現，烤好後放上一兩天的海綿蛋糕味道更加明顯。麵包師傅配備具有溫度控制功能的糕點專用儲藏櫃（caves de pâtisserie），或者我們為了特殊場合而開始窖藏蛋糕，其中的關鍵當然都就是時間了。

只要對隔水加熱法感到遲疑的人，都可能會對熱那亞蛋糕這類不須先將雞蛋加熱就能製成的蛋糕產生興趣。儘管如此，製作這類蛋糕仍需大量攪拌。雞蛋加熱和不加熱這兩種做法之間的主要區別，在於先將雞蛋加熱所製成的蛋糕，其蛋糕體的結構會較為健壯不易萎縮。當你將麵粉拌入蛋糊時，就會注意

320

到這點了。而雞蛋未加熱所製成的蛋糕比較容易失去蓬鬆感，蛋糕從烤箱取出的當下就會降縮一些。當然，如果蛋糕的高度無關緊要時，這點也就不那麼重要了。瑞士捲就是以未加熱版的方法製成。法國瑪德蓮蛋糕（madeleines）也是如此，不過我發現這些貝殼狀小蛋糕真的只是中看卻不中吃。儘管如此，瑪德蓮蛋糕若真沒什麼了不起，應該也無法成為七卷記憶巨著的靈感來源——只不過要注意的是，普魯斯特（Proust）的敘述者是將瑪德蓮蛋糕浸入菩提花茶中享用，因而解決了瑪德蓮蛋糕口感過乾問題。沒有茶，《追憶似水年華》（*À La Recherche du Temps Perdu*）可能只是一部中篇小說罷了。

奶油海綿蛋糕（BUTTER SPONGE）

接下來要介紹的是奶油海綿蛋糕。或者稱為磅蛋糕（pound cake）。或者在法國被稱為四分之四（the quatre quarts）的一種蛋糕，四分之四就是四等分的意思，因為這款蛋糕是由相同重量的四種成分：糖、奶油、麵粉和雞蛋製作而成。不必使用任何聰明的方式就能記住這個配方。我特別喜歡這個基礎食譜的原因，就是你可以使用相同重量的堅果粉取代麵粉做成蓬鬆的杏仁奶油（frangipane）鬆糕／杏仁蛋糕（almond cake）（請參考340頁），或者將做法稍微調整一下，加入一些融化的巧克力就能做成華麗的巧克力蛋糕（請參考463頁）了。天使蛋糕和熱那亞蛋糕是運用蛋白發泡法（the foaming method）來製作，而奶油海綿蛋糕則使用奶油乳化法（the creaming method）製成。奶油乳化法是將糖加入奶油中攪打，而不是將糖加入雞蛋中。奶油乳化法需使用已軟化的奶油，而且在打發奶油的過程中，往往也會讓烤蛋糕的衝動自動降溫。任何一個試圖乳化冰奶油的人，都會經歷讓烤蛋糕的衝動降溫的四個階段：一、手痠痛得像是得了肌腱炎，或是對清理塞滿奶油塊的攪拌器完全失去耐心；二、吃掉過多從攪拌碗掉落的含糖奶油塊；三、將好不容易留存下來的奶油糊放在一邊，還得耐心等待它到達可進行烘烤的溫度；四、被午後重播的電影《七對佳偶》（*Seven Brides for Seven Brothers*）所吸引，只不過當霍華德‧基爾（Howard Keel）出現在〈春天、春天、春天〉（Spring, Spring, Spring）的樂聲中，你手上大概就只剩下一盆過度軟化的奶油麵糊，並讓人完全失去烘烤蛋糕的心情了。關於如何處理堅硬如石的冰奶油，萊帕德的小祕訣是將冰凍奶油塊放在平底鍋或微波爐中加熱，直到三分之一的奶油融化後倒入攪拌碗中放置5分鐘，之後才進行操作。

除了雞蛋，製作奶油海綿蛋糕無須添加其他膨鬆劑，只需透過將糖攪打進奶油的動作，將空氣一併打入脂肪中。然而，為了增加額外輕盈的口感，並大大降低攪打所需的時間，多數食譜一般都會要求添加一些泡打粉（baking powder）。奶油海綿蛋糕的另一個優點，是它能包容承載各種風味成分的添加物。像是利口酒和烈酒，還有各種磨碎果皮、油基萃取物、種子、堅果和水果等等，都可以成為奶油蛋糕的乾性添加物——這是蛋白發泡類蛋糕所沒有的特性。製作蛋白發泡類的蛋糕時，發泡蛋白很容易因為粗手粗腳的攪拌而消泡，最後留在手上的只剩一碗起泡的白色濃湯。

與冰淇淋比較起來，蛋糕的調味似乎就顯得相當保守。早自一九五〇年代起，冰淇淋就開始出現各式各樣的風味變化，例如三一冰淇淋（Baskin-Robbins）的各類奇特口味冰淇淋。不過，以卡士達醬（custard）為基底所製成的冰淇淋，的確更能包容各種添加物。最近風靡曼哈頓區以及整個倫敦自治區的杯子蛋糕，也衍生出大量創新口味的海綿蛋糕配方。但整體而言，仍是巧克力和香草等經典口味佔了上風。正在風行的紅絲絨蛋糕（red velvet cake）就是最好的說明：這款蛋糕其實就是個巧克力香草海綿蛋糕，只是顏色不同罷了。

薑餅（GINGERBREAD）

當然，薑是另一種千年不敗的風味，至少在歐洲和澳大利亞地區是這樣。糕餅系列產品接下來要介紹的基礎食譜，就是色澤深沉、質地黏稠的經典薑汁蛋糕（ginger cake）或長條形薑味麵包（ginger loaf）。與奶油海綿蛋糕相同的是，薑汁蛋糕需用到等重的糖和麵粉，不過奶油用量就需減半，另一半的重量則由糖漿取代。雞蛋用量更是大大減少，每個蛋糕只使用一個雞蛋就夠了，但牛奶的用量則比奶油海綿蛋糕更多。只使用一個雞蛋，意味著其中須加入少量的小蘇打粉來增加膨鬆度。而蜜糖或金黃糖漿中所含的酸，也能與小蘇打產生作用。質地黏稠的薑汁蛋糕是運用融化法（melting method）製成的，意思就是將奶油、糖和糖漿放入鍋中加熱直至全部融化，然後與乾性材料均勻混合，再加入雞蛋和牛奶。正如你所能想像得到的情況，完成後的麵糊相當濕潤。烘烤完成後，就是一款多汁且結構紮實的蛋糕了。

其他風味的黏性蛋糕也是仰賴類似的酸性成分——例如可可粉，或蜂蜜與柑橘汁——來啟動小蘇打的作用。如果你製作的黏性長條蛋糕不含酸性成分，則可以用泡打粉取代小蘇打。這是一種非常適合針對各種風味實驗並進行調整

的蛋糕，不過與奶油海綿蛋糕還有熱那亞蛋糕比較起來，得多嘗試一兩次才能烘烤出完美的黏性蛋糕。必須多試做幾次這款蛋糕主要的原因，是黏稠長條蛋糕本來就很適合用來學習，能讓人學到蛋糕各種萎縮下沉的狀況。因為它的高糖含量使得麵糊特別容易下沉。另外，長時間的烘烤，可能也會誘使你在麵糊膨脹至適當程度前，不斷地檢查蛋糕烘烤的進度，而導致蛋糕萎縮。膨鬆劑的分量也要用得恰到好處，這樣蛋糕才不會膨脹得過於快速，導至出爐之後的萎縮。除此之外，蛋糕的形狀也需配合烘烤溫度與時間，進行大量的各式實驗，這樣最後完成的蛋糕才不會外焦而內生。令人欣慰的是，在專業製作的蛋糕中也經常會看到輕微的凹縮痕跡。

餅乾（BISCUIT）

將食譜中的牛奶和一半的砂糖去掉，就能將黏稠的長條薑汁蛋糕變成薑味餅乾（gingerbread biscuits）了，用手掌將剛混合好的溫熱麵團滾揉成核桃大小的圓球，然後烘烤成口感鬆軟的球狀餅乾。若同時還省去雞蛋，那麼以同樣方式製作出的餅乾則扁平酥脆，冷卻後就會出現老式薑味硬餅乾（ginger nut）般的堅硬口感。浸漬於飲品中享用的薑味餅乾，滋味真是無與倫比啊。麵團經過冷藏後桿成 3 至 4 公分厚的麵餅，即可切割成薑餅人形狀或精緻優雅的凹狀扁圓餅，無論含蛋與否，烘烤後的餅乾風味幾乎毫無差別。

人們常說烘焙師傅不能隨心所欲地自由發揮，或說與其稱烘焙是種藝術，不如稱它是一門科學等等，這些都是老生常談的論點了。有些權威師傅會要求你精準地測量水的用量，並運用精密的化學秤來秤重細砂糖。如果你的目標是為了複製那些在時髦烘焙坊食譜中看到的糕點，那麼這樣做很合理。不過若為了製作巧克力熱那亞蛋糕、維多利亞海綿蛋糕或奶油酥餅，而去比較十種食譜還有它們各種廣泛的變化，則將讓你獲益良多。尤其是在餅乾的製作上。萊帕德說得對，「餅乾就是最簡單的烘焙食品。幾乎不太會出錯……大多數的餅乾配方都可以稍微調整並簡單地改變，這些就足夠讓一位富有創意的廚師忙碌十年了。」

按照基礎食譜以 1：1：2 的糖、奶油、麵粉比例操作，理論上不用擔心會偏離太多。這個方式同樣適用於接下來出場的奶油酥餅。奶油酥餅食譜是餅乾食譜中的指南針，也是我第一個學到而且非常容易記住的餅乾食譜，糖、奶油、麵粉的比例就是簡單的 1：2：3。想當然爾我一定會忘記哪個材料該對

應哪個數字。所以我的懶人記憶法就是將英文「奶油酥餅配方」（Shortbread Biscuit Formula）的第一個字母做為對應所需材料的第一個字母：糖（Sugar），奶油（Butter），麵粉（Flour）。

奶油酥餅（SHORTBBREAD）

製作奶油酥餅僅需上述三種材料，以及少量卻不可缺少的鹽。奶油乳化法則是理想的製作方式。當你將奶油糖糊與麵粉及鹽混合完成，麵團就可以進爐烘烤了。麵團中唯一的液體來自奶油中的水分，要確保在操作過程中盡量避免麵團出筋。假設你沒有因為瘋狂攪拌麵粉而使麵團出筋，完成後的奶油酥餅將呈現酥脆易碎的質地。如果手上只有堅硬如石的冰奶油，可以將奶油塊搓入麵粉中再拌入糖和鹽，並加入蛋黃黏合成麵團。以此種方法製成的奶油酥餅仍然很鬆脆，只是鬆脆度不如以奶油乳化法所製成的奶油酥餅罷了。假使不用蛋黃黏合，有些食譜建議將搓揉入奶油的麵粉粒直接壓入準備好的烤盤。不過這個方式也許會損害酥餅烘烤後的黏性，因而難以切割出型形狀。尤其難以切出那種傳統襯裙尾巴樣式的圓邊三角型奶油酥餅。

奶油酥餅的主要風味來自奶油。然而傳統上，製作奶油酥餅時仍會像老派過時的蛋糕做法那般，在其中添加許多香料增進風味。謝德蘭群島（Shetlanders）的住民就偏好葛縷子籽（caraway seeds）的味道（而且他們是用平板烤盤來製作奶油酥餅）。而在歐洲大陸，則有一種耶誕節的奶油酥餅稱為皮斯凱司利奶酥（Pithcaithly），這種酥餅含有混合了烤杏仁和葛縷子的內餡，並以整顆杏仁或柑橘皮來裝飾。英國作家比頓夫人（Mrs Beeton）則將同樣的香料運用在低糖比例（1：4：8）的酥餅中。座落於本尼維斯山（Ben Nevis）山腳下、由亞契・帕德森（Archie Paterson）經營的奈維斯烘焙坊（The Nevis Bakery），則提供了德麥拉拉蔗糖（demerara）、雙重巧克力，以及薑味、薰衣草、綠茶和伯爵茶（Earl Grey）等等各式不同風味的奶油酥餅，所有這些風味的奶油酥餅都頗值得一試。我曾經吃過用粉紅胡椒（pink peppercorns）做成的奶油酥餅。粉紅胡椒看起來漂亮紅潤得像是蘇格蘭人的膝蓋，不過它的味道嚐起來卻像髮膠，而且在我的喉嚨中也產生類似髮膠的效果。

其他由標準奶油酥餅食譜衍生出的常見變化，還包括以不同穀粉來替換少量麵粉的版本。粗玉米粉（Cornmeal）或椰子粉對奶油酥餅的味道與質地都

會產生明顯的影響，而細玉米粉（cornflour）與米粉則只會影響奶油酥餅的質地。我曾經對木薯（cassava）製成的木薯粉（manioc flour）充滿了期待，結果加入木薯粉所製成的餅乾，雖然味道就像一小堆壓碎的消化餅乾般美味可口，也可以直接撒在巴西料理上，或當作巴西料理的配菜一同享用，不過用於奶油酥餅中的木薯粉無法明顯表現出它的獨特性。不如還是把木薯粉留給巴西燉豆（feijoada）（請參考第 285 頁）吧。

燕麥餅乾（FLAPJACK）

奶油酥餅基礎食譜的 1：2：3 比例可以簡單衍生出一個適用於燕麥酥餅（flapjack）的配方 1：1：2：3——就是 1 份糖漿、1 份糖以及 2 份奶油，並且以 3 份燕麥粉取代麵粉。這款餅乾與薑餅一樣是運用融化法來製作，10 分鐘內就可以完成所有的準備並進爐烘烤。而此食譜的最大優勢就是它千變萬化的開放性。你可以在其中添加各式堅果、種籽以及巧克力與新鮮果乾。如果是素食者，還可以用椰子油來製作。如果偏好濃烈的口味，則可以加入糖漿。這款餅乾可以加入任何你喜歡的材料，只要不試圖讓它們過於健康就好了，減少脂肪和糖的用量只會做出質地近似什錦早餐麥片（muesli）的成品。什錦早餐麥片其實也沒什麼問題，只不過切片時會很痛苦罷了。

天使蛋糕（Angel Cake）

只要想到這款蛋糕完全不含任何膨鬆劑，僅由打發蛋白所製成，那麼一個標準天使蛋糕（也被稱為天使的食品）的體積就很令人印象深刻了。天使蛋糕乾燥多孔的質地，讓它擁有類似石磨般的外觀，與它明亮輕盈的神聖名字完全不符。

此一基礎食譜適用於一個直徑25公分的天使蛋糕烤模（angel cake tin）。[AB]

食材

150 克中筋麵粉[C]

少許鹽

300 克砂糖

10 個大型蛋白或12 個中型蛋白，置於室溫下回溫

1 茶匙塔塔粉[D]

1 茶匙天然香草精[E]

1. 將鹽和一半的糖加入麵粉中過篩兩次後放在一旁備用。
2. 將蛋白打發至出現細泡，加入塔塔粉繼續攪打，直到蛋白霜呈現濕性發泡的狀態為止。
   如果雞蛋之前是放在冰箱裡，那麼在分離蛋白與蛋黃之前，先將雞蛋放在溫水中5 分鐘。
3. 將剩餘的糖分次慢慢加入發泡蛋白中，繼續攪打至蛋白霜出現較硬的尖峰。加入天然香草精繼續攪打。
   不要將蛋白打發得過硬（也就是蛋白霜開始看來較為乾燥），否則你將難以拌入麵粉。
4. 以分次以**翻**拌的方式，慢慢將篩過的麵粉與糖拌入打發好的蛋白霜中。
   還有一種方法是將四分之一加了糖的麵粉篩至蛋白霜表面，然後將蛋白霜從下往上**翻**摺，最終目的是盡可能保留攪入的空氣。重複這個過程直到所的麵粉都拌入蛋白霜中，記得攪拌匙要深入碗底將沉入底部的麵粉**翻**上來。

5. 將麵糊倒入未塗油的蛋糕烤模（不是那種不沾烤模）中。拿起裝滿麵糊的烤模與桌面撞擊幾下，然後在麵糊中隨意劃幾刀。

   撞擊和切割都是為了清除麵糊倒入烤模過程中所產生的大氣泡。

6. 然後立即放入已預熱至 160°C 的烤箱中，並放置在中間靠下的層架上烘烤。大約需要 45 分鐘。

   在烘烤完成前 10 分鐘需檢查一下。用手指輕按蛋糕中心，若蛋糕回彈，就表示蛋糕烤好了。

7. 將烤好的蛋糕留在烤模中，開口朝下放涼。理想情況是將烤模中空的中心架在瓶子上，這樣蛋糕就像懸浮在瓶子頸部。

   有些天使蛋糕烤模本身就自帶邊腳，或者擁有一根超長的中空管，這樣倒放時，空氣就可以進入蛋糕下方了。

8. 放涼約一小時後，用刀子沿蛋糕邊緣繞一圈，然後脫模倒出。請使用鋸齒狀的刀來切片。動作要輕柔。

9. 這款蛋糕能保存 2 至 3 天，無法冷藏太久。

舉一反三

A. 使用基礎食譜五分之一分量的麵糊，就可以填滿 3 個小圓杯模具，烘烤時間為 30 到 35 分鐘。或者若使用 900 克（2 磅）的長條型麵包烤模，則需要 5 個蛋白、150 克砂糖、75 克中筋麵粉、$1/2$ 茶匙塔塔粉，以及 $1/2$ 茶匙天然香草精，並烘烤 40 分鐘。進入步驟 7 時，也可以簡單地將烤模倒置在冷卻架上冷卻。

B. 天使蛋糕不能用標準圓形蛋糕烤模烘烤。它需要一個未經塗油處理過（非不沾烤模）的收邊烤模。

C. 若要製作不含麩質的天使蛋糕，則需使用特殊的無麩質麵粉。不能使用杏仁粉、玉米粉等等無麩質乾粉來替代。

D. 可以使用與塔塔粉分量相同的檸檬汁或白酒醋，來替代塔塔粉。

E. 要避免使用含有油脂或脂肪的調味劑，因為這類調味劑會讓蛋白霜消泡。步驟 3 中的蛋白打至堅硬時，就可以試著拌入 1-2 湯匙的調味劑。試試看含有碎檸檬皮的檸檬汁，或者加入咖啡的版本也不錯。將 2 湯匙即溶咖啡顆粒溶解在 2 茶匙熱水裡，待冷卻後再加入蛋白霜中。

杏仁與玫瑰（ALMOND & ROSE）

　　真是同情第一次世界大戰前的美國草原農民啊。一九一二年版的《草原農民》雜誌（*Prairie Farmer*）鼓勵讀者，「試試將杏仁和玫瑰混合在一起來為天使蛋糕調味。這款蛋糕非常美味可口。」彷彿那年的嚴寒冬季、乾旱夏季、歐洲小麥配額、鐵路公司增加運輸費用、奶牛需要更多人力協助等等議題，都還不夠豐富雜誌內容似的，這個雜誌期待你穿著連身牛仔褲，攪打出一個有著北非馬格里布（Maghreb）風味的精緻海綿蛋糕。還好那時至少已經發明了機械攪拌器。以 1/4 茶匙杏仁萃取精與 2 茶匙玫瑰露（rosewater）代替 1 茶匙天然香草精，拌入步驟 3 已完成的蛋白霜中。

奶油糖果（BUTTERSCOTCH）

　　如果這個世界更公平一點，那麼奶油糖果風味的天使蛋糕食譜，就會成為天使蛋糕的標準食譜了。與其說奶油糖果天使蛋糕只是口味上的一種變化版本，不如說它是天使蛋糕整體的改良版。在天使蛋糕成為北美最受歡迎的蛋糕後不久，食譜作家們即開始針對天使蛋糕食譜進行各種調整。奶油糖果風味就是最普遍被記載在各家食譜中的一種口味，而且還簡單直接地以紅糖取代白糖。一般情況下，在蛋糕中使用紅糖會產生比白糖更為濕潤、綿密的效果，不過不含脂肪的蛋糕就沒有這個問題了。

克萊門汀小柑橘（CLEMENTINE）

　　與蛋白霜甜餅一樣，天使蛋糕的基礎是打發好的蛋白霜，因而很難為蛋糕調味，額外的油脂或脂肪都會讓氣泡消散。這種時候，柑橘皮就是很好用的調味劑，因為它極低的油含量不足以壓垮你的泡沫。檸檬口味可能是最常見的天使蛋糕風味，但我想用克萊門汀小柑橘，真為那些沒有刨成碎片就被扔進垃圾桶中的芳香柑橘皮感到可惜呀。運用刨刀將四個小柑橘果皮刨成碎屑，加入長

條狀天使蛋糕（請參考舉一反三中的要點 A）中調味。現在將注意力轉回水果盤，那些黯淡斑駁被磨去皮層的柑橘，看起來就像剛剝完毛的綿羊般淒涼。於是我把這些柑橘製成果泥，加入聖地牙哥杏仁蛋糕（torta Santiago）（請參考335頁）當中。所以到了下午茶時間，我就擁有兩種柑橘風味的蛋糕可以招待朋友啦。塔皮酥脆含有堅果仁內餡的聖地牙哥杏仁蛋糕，其滋味濃郁誘人。而天使蛋糕則一貫內斂優雅，並且隱隱散發著克萊門汀小柑橘的清新芳香。這就是豔麗情婦卡門與端莊西班牙大使妻子的大對決啊。

硬糖果（HARD BOILINGS）

　　這些日子以來，糖果在搖滾界可是聲名大噪，讓當代搖滾巨星萊米（Lemmys）也許會捨棄萬寶路香菸（the Marlboro reds）與傑克丹尼爾威士忌（Jack Daniels）轉向大量以酥脆硬糖果製成的天使蛋糕。硬糖果就是被蘇格蘭人稱為「煮得很硬」（hard boilings）的糖果。蘇格蘭人具有一種無與倫比製作甜品的能力，你的老奶奶也許隨意就能從她的手提包中變化出硬糖，聽起來是不是很像青少年犯罪集團的入會儀式？在所有種類的硬糖中，酸味糖果（Acid drops）肯定是質地最硬的糖果。食物作家蘿拉・梅森（Laura Mason）指出，自從發現以塔塔粉（鉀酒石酸氫鹽；potassium bitartrate）形式出現的酸劑可以防止糖在高溫下結晶後，糖果製造就變得更為容易，於是我們今天所熟悉透明如寶石般的硬糖果也可以穩定大量生產了。隨後她還寫道，它們「很快就從創新技術的新奇產物變成了普通的物品」。其他形式的酸性成分像醋或檸檬汁等等，都可以用來取代塔塔粉——就像許多太妃糖食譜中的酸性食材一樣——但是塔塔粉仍具有便宜、穩定、易於儲存以及無味的優勢。酸味糖果不過就是由糖、水、塔塔粉、以及一滴檸檬濃縮精組合而成的一種糖果。在蘇格蘭，糖果被染成鮮豔的綠色，並稱為酸梅子（soor plooms）。不過它們也只比你在超市看到的李子稍微酸一些罷了。要製作搖滾蛋糕，得先將一條茶巾（或是印花大手帕）蓋在硬糖果上，然後用擀麵棍（或是你的吉他琴踵）將它們搗成細緻的糖晶體。10 至 12 個蛋白製成的蛋糕需要 5 到 6 湯匙的糖，並在基礎食譜步驟 4 進行最後一次翻拌麵糊時，將這些粉碎糖果加入麵糊中。

絲翠西亞冰淇淋（STRACCIATELLA）

　　在義大利冰淇淋店中，絲翠西亞冰淇淋只能算是排名第二的冰淇淋。最佳冰淇淋獎落在「鮮奶之花」（fior di latte）上，這個名稱已暗示出牛奶的脆弱

性質，冰塊是將牛奶細緻風味保存下來的唯一方法。鮮奶之花冰淇淋是由鮮奶油、牛奶和糖組合成的混合物，不含任何雞蛋、天然香草精或其他成分。所以除非冰淇淋店本身就設在乳廠的擠奶廳中，不然還是選擇咖啡與榛果冰淇淋就好。除了名稱，沒有什麼冰淇淋可以媲美絲翠西亞冰淇淋的外觀了，那些從乳白色鮮奶油中突出的黑巧克力薄片，彷如雪中散落的石英岩片。不過品嚐這款冰淇淋時會有點麻煩，因為冰淇淋會降低嘴裡的溫度，讓巧克力無法融化。這就是為什麼所有含有固體巧克力的冰淇淋，品嚐時都會出現怪異紙板般口感的原因。不過，用於蛋糕中的固體巧克力就能在舌頭上展現出它應有的滋味，蛋糕的香甜也能平衡巧克力的苦味。用鋒利的刀子將 50 克可可含量 70% 的黑巧克力切成小塊薄片。在基礎食譜步驟 4 進行最後一次翻拌時，將這些巧克力片拌入 10 至 12 個蛋白製成的蛋糕麵糊中。

熱那亞蛋糕（Genoise）

　　就像天使蛋糕一樣，熱那亞蛋糕也完全依賴雞蛋與空氣讓蛋糕膨鬆。不同的是熱那亞蛋糕還包含了蛋黃、多一點的麵粉以及較少的奶油，因此它的質地介於天使蛋糕與奶油海綿蛋糕（也稱為磅蛋糕）之間。熱那亞蛋糕具有質地輕盈、乾爽的特點，因而頗受烘焙師傅們的讚賞與喜愛，尤其它非常適合拿來加以裝飾。調味糖漿、慕斯、各式奶油糖霜（buttercream）、水果以及發泡鮮奶油，都可以直接堆疊在熱那亞蛋糕上，而糕體卻不會過於濕潤黏糊。無論蛋糕大小，製作蛋糕的材料分量比例相當標準：每個雞蛋使用 1 茶匙融化奶油以及各 30 公克的麵粉與糖。

此一基礎食譜適用於 2 個圓形淺烤盤，或做成 1 個直徑 20 公分的厚圓形蛋糕。AB

食材

　　40 克無鹽奶油C

　　120 克中筋麵粉D

　　少許鹽

　　4 個雞蛋，室溫中回溫

　　120 克糖

　　1 茶匙天然香草精

1. 將奶油融化，並放在一旁冷卻。準備好蛋糕烤模，可以塗點油、薄薄灑上一層麵粉並鋪上烤盤紙。
2. 將鹽加入麵粉中過篩後放在一旁。篩子隨時備用。
3. 雞蛋與糖放入鍋中隔水加熱攪拌（或將耐熱碗置於裝著沸水的鍋上，但碗底不能接觸到熱水）。手指伸入蛋糊中試溫，當手指感覺到熱度或溫度達到約 43°C 就可以了。E

　　若使用的是已置於室溫中回溫的雞蛋，這個過程應該只需要約 5 分鐘。
4. 將蛋糊從熱源上移開，並持續攪打至拿開攪拌棒後蛋糊仍可保持形狀 5 秒鐘為止。

　　使用手持電動打蛋器大概需要 10 分鐘，如果將微溫的雞蛋與糖放入立式攪

拌機，或許需要的時間會更少一點。

5. 將大約三分之一的麵粉篩入雞蛋和糖上，使用金屬湯匙將麵粉徹底**翻摺**進蛋糊。在這過程中須盡量避免空氣消散。繼續篩入麵粉並**翻摺**直到所有麵粉與蛋糊均勻混合。

   麵粉會沉澱，所以記得攪拌匙要深入碗底往上**翻摺**幾次。

6. 取另一個碗舀入一鍋勺的麵糊，將全部奶油拌入，盤中不要留下任何奶油殘塊。再加入天然香草精攪拌均勻，然後簡單地將此碗調味奶油麵糊拌入剩下的麵糊中。

   有些廚師會省略這個調和步驟，而是沿著麵糊碗的邊緣細細淋入已冷卻的融化奶油，再將奶油拌入麵糊。不過，如果你的奶油溫度很高，那就需要運用上述的調和步驟來操作了。

7. 將麵糊小心地倒入準備好的烤模中，用手輕輕抹平麵糊表面。

   切勿粗手粗腳地用勺子或蛋糕抹刀來抹平，以免擠出了麵糊中的空氣。

8. 以溫度180°C直接烘烤20至30分鐘。

   烘烤20分鐘後開始檢查，烤熟的蛋糕其邊緣應該會從烤盤邊緣向中心微縮。當你用手指輕輕按壓，中心點也會稍微回彈。

9. 這個蛋糕冷卻包裝好後，可在室溫下保存一星期。

   如果抹上奶油糖霜或糖衣，則蛋糕可在氣密盒中保存4到5天，不過如果可能，要盡量包覆海綿蛋糕體。如果填入或淋上鮮奶油或奶油乳酪，那就需要放入冰箱保存了。這對海綿蛋糕來說並非理想的保存方式，所以請在3天內吃完。

舉一反三

A. 下列食譜適用於直徑15公分的活底圓形烤模（springform lin），使用2個雞蛋，各60克的麵粉和糖，以及2湯匙融化奶油。烘烤20到25分鐘，進爐烘烤15分鐘後開始檢查。若使用直徑23公分的烤模，那就需要使用5個雞蛋，各150克的麵粉和糖以及4到5湯匙的融化奶油。烘烤所需時間為25至35分鐘，進爐烘烤25分鐘後開始檢查。

B. 如果要製作一個多層的夾心蛋糕，那就將1個厚片蛋糕橫切成3片薄片（技巧夠熟練的話，可以切成4片薄片），這種方法看起來的效果通常比用2個單獨烤模烤出的蛋糕片來得更好。

C. 有些食譜建議在室溫下以3湯匙較清淡的食用油來代替奶油。

D. 許多食譜還建議以比例1：1將中筋麵粉與不含麩質的馬鈴薯粉或玉米粉混合。

E. 在不加熱雞蛋與糖的狀況下，遵循相同（或相似）的材料與方法，可以變化出幾種低度膨鬆的熱那亞蛋糕版本。它們包括瑪德蓮蛋糕（請參考383頁），薩沃伊酥餅乾（Savoy）（請參考385頁）和瑞士捲（請參考385頁）。

月桂焦化奶油（BROWN BUTTER BAY）

美國童星雪莉‧鄧波（Shirley Temple）是不是有一首同名的童謠布朗巴特海灣（*Brown Butter Bay*）？應該有吧。其實月桂焦化奶油是非常適合用在蛋糕上的風味，能讓熱那亞蛋糕與其經典的搭檔漿果和鮮奶油搭配起來更為對味。如果你已經將奶油融化，那麼再往下一步就是焦化奶油了。請準備好比你蛋糕所需多約10%的奶油再開始嘗試，這樣才有浪費的空間。取一支平底鍋，最好是淺色的平底鍋，這樣才能注意奶油焦化的狀況。開中火，加入一些撕碎的月桂葉與奶油一起融化，然後讓奶油沸騰至起泡並變成琥珀色。在顏色變深前，盡速將平底鍋從爐子上移開。過濾焦化奶油，並在重新凝固前使用完畢。為了突顯月桂風味，可以考慮製作一款浸泡月桂葉調味的糖漿（請參考507頁），之後再把月桂葉風味糖漿倒在烤好的蛋糕上。新鮮或乾燥的月桂葉都適用，但新鮮的葉片更能快速產生月桂葉的芳香。

巧克力（CHOCOLATE）

巧克力熱那亞蛋糕是製作經典黑森林蛋糕（Black Forest gâteau）的基礎海綿蛋糕，只不過它的風味缺少了黑森林（Schwarzwald）本身那種深沉的韻味罷了。這裡可可的力度不應過於霸道，否則將削弱櫻桃酒在蛋糕中的表現。英國女王最喜歡的生日蛋糕就是一個簡單、夾著濃郁巧克力甘納許、層層堆疊而成的巧克力熱那亞蛋糕。根據英國皇家御廚達倫‧麥格雷迪（Darren McGrady）的說法，女王陛下最喜歡的配茶蛋糕，就是巧克力餅乾蛋糕。我懷疑其實她生日那天渴望的也只是個巧克力餅乾蛋糕，只不過覺得有義務得為皇家蠟燭另尋一個豪華的基座。我曾為朋友詹姆斯的生日製作了一個巧克力熱那亞蛋糕。詹姆斯偏愛營養價值很低的食物，像是現成熟食、大量製造的薯片、來自美國的炸雞（非肯德基就是了）還有可可含量低於20%的巧克力。最近剛從紐約回來的我，注意到一條酥脆的巧克力棒就是摩天大樓的絕佳比例尺模型，於是開始著手製作一座巧克力曼哈頓城。我烤了幾張巧克力熱那亞蛋糕，這是一種極適合切割塑型的蛋糕，並將這些蛋糕與一把鋒利的刀一起留給我老公，他被我任命為這座巧克力城的首席建築師與建設者。當我回來時，已經建造完成兩個紐約街區。正如我想像的那樣，包含了高聳的建築物以及相關的一切，有巧克力甘納許鋪成的街道、黃色翻糖做成的計程車。而我老公正

賣力地挖空熱那亞蛋糕來建設地鐵隧道，還有一個帶著塗鴉標記，以灰色翻糖做成的火車模型正穿出隧道。這是個令人賞心悅目的蛋糕，不過很難切片。我們以黑色俄羅斯（Black Russians）雞尾酒來搭配這個蛋糕，並像怪獸哥斯拉（Godzilla）一樣，隨意選擇將某棟建築從城市景觀中拔除。根據你所希望蛋糕顏色的深淺度以及巧克力味道的力度，來決定可可粉的分量。食譜中 20% 到 50% 的麵粉分量均可以用可可粉取代，確保麵粉與可可粉一起過篩幾次，這樣它們才能混合均勻。有些食譜以大量可可粉取代麵粉，所以也需要多一點的糖來幫助平衡苦味。

咖啡（COFFEE）

咖啡能讓耶誕樹幹蛋糕（bûche de noël）中的熱那亞蛋糕忠實呈現出原木般的色澤。將 2 湯匙即溶咖啡溶解於 2 茶匙的熱水中，充分冷卻後，在步驟 6 加入奶油中。另外，含有香草鮮奶油霜以及糖漬栗子（marrons glacés）的耶誕樹幹蛋糕非常美味可口，唯有小氣鬼才不把它們捲進蛋糕中。剩下要做的就是那層厚厚的巧克力糖衣了，最困難的部分在於樹皮的呈現，以及做出開心果碎屑地衣和兩朵蛋白霜蘑菇（如果要把它們做得夠迷你的話）。要是真有人把這蛋糕扔進火爐中，就試著把它當成一種恭維吧，至少說明這蛋糕看起來真的很像一根木材。

綠茶（GREEN TEA）

在日本，綠茶是一種廣受歡迎的調味劑，特別是用在熱那亞這類蛋糕的製作上，因為在這類蛋糕中，抹茶（matcha）的美味不會被化學膨鬆劑破壞，也不會被奶油的味道掩蓋。與開心果一樣的顏色令人有點不安，但在黑巧克力的襯托下卻顯得相當漂亮。2 茶匙的抹茶粉加入麵粉中過篩。將烘焙坊總部設於巴黎的日本糕點師傅青木定治（Sadaharu Aoki），在他拿手的歌劇院蛋糕（opéra cake）中結合了綠茶與巧克力。如果你喜歡美麗精裝書冊的樣子，那麼這個用海綿蛋糕與糕餅師蛋奶醬（crème pâtissière）層層堆疊而成的俐落四方型蛋糕，會讓你的內心歡唱不已。

喬孔達蛋糕（JOCONDE，法式杏仁海綿蛋糕）

喬孔達蛋糕是熱那亞蛋糕的近親。據說這個名稱來頭不小，它是海綿蛋糕界中代表著年輕貴族婦女的蒙娜麗莎。與熱那亞蛋糕不同的是，喬孔達蛋糕就像薩沃伊酥餅乾（請參考385頁）一樣，以杏仁粉取代了大部分的麵粉，而且蛋黃與蛋白也分開攪打。製作喬孔達蛋糕用的瑞士捲烤盤，也是用來製作歌劇院蛋糕的蛋糕體（請參考前一頁「綠茶」段落），或者如果你覺得自己擁有一點達文西（Leonardo）的天賦，那就融入些設計，將注入不同對比顏色的乾麵糊一起烘烤入蛋糕中，製作出帶著圖案的喬孔達蛋糕。這不僅僅是個有趣的過程，而且在將這些帶著圖案的蛋糕片排入可脫底烤模中，並填入慕斯或巴伐利亞奶油醬（bavarois）之前，還有許多裁切掉的美味蛋糕片可以解饞呢。以巧克力圖案為例，先準備巧克力圖案所需的乾麵糊：糖粉、奶油、蛋白與麵粉各50克，再加上2湯匙可可粉均勻混合成巧克力乾麵糊。然後在鋪好烘焙用矽膠墊的烤盤上，以乾麵糊畫出設計圖。如果設計的圖案是文字，請記住必須是鏡像的反射圖案。將裝著巧克力麵糊圖案的烤盤放入冰箱冷凍一個小時（讓巧克力圖案變硬），然後再來處理喬孔達蛋糕的麵糊。2個邊長30公分×20公分的長方形烤盤所需食譜如下：將3顆蛋白打至發泡，加入 $1/4$ 茶匙的塔塔粉，繼續攪打並漸次加入3湯匙的砂糖，攪打至蛋白霜呈現濕性發泡的狀態為止，完成的蛋白霜放在一旁備用。另起一個鍋子將3顆蛋黃、100克杏仁粉和100克糖粉一起混合攪打至乳白滑順。然後將3湯匙的麵粉均勻篩在杏仁蛋糊上，拌入三分之一的蛋白霜，隨後再將剩下的蛋白霜拌入蛋糊中。

最後將1至2湯匙的冷卻融化奶油均勻拌入整個麵糊。當你的巧克力乾麵糊已在冰箱中放置50分鐘左右，就可以預熱烤箱至180°C了。將喬孔達蛋糕麵糊倒在冰凍好的圖案上，用烘焙抹刀輕輕抹平麵糊表面，烘烤7到10分鐘，直到蛋糕呈現淡金黃色。等待蛋糕稍稍冷卻的同時，在另一張烘焙矽膠墊或烤盤紙隨意撒上一層糖粉，再將已冷卻的蛋糕翻轉擺在上面，並撕下蛋糕表面的矽膠墊或烤盤紙。如果製作的是較小型的喬孔達蛋糕，有些廚師認為使用的麵粉需多過杏仁粉，這樣蛋糕體具有較佳的彈性，放入小圓杯模具處理時才

比較不會碎裂。

檸檬（LEMON）

覆蓋著清新檸檬糖霜的檸檬蛋糕滋味是如此美好，以致於再大膽的風味組合也沒有機會介入這個組合當中，尤其是那些風味較深沉的食材。不過這可不是美國名廚查理・帕瑪（Charlie Palmer）在紐約光環餐廳（Aureole）的作法，他們有一道甜點，就是將檸檬熱那亞蛋糕放入咖啡凍當中，並搭配義式濃縮咖啡冰淇淋一起上桌。以檸檬搭配咖啡在美國並不稀奇，一杯義式濃縮咖啡（espresso）的碟子上，也許就會附一片捲曲的檸檬皮。大家都知道這是在義大利看不到的現象，於是這樣的搭配想當然爾會引起美食論壇上一些真偽難辨、毫無意義的爭辯。只是，那些自認為是美食糾察隊的人一點也不重要，他們就是料理界辛普森家庭（The Simpsons）中那個無足輕重的漫畫老兄（Comic Book　Guy）罷了。「我去過義大利三次，可從來沒有見過這樣的搭配。」除此之外，如果某種東西能與咖啡完美搭配，極有可能也與巧克力很對味。在《檸檬蛋糕的特種憂傷》（*The Particular Sadness of Lemon Cake*）一書中，這個悲傷是屬於九歲的蘿絲（Rose）。她發現，自己可以在巧克力糖霜檸檬蛋糕中品嚐出母親的情緒。我也很好奇自己是否擁有同樣的天賦，所以我做了一個包覆著黑巧克力甘納許的檸檬熱那亞蛋糕。我發誓自己的確在溫和柑橘花香以及黑巧克力深沉氣息中的某處，感覺到了一些東西。因為不太確定，所以又嚐了一片，正當我呆坐著，彈去羊毛衫上的蛋糕屑，而且眼睛還盯著第三片蛋糕時，清楚地聽到某人說：「你為什麼不停下將你的臉埋進蛋糕中的行為，趕快去寫書呢？」這很像我老公的語氣。以 2 至 3 顆精細磨碎的檸檬皮取代天然香草精，拌入步驟 6 的奶油麵糊中。

橙花露（ORANGE FLOWER WATER）

科梅西的瑪德蓮（Madeleines de Commercy），指的就是那些漂亮的小貝殼狀蛋糕，看起來很像給客人使用的肥皂，其實味道嘗起來往往也很像肥皂。我曾吃過一個沒烤熟的瑪德蓮蛋糕，那卻是唯一一個沒有令人不快的乾澀口感的瑪德蓮蛋糕。儘管如此，瑪德蓮蛋糕仍然很受歡迎，因為它的形狀很迷人。普魯斯特等名人的加持也居功厥偉。瑪德蓮蛋糕就像平光眼鏡一樣，唯一的功用就是讓你看起來聰明一點。下面介紹的食譜，則是介於熱那亞蛋糕與奶油海綿蛋糕之間的變化版，採用奶油海綿蛋糕的材料比例，但以熱那亞蛋糕不

加熱雞蛋的方法為基礎來製作。2個雞蛋與100克砂糖一起打發至蛋糕乳白蓬鬆。少許鹽與100克麵粉過篩後翻摺拌入蛋糊中，加入100克冷卻的融化奶油以及1茶匙橙花露，均勻攪拌。瑪德蓮蛋糕的做法有許多變化，包括以蜂蜜取代1湯匙的糖、使用自發麵粉、在中筋麵粉中加入泡打粉、以少量杏仁粉替換等量麵粉，或添加一些精細磨碎的檸檬皮來取代橙花露等等。許多食譜規定調好的麵糊需靜置幾個小時，好讓麵粉中的麩質發展成麵筋，這樣烤好的蛋糕就會有點膨脹，並突出它的凹模邊緣。最實用的烘烤祕訣就是一試再試，直到找到最適合你的烤箱與烤盤的個別麵糊分量與烘烤時間。如果你的瑪德蓮烤盤有12個凹模，那就從製作3個或6個瑪德蓮蛋糕開始，記錄下（或拍攝）填入凹模的麵糊分量後，將烤盤移至已預熱至180°C的烤箱，烤約10分鐘後開始檢查，盡力調整麵糊分量與烘烤時間，直到做出最香甜的瑪德蓮蛋糕為止。一定要將最終結果寫下來，除非你擁有普魯斯特般過人的記憶力。你的目標是讓蛋糕擁有漂亮的棕色外觀而內部不會過熟。不過，任何一種烤得過乾的蛋糕，都可以浸入菩提花茶中品嚐就是了。

榲桲（QUINCE）

　　熱那亞蛋糕的其中一個優點，就是能以糖漿為介質，吸收各種非比尋常的風味。而糖漿也是少數可獲取榲桲超凡脫俗風味的方法之一。榲桲就像蘋果和梨一樣是薔薇科的成員，要不是其表皮布滿細膩的絨毛，否則看起來就更像蘋果和梨的混種了。榲桲表皮上的微細絨毛，讓它看起來彷彿是生長在真空吸塵器的集塵袋中，不像長在樹上的水果。榲桲果實太硬也太酸，所以不能生吃，而這樣的缺點卻更讓它們芳香特質更為明顯。煮熟的榲桲嚐起來就像十二世紀某個陽光明媚的秋日午後氣息。輕輕刷掉表皮的絨毛但不要去皮。去核後將500克的果肉切碎（大約是2個大型榲桲），放入平底鍋再加入350毫升的水和200克的糖一起煮沸。煮至果肉變軟後，用來製作派餅或碎酥餅，或直接食用也可以，搭配一團濃郁優格再撒上一點烤堅果後享用。將剩下的液體過濾濃縮，必要時可以加點糖，然後輕輕灑在熱那亞蛋糕上。直徑20公分的圓形蛋糕，每層約需4湯匙的糖漿。榲桲糖漿也可以與義大利氣泡白酒普羅賽克（prosecco）混合，或加入糖、水、檸檬汁以及冰塊，做成一種我們稱為巴斯婦人（Wife of Bath）的榲桲氣泡果汁（pressé）。

薩沃伊酥餅乾（SAVOY BISCUITS）

　　這就是個偽裝成餅乾形狀的惑人妖精。外觀蒼白、質地脆弱且含糖量很高的薩沃伊酥餅乾，還有另外幾個為人所熟知的名稱：閨房餅乾（boudoir biscuits），或手指餅乾（lady's fingers）。將它們提供給建築工人當作佐茶點心，可得三思而行啊。製作薩沃伊酥餅乾的材料比例，與熱那亞蛋糕相同，每30克的糖和麵粉加1個雞蛋，不過無需使用隔水加熱法，只要將蛋黃與蛋白分開攪打。將半數的糖加入蛋黃中攪打，然後加入一點天然香草精，繼續打發至蛋糊離開打蛋器後仍能維持形狀5秒鐘的程度。使用手持式電動打蛋器應該需要5至10分鐘，若使用立式攪拌機，則需要的時間更少。麵粉與少量鹽混合，過篩撒在蛋糊表面，但先不要進行翻拌。取另一個碗將蛋白打發，當蛋白霜開始形成時加入一些塔塔粉。繼續攪打至呈現濕性發泡後，將剩下的糖一湯匙一湯匙慢慢加入，並持續攪打直到乾性發泡。打好的蛋白霜分次翻拌入麵糊中均勻混合，小心不要擠出過多的空氣。用湯匙將麵糊舀進配有直徑1.5公分普通噴嘴的擠花袋中，然後在抹了一點油或放了烤盤紙的烤盤上，依序擠出長約8至10公分的條狀麵糊。麵糊表面灑上糖粉後以180°C烘烤8分鐘。如果你製作的薩沃伊酥餅乾，是為了用來環繞在夏洛特‧羅斯蛋糕（Charlotte Russe）周邊，那就試著確保它們的長度相同。如果餅乾只是為了製作成提拉米蘇（tiramisù），那就擺脫束縛隨興而為吧。或者不做成條狀餅乾，而是將麵糊鋪在瑞士捲烤盤上烘烤，再將成品蛋糕片切成手指狀的條狀酥餅也可以。雖然以此種條狀酥餅做成的提拉米蘇，切片時不會看到漂亮的橢圓橫切面，但話說回來，外觀從來也不是提拉米蘇的強項啊。

334

瑞士捲（SWISS ROLL）

　　就像瑪德蓮蛋糕以及薩沃伊酥餅乾一樣，製作瑞士捲的方法也類似熱那亞蛋糕，不過無需運用隔水加熱法就是了。簡單地將置於室溫中的雞蛋與糖打發至如絲帶般柔滑的狀態，然後從熱那亞蛋糕步驟5開始依序處理。3個雞蛋加上各90克的糖和麵粉，以及1湯匙融化奶油與1茶匙天然香草精。將所有材料均勻混合後，倒入抹好油以及墊好烤盤紙、30公分×20公分的長方形瑞士捲烤盤中，烘烤約12至15分鐘，直到蛋糕表面呈現金黃色澤並具有彈性為止。在一張只比烤盤大一點的烤盤紙上撒上一些砂糖，將海綿蛋糕翻轉倒扣在布滿砂糖的烤盤紙上。趁海綿蛋糕仍然溫熱時趕快處理，用鋸齒刀將蛋糕粗糙邊緣切掉。在蛋糕較窄的一邊約2公分處，從上到下劃一條線，這會使蛋糕的這

一側易於滾至中心點。將果醬均勻抹在海綿蛋糕上（至少需要175克果醬）。運用烤盤紙幫助你盡可能將蛋糕緊密俐落地捲起來。在果醬層下先抹上一層薄薄的奶油糖霜，也是一種特別受歡迎的做法。

風味達人的文字味覺
——水平思考的廚房事典

熱那亞蛋糕→ 其他應用

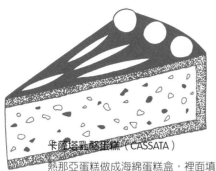

卡薩塔乳酪蛋糕（CASSATA）

熱那亞蛋糕做成海綿蛋糕盒，裡面填滿甜
味瑞可達乳酪（ricotta）以及糖漬水果。

乳脂鬆糕（TRIFLE）

奧地利打孔蛋糕（PUNSCHKRAPFEN）

蘭姆酒杏桃風味蛋糕與熱那亞蛋糕層層相
疊的小立方體，並以粉紅色糖霜包覆。

法式草莓蛋糕（FRAISIER）

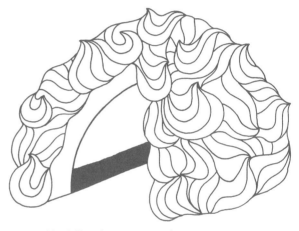

火焰冰淇淋（BAKED ALASKA）

熱那亞蛋糕為基底配上冰淇淋，然後以義式蛋白霜完
全包覆後（請參考 503 頁）放入烤箱烘烤。

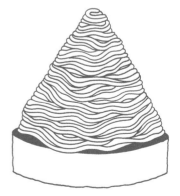

白朗峰蛋糕（MONT BLANC）

瑞士捲蛋糕片上鋪上蘭姆酒栗子鮮奶
油（chestnut cream），再堆上更多
栗子鮮奶油。

皇家夏洛特蛋糕（CHARLOTTE ROYALE）

將瑞士捲切片沿著模具底部排好。在倒扣與冰
凍前，先填滿巴伐利亞奶油醬（bavarois）。

奶油海綿蛋糕（Butter Sponge Cake）

　　這種蛋糕在法國被稱為四分之四蛋糕（quatre quarts），因為它是由等量的糖、奶油、麵粉以及雞蛋四種材料混合而成。當然還包括一點膨鬆劑與天然香草精。分量稍微偏差一些也沒關係，有些廚師為了讓蛋糕口感更為濕潤，喜歡多加點糖而減少一些麵粉。若使用杏仁粉取代等重的麵粉，則可以避免蛋糕質地過度乾燥的現象，替換25%的麵粉就能感受到明顯差異了。若替換了80%的麵粉，你就進入杏仁奶油鬆糕（請參考第340頁）的領域了。

此一基礎食譜可以製作直徑20公分的2個薄片圓形蛋糕，或1個圓形厚片蛋糕，或20至24個杯子蛋糕（fairy cake）。[A][B]

食材

　　200克無鹽奶油，放室溫軟化[C][D]

　　200克砂糖

　　少許鹽

　　200克雞蛋，4個中型蛋或3個大型蛋[E]

　　1茶匙天然香草精，依個人喜好選擇添加與否

　　200克中筋麵粉[F]

　　1茶匙泡打粉

　　2湯匙牛奶[G]

1. 先準備好蛋糕烤盤，薄薄抹好油後在烤盤底部鋪上烤盤紙。用木勺將已軟化（非融化狀態）的奶油與糖以及少許鹽均勻攪拌，直至奶油糖糊乳化呈現乳白蓬鬆的狀態。

2. 如果要使用天然香草精，則先將天然香草精加入雞蛋中輕輕攪打均勻。再漸次將蛋糊攪打入奶油糖糊，然後篩入麵粉與泡打粉，徹底攪拌均勻，盡量將攪拌的次數降到最低。最後拌入牛奶。

3. 用大湯匙或湯勺將麵糊舀入或刮入準備好的烤盤或蛋糕紙杯中。

4. 放入已預熱180°C烤箱，杯子蛋糕需烘烤14至18分鐘，2個薄片蛋糕（製作夾心蛋糕所需）則需20至25分鐘，而厚片蛋糕就需45至55分鐘了。當輕

按蛋糕頂部而蛋糕會回彈，或將筷子插入蛋糕中心再拔出後，筷子乾淨不沾麵糊，就表示蛋糕烤好了。

舉一反三

A. 製作20至24個杯子蛋糕，請使用小型紙杯（與馬芬蛋糕〔muffin〕的大小不同）。

B. 使用奶油、糖和麵粉各50克，加上1個中型雞蛋和$1/_2$湯匙牛奶，可以製作出約200毫升的麵糊。

C. 如果你的奶油夠柔軟，就可以使用一步到位的作法，將所有材料放入一個碗中一起攪打，電動攪拌器只需要1至2分鐘，或者手工攪打3分鐘。與傳統方法相比，這種方法做出的蛋糕質地稍微綿密些，所以除了添加泡打粉，也許你還可以選擇使用自發麵粉。

D. 若要製作低脂蛋糕，則減少三分之二的奶油分量，並加入與省去奶油等重的蘋果醬。例如，使用65克奶油和200克蘋果醬代替原本200克的奶油。不過烘烤的時間可能需要延長。

E. 用2個蛋黃取代1個全蛋，可以讓麵糊更為黏稠（但千萬不要將所有的雞蛋都替換掉）。

F. 使用自發麵粉來取代加了泡打粉的中筋麵粉。

G. 牛奶並非必要的食材，它只是讓麵糊稀釋一些罷了。

蕎麥與杏仁（BUCKWHEAT & ALMOND）

蕎麥曾被義大利提洛爾地區（Tyrol）的農民用來製作成一種被稱為蕎麥鬆糕（la torta di grano saraceno）的海綿夾心蛋糕。印刷在我家蕎麥麵粉袋上的食譜，則要求使用等重的蕎麥麵粉、糖、奶油和杏仁粉。按照基本食譜的步驟操作，每種材料都需要150克（而不是200克）。3個中型雞蛋加入2湯匙牛奶打發，並且省去泡打粉。夾心內餡通常用的是果醬，蛋糕表面還會撒上糖霜。蕎麥鬆糕不含麩質，並且僅仰賴雞蛋以及奶油的乳化來膨發，所以一定要強力均勻地攪打奶油與糖，好將空氣打入其中。還要省去天然香草精，以保留杏仁和蕎麥的味道。整體而言，這款蛋糕有點類似玉米的質感，隱隱散發著你不想讓過量調味劑（或果醬）掩蓋的微妙甜味，鮮奶油霜是較適合的夾心內餡。就質地來說，這個鬆糕也讓人聯想到玉米，它的高麵粉含量讓蛋糕質地略微乾燥且帶點沙沙的質地，就像玉米麵包一樣。

胡蘿蔔（CARROT）

胡蘿蔔蛋糕怎麼了？胡蘿蔔蛋糕的味道曾經很糟。嗯，坐在大教堂茶館重漆過的長木椅上，你會開始懷疑自己為什麼要點這個蛋糕了。運用風味上完全與蛋糕不搭的根莖類蔬菜所製成的這款蛋糕，就是個名副其實沉悶無聊、風味不協調的蛋糕啊。然後，奇妙的事情發生了。具有創意的蛋糕師傅開始將胡蘿蔔磨得更精細些，而且加入恰好完全對味的混合香料，或者也可能只是讓糖霜更深入蛋糕而已。有些食譜與我們的基礎食譜差不多，只是用紅糖取代白糖，再加入香料以及與麵粉等重的碎胡蘿蔔。以食用油取代奶油的情況是常見的狀況，將兩種作法的胡蘿蔔蛋糕同時品嚐比較，多數人則更喜歡食用油所做出來的蛋糕，而且還附帶了無需仰賴奶油乳化的額外好處。下面是適用邊長20公分正四方形烤盤的食譜，將200克中筋麵粉、200克軟紅糖、2茶匙肉桂、2茶匙混合香料、2茶匙泡打粉和1/4茶匙蘇打粉放入大碗中混合均勻。在另一個碗中，3個大型雞蛋加入200克（240毫升）的食用油（花生油、葵花籽油或油菜

籽油）攪打 2 分鐘，手工攪打就可以了。最後再加入 1 茶匙天然香草精。將蛋糊倒入混合好的乾性材料中攪拌，在所有材料充分混合之前，加入200 克精細磨碎的胡蘿蔔。將麵糊倒入塗好油的烤模中，以160°C 烘烤45 至 50 分鐘，或插入筷子測試，拔出的筷子乾淨不沾麵糊就可以了。碎柑橘皮、以橙汁醃漬過的葡萄乾，以及 / 或切碎的核桃，都可以和胡蘿蔔一起加入麵糊中。至於糖霜的製作，就將 75 克糖粉與 250 克軟化的奶油乳酪均勻混合即可。包裝好的蛋糕可以在冰箱中保存 3 天。

巧克力（CHOCOLATE）

　　維也納的薩赫蛋糕（Sachertorte）也許是更有名氣的巧克力蛋糕，但我母親做的巧克力蛋糕，滋味卻遠遠勝過薩赫蛋糕。若不是她忍不住將食譜寫給每個鄰居、親朋好友，還有挨家挨戶上門推銷清潔產品的銷售員，也許她早已經擁有這個食譜的專利權了，而我則可能在帥哥猛男用香檳為我洗腳的同時，懶洋洋地坐在覆蓋著羊駝毛皮的沙發上口述著這段文字。當我離家前往倫敦時，蘇荷區卡特納餐廳（Kettner's）曾經供應過的這款奶油巧克力乳脂軟糖蛋糕（the chocolate fudge cake），撫慰了我的鄉愁，雖然我已經知道它們是用現成混合好的蛋糕粉來製作。不過我們仍然可以將基礎食譜中10%的麵粉替換成可可粉，來製作巧克力奶油海綿蛋糕。不過讓卡特納蛋糕（現成蛋糕粉做成）滋味昇華的關鍵因素，是以食用油取代奶油，因為奶油無法像食用油般能消抵可可產生的乾燥效應。在下面的版本中，我將使用與奶油等重的食用油、糖，以及麵粉。先來製作自己的巧克力蛋糕粉：將180 克自發麵粉、20 克可可粉、$1/2$ 茶匙鹽、$1/2$ 茶匙小蘇打粉以及 200 克砂糖均勻混合，過篩備用。為了易於均勻攪拌，將混合好的乾性材料倒入碗中並在中間挖個洞。將 3 個大型雞蛋，200克（240毫升）食用油和 2 茶匙天然香草精放入大量杯中，一起攪打均勻。然後將蛋糊倒入乾麵粉中間的凹洞中，拌勻所有的材料，然後將麵糊分成兩份，分別倒入兩個塗了油並墊好烤盤紙直徑 20 公分的圓形蛋糕模中。以180°C 烘烤 20 至 25 分鐘，插入筷子檢視，這時拔出的筷子應該是乾淨而沒有麵糊沾黏的。將蛋糕移出烤箱放置一旁冷卻。接下來準備巧克力乳脂軟糖糖霜，將75 克奶油、3 湯匙可可粉和 3 湯匙牛奶一起融化，攪拌均勻成糊狀。接著篩入250 克糖粉，不可省略過篩的步驟。巧克力奶油糖糊徹底攪拌至呈現均勻的咖啡色，等待幾分鐘讓糖霜更為濃稠後，將一半的巧克力糖霜抹在底層的蛋糕片上做為夾心，再將剩餘巧克力糖霜抹在頂層蛋糕的表面。如果你喜歡用奶油製

作巧克力蛋糕，那麼要注意的是，專業蛋糕師傅也許會在蛋糕冷卻後將奶油蛋糕冷凍保存，當奶油蛋糕解凍後就會擁有更濕潤的口感。

接骨木花（ELDERFLOWER）

接骨木花的香氣和味道，是由黑醋栗（blackcurrant）葉片、帶著花香的檸檬油，以及六月雨後西部灌木叢散發的氣味所混合而成的一種麝香氣息。就風味而言，帶著接骨木花風味的精緻杯子蛋糕，最適合在食用黃瓜三明治後，與洋甘菊（camomile）花茶一起上桌享用，這樣就擁有花園下午茶的精髓了。即使你唯一擁有的那片青草，不過是經過市政公園灌木叢時黏在運動鞋底上的一片青草。就像香草風味的糖果一樣，接骨木花糖也是個可以備在身邊隨時取用的可愛食材，每 100 克糖與約 1 湯匙新鮮接骨木花苞層層堆疊，然後最長放置 6 個月，讓接骨木花釋出風味。為了獲取更強烈的風味，食譜作家珍·史考特（Jane Scotter）和哈利·亞斯特利（Harry Astley）直接將 4 朵接骨木花的大花冠加入蛋糕麵糊中。如果過了接骨木花季，那就不得不求助於接骨木花糖漿啦。準備好糖、奶油和麵粉各 100 克，以 3 湯匙接骨木花糖漿取代牛奶和天然香草精，攪打入 2 個雞蛋中。注意一下，糖漿將使蛋糕產生微酥的口感，而且味道也溫和得彷如牧師的小談話。所以如果希望在槌球圈造成轟動，那麼接骨木花糖衣絕對是必須的。約 4 湯匙的糖漿與 250 克過篩糖粉混合製成的糖衣，就足夠製作 24 個杯子蛋糕了。

水果蛋糕（FRUIT CAKE）

水果蛋糕會是個比你預期還要簡單很多的應用（或者也比我預料的還簡單）。一個好的水果蛋糕作法可以非常簡單，在雞蛋與麵粉混合後，直接將水果拌入「所有食材都等重」的這類蛋糕中。至於要用多少的水果乾或糖漬水果／混合果皮，則完全取決於你自己的喜好，不過若想做出一個品質合格的真正水果蛋糕，而不僅是一個含有一些水果的蛋糕，那麼最佳的遵循原則，就是加入與其他材料分量相同的水果。對於某些口感更紮實，較類似耶誕蛋糕一類的蛋糕，就要用到三倍的水果量了。可以扔幾把杏仁或核桃進去，為口感增添

一點趣味。還可以考慮添加少量的香料（肉荳蔻、混合香料、肉桂）、糖蜜、一些精磨的柑橘皮、少許烈酒，或任何類似的組合，來增進蛋糕的風味。有些食譜會將天然香草精列入其中，不過天然香草精幾乎無處不在，為什麼不乾脆趁機省略一次？通常使用紅糖來製作水果蛋糕，白糖味道比較奇怪，除非你還要加點糖蜜，或者，就乾脆用黑糖吧。至於麵粉，你可以用黑麥（rye）粉取代其中一半的麵粉來做實驗，或者用無麩質麵粉，像是蕎麥粉、粗麵粉、堅果粉或玉米粉，來替換三分之一的麵粉。一個直徑 20 公分的圓形蛋糕烤模，需使用各 225 克的紅糖、奶油和中筋麵粉、4 個中等雞蛋、675 克浸泡在 3 湯匙烈酒（或雪利酒或茶）中的有藤水果、各 50 克的糖漬水果與混合果皮、1 茶匙香料、1 湯匙碎柑橘皮、2 茶匙糖蜜和 $1/2$ 茶匙鹽。以 150°C 烘烤 2.5 個小時。若製作直徑 15 公分的圓蛋糕，則所有材料減半並且只需烘烤 2 個小時。若增加為直徑 25 公分的圓蛋糕，則需將所有材料加倍，並烘烤 3 至 $3\,1/2$ 小時。無論蛋糕尺寸大小，在長時間的烘烤過程中，蛋糕內外都必須鋪上一層烤盤紙來保護蛋糕。烘烤時也要隨時注意蛋糕表面，如果蛋糕顏色漸漸變深，就用鋁箔紙輕輕蓋住表面。烤好的蛋糕可以好好包裹保存，每週還可以灑上一湯匙蘭姆酒或白蘭地。同樣的麵糊也可用於製作耶誕杯子蛋糕，用勺子將麵糊舀入紙烤杯中，以 160°C 烘烤約 25 分鐘。我記得自己製作最早的水果蛋糕之一是小學時每年一次的烘焙比賽。在一場我背對著評審表演的芭蕾舞賽之後，我那憂心不已的母親接手掌控全局，並親手做了大部分的水果蛋糕。最終我們還是輸給了一隻奶油糖霜蠔豬。這整個荒謬事件讓我學到兩個很有價值的教訓：投機作弊必自斃，而且（根據我母親的憤慨狀況判斷）「志在參加不在得獎」絕對是假的。

貓舌餅乾 / 瓦片餅乾（LANGUES DE CHAT / TUILES）

製作貓舌餅乾或瓦片餅乾，要將各 25 克的奶油、糖和麵粉與 1 個蛋白混合。瓦片餅乾質地柔軟，可以塑造成捲形或杯子形狀。與它們的含糖兄弟白蘭地捲（brandy snaps）（請參考 400 頁）比較起來，塑造和烘烤這類的餅乾需要更多技巧，但透過一點點練習，或者投機地使用模板，就能很快上手了。按照基本食譜做到步驟 2，不過得省去蛋黃、泡打粉和牛奶。天然香草精可有可無，但如果要用天然香草精，則分量須限制在每顆蛋白使用 $1/4$ 茶匙天然香草精。將麵糊裝入帶著直徑 2 公分噴嘴的擠花袋中。2 個烤盤薄塗好油，或墊上烘焙矽膠墊或烤盤紙，擠出 7 至 8 公分長的麵糊在烤盤上，麵糊間要留下幾公

分好讓麵糊有擴散空間。進烤箱前將烤盤輕敲桌面，以消除麵糊中的氣泡，然後以180°C 烘烤 5 至 7 分鐘。一旦餅乾離開烤箱，在使用烘焙抹刀鏟出它們前，花個一分鐘檢查你的貓舌是否準備好可以塑形了。若想加些變化，可以在麵粉中加入磨碎的香料，或烘烤前在表面撒點芝麻籽或杏仁片。

原味奶油海綿蛋糕（NAKED）

放下天然香草精的瓶子吧。除了覆盆子（raspberry）果醬內餡以及蛋糕表面那層薄薄撒上的糖粉之外，你的維多利亞海綿蛋糕應該像裸體的月曆女孩般不添加任何東西，這樣婦女協會（the Women's Institute judges）的裁判才能檢查出蛋糕的顏色是否足夠金黃，烘烤的力度是否均勻。可以預料的是，蛋糕上還會留下蛋糕冷卻架的格狀痕跡。

花生醬（PEANUTBUTTER）

運用花生醬來調理食物可能有點冒險。然而加了花生醬的海綿蛋糕麵糊卻滋味美妙，不過與大多數蛋糕不同的是，花生醬海綿蛋糕的最佳風味只會出現在蛋糕剛烤好的時候。隨著日子過去，豆類特有的油膩氣息就會變得越來越明顯。使用與麵粉、糖、奶油和雞蛋等重的花生醬，先將花生醬與奶油和糖攪拌乳化。省去天然香草精，但保留泡打粉。加入一些牛奶稀釋麵糊，每 50 克花生醬使用 1 湯匙牛奶，還可以添加一些鹽（或用含鹽奶油也行），或一半白糖和一半紅糖的組合，滋味也不錯。

玉米糕與鳳梨（POLENTA & PINEAPPLE）

粗玉米粉顯然是亞得里亞海（Adriatic）兩側地區的春藥。在波士尼亞（Bosnia），「甜心蛋糕」（sweetheart cake）就是用粗玉米粉製作的，有時還鑲嵌著核桃或巧克力碎片。烘烤完成後，浸入檸檬汁、葡萄酒或茴香味糖漿中享用。在義大利，則以瑪拉斯奇諾黑櫻桃酒（Maraschino）、渣釀白蘭地（grappa）或蘭姆酒調味，幻化出一種被稱為愛情玉米糕（amor polenta）的糕餅。有些玉米糕只需簡單按照奶油海綿蛋糕的基本步驟操作，使用相同分量中筋麵粉和（粗或細）玉米糊粉。玉米糕當然可以用除了粗玉米粉之外的其他麵粉來製作（請參考 82 頁）。我曾經為一位來自巴西的朋友布呂娜製作了一個玉米糕，像玉米鬆糕（bolo de fubá）這類以玉米為基礎食材製成的蛋糕，在巴西非常普遍。在這裡我改用鳳梨來製作玉米糕，而不是用酒來浸漬或使用柑

橘──鳳梨可是巴西人的另一個弱點。若非我老公擠進來搶食，布呂娜可能已經自己解決整個玉米糕了。我老公通常不太喜歡玉米糕，但他聲稱這個鳳梨玉米糕不太一樣，因為這蛋糕讓他想起了已經做好兩天還殘留下來的鳳梨翻轉蛋糕（這顯然是個不錯的現象）。按照奶油海綿蛋糕的做法，用細玉米粉代替四分之三相同重量的麵粉。如果家裡有，就用紅糖（light brown sugar）代替白糖。我使用了 200 克奶油、50 克中筋麵粉、150 克細玉米粉以及 100 克的糖（糖量減少是因為鳳梨和玉米都非常甜）。瀝乾 2 個 430 克重的罐裝鳳梨片（排出的鳳梨湯汁約 500 克），或等重的新鮮鳳梨，先用廚房紙巾輕輕擦乾。一旦所有乾性粉料都混入麵糊後，拌入鳳梨。接著就按照我們的基礎食譜繼續操作。不過要注意的是，這個蛋糕可能需要更長時間烘烤，才能通過筷子的測試。

342

優格（YOGURT）

　　我以優格瓶為量杯，做了所有法國小孩在學校都會學到的優格蛋糕（gâteau au yaourt）。唉呀！我心裡想著。這就是法國婦女不會發胖的原因了，因為這款優格蛋糕滋味平淡且口感黏膩。我在網上重複檢查過食譜，發現自己並不是唯一一個認為這個蛋糕不好吃的人。所以，就把這蛋糕留給小希波利特和瑪蒂爾德（Hippolyte and Mathilde）吧。如果站在健康立場來製作優格蛋糕，那麼請製作 555 頁中黎巴嫩版的優格蛋糕。這個版本的滋味好多了，只是成品更像乳酪蛋糕而非海綿蛋糕，不過蛋糕的質地濃郁可口，而且糖、麵粉與脂肪的含量都很低。

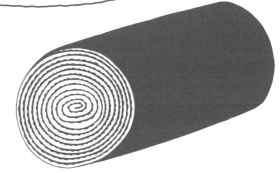

大理石蛋糕（MARBLE CAKE）

烘烤前將兩種不同顏色的海綿蛋糕麵糊
畫圈混合。

巴騰伯格大理石蛋糕
（BATTENBERG MARBLE CAKE）

包裹在杏仁糖衣中的粉紅色與
黃色四方形海綿蛋糕。

海綿布丁蒸糕
（STEAMED SPONGE PUDDING）

將基礎麵糊放入塗好油的布丁盆
蒸熟（用微波爐也可以）。

夏娃布丁蛋糕（EVE'S PUDDING）

燉好的蘋果上倒入奶油海綿蛋糕麵糊後烘烤。

鳳梨翻轉蛋糕
（PINEAPPLE UPSIDE-DOWN CAKE）

底部墊滿鳳梨片與糖一起烘烤的海綿蛋糕。

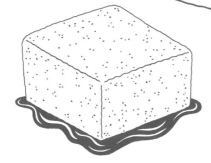

喝醉的玉米糕（PANETELA BORRACHA）

一種以蘭姆酒糖漿浸漬的占巴海綿蛋糕。

巴西捲蛋糕（BOLO DE ROLO）

將巴西海綿蛋糕烤得非常薄，抹上番
石榴果醬並捲成長條型。

風味達人的文字味覺

薑餅（Gingerbread）

　　在糕餅系列產品中，薑餅是蛋糕轉化至餅乾的過程中一個標記性的產品。只要稍微調整成分與方法，你就可以往蛋糕或餅乾的任一個方向操作了。由於融化奶油、糖、糖漿與牛奶的用量較大，這個蛋糕麵糊非常濕潤，因而做出的糕餅質地也濕潤而綿密。不過要製作薑味餅乾（請參考401頁），則需省略牛奶和半數的糖，才能製作出一個較乾燥可搓揉的麵團。

此一基礎食譜適用於一個900克（2磅）的長條型麵包烤模。A

食材

100 克無鹽奶油

200 克軟紅糖 BCD

100 克金黃糖漿或糖蜜，或將2種混合 BDE

200 克中筋麵粉

$^1/_2$ 茶匙小蘇打粉 F

1 湯匙經過細磨的薑蓉 G

2 茶匙混合香料 H

少許鹽

100 毫升牛奶

1 個 雞蛋打散成蛋液

1. 將奶油與糖及糖漿放入小醬汁鍋，低溫加熱融化，直到奶油糖漿光滑柔順為止。

2. 同時，將麵粉、小蘇打、香料和鹽均勻混合篩入碗中。在麵粉堆中心挖一個洞。

3. 融化的奶油糖漿與牛奶倒入麵粉中，徹底混合但不要過度攪拌。然後加入蛋液。

4. 麵糊倒入塗好油或墊了烤盤紙的麵包烤模中。烤模內墊入邊緣外捲的現成紙製麵包烤模，將有助於保護蛋糕免於烤焦。

5. 立即放入烤箱以180°C 烘烤30至40分鐘，或者插入筷子測試，筷子拔出

時乾淨沒有麵糊沾黏，就表示烤好了。

蛋糕進爐後30分鐘要開始檢查。完全烤熟前，蛋糕表面可能需要鬆鬆地覆蓋一張鋁箔紙，以防止蛋糕表面烤焦。

6. 如果可能，以烤盤紙或防油紙緊緊包裹住蛋糕並保存幾天。這樣將會增進蛋糕的風味，蛋糕質地也會變得更濕潤黏密。

舉一反三

A. 要製作一個邊長20公分的正方形蛋糕（其實比較像鬆糕），就將糖和糖漿的用量替換成比例1：1混合的金黃糖漿與糖漿。在乾性材料中加入100克中等燕麥片和額外的$1/2$茶匙小蘇打粉，然後繼續朝著反方向前進，以160°C烘烤30至35分鐘。在品嚐之前先將蛋糕包裹好並放置幾天。

B. 想做出一條超具黏性的麵包蛋糕，那就將糖漿和糖的分量對調（也就是200克糖漿，100克糖）。

C. 請使用淺色或深色的軟紅糖。後者具有更濃烈的風味，與白糖混合使用可以平衡其風味。只使用白糖也很好，不過你需要糖蜜而非金黃糖漿，好獲得適當的薑餅風味，也需要更長的時間才能發展出長條蛋糕特有的質感。

D. 由於這款蛋糕的高糖比例，像這樣具黏性的蛋糕很容易萎縮下沉。我發現有些產品最好以150至160°C烘烤，時間也要比40分鐘略長。

E. 我的薑餅用的是比例1：1混合的糖漿和金黃糖漿，因為我喜歡前者的甘草氣息，然而100%的金黃糖漿與深色紅糖混合仍然會產生一個深色蛋糕。也可以使用糖蜜，就是那種罐裝生薑糖漿或蜂蜜糖漿。

F. 製作長條形蛋糕，有些廚師除了小蘇打粉外，還會加入1茶匙的泡打粉。

G. 《烹飪的喜悅》（*The Joy of Cooking*）書中記載，可以用8湯匙的新鮮薑蓉來代替薑粉。喜歡薑味的人也許會愛上混合了新鮮生薑、薑粉以及糖漬生薑的組合。

H. 在許多薑餅食譜中，新鮮生薑的地位還被其他香料挑戰，像是肉桂、肉荳蔻、小豆蔻（cardamom）、丁香（clove）和多香果粉（allspice）都很常見。也許還會混進一些精細磨碎的柑橘皮。

杏仁與薑（ALMOND & GINGER）

　　除了芥末這項特產，法國的第戎區（Dijon）也以薑餅聞名於世。雖然老牌糕餅名店慕洛與沛緹尚（Mulot et Petitjean）本身交錯著紅色與乳白色的外觀就頗為誘人，不過其半木構造的房屋內部，才是陳列這種香料蛋糕的完美地方。除了單一風味的蛋糕，他們還出售一種含有糖漬水果顆粒及鑲有大塊杏仁片的變化版薑餅。乳白色杏仁片在紅褐色蛋糕做為背景的襯托下，創造出近似西班牙臘腸（Spanish salchichón）那般的視覺效果。最近慕洛與沛緹尚正與已故名廚貝爾納‧路易斯（Bernard Loiseau）創立的公司合作，開發出更具異國風味的一系列香料蛋糕，有佛手柑、五香以及莫利洛黑櫻桃……等等口味。據說最後這個黑櫻桃口味蛋糕用來搭配野味與乳酪都非常對味，再來杯小酒可就滋味絕佳了。要製作一條900克（2磅）的杏仁薑餅，只需在基礎食譜步驟3的蛋糊中加入100克切碎的杏仁顆粒即可。

巧克力與薑（CHOCOLATE & GINGER）

　　當麥維他公司（McVitie）在他們著名的薑味蛋糕系列中推出巧克力口味的薑味蛋糕時，像我這樣的「鮮薑控」，就理所當然地認為這個蛋糕是由巧克力與鮮薑製成。然而結果並非如此，麥維他這次可是錯過大好商機了。一條巧克力薑味蛋糕僅需使用165克中筋麵粉，再加入35克可可粉、小蘇打粉、生薑粉、混合香料及鹽一起過篩。按照基礎食譜的步驟加入融化奶油、糖和金黃糖漿。加入牛奶和雞蛋後，再拌入50克新鮮薑蓉以及50克黑巧克力片。然後進爐烘烤45分鐘。這是那種罕見沒有運用滑順奶油來增加黏稠度的黏性蛋糕條。其實無需加入奶油就夠黏了。

椰子香料醬（COCONUT MASALA）

　　瑪莎百貨（Marks & Spencer）曾經賣過一種甜咖哩爆米花。我一定是唯一一個喜歡這款爆米花的人。因為在它上架的幾星期後，我又去了趟百貨公司，想再找到這種爆米花，結果它已經永遠下架了。雙手放在背後恭敬鞠躬致意，我把甜咖哩爆米花葬入我的食物和飲料紀念園中了。除了這款爆米花，葬在這個紀念園裡的還有梅納德的沙拉軟糖（Maynard's Salad Gums）、皇家蘇格蘭奶油酥餅（Royal Scot biscuits）、牛奶托盤的萊姆巧克力桶（Milk Tray's

Lime Barrel)、獅子巧克力棒，以及直到我母親遺失食譜前還曾做過的小牛肉餡餅，還有我曾工作過的威克漢（Wickham）國王頭餐廳（The King's Head）的銀魚。不過其中有些風味已經又滿血復活了。我在《風味事典》（*The Flavour Thesauru*）中，曾設法重現朗特里（Rowntree）更令人悼念的卡巴納巧克力棒（Cabana bar）來做為一道前餐。我也很驚訝能在克拉肯威爾（Clerkenwell）找到一家中國外賣店，它們還出售著我青少年時期就記得的鬆餅捲：巨大、其貌不揚，並塞滿帶著土味的豆芽菜。瑪莎百貨咖哩爆米花含有混合香料、椰子和黑種草籽（nigella seeds），讓人聯想起401頁有關薑味餅乾的描述。使用130克中筋麵粉和65克脫水椰蓉、100克金黃糖漿、100克紅糖、1茶匙印度什香粉（garam masala），1茶匙芫荽粉（coriander）和一小撮黑種草籽。也可以考慮以等重的印度酥油（ghee）來替換100克奶油。

347 ## 咖啡與小豆蔻（COFFEE & CARDAMOM）

對一條質地黏稠的薑味蛋糕來說，以咖啡與小荳蔻來搭配是令我驚豔的一種理想風味組合。我是對的，不過也幾乎大錯特錯。咖啡蘊含的烤豆香喚醒了薑味蛋糕中的糖蜜香味，而小豆蔻也是薑科的成員之一。換句話說，我的蛋糕雖然嚐起來像個薑味蛋糕，但又不完全像。事實證明，新鮮生薑鮮明火辣的風味才是薑味蛋糕成功的關鍵。而如果你計畫一次就正中靶心，那就大膽使用香料吧。為了獲得明顯的咖啡和小荳蔻風味——或者在中東地區被稱為嘉瓦爾（garwa）風味——須將4個小荳蔻豆莢內的種子搗碎，加入基礎食譜中的乾性材料裡，然後將5茶匙即溶咖啡倒入2湯匙牛奶中攪拌均勻，加熱有助於咖啡的溶解。可以只單獨使用金黃糖漿，或者也可混入1湯匙的糖蜜。

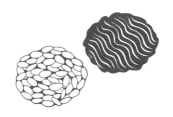

佛羅倫汀瓦片脆餅與白蘭地捲（FLORENTINES & BRANDY SNAPS）

這是一種花俏的巧克力餅乾，或許還會加上一點太妃糖來裝飾。佛羅倫汀瓦片脆餅漂亮到可以成為羊毛衫上的別針，就像是個可以食用的安德魯·羅根（Andrew Logan）胸針。這種脆餅的麵糊呈現如杏仁般的銀白色，與這章所列的各種薑味餅乾麵糊完全不同。只要簡單地減少麵粉的分量，讓奶油、糖、糖

漿和麵粉的重量比為 1：1：1：1 就可以了，還要省去小蘇打粉。這些餅乾又薄又平，看起來像是前一批餅乾留在烤盤上的痕跡。若要製作白蘭地捲，則麵粉中除了各 100 克的其他材料外，要再加入1茶匙薑粉。若製作的是佛羅倫汀瓦片脆餅，假設你使用各 100 克奶油、糖、糖漿和麵粉，那就將 200 至 400 克切片或切碎的水果和堅果拌入餅乾麵團中。還可以選擇加入糖漬水果粒、蜜漬生薑或白芷（angelica），杏仁碎粒或杏仁片，榛果粒和開心果粒。白蘭地捲與佛羅倫汀瓦片脆餅都可按照薑味餅乾食譜製作，將奶油、糖和糖漿一起融化，然後將奶油糖糊加入麵粉與香料當中。所有成分混合均勻，用茶匙將麵糊舀進不沾烤盤紙上，每個麵糊間須間隔幾公分伸展的空間。白蘭地捲的麵糊可以成堆狀，但佛羅倫汀瓦片脆餅則須用茶匙背面輕輕將麵糊推展開來。以180°C 烘烤 8 至 10 分鐘。一旦餅乾顏色變成深金黃色，就將餅乾移出烤箱。佛羅倫汀瓦片脆餅需放置約 1 分鐘讓它硬化（用烘焙抹刀鏟一下餅乾邊緣來判斷是否已烤好），再將餅乾鏟起放到冷卻架上冷卻，待冷卻後便可在餅乾光滑面塗上融化巧克力。至於白蘭地捲，則需在仍然溫熱時就將它們包捲在木湯匙的圓木炳上，或者包捲在任何橫截面為圓形的類似棒狀物體上冷卻。做這道程序時動作要快，因為白蘭地捲很快就會變硬（雖然如果有需要的話，它們仍然可以回烤箱短暫加熱一下重新軟化）。

薑味餅乾（GINGERBREAD BISCUITS）

348

伊麗莎白一世（Elizabeth I）讓人依照客人的模樣製作出薑餅人。這是個好主意，任何一個對你烘焙產品避之唯恐不及的人，你都可以在他們離開後咬下他們的頭，簡直就是一種巫毒儀式呀。將基礎食譜中紅糖的分量減至 100 克，省去牛奶。在步驟1的最後，讓奶油糖糊冷卻 10 分鐘，再拌進乾性材料中。將溫熱的麵團整成圓形，在你的手掌間滾成核桃大小的圓球狀麵團後，立即放入烤箱烘烤。記得小麵團之間要留一點間隔，排列在薄薄塗了一層油或墊上烤盤紙的烤盤上。也可以先讓麵團冷卻，然後冷藏至少 30 分鐘，再將麵團桿薄切割成薑餅人或其他形狀。無論哪種作法，都需以 180°C 烘烤 10 至 15 分鐘。如果你喜歡傳統老派薑味硬餅乾那種口感硬一點的薑味餅乾，那就把雞蛋也省了。這個食譜的分量大概可以做出 20 個 9 公分長的薑味餅乾。

金黃糖漿（GOLDEN SYRUP）

我小時候一直很瘦，以致於我母親常常把金黃糖漿罐的蓋子打開，然後

就放在桌上就不管它了。於是在沒有人監視的情況下，我把糖漿加到含有 1 份燕麥與 2 份糖的燕麥粥中，有時則把金黃糖漿一坨坨堆淋在母親的驕傲牌（Mother's Pride）奶油白吐司上食用。結果當我的牙齒一顆接著一顆掉落時，四肢卻依然乾扁瘦小如故。金黃糖漿在多數以英語為母語的國家中很常見，但在歐洲卻奇怪地沒沒無聞。北美人則有玉米糖漿，對我來說玉米糖漿的味道就像乏味的電梯音樂，而金黃糖漿就是豐富的英國流行音樂了（而楓糖漿簡直是邁爾斯・戴維斯〔Miles Davis〕爵士樂等級的糖漿，加入蛋糕麵糊中就浪費了）。金黃糖漿雖然沒有薑味，但在 2 茶匙天然香草精的幫助下，也能做出一種風味較溫和清爽的低黏性蛋糕。在這裡需保留小蘇打粉，因為這些超甜的糖漿有著令人驚訝的酸性（金黃糖漿的酸鹼值〔pH〕在 5 到 6 之間，而糖蜜酸鹼值則似乎達到 6）。

蜂蜜（HONEY）

蜂蜜蛋糕或稱萊卡蜂蜜蛋糕（lekach），是一種猶太新年（Rosh Hashanah / the Jewish New Year）的傳統年節食品，象徵對新的一年有著甜甜蜜蜜的期許。猶太朋友告訴我，其實大家都不喜歡這個蛋糕，以致於很容易就把它忘在屋中某個角落一整年，等著來年出現新的蛋糕取而代之。蜂蜜蛋糕的質地通常非常乾燥，在某些料理圈中還被戲稱為「噎死人」（choker）蛋糕。不過我們基礎食譜所做出來的蛋糕可沒有噎死人的風險。基礎食譜中的含糖量，能讓蛋糕產生令人愉悅的濕潤口感，而以植物油取代奶油來製作蛋糕，更提升了蛋糕的濕潤度。200 克中筋麵粉與 1/2 茶匙小蘇打粉混合過篩後，再加入 2 茶匙肉桂粉、2 茶匙混合香料、1/2 茶匙新鮮磨碎的肉荳蔻和少許鹽均勻混合。在另一個碗中，將 100 毫升植物油、100 毫升蜂蜜、100 毫升冷咖啡、100 克砂糖、100 克軟紅糖以及 1 個雞蛋攪拌混合。在乾性材料的中心挖個凹洞，倒入混合好的濕性材料。混合均勻後將麵糊倒入鋪好烤盤紙的 900 克（2 磅）長條型麵包烤模，以 160°C 烘烤 45 至 55 分鐘。大約烘烤 30 分鐘後開始檢查——你可能需要在蛋糕頂部鬆鬆地覆蓋一張鋁箔紙以避免蛋糕表面色澤過深。烤好的蛋糕先放置冷卻 15 分鐘後再脫模。這個蛋糕的蜂蜜味道某種程度上取決於你所使用的蜂蜜種類。美國食物作家露絲・雷克爾（Ruth Reichl）選擇使用蕎麥（Buckwheat）蜂蜜，並且建議將這個蛋糕切成如吐司般的薄片，抹上奶油乳酪享用。根據美國的美食作家瑪莉・西蒙（Marie Simmons）的說法，蕎麥蜂蜜就是一種「具麥芽香、辛辣、自信和令人難忘」的蜂蜜。

長條麥芽麵包（MALT LOAF）

只要曾經嚐過索瑞牌（Soreen）麥芽麵包的人，就永遠不會忘記它的滋味。在商店中買到的長條麥芽麵包，紮實得足以將牆壁砸出個黑洞。而我們的變化版質地就稍微輕盈一些，也比較不會黏住你的上顎。不過有著啤酒廠地板嗆鼻氣味的麥芽精，加上水果乾的甜味，造就了一條毫無爭議充滿麥芽芳香的蛋糕。若投球技術不錯，這蛋糕仍然可以砸破一扇窗戶。按照我們的基礎食譜操作，省去其中的香料，用麥芽精取代金黃糖漿，省去奶油和牛奶而以等重的蘇丹娜白葡萄乾（sultanas）與冷茶（100克和100毫升）來代替。首先將葡萄乾放入平底鍋中，加入麥芽精與糖後一起加熱。以略低的溫度160°C烘烤35至45分鐘。如果可以，將烤好的蛋糕包裹好保存至少一兩天，然後塗抹大量奶油在蛋糕片上享用，以犒賞自己的耐心。

番茄湯（TOMATO SOUP）

美國天才詩人西爾維婭・普拉斯（Sylvia Plath）在書寫《死亡公司》（*Death & Co*）那天，做了一道番茄湯蛋糕。這款蛋糕曾經被稱為「憂鬱蛋糕」（depression cake），倒不是為了影射普拉斯當時的精神狀態（雖然普拉斯的精神狀態的確有問題），而是因為這款蛋糕是一九三〇年代經濟大蕭條時期最普遍流行的蛋糕之一，因為它的雞蛋、奶油和牛奶等昂貴材料的含量較少，而且還使用廉價的糖來製作。更令人歡喜的是這款蛋糕呈現著如狐狸毛般美麗的紅薑色澤，質地也非常有彈性。美國美食作家 M.F.K.・費雪（M.F.K. Fisher）將這款蛋糕稱為神祕蛋糕（Mystery Cake），因為在人們品嚐之前，最好不要告訴他們這款蛋糕的成分。在我看來，它的味道不像原來的罐裝番茄湯風味，但對我丈夫來說，它卻帶著胡蘿蔔蛋糕那種甜而生澀的辛辣味。早期的食譜採用油脂乳化法來製作這款蛋糕，有時還用豬油（lard）而非奶油，但後來則以液態植物油取代固體脂肪，於是實際上連融化的步驟都無須進行了。將各150克的中筋麵粉和砂糖，以及各 $1/2$ 茶匙的泡打粉和小蘇打粉，還有1茶匙肉桂粉、各 $1/2$ 茶匙的綜合香料粉和丁香粉混合均勻。在乾粉中心挖個洞，加入預先混合好的1個雞蛋、2湯匙植物油和半罐坎貝爾牌（Campbell）濃縮番茄湯。攪打幾分鐘後，倒入450克（1磅）的麵包烤模中，以140°C烘烤40分鐘。可以考慮淋上加了糖粉增加甜度的奶油乳酪糖霜，而成為一道乳酪番茄蛋糕。

餅乾（Biscuits）

如果將 401 頁上薑味餅乾食譜中的糖漿捨棄，你就擁有一個基本的餅乾食譜了——糖、奶油以及麵粉的比例分別為 1：1：2。就算沒有糖漿，你仍會開心地發現，雞蛋發揮了功效產生一個緊致的麵團。《拉魯斯美食百科》（Larousse）則以相同比例的材料但捨去泡打粉來製作油酥塔皮（pâte sablée），這是一種法式甜麵皮。而像製作甜糕點一樣，這個麵團在擀平切割出形狀前需要冷藏一下。不過，如果你想做出油亮的圓餅乾，就用手掌滾動出核桃大小的球狀麵團，並且馬上進爐烘烤。請記住，1：1：2 的糖、奶油以及麵粉比例只是個基本起點。放手盡情地去實驗吧。你也許會發現自己更喜歡甜一點的2：1：2 比例，或是風味更濃郁的3：5：6 比例。

以下基礎食譜可以製作出 20 至 24 個餅乾。

食材

100 克無鹽奶油

100 克糖 AB

1 茶匙天然香草精

1 個雞蛋，或 2 個蛋黃

200 克中筋麵粉 CD

$^1/_2$ 茶匙泡打粉 E

少許鹽

碎堅果、葡萄乾（可加可不加） F

1. 將奶油和糖放入一個大碗中攪打乳化。
   如果奶油仍然有點硬，就先用叉子壓軟奶油。然後加入糖一起攪打直到乳白蓬鬆。重要的是，開始操作時奶油不可加熱或融化，否則將使做好的餅乾油膩而扁塌。
2. 雞蛋加入天然香草精攪打，然後拌入奶油糖糊中。
3. 將麵粉、泡打粉及鹽混合篩入奶油蛋糊中，輕輕攪拌至完全均勻，攪拌次數盡可能降至最低。如果要加入巧克力片、堅果或葡萄乾，就趁現在。

攪拌太多次會過度出筋。在一些餅乾食譜中，若需要做出鬆脆質地時，都在添加麵粉後才加入雞蛋，好盡可能降低出筋的程度。

4. 如果你正在擀開麵團，那就將它稍微拍平，蓋上保鮮膜然後放入冰箱約 30 351
分鐘讓麵皮變硬。當你已準備好烘烤時，將麵團擀成 0.4 至 0.5 公分厚的麵餅，並切割出你要的餅乾形狀。或者將剛揉好的麵團直接整形成圓柱狀，以保鮮膜包覆，放入冰箱冷藏，直到麵團變硬足以切成 0.4 至 0.5 公分的薄片為止。若要快速獲得滿足感，就手動將麵團搓成核桃大小的圓球直接放到烤盤上（如果使用的不是不沾烤盤，則烤盤得先抹一層油），每個麵團之間需間隔 2.5 公分，再用叉子將麵團壓平一些。

5. 以 180°C 烘烤約 15 分鐘，這個時候餅乾的邊緣和下面應該以經呈現棕黃色。如果你的烤箱有溫度不均的狀況，記得中途調整一下烤盤的方向。

要確保烤箱處於高溫已預熱完成的狀態，才能放入餅乾麵團，否者麵團中的奶油會在餅乾烤好前就開始融化流出。如果你認為餅乾已經烤好了，但又不確定，就把餅乾拿出來檢查。要是還沒烤好，可以把它們塞回烤箱再多烤一兩分鐘。

6. 烘烤完成後，將餅乾從烤盤取出，移至冷卻架上冷卻。餅乾冷卻後，得搶在它們全部被解決之前，盡速放入氣密罐藏起來。

記得在將餅乾鏟出烤盤前，要先放置幾分鐘讓餅乾變硬。

舉一反三

A. 糖越細，餅乾在烤箱中擴展的範圍也越大。

B. 你可以用相同重量的糖漿代替一些或所有的糖，但要注意的是糖漿含有水分，會使做好的餅乾不那麼酥脆。

C. 也可以使用自發麵粉，不過就要省去泡打粉。

D. 若要做巧克力餅乾，可以使用可可粉取代最多 25 克麵粉。

E. 泡打粉可以製作更透氣的餅乾。不要用小蘇打取而代之，因為餅乾的其他材料中，沒有足夠的酸度可以與小蘇打作用，只會讓你的餅乾帶著一股金屬味。

F. 在步驟 3 的最後，可以隨你的喜好添加巧克力碎片、碎堅果或葡萄乾。

巧克力豆（CHOCOLATE CHIP）

　　即使是英國人，美式餅乾（cookie）一字，也應該是個必修名詞。賜給某人一塊巧克力脆片餅乾（biscuit），只會讓你聽起來像個英國公爵夫人。按照我們的基礎食譜來製做這款餅乾，在步驟3的最後拌入差不多與糖等重的巧克力豆即可。或者也可以多加一點巧克力豆，好彌補商業品牌餅乾偷斤減兩的巧克力豆數量。糖的部分，一半可使用白糖，而另一半如果可能的話就用慕斯可瓦多黑糖（muscovado）。如果你喜歡質地柔軟的餅乾，烘烤時間就不要超過8分鐘，否則遵循基礎食譜所載明的烘烤時間即可。將餅乾移轉至冷卻架前需讓餅乾先在烤盤上放置幾分鐘讓它們變硬。一盤烤好的巧克力豆餅乾，拎一本帶著折頁記號的《黑神駒》（*Black Beauty*），再加一杯冰牛奶，就彷如置身天堂了！

無花果、杏仁與茴香義式脆餅（FIG, ALMOND & FENNEL BISCOTTI）

　　義式脆餅（Biscotti）可以說是用來標榜低脂生活方式的一種餅乾。這款餅乾不含任何的奶油或植物油，所以質地乾燥而堅硬，需要搭配一杯飲料才能下嚥，因此你只會在咖啡連鎖店的陳列櫃中看到它們。而絕對不會看到它們出現在蛋糕店中與閃電泡芙（éclair）或草莓塔並列。無論如何，這款餅乾搭配咖啡享用，真是見鬼了！浸入葡萄酒中享用的義式脆餅，才能品嚐到它們的最佳風味，只要曾經用聖酒（vin santo）軟化過義式杏仁脆餅（cantuccini）的人，就會了解我的意思了。這種餅乾非常容易製作，也是基礎食譜省去所有奶油產品的最佳示範。將100克糖與1個雞蛋攪打至蛋糊呈現濃稠的乳白狀，加入幾撮茴香籽，然後拌入200克中筋麵粉、$^1/_2$茶匙泡打粉和一兩撮鹽。所有材料均勻混合拌成麵團，然後揉進約200克烘烤過的堅果與水果乾（兩者都要稍微切碎）。將麵團分成兩半後，再將每個麵團揉成圓柱狀。將圓柱狀麵團放在墊好烤盤紙或不沾烤盤上，注意別讓它們太靠近，因為烘烤時還會膨脹。然後以130°C烘烤1小時。這時從烤箱取出餅乾條，立即用鋸齒刀切成一公分寬的餅

乾片（你的另一隻手可能需套上隔熱手套才能固定餅乾條）。將餅乾片放回烤盤再繼續烘烤30至40分鐘，烘烤過程中需將餅乾翻面。烤好的餅乾應該呈現金黃色澤。將你的脆餅放在架子上冷卻，然後放入氣密罐中保存，最長可達一個月。若是為了乳酪拼盤而製作餅乾，那就在餅乾麵團中加入切成豌豆大小顆粒狀的開心果、榛子、杏桃乾和乾櫻桃，並在第一次烘烤後，將餅乾條切成非常薄的餅乾片，之後進爐再烤，直到餅乾呈現金黃色為止。

薑（GINGER）

　　格拉斯米爾薑餅（Grasmere gingerbread），是英國湖區（Lake District）一家小店出售的產品，它看起來更像是一種奶油酥餅，而不像我們曾用來做薑餅人（請參考401頁）那種傳統的糖漿（或蜂蜜）風味薑餅。格拉斯米爾薑餅的口感也更為酥脆沒有嚼勁，結構較為鬆散。其實我喜歡它的包裝更勝於薑餅本身。不過要說明一下，如果每個人的感覺都與我相同，那麼店門口也不會從遠古亞瑟王時代就開始大排長龍了。格拉斯米爾薑餅的確切食譜配方，是在一八五四年由莎拉·尼爾森（Sarah Nelson）調配出來的，到現在仍然是一個如肯德基炸雞配方般的祕密，不過英國美食作家珍妮·葛里格森（Jane Grigson）則聲稱她提供的食譜更好。儘管葛里格森的食譜是以融化奶油的方法製作麵團，但就材料比例而言，這個食譜的確更符合我們的餅乾基礎食譜。將125克紅糖、250克中筋麵粉或燕麥片粉、1茶匙薑粉和 $1/4$ 茶匙泡打粉放入碗中混合均勻，倒入150克融化溫熱的含鹽奶油攪拌混合。再將麵團壓入邊長20公分的方形薄烤盤，以溫度180°C烘烤30至35分鐘，直到餅乾表面呈現金黃色為止。將餅乾片從烤箱取出後立即切片，靜置冷卻，再放入氣密罐保存。

萊姆與丁香（LIME & CLOVE）

　　這是名廚彼得·戈登（Peter Gordon）最喜歡的一對風味組合，他曾將它們與松子運用在奶油酥餅中，並搭配鮮奶油與香蕉薑味乳酪蛋糕一起上桌。在所有柑橘類食材和香料的搭配組合中，這是風味最濃烈的一組配對，以致於你也許想幫餅乾罐加把鎖。最好遵循戈登的做法碾碎整個丁香，而不是使用現成磨好的丁香粉。新鮮現磨的丁香帶著更為突出的水果風味。而萊姆皮則味道辛辣。就像許多最好的風味組合一樣，很難去分辨出個別芳香味道的開始與結束。按照基礎食譜來操作，不過請捨去天然香草精。100克紅糖、100克奶油和200克麵粉，需用到精細磨碎的3個萊姆皮以及 $1/2$ 茶匙新鮮碾碎的丁香末。

一點點的研磨黑胡椒粉會帶來有趣的刺激感。萊姆和丁香也會同時出現在甜蜜的巴貝迪恩（Barbadian）糖漿或一種被稱為法勒南（Falernum）的利口酒中。可以從商店中買到現成的法勒南利口酒，或用蘭姆酒、萊姆皮、丁香和生薑調配成自製的法勒南利口酒。即使各種應用千變萬化，但萊姆與丁香都是其中不可少的必要條件。

紅色萊斯特乳酪與其他乳酪（RED LEICESTER & OTHER CHEESES）

　　當我們在紐約與我們的義裔美國表兄弟們待在一起時，想當然爾一定會受到無盡美食和美酒的款待。他們帶著我們逛向最好的雜貨店和市場，並以誇張的手勢提議去最有趣的新餐館。趁他們不注意的時候，我閃身進入最近的藥房去購買花生醬夾心乳酪蘇打餅乾（peanut butter and cheese crackers）。雖然我的表兄弟們對花生醬與乳酪這兩種成分都非常有意見，但我就是對這款餅乾很瘋狂。幸好英國沒賣這種餅乾。這種夾心餅乾呈現著淡淡的橘紅色，可能是使用了胭脂樹紅（annato，是一種從胭脂樹種籽萃取出的天然物質）染色，而且使用量也很低，才讓夾心的花生醬看起來很像出自牧場餵養的奶牛，並且讓餅乾呈現如萊斯特乳酪般的橘紅色。我選擇直接使用萊斯特乳酪來製作乳酪餅乾，並計畫以1：1比例將滑順的花生醬和奶油乳酪混合做成夾心內餡。不過你可不能寄望留在冷卻架上的乳酪餅乾還會剩下多少。當我準備開始為餅乾填入內餡做自己的花生醬夾心乳酪蘇打餅乾（PB & C）時，架上卻只剩下一塊餅乾了，而且還是一塊碎成兩半的餅乾。儘管如此，比起藥房現成的那種缺乏健康元素的蘇打夾心餅乾，還是很值得自己試著動手製作富含健康元素的餅乾。更有用的是，我還學到可以用等重的現刨乳酪粉來替換基礎食譜中100克糖，並加入2個蛋黃，將麵粉結合成麵團。先將奶油攪打乳化，混入麵粉、泡打粉、乳酪粉以及1茶匙取代天然香草精的芥末粉。這個乳酪餅乾麵團如果過軟，會需要冷藏一段時間。英國名廚史蒂芬・布爾（Stephen Bull）則使用藍黴乳酪、奶油和麵粉，以1：1：1的重量比例製作乳酪餅乾。所有材料每200克需要加入1茶匙鹽，再加上一個全蛋。依此方式製作出來的麵團非常柔軟，因此布爾將麵團冷凍，這樣才能將麵團擀成2公分厚的麵皮，進而壓製出餅乾。做好的餅乾片以190°C烘烤12分鐘。如果你比較喜歡以乳酪搭配餅乾享用，而不是讓乳酪化在餅乾中，則請參考28、31和33頁的幾個餅乾配方。或嘗試無花果、杏仁與茴香（請參考第406頁）段落中的變化版義式脆餅，或者請參考下一頁的全麥消化餅乾。

土耳其軟糖（TURKISH DELIGHT）

土耳其軟糖為餅乾增添了一股異國風味。我們基礎食譜中的麵團需要6至8塊的土耳其軟糖：用鋒利的刀子將土耳其軟糖切成邊長0.5公分的骰子狀顆粒，再把它們扔進裝著糖粉的盒子中滾動，以防止軟糖沾黏。（土耳其軟糖也很適合成為酵母麵包和水果蛋糕中的蜜餞替代品。）土耳其軟糖有如人面獅身像般微妙細緻的玫瑰風味，讓餅乾麵團擁有一種相當天然的風味——也許就是一點點的香草味或肉桂味。而土耳其軟糖最經典的對味組合，就是碎開心果。

核桃（WALNUT）

一個溫暖的十月傍晚，我們正在康瓦爾溪（Cornish creek）旁的出租木屋度假，並打算在當地的酒吧解決晚餐。在木屋花園下的小海灘小酌一番後，我們藉著手電筒的光線沿著岸邊小路走向酒吧，結果卻很意外地發現酒吧廚房已經關門了。回到木屋，櫥櫃裡幾乎什麼都沒有。而且兩個人的飲酒量都已經超過了可以駕駛上路的標準，度假木屋的地理位置是如此孤立，以致於鄰居儼然認為訂購外賣是不切實際的作法。我們別無選擇，只能物盡其用地利用當時手邊的所有食材：一些奶油和牛奶，三分之一瓶的威士忌，各式各樣吃剩的乳酪，一整個棕色紙袋的帶殼核桃，還有我老公放在行李箱從倫敦帶來的什錦早餐麥片。沒有麵包也沒有葡萄酒。我搗碎一些堅果，奶油攪打乳化，再以約1：1：2的比例與什錦早餐麥片混合。然後加了一大杯熱牛奶，把麥片團整形成一個扁平的粗糙圓餅，然後放在爐盤上烤熟。我用餐巾紙將這個溫熱的燕麥餅包好，然後收拾剩下的核桃和乳酪：一小塊鞏德乳酪（Comté），一大塊康瓦爾石英巧達乳酪（Cornish Quartz Cheddar）和一塊未開封的侯克霍藍黴乳酪（Roquefort）。這讓我還想起曾在某個傢伙的堅持下，嘗試過滋味絕佳的乳酪與威士忌組合，這位老兄曾在蘇荷區我購買過佛格威士忌（Laphroaig）的威士忌商店米爾羅伊（Milroy's）工作過。我們穿著最暖的毛衣回到了海灘上，坐在厚厚的皮氈上，背靠著一棵乾枯已久的彎曲樹幹。在滿月的光華與黑色河水拍打著岸邊砂石嘶嘶作響的樂聲中野餐。

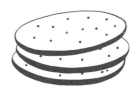

全麥消化餅乾（WHOLEMEAL DIGESTIVES）

　　這款餅乾又被稱為讀者餅乾（the reader's biscuit）。巧克力類的消化餅乾已被我排除了，因為我們實在無法忍受書頁沾上污漬）。至少對我來說，三片消化餅乾、一杯冰牛奶再加上一本好書，就等同於迪士尼樂園之旅對一個七歲孩童的意義了，這是增進血清素分泌的最佳途徑。我們可以將基礎食譜中的糖減去一半來製作消化餅乾，也就是糖、奶油與麵粉的比例為1：2：4，所以它還可稱做「半糖」餅乾。這不是一個很容易操作的麵團，而且幾乎確定需要在冰箱裡冷藏一陣才能操作。正如你所想像的那樣，全麥麵粉占著主導地位，於是麵粉中增加的麩皮，為麵團增添了可愛粗糙的質地。不要使用砂糖，而用粗粒糖來製作這款餅乾，還需確保使用的是含鹽奶油，不然就得添加多一點鹽，比你原本預計一塊餅乾所需的鹽分還多。就像鹽對漁夫鬍子的重要性般，鹽對消化餅乾的特性也至關重要。全麥餅乾（Graham crackers）就是英國消化餅乾的美國表弟，不過全麥餅乾除了糖之外，通常還會加一點肉桂與糖蜜，或者蜂蜜。若要製作英國消化餅乾，則按照你會的基礎食譜步驟做出麵團：50克粗粒糖、75克奶油及25克豬油、150克全麥麵粉、50克中筋麵粉、4湯匙麩皮、1/2茶匙泡打粉、1/4茶匙天然香草精和1/4茶匙鹽。無需添加雞蛋。在步驟4中將麵團冷藏至少30分鐘，然後擀開成0.3至0.4公分厚的麵皮，壓切成直徑7至8公分的圓圈，用烘焙專用針滾輪（docking roller）在餅乾麵團上滾出小洞，或用縫衣針一類的東西扎出規律的針孔。然後按照基礎食譜的指示烘烤。

奶油酥餅（Shortbread）

　　奶油酥餅的食材比例是一個眾所周知的比例，糖、奶油、麵粉的比例，是1：2：3。只要你記得哪個數字對應哪種食材，這個比例就很好用。我仰賴的是輔助符號來記憶，取奶油酥餅餅乾配方（Shortbread Biscuit Formula）英文名稱的第一個英文字母來代表製作食材糖、奶油與麵粉（Sugar、Butter、Flour）的英文第一個字母。不要忘記在混合上述材料時加入少量的鹽。1：2：3比例雖然很經典且令人記憶深刻，不過卻非一成不變的比例。英國名廚詹姆斯‧馬丁（James Martin）採用了1：6：7的比例來製作這款餅乾，這是我見到過奶油香味最濃郁的餅乾了。

此一基礎食譜可製作一個直徑17至20公分的圓形奶酥餅，或大約20條手指餅乾。[A]

食材

　　50 克糖[B]

　　100 克無鹽奶油，略微軟化[C]

　　150 克中筋麵粉[D]

　　少許鹽

　　1 個蛋黃（可加可不加）[E]

1. 將糖和奶油攪打直至完全乳化均勻。
   當你開始操作，奶油應該是冰冷而略微軟化（並非融化），因為這會影響餅乾完成時的質地。

2. 加入麵粉和鹽，用湯匙攪拌形成麵團。
   如果麵團太乾，蛋黃會將它們黏結在一起，就算是為了最鬆脆的質地，也許一開始還是留下一些麵粉比較好。

3. 將麵團壓入塗好油直徑17至20公分的圓形烤模中（然後在表面刮出或刺出最吸引人的圖案），或者將麵團擀成0.4至0.5公分厚的麵皮，並切割成餅乾狀。或者用你的手滾揉出核桃大小的球狀麵團，把這些小球排列在塗好油的烤盤上，用叉子輕壓表面。

如果時間足夠，就將麵團放入冰箱靜置30分鐘。

4. 圓形奶油酥餅需以溫度160°C烘烤約45分鐘，而個別的小餅乾就需根據厚薄度烘烤10至20分鐘。

    有些人製作奶油酥餅會以180°C烘烤15至20分鐘，這是多數標準餅乾食譜的作法。不過烘烤的時間更長將讓餅乾帶著一股酥烤焦香，餅乾表面也會呈現明顯不符合蘇格蘭風格的棕褐色。

5. 烤好的奶油酥餅置入氣密罐中保存。

    應該可以保持一個星期，或甚至兩個星期。

舉一反三

A. 製作6個手揉餅乾〔想變化風味時，這是個快速且同時能測試品質好壞的方法〕需要15克糖、30克奶油和45克麵粉。若想製作邊長20至22公分的方形烤盤所需的麵團，則需要75克糖、150克奶油和225克麵粉。

B. 你也許會把維也納迴旋奶油酥餅（Viennese whirls）當作奶油酥餅的一種變化。這款以糖粉及高奶油／麵粉比例做出的麵糊非常柔軟，可以裝進擠花袋中，擠出如玫瑰花的漩渦狀麵團，或長條手指形狀的麵團。

C. 有些廚師採用搓壓法來製作酥餅。如果你的奶油很硬，就可以選擇這種方式，不過幾乎可以肯定是，採用這種方法需添加一些蛋黃將麵團黏結在一起。

D. 將四分之一到三分之一的麵粉替換成等重的米粉、玉米粉、粗麵粉或馬鈴薯粉。這些無麩質麵粉可以為餅乾增添更鬆脆的質地。

E. 英國名廚赫斯頓‧布魯門索（Heston Blumenthal）在他的奶油酥餅中加了一點泡打粉，也加了蛋，蛋黃提供了泡打粉作用所需的水分。

奶油酥餅 → 風味與變化

黑胡椒（BLACK PEPPER）

鹽是奶油酥餅的必要成分，但如果你有一組一模一樣的研磨瓶，而且還拿錯了瓶子，那也沒關係。利斯烹飪學校（Leiths）曾提供了一個黑胡椒奶油酥餅的配方，其中規定一個以55克糖、110克奶油和165克麵粉所製成的麵團，需加入1茶匙在搗缽中搗碎的胡椒粉。

鷹嘴豆（CHICKPEA）

印度帕可拉炸菜餅（Pakora）、尼斯鷹嘴豆烤餅（socca）或印度鷹嘴豆蒸糕（dhokla）這些以鷹嘴豆做成的點心，也許會讓你把鷹嘴豆粉歸類為「鹹味」食材，不過運用鷹嘴豆粉（besan）做出來的餅乾就不是鹹味的餅乾了。鷹嘴豆餅乾與其鹹味同類的共同點，只有它們深邃金黃的顏色。這也意味著與白麵粉製成的普通餅乾比較起來，鷹嘴豆餅乾具有更濃郁的奶油芳香。不過鷹嘴豆餅乾真正的優勢卻在質地：它們的質地是如此輕盈且入口即化，所以添加水果或堅果只會破壞原有的滋味。但香料就是另外一回事了。像是用於印度餅乾（nan khatai）中的小豆蔻與肉豆蔻，這種風味的鷹嘴豆餅乾在排燈節（Diwali）期間特別受到歡迎。而阿富汗酥餅乾（Afghan nan-e nodhokchi）也是用玫瑰與小豆蔻調味。鷹嘴豆粉的味道很強烈，如果你從未嘗試過以鷹嘴豆粉製做甜餅乾，也許一開始可以根據舉一反三的 D 項中有關玉米粉與粗麥粉的建議，先與中筋麵粉混合使用。

巧克力（CHOCOLATE）

在英國，餅乾成分中至少需含 3% 的脫脂乾可可固體，才符合巧克力餅乾（如果您正考慮申請）的要求。含量低於最低限度的餅乾只能稱為巧克力風味餅乾。我還沒有去計算博伊德奶奶餅乾（Granny Boyd's biscuits）的可可含量是否達到標準，不過我也不在乎：因為這款出自奈潔拉・勞森（Nigella Lawson）《如何成為家政女王》（*How to be a Domestic Goddess*）的餅乾麵團，是長久以來我最喜歡的一款巧克力餅乾麵團。它的成分比例或多或少與我們奶油酥餅的基礎食譜相符；只是麵粉用量比你預期的少一點，因為可可替換了這些麵粉的分量。別浪費時間在超市中計算餅乾中的可可固體含量了，好好利用這些時間去尋找超市中一些非常優質的香草冰淇淋吧，巧克力餅

乾與香草冰淇淋可是彼此不可或缺的最佳夥伴呢。勞森的巧克力餅乾食譜如下：125 克砂糖、250 克無鹽奶油、300 克自發麵粉和 30 克可可粉。按照基礎食譜步驟操作，並以 170°C 烘烤 5 分鐘後，將溫度降低至 150°C 再續烤 15 分鐘。

發酵奶油（CULTURED BUTTER）

只有眼明手快的連環殺手，才會一湯匙一湯匙的吃著奶油。凝脂奶油（Clotted cream）的肥膩程度大概已達社會所容許的極限了。為符合「原產地命名保護制度」（PDO / Protected Designation of Origin）的規範，康瓦爾凝脂奶油（Cornish clotted cream）必須含有至少 55% 的乳脂（大多數英國奶油則含 86% 的乳脂）。我曾看過一種凝脂奶油酥餅的配方，在食材比例 1：2：3 的食譜中，以凝脂奶油替換了食譜中半數的奶油重量。雖然成品的滋味絕佳，但還是產生一些問題，因為凝脂奶油中的含水量會影響餅乾的酥脆程度，所以還是使用奶油的效果比較好。若想獲得更深層次的乳製品風味，就遵循美國食譜作家邁克‧魯爾曼（Michael Ruhlman）的建議，嘗試使用發酵奶油。在英國銷售的奶油大多數都是帶著甜味的奶油，但一些較小型的乳品廠已開始出售這種帶點酸味，風味更複雜的發酵奶油了。或者你可以在超市的高價品貨架上找到一條來自諾曼第（Normandy）經「法國原產地保護認證」（AOP）的發酵奶油。或者運用高脂鮮奶油（double cream）、白脫乳（buttermilk）和一部立式攪拌機，也可以做出自己的發酵奶油。這個過程會將奶油固體與乳脂分離，是一種值得立即加入願望清單的感官體驗——死之前一定要分離出二十種脂肪啊。

卡士達醬（CUSTARD）

葛里格森在其著作《英國美食》（*English Food*）中，將卡士達醬粉稱為「我們國家的微小悲劇之一」。我很想聽聽她對下面這個卡士達醬粉食譜的看法，這個食譜記載於一八六五年所出版的《藥劑師與製藥師的實用處方手冊》（*The Pharmaceutist's and Druggist's Practical Receipt Book*）一書中，是介於咖哩粉與氰化鉀篇幅間所記載的一個配方：將西米粉（sago flour）、薑黃、苦杏仁粉和肉桂油（oil of cassia）——很像肉桂但味道更刺鼻些——混合攪入甜牛奶中。相較之下，英國食物化學家亞弗雷德‧伯德（Alfred Bird）所創的玉米粉、食用黃色色素以及天然香草精的組合，就顯得更美味芬芳了。伯德為苦於雞蛋過敏的妻子發明了這種無蛋卡士達醬粉。就愛情象徵的發展史而言，以花

或蕾絲花邊內褲代表愛情象徵的時代就此改變。卡士達醬奶油酥餅是將基礎食譜中三分之一的麵粉替換成卡士達醬粉。若要擁有更濃郁的卡士達醬風味，則添加一些天然香草精以及一點食用黃色色素（food colouring）或胭脂紅。

椰棗（DATE）

椰棗切片：如果你喜歡的是酥餅的鬆脆口感而不是水果本身，那就不用自己動手了，上街去買現成的椰棗酥餅吧。在所有可用於製作酥餅的水果乾中，椰棗是一種經典質感非常厚重的蜜餞。儘管如此，操作時還是要確保能維持住椰棗的厚度，因為若變成液狀的水果糊，果汁就會滲透到麵團底層，因而過於濕潤而無法切片。這款椰棗酥餅是按照奶油酥餅的材料比例來製作，將標準食譜食材3中的麵粉，分成等重的麵粉和燕麥粉。將 200 克無鹽奶油揉搓進 150 克中筋麵粉中，然後再拌入 150 克燕麥粉、100 克糖和少許鹽搓成奶油麵粉團塊。250 毫升的水加入 400 克去核椰棗煮沸，小火慢煨直到多餘的水分蒸發，然後粗略地切碎。將一半麵粉團塊壓入邊長 23 公分的方形烤盤中均勻壓平，然後鋪上碎椰棗，再鋪上剩下另一半的麵粉團塊。以溫度 160°C 烘烤 40 分鐘。完成後將酥餅移出烤箱，趁酥餅在烤盤中還溫熱時先標出切線記號，冷卻至可以處理的狀態時，沿著切線記號裁切成片，並置於冷卻架上放涼。

蜂蜜與印度酥油（HONEY & GHEE）

再也沒有比奶油更適合用來搭配蜂蜜了，尤其是含鹽奶油。在一次製作 154 頁中那道灑了蜂蜜奶油的摩洛哥鬆餅後，我曾在弗南梅森百貨公司（Fortnum & Mason）買過一罐蜂蜜奶油酥餅。當我再次回到這家百貨公司時，卻發現他們不販售這款蜂蜜奶油酥餅了，最後只好自己動手，做出最相似的蜂蜜奶油酥餅。基礎食譜中的糖可以直接以蜂蜜替換，但要注意的是糖與蜂蜜的含水量非常不同，白糖的含水量低至 0.1%，而蜂蜜則含有 12% 至 23% 的含水量（優質蜂蜜的含水量通常不到 20%）。甜味劑中的水含量越多，則麵粉中的麩質（出筋的狀況）也形成得越多，進而影響酥餅的酥脆度。以印度酥油代替奶油，是平衡甜味劑含水量過多的一種方法，因為印度酥油都是脂肪（不含水）。它就像澄清奶油，只不過經過烹煮，所以味道更為濃郁。有些印度酥油還添加了奶油調味劑，但如果你家附近有家亞洲超市，就不難找到原味的印度酥油了。

360

薰衣草（LAVENDER）

這是一種現代的經典風味。在倫敦聖潘克拉斯車站（St Pancras）直達法國亞維儂（Avignon）的歐洲之星火車（Eurostar）上，就提供了這種漂亮的圓形薰衣草酥餅。我猜這個創意的概念，在於當火車穿過陽光溫暖的石頭小村莊及連綿不盡的紫色海洋時，這款餅乾預先提供了假期的滋味。我推測回程應該就不會提供這個酥餅了，因為經達格納姆（Dagenham）到倫敦國王十字車站（King's Cross）的味道，並不適合人類享用。每150克麵粉使用1茶匙薰衣草花苞，再加幾滴橙花露和天然香草精。

百果甜餡（MINCEMEAT）

每年的12月20日左右。你就會捲起耶誕毛衣的袖子，準備大顯身手地製做百果甜餡餅。然後也幾乎馬上就會後悔。因為雖然甜味酥皮堅硬得足以撐到最佳時機才被擀平來製作餡餅，但在中央暖氣系統馬力全開的狀況下，酥餅皮會變得黏膩、塌陷，還會融出奶油。你想在每個餡餅上都裝飾一個馴鹿造型酥餅來討好小孩，而且多數的馴鹿還有著令人不安的長腿。不過當第一批餡餅出爐時，卻只看到冒著泡泡的甜餡料從餅皮兩側流出，並變成一個個焦黑的塊狀怪物。於是你看著第二批還未進爐的酥餅皮，開始考慮著將它們直接扔進垃圾桶。千萬別衝動啊，在我們的基礎食譜中，製作甜味奶油酥皮與奶油酥餅的麵團有很多共同之處。將想丟棄的麵團和剩餘的百果甜餡放入碗中均勻混合，用雙手把麵團揉搓成一個個核桃大小的圓球，用叉子將頂部壓平，然後根據奶油酥餅基礎食譜的指示烘烤。冷卻後，在餅乾上撒些糖粉就大功告成啦。上桌時可以理直氣壯地宣布，這種德式奶油餡餅（Pastetenfüllungbälle）就是施瓦本（Swabian）百果甜餡餅的前身。

橄欖油與希臘茴香烈酒（OUZO）

如果沒有陽光和布祖基琴（bouzouki）音樂的陪伴，你從科孚島（Corfu）帶回來的希臘茴香烈酒滋味就完全不同，不如把它當作調味品使用吧，讓您的客人無需忍受非必要的深夜餐後酒蹂躪。糖霜杏仁餅乾（Kourabiedes〔就是雲的意思〕）就是國際奶油酥餅家族中的希臘成員。它通常用橄欖油製成。如果喜歡，將橄欖油運用到基礎食譜中，糖、橄欖油和麵粉的重量比例是1：2：5，並以杏仁粉取代10%至30%的麵粉。50克糖、100克（120毫升）橄欖油和250克麵粉，需使用2湯匙希臘茴香烈酒與植物油。混合所有成分，滾成

核桃大小的球並排列在塗好油的烤盤上，用拇指在每個餅乾麵團上壓一下。以 160°C 烘烤 30 分鐘。趁餅乾仍溫熱時，撒上糖粉。有些人會在烤好的餅乾上灑 一點希臘茴香酒，但我偏好風味較溫和的版本，這樣還可以嚐到橄欖油本身的味道。其他變化應用還包括以白蘭地調味的耶誕節糖霜杏仁餅乾，並以整顆丁香裝飾，用來象徵獻給耶穌的珍貴香料。

胡桃（PECAN）

這是北美洲一種典型用在奶油酥餅上的配料。製作「胡桃餅乾」（pecan sandies）必須先將胡桃烤好、切碎，並加入用紅糖製成帶著些微焦糖芳香的麵團中。通常還會添加一些天然香草精，有些餅乾製造商也會加點波本酒（bourbon）。就像很多北美的蛋糕和餅乾一樣，胡桃餅乾也比它們的英國同類還要甜。使用 100 克糖（65 克紅糖和 35 克白糖）、150 克奶油、250 克中筋麵粉、75 克切碎胡桃、1 茶匙天然香草精和 1/2 茶匙鹽。所有材料均勻攪拌後滾成大約 12 顆的小圓球，放入砂糖中滾一圈，再以 160°C 烘烤 20 分鐘。舊金山的唐緹烘焙坊（bakery Tartine）老闆查德·羅伯森（Chad Robertson）則使用楓糖、胡桃粉以及卡姆麵粉（KAMUT）來製作他的胡桃餅乾。卡姆麵粉是一種已獲專利商標權的全麥麵粉，羅伯森認為這種麵粉能讓餅乾產生其他麵粉無法取代的砂質口感。位於奧勒岡州（Oregon）的天然食品公司鮑伯紅磨坊（Bob's Red Mill）堅認他們的卡姆麵粉擁有一種奶油的味道，所以聽起來確實很完美。羅伯森的糖、奶油、麵粉與胡桃比例，似乎更趨近於 1：1：2：2，其中還添加了一些泡打粉。餅乾麵團烘烤前也無需在砂糖中打滾，而是在餅乾烤好離開烤箱後，馬上刷一層楓糖漿。

檸檬雪酪（SHERBET LEMON）

這是一款奇妙且富含檸檬風味的奶油酥餅，嘗起來其實更像檸檬塔（tarte au citron）。其中的祕密武器檸檬酸則是借自於印度鷹嘴豆蒸糕的食譜（請參考 96 頁）。不要吝嗇碎檸檬皮的用量——就是檸檬皮的複雜芳香才賦予檸檬如此獨特的風味，除了酸味，檸檬皮也是維持檸檬酸平衡非常重要的元素。製作一批檸檬雪酪風味的奶油酥餅需使用 50 克糖、100 克奶油和 150 克麵粉，再將 2 至 3 顆精細磨碎的檸檬皮以及 1/8 茶匙檸檬酸加入麵團中。

燕麥酥餅（Flapjacks）

　　將奶油酥餅的食材比例簡單延伸成 1：1：2：3（燕麥、糖、奶油、麵粉）就是燕麥酥餅的材料比例了。像薑餅一樣，燕麥酥餅通常是以融化法製成。這意味著它們很容易烤熟。不過要注意的是，不要急著去品嚐剛烤好的燕麥酥餅。因為糖和奶油需要時間冷卻，才能讓餅乾質地強化至足以承受切片的程度。如果尚未冷卻到可以切片的程度就進行切割，那麼你的燕麥酥餅就會崩潰四散，同樣一起崩潰的，還有控制食用分量的意念。小塊小塊的燕麥酥餅，魅力真是令人難以抵抗啊。

此一基礎食譜可以製作一個邊長 20 公分的方形酥餅，或直徑 23 公分的圓形酥餅。[AB]

食材

　　100 克紅糖[CD]

　　100 克金黃糖漿[DEF]

　　200 克無鹽奶油[G]

　　300 克水煮燕麥片[H]

　　少許鹽

　　$1/2$ 茶匙小蘇打粉（可加可不加）[I]

1. 糖、糖漿和奶油放入小醬汁鍋中，以中火加熱至完全融化均勻。放在一旁冷卻備用。
2. 燕麥片、鹽及小蘇打粉（如果有使用）放入大碗中攪拌均勻，然後在中間挖個洞。
3. 融化的奶油糖漿倒入乾性材料中並徹底攪拌均勻。
4. 將燕麥片團倒入邊長 20 公分的正方形或直徑 23 公分的圓形矽膠烤模，或塗好油的烤盤中均勻壓平。

   如果你使用的是矽膠烤模，請在倒入燕麥片團前先將矽膠烤模放在烤盤上。
5. 放入烤箱中層以溫度 150°C 烘烤 25 至 30 分鐘，或烘烤至餅乾表面呈現金黃色而且變硬為止。

如果你偏愛更酥脆一點的燕麥酥餅，那就將溫度調到190°C烘烤30分鐘。

6. 烤好的燕麥酥餅離開烤箱15分鐘後，用滾刀切成單片餅乾，然後放置一旁繼續冷卻定型（這時餅乾仍然在烤模或烤盤中），最好是放置過夜。如果你需要速成的燕麥酥餅，那麼當酥餅表面稍微冷卻後，將酥餅放入冰箱幾個小時，這樣可以更快的切割定型。

不要讓燕麥酥餅在冰箱裡完全冷卻，否則在你試著切片時會破碎裂開。如果發生這種情況，就將酥餅置於室溫下回溫，然後不斷地嘗試切片直到酥餅變回柔韌可切為止。

7. 燕麥酥餅切片後放入氣密罐可保存一週。

舉一反三

A. 這是概略的計量指南：一個邊長15公分的正方形酥餅，需使用一半的基礎食譜分量。至於一個邊長30公分×20公分的烤盤，則基礎食譜的分量需增加50%。

B. 有人說用鐵烤盤製作的燕麥酥餅最為可口，但我偏愛用矽膠模具來烘烤，因為矽膠模不但更容易脫模，並且也更容易清洗。

C. 也可以用黑糖取代紅糖，但要注意的是黑糖的風味濃烈。使用白糖的滋味也不錯，只是燕麥酥餅的滋味會有點平淡。

D. 糖漿含水量高於糖，而紅糖含水量高於白糖。如果你希望你的燕麥酥餅可以維持堅硬的質地更久一些，那就使用25克糖蜜和175克白糖來取代各100克的糖漿和紅糖。

E. 如果你手邊缺少糖漿，那就使用等重的糖來補足。

F. 使用其他糖漿或某些混合糖漿時（包括蜂蜜或玉米糖漿），因為其中含有較高比例的果糖，在較低的溫度下會開始褐變，所以烘烤時要隨時留意它們。

G. 含鹽奶油可用來製作燕麥酥餅，但使用無鹽奶油並以少許鹽來調節味道會讓你擁有更大的控制權。

H. 大型或巨型燕麥片無法很好地黏結，請使用水煮燕麥片（不是那種即泡即食的燕麥片）。

I. 小蘇打粉可自行選擇添加與否，但如果你喜歡金黃酥脆的燕麥酥餅，那就不要添加。

土耳其果仁蜜餅（BAKLAVA）

　　土耳其果仁蜜餅是另一種形式的燕麥酥餅。伊斯坦堡著名甜點店卡拉可伊（Karakoy Gulluoglu）第六代的果仁蜜餅師傅法提赫・古路（Fatih Gullu）堅持使用最薄、最酥脆的餅皮來製作果仁蜜餅，而且使用的糖漿濃度也必須非常精準，請記住，糖漿濃度可是會隨著氣候變化而改變呢。將一枚硬幣從兩英尺的高度落到果仁蜜餅上，應該要能粉碎從上到下的每一層酥皮才對，不過我極度不建議抱持懷疑態度者在自家當地的烘焙坊嘗試這個舉動。在土耳其以外的地區，果仁蜜餅會因為各地區的偏好不同而有不同的風味。美食作家麥可・克朗鐸（Michael Krondl）指出，敘利亞人選擇使用橙花露或玫瑰露（rosewater）來製作果仁密餅，而伊朗人選擇在其中添加小荳蔻。希臘人則在糖漿中加入蜂蜜，並且加入肉桂與堅果。其實燕麥酥餅也很適合類似的調味原則。只不過你可能想調整一下酥餅的大小。土耳其果仁蜜餅理應很美味才是。我使用迷你塔烤盤來製作這款具有異國情調的燕麥酥餅，並在其中加入蜂蜜、橙花露以及約略切碎的開心果。

香蕉（BANANA）

　　在糖、糖漿和奶油混合成的奶油糖糊中加入香蕉調味所製成的燕麥酥餅，就是香蕉太妃派（banoffee pie）的可愛後代了。香蕉燕麥酥餅的做法與基礎食譜只有一點點不同，結果卻出乎意料地好。理想情況下，應該使用完全成熟、表皮呈現褐色的香蕉來製作這款酥餅，不過黃色香蕉加入少量天然香草精以及一兩搓混合香料的效果也不錯。搗碎（或精細切碎）2 至 3 條非常成熟的香蕉，然後拌入溫熱融化的奶油糖糊中，再將香蕉奶油糖糊加入步驟 3 的燕麥片中。

百香果（PASSION FRUIT）

　　百香果的果肉味道濃郁，其本身幾乎就是一種濃縮調味劑。也就是說它可以直接用於海綿蛋糕和餅乾上，而不影響這些糕餅的質地。生的百香果籽，

就像能輕易卡在野禽身上的鉛彈碎片一樣，很容易卡在牙齒上。然而，煮熟的百香果籽會變得鬆脆爽口，而且用在燕麥酥餅中也不像用於蛋糕中那麼容易掉落。使用 3 至 4 個百香果的果肉，百香果的含水量會讓燕麥酥餅的口感更具嚼勁而不那麼酥脆了。這種變化運用的靈感來自厄瓜多（Ecuadorian）一種稱為燕麥可樂達（colada de avena 或稱 colada quaker）的飲料。燕麥可樂達是由浸泡的燕麥、一種稱為帕內拉黑糖（panela）的粗糖以及水果共同製成，讓人有點聯想起那種老派的檸檬大麥水（lemon barley water）。

花生、巧克力與葡萄乾（PEANUT, CHOCOLATE & RAISIN）

　　除非在艱難的登山旅程之後（或登山期間或之前）我的背包裡剛好有條巧克力棒，否則我不會去吃馬斯巧克力棒（Mars Bars）。別讓我開始數落這個品牌在我年少時期對付市場上其他品牌巧克力棒（除了現在依然很可口的野餐牌巧克力棒（Picnic bars）之外）的手段了。為了避免在山頂上吃到令人失望的巧克力棒，不如動手做個自家牌手工巧克力棒吧。下面的食譜製作起來非常快速且容易，而且也比書報攤上任何品牌的巧克力棒都來得美味。就此戒掉野餐牌巧克力棒吧，雖然當孩子還很小的時候，我經常湊合著食用這個牌子的巧克力棒，而且還不太誠實地自我安慰至少其中的燕麥對母乳哺育有益。要製作一個直徑 17 公分的圓形巧克力燕麥酥餅，請按照基礎食譜的步驟，使用各 40 克的糖與糖漿，80 克奶油以及 120 克燕麥，再加入各 25 克的鹽漬花生、巧克力豆和葡萄乾。在奶油糖糊中加入花生與燕麥後，讓整個燕麥混合物稍微冷卻一些，再拌入巧克力脆片。將葡萄乾撒入準備好的烤盤中，然後將燕麥糊倒入烤盤，覆蓋在葡萄乾上，這樣才能避免任何討厭的燒焦水果浮現在酥餅表面。接著按照第 5 步驟操作。

糖蜜太妃糖與柳橙（TREACLE TOFFEE & ORANGE）

　　我哀悼著我的甜點推車。叮噹聲中出現了一個個放置在水晶碗中的水果沙拉、濃郁的乳酪蛋糕、華麗的松露形巧克力，還有缺了一兩片的美麗蛋糕。就像陳列著各式布丁的微型移動圖書館。我祖母總是選擇焦糖柳橙，這是我在製作柳橙糖蜜燕麥酥餅時總會想起的一道甜點，它的味道就像法蘭克古柏公司（Frank Cooper）生產的那種老派深色的牛津橘子果醬（Oxford marmalade）。如果用來製作帕丁頓小熊三明治，這種帶著苦味的果醬就顯得過於成熟了。我將燕麥酥餅做得像燕麥餅乾（oatcakes）那麼薄，並搭配薑味糖衣冰淇淋一起

享用。如果你也想這樣做，需將烘烤時間減少至 10 至 12 分鐘。將 50 克黑糖蜜、50 克砂糖、100 克奶油、150 克水煮燕麥片以及少許鹽混合均勻，再將 2 大顆柳橙精細磨碎的柳橙皮，及 1 大顆柳橙的柳橙汁均勻攪入燕麥糊中。若想做出一個典型傳統的燕麥酥餅，就放入直徑 20 公分的圓形烤模烘烤，或者分成兩個烤模，烘烤出兩個較薄的酥餅。

我的風味筆記

第八章

巧克力（Chocolate）

巧克力醬
（CHOCOLATE SAUCE）

第434頁

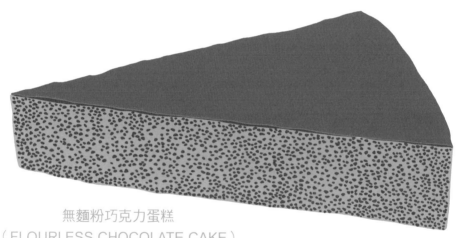

無麵粉巧克力蛋糕
（FLOURLESS CHOCOLATE CAKE）

第463頁

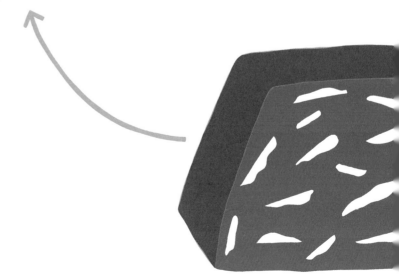

松露巧克力、巧克力塔與巧克力糖衣
（CHOCOLATE TRUFFLES, TART & ICING）

第442頁

巧克力慕斯
（CHOCOLATE MOUSSE）

第450頁

巧克力冰蛋糕
（CHOCOLATE FRIDGE CAKE）

第457頁

　　在所有巧克力系列產品的製作上，除了某一種特定產品，其他產品的基礎食譜操作方法基本上相同，都是先將巧克力與其他食材一起融化、再加入雞蛋和／或調味劑，然後凝固定型（或者說促使巧克力凝固定型）。唯一的例外就是巧克力醬。巧克力醬當然也具有凝固的特性，只是這就你想抑制的特性了。巧克力是種極不穩定的食材。通常在溫度過高或過於濕潤的狀態下就會出錯。令人啼笑皆非的是，可可樹本身蓬勃生長所需的環境卻悶熱又潮濕。巧克力其實是種精煉食品（製作巧克力的工序非常非常繁複），讓人完全無法聯想到可可豆原來的樣貌。融化巧克力時需沉著鎮定。檢查碗和攪拌器是否含有水分時，必須如警長痴迷地擦拭著他最喜歡的六發子彈手槍般小心翼翼，水分就是製作巧克力過程中的敵人啊。木製勺子的縫隙中可能藏著濕氣，而你認為滴水不漏的雙層鍋也可能溢出蒸汽。水珠凝結在抽風機上，顫動著等待滴入碗中的時機。地球的十分之七是水，這正是個對製作巧克力不友善的環境。我曾經讀到過「即使是幾滴水」也會導致融化巧克力凝結──就是變成含顆粒的泥巴狀，很像小時候玩耍時每個小孩都想要的那巧克力做成的泥巴──不過這個「即使」也可以反向思考。其實真正需要注意的只是少量的水。舉例來說，若將大量的水倒入碗中，巧克力也許會吸水飽和而不會凝結，因而適用於某些產品，不過成品也許已不是你原本所預想的樣子了。另一方面，少量的水則會黏在巧克力的乾性成分上，造成無法控制的結塊現象，並讓人產生解不開俄羅斯方塊（Tetris）時的那種恐慌感。加入油脂攪拌有時也許可以挽救已結塊的巧克力，有時則藥石罔效。難怪巧克力工廠的老闆威利‧旺卡（Willy Wonka）總是失去理智。大部分的巧克力料理都可以由融化巧克力製成，然後混入其他已經單獨加熱好的材料，微波爐也許是最安全的選擇。不過接下來幾頁所列出的方法，則仰賴一個較簡單的原則，要麼加入其他像奶油一類的食材一起溫和加熱，如 396 頁的無麵粉巧克力蛋糕。或者就將碎巧克力塊混入熱鮮奶油一類的熱液體中，做成稱為巧克力甘納許（ganache）的巧克力鮮奶油醬。

巧克力醬（sauce）

巧克力系列產品中的第一種產品就是巧克力甘納許，這是種需要慢慢稀釋製成的產品。可可含量 70% 的黑巧克力加入 2 倍分量的低乳脂鮮奶油（single cream），就會產生呈現著榛果殼色澤的濃郁巧克力醬（要注意的是，不論是以克或毫升做為計量單位來測量鮮奶油都沒關係，因為這兩種計量單位大致上相同）。一壺以 150 克巧克力和 300 毫升鮮奶油製成的巧克力醬，可在室溫下放置約 2 至 3 小時而仍然維持著可流動的狀態。如果靜置久一點或放到冰箱裡，巧克力中的可可脂就會開始凝固，只要再溫和加熱就可以讓它重回流動的液狀。額外加入一些如白蘭地、咖啡或糖漿等等的液體調味劑，就可以讓巧克力甘納許維持液體狀態的時間長久些。千萬不要企圖增加鮮奶油的比例來維持巧克力甘納許的液狀，不然即使含有 70% 的可可，巧克力口味也會被稀釋得過淡而不夠濃郁了。

劇作家麗塔‧羅德納（Rita Rudner）曾經說過，她始終無法理解別人為什麼會問她是否還有多餘的零錢，「你都還沒有過完你的人生，怎麼會知道自己是不是有多餘的零錢？」我對巧克力醬也有同樣的看法。「多出」的巧克力醬只是你還沒有用到的巧克力醬罷了。巧克力醬可以用來塗抹在早晨的羊角麵包上，可以加入牛奶稀釋做成奶昔。將巧克力醬與冷凍香蕉片混合攪打，可以製成還算健康的冰淇淋，或是拌入一點君度橙酒（Cointreau），裝進精緻的小缽中佐配幾塊薄薄的薑餅享用，又或者每天清晨挖上一勺來代替一片維他命：因為它會讓你的心情愉悅，再怎麼樣都不會比一片橘子口味的小藥片更差吧。

松露巧克力與巧克力塔（TRUFFLES & TART）

下一個巧克力產品就是松露巧克力與巧克力塔。這是一種濃稠版的巧克力甘納許，是以可可含量 70% 的黑巧克力與等重的高脂鮮奶油（double cream）或打發用的鮮奶油（whipping cream）製成。巧克力和鮮奶油的混合物冷卻至室溫後均勻攪打，由於鮮奶油的作用，巧克力糊攪打過的質地會變得更為輕盈蓬鬆。有些人就直接將打發巧克力糊當成一種巧克力慕斯（請參考第 429 頁）享用，而且它也非常適合用來做為蛋糕的抹面。有時還可以加以調味，讓它稍微變甜，放在烤模裡凝固定型，作成松露蛋糕享用。不過一般通常的處理方式

還是不攪打，直接讓巧克力糊冷卻後塑型做成松露巧克力，也或者將巧克力糊填入預先烤好的塔皮中做成巧克力塔。添加一些已回軟的無鹽奶油，就能讓成品質地如絲綢般光滑。如果發現巧克力中的高可可含量讓巧克力甘納許的苦味過重時，就多加一些糖。然而真正好玩的是，製作巧克力甘納許的人可以隨心所欲選擇如何調味，不論是在鮮奶油中加入香料，或是趁巧克力甘納許仍呈現流動的液狀時加入一些芳香萃取精、烈酒或利口酒等等都可以。添加調味劑的訣竅是不要加太多，不然巧克力甘納許就無法凝固了。含有 70% 可可固形物的巧克力大約可以容納其本身重量 1.5 倍重的液體（假設大部分液體都來自高脂鮮奶油），而仍然保有可凝固滾揉塑型與可切片的質地，只是這樣一來，也許就得在冰箱中冷藏一夜才能達到那樣的質地了（巧克力甘納許需冷卻至室溫的溫度才能放入冰箱）。

處理牛奶巧克力和白巧克力的時候，需要比處理黑巧克力時更加謹慎小心，因為牛奶巧克力和白巧克力所含的糖分會讓它們在融化後更加黏稠。一般而言，運用與黑巧克力同樣方法稀釋後的牛奶巧克力和白巧克力，最後卻無法凝固，而且它們對於熱度的敏感度更高。我會說「一般而言」，是因為市場上有這麼多巧克力品牌以及各式各樣產品可供選擇，實在不可能直接做出定論。

如果想讓松露巧克力擁有一個酥脆的巧克力外殼，就需要掌握巧克力的調溫技巧了，這個技巧會讓你的松露巧克力滑順而有光澤，並讓牙齒發出令人愉快的喀嚓聲。巧克力調溫過程有一套相當嚴格的規則，包括加熱、冷卻和攪拌，好確保可可晶體以正確的方式凝固。在實現這個目標的幾種方法中，我發現以下方法最為簡單，雖然這個方法還是需用到溫度計（以及至少 200 克的巧克力）。如果你的巧克力不是巧克力碎片，則需先把它切成均等的小塊。把三分之二的巧克力放進一個耐熱碗中，將碗置於即將沸騰的熱水上（碗不要接觸到水面），讓巧克力融化（或者也可以在微波爐中短暫加熱融化）。巧克力融化後將碗取下，倒入剩餘的三分之一巧克力並攪拌均勻。黑巧克力要攪拌到溫度降至 31 到 32°C，牛奶巧克力的溫度要降至 30 到 31°C，或者白巧克力的溫度降至 27 到 28°C。一旦巧克力的溫度下降到這些範圍內，就可以拿來使用了。將你的松露狀巧克力浸入這些已調溫的巧克力後快速取出。動作盡量快一點，因為這些巧克力醬不會永遠保持一樣的溫度。

美國食品科學作家哈洛德・馬基（Harold McGee）曾說過，烹飪作家需在食譜中將所使用的巧克力種類明確精準地標註出來。巧克力所含的可可脂、可可微粒和糖之間的比例可以千變萬化，而且因為可可微粒會吸收液體，糖在液

體中則會變成糖漿，所以若用可可含量 70%的昂貴苦甜巧克力來取代原本為含糖巧克力所寫之食譜中的巧克力時，結果就可能會很悲慘。這樣說吧，只要你不在意甜度，我發現一般超市的黑巧克力棒（約 45%可可含量）就能適用這章中提到的所有巧克力製品基礎食譜。你可能得添加一些咖啡或白蘭地來增加風味就是了。

牛奶巧克力和白巧克力只會出現在「風味與變化」單元的少數幾個產品中，用來直接取代巧克力醬和巧克力慕斯中的黑巧克力。總而言之，乳固形物、高含糖量，還有部分取代了昂貴可可脂的植物性脂肪（在某些情況下），已讓牛奶巧克力和白巧克力在本質上與黑巧克力完全不同了。不過一旦以加糖的奶油或鮮奶油來調和黑巧克力的苦味後，即使是最喜愛糖果巧克力的死忠粉絲，也會承認黑巧克力在烹調上的優勢了。

在這裡我要插入一個卡士達醬類的製品。巧克力奶油杯（*Petits pots au chocolat*）的製作方法類似巧克力甘納許，不同的是這裡不使用高脂鮮奶油來融化巧克力，而是以溫熱、濃稠的卡士達醬替代。此方法做出的巧克力醬比原來巧克力甘納許的質地更加柔順光滑，就好像出現在電視廣告中那種由電腦合成的棕褐色巧克力醬。根據我的經驗，以這種方式來製作巧克力奶油杯，效果會比法式烤布丁（crème-brûlée）的烘烤方式更好，因為巧克力不耐過度加熱。如果要有不同的風味變化，則在卡士達醬中加入固態香料（參考 574 頁「巧克力」）或者當巧克力已拌入卡士達醬時，加入液體調味劑攪拌即可。

巧克力慕斯（MOUSSE）

你也許認為巧克力奶油杯與巧克力慕斯的關聯性，就等同於巧克力棒與愛羅氣泡巧克力（Aero）的關聯性，會有這樣的想法其實並不奇怪，因為前者同樣都是後者釋出空氣後的產品。不過前面介紹到的巧克力奶油杯，其中包含了煮熟的雞蛋，這就與典型的慕斯不同了，所以若將慕斯提供給不能或不願意生吃雞蛋的人食用，就會造成問題。有些廚師直接將巧克力甘納許打發來避開這個問題，並將做出的成品稱為巧克力慕斯，雖然成品美味可口，卻缺乏氣泡感，氣泡對於慕斯的重要性可是等同於氣泡之於香檳的重要性。與巧克力奶油杯相比，慕斯最大的優勢就是易於準備。最典型的方式，就是將打發的蛋白霜拌入冷但仍呈液狀的融化巧克力中。這個過程最多只需 10 分鐘。我理想中的巧克力慕斯，是以咖啡和蘭姆酒調製而成，這是個完美的組合，包含了複雜的風味

層次、輕盈的質地以及能激發味覺的口感。做好的慕斯當然要裝在一個沒有凹洞瑕疵，或者內部沒有任何讓人難以接觸的小型容器中享用。沒有什麼比剩下一些只能用細小毛刷才能清除的 0.5 毫升慕斯更令人沮喪了。

我所吃過最好的巧克力慕斯不是裝在一個小巧單人份的烤模裡，而是裝在巨大的白色蓋碗中。這是位於克拉肯威爾郡（Clerkenwell）一家溫暖舒適的燭光餐廳所提供的一道甜點，不過我相當確定這家餐廳目前已經不存在了。餐廳服務員會遞給你一個白色的茶盤，然後用一個誇張、巨大的銀湯匙將一團奇妙的紅棕色慕斯挖出來放在你的茶盤上。然後他會帶著另一個裝著鮮奶油霜的大蓋碗回到餐桌邊，並用湯匙舀一大匙鮮奶油霜放在你的慕斯上。我上一次去這家餐廳，是和某個對象交往初期的約會。我們點了雙人份的慕斯，其實那和單人份一模一樣，只不過是將雙倍慕斯放在大餐盤上共享就是了。這個約會進行得還算美好，我們談到了作家馬丁‧艾米斯（Martin Amis）。他喜歡《倫敦戰場》（London Fields）勝過《情報》（the Information），我則持相反的意見，場面看起來似乎就是場生動而能相互啟發的辯論會。餐盤開始看起來越來越乾淨不再是原來的咖啡色了。我們開始談論各自在伊斯坦堡（Istanbul）又或者是卡地夫（Cardiff）的經歷，但我已經記不太清楚了。沒多久，盤子已乾乾淨淨呈現出原來的白色，只剩下我還來不及用食指清潔的微小痕跡。我邊用餐巾紙清潔嘴唇一邊說著，「這個慕斯是不是很棒？」當我正無聊地計算著湯匙反光時，他終於說出「我同意妳的說法」。我再次見到這個傢伙是九年後，他已結婚並有了三個孩子。

巧克力冰蛋糕（FRIDGE CAKE）

製作巧克力冰蛋糕的方法與製作巧克力慕斯的方法非常相似，不同之處在於巧克力冰蛋糕需將糖和全蛋一起打發，不像慕斯僅僅用到蛋白。當你將已打發好的雞蛋糖糊翻拌入預先融化的巧克力和奶油時，同時加入一些碎餅乾一起攪拌均勻。做法就是這麼簡單，也不需要烘烤，簡單地將混合物刮入烤模或矽膠模具中，然後靜置凝固。現今大多數巧克力冰蛋糕食譜都傾向省略雞蛋，但如果你樂意嚐嚐奇怪的生雞蛋，或者有信任的雞蛋供應商，我建議還是把雞蛋保留下來，雞蛋不僅能增加巧克力混合物的體積，並且還能讓蛋糕成品擁有易於切片的質地。許多無蛋版本的巧克力冰蛋糕在基本上與奶油巧克力甘納許無異，都具有易融化的特性與黏滑的手感。儘管如此，在「風味與變化」單元中，

我還是提供了無蛋版本的選項。

　　自從我母親在週六早上看到德莉亞・史密斯（Delia Smith）於兒童電視台節目中製作的巧克力冰蛋糕，這類型蛋糕從此登上了我家的飲食清單。史密斯將這種蛋糕稱為比利時餅乾蛋糕（Belgian biscuit cake），不過我一直認為這個名字用錯了。至少在巧克力的世界中，比利時代表的可是大使等級般精緻優雅的巧克力，而英國可可固形物就是油膩平庸的鄉野等級了。而且比利時餅乾蛋糕這名稱也與巧克力冰蛋糕毫不相符，雖然巧克力冰蛋糕的美味無庸置疑，不過其外觀大概也只像在加油站前廣場上打個嗝那般優雅吧。如今它似乎更常被稱為樸拙老派的巧克力冰蛋糕、巧克力餅乾蛋糕或巧克力蒂芬（tiffin），這些名稱都更貼切描述出它笨拙樸實無華的外觀。

372

　　事實上，所謂的「比利時」餅乾蛋糕很可能起源於德國，其食譜據說是德國最大的餅乾製造商百樂順（Bahlsen）在一個世紀前發明的，主要是為了鼓勵大家使用他們著名的萊布尼茲奶油餅乾（Leibniz-Keks）。萊布尼茲奶油餅乾是一款從法國經典小奶油餅乾（Petit-Beure）變化而來的餅乾，吃起來酥脆不油膩，不過它仍然沒有巧克力冰蛋糕中所使用的（英國）富貴佐茶餅乾（Rich Tea biscuits）那麼清淡，因為富貴佐茶餅乾完全不含奶油。在德國，他們將巧克力冰蛋糕稱為卡特宏蛋糕（Kalter Hund）——德文就是「冷狗」的意思——聽起來不像蛋糕名稱，比較像是一種極度痛苦的戒毒狀態。不過事實上，即使英文的「比利時餅乾蛋糕」，也無法形容冷狗蛋糕的精緻與優雅。以日耳曼人（Teutonic）特有的精準精神，將整塊餅乾放入長條型烤模中層層相疊所製成的冷狗蛋糕，其井然有序排列的層層餅乾，讓它看起來就像陳列在高檔法式甜點店櫥窗中的精緻糕點，而不是那種媽媽隨手將巧克力塊和餅乾碎片混在一起的產品。根據英國皇家廚師達倫・麥格雷迪（Darren McGrady）的說法，如果巧克力冰蛋糕真的起源於德國，無怪乎它會是女王最喜歡的下午茶點心了。威廉王子（Prince William）也為自己的婚禮訂做了一個巧克力冰蛋糕，並把它放在傳統多層水果蛋糕旁邊。這個皇室版本的巧克力冰蛋糕表面淋了大量的黑巧克力，並以白色巧克力作為點綴。皇室版的冰蛋糕雖然不像我母親做的那麼樸拙，但毫無藝術感的外觀也足以讓法國知名大廚卡漢姆（Carême）痛哭流涕了——至少在他嚐到這個蛋糕的味道之前。

　　麥格雷迪說過他經常被索取巧克力冰蛋糕的食譜。在為此書取材的測試期間，我也同樣震驚於人們對此類型蛋糕難以抵抗的現象。有段時間，我還將此蛋糕依據義大利風格做成薩拉米香腸（salami）形狀——葡萄牙人和克羅

埃西亞人也有類似的版本——然後撒上糖粉、切片搭配晚餐後的咖啡一起享用。不過根據蛋糕片消失的速度來看，不禁令人懷疑費盡功夫去製作一個由杏仁膏和磨碎巧克力製成的逼真陶盆，或花費數小時去完成法式楹桲千層酥（millefeuille），究竟有沒有意義呢？

當然也不是說你的冰蛋糕就沒有辦法升級了。在義大利東部的馬爾凱（Le Marche）地區，他們有一個由無花果乾、杏仁、核桃加上白蘭地、香料和茴香利口酒製成的版本，然後搭配佩科利諾乳酪（pecorino cheese）享用。史密斯更親自將這個甜點納入成人菜單中，一種是使用在白蘭地和蘋果酒中浸泡過的杏仁餅乾，連同巧克力甘納許層層鋪放於布丁盆中製成巧克力冰蛋糕，而另一種則鋪上開心果、歐洲酸櫻桃乾、燕麥餅乾和蘭姆酒的混合物。我曾做過由白巧克力、覆盆子和開心果組合的版本，成果看起來非常像義式摩德代拉香腸（mortadella）。不得不說的是，所有的這些精心製作，反而讓我懷念起幼年時期那個雜亂但內餡豐富的巧克力冰蛋糕。如果連溫莎家族（the Windsors）都無法抗拒，我們為什麼要抗拒呢？

373　無麵粉巧克力蛋糕（FLOURLESS CHOCOLATE CAKE）

巧克力系列相關製品將在這裡以這個唯一需要烘烤的糕點做結尾。無麵粉巧克力蛋糕濃烈美味的質地來自於融化的巧克力與奶油，將糖和全蛋一起攪打後，翻拌入已冷卻的巧克力奶油糊中烘烤。除了進烤箱烘烤的步驟之外，它的製作方法與巧克力冰蛋糕的做法只有些微的不同。要注意的是，在不使用麵粉的情況下，其做法就類似於製作卡士達醬，只是以液態巧克力和奶油代替煉奶或鮮奶油罷了。這意味著這個蛋糕需以低溫烘烤，最好能用水浴法，烘烤到蛋糕固定成型但中間仍然可以微微晃動為止。我們很難單獨用計時器精準界定出無麵粉巧克力蛋糕烘焙所需的時間。什麼時候可以開始不斷地檢查蛋糕狀態，這才是比較該問的問題。筷子測試法的效果很好，不過與海綿蛋糕相反的是，你會希望筷子取出後有點濕潤並沾著些許蛋糕碎屑。如果取出的筷子乾淨無沾黏就表示你的蛋糕烤過頭了。

「塌陷巧克力蛋糕」（fallen chocolate cake）和「塌陷巧克力舒芙蕾蛋糕」（fallen chocolate soufflé cake）與無麵粉巧克力糕非常類似。這三種蛋糕都使用相同的材料和分量，但兩種「塌陷」蛋糕在做法上都是將蛋白、蛋黃還有糖分開，先單獨打發蛋白後再拌入巧克力、奶油和蛋黃的混合物中，這樣才能確

保蛋糕成品中心會像圓形露天劇場一樣凹陷。要注意的是，在所有的蛋糕製作中，只有極少數情況才會真正希望蛋糕出現塌陷的狀況，而塌陷巧克力舒芙蕾蛋糕就是其中之一，只是它塌陷的速度卻緩慢到令人痛苦，這就是莫菲定律（sod's law）吧。

　　無麵粉巧克力蛋糕有許多不同版本，有些需要加入更多糖，或者額外加入水果，或在巧克力糊中拌入一些杏仁粉讓餡料更為豐富。我們基礎食譜最大的優點就是簡單明瞭，以等重的巧克力、奶油、雞蛋和糖來製作，記住這個食譜就像享用蛋糕般輕鬆簡單。

巧克力醬（Chocolate Sauce）

這是一款速成巧克力醬，可以淋在冰淇淋、聖代、鬆餅等等甜品上享用。加入巧克力分量兩倍的奶油製成。若想做出更飽滿滑順的醬汁，在步驟 3 結束時加入一湯匙或更多的軟化無鹽奶油試試看。

此一基礎食譜可以製作出 400 毫升的巧克力醬。

食材

150 克可可含量 70% 的黑巧克力 [AB]

300 毫升低乳脂鮮奶油 [CD]

1 至 2 湯匙細砂糖或糖漿（可加可不加）

1. 巧克力塊切碎放入一個足夠盛裝巧克力和鮮奶油的大耐熱碗中。
2. 鮮奶油放入平底醬汁鍋中加熱直至邊緣出現小氣泡（即加熱至沸騰）後，將鍋子從爐火上移開。如果使用固態香料來調味鮮奶油，那麼就關掉爐火，將香料浸泡在鮮奶油中直到產生所需的香味為止，然後濾掉香料，重新加熱到沸騰。

   任何調味劑都需有足夠強烈的味道，才能與巧克力風味抗衡並突顯出來。
3. 加熱後的鮮奶油倒在巧克力上，靜置一兩分鐘讓巧克力融化。將巧克力鮮奶油糊攪拌均勻至完全混合，呈現出滑順光澤為止。如果使用的是液體調味劑，就在這個時候倒入。

   如果你喜歡也可以反向操作，將巧克力倒入鮮奶油中。有些人認為這種方式會減少巧克力結塊的機會。
4. 品嚐一下巧克力鮮奶油醬的味道和甜度，必要時做些修正。幾湯匙的細砂糖或糖漿，應該很容易溶解在仍然溫熱的巧克力糊中。如果知道自己喜歡甜一點的巧克力醬，最好在步驟 2 加熱鮮奶油的時候，就加入更多的糖或糖漿。
5. 將做好的巧克力醬倒入廣口壺中，並蓋上一層烤盤紙或保鮮膜，以防止巧克力醬表面形成薄膜。

   巧克力醬可以在冰箱中保存一週，但可能得再加熱才能回復到液體狀。

舉一反三

A. 將牛奶巧克力和白巧克力加熱時，需要格外地小心，務必使用高品質的巧克力。

B. 如果固態巧克力剛好用完了，你也可以用等重的奶油、可可粉、糖和糖漿來製作巧克力醬。簡單地將它們全部放在鍋中，以低溫加熱不斷攪拌，直到呈現出深色勻稱的液體即可。

C. 所有種類的鮮奶油都可以用來製作巧克力醬。高脂鮮奶油或打發用鮮奶油的乳脂含量雖然很高，最終還是會凝固，透過溫和加熱的方式就能重新液化，或者還可使用牛奶稀釋，防止鮮奶油凝固。購買現成的優質卡士達醬來取代鮮奶油也是另一種選擇。我有一本舊食譜還建議「在家庭場合中」使用即將到期的牛奶也沒問題呢。

D. 英國電視名廚傑米・奧利佛（Jamie Oliver）也以同樣的方式製作巧克力醬，不過他是以 2 瓶 400 克罐裝梨所濾出的糖漿（來代替乳製品）以及 200 克可可含量 70% 的切碎黑巧克力來製作。

巧克力醬→風味與變化

櫻桃、甘草與芫荽籽（CHERRY, LIQUORICE & CORIANDER SEED）

在巧克力愛好者線上論壇中找到的那些品嚐心得，都能成為巧克力調味很好的靈感來源。將紅櫻桃、甘草和香椿（cedar）混入黑巧克力所製成的巧克力醬，在我的嚐味小組中大受歡迎。為了獲取最近似香椿的味道，我使用了芫荽籽，這些芫荽籽帶著一些鋸木廠裡剛剛切割完成的木材味道。1 湯匙芫荽籽稍微烘烤一下，只要稍微烘烤一下，讓芫荽籽散發出味道就好，不要讓它們烤焦。將烤過的芫荽籽與 1 湯匙茴香籽一同加入 300 毫升的低乳脂鮮奶油中煮沸。靜置浸泡一小時讓香料出味。再次加熱煮沸鮮奶油，然後回到步驟 3，鮮奶油過濾後倒在巧克力上。一旦巧克力和鮮奶油融合成棕色，拌入 2 湯匙櫻桃白蘭地。調好味的巧克力醬，似乎也像蛋糕、砂鍋燉菜和新潮的新髮型一樣，往往要在完成的第二天後，才會呈現出更好的滋味。

巧克力薄荷與伏特加（CHOCOLATE MINT & VODKA）

根據美國名廚暨烹飪書作者詹姆士・貝爾德（James Beard）在一九五四年寫給朋友海倫・伊凡斯・布朗（Helen Evans Brown）的一封信中指出，他認為巧克力薄荷配上一杯調配恰當的乾馬丁尼，就是一組「魅惑感官」的搭配。運用八點過後（After Eight）薄荷巧克力和琴酒馬丁尼（依據寫信的時間點，我假設貝爾德指的是琴酒）以及伏特加馬丁尼（以防萬一貝爾德使用的不是琴酒）進行實驗後，我只能得出這樣的結論：貝爾德應該搞錯了。薄荷會掩蓋琴酒本身的植物香味，而冰塊則讓巧克力在口中結塊。這無疑是種相互毀滅的搭配啊。然而，只要調整一下品嚐的方式，就會讓這組配對成為誘人的風味組合。薄荷醇能將鼻腔通道打開，讓你更容易接受到味道，而薄荷爆發出的強勁涼感就更突顯出烈酒酒精的灼熱感了。這比二十世紀九〇年代派對中用勺子吸食伏特加的遊戲有趣多了。最終，我在 300 毫升滾燙的鮮奶油中融化了 9 片八點過後薄荷巧克力，靜置幾分鐘讓巧克力軟化再進行攪拌，加入 1 湯匙伏特加後再多攪拌幾次。伏特加似乎激發了薄荷的潛力，就好像我的味蕾戴上了 3D 眼鏡般有著身歷其境的清涼感受。各種類型的薄荷巧克力都可以試試看，但我發現八點過後製作出來的巧克力醬，能保留下巧克力包裝紙上聞到的那種麝香味，就如同情人殘留在未清洗 T 恤上的費洛蒙一樣讓人興奮。

黑巧克力與龍涎香（**DARK CHOCOLATE & AMBERGRIS**）

　　《廚房裡的哲學家》（*The Physiology of Taste*，一八二五年出版）的作者，讓·安泰爾姆·布里亞－薩瓦蘭（Jean Anthelme Brillat-Savarin）曾為過度勞累、過度縱慾以及精神緊繃的人開出一個藥方：一品脫龍涎香熱巧克力。有人應該把這個口味告訴維他命發泡錠製造商拜維佳（Berocca）的風味調整部門主管。龍涎香是一種形成於抹香鯨腸道中，用來對抗消化問題的天然防護品。由於抹香鯨攝取烏賊為食，烏賊鳥喙狀顎片會造成抹香鯨的腸道出現消化問題。以抹香鯨糞便形式排出的龍涎香，有些會被海浪沖到岸邊。在沙灘上遛狗時你也許就會不小心發現一些，不過就像發現奴隸販子發生船難時留下的瓶中信一樣，發現龍涎香的機會微乎其微，即便如此，也不妨礙你睜大眼睛努力的尋找吧。問題在於要如何才能正確辨認出真正的龍涎香。龍涎香的氣息會隨著時間增長而增強，那是一種帶著麝香、煙草和皮革的動物氣味，類似我想像中會出現在康瓦爾公爵夫人（the Duchess of Cornwall）的 Range Rover 車子內的那種氣息。

　　在十七世紀，冒險家菲利貝爾·韋爾納蒂爵士（Sir Philibert Vernatti）宣稱在模里西斯（Mauritius）發現了最好的龍涎香，在那裡「豬隻能在很遠的地方就聞到龍涎香的味道，並瘋狂地奔向它，且在人們到達之前將它狼吞虎嚥地吃光」。龍涎香總無可避免地被拿來與松露比較，尤其是龍涎香典型塊狀物的外觀，就與白松露鈣化石頭般的外觀類似。現在龍涎香和松露大部分都來自人工合成，這樣才不用付那麼多酬金啦。如果你真的很幸運在布萊克浦沙灘（Blackpool Sands）撿到龍涎香，那麼香水製造商會慷慨地付給你一大筆酬勞。二〇一三年，肯·威爾曼（Ken Wilman）在莫克姆海灘（Morecambe Beach）發現一塊重達 3 公斤的龍涎香，當時估計價值大約 10 萬英鎊，直到一個國際專家團隊判定那不是龍涎香，只是一塊臭石頭。而二〇〇六年，一對夫婦在南澳大利亞海灘上，因偶然發現真正的龍涎香賺到了 295,000 美元。根據布里亞－薩瓦蘭的建議，他的可可飲料中每一磅巧克力必須含有 60 到 72 格林的龍涎香。1 格林相當於一粒大麥的重量，國際上公認為 64.8 毫克。所以 15 格林約是 1 公克。根據威爾曼的預估，布里亞－薩瓦蘭的可可配方，會讓你花在龍涎香上的費用高達 133 到 160 英鎊。所以如果你的杯中還殘留一些熱可可，請回憶一下以實瑪利（Ishmael）在《白鯨記》（*Moby-Dick*）中所說的，「有些釀酒商在紅葡萄酒裡只滴下幾滴龍涎香來增加酒香。」

黑巧克力與佩德羅希梅內斯雪利酒（DARK CHOCOLATE & PX）

為了一頓臨時起意的週間晚餐，我需要一款含酒量高的巧克力醬。我做了兩款巧克力醬，一款加入佩德羅希梅內斯雪利酒（PedroXiménez sherry），另一款則添加優質的牙買加蘭姆酒（Jamaican rum），還將它們當成佐醬，用來搭配由巧克力布朗尼、香草冰淇淋和烤榛果所組成的聖代冰淇淋。當時大家也許有些猶豫不決，不過沒有人會拒絕進行一場一對一的巧克力醬嚐味測試，而且由於大家實在太忙著將湯匙舔乾淨，因而沒有注意到我後來提供的甜點其實是市售的現成布丁。我原先認為，蘭姆酒巧克力醬會因為大家所熟悉的甜味且含有較高的酒精濃度而勝出，但就目前看來，佩德羅希梅內斯口味卻更受歡迎。這款滋味甜美、顏色濃厚的雪利酒，具有許多與巧克力相同的獨特風味，而能製成這道滋味美妙、帶著些許糖漿、焦糖、葡萄乾以及無花果味道的果香巧克力甘納許。150 克可可含量 70%的黑巧克力與 300 毫升低乳脂鮮奶油製成的巧克力甘納許，需使用 1 湯匙的佩德羅希梅內斯。

黑巧克力、迷迭香與檸檬（DARK CHOCOLATE, ROSEMARY & LEMON）

這組風味的巧克力醬，無論是淋在杏仁蛋糕片（請參考第 340 頁）上享用，或是澆灌在義式油炸茄子巧克力（melanzane al cioccolato）上的滋味，都絕妙無比。茄子和巧克力的配對，是盛行於義大利蘇連多（Sorrento）地區一組令人驚豔無比的對味組合。其中一種版本的作法，是在蒸熟的茄子中塞入瑞可達乳酪（ricotta）內餡，然後淋上巧克力醬趁熱享用。另一種作法則是將去皮茄子油炸過，靜置冷卻後裹上糖漿和麵包粉，層層夾入巧克力醬、糖漬柑橘和烤松子，以室溫享用。你也許會說，只要巧克力、瑞可達乳酪、水果乾和烤堅果的分量足夠，就算熬煮的是勃肯鞋（Birkenstock）也會心滿意足吧！不過茄子在這道料理中的功用卻不容抹煞喔，油炸過的茄子呈現絲滑的質地，因釋出水分所帶來的微妙鹹味增強了茄子甘醇的味道，並與苦甜巧克力形成了令人滿足的對比。我簡易版本的油炸茄子巧克力，則是將茄子切片，沾裹麵粉和雞蛋後

下鍋油炸，如此處理的茄子呈現出鬆餅般的質感，而整道成品給人的感覺，則介於塗滿能多益榛果巧克力醬（Nutella）的可麗餅與拿坡里（Neapolitan）巧克力冰蛋糕之間。下面是製作 4 人份油炸茄子巧克力的步驟：將茄子切出 12 個 1 公分厚的茄子圓片。輕撒上鹽巴靜置 1 小時讓茄子釋出水分。同時，將 3 根迷迭香枝放入 300 毫升鮮奶油中，並刨入 1 顆檸檬皮煮沸，關火靜置 2 小時讓香料浸泡出味。取出香料重新將鮮奶油煮沸，再倒入 150 克可可含量 70%的切碎黑巧克力。等待幾分鐘，均勻攪拌直到巧克力奶油糊呈現深色光澤，之後拌入 1/2 茶匙檸檬油。將巧克力甘納許放在一旁稍微冷卻。沖洗一下茄子切片，輕輕擠出水分、拍乾。茄子兩面撒上麵粉，浸入攪打好的雞蛋中，然後分批放入數公分深的植物油裡炸至金黃色，再以廚房紙巾吸掉油脂。將茄子分成 4 組，每組 3 片，然後在茄子片上塗抹巧克力醬做成茄子巧克力醬三明治。茄子片側邊也要抹上一些巧克力醬以覆蓋住茄子。最後，在三明治表面灑上果皮蜜餞、烤松子和浸泡過蘭姆酒的葡萄乾就完成了。

牛奶巧克力、椰子與肉豆蔻（MILK CHOCOLATE, COCONUT & NUTMEG）

這是運用日常食材就能讓人享受到天堂般滋味的一組風味。肉荳蔻將為巧克力醬帶來如柑橘、鮮花和松樹般的清新氣息。一定要使用現磨的肉豆蔻，因為已磨好的現成肉豆蔻粉帶著較重的堅果味，也沒有辛香味。按照基本食譜的作法操作，不過使用的是 150 克優質牛奶巧克力和 300 毫升椰奶，低脂椰奶也可以。當椰奶和巧克力完全混合，就將 1/4 顆現磨肉荳蔻粉加入。

白巧克力（WHITE CHOCOLATE）

在英國名廚馬克・希克斯（Mark Hix）仍然掌管著隨想曲餐廳（The Caprice）和長春藤餐廳（The Ivy）的時期，淋了白巧克力醬的冷凍莓果曾是這兩家餐廳的經典甜點。有些美食家被它毫無藝術感的外觀驚嚇到，不過顧客們卻很喜歡這道甜點。希克斯使用等量的白巧克力和高脂鮮奶油來製作這道甜點。我直接運用基礎食譜來製作，雖然味道不那麼濃郁，但嚐起來的味道仍然像是凝結的卡士達醬。瑞士蓮（Lindt）白巧克力是一個不錯的選擇，150 克白巧克力和 300 毫升低乳脂鮮奶油可以做出佐配 4 人份甜點需要的量，每份甜點約使用 75 到 100 克莓果。如果你使用的是冷凍莓果，請先剔除草莓，因為解凍的草莓嘗起來就像冷掉的茶包。白巧克力醬也適合用在香蕉鬆餅上，而且你可能會發現，對於梨海琳（*belle Hélèn*）這道甜點中的梨子來說，白巧克力醬

比黑巧克力醬更對味。不過，在黑巧克力醬中添加一點點西洋梨白蘭地（poire eau-de vie），就能讓巧克力醬擁有一股濃烈的果香味。

巧克力醬→其他應用

巧克力與吉拿棒
（CHOCOLATE AND CHURROS）

新鮮出爐的吉拿棒佐配一小杯熱巧克力醬（請參考 172 頁）享用。

巧克力泡芙（PROFITEROLES）

將巧克力醬淋在填滿了甜點師蛋奶醬內餡（請參考 587 頁）的泡芙（choux buns）上（請參考 115 頁）

瑞士巧克力火鍋（CHOCOLATE FONDUE）

將棉花糖和水果浸入溫熱巧克力醬中享用。

巧克力冰淇淋（CHOCOLATE ICE CREAM）

將巧克力醬與卡士達醬混合並攪拌至結冰。

巧克力海綿布丁
（CHOCOLATE SPONGE PUDDING）

淋上牛奶巧克力醬的黑巧克力海綿蛋糕。

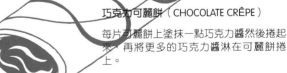

巧克力可麗餅（CHOCOLATE CRÊPE）

每片可麗餅上塗抹一點巧克力醬然後捲起來，再將更多的巧克力醬淋在可麗餅捲上。

香蕉船聖代（BANANA SPLITS AND SUNDAES）

松露巧克力、巧克力塔與巧克力糖衣
（Chocolate Truffles, Tart & Icing）

　　這是一種簡單且大眾接受度高的經典巧克力甘納許產品，保留了巧克力濃郁風味以及濃滑的質感。要注意的是，前一個基礎食譜中鮮奶油用量是巧克力的兩倍，而現在這個基礎食譜要求的則是等量的鮮奶油與巧克力。堅硬礙牙的巧克力被能讓你牙齒陷入其中的乳脂巧克力取代，尤其是如果你在巧克力和鮮奶油均勻混合的同時，還額外加入一些奶油，每 100 克巧克力添加 1 至 2 湯匙的回軟無鹽奶油就夠了。靜置冷卻後的巧克力甘納許可以做為無蛋慕斯享用，或者也可以成為蛋糕的抹面糖衣，就輕鬆地攪打巧克力甘納許，直到它的質地變得輕盈蓬鬆即可。

此一基礎食譜可以製作 30 到 36 顆松露巧克力，或填滿直徑 23 公分淺塔模，或做為一個直徑 20 公分的蛋糕抹面糖衣及填充餡料。

食材
300 克可可含量 70% 的黑巧克力 [A]

300 毫升高脂鮮奶油 [B]

1 茶匙天然香草精（可加可不加）[C]

2 至 4 湯匙細砂糖或糖漿（可加可不加）[D]

過篩的可可粉或糖粉（可加可不加）

1. 將巧克力切碎放入一個足以盛裝巧克力和鮮奶油的大耐熱碗中。
2. 鮮奶油放入平底醬汁鍋中加熱直至邊緣出現小氣泡（即加熱至沸點）後，將鍋子從爐火上移開。如果使用固態香料來調味鮮奶油，那麼就關掉爐火，放入香料浸泡直到鮮奶油產生足夠香味為止，之後濾掉香料重新加熱煮沸鮮奶油。
   使用味道夠濃烈的調味劑，才能與巧克力的味道抗衡。
3. 將加熱後的鮮奶油倒在巧克力上，靜置一兩分鐘讓巧克力融化。再徹底均勻攪拌巧克力與鮮奶油，直到出現滑順光澤為止。
   如果你喜歡，也可以反過來操作，將巧克力加入鮮奶油中。

4. 拌入液態調味劑。

5. 品嚐一下巧克力糊的味道和甜度，必要時做些修正。

　　如果還要添加細砂糖，就要趁巧克力仍然溫熱到足以融化砂糖時加入。可以使用幾湯匙的糖漿取代砂糖，但不要添加太多以免無法凝固。如果覺得可可含量 70% 的黑巧克力苦味過重，那就在步驟 1 時先將一些糖溶解在鮮奶油中。

製作松露巧克力　　381

　　將巧克力甘納許移到盤子上冷卻。為了獲得最佳質地的巧克力甘納許，請放置在室溫下凝固，而非放入冰箱中。巧克力甘納許凝固後，用挖球器（melon baller）或茶匙一團團挖出，塑成粗略球狀，然後放入篩過的可可粉或糖粉中滾動，或浸入已調溫的巧克力中（請參考 427-29 頁）。

　　如果巧克力甘納許是倒在 3 公分深的盤子中冷卻，則需約 2 至 3 小時才會凝固。做好的松露狀巧克力在室溫下可以保存 3 天。

製作巧克力塔

　　將巧克力甘納許倒入一個烤好的酥皮塔模中（請參考 666 頁），並在室溫下靜置凝固。凝固後，撒上篩過的可可粉、粗磨巧克力粉、巧克力片或切碎烤榛果來裝飾。

　　這種做成巧克力塔的巧克力甘納許，在室溫下可以保存 3 天。

舉一反三

A. 300 克優質牛奶巧克力，需使用 200 毫升高脂鮮奶油，這個分量可以製作大約 25 顆的松露狀巧克力。若使用 300 克優質白巧克力，則需要 75 毫升的高脂鮮奶油，並在雙層鍋中與白巧克力一起慢慢加熱，此分量大約可以製出 20 顆松露狀白巧克力。

B. 打發用鮮奶油也有相同的效果。或者也可以使用法式酸奶油（crème fraîche）來取代全部或一部分鮮奶油，這樣能為巧克力注入清爽的酸味。煉乳雖然很甜，但也很適合用來製作巧克力塔，不過這樣一來，也許你會想用可可含量 85% 的黑巧克力來中和一下甜味了。

C. 所使用的濕性調味食材（水果泥、白蘭地酒、蘭姆酒……等等）分量越多，顯然就越不容易凝固。

D. 如果你喜歡甜一點的巧克力甘納許，就添加更多的糖。

松露狀巧克力、巧克力塔與巧克力糖衣→風味與變化

香蕉與牛奶巧克力（**BANANA & MILK CHOCOLATE**）

在所有不含酒精的調味劑中，與松露牛奶巧克力最對味的搭配就是香蕉了。香蕉所含的酯類物質能擴展巧克力的風味層次，讓人聯想起那些在蘭姆酒或白蘭地中發現的酯類物質。將基礎食譜中的鮮奶油以過篩香蕉泥取代，或者投機取巧地使用一小袋嬰兒食品來代替也行，例如艾拉嬰兒食品（Ella's）這類的產品。一小袋嬰兒食品約含 50 毫升香蕉泥，所以使用一袋即可。每 75 克牛奶巧克力需添加 $\frac{1}{2}$ 茶匙天然香草精和少量的丁香粉。在非常成熟的香蕉中可以嚐到香草與丁香的香味，因此，加入這兩種調味劑可以增強原本相當隱約的香蕉味。我曾經以白巧克力製作香蕉泥巧克力甘納許，並打算用它來製作松露巧克力，可惜完成的白巧克力混合物無法凝固得很堅硬。所以只好拿出一條金黃糖漿蛋糕（請參考 399 頁），將這款白巧克力香蕉甘納許塗抹在棕褐色的蛋糕片上，並在下午茶時厚著臉皮供應了這道甜點，這可是我別出心裁的獨創發明呢。即使要下地獄，也要沉溺在香甜的香蕉泥浪潮中啊。

金色巧克力（**BLONDE**）

威廉·克魯克斯爵士（Sir William Crookes）於一八七九年確認出物質的第四種狀態、也就是他稱之為「輻射質」的電漿（plasma）。相比之下，糖果產業直到二〇一二年才承認第四種巧克力的存在。「金色」巧克力是在二〇〇四年發現的，當時法芙娜頂級巧克力學院（L'École du Grand Chocolat Valrhona）的行政主廚弗雷德里克·巴烏（Frédéric Bau）把白巧克力遺忘在雙鍋爐中煮了十個小時，於是白巧克力在這個過程中焦糖化了。接下來的八年間，法芙娜學院致力於研究如何以工業化模式生產製造這個意外的發現。他們將這款金色巧克力稱為「杜斯」（Dulcey），大概是參考焦糖牛奶醬的英文名稱「*dulce de leche*」來命名，因為金色巧克力與焦糖牛奶醬在風味上有許多共同特徵。當我津津有味地嚼著整口的餅乾、巧克力和太妃糖時，杜斯巧克力的味道讓我聯想起百萬富翁奶油酥餅（millionaire's shortbread）。如果你懷疑是不是有一種點心可以同時呈現出黯淡顏色卻又精緻無比，那就試試這款金色巧克力吧。我用杜斯巧克力與甜酥皮來製作迷你巧克力塔，最後再淋上帶著光澤的黑巧克力甘納許。法芙娜建議以杏桃和芒果這類風味溫和的酸性水果來搭配杜斯巧克力，或者搭配榛果、咖啡、焦糖也行。

藍黴乳酪（BLUE CHEESE）

你也許會驚訝地發現，黑巧克力的濃郁風味竟能讓添加在巧克力甘納許中的藍黴乳酪風味完全不明顯。雖然結果令人失望，不過這種經驗其實並不陌生，巧克力與乳酪一同出現，才會令人有多一個藉口去打開一瓶波特酒（port）。以下的做法大約可以製作出 10 顆松露狀巧克力，這是一個很棒的樣品數量。將 50 克藍黴乳酪（戈根索拉藍黴乳酪〔Gorgonzola〕或斯提爾頓乳酪〔Stilton〕）融化在 150 毫升高脂鮮奶油中，輕輕攪拌均勻。依照步驟 3 的指示，倒入 150 克可可含量 70%的切碎巧克力。當巧克力混合物凝固後塑成球形，這些做好的松露巧克力要包裝完好才能放入冰箱冷藏。

黑巧克力與水（DARK CHOCOLATE & WATER）

與鮮奶油相比，在巧克力甘納許中使用水的優勢在於水的中性無味，這能讓巧克力完全展現出自己的風味。巧克力大師戴米安・歐索波（Damian Allsop）使用的是礦泉水，不過最近還創造出添加了海水的變化版。洛可可巧克力店（Rococo Chocolates）的創始人尚塔爾・科蒂（Chantal Coady）則建議使用等量的沸水和黑巧克力，這與我們基礎食譜的做法相符（科蒂堅持以 1：1 比例混合可可含量 61% 和 70% 巧克力，不過全部都使用可可含量 70% 的巧克力也行）。製作裝滿 6 個烈酒杯或義大利濃縮咖啡杯（它的風味濃烈，所以一點點就夠了）所需的巧克力甘納許分量之步驟如下：先將 200 毫升熱水倒入 200 克切碎的巧克力中，靜置 5 分鐘，然後用攪拌器徹底攪拌均勻。科蒂指出，這款巧克力甘納許雖然看起來好像很稀，但在室溫下就能凝固了。這款巧克力甘納許中的含水成分讓它的保存期限很短，因為水比奶油更容易孳生細菌。所以一旦凝固就要放入冰箱保存，存放不要超過 3 天。

愛爾蘭咖啡（IRISH COFFEE）

早在赫斯頓（Heston）、埃爾韋（Hervé）和費蘭（Ferran）之前，我們在地酒吧的賈爾斯（Giles）就以他的招牌愛爾蘭咖啡讓我們留下深刻印象了。他

運用某些巧妙的烹飪手法，讓高脂鮮奶油霜漂浮在加了威士忌的咖啡上，而且飲用這款咖啡的同時，鮮奶油霜會始終浮在咖啡上。這杯飲料完全沒有使用到現成的噴嘴式鮮奶油霜，噴嘴式鮮奶油霜缺乏了手工打發的鮮奶油霜那種天鵝絨般光滑柔軟的質地。我要向賈爾斯致敬，因為每當我需要快速製作出一道同時兼顧咖啡和餐後酒（digestif）的甜點時，就會製作這道白獅酒吧的巧克力甘納許糖霜（ganache fouettée au White Lion）。製作 6 人份的飲料，需準備 150 克可可含量 70% 的黑巧克力、150 毫升高脂鮮奶油及 2 湯匙糖，將它們混合加熱，製成巧克力甘納許。在步驟 4 中，拌入 2 湯匙愛爾蘭威士忌，還有溶解在 1 茶匙沸水中的 2 茶匙即溶咖啡。攪拌均勻的混合物靜置冷卻，當混合物降至室溫（需要 30 至 60 分鐘），就將混合物攪打至輕盈蓬鬆（顏色則較黯淡而無光澤）為止，用手持式電動攪拌器攪打只需幾分鐘。要注意的是，巧克力甘納許若不打發會很容易硬化，所以冷卻後要立刻進行攪打。將打發好的巧克力甘納許分裝到 6 個小玻璃杯中，巧克力甘納許上方盡可能填滿玻璃杯所能容納的冰鮮奶油霜，然後將玻璃杯放在白色茶碟上，附上一根茶匙就可上桌享用啦。就和冷卻後的巧克力甘納許必須立刻攪打的邏輯相同，打發好的巧克力甘納許也得趁它還帶著柔軟的夢幻口感時盡快食用。若不是已經了解巧克力容易凝固的特性，打發巧克力甘納許實在沒什麼了不起啊。

牛奶巧克力與百香果（**MILK CHOCOLATE & PASSION FRUIT**）

這是一種嚐起來很像巧克力果醬的巧克力甘納許。將這種帶著果香的巧克力甘納許裝在一個印著方格布印花蓋的罐子裡，並告訴朋友它是由一種罕見植物百香果可可樹（Passiflora cacao）所做成的果醬，而這種可可樹豆莢中的軟豆，含有帶著水果巧克力味道的絲滑棕色果肉。或者就直接告訴他們真相吧，其實就是將 8 顆百香果的果肉壓擠過篩後，把果汁與種子分開，在百香果汁中加入 1 湯匙蜂蜜和少許鹽巴，差不多煮到沸騰，慢慢攪入 275 克精細切碎的牛奶巧克力中。烹煮後的百香果汁濃稠而有光澤，卻能與看起來分量好像很多的 275 克巧克力充分融合。所以製作這款巧克力甘納許時一定要很有信心。因為在攪拌混合的過程中，你便會充分明白為什麼果醬的英文「jam」還帶著「堵塞卡住」的意思。有些百香果具有近似鹽酸般的酸度，所以還要檢查巧克力甘納許的甜度。完成後的百香果巧克力醬倒入預先烤好的塔皮中，然後靜置凝固。由於百香果汁和蜂蜜的總分量大約只有 150 毫升，所以巧克力甘納許應該很快就會凝固了。

384

花生醬（PEANUT BUTTER）

花生醬巧克力甘納許算是鄉巴佬版本的果仁糖。按照我們的基礎食譜操作，不過改用 100 克巧克力和 2 湯匙鮮奶油，並拌入 6 湯匙滑順的花生醬。使用牛奶巧克力或黑巧克力來製作花生醬巧克力甘納許的效果同樣出色，但不要使用白巧克力（總要設個底線吧）。一些雄心勃勃的廚師可能會喜歡巧克力魔術師戴米安・歐索波（Damian Allsop）那款屢獲殊榮，使用了烤花生、生薑與醬油調味所做成的巧克力甘納許。與十幾年前興起以海鹽調味的巧克力甘納許相比，其實使用醬油也不算奇怪了。

龍蒿與芥末（TARRAGON & MUSTARD）

這是來自巧克力大師威廉・卡利（William Curley）的一個創意，他用黑巧克力製作龍蒿芥末口味的巧克力甘納許。卡利自己也承認這是大膽的組合，在芥末溫熱的基調中散發著龍蒿森林般的氣息，這是一種經常出現在雞肉和魚類料理醬汁中的味道。其他如百里香和迷迭香一類的樹脂香草植物，才是巧克力毫無爭議的調味香料。你可以考慮將龍蒿替換成同樣帶著洋茴香（anise）味道的茴香（fennel），只是龍蒿的洋茴香味道更為明顯。在所有我曾嚐過的辛香甜品中，我更喜歡芥末帶給巧克力的溫熱感。卡利之所以用調味好的鮮奶油來製作巧克力甘納許，而非添加現成的調味劑和油品，是因為這樣的風味才更為純粹。總而言之，將 20 克龍蒿加入 400 毫升打發用鮮奶油，煮沸後靜置冷卻，並浸泡 2 小時讓龍蒿出味，過濾混合物並盡力擠壓龍蒿以榨取更多的調味汁。接著將浸泡過香料的鮮奶油重新倒入鍋中，加入 60 克轉化糖（例如液體葡萄糖或玉米糖漿），再次煮沸鮮奶油後，將鍋子從爐火上移開。把 3/4 茶匙芥末粉加入幾茶匙熱鮮奶油中混合成糊狀，再將芥末鮮奶油糊拌入仍然溫熱的鮮奶油中，攪拌均勻後倒在 450 克切碎的黑巧克力上（卡利使用可可含量 66%巧克力，但你也許需使用可可含量 70%的黑巧克力才會成功）。充分攪拌均勻，加入 70 克無鹽回溫奶油再次攪拌均勻。依此做出的龍蒿芥末巧克力甘納許分量可觀，因此你也許需將材料的分量減半。

白巧克力蛋酒（**WHITE CHOCOLATE NOG**）

以調配蛋酒的香料來處理白巧克力，會讓白巧克力華麗變身。巧克力和肉荳蔻的結合，嚐起來很像辛香的檸檬蛋黃醬，它們能讓彼此的味道更清新輕盈。300 克白巧克力加入 4 湯匙高脂鮮奶油、1 湯匙蘭姆酒以及約 $^1/_6$ 顆現磨肉荳蔻粉，然後按照基礎食譜操作。如果你做的是松露巧克力，則將它們放入香草糖粉中均勻滾動，最後在巧克力上撒一點新鮮的肉荳蔻。

覆盆子（RASPBERRIES）

填入白巧克力甘納許。

巧克力脆片（SPLIT CHOCOLATES）

以巧克力甘納許和焦糖（請參考482頁），或巧克力甘納許和杏仁糖製成（請參考319頁）的巧克力脆片。

作為餡料夾心（FILLING）

將甘納許為夾心餡料，夾在蛋白霜甜餅（請參考497頁）或餅乾中做成夾心餅（請參考404頁）。

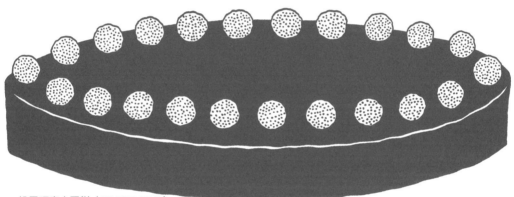

松露巧克力蛋糕（TRUFFLE CAKE）

以松露巧克力裝飾的蛋糕（請參考427頁）。

蒙地安巧克力（MENDIANTS）

表面鑲滿堅果和果乾的圓餅狀巧克力甘納許（也可以用純巧克力製作）。

突尼斯蛋糕（TUNIS CAKE）

表層覆蓋巧克力甘納許並以水果造型杏仁糖裝飾的馬德拉蛋糕（Madeira cake）。

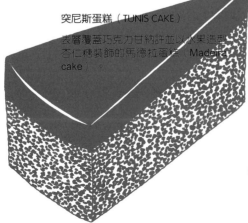

製作馬卡龍（MACAROONS）

巧克力甘納許可以是馬卡龍的沾裹醬，或者也可以用來裝飾馬卡龍（請參考第328頁）。

巧克力慕斯（Chocolate Mousse）

前一個基礎食譜要求的是等量的高脂鮮奶油和巧克力。而下面這個巧克力慕斯的基礎食譜，則以雞蛋取代了鮮奶油，而雞蛋的重量與巧克力重量大致相同。有些人只用這兩種成分來製作巧克力慕斯，但我想增加一點甜度，並加入少許水或冰咖啡來稀釋巧克力，以形成更輕盈的質地。這款混合物也可以用來製作成巧克力烤布丁，將混合物倒進塗好奶油的烤模中，以 200°C 烘烤 10 至 12 分鐘。佐配鮮奶油就可以上桌了。如果你另外加進一些蛋白，就可以將它們稱為舒芙蕾！

此一基礎食譜可以製作 6 個單人份慕斯或 1 個大慕斯（600 毫升）。

食材

200 克可可含量 70% 的黑克力 A

60 至 120 毫升水或冰咖啡 B

4 個中型或 3 個大型的蛋，將蛋黃和蛋白分開 CD

3 湯匙糖（可加可不加）E

1. 巧克力切碎並放入耐熱碗中。碗中加入水或咖啡，然後將碗放在裝著沸水的平底深鍋上（碗底不要接觸到熱水）。當巧克力融化後，從熱水鍋上移開耐熱碗，並均勻攪拌直到出現可口如絲綢般滑順閃亮的棕色混合物。
   冰咖啡將會增進巧克力的味道。

2. 拿一個乾淨的碗，倒入蛋白打發到呈現濕性發泡。
   如果要加糖，就在這個過程中加入糖，一湯匙一湯匙慢慢加入，並持續攪打。

3. 將蛋黃攪入冷卻後的巧克力混合物中。
   當你把蛋白霜打好時，巧克力糊的溫度應該已經降到不會把蛋黃煮熟的溫度了。可依個人喜好決定是否加入蛋黃，但蛋黃可以增進慕斯的濃稠度，而且也會額外增加一點體積。

4. 用大號金屬湯匙先將 $^1/_3$ 蛋白霜翻拌入巧克力混合物中。然後繼續拌入剩餘的部分。拌好的巧克力甘納許倒入單人份容器或一個大碗中。

先拌入 $^1/_3$ 蛋白霜是為了稀釋巧克力糊，好讓它更容易與剩下的蛋白霜混合而不會讓攪入的空氣流失太多。

5. 至少需冷藏 2 小時（如果你製作的是 1 個大慕斯，則要冷藏更長時間）。這個慕斯可以在冰箱中保存 2 天。

舉一反三

A. 可以使用優質的牛奶巧克力取代黑巧克力。至於蜂蜜和山羊乳鮮奶油的變化版本，請參考 453 頁。若選用白巧克力，則請參考 455 和 456 頁。

B. 可用調味糖漿取代水或咖啡，或者用一些烈酒或利口酒也行。有些人則以鮮奶油來替換，雖然這樣的慕斯味道比較不酸，但要注意，這樣也會弱化巧克力的味道。

C. 少用一點雞蛋也沒問題，使用太多雞蛋可能會過度稀釋巧克力的味道，並產生不受歡迎的蛋腥味。例如英國名廚高登·拉姆齊（Gordon Ramsay）只使用 1 個蛋白、100 克黑巧克力、300 毫升高脂鮮奶油、50 克糖和 2 湯匙義大利杏仁香甜酒（Amaretto）來製作巧克力慕斯。如果你想製作無蛋慕斯之類的甜點，可以選擇將巧克力甘納許打發，請參考 445 至 446 頁的愛爾蘭咖啡。

D. 西班牙名廚費蘭·阿德里亞（Ferran Adrià）將溫熱的鮮奶油倒入切碎的巧克力中——仿照巧克力甘納許（à la ganache）的作法——然後攪入未打發的蛋白，再將混合物移到虹吸壺中，然後裝入玻璃杯。如果你做了大量的巧克力慕斯，或者你希望有個買虹吸壺的藉口，那麼這個做法就很有用了。

E. 3 湯匙的糖應該就可以製成甜味適中的慕斯了。是嗜吃甜食的人可能會希望糖量加倍。如果你使用的是低可可含量的巧克力，也許就不需額外再加糖了。

巧克力慕斯→風味與變化

阿瑪涅克白蘭地 或 干邑白蘭地（ARMAGNAC OR COGNAC）

　　品酒作家維多利亞·摩爾（Victoria Moore）將干邑白蘭地和阿瑪涅克白蘭地分別比喻為「白蘭地世界裡的城市老鼠和鄉下老鼠」。干邑白蘭地口感醇厚而優雅，並且被描述為「有著滑順而甜美的木質氣息」，而阿瑪涅克白蘭地「不僅更加粗野而且還刺激喉嚨，你可以感覺到它熾熱火焰般的氣勢，喝下一杯後幾乎就可以完全理解所有與它有關的說法了」。這樣的差異，大部分原因都歸功於蒸餾方法的不同。干邑是經過雙重蒸餾所製成的白蘭地，而亞瑪邑則只進行一次蒸餾，每次蒸餾都會使烈酒更為順口一些，但也弱化了一些風味。愛爾蘭威士忌是經過三重蒸餾所製成，因而多數情況下它的口感會比單一麥芽威士忌來得更輕盈，但味道則較為貧乏。單一麥芽威士忌幾乎總是以雙重蒸餾法製成。摩爾對白蘭地的比喻方式，也適合用來比喻各種烈酒與巧克力的組合。干邑白蘭地適合用來製作精緻的糖果和經典的松露狀巧克力，而阿瑪涅克白蘭地則經常出現在家常的布丁中。且阿瑪涅克白蘭地也很少在沒有乾皺黑棗的情況下，單獨用來製作巧克力，它們就像《窗外有藍天》（*A Room with a View*）中的夏綠蒂·巴特雷特（Charlotte Bartlett）與露西·霍尼徹奇（Lucy Honeychurch）般形影不離。

　　我做了幾個巧克力慕斯，一個用的是干邑白蘭地，一個則用阿瑪涅克白蘭地，不過我更偏愛後者的滋味（其實我比自己所願意承認的更像一隻鄉下老鼠）。不管用的是哪種白蘭地，將湯匙浸入剛融化的巧克力和白蘭地混合物時，我想到了吉拿棒（請參考 172 頁）以及佐配它的那一小杯巧克力沾醬。製作巧克力慕斯時，每100公克黑巧克力需加入1湯匙阿瑪涅克白蘭地或干邑白蘭地。按照基礎食譜操作，但不要在巧克力融化時就加入烈酒，而是到步驟 3 再將烈酒拌進已冷卻的巧克力中，之後再加入蛋黃。在慕斯凝固前，也不用費心地去抵擋滿滿一匙奢華美味烈酒巧克力醬的誘惑了。

石南花蜂蜜與山羊乳鮮奶油（**HEATHER HONEY & GOAT'S CREAM**）

　　瑪雅人（Mayans）和阿茲特克人（Aztecs）都運用蜂蜜為他們的可可飲料增加甜度。選用像栗子花或石楠花這類味道較強烈的蜂蜜來與巧克力混合，會獲得額外的風味。位於英國伯斯郡（Perthshire）的海瑟山丘農場（Heather Hills Farm），曾製作出一款純淨的石南花「香檳蜂蜜」（Champagne of honeys），這款蜂蜜的特色是「順口、醇厚濃郁，擁有溫熱煙燻的太妃糖口感，並隱約帶著李子與咖啡的芳香」。我用山羊乳鮮奶油做了一個蜂蜜牛奶巧克力慕斯，山羊乳鮮奶油讓成品慕斯多了一股鄉村氣息（但要注意的是，第二天它的味道就會變得有如以公山羊鬍子調味的鮮奶油了）。製作 4 人份的慕斯，需使用 150 克優質牛奶巧克力（至少含 32％可可固形物）、100 毫升山羊高脂鮮奶油和 1 湯匙石南花蜂蜜。將所有食材一起融化，然後從基礎食譜步驟 2 開始往下操作。

茉莉花（**JASMINE**）

　　茉莉花除了是製造香水原料花品中最昂貴的一種花品之外，它還是香奈兒 5 號（Chanel No. 5）、之歡（Joy）以及琶音（Arpège）等高級香水的主要香體原料，而且根據《香水指南》（*The Perfume Handbook*）的記載，83% 的優質女性香水中均含有茉莉花。十七世紀的佛羅倫斯（Florence），因奢侈糜爛而招致大禍的托斯卡納大公爵（Grand Duke of Tuscany）柯希莫三世・德・梅迪奇（Cosimo III de' Medici）命令他的主治醫師弗朗切斯科・雷迪（Francesco

Redi）創造一種茉莉花香味的巧克力。雷迪很樂意與眾人分享他這款注入了柑橘、檸檬皮甚至是龍涎香等等風味的巧克力食譜，卻虔誠嚴謹地守護著茉莉花版本的食譜。雖然現在這個食譜已被公之於眾，但大家也發現這個配方棘手的幾乎難以操作，因為它需要將大量茉莉花苞與巧克力碎粒層層堆疊。茉莉花苞需在清晨時採摘，這樣花苞才會在與巧克力混合時綻放。然後要將這個過程重複十次或十二次左右，巧克力才能達到所需強度的花香。類似的過程也被用來調味綠茶，以獲得最優質的茉莉花茶。不過現在反而是運用這款茉莉花茶做為茉莉花巧克力甘納許的調味香料了。雷迪的確掌握了重點：要獲取足夠濃烈的茉莉花香是很困難的一件事。如果覺得這個方法過於昂貴，那麼還有個捷徑，那就是使用食品等級的茉莉花濃縮精華（以精油形式呈現）。

紫羅蘭香甜酒（PARFAIT AMOUR）

　　紫羅蘭香甜酒是一款能完全襯托出貝禮詩香甜酒（Baileys）男子氣慨的利口酒。這是款薰衣草般紫色的利口酒，含有某些可靈活調配的芳香成分。一九一九年出版的《化學工藝記錄書》（*The Techno-Chemical Receipt Book*）中，明確記載了它的成分：肉桂、荳蔻、迷迭香、茴芹、檸檬、柳橙、丁香，甘菊以及薰衣草精油等等。其中卻沒有提到紫羅蘭。然而紫羅蘭與柳橙卻是現今大多數市售紫羅蘭香甜酒中主要標識的成分。這款香甜酒與藍色庫拉索酒（Blue Curaçao）一樣，主要功用就是調色。不過藍色庫拉索酒有著近似工業酒精的刺鼻味，也許除了最具創意的調酒師，其他人都不會喜歡。雖然紫羅蘭與柑橘結合的顏色的確相當漂亮，但用於黑巧克力之中，顏色就毫無意義了。在基礎食譜中加入 2 湯匙紫羅蘭香甜酒並嚐一下味道，必要時可以多加一些。

草莓或醋栗（STRAWBERRY OR GOOSEBERRY）

　　以蛋白製成的泡狀慕斯也能與其他非巧克力的食材融合，不過就得多花些功夫幫這類慕斯創造出如巧克力凝固後所呈現的堅固結構了。下面的方法會讓人想起一款巴伐利亞奶油蛋糕（bavarois〔請參考 575 頁「蛋酒」段落〕），只是以打發好的鮮奶油霜取代了卡士達醬。這裡將以草莓為例。300 克草莓壓成泥後先放在一邊備用。將 2 個蛋白打發至乾性發泡，在攪打過程中一次一湯匙地將 2 到 3 湯匙的細砂糖（根據莓果的甜度決定用量）加入蛋白中，繼續攪打至蛋白霜完成，然後放在旁邊備用。150 毫升高脂鮮奶油打發至濕性發泡。再將 2 片吉利丁放入冷水中浸泡 5 分鐘。之後將大約 $1/3$ 的草莓泥加熱，但不

煮沸。取出吉利丁片擰乾水分，拌入加熱的果泥中直到完全溶解，然後再將熱草莓泥倒入剩餘未加熱的草莓泥中攪拌均勻。先將 $^1/_3$ 的蛋白霜翻拌入打發好的鮮奶油霜，再拌入另外的 $^2/_3$。之後將草莓泥輕輕地拌入鮮奶油混合物中。完成的混合物分裝到 4 個玻璃杯或烤模中，放入冰箱冷藏。這裡所列出的食材分量都是可以調整的。我製作這款甜品時曾調整過幾次，例如所使用的草莓甜度高到只需加入少量糖就夠了。另一方面，如果使用的是醋栗，我會先在醋栗中加入少量的糖烹煮。使用 2 片吉利丁會讓混合物凝固但質地柔軟，不過也可以添加更多的鮮奶油，或使用風味濃厚的希臘優格取代吉利丁。只使用 1 個蛋白而非 2 個蛋白，則會降低成品的慕斯感。如果都不使用蛋白，就會得到讓大多數廚師稱為傻瓜的成品。無論採取哪種方法，都要確定果泥的味道夠濃郁，這樣才禁得起鮮奶油和雞蛋的稀釋。

香草（VANILLA）

在普通的黑巧克力中添加最優質的香草，有如運用上等鈕釦來改裝一件普通的夾克，讓黑巧克力輕鬆地升級了。使用 120 毫升水、60 克糖和 $^1/_2$ 切開的馬達加斯加（Madagascan）香草莢來製作糖漿，再以此糖漿取代水或咖啡加入巧克力中。這樣一來，蛋白就無需加糖了。運用調味糖漿為慕斯調味，是一種很簡單的方法。更多相關的方法，請參考第 509 至 514 頁。

白巧克力（WHITE CHOCOLATE）

如果你已超過六歲，應該想用一些苦味或酸味來抵銷白巧克力的甜味。水果是一種選項，而覆盆子則是最常見的搭配組合。或者也可以為白巧克力慕斯製作一些苦味黑巧克力盒：將 40 克可可含量 70% 的黑巧克力融化，取保鮮膜墊在 4 個烘培用模具的底部，然後刷上兩層融化的黑巧克力即可。巧克力凝固後，取出巧克力盒並小心地剝離表面的保鮮膜。接著按照基礎食譜的方法製作白巧克力慕斯，不過改用 200 克瑞士蓮特醇白巧克力（Lindt Excellence

White）和 60 毫升低乳脂鮮奶油，完成後將白巧克力慕斯填入巧克力盒中。白巧克慕斯凝固所需的時間也許比黑巧克力慕斯更長，而且也需放在冰箱中保存。

391 白巧克力與雙麥芽威士忌（**WHITE CHOCOLATE & DOUBLE MALT**）

我曾被邀請參加一場非常昂貴限量版威士忌的品酒會。當時我品嚐了一瓶已儲藏 40 年的凱莉威士忌（Cally）。根據品酒指南描述，這款酒「混合了蘇丹那白葡萄乾、過熟軟香蕉以及丹麥肉桂捲上的蜂蜜」因而一瓶要價 750 英磅。還有一瓶儲藏了三十二年的波特艾倫（Port Ellen），這款酒則因「醇厚的煙燻味……以及獨特的深邃表現」，單瓶要價 2,400 英磅。幾口酒下肚後的我變得有點聒噪並開始到處分享自己的最新發現：一杯單一麥芽威士忌搭配幾塊高可可脂牛奶巧克力，這個組合的滋味真是無與倫比啊。邀請我與會的酒商朋友聽到我的分享後，回過頭來靠近我，用著新手內線交易員般急切的語調對我說：「試試看搭配冷凍白色麥提莎巧克力球（Maltesers）。」雖然我現在還是以常溫的高可可脂不含蜂巢巧克力來搭配威士忌，不過卻採納了這位酒商朋友的建議，將一些好立克（Horlicks）和一點格蘭菲迪威士忌（Glenfiddich）加入白巧克力中來製作慕斯。將 200 克優質白巧克力慢慢融於 30 毫升高脂鮮奶油。將 5 湯匙好立克與另外 30 毫升（未加熱的）高脂鮮奶油均勻混合後拌入已融化的巧克力中，並攪入 1 湯匙單一麥芽威士忌。接著從基礎食譜步驟 2 開始操作。對滴酒不沾的人來說，白巧克力、麥芽酒和洋茴香籽會是一個很好的組合，可以減少洋茴香籽的數量，讓麥芽酒展現應有的風味：1 茶匙洋茴香粉就很理想了。

巧克力冰蛋糕（Chocolate Fridge Cake）

巧克力冰蛋糕和巧克力慕斯的作法很類似。不過製作巧克力冰蛋糕時，和巧克力一起融化的是奶油而不是咖啡；而且和糖一起打發的是全蛋而不是蛋白。之後再把所有的材料均勻翻拌在一起。這個蛋糕應該具有讓人如孩子般歡樂的效果，若加上糖漬櫻桃，甚至還能得到更多的樂趣。如果收起孩子氣的素材，這款蛋糕還有加入白蘭地或蘭姆酒並做成精緻形狀的成熟版本。另外也有無蛋的版本。

此一基礎食譜適用於一個邊長 17 公分的正方形或直徑 20 公分的圓形蛋糕烤模。[A]

食材
200 克可可含量 70% 的黑巧克力 [B]

200 克奶油 [C]

2 顆蛋 [D]

100 克糖 [E]

200 克餅乾，要打碎 [FG]

糖粉，灑在表面裝飾用

1. 巧克力切碎，和奶油一起放入耐熱碗中。然後將碗放在裝著沸水的平底深鍋上（碗底不要接觸到熱水）。巧克力融化後，將耐熱碗從熱水鍋上移開，繼續均勻攪拌直到出現可口如絲綢般滑順閃亮的棕色混合物。之後放在一旁冷卻備用。

   也可以小心地（即短暫加熱，以避免燒焦）將巧克力和奶油分別放入微波爐中融化，再將它們混合在一起。

2. 拿一個乾淨的碗，將雞蛋和糖混合打發至濃稠乳白。

   使用電動打蛋器將更簡單方便。如果你沒有電動打蛋器，就只能用手盡全力打發了。

3. 用大號金屬湯匙將打發的蛋糊和巧克力奶油糊翻拌混合，做成均勻的棕色混合物。

   這過程需要花費一些時間。專注在誇張的打發動作上，盡可能地保留住打

進去的空氣。

4. 拌入打碎的餅乾

5. 將混合物刮到鋪有保鮮膜或烤盤紙的烤模中（好讓蛋糕凝固後方便取出）。

也可以使用不需要內襯的矽膠模具，或者舀滿滿一湯匙倒入小紙模中。或者用保鮮膜緊緊包裹起來，滾成薩拉米香腸狀，待凝固後切成薄片（若打算採取這個方案，要確定添加的餅乾碎片只有豌豆般大小）。

6. 讓蛋糕冷卻一下，理想狀態是靜置在室溫下凝固。也可以放到冰箱中凝固，但放在冰箱中凝固的蛋糕，質地不會像放在室溫下凝固那麼光滑。如果你趕時間，讓蛋糕冷卻至室溫後再放入冰箱冷藏。

如果那天的天氣或是你的廚房特別溫暖，蛋糕最終還是需放在低溫的地方冷卻。

7 撒上糖粉，將蛋糕切成巧克力棒的形狀。

巧克力冰蛋糕可以放入冰箱保存 3 至 4 天。無蛋版本的冰蛋糕保存時間比較長。

舉一反三

A. 可以運用各種不同大小的烤模，但烤模越深，蛋糕凝固的時間就越長。要製作較小的蛋糕，可以使用 900 克（2 磅）的長條型麵包烤模，此時材料分量只需一半就夠了。

B. 使用正常甜度，或如伯恩維爾（Bournville）這種較甜的巧克力都可以，只要省略糖的用量或只加 2 至 3 湯匙糖就好。

C. 使用 200 克奶油是相當標準的作法，並且會讓蛋糕成品呈現油滑的質感。儘管如此，只要不改變巧克力的分量或種類，即使使用較少奶油，或甚至不用奶油，蛋糕都會凝固。無鹽奶油、低鹽奶油都可以，如果你偏愛含鹽奶油帶來的特殊氣息，就用含鹽奶油吧。

D. 雞蛋也可以省略，不過要注意的是，雞蛋能增加混合物的體積而不會稀釋濃度（如果你喜歡，也可以製作全蛋慕斯）。至於無蛋蛋糕作法，請參考第 460 頁的香甜熱巧克力版本。含蛋巧克力冰蛋糕會比無蛋的冰蛋糕更不容易融化，而且也更易於切片。

E. 是否需要額外加糖，取決於所使用巧克力的甜度 —— 這裡建議的使用量是以可可含量 70% 的黑巧克力為基準。

F. 富貴佐茶餅乾、法國奶油小餅乾與消化餅乾，是最常使用的餅乾種類。

G. 堅果、果乾、糖漬水果一類的材料都可以與餅乾一起加入巧克力中，不過最多 100 克。其他添加物的選擇還包括棉花糖、麥提莎巧克力球、蜂巢碎塊、椰絲奶油糖（coconut ice）、杏仁蛋白方糖（cubes of marzipan）、糖漬栗子、酒漬櫻桃、糖漬生姜、綜合果皮、早餐麥片和椒鹽捲餅等等。在步驟 1 結束時，你還可以在巧克力混合物中加入 1 湯匙白蘭地或蘭姆酒。這是一個可以加進各種食材的蛋糕。

巧克力冰蛋糕→風味與變化

香料調味巧克力（MULLED CHOCOLATE）

英國名廚暨美食作家尤坦·奧圖蘭吉將調味巧克力與普通巧克力混合，並捨去雞蛋，藉此重新改造巧克力冰蛋糕。英國電視名廚傑瑞米·李（Jeremy Lee）的作法和我們的基礎食譜更一致，但除了原本巧克力中所含的糖分，他就不再另外加糖了。李也使用切碎的（最好是法國亞仁〔Agen〕地區生產的）黑棗乾來滿足對「美麗好看」糖漬櫻桃的渴望。我一向喜歡蛋糕中的糖漬櫻桃，糖漬櫻桃和柏靈頓熊還有閃亮的小髮夾，都是我純真童年中的固定配備。不過，我可以看出用在這裡的黑棗，也許能媲美糖漬櫻桃的鮮潤多汁。我的巧克力冰蛋糕結合了李的創意與奧圖蘭吉的無蛋配方基底，成品蛋糕的滋味還是能讓耶誕節的鐘聲叮噹作響，並沒有偏離原來軌道太遠。取 200 克黑棗乾每顆切成 4 等分，浸泡在波特酒中至少 30 分鐘。將 100 克 G&B 瑪雅黃金巧克力（Green & Black's Maya Gold chocolate）與 200 克可可含量 70% 的黑巧克力切碎，加入 100 克金黃糖漿與 120 克無鹽奶油一起融化。如果沒有瑪雅黃金巧克力，就在普通巧克力中加入橙皮、肉荳蔻和肉桂調味。從基礎食譜步驟 4 開始操作，加入瀝乾的黑棗乾、75 克核桃和 225 克消化碎餅乾。在巧克力凝固前，將 25 克切成粗粒狀的開心果撒在表面。蛋糕冷卻後，放入冰箱至凝固硬化。

松子、果皮、小葡萄乾與義大利杏仁餅
（PINE NUT, PEEL, CURRANT & AMARETTI）

親愛的，我把巧克力冰蛋糕縮小了。將蛋糕切成每邊邊長 3 公分的正方形方塊，這個尺寸剛好適合我家小孩扮家家酒的玩具茶盤，也適合用在人見人愛的精緻小蛋糕上，即使人們無法精確說出這些小蛋糕究竟讓他們想起什麼。添加於小蛋糕中的材料都需切成小碎塊，如此一來，凝固後的冰蛋糕才容易切片。與基礎食譜不同的是，這裡僅需用到巧克力和奶油，無需加入糖或雞蛋，因此，成品的質地黏稠且帶著濃郁巧克力味。如果是為了孩子們的糕餅娃娃屋而製作這款蛋糕，也許就讓它甜一點。若是為了晚餐後的甜點，則先從將小葡萄乾浸漬在酒中開始。在這個食譜中，我之所以使用小葡萄乾而不是普通葡萄乾或蘇丹娜白葡萄乾（sultanas），只是因為小葡萄的個頭較小。如果想趕時髦，可以選用一些伏斯提薩葡萄乾（Vostizza）。根據《拉魯斯美食百科》（Larousse）的記載指出，這種只產自希臘西部愛琴市（Aigio）地區並在一九

九三年獲得原產地名稱保護的葡萄乾特別美味。將 100 克可可含量 70％的切碎黑巧克力和 100 克無鹽奶油一起融化，混合攪拌均勻，然後加入各一顆的磨碎檸檬皮和柳橙皮。拌入 25 克烤松子、各 1 湯匙細切成丁的糖漬生薑、混合果皮丁，和 4 塊切成豌豆大小的義大利杏仁餅。將攪拌均勻的混合物移入一個邊長 15 公分、墊好保鮮膜或烤盤紙的正方形烤盤中。冷藏前，先放在室溫下凝固。最後切成精緻邊長 3 公分的小蛋糕。

脆米花（RICE KRISPIES）

這是一種巧克力冰蛋糕的變化作法，用的是可可粉而不是巧克力塊。這也是我第一個倒背如流的食譜。它很簡單，因為製作香酥巧克力脆片會使用到下列的所有食材：奶油、糖、金黃糖漿、可可粉，以及脆米花或是玉米穀片，每種都各一盎司（約 25 克）。將前四種材料在平底鍋中融化，均勻攪拌製成美味香濃的巧克力糖漿，讓它冷卻一下，之後再拌入早餐穀片，然後愉快地一團團舀出來，放入紙盒中。我現在突然發現，這是運用可可粉、奶油和糖混合就製出巧克力的一種方式。雖然優質的黑巧克力一定是運用更高價的可可脂所製成，但可可粉與高價可可脂兩者同樣經過精煉和調溫，才產生了巧克力的正確質地和光澤。大部分巧克力中還會添加一些香草，所以你或許也想在香酥巧克力脆片混合物中加入幾滴天然香草精吧。

斯派庫魯斯餅乾（SPECULOOS ROCHER）

如果 431 頁所描述的「比利時」餅乾蛋糕，是使用斯派庫魯斯餅乾所製成的，也許才是名副其實的比利時餅乾蛋糕吧。斯派庫魯斯餅乾是比利時一種美味的小焦糖餅乾，我希望更多英國咖啡館在提供義式濃縮咖啡時，可以搭配這種美味的小焦糖餅乾，只要你使用的是瑞士蓮或 G&B 一類的優質牛奶巧克力。以下方法做出的成品，就是一道機智聰明的甜點了。將 50 克切碎的牛奶巧克力和 15 克無鹽奶油一起融化，拌入 50 克烤好去皮的磨碎榛果，然後放置一旁

備用。取另一個碗，將 150 克無鹽奶油與各 100 克可可含量 70%的切碎黑巧克力和牛奶巧克力融化，攪拌均勻並讓其冷卻。將 2 湯匙細砂糖加到 2 顆雞蛋中一起攪打至濃稠乳白，拌入略微冷卻的黑巧克力和奶油中。先用加了碎榛果的牛奶巧克力糊做出 4 個松露巧克力，接著將剩下的榛果巧克力糊塗抹在 4 片斯派庫魯斯餅乾上（英國最常見的品牌是蓮花〔Lotus〕牌）。完成後，上面再放置另一片餅乾，製成巧克力夾心餅乾。450 克（1 磅）的長形麵包烤模中鋪上保鮮膜，倒入一層薄薄的黑巧克力奶油蛋糊，底部鋪上一層未塗醬的斯派庫魯斯餅乾。然後淋上一層黑巧克力奶油蛋糊，再放入一層斯派庫魯斯夾心餅乾。之後將榛果松露巧克力對半切開並插入餅乾和烤模邊緣之間，每邊 4 個。上面再覆蓋更多巧克力奶油蛋糊。最後鋪上一層未塗醬的斯派庫魯斯餅乾，然後將剩餘的巧克力奶油蛋糊全部倒在餅乾上。將蛋糕放在室溫下靜置幾小時，再放入冰箱凝固硬化，最好冷藏過夜。

無麵粉巧克力蛋糕（Flourless Chocolate Cake）

　　這個無麵粉巧克力蛋糕需使用等重的巧克力、雞蛋、奶油和糖來製作，其實它就是一款巧克力磅蛋糕。這款蛋糕除了蛋糕糊比巧克力冰蛋糕的蛋糕糊更為濕潤，並且需烘烤之外，作法上完全與巧克力冰蛋糕類似，都是先將巧克力與奶油一起融化，然後雞蛋加糖打發再翻拌入巧克力混合物中。稍微調整一下基礎食譜，就能得到巧克力布朗尼（brownie）或熔岩小蛋糕了（希望蛋糕中心還保持著液態）。有關這兩種甜點的更多細節，可以在「風味與變化」單元中找到。

此一基礎食譜適用於一個直徑 20 公分的圓形活動式蛋糕模。[AB]

食材
200 克可可含量 70% 的黑巧克力 [BC]
200 克無鹽奶油 [B]
調味劑（可依個人喜好添加）[D]
4 個中型或 3 個大型的雞蛋 [E]
200 克細砂糖 [BF]

1. 巧克力切碎和奶油一起放入耐熱碗中。然後將碗放在裝著沸水的平底深鍋上（碗底不要接觸到熱水）。巧克力融化後，把耐熱碗從鍋上移開並均勻攪拌直到出現可口閃亮的濃稠巧克力奶油糊。如果要使用液體調味劑（例如香草或蘭姆酒），就趁此時加入。攪拌均勻後放在一旁冷卻備用。
   也可以小心地（加熱時間要短一點，以避免燒焦）將巧克力和奶油分別放入微波爐中融化，然後再將它們混合在一起。
2. 另外拿一個乾淨的碗，將雞蛋和糖一起攪打直到濃稠乳白。[G]
3. 用大號金屬湯匙將打發的蛋糊和巧克力奶油糊翻拌混和，做成色澤均勻的棕色混合物。
   這需要花費一些時間。請專注於誇張的打發動作上，盡可能保留住打進去的空氣。
4. 在可脫底的活動式烤模內緣慷慨地抹上一層油，並在底部鋪烤盤紙。將巧

克力奶油蛋糊倒入烤模中，然後放在烤箱中層以 160°C 烘烤。

大多數的食譜都建議使用水浴法。這樣做出的成品質地會更好一些，不過可依個人喜好來決定選擇何種方法。如果你確實想用水浴法，就先用一大張鋁箔紙將蛋糕烤模底部和側面包裹起來，以防止水分滲入蛋糕模中，然後將包裹著鋁箔紙的蛋糕模放入一個較大的烤盤中，大烤盤中倒入足夠的熱自來水，水至少要到蛋糕烤模的一半高度才行。

397

5. 蛋糕進爐烘烤大約 25 分鐘後，將筷子插入蛋糕中心檢查蛋糕是否烤好。

如果拿出來的筷子表面濕潤沾黏（很有可能會是這種情況），就表示蛋糕還沒烤好。當筷子拿出來稍微濕潤並沾著少許碎屑時，則表示蛋糕烤得剛剛好。如果拿出來筷子乾燥乾淨，就表示烤過頭了。就算如此，成品蛋糕的味道依然還是美味可口。

6. 烘烤完成後，從烤箱取出蛋糕烤模，用刀子沿著蛋糕邊緣輕輕地劃一圈。幾分鐘後，鬆開烤模上的夾子並小心地移開活動式圓模。待蛋糕冷卻，移到冰箱至少冷藏幾個小時再上桌。

最好冷藏過夜。

舉一反三

A. 這裡給的烘烤時間都是大方向的指導原則，因為每個人所使用的模具大小不一定精準（可能有一到兩公分的差距）。你必須在烘烤過程中不斷檢查蛋糕，以便抓住理想的完成時間點。

B. 一些食譜（包括德莉亞·史密斯的塌陷巧克力舒芙蕾）所使用的巧克力、奶油和糖的比例為 2：1：1，而不是 1：1：1，所以也得相對地縮小烤模的尺寸。

C. 不要試圖將黑巧克力直接換成牛奶巧克力或白巧克力。有關使用牛奶巧克力的顧慮，請參考第 468 頁。

D. 可以添加天然香草精或其他液體調味劑來調味，最多 3 湯匙。

E. 4 個中型蛋的重量是 220 克，3 個大型蛋則重 204 克。

F. 大約 200 克的糖搭配可可含量 70% 的黑巧克力可以得到良好的效果，但如果你覺得太多，可以減少糖的分量。假如使用可可脂含量較少的巧克力，可能也需減少甜味劑的用量。也可以使用砂糖，細砂糖較快溶解。

G. 有些食譜建議將糖和蛋黃一起打發，蛋白分開打發到濕性發泡，然後在步驟 3 結束時翻拌入混合物中。

無麵粉蛋糕→風味與變化

義大利杏仁香甜酒（**AMARETTO**）

將義大利杏仁香甜酒加入無麵粉巧克力蛋糕當中，就會發現自己彷彿置身黑森林裡。其實我們很難清楚地區別出甜點與糕餅中的杏仁風味與櫻桃風味。如果身在瑞士，一定要在離開前購買一盒史賓利（Sprüngli）杏仁巧克力來裝飾你的蛋糕成品。你也許還要理智的追問，這個杏仁巧克力到底有多好吃。我只想說自己曾經花了一個小時搭乘定價航班飛往蘇黎世，就只為了更換朋友從假期時帶回來的盒子（史賓利在瑞士機場有門市，所以我的計畫就是塞滿一盒巧克力後直接搭下一個航班回家）。後來我發現，其實現在已經能透過空運送貨了。在等待包裹到達的期間，可以先把蛋糕做好。根據蛋糕的基礎食譜操作，在步驟 1 結束時加入 3 湯匙阿瑪雷托義大利杏仁香甜酒。

布朗尼（**BROWNIES**）

雖然我們的無麵粉巧克力蛋糕基礎食譜要求使用等重的巧克力、奶油和糖，不過你也會看到其他糖份用量多了 10％到 20％的同類型蛋糕食譜。因為這些蛋糕可能含有少量的麵粉和可可粉。將這些不同版本的食譜整合起來，就會得到一個相當典型的布朗尼食譜。堅果和巧克力碎片都是添加物的選項。無麵粉巧克力蛋糕和布朗尼之間，唯一主要的區別是形狀。布朗尼必須含有四個直角。可以試做成各種形狀的四邊形，嚐起來的滋味不盡相同。或者，老天保佑，就做一個圓形吧。拿一個邊長 20 公分的正方形的烤模（內層塗油並鋪上烤盤紙），按照基礎食譜操作，使用 250 克糖。在步驟 3 結束時，拌入各 50克過篩的中筋麵粉和可可粉，然後混入 100 克堅果和／或巧克力碎片或顆粒。以 160°C 烘烤，大約 20 分鐘後開始檢查蛋糕的狀況，使用筷子測試。如果想要一個濕軟略帶黏性的布朗尼，當拔出的筷子上沾著一點麵糊時，你就可以開心的笑了。與無麵粉巧克力蛋糕一樣，如果做出的是濕潤型的布朗尼，那麼放入冰箱一段時間後，布朗尼會定型硬化。如果多烘烤一段時間，布朗尼會變得較乾而更像蛋糕，也許就得搭配冰淇淋一起享用啦。

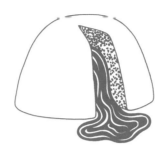

熔岩小蛋糕（**FONDANT**）

熔岩小蛋糕：這是種含有麵粉的無麵粉巧克力蛋糕。只需在麵粉中加入各一半重量的巧克力／奶油／糖，並去掉一半的蛋白。例如，製作 6 人份的熔岩小蛋糕，按照基礎食譜的步驟 1 至 3 操作，將 200 克黑巧克力和與 200 克無鹽奶油融化在一起。然後在 2 顆全蛋、2 顆蛋黃中加入 200 克糖和 1 茶匙天然香草精一起攪打，打好的蛋糕拌入已冷卻的巧克力中混合均勻。接著再翻拌入 100 克已過篩的中筋麵粉。將麵糊分為 6 份，注入塗上奶油和撒上麵粉的小圓杯模具中，每個烤模的巧克力麵糊需填充至距離杯頂約 1 公分左右的高度，然後以 200°C 烘烤約 11 分鐘。烤好後，立即用刀子沿著每個蛋糕的邊緣滑一圈，將模具倒置在一個盤子上，牢固地夾住模具和盤子，最後搖晃一下，讓熔岩小蛋糕從金屬模具中剝離。熔岩小蛋糕麵糊可以提前一天製作好並冷藏，但在進一步烘烤前須先放在室溫下回溫。要注意的是，熔岩小蛋糕的烘烤時間取決於烤箱是否已預熱至所需的溫度，還有麵糊是否回溫。對我來說 11 分鐘剛剛好，但如果你是第一次製作熔岩小蛋糕，也許可以先試做一個熔岩小蛋糕來測試烘烤所需的時間，之後再來完成剩下的熔岩小蛋糕。

薑（**GINGER**）

死於巧克力（death by Chocolate）是一道你可以在加了護貝的菜單上看到的甜點，通常就列在邪念雞尾酒（dirty-minded cocktails）旁。這種甜點當然不太適合像河流咖啡（River Café）這樣的米其林星級餐廳。河流咖啡將他們嬌縱的無麵粉蛋糕稱為巧克力納米西斯（Chocolate Nemesis）。正如名作家薩姆・利思（Sam Leith）所說的，納米西斯是希臘的復仇女神，隨時準備不斷地敲醒任何狂妄自大的人，引誘納西瑟斯（Narcissus）讓他溺水而亡的人就是納米西斯。我認為這兩個甜點的差異，在於「死於巧克力」只是預示著你的死亡，而「巧克力納米西斯」則強烈暗示著你應該受到死亡的懲罰。這是高檔餐廳常客

的一種自我厭惡感嗎？無論哪種情況，英國名廚露絲‧羅傑斯（Ruth Rogers）和已故名廚羅斯‧格雷（Rose Gray）在《河流咖啡食譜綠色食材篇》（River Cafe Green）中，提供了一個無麵粉巧克力甜薑蛋糕食譜，這個食譜省略了原始複仇女神食譜裡的糖漿。不如就將這道甜點稱為巧克力愛樂波絲（Chocolate Ellipsis；Ellipsisg 是「省略」的意思）？遵循同樣的邏輯，按照基礎食譜操作，當步驟 1 巧克力和奶油融化時，將 40 克去皮磨碎薑蓉連同留在砧板的薑汁、2 湯匙細玉米粉和 1 湯匙過篩的可可粉一起拌入巧克力奶油糊當中。在步驟 2 時僅使用 160 克的糖就夠了。

榛果（HAZELNUT）

在一次春遊勃艮第（Burgundy）的途中開車經過一個小村莊，我們坐在當地唯一的一家酒吧中，這個酒吧很小，而且四個牆面都鑲嵌著木板，就好像坐在一個大酒桶的內部。其他顧客看起來的確也很像自一九三六年以來就一直浸泡在白蘭地中的樣子。我們點了兩杯裝在巴黎高腳杯的冰鎮阿里哥蝶（Aligoté），這款酒雖然是夏布利白葡萄酒（Chablis）說話粗魯的年輕表親，卻也為無意中喝下太多優質夏多內白葡萄酒（Chardonnay）的我們，帶來一股清新的變化。喝完酒後，因為村莊中只有兩家餐館，所以我們丟銅板決定選擇哪家餐廳吃午餐。硬幣反面代表著我們將坐在教堂對面人行道盛滿豔麗花卉的吊籃下午餐。開胃小菜上桌了：兩份溫沙拉，由榛果、青豆和小馬鈴薯，以及甘甜開胃還帶著顆粒的醬汁所組成，沙拉醬汁的味道調理的恰到好處，這位廚師幾乎可以宣稱芥末是他的第二語言了。烤雞腿搭配的是金黃色馬鈴薯泥。三塊當地的方形奶酪讓我們喝光了整瓶佳美紅酒（Gamay）。甜點是一塊巧克力榛果蛋糕，當甜點盤子放好後，穩重的女服務員對著我們會心一笑並說出這個世界上繼 OK 與 iPhone 後，第三個最容易理解的名詞：能多益榛果巧克力醬（Nutella）。我們還喝了咖啡，而一小杯餐廳自製的榛果利口酒（noisette liqueu）則讓我們喝下了更多的榛果。接著我們就像兩個退休老人般懶散地坐在廣場長凳上，如同往日時光般分享著吉坦菸（Gitane），並一致同意無論車主怎麼開價，都要將停放在旁邊的雷諾 4 買下來。就按照我們的基礎食譜來製做這個巧克力榛果蛋糕，只不過在步驟 3 結束時，需拌入 100 克烘烤去皮的榛果粉。

400

萊姆（LIME）

添加在巧克力中的橙皮味道可以立即被辨識出來，不像其他柑橘類果皮，即使添加的果皮分量已經足以讓刨刀鈍化，也一樣嚐不出味道。通常最好的選擇就是運用網路上很容易找到的天然萃取精油。比起普通商店購買到的萃取物，天然萃取的精油味道更為濃烈，所以只能用滴管而不是茶匙來操作。在所有的天然萃取精油中，萊姆精油最為突出，尤其適合用來搭配黑巧克力。一滴一滴添加到融化的巧克力和奶油中，邊滴邊嚐一下味道，要牢牢記住的是，在某種程度上，蛋糊會稀釋精油的味道。以一團含有新鮮萊姆皮的法式酸奶油佐配蛋糕一起享用，新鮮萊姆皮為蛋糕重新注入一些酸味與新鮮果香味。

牛奶巧克力（MILK CHOCOLATE）

我運用優質的牛奶巧克力取代黑巧克力，按照基礎食譜做了幾個無麵粉巧克力蛋糕，但它們都出現了一種讓人不舒服的橡膠質地。一些研究顯示，糕點廚師製作的無麵粉牛奶巧克力蛋糕往往含有杏仁粉，這樣成品才更具蛋糕的質地。我曾品嚐過幾個這種蛋糕。對我來說，這些蛋糕嚐起來就像某個短缺了巧克力的大廚所做出的蛋糕。在芝加哥的桁架餐廳（Tru），他們供應一種佐配了烤馬鈴薯皮冰淇淋和培根太妃糖醬的無麵粉牛奶巧克力蛋糕。桁架餐廳官網上的資訊先吸引了我的注意力，他們正提供一個稱為「廣泛魚子醬計畫」（extensive caviar program）的項目，因為就在幾天前，我才路過一家名為「葡萄酒工作室」（Wine Workshop）的酒吧。而現在的我則正在奧勒岡州（Oregon）北部的一個白松露度假村進修培根三明治學士。言歸正傳，要製作一個無麵粉牛奶巧克力蛋糕，需減少基礎食譜中的糖與脂肪分量，因為與黑巧克力相比，牛奶巧克力的糖與脂肪含量較高。將 125 克牛奶巧克力（最少 32%可可固形物含量）和 100 克無鹽奶油一起融化。在 2 顆全蛋與 2 個蛋黃中加入 75 克紅糖和少許鹽一起攪打。攪打好的蛋糊拌入已冷卻的巧克力奶油糊中，然後再拌入 125 克杏仁粉。倒入準備好的直徑 20 公分可脫底活動烤模（內層塗油並在底部墊好烤盤紙），以 180°C 烘烤。烘烤 25 分鐘左右，就開始檢查蛋糕的狀況來確認是否已經烤好。

幕斯可瓦多黑糖（MUSCOVADO）

幕斯可瓦多黑糖的名字來自西班牙語的 mascabado，就是「未精製的」意思。它是一種粗糖，質地粗糙得如同強盜的下巴，而且在某些國家很難找到。

在美國，廚師們則被建議可將 1 湯匙未硫化糖蜜與 200 克紅糖混合，來產生近似幕斯可瓦多黑糖的風味與質地。來自倫敦的巧克力師保羅‧楊（Paul A. Young）是個不折不扣的幕斯可瓦多黑糖粉絲，根據他的說法，使用這款黑糖取代精製白糖是為巧克力點心增添風味的簡單方法。試試看用這種黑糖來製作無麵粉巧克力蛋糕，按照基礎食譜操作，並注意一下隔天蛋糕風味的濃郁度，黑甘草的氣息會降低茴香籽的風味。一樣也要加入一顆精細磨碎的大顆橙皮，特別是如果你喜歡深色牛津風格的橘子醬。

覆盆子與黑醋栗（**RASPBERRY & CASSIS**）

　　製作這款風味的蛋糕，需從蔓越莓與波特酒開始。高級巧克力製造商查伯尼‧艾特‧沃克（Charbonnel & Walker）將此風味組合，運用在我最喜歡的一種松露巧克力中。我先奢侈的把蔓越莓乾放入波特酒中浸泡，再將它們加入無麵粉巧克力蛋糕的麵糊中。結果這個蛋糕並不那麼美味可口。我覺得使用新鮮水果才能得到最佳風味，不過當時並非新鮮蔓越莓的產季，所以改用覆盆子來製作。不過當時波特酒已經被我用完了，所以只好以一點黑醋栗酒取代。我到現在都尚未確定該使用「含莓果的巧克力蛋糕」或「含巧克力的莓果蛋糕」來描述這款蛋糕成品，不過這些都不重要，驚嘆號在我的味蕾上跳舞啊！按照基礎食譜的方法操作，不過使用的是各 125 克的巧克力、奶油和糖。在步驟 1 結束時，將 2 茶匙黑醋栗酒加入巧克力和奶油中，然後在步驟 3 結束時拌入 75 克已對切的新鮮覆盆子，並倒入直徑 18 公分的圓形烤模中烘烤。

第九章 | 糖（Sugar）

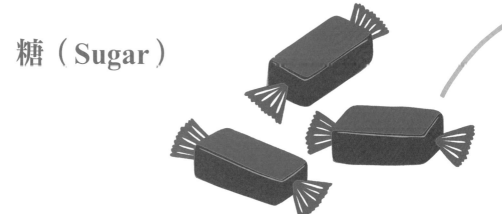

焦糖牛奶糖（CARAMEL）
第482頁

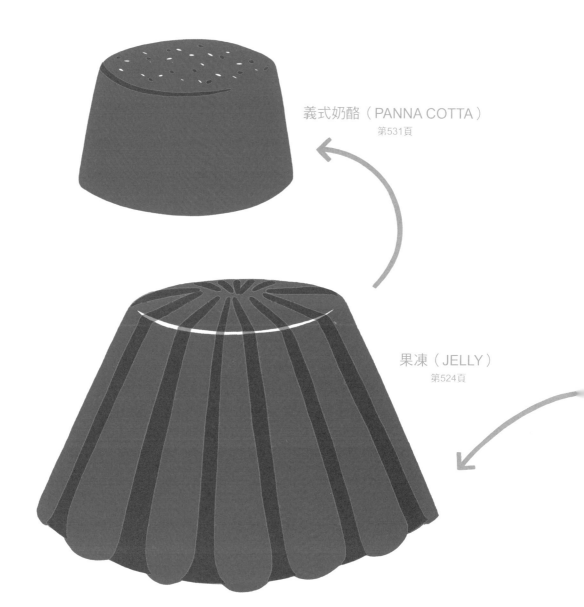

義式奶酪（PANNA COTTA）
第531頁

果凍（JELLY）
第524頁

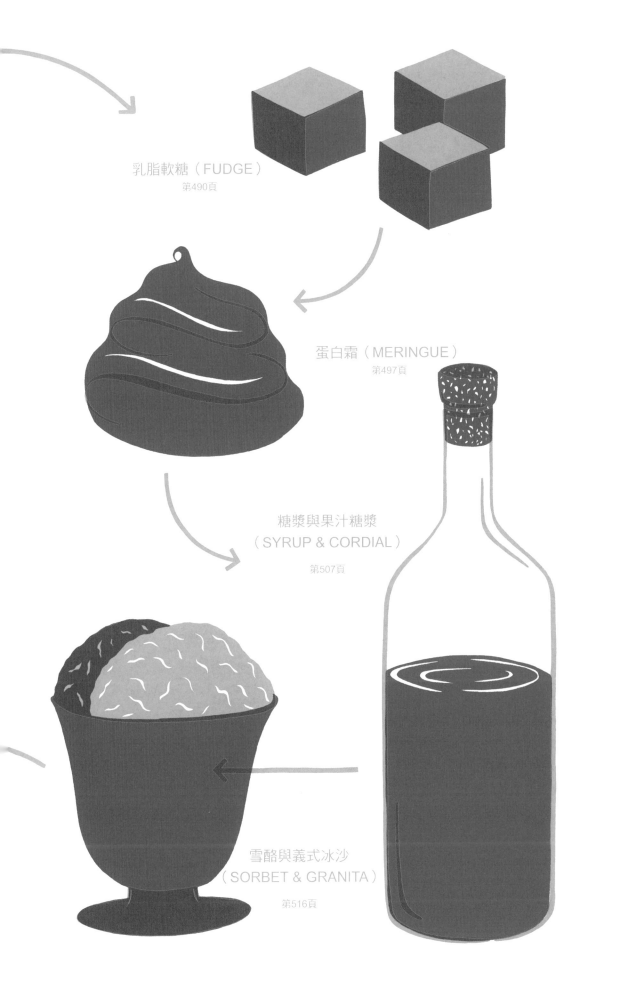

乳脂軟糖（FUDGE）
第490頁

蛋白霜（MERINGUE）
第497頁

糖漿與果汁糖漿
（SYRUP & CORDIAL）
第507頁

雪酪與義式冰沙
（SORBET & GRANITA）
第516頁

製作糖果時，我們經常會得到「必須嚴格遵守食譜步驟操作」的建議。如果隨意變動食譜，也許就會變成一場災難。然而，變動食譜卻是本書的基本原則。而且在你堅定遵循食譜去製作糖果的時候（即使不是因為顧及災難發生的可能性），上述的建議就更具說服力了。製作糖果就像騎馬，即使最有經驗的騎手，有時也會陰溝裡翻船。就算手上的糖果食譜是一份已經試做過三次、來源可靠的食譜，也仍然無法完全保證災難不會發生。我自己在廚房反覆進行了幾個月的糖果製作實驗後，不禁要對糖果櫃台上所展示的那些完美糖果獻上無限崇高的敬意。因此我特別在這個章節的前兩個基礎食譜中增添了一些建議。

焦糖（CARAMEL）

製作焦糖的第一步，就是必須先有心理準備，事情可能無法按計畫順利進行，所以需要多準備一些材料，以便你擦洗鍋子想重新開始時，還有備用材料可用。其次，還要學會老派傳統的測試法，來判定煮糖的階段。當你在進行材料和／或比例的實驗時，即使你擁有糖果專用的數字溫度計，但經過時間洗禮的傳統煮糖測試法仍是不可或缺的操作過程。將 120 克糖和 2 湯匙熱水倒入一支厚底糖漿鍋中。理想的煮糖鍋內部顏色應該是淺色而非深色，這樣你才能看到糖漿的顏色變化。將一個裝滿冷水的淺色早餐麥片碗放在爐邊伸手可及的範圍內，旁邊再放一個裝滿水的馬克杯，馬克杯內放入一支茶匙和一把糕點刷。再拿一支較大的鍋子注入一半冷水，一樣放在觸手可及而且非常穩固的地方，因為這個大鍋子很快就要接收一個超高溫的糖漿鍋，所以你絕不會希望這個冷水鍋晃動或者打翻。想要發展糖果事業，的確需要這種規模的計畫呀。

一切準備就緒後，以中小火加熱糖漿鍋，讓糖溶解在水中，並零星的攪拌幾次。製作糖果和糖漿時，我偏愛使用矽膠湯勺，部分原因在於它們比木勺更容易檢查出殘渣，蔗糖晶體會把微小的食物殘渣或碎屑，誤認為是同類的蔗糖晶體並黏附在上面，導致出現難搞的結晶狀況。即使如灰塵般微小的東西也會

產生這種情況。而且你可能還需不時用濕的糕點刷將鍋邊的糖漿刷下，以防止蔗糖晶體的形成，並吸引其他糖晶體吸附其上。

一旦糖完全溶解，就將火力調至中火繼續烹煮糖漿且不攪拌。大約 2 分鐘後，舀出 1/2 茶匙糖漿並將湯匙放入那碗冷水中停留一秒左右，如果糖漿沒有從湯匙上完全溶解，就用拇指與手指搓捏一下。煮糖的第一個階段是「成絲」（thread）的階段（糖漿溫度約為 106°C 至 112°C），此時糖漿在手指間形成鬆軟的絲線狀。當水繼續從糖漿中蒸發時，糖絲線的強度會增強，所以要注意一旦超過這個溫度，就不要再用手接觸糖漿了。當糖漿溫度到達 115°C 至 116°C 的「軟球」（soft-ball）階段時，糖漿就會形成一個可壓扁的糖球，很像那種雜誌頁面上用來黏貼香水樣品的奇怪黏膠。在這個階段熄火的糖漿，可以加工製作成糖衣狀的物質，用來製成乳脂軟糖或是薄荷軟糖中的白色奶油糖餡。在糖漿溫度 120°C 的「硬球」（hard-ball）階段，糖漿會變得更加堅硬，可以製成入口就能咀嚼的太妃糖。接下來就是糖漿溫度 132°C 至 143°C 的「軟裂紋」（soft-crack）階段了。這個階段的糖漿可以做出那種頗具挑戰性、被認為對臼齒極具威脅性的太妃糖。因為隨著糖漿溫度升高，製成的太妃糖必須在口中停留較長時間才能咬得動。當糖漿在水中變成硬絲狀並在無受力狀況下斷裂開時，糖漿溫度就已經到達 149°C 至 154°C 的「硬裂紋」（hard-crack）階段，這也意味著你的糖果能被含在嘴中吸吮品嚐。在這個時候，糖漿中的水分差不多都已蒸發殆盡，糖的顏色也開始產生變化，從一開始的檸檬汁白到稻草黃、磚紅色，最後變成棕色。

再繼續加熱下去，糖漿就會變黑，這時大概也進入買新鍋子的階段了。要阻止慘劇發生，就得在糖漿從磚紅色轉變成棕色的剎那，將鍋子從爐火上移開，並把鍋子放入裝著冷水的大鍋中降溫。也可以將糖漿倒入為了製作焦糖布丁（crème caramel）（請參考 558 頁）所準備的 6 個模具中。或者，將鍋子從爐火上移開後，小心地——因為糖漿會飛濺——拌入 100 毫升熱鮮奶油（低脂、高脂或打發用鮮奶油都可以）。這樣就能做出美妙無比的焦糖醬，這個分量足夠淋在 4 個聖代上。焦糖醬冷卻後的質地會變得更加濃稠，一個小時後你就可以把它做為抹醬，塗抹在一個直徑 17 至 20 公分的圓形海綿夾心蛋糕中心了。或者以 75 毫升熱水取代熱鮮奶油拌入焦糖中，做出焦糖糖漿，這種糖漿可以用來調理越式魚肉和豬肉料理（請參考 485 頁），或澆淋在義式香草奶酪（請參考 481 頁）上品嚐。以此方法稀釋的焦糖糖漿，能在冰箱中保存數個月。舀一湯匙冷卻後的焦糖醬嚐嚐看，就會注意到糖的味道已從單調的甜味轉變成帶

著酥烤風味的複雜芳香。製作糖果可能須承受重大的壓力，但看著它的顏色和質地隨著每個階段溫度升高而改變，很難不對糖晶體的變化能力感到驚歎。

　　將水替換成奶油、鮮奶油或牛奶來製作焦糖醬，一樣會經歷這些階段，只是溫度不盡相同罷了。與純粹只用糖與水所製作的焦糖比較起來，乳品中的乳固形物，會讓焦糖的風味更具複雜層次。人們一直認為太妃糖過去沒有在日本風行的原因，是因為它帶著奇怪的乳製品氣味。不過一位曾在美國接受過糖果製作訓練的慈善家森永泰一郎（Taichiro Morinaga），他在一九一四年所推出的牛奶焦糖摧毀了這樣的偏見。到了今天，太妃糖已是北海道一種廣受歡迎的伴手禮了，不但有金銀花（honeysuckle）、咖哩和海帶等等口味，更不用說還有夕張國王甜瓜（Yubari King melon）和「成吉思汗烤肉」（Genghis Khan）風味了。夕張國王甜瓜是橘肉甜瓜的一個品種，看起來就像哈密瓜與一架小型直升機交配出來的品種，據說還會帶來好運，所以也不難想像它的價格大概與一架小型直升機不相上下。成吉思汗烤肉風味則是以當地流行的烤羊肉料理為基礎所製作出的一款牛奶糖。如果你曾經吃過以魚露焦糖醬所烹調的越南泥鍋豬肉或魚肉料理，那麼羊肉風味的軟糖其實也不算太詭異了。

406

　　烹調過的糖幾乎能為所有料理增添一股烘烤的香味，與絲滑多汁的質感，這意味著在為焦糖調味時，你唯一需要做的就是節制想像力。當然，還有不斷重複嘗試的意願，好讓你的聰明主意運用得恰到好處。以太妃糖為例，通常香料在最初就得加入糖和乳製品中。一旦開始調理太妃糖糖漿，焦化過程也就開始了，糖漿也會因溫度過高而無法嚐味。當太妃糖糖漿冷卻後，無論做任何改變都為時已晚。乳脂軟糖則比較容易處理，因為通常都是在混合物稍微冷卻，最後才會加入調味劑與堅果。可以試著將還未調味的混合物分成幾份，並根據不同主題做出變化，或者乾脆就簡單的製作一些口味完全不同的乳脂軟糖。

乳脂軟糖（FUDGE）

　　就像青黴素和培樂多紙黏土（Play-Doh）是在意外情況下出現的產品一樣，乳脂軟糖也是製作某批太妃糖時意外出錯的產物。正如我之前所說的，製作太妃糖很容易出錯，就算最終做成了乳脂軟糖，也必須出錯得「很正確」才會做出乳脂軟糖。乳脂軟糖最初指的是一種由糖、乳製品及巧克力製成的美國糖果。十九世紀末，在瓦薩（Vassar）、衛斯理（Wellesley）和史密斯（Smith）等女子學院裡興起一股製作乳脂軟糖的熱潮，學生們運用保暖鍋（chafing dish）來調製。美國作家琳恩‧佩里爾（Lynn Peril）在《學院女孩》（*College Girls*）書中指出，運用有限設備製作糖果的艱難度，其實只是重點的一半。像威爾斯乳酪鹹醬這種很容易做出來的東西，讓人毫無成就感可言。但另一方面，製作乳脂軟糖就不同了，它「需要運氣和廚藝」。於是女孩們組成許多乳脂軟糖門派，並相互交換祕訣和技巧。我在測試乳脂軟糖食譜的過程中，有幾次曾想過，是不是乾脆去申請瓦薩學院入學許可，並加入一個乳脂軟糖小集團，也許都比自己摸索還要容易一些。不過胡思亂想的同時，我也等待著所有試誤實驗的結果，這些都對清楚闡釋出軟糖製作的三個基本階段很有幫助。

乳脂軟糖製作的三個基本階段步驟如下：1）將糖加入牛奶或鮮奶油中加熱溶解；2）將混合好的乳脂糖漿煮至軟球階段；3）讓乳脂糖糊稍微冷卻，然後快速擊打，以創造出比你一開始所使用的糖晶體更小的晶體。這些步驟很容易出錯，如果在糖還沒有完全溶解時就進入加熱烹煮階段，最終會得到除了垃圾桶之外無處可扔的脆軟糖。注意這個關鍵詞：要完全溶解。而在繼續加熱將乳脂糖漿煮至軟球階段的過程中，也大有可能就直接將糖漿煮焦了。最後，擊打得太快、太晚或太過，都會讓糖晶體的大小出錯。若溫度不夠，則乳脂糖漿不會凝結成團。溫度若高個幾度，你的乳脂糖漿就會直接變成焦糖醬。就像乳脂軟糖可能是焦糖出錯下的產物一樣，焦糖也可以是乳脂軟糖的突變體，因為它們製作的材料以及材料比例都相同。

雖然我強調可以用相同的材料來製作焦糖與乳脂軟糖，不過基於不同目的，材料也會有所不同。太妃糖的基礎食譜要求的是相同重量的糖、糖漿、奶油及鮮奶油。而乳脂軟糖則只要求（或多或少）相等重量的糖和鮮奶油，並再加上一點奶油與糖漿。你可以只運用砂糖來製作焦糖和乳脂軟糖，不過在煮糖過程中以及太妃糖完成時，糖漿都具有抑制糖再結晶（反砂）的作用。所以在製作乳脂軟糖時，僅會使用到極少量的糖漿，以免在最終攪拌階段阻礙了微小晶體的形成。乳脂軟糖之所以成為乳脂軟糖，就是因為這些再結晶的糖品體。

407

蛋白霜（MERINGUE）

如果你曾經做過義式蛋白霜（Italian meringue），就會知道必須像製作乳脂軟糖那樣，要從將糖加熱至軟球階段開始。然後再將糖漿攪打進已打發至乾性發泡階段的蛋白霜中，形成結構堅固的蛋白泡沫。這種甜味蛋白霜可以堆在派餅上或製成甜點，或者成為慕斯與糖衣的甜味結構，或翻拌入雪酪（sorbet）

之中。而法式蛋白霜（French meringue）則是家庭廚房中最常見的一款甜品，使用的是普通的糖（通常是砂糖）而不是糖漿。行家會告訴你，他們都是以手工攪打的方式來製作法式蛋白霜。也許你認為這只是種噱頭，但是以艱難的手工方式使勁打發蛋白，會讓你更容易判斷蛋白泡沫的狀況。相反的，用電動攪拌器則很容易在無意間就打過頭了。英國名廚暨美食作家奧圖蘭吉（Yotam Ottolenghi）與薩米‧塔米米（Sami Tamimi）就曾說過，在蛋白霜的世界中，沒有任何可以偷懶的地方，他們還建議運用立式攪拌機打出那種可以美化你的櫥窗，如滾滾波浪般的蛋白霜。

就像它的糖果堂兄弟一樣，蛋白霜無論以手工或機器製作，也許都很簡單，但絕非萬無一失。阻礙蛋白形成泡沫霜狀的因素很多，任何一個曾經研究蛋白霜食譜的人都知道，只要碗或攪拌器上沾了一點點脂肪或油脂，就會阻礙蛋白霜形成尖峰。所以一定要記住蛋白霜三個不同階段的尖峰狀況：濕性發泡的軟峰會自動低頭埋入蛋白霜中；中性發泡的尖峰則像悲傷食蟻獸的脖子僵硬地向下傾斜；而最堅硬的乾性發泡硬峰則硬挺直立仿如剛上好髮膠的龐克頭。

一旦蛋白霜混合物變硬，就可以開始添加堅果粉、香料粉或少量以酒精萃取的調味劑。不過要注意，若加入以油為基底的調味劑，就會讓蛋白霜回到無可挽救的液體狀態。同樣的原理也適用於添加色素時，請務必謹慎。蛋白霜女孩（The Meringue Girls）是一家位於倫敦東區百老匯市場（Broadway Market）的烘焙坊，他們採用局部塗抹的方法，也就是將蛋白霜舀入擠花袋之前先在袋子內部擠入幾條彩色凝膠，以製作出帶有糖果般線條的漂亮甜品。

另一種沒那麼普遍的蛋白霜調味或著色方法，則是在水果泥或果汁中加入蛋白粉，然後加糖攪打。可以試試參考 505 頁以草莓為基底的版本，並且準備好即將發出毫無防備與欣喜若狂的噪音吧。這種蛋白霜可以用來堆疊在餡餅和甜點的表面。也可以做成鳥巢狀的甜餅，不過這樣就會變得比較耐嚼，因為含水量會損害蛋白霜甜餅的脆度。另一種調味選擇是以蜂蜜取代糖，一樣加熱到軟球階段後，按照義式蛋白霜的作法，添加蜂蜜到打發蛋白中。你當然還可以考慮為義式蛋白霜調製自己的糖漿風味，這樣一來我們就被帶往這個系列的下一個基礎食譜了。

408　糖漿（SYRUP）

排在焦糖、乳脂軟糖和蛋白霜之後介紹的糖漿，就是一種非常簡單的產品

了。將等量的糖和沸水混合攪拌均勻，這樣就好了。這被稱為「原汁糖漿」（stock syrup）的簡易糖漿（simple syrup），好用到令人驚訝的部分原因，在於它毫無限制的調味選擇。以糖與水各 250 毫升製成糖漿，待糖溶解後加入 5 湯匙蘭姆酒，你就擁有經典蘭姆巴巴蛋糕（請參考第 75 頁）最精華的部分了。巴巴蛋糕粗糙、開放的質地，能讓你盡情地將糖漿澆淋在蛋糕上，也不會有濕潤黏膩的口感。美國名作家大衛・福斯特・華萊士（David Foster Wallace）在他有關緬因州龍蝦節（the Maine Lobster Festival）的精典著作《思考龍蝦》（*Consider the Lobster*）中指出，幾乎沒有人會為了沒有浸泡在融化奶油中的龍蝦而膝蓋發軟走不開。同樣的道理，巴巴蛋糕的主要作用，也是用來當作含酒精糖漿的載體。最初還會使用其他烈酒，但蘭姆酒則讓這款蛋糕大受歡迎。我的猜測是，蘭姆酒是由甘蔗汁所製成，通常還會加入煮過的糖來加強風味。這樣一來，加入蘭姆酒製成的糖漿味道就很像焦糖，因此既有令人安心的熟悉感，又能令人感到愉悅。蘭姆酒是各種糖漿風味組合的最佳基底。澳洲名廚安涅特・費爾（Annette Fear）與海倫・布里特（Helen Brierty）曾在《靈魂之家：泰國料理》（*Spirit House：Thai Cooking*）這本書中，提到蘭姆酒和薑黃的配對，我喜歡這組不尋常的風味組合。運用各 100 克的淺色和深色棕櫚糖、1 茶匙鹽、15 克薑黃（新鮮，去皮和切成碎末）、100 毫升水、150 毫升椰奶和 2 湯匙蘭姆酒，就能製作出這款簡易糖漿。將做好的糖漿倒在椰子棕櫚糖煎餅上享用，你還可以在第 147 頁找到一個以七葉蘭入味的簡易糖漿版本。

蜂蜜是種天然的簡易糖漿，早在糖出現之前，它就已經被用來提昇麵包和煎餅這類相當簡單食物的風味，並且讓它們成為一種享受了。在沒有蜂蜜或者買不起蜂蜜的地方，椰棗糖漿則被當作一種甜味劑，或者也會將其他水果的果汁熬煮成濃稠的甜味果漿。在土耳其、敘利亞和黎巴嫩這些地區，現在仍然將無花果，石榴，角豆莢與桑椹製成糖蜜來使用。而在義大利，葡萄也被製成葡萄糖漿（mosto cotto，意為「必須煮熟」）或者稱為薩芭糖漿（sapa）。當糖被廣泛使用後，便因本身乾淨而中性的風味備受讚賞，實在難以想像這是怎樣的一種啟示。想像一下若是加入威士忌熱調酒（toddy）中調味的是蜂蜜而不是糖，那麼其中的檸檬滋味會如何不同，即使最溫和的蜂蜜也會帶著複雜的風味與苦味。而運用糖來增加甜度，才能完全激發出檸檬純淨的花香。就嘗試製作第 510 頁的檸檬果汁糖漿（lemon cordial）來親自體驗一下吧。

糖漿可以用來保存水果、製作義式蛋白霜、為蛋糕和糖果調味，還可以成為烘焙食品的表面糖衣，或是製成水果沙拉的基礎醬汁。簡易糖漿也能為雞尾

酒帶來甜味，並增加雞尾酒的分量。近年來，針對含酒精和無酒精飲料量身訂製的調味糖漿有了復興的跡象。無酒精飲料是風靡十九世紀末的「神經滋補品」和其他碳酸飲料所衍生的產物。像可口可樂（Coca-Cola）這類的飲料製造商，就非常成功地將糖漿銷售給特許經銷商，並以汽水稀釋糖漿來販售。許多這一類的飲料，都是依據古老療法所研發出來的，有些還聲稱具有新的益處。例如胡椒博士（Dr Pepper）的無酒精飲料，聲稱只要你每天喝三次，不僅可以恢復疲勞，還可以防治衰老，抵抗菸癮和酒癮。還有一種名為凱歌俱樂部（Clicquot Club）的薑汁啤酒（ginger ale），據稱具有「提神醒腦」的作用。我啜飲著一罐紅牛（Red Bull），思緒渙散的想著，真是一群如愛德華七世子民般容易上當的傢伙呀。

雪酪（SORBET）

調味糖漿也可以用來製作果凍、義式冰沙（granita）和雪酪。雪酪的英文Sorbet 與波斯語中的「糖漿」（shabat）有著相同的字根。雖然關於各種冰品的科學相當複雜，不過很容易就能即興創作出各種雪酪。例如將 500 毫升（或 2 杯）甜果泥與 250 毫升（或 1 杯）簡易糖漿混合均勻，再隨個人喜好添加 1 茶匙檸檬汁來增添點刺激的口感，然後將混合物冷凍。使用冰淇淋機可以獲得最滑順的口感。若沒有冰淇淋機，就將混合物倒入長方形特百惠（Tupperware）盒中，或倒入一個 3 公分深的舊冰淇淋桶也行，然後將盒子放入冰箱冷凍庫，每半小時左右拿出來用叉子攪碎冰晶體後，再放回冷凍庫。

更加挑剔的人也許還會試圖計算出雪酪混合物中的糖用量，好讓雪酪達到最理想的口感。因為糖會降低混合物的冰點，所以太多的糖只會讓你擁有一盆無法定型讓人整團挖起的雪泥。雖然可能還是一盆美味無比的雪泥，不過場景就變成一個自信的主人為一群 12 歲以上的客人，提供一道頹廢狗雪泥（Slush Puppie）做為甜點罷了。雪酪理想的糖含量約為其混合物總重量的 20％ 至 30％。如果所用的材料是無甜味的液體，就很容易計算出糖的用量，但如果使用水果來製作就有點難度了，因為還必須考慮水果本身的含糖量。糖度計（brix refractometer）就能解決這個問題，它能測量出任何液體中的含糖量，而且成本不會超過半打高檔品牌的雪酪。還有一個方法也可達到同樣目的，那就是使用一個乾淨的生雞蛋。讓雞蛋漂浮在處理好的雪酪泥中，如果雪酪泥中浮出一小圈雞蛋，那就表示雪酪泥已經準備完成，可以進入冷凍步驟了（如果整個雞

蛋沉入雪酪泥中，那就多加點糖漿。如果浮出雪酪泥的雞蛋太多，就再加點果泥或水或冷咖啡，或是用來調味的任何基礎材料）。我已用這種方法製作出滋味無與倫比的檸檬雪酪，不過卻懷疑如果使用多纖維水果泥等濃稠液體，這個方法是不是也同樣可靠。儘管如此，成功率似乎也挺高的。在有著大量廉價成熟水果的夏季時節，我經常只測量果泥的重量，然後加入果泥重量一半的糖漿混合均勻來製成雪酪。我從不記得曾經出現過讓我不開心的成品。

要注意的是，添加少量的酒可以降低雪酪泥的冰點，並讓雪酪口感更為滑順。伏特加因其本身的中性風味和顏色，而成為一種受歡迎的調味選擇，但你也許可以考慮將酒精中的材料當作額外一種層次的風味，就像金巴利酒（Campari）中的葡萄柚、蘋果酒或麗絲玲白酒（Riesling）中的甜桃等等。過量的酒精也像糖一樣，會阻礙混合物完全凍結。聰明的讀者就會發現，如果你想降低糖的攝取量，可以用酒精代替一些糖。其實只需反覆的試誤實驗就能找到正確的平衡比例。幸運的是，如果你對雪酪或義式冰沙的質地不滿意，還可以隨時讓它融化，進行調整並重新操作冷凍步驟。

410

義式冰沙（GRANITA）

對於那些想限制糖份攝取量的人而言，義式冰沙是種比較好的選擇。它的含糖量較低，所以質地較爽脆。像葡萄柚汁或濃縮咖啡這種非常不甜的液體，再加上最多液體重量10%的糖，就可以做出一杯口感極佳的義式冰沙。含著苦味的義式咖啡雪泥就特別提神。即使在夏天清晨，西西里島也會出現令人鬱悶的炎熱，因此早餐經常提供一杯義式咖啡雪泥來消暑。它們常被裝在漂亮的玻璃杯中，搭配奶油蛋捲一起上桌，或者就一球一球夾在小圓麵包中，做成了冰沙三明治。

果凍（JELLY）

果凍作法類似雪酪，不過更容易一點。當你用果汁或果泥做好一個甜基底，就差不多完成了。剩下的就是確定正確的吉利丁（gelatine）用量，好做出能完美晃動的果凍。除了仔細閱讀包裝上的說明外——不同品牌和等級的吉利丁凝結效果各不相同——實在也沒有什麼地方能出錯了。當你發現運用吉利丁片製作果凍如此簡單，就會開始懷疑市售果凍怎麼會如此受歡迎。我想，可能

是因為在過去，優質的吉利丁並不像現在如此方便取得。我母親只買過她曾經用來製作土耳其軟糖的布丁粉。當時廚房裡瀰漫的氣氛與其說是種東方情調，不如說像是一種來自豬的威脅，如同像被一頭憤怒的豬圍困在玫瑰園牆角的感覺。直到今天，每當我將吉利丁粉泡入水中時，都要忍不住顫抖一下。

事實上，我和姊姊可是母親不太會使用吉利丁的既得利益者。似乎有許多年的時間，我們會從奇弗士果凍（Chivers jelly）的包裝盒上蒐集點數，以兌換一水族箱的金魚。最後我們終於集滿點數並將點數寄出，幾週後收到皇家郵政（Royal Mail.）送來的金魚。只是過了幾天，一條我們最喜歡的且被命名為喬治·貝斯特（Georgie Best）的金魚就掛了。我們將它從水面上舀起來，並在花園裡為它舉辦一場頗為像樣的葬禮。接下來的幾個星期裡，另外四隻金魚也一個個放棄了它們的靈魂，然後我們就對金魚失去興趣了，於是我媽把最後一條金魚沖進了廁所。儘管如此，這種經歷也並非毫無意義。至少我和姊姊學到了一個重要的教訓：我們真正想要的其實是一條狗，並且很長很長一段時間都不吃果凍了。

回想起來，這樣的促銷方式似乎是個相當怪異的主意。究竟果凍和金魚之間有什麼關聯呢？或者，只是些微緬懷著那個運用鱘魚和鱈魚乾魚膠做出魚膠的時代？那可是十九世紀很流行的一種魚膠呢。馬利–安東尼·卡漢姆（Marie-Antoine Carême）就特別指定運用這種魚膠，來製作他那道將杏仁奶凍（almond blancmange）夾入紅色香檳果凍和橙色果凍中的甜點，果凍完成後整團舀出放入挖空的橘子中，然後切片以展示出美麗的條紋。這種魚膠最終還是被包括吉利丁片在內的各種更便宜的替代品取代了。英國當代果凍風味藝術家邦帕斯與帕爾（Bompas & Parr）則認為吉利丁才是最好的凝結劑。吉利丁是由長而細的蛋白質鏈組成，放入液體中加熱時，蛋白質鏈會糾結成團，冷卻後卻會讓任何放入吉利丁的液體凝結成塊，加熱後便會再次融解。由於吉利丁提取自動物的身體部位，而有些廚師則偏好使用素食替代品，像是洋菜（agar agar）和鹿角菜膠（carrageen），這兩者都是由藻類提煉出來的。不過，我認為素食替代品所製出的產品較不會晃動，而一個不會Q彈晃動的的果凍，就好像一個喇叭發不出聲音的小丑般彆扭。

即使是最好的餐廳，也相當看重果凍令人愉悅的口感，不過比較奇怪的是，高級餐廳的果凍經常以鹹味的形式出現。都柏林的法國廚師帕特里克·吉爾博（Patrick Guilbaud）即興的生蠔料理，就是將一隻卡玲福德生蠔（Carlingford oyster）裝進厚厚的果凍中搭配珍珠狀的生蠔奶油上桌。侯布雄

則將蟹膏（crab pâté）墊在一層茴香果凍下，上面再飾以魚子醬，並裝入魚子醬罐頭中上桌。布魯門索精緻的「肉果」（meat fruit）則是一隻超真實的橘子模型，它的果皮由橙色果凍製成，點綴著逼真的斑點，內部藏著滑嫩的雞肝凍。這可是個美味無比的惡作劇呀。

義式奶酪（PANNA COTTA）

　　如果你偏愛不太會晃動的果凍，那就做個義式奶酪吧。義式奶酪的不透明質感在某種程度上讓微晃的動作都變得威嚴起來。而且義式奶酪的勞力回饋值很高，5 分鐘內就能準備好一個美味的義式奶酪，然後只要靜置等待凝固就好了。當然義式奶酪還有很多種耗時的製作方法，也不僅是加熱鮮奶油而已，有些食譜則像它的名稱 panna cotta（義大利文原意是烹煮鮮奶油）所暗示那般要求將鮮奶油煮沸。紐約河流咖啡（The River Cafe）的版本，則是將煮沸的高脂鮮奶油與全脂鮮奶及打發的高脂鮮奶油霜混合。幾乎所有的奶酪食譜都需要一些牛奶來調和鮮奶油的濃郁度。鑑於它們製作的快速程度，你可以隨心所欲地調整材料比例，直到掌握自己最喜歡的食譜為止。從 1：1 比例將牛奶和鮮奶油混合開始，然後以嚐味方式來決定牛奶與鮮奶油的添加量。甜度也以同樣的方式來調整，然後再研究吉利丁的用量。從頭到尾都要堅持使用同一個品牌的吉利丁，並且也許還會將吉利丁片切成 4 份以便微調分量。正確的用量取決於是否要讓這個甜點脫模倒出，若要脫模倒出甜點，則奶酪需要擁有能夠支撐本身重量的質地，而不是像失敗的相撲選手那樣萎靡不振。另一方面，如果你計畫直接讓奶酪在個別玻璃杯中上桌，那吉利丁的用量就可減少一些。無論哪種狀況，凝固奶酪的質地都應該對湯匙毫無阻力，並且入口即化。

　　至於調味的部分，如果你使用的鮮奶油品質特佳，也許寧願什麼都不加就足夠美味了。在基礎食譜中我用的是渣釀白蘭地，這是一種傳統的調味劑，當鮮奶油加入吉利丁後，就簡單地將渣釀白蘭地加入混合物中。義式奶酪很適合用來嘗試各種風味實驗。無論雞尾酒和甜點，或者各式經典卡士達醬以及冰淇淋，都可以從中獲取靈感。就算脫模倒出的義式奶酪頂部呈現出香草籽的斑斑點點，讓香草奶酪的外觀看起來有點像新聞紙般斑駁，香草豆莢仍是打遍天下無敵手的調味聖品。而我的解決方法，則是在奶酪上淋上第 473 頁所述、由焦糖稀釋製成的絲滑閃亮棕色醬汁，成果就像是一道焦糖布丁，只是鮮奶油味更濃郁罷了。

焦糖牛奶糖（Caramel）[1]

這個基礎食譜既適用於製作可咀嚼的焦糖牛奶軟糖，也可以用來製作那類可被吸吮、用牙齒咬還會嘎吱作響的硬焦糖牛奶糖。它的材料很容易記住，只需使用等量的糖、糖漿（金黃糖漿或玉米糖漿都可以）、全脂牛奶和無鹽奶油就可以了。並且在步驟 4 的最後，當焦糖鍋浸入冷水時，才拌入堅果或小塊的水果乾。處理高溫的焦糖混合物時要非常非常小心，不要讓它接觸到你的皮膚，不管它的氣味如何香甜誘人，在冷卻之前千萬不可試著用嘴巴嚐味道。

此一基礎食譜適用於一個邊長 20 公分的正方形烤盤或矽膠烤模，並且可以製作出 25 個太妃糖。[A]

食材

200 克糖 [B]

200 克金黃糖漿 [CD]

200 克奶油 [E]

200 毫升鮮奶油 [EF]

1 至 2 茶匙天然香草精（可加可不加）[G]

少許鹽或 $1/2$ 茶匙海鹽，用於製作鹹味焦糖（可加可不加）[G]

1. 使用矽膠模具來製作，或準備一個鋪好防油紙或烤盤紙的方形烤盤，再薄薄塗上一層油。如果你計畫以第 472 至 474 頁所描述的傳統方式來測試煮糖的階段，那就在鍋邊放一大碗冷水和幾根茶匙。在一個大平底鍋中倒入約 2 公分高的冷水，然後將鍋子放在安全且觸手可及的地方。
   熱焦糖鍋將會被放入這個大鍋中，以終止烹調的進行，因此要確保這個鍋子夠大。不過選用的焦糖鍋也必須大到足以容納沸騰起泡的材料，因為冒著泡泡的焦糖混合物約會擴展到原始材料的三倍。

2. 糖、糖漿、奶油以及鮮奶油放入焦糖鍋中，最好是一個厚底鍋，然後以中

1　Caramel 這個字原本就有兩種意思，一是我們較熟悉的焦糖，二則是焦糖與乳製品做成的焦糖風味奶糖。本章一開始，主要是介紹焦糖的所有資訊，而此處的基礎食譜，則比較接近各式焦糖牛奶糖的基本食譜。

火加熱。過程中要經常以矽膠勺或木勺攪拌，使糖和奶油徹底融化。

平底鍋底越薄，需攪拌的次數就越多。如果混合物中的材料分離，則需劇烈攪拌。如果這樣還無法讓材料混合，就小心地加入幾湯匙熱水——要注意飛濺的糖漿——並再次進行攪拌。

3. 接著將混合物煮沸。如果你喜歡，可以持續不斷地攪拌，但嚴格來說，糖徹底溶化後，只需在防止糖漿燒焦時，或者在測量糖漿溫度之前，偶爾攪拌一下就可以了。現在這個階段，就可以根據你所需的糖果口感來進行焦糖的烹調了。糖漿溫度煮至 120 至 129°C（硬球階段），可製成柔軟的焦糖牛奶糖；煮至 132 至 134°C 的糖漿，可製成較硬、也許有點黏牙但可咀嚼的焦糖牛奶糖；而煮至 149 至 154°C（硬裂紋階段）則可製出堅硬的焦糖牛奶糖。進一步的描述請參考 473 頁。 413

4. 一旦焦糖漿達到所需溫度，立即將焦糖鍋從爐火上移開，放入之前準備的較大冷水鍋中。

在這個階段可以添加少量調味劑。但是，如果你處理的糖漿處於理想溫度範圍中的最低點就要注意，過多的冷液體也許會讓焦糖退回到較軟的前一階段。為了防止這種情況發生，可以考慮先將調味劑預熱。

5. 煮好的焦糖漿倒入準備好的模具或烤盤中，然後靜置凝固。若要製作標準尺寸的太妃糖，則在混合物冷卻凝結到足以承受線條時，在其表面進行滾切，但不要太用力，因為這時還不能進行徹底切割。

靜置 10 分鐘後再開始嘗試切割。如果你不介意形狀不規則的硬太妃糖，則可將糖塊直接錘成碎片。放置在空氣中的焦糖牛奶糖表面會凝結水氣，這就是為什麼焦糖牛奶糖的包裝通常非常緊密（例如包裹在蠟紙中），或者得包覆在巧克力中的原因。即便如此，大多數的太妃糖仍會在幾天後開始軟化和結晶。

舉一反三

A. 運用邊長 20 公分的正方型烤盤，這個分量的焦糖可被切割出理想厚度的方形或長方形太妃糖。若使用邊長 15 公分的正方形烤盤，則材料用量降為原來的一半即可，這是一個很適合進行風味測試的尺寸。

B. 以紅糖取代白糖，會讓焦糖味道更加明顯。

C. 糖的用量比例必須高於糖漿，例如 300 克糖與 100 毫升糖漿，甚至全部都使用糖。不過要注意的是，一點點糖漿，將有助於防止烹飪過程中、以及太妃糖製成時出現結晶狀況。

D. 可以使用等重的玉米糖漿或液體葡萄糖。

E. 奶油和鮮奶油的用量各半，或全部使用奶油，或只使用鮮奶油都可以。煮糖方法中註明的溫度範圍仍可以當作調理指南。值得注意的是，糖漿中的總脂肪含量將會影響成品焦糖漿的濃稠度：脂肪含量越高，凝結成的焦糖則越柔軟。

F. 使用相同數量的煉乳來取代鮮奶油，將會加快製作的速度，因為煉乳本身的水分已被煮出。這也是許多製造商使用煉乳的原因。換句話說，以煉乳來調製焦糖就需要更多攪拌了，因為含糖量高的煉乳更容易煮焦。

G. 所有材料都焦糖化後，為焦糖牛奶糖帶來了很多味道，所以無需額外添加任何調味劑。儘管如此，還是可以在步驟 4 結束時拌入 1 至 2 茶匙天然香草精、香草籽或少許鹽。

風味達人的文字味覺
——水平思考的廚房事典

焦糖牛奶糖→風味與變化

巧克力（**CHOCOLATE**）

　　這會成為巧克力風味太妃糖。為什麼我不喜歡巧克力風味太妃糖呢？人們總是說：「巧克力太妃糖有什麼好不喜歡的？」其實我覺得巧克力與太妃糖這兩種糖果還是獨立存在比較好。也許你不太同意這個說法，但我仍然覺得這是個非常中肯的判斷。若真想製作巧克力風味太妃糖，請按照基礎食譜操作，在步驟 2 中加入 50 克至 100 克切碎的巧克力就可以了。雖然以巧克力調味的太妃糖味道相當不錯，但對我的味蕾來說，一塊包裹著太妃糖的巧克力還是更具優勢，無論是工匠巧克力（Artisan du Chocolat），或是更普通的羅洛巧克力（Rolo）都不錯。因為在咬破巧克力脆皮的那一刻，牙齒立刻陷入幾乎還帶著熱度的軟滑甜鹹內餡中，毫無疑問這是人類品嚐糖果的極致經驗之一。實際上，巧克力外層還具有保護焦糖防止滲漏的作用。因此理論上，包裹在巧克力中的太妃糖將比巧克力風味太妃糖保存得更為持久。

魚露、薑與蒜頭（**FISH SAUCE, GINGER & GARLIC**）

　　在越南，鹹味焦糖的味道不僅是流行一時的趨勢，它還是一種普遍用來搭配豬肉或魚肉料理的調味醬汁基底。越式紅燒肉（Thit kho to）或越式紅燒魚（ca kho to）通常都用陶罐燜煮，不過一個有蓋的平底鍋也可以搞定這些料理，只要能完全將食材緊密蓋住就可以了。鹽則透過魚露注入料理中，最終所產生的味道卻完全調和了魚露的極端滋味。這些料理也因地區不同而有許多不同的變化，你可以每晚都嘗試一種不同的版本，也許連續幾週都不會感到厭倦。有些食譜要求混合使用魚露與醬油，其他則指定使用魚露與米醋。而鯰魚則是最常被選來烹調的魚類，調理時間需 30 至 40 分鐘。我將相同的風味原理運用在一道準備時間相對較短的料理上。根據第 472 至 474 頁的描述，先做出簡易焦糖並加上一點熱水。記住，任何多出來的焦糖都可以在冰箱中保存幾個月。取 3 根青蔥（spring onions），蔥白與蔥綠分別切絲備用。在一個可以放置 2 片鮭魚排的平底鍋中倒入一點食用油，並以中火加熱。蔥白絲、1 瓣蒜末和 1 湯匙薑末放入油中爆香，在香味竄入鼻子時加入已抹鹽調味的魚，魚皮面朝下煎 2 分鐘。接著翻轉魚面，加入 2 湯匙焦糖，1 湯匙魚露和 2 茶匙米醋。蓋上鍋蓋。這道魚料理 5 分鐘內就可以完成。撒上細蔥絲或蔥花以及大量現磨黑胡椒粉，再配上一碗白米飯就可以上桌了。

檸檬（LEMON）

　　檸檬汁、醋或塔塔粉等這一類酸性食材都曾經被添加到太妃糖中，以防止煮糖過程出現再結晶的狀況。而目前更普遍的方法，則是添加如金黃糖漿、液體葡萄糖或玉米糖漿等一類的糖漿來達到同樣的目的。檸檬還被用來調味太妃糖，無論是以檸檬萃取精的形式（450 克糖需要 6 滴），還是碎檸檬皮的形式加入太妃糖中都可以。

　　維多利亞時代的作家伊麗莎・阿克頓（Eliza Acton），則將一顆磨碎的檸檬皮加入 450 克紅糖與 90 克奶油混合成的簡單太妃糖混合物中（要注意的是，通常奶油的用量會更多）。我沒有使用刨絲器，而是運用維多利亞時代的刨皮方法，用 50 克方糖塊揉搓 2 個未上蠟的檸檬皮。粗糙的糖粒能將果皮微小細孔中的油脂榨取出來，這樣就不會留下任何破壞太妃糖絲滑口感的檸檬皮屑。根據基礎食譜操作，將 150 克砂糖加入 50 克含有檸檬油的糖塊中，由此產生的檸檬風味帶著奇妙的花香，風味遠比快速揮發的瓶裝檸檬萃取精更加清爽豐富。粗切成碎塊的去皮杏仁，曾經被添加在一種相當受歡迎，稱為硬烘焙（hardbake）的無奶油檸檬太妃糖當中。將糖、糖漿和少許奶油以小火加熱至約 118°C 就可以製作出一種可咀嚼、像爆星星牌糖果（Starburst）風格的檸檬糖。糖果調味劑、食用色素以及一丁點的檸檬酸，就能讓糖果呈現著象徵復活節的小雞黃色，還有多汁的酸味。

薄荷茱莉酒（MINT JULEP）

　　某個星期天，我在一把搗成糊狀的薄荷葉中，均勻拌入一湯匙的熱波本威士忌。然後再將這個薄荷威士忌糊拌入已達預定溫度的太妃糖糊中攪拌均勻。第二天，我和一位感性的中年同事坐在火車站的咖啡館中等候火車。我們的火車延遲了，我記起手提包中的自製太妃糖。「來一顆吧？」我說。「它們是薄荷茱莉酒（mint julep）的味道。」「薄荷什麼？」她嘴裡含著太妃糖咕噥著問道。「冰鎮薄荷酒。這是一種用波本威士忌和糖漿以及新鮮薄荷製成的雞尾

酒。在美國南部頗受歡迎。」火車仍然毫無出現的跡象。於是太妃糖的品嚐進入第三輪，而我還在不停說著這款雞尾酒的故事。話題已經延伸至這款酒與肯塔基賽馬節（Kentucky Derby）的關係，薄荷茱莉酒是這個活動的傳統飲料，當我同事從先前不甚在意的態度轉變的興趣高漲時，我不禁懷疑她是否正處於某種形式的糖亢奮（sugar rush）狀態。而事實證明，讓她興奮的是馬──其實是賭馬。就如同拖延著不願意承認的背叛者般，顯示板上的火車也一再延遲。我的同事掃走了最後一塊太妃糖，並走向角落裡的吃角子老虎機（the fruit machine）。她將一英磅投入機器中。我看著她搥了一下機器上的燈。很快就有幾個硬幣叮叮噹噹掉進托盤中，接著又是幾個硬幣，然後硬幣就如洪水般流洩出來。就在我們剛剛完成獎金計算時，我抬起頭來，就意識到我們錯過火車了。我的同事將硬幣裝進手提袋中，將我帶出火車站，然後把我們倆塞入一部還殘留著菸味的小計程車中。她說：「帶我們去鎮上最好的雞尾酒吧。」但其實我們還在樸茨茅斯（Portsmouth）呢。

薄片花生糖（**PEANUT BRITTLE**）

416

對糖果新手來說，這是很好上手的甜品（相比之下，奶油太妃糖和鮮奶油乳脂軟糖操作時需格外小心，因為它們的乳製品含量讓它們在長時間高溫烹調時很容易就燒焦了）。200 克去皮花生烘烤至表面金黃，並放在一旁備用。將200 克糖、100 克金黃糖漿或玉米糖漿以及 50 毫升水放入平底醬汁鍋中，以中火加熱，蓋上鍋蓋煮沸。靜待 4 至 5 分鐘（蓋上鍋蓋，就可省略在糖溶解的初期階段將鍋子側邊的糖刷進鍋中的步驟）。移開鍋蓋並將糖煮至軟球階段（溫度約為 115 至 116°C）。加入花生繼續熬煮，不斷攪拌以防止混合物沾黏與燒焦，如有必要，用沾水的濕刷子刷下鍋邊的糖液，直到焦糖開始變成磚紅色，或溫度達到 160°C 為止。立即將鍋子從爐火上移開，灑上 $1/4$ 茶匙細鹽。徹底攪拌均勻。將混合物倒入邊長 20 至 23 公分的正方形矽膠模具或塗好油的烤盤中，靜置冷卻。如果你喜歡，也可以在加鹽的同時加入幾湯匙無鹽奶油。就像奶油酥餅與奶油酥皮（shortcrust）一樣，這個步驟會讓糖果的質地更加酥脆。

果仁糖（PRALINE）

　　果仁糖種類繁多，就像是個大軍團。有的果仁糖就像第 72 頁所提到的玫瑰花糖一樣，直接將單顆堅果包覆在一層粗糖中。也有實質上就是一種乳脂軟糖的果仁糖，像第 495 頁的胡桃軟糖。最後，還有一種運用烘烤過的杏仁或榛果製成，如上述薄片花生脆糖的變化版果仁糖。根據第 472 頁的指示操作，運用 120 克糖和 2 湯匙水來製作焦糖。糖漿變成深金色時，加入 100 至 200 克的去皮烤堅果。均勻攪拌以確保堅果都完美的裹上一層糖漿，然後將混合物刮到矽膠墊或抹了一點油的烤盤上，再將混合物輾平至一個堅果的厚度。當混合物冷卻並硬化後，就可以研磨成細粉了。請注意，如果研磨時間過長，就會讓堅果中的天然油脂釋出，並使混合物變成果仁糖糊。多出來的果仁糖粉可以放入冷凍庫保存，請好好包裝這些果仁糖粉，這樣才不會把它當成某種帶著酥烤風味的雪酪，總想用舔過的手指蘸著這些糖粉來吃。果仁糖粉可撒在冰淇淋上、用來裝飾蛋糕或混入奶油糖霜（buttercream）當中。將果仁糖糊添加到糕餅師蛋奶醬中，就是果仁糖蛋奶醬（crème pralinée）了。果仁糖蛋奶醬可以做為巴黎－布雷斯特泡芙（Paris-Brest）的餡料，或者也可以用來調味冰淇淋。如果再添加一些蛋白，就能將果仁糖蛋奶醬做成果仁糖舒芙蕾了。

鹹味焦糖醬（SALTED CARAMEL SAUCE）

　　使用 120 克糖，2 湯匙水和 100 毫升鮮奶油來製作 472 至 474 頁所述的簡易焦糖醬。這款磚紅色焦糖醬的風味濃郁而持久，就算額外再添加至少 100 毫升的鮮奶油，也不會出現質地過稀或味道淡化的風險。還有一種投機取巧的方法，就是將各 50 克的軟黑糖（dark brown sugar）、金黃糖漿以及無鹽奶油一起融化，再慢慢拌入 150 毫升高脂鮮奶油或打發用鮮奶油，這樣就無需長時間烹調糖了，因為黑糖本身就能豐富焦糖醬的風味。無論你做的是哪種版本的焦糖醬，當焦糖醬冷卻時，將海鹽一撮一撮的拌入其中，邊加海鹽邊嚐味。非投機版的焦糖醬本身焦糖風味複雜而濃郁，還會帶著絲絲令人愉悅的苦味，而投機版的焦糖醬則比較芬芳香甜。兩種版本都可以添加一點點白蘭地蘋果酒（Calvados）或波本威士忌來增加風味。雖然也可用紅糖取代黑糖來製作焦糖醬，但成品的味道將缺乏焦糖醬應有的深度。添加一些天然香草精和少許鹽，就可以將它稱為奶油糖果了。大多數焦糖醬冷卻後質地會變得更加濃稠，所以可能需要再加熱，才會變回可流動的液狀。

糖蜜（TREACLE）

在英國北威爾斯（North Wales）地區的耶誕節期間，大家傳統上會在太妃糖之夜（noson gyflaith）團聚。這是一個充滿各種遊戲、故事以及大夥兒一起製作太妃糖的夜晚。這裡談到的太妃糖是指由奶油、糖、糖蜜和香料所製成的糖果，也就是英格蘭人所稱的糖蜜太妃糖。而它的蘇格蘭語名稱也像太妃糖本身一樣奇特刁蠻：像是「喀嚓喀嚓」（clack）、「篝火糖」（claggum）、「糖蜜太妃糖」（treacle gundy）或「戲弄糖果」（teasing candy）等等。另一種蘇格蘭版本的太妃糖則含有小蘇打，完成的糖果就像深色版的蜂巢糖。製作糖蜜太妃糖可使用 200 克紅糖、各 100 克的糖蜜與金黃色糖漿、200 毫升水、200 克奶油和 $\frac{1}{4}$ 茶匙塔塔粉。按照基礎食譜的方法操作，將焦糖加熱至 149 到 155°C 之間。

乳脂軟糖（Fudge）

　　乳脂軟糖是學習處理糖晶體最好的一項練習。處理成功的話，軟糖的味道嚐起來就像滿含糖粉的焦糖化奶油，而且口感還介於輕微彈性和爽碎質地之間。乳脂軟糖的基礎食譜與焦糖一樣，所需的糖和乳製品用量大致相等。至於香草風味，可以在步驟 3 一開始的時候就加入一個豆莢的香草籽，或者在步驟 5 中加入 2 茶匙的天然香草精。當你開始攪打混合物幾分鐘後，就可以在步驟 5 加入葡萄乾、切碎的堅果等等材料。處理這種高溫混合物要非常非常小心，不要讓它接觸到你的皮膚，不管氣味如何香甜誘人，在冷卻前也不要試著去嚐味。

此一基礎食譜適用於一個邊長 17 公分的正方形矽膠模具或烤盤。[A]

食材

400 克糖 [B]

350 毫升高脂鮮奶油 [CDE]

50 克奶油

1 湯匙金黃糖漿 [FG]

少許鹽

1. 使用矽膠模具來製作，或準備一個鋪好防油紙或烤盤紙的方形烤盤，再薄薄塗上一層油。如果你計畫以 472 至 474 頁所描述的傳統方式測試煮糖的階段，那就在鍋邊放一碗冷水和幾支茶匙。

2. 要選擇一個深度足以容納沸騰起泡材料的堅固鍋子。
   記住，鮮奶油沸騰時會起泡升高。鍋子要能容納基礎食譜所列的材料量，一個 3 公升的厚底鍋就非常適合（通常混合物沸騰時的高度會是原來的三倍）。

3. 將所有配料放入鍋中。以中火加熱，一直攪拌，直到糖完全溶解、奶油完全融化。
   要特別確定的是糖在離開爐火前已全部徹底溶解。如果看到鍋邊出現糖晶體，要用沾濕的糕點刷將鍋邊的糖晶體刷入糖漿中。如果任由糖晶體自由發展，這些微小的結晶將吸引其他糖晶體吸附，進而摧毀你的軟糖糖漿。

4. 仍然在中火的狀況下將混合物煮沸，規律的攪拌一下以防止底部燒焦，並

繼續加熱直到糖漿達到軟球階段（115 至 116℃）為止。然後將鍋子從爐火上移開。

5. 靜置約 15 分鐘，再將混合物攪打至濃稠而毫無光澤，但仍然維持可流動
的液態為止。如果以手工操作，請用木勺。

降溫的步驟能最大限度減少大顆粒晶體形成的機會。有些食譜建議糖漿降溫至特定溫度時才開始攪打。不過，因為這個特定溫度的範圍相當廣泛，可以介於 37 至 100℃ 之間，所以我覺得根據時間來推斷進行攪打的時機比較容易。同樣的，糖漿攪打所需時間的長短也觀點各異，有些食譜建議長時間攪打，而我通常只攪打到混合物開始變得濃稠並失去光澤為止。若手動操作，這個食譜的分量應該需要大約 5 至 7 分鐘。雖然手動攪打糖漿是項艱苦的工作，卻很有成就感。若使用電動攪拌器，則只需幾分鐘就夠了。

6. 將處理好的混合物倒入矽膠模具或準備好的烤盤，在室溫中靜置冷卻。[H]

7. 冷卻後切片並儲存在氣密容器中，最好用烤盤紙包裹好。這樣乳脂軟糖可以保持至少 3 週。

舉一反三

A. 要製作一批乳脂軟糖，若操作分量低於基礎食譜所示，會很容易燒焦。即使沒有燒焦，但在進行步驟 5 時，也會因軟糖分量不足而難以攪打。

B. 紅糖通常可以增進軟糖的風味，特別是對於還來不及發展出焦糖風味就從爐火上移開的乳脂軟糖來說，使用紅糖製作更好。

C. 也可以使用同等分量的鮮奶油或全脂牛奶，只是油脂含量越少，則軟糖就越具砂質口感。

D. 鮮奶油最多只能減少至 200 毫升。

E. 有些食譜則明確列出煉乳。下面是三花煉乳（Carnation）製造商所提出的食譜：400 克罐裝煉乳 1 罐、150 毫升牛奶、450 克德麥拉拉蔗糖，和 115 克奶油。根據這個食譜操作，除了將 118℃ 列為指定目標溫度之外，還建議你在鍋子移開爐火後立刻開始攪打。

F. 雖然金黃糖漿（或液體葡萄糖，或玉米糖漿）能抑制不受歡迎的糖結晶現象，但是這個食譜中金黃糖漿分量少到不足以阻礙步驟 5 中所需的結晶狀況。

G. 可以省去食譜中的金黃糖漿。但請參考上面 F 項的說明。

H. 如果你的軟糖無法凝固，那就表示步驟 4 中的糖漿沒有加熱達到足夠的溫度。將失敗的軟糖分解成碎片，並放入裝有少許水的平底鍋中，再以中火加熱讓糖慢慢溶解，按照基礎食譜的步驟再重新嘗試一次。如果之前失敗的軟糖中已含有糖晶體結構，那就無法修復啦。

乳脂軟糖→風味與變化

豆類（BEAN）

日本有一種用紅豆（adzuki beans）和糖製成的甜味紅豆泥（anko）。這款紅豆泥的味道樸實，能製作成所有類型點心的甜餡，像鬆餅餡料與飯糰內餡就是經典的代表，還可以做成傳統上較不常見的冰淇淋。西方食材中與它最相近的產品也許就是混合了花生與糖的花生醬了（dulce de cacahuate，請參考 323頁）。而類似乳脂軟糖的印度甜點巴菲糖（Barfi），則具有多種不同的形式，最受歡迎的版本則是用鷹嘴豆粉、奶油和糖所製成。這款乳脂軟糖只獲得了美國食物史學家肯·阿爾巴拉（Ken Albala）「使用豆類最瘋狂方式」的亞軍，也許還有點不公平。將糖、玉米糖漿、牛奶、鹽、可可粉和豆泥一起加熱至軟球階段，並在混合物冷卻前加入奶油。然後拌入花生醬和天然香草精，再將整個混合物倒入烤盤中靜置凝固就成了。阿爾巴拉「使用豆類最瘋狂方式」的冠軍，是頒給一種用斑豆泥增進口感與風味的水果蛋糕。甜菜根巧克力蛋糕的粉絲請注意：這是你們下一個可以嘗試的瘋狂點子。

水牛乳或犛牛乳（BUFFALO OR YAK MILK）

如果動物的乳汁能代表動物本身的習性，那麼水牛的性情應該要遠比它們誇張犄角與踩踏習性所顯現出的張揚性格來得溫和才是。乳酪中外型柔美圓潤如白日夢泡泡的莫扎瑞拉乳酪（Mozzarella di bufala），就是由水牛乳所製成，而獨特的印度鄉村乳酪（paneer）也一樣。由於水牛乳中缺乏了類胡蘿蔔素，這兩種乳酪都呈現明亮的白色。類胡蘿蔔素是讓草飼乳牛乳汁呈現些微黃色的主要元凶（水牛、綿羊和山羊則會將胡蘿蔔素轉化為維生素 A）。水牛乳的脂肪含量是一般牛乳的兩倍，因而質地濃郁而味道豐富。除了莫扎瑞拉乳酪外，位於漢普夏（Hampshire）的萊弗斯托克園地（Laverstoke Park）還使用自家農場生產的水牛乳製作出獲獎無數的高達乳酪（Gouda）以及布利乳酪（Brie）。他們也因運用水牛乳製作乳脂軟糖而名聞遐邇。在尼泊爾，雪巴人（Sherpa）慢慢熬煮犛牛乳製作出一種稱為可拉妮（korani）的太妃糖。令我感到慚愧的是，雪巴甜品是我食譜系列中的一個空白，所以我無法說明這種糖果的任何細節，不過據我所知，它與杜樂牛奶焦糖醬（dulce de leche）很像。在攀登珠穆朗瑪峰的途中，若你的穀麥棒（granola bar）上加了可拉妮太妃糖，可真是老天的賞賜呀。

巧克力（CHOCOLATE）

「乳脂軟糖」這個名詞應用於糖果的時間，可以追溯到十九世紀晚期的美國，但那時它指的是一種巧克力糖，與這個名詞在英國所代表的焦糖乳脂糖果完全不同。到了二十世紀初，巧克力風味的乳脂軟糖在像瓦薩（Vassar）這樣的女子學院中風靡一時，宿舍裡舉辦著各式各樣的軟糖派對，女孩們更用保暖鍋製作乳脂軟糖。下面是當時瓦薩學院的一份學生食譜：2 杯糖、$^1/_4$ 杯（大約50 克）巧克力、1 杯牛奶和一點點奶油。另一個現代食譜則規定使用 1 杯（200克）深色紅糖、$^1/_2$ 杯（120 毫升）牛奶、2 湯匙奶油、2 杯（480 毫升）紐奧良糖蜜（New Orleans molasses）、4 小塊（約 116 克）巧克力現磨成粉，以及1 茶匙天然香草精。將所有材料混合煮至硬球階段，這樣做出來的糖果更像是一種柔軟的糖蜜太妃糖，而不像乳脂軟糖。不過最好不要與拿著一鍋沸騰糖糊的女人在這些枝微末節上糾纏不休。我發現用現代平底鍋、矽膠模具和數字溫度計來製作糖果已經夠麻煩了，所以在此向所有準備運用保暖鍋製作乳脂軟糖的人致敬。儘管如此，在進入二十世紀之交，這些便於攜帶的保暖鍋頗受歡迎，並激發出大量的烹飪書籍，包括芬妮・美麗特・法默重要的著作《保暖鍋料理的可能性》（*Chafing Dish Possibilities*）。《洛杉磯先驅報》（*Los Angeles Herald*）於一九〇九年宣稱「任何一種在保暖鍋上調理出來的食物，都帶著一種其他方式難以企及的社交性元素與愉悅感。祝保暖鍋以及漂亮的女學霸們健康長壽。」還有一種稱為布里加代羅（brigadeiro）的巴西巧克力乳脂軟糖，就簡單得可以用酒精燈來製作了。4 湯匙可可粉與 1 瓶 400 克罐裝煉乳攪拌均勻，待所有的塊狀物都清除後，加入 1 湯匙奶油，用中火煮約 10 分鐘，此時混合物應該已濃縮至與鍋緣有些距離了。將混合物倒入矽膠模具或塗好油的薄墊上，然後冷卻凝固。一旦糖糊凝固成團，就可以如製作松露巧克力那樣，將糖團塑成小圓球，然後再將這些小圓球放入巧克力粉中滾一下。不過，如果你只是簡單地想用巧克力為乳脂軟糖調味，直接在步驟 5 中拌入 100 克融化巧克力就可以了。

椰子與柳橙（COCONUT & ORANGE）

煉乳焦糖（Cajeta）是一種風行於墨西哥和中美洲的乳脂軟糖。煉乳焦糖最常以抹醬的形式出現，像是杜樂牛奶焦糖醬，但也有較硬的糖果形式。哥斯大黎加太空人富蘭克林・張－羅德里格斯（Franklin Chang-Rodriguez）出行太空任務時，曾將煉乳焦糖打包帶著。為了向這位太空人致敬，這款特別的煉乳

焦糖被稱為「太空乳脂軟糖」（cajeta espacial）。這款太空乳脂軟糖有著椰子和柳橙的風味，倒不是因為椰子與柳橙是哥斯大黎加普遍生長的植物（儘管它們都是），而是因為美國國家航空暨太空總署（NASA）起飛以及回返地球的頭盔套裝是由白色和橙色所組成。在沒有太空乳脂軟糖照片佐證的情況下，任何人都無法猜測出這款糖果本身是否就是白色與橙色。而若要製作的是風味獨特、盛行於加勒比海地區的淡棕色椰子乳脂軟糖，就遵循「舉一反三」中要點 E 的方法來操作，不過請使用紅糖來替代德麥拉拉粗糖，並以椰奶取代 150 毫升牛奶。椰絲奶油糖的製作方法則與乳脂軟糖非常相似，將糖、牛奶和奶油放入鍋中加熱至軟球階段，然後混入乾燥椰蓉，之後再把混合物攪打成團並移轉到烤盤中靜置凝固就可以了。

咖啡與核桃（COFFEE & WALNUT）

在義大利時，如果你發現自己連停下來喝杯濃縮咖啡（espresso）的時間都沒有，那就花大約 12 秒的時間來敲開一顆「口袋咖啡」（Pocket Coffee）巧克力糖，這是款一口大小、有著百寶箱般黑巧克力外殼，裡面裝滿苦甜超濃縮義式咖啡（ristretto）的巧克力糖。美國食品大亨法蘭克‧克勞倫斯‧馬斯（Frank C. Mars）也是循著同樣的邏輯，發明了馬斯巧克力棒（Mars Bar）－等同於我們英國的銀河巧克力棒（Milky Way）。馬斯在一次晚餐中喝了巧克力麥芽奶昔後，就開始希望每當他想要一份營養豐富的零食時，就隨時隨地可以得到類似的東西。我毅然決然放棄可能會從商標專利上賺取數十億美元的機會，將以下的咖啡核桃乳脂軟糖食譜奉獻給所有人類。就稱它口袋咖啡蛋糕（Pocket Coffee Cake）吧！它可不像含有真正咖啡的「口袋咖啡」糖那樣，會在你車鑰匙上留下糖霜污跡。將 2 茶匙即溶咖啡溶解在 1 茶匙沸水中，並在步驟 5（在開始攪打之前）的階段，將咖啡拌入糖和乳製品混合物中，再攪打幾分鐘後加入一把切碎的核桃。如果你喜歡更濃郁的咖啡風味，請以比例 1：1 混合使用白糖與紅糖，並在 1 茶匙水中溶解 1 湯匙即溶咖啡。紅糖中的焦糖味道與咖啡豆烘焙時所產生風味類似，進而強化了整體的咖啡風味。

薑（GINGER）

儘管乳脂軟糖是十九世紀美國的新創產品，但就某種方式而言，在這之前其實已經出現將糖和乳製品一同烹調的一些方法了，蘇格蘭「糖錠」（Scottish tablet）就是一個例子。除了配方相似之外，蘇格蘭糖錠的質地與乳脂軟糖明顯

不同，它的質地更為堅硬、較具顆粒感並且含糖量更高。基本上這就是一個攻擊你牙齒琺瑯質的格拉斯哥人（Glaswegian）。西元一七三六年出版的第一本蘇格蘭食譜中記載，可用於蘇格蘭糖錠的調味劑包括了生薑、柳橙、玫瑰，苦薄荷（horehound）、茴香和肉桂。苦薄荷是一種薄荷類的香草植物，從十七世紀開始它就是普遍用於潤喉糖的一種風味，到現在市面上仍然可以買到苦薄荷風味潤喉糖。這種藥草帶著明顯的苦味，野生植物專家凱·楊（Kay Young）寫道，很少有人喜歡這種味道，而且使用它的人也很少。就是不看好這個風味吧。不如試試《經典蘇格蘭烹調》（*Classic Scots Cookery*）中凱薩琳·布朗（Catherine Brown）的薑味版本吧。布朗說糖錠的質地比乳脂軟糖堅硬，必須用咬的才行。布朗的標準糖錠配方需要 800 克糖、175 毫升牛奶、175 克奶油和 400 克罐裝煉乳。在你製作糖錠的前一晚，取一個邊長 22 公分的正方形烤盤，烤盤上先墊好鋁箔紙，然後鋪一層保鮮膜後放入冰箱冷藏。第二天，先將奶油融化在牛奶中，再將糖加入繼續融化。接著加入煉乳並煮至軟球階段（115至 116℃），將鍋子從爐火上移開並立即進行攪打，但「不要太用力」。加入50 克切碎的醃漬薑混合均勻，再將糖糊倒入墊好鋁箔紙與保鮮膜的烤盤中靜置。靜置 30 分鐘後，以保鮮膜覆蓋其上，並將烤盤放回冰箱冷藏 1.5 個小時。冷藏好的糖從烤盤中取出，在室溫下放置 10 分鐘，在糖表面畫線並切割成小方塊。如果要製作布朗的柳橙口味糖錠，她建議以柳橙汁取代牛奶，並在糖糊倒入烤盤前，加入 1 顆精細磨碎的柳橙皮。

胡桃（**PECAN**）

與過去的前三晚一樣，這個傍晚也開始於紐奧良的法國人街（Frenchmen Street）上的斑貓酒吧（The Spotted Cat）。我們喝了幾杯瑪格麗特，聆聽了樂隊的演奏，還在帽子裡扔了一些錢。然後向東走上極樂天堂大街（Elysian Fields），在糖果色的房屋以及覆滿玻璃珠的樹木中遊蕩，直到我們看到了一棟半隱藏在棕櫚樹中的白色空間結構。我們在一個也許曾經是個庭院，或者也許是建築物一部分但已經沒有屋頂的地方喝了幾杯酒，我的記憶有點模糊了。

423

建築物的牆壁上長滿了常春藤，裡面某個地方是 個像火車車廂一樣黑暗的房間，還擠滿了酒客。接下來繼續轉往另一家酒吧，享受更多的音樂與炸鯰魚，最後回到法國區（French Quarter）拉芙特（Lafitte）充滿燭光的鐵匠鋪酒吧（Blacksmith Shop）結束了這個傍晚。第二天早上我丈夫問我，「妳覺得怎麼樣了？」「就像一團乳脂軟糖」我回答。於是他出門回來時就帶了一個乳脂軟糖回來了。那是一顆紐奧良風格（NOLA style）的果仁糖，就是一團鑲滿胡桃的扁平結晶糖，與法式果仁糖截然不同。這個果仁糖的製作方法與我們乳脂軟糖的基礎食譜相同，只不過新鮮攪打的混合物被倒入了小池中的大理石板上進行凝固。使用 400 克紅糖、150 克奶油和 150 毫升鮮奶油，依照基礎食譜操作，在步驟 5 中將混合物靜置 10 分鐘，然後加入 200 克烘烤過的碎胡桃、$1/2$ 茶匙海鹽和 1 茶匙或波本威士忌與天然香草精攪打混合均勻。將糖糊一團一團放在矽膠墊或烤盤紙上，室溫下放置乾燥即可。一九三五年以來一直在紐奧良法國區出售新鮮手工果仁糖的莎莉大嬸小店（Aunt Sally's）提供了包括標準、三倍巧克力、拿鐵以及火燒香蕉冰淇淋等數種風味的果仁糖。

蛋白霜（Meringue）

　　簡單將糖和蛋白混合打發後就是蛋白霜了。下列基礎食譜所描述的蛋白霜是法式蛋白霜，而義式蛋白霜則可採用法式蛋白霜相同的成分與比例來製作，只是必須先將水與糖加熱製成糖漿（至軟球階段）後，再將糖漿攪打進已打發至濕性發泡階段的蛋白霜中。至於瑞士風格蛋白霜，就必須運用雙層鍋，以隔水加熱的方式處理糖和蛋白的混合物了，而且瑞士風格蛋白霜主要被製成奶油糖霜的糖衣使用。義式和瑞士蛋白霜的詳細資料，將記錄在本章節的「風味與變化」當中。對於富實驗精神的廚師來說，蛋白霜就是一項挑戰，因為在其中放入任何添加物時都必須非常小心，才不會讓泡沫消散。

此一基礎食譜可以製作出 6 至 8 個小蛋白霜甜餅，或一個直徑 20 公分的蛋白霜大圓餅。[A]

食材
4 個蛋白，室溫下回溫 [B]
$^1/_2$ 茶匙塔塔粉或檸檬汁 [C]
200 克糖 [DEF]

1.　在一個乾淨的玻璃或金屬碗中將蛋白打發至發泡。加入塔塔粉或檸檬汁繼續攪打至濕性發泡。
　　如果你的雞蛋沒有先在室溫下回溫，就先將它們放入熱水 5 分鐘後再將它們敲入碗中。
2.　攪打過程中，加入 1 湯匙糖，繼續攪打直至糖溶解。
　　如果你不確定這個過程需要多長時間，可以用手指輕輕捻起一點蛋白霜。如果仍有顆粒感則繼續攪打（通常每加入一湯匙砂糖我就默數 10 下。當然，砂糖原本就需要更長的時間來溶解）。
3.　一湯匙一湯匙慢慢將剩餘的糖加入，同時繼續攪打，直到所有糖都加入蛋白中並完全溶解，而蛋白霜也變得光亮堅硬為止。
　　若要製作蛋白霜甜餅派上的配料，請參考「舉一反三」要點 G。而製作中心柔軟的帕芙洛娃蛋糕（pavlova），請考閱「舉一反三」要點 H。

4. 將打發好的蛋白糖霜舀入擠花袋中，在矽膠墊或鋪了烤盤紙的烤盤上擠出形狀（同心圓或水滴狀），或用湯勺一團團舀至矽膠墊或烤盤上也行。每個蛋白糖霜團之間都須間隔幾公分。若做成一個大型的蛋白霜甜餅，則用湯匙將蛋白糖霜全部舀出，做成一個粗糙的圓形，並用湯匙背面將蛋白霜塑造成鳥巢形狀。

5. 小蛋白霜甜餅需在溫度 100°C 下烘烤 $1^1/_4$ 小時，而蛋白霜大圓餅則需烘烤 $1^1/_2$ 小時。烘烤完成的蛋白霜甜餅應該很容易從矽膠墊或烤盤紙上剝離。關掉烤箱爐火後，把烤好的蛋白霜甜餅留在烤箱中靜置幾個小時或過夜，直到烤箱完全冷卻為止。

425

6. 如果要以鮮奶油佐配蛋白霜甜餅享用，請在接近上桌時再將甜點組裝起來，以防止甜餅浸潤變軟。未填餡的蛋白霜甜餅可以在氣密容器中保存 2 至 3 週。

舉一反三

A. 這個基礎食譜的分量也適用於一個邊長 30 公分 ×23 公分的瑞士捲烤盤來製成蛋白霜捲。烤盤需墊上夠大的烤盤紙，可略微超出烤盤邊緣。以 160°C 烘烤約 20 分鐘，直到蛋白糖霜變硬。小心地把它翻轉倒在另一張烤盤紙上，靜置冷卻後再抹上餡料，利用烤盤紙將蛋白霜甜餅捲起來。

B. 中型或大型雞蛋的蛋白都可以。

C. 酸性成分有助於混合物的穩定，所以添加一些酸性食材很不錯，但不是必須的材料。也可以使用蘋果醋或白葡萄酒醋。銅製的碗也具有相同的效果，這樣一來酸性成分就變得多餘了。

D. 每個蛋白可以使用 45 克到 60 克的糖。使用的糖越多，則蛋白霜的結構越堅固，成品也會越酥脆。

E. 有些食譜建議用　個大的金屬湯匙將最後　半的糖全部一次拌入蛋白霜中，而不是一湯匙一湯匙慢慢將糖加入。布魯門索則先將一半分量的砂糖拌入，另一半以糖粉拌入，這樣就沒有糖溶解的問題了。

F. 可以使用金黃色砂糖製作出一個淡棕色的太妃糖風味蛋白霜甜餅。為了獲得更強烈的味道，用等重的黑糖取代一半的白糖。用紅糖製成的蛋白霜甜餅比用白糖製作的蛋白霜甜餅軟得更快。

G. 要製作用來堆疊在派餅（pie）或布丁上的餡料，在步驟 3 結束時以每個蛋白使用 $1/_2$ 茶匙玉米粉的比例，將玉米粉篩入已打至硬挺的蛋白糖霜中，並再次短暫地攪打混合均勻。做為派餅餡料時，先用擠花袋沿著派殼邊緣擠出一些蛋白霜，確保蛋白霜完全接觸到派皮，然後再將一大團

蛋白霜放在派餅中間，用糖匙旋轉抹開直到派的表面被蛋白糖霜完全覆蓋為止。

H. 要製作一個具有嚼勁且帶著蛋白霜甜餅口感的帕芙洛娃蛋糕，在步驟 3 結束時拌入 1 茶匙白葡萄酒醋（或檸檬汁）、2 茶匙過篩玉米粉和 1 茶匙天然香草精。以 130℃ 烘烤 1 個小時。

蛋白霜甜餅→風味與變化

杏仁（ALMOND）

　　達克瓦茲蛋白餅（dacquoise）和馬卡龍（macaroon）之間究竟有什麼區別呢？如果你是拼字遊戲（Scrabble）玩家，拼對了達克瓦茲蛋白餅就可以得到九分。如果你是一名廚師，就意味著要洗更多的碗盤了。達克瓦茲蛋白餅是一種含有磨碎堅果粉的變化版蛋白霜甜餅。兩片圓盤狀的蛋白餅當中夾著調味奶油糖霜或鮮奶油霜，這是達克瓦茲蛋白餅最常見的一種運用形式，就像一種以蛋白霜甜餅取代了海綿蛋糕所製成的夾心蛋糕（gâteau）。至於杏仁和榛果這兩種堅果，無論單獨使用或合併使用，都是製作這款甜品必備的經典堅果，不過現在任何東西都可以用來製作這款甜品了。美國食譜作家多麗·葛林斯潘（Dorie Greenspan）的達克瓦茲蛋白餅就混入了杏仁與椰子，並以白巧克力甘納許和烤鳳梨作為夾心內餡。按照我們的基礎食譜操作，就能製作這款經典的達克瓦茲蛋白餅。使用等重的糖與堅果粉，每個蛋白則需使用 1 茶匙玉米粉。將一半的糖一湯匙一湯匙加入蛋白中攪打至乾性發泡，然後輕輕將另一半的糖與堅果粉及玉米粉翻拌入打發好的蛋白霜中。再將混合好的蛋白霜舀入擠花袋，在烤盤上擠出薄圓盤狀（如果你想讓成品的大小相同，就先在烤盤紙上畫好圓圈），以 100°C 烘烤 1 小時。《蛋白霜調理食譜》（*The Meringue Cookbook*）書中，還提供了一道可以在感恩節時佐配甜番薯享用的鹹味胡桃蛋白霜甜餅食譜。如果你因為同樣的目的卻不想使用棉花糖，要注意的是這個食譜並不含糖。打發 6 個蛋白，逐步漸加入 $1/4$ 茶匙鹽直至蛋白霜變硬。然後將 125 克切碎的胡桃或核桃翻拌入蛋白霜中。再將處理好的蛋白霜塗抹在溫熱的番薯泥上，以溫度 190°C 烘烤 10 至 15 分鐘，直到蛋白霜尖端呈現棕色為止。

葛縷子（CARAWAY）

　　《牛津食物指南》（*The Oxford Companion to Food*）記載，葛縷子風味是蛋白霜甜餅的一款經典風味。德國人（或拉脫維亞人，或荷蘭人，就看你比較相信誰）稱為茴香甜酒（kümmel）的利口酒，通常就是用葛縷子和洋茴香來調味。英國小說家金斯利·艾米斯（Kingsley Amis）則建議，耶誕節時一定要買瓶茴香甜酒回家，因為它能緩解你吃完李子布丁後胃部所出現的不適症狀。茴香甜酒首次入口的感覺，應該是清新、冰涼而令人精神振奮，就像吸飽了山頂上的新鮮空氣一樣。至於它的風味就更為複雜甜美了，會讓人想起那種帶著

一絲薄荷和洋茴香籽氣息的烤焦麵包皮。在步驟 3 結束時拌入 2 茶匙茴香甜酒（或相同數量的葛縷子籽粉）。

巧克力（CHOCOLATE）

這是屬於另一個世代的風味。就像階梯有氧（step aerobics）和過緊的緊身衣一樣，都不是我喜歡的風格。但如果巧克力蛋白霜甜餅是你喜歡的口味，那麼就以每個蛋白加入 2 至 3 茶匙可可粉的比例，將篩過的可可粉與糖混合均勻後，在步驟 2 和 3 逐次將可可糖粉加入蛋白霜中。

椰子（COCONUT）

我走進廚房就看到電鍋上不斷閃爍的電子時鐘數字，彷彿剛從迷惘的夢境中甦醒過來。這可能只意味著一件事：那就是昨晚停電了。我打開冰箱，找到了如瑞典藝術大師克萊斯・奧登伯格（Claes Oldenburg）的雕塑那般軟綿綿堆在一起的四個冷藏袋。這些冷藏袋中裝著一個六人份的巴西黑豆燉菜（feijoada）、四人份豌豆湯、兩打香腸、自製漢堡、紅薯片、冷凍紅醋栗以及兩塊酥皮，還有一把結霜的卡菲（kaffir）萊姆葉，它看起來就像寒冷清晨中覆滿了冰霜的萊姆葉。除了下廚做飯之外也別無選擇了。需要真是甜點之母啊！冷藏袋中還有大量的覆盆子，五個蛋白和兩盒高脂鮮奶油。我一直想製作一個法式冰淇淋夾心蛋糕（vacherin glacé），現在我不僅擁有所需的材料，而且冰箱也有足夠空間啦，因為冰箱中易腐爛的物品已被拿出來排列在廚房的桌上，而冰淇淋融化後剩下的桶子也被扔進了垃圾桶。首先，我用椰子做了一個法式蛋白霜甜餅，將 5 個蛋白加入 300 克糖攪打至乾性發泡，拌入 25 克乾椰蓉。將大部分的蛋白霜用擠花袋擠成 2 個直徑 20 公分的大圓餅，然後撒上更多椰蓉。剩下的蛋白霜則擠成裝飾用的樹枝形狀，樹枝表面撒上冰凍的覆盆子乾。當蛋白霜甜餅進爐烘烤時，我另外用覆盆子做好一個雪酪（sorbet）。到了這個時候，我就可以從容地換好衣服出門買幾桶新鮮的香草冰淇淋了。當冰淇淋軟化一些，我在其中一個蛋白甜餅上抹了厚厚一層冰淇淋，再堆上覆盆子雪酪，然後將第二個蛋白霜甜餅蓋在上面。剩下的事情，就是邀請一些思想開放不帶偏見的朋友來解決所有的食物了。不得不說，我們的主菜實在不倫不類：巴西黑豆燉菜佐豌豆湯和牛肉漢堡。不過法式冰淇淋夾心蛋糕替我挽回了一些顏面，運用擠花袋將香堤鮮奶油（Chantilly cream）滿滿擠在蛋糕上，再飾以覆盆子與蛋白霜甜餅做成的樹枝條，如此巨大又充滿節日氣息的蛋糕，讓人不

禁期待著裡面會跳出一個如珍・曼斯菲爾德（Jayne Mansfield）般的金髮美女。

咖啡（COFFEE）

　　由於咖啡和可可經過烘烤，因而具有許多共同的風味。不過如果在咖啡風味的蛋白霜甜餅上，抹一層濃稠的苦味巧克力甘納許，再捲起來做成一個巧克力夾心咖啡蛋白霜捲，你就能以最令人滿足的方式嚐出咖啡和可可間的差異了。先將 1 湯匙即溶咖啡溶化在 $1^{1}/_{2}$ 茶匙的開水中並置於一旁冷卻，然後在步驟 3 結束時將，冷卻的咖啡液拌入蛋白糖霜中。調味好的蛋白霜倒入一個邊長 30 公分 ×20 公分、墊好烤盤紙的瑞士捲烤盤上，以 180°C 烘烤 20 分鐘。而巧克力甘納許的製作，請按照 442 頁基礎食譜的指示，使用 150 克可可含量 70％的黑巧克力和 150 毫升高脂鮮奶油來製作。將巧克力甘納許塗在蛋白霜甜餅上，餅皮變硬前小心地捲好。記得留下幾勺咖啡蛋白霜與巧克力甘納許，因為將咖啡蛋白甜霜拌入巧克力甘納許當中，就是現成的摩卡慕斯了。這算得上是一種廚師級甜品，夠簡單了吧。咖啡蛋白霜甜餅佐以新鮮鮮奶油和覆盆子或櫻桃，滋味也是絕佳無比呢。

蜂蜜（HONEY）

428

　　蜂蜜可以做出精緻美味的蛋白霜甜餅。經過烹調的蜂蜜，風味的確更為濃烈，所以即使像三葉草（clover）蜂蜜這種風味溫和的蜂蜜，經過烹調後也能產生特有的風味。加入蜂蜜烘烤的食品會變成棕色，所以如果這不是你想要的顏色，就避免使用蜂蜜。若要將蜂蜜用於蛋白霜中，就需像製作義式蛋白霜一樣（請參考下文）將蜂蜜煮到軟球階段（115 至 116°C）來使用。調理完成的蜂蜜蛋白霜將呈現柔軟而不酥脆的質地，因此最好用來堆疊在餡派餅和甜點上，而不要做為基底蛋白餅。每個蛋白需要 5 湯匙蜂蜜，當蛋白加入塔塔粉攪打至乾性發泡，就以穩定的流量慢慢加入蜂蜜，繼續攪打直到蛋白霜冷卻並變得濃稠有光澤為止。打發好的蛋白霜可以塗在蛋糕表面做為蛋糕抹面，或者也可以堆疊在塔餅或甜點表面。如果包覆在蛋白霜下的食材是可以加熱的，那就

以 180°C 烘烤 10 分鐘即可。

義式蛋白霜（ITALIAN MERINGUE）

　　義式蛋白霜是用烹調至軟球或硬球階段的糖漿製成。主要用來做為堆疊在餡派餅或蛋糕表面的餡料或佐料，也可以翻拌入其他混合物，製成質地格外輕盈的慕斯和奶油糖霜，或者添加到冰淇淋與雪酪中為它們增添額外的空氣感，而且因為它的高度含糖量，也會讓冷凍後的冰淇淋與雪酪質地更為柔軟。用於製作火焰冰淇淋（baked Alaska）的蛋白糖霜就是義式蛋白霜。製作義式蛋白霜的糖與蛋白比例，與製作法式蛋白霜相同（每個蛋白需要 45 到 60 克糖）。而我則每個蛋白中使用 60 克糖來製作火焰冰淇淋。將 180 克糖和 75 毫升水煮至軟球階段（115 至 116°C）。攪打 3 個蛋白至乾性發泡狀態（當泡泡成形時需加入 ¼ 茶匙塔塔粉），然後將熱糖漿慢慢滴入，這個過程要繼續攪打。避免將黏稠的糖漿滴在攪拌器或碗的邊緣，持續攪打至混合物冷卻。這個分量足夠填滿一個直徑 20 到 23 公分的圓形塔殼，或做出一個直徑 20 公分的火焰冰淇淋了。有些廚師會在糖漿中添加一些香料來為義式蛋白霜調味，茴香、小荳蔻、咖啡、椰子或任何類型的茶都可以試一試。

棉花糖（MARSHMALLOW）

　　製作棉花糖有兩種基本方法。第一種其實就是義大利蛋白霜（前一段落所介紹）與果凍的混合物。相較於不含蛋白的棉花糖，這種含蛋白的棉花糖結構更為堅固。在邊長 20 公分的正方形矽膠模具或不沾烤盤上，灑上一層以 1：1 比例混合好的白砂糖和玉米粉，或烤椰絲也可以。6 片吉利丁放入冷水中浸泡 5 分鐘。然後將它們放入 75 毫升加了 2 茶匙天然香草精的熱水（不是沸水）溶解。將 3 個大蛋白攪打至濕性發泡，225 克糖加入 75 毫升的水煮至軟球階段（115 至 116°C）製成糖漿。攪打蛋白的同時，將熱糖漿慢慢滴入蛋白泡泡中，

429

持續攪打並同時將吉利丁溶液慢慢倒入蛋白霜，不斷攪打至混合物冷卻。打發好的混合物刮入準備好的烤模或烤盤中。抹平表面，然後撒上一層混合好的玉米糖粉或烤椰絲，反正只要與你原來撒在盤底的材料相同就行了。另外還有一種無蛋版本的棉花糖作法，一樣也適用於邊長 20 公分的正方形烤盤，使用電動攪拌器將 200 克糖與 75 毫升水在一個大碗中混合攪打 3 分鐘。5 片吉利丁浸泡在水中，擠出水分後將其溶解在 75 毫升的熱水（不是沸水）中。之後倒入糖糊裡攪拌 10 分鐘，此時應該出現粘稠的泡沫狀白色混合物。加入 1 茶匙天然香草精，然後將混合物快速攪拌均勻。準備好矽膠模具或烤盤，運用製作含蛋白棉花糖的相同方式來完成這款棉花糖。當然，棉花糖也可以用天然香草精以外的調味劑來調味。

芥末（MUSTARD）

　　這就是那種讓過時的品牌食譜小冊子依然很有趣的古怪建議。也許是因為法國人品牌（French's）本身也生產塔塔粉，所以在法國人牌芥末（French's mustard）廣告中才會出現「金色黃冠條狀肉餅」（Crown o'gold Meat Loaf）這種產品。請想像一下，一個愚蠢的家庭經濟學家依照芥末廣告的指示，正揮汗如雨努力將芥末與蛋白霜這兩種食材結合在一起的狀況。製作條狀肉餅的步驟如下：115 克新鮮麵包粉屑 675 克碎牛肉、4 個蛋黃、5 湯匙番茄醬、3 湯匙細蔥花、2 湯匙洋蔥丁、2 湯匙法國芥末、$1^1/_2$ 湯匙辣根醬和 $1^1/_2$ 茶匙鹽均勻混合。輕輕裝入長 23 公分的可脫底活動烤模中，以 160°C 烘烤 30 分鐘。同時，將 4 個蛋白攪打至呈現泡沫狀，加入 $^1/_4$ 茶匙的塔塔粉，持續攪打至蛋白霜變得非常硬挺。然後輕輕將 4 湯匙芥末醬翻拌進蛋白霜中。從烤箱中取出肉餅，芥末蛋白霜以螺旋方式抹在肉餅上，放回烤箱中繼續烘烤 20 至 25 分鐘，此時肉餅表面的蛋白霜應該已經金黃酥脆了。順便提一下，這個芥末廣告食譜中還包括一個「友善的警語」，我很失望地發現，這警語並不是像「如果你繼續堅持為你老公提供如此古怪的東西，他可能會為了美麗的祕書離你而去」這類說法，而是，「法國人牌芥末是以混合香料、醋和芥末籽所製成的一種非常特別的醬

料。若使用另一種品牌的芥末，你可能就無法達到廣告上所展示的『最佳效果』了。」

玫瑰露與開心果（ROSEWATER & PISTACHIO）

這是能為中東盛宴畫下完美句點的一種精緻風味。而且點心的外觀還美麗非凡。用 4 個蛋白和 200 克糖製成蛋白霜，在步驟 3 結束時，將 1 茶匙玫瑰露翻拌入蛋白霜中。進爐烘烤前，在蛋白霜上撒一些切碎的開心果（約 25 克）以及糖晶玫瑰花瓣。成品看起來會像迷人的波浪繡花床單一樣，入口的滋味也相當迷人。

430

草莓（STRAWBERRY）

澳洲雪梨的賓德利餐廳（the Bentley）主廚布倫特・薩維奇（Brent Savage）在檸檬汁和糖中加入蛋白粉，攪打出帶著檸檬風味的蛋白霜。類似的方法也可以用來製作草莓風味的蛋白霜甜餅，但要注意的是，水果的含水量會降低成品的清脆度。製作酥脆的草莓風味蛋白霜甜餅，需用到冷凍乾燥草莓粉（每個蛋白約需 5 克草莓粉，與糖混合後在步驟 3 時加入）。以新鮮草莓泥為基底製作出的草莓蛋白霜更加柔軟滑順，適合用來做為蛋糕餡料或堆疊在派餅和甜點表面。使用立式攪拌機的效果最好，但馬力強大的手持電動攪拌器也可以達到同樣效果。將 125 克草莓泥倒入立式攪拌機的攪拌盆中，撒上 11 克蛋白粉，低速攪拌直到蛋白粉完全溶解。讓機器繼續攪拌，同時一次一湯匙地將 200 克砂糖慢慢加入，之後高速攪拌直到蛋白霜呈乾性發泡為止。在 6 個聖代玻璃杯的底部放滿覆盆子，最好加點芒果泥拌一拌，再放上一球香草冰淇淋，然後堆上粉紅色蛋白霜再用烘焙噴槍噴一下。神奇的是，這個蛋白霜複製了人們所能想像到的最新鮮、最甜美的草莓味道，就像美國作家亞歷山大・馬斯特（Alexander Masters）筆下所描述的那種北挪威品種草莓風味，「被強迫餵飽了二十四小時陽光，風味濃郁並帶著童書中才讀得到的某種甜味。」

蛋白霜甜餅→其他應用

蛋白霜米布丁
（RICE MERINGUE PUDDING）

表面堆滿蛋白霜的米布丁。

義式蛋白奶油糖霜
（ITALIAN MERINGUE BUTTERCREAM）

加入義式蛋白霜做成較輕盈化的奶油糖霜，
可做為填充餡料和蛋糕抹面。

蛋白霜脆糖（MERINGUE KISSES）

用擠花袋幾出迷你蛋白霜做成蛋白霜
脆糖，然後搭配一球冰淇淋或莓果雪
酪上桌。

依頓混亂（ETON MESS）

布丁女王（QUEEN OF PUDDINGS）

底層是含有麵包粉屑的卡士達醬，上面
堆上一層果醬與蛋白霜，然後烘烤。

剩下的蛋白霜（LEFTOVER MERINGUE）

可以拌入融化的巧克力中作成巧克力慕斯，
或者加入製作雪酪的水果泥中，讓雪酪的質
地更為輕盈。

牛奶蛋白霜
（LECHE MERINGADA）

將檸檬皮和肉桂調味過的牛
奶倒入蛋白霜中，然後冷藏
或冷凍，就能製作出這款經
典的西班牙飲料。

風味達人的文字味覺
——水平思考的廚房事典

糖漿與果汁糖漿：簡易糖漿
（Syrup & Cordial: Simple Syrup）

　　顧名思義，簡易糖漿就是一種水和糖的混合物，我們的基礎食譜是以糖和水比例 1：1 來調製（1 毫升水重 1 克）簡易糖漿。如果想讓糖漿更濃稠，就多加點糖。這是一種輕而易舉就能獲得的味道。簡易糖漿可用來為雞尾酒調味、增加雞尾酒的甜度並且擴充其分量，還可以用來浸泡像巴巴蛋糕（請參考 75頁）或印度玫瑰甜球（gulab jamun）這類的布丁點心，或者用來調味或浸漬滋潤蛋糕，特別是用於熱那亞蛋糕上（請參考 375 頁），糖漿稀釋之後還可以做成不含酒精的軟性飲料，或者稍微烹煮後加入蛋白中製成義式蛋白霜（請參考503 頁）。

此一基礎食譜可以製作出 320 毫升的糖漿（每 25 克糖和 25 毫升水就能製成 40 毫升的糖漿）。

食材
200 克糖 [ABCD]
香料（可加可不加）[EF]
200 毫升沸水 [G]

1. 將糖和香料（如果有用到）放入耐熱碗中。碗中倒入沸水，均勻攪拌讓糖溶解。
   如果想要有冷糖漿可以馬上使用，則讓糖先在最少量的沸水中完全溶解，然後加入冰水攪拌均勻。有些人喜歡用平底鍋加熱糖和水，這樣做的好處是可以保持火力，直到糖漿達到所需的濃稠度。需使用細濾網，或以篩子墊著平紋細布或一條乾淨抹布，來篩除任何的硬質香料。

2. 這款普通糖漿放入消毒過的罐子或瓶子中，可以在陰涼的地方保存長達一個月。不過糖漿的味道可能在一週後就會開始惡化。
   糖漿放置一個月後，也許就開始出現混濁現象，意味著是時候將糖漿扔掉了。加入 $1\frac{1}{4}$ 茶匙伏特加（至 320 毫升糖漿中），可以讓糖漿存放在冰箱中的保質期延長幾個月。添加的香料越多，則保質期就越短，所以最好不

要製作超過一週使用量的調味糖漿。

433 **舉一反三**

A. 有些廚師會使用兩到三倍的糖來製作糖漿，這顯然會產生更濃稠與甜度更高的糖漿。許多雞尾酒都是用糖與水比例 2：1 的糖漿來調味，不過調酒時需邊調理邊嚐味。

B. 用於水果沙拉或酒浸水果的話，就使用糖和水比例 1：2 的糖漿。

C. 如果你不介意顏色或味道更明顯，那就使用紅糖。有關紅糖糖漿的更多資訊，請參閱第 509 頁。

D. 將 1 湯匙糖替換成等量的液體葡萄糖或玉米糖漿，以防止糖漿結晶。

E. 酸果糖漿（sour mix；或稱酒吧糖漿）是一種用於威士忌沙瓦（whiskey sours）和可林斯雞尾酒（Collins cocktails）的經典糖漿。它是用等量的水、糖和檸檬汁所製成。糖漿冷卻後就加入檸檬汁攪拌均勻。用於瑪格麗塔酒（margaritas）的酸果糖漿也以同樣的方式製成，只是用萊姆汁取代檸檬汁。

F. 如果使用檸檬汁或羅望子一類的酸性材料，請選擇不會產生化學反應的平底鍋——即不含鋁、無內襯銅或鑄鐵的鍋子。

G. 可以用水以外的液體進行試驗製成糖漿，例如堅果奶。

糖漿與果汁糖漿→風味與變化

紅糖（BROWN SUGAR）

運用慕斯可瓦多黑糖來製作簡易糖漿，結果會得到一種類似糖蜜的東西。日本人也使用黑糖製成一種味道濃烈的類似糖漿，稱為黑蜜（kuromitsu）。這裡的黑糖指的是黑砂糖（kurozato），是一種由冷榨甘蔗汁製成、未經加工精煉、具有類似糖蜜味道的糖。你也許會在如葛粉冷麵一類的食物旁看到一小瓶黑蜜，看起來有點像壽司套餐所附的醬油。德麥拉這類色澤較淡的紅糖所製成的糖漿較能包容其他風味，所以更適合用於調製雞尾酒。德麥拉糖漿能為蘭姆酒與波本威士忌加分，所以調製巴巴蛋糕（請參考 75 頁）所用的糖漿時，要記得這個重點。雞尾酒專家戴爾・迪葛洛夫（Dale DeGroff）推薦用德麥拉拉糖漿來調製愛爾蘭咖啡，因為它含有其他紅糖所沒有的奶油糖果味道和香草味。如果你用來佐配鬆餅的糖漿用完了，紅糖糖漿將會是一個受歡迎的替代品，並可以考慮加入幾撮混合香料和／或咖哩粉來增強糖漿的風味。4 份糖與 1 份水的比例仍然可以調製出可流動的濃稠糖漿。

巧克力（CHOCOLATE）

自己動手製做巧克力糖漿，並不會比在超市購買現成巧克力糖漿來得划算，只不過自製巧克力糖漿不但滋味美妙無比，而且製作材料也簡單熟悉到令人安心。此外，經過烹調的可可會增進糖漿的濃稠度，所以糖漿的濃稠度無需完全仰賴糖的分量，因而可以邊嚐味邊加糖，好控制糖漿的甜度，我發現使用 150 克糖的效果最好。將 100 克可可粉加入由 150 克糖、250 毫升水和 $1/4$ 茶匙鹽混合的糖漿中攪拌均勻。以中火加熱煮沸並持續不斷攪拌。慢火熬煮 3 至 4 分鐘後，攪入 1 湯匙天然香草精，然後熄火冷卻。這個時候巧克力糖漿已經變得更濃稠了。將糖漿倒入消過毒的瓶子中，可在冰箱保存長達一個月。也可以

在糖漿裡加入牛奶稀釋做成奶昔，或者在愛爾蘭威士忌和鮮奶油中添加一些糖漿調製成利口酒（我這款薩格尼特牌愛爾蘭奶油香甜酒的巧克力味，可比貝禮詩香甜酒重多了，就是少了點愛爾蘭風格罷了）。或者將這款糖漿用在美國汽水機（American soda-fountain）的經典產品「雞蛋鮮奶油」（egg cream）上。將冰牛奶倒入一個玻璃高杯中至大約四分之一的高度。在牛奶上慢慢倒入氣泡水（含有碳酸氣的自來水）或蘇打水，然後加入一湯匙巧克力糖漿攪拌均勻。它的味道可比聽起或看起來好多了。這杯雞蛋鮮奶油有著棕色泡沫感的外觀，頂部是白色泡沫，味道則像巧克力奶昔氣泡酒（spritzer）。有時還會佐配一根椒鹽脆餅棒上桌，可以將椒鹽脆餅棒浸泡在酒中食用，或直接當成攪拌棒使用。如果你被舞伴放鴿子了，這絕對是一杯能撫慰人心的完美飲料！

檸檬果汁糖漿（LEMON CORDIAL）

檸檬汁（lemon squash）是我童年時期最大的夢魘。在一輛溫暖的汽車中，儲放在有蓋的特百惠（Tupperware）杯子中幾個小時的檸檬汁，會產生怪異的舊塑膠味，即使到了六歲，我都一直以為檸檬汁是唯一一種藉著這怪異味道來增進風味的飲料。檸檬應該對這樣的誹謗提起訴訟。永遠不要再購買商店出售的現成檸檬汁了。自己動手做只需 10 分鐘，不過還要加上浸泡檸檬出味那天的時間。就算你正在兒童軟墊遊戲區試圖調解吵成一團的小孩，仍然值得獲得一杯能讓你直接置身於蘇連多檸檬園的飲料做為獎勵。將 2 個未上蠟的檸檬切成薄片，放入裝著 350 克糖、350 毫升開水以及各 1 茶匙檸檬酸和酒石酸的碗中。靜置浸泡 24 小時讓檸檬出味，然後濾掉檸檬片以漏斗倒入已消毒的瓶子中。這款檸檬汁可以立即使用，也可以放在陰涼處保存長達 3 個月。開瓶後的果汁糖漿僅能在冰箱中保存一週。可以用清水或碳酸水來稀釋檸檬果汁糖漿的味道。

蜜思卡麝香葡萄橘子醬（MUSCAT MARMALADE）

這其實就是一款西班牙版的焦糖柳橙，是一種混合了橘子醬與蜜思卡麝香葡萄酒（Moscatel）所製成的糖漿。蜜思卡麝香葡萄酒是一種來自西班牙的甜酒，帶著柳橙、柑橘、杏桃醬和金銀花的味道。取一支平底鍋，將 250 克橘子醬緩慢溶解在 125 毫升的蜜思卡麝香葡萄酒中。一旦橘子醬團塊完全溶解後就倒入水壺，再加入 125 毫升麝香葡萄酒攪拌均勻並冷卻。將 6 個大柳橙切片放入糖漿中浸泡，冷藏後再上桌享用。如果你打算去掉柳橙果皮，那就不用費心

添加柳橙了，沒有果皮的橘子醬就像失去暴力情節的塔倫提諾（Tarantino）電影般沒勁。也可以用草莓果醬試做出同樣的糖漿。

杏仁糖漿（ORGEAT）

這款香甜杏仁糖漿的英文原文「Orgeat」來自拉丁語的「hordeum」，也就是大麥的意思。珍珠大麥就是它的原始成分之一，不過就像現在許多不含大麥成分的大麥糖果甜品一樣，現在的杏仁糖漿已經不再含有大麥成分了。杏仁糖漿有著各種不同版本的老配方，但大多數配方都包含苦杏仁調味劑及橙花露，可能還會加點玫瑰或檸檬香精或者一點點白蘭地來增進風味。現在市售的杏仁糖漿是運用玉米糖漿和合成調味劑所製成，更適合用於高速公路服務站外帶咖啡的調味，而非用來調理熱帶風情酒吧中的高杯飲品。不過令人高興的是，可以用市售的杏仁奶自己動手製作佐配點心的杏仁糖漿。將 200 克糖溶解在 100 毫升溫熱不含糖的杏仁奶中，然後加入另外 100 毫升冰杏仁奶、$^1/_4$ 茶匙優質杏仁萃取精和 1 湯匙橙花露。放入冰箱冷藏可以保存 5 天不變質。杏仁糖漿最普遍的用法是用來調製邁泰雞尾酒（Mai Tai），這是偉克商人餐廳（Trader Vic's）的招牌雞尾酒。將大量冰塊裝入雞尾酒搖杯中，加入各 2 湯匙的深色蘭姆酒、琥珀色蘭姆酒和新鮮柳橙汁，再加上各 1 湯匙的萊姆汁、君度橙酒和杏仁糖漿。搖晃均勻後，倒入放滿冰塊的高玻璃杯中。用一小枝薄荷或一隻抓著煙花棒及彩虹色小傘的塑膠小猴子來裝飾。如果想低調克制一些，可以試試這款與日本毫無關係的古怪「日本人」雞尾酒（Japanese）。在冰塊中加入 4 湯匙干邑白蘭地、1 湯匙杏仁糖漿和 2 滴安哥斯圖娜苦酒（Angostura）搖晃均勻，然後倒入放著一縷檸檬皮的香檳酒杯。滴酒不沾的人可以考慮園丁鮑勃・弗勞頓（Bob Flowerdew）發明的這款奶昔：以 1：7 比例將杏仁糖漿與有機全脂牛奶混合，再撒上肉荳蔻即可。

覆盆子果醋（RASPBERRY VINEGAR）

加了醋的糖漿稱為「酸甜汁」（shrub）。簡易酸甜汁的作法如下，先製作

一種如第 637 頁所述的覆盆子類水果醋，並與簡易糖漿混合後嚐一下味道，要確保其清新銳利的味道。以冰汽水或不含氣泡的水稀釋後加入冰塊飲用。酸甜汁可以與法式檸檬汁（French citron pressé）配對，加入鮮榨檸檬汁倒在裝滿冰塊的高杯中飲用，也許還可以放上一兩片檸檬。旁邊放點糖並配上一把長柄湯匙上桌，這樣就可以根據自己的口味加糖飲用了。在美國，酸甜汁是農田工作者常喝的飲料，有時被稱為「豐收飲料」，人們認為其中的酸味讓它比普通的飲用水更能清爽提神。近年來，默默無聞的酸甜汁再度回到世人眼中，不過新的食譜往往含糖量更高而且通常還混入酒精。在你把聯合收割機安穩停放在穀倉裡過夜之後，非常適合來一杯。

玫瑰果（ROSEHIP）

衣索比亞選手阿貝貝・比基拉（Abebe Bikila）在一九六四年參加東京奧運會馬拉松比賽時，喝的就是玫瑰果糖漿。在比賽前幾週才進行了闌尾手術的比基拉，原本被預期無法參加比賽。結果他不僅決定參加比賽，而且最後還遙遙領先跟隨其後的競爭對手，獨自進入體育場贏得金牌並打破世界紀錄。當時的衣索比亞國王海爾・瑟拉西斯（Haile Selassie）還送他一部白色福斯金龜車做為獎勵。第二次世界大戰期間，玫瑰果糖漿因為含有高量維生素 C 而在英國廣為流傳。起初它只是被用來做為柳橙的替代品，但隨著配給量的增加，它開始取代了所有的水果。然後，玫瑰果就變成一種野外到處可見的水果了。玫瑰果糖漿的味道通常被描述為「水果味」，這實在是個毫無用處的形容詞。有些人嚐出紅蘋果皮的味道，其他人又覺得是蔓越莓味。美食作家約翰・萊特（John Wright）則在其中發現了一種獨特的香草味。除了添加於飲料中稀釋之外，玫瑰果糖漿也可以像石榴糖蜜一樣原汁使用。挪威廚師兼作家席格娜・喬韓森（Signe Johansen）則在加了煙燻鹽、佐配蘿蔔切片和些許細葉香芹（chervil）的山羊乳酪上灑一點玫瑰果糖漿。製作玫瑰果糖漿的步驟如下：將 1 公斤玫瑰果洗乾淨，粗略地切碎或放入食物處理機中按幾次強力攪打鍵。將它們放入裝有 2 公升沸水的無反應鍋（non-reactive pan）中煮沸。沸騰後將鍋子從爐火上移開，靜置浸泡 30 分鐘讓果汁入味，然後再用果凍袋濾網，或墊著平紋細布

437

或乾淨抹布的篩子壓擠過濾。保留下第一批粉紅色液體，用壓榨後的玫瑰果渣再重複整個過程，不過這次只用 1 公升沸水。玫瑰果至此將徹底耗盡，所以可以漿果渣丟棄或製作堆肥了。把兩批液體倒入鍋中加熱濃縮至原分量的一半。鍋子從爐火上移開並加入 1 公斤糖（或更多，邊加邊嚐味）。攪拌溶解後再將鍋子放回爐上煮沸 5 分鐘。冷卻的果汁糖漿倒入已消毒的瓶中，放置陰涼處可保存 3 個月。開瓶後的果汁糖漿請放在冰箱中保存，並於一週內用完。

羅望子（TAMARIND）

就像歐洲人普遍運用柑橘汁的方式，在墨西哥、泰國、牙買加和黎巴嫩這類羅望子很普遍的國家，經常將羅望子用在冰棒、果汁糖漿和雞尾酒中，或與蜂蜜和熱水混合，製成威士忌熱調酒。只要你不介意它不討喜的燈芯絨棕色外觀，就試一試這個水果吧。它的味道不如檸檬那般中性。羅望子糖漿有種焦化的藥品特性，不過卻果香濃郁，還帶著楓糖和雪利酒醋的味道。不加糖的羅望子，味道很像吸滿檸檬汁的李子。中東的雜貨店都買得到羅望子糖漿，不過自己製作也很容易。羅望子乾多以壓成方磚的形式出現。將 200 克羅旺子乾放入 400 毫升沸水中浸泡，待羅旺子水冷卻後，就將浸泡開的果乾剝開並搗成泥倒回浸泡水中。徹底地過濾，盡可能多壓擠出羅望子的味道，然後測量羅望子水的體積，將其倒入鍋中煮沸 2 分鐘後關閉爐火，加入與羅望子水體積同重量的糖，攪拌直至糖完全溶解。墨西哥廚師也許還會在他們的羅望子糖漿中添加少量的安佳辣椒粉（ancho chilli powder）。將冷卻的糖漿倒入已消毒過的瓶子中，放置在陰涼處可保存長達 3 個月。開瓶後的糖漿請放入冰箱保存並於一週內用完。

紫羅蘭（VIOLET）

根據十三世紀一本由埃及藥劑師撰寫的手冊指出，紫羅蘭糖漿有助於緩解胸痛和咳嗽，大黃糖漿可以增強肝臟功能，而蘆筍汁和蜂蜜糖漿則能粉碎膀胱結石（也會讓你的心靈一起粉碎吧，我認為）。將 1 公升沸水倒入 500 毫升紫羅蘭花中浸泡 8 小時（如果方便的話，可以浸泡長達兩倍時間），然後過濾。

測量一下藍色液體的體積，將紫羅蘭水與同重量的糖一起放入耐熱碗中，再將耐熱碗放在一個裝著沸水的平底鍋上。隔水加熱攪拌直至糖完全溶解。根據亞林・W.A.（Jarrin W.A.）一八六一年出版的《義大利製糖匠》記載，以此方式做出的糖漿「比在爐火上做出的糖漿更為完美」，亞林的意思是此種方法可以將紫羅蘭的味道保存得更好。現代紫羅蘭糖漿製造商仍然青睞這種方法。當糖完全溶解時，加入幾滴檸檬汁，直到糖漿從藍色變為紫色為止。將冷卻的糖漿倒入已消毒過的瓶子中，放置在陰涼處可保存長達 3 個月。開瓶後的糖漿請放入冰箱保存並於一週內用完。康乃馨的粉紅色花瓣也可以用同樣的方式製成康奶馨糖漿。

糖漿與果汁糖漿→其他應用

糖煮大蕉（PLÁTANOS CALADOS）

瓜地馬拉料理：以甘蔗糖漿熬煮的大蕉。

印度糖漬麵圈（JALEBI）

浸泡在藏紅花糖漿中的螺旋狀油炸麵團。

濃縮咖啡馬丁尼
（ESPRESSO MARTINI）

伏特加、濃縮咖啡和簡易糖漿。

印度玫瑰甜球（GULAB JAMUN）

用奶粉製成的油炸麵團球，浸泡在玫瑰露製成的糖漿中。

土耳其蜜糖果仁酥皮包
（KALBURABASTI）

表面刷滿糖漿，以堅果粉為內餡的土耳其粗麵粉酥皮點心。

基蘭麵線（KEIRAN SOMEN）

日本版的雞蛋麵線，以海藻捆綁成整齊的一束。

冰茶（ICE TEA）

運用簡易糖漿增加甜度的發酵冰茶。

希臘甜甜圈（LOUKOUMADES）

浸泡在蜂蜜糖漿中的油炸小圓麵包團，並以切碎的堅果點綴裝飾。

蜜糖蛋黃絲（FIOS DE OVOS）

一種葡萄牙點心，以糖漿煮沸的蛋黃絲。

雪酪與義式冰沙：草莓雪酪
（Sorbet & Granita: Strawberry Sorbet）

　　果泥、果汁或其他調味液體加糖增甜後，就可以冷凍做成雪酪或義式冰沙了。不管你最後吃到的是一球雪酪、爽脆的義式冰沙還是介於兩者之間的雪泥，造成這些不同的原因部分在於糖含量的不同。例如，義式冰沙的甜度較低，而另一部分原因則取決於冷凍的方法。如果使用冰淇淋機，恆定攪拌能將空氣均勻攪進混合物中並最小化冰晶體尺寸。因而產生近似鮮奶油般滑順的質地。若使用的是靜置冷凍法（still-freezing method），就將香甜的混合物放入冰箱中冷凍並定期取出進行攪拌，不過要用力地攪拌才會達到機器製造出的那種滑順質地。最後要說的是，我不確定冰晶體的大小是否和味道一樣重要。縈繞在我腦海中的只有自製雪酪或義式冰沙所展現的四射活力。

此一基礎食譜可以做出 4 到 6 人份的個人份甜點。

食材

550 克草莓 [AB]

150 克糖 [BCD]

150 毫升開水 [C]

少許鹽

1 湯匙檸檬汁（可加可不加）[E]

$1^1/_2$ 茶匙伏特加（可加可不加）[F]

1 個蛋白（可加可不加）[G]

1. 草莓去蒂搗成泥後應該會剩下大約 500 克的草莓泥。500 克約等於 500 毫升或 2 個茶杯的分量。

2. 將糖溶解在水中製成簡易糖漿（請參考第 432 頁）。
   這樣的分量將產生 250 毫升（約 1 杯）左右的簡易糖漿。要注意的是，在多個「風味與變化」單元中也常運用到 500 毫升甜味基質與 250 毫升糖漿混合的組合。

3. 將糖漿和鹽加入果泥中，如果要使用檸檬汁，就在此時一起加入。

請記住，冷凍過程會弱化果泥混合物的風味與甜味。

4. 將混合物放到冰箱中冷藏一下。

若想獲得最小的冰晶，果泥混合物需徹底冷卻，再轉移到冰淇淋機或冷凍櫃中。

441

5. 如果你想做的是果汁雪酪，可以用冰淇淋機攪拌混合物。如果運用靜置冷凍法來製作，只要充分攪拌，就會做出質感介於雪酪和義式冰沙之間的冰沙。將果泥混合物倒入塑膠容器中，果泥的深度不要超過 3 公分，然後放入冷凍櫃中。設置一個每間隔 30 分鐘就發出提醒的計時器，然後持續不斷地檢查，直到容器側邊開始結冰。如果容器側邊結冰了，請使用叉子或攪拌器將其打散。重複這個步驟至少兩次，直到果泥混合物充滿冰晶。最後一次攪拌後，就放入冷凍櫃中冷凍幾個小時讓混合物硬化。

6. 將以靜置冷凍法製成的雪酪或義式冰沙，從冷凍櫃中取出並放入冷藏櫃，至少需在冷藏櫃中放置 10 分鐘待其軟化後才能上桌享用。

冰淇淋機做出的成品則應該更容易舀取。

舉一反三

A. 可以用其他高甜度的水果泥和果汁來取代草莓。至於檸檬、萊姆和其他天生不甜的水果則需使用不同的處理方法（請參考 520 頁）。

B. 有些廚師則以為了讓成品獲得更強烈的味道聞名，直接在果泥中加入砂糖，而不是先製作成糖漿再加入果泥中。不過事實正好相反，如果你想讓水果風味舒展綿長，就要多放一點糖漿。

C. 雪酪本身應有 20 至 30％的含糖量，義式冰沙的含糖量則約為 10 至 20％。我概略計算如下：草莓的含糖量約為 5％（因此 500 克草莓泥中含有 25 克的糖），加入 150 克糖和 150 毫升（或克）的水，得到的總重量為 800 克（500 克果泥、150 克糖與 150 克水）的混合物；其中含糖量為 175g（25 克糖來自果泥與 150 克糖）。175/800，等於總含糖量為 21.9％。

D. 使用轉化糖漿（Invert syrups）能製出更柔軟、更易舀取的冰品。可以試試運用金色糖漿替換 1 至 2 湯匙的簡易醣漿，金色糖漿比砂糖還要甜。也可以使用玉米糖漿或液體葡萄糖，這兩種甜味劑都不會比糖甜。

E. 檸檬汁能增加額外的風味層次，也可以使用葡萄酒醋，像是巴薩米克香醋就可以明顯增強草莓的味道。

F.　烈酒也可以軟化完成的冰品，1公升果泥混合物（即基礎食譜分量的兩倍）中添加1湯匙烈酒。通常使用酒精濃度 36 至 40% 的烈酒，或者如果使用的是酒精濃度約為 17% 至 22% 的利口酒或苦艾酒，則可以添加 2 湯匙。中性無味的伏特加也是經常被使用的一種酒。一旦離開冷凍庫，含有酒精的雪酪會軟化的特別快。

G.　果泥混合物中若加入已打發至濕性發泡的蛋白霜，可以讓雪酪成品的質地更加輕盈。若使用冰淇淋機，則在攪拌結束時加入蛋白霜。如果運用靜置冷凍法製作，則在第一次攪碎容器側邊結冰時，將混合物倒入電動攪拌機中連同蛋白霜一起攪打至少 15 秒。大量加入的蛋白霜或義大利蛋白霜（503 頁）會讓雪酪產生近似一種泡沫雪酪（spoom）的口感。

血橙（BLOOD ORANGE）

倫敦蘇活區（Soho）那間美妙的格露波（Gelupo）冰淇淋店，外面掛著的看板顯示著血橙風味雪酪就是「雪酪之王」。自己試做一個再做判斷吧，不過要嘗試製作這種口味的雪酪只能在血橙盛產的季節，因為相較之下，盒裝血橙果汁實在相當黯淡乏味。不方便的是，至少對於英國來說，血橙最為普遍的季節往往是每年的年初時節，這實在不是個適合製作雪酪的季節（確切的說，這個季節你找不到比一大盆燉牛尾佐薯泥更好的點心了）。每 500 毫升血橙汁需使用 250 毫升簡易糖漿（或每 2 杯血橙汁加 1 杯糖漿）。我喜歡用方糖，在製作成糖漿前，先將每顆方糖都放在血橙上揉搓讓橙皮出油，再將沾了橙皮油的方糖做成糖漿。不過得先測量這些血橙方糖的重量，再將沸水倒入這堆沾著橙皮碎屑的方糖中，之後按照基礎食譜操作即可。

巧克力與安哥斯圖娜苦酒（CHOCOLATE & ANGOSTURA）

溫熱融化的可可脂轉換成細軟、涼爽的冰晶，可可雪酪簡直就是夏季時節的巧克力啊。這是種天堂的滋味，而且可可雪酪也像帶著同樣苦味的咖啡雪酪般清爽提神。將柑橘類果皮與香料浸泡在糖漿中，或者簡單地加點利口酒或即溶咖啡，就能輕鬆為雪酪調味了。試試帶著肉荳蔻和柑橘味道的安哥斯圖娜苦酒，我發現這兩種風味組合起來幾乎就成了薄荷風味。將 35 克可可粉與 75 毫升冷水混合成可可糊。加入沸水至 250 毫升均勻攪拌成光滑液體。加入 1 茶匙天然香草精和少許鹽。與 250 毫升簡易糖漿混合。加入 1 湯匙安哥斯圖娜苦酒，然後按照基礎食譜的方法冷凍操作。

蘋果酒（CIDER）

　　葡萄酒和香檳是雪酪的常見調味劑，但令人清爽提神的蘋果酒風味更勝一籌。根據我們的基礎食譜操作，使用 500 毫升（或 2 杯）蘋果酒，250 毫升（或 1 杯）簡易糖漿和 1 湯匙檸檬汁。若使用的蘋果酒種類是口感乾澀飽含單寧酸，即使與糖混合後做出的雪酪依然會有單寧酸的乾澀口感，所以你也許該考慮使用口味溫和的蘋果酒。在一些食譜中，會以蘋果汁取代水，或添加一點煮熟的蘋果泥或一點卡爾瓦多斯蘋果酒，以增強糖漿中的蘋果味道。香草冰淇淋是蘋果酒雪酪天生的夥伴，但你也可以用冰涼濃稠的天然酸奶佐配蘋果酒雪酪，含有蘋果酸成分的天然酸奶蘊含著微妙的青蘋果氣味。位於薩莫賽特郡（Somerset）的「美食家」餐廳（The Ethicurean），提供一道插著手指狀切達干酪的蘋果烈酒薄荷雪酪，就像一杯有著片狀巧克力的霜淇淋。

檸檬（LEMON）

　　西元一七七五年在那不勒斯出版的《菲利波·巴迪尼的雪酪》（*Filippo Baldini De' Sorbetti*）是第一本有關雪酪的專門書籍，書中巴迪尼將他的雪酪口味分為芳香雪酪（包括巧克力、肉桂和開心果）和酸性雪酪（檸檬、柑橘、酸櫻桃和草莓）。他告訴我們，檸檬冰沙對發燒或虛弱的胃很有好處。我運用第478 頁所提到的雞蛋測試法試做了檸檬雪酪。請嘗試多做幾次，你就會注意到各個不同檸檬間的味道差異有多大。將 3 個未上蠟的檸檬皮精細磨碎入碗中。加入 200 克糖和 250 毫升沸水，攪拌至糖溶解。刮過皮的檸檬榨汁過濾，再倒入裝著檸檬糖漿的碗中。冷卻放涼後將一個乾淨、未煮過的含殼雞蛋放進檸檬糖漿中。倒入足夠的水直到液體表面只冒出一小截（直徑 1.5 公分左右）的雞蛋為止。我的檸檬糖漿約需要 125 毫升的水，所以整體糖含量大約為 30%。雞蛋取出後，糖漿需先冷藏再冷凍。檸檬和新鮮茴香口味的雪酪在那不勒斯很受

歡迎，根據維騫卓·可拉多（Vincenzo Corrado）於西元一七七八年的著作指出，這類口味雪酪被稱為旋轉木馬雪酪（sorbetto di caroselle / carousel sorbet）。

百香果（PASSION FRUIT）

百香果真是令人驚嘆的水果呀。它的外殼雖輕如塑膠，香味卻具有砲彈般的威力。挖出種籽，拉扯出果肉纖維，這會讓人回想起處理軟體動物的過程。為了製作一些雪酪，在挖了兩個百香果後，我已經從驚奇開始感到無聊了，然而我至少還有十幾個百香果待處理。於是我開始自由發揮，在百香果泥中加點柳橙汁來補強風味，並不算是作弊。將 150 克糖溶解在 150 毫升溫熱的柳橙汁中，然後再加入 500 毫升的冰柳橙汁。拌入 6 顆百香果泥攪拌均勻，從基礎食譜步驟 3 開始操作。百香果的種籽保留與否可依自己的喜好決定。百香果種籽具有完全能與這道冰點融為一體的爽脆口感，也因為它們其實很難在冰晶中被發現，所以也不會像用於光滑果凍中的百香果種籽那樣，出現如上世紀八〇年代色情明星偏好的豹紋效果。

甜桃（PEACH）

維吉尼亞州（Virginia）小華盛頓酒店（The Inn at Little Washington）的食譜中包含了一道名為「甜桃的五種方式」（Peaches Five Ways）的料理。即便我們早已找到處理甜桃最好的「十種方式」（我老公最近還威脅要以甜桃搭配「和路雪維尼塔三種千層雪糕」〔Wall's Viennetta Three Ways〕做為甜點），搭配了甜桃香草冰淇淋、甜桃片、甜桃果泥和甜桃杜松子酒享用的甜桃雪酪，聽起來還是很不錯。甜桃是最經常被拿來製成水果雪酪的有核水果，然而我覺得它的口感有點過於溫和綿密。身兼大廚與熟食店老闆的格林·克里斯提安（Glynn Christian）曾經指出，泡在糖漿中的罐裝甜桃，其質地和甜味是製作水果雪酪的完美選擇，他還特別提到荔枝。無論新鮮或罐裝，使用 500 克甜桃果泥，200 毫升簡易糖漿和 1 湯匙檸檬汁來製作甜桃雪酪，也可以使用水果罐中剩下的糖漿，只要足夠美味香甜就可以了，然後根據我們的基礎食譜進行冷凍操作。

444

覆盆子與接骨木花（RASPBERRY & ELDERFLOWER）

這個組合的靈感來自於超市的優質覆盆子優格。這款覆盆子優格擁有光澤飽滿黑莓才能產生的濃郁、辛辣、以及某種深沉的風味，前提是你得在不讓毛

衣破洞的情況下摘到這種黑莓。而且優格的成分表還顯示其中含有接骨木莓果濃縮液。我已經在行事曆中備註，提醒自己在接骨木莓果產季時記得製作接骨木莓果糖漿，不過同時還是可以先試試覆盆子搭配市售接骨木花糖漿的滋味。接骨木花與它的漿果一樣帶著濃郁的麝香味，可是接骨木花朵本身具有更新鮮明確的香味，能襯托出覆盆子獨特的灌木漿果氣息，就好像是花園中第一批收成農作物的清新芳香。相較之下，接骨木莓果卻讓覆盆子呈現出夏末成熟的漿果風味了。按照基礎食譜操作，使用 500 克無籽覆盆子泥，250 毫升簡易糖漿和 4 湯匙接骨木花糖漿。添加檸檬可能是多餘的舉動，因為接骨木花本身就具有明顯的提神效果。

西瓜莫希多雞尾酒（WATERMELON MOJITO）

我奮力扛了一個大西瓜回家，然後將自己塞進潛水衣和潛水面罩中並徒勞地尋找我的刀，摘下面具找到刀之後，就將這顆西瓜謀殺了，粘稠的紅色液體淹沒了整個廚房的地板。剩下的西瓜榨汁過濾成西瓜汁。搞定這一切需要一個小時。我做了一個簡易糖漿，將糖漿與大量檸檬汁攪入西瓜汁中拌勻，然後放入冷凍庫冷凍，設定好定時器，提醒自己定時把它拿出來攪拌分解。在品嚐這個雪酪時，我意識到若不是比原來的西瓜更甜一些，基本上我已經將一個西瓜徹底分解，並重組成一個與原來那個西瓜毫不相干的一種形式。冷凍的西瓜塊其實就是種即成雪酪。先製作一款薄荷口味的簡易糖漿，每 500 毫升（或 2 杯）西瓜汁加入 250 毫升（或 1 杯）薄荷糖漿，加入 2 茶匙萊姆汁和 $1^1/_2$ 茶匙白蘭姆酒來平衡味道，這樣西瓜莫希多雞尾酒雪酪基底就做好了，另一方面來說，這一切的努力還是非常值得的。

雪酪與義式冰沙→其他應用

西班牙冷湯中的雪酪
（SORBET IN GAZPACHO）

或是黃瓜優格湯中的雪酪（請參考
348頁）。

義式冰沙佐鮮奶油
霜（GRANITA WITH
CREAM）

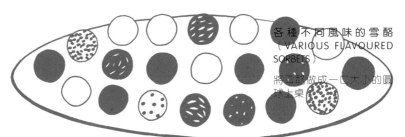

各種不同風味的雪酪
（VARIOUS FLAVOURED
SORBETS）

將雪酪做成一口大小的圓
球上桌。

普羅賽克雞尾酒（SGROPPINO）

伏特加，檸檬冰沙和普羅賽克氣泡
酒（prosecco）。

諾曼第之洞（TROU NORMAND）

泡在卡爾瓦多斯白蘭地蘋果酒或白
蘭地（eau-de-vie）中的蘋果雪酪，
作為菜餚間的清口點心。

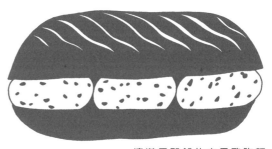

填滿雪酪餡的布里歐許麵
包（BRIOCHE FILLED WITH
SORBET）

雪酪版火焰冰淇淋（SORBET 'ALASKA'）

蛋糕片上放一球雪酪，上面覆滿義式蛋白糖
霜進爐烘烤。

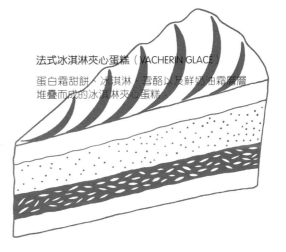

法式冰淇淋夾心蛋糕（VACHERIN GLACÉ）

蛋白霜甜餅、冰淇淋、雪酪以及鮮奶油霜層層
堆疊而成的冰淇淋夾心蛋糕。

果凍：柳橙果凍（Jelly: Orange Jelly）

將果汁（這裡用的是柳橙汁）、水果泥或其他風味的液體加糖混合，試嚐甜度後加入吉利丁，倒入模具中靜置凝固就完成了。可以全部倒入一個大型模具，或分裝至小型個人分量的模具中。或者，也可以將果凍留在漂亮的盤子享用，在這種情況下，果凍的質地可以軟一些，因為無需將果凍從模具中倒扣出來，所以果凍也無須強壯到足以承受自身的重量。下面的食譜適用於可以倒扣出來的個人份果凍。即興創作果凍的成敗與否，很大程度取決於你是否了解自己所選擇的吉利丁品牌。

此基礎食譜可以製作 4 個單人份果凍。[A]

食材

4 片吉利丁 [ABCDEF]

4 茶匙糖 [CG]

600 毫升橙汁（可依個人喜好決定過濾與否）

2 茶匙檸檬汁 [C]

1. 吉利丁片浸泡在冷水中 5 分鐘。

2. 將糖與柳橙汁放入一個非反應鍋（non-reactive pan）中，以中火加熱攪拌溶解，然後將鍋子從爐火上移開。

    也許只要將糖溶解所需的最少量果汁，還有步驟 3 中吉利丁溶解所需的最少量果汁加熱就好，例如 100 毫升左右。這樣一來就可以最大量保留新鮮的水果味，而非煮過的果汁味道了。這種方法無需使用平底鍋，用微波爐加熱果汁就可以了。

3. 擠乾吉利丁的水份，然後將吉利丁加入溫熱的（但不是沸騰）果汁中。攪拌均勻讓其分散溶解後，再加入檸檬汁攪拌。

4. 將果凍混合物過濾至水壺中，或直接過濾至模具或玻璃杯中。

    若要製作顏色分層的果凍或讓水果丁均勻分布，就必須分層處理，讓每層充分凝固，再倒入另一層的果凍混合物。

5. 混合物充分冷卻後放入冰箱冷藏凝固。

個人份果凍至少需冷藏 4 個小時。含酸度較高的果凍可能需要更長的時間冷藏。也可以簡單使用冷凍庫來加速這個過程，不過最好設置一個計時器，比如每隔 15 分鐘發出警示，以提醒你檢查冰晶是否已經形成。或者也可參考舉一反三中的要點 H。

6. 如果使用模具來製作果凍，將載有果凍的模具放入熱水中快速浸一下取出，然後翻轉倒扣在盤子上 [1]。可能也需要沿著模具邊緣用刀繞一圈以方便果凍脫模。

舉一反三

A. 許多老式果凍模具的容量都是一品脫（大約 570 毫升）。如果不確定自己的模具容量，請將水倒入此模具至你想要的高度，再將模具中的水倒入量杯測量出所需分量。一個非常大型的果凍需要比例更多的吉利丁，這樣在倒扣出果凍時，凝固果凍的強度才足以支撐其自身的重量。

B. 這裡提供的吉利丁分量都是指英國最普遍、由歐特家博士公司（Dr Oetker）製造的吉利丁。也可以使用粉狀吉利丁或洋菜粉，只是使用前要詳閱包裝上的說明。

C. 鹽和酸性成分可以軟化凝固的果凍。糖則可以使果凍變硬。

D. 酒精也可以強化果凍，不過布盧門索注意到若超過其中的臨界點，較大量的酒精就會讓果凍變軟。

E. 吉利丁做成的果凍會隨著時間增長而變得更硬。如果你不打算在幾天就享用完這些果凍，也許可以冒險少用一點吉利丁。

F. 幾乎所有的水果都可以用來做果凍，不過鳳梨、奇異果和木瓜則含有一種會抑制果凍凝固的酵素，使用前需先以小火燉煮或蒸煮 5 分鐘以改變其性質。罐裝鳳梨或紙盒裝鳳梨汁在裝罐或巴氏滅菌過程中，已經短暫地烹煮過了。

G. 加入更多的糖來調味或完全不加。

H. 將裝著溫熱果凍混合物的容器放入裝滿冰塊的較大容器中，並加以攪拌冷卻，這樣可以加快果凍凝固的速度。當混合物開始凝結時，就分裝到模具中並轉移到冰箱冷藏。即便如此，至少也需幾個小時才能成型脫模。製作果凍也許很有趣，但需要時間就是了。

I. 如果對果凍成品的質地不滿意，就將果凍切碎並溫和地讓它融化。要是果凍呈現膠狀就加點液體進一步稀釋；要視它太稀軟就加入更多吉利丁。這種調整法一次就夠了，我可不想再多調整一次。

果凍→風味與變化

貝里尼雞尾酒（BELLINI）

聽到「含酒精果凍」（alcoholic jelly）這樣的字眼，你可能會聯想到那些在省城中心拉下褲子作怪的十幾歲幫派男孩。這是一個可以追溯到很久以前的傳統。亨利八世（Henry VIII）很喜歡果凍酒。不難想像他與紅衣主教烏爾賽（Cardinal Wolsey）在進行了一整晚的小酒館趴趴走（a tavern-crawl）後，軟綿綿地昏倒在烤肉店門外的樣子。省去伏特加以及駭人的顏色，將你的果凍從兄弟會的房子中拯救出來吧。不過製作這款果凍更大的挑戰，在於如何將這款眾所熟知的雞尾酒調整成適用於製作果凍的基底，因為適合裝在玻璃杯中飲用的口味，甜度卻不一定足以成為一道甜點。貝里尼雞尾酒就是一個很好的例子。以果凍形式出現的甜桃汁和氣泡水（fizz）組合，看起來就非常單薄也很酸。一款簡易糖漿就能解決這個問題，運用糖漿替換掉基礎食譜中適量的砂糖，將150毫升糖漿加入600毫升甜桃汁和1湯匙檸檬汁中，實際上這是讓所有材料都能維持該有樣貌所需做的調整。結果也頗令人賞心悅目，就連氣泡都被困在果凍當中，彷彿來自很久以前的慶祝活動。將7片吉利丁溶解在150毫升溫熱不沸騰的簡易糖漿中（請參考507頁），然後加入甜桃汁中，最好倒入水壺中冷藏一小時來冷卻，但不要讓它凝固。為了保留住氣泡，將300毫升氣泡水沿著水壺側面緩緩倒入甜桃汁中，就像倒啤酒時防止表面形成泡沫一樣。輕輕攪拌，然後小心地倒進8個玻璃杯或模具中，再放入冰箱冷藏凝固。

黑莓與蘋果（BLACKBERRY & APPLE）

免費宅配到家的黑莓是果凍新手最完美的選擇。如果做錯了，可以全部扔進垃圾桶再從頭來一次。或者，如果你是個過度使用吉利丁的吉利丁愛用者，也可以隨時將過硬的黑莓果凍塗抹在吐司或花生醬三明治中。將250克黑莓、250毫升優質蘋果汁、2湯匙糖和1湯匙檸檬汁混合做成黑莓果泥。過濾並測

量果泥的重量，另外再加熱一些蘋果汁，蘋果汁分量以能讓黑莓果泥達到 600 毫升為準，並在此蘋果汁中放入 4 片吉利丁溶解。將加了吉利丁的蘋果汁加入濾過的黑莓混合果泥中，攪拌均勻後再分別倒入 4 個模具中。

咖啡、柑橘與肉桂（COFFEE, CITRUS & CINNAMON）

咖啡凍在日本是一款很重要的點心。對菲律賓來說也一樣，冰涼的咖啡凍方塊被裝在玻璃盤中，加入鮮奶油或煉乳浸泡。下列十九世紀英國烹飪書中發現的各式風味咖啡凍，可以運用本書「糖」的章節中從焦糖到義式奶酪的所有系列基礎食譜來製作：烘焙咖啡豆、檸檬、橙皮和肉桂風味，咖啡、檸檬和香草風味，以及咖啡、芫荽籽和肉桂風味等等。最後一組風味組合還可以添加鮮奶油，也許就成了義式咖啡奶酪一個有趣的變化版了。

薄荷甜酒（CRÈME DE MENTHE）

艾格妮斯‧積克爾（Agnes Jekyll）認為，所有過度精緻的烹飪都不應該受到鼓勵，「泡在松露雞肉鮮奶油中的野禽肉骨牌、裝著水煮蛋的仿製鳥巢、晃動作怪的果凍以及城堡造型的蛋糕，這些在在都顯示你的能量用錯方向了。」她還寫道：「當然也有偶爾例外的情況，薄荷甜酒果凍（gelée crème de menthe）就是這種例外狀況的代表，這是一個放在扁平玻璃碗中的翠綠色游泳池，讓人聯想到莎賓娜（Sabrina）半透明波浪下的美麗家園，或者聯想到涼爽深邃的卡布里島洞穴。同時薄荷的微妙香氣也會讓長老會教徒回想起遙遠高地峽谷教堂中，那些在安息日放縱的年輕人與老人。」積克爾還建議用小牛腿或吉利丁片製作一夸脫的檸檬果凍，在液體仍然溫熱時添加一大把「厚如仙女毯子、柔軟如駱馬毛製成的袍子，在大多數老式花園中都能找到的大片綠薄荷天竺葵葉」。而且她還提供了綠薄荷天竺葵葉的替代方案：3 到 4 滴薄荷萃取精，一些食品級綠色色素和一杯薄荷甜酒。

薑（GINGER）

這不是我們所熟悉的果凍口味。不過我對薑味果凍有著自己的看法。薑味果凍應該帶著溫暖、辛辣的甜味，足以抗衡用來佐配它的熱巧克力醬。這款果凍應該放在適當、獨立的模具中製作，也就是那種側邊帶著線條的模具，所以倒扣後淋在頂部的醬汁可以像河流般往下流。凝固的果凍應該是柔軟的，但不要過軟，否則溫熱的巧克力醬很快就會將它軟化分解。除了這些注意事項之

外，你可以隨心所欲放手去做了。將 50 克的新鮮薑片、幾片檸檬皮，一根 5 公分長的肉桂棒、2 顆丁香和 175 克紅糖放入 300 毫升的水中烹煮 5 分鐘，製成芳香的薑糖漿。靜置浸泡約 1 小時讓香料出味。過濾後加入 1 至 2 茶匙檸檬汁，再將 2 片浸泡過的吉利丁片溶解在重新加熱過的熱糖漿中。倒入 2 個模具中靜置凝固。有關巧克力醬的製作方式，請參考第 434 頁。

萊姆（**LIME**）

　　我在美國生活的那些年，從來沒有人為我做過果凍沙拉（Jell-O salad）。儘管香草藥學家希爾達‧萊爾（Hilda Leyel，一八八〇～一九五七）曾提出一種可以搭配切碎雞蛋享用的葡萄柚果凍配方，但果凍沙拉在英國還是一種前所未聞的美味。製作果凍沙拉沒有太多限制，顧名思義，這是一個將蔬菜沙拉凍結在果凍中的料理。最經典的一種搭配方式是由萊姆果凍、茅屋乳酪（cottage cheese）、切片捲心菜和釀橄欖組合成的果凍沙拉。或者還有搭配著蔓越莓醬、芹菜、切碎的堅果和酸奶油的櫻桃果凍。果凍沙拉通常以環形模具製作，成品外觀有如巨大的慕拉諾（Murano）玻璃紙鎮。如果卡漢姆生活在二十世紀五〇年代初期的俄亥俄州（Ohio）克利夫蘭（Cleveland），或者也會創造出其他的搭配組合。為了滿足好奇心，或者為了震撼某些有點古板的客人，就做一個果凍沙拉試試看吧。或者也可以省去乳酪、捲心菜和橄欖，只單純享受一個非常平淡的萊姆果凍就好。將等量的過濾萊姆汁和簡易糖漿（請參考 507 頁）混合均勻，然後以每 100 毫升果汁糖漿需使用 1 片吉利丁的比例按照基礎食譜操作（含酸性成分的基底需要更多吉利丁來凝固）。為了豐富萊姆的味道層次，可以先用萊姆皮為糖漿調味。這些材料分量比例，也適用於製做葡萄柚果凍和檸檬果凍。

鮮奶（**MILK**）

　　奶酪曾被認為是老弱傷殘者的絕佳食物。十九世紀的食譜建議將小牛腿放入水中熬煮來獲取吉利丁。湯汁去油過濾後留下沉澱物，將沉澱物與糖、鮮奶和蛋白混合做成鮮奶雞蛋凍。今天我們可以稱它為清淡的義式奶酪。另一種稱為鮮奶布丁（Junket）的奶酪製作起來就更簡單了。直接將凝乳酶加入熱鮮奶中，再靜置凝固即可。西元一八五三年，曾有撰稿人在錢伯斯（Chambers）《愛丁堡期刊》（*Edinburgh Journal*）中描述奶酪的準備工作：「將一些條狀砂糖和肉荳蔻放入一個大杯子或瓷器碗中，可能還要加點酒或白蘭地。然後找

頭牛擠些鮮奶（最好是奧爾德尼奶牛（Alderney）），將鮮奶放入碗中直到四分之三滿，並盡可能多加入凝結所需的凝乳酶。」奶酪的製作訣竅與果凍一樣，就是要確保使用的凝固劑分量正確，在這裡指的就是凝乳酶。布魯門索的食譜使用 625 毫升全脂鮮奶和 3 湯匙砂糖。將鮮奶與糖加熱至 37°C 然後加入 1 茶匙天然香草精，攪拌均勻後倒入碗中，加入 1 湯匙凝乳酶。攪拌不要超過 3-5 秒。在此之後就不要移動鮮奶了，它會在 10 分鐘內輕柔地凝固。在德文郡（Devon），人們會佐以厚厚一層的凝脂奶油（clotted cream）來享用它。有些漿果搭配奶酪的效果也很好。這種奶酪一旦切開後，就會分解成凝乳和乳清了。

大黃（**RHUBARB**）

食物的質地通常是引起人們厭惡的原因。像是咀嚼蘑菇真菌時所出現的嘎吱聲，茅屋乳酪光滑的凝乳塊，還有芹菜和大黃如韌帶般的長纖維。大黃果凍讓不認識大黃的人有機會可以嘗試到無纖維的大黃。大黃與蘋果汁的搭配可以增進大黃的水果味，減少一點蔬菜味。將 400 克切碎的大黃放入 400 毫升蘋果汁中，加入 100 毫升水和 4 湯匙簡易糖漿後（請參考 507 頁），小火慢煮直到大黃煮熟。過濾後測量出 600 毫升的液體，如果不夠，就加入更多蘋果汁補足。將浸泡好的吉利丁拌入溫熱的果汁中直至完全溶解。大黃的酸度意味著需要更多吉利丁，好讓凝結後的果凍強度足以支撐其倒扣後自身的重量──我發現 5 片吉利丁就有很好的效果，或者用 4 片吉利丁也行。那就將果凍溶液裝在玻璃杯中凝固，上面再放一層香草義式奶酪（請參考 536 頁），讓大黃與卡士達醬搖身變成一道滑順可口的夏日甜點。

果凍→其他應用

櫻花（SAKURA）

將日本櫻花放入果凍中凝結。

層層交疊的果凍與義式奶酪
（LAYERED JELLY AND PANNA COTTA）

布魯門索的沙拉
（HESTON BLUMENTHAL'S SALAD）

佐配了雪利酒醋果凍丁的梨與菊苣沙拉。

歐芹火腿凍
（JAMBON PERSILLÉ）

將熟火腿凍結在果凍高湯中。

果汁濃湯軟果凍（LIGHTLY SET FRUIT-SOUP JELLY）

表面以蛋白霜糖果（請參考 497 頁）與莓果點綴裝飾。

佐配了水果的皮姆雞尾酒果凍
（PIMM'S JELLY WITH FRUIT）

檸檬蜂巢奶凍（LEMON HONEYCOMB MOULD）

將冷藏後的檸檬巴伐利亞奶油醬，層層夾在果凍層、慕斯與鮮奶油霜中。

義式奶酪：渣釀白蘭地義式奶酪
（Panna Cotta: Grappa Panna Cotta）

　　與果凍一樣，製作義式奶酪最終目標是讓它能呈現出理想的晃動狀態。很大程度上你不但要對自己選擇的吉利丁品牌特性非常了解，也要了解吉利丁本身的特點。例如，與含水的果凍基料比較起來，鮮奶油製作的奶酪凝固所需的吉利丁用量就比較少。當你找到讓奶酪完美晃動的吉利丁用量，接下來為奶酪調味就相對簡單多了。在這裡，我就用一款經典的渣釀白蘭地風味來示範。不過如何展示義式奶酪也是種挑戰。可以這樣說，放在玻璃杯中的義式奶酪更容易呈現出優雅迷人的風采，不過這樣一來就看不到它富有彈性晃動著的樣子了。

此一基礎食譜適用於 6 個 100 毫升或 4 個 150 毫升的模具或玻璃杯。

食材
3 片吉利丁 ᴬᴮᶜᴰᴱᶠ

300 毫升鮮奶油 ᶠᴳ

4 湯匙糖 ᴴ

300 毫升牛奶 ᶠᴳ

1 至 2 湯匙渣釀白蘭地 ᴰᴵ

1. 將吉利丁片浸入冷水中浸泡 5 分鐘。
2. 取一支鍋子以中火加熱鮮奶油與糖，並攪拌至糖完全溶解。鮮奶油變熱即可，不要煮沸。
   此步驟並非一定要使用鍋子，也可以運用微波爐來加熱鮮奶油，只要不過熱就好。
3. 鍋子從爐火上移開。擠乾吉利丁的水分，並拌入熱鮮奶油中直至吉利丁完全溶解，然後加入冰牛奶。
4. 加入渣釀白蘭地攪拌均勻（或其他液體調味料）。
5. 將混合液過濾至壺中，或直接濾入模具或玻璃杯中。
6. 靜置冷卻，再放入冰箱冷藏凝固。至少需冷藏 4 個小時。

7. 如果要將奶酪倒扣出來，請將模具快速浸入熱水中，然後倒扣在盤子上。你也許還需拿把刀子沿著模具邊緣與布丁之間畫一圈，好讓奶酪脫模。

舉一反三

A. 鮮奶油凝固所需的吉利丁用量比含水果汁所需的吉利丁用量更少。不過，由於吉利丁品牌不同，很難提出一個明確固定又快速的配方。這裡提供的吉利丁分量，都是指英國最普遍使用、由歐特家博士公司（Dr Oetker）製造的白金等級吉利丁。根據吉利丁包裝盒上的指示，建議 4 片吉利丁適用 570 毫升液體，但我發現 3 片就能讓不脫模的義式奶酪呈現出理想的晃動質感。

B. 也可以使用吉利丁粉或洋菜粉（agar agar），只是使用前要詳閱包裝上的說明。

C. 鹽和酸性成分可以軟化凝固的奶酪。糖則可以使它變硬。

D. 酒精也可以強化奶酪，不過布盧門索注意到若超過其中的臨界點，較大量的酒精就會讓奶酪變軟。

E. 吉利丁做成的奶酪會隨著時間增長而變得更硬。如果你不打算在幾天內享用完這些奶酪，也許可以冒險少用一點吉利丁。

F. 任何種類的鮮奶油都可以用來製作義式奶酪。如果你喜歡，也可以全部使用鮮奶油而不加牛奶，只是這樣一來也許得試著減少一點吉利丁的用量。

G. 若用一半鮮奶油和一半果汁（而不是牛奶）製作奶酪，就會做出色調柔和帶著水果風味的奶酪。當奶酪凝固並倒扣出來時，奶酪頂部也許還會出現一層迷人的薄果凍。

H. 糖的分量也可以少一點，或者更多也行，不過請請參考 C 項說明。

I. 調味的替代選項，還包括在鮮奶油和牛奶中放入香草豆莢或其他固體香料（例如咖啡豆、柑橘皮或肉桂棒）。一旦鮮奶油與牛奶達到所需的風味強度後即將香料濾出，然後按照基礎食譜指示從步驟 1 開始操作。

義式奶酪→風味與變化

蘋果與楓糖漿（APPLE & MAPLE SYRUP）

　　如果你堅持使用天然原料，蘋果就是一種能讓奶酪風味綿長的固體調味料。所以讓成品表現出最佳風味的調味劑，毫無疑問就是新鮮現榨蘋果汁了。現榨蘋果汁的味道比經過巴氏殺菌處理、帶著一股乾澀單寧味的市售果汁有活力多了。或者，農民市場也經常出售各式不同種類的蘋果汁，你可以試飲一些，並找出風味最狂野的一款蘋果汁。為了裝飾倒扣出來的奶酪，我用剩下的一些蘋果汁與一滴檸檬汁做了味道鮮明的蘋果果凍，並切成邊長各一公分的果凍丁，然後再與糖漬核桃碎片一起撒在奶酪上。這是一道令人愉悅的秋季甜點。按照基礎食譜操作，使用 300 毫升高脂鮮奶油、300 毫升蘋果汁、3 湯匙楓糖漿（代替糖）和 3 片吉利丁來製作。

椰棗（DATE）

　　一位從加州回來的朋友對椰棗奶昔一直念念不忘。從中得到靈感的我，用椰棗來製作義式奶酪。當我品嚐到攪拌機中剩下的殘渣時，終於第一次意識到自己已經創造出某種滋味美妙無比的東西了。這完全就是種焦糖啊，不是那種從巧克力棒中心流出的黏膩焦糖餡，而是金色陽光從樹上誘哄出來的天然焦糖。添加了椰棗的牛奶與鮮奶油所製成的義式奶酪，嚐起來就像天使喜悅慕斯（Angel Delight）那種特別優雅的味道，以致於當我再次製作時，無法抗拒地放入了一些切成薄片的香蕉。加了香蕉片的奶酪滋味絕妙無比，不過根據某種保守的幼兒照護觀念來看還是不加比較好。我還嘗試了一種更具摩洛哥風格的方式：在奶酪旁邊放置浸漬在橙花露中的冰柳橙塊和一小撮肉桂粉。柳橙與濃郁香甜的布丁形成鮮明對比。製作椰棗義式奶酪，需先將 200 克帝王椰棗（medjool dates）的棗核取出，將剔核後的椰棗放入 400 毫升牛奶、350 毫升高脂鮮奶油、1 茶匙椰棗糖漿（或紅糖）、$\frac{1}{2}$ 茶匙天然香草精和少許鹽，以小火慢煮 15 分鐘。然後倒入攪拌機，攪打至細膩滑順，並趁著液體仍然溫熱時加入 4 片泡過水的吉利丁攪拌均勻。倒入 8 個模具或杯子中。順便提一下，我喜歡不過濾的椰棗鮮奶油液，這也意味著這款義式奶酪將缺乏一般奶酪該有的絲滑質地。

山羊乳酪和山羊乳（**GOAT'S CHEESE & MILK**）

　　這是有著美妙鹹味的義式奶酪，風味雖然奇特，但也不是前所未有。名廚西蒙・羅根（Simon Rogan）的招牌菜之一就是舒肥乳鴿佐蕁麻奶酪與花椒醬。吉德利公園餐廳（Gidleigh Park）的麥克・威格納爾（Michael Wignall）製作了一道名為「鮮味」（umami）的料理，這是由高湯、醬油燒雞、炸雞皮以及大蒜奶酪組成的一道佳餚。相比之下，山羊乳酪奶酪可就保守多了。若使用的是山羊乳鮮奶油，則成品風味令人驚艷無比——如果提前一天或提前幾天將山羊乳鮮奶油先行烹煮過，會產生一種獨特的農場風味。不過與山羊乳鮮奶油比起來，商店中還是比較容易買到山羊乳酪與山羊乳，而且製作成奶酪的效果也一樣好。由於乳酪本身非常濃稠，所以吉利丁的需要量較少。將 200 克柔軟的山羊乳酪加入 200 毫升山羊奶中一起攪打至乳酪完全溶解。加熱另外 200 毫升的山羊乳並加入 2 片泡過水的吉利丁。將所有的液體混合攪拌均勻，然後倒入 4 個模具中並冷藏至少 4 小時讓奶酪凝固。可以佐配一些成熟無花果切片、灑些蜂蜜，當成一道乳酪料理上桌。

內塞羅德蛋奶凍（**NESSELRODE**）

　　這道由法國名廚卡漢姆為俄羅斯外交部長卡爾・馮・內塞羅德（Karl von Nesselrode）特別設計的著名甜點，基本上就是一款巴伐利亞奶油醬，也就是一款混合了鮮奶油霜、蛋白霜並加入吉利丁凝固的卡士達醬蛋奶凍。卡士達醬以瑪拉斯奇諾黑櫻桃酒（Maraschino）調味後加入香甜的香草栗子泥。然後再將浸泡過酒精的糖漬水果點綴在整個蛋奶凍上。在俄羅斯帝國時期，國際外交一定是種喜慶的節日事業。我採用了內塞羅德蛋奶凍的原則來製作這道義式奶酪。雖然內塞羅德蛋奶凍中的卡士達醬是種烹煮過（cotta）的鮮奶油（panna），但仍然屬於義式奶酪的延伸。若要讓固體成分在整個布丁中分布均勻，則需分層製作。可以考慮完全捨棄栗子，並改用鳳梨乾。就質地上來說，鳳梨乾更合適，味道也夠鮮明，能平順解決任何外交危機。將 3 湯匙葡萄乾約略切碎，倒入足以覆蓋過葡萄乾的馬德拉葡萄酒（Madeira）浸泡 1 個小時。再製作 575 毫升英式蛋奶醬（crème anglaise，請參考第 570 頁），冷卻後，加入 1 湯匙的

瑪拉斯奇諾櫻桃酒（或酒精濃度更高的德國櫻桃酒〔kirsch〕，效果也一樣）就成了瑪拉斯奇諾櫻桃酒卡士達醬。將 4 至 6 個熟栗子切成薄片、2 湯匙糖漬水果切成細丁。將泡過酒的葡萄乾濾乾，與所有水果丁與堅果片混合均勻分成 4 份。把 4 個單人份模具放在裝著冷水的容器中。取 150 毫升瑪拉斯奇諾櫻桃酒卡士達醬加熱，放入 1 片泡過水的吉利丁讓其溶解。將一份果乾堅果混合物倒入卡士達醬中攪拌均勻後，分別倒入四個模具當中。當蛋奶凍表面凝固完成時，整個步驟再重複三次，一層一層製作。最後放入冰箱冷藏幾個小時讓蛋奶凍硬化。

鳳梨可樂達（PIÑA COLADA）

很顯然這才是我們要追求的真實感。高空拉索公園（zip-wire park）、工作風車種植體驗，還有玻璃遊船外加蘭姆雞尾酒，我們對這些都不感興趣。我們想體驗真正的安提瓜島。事情開展得頗為順利，我們從二樓的房間裡就可以清楚地聽到尖叫聲。這是一間位於尼爾森造船廠（Nelson's Dockyard）「歷史悠久的小旅館」（Historic Inn），它的前身是銅和木材（The Copper & Lumber Store）商店，曾經是一間造船材料的倉庫。雖然文化遺產旅遊本身就暗示著沉悶與乏味，不過這間旅館也保留下一種帶著鹽分和吱吱作響木板的真實古蹟氛圍。我們跑到樓下，就看到一個站在椅子上的接待員，還有一隻正在地板上爬行如鬥牛犬般大小的藍色螃蟹。「找個盒子！」我老公毫無幫助地指示著。酒店的廚師也加入了我們的行列。時間也許已經過了五分鐘，我老公和一個帶著廚師帽的矮個子傢伙還在追逐著螃蟹，因為它已經從旋轉椅彈跳到金屬文件櫃上了，直到當地一位計程車司機克里斯走了進來，他撿起螃蟹並放回外面的人行道上，於是這隻螃蟹歡快地爬走，並向它的同類朋友生動地描述著剛剛與人類發生的奇特小磨擦。這個事件滿足了我們對安提瓜島真實感的渴望，我們可以像其他人那樣開始度假了。二十分鐘後我們坐在連鎖酒店的露台上，看著夕陽落在一杯冰涼的鳳梨可樂達上。就像這款飲料一樣，以此做出的奶酪也富含酒精，而且味道濃郁且冰涼爽口。記得使用經過巴氏殺菌處理的盒裝鳳梨汁，因為已經烹煮過的鳳梨汁不會像現榨新鮮鳳梨汁那樣無法凝固。按照基礎食譜操作，將 3 片泡過水的吉利丁溶解在 300 毫升全脂椰奶和 50 毫升高脂鮮奶油中（椰子鮮奶油粉質過重，無法用來製作奶酪），加入 3 湯匙糖後一起加熱。倒入 250 毫升巴氏殺菌處理過的冰涼鳳梨汁和 3 湯匙蘭姆酒。任何種類的蘭姆酒都可以用來製作這道甜品，不過蘭姆酒的顏色越深，則味道越明顯。

香草風味與重度香草風味（VANILLA & ENHANCED VANILLA）

我曾在製作簡單的奶油酥餅時試用過許多不同種類的香草，卻發現這些香草之間並沒有太大的差異。義式奶酪才是更適合使用香草調味的點心。鮮奶油溫和的味道就像悄無聲息的男僕，淹沒在酥烤麵粉與奶油的強勢濃烈味道中。馬達加斯加香草有著我們最熟悉的味道，而香莢蘭醛（vanillin）含量較低的大溪地香草莢，則像高更畫中穿著草裙的少女般，帶著一股更微妙的香甜水果花香氣息（或者更直接的說，就是櫻桃與茴香氣息）。香莢蘭醛是賦予香草豆莢特有風味的一種化學成分。墨西哥香草的土味較重也比較辛辣。米其林星級廚師喬爾·侯布雄（Joël Robuchon）在 2 個香草豆莢中添加了一顆咖啡豆來為 500 毫升鮮奶油調味。大多數廚師都會在甜卡士達醬與義式奶酪中加入少量香草來使其他風味更突出，而侯布雄還巧妙轉化了味道，讓人想起市售油漆中各種奶油色調的精緻變化。香草有股阿拉比卡咖啡豆（arabica）氣息。可以嘗試在其中加入野花蜂蜜、紅茶、肉桂、茴香、陳皮或杏仁精來強化香草的味道。就香草風味本身而言，在預算與購買方便性許可的情況下，請盡量使用香草莢而不要用天然香草精。為 600 毫升的鮮奶調味至少需要使用 1 個豆莢。至於最大使用極限就很難說了。名廚沃爾夫岡·帕克（Wolfgang Puck）曾經提供過一道五十顆香草籽的冰淇淋，儘管只能肯定他的冰淇淋製作量一定超過半公升，不過這款重度香草風味的冰淇淋聽起來確實很誘人。如果使用天然香草精或香草糊，請使用 1 至 2 茶匙。

聖酒（VIN SANTO）

當我的雙胞胎兒女還很小的時候，我的社交活動就僅限於讓朋友來家裡晚餐了。整天都處於清洗各式小背心模式中的我，實在無法將太多時間與精力放在烹飪上，所以從頭到尾只能堅持使用一份簡單的菜單。這份菜單中的一道料理，是熟食與橄欖佐自製佛卡夏麵包（focaccia），這道料理只要推著嬰兒車衝往最近的熟食店就能解決了。接著就是一道塞滿大蒜和香草的烤豬肉、烤馬鈴薯，與一盆添加了美味香醋的深綠色沙拉。最後，再以一杯搭配著義式杏仁脆餅的聖酒收尾。某天晚上，我找出了冰箱瓶子中殘餘的聖酒，才意識到我們真的以聖酒甜點這個模式熬過了嬰兒出生後的這六個月。所以我用這些殘酒製作了義式奶酪，因為比起將餅乾排列在盤子上，製作奶酪比較不費工。按照我們的基礎食譜操作，不過請將渣釀白蘭地換成 2 湯匙聖酒。當我把奶酪倒扣出來時，它就像出生才一個小時的小馬般搖搖晃晃，不過也沒有塌下來變得更糟

457

就是了。我把這個義式奶酪放在排列整齊的康圖奇杏仁脆餅乾條旁邊，餅乾還加了一點鹽混合一下。它的效果就像在義大利托斯卡尼的長假中享受到一塊乳酪蛋糕般驚艷。在果乾的深層滋味中（製作聖酒的葡萄需在釀造前先乾燥數月）以及鮮奶油調和過的氧化口感下，聖酒的滋味仍然無可質疑。根據葡萄酒專家斯蒂芬·布魯克（Stephen Brook）的說法，聖酒製造商對於人們將康圖奇杏仁脆餅乾浸泡在聖酒中享用的方法感到不滿，寧願人們單獨品嚐聖酒。當我的餅乾用完的時候，我很樂意採納這個建議。

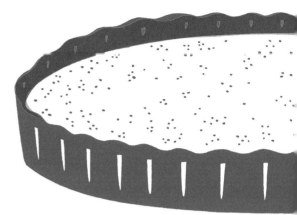

第十章 | 卡士達醬
（Custard）

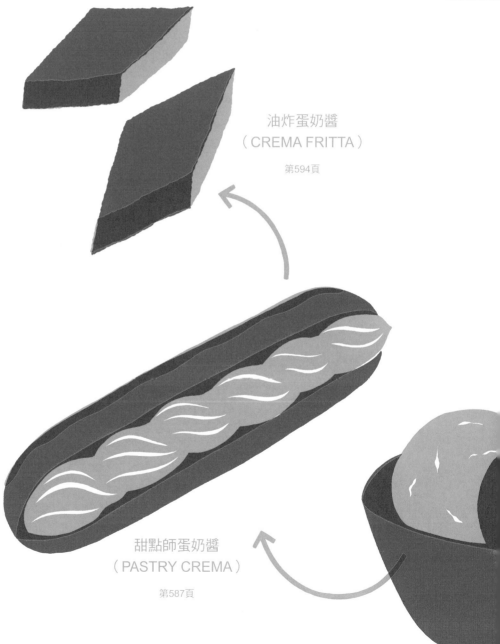

油炸蛋奶醬
（CREMA FRITTA）

第594頁

甜點師蛋奶醬
（PASTRY CREMA）

第587頁

蛋塔
（CUSTARD TART）

第548頁

焦糖布丁
（CRÈME CARAMEL）

第558頁

法式烤布蕾
（CRÈME BRÛLÉE）

第563頁

英式蛋奶醬
（CRÈME ANGLAISE）

第570頁

冰淇淋
（ICE CREAM）

第577頁

早自一九〇九年代開始，人們就以互砸卡士達派為樂了，在當時電影《飛利浦先生》（*Mr Flip*）中，有著鬥雞眼的無聲喜劇演員賓‧杜平（Ben Turpin）被認為是有史以來第一個「被派砸中」的人。至於卡士達派是否因此贏得了喜劇名聲仍然備受爭議。也許是因為卡士達派將盎格魯撒克遜（Anglo-Saxon）文化中的許多笑點都匯集在一個易於攜帶的派餅中，被派砸中的噁心內餡意味著，這個從法文傳承過來的喜劇名詞，已經被英文發音搞得亂七八糟。卡士達的英文「Custard」衍生自法文「croustade」（即派皮的意思）的訛誤，所以卡士達派的英文「custard pie」其實就是個重複字義的名詞。

出於類似的原因，我從來就沒把卡士達醬放在心上。它對我來說，就是學校蒸布丁上一坨從凹陷金屬水壺倒出來的乏味愚蠢黃色物體罷了。然而，當我開始去了解全世界各種不同版本的卡士達醬、並且親自動手製作卡士達醬之後，我就越來越尊重它了。除此之外，卡士達醬更是進行各種風味實驗的極佳中性基底。

卡士達醬是由液體、雞蛋以及中小火加熱等三個基本要素所構成。在這三個條件中，只有中小火加熱這個條件完全沒有妥協的空間。製作卡士達醬不能高溫加熱，高溫會造成卡士達醬分裂、分離出水，或出現粗糙和結塊等等現象。至於液體和雞蛋的運用在枱面上就比較有彈性了。用於製作卡士達醬的液體通常指的是牛奶或鮮奶油，不過果汁或剩餘的咖啡也同樣可以用來製作卡士達醬，或者非液態的食材也適用於卡士達醬的製作原則，像是乳酪蛋糕中的奶油乳酪，或是檸檬酪（lemon curd）中與檸檬汁相伴的奶油和碎檸檬皮等等。雞蛋需要解釋的部分比較少，無論是運用全蛋、只用蛋黃或單用蛋白來製作卡士達醬都可以。但是加熱力度是不變的，無論運用烤箱、火爐還是蒸鍋，都必須記得要低溫加熱。

蛋塔（CUSTARD TART）

關於卡士達醬系列產品的介紹，我們將從以卡士達醬為餡填入塔皮外殼中烘烤的蛋塔開始，接著往下介紹焦糖布丁，再到法式烤布蕾（crème brûlée）。製作塔皮外殼與焦糖需要一定程度的技巧，然而卡士達醬本身的製作卻非常簡單。上述三個甜品的卡士達醬都採用相同的方法製作。如果你是卡士達醬新手，最好就從簡單樸實的烤布丁（baked custard）開始。這裡提供一個 4 人份烤布丁的食譜：將 3 個雞蛋和 5 湯匙糖放入廣口壺中攪打均勻，加入 750 毫升溫牛奶攪拌均勻，將混合物篩入抹好奶油的烤箱專用深碟中。除了保持低溫烘烤之外，對於製作卡士達醬的人來說，必須記住下面這個最有幫助的經驗法則：1 個雞蛋可以讓 250 毫升牛奶凝固。堅守這個比例，保證你會得到一個柔軟、Q 彈搖晃的鮮奶布丁。接著在卡士達醬表面撒上一些肉荳蔻粉，運用水浴法（water bath）隔水加熱，以 140°C 烘烤至卡士達醬剛剛凝固就可以了。所謂「水浴法」，就是取一個大到足以容納裝下卡士達醬深碟的大烤盤或類似容器，將熱水倒入其中，直到水位到達卡士達醬深碟的一半即可。大約 30 分鐘後就可以開始檢查，如果卡士達醬表面已經凝固但中間仍會稍微晃動，就表示布丁烤好了。烤布丁曾是一道非常受歡迎的甜點，不過現在卻是一種再尋常不過的點心了。表面覆蓋了一層脆焦糖的法式烤布蕾，或是如果沒有義式濃縮咖啡杯般大小的酥皮外殼，就毫無特色的葡式蛋撻（Portuguese pastéis de nata）等等產品，都因為加了其他風味與質地而更鮮明地襯托出卡士達醬本身滋味。因此與這些產品比較起來，蛋塔的味道就顯得單調多了。同樣的，你也可以把一個大型烤布丁做成自助式混合布丁（pick-and-mix pudding），就像那種蒜泥美乃滋拼盤風格（grand-aïoli-style）。將烤好的大布丁放在一個附有大銀勺的底座上，旁邊環繞一小盆蜜餞、一碗鹹巧克力碎片、一盤檸檬風味瑪德蓮蛋糕，和一小堆酥脆的薑味餅乾，一袋裝了白巧克力碎片的小紙盒，還有一小把由整顆肉荳蔻以及現磨肉荳蔻粉混合的香料。讓客人隨意動手做出自己喜歡的布丁吧。

或者直接捲起袖子來做個蛋塔吧。順便提一下，蛋塔的酥脆塔皮外殼除了與柔軟的蛋奶醬餡料形成鮮明的對比外，還能保護對溫度極為敏感的卡士達醬，避免它直接受熱，這樣一來就意味著可以省去水浴法了。即便如此，大多數蛋塔的烘烤溫度仍須保持在 120°C 至 150°C 的低溫之間。對塔皮來說，這個溫度太低也無法烤熟塔皮，因此在倒入卡士達醬之前，塔皮外殼通常都已事先

烤好了。有些食譜規定使用更高的溫度（可高達 200°C），但這通常是因為塔皮外殼中填入的是冰卡士達醬。高溫的目的僅是讓冰卡士達醬回溫，並在大約 10 分鐘後就會將烘烤的溫度調低了。美國名廚弗瑞茲・布朗克（Fritz Blank）就認為，已故匈牙利裔美國廚師路易斯・史詹斯馬瑞（Louis Szathmáry）所製作的法式洛林鹹派（quiche Lorraine），其正宗而絕妙的風味完全歸功於一開始的噴焰處理，接著才以相對較低溫的 160°C 繼續烘烤 15 到 20 分鐘。由於典型怪癖性格作祟，在史詹斯馬瑞最後落腳的芝加哥，他更為人所知的名號是「廚師路易斯」（Chef Louis）。他也要求在烘烤前須將冷藏過的焦化奶油（beurre noisette）大力攪入卡士達醬中。

焦糖布丁（CRÈME CARAMEL）

接著從蛋塔進化到焦糖布丁，用來製作這兩種經典點心的卡士達醬唯一不同的地方，就是蛋與牛奶的比例。對焦糖布丁，或者實際上任何一種可以倒扣在盤子上而不塌陷的布丁來說，每 250 毫升牛奶需用到 2 個雞蛋。倒扣在盤子上的布丁不僅在口感上出現很明顯的硬度，在聽覺上的感受也與每 250 毫升 1 個雞蛋所做出來的布丁很不同，因為當你用湯匙挖下一勺布丁時，會忍不住發出愉悅的吞嚥聲。

一個雞蛋就可以讓容器中 250 毫升的牛奶凝固，2 個雞蛋則可以讓相同分量的牛奶凝固成堅硬、不會晃動的布丁。當你牢記下這個規則後，就可以隨心所欲地開始即興創作了。此外，每個蛋白或蛋黃都可以單獨當成半個雞蛋來使用，請以此為計量基礎來操作。例如，如果想製作一個凝固於深碟中享用的布丁，就可以在 250 毫升牛奶中加入 2 個蛋白（記住，如果將蛋白打發，烘烤時就會發泡）。按照同樣的邏輯，每 250 毫升牛奶中加入 4 個蛋黃將製成一道濃郁、不會晃動並帶著天鵝絨般口感的焦糖布丁。以蛋黃製作的甜點在葡萄牙和西班牙非常普遍，這種情形與當地的女修道院有著頗深的淵源。有人說，當地葡萄酒商將大量蛋黃捐贈給教會，因為這些酒商只會用到蛋白來澄清他們的葡萄酒。還有一些其他的說法是，修女們只用蛋白來漿洗頭巾，所以會剩下蛋黃。無論哪種說法是真的，聖潔的修女們最終將蛋黃與糖漿混合（而不是牛奶），製作成「天堂的培根」（tocino de cielo）和「軟蛋黃」（ovos-moles）這一類香甜可口的美味甜點。

我在里斯本一家名為「角落任務」（Tasca da Esquina）的餐廳吃到了類似

462

「軟蛋黃」的甜點。它看起來就像新鮮蛋黃本身一樣的光亮鮮黃。這是一個不需要焦糖的蛋黃醬，它帶著如溫熱蠟燭般的質地，嚐起來讓人有種沉睡時的矇矓幸福感。如果你不喜歡這種平淡無奇的幸福，可以像製作葡萄牙布里斯科修道院布丁（pudim abade de Priscos）時所用的糖漿一樣，隨時為糖漿調味。布里斯科修道院布丁是由檸檬、肉桂、培根脂肪和波特酒所製成的一道點心。或者加入鮮奶油也可以，如果使用鮮奶油，製作出來的成品就必較類似法式烤布蕾了。

法式烤布蕾（CRÈME BRÛLÉE）

　　將焦糖布丁和法式烤布蕾放在一起同時品嚐一下，你就會明白在料理卡士達醬上，分別只使用蛋黃與蛋白所產生的差異，或者使用不同比例組合的蛋黃蛋白，成品質地也會有所不同。法式烤布蕾僅使用蛋黃來製作，標準配方是每 250 毫升鮮奶油加入 2 個蛋黃，所以不像焦糖布丁中所含的蛋白那樣能為牙齒帶來一種輕微的口感，焦糖布丁通常是由全蛋（每 250 毫升牛奶 2 個全蛋）製成。蛋白凝固會帶來某種類似橡膠的質感，而蛋黃則更柔軟滑順些，所以享用法式烤布蕾時能讓幸福感升級，就好像雖然你的愛車是豐田雅力士（Toyota Yaris），卻帶來如同擁有一部賓士（Mercedes）的滿足幸福感。

　　也因為這樣的幸福感，廚師們經常大量奢侈的運用蛋黃取代全蛋來烹調日常的卡士達醬基底菜餚，像是加入各種餡料做成的蛋塔和麵包奶油布丁。英國名廚馬庫斯·瓦寧（Marcus Wareing）著名的蛋塔，就是使用 9 個蛋黃與 500 毫升鮮奶油所製成，成品實際上就是一種有著塔皮外殼與法式烤布蕾內餡的蛋塔。根據戴安娜王妃的前廚師麥格雷迪的說法，戴安娜王妃最喜歡的甜點，就是像瓦寧蛋塔般，以法式烤布蕾內餡取代普通卡士達醬，然後倒在奶油麵包與吸飽杏仁香甜酒葡萄乾上所製成的一道麵包奶油布丁。難怪她會愛上心臟外科醫生。與僅用蛋黃製作的卡士達醬比起來，比較沒那麼奢侈的作法是調整蛋黃與蛋白的比例。英國美食作家奈傑·史萊特（Nigel Slater）用 3 個全蛋和 2 個蛋黃取代標準使用 4 個全蛋的方式來製作焦糖布丁。這樣你就了解了吧。

　　值得注意的是，本書卡士達醬系列製品的所有食譜，都要求須先將牛奶或鮮奶油加熱後再加入蛋黃中。你可以在其他地方找到無須先行加熱的食譜，不過我在書中採用這種技巧是因為：首先，加熱的乳製品才能讓你放入香草豆莢、肉桂棒或柑橘皮等固體香料來浸泡調味。其次，加熱的乳製品也有助於加

速卡士達醬達到稠化的溫度。這就是為什麼英式蛋奶醬總是一成不變使用溫牛奶製作的。當你在廚房中看著爐火、小心攪拌，並緊張踏步著等待奇蹟發生的煎熬過程中，烹飪時間較短就是一種福音啊。將卡士達醬過篩幾乎是一個必須的步驟，過篩可以讓卡士達醬更為滑順，因為篩子可以濾掉所有細小未攪散的碎片、牛奶中的香料殘片，或者未打散的蛋黃碎片。如果你將蛋黃和糖長時間放在一起而不攪拌，蛋黃就會開始展現其凝結的特性。所有容易過篩的卡士達醬，都應該先過篩處理。不是每種甜點師的蛋奶醬食譜都會要求過篩，但卡士達醬很容易就會結塊，因此花功夫將卡士達醬過篩是值得的。有些廚師甚至在製作乳酪蛋糕時也將奶油乳酪與雞蛋的混合物過篩。我也試過一次，出於某種原因我以為會很有趣，事實並非如此。它就像為奶油乳酪過篩一樣，唯一的好處就是為在糖漿中游泳提供了一個新鮮的同義詞。別費心了：沒必要！

英式蛋奶醬（CRÈME ANGIRISE）

你將會注意到，製作英式蛋奶醬的方法其實並不明確，而且烹調時間往往也模糊不清。坦白說，卡士達醬完成就是完成了。假如你正沉醉於收音機節目中，或沉溺在午後戲劇高潮虐心的情節中，或者正專注地在 eBay 上討價還價，卡士達醬並不會在這些時候發出完成的警告聲。英式蛋奶醬的調理時間完全取決於卡士達醬本身的分量、加入其中的食材成分、水浴法所使用的容器材料、熱度反覆無常的炊具，以及蛋奶混合物放入烤箱那刻的溫度。唯一的方法就是在它完成前盡早開始檢查，然後保持警戒，並準備好在你認為完成的那一刻將它從烤箱中取出。一個卡士達醬製作者最大的回報，就是學會了以眼睛目視做出準確的判斷。在烘烤卡士達醬的各式情況中，我發現自己的認知常常介於「不確定」以及「不確定我是否不確定」之間。從高溫中移開的卡士達醬仍會繼續烹煮，因此寧可失之於急躁。如果你確定它已經煮熟了，那麼可能就真的煮過頭了。

當英式蛋奶醬的溫度達到 80°C 時就是調理好了。如果你手上沒有溫度計，那就用湯匙試一下，當蛋奶醬濃稠到足以抹覆在湯匙背面，並且用手指畫過後線條仍然存在時，就可以將蛋奶醬從火源上移開了。同樣的規則也適用於製作法式烤布蕾的卡士達醬，這種卡士達醬可以在爐火上製作而不用烤箱。事實上，史密斯「正宗卡士達醬」食譜中的卡士達醬，就是在爐火上完成的法式烤布蕾卡士達醬，因為它完全是以鮮奶油製成。大多數英式蛋奶醬的食譜都不會

那麼濃郁，而且使用的是全脂牛奶，或加了一點鮮奶油的牛奶，只會多加一點蛋黃——每100毫升混合液加入1個蛋黃——來增進濃郁度。也可以依個人喜好決定是否在英式蛋奶醬中加入少量麵粉，單獨只用蛋黃製成的蛋奶醬質地更為柔順絲滑。麵粉能強化蛋黃的增稠效果，但添加麵粉的主要原因是避免蛋黃直接受熱。謹慎的廚師可能會運用隔水加熱法達到同樣的效果，不過如果你使用的是厚底平底鍋，而且也能保持低溫加熱的狀態，那麼就可以直接在火爐上製作英式蛋奶醬，就無須經歷隔水加熱的痛苦慢熬過程了。

如今的英式蛋奶醬幾乎完全被認定是一種醬汁，但在十九世紀，它本身經常被當作成一道甜點，加入苦杏仁、巧克力、利口酒或檸檬皮調味後冷藏享用。在我看來，阿德里亞所提供的一個食譜應該可以重振這個習俗。那是表面撒了些烤開心果，置於湯碗中享用的白巧克力布丁。按照我們英式蛋奶醬的基礎食譜，也可以做出類似的甜點，不過得將材料的分量減半，捨去香草（因為白巧克力本身就會散發出香草味），並以打發用鮮奶油取代牛奶。當蛋奶醬溫度達到80°C，或者濃稠度足以覆蓋湯匙背面並留下線條時，將蛋奶醬倒在225克切碎的白巧克力上，靜置幾分鐘讓巧克力軟化，然後攪打至柔順絲滑。打好的白巧克力蛋奶醬分別裝入6個盤子中，撒上烤堅果。一勺勺大口地享用，並自戀地說自己也能在米其林星級餐廳鬥牛犬（El Bulli）工作了呢。

我還以同樣的方式來製作巧克力奶油杯。運用烤箱烘烤的奶油杯很容易讓人失望。就像製作巧克力甘納許一樣，將溫熱略帶稠度的卡士達醬拌入切碎的黑巧克力攪拌均勻，就會變成一盆完美滑順、奢華的巧克力糊。英式蛋奶醬也是巴伐利亞奶油醬的基礎材料。巴伐利亞奶油醬（Bavarois）也被稱為巴伐利亞蛋奶醬（Bavarian cream）。這是一種基本上含有吉利丁以及打發鮮奶油霜和／或打發蛋白霜在其中的液態卡士達醬。巴伐利亞奶油醬會凝結成一種輕盈的慕斯，口感柔滑可直接融於口中，而且質地又堅固得足以從模具中倒扣出來，並切成薄片享用。

冰淇淋（ICE CREAM）

冰淇淋是讓你製作出比原來所需更多卡士達醬的第三個理由。將所有剩下的英式奶油醬冷凍起來，就得到一款義式冰淇淋了。如果你的卡士達醬是以牛奶為基底做成的，也不用擔心，許多義式冰淇淋都是以這種方式製作的，只是成品質地將更扎實一些，因為牛奶無法像鮮奶油那樣可以將攪打入的空氣保留

住。雖然損失了質地，但在風味上更勝一籌，密度增強會強化冰淇淋在味蕾上的口感。如果冰淇淋才是你真正想做的東西，那麼就將英式蛋奶醬的基礎食譜稍微調整一下，就是冰淇淋的基礎食譜了，不過需要將鮮奶油和牛奶混合，而且也需要更多的糖。對於大多數卡士達醬而言，糖的分量多寡只是在於調味，然而對冰淇淋來說，其中的糖就具有結構作用了。較高的糖含量有助於產生較小的冰晶，從而產生更光滑的質地。糖分過低的話，你的冰淇淋就會呈現爽脆的質地。用來製作冰淇淋的卡士達醬，與用於英式蛋奶醬的卡士達醬做法相同，不過冰淇淋卡士達醬一旦達到所需的稠度，就必須冷卻、冷藏，然後冷凍。完成（但尚未完全結凍）的卡士達醬，可以加入打發鮮奶油霜（就是加入更多的空氣）、水果泥或任何數量的調味劑來增進體積與風味。579 至 585 頁冰淇淋章節中的建議，都是為了刺激你在冰淇淋創作上發揮出無限想像力。

甜點師蛋奶醬（PASTRY CREMA）

這個系列中的下一個基礎食譜是甜點師蛋奶醬。這款蛋奶醬的甜度與冰淇淋類似，不過通常都以牛奶而非鮮奶油製成，並且以麵粉來增加稠度。麵粉強化了甜點師蛋奶醬的結構強度，讓它足以支持多層的酥皮或水果。由於這款蛋奶醬用量驚人，通常很值得製作出雙倍分量。大多數甜的舒芙蕾都是以甜點師蛋奶醬為基底。這款蛋奶醬可以隨心所欲調味，或者攪打入一些法式蛋白糖霜（請參考 497 頁），然後移到準備好的舒芙蕾盤中，再放入烤箱中烘烤。這個基礎食譜所做出的甜點師蛋奶醬，也可以用來製作「美式布丁」（一種柔軟、綿密、杯子蛋糕形狀的美式甜點），不過這裡的版本是公認甜味適度的版本。我在美國嚐過幾個布丁，血糖飆高所帶來的愉悅感，足以讓我從餐椅上跳起來。

油炸蛋奶醬（CREMA FRITTA）

隨著介紹油炸蛋奶醬這道料理，卡士達醬系列製品也進入尾聲了。油炸蛋奶醬所含的麵粉成分甚至比甜點師蛋奶醬還多，也就意味著雞蛋的數量可以減少。義大利文 Crema fritta——字面上的意思就是「油炸蛋奶醬」——是一種結構強壯的卡士達醬，冷卻後可以切成薄片，然後包覆上麵包粉放入鍋中油炸。在威尼斯節慶期間，油炸蛋奶醬通常被當成一種街頭小吃出售。這種卡士

達醬通常用檸檬調味，單獨使用檸檬或者與香草一同使用都可以，也可以用當地一種由玫瑰花瓣釀製的玫瑰利口酒（rosolio）來調味。傳統上它被切成菱形，放入堅果粉中滾一下後油炸，並搭配糖煮水果一起享用。油炸蛋奶醬並不是僅限於威尼斯地區的點心，在二十世紀五〇年代的舊金山，它可是風靡一時的一道甜點。而在義大利的其他地方，油炸蛋奶醬也可能成為鹹味菜餚的一部分。義裔英國美食作家安娜·德爾·康德（Anna Del Conte）回憶起曾在馬爾凱（Marche）地區享用的一餐，在那裡她吃到了放在薩拉米香腸和義大利煙燻火腿旁邊的油炸蛋奶醬切片。有些資料來源認為它是傳統波隆那炸物拼盤（Bolognese fritto misto）的重要基本成分。我知道這很難想像。我曾做過以檸檬和香草調味的一款卡士達醬，切片後用橄欖油煎炸。首先注意到的是，將卡士達醬切成菱形是一個令人非常愉悅的烹飪體驗，大概只有一次就成功剝除切半酪梨的外皮所帶來的愉悅感可以媲美。油炸後要留下時間放涼。油炸蛋奶醬片令人聯想到煎餅與白醬（béchamel），鑒於炸蛋奶醬的組成成分，這一點也不奇怪，而且做成的油炸蛋奶醬片無論搭配熱或冷的肉食，都滋味絕佳。

還有一種以雞蛋、麵粉、水和少許牛奶做成的中式料理變化版：芝麻粿炸（chi ma kuo cha）。在溫度仍然很高的金黃切片上，撒滿壓碎的烤芝麻糖粉。製作芝麻粿炸的過程讓我想起了吉拿棒，如果你曾經在西班牙吃過早餐，就會了解我的想法。吉拿棒（請參考 172 頁）是由麵粉和水攪拌均勻，擠壓成條狀的麵糊後入鍋油炸，再撒上糖粉做成的。通常會佐配一杯濃稠的熱巧克力沾裹吉拿棒一起享用。這不禁讓人聯想到一個不太實際卻又難以抗拒的搭配方式，若再加上幾片溫熱滿布芝麻的中式油炸蛋奶醬就好了。

蛋塔（Custard Tart）

　　這個基礎食譜可以製作出一個基本普通的蛋塔，2 個雞蛋就能讓 500 毫升的牛奶凝固得剛剛好。若用到 3 個或更多雞蛋，那麼烤好的蛋塔結構堅固保證可以切片享用。包括南瓜派、法式鹹派和乳酪蛋糕等等都是變化版的蛋塔。你會發現其中少有做法會跳過加熱這個階段。直接將冰冷的卡士達醬放入烤箱烘烤也可以，只不過烘烤時間也許就要久一點了。如果你偏好沒有塔皮外殼的蛋塔，請參閱舉一反三的說明 C。

此一基礎食譜可製作出一個 8 人份直徑 20 公分的圓形厚蛋塔。[A]

食材
1 個直徑 20 公分以奶油酥皮（請參考第 666 頁）製作的深厚塔皮外殼 [BC]
500 毫升牛奶 [DE]
1 個香草豆莢 [F]
3 個雞蛋 [G]
50 克糖 [H]
新鮮現磨肉荳蔻粉（可加可不加)[I]

1. 按照 667 頁的說明製作一個盲烘（blind-bake）好的塔皮外殼並將其先單獨烤好。
2. 將牛奶倒入醬汁鍋中。切開香草豆莢，刮出香草籽連同豆莢一起放入牛奶中。以中火加熱，將牛奶煮至即將沸騰。鍋子從爐火上移開，靜置讓香料浸泡 10 分鐘至 1 小時後再取出豆莢。
3. 將牛奶重新加熱，直到開始冒泡泡為止。如果你已經跳過步驟 2，直接加熱即可。
4. 在耐熱碗中，放入雞蛋和糖一起攪打。
   若不立刻攪拌，就別將雞蛋和糖放在一起太久，否則蛋黃會開始凝結成塊。
5. 將溫牛奶慢慢攪入雞蛋混合物中。這個過程叫做調溫。
6. 用篩子將蛋奶液篩入已單獨烤好的塔皮，以 140°C 烘烤 30 至 50 分鐘 [J]。

透過輕輕晃動烤盤的方式來判斷蛋塔是否已烘烤完成，盡可能在烘烤後的最短時間內開始檢查。當卡士達醬已經凝固而中間仍然有點晃動，就可以從烤箱取出了。

7. 如果喜歡，可以撒上一些現磨肉荳蔻粉。在蛋塔溫熱時或室溫環境中享用。

舉一反三　467

A. 若要製作一個直徑 25 公分的深厚蛋塔，則蛋奶餡的分量需加倍。

B. 用來製作蛋塔的塔皮外殼種類五花八門。史密斯選擇了以豬油和奶油為基底製作的酥皮，其他人則使用以蛋黃增加濃郁度並調過味的甜酥皮（請參考 667 頁）、簡易千層酥皮（rough puff）（請參考 677 頁）或千層薄酥皮（filo）。

C. 若捨去塔皮外殼，只製作一個小尺寸的普通蛋塔，只需將混合物篩入抹好奶油的烤箱專用碟子中以水浴法烘烤即可。如果想把烤好的蛋塔從盤子中倒扣出來享用，就必須按照焦糖布丁的材料比例增加額外的雞蛋。

D. 任何種類的鮮奶油都可以取代部分或全部的牛奶。半脫脂或脫脂牛奶製成的蛋奶醬會過稀，可以加入一些鮮奶油中和其濃稠度。

E. 法式酸奶油（Crème fraîche）或酸奶油（sour cream）可用來取代全部或部分的牛奶，並為成品注入一股清新的乳酸氣息。

F. 如肉桂棒或八角這類的其他固體香料，都可以運用同樣的方式浸泡於牛奶中調味。如果使用天然香草精（或任何其他液體調味劑），請跳過步驟 2，然後在步驟 5 結束時加入液體調味劑，從 1 茶匙開始邊加邊嚐味。如果需要，可以多加一點糖，這個階段的卡士達醬熱度仍然足以溶解多加入的糖。

G. 你可以只用 2 個雞蛋（1 個雞蛋可以凝固 250 毫升牛奶），不過使用 3 個雞蛋仍是相當標準的作法。和大多數卡士達醬製品一樣，蛋黃可以做為全蛋的替代品，用 2 個蛋黃取代 1 個全蛋。瓦倫用了 9 個蛋黃與 500 毫升打發用鮮奶油和 75 克糖製作他那個屢獲殊榮的蛋塔。

H. 這裡所列出的 50 克糖，是適度的用量，有些食譜會把加的用量倍糖。

I. 肉荳蔻粉也可以在步驟 5 的時候就加入。

J. 在「風味與變化」單元中，還包括了以 180℃ 或更高溫度烘烤的蛋塔。不過這些卡士達醬中就添加了少許麵粉，讓卡士達醬在這種熱度下維持穩定。

蛋塔→風味與變化

芫荽籽（**CORIANDER SEED**）

製作芫荽籽風味的蛋塔時無需先烤熟芫荽籽，不過卻需將它們壓碎。也不要使用那種商店購買來的芫荽粉，因為市售芫荽粉不太可能散發新鮮碾碎芫荽籽所具有的餘韻。義大利作家佩萊格里諾·亞爾杜吉（Pellegrino Artusi）的蛋塔食譜，提供了香草或壓碎芫荽籽兩種調味選項。我建議兩者合併運用。壓碎1湯匙芫荽籽，並在步驟2中將碎芫荽籽與切開的香草豆莢一起加入牛奶中。

接骨木花（**ELDERFLOWER**）

接骨木花風味並不是我們熟悉的蛋塔風味，不過十四世紀一本名為《烹飪的形式》（*The Forme of Cury*；cury 來自法語 cuire，為「烹飪」的意思）的食譜集錦，則記載了一道運用凝乳、麵包粉、糖、蛋白和洗過的接骨木花製作的，稱為接骨木花乳酪蛋糕（sambocade）的蛋塔食譜。若想更輕鬆地製作出柔軟滑順的接骨木花卡士達醬，就直接用接骨木花糖漿吧。自己動手製作接骨木花糖漿是非常值得的一件事，不過假設你沒有太多時間和／或缺乏接骨木花時，就用這個以市售完美優質接骨木花糖漿製作蛋塔的版本吧：使用500毫升牛奶，在步驟5結束時加入3湯匙接骨木花糖漿和 1/4 茶匙天然香草精。檢查味道的甜度與強度，並以此為依據進行調整。

檸檬（**LEMON**）

檸檬塔（Tarte au citron）是我第一個學會製作的時髦漂亮布丁。就在差不多同一時期，我還獲得了另一個將俐落小櫛瓜塔製成開胃菜的祕方。這兩個食譜的確對我很有用，我甚至無需在菜單中加入任何新的菜餚，只用這兩道新料理招待所有的朋友，而且當它們全部被享用完畢時，我已經結交了更多的朋友。多年後，當我從自己學會烹飪的倫敦西部小公寓搬走時，拆開餐桌時才發現一大塊石化檸檬塔卡在餐桌下方。犯案嫌犯的名單長達數頁啊。這是一道無需先將鮮奶油加熱的卡士達醬點心。製作一個直徑20公分的薄蛋塔，需使用2個雞蛋、2個蛋黃、2顆檸檬榨出的檸檬汁以及精細磨碎的檸檬皮、125克糖和125毫升鮮奶油。除了碎檸檬皮之外，將所有東西混合在一起攪拌均勻。把混合物過濾，然後拌入檸檬皮，倒入盲烘好的塔皮外殼中。放入溫度已預熱至140°C的烤箱中烘烤25至30分鐘。檸檬塔冷卻後，就篩上一層精細的糖粉。

紐約乳酪蛋糕（NEW YORK CHEESECAKE）

　　一個正宗紐約乳酪蛋糕的風味，就該深不可測到除了它自己的心理分析師之外無人能看透。紐約乳酪蛋糕的歐洲祖先，是運用質地扎實的茅屋乳酪（cottage cheese）製成的，但是隨著十九世紀八〇年代費城奶油乳酪（Philadelphia cream cheese）的發明，美國人為自己創造出一個更大、更好的乳酪蛋糕。最初的乳酪蛋糕還是以塔皮外殼來製作，後來就乾脆直接放在捏碎的麵包餅乾（zwieback）上。麵包餅乾是種含有甜度、幾乎毫無重量的脆餅乾，在英國超市也不知為什麼被稱為「法國吐司」（French Toast），而現在紐約乳酪蛋糕的基底通常是運用一種類似消化餅乾的全麥餅乾壓碎製成。餡料用的是某種卡士達醬，不過濃稠的奶油乳酪則意味著讓卡士達醬凝固所需的雞蛋用量將會更少。12 人份的乳酪蛋糕製作方式如下：先將選好的基底材料均勻地壓入一個直徑 22 至 23 公分圓形活動式烤模的底盤，並用鋁箔紙將整個烤模包起來。如果用餅乾做為基底，則先將餅乾完整地鋪滿烤模底部以判斷出所需的餅乾量，再捏碎餅乾並加入餅乾一半重量的融化奶油混合均勻。將 1 公斤已回溫的全脂奶油乳酪、300 克糖、150 毫升酸奶油（sour cream）、1 湯匙天然香草精、2 顆碎檸檬皮、4 湯匙中筋麵粉和 3 個大雞蛋全部混合，攪拌至所有東西徹底均勻混合。把混合物舀入你選用的基底材料上，然後運用水浴法以 160°C 隔水烘烤 1¼ 小時。烘烤完成的乳酪蛋糕烤模從水中取出並移除鋁箔，脫模取出蛋糕。冷卻後放入冰箱冷藏讓其硬化至少 4 個小時，或者冷藏過夜更佳。完成的蛋糕無需一次就吃完。將蛋糕包好可以冷凍一個月，只是解凍後的蛋糕質地就不會像原先那麼好了。若要製作尺寸較小的乳酪蛋糕，就將材料分量減半，用直徑 15 公分的圓形可脫底活動式烤模，並將烘烤時間減少到 50 分鐘即可。

義大利潘娜朵妮水果耶誕麵包（PANETTONE BREAD & BUTTER PUDDING）

　　麵包奶油布丁就是一個內含麵包片的蛋塔。將 300 克義大利潘娜朵妮水果耶誕麵包（panettone）切片後，放至脫水變乾。至於麵包片上是否要塗抹奶

油，則依個人的喜好決定。將變乾的麵包切片放在抹好油的烤箱專用烤碟中。烤碟的大小以及托尼水果麵包放置的位置將根據你所喜歡的布丁樣式來決定。如果你偏愛的是布丁濕潤的部分，那麼就讓浸入卡士達醬中的麵包片多一點；如果你喜歡這個布丁的酥脆部分，那就要確保卡士達醬中挺立的麵包片數量足夠。將 150 毫升高脂鮮奶油、250 毫升溫熱全脂牛奶、2 個雞蛋和 2 湯匙砂糖製成卡士達醬，再將卡士達醬倒入放好麵包片的烤碟中，以 140°C 烘烤。烘烤 25 分鐘後開始檢查卡士達醬的狀態，直到其表面呈現稍微晃動的凝固狀態為止。當布丁稍微冷卻後，撒上糖粉。精細磨碎的柑橘皮和／或少量的瑪莎拉酒（Marsala）、義大利杏仁香甜酒（Amaretto）或天然香草精都可以添加在這款布丁當中，不過義式托尼水果麵包本身的風味就能滲透到卡士達醬中，所以無需任何增味劑，它的風味就絕妙無比了。可以嘗試以奶油麵包、奶油蛋捲或牛角麵包（croissants），或猶太白麵包（challah）（請參考 63 頁）來取代義大利潘娜朵妮水果耶誕麵包製作這款布丁。據說以猶太白麵包做出的麵包布丁風味相當突出。你可能還想在其中加入一兩把吸飽蘭姆酒、白蘭地或水果汁的水果乾。

溫莎堡貧窮騎士（**POOR KNIGHTS OF WINDSOR**）

這是法國吐司（French toast / pain perdu）的同義詞。貧窮騎士指的是一三四六年克雷西戰役（the Battle of Crécy）後，在溫莎堡領取軍人養老金的退伍軍人，只是目前還不清楚這道甜點與貧窮騎士之間有什麼關聯，但或許能從這道布丁樸拙的成分中看出某種特定的救濟院尊嚴。我父親則將同樣的東西稱為雞蛋麵包或吉普賽吐司。無論怎麼稱呼它，你可能都會覺得它有點像蛋塔的延伸變化版。不過，與前一段介紹的義式托尼水果麵包奶油布丁一樣，它也只需用到同一類的簡單卡士達醬，並以麵包片取代派皮外殼。將牛奶和雞蛋攪打均勻（每個雞蛋加入 1 至 3 湯匙牛奶）並加入少許鹽，再把混合物倒入寬廣而淺的盤子中。麵包片浸入蛋奶醬中讓它們吸飽醬汁，然後以澄清奶油或植物油稍微煎一下。麵包切片的厚薄以及它們浸泡在蛋奶醬中的時間長短，與油煎顏色的深淺一樣，都能影響成品的風味。就像製作英式蛋奶醬一樣，有些人也許會在卡士達醬中添加一點糖、天然香草精或肉桂（或者三種都放）。還有一些食譜則要求少量雪利酒或白蘭地。有些廚師喜歡在成品布丁上淋上楓糖漿或撒上糖粉。葡萄牙和巴西有一種名為朗巴納達（rabanada）的蛋漿麵包，是耶誕節時用來與喜慶的波特酒或葡萄酒調味糖漿搭配一起享用的美食。

南瓜（PUMPKIN）

經典的美式南瓜派只是標準蛋塔的一種變化版本。只是英國人有可能學會愛上它那獨特的味道嗎？你可以在南瓜派中加入分量多到足以沉沒一艘快船的香料和糖，但它的風味仍像一碗會讓人產生怪異偏頭痛的素食龍蝦濃湯。感謝老天，幸好我每年只需吃一次。不過，不只是北美洲的人喜歡南瓜風味的卡士達醬。在泰國，也有一種甜味版本是將卡士達醬放入挖空的南瓜中烘烤後切成薄片享用。在日本，總部設於大阪的鬍鬚老爹（Beard Papa）是一家專門生產鮮奶油泡芙的麵包店，它們的泡芙口味也包括南瓜風味。要製作一個美國南瓜派，需先將 1 罐 400 克的煉乳與 1 罐 425 克的無糖南瓜泥、2 個大雞蛋、2 茶匙南瓜派香料（或 1 茶匙肉桂粉、各 $^1/_2$ 茶匙的薑粉和肉荳蔻粉，和各 $^1/_4$ 茶匙的多香果粉和丁香粉）和少量鹽全部混合攪拌均勻。倒入一個直徑 23 公分、未烘烤過且具有一定深度的塔皮外殼中，以 200°C 烘烤 10 分鐘後，烤箱溫度降至 175°C，烘烤 40 分鐘後開始檢查，並在內餡剛剛凝固時就將南瓜派移出烤箱，待冷卻至室溫時享用。順便提一下，要注意的是這個南瓜派進入烤箱時，派皮並未事先烤好，所以一開始的烤箱溫度才會設定在卡士達醬類料理的溫度上限。

法式洛林鄉村鹹派（QUICHE LORRAINE）

在法式洛林鄉村鹹派中使用磨碎乳酪，顯然是一種中產階級的做法。伊麗莎白・大衛（Elizabeth David）並不太認同這種方式，推測這可能只是延續舊傳統的一種敷衍作法。舊傳統指的是法國某些區域特有，將新鮮白乳酪加入餡餅鮮奶油中的做法。我不得不承認我更喜歡依下列方法製作我的法式鹹派。假設你已經盲烘烤好一個直徑 20 公分具有深度的塔皮外殼（請參考第 667 頁），將大約 150 克的培根丁下鍋煎炒（我選用的是煙燻培根），當它們開始變黃，就用鍋鏟鏟出培根，並放在廚房用紙上瀝油。約略碾碎 75 克葛黎耶和乳酪（Gruyère）。煎炒過的培根丁均勻鋪在塔皮底部。將各 200 毫升的法式酸奶和高脂鮮奶油還有 3 個雞蛋、$^1/_2$ 茶匙鹽以及 $^2/_3$ 的乳酪約略混合。混合好的卡士達醬倒在培根丁上，表面撒下剩餘的乳酪並以 150°C 烘烤，直到卡士達醬表

471

面呈現金黃色斑塊而中心幾乎凝固為止，這個過程大約需要 35 至 40 分鐘。

番紅花（SAFFRON）

加了番紅花調味的卡士達醬會變成赭黃色，如此濃郁的顏色看起來就彷彿你在裡面加了兩打蛋黃。更何況番紅花也具有一種能與其本身顏色媲美，極具特色的深沉風味。而它的風味強度似乎也促使某些廚師的用量過度。番紅花就等同於高級美食界中的頂級摩根鈀卡（J.P. Morgan Palladium Card）。詹姆斯‧坎貝爾‧卡魯索（James Campbell Caruso）在他位於聖塔菲（Santa Fe）的餐廳中供應了一道番紅花烤蛋塔，這個蛋塔裡填滿了西班牙血腸（morcilla，就是濃郁的西班牙黑布丁）、烤辣椒和油炸鼠尾草。英國名廚馬克‧希克斯（Mark Hix）也提供了一份食譜：單人份、填滿番紅花卡士達醬餡料的奶油千層酥皮蛋塔。他使用的是低乳脂鮮奶油，雖然做出的卡士達醬質地濃郁，但為什麼不乾脆就使用高脂鮮奶油，好更極致表現出番紅花的風味呢？或者直接使用凝脂鮮奶油？凝脂鮮奶油（Clotted cream）與番紅花的組合，就像蘋果酒搭配安非他命（amphetamines）般，也是一組經典的康瓦爾組合。或者還有阿里媽媽布丁（om ali），這是內嵌著薄酥皮（filo）碎片或奶油酥皮（puff pastry）碎片、烤堅果和水果乾的一種埃及烤蛋塔。有些人將番紅花混入卡士達醬中，其他人可能用的是玫瑰露或橙花露。這就是種以金錢堆積起來的麵包奶油布丁。500毫升的牛奶／鮮奶油調味需使用大量番紅花絲，大概 15 根吧。不過用美國富豪麗奧娜‧漢姆斯利（Leona Helmsley）的話來說，一根根去計算番紅花用量是小人物才有的作為。

高湯（STOCK）

茶碗蒸（chawanmushi）是一道很受歡迎的日本鹹味卡士達醬料理，通常是以日式高湯（dashi）製作，不過其他自製的高湯也可以達到類似的效果。就像許多亞洲卡士達醬料理一樣，這道料理是透過蒸煮的方式讓卡士達醬凝固。

雖然我將這道料理歸類在烤蛋塔族群中，但它在日本卻比較像是一道湯品，部分原因在於這是少數可以同時使用湯匙與筷子的菜餚之一。辻靜雄（Shizuo Tsuji）在《日本料理》（*Japanese Cooking*）書中指出，這道富有創造力的料理可以千變萬化。除了蘑菇和胡蘿蔔這類非常熟悉的成分之外，還可以將魚漿做成的魚板、檸檬皮絲、熟嫩筍、銀杏果或百合根放入這個以醬油和味醂調味的濃稠高湯蛋液中蒸熟。諾布餐廳（Nobu）選擇加入熱扇貝來製作這道料理，並在蒸蛋表面放了一勺魚子醬和一點檸檬皮收尾。茶碗蒸日文的原意是「茶杯」，也就是這道料理的上桌容器。夏季則會提供清爽的冷藏版本。通常，每杯茶碗蒸需要 200 毫升的高湯和 1 個雞蛋。

龍蒿、韭蔥與酸奶油 〔TARRAGON, LEEK & SOUR CREAM〕

在鹹味餡塔中，龍蒿和酸奶油是夏日時節一對美妙的風味組合。就像英國兒童文學作家亞瑟・蘭斯（Arthur Ransome）筆下《燕子與鸚鵡》（*Swallows and Amazons*）書中的絕配：亞馬遜隊的南希與佩吉（Nancy and Peggy）一樣，龍蒿和酸奶油也是一對很酷的組合，而且它們特有的風味也足以平衡豌豆、韭蔥、蘆筍或螃蟹所帶來的甜膩味道。如果你沒有酸奶油或法式酸奶，或者對牛奶的耐受度不佳，那麼山羊乳鮮奶油也是龍蒿另一個絕佳的對味搭檔。下一個天氣晴朗陽光明媚的日子，當你寧可外出野餐也不願待在溫暖廚房中與酥皮糕點奮戰時，一定要做一個沒有派皮外殼的龍蒿韭蔥酸奶油鹹派試試看。無派皮外殼的法式鹹派冷卻後，就堅硬得足以分切成片了。兩枝韭蔥切段，用一點奶油炒軟。同時，在一個廣口壺中放入 2 個雞蛋、250 毫升酸奶油、2 茶匙切碎龍蒿和少許鹽（不需要加熱混合物）攪打均勻。在一個直徑 20 公分的圓形防水塔模中撒上炒軟的韭蔥和一把新鮮豌豆。將攪打均勻的卡士達醬全部倒在蔬菜上（如果你願意也可以過篩），然後以 140℃ 烘烤，直到卡士達醬剛剛凝固就可以了，操作時間大約需要 35 分鐘。趕快找個河岸或圓環的草地，趁著法式鹹派還溫熱的時候好好享用，或者也可以加一道以迷你蘿蔓葉、小蘿蔔及檸檬醬汁拌成的冷沙拉一起享用。

優格（YOGURT）

優格可以取代卡士達醬中一部分或全部的乳製品，但要慎用脂肪含量超低的優格，因為質地過於稀薄的低脂優格無法產生很好的凝固效果。你可以使用普通的老式希臘優格代替牛奶來製作蛋塔，用一點香草和檸檬皮來調味，成品

效果非常類似沒有餅乾基底的乳酪蛋糕。這裡用的食譜是英國夫妻檔名廚莎曼珊與山謬・克拉克（Sam and Sam Clark）食譜的微調版。無需將優格加熱，就直接將 350 克希臘優格（不是低脂）與 3 個蛋黃、50 克砂糖、1 湯匙中筋麵粉、1 茶匙香草糊以及各 1 顆精細刨碎的檸檬皮和柳橙皮攪拌均勻。在另一個碗中，將 3 個蛋白攪打至乾性發泡，然後加入 25 克砂糖，持續攪打直至蛋白霜出現光澤為止。將蛋白霜以翻拌的方式拌入優格混合物中，再倒入直徑 25 公分的圓形防水塔模。運用水浴法以 180°C 烘烤 20 分鐘後取出，撒上少量切碎的開心果，送回烤箱再烤 20 分鐘，直到表面呈現出金黃色為止。立即將烤模從水中取出，冷卻後冷藏並搭配時令水果享用。

蛋塔→其他應用

灑上葛黎耶和乳酪的洋蔥百里香塔
（ONION & THYME TART WITH GRUYÈRE）

海膽（SEA URCHINS）

內部填滿美味卡士達醬餡
再加以烘烤。

史密斯的醋栗蛋塔
（DELIA SMITH'S GOOSEBERRY
TART）

運用一種由法式酸奶油與少量
巴薩米克香醋做成的卡士達醬
所製成的蛋塔。

椰子卡士達醬派
（COCONUT CUSTARD PIE）

這裡用的卡士達醬是以加糖椰子、
椰奶、蛋黃、糖和香草製成。

黑底派
（BLACK-BOTTOM PIE）

在餅乾基底上疊放一層巧克力
卡士達醬、蘭姆酒巧克力、鮮
奶油霜以及磨碎的巧克力。

白脫乳派
（BUTTERMILK PIES）

這種卡士達醬是以白脫乳取代牛
奶或鮮奶油所製成。佐配藍莓醬
享用。

礁島萊姆派
（KEY LIME PIE）

是以濃縮牛奶、雞蛋、萊姆皮
與萊姆果汁製成的卡士達醬與
餅乾基底製成。

焦糖布丁（Crème Caramel）

　　用於焦糖布丁與蛋塔中的卡士達醬幾乎毫無差異，兩者都是用全蛋和牛奶製成的。不過我們的焦糖布丁每 500 毫升牛奶就使用了 4 個（而不是 3 個）雞蛋，來確保倒扣脫模時，布丁質地的軟硬度足以支撐其自身重量。在一些現代食譜中，則會運用鮮奶油替換部分的牛奶，並用蛋黃取代一些全蛋，好讓布丁呈現更奢華的質地。

此一基礎食譜可以製作 6 個 150 至 175 毫升小烤模或小圓杯的焦糖布丁。[A]

食材
500 毫升牛奶 [B]
1 枝香草豆莢 [C]
4 個雞蛋 [D]
4 湯匙（60 克）糖 [E]

製作焦糖食材
120 克砂糖
2 湯匙開水

1. 將糖和開水放入厚底鍋，以中火加熱來製作焦糖。要目不轉睛地看著鍋子，在糖漿開始變色時規律地攪拌幾下。
2. 當糖漿變成磚紅色時，立即倒入小烤模中，旋轉烤模好讓糖漿均勻地覆滿容器底部。將含有焦糖底層的小烤模移到一個大烤盤或類似的大容器中，置於一旁備用。
   不要試圖倒入太多焦糖，因為過多焦糖只會沾黏在烤模底部。剩餘的焦糖可以加入幾湯匙溫水攪拌均勻，留著備用。
3. 牛奶倒入平底鍋中。切開香草豆莢，將香草籽刮入牛奶裡。豆莢也一起放入，以中火加熱至即將沸騰時，立刻將鍋子從火源上移開，靜置浸泡 10 分鐘至 1 小時讓香料出味，再取出豆莢。
4. 重新加熱牛奶，直到它開始沸騰起泡。

5. 將雞蛋和糖放入耐熱碗中一起攪打。

   若不馬上攪打，就不要將雞蛋和糖放在一起太久，否則蛋黃會開始凝結成塊。

6. 溫熱的牛奶慢慢攪入雞蛋混合物中。

475

7. 卡士達醬過篩倒入壺中，然後分別倒入小烤模。

8. 大烤盤中加入足夠的熱自來水，水深須至小烤模側面一半的高度，然後在大烤盤表面鬆鬆地蓋上一張鋁箔紙。

   鋁箔將防止卡士達醬表面的顏色過深並變厚。

9. 以 140°C 烘烤。30 分鐘後取下鋁箔，檢查一下布丁凝固的狀況。持續地檢查，直到它們幾乎完全凝固而中心會稍微晃動就可以了。

10. 大烤盤從烤箱移出，並小心地將小烤模從水中取出。如果可能，放在鐵架上冷卻，然後冷藏。

11. 用一把鋒利的刀子沿著烤模邊緣畫一圈，倒扣在盤子上，就可上桌享用。

    如果焦糖似乎卡在底部，就將布丁烤模放進裝了 2 至 3 公釐深沸水的烤盤中，放置 1 分鐘即可讓焦糖脫模。

舉一反三

A. 運用容量 1 公升的大碗來製作一個大焦糖布丁。嘗試找到一個碗口夠寬的大碗來裝卡士達醬，不過碗的高度不要超過 5 公分。烘烤時間約 1 小時，烘烤 50 分鐘後開始檢查布丁是否已經烤好。

B. 有些人會以比例 1：1 將牛奶與鮮奶油混合使用，以增加卡士達醬的濃郁度。還可以使用椰奶而非加入牛奶，不過椰奶會讓你的布丁呈現出一種憂鬱的灰色。

C. 其他固體香料如肉桂棒或八角也可以運用同樣的方式浸入牛奶中調味。如果使用的是天然香草精（或任何其他液體調味劑），請跳過步驟 3，在步驟 6 結束時加入液體調味劑，從 1 茶匙開始慢慢添加。現磨的肉荳蔻也在此時加入。如果需要，還可以多加點糖，這個階段的卡士達醬仍然溫熱，足以將多加入的糖溶解。

D. 可以用 2 個蛋黃取代 1 個全蛋，以獲得更滑順的質地。

E. 此基礎食譜所列的 60 克糖，是適度的使用量。許多食譜——特別是最近的食譜——會將糖的用量加倍。

焦糖布丁→風味與變化

月桂葉（**BAY LEAF**）

　　月桂葉曾是運用於卡士達醬中的一種標準調味劑，近年來月桂葉在某種程度上也恢復了從前的地位。英國烹飪作家伊麗莎白·大衛認為月桂的味道就像香草與肉荳蔻綜合的味道——這兩種香料都是標準的卡士達醬調味劑——所以一九二九年版的《家庭與花園》（*Homes & Gardens*）雜誌中建議，將少量月桂葉與白蘭地混合，能讓你的卡士達醬呈現出蛋酒般的質感。傳統上月桂葉會用在已加了檸檬或柳橙皮調味的卡士達醬中。使用刨刀刨下 3 片檸檬皮或柳橙皮（如果是上過蠟的水果，要擦洗乾淨），將檸檬皮或柳橙皮、3 片新鮮月桂葉（或 5 片乾燥月桂葉）和 500 毫升的牛奶放入鍋中，加熱煮沸後靜置浸泡約 30 分鐘讓香料出味。其他與月桂對味的經典組合包括苦杏仁和紅糖或肉桂。如果要用肉桂，那就找些柴桂（tejpat），也稱為印度月桂葉。它與歐洲月桂葉雖然毫無關係，但顏色和形狀相似，而且也具有明顯的肉桂味。當我打開包裝並吸入其香氣時，立刻想到的是烤好的熱十字麵包（hot cross buns）。

咖啡（**COFFEE**）

　　美國連鎖漢堡潮店 The Shake Shack 有時會供應一種內嵌著甜甜圈碎塊的咖啡布丁。對我來說這道甜點太過濃膩了，不過這是一個有趣的想法。在我看來，咖啡的苦味與複雜性，使其成為最令人滿意的，也就是說最不單調的卡士達醬調味劑之一。儘管即溶咖啡沖在杯子中的味道令人不敢恭維，但用於卡士達醬中的效果就非常好。在步驟 3 結束時加入 1 湯匙即溶咖啡於熱牛奶中，同時檢查咖啡味道的強度和甜度。另一方面，美國美食作家理查德·奧爾尼（Richard Olney）使用「非常濃烈、新鮮製作滴咖啡」來製作他的焦糖布丁。滴咖啡與牛奶以 1：1 比例混合，並按照我們的基礎食譜操作，使用 $1/2$ 個香草豆莢或 $1/2$ 茶匙天然香草精來調味都可以。

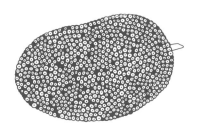

菠蘿蜜（**JACKFRUIT**）

在東南亞，未成熟的菠蘿蜜果實就像芒果和木瓜一樣，也被用於鹹味菜餚中。如果有機會長大成熟的波蘿蜜，其質地不但具有強韌的嚼勁，並散發著一種塑膠調味罐中老式帕瑪森乳酪粉（Parmesan）的氣味，而且還帶著包捲芒果片的法國拜雍火腿（Bayonne ham）的味道。通常用椰奶將菠蘿蜜煮熟，然後壓成糊狀，這種方式壓制了波蘿蜜的野味，使其成為一種受歡迎的卡士達醬調味劑。澳洲名廚大衛·湯普森（David Thompson）聞名的倒扣菠蘿蜜布丁並非淋上焦糖醬做為裝飾，而是將菠蘿蜜的種子煮熟切片，再加上現磨新鮮椰子與油炸香蕉餡餅一起搭配享用。

柳橙（**ORANGE**）

在法國和西班牙，以橙汁取代牛奶或鮮奶油來製作杯裝烤布丁的狀況並不罕見。遵循焦糖布丁的製作方法，省去香草並將糖的用量加倍來製作就可以了。糖除了能讓果汁變甜也增加了布丁本身的體積。焦糖和柳橙這對組合不但易於準備，同時也讓布丁擁有一種同時包含了苦味、酸味與甜味讓人心滿意足的複雜風味。英國名廚西蒙·霍普金森（Simon Hopkinson）製作柳橙焦糖布丁的方式則較不尋常，他先運用食物處理機快速調理細心刨下的 4 個大柳橙皮以及 5 湯匙糖，然後放入牛奶中加熱煮沸，並浸泡 1 小時讓柳橙皮出味。柳橙皮會釋放出豐富的柳橙精油，這樣一來布丁就會帶著一股豪放正宗的柳橙風味。

橙花露（**ORANGE FLOWER WATE**）

根據美國詩人詹姆斯·麥瑞爾（James Merrill）的說法，美國作家格楚德·斯坦（Gertrude Stein）的情人愛麗絲·托克拉斯（Alice B. Toklas）擁有一道「像黃昏時的中提琴」般的聲音。她還做出一道出色的焦糖布丁（crème renversée，這是焦糖布丁的另一個法文名稱）。托克拉斯的方法是用三花淡奶一類的奶水（evaporated milk）來製作卡士達醬，並且以橙花露調味。據說這

款焦糖布丁佐配巧克力醬的滋味特別可口。一個世紀前,英國美食作家伊麗莎·阿克頓(Eliza Acton)將這款布丁名稱中無意義的「鮮奶油」(crème)字眼去掉,直接稱這道甜點為法式卡士達醬(French custard),並在牛奶中加入幾片橙花花瓣浸泡。她說:「與蒸餾出的橙花露比起來,效果非常卓越。」我倒希望她對著格楚德當面這樣說。在缺乏花朵的情況下,就在 500 毫升的牛奶中加入 2 茶匙橙花露吧。

七葉蘭(PANDAN)

七葉蘭是東南亞用於蒸蛋料理中的一種常用調味品。未調理過的生七葉蘭聞起來有股驚人的阿摩尼亞(ammonia)味道,但加熱後就會釋放出與煮熟印度香米(basmati rice)味道相同的風味化合物了。新鮮的七葉蘭葉沒有瓶裝的七葉蘭精華露那麼普遍,在亞洲超市都能找得到有著龍膽般顏色的七葉蘭精華露。七葉蘭也經常與椰子搭配運用,這種組合的味道就像新鮮出爐的椰子蛋糕。500 毫升全脂椰奶(標準罐裝椰奶為 400 毫升)需使用 4 片七葉蘭的葉子,用叉子耙出葉片的油脂。雖然七葉蘭的味道可以與焦糖的風味完美配合,但最正宗的做法還是只單純將卡士達醬倒入杯子或小模子中蒸煮,蓋上蓋子,入鍋 20 分鐘後開啟檢查蒸蛋是否凝固。

法國蘇特恩白葡萄甜酒(SAUTERNES)

奈潔拉·勞森將她在 Quaglino's 餐廳吃到的蘇特恩白葡萄甜酒布丁,挑選為她十二年來身為餐館評論家所品嚐過滋味最好的料理之一。這道甜點以焦糖布丁的形式出現,搭配浸漬過亞瑪克干邑的李子上桌。採用我們的基礎食譜也可以做出類似的點心,只是需將牛奶換成 150 毫升蘇特恩白葡萄甜酒和 350 毫升打發用鮮奶油,並將 2 個雞蛋改成 4 個蛋黃,同時多加入 1 湯匙的糖就可以了。蘇特恩白葡萄甜酒需與鮮奶油分開加熱,並先將熱葡萄酒與雞蛋攪打均勻後再拌入鮮奶油。蘇特恩白葡萄甜酒還有另一種層次的風味變化,請參考《食物與烹飪的國際辭典》(*the International Dictionary of Food and Cooking*)「蛋奶醬」(*crème bachique*)章節中的入門點心:一道用蘇特恩白葡萄甜酒和肉桂調味的卡士達醬。

法式烤布蕾（Crème Brûlée）

　　這可是卡士達醬系列的產品之王啊。蛋黃與鮮奶油的結合產生了法式烤布蕾的美妙質地。500 毫升鮮奶油只需使用 4 個蛋黃，所以凝固的卡士達醬滑順鬆軟，因而無法將它倒扣在盤子上。法式烤布蕾卡士達醬的製作方法與焦糖布丁卡士達醬的製作方法相同，也使用下列相同的材料，並遵循英式蛋奶醬的作法（請參考 570 頁）操作，不過與焦糖布丁不同的是，法式烤布蕾卡士達醬可以直接在爐火上完成烹調。我比較喜歡運用烤箱來製作法式烤布蕾，這種方法不易過熱也不會烤過頭。如果沒有表面那層脆焦糖，其實它就是一道烤布丁杯（Petits Pots de Crème）了，這道甜點通常放在精緻典雅的骨瓷碗中上桌，至少在餐館裡是這樣。

此一基礎食譜適用於 4 個單人份法式烤布蕾淺碟，或 4 個 150 至 175 毫升烤模。[A]

食材
500 毫升高脂鮮奶油 [B]

1 個香草豆莢 [C]

4 個蛋黃

4 湯匙（60 克）糖 [D]

鹽少許

製作表面脆焦糖的砂糖

1. 鮮奶油倒入平底鍋。切開香草豆莢，將香草籽刮入牛奶中。豆莢也一起放入，然後將鮮奶油以中火加熱，即將沸騰時把鍋子從火源上移開，靜置 10 分鐘至 1 小時讓香料出味，再取出豆莢。
2. 重新加熱鮮奶油，直到它開始沸騰起泡。
3. 蛋黃、糖和鹽放入耐熱碗中一起攪打。
   若不馬上攪打，別將雞蛋和糖放在一起太久，否則蛋黃會開始凝結成塊。
4. 溫熱的鮮奶油慢慢攪入蛋黃混合物中。
5. 將烤布蕾淺碟或小烤模放入大型烤盤或類似的容器中。卡士達醬篩入廣口壺中，然後分別倒入烤布蕾淺碟或小烤模中。在大烤盤中加入足夠的熱自

來水，水深須至小烤模側面一半的高度 ^E。

6. 以 140°C 烘烤。烘烤 20 分鐘後，開始檢查烤布蕾淺碟中卡士達醬凝固的狀態，若用的是小烤模，則 30 分鐘後再開始檢查。

卡士達醬呈現幾乎完全凝固而中心會稍微晃動的狀態就表示烤好了。立刻將烤布蕾淺碟從熱水中移出並靜置冷卻。如果可能，最好放在鐵架上冷卻。

7. 一旦冷卻，就放入冰箱冷藏。

表面蓋好蓋子，它們可以在冰箱中冷藏保存幾天。

8. 在每個烤布蕾表面薄薄撒上一砂糖，並用噴槍噴燒一下表層砂糖。或者將它們放在熱烤架下靠近火源的地方，必須保持警惕的盯著。完成後重新放回冰箱冷藏直到可以上桌為止。

舉一反三

A. 一個簡單的經驗法則：每 125 毫升奶油需使用 1 個蛋黃和 1 湯匙糖。 如果你製作的是一個大型的烤布蕾，要注意的是，這個食譜的分量適用於 1 公升的容器，烘烤時間約 40 分鐘才能烤熟。

B. 可以用牛奶取代一些鮮奶油，牛奶與鮮奶油 1:1 是常見的混合比例，效果也很好。不過烘烤時要注意的是，鮮奶油用量過少的話，卡士達醬就會缺乏應有的奢華質感。

C. 可以使用其他固體香料來替換香草豆莢。如果用的是天然香草精（1 至 2 茶匙）或任何其他液體調味劑，請在步驟 4 結束時將調味劑拌入。要小心的是，加入過多液體會破壞卡士達醬軟滑的凝結度。

D. 也可以自行加減糖的使用量。我發現每個烤布蕾使用 2 茶匙到 1 湯匙之間的糖量最為理想。

E. 侯布雄不使用水浴法，而是將他的烤布蕾直接放入烤箱以 110°C 烘烤 45 分鐘。他還運用冷藏入味法，在加了糖的打發用鮮奶油與牛奶中放入 4 枝香草豆莢，然後移入冰箱冷藏過夜——如果你真的很討厭清洗牛奶鍋，這無非是個好辦法。

法式烤布蕾→風味與變化

香蕉（BANANA）

香蕉與卡士達醬的結合是一種英國式的經典營養組合。另一方面來看，使用香蕉為絲綢般柔滑的烤布蕾調味，就讓它的風味提升了一級。使用香蕉的效果絕佳，因為香蕉本身具有的熱帶芬芳花香氣息，與香草風味有很多共同之處。香草本身的風味原本就極度適合所有的卡士達醬製品，尤其是用在法式烤布蕾上。成熟甚至過熟的香蕉能帶來最好的效果，因為此種狀態的香蕉會產生濃郁且複雜的風味。要記住的是，香蕉的一些甜味也會融入鮮奶油中，所以可能要小心地控制任何額外添加的糖量。按照基礎食譜操作，省去香草。在步驟1中將香蕉切片當作固體香料般放入鮮奶油中，然後嚐嚐味道以檢查鮮奶油入味的狀況，1根香蕉最多只能調味1公升牛奶，使用2根香蕉調味就會產生濃郁且快速入味的效果。當卡士達醬嚐起來滋味美妙且帶著香蕉味後，就可過濾然後按照食譜繼續操作了。

白蘭地亞歷山大雞尾酒（BRANDY ALEXANDER）

白蘭地亞歷山大是以干邑白蘭地、可可利口酒（crème de cacao）與鮮奶油調製的一款香甜黏稠的雞尾酒，也是約翰·藍儂（John Lennon）和哈里·尼爾森（Harry Nilsson）在一九七三年至七五年間，那段持續了十八個月臭名昭彰「迷失的週末」（lost weekend）中的主要飲料。天曉得藍儂如何維持如此纖瘦的身材？這東西若持續喝上一週，我看起來就會與福相的凱斯媽媽（Mama Cass）一樣啦。就在藍儂和尼爾森狂歡其間，愛爾蘭的吉爾比公司（Gilbeys）推出了貝禮詩愛爾蘭甜奶酒（Baileys Irish Cream），這款奶酒與白蘭地亞歷山大雞尾酒幾乎是相同的東西，只不過是以愛爾蘭威士忌取代白蘭地罷了。順便說一句，可可利口酒的味道有點像沒有咖啡味的瑪利亞咖啡利口酒（Tia Maria）。使用相當分量鮮奶油調製的各種雞尾酒，都很適合做為法式烤布蕾

的調味劑，而只加了牛奶的雞尾酒，對懷念著在彩虹餐廳度過夜晚的藍儂與尼爾森的人來說，就是一種褻瀆吧。在步驟4結束時，將2湯匙干邑白蘭地、1湯匙可可利口酒和 1/2 茶匙新鮮現磨肉荳蔻粉加入卡士達醬混合物中。

印度茶香料（CHAI SPICE）

印度茶香料中主要的香料是肉桂、荳蔻和丁香，不過你也可以在攪拌機中加入八角、洋茴香籽、黑胡椒和／或番紅花等等香料，這些香料混合在一起將產生出更複雜且更令人愉悅的風味。印度茶香料卡士達醬非常適合製作成沒有脆焦糖表層的烤布丁盅，若像印度節慶活動中常見以印度牛奶燉米布丁（kheer）和其他牛奶製作的布丁般，再搭配些銀色或金色小葉子做裝飾，那成果看起來就更加令人賞心悅目了。煉乳可以替代其中一些鮮奶油或牛奶，不過加入任何額外分量的糖之前，需先檢查甜度。將10公分長的肉桂棒、2個壓碎小荳蔻莢以及3顆丁香放入500毫升鮮奶油／牛奶中浸泡出味，直到鮮奶油／牛奶達到所需的風味強度。將混合物過濾後從步驟2開始操作。

肉桂（CINNAMON）

在香草變得容易買到之前，英國人喜歡用肉桂來調味卡士達醬。西班牙人和葡萄牙人則至今都仍然以肉桂為卡士達醬調味，無論是否增添柑橘皮調味，他們大多數的蛋塔仍然都是肉桂風味。葡萄牙著名的葡式蛋撻（pastéis de nata）與西班牙加泰隆尼亞焦糖布丁（crema catalana）一樣，都是用肉桂和檸檬來調味，不過後者也有肉桂和柳橙調味的版本。加泰隆尼亞焦糖布丁與法式烤布蕾基本上被認為是兩種相似的點心。根據當前的食譜來判斷可能的確如此，但這看法卻不適用於許多較古老的食譜，例如一份由文化人類學家暨美食作家克勞蒂亞・羅登（Claudia Roden）在加泰隆尼亞烹飪基金會（the Fundació Institut Català de la Cucina）所傳承下來的食譜，其中記載著運用牛奶而非鮮奶油所製成的卡士達醬，且其中還添加了玉米粉。不過相較於十八世紀英國烹飪作家漢娜・格拉斯（Hannah Glasse）所提出的食譜，這個混合了香料與柑橘的伊比利風味卡士達醬，還算是基本風味的烤布蕾了。因為格拉斯版本的卡士達醬全部以鮮奶油製作，並加入肉桂、肉荳蔻皮粉（mace）、肉荳蔻、橙花露、玫瑰露和西班牙雪莉酒（sack）等等調味劑來調味。在一八〇六年出版的《家庭料理新系列》（*New System of Domestic Cookery*）中，英國作家榮道爾夫人（Mrs Rundell）則在肉桂與肉荳蔻風味基底中再加入月桂葉，並用桃子水和白

蘭地或杏仁風味利口酒（ratafia）來完成卡士達醬的調味。要製作一個肉桂風味的卡士達醬，就在步驟 1 中將 2 根 10 公分肉桂棒或 1 茶匙肉桂粉加入 500 毫升鮮奶油／牛奶浸泡出味。

薑（GINGER）

在卡士達醬中混合使用不同的薑類產品來調味，可以讓成品的風味具有層次感。鮮薑具有清爽如柑橘般的特性（順便提一下，奧地利裔美國名廚沃爾夫岡・帕克〔Wolfgang Puck〕在他的薑味法式烤布蕾中，唯一使用到的薑類產品就是鮮薑）。帕克的作法是在 500 毫升鮮奶油中放入 2 片新鮮薑片，並加熱浸泡 15 分鐘。含有糖份的糖漬薑（stem ginger）則帶著糖果的甜味和非常輕微的肥皂氣息。2 至 3 塊的糖漬薑切片後搗碎可以加速味道的釋放。單獨只使用薑粉調味的話，做出來的卡士達醬會帶著令人不快的乾燥辛辣風味，但是若在使用了鮮薑或糖漬薑調味的烤布蕾中，多加 1/4 至 1/2 茶匙的薑粉，就能更強化其中的薑味了。還有一種作法是運用少量的混合香料調味，做出的卡士達醬味道則更類似於薑餅的風味。法國名廚菲利普・強森（Philip Johnson）則以南瓜乳酪蛋糕與楓糖冰淇淋來搭配冰的薑味卡士達醬，真是一場卡士達醬甜品的盛宴呀。還可以考慮使用紅糖來製作薑味烤布蕾，不過需邊加糖邊嚐味，因為這種風味烤布蕾的糖用量，可能比你所習慣的香草風味卡士達醬還要多一些。

蘭姆酒（RUM）

德國有一種蛋糕稱為奶油蘋果蛋糕（Rahmapfelkuchen），其實就是在混了葡萄乾和蘋果片的蛋糕麵糊上，加入蘭姆酒調味的卡士達醬一起烤製而成的簡單蛋糕。對我來說這是款聽起來很不錯的蛋糕，不過請省去葡萄乾吧；這些葡萄乾對蘭姆酒卡士達醬來說，就像飛蛾之於蘇格蘭高地那樣令人厭煩。小時候，我真的受夠了從和路雪牌（Wall's）蘭姆葡萄口味冰淇淋中將葡萄乾一顆顆挑出來的感覺，於是我做了一件任何小孩都應該不會做的事：從此拒吃冰淇淋。在味蕾上旋上一小杯黑蘭姆酒，你就會明白帶著香草、烤咖啡、橙皮、香蕉、肉荳蔻和焦糖味道的蘭姆酒，與卡士達醬是多麼天然的對味組合了。我一直想做一個蘭姆酒焦糖布蕾，也準備好了所有鮮奶油和蛋黃，卻發現我的高斯林黑海豹蘭姆酒（Gosling's Black Seal）神祕見底了。高斯林黑海豹蘭姆酒是一種百慕達黑蘭姆酒，它的風味深沉而香甜，彷如禮品店中所出售的乳脂軟糖。我手上唯一分量還足夠可用的是半瓶奇峰蘭姆酒（Mount Gay），這款金

色的巴貝多蘭姆酒聞起來像是浸泡在煙燻單一麥芽中的杏桃。日落時分，在一艘八十五英尺長帆船的楓木樹瘤甲板上，啜飲著一杯混合了冰蘇打水和少量萊姆汁的奇峰蘭姆酒，才真是天堂般的享受啊。但要怎麼處理才能將奇峰蘭姆酒融入卡士達醬中呢？我決定在奇峰蘭姆酒調味過的卡士達醬中，再多浸入半根香草豆莢和一根粗肉桂棒來強化蘭姆酒的味道，好讓卡士達醬呈現黑蘭姆酒般的深沉辛香味。在酥脆焦糖表層下的布蕾，嚐起來的味道就像一杯蘭姆酒可樂漂浮雞尾酒（rum-and-coke float）。令人高興又不安的是，蒼白的卡士達醬掩護著蘭姆酒的深沉風味——這就是個有著海盜般黑心的修女啊。500 毫升鮮奶油需使用 3 湯匙蘭姆酒。

草莓（**STRAWBERRY**）

　　加了紅色莓果果泥的卡士達醬，會呈現出一種令人很沮喪的顏色。若期待看到如學校供應的草莓卡士達醬那種芭比娃娃粉紅，或是廉價冰淇淋那種柔美粉紅色澤的人，都會感到震驚無比。因為真正草莓卡士達醬的顏色，更近似於高檔塗料製造商稱之為登革熱紅（Dengue Flush）的一種顏色。或者像是墓碑玫瑰（Gravestone Rose）的顏色。只要幾滴胭脂紅或紅色食用色素就能輕易討好眼睛了。如果你無法忍受使用假的顏色，那就這樣想吧：真材實料草莓卡士達醬的風味，其實仍然美味可口得很粉紅，那種使用鮮奶油調製的草莓卡士達醬滋味尤佳。用這款草莓卡士達醬製作烤布蕾，嚐起來就像放學後的草莓優格點心。首先，250 克新鮮的去蒂草莓搗成泥狀並壓榨過濾，然後量出 200 毫升的草莓糊。將 3 湯匙糖加入 4 個蛋黃中攪打均勻，拌入 300 毫升高脂鮮奶油，再加入草莓糊。攪拌均勻的草莓卡士達醬分裝在 4 個小烤模中，從基礎食譜的第 5 步開始操作。烤好的卡士達醬應該是剛剛好凝固且中心點會稍微晃動。冷卻及冷藏後，表面再做出一層脆焦糖享用，或直接放上一些鮮奶油霜享用也可以。

重乳脂鮮奶油（**TRIPLE CRÈME**）

在卡士達醬中添加香草，就能輕易主宰卡士達醬的整體風味。不過我想做一些只純粹呈現鮮奶油風味的東西，而不是像牛奶花冰淇淋（fior di latte ice cream）這類只有牛奶味道的東西。我記得在康沃爾郡的童年假期中，有種淡黃色的凝脂奶油就很適合用來製作我的鮮奶油小杯（petits pots de crème），那是一種濃郁且幾乎讓人欲罷不能的美味。然而，奇怪的是，現在超市裡買到的凝脂奶油幾乎已失去那樣的味道，可能是因為現在的凝脂奶油都經過巴氏消毒法處理，而童年記憶中那種毫不精緻，還帶著微生物的鮮奶油，則無需經過這道處理程序。儘管如此，市售凝脂奶油仍然有一種令人愉快的堅果及慢燉後的芳香，我認為還可以藉著法式酸奶油來增強這樣的味道。法式酸奶油是在脂肪含量至少30%的牛奶鮮奶油中加入細菌，並在溫暖的溫度下放置約12至16小時所製成，在這個過程中，它的質地逐漸變稠並形成一種獨特的風味。就像可以在牛奶中加入少量活菌優格來製作新鮮優格一樣，你也可以將少量的活菌優格加到高脂鮮奶油或打發用鮮奶油中，製作出法式酸奶油。然後再將這兩種不同的鮮奶油製品加到第三種鮮奶油——一種有機的優質高脂鮮奶油中。按照基礎食譜操作，在50克凝脂奶油、100克法式酸奶油以及350毫升高脂鮮奶油中加入4湯匙金砂糖（golden caster sugar）後稍微加熱。結果就會產生一種近乎理想的完美鮮奶油風味：這可是一九八二年時期卡格維斯茶館（Cadgwith tea rooms）的味道啊。

英式蛋奶醬（Crème Anglaise）

　　這款蛋奶醬又名卡士達醬。我在這裡直接以法文的英式蛋奶醬（Crème Anglaise）來稱呼，以便和其他卡士達醬類的產品區別。和法式烤布蕾比較起來，英式蛋奶醬多了一點蛋黃和糖，每 100 毫升牛奶／鮮奶油需含 1 個蛋黃和 1 湯匙糖。也可以使用全蛋製作成較具泡沫感，也就是一種不太像卡士達醬的醬料。加入麵粉或玉米粉製作而失去絲綢般光滑感的英式蛋奶醬也是同樣的狀況。多加入的澱粉就意味著製作過程中對熱度無需過度警惕了，在步驟 3 中省去 1 個蛋黃並加入 2 茶匙玉米粉攪拌均勻。

此一基礎食譜可以製作出 575 毫升的英式蛋奶醬，能夠提供 4 到 6 人使用。[A]

食材
500 毫升牛奶 [B]
1 枝香草豆莢 [C]
5 個蛋黃 [DE]
5 湯匙（75 克）糖 [F]
鹽少許

1. 將牛奶倒入平底鍋。切開香草豆莢，香草籽刮入牛奶中。豆莢也一起放進牛奶，以中火加熱至即將沸騰時將鍋子從火源上移開，並靜置浸泡 10 分鐘至 1 小時，再取出豆莢。
2. 重新加熱牛奶，直到它開始沸騰起泡。
3. 將蛋黃、糖和少許鹽放入耐熱碗中一起攪打。
   若不馬上攪打，就不要將雞蛋和糖放在一起太久，否則蛋黃會開始凝結出小碎塊。
4. 將溫熱的牛奶慢慢攪入蛋黃混合物，然後倒入一個乾淨的平底鍋中。
5. 以中小火加熱卡士達醬。持續不停地攪拌，注意不要讓它沸騰，直到卡士達醬濃稠到足以黏覆在勺子的背面。
   如果你的爐火過於猛烈，請使用雙層鍋隔水加熱，或爐子上再放一個散熱鐵架。英式蛋奶醬變濃稠所需的時間取決於你所使用的平底鍋以及爐火的

熱度。這個分量約需加熱 10 分鐘。保持如貓一樣的耐心和警惕吧。

6. 煮好的蛋奶醬篩入廣口壺。趁熱或冷藏後使用都可以。
485
    用保鮮膜、防油紙或烤盤紙覆蓋其上，以防止表面形成薄膜。

舉一反三

A. 用剩的英式蛋奶醬可以做為冰淇淋、巧克力奶油杯、巴伐利亞奶油醬以及鮮奶油果泥的基礎醬料，所以做再多的英式蛋奶醬都不為過。直接輕鬆按食譜用量的比例擴大分量就可以了，每 100 毫升牛奶使用 1 個蛋黃和 1 湯匙糖。

B. 為了增加醬料的濃郁度，可以用鮮奶油取代一些或所有牛奶。不過要記住的是，濃郁並不總是更好。許多廚師則以 1：1 比例混合牛奶和鮮奶油來製作英式蛋奶醬。請注意，香草本身就會產生濃郁的效果，尤其是使用豆莢的效果更明顯。

C. 如果使用的是天然香草精（1 至 2 茶匙）或任何其他液體調味劑，那就跳過步驟 1，並在步驟 6 將它們拌入廣口壺裡的蛋奶醬中。

D. 若想讓蛋奶醬的質地更飽滿、顏色更濃黃，就多加些蛋黃。

E. 如果雞蛋不夠，就用 1 個全蛋替代 2 個蛋黃，但要記住的是，成品會較具泡沫感。可以使用玉米粉代替雞蛋製作成無蛋卡士達醬，卡士達醬粉就是由玉米粉、色素和香草調味劑所組成的。

F. 至於蛋奶醬的甜度，這就是個人口味的問題了。我自己試過各種甜度，從每 500 毫升牛奶加入 30 克糖到 150 克的糖都有。

英式蛋奶醬→風味與變化

骨髓（BONE MARROW）

　　這是餐館老闆最愛的風味。位於紐約西村的靈魂（Dell' anima）餐廳，他們將骨髓卡士達醬塗抹在義大利香烤麵包片（bruschetta）上，然後灑上義式三味醬（gremolata）享用。義式三味醬是由檸檬、大蒜和荷蘭芹組成的配菜，通常用來搭配那道著名的「有洞骨頭」（bone-with-a-hole）料理：燉牛膝（osso buco）。由於骨髓略帶點肉味，所以有些廚師用它來豐富甜點的滋味，例如在香草風味的蛋塔中添加一點骨髓。無論是用於甜味還是鹹味料理，先將 1 公斤乾淨的切片小牛腿骨或牛腿骨，浸泡在冷鹽水中半天。然後撈出骨頭轉移到平底深鍋中，鍋中倒入足以覆蓋骨頭的新鮮冷水煮沸，之後再以小火慢燉約 20 分鐘，或以 230°C 烘烤 15 至 25 分鐘也可以。當牛骨冷卻到可以處理時，將骨髓從骨頭中取出。這個分量的骨頭應該至少產生 50 至 60 克的骨髓，足以調味或豐富一份 500 毫升牛奶製成的卡士達醬了。要趁骨髓仍然很熱的時候攪打入卡士達醬中。剩餘的骨髓都可以在冰箱中冷凍保存。

卡爾瓦多斯蘋果白蘭地（CALVADOS）

　　卡爾瓦多斯蘋果白蘭地中那種蘋果與水果乾的氣息，就是德勞內餐廳（The Delaunay）所供應那道卡士達醬的固有味道，它還搭配了一種稱為蘋果柴堆（Scheiterhaufen）的德奧麵包布丁一起享用。這個布丁的德文名稱大致翻譯就是：為焚燒被判處死刑的女性所架構的柴堆或火刑柱。我擔心的是，如果對這個名稱聽起來像排泄物，並且還歌頌著焚燒無辜巫醫的第三道甜點感到猶豫遲疑的人，恐怕就會錯過這道美食了。若在維也納點了這道點心，就會得到某種非常類似英國麵包奶油布丁的東西，通常還會搭配新鮮水果享用，蘋果片就是很常見的搭配水果。卡爾瓦多斯蘋果白蘭地卡士達醬也非常適合用來搭配百果餡派、耶誕布丁，或者也可以製成冰淇淋，並搭配諾曼地蕎麥可麗餅（請參考 143 頁）以及奶油炸蘋果片一起享用。將 2 湯匙卡爾瓦多斯蘋果白蘭地均勻拌入由 500 毫升牛奶或鮮奶油製成的卡士達醬中。

焦糖（CARAMEL）

　　從模具倒扣在盤中巍巍顫動的淡黃色物體，頂部還有一層光滑、半透明的琥珀，這就是我童年時的焦糖布丁了。每每沉浸在熱焦糖芳香中而無法自拔的

我，唯有在挖了一勺布丁放進嘴裡後，才會發現自己其實並不喜歡這種口感，從此之後我就對焦糖免疫啦。不過我還是在卡士達醬中為焦糖風味保留了一個特殊的位子，只是焦糖不在頂部就是了。這種卡士達醬甜品雖然看起來並不誘人，但味道很棒。焦糖曾經是一種非常受歡迎的調味劑，也許是因為它很便宜。感謝近來大行其道的鹹味焦糖，讓焦糖又重新回歸主流的行列。將 4 湯匙糖和 2 湯匙水一起煮沸，當糖水變成金黃如太妃糖般的顏色時，小心地將糖水倒入 500 毫升熱牛奶中，避免熱糖水飛濺，接著攪拌均勻直至糖完全溶解。按照基礎食譜從步驟 3 開始操作，在步驟 6 時加入 1 茶匙天然香草精。若要製作鹹味焦糖卡士達醬，就同樣在步驟 6 時拌入約 $1/2$ 茶匙碎鹽片，然後一邊嚐味一邊小撮小撮慢慢將鹽加入。嗜鹽者也許樂意繼續加鹽至一茶匙分量。如果不想麻煩地製做焦糖，那就以紅糖取代白糖拌入牛奶中，一樣可以獲得一種簡單的太妃糖風味，就像第 589 頁的奶油糖果布丁那樣，就是風味略遜一籌罷了。

雞高湯與檸檬（CHICKEN STOCK & LEMON）

487

雞蛋加上檸檬和清爽的高湯，就等於希臘檸檬蛋黃醬（avgolemono），這是一款希臘醬汁，進一步稀釋就成了希臘檸檬蛋黃雞湯了。雞蛋能讓雞湯質地更加濃稠，而檸檬則讓料理的風味變得很有趣。至於可以延伸變化到什麼程度，還可以再討論討論。若是做為一道湯品，它的風味還算不錯，只是不會引起太大的注意，因為它的味道平淡而單調。如果做成醬汁，那效果就好多了，特別是搭配朝鮮薊、蘆筍、葡萄葉捲或肉丸一起食用風味尤佳。它酸酸甜甜的味道和絲滑的質地，讓這款濃醬成為美乃滋（mayonnaise）的低脂替代品，如果是以美味油滑的高湯所製成的濃稠醬汁，甚至還可以成為荷蘭醬（hollandaise）的替代品。將一顆精細磨碎的檸檬皮和檸檬汁（取代基礎食譜中的糖）加入蛋黃中攪打，慢慢加入溫熱的高湯。然後倒入鍋中，用小火慢煮直至混合物變濃稠。與所有卡士達醬一樣，若加入少許澱粉來穩定混合物，那麼就可以加速製作時間，並能更輕鬆地控制熱度，有時使用的是麵粉和玉米

粉，若要製成湯品，則可加入少量粗麵粉（semolina）、米飯、義大利細麵或如米粒麵（orzo）這類的小型麵食，也有同樣的效果。在歐洲和中東地區也有類似混合了雞蛋和檸檬的料理，例如西班牙檸檬蛋醬（agristada），以及土耳其雞蛋檸檬調味醬（terbiyali）和敘利亞雞蛋檸檬醬（beddah b'lemuneh）。如果你去過希臘或希臘餐館，你可能不知不覺就嚐過各種形式的希臘檸檬蛋黃醬了。而另一方面，來到羅馬的遊客很可能已經品嚐過這個城市所有美食後，才會點一道檸檬大蒜鯷魚奶醬寬扁麵（tagliatelle alla bagna brusca），這是一道名不見經傳，含有類似希臘檸檬蛋黃醬的義大利麵料理。義大利文直接翻譯就是「野蠻澡堂裡的麵條」，聽起來很像一個專門研究黑手黨犯罪現場的攝影師所下的標題。事實上，它是一道為了遵守安息日規則，先在星期五烹調完成，並於第二天以室溫供應的猶太菜餚。有些資料來源認為檸檬大蒜鯷魚奶醬寬麵是義大利冷麵沙拉的前身——冷麵沙拉就是那種在超市冷藏櫃中出售，裡面含著黏滑螺旋麵的沙拉。於是野蠻澡堂就變成了濕冷的浴缸了。

巧克力（**CHOCOLATE**）

　　巧克力乳酪蛋糕、巧克力烤布蕾和巧克力冰淇淋之間的共同點是什麼？那就是它們的風味都讓人很失望。嗯，你原來應該是這麼想的：乳酪蛋糕加巧克力，應該比純乳酪蛋糕的滋味美妙兩倍吧。結果成品只有原來一半的滋味。不過若是做成巧克力奶油杯，就能安全地保留其美好的滋味了。巧克力風味如此美妙，分量卻少得令人意猶未盡。按照我們基礎食譜以1：1比例混合牛奶和鮮奶製做卡士達醬，將做好的溫熱卡士達醬倒在超過150克切碎的黑巧克力中。靜置1分鐘後攪拌至出現光澤滑順的棕色濃醬為止。巧克力卡士達醬分裝入小碗中，冷卻後，表面加上一團鮮奶油霜享用。有些糕點師傅將這種混合物稱為巧克力奶油醬（cremeux）。可以堅守基礎食譜中的規定運用香草來調味，或者也可以用其他適當的固體香料、香料萃取精或利口酒取代香草來做出摩卡、巧克力柳橙、巧克力薄荷或巧克力肉桂等等不同的風味版本。然而，我最喜歡的巧克力卡士達醬甜點，還是學校餐廳所供應的那道佐配了巧克力卡士達醬的巧克力海綿蛋糕。沒有一家偉大主題餐廳的「死於巧克力」（Death by Chocolate）或「雙重巧克力精神蛋糕」（Double Chocolate Mental Cake）能帶給我同樣的滿足感。學校餐廳的海綿蛋糕乾燥而略帶鹹味，而且外觀方正。而蛋糕上的卡士達醬則從一個表面凹凸不平的鋁壺中被倒出來（確切的說比較像被挖出來），與其說是種巧克力卡士達醬，不如稱它為棕色糊狀物吧。這道甜

488

點應該被稱為「敏感的巧克力布丁」（sensible chocolate pudding）才對，不過這是它的祕密。為了對抗海綿蛋糕平凡單調的風味，巧克力在這裡一項最重要的任務，就是讓食用這蛋糕成為一種享受。藉著製作第 391 頁的巧克力蛋糕，重溫了我的青春少年時光，將所有麵糊裝入邊長 20 公分的方形烤盤中烘烤 25 分鐘。不要費心去冷藏了。再根據步驟 3 的指示，把 3 湯匙篩過的可可粉拌入蛋黃和糖一起攪打來製作巧克力卡士達醬。

椰子（**COCONUT**）

這是泰國非常受歡迎的一種風味，在這裡通常是以蒸煮的方式調理椰子卡士達醬，多半以椰奶、大量的糖和一些新鮮現磨椰子粉來製作。在巴西，也運用 6 個蛋黃、400 克糖、250 毫升椰奶和 125 毫升水製成一種類似的甜椰子卡士達醬。他們稱之為嬰兒流口水（baba de moca）的點心。烤椰子是一種極好的風味變化，把 8 湯匙不加糖的脫水乾椰蓉放入烤箱烘烤，在步驟 1 將烤好的乾椰蓉加入 500 毫升牛奶中，並稍微加熱，浸泡約一小時讓乾椰蓉味道浸入牛奶中。入味的牛奶記得要過篩。你會希望做出質地如絲綢般細緻光滑的卡士達醬。

蛋酒（**EGG NOG**）

巴伐利亞奶油醬也是英式蛋奶醬的一種，只不過其中加了蛋白霜、鮮奶油霜，或兩者都加，好讓它的質地變得更為輕盈，並且還加吉利丁來凝固。我做了一份蛋酒風味的巴伐利亞奶油醬，倒進預先烤好的甜酥皮蛋塔外殼中，打算作為耶誕布丁的最佳替代品。我第一次製作蛋酒風味的巴伐利亞奶油醬時，我老公和公公都抱怨它的酒精強度不夠。於是一年後在我第二次製作這道甜點時，就將最初的 3 湯匙蘭姆酒加倍，不過我懷疑他們還是潛入廚房並在他們的切片上倒了額外一瓶蓋的蘭姆酒。如果 6 湯匙蘭姆酒就能讓我的親人聽起來像衣櫥裡的酒鬼。那麼要注意的是，《好管家》（*Good Housekeeping*）雜誌可是建議在相同分量鮮奶油製作的卡士達醬中加入 10 湯匙蘭姆酒，這個比例可能無法讓人輕鬆地進行雜誌下一頁的鉤針編織法了。也許最好還是從少量開始，

489

邊嚐味邊添加酒的分量。要注意的是，巴伐利亞奶油醬含有生雞蛋的成分，總而言之，除了那些年紀很小、年老者、身體虛弱、已懷孕、不能飲酒、不會飲酒以及規避碳水化合物或者沒有空間享用布丁的人之外，幾乎毫無禁忌了。所以最後站在烈酒布丁餡餅派以及一堆彩帶拉炮旁邊的，可能只剩下帶著斜紙帽子的你。遵循英式蛋奶醬的方法，使用 3 個蛋黃（將蛋白保留，放在一旁備用）、300 毫升高脂鮮奶油、75 克糖和 1 茶匙天然香草精（或 1 枝香草豆莢，如果你喜歡的話）來製作卡士達醬。趁著卡士達醬仍溫熱時，加入 3 片泡過水和擠去水分的吉利丁攪拌均勻。然後加入各 3 湯匙的白蘭地與黑蘭姆酒，以及 $1/4$ 顆現磨肉荳蔻。蛋白攪打至乾性發泡並翻拌入冷卻的卡士達醬混合物中。另外再打發 150 毫升高脂鮮奶油，同樣翻拌入卡士達醬混合物中。攪拌均勻的卡士達醬分別倒入小玻璃杯，或倒入一個直徑 20 公分烤好的深塔皮外殼中（請參考 666 頁）或同尺寸的薑味餅乾基底上。然後在卡士達醬表面撒上更多肉荳蔻。你可以省去白蘭地，並使用兩倍的蘭姆酒，反過來也可以，幾乎任何一種烈酒都可以使用。

蜂蜜（HONEY）

美國國家蜂蜜委員會（The National Honey Board）建議製作一款法國吐司專用的蜂蜜卡士達醬，法國吐司指的是一種用奶油煎過並撒上胡桃享用的吐司。一般而言，可流動的液態卡士達醬通常只使用蛋黃來製作。不過在現代中世紀食譜的合集《普萊恩熟食》（Pleyn Delit）中，則包含了一道可能由艾德蒙·黑爵士（Edmund Blackadder）命名的料理：草莓鮮奶油混蛋（strawberyes with crème bastard）。在這道甜點中，每 500 毫升牛奶就使用 4 個蛋白，並加入 4 湯匙蜂蜜、4 茶匙糖和少許鹽調味，然後加入經過沖洗、去蒂並且略微增甜過的草莓。我在我自己的鮮奶油混蛋中加了一種風味溫和的蜂蜜，結果出現了如幽靈般的蒼白外觀和平淡溫和的甜味，就像去除了卡士達醬精華風味的卡士達醬，或者像一種過時的罐裝牛奶，例如有著「神奇配料」（Magic Topping）這種曖昧名稱的罐裝牛奶。

風味達人的文字味覺
——水平思考的廚房事典

冰淇淋（Ice Cream）

　　前一項卡士達醬系列製品所介紹的英式蛋奶醬，將它冷凍後還可以製成冰淇淋，只是甜度可能不太夠。事實上，製作英式蛋奶醬和製作冰淇淋兩個基礎食譜之間唯一的區別，就在於後者的含糖量較高。另外，製作冰淇淋的牛奶中還會添加一些鮮奶油（只用牛奶製作冰淇淋的話，會得到義大利冰淇淋般的質感）。也許香草的用量還要加倍，因為冷凍過程會弱化香草風味的強度。

此一基礎食譜約可製作出 550 毫升的冰淇淋，也就是一桶高級冰淇淋的分量。

食材
350 毫升牛奶 ^{AB}

150 毫升鮮奶油 ^{AB}

1 至 2 枝香草豆莢 ^{CD}

5 個蛋黃 ^{BEF}

100 克糖 ^G

鹽少許

1. 牛奶與鮮奶油倒入醬汁鍋。切開香草豆莢，將香草籽刮入牛奶中。豆莢也一起放入牛奶裡，然後以中火加熱至沸騰時立刻把鍋子從火源上移開，靜置浸泡 10 分鐘至 1 小時讓香料出味，再取出豆莢。
2. 重新加熱牛奶，直到它開始沸騰起泡。
3. 蛋黃、糖和少許鹽放入耐熱碗中一起攪打。若不馬上攪打，就別將雞蛋和糖放在一起太久，否則蛋黃會開始凝結成小碎塊。
4. 將溫熱的牛奶慢慢攪入蛋黃混合物中，然後倒入一個乾淨的平底鍋。
5. 以中小火加熱卡士達醬。持續不停地攪拌，注意不要讓它沸騰，直到卡士達醬濃稠到足以黏覆在湯匙背面。
   如果你的爐火較強，請使用雙層鍋隔水加熱，或爐火上再放上一個散熱架來處理。卡士達醬變濃稠所需的時間取決於你所使用的平底鍋以及爐火的熱度。這個食譜的分量約需要 10 分鐘。
6. 要盡快冷卻卡士達醬，取一個空碗放入一個裝滿冷水或冰塊的大碗或是水

槽中，然後將卡士達醬過篩壓濾至這個碗中。規律攪拌卡士達醬以加速冷卻，並防止表面形成薄膜。待卡士達醬冷卻後立刻移到冰箱中，在上面放一層防油紙或烤盤紙，這同樣是為了防止表面形成薄膜。

先冷藏再冷凍有助於冰淇淋中形成的冰晶較細，讓冰淇淋質地更柔軟。

7. 冷藏後的卡士達醬可以放入冰淇淋機進行冷凍處理。或者將卡士達醬倒入塑膠容器中（一個邊長 20 公分的正方型盒子大小最適合這個分量），運用靜置冷凍法來製作冰淇淋。卡士達醬表面覆蓋一層保鮮膜後，蓋上蓋子並冷凍約 1.5 小時，或者當盒子四周邊緣出現凍結的冰淇淋時取出盒子，用叉子（或電動攪拌器）攪打卡士達醬，以打碎其中的冰晶體。蓋回蓋子再放回冷凍庫，每隔一小時重複這個過程，整個過程需重複兩到三次，直到卡士達醬達到冰淇淋所需的稠度。若要添加固體調味劑，請趁冰淇淋機中的卡士達醬仍然柔軟可以輕易攪散的時候加入。若使用的是靜置冷凍法，則在最後一次攪拌時加入調味劑。

運用靜置冷凍法做成的冰淇淋，在上桌前應先從冰箱中取出並在室溫下放置 20 至 30 分鐘，以便讓冰淇淋軟化（如果含有酒精的冰淇淋，軟化所需的時間可能更短）。確切地說，軟化所需的時間長短取決於冰淇淋本身的成分，以及冰箱和房間的相應溫度。

舉一反三

A. 全部使用牛奶或全部使用鮮奶油來製作冰淇淋都可以。

B. 為了增進濃郁感，可以額外增加蛋黃，或使鮮奶油分量多於牛奶。

C. 如果使用天然香草精（1 湯匙）或任何其他液體調味劑，那就在步驟 5 的最後，卡士達醬已稍微冷卻時，將調味劑拌入。

D. 如果使用的是含酒精調味劑而不是天然香草精，建議最高的使用量是 2 湯匙烈酒或 3 湯匙強化葡萄酒（或酒精濃度約 20％的利口酒）。添加的酒精成分越高，冰淇淋的凍結能力就越差。

E. 有些廚師會使用 6 個蛋黃來製作冰淇淋，有的人則會減少蛋黃用量。蛋黃用量越多，則冰淇淋的濃稠度越高，蛋味也越濃。

F. 可以用玉米粉基底的卡士達醬做成無蛋冰淇淋。或者，也可以搜尋費城風格（Philadelphiastyle）的冰淇淋食譜來試試看。順帶提一下，這裡的費城指的是費城這個城市而不是品牌。

G. 有些人可能還會多使用 25 克糖。過量減少糖分，冰淇淋就會失去光滑度，因為糖有助於更小冰晶的形成。以 1 湯匙金黃色糖漿取代 25 克糖，能讓冰淇淋更為柔軟。

冰淇淋→風味與變化

杏仁（**ALMOND**）

　　無論是用來佐配如李子酥（plum crumble）這類有核水果布丁的冰淇淋，或是以冰淇淋做成糖霜杏仁片泡芙的冰淇淋填充餡料，對冰淇淋來說，苦杏仁都是一種特別好的調味劑。請在步驟 5 結束時，加入 1 茶匙杏仁萃取精或 2 湯匙阿瑪雷托義大利杏仁香甜酒。燒焦的杏仁曾經是一種非常受歡迎的冰淇淋調味品。所以我認為對這本書來說，這將是個很好的食譜──任何一個會將東西燒焦的人都這麼認為吧，只不過實際的製作方式比燒焦東西還要複雜就是了。一八五六年亞伯拉罕・林肯第二次就職舞會上的杏仁冰淇淋，的確被認為是款相當出色的冰淇淋。早期版本中的做法，是將已去皮切碎的杏仁加入融化的糖中，然後讓其焦糖化。待杏仁焦糖冷卻凝固後研磨成粉，混入香草調味的卡士達醬中，然後進行冷凍處理。現今，我們已將這種冰淇淋稱為果仁糖冰淇淋了：在步驟 7 時添加至少 100 克果仁糖粉（請參考 487 頁）。還有另一個老式食譜則建議，將杏仁冰淇淋與柳橙雪酪分層疊入冰淇淋盒中，然後切片並佐以苦杏仁天使蛋糕一起享用。到了一八九六年芬妮・美麗特・法默（Fannie Merritt Farmer）出版其經典的《波士頓烹飪學校食譜》（*Boston Cooking-School Cook Book*）時，這個杏仁冰淇淋的食譜就變得更簡單了，法默只是在焦糖卡士達醬中加入了去皮的杏仁，沒有真正將杏仁燒焦。

棕色麵包（**BROWN BREAD**）

　　棕色麵包冰淇淋的歷史可以追溯到至少一七六八年代，當時甜點師 M・艾米（M. Emy）的《冰淇淋製作技巧》（*L'Art de bien faire les glaces d'Office*）書中，就包含了一份棕色麵包冰淇淋食譜。直到現在，這個食譜在愛爾蘭仍然很受歡迎，不過對於那些一看到奶油中含著吐司麵包酥就嘴唇發白的人來說，還是不要為他們製作這道甜點比較好。將 50 克奶油塗抹在 150 克去皮的棕色麵

包片上。撒 100 克以上的糖（白糖或紅糖都可以），如果喜歡的話，還可以額外添加 1 茶匙的混合香料、1 茶匙肉桂或是兩者都加也可以。將撒了糖的奶油麵包切成碎片，放在烤盤上，放入溫度已預熱至 180°C 的烤箱烘烤直到麵包變得乾爽酥脆，可以直接捏碎成麵包酥為止。在步驟 7 快結束時將，充分捏碎的麵包酥翻拌入卡士達醬中。傳統上常以核桃口味白蘭地（noyau）、杏仁風味的利口酒或櫻桃口味的瑪拉斯奇諾黑櫻桃酒（Maraschino）來增進這款冰淇淋的風味，不過現在則更多人喜歡以香草來調味，還可以依個人的喜好決定是否加入蘭姆酒。還有一種更不尋常的作法，則是將檸檬汁和大量的糖與浸泡過鮮奶油的麵包酥混合在一起，這倒是讓人聯想起糖漿餡餅（treacle tart）的餡料了。

493　奶油乳酪（CREAM CHEESE）

　　法國名廚艾倫‧杜卡斯（Alain Ducasse）有一道搭配了莓果蜜餞與酥脆配料的奶油乳酪冰淇淋，不過奶油乳酪冰淇淋本身的味道就絕妙無比，你可能不想再添加其他東西來享用了。就像伊思尼奶油（d'Isigny）在奶油界中的極品地位般，奶油乳酪冰淇淋就是香草冰淇淋界中的極品。按照基礎食譜操作，使用 1：1 比例的牛奶和奶油、3 個蛋黃、150 克糖並且捨去香草。當卡士達醬變濃稠並且仍然溫熱時，放入 100 克已回軟的奶油乳酪和 1 茶匙檸檬汁徹底攪打均勻，放入冰箱冷藏，然後以一般常規製作冰淇淋的方式冷凍。至於酥脆配料的製作，則是將 75 克無鹽奶油與 100 克中筋麵粉捏揉在一起，再加入 150 克砂糖和 50 克杏仁粉攪拌均勻。 將混合物均勻散布在抹好油的烤盤上，以 180°C 烘烤約 15 至 20 分鐘，直至混合物變得金黃酥脆為止。靜置冷卻備用。將一些莓果蜜餞舀入 4 個玻璃杯中，放入一勺冰淇淋，上面再撒一些酥脆配料就可以上桌啦。

檸檬（LEMON）

　　維多利亞時代的美食作家伊麗莎‧阿克頓（Eliza Acton）在她的著作《滋味絕佳的老派烹煮卡士達醬》（*Very Good Old Fashioned Boiled Custard*）中，將檸檬皮放入牛奶中浸泡 30 分鐘，並在調理程序的最後，拌入一杯優質白蘭地。在阿克頓寫作的時代，檸檬與香草競相成為當時最受歡迎的冰淇淋風味。遺憾的是，在現代的冰淇淋中，檸檬卻被歸屬到雪酪（sorbet）類的風味當中。我在約翰‧索恩（John Thorne）的著作《非法廚師》（*The Outlaw Cook*）中偶然看到一款很美妙且極其簡單的檸檬冰淇淋做法，因此就藉著製作這款美味的

冰淇淋，來重振從前居家手作的傳統吧。索恩的食譜整合了幾位作家的食譜精華還做了一些調整，也就是說這款冰淇淋在凍結過程中無需經常攪拌。將 1 顆未上蠟的檸檬榨汁並精細刨下其檸檬皮，在檸檬汁與檸檬皮中加入 70 克糖攪拌直到糖完全溶解為止。之後加入 180 毫升輕乳脂鮮奶油攪拌均勻，再將混合物倒入能讓混合物呈現 2 至 3 公分深度的容器中，然後放入冷凍庫冷凍。這樣就完成了！冰凍 3 至 4 小時後，冰淇淋應該就完成了。食用前，需先將冰淇淋從冰箱中取出，放在室溫下 5 至 10 分鐘軟化。我想不出另一道能將檸檬風味表現得如此淋漓盡致的料理，隨著冰淇淋開始在嘴裡融化，口中相繼出現了簡單純粹的檸檬、草藥和花香。之後隨著酸度上升，你的味覺也煥然一新，可以迎接下一個風味的挑戰了。由基本水果、糖和鮮奶油（即不含卡士達醬）所組成的其他優質冰淇淋食譜，還包括卡洛琳‧莉朵（Caroline Liddell）和羅賓‧威爾（Robin Weir）的草莓和巴薩米克香醋風味冰淇淋，以及墨菲‧李察德（Morfudd Richards）著作《蘿拉的冰淇淋與聖代》（*Lola's Ice Creams and Sundaes*）中的紅醋栗風味冰淇淋。不過要注意的是，這幾種冰淇淋都須以一般常規製作冰淇淋的方式進行冷凍處理，而不是簡單放進冷凍庫冷凍就好了。

乳香（MASTIC）

乳香是盛行於希臘和土耳其的一種風味，曾用來為冰淇淋和牛奶布丁調味。乳香產自乳香黃連木（Pistacia lentiscus）。它是腰果的親戚，但在味道上則更像松子或希臘松脂酒（retsina）中的松脂氣息，能讓人想起夏天的科孚島（Corfu）上，那種瀰漫在松樹環繞海灘上的常綠氣味。英國旅行作家勞倫斯‧德雷爾（Lawrence Durrell）對松脂酒欲罷不能，堅持認為喝掉幾加侖的松脂酒也不用擔心會宿醉。而且希臘松脂酒只會讓你「精神抖擻」，並不會喝醉。我也喜歡希臘松脂酒，但喜歡的程度還不足以驗證他的理論。乳香樹脂顆粒很容易在網上購得，將 2 個豌豆大小的顆粒冷凍 20 分鐘，然後放入研磨缽並加入 1 茶匙糖搗碎磨細。在步驟 5 結束時將研磨好的乳香糖粉加入卡士達醬中，按照基礎食譜的指示，操作進行冰淇淋的冷藏與冷凍處理。乳香冰淇淋通常佐配水果蜜餞享用，但由於其松樹的味道常令人想起耶誕樹，所以可以試試搭配百果餡餅或李子布丁一起享用。

494

薄荷（MINT）

在美國，薄荷和巧克力的組合意外地以雞尾酒「綠色蚱蜢」（grasshopper）

的形式呈現。這是款由薄荷甜酒（crème de menthe）、白可可甜酒（white crème de cacao）和鮮奶油組成的雞尾酒，這些出現在酒單上的成分也一樣可以用於甜點中。綠色蚱蜢派有著巧克力餅乾的外殼和一層薄荷甜酒風味的巴伐利亞奶油醬內餡。理論上所有帶著綠色蚱蜢風味的冰淇淋，顏色應該呈現出那種立刻讓我們英國人聯想到薄荷的驚人綠色，因此當你發現美國的薄荷冰淇淋通常是粉紅色或紅白相間的顏色時，就更令人感到驚訝了。如果你很想試試這種作法，可以在冰淇淋機攪拌結束時加入約 6 湯匙壓碎的紅色薄荷口味硬糖，若用的是靜置冷凍法製作冰淇淋，則在最後一次攪拌時將糖果加入。如果單獨使用糖果無法獲得足夠的薄荷味時，則在步驟 6 的階段逐步將 $\frac{1}{4}$ 茶匙薄荷油加入冷藏的卡士達醬中，直到其獲得正確的風味強度為止（薄荷風味的強度變化很大）。使用花園中栽種的薄荷，可以獲得較溫和而更細緻的薄荷味道，500 毫升牛奶和鮮奶油加熱後，加入 500 克切碎的薄荷葉和薄荷梗，然後靜置浸泡 10 分鐘。壓榨過濾後從步驟 2 繼續往下操作。

橄欖油（OLIVE OIL）

在西班牙隆達（Ronda）郊區的峽谷下，有間位於古老阿拉伯澡堂隔壁的酒店。坐在酒店花園中的我，在輕拂過棕櫚樹的微風中乘涼，還邊啃著切丁的曼契哥乳酪（manchego），一邊啜飲著與我眼影相同顏色的西瓜汁。時間以西班牙的風格慢慢地流逝。某個地方的鐘樓響起了它對日落的禮讚。我點了一些菲諾酒（fino）。菲諾酒被放在磨砂玻璃杯中並搭配了一盤橄欖上桌。我看著一匹馬的影子在炎熱的田野中逐漸伸長。然後我老公說，走吧，我們要去吃飯了。我說，直接在這家酒店吃飯有什麼問題嗎？他認為我們正在度假，所以我們得到處嘗試各家餐廳。對於度假時到處嘗試各種餐廳的議題，我們一向擁有各自不同的立場，並且構成了一道理念上無法逾越的鴻溝，不過若沒有這道鴻溝。我們的婚姻無疑將會陷入令人生厭的無聊與困境中。目前的狀況有兩種選擇：a）捨棄做出任何決定的可能性，寧願選擇靜坐在原地自得其樂，不過實際上也許只能安靜地坐上一秒鐘（這是我的選擇）。b）屈服於旅遊指南所引發的神經性錯失恐懼症，其結果極可能會摧毀每個人的夜晚（這是我老公的選擇）。我忿忿不平地讓步了。住在隆達峽谷底下得面對一個狀況，出去吃個晚餐還得挑戰一整面的懸崖。當然有階梯可爬，不過大概有五百階吧。很好，我想，如果你打算把我帶出天堂，讓我爬升將近一英里去吃一頓品質不確定的晚餐，那最好是一頓非常好的晚餐。我們抵達我老公所選擇的餐廳。餐廳的牆壁

上貼滿了鬥牛海報，以及各種從後車廂舊貨拍賣場買來的佛朗明哥舞者油畫。我們是當時唯一的一組食客。我老公說，西班牙人很晚才吃晚飯。再十五分鐘就十點了，我說。一盤伊比利亞火腿（pata negra）上桌，它的顏色如血塊般深沉，並布滿細條紋狀的脂肪。味道不錯。接下來，一道非當季的牛尾燉肉，終於讓我的蹄子有了上坡的藉口。味道也還不錯。然後甜點上桌了。那是個裝著四種冰淇淋的長方形盤子，一種是酸奶風味，一種是奶油乳酪風味，還有一種我忘了是什麼風味，而第四種是以橄欖油調味的冰淇淋。每一勺都充滿水果、青草和胡椒的風味，就像將野餐的滋味封存在冰凍的鮮奶油和時間當中。當我最後終於放下湯匙，我才意識到這時餐廳已經完全客滿了，彷彿之前空蕩蕩的房間只是一個荒謬的夢境罷了。將75毫升橄欖油均勻攪打進已冷卻的卡士達醬中，再放入冰箱冷藏。而且將卡士達醬放入冷凍櫃進行冷凍之前，可能需要再次進行攪拌。你顯然需要一種風味明顯而複雜的橄欖油來製作這款冰淇淋，所以當食指上的油滴嚐起來讓你想到的是「油」而不是「橄欖」時，請再選擇另一種橄欖油吧。

帕馬乾酪（PARMESAN）

帕馬乾酪冰淇淋三明治是西班牙名廚費蘭‧阿德里亞（Ferran Adrià）最著名的創意之一。這是一款不含糖或雞蛋，只由鮮奶油和乳酪製成的鹹味冰淇淋。它被夾在兩片帕馬乾酪瓦片餅乾中間，並佐配少許檸檬果醬上桌。相對的，在十八世紀弗雷德里克‧努特（Frederick Nutt）所著的食譜《完全糖果製造商》（The Complete Confectioner）中則有一道甜味帕瑪乾酪冰淇淋的食譜，這個食譜需要6個雞蛋、275毫升糖漿、550毫升高脂鮮奶油和75克現磨帕馬森乾酪粉。完成的卡士達醬過篩後再冷藏，然後冷凍。對於過熟的無花果來說，還有什麼是比這道冰淇淋更好的搭檔呢？

法國茴香酒（PASTIS）

我使用法國茴香酒來製作冰淇淋，並搭配味道犀利的黑醋栗風味雪酪一起享用。不過這種搭配可不適合膽小的人，它們的滋味就像地方法院中一對爭吵不休的女士般熱鬧。在步驟6中加入1至2湯匙法國茴香酒，第一湯匙加入後就要嚐一下味道，然後再慢慢加入更多的酒。當然，任何含茴香籽風味的烈酒都有同樣效果。如果手上有好幾種茴香風味的烈酒，可以逐款都拿來試做冰淇淋，看看是否能找到自己喜歡的種類。成品冰淇淋彼此間在味道上的差異相

當細微，不過若並排一一嘗試，它們味道間的差異會明顯得超乎你的想像。像琴酒、各種品牌的法國茴香酒、希臘茴香酒和中東亞力酒（arak）等等烈酒，它們的風味來自本身各自含有的香料、花卉和芳香劑混合配方。然而要注意的是，義大利森布卡茴香酒（sambuca）卻是一種利口酒，因此會比烈酒甜上許多。根據傳奇的倫敦調酒師薩爾瓦多‧卡拉布萊斯（Salvatore Calabrese）的說法，這款利口酒是用茴香精油製成的，意味著它還保留了草本植物的天然香味。

開心果（PISTACHIO）

開心果風味冰淇淋是判斷義大利冰淇淋好壞的最佳測試款。如果某一家冰淇淋店的開心果風味冰淇淋味道不佳，那就去尋找另一家冰淇淋店吧。如果你想靠自己來滿足自己對冰淇淋的需求，可以考慮購買一罐開心果醬，它的成本雖然超過了等量的生開心果，但是已經幫你完成了烘烤（這是強化味道的關鍵步驟）和搗碎開心果的艱苦工作。你需要大約 100 克的開心果醬。如果不容易找到開心果醬，那就嘗試在 100 克去殼、去皮、已烤好的無鹽開心果中加入少許鹽後研磨成粉。將開心果粉放入裝有 350 毫升牛奶的平底鍋中，加熱至沸騰，再浸泡一小時。將 150 毫升鮮奶油和 2 茶匙味道溫和的蜂蜜加入開心果牛奶，並再次加熱煮沸，然後從步驟 2 開始操作。到步驟 6 結束時，加入更多的鮮奶油——250 毫升打發用鮮奶油或高脂鮮奶油。然後根據基礎食譜的指示冷藏和進行冷凍。請注意，商業化生產的冰淇淋中，開心果風味的冰淇淋幾乎都會添加天然香草精或杏仁萃取精，這就像已經在耳後輕點上嬌蘭帝王香水（Eau de Guerlain）後，全身再噴上一層萊卡（Right Guard）體香劑一樣畫蛇添足。一點點新鮮現磨的肉荳蔻，才是開心果冰淇淋更好、更天然的增味劑。

芝麻（SESAME）

在倫敦的羅卡餐廳（Roka），我吃到了一個驚人的櫻花黑芝麻甜點。這道甜點裝在一個灰色切成一半的陶瓷管上桌，就像個微型滑板公園的道具。在一層顏色類似舊透明膠帶的果凍下，座落著一塊狹長的黑芝麻冰淇淋，周圍環繞著煙燻棉花糖和碎糖片。在這個奇特的日本廢墟場景中，躺著四個粉紅色的馬卡龍，其中兩個馬卡龍的表面放了猩紅色圓球狀的櫻桃果凍，看起來就像紅色的蛋黃，而且將它們切開時，也像蛋黃一樣流出液體來。毫無疑問，這是我見過最奇特的甜點了。但味道並不完全陌生，帶著堅果風味的芝麻和鮮明的櫻桃

風味，讓人回憶起花生醬與果凍這個經典的童年組合，不過這款甜點的風味更微妙就是了。將 6 湯匙的黑芝麻籽放入乾煎鍋中慢烘幾分鐘，注意不要讓它們烤焦。靜置冷卻後，用研磨缽鹽研磨成粉。按照我們的基礎食譜製作香草冰淇淋，在步驟 6 結束時加入研磨好的黑芝麻粉。以冰淇淋製作的常規冷藏與冷凍。另外，日本和中國的雜貨店都有現成烤好的黑芝麻籽，或者你可以碰碰運氣，使用那些為了製作金黃芝麻果仁糖所準備的芝麻片。

甜玉米（SWEETCORN）

還有一些像蘆筍或大蒜一類與眾不同的冰淇淋口味，都是必須親自試過才會認同的美味。不過甜玉米口味就不一樣了。只要啃過熱呼呼奶油甜玉米棒，都會看出這種口味的潛力。假如你喜歡，這個口味的冰淇淋可以不加入香草。將 250 克新鮮或冷凍的玉米粒放入 500 毫升牛奶中加熱烹煮 15 分鐘（如果你想製作的是甜味卡士達醬，就不要使用罐裝玉米，因為罐頭加工過程中產生的硫磺味是無法剔除的鹹味）。檢查牛奶味道的強度，然後從步驟 2 開始操作，將牛奶過篩濾至雞蛋混合物中，嚐味試試甜度。將剩下的玉米粒拌入冰淇淋成品中，也是一種可用的選項。或者，如果不喜歡這樣做，那就將這些玉米粒用於玉米麵包中（請參考 89 頁），或將它們混入厚麵糊，做成油炸玉米餅（請參考 165 頁）。

冰淇淋→其他應用

放在熱鬆餅上
（ON A WARM WAFFLE）

冰淇淋蛋糕（ICE-CREAM CAKE）
軟化的冰淇淋與糖漬水果、堅果和／或巧克力混合，然後鋪置在海綿蛋糕上，冷凍後再享用。

冰淇淋洛堤
（ICE-CREAM LOTI）
這是一種新加坡冰淇淋三明治，用多色甜麵包製成。

漂浮可樂（COKE FLOAT）
在冒泡泡的飲料、奶昔或雞尾酒上放入一勺冰淇淋。

冰淇淋三明治
（ICE-CREAM SANDWICH）

冰淇淋炸彈（ICE-CREAM BOMBE）
三層不同口味的冰淇淋圍繞著一個由磨碎巧克力做成的中心基底。

松露冰淇淋
（ICE-CREAM TRUFFLES）
用小湯匙將冰淇淋挖成一小球一小球，然後灑上可可粉。

甜點師蛋奶醬（Pastry Cream）

　　在製作冰淇淋的卡士達醬中加入一點麵粉，就變成甜點師蛋奶醬了，另外也稱為糕餅師蛋奶醬（crème pâtissière；或者在餐飲業界稱為「creme pat」）。它可用來製作法式千層酥（millefeuille）、鮮奶油酥捲（pastry horns）、波士頓鮮奶油派、泡芙糕點、水果塔和丹麥酥餅。在美國，它就像被稱為「布丁」的甜點一樣用湯匙一勺勺地享用。將已打發的鮮奶油霜拌入甜點師蛋奶醬就變成了外交官蛋奶醬（crème diplomat），這是一種質地較輕盈的蛋奶醬，不過這種作法會稀釋調味劑的味道，除非鮮奶油霜本身也已調味。

此一基礎食譜可以製作約600毫升的甜點師蛋奶醬，這分量足以填充12個15公分長的閃電泡芙（éclairs）、24個小泡芙、8個大泡芙或一個直徑17至23公分的海綿夾心蛋糕。

食材

500毫升牛奶 A

1枝香草豆莢 B

100克糖 C

5個蛋黃 DE

20克玉米粉 F

20克中筋麵粉 F

鹽少許

2湯匙無鹽黃油（可加可不加）G

1.　牛奶倒入醬汁鍋中。切開香草豆莢，將香草籽刮入牛奶中。豆莢也一起放入牛奶，然後以中火加熱至沸騰時立刻把鍋子從火源上移開，讓香草浸泡出味10分鐘至1小時，再取出豆莢。

2.　一半分量的糖加入牛奶加熱，直到些微沸騰起泡。

3.　蛋黃、剩餘的糖、麵粉還有鹽放入耐熱碗中攪打均勻。

4.　將溫牛奶逐漸拌入雞蛋混合物中，然後倒入一個乾淨的鍋。

5.　以中小火加熱，持續攪拌至沸騰。煮沸後繼續攪拌，直到質地變濃稠且硬

化（大約需要 2 分鐘）然後將鍋子從火源上移開。

6. 如果需要，可以過篩。

7. 稍微冷卻後，加入奶油或任何液體調味劑攪拌均勻，用保鮮膜覆蓋或輕輕撒上一層砂糖，以防止表面形成薄膜。甜點師蛋奶醬可以在冰箱中保存長達 3 天。

舉一反三

A. 使用半脫脂牛奶（semi-skimmed milk）也可以。完全脫脂的牛奶會使質地過稀。

B. 如果使用的是天然香草精（2 茶匙）或任何其他的液體調味劑而非香草豆莢，請跳過步驟 1，並在步驟 5 結束時將調味劑慢慢拌入。

C. 這裡所列出的 100 克糖是標準用量。可以邊嚐味再決定增加或減少糖的用量。

D. 可以使用全蛋取代一些蛋黃製作出不那麼油膩的甜點師蛋奶醬，比如每 500 毫升牛奶使用 2 個雞蛋和 2 個蛋黃。

E. 有些廚師在這個分量的牛奶中只使用 4 個蛋黃，有些則會用到 6 個蛋黃。

F. 有些食譜只列出玉米粉，有些則只列出中筋麵粉。

G. 有些廚師會在溫熱的甜點師蛋奶醬中加入幾湯匙到 75 克已打發的無鹽奶油，讓蛋奶醬的質地變得非常柔軟。若加入 250 克奶油，則甜點師蛋奶醬就變成穆斯林奶油餡了。

甜點師蛋奶醬→風味與變化

洋茴香籽（ANISEED）

甘草風味冰淇淋真是眾神的傑作啊。不過我老公嘴巴突然變黑的景象，卻讓我聯想起電影《第9禁區》（District 9）中可憐的威庫斯吐出第一口外星人血漿之後的樣子。除非你是為了國際動漫展（Comic-Con International）的餐食做準備，否則最好使用洋茴香籽或法國茴香酒來調味卡士達醬，而不是運用真正的甘草。不要理會那些自稱茴香恐懼症者（aniseed-o-phobes）的任何廢話。正如大衛·列柏維茲（David Lebovitz）所建議的那樣，只需將洋茴香籽調理進甜點師蛋奶醬中做成各式泡芙的填充餡料，再佐配經典的巧克力醬，就可以突襲這些人了。在步驟1中加入滿滿1茶匙輕烤過的洋茴香籽來取代原本的香草，靜置浸泡至少30分鐘。然後過濾，並從步驟2繼續往下操作。

奶油糖果（BUTTERSCOTCH）

我有一種精準但未經過深究的直覺，發現奶油糖果風味已經不像我小時候那麼受歡迎了。無論是為了製作甜點師蛋奶醬、「布丁」（pudding）、冰淇淋或者英式蛋奶醬而製作奶油糖果，若是從頭開始製作，就會想起它在我們情感中屹立不搖的地位。奶油糖果風味就像香草和巧克力風味一樣，是一種讓人難以抗拒的味道。奶油糖果風味在美國仍然很吃香，特別是在南方，美國南方地區傳統的最愛就是奶油糖果卡士達派。加入香草、威士忌，或兩者都使用來強化奶油糖果風味的情況並不少見。「奶油糖果」英文「BUTTERSCOTCH」中的「SCOTCH」與威士忌沒有任何關係，要順帶提一下的是：人們認為在詞源學上這個字與「焦化」（scorched）的英文詞還比較有關。另一方面，「奶油糖果」中的「奶油」（butter）就真的代表傳統上使用在奶油糖果類甜品中的奶油了，而且通常是在甜點師蛋奶醬過篩後（蛋奶醬仍然溫熱）才將奶油加入其中。奶油糖果特有的風味來自於其所使用的糖類。簡單以軟黑糖取代標準的白糖來製作，並在步驟5結束時加入 $1/2$ 茶匙天然香草精。不要忘記放鹽——不如放兩撮鹽吧。

栗子（CHESTNUT）

自己動手做吧！將新鮮的栗子煮沸、去皮並搗成泥。不過真空包裝的熟栗子，效果也幾乎一樣好。或者，如果身邊就有一間方便購物的法國熟食店，那只需打開一罐糖漬栗子泥（crème de marrons）就夠了，因為這種罐裝栗子泥不僅已將栗子煮熟搗成泥，而且還是加了糖的栗子泥。在日本，栗子是一種很受歡迎的甜食調味劑。一家名為神戶風月堂（Kobe-Fugetsudo）的製造商製作了一種內含卡士達醬餡料的比利時鬆餅（waffle），就西方人的眼光看起來，這款甜點的外觀像是正遭受胃食道逆流折磨的曬黑安康魚。內餡的部分則有香草、綠茶或栗子甜點師蛋奶醬等風味可供選擇，而且栗子甜點師蛋奶醬風味還包含了一整個突出於外部的栗子，就像一個懶洋洋伸出口外的舌頭。義大利裔美國廚師馬里奧‧巴塔利（Mario Batali）貢獻了一道鹹味栗子卡士達醬（sformato di castagne）食譜，這是一道美味的卡士達醬，由煮熟乾栗子做成的栗子泥與芳汀娜乳酪（fontina）、帕瑪森乳酪以及肉荳蔻混合製成。若要製作更經典的甜味甜點師蛋奶醬，那就在步驟 6 結束時慢慢將 100 克栗子醬攪入卡士達醬之中。

榛果（HAZELNUT）

西班牙人也會製作一種簡單、類似於甜點師蛋奶醬的甜點，稱為榛果卡士達醬（natillas de avellanas，avellanas 是榛果的意思）。「natillas」是西班牙語鮮奶油「nata」的縮寫，因此大致翻譯為「一點點鮮奶油」，或者「鮮奶油甜心」（creamy-weam）。基本上就是一種甜點師蛋奶醬，只是最後添加了白蘭地、香草以及精細磨成粉狀的去皮榛果。義大利榛果醬（Salsa di nocciole）則類似義大利食譜書《銀匙》（*The Silver Spoon*）中所描述的一道義大利料理：將 100 克烤好去皮的榛果磨成粉，翻拌入 500 毫升加了 3 湯匙白蘭地的甜點師蛋奶醬中。想像一下它成為蛋糕內餡的感覺吧。還有一種投機取巧的方式，而且還能讓蛋奶醬質感更柔滑細緻：就是用 2 湯匙榛果利口酒（Frangelico）來

501

取代榛果和白蘭地。

麥芽牛奶（**MALTED MILK**）

　　由韓裔美國名廚大衛・張（David Chang）創立的連鎖百福餐廳（Momofuku），已將烤玉米片、牛奶、紅糖和鹽混合而成的穀片牛奶（Cereal Milk™）註冊成專利商標了。棕色麵包冰淇淋也透過類似原理，運用已烤好的香甜麵包酥帶來更濃郁的烤穀物味道。這是波士頓最受歡迎的一種風味，有時會省去麵包酥，而以葡萄果仁牌（Grape Nuts）的早餐麥片取代。那些小小的全小麥和大麥麥芽顆粒，看起就像鋪滿鐵軌縫隙的碎石，讓碗中剩下的牛奶有著冰好立克（Horlicks）的味道。好立克這個牌子讓人想起智慧財產權法。一個世紀前，好立克在一個具有里程碑意義的案例中為了捍衛自己的語言標籤，對一個稱為「赫德利麥芽牛奶」（Hedley's Malted Milk）的產品提出訴訟（可參考一九一七年，好立克與薩摩史基〔Summerskill〕訴訟案）。當時法官裁定，由於好立克的商標中從未附加「麥芽牛奶」的字眼，因此麥芽牛奶僅僅是一個描述性術語，而不是商標。這個判決也許反而讓好立克成了麥芽牛奶的專有代名詞。就像可口可樂就是可樂的代表，或者威而鋼就代表著壯陽藥的狀況一樣。所以現在，你的胚芽牛奶甜點師蛋奶醬也可以隨意稱為麥芽牛奶甜點師蛋奶醬了。麥芽牛奶本身就是一種強烈的味道，不過在各種風味奶昔──香蕉、草莓、巧克力、花生和（現在不太常見的）柳橙、薑或蛋酒中，通常被當作次要的風味。它與香草一樣都有強化其他風味的效用，不過麥芽牛奶還具有營養價值，並且不限於僅用來與甜食搭配。例如一九〇八年出版的《實用藥劑師新配藥》（*The Practical Druggist New Dispensatory*）中的一篇熱牡蠣麥芽配方，就是加入好立克、牡蠣汁和芹菜鹽所製成的蛋奶醬，而且還可以隨意選擇是否在上面添加上已打發的鮮奶油霜。不會有人想為這道料理註冊專利商標了吧。要製作麥芽牛奶風味的甜點師蛋奶醬或布丁，就在步驟 3 中將 50 克好立克加入蛋黃、麵粉和糖中攪拌均勻。

茶（**TEA**）

502

　　在日本，綠茶是甜點師蛋奶醬的常用調味劑。對於西方人的口味來說，這也許是一種很創新的風味，不過在十九世紀早期，亞凌（W.A Jarrin）所著的《義大利製糖匠》（*The Italian Confectioner*）中，就有一道同時運用綠茶與紅茶製作的冰淇淋食譜了。而一八三六出版由約翰・莫拉（John Mollard）所著的《烹

飪藝術》（*The Art of Cookery*）中，莫拉建議先將芫荽籽、肉桂和檸檬皮加入一品脫（約 570 毫升）的鮮奶油中浸泡 10 分鐘讓香料出味，再加入 150 毫升濃綠茶和糖。然後將混合物過濾至 6 個蛋白中，以小火慢熬至變稠。莫拉以杏仁小圓餅（ratafia biscuits）搭配這道冰涼、帶著布丁風格的蛋奶醬一起享用，但擁有類似杏仁風味的義大利杏仁餅（amaretti）也是杏仁小圓餅很好的替代品。要製作抹茶風味甜點師蛋奶醬，請使用 8 至 10 克的抹茶粉。省略步驟 1，並在步驟 4 中先將茶粉和少許沸騰的牛奶混合成糊狀，然後加入剩餘的熱牛奶中徹底攪拌均勻，再加入蛋黃、麵粉和糖。要製作伯爵茶風味卡士達醬，可以像使用香草豆莢一樣先將 25 至 50 克鬆散的茶葉加入牛奶中加熱煮沸。靜置浸泡幾分鐘後，嚐一下味道的濃淡。小心不要浸泡太久，因為茶葉浸泡太久恐怕會產生單寧酸的乾澀感。你可不會希望卡士達醬帶著舊鐵釘的味道。

烤白巧克力（**TOASTED WHITE CHOCOLATE**）

美食家們對白巧克力嗤之以鼻，因為它根本不是真正的巧克力。白巧克力只是一種由可可脂、牛奶固形物和糖製成的糖果。但白巧克力風味在卡士達醬中卻獨具一格，主要是因為它嚐起來帶著濃郁的香草味。按照基礎食譜操作，在步驟 5 結束時，趁著甜點師蛋奶醬仍然溫熱的時候加入 100 克切碎的優質白巧克力攪拌均勻。或者試做看看第 544 至 545 頁上所載費蘭・阿德里亞的甜點版本。近年來，還流行起幾種烤白巧克力的配方。雀巢的焦糖濃縮牛奶棒，如日曬過的棕色賦予其焦糖化的外觀，不過味道嚐起來卻更為精緻。實際上這就是用高度奢華的可可脂製成的太妃糖。最理想的白巧克力，是可可脂含量至少30％的白巧克力。也可以使用可可脂含量 20％的白巧克力，但成品會有點蒼白。將 100 克白巧克力敲成碎片，撒在鋪好烤盤紙的烤盤上，然後放入烤箱以低溫 120°C 烘烤，不時地推動白巧克力碎片以確保它們融化且均勻褐化，這大約需要 35 至 45 分鐘。在步驟 5 中將柔軟烘烤完成的巧克力拌入溫熱的甜點師蛋奶醬裡，然後運用擠花袋將蛋奶醬擠入酥皮捲中。

甜點師蛋奶醬→其他應用

甜餡甜甜圈
（FILLED DOUGHNUT）

法式千層酥
（MILLEFEUILLE）

波士頓鮮奶油派
（BOSTON CREAM PIE）

以甜點師蛋奶醬做為夾層內餡，表面覆蓋一層巧克力糖衣的黃色奶油蛋糕。

巴斯克蛋糕
（GÂTEAU BASQUE）

填滿甜點師蛋奶醬與酒漬櫻桃的蛋糕。

希臘酥皮甜餡餅
（BOUGATSA）

希臘千層酥皮盒，裡面填滿了以香草、玫瑰露或橙花露調味的甜點師蛋奶醬。

法式水果塔
（FRENCH FRUIT TART）

裝滿甜點師蛋奶醬和水果，表面還有一層糖衣的甜酥皮塔。

丹麥酥皮麵包
（DANISH PASTRY）

香蕉鮮奶油派
（BANANA CREAM PIE）

油炸蛋奶醬（Crema Fritta）

　　與甜點師蛋奶醬比較起來，用來製作油炸蛋奶醬的卡士達醬含有更多的麵粉和較少的雞蛋。而它冷卻後凝固的硬度也更能承受切片和油炸。在更精緻的版本中，會將磨碎的杏仁蛋白糖（marzipan）（請參考 319 頁）和壓碎的馬卡龍（請參考 328 頁）混合在卡士達醬中，然後再讓它靜置凝固。還未油炸的卡士達醬會讓人想起用來製作炸丸子的濃稠麵糊，或者用於製作羅馬式麵疙瘩（gnocchi alla Romana），由牛奶和粗麵粉（semolina）烹煮成的濃稠混合物。在義大利，有時也將油炸蛋奶醬當作義式炸物拼盤（fritto misto）的一部分上桌。法國人也稱它為油炸蛋奶醬（crèmefrite），西班牙文則稱為炸牛奶（leche frita），《牛津糖果甜食指南》則認為它是一種「冰淇淋油炸餡餅」（ice-cream fritter）。

此一基礎食譜可以製作出一個邊長 20 公分的正方形油炸蛋奶醬，可供 4 至 6 個人享用。

食材
調味劑（像是香草、柑橘皮、利口酒，可加可不加）[AB]
500 毫升牛奶
2 個雞蛋 [C]
50 克糖 [D]
100 克中筋麵粉
鹽少許
製作酥脆外皮用的蛋汁 [C] 與麵包粉 [E]
油炸植物油 [F]
撒在酥脆外皮上的糖粉

1. 如果要使用香草豆莢、柑橘皮，其他固體香料或磨碎的香料，就先將 400 毫升牛奶倒入鍋中，加入調味料並以中火加熱至即將沸騰。將鍋子從爐火上移開，靜置浸泡 10 分鐘至 1 小時。撈出或濾出調味劑。若使用的是液體調味劑，則稍後在步驟 5 中再加入即可。

2. 重新加熱牛奶直到它開始起泡。

3. 雞蛋、糖、麵粉、鹽以及剩下的 100 毫升牛奶放入耐熱碗中，攪打均勻成糊狀。

4. 已降溫的溫牛奶慢慢攪入雞蛋混合物中，然後倒入一個乾淨的鍋裡。

5. 以中小火慢煮不斷攪拌直至沸騰。繼續攪拌 5 分鐘到混合物變得非常濃稠。將鍋子從爐火上移開。如果使用液體調味劑，就在這時慢慢加入其中。

6. 倒入抹好油脂，邊長 20 公分的正方形烤盤中。在室溫下靜置冷卻並凝固。至少要靜置 2 個小時。一旦冷卻，可以在冰箱中保存長達 2 天。

505

7. 準備好要製作油炸蛋奶醬時，將冷藏好的卡士達醬切成棍形或菱形後，浸入攪打均勻的蛋汁中，然後裹上一層麵包粉，分批放入油炸鍋或大鍋中已加熱至 180°C 的熱油，油炸至金黃酥脆即可。可以直接原樣享用，或者表面撒上糖粉享用。如果你是新手，不熟悉油炸的處理方式，請參考第 18 頁的說明。

舉一反三

A. 所有液體調味劑的分量上限是 1 湯匙。相信你不會想妨礙卡士達醬的凝固。

B. 在西班牙，油炸蛋奶醬典型的調味劑是肉桂外加柳橙或檸檬皮。

C. 有些食譜只需要用到蛋黃。每 500 毫升牛奶使用 4 個蛋黃，然後將棍形的卡士達醬浸入打散的蛋白（而不是全蛋）中，再裹上麵包粉油炸。

D. 某些變化版本中的糖量會是這裡的兩倍。而另一方面，義大利作家阿圖西（Pellegrino Artusi）的食譜則在 500 毫升牛奶中只加入 20 克糖。如果你像阿圖西一樣，是在一個美味的環境下提供這道料理，那麼保持低度甜味是個好主意。

E. 可以使用杏仁粉而非麵包來製作其酥脆的外殼。

F. 典型的威尼斯作法以豬油油炸後，放入糖粉和橙花露中搖晃一下。法國廚師作家馬歇爾・布勒斯汀（Marcel Boulestin）以香草豆莢調味，並使用無水奶油（clarified butter）來油炸卡士達醬切片，最後佐配巧克力醬享用。

第十一章 | 醬（Sauce）

沙巴雍醬
（SABAYON）

第604頁

油醋醬
（VINAIGRETTE）

第634頁

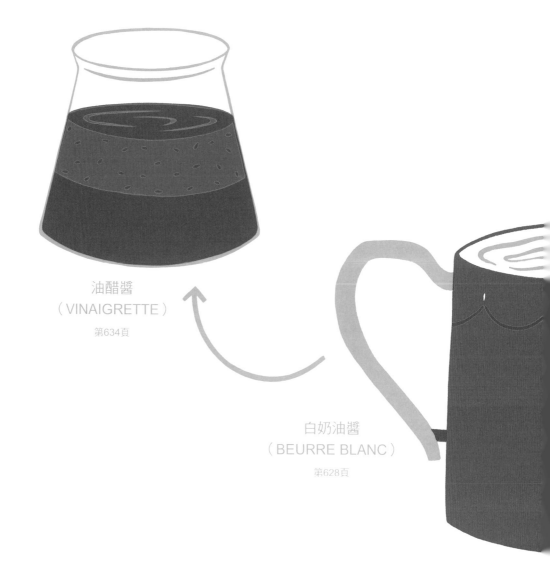

白奶油醬
（BEURRE BLANC）

第628頁

荷蘭醬
（HOLLANDAISE）
第611頁

美乃滋
（MAYONNAISE）
第618頁

沙巴雍醬（SABAYON）

　　沙巴雍醬介於卡士達（custard）與醬（sauce）的系列食譜交界處。沙巴雍醬跟英式蛋奶醬（crème anglaise）或焦糖布丁（brûlée）一樣，加熱時都要小心，然而製作沙巴雍醬不是攪拌就好，還要快速攪打，實際的液體用量要比蛋的用量少得多。因此，沙巴雍醬被歸類在「醬」之中。

　　讓沙巴雍醬與其他卡士達有所區別的另一點是它含有酒精，曾經以能夠提神而聞名。據說沙巴雍醬對感冒有益，還能讓在舞會結束時精疲力竭的女性恢復精神，也能讓新郎在新婚之夜全力以赴，並對懷孕婦女有極大好處（這與現代對懷孕的建議有相當大的差異）。在義大利，學童和當地居民在上學或到田地的途中會在自助食堂停留一下，喝杯有泡沫的沙巴雍醬來提振一天的精神。在沙巴雍醬的經典配方中，會將蛋黃與糖及葡萄酒隔水加熱，並大力攪打混合至變稠呈泡沫狀。若是放置時間過長，沙巴雍醬最終會回復原先的液體狀態，這就是為什麼通常沙巴雍醬在餐廳裡都是點了才做。過去，沙巴雍醬都是在桌邊製作，由用力到漲紅臉的服務生快速攪打做成。這需要費點力氣，永遠不會有現成的版本。沙巴雍醬是不方便的食物，而這也是它部分魅力所在。

　　若你要在家中準備沙巴雍醬給客人享用，請記住一點，若你的餐桌就在廚房中且爐子貼在牆邊，那麼客人將有足足八分鐘只能看到你的背影。電動打蛋器可減輕手臂的負擔，但也會產生難處。首先，電動打蛋器的噪音很可能會妨礙大家在晚餐時自由自在地進行交談。其次，我打蛋器的電線長度只到爐面上火勢最猛烈的那口爐上，這意味著要在鍋子和火焰之間插入一個搖搖晃晃的加熱擴散器（diffuser），再加上放在鍋中沸水上隔水加熱的鋼盆會在我攪打醬汁時不停旋轉，這太危險了。我總是像插畫家拉爾夫·斯特德曼（Ralph Steadman）所畫的食譜封面那樣，有著「製作甜點的恐懼與不情願」。

　　若擔心要如何穩定保持微熱的溫度，你可以像製作卡士達那樣隨時加點麵

粉來穩定混合物，這樣就不需要使用隔水加熱法了。不過料理作家德莉亞‧史密斯（Delia Smith）兩種作法都用，她將 1 茶匙玉米澱粉倒入四顆蛋黃製作的沙巴雍醬，然後再隔水加熱。在沙巴雍醬中加粉類的想法並非現在才有。一本十九世紀中葉的義大利學術期刊上，我碰巧看到了用栗子粉製作的「家庭主婦自製沙巴雍醬」（sambajon casalingo）。

如果你會喜歡冰涼的沙巴雍醬，那有個能夠事先做好的方法可以試試，就是在將沙巴雍醬加熱打至起泡的最佳狀態後，繼續隔著冷水或冰水冰鎮攪打，這會使醬汁不易消泡。冰涼的沙巴雍醬翻拌入打發的鮮奶油中會更有口感，還能（以極佳的方式）讓甜味變得紮實，也使風味更加持久。沙巴雍醬的缺點就是容易消泡。

在專業廚房中，鮮奶油沙巴雍醬是一種用途極廣的甜蛋糊，可製成多種經典甜點。鮮奶油沙巴雍醬可調味並冷凍製成凍糕（parfait；或稱為「百匯」、「芭菲」），或將其倒在用糖水醃漬的水果上，在表面形成一層脆糖。當奶油沙巴雍醬與水果泥混合時，還可以做成慕斯，加點吉利丁可讓泡沫維持久一點。

這並不是說不加鮮奶油的傳統沙巴雍醬用途就少。傳統沙巴雍醬還是可以用來做甜點、醬汁或短飲（short drink；酒精含量高的小杯調酒）。我在這裡使用法文的沙巴雍醬「sabayon」以保留這個名詞的彈性，因為若用沙巴雍醬的義大利文「zabaglione」來點菜，你應該會拿到一份用馬莎拉酒製成的沙巴雍甜點。另一方面，任何你喜歡的酒都可以用來製作沙巴雍醬，連果汁、調味牛奶、雞高湯等等的食材也都能製作沙巴雍醬。另外，若用融化奶油製作沙巴雍醬，那其實就是荷蘭醬了。

荷蘭醬（HOLLANDAISE）

荷蘭醬跟沙巴雍醬一樣，都要隔水加熱製作，但荷蘭醬不用糖和酒，而是先將蛋黃與檸檬汁，或蛋黃與濃縮醋快速攪打過，才逐步加入奶油攪打。荷蘭醬是出了名的難製作，但不是絕對的。只要你像製作卡士達那樣注意火候，不要太倉促，就可以了。雖然要像製作卡士達那樣費心才能做出荷蘭醬，但荷蘭醬並不是卡士達，而是跟本章系列食譜中的所有醬一樣，都是水與油脂組成的乳狀物。乳化的形成，是偏好自己同伴的分子所暫定的契約。經由攪拌、快速攪打或搖動等擾動的方式促使分子結合，但擾動停止後不久，分子就會再次分離。而像蛋黃這樣的中介成分可以阻止這種情況發生，蛋黃的蛋白質分子具有

親水性的「頭部」，會與水形成鍵結，而疏水性的「尾巴」則排斥水，反倒會與油脂形成鍵結，因此蛋黃在兩種不相溶的物質之間形成了穩定的分子橋。也有其他食材可以當作乳化劑，但是蛋黃特別有效。

與沙巴雍醬一樣，使用電動打蛋器可以讓荷蘭醬更快乳化，還可以拯救你的手臂。使用攪拌機或食物調理機幾乎萬無一失。我說「幾乎」，是因為根據我的經驗，荷蘭醬的棘手問題在於上桌時要是溫熱的。要再加熱荷蘭醬極為麻煩，因此最好在要食用前才製作。不過至少短時間內可以用隔水加熱法保溫，另外我也讀到部分廚師會使用保溫罐來保溫。但是到目前為止，最安全的選擇是在上菜前幾分鐘使用攪拌機直接製作荷蘭醬。例如，你可以將一些鱈魚排放在鋁箔上，調味並撒上風味溫和的橄欖後包起鋁箔，放入烤箱以 180°C 烤 12 分鐘。並將一盤淋了點油的蘆筍尖同時和魚放入烤箱，然後將奶油融化準備好做醬汁。大約在魚烤好的三分鐘前，將溫熱的奶油倒入攪拌機中製作荷蘭醬，接著在做好的荷蘭醬中拌入一些碎香草（herbs），這樣每樣東西就可以一起上桌。在澤西皇家馬鈴薯（Jersey Royal potatoes）的產季時，我在烤魚之前還會拿幾個馬鈴薯去燉煮。由於整個過程在十五分鐘內就完成，以致於會覺得荷蘭醬似乎將簡單肉類料理提升到不相符的奢華層次。荷蘭醬（Hollandaise）是用一個以乳製品聞名的國家來命名，就像其含油量高的表親美乃滋（mayonnaise）一樣，就是以盛產橄欖油的西班牙梅諾卡島（Menorca）首都美洪（Mahon）來命名。然而，是法國人而非西班牙人讓美乃滋成為大廚的固定配料，還有美國人讓它成為櫥櫃中的常備醬料。十九世紀末期，由於加州和佛羅里達州產油作物的種植量增加，食用油價格下降，使美乃滋得以成為主流食品。大約在同一時間，新鮮農產銷售系統的發展促進了沙拉的新流行。到了一九〇七年，費城食品雜貨商愛德華‧史考勒（Edward Schlorer）發現妻子阿米莉亞（Amelia）自製美乃滋的保存方法。一九二〇年左右，史考勒夫人的美乃滋已經成功到可以進行廣告活動和製作食譜手冊。好樂門（Hellmann's）在一九二六年註冊商標，其所生產的瓶裝醬汁功能眾多且便利，因此大受歡迎。而且不只能用在沙拉上，它比冷藏奶油更容易塗抹，自然很快成為三明治師傅的首選。一九三七年，好樂門業務保羅‧普萊斯（Paul Price）的妻子發明了巧克力美乃滋蛋糕。這款蛋糕除了美奶滋中所含的蛋及油脂外，沒有再加其他的油脂和蛋，並且使用椰棗和核桃來讓麵糊變稠。像所有以油為基底的蛋糕一樣，成品有著宜人的濕潤口感，今日這款蛋糕食譜仍然很受歡迎。

510

美乃滋（MAYONNAISE）

自製美乃滋是個與罐裝美乃滋不同的世界。它更油、更有光澤、更有風味，更能表現出食材的滋味。自製美乃滋嚐起來有油和雞蛋的味道。好樂門美乃滋的味道就是好樂門的味道。許多製造商使用脫臭油來達到所需的溫和風味。製作美乃滋的新手可以從風味同樣溫和的葵花油或菜籽油（rapeseed oil）開始。無論你選用哪種油，都應先嚐一小匙，因為油的風味在乳化後會增強。風味強烈的橄欖油與味道較淡的食材混合時，就算橄欖油只佔 10%，還是可能會讓你想起那些討厭橄欖的日子。橄欖油的用量達到 30% 時，苦味就會佔據你的喉嚨。色澤是另一個因素。濃郁翠綠的特級初榨橄欖油裝在白瓷蘸醬碟中，可能會讓人胃口大開，但這樣的油做成美乃滋卻顯然會產生噁心的顏色。

在你開始攪拌（或按下攪拌機的開關）之前，可能要先考慮是否值得從頭開始製作美乃滋。若你打算加進強烈的風味（例如做成雞尾酒蝦的醬汁），其實用市售的各種罐裝美乃滋就可以了。自製美乃滋很細緻，但是一旦混入番茄醬、伍斯特辣醬油和檸檬汁，就難以嚐出它的細緻風味。

至少在我人生的前十八年，我不確定自己除了雞尾酒醬（其中含有美乃滋）以外，是否吃過美乃滋。當我搬到倫敦，並開始在牧羊人叢林公園（Shepherd's Bush Green）附近一家制式乏味的咖啡館購買午餐時，我第一次真正吃到美乃滋。這家咖啡館是由一個什麼都很長的人所經營的，他的臉很長、四肢很長，眼睛也遙望遠方。他就像隻靈緹犬（greyhound），當他在寒冷的日子裡穿著羊毛背心時更像。我會點一個雞蛋三明治，他則會審慎小心地將美乃滋抹在兩片處理過的白麵包上，麵包上的每個空隙都不放過，他就是有辦法一丁點都不浪費。接下來，他會用不銹鋼切蛋器將剝好的水煮蛋切片，切蛋器上可能會有（也可能沒有）額外繞上的金屬線，這可以把蛋切得更薄，再將薄蛋片整齊且不重疊地舖在麵包上。他會捏一撮鹽撒上，將上面的麵包片蓋好並輕輕按壓。接著從對角線切開，包裹在一個紙袋中，邊角處扭起封好。靈緹犬先生的雞蛋三明治一直都很精緻。

最終，我在城裡的高級地區找到了一份更好的工作，就不得不忍受先混了碎雞蛋的美乃滋堆得極厚，以致於若不將加有種籽的高級全麥麵包片用力壓下去就不能對切，裡頭的餡料也就會溢出。不應該是這樣的。我想念靈緹犬先生。我總愛這麼想，他離開牧羊人叢林公園那裡，去了日本的某個縣府，在當地他

以細緻的自製雞蛋三明治聞名，並娶了一位女詩人，住在有著一排排櫻桃樹的河邊木屋裡生活。

白奶油醬（BEURRE BLANC）

　　如我之前所提，「醬」系列食譜中的所有基礎食譜都是用乳化製作，但是請注意，接下來的這個白奶油醬基礎食譜不加雞蛋。你甚至可以將白奶油醬視作無蛋的荷蘭醬。不加雞蛋就少了家庭廚房中的明星級乳化劑，這也是白奶油醬如此難以製作的主要原因。為什麼不用簡單的荷蘭醬就好呢？答案是口感。兩種醬因為其中的高奶油含量所以味道一樣好，但是白奶油醬的口感更柔滑。

　　要製作經典的白奶油醬，首先要將紅蔥頭、葡萄酒及醋一起煮至收乾些，然後逐步加入冷藏奶油塊，開小火持續大力攪打。有些食譜要求在加入奶油之前，葡萄酒或醋要收乾到幾乎沒有水分的程度，但在我們的基礎食譜中，不會將葡萄酒完全收乾，我認為這會帶來更有趣的風味，也猜想這會有助於醬汁進行乳化。白奶油醬起源於法國羅亞爾河地區，正統上是用該區的白葡萄酒製作，不過可經由收乾的過程來做風味上的變化，作法是在收乾時加入不同的液體或是食材。干白苦艾酒可在不偏離原味的情況下帶來強烈的芳香，而對餐廳菜單所進行的調查則顯示，加在白奶油醬中的液體及食材各式各樣，有夏翠絲酒（Chartreuse）、保樂開味酒（Pernod）、塔巴斯科辣椒醬（Tabasco），以及來自遙遠羅亞爾河地的薑與黃豆組合。另一種常添加的食材是鮮奶油：在收乾時加點鮮奶油再收乾些，不但有助於乳化，並能讓醬汁不易油水分離。許多餐廳都以這種方式製作白奶油醬，好讓白奶油醬在營業時間中隨時可用。

512

油醋醬（VINAIGRETTE）

　　白奶油醬之於油醋醬，就像荷蘭醬之於美乃滋一樣，都是以油為基底之冷醬汁的熱奶油版本。荷蘭醬和美乃滋會保持乳化狀態，但白奶油醬和油醋醬的油水融合是暫時性的，靜置一段時間後，就會油水分離。在裝有混好油醋醬的瓶中，油會驕傲地浮到醋之上，像是它知道自己是兩者中比較昂貴的那一個。若你有毅力地不斷搖動，它們就會再次結合。

　　只需要用油和醋就能製作出簡單的油醋醬，將油與醋以 3：1 或 4：1 的比例混合即可。把純油醋醬與加有芥末的同樣油醋醬擺在一塊，你會注意到純油

醋醬中的油滴明顯較大，這樣油水會更快分離。蒜泥可以減緩油醋醬的分離，但幾乎沒有食材能像蛋黃一樣產生強大的乳化作用。加入芥末、大蒜和蛋黃，可讓乳化的醬汁形成奶油狀的濃稠醬料，若你曾將這些食材一起拿來從頭開始製作正統的凱撒沙拉，你就會知道。番茄泥、鮮奶油和絹豆腐（silken tofu）雖然是比較不常見的乳化食材，但可以做出有趣的淋醬。

　　油醋醬常常是在有什就加什樣的情況下湊合做出來的，但好的添加物會帶來好處。就我的經驗而言，在日常油醋醬中加點甜味會帶出令人印象深刻的風味。也值得試試加入磨碎的紅蔥頭以提升油醋醬的品質，還有人說在油醋醬中加入洋蔥汁會產生美妙風味。雪利酒醋也值得一試，通常都會用巴薩米克香醋或紅酒醋，或是將醋及檸檬汁混合使用，而不是只用其中一種。少量的馬麥醬（Marmite）或是鯷魚會則帶來鮮味，而這也是許多美味醬汁的祕密武器。

　　製作有許多生菜葉的沙拉時要記住一件事，那就是油醋醬要用手拌入沙拉中，這樣才能均勻分布。首先加入比你認為的還要少的油醋醬，然後一次加一點，直到每片葉子都裡上油醋醬。你或許會發現自己需要在料理器具中再加一項指甲刷，但是除了醬汁裡得均勻的沙拉外，你還會發現這項料理技巧可以讓皮膚變得極為油亮柔軟。當然，我剛剛才剪過指甲。

　　熟能生巧，當然還要搭配明智的調味試驗，與所有醬汁一樣，這裡的目的在於創造出風味濃郁鮮明且有些稠度的醬汁。將油和醋乳化是常見的作法，但也可以改挖一點有堅果味的中東白芝麻醬搭配檸檬汁使用。酪梨泥、絹豆腐或收乾至糖漿狀的果汁也可以取代油。切記先在要佐油醋醬的料理上加點醬汁試試味道，你可以拿片生菜葉沾點醬，或是在一小匙溫熱的扁豆沙拉上淋一點。確認自己的醬汁本身味道很好，就跟在臥室鏡子前確認舞姿一樣有用。

　　我從小就開始做油醋醬。這是我媽媽委派我進行的首批任務之一。近年來，我開始常常自己製作美乃滋和荷蘭醬。在依循「醬」系列食譜的原則後，我也將沙巴雍醬和白奶油醬加入了自製醬料之列。餐廳文化教會我們經典醬汁與昂貴食材和精緻配料之間的結合，但家常菜（如魚餅〔fishcake〕佐菠菜、鮭魚配青花菜或羊排佐烤馬鈴薯）也可以從學習製作醬汁的成長過程中受益匪淺。而且你所付出的努力也會有高度回報。正如查爾斯・西恩（Charles Senn）在著作《醬汁之書》（*The book of sauces*；一九一五年出版）中所言，「沒有比製作醬汁更能展現廚師技巧和知識的料理藝術了，製作完美的醬汁確實是料理藝術的最高境界。」

513

沙巴雍醬（Sabayon）

沙巴雍醬既可作成甜味醬或鹹味醬，也可以用較多的分量做成甜點，最著名的例子是義大利沙巴雍甜點（zabaglione）。沙巴雍醬算是一種卡士達醬，這代表它得以小火來燉煮，例如隔水加熱，或是添加少量澱粉以防醬汁本身受熱過度。以下基礎食譜的分量只要加 $1/2$ 茶匙細玉米粉就足夠，並要在一開始就加入蛋黃中。要讓沙巴雍醬變得濃郁，請在步驟 2 結束時關火，然後一次倒入 25 至 50 克切丁的冷藏無鹽奶油快速攪打。醬汁最初看起來可能會變稀，但是因為加了油脂，所以它會逐漸變稠。

此基礎食譜可以製作 4 人份的沙巴雍醬，或義大利沙巴雍甜點。

食材

4 顆蛋黃

4 湯匙糖 [A]

1 撮鹽

60 毫升甜白葡萄酒（製作沙巴雍醬），或 120 毫升馬莎拉酒（製作沙巴雍甜點）[B]

1. 將所有食材放入一個大耐熱碗中，快速攪打 1 分鐘，混合物的體積會膨脹並變白。
   若使用電動打蛋器，碗要深一點，醬汁才不會飛濺到圍裙和廚房牆壁。
2. 將碗放在微微煮沸的水上隔水加熱，然後快速攪打至打發。
   打發是指混合物會附在打蛋器上幾秒鐘才滴落。以基礎食譜的分量而言，使用電動打蛋器打發需要 5 至 7 分鐘，若你敢徒手攪打的話，則需要長一點的時間，大約是 10 分鐘。
3. 趁著溫熱立即享用，或在不加熱的情況下繼續攪打直至混合物變涼，可以將碗放在裝有冷水或冰水的更大碗中來加快此一程序。

A. 糖的用量可以少一點，每顆蛋黃只用1茶匙糖即可。 實際上，糖並非必要，製作鹹味沙巴雍醬時可以完全不加。

B. 馬莎拉白酒（While Marsala）是用來製作沙巴雍甜點的葡萄酒，你可以試試用任何你喜歡甜葡萄酒來製作沙巴雍甜點：馬德拉酒、波特酒（port）、甜雪利酒、蜜思卡麝香葡萄酒（Moscato）、蘇玳貴腐酒（Sauternes）等都可以。若要製作沙巴雍醬，可用各種甜鹹液體取代甜酒，請參見「風味與變化」單元。

沙巴雍醬→風味與變化

香檳（**CHAMPAGNE**）

下一次你招待客人品嚐香檳時，若其中有一個愛裝模作樣的人，就是那種基於禮貌拿了杯香檳，卻只啜飲小小一口的人，請在他們覺得有必要把剩下的香檳喝掉之前，就把杯子拿走。現在，你手上就有了可以製作人類最美味沙巴雍醬的關鍵食材了。香檳散發出的酵母味在打發蛋黃的陪襯下，提升了沙巴雍醬的風味。成品讓人想起將布里歐許麵包沾上微溫香甜慕斯卡黛白葡萄酒（Muscadet）的味道。糖的用量最好少一點，每個蛋黃用 1 茶匙糖即可。香檳沙巴雍醬通常會充當草莓的絨毛被，但是水煮杏桃有資格可以將草莓踢出被子外，而在香檳酒杯中的杏桃與香檳沙巴雍醬組合，再灑上安哥斯圖娜苦酒，搭配捲心酥（cigarette wafer），再來段朵羅茜‧帕克式（Dorothy-Parker esque）的妙語，就顯得漂亮又迷人。鹹味香檳沙巴雍醬（完全不加糖）是一種經典的海鮮醬，可試試放一匙到帶殼烤的生蠔上。要製作這種沙巴雍醬，可在香檳中加入一些鹹生蠔汁，然後在醬汁快做好時加點奶油快速攪打即可。若沒有香檳，可改用帶有適當餅乾酵母味的卡瓦氣泡酒（cava）。巴塞隆納的「五感」餐廳（Cinc Sentits）有道裝在酒杯中的卡瓦沙巴雍甜點，疊上了一層冷凍鮮奶油及一層溫楓糖漿，並撒了一小撮馬略卡島鹽（Majorcan salt），那滋味讓我像波格利亞市場（Boqueria market）外，老太太從木箱裡丟出來的活蝦一樣躍到半空中。

櫻桃啤酒（**CHERRY BEER**）

英國特雷伯糖果公司（Trebor）過去曾製作出最棒的酸櫻桃硬糖（sour-cherry boiled sweets）。這種糖果的酸鹼值必定是在 1.5 左右。舔一口這種酸櫻桃糖，就會酸到讓你的眼睛瞇成一條縫。吃三顆這種糖果，你就會因為上顎穿孔到急診室報到。就像生活中的許多事情一樣，它們現在已經不一樣了。不過我從櫻桃啤酒中（kriek）嚐到同樣的酸味。好喝的比利時櫻桃啤酒是用當地舍爾貝克櫻桃（Schaarbeekse krieken；一種莫雷洛品種的櫻桃〔Morello cherry〕）來調味蘭比克啤酒（lambic beer）所製成。蘭比克啤酒與其他啤酒的不同之處，在於它是自行發酵的產物。它是在露天的大容器中製作，好讓空氣中自然產生的酵母（取代非天然的啤酒酵母）在食材上作用。將櫻桃（或覆盆子）加到啤酒中進行第二次發酵，每五公升啤酒最多可放入一公斤的水果，因

此風味相當強烈。若你期待這會像是波普甜酒（alcopop）之類的啤酒，那就聽聽作家皮特‧布朗（Pete Brown）的勸告，你離品嚐這種啤酒的層級還差得遠。波普甜酒的主要味道是甜味，其風味更類似玩具城糖果的水果味。蘭比克啤酒又酸又苦，還帶有天然的水果味。但是請注意，當櫻桃啤酒的風潮在湧入布魯塞爾的一大群啤酒迷中盛行時，就代表要注意便宜又甜的冒牌櫻桃啤酒了。結合鮮明水果味和酸味的真正櫻桃啤酒，才能製作出充滿風味又不會太甜的沙巴雍醬。這種沙巴雍醬適合搭配黑巧克力冰淇淋享用。

517

咖啡（**COFFEE**）

分子美食家艾維‧提斯（Hervé This）將沙巴雍醬分為兩類：風味強烈版和風味柔和版。咖啡和龍蝦屬於第一類。蘇玳貴腐酒、蘭姆酒和香草（vanilla）屬於第二類。就像非分子美食家的德莉亞‧史密斯一樣，會喜歡在食材中「加點澱粉」以避免結塊。若要製作簡單的咖啡沙巴雍醬，請將 1 湯匙即溶咖啡溶解在 60 毫升熱水中後放涼，以取代基礎食譜中的葡萄酒。大廚雷蒙德‧布蘭克（Raymond Blanc）的版本較費工。他在巧克力做成的咖啡杯（還有巧克力咖啡盤）中倒入咖啡味沙巴雍醬假裝是法式咖啡（café crème），並加上用櫻桃白蘭地沙巴雍醬泡沫做成的咖啡泡沫點綴。兩種口味的沙巴雍醬底料均使用 2 顆蛋黃、25 克細砂糖、$1\frac{1}{2}$ 茶匙檸檬汁和 60 毫升蜜思卡饗香葡萄酒或其他甜酒製作，將所有食材打發後就關火，並繼續攪打至變涼。然後將 75 毫升鮮奶油打到濕性發泡，翻拌入醬中。要製作咖啡口味的沙巴雍醬，請將 40 克特濃義大利濃縮咖啡（ristretto coffee）倒入 250 毫升做好的沙巴雍醬中，再把 1 茶匙櫻桃白蘭地翻拌入剩餘的 50 毫升沙巴雍醬中，以做成用來點綴的咖啡泡沫。

馬莎拉酒（**MARSALA**）

在義大利台伯河的一個小島上，我吃了讓西哥德人（Visigoths）放過羅馬的沙巴雍甜點。沙巴雍醬被翻拌入鮮奶油中再冷凍，挖一勺放在方形的潘多洛

麵包上，並撒上小顆的野草莓，最後再灑幾滴巴薩米克香醋就完成。它風味如此深沉，以致於我會想像廚師的脖子上戴了一條掛有小瓶香醋的鍊子。沙巴雍甜點通常是用馬莎拉酒製作，也就是用強化的西西里葡萄酒製成。馬莎拉酒的品酒紀錄一般都會提到這酒有烤杏仁味、柑橘味、香草味（vanilla）、焦糖味和蜂蜜味。幾個世紀以來，也有其他的葡萄酒被用來製作類似的甜點。十六世紀的大廚巴托洛梅奧‧斯卡皮（Bartolomeo Scappi）用了一大桶名為馬爾姆西酒（malmsey）的甜味馬莎拉酒來製作這類甜點。根據莎士比亞所述，可憐的克拉倫斯公爵（Clarence）就是被兄弟理查三世下令淹死在這種酒桶中。這事值得你牢記心中，若你有任何剩下的酒，還有一些非常小的對手要解決的話。你在馬爾姆西酒中，可能會嚐到巧克力味、太妃糖蘋果味、烤堅果味和優質橘子醬味。斯卡皮還加了肉桂粉，並建議在攪拌結束之前加入奶油。食譜作家佩萊格里諾‧亞爾杜吉（Pellegrino Artusi）選用雪利酒，並建議用少量蘭姆酒進一步強化你的強化葡萄酒。大廚馬里奧‧巴塔利（Mario Batali）使用聖酒（Vin Santo）且不加糖，但會加入奶油、鮮奶油、鹽和胡椒粉，並搭配烤蘆筍一起享用。基本上，所有的甜葡萄酒似乎都適合用來製作沙巴雍甜點，但若你用了無甜味的葡萄酒，把做出的成品稱做沙巴雍醬比較安全。大廚沃爾夫岡‧帕克（Wolfgang Puck）使用梅洛紅酒（Merlot）做了一道沙巴雍醬，並搭配用檸檬和糖拌過的莓果享用。

牛奶與蜂蜜（MILK & HONEY）

518

上帝對摩西說：「出發……到流奶與蜜之地。」摩西的回應像是，好吧，主啊。但是，喂喂，膽固醇？這裡所說的「奶」是那種脫脂牛奶嗎？對於聖經的學術研究顯示，「奶」可能代表了油脂類食品的總稱。「蜜」則代表了石榴、椰棗和葡萄等甜味食物。儘管如此，喜歡用字面直接解釋的人還是喜歡用杏仁牛奶和蜂蜜製作大廚詹姆士‧馬丁（James Martin）的沙巴雍醬。請用3顆蛋黃、50克紅糖、4湯匙蜂蜜和75毫升杏仁牛奶，以隔水加熱法將它們全部快速攪打至濃稠慕斯狀。然後加入25毫升義大利杏仁香甜酒（Amaretto），繼續快速攪打2分鐘。馬丁將稍微放涼的醬汁舀起，淋在室溫的莓果上，然後再將其放在熱烤架上幾分鐘，直到烤成淡淡的金黃色。

芥末（MUSTARD）

芥末和魚的組合會比你所想像的還少見。在瑞典，有蒔蘿醃鮭魚

（gravadlax）佐芥末醬，以及上面浮著芥末籽的醋漬鯡魚捲（rollmop）盤，而在孟加拉，魚會用芥籽油和芥末籽來煮，但除此之外，芥末和魚的組合很少見。羅莎蒙德·曼（Rosamond Man）和羅賓·威爾（Robin Weir）認為，他們在《芥末之書》（*The Mustard Book*）所試過的所有芥末組合中，魚與芥末的組合潛力最大。他們的紀錄涵蓋了以芥末、芒果和冰鎮蒔蘿芥末鮮奶油優格（dill mustard iced fool）製作的巧克力餅乾，以及用香蕉、蘋果和芥末製成的甜酸醬，所以對魚的評價不是隨便說說而已。馬可·皮埃爾·懷特（Marco Pierre White）以粗粒芥末製作了一種鹹味的沙巴雍醬，可搭配魚肉享用。首先，他將 400 毫升魚高湯做的白湯醬（velouté，參見 200 頁）收乾一半並放涼。同時用 4 顆蛋黃、幾滴水和 4 湯匙無水奶油（clarified butter）製成沙巴雍醬。然後將沙巴雍醬與白湯醬、4 湯匙鮮奶油霜和 2 湯匙粗粒芥末混合至還可以流動的濃稠度即完成。

柳橙（ORANGE）

我在應該是柳橙的年度盛產季時買了四個大柳橙。剝掉一顆柳橙的皮後，發現柳橙的膜可以用來包覆太空返回艙的鼻錐。接著從水果盤拿出其他柳橙，把它們像不聽話的孩子一樣隔離起來，三天都不去管他們。第四天就將它們全都扔掉了。但意識到當晚沒有食材做布丁，又將丟掉的柳橙從垃圾箱撿起來並沖洗掉上面的咖啡渣。我取了 1 顆柳橙榨汁，並加入 1 湯匙君度橙酒和 1 湯匙水（水可以避免雞蛋凝結）。接著用鋒利的刀子將另外 2 顆柳橙切瓣。在盡可能不浪費果肉的情況下，去除襯皮及膜，並為此自豪。我將去皮去膜的柳橙瓣分別放在兩個小盤上，並按照基礎食譜進行，用柳橙汁混合物、2 顆蛋黃和 1 湯匙糖製作沙巴雍醬。接著舀一匙沙巴雍醬淋在柳橙瓣上，再極為輕柔地撒上英式綜合香料粉。最後不要忘了加君度橙酒，它提供了我認為這道菜所需的苦橘子醬味，更強化了整個柳橙風味。

沙巴雍醬→其他應用

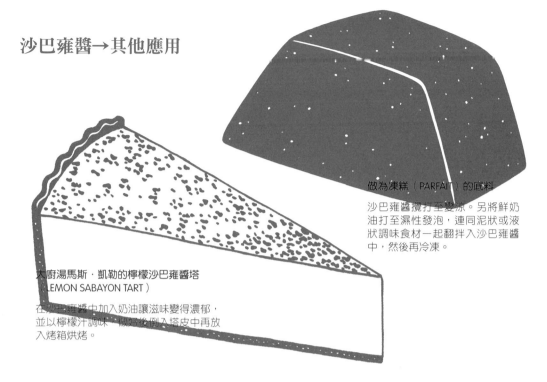

做為凍糕（PARFAIT）的底料

沙巴雍醬攪打至變涼。另將鮮奶油打至濕性發泡，連同泥狀或液狀調味食材一起翻拌入沙巴雍醬中，然後再冷凍。

大廚湯馬斯‧凱勒的檸檬沙巴雍醬塔（LEMON SABAYON TART）

在沙巴雍醬中加入奶油讓滋味變得濃郁，並以檸檬汁調味。做好後倒入塔皮中再放入烤箱烘烤。

沙巴雍冰淇淋（SABAYON ICE CREAM）

打發的鮮奶油翻拌入沙巴雍醬後放入冰箱冷凍。

倒在莓果及布丁（BRÛLÉE）上。

蛋黃巧克力慕斯（EGG-YOLK CHOCOLATE MOUSSE）

沙巴雍醬攪打至變涼。接著將其與一些打發的軟鮮奶油翻拌入融化的巧克力中，然後冷藏至凝固。

做為舒芙蕾（SOUFFLÉ）的底料

將沙巴雍醬翻拌入打至濕性發包的蛋白中，再放入烤箱中烘烤。

荷蘭醬（Hollandaise）

　　將融化的奶油做成荷蘭醬可以奇蹟般地消除原先的油膩感。徒手攪打以下分量的食材不會很麻煩，但我幾乎都選擇用機器攪打，而不是在爐子上邊煮邊徒手攪打。有些人認為使用機器是作弊，並認為做出來的東西應該叫「奶油美奶滋」。我對此沒有任何意見。在上桌之前將荷蘭醬翻拌入打發的鮮奶油中，可以做成慕斯琳醬（sauce mousseline）。這種醬需要將一半重量的奶油加進打發用鮮奶油（whipping cream）或高脂鮮奶油中（按下面基礎食譜的分量，這裡的鮮奶油用量為 125 克）。或也可以將 2 顆蛋的蛋白打至乾性發泡翻拌入醬汁中，做成較為輕盈的泡沫醬汁。

　　此基礎食譜可以製作 4 到 6 人份的荷蘭醬。

食材

4 顆蛋黃 [A]

少許鹽

4 茶匙溫熱的檸檬汁 [B]

250 克融化的溫無鹽奶油（不要太熱）[CD]

白胡椒

爐煮法

1. 耐熱碗放在微稍沸騰的水上進行隔水加熱，將蛋黃及鹽連同 2 湯匙溫水放入碗中快速攪打 30 秒。繼續攪拌，並加入溫熱的檸檬汁。

2. 開極小火，倒入少量溫熱的奶油，徹底攪打至乳化形成濃稠醬汁，然後繼續逐步加入奶油，並盡可能避免底部產生沉澱。
   我第一次先加四湯匙奶油，接下來都是三湯匙三湯匙地加。每次加入奶油後就快速攪打至醬汁再度變濃稠。如果醬汁油水分離，請試著加入一點水或一個冰塊，快速攪打均勻後再繼續。如果這樣沒有用，就將油水分離的醬汁當做是奶油，再拿一顆新的蛋黃重新混合。

3. 試嚐調味，根據需要再加點檸檬汁、鹽和／或胡椒粉。[E]
   若醬汁太稠，可加點水。

4. 做好後馬上使用，或倒在容器中蓋好，放在稍微沸騰的水中以隔水加熱的方式保溫，或放在保溫罐中保溫，最多 1 小時。

521 機器攪打法

1. 將蛋黃、鹽、1 茶匙溫水和溫檸檬汁倒入攪拌機或食物調理機中，快速攪打數秒鐘。

   請注意，若你的食材量少於上述用量，則需要用有迷你杯的調理機，好讓刀片可以打到食材。

2. 機器運轉時，從上方的管口慢慢滴入溫奶油，盡量避免沉澱到底部。

3. 試嚐調味，根據需要再加點檸檬汁、鹽和／或胡椒粉。如有必要，可逐步倒點溫水攪拌稀釋。

4. 做好後馬上使用，或倒在容器中蓋好，放在稍微沸騰的水中保溫，或放在保溫罐中保溫，最多 1 小時。

舉一反三

A. 蛋黃對上奶油比例較高的荷蘭醬較不會油水分離，但嚐起來可能蛋味會重一點。

B. 有時可用濃縮醋取代檸檬汁。將 2 湯匙白葡萄酒醋、2 湯匙水、1 片月桂葉和 4 顆黑胡椒粒放入不會產生化學反應的鍋中，燉煮收乾約三分之二的量（大約剩下 4 茶匙液體）。過濾並稍微放涼。若你經常製作荷蘭醬（或白奶油醬），那可以製作一大批上述收乾過的醬汁，然後倒入貼有標籤的罐子中置於冰箱保存，這樣應可保存幾個月。有些廚師會使用肉豆蔻皮粉（mace）、龍蒿或紅蔥頭，為收乾過的醬汁增添更多風味。

C. 可按個人喜好使用無水奶油，使用這種沒有水分的奶油塊，荷蘭醬雖會更濃稠，但諷刺的是，奶油味卻變淡了。要稀釋用無水奶油製成的荷蘭醬，請在最後加點水攪打。

D. 如果奶油是熱的而不是溫的，那麼做出來的醬汁可能會太稀。

E. 有些廚師還喜歡加點卡宴辣椒粉或少量的塔巴斯科辣椒醬。

荷蘭醬→風味與變化

血橙（BLOOD ORANGE）

　　血橙荷蘭醬（Sauce maltaise）是一種加有血橙的荷蘭醬，與蘆筍是經典組合。英國料理作家珍·葛里格森（Jane Grigson）說，使用塞維爾柳橙（Sevilles）來製作這種醬汁還更好。不過，血橙的優點在於其年度產季比塞維爾柳橙久一點，剛好在英國蘆筍季節開始時還在產期。你可以嘗試將葛里格森版的血橙荷蘭醬搭配一塊細緻的白魚肉，或是搭配紫色小花椰（purple sprouting broccoli）這類與塞維爾柳橙同產期的食材。是否要在醬料中加入橙皮屑則還有爭議，有些人覺得橙皮屑有苦味，更不用說在美味的醬汁中嚐到苦味會感覺更苦。紐奧良大廚約翰·貝斯（John Besh）有道與蟹肉餅搭配的荷蘭醬，是以在地生產的溫州密柑（satsuma orange）所榨的汁、白葡萄酒醋、生薑、紅蔥頭、胡椒粒、芫荽籽、百里香和月桂葉調味。比起貝斯的荷蘭醬，血橙荷蘭醬感覺起來簡單些。要製作血橙荷蘭醬，請在步驟 1 中將 1 顆柳橙的細碎皮屑加入蛋黃中。磨過皮屑的柳橙榨汁，舀出 2 湯匙置於一旁備用。其餘的柳橙汁連同 1 湯匙水一起加熱後，倒入正以隔水加熱法快速攪打的蛋黃中，再接續步驟 2 進行。醬汁做好後，試嚐調味，並加入預留的 2 湯匙柳橙汁。

焦化奶油（BROWN BUTTER）

　　焦化奶油醬（Sauce noisette；「noisette」的原意是榛果，因為焦化奶油的色澤類似堅果所以也使用「noisette」一字）是種嚴肅的荷蘭醬。部分荷蘭醬中的奶油會先進行焦化以產生焦糖風味，其與正統荷蘭醬的風味截然不同。這讓它不適合在早午餐時享用──我要趕緊補充一下，不是因為滋味問題，而是基於道德理由。在中午前就吃培根、布里歐許麵包和焦化奶油（beurre noisette）的話，那這一天結束時還有什麼可以享受？是要吃鵝肝口味的炸爆米花（Deep-fried popcorn foie gras）、三瓶伊更堡葡萄酒（Chateau d'Yquem），再打上一架吧！有許多簡單的方法可以製作焦化奶油醬，但可以考慮速成醬

汁基恩采姆醬（sauce Kientzheim）的作法。分子美食家艾維‧提斯（Hervé This）會在水煮魚或烤肉中佐上基恩采姆醬，你找不到其他醬汁能比得過這個以法國亞爾薩斯 D28 公路上某村莊命名的醬汁。要製作基恩采姆醬，請將奶油煮焦，在煮的同時請三不五時加點柳橙汁、牛奶或水進去，以避免煮到焦黑（這是大廚皮耶‧加尼葉〔Pierre Gagnaire〕的主意）。放涼後，連同蛋黃、檸檬汁、芥末和鹽一起快速攪打混合。你會注意到這種作法比較像在製作美乃滋，而不是荷蘭醬，因為雞蛋沒有加熱。愛麗絲‧托克拉斯（Alice B. Toklas）以同樣的作法製作了榛果奶油荷蘭醬（hollandaise au beurre noisette；這裡的「noisette」指的就是榛果，而非焦化奶油）。她最後加的是醋而非檸檬汁，然後與鮭魚一起上桌享用。焦化奶油荷蘭醬的典型作法，是將 15% 的奶油焦化，而用其他85% 的奶油做成醬汁，然後將溫熱呈液態的焦化奶油倒入醬汁中，徒手快速攪打或用機器混合攪勻。

辣椒（CHILLI）

英國人對辣椒的偏愛似乎是近來才有的，但早在一八六〇年，美食作家伊麗莎‧阿克頓（Eliza Acton）就提倡將卡宴辣椒加在各種配方中，包括荷蘭醬之類的醬汁。阿克頓的醬汁是用蛋黃、檸檬、奶油、水、鹽、卡宴辣椒和肉荳蔻混合製作，但是與大多數荷蘭醬食譜的不同之處，在於所有食材都是直接一起放入鍋中煮，不過她確實也註明了，以隔水加熱的方式不斷攪拌可能會是比較安全的作法。荷蘭醬也是搭配水煮鰻魚或水煮小牛頭的建議佐料。齊波特辣椒（chipotle）近來取代卡宴辣椒，成為最常用在荷蘭醬中的辣椒品種，也許是因為齊波特辣椒的煙燻味，很容易讓經典早午餐料理的風味更鮮明。齊波特辣椒荷蘭醬搭配熱騰騰的整支玉米滋味也很棒。要製作辣味的荷蘭醬，請在 4 顆蛋黃做成的荷蘭醬中加入 1/4 茶匙卡宴辣椒粉。或在步驟 1 時將 2 至 3 茶匙齊波特辣椒糊連同蛋黃一起加入，並用萊姆汁取代檸檬汁。

風味達人的文字味覺
——水平思考的廚房事典

海鮮清高湯（**COURT BOUILLON**）

　　身為十九世紀鐵路大亨兼美食家的「鑽石」吉姆·布雷迪（Diamond Jim Brady），有次從巴黎出差返回紐約後，對他經常光顧的餐廳老闆查爾斯·雷克托（Charles Rector）說，他在一個叫小瑪格麗（Au Petit Marguery）的地方吃到一道精緻的菜餚。那道瑪格麗比目魚排（Sole Marguery）淋上了一層美味的荷蘭醬，那是用名為海鮮清高湯（court bouillon）的輕爽魚高湯所做成的荷蘭醬，滋味是如此令人難忘，以致於布雷迪下了最後通牒，除非雷克托學會怎麼製作這道菜餚，否則他將不再光顧雷克托的餐廳。失去布雷迪這位客人是無法承受的損失。布雷迪在早餐時就會吃掉麵包、雞蛋、馬芬鬆糕、玉米糊、煎餅、煎馬鈴薯、排骨和牛排，並用柳橙汁沖下肚，一旦早餐消化完，他在早上十點左右還會吃下幾十個蛤蜊或生蠔以排除痛苦的飢餓感。「鑽石」吉姆是美國鍍金時代（the Gilded Age）的大胃王。雷克托便叫兒子離開康乃爾大學，去巴黎去找出這道菜的配方，故事就此展開。可憐的兒子在小瑪格麗的餐廳廚房裡找到一份工作，在那裡他每天辛苦工作十五個小時，直到他得知製作醬汁的訣竅。然後，他訂了回家的船票，並在碼頭上遇到了「鑽石」吉姆本人，吉姆便將孩子送回了雷克托的餐廳，並留下來掃光了超過九人份的料理。據說，布雷迪在一九一七年因心臟病去世後，經解剖發現他的胃是普通成年人的六倍大。諷刺的是，《雷克托食譜》（*The Rector Cookbook*，一九二八年出版）中所記載的瑪格麗醬比經典的荷蘭醬要清淡許多，因為奶油的用量較少。雷克托將 4 湯匙白葡萄酒和 240 毫升收乾過的魚湯，加入 3 顆蛋黃快速攪打，然後就像製作荷蘭醬一樣，在開小火煮時加入 110 克奶油。再將醬汁調味、過濾並撒上 1 茶匙切碎的荷蘭芹做點綴。更精緻的瑪格麗醬還會加入蝦精、生蠔精和貽貝精。

524

蒔蘿（**DILL**）

　　我躺在床上，撫摸著睡衣上毛茸茸的袖口，指示著早午餐要怎麼做。馬鈴

薯煎餅（Potato rösti）的厚度要適當，好讓表面煎得金黃酥脆，內部仍白皙柔軟。在煎餅上還要放一片暗橙色的煙燻鮭魚乾及一個煮得完美的水煮荷包蛋，最後再加一勺撒上蒔蘿的濃稠黃色荷蘭醬。然後出現突發狀況。有人忘了買煙燻鮭魚。我衝到廚房，拒絕改用培根，反正就做蒔蘿荷蘭醬。我們將醬汁淋在水煮荷包蛋以及自製的帶皮薯條上。在我看來，蒔蘿是適合加入荷蘭醬的香草，它的常綠清新風味提升了奶油的溫暖舒適感。可在醬汁中加入 2 至 4 湯匙切成細末的蒔蘿。有些廚師會改用泡過蒔蘿的濃縮醋（例如「舉一反三」中的 B 項），不過這樣醬汁中就會少了斑點狀的蒔蘿，這對我來說是一定要有的。

薄荷（MINT）

巴侖滋醬（Sauce paloise）是一種少見但出名的班尼士濃醬（béarnaise；一種荷蘭醬），其中的龍蒿改成用新鮮薄荷取代。用巴侖滋醬與牛排炸薯條（entrecôte frites）、羊排和炒馬鈴薯搭配絕對是十拿九穩。美食作家戴安娜・亨利（Diana Henry）將巴侖滋醬搭配烤羊肉一起享用，我則喜歡這種醬汁與美味羊肉和豆類砂鍋的組合。素食者可以嘗試搭配豌豆或蠶豆油炸餡餅享用。要製作巴侖滋醬，請將白葡萄酒醋收乾濃縮（按「舉一反三」中 B 項所述），再加入 1 湯匙切得細碎的薄荷和其他辛香料，然後按照荷蘭醬的基礎食譜進行，在做好的醬汁中拌入 2 至 4 湯匙新鮮切碎的薄荷。

橄欖油（OLIVE OIL）

橄欖油可做成一種風味不錯的荷蘭醬，可別稱它為熱美乃滋。選擇風味溫和、色澤比森林綠更金黃的橄欖油。以 3 顆蛋黃對上 200 毫升溫橄欖油的比例製作。請按照我們的基礎食譜進行，採用與加奶油同樣的方式，將橄欖油一點一點地加入醬汁中。

百香果（PASSION FRUIT）

百香果極酸，有著壓倒性的香氣以及如豹紋般的果肉。削弱百香果的風味與整個水果味，就能在花香味和硫磺味之間達到美妙的平衡，而同時百香果的酸度還能達到檸檬（或濃縮醋）通常在荷蘭醬中所發揮的作用。在百香果很普遍的夏威夷（不過當地百香果的果皮是黃色的，跟英國常見的紫色果皮品種不一樣），百香果荷蘭醬極受歡迎。百香果荷蘭醬適合搭配蟹餅、水煮或烤的白魚或野生鮭魚和炙燒鮪魚。請用過篩的百香果果肉取代檸檬汁，每顆紫色百香

果應該可以濾出 1 至 2 茶匙的量。

龍蒿與紅蔥頭（**TARRAGON & SHALLOT**）

　　將班尼士濃醬局限在只能搭配牛排炸薯條，是限制了這種醬汁的風格。大廚羅伯特‧卡里爾（Robert Carrier）將班尼士濃醬淋在裹麵包屑油炸的貽貝上。美食作家西蒙‧霍普金森（Simon Hopkinson）提醒我們，班尼士濃醬與羊肉及鰈魚都很對味，甚至連烤馬鈴薯也不例外。在《密諜》（*The Prisoner*）這部電視劇小說中，六號情報員湊合地做出要搭配博讓西蛋（oeufs à la Beaugency；水煮荷包蛋擺在朝鮮薊心上）的班尼士濃醬，並抱怨他得在設備簡陋的廚房中做這道醬汁。沒有壓蒜泥器、沒有研磨器，香料處理起來很麻煩。任何人都會以為他是在一九六〇年代末期的威爾斯鄉下地方。要製作龍蒿紅蔥頭班尼士濃醬，請將 2 湯匙紅蔥頭細末、3 湯匙龍蒿醋和 1 湯匙水收乾成 1 湯匙的液體。過濾並稍微放涼後，取代檸檬汁加入蛋黃中，接續就按照基礎食譜進行。在所有奶油都加入後，再攪入 2 至 3 湯匙切得細碎的龍蒿葉。還有一種修隆醬（Sauce Choron）可算是班尼士濃醬紅著臉的新娘。許多修隆醬的食譜都需要將 1 個新鮮去皮去籽的番茄切丁，與切碎的龍蒿同時拌入醬汁中。

美乃滋（Mayonnaise）

　　美乃滋是一種半固體乳化醬料，是以芥末與檸檬汁或醋調味的雞蛋和油做成的。自製美乃滋比商店購買的美乃滋更濃郁也更少膠質。你應該還會發現自製美乃滋的醋味和甜味較少，而雞蛋的風味比較明顯。把在冰箱冷藏過的美乃滋搭配剛剛炸好的薯條享用，是一大樂事。在比利時與荷蘭，會將炸薯條佐美乃滋盛裝在錐形紙袋中販售。可以將 100 至 150 毫升的打發用鮮奶油（whipping cream）或高脂鮮奶油打發，然後翻拌入香堤伊美乃滋（mayonnaise Chantilly）中，這是較輕盈蓬鬆的美乃滋，傳統上會搭配水煮鮭魚之類的料理，而不是做成雞蛋美乃滋三明治。美乃滋是非常穩定的醬料，做好之後很適合添加各式各樣的食材。

此基礎食譜可以製作出 350 毫升的美乃滋。

食材
2 顆蛋黃 [A]
1 至 3 茶匙第戎芥末 [B]
幾撮鹽
300 毫升油 [CD]
1 至 3 茶匙檸檬汁或葡萄酒醋 [E]
幾撮胡椒粉（可加可不加）[F]

徒手攪打法
1. 將蛋黃與芥末和幾撮鹽一起快速攪打。
   蛋黃的溫度需要與室溫一樣。如果你的雞蛋是從冰箱拿出的，請將其靜置在溫水中 5 分鐘，再敲破分離蛋黃和蛋白。調味要適度，後續隨時都可以再調整。
2. 慢慢加入油（一開始倒入 1 茶匙油或滴兩滴油）並持續快速攪打。一旦乳化，就一湯匙一湯匙地慢慢加入油，最後再緩慢穩定倒入剩下的油。加完所有油後，好好攪打油蛋糊 30 秒。
3. 快速攪入檸檬汁或醋，並試嚐調味。

4. 包好或倒到入有蓋罐子中放入冰箱，最多保存一星期。

機器攪打法
1. 蛋黃、芥末和鹽放入小型攪拌機或食物調理機的容器中開始攪打。
2. 在機器運轉時，慢慢地從上方管口裡滴入油。
3. 一旦倒入所有油且醬汁已乳化，就打開蓋子，加入檸檬汁或醋並試嚐調味，然後再蓋上蓋子並再次攪拌。
4. 包好或倒入有蓋罐子中放入冰箱，最多保存一星期。

舉一反三

A. 一顆蛋黃就足以將大量的油變成美乃滋，但一般來說，每顆蛋黃會加入 150 至 250 毫升的油。不過無需把所有的油都加進去，當美乃滋的量已經夠多或已達你想要的稠度，就可以停止了。

B. 芥末是用來調味的，不用也沒關係。

C. 油用得越多，美乃滋就越濃稠。若有需要稀釋，可以加點水快速攪打。

D. 使用葵花油、菜籽油、花生油或風味非常溫和的橄欖油都是明智的選擇。風味特別的橄欖油、核桃油或榛果油要小心別用太多——大多數廚師會使用風味清淡且便宜的東西來稀釋這類油。

E. 有些廚師會在一開始時就將醋或檸檬汁添加到油蛋糊中，但為了讓乳化的醬料穩定，最好是最後再加。

F. 有些食譜還會加點白胡椒，也有其他食譜建議加點黑胡椒。

美乃滋→風味與變化

培根（**BACON**）

　　有鑑於要收集培根油是很容易的一件事，只有笨蛋才會不試著用培根油取代美乃滋中的油。無論是純粹出於叛逆，還是出於年輕人腰圍對飽和脂肪和碳水化合物的免疫力，將明顯富含油脂的食物堆在另一種含油量高的食物上，已經變得司空見慣。雙層藍黴乳酪炸漢堡、包有鮮奶油凍的布里歐許麵包，以及培根美乃滋都是！為了避免像巴比倫王那樣的暴食，請開始用一些有著鮮明苦味的食物來搭配你的培根美乃滋吧。苦味生菜和鹹豬肉油脂的組合會使人聯想起義大利以熱培根條及乳酪條佐紅菊苣（radicchio）的古老習慣，或是里昂風格的培根沙拉（frisée aux lardons），這是一道含有捲葉菊苣（curly endive）、小塊培根及水煮荷包蛋的經典法式沙拉。我喜歡在菊苣、烤榛子和蘋果的沙拉中淋上培根美乃滋。將培根美乃滋抹在義大利烤三明治（panino）上，夾入烤紅菊苣、生紅菊苣以及辣味佩科利諾乳酪薄片，也是非常美味。你可以在美乃滋中全都使用培根油，但是如果你沒有攢下足夠的培根油，則可將 1 湯匙培根油和 125 毫升風味溫和的油混合在一起，這樣就會有一定程度的培根風味。培根油顯然是要液狀且經過濾才能使用。先嚐過美乃滋後再決定是否要另外加點鹽，有可能不用加鹽。請在步驟 3 最後時加入 1 茶匙甜紅椒粉和少許紅酒醋。

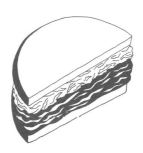

乳酪（**CHEESE**）

　　當電影人物安妮・霍爾（Anne Hall）點了白麵包夾煙燻牛肉佐美乃滋時，我們就知道她與另一角色艾維・辛格（Alvy Singer）之間不會有結果。艾維看起來像是從旁邊吞下醃蒔蘿，這非常失禮，就跟要求牛排要全熟不相上下。安妮的三明治不僅因為沒有芥末的特殊辛辣味而無可救藥地難以下嚥，並且可能還不是猶太教人士可以吃的食物，因為美乃滋不符合猶太教的飲食教規，除非其中的蛋黃驗明過正身。若她點的是魯賓三明治（Reuben sandwich）就再好不

過了，因為這種三明治禁止將肉類與乳酪混合。不過若你完全不介意，那我會建議你，明智的選擇其實是藍黴乳酪魯賓三明治（blue Reuben），這種三明治會用風味強烈的藍黴乳酪美乃滋取代俄式沙拉醬（Russian dressing）。耶誕節時總會有剩下的斯提爾頓乳酪（Stilton），而這也成為試做藍黴乳酪美乃滋的好時機——可以試試將這種美乃滋加在夾有大量薄火雞肉片的熟食店風格三明治中。在某個節禮日，因為沒有德國酸菜，所以我改用以生球芽甘藍絲製作的涼拌甘藍菜絲（coleslaw）。傳統上，藍黴乳酪美乃滋會搭配水牛城雞翅享用，或稀釋後倒在培根菠菜沙拉上。請將大約 50 至 100 克極具風味的藍黴乳酪加入做好的美乃滋中，打成泥或搗碎，至於要用哪種方法，則取決於你想要的口感是滑順還是有顆粒的了。

咖哩（CURRY）

儘管法國人對印度食物不太看得上眼，但他們確實喜歡咖哩風味。咖哩美乃滋是超市場架上的主要產品。根據英國料理作家珍・葛里格森所示，丹麥人也偏愛咖哩，葛里格森也提到咖哩美乃滋常會搭配醃緋魚、肉及沙拉，做成像蒜泥美乃滋拼盤風格（grandaïoli-style）的料理。葛里格森建議，若你是從頭開始製作咖哩美乃滋，請使用花生油或玉米油。英國人消耗的大部分咖哩美乃滋都用在加冕雞（coronation chicken）這道料理上，這道料理的食譜跟君主制度本身同樣一板一眼。大廚羅斯瑪麗・休姆（Rosemary Hume）的原始食譜版本，是在一九五三年為了女王加冕當日的午餐所創作，成品具有非凡的風味深度。

要製作咖哩美乃滋，請將切末的洋蔥放在加有少許咖哩粉的油中炒軟，然後用紅酒、番茄泥、月桂葉、檸檬片，調味料和水燉煮，製成香氣十足的醬料，過濾後，與美乃滋和杏桃泥混合。最後再加點檸檬汁和鮮奶油霜就完成。丹麥的咖哩美奶滋會比較快變成鐵鏽色，要製作丹麥版的咖哩美奶滋，請將 1 湯匙咖哩粉和 4 湯匙高脂鮮奶油加到 350 毫升美乃滋中，並用檸檬汁、鹽和胡椒粉來調味。

大蒜（GARLIC）

要是西班牙人在每盤香腸和薯條上都放一勺橄欖油蒜泥醬（allioli），貝尼多姆（Benidorm）可能仍是個可愛的小漁村。在一九六〇年代那時，到太陽海岸（Costa-del-Sol）走套裝行程的一般度假人士都不喜歡大蒜和油，而沒有比橄欖油蒜泥醬更有大蒜味且更油膩的醬汁了。這道醬汁源起於加泰隆尼亞，

那裡只在橄欖油中加入大蒜乳化做成醬汁。如今，這道醬汁大多會加入雞蛋，做成（不太麻煩的）蒜泥美乃滋，就跟普羅旺斯的蒜泥美乃滋（aïoli）一樣。蒜泥美乃滋在法國備受推崇，因而成了最高級的食品，也成為了某道料理的核心，這道料理就是蒜泥美乃滋拼盤（le grand aïoli）。我第一次吃到蒜泥美乃滋拼盤時，很不幸地不是在村莊廣場的一百英尺大桌旁，沒有鬍鬚整理得像掃帚末端的盛裝農夫一起參與，而是在倫敦騎士橋的一間時尚法國餐廳中。我的朋友被通常用來放置海鮮盤的多層架子遮住了。架子上擺著汆燙過的四季豆、削去一半皮的小馬鈴薯、蛋黃像冷凍奶油那般斑駁且布滿細微裂痕的煮熟水煮蛋、帶有濃密綠葉的細長胡蘿蔔、小蘿蔔、隨意切切的散亂麵包條，以及在最上層的整個球形朝鮮薊。在法國，蒜泥美乃滋拼盤（le grand aïoli 或 l'aïoli monstre）傳統上是在夏季午餐或耶誕夜享用的料理。它也是週末晚餐完美的開胃菜，因為其中很多東西都可以預先準備好。我後續會上菜的料理是慢烤羊腿（slow-roast leg of lamb），部分原因在於，第二天可以將冷羊肉切片與蔬菜和少許蒜泥美乃滋一起夾入三明治中，做為可以用手拿著吃的昨日晚餐紀念品。有些食譜規定在加入油之前就要將大蒜壓碎加入蛋黃中一起快速攪打，但由於大蒜差異很大，我傾向於將大蒜壓成泥，然後一點一點地加到做好的美乃滋中，邊加邊試味道。要使用 300 毫升油製作蒜泥美乃滋，請依照大蒜的大小與風味強度，加入 2 至 6 瓣大蒜。也可以考慮煙燻大蒜、烤大蒜或做成黑蒜（black garlic）。野生大蒜也是一種選擇，只要你將它們汆燙晾乾後再加入油中混合攪打，然後用細篩網過濾，即可像其他任何油一樣使用。

530

綠女神醬（GREEN GODDESS）

綠女神醬是用美乃滋、龍蒿醋、洋蔥、鯷魚、細香蔥、荷蘭芹和龍蒿混合製作，這種沙拉醬據說是在舊金山的皇宮酒店中發明的。它的醋味濃厚，所以現代版的綠女神醬傾向用酸奶油取代大部分的醋。還有另一種新添加的食材是酪梨，它至少可以確保綠女神醬會有該有的顏色。綠女神醬的故事發生在一九二〇年左右，皇宮飯店大廚菲利普·羅默（Philip Roemer）為了偉大的英國演

員喬治・阿里斯（George Arliss）而創作出這款沙拉醬，因為入住飯店的喬治・阿里斯那時演出了《綠女神》（*The Green Goddess*）這部戲劇（希望阿里斯在演出《海鷗》〔*The Seagull*〕時不要住在那麼熱心獻殷勤的地方）。若要製作會酸到臉部肌肉抽搐的原版綠女神醬，請將以下食材混合到350毫升美乃滋中：125毫升龍蒿醋、1枝青蔥、切得細碎的10至12塊鯷魚片、4湯匙切成細末的荷蘭芹、2湯匙切成細末的龍蒿和8湯匙剪碎的細香蔥。若想製作較為溫和且酸味也不重的版本，請用酸奶油和2湯匙檸檬汁取代醋。

法式酸黃瓜芥末蛋黃醬、調味蛋黃醬與塔塔醬
（GRIBICHE, REMOULADE & TARTARE）

法式酸黃瓜芥末蛋黃醬的原文「Gribiche」（音譯類似：格里比許），聽起來像是莫里哀（Molière）戲劇中諂媚的奉承者。實際上，它是以美乃滋為基底的辛辣苦味醬料系列之一（調味蛋黃醬及塔塔醬也是以美乃滋為基底的醬料），其中可能含有切碎的醃小黃瓜（cornichon）、續隨子（caper）、紅蔥頭、全熟水煮蛋蛋白及調味香草（細葉香芹、細香蔥、芫菱和龍蒿）。法式酸黃瓜芥末蛋黃醬是將煮熟過篩的蛋黃與芥末、油，和檸檬汁或醋一起乳化製作，不過其比例和作法與美乃滋的基礎食譜相同。法式酸黃瓜芥末蛋黃醬不會像生雞蛋製作的美乃滋那樣穩定，較容易油水分離，但經由攪拌也很容易再次混合。這道醬料與水煮舌頭或小牛頭肉（tete de veau）是經典組合，但搭配冷的烤牛肉、水煮蛋和煎魚也非常出色，因為就跟你想的一樣，這醬料跟塔塔醬極為相似。要製作法式酸黃瓜芥末蛋黃醬，請準備2顆水煮蛋，取出蛋黃（將蛋白留著備用）過篩，然後快速攪入芥末中並調味，接著按照基礎食譜進行。美乃滋做好後，加入切得細碎的預留蛋白，及切成細末的續隨子和紅蔥頭各1匙，以及1至2湯匙切成細末的調味香草。要製作調味蛋黃醬，請在步驟1中將2茶匙第戎芥末醬和1茶匙鯷魚醬與2顆生蛋黃混合，然後將切碎的續隨子、小黃瓜、荷蘭芹、龍蒿和細葉香芹各1匙，加入做好的美乃滋中（這比用來淋在根芹菜〔celeriac〕上的調味蛋黃醬精緻，會在下一頁的「芥末」段落中大略提到）。塔塔醬在本質上與調味蛋黃醬相同，少了鯷魚，但多了半顆檸檬的汁液與切碎的各種香草一起加入。

531

味噌（MISO）

亨利・阿達尼亞（Henry Adaniya）離開芝加哥的高檔餐廳後，就到夏威

夷去賣熱狗了。他店裡沒有任何老式的熱狗。漢克高級熱狗專賣店（Hank's Haute Dogs）的菜單上，有白蘿蔔口味和味噌美乃滋口味的海鮮熱狗。大廚森本正治（Masaharu Morimoto）則為炸蝦天婦羅製作了一款誘人的味噌美乃滋，這款美乃滋是用檸檬汁、白味噌、柳橙皮屑、辣椒醬和橙味利口酒在市售的美乃滋中調味製作而成。味噌的種類就像櫻花樹上盛開的櫻花那麼多，但要用在這裡的味噌，以風味清淡的白味噌最值得推薦。將 1 湯匙白味噌醬、2 湯匙日式芥末醬（wasabi paste）、2 湯匙萊姆汁、2 湯匙水，和 1 茶匙軟質紅糖混合成光滑泥狀，再加到 350 毫升美乃滋中即可。

芥末（MUSTARD）

芥末醬的英文是「mustard」，不過魅雅狄（Maille）以及好樂門（Hellmann）兩個品牌所標示的名稱則為「Dijonnaise」。搭配根芹菜絲的經典沙拉醬「調味蛋黃醬」也是一種芥末美乃滋，但調味蛋黃醬這個用詞，也可以指列在法式酸黃瓜芥末蛋黃醬下的另一種辛辣碎粒美乃滋。要製作芥末美乃滋的話，請在 350 毫升美乃滋中加入 3 至 5 湯匙第戎芥末醬。我喜歡將無顆粒和有顆粒的芥末醬混合，製成搭配根芹菜的調味蛋黃醬，以增加視覺吸引力。

雞尾酒蝦（PRAWN COCKTAIL）

雞尾酒蝦幾乎擺脫了俗氣的名聲，大廚不需要再用巴格內羅醬（sauce bagnarotte）這樣委婉的說法做為掩飾，或是用瑪麗羅斯醬（Marie Rose）來代稱，瑪麗羅斯醬讓人想起了在英國索倫特海峽（Solent）中腐爛五百年的所有奢華事物。當然，焦急進行改造名聲的首要原因是，只有經由海葬才能妥善處理這麼多的雞尾酒蝦。我完全忘記了自己為什麼這麼愛雞尾酒蝦，直到幾年前我去瑞典哥德堡（Gothenburg），才又想起我愛的是蝦不是醬汁。蝦子甜美溫和的海水鹹味，像美人魚高挺的鼻子一樣耐嚼。我問服務生蝦子是哪裡來的，期待他皺著眉頭有些困惑的表示：為什麼要問，當然是哥德堡灣啊。好像在瑞典進口海鮮是不可思議的想法。不過他的回答是：「格陵蘭島。」雖然如此，瑞典人還是清楚知道要從哪裡買蝦，就像在溫水養殖蝦業出現之前的英國人一樣。現在英國市場上充斥著噁心鬆軟的蝦子，那化學味，讓牠們嚐起來像是泡過藥水那樣。若無法在哥德堡度過一個週末，請找一個好魚販，或改用螃蟹也可以。要製作雞尾酒蝦的醬汁，請將美乃滋與番茄醬以 2：1 的比例混合製作，並加入少許伍斯特辣醬油和檸檬汁調味。另外再用鹽、胡椒粉和卡宴辣椒粉調

532

味。一小杯白蘭地或伏特加酒會讓風味變得鮮明。與此類似的沙拉醬還有路易沙拉醬（Louie）、千島沙拉醬和俄式沙拉醬，這三種沙拉醬都會將番茄、醃黃瓜及紅蔥頭切成細末加入醬汁中。

榅桲和大蒜（QUINCE & GARLIC）

榅桲蒜泥美乃滋（Allioli de Codony）就是用榅桲醬增強風味的蒜泥美乃滋。克勞蒂亞‧羅登（Claudia Roden）在《西班牙美食》（The Food of Spain）一書中提到了榅桲蒜泥美乃滋，還有用蘋果或梨子調味的蒜泥美乃滋。這幾種蒜泥美乃滋通常都會搭配烤肉以及水煮馬鈴薯。要製作這類美奶滋，請將 250 克帶皮榅桲（或 2 個考克斯〔Cox's〕，或史密斯奶奶〔Granny Smith〕品種的小蘋果或梨子）氽燙，或烘烤到非常柔軟，接著去皮去核並搗成泥。然後連同 3 至 4 個蒜瓣的蒜泥和 4 湯匙特級初榨橄欖油，一起快速攪入 350 克美乃滋中。

紅椒（RED PEPPER）

法式紅椒醬（rouille；原文有「鐵鏽色」之意）是一種以大蒜、紅辣椒，也許還有番紅花製作的美乃滋風味醬汁。紅椒醬在法國地中海沿岸很風行，會搭配馬賽魚湯、烤魚或水煮蛋享用。最著名的用法，是將紅椒醬抹在法式大蒜油煎麵包丁上，再與少量磨碎的葛黎耶和乳酪一起加入有著相似鐵鏽色的普羅旺斯魚湯（soupe de poissons）中。如果你的運氣不佳，你點到的會是一種風味微弱的紅椒醬，呈現金屬輕微褪色的色澤，而非生鏽的顏色，這是因為其中的辣椒被溫和的紅椒所取代。有些食譜基本上採用美乃滋的作法，再加入 1 個去籽紅辣椒、2 至 4 個蒜瓣搗成的蒜泥，以及 1 湯匙番茄泥（取代常用的芥末）調味，還會再加入紅酒醋和檸檬汁，給醬汁一些主體風味。有些食譜則用馬鈴薯泥或麵包屑取代蛋黃，像希臘大蒜薯泥醬（Greek skordalia）就是。

海膽（SEA URCHIN）

在所有人嚐得出鮮味的久遠之前，鰻魚就被用來為各種醬料增添美味。例如在東南亞，主要用鰻魚製成的魚露可以拌入市售美乃滋中，提供越南法國麵包三明治（Vietnamese bánh mì sandwiches）眾多風味層次裡的其中一種。更有吸引力的作法是像名廚米歇爾·魯那樣，做道海膽美乃滋來搭配蝦貝蟹類。他用 2 顆蛋黃、1 湯匙第戎芥末、250 毫升花生油和 2 湯匙檸檬汁製成美乃滋。另將十幾個海膽過篩成珊瑚色的糊後加進美乃滋中。接著將 100 毫升鮮奶油打至濕性發泡，然後與 1 湯匙金萬利香橙甜酒（Grand Marnier）和幾滴塔巴斯科辣椒醬（Tabasco）一起小心翻拌入美乃滋中。做好的醬汁可與甲殼類海鮮冷盤一起享用。

533 海菜與日式芥末醬（SEAWEED & WASABI）

你想到美乃滋時第一個聯想到的國家絕對不會是日本，但捲壽司的師傅會將日式芥末醬與美乃滋混合擠到海苔上，再捲起來。在英國馬洛（Marlow）的「手與花」酒吧（The Hand and Flowers pub）裡，主廚湯姆·克里奇（Tom Kerridge）會在日式芥末美乃滋中加入海菜，搭配日式炸牡蠣上菜。海菜與日式芥末美乃滋與炸魚肉塊非常對味，再搭配大量的檸檬塊，你就能穿梭在鹹味、辣味與酸味之間。克里奇所用的海菜是腸滸苔（gutweed；Ulva intestinalis），會叫這名字是因為它很像史瑞克的腸子吧。日本是有種植這類作物的。在英國，若你要沿著海邊散步，可以穿上長筒橡膠靴順便採集。野食專家約翰·萊特表示，直接從海邊鹽池中採集到的海菜只嚐得到鹹味。放入烤箱烘烤或經過太陽曝曬，再弄碎製成像海苔那樣的薄片或是油炸成碎塊，嚐起來會更有一般綠色蔬菜的風味。克里奇將 50 克腸滸苔徹底洗乾淨後，連同 120 毫升米醋、2 顆蛋黃與 1 茶匙日式芥末醬一同放入食物調理機攪打，再慢慢倒入 250 毫升植物油至混合物乳化。克里奇建議可以在這款美乃滋快做好時加入牡蠣汁以提升風味。

鮪魚（**TUNA**）

鮪魚醬小牛肉（Vitello tonnato）的外觀不佳。即使放在最精緻的米蘭餐具上，小牛肉和鮪魚美乃滋的蒼白組合看起來仍然像是一九五〇年代食譜書中褪色的彩色照片。通常用來裝飾鮪魚醬小牛肉的續隨子，也沒有紅醋栗那樣的漂亮外觀。不過，誰在乎呢？這道料理太好吃了，它在盤子中停留的時間還不夠長到會冒犯任何人對美感的要求。小牛肉有時會用豬肉或雞肉取代，有些廚師喜歡將肉用烤的，而有些則喜歡用水煮的。無論哪種方式，這道料理通常以室溫享用，或在大熱天中做成冰涼的冷盤更好。若找不到裝潢過度的海灘俱樂部或遊艇甲板，就在花園裡找個最好的地方，然後為自己準備一杯粉紅色的飲品。以下的鮪魚醬配方足夠佐上 1 公斤左右的肉類。請在攪拌機或食物調理機中將 250 毫升美乃滋與 1 罐 160 克的優質鮪魚罐頭（連油一起用）、4 片洗淨的鯷魚片和 1 至 2 湯匙檸檬汁混合。當混合的醬汁呈現光滑乳狀時，拌入 2 至 3 湯匙洗淨瀝乾的續隨子。如果肉是用水煮的，有些人會喜歡倒點煮肉的水到醬汁中來稀釋醬汁。接著將煮熟或烤熟的肉切成薄片，排在盤子上，醬汁均勻倒在上面。義大利料理作家瑪契拉・賀桑（Marcella Hazan）則建議，也可將鮪魚醬小牛肉的肉片與醬汁像義大利千層麵那樣層層疊起。她說做好的鮪魚醬小牛肉可在冰箱中保存最多一個星期的時間。

白奶油醬（Beurre Blanc）

從本質上來說，白奶油醬就是無蛋的荷蘭醬。少了蛋黃讓醬汁變濃稠，意味著白奶油醬會比用等量奶油製成的荷蘭醬稀。雖然如此，只要不在盤子上留太久，白奶油醬還是有足夠的稠度維持住它的形狀。白奶油醬通常會搭配魚肉享用，但素食主義者也不要錯過這道醬汁。將白奶油醬簡單淋在印度白香米飯佐紫色小花椰上，我就吃得很開心了。這裡的食材比例是 75 毫升收乾過的湯汁對上 250 克的奶油，與油醋醬一樣。

此基礎食譜可製作 6 至 8 人份的白奶油醬。

食材
1 顆大紅蔥頭（或 2 顆小紅蔥頭）[A]
250 克冷凍無鹽奶油 [BC]
4 湯匙白葡萄酒醋 [AD]
150 毫升干白葡萄酒 [AD]
鹽
些許檸檬汁（可加可不加）

1. 將紅蔥頭切成末。將三分之一的奶油切成 1 公分見方的小丁，其餘的切成 2 公分見方的小方塊。
2. 將紅蔥頭和醋放入不會產生化學反應的小平底鍋中收乾，以小火熬煮至幾乎沒有水分。接著加入酒並收乾一半。[E]
3. 轉小火，開始加入奶油，先從 1 公分見方的小丁加起，一次一個，同時不斷快速攪打鍋中湯汁。當每個小丁幾乎融化後再加進下一個，直到所有奶油都用完。

   此過程稱為「逐步融合」。請三不五時將鍋子拿起來，好讓溫度下降。當你的奶油越加越多時，醬汁應會變得濃稠。若醬汁開始看起來像是融化的奶油時，請繼續快速攪打，但同時應該要關火，並再加入更多冷的奶油。若是這樣還救不回來，其中的一種選擇是融化其餘的奶油，然後將油水分離的醬汁改做成荷蘭醬（參見 611 頁的步驟 2）。

4. 調味並過濾。

    若你不想過濾，就讓紅蔥頭留在醬汁中，但請確保紅蔥頭切成細末並且煮軟才能上桌。這也意味著收乾時要多留一點水分，然後熬煮時間要再長一點。

5. 若要加檸檬汁，請在這時拌入。最後讓醬汁溫熱上桌。

    白奶油醬在理想情況下應立即上桌食用。它可以用隔水加熱法保溫一小段時間，但還是會逐漸油水分離。有人建議可以倒入保溫罐中保溫。明智的作法是將餐盤加熱，這樣能在你享用時協助醬汁保留熱度。

舉一反三

A. 湯汁收乾的過程剛好是醬汁調味的機會。除了葡萄酒和醋，還能使用高湯、鮮奶油和果汁，並可以再多加其他辛香料，或直接取代紅蔥頭來增強風味。

B. 大多數食譜書都建議使用無鹽奶油，但是根據美食作家理查德‧奧爾尼（Richard Olney）的說法，布列塔尼加鹽奶油是最佳選擇。料理作家保羅‧蓋勒（Paul Gayler）則聲稱，稍微加點鹽會產生濃稠一點的效果。若確定要用加鹽奶油，在還未試嚐過醬汁的味道前請勿加鹽。

C. 可按個人喜好盡量添加非無水奶油，因為它含有可以自我乳化的物質。無水奶油就不行了。

D. 像糖漿狀收乾湯汁的配方差異很大。有的只用葡萄酒，有的只用醋，也有兩者一起使用的。有些廚師會用水稀釋湯汁。在我們的基礎食譜，奶油要加進鍋中時，鍋中的湯汁相對起來含水量較高。在有些食譜裡，湯汁要幾乎收乾到沒有水分。

E. 為避免醬汁油水分離，請在步驟 2 結束時，在收乾湯汁中加入 2 湯匙高脂鮮奶油並加熱，再加入奶油。或者在奶油完全與湯汁融合後再加些鮮奶油，慢慢將醬汁熱透。

白奶油醬→風味與變化

蘋果（APPLE）

　　魚愛酸味。檸檬顯然是最對味的，不過鯖魚喜歡醋栗（gooseberries），而明蝦則夢想著跟未成熟的芒果搭檔。蘋果白奶油醬可與大比目魚（halibut）、鮭魚和扇貝（scallops）搭配。這道醬料對大多數魚肉來說都是安全的，或者也可以從海中跳上陸地，試著與豬里脊肉捲（stuffed pork loin）搭配。要製作蘋果白奶油醬，請將 4 湯匙蘋果酒醋和 150 毫升蘋果汁進行收乾，然後按照基礎食譜進行，並在最後放上一些香氣撲鼻、清脆漂亮的蘋果條點綴。蘋果雪白清脆的多孔質地與柔軟的魚肉搭配起來特別美味，而且蘋果對大多數蔬菜都具有類似調味料的提味效果。

細香蔥（CHIVE）

　　白奶油醬的初學者可能會把太太當做實驗對象。加入幾湯匙切成細末的細香蔥，可以將水煮荷包蛋烤吐司這份週末早餐提升到接近早午餐的層級。正如舉一反三中 E 項所指出的那樣，製作白奶油醬最簡單的方法，就是在收乾過的湯汁中加入 1 至 2 湯匙鮮奶油，接著再收乾一點後才加入奶油。根據料理老師詹姆士・彼得森（James Peterson）表示，這種作法被認為是異端，但「幾乎嚐不出差別」。只有你和做這道料理的人知道而已。實際上，有些食譜需要用到 250 毫升的鮮奶油，還有幾湯匙收乾過的湯汁以及 225 克的奶油，但當鮮奶油的用量與奶油一樣多時，這還能算是白奶油醬嗎？

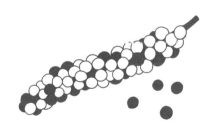

青胡椒粒（GREEN PEPPERCORN）

　　據料理作家安妮・維蘭（Anne Willan）表示，二十世紀中葉之前，在法國羅亞爾河北部和布列塔尼南部以外的地區，人們幾乎不知道白奶油醬。這道醬汁之所以有名氣，要歸功於巴黎名廚梅爾・米歇爾（Mère Michel），他每天晚上都製作大量的白奶油醬，以搭配羅亞爾河傳統料理水煮狗魚（pike）。一九

六〇年代之前的歐洲，對於青胡椒粒（新鮮未乾燥過的黑胡椒粒）一樣不熟悉，直到馬來西亞人開始保存及出口青胡椒粒才有所改變。青椒粒來到巴黎後引起了轟動，特別是在搭配牛排的醬汁中或是與鴨肉一起烹煮的料理。青胡椒粒在亞洲是熱炒料理和咖哩的熱門添加物。它們的風味雖然不像黑胡椒那樣強烈，但兩者都有水果香味，不過青胡椒粒還透著一點月桂葉的風味。現代的白奶油醬中顯然不加青胡椒粒，這也許是因為它們在一九八〇年代的黑色矩形餐盤上過度曝光的緣故。而它們現在以不成熟的狀態再度引發流行的機會已經成熟。要製作這種醬汁，請在奶油全部加進醬汁後，試著在醬汁中拌入 2 湯匙泡過鹽水並瀝乾的青胡椒粒。你也可以購買乾燥的青胡椒粒，它們看起來像是在清冰箱時下面會滾出來的變硬豌豆。將 3 湯匙乾燥的青胡椒粒大致壓碎，同樣等到奶油全部加完後再加入。牛排是這道醬汁常見的搭檔，不過青胡椒粒也跟魚很對味，特別是野生鮭魚塊。

537

薰衣草和玫瑰露（LAVENDER & ROSEWATER）

你很難想得出來有什麼風味是白奶油醬尚未嘗試過的。羅伯特·克勞斯和莫莉·克勞斯夫婦（Robert and Molly Krause）著作《強烈風味的廚師手冊》（Cook's Book of Intense Flavors）裡頭所提到的薰衣草和玫瑰露組合，是我看過最罕見的組合之一。這種風味的醬汁會用來搭配碳烤波特菇（Portobello mushrooms）。若要製作這種白奶油醬，請用干白葡萄酒、紅蔥頭、乾燥薰衣草花苞和黑胡椒粒來熬煮湯汁，然後將收乾過的湯汁與奶油和大量玫瑰露混合。克勞斯夫婦建議玫瑰露要一點一點地加，直至達到明顯但不至於過度強烈的玫瑰風味為止。

檸檬香茅和萊姆葉（LEMONGRASS & LIME LEAF）

在白奶油醬中加入亞洲食材？就像法蘭西喜劇院（Comedie Francaise）的影子木偶一樣不協調。試看看吧，雖然我打賭你會猶豫。有些人會用米醋來取代白葡萄酒，有些人則會使用典型的東方香草（例如檸檬香茅和萊姆葉）來調

第十一章
醬（Sauce）　631

味收乾過的湯汁。也聽過在白奶油醬完成前加點醬油進去的作法。

慕斯卡黛白葡萄酒與其他白葡萄酒
（MUSCADET & OTHER WHITE WINES）

大多數的白奶油醬食譜都需要用到白葡萄酒，但改用香檳也可以。日式清酒也很棒。大廚尚・保羅・穆利（Jean-Paul Moulie）甚至建議使用甜白葡萄酒來製作白奶油醬，這種醬汁可以搭配比目魚或扇貝。但若要堅守正統作法，就得使用羅亞爾河地區的干白葡萄酒進行收乾，而這也可能是最安全的作法。此區的干白葡萄酒選擇很多，例如有燧石氣味的慕斯卡黛白葡萄酒（Muscadet）、武富雷白葡萄酒（Vouvray）或桑塞爾白葡萄酒（Sancerre），這三種酒分別是由勃艮第香瓜葡萄（Melon de Bourgogne）、白梢楠葡萄（Chenin Blanc）和蘇維翁白葡萄（Sauvignon Blanc）所釀造。如果酒的滋味就夠豐富了，只用白葡萄酒收乾即可，無需再加醋。在羅亞爾河谷地，搭配白奶油醬的經典料理是水煮狗魚。今日，在英國的菜單上很少見到狗魚，不過它在中世紀的英格蘭很受重視，因為它的價格是大菱鮃（turbot）的十倍。然而，在維多利亞時代因為運輸網絡的改善，使得海生魚種更容易取得，狗魚的消耗量也就下降了。

538 **紅鯔魚肝（RED MULLET LIVER）**

英國料理作家珍・葛里格森提出了一種搭配紅鯔魚的「零失敗」白奶油醬配方，需要用到紅鯔魚出了名的細緻魚肝。去鱗的紅鯔魚在燒烤時，魚肝要完整保留在魚中，烤完後，將魚肝取出切碎，再加進新鮮製作的白奶油醬。要製作足夠 4 人享用的醬汁，請將 4 顆紅蔥頭切末，和 150 毫升干白葡萄酒一起熬煮收乾到幾乎沒有水分且紅蔥頭變軟。接著將 3 湯匙高脂鮮奶油倒入鍋中，以大火煮沸。然後將 125 克的淡鹽奶油一點一點加入鍋中，直到產生濃郁的混合醬汁（葛里格森建議，如果白奶油醬看起來像要油水分離，請關火並加入 1 湯匙冷水徹底攪打）。當所有奶油都拌入，即可調味並加入少許檸檬汁及拌入切碎的魚肝。

紅酒（RED WINE）

憂鬱星期一的定義是，一個裝有剩下紅肉但沒有肉汁的扣式保鮮盒。在這種情況下，紅奶油醬（beurre rouge）會是你的好朋友。標準白奶油醬中的白葡萄酒可用紅酒，或紅酒與紅酒醋的混合物取代，以進行熬煮收乾。料理作家安

妮・維蘭推薦黑皮諾紅葡萄酒（Pinot Noir）或佳美紅葡萄酒（Gamay）。如果做出的醬汁風味太強烈，請加入 1 至 2 茶匙紅醋栗果凍緩和味道。大廚亞瑟・波茲－道森（Arthur Potts-Dawson）會製作紅奶油醬來搭配煙燻鰻魚、甜菜根和芹菜葉。他首先將切丁的甜菜根加入紅蔥頭中，接著再加入黑胡椒粒、紅酒和紅酒醋來製作醬汁。一旦醬汁收到糖漿狀，他就加點鮮奶油，然後再加奶油。還要注意的是，他在上菜之前會先過濾醬汁。

蝸牛（SNAIL）

布偶秀中的豬小姐點了道法式田螺（escargot），她要求服務生要「抓住蝸牛」。要不是因為那些有彈性的小腹足動物以迷人的擺盤上菜，我可能會覺得同情。放在特製鑲嵌盤上的每隻蝸牛，都沐浴在風味強烈的翠綠色奶油中，讓你隨時都可巧妙舞動蝸牛專用叉鉗取出肉來享用。這樣的儀式足以讓我克服對於吃蝸牛這件困難事的厭惡。經典蝸牛奶油中所用的辛香料可以借用來製作白奶油醬，搭配裝在半殼中的烤龍蝦享用。即使得要使用龍蝦鉗和尖叉，這也是個不下於法式田螺的美味體驗。這道醬料搭配帶有土味的鱒魚也非常出色。要製作這種醬汁，請將 3 瓣大蒜切成細末與紅蔥頭一起熬煮收乾，然後按照基礎食譜進行，最後加入 4 至 6 湯匙切成細末的荷蘭芹。

白醋栗（WHITE CURRANT）

在繪畫的黃金時代，荷蘭人應該是第一個將白醋栗當作一般花園植物的族群。抓住白醋栗的蒂對著光照，你會發現白醋栗的果實有著珍珠耳環那般柔和的半透明光澤。可悲的是，今日你在美術館中看到白醋栗的機會比在蔬果超市中還要高。白醋栗通常比紅醋栗甜，這並不是說它們不酸，而是它的味道會讓你容易一點接受。從歷史上來看，新鮮白醋栗多被當作香草（herb）而非水果。在赫爾辛基的一家芬蘭傳統餐廳「艾諾餐廳」（Ravintola Aino）中，會以白醋栗白奶油醬來搭配烤北極紅點鮭（Arctic char），這也符合醋栗搭配組合的基本原則：紅醋栗搭配羊肉，白醋栗搭配魚肉。

油醋醬（Vinaigrette）

這是道簡單的沙拉醬，通常用 1 份醋對上 3 或 4 份油製作而成。英國料理作家珍·葛里格森有時會用到高達 1：5 的比例。反過來說，你也會發現用 1：2 比例的奇特配方，這樣的配方通會加入糖或蜂蜜來抵消酸味。

此基礎食譜可以製作 150 毫升油醋醬。

食材
2 湯匙葡萄酒醋 [A][B][C]
1 茶匙芥末 [D][E]
鹽和胡椒
1 至 2 茶匙蜂蜜或糖（可加可不加）
1 蒜瓣的蒜泥（可加可不加）
120 毫升油（例如葵花油或橄欖油）[F]

搖動法
1. 將除了油以外的所有食材放入可蓋緊的容器中，搖動混合。
   因為尚未加入油，所以鹽（和糖〔若有使用的話〕）能很容易溶解在醋中。
2. 加入油後蓋上蓋子並用力搖動。
   試嚐調味。將油醋醬淋在要搭配食材上的味道，都比直接舀一湯匙吃的味道要好得多了。
3. 在理想情況下，至少要提前一小時製作油醋醬，這樣食材的風味才有機會融合。
   若有需要，可以快速攪打讓醬汁重新混合。

攪打法
1. 將醋、芥末和調味料（加上蜂蜜或糖和大蒜〔若有使用的話〕）用打蛋器或叉子快速攪打混合。
2. 逐步攪入油，直到醬汁變濃稠。
   試嚐調味。將油醋醬淋在要搭配食材上的味道，都比直接舀一湯匙吃的味

道要好得多了。

3. 在理想情況下，至少要提前一小時製作油醋醬，這樣食材的風味才有機會融合。

若有需要，可以快速攪打讓醬汁重新混合。

舉一反三

A. 請從下列醋中選擇使用（以越來越酸的順序排列）：米醋、蘋果酒醋、香檳醋、白酒醋、紅酒醋、雪利酒醋。

B. 檸檬汁常用來取代醋。雖然檸檬汁更酸，但通常加入的分量與醋一樣。也可以加些切得細碎的檸檬皮。檸檬汁做成的油醋醬淋在熱花椰菜上搭配烤豬肉享用，非常美味。

C. 可以試試用好幾種酸和油來製作一道醬汁。檸檬汁和葡萄酒醋可混合製作出特別美味的沙拉醬。

D. 芥末醬可讓醬汁變稠，但若你不喜歡芥末的味道，篩過的水煮蛋、生蛋黃、少許鮮奶油、絹豆腐、美乃滋或番茄泥，都能有效協助醬汁維持乳化的狀態。

E. 大多數的油醋醬食譜都需要用到第戎芥末醬，但也可以使用其他芥末，像是粗粒芥末醬，加幾撮英式風味強烈芥末粉的芥末醬，加有克里奧爾調味料的芥末醬，或你自己調味的芥末醬。

F. 橄欖油、葵花油、花生油、玉米油、芥花油（canola）、菜籽油、酪梨油或葡萄籽油的效果都不錯。若你使用的是核桃油或榛果油，則可能需要用風味較溫和的油來調和一下。

油醋醬→風味與變化

巴薩米克香醋（BALSAMIC）

你買一瓶便宜巴薩米克香醋所冒的風險，就與你跟大衣裡掛著手錶的傢伙買勞力士差不多。國外有很多騙人的標籤。價格通常（但也不是絕對）是品質的最佳保證。因為要製作巴薩米克香醋，葡萄得濃縮成糖漿，然後還要發酵、氧化和慢慢蒸發至少十二年的時間，並將醋倒入由不同木材製作且尺寸逐漸變小的木桶中。考慮到這所耗費的力心，若巴薩米克香醋賣得太便宜，可能就是假的。一公升深沉黏稠的香醋，是從至少一百公斤的葡萄汁開始製作的。熟成十二年的巴薩米克香醋會標記為傳統巴薩米克香醋（Balsamico tradizionale）；熟成二十五年或更久的香醋，則會標記為陳年傳統巴薩米克香醋（tradizionale extra vecchio）。陳年香醋會讓人聯想到優質的香檳，用陳年香醋來製作油醋醬是明智的選擇，就像是用庫克香檳（Krug）來製作霸克費士雞尾酒（Buck's Fizz）一樣。若你看到的巴薩米克香醋價格跟一品脫蘋果酒一樣，那可能是用非常普通的醋煮過濃縮，然後倒入有中世紀山莊那麼大的工業用桶中，假裝是產自山莊，並在桶中加入焦糖上色與增加甜味。在手工精製和工業生產香醋兩個極端間的某個地方，存在有「摩德納巴薩米克香醋」（balsamic vinegar of Modena），它是用葡萄酒醋、煮過的葡萄汁和（有時會加的）焦糖混合製作，本身沒什麼特別，但用在油醋醬中效果不錯。巴薩米克香醋的用量會比我們基礎食譜中的葡萄酒醋要來得多，所以請將 1 份巴薩米克香醋加入 2 到 3 份油中製作油醋醬，並等到試嚐過油醋醬後再加入增甜的調味料，因為香醋本身也會貢獻甜味。

牛油（BEEF DRIPPING）

在殖民時期的美國，沙拉是擁有廚房菜園才吃得到的特權，而且用融化的奶油當沙拉醬就很足夠了。第 620 頁的「培根」段落也有提到類似的作法，義大利曾經常使用培根油當做沙拉醬淋在苦味生菜上享用。然而隨著植物油日益普及與飽和脂肪被妖魔化，這種作法大多都已消失。大廚湯姆・克里奇（Tom Kerridge）無懼趨勢，使用 150 克緩慢融化的牛油、3 湯匙卡本內蘇維翁紅酒醋（Cabernet Sauvignon vinegar）、4 湯匙剪碎的細香蔥和 4 湯匙切成細末的青蔥蔥綠部分製作油醋醬，將醬汁淋在用番茄、紅洋蔥和酸麵包丁（先拌過牛油才烘烤）製作的沙拉上，最後再將檸檬百里香葉和烤黑種草籽加入沙拉中即完

成這道料理。

花生和萊姆（**PEANUT & LIME**）

直到我搬家且終於更換冰箱前，大約有十五年的時間，我將易腐敗的食物放在沙拉保鮮盒中用布膠帶封好，因為冰箱的新鮮食材儲藏區比廚房地毯下的空間還要少，所以我會把長葉萵苣心及煮軟的番茄塊清掉。我偶爾會把整盒東西倒進廚餘桶中，或是如果裡面的東西還可以吃，我會做道算不上正統的印尼加多加多沙拉（gado-gado）。這道美味的印尼料理通常有煮熟的馬鈴薯、四季豆、全熟水煮蛋、番茄片和黃瓜片、大白菜絲、豆芽和蝦餅，可算是尼斯沙拉（salade Nicoise）的遠房親戚。至於關係有多遠，可能用要加了幾茶匙的沙爹醬（一種用花生製作的醬料）來估算。花生醬可以用來取代油醋醬中的油，花生醬的風味也可用標準量的酸來調和——用萊姆汁與米醋以 1：1 的比例混合最佳。醬油可做為醬汁中的鹹味成分，而紅糖或棕櫚糖則可用來做為醬汁中的甜味成分，不過首先需要將其溶解在酸中。若做出的沙爹醬料太稠而無法倒出，就用水或椰奶稀釋。沙爹醬跟中東白芝麻醬（tahini sauce；用白芝麻、檸檬汁、大蒜、鹽和水所製作）一樣，最恰到好處的那一點難以捉摸。可能需要加些水才能達到可流動的濃稠度，但是很容易加太多而變得太稀。沙爹醬的風味還可用以下其中一種或多種食材來提升：蝦醬、青蔥片、碎花生、蒜泥、搗成糊狀的新鮮辣椒，或辣椒醬。

覆盆子與榛果（**RASPBERRY & HAZELNUT**）

因為沙拉是流行的料理，所以很快就會過期了嗎？我堅守自己在溫熱山羊乳酪沙拉中淋上覆盆子醋和榛果油的權利，也無懼於鼻孔會張大的後果。優質的水果醋很難找到，還不如自己做。將 1 公升（約 500 克）的覆盆子、蔓越莓或黑莓（拍乾）放入玻璃罐中，並倒入適量白葡萄酒醋蓋過水果（約 500 毫升）進行浸泡。或也可以嘗試將鳳梨與蘋果醋混合。蓋好罐蓋後在陰涼處放置 3 至 10 天，三不五時試一下風味的強度。當你對風味感到滿意時，就將醋倒在果凍專用過濾袋（jelly bag）或棉布上過濾，讓醋滴入不會起化學反應的鍋子中，這樣滴一整夜。之後將收集到的水果醋煮沸 10 分鐘，倒入消毒過的瓶子中密封。水果醋可按個人喜好增加甜味，若要這麼做，請先將醋稱重，然後在煮沸時，加入達醋四分之一重至一半重的糖，並一邊煮一邊撈掉浮渣。請將醋保存在陰涼沒有光照的地方，並在一年內使用。水果醋打開使用後，請保存在冰箱

中。若你沒什麼時間自己動手製作水果醋，請試著在醬汁中加點水果利口酒，而黑醋栗甜酒（crème de cassis）、黑莓（mure）利口酒、覆盆子（framboise）利口酒也都能帶來一點甜味。酪梨、莫札瑞拉乳酪、粉紅葡萄柚和藜麥所做成的沙拉，都能靠著黑醋栗油醋醬展現出美味。

綠莎莎醬（**SALSA VERDE**）

　　綠莎莎醬有許多版本。其常用的香料讓它像是法式酸黃瓜芥末蛋黃醬（gribiche）、調味蛋黃醬（remoulade）及塔塔醬（tartare）這個廣大家族（參見 623 頁）的成員，但它的基底還是油醋醬。綠莎莎醬會搭配溫熱的水煮肉（經典義大利燉鍋〔bollito misto〕）、冷的烤肉、炸魚或煙燻鮭魚及炒蛋。綠莎莎醬可調製成有顆粒的濃稠醬料，抹在用番薯和優質白麵包製作的英式薯條堡（chip butty）上。若你不愛英式薯條堡用的有顆粒綠莎莎醬，比較想要滑順的醬料，則可將食材放入攪拌機中快速攪打。或如果有足夠大的研杵及研缽，則可用搗碎的方式。也可以直接用大菜刀在砧板上剁碎。要製作足夠 4 人食用的綠莎莎醬，請將 1 顆全熟水煮蛋的蛋黃搗碎，刮入裝有 4 湯匙紅酒醋、現磨胡椒粉和少許鹽的小碗中。並將 1 顆小紅蔥頭和 6 片洗過的鹽醃鯷魚片剁得細碎，拌入前面的蛋黃糊中。接著將 2 湯匙洗過的鹽漬續隨子大略剁碎加入蛋黃糊中，然後也將 120 毫升特級初榨橄欖油一點一點地快速攪入蛋黃糊中。最後，將一大把荷蘭芹切成細末拌入其中，並試嚐調味。你還可以考慮加入其他的香草，例如薄荷、龍蒿、百里香和羅勒，也可用鯷魚醬代替鯷魚片，以及用檸檬汁及大蒜取代替醋和紅蔥頭。有些廚師會用馬鈴薯泥或泡過的麵包屑來勾芡綠莎莎醬，但是，如果你想要的是強烈且清新的風味，請堅持加入大把荷蘭芹。

544

芝麻與醬油（**SESAME & SOY**）

　　芝麻醬油沙拉醬（sesame and soy dressing）是中式雞肉沙拉成為美國經典菜色的原因。那鹹味讓所有東西嚐起來都很多汁，其中的芝麻帶出了滿滿的麝

香氣味，而新鮮的生薑則增添了勁道。這道醬汁通常會搭配大白菜絲、胡蘿蔔絲、紅甘藍菜絲、煮熟雞肉絲和青蔥絲享用。上面還會撒上冷的炸麵條、烤花生與芫荽葉點綴。由於麻油的風味很持久，所以可將一般油醋醬的比例調整為1湯匙麻油、1湯匙花生油、2湯匙米醋、2湯匙淡醬油、2湯匙英式芥末醬、1至2湯匙薑泥和1蒜瓣的蒜泥。另外還可加入糖（或蜂蜜）和辣椒調味。

高湯（STOCK）

　　某個星期天，我丈夫提議出門去吃午餐。我們剛剛走過已故茱蒂・羅傑斯（Judy Rodgers）在舊金山的傳奇餐廳祖尼咖啡館（Zuni Cafe）。因為沒有預約，所以我預期自己會跟電影《美國殺人魔》（American Psycho）主角派屈克・貝特曼（Patrick Bateman）有一樣的反應，貝特曼那時是打電話給曼哈頓最時尚的餐廳，並要求預約當天晚上八點三十分的位置，他的反應就是一陣歇斯底里的大笑。幸運的是，祖尼咖啡館還有位置。羅傑斯的招牌菜是雞肉沙拉。雞肉沙拉？這種菜色能有多好？事實證明，非常出色。這隻雞是用柴烤，具有奇持的乾燥濕潤感和深度鮮味，讓這傳奇雞肉與一般雞肉迥然不同。而讓雞肉變得妙不可言的，是鋪在底下的麵包沙拉。羅傑斯將其描述為「隨意拼湊的外露餡料」，對這種讓生活更值得的料理而言，這說法太謙虛了。在《祖尼咖啡館食譜》（Zuni Cafe Cookbook）中，這道食譜的說明長達四頁半，而我在這裡寫的大概是2至4人份雞肉沙拉的摘要。當雞肉在烘烤的同時，請將1湯匙小葡萄乾泡在1湯匙紅酒醋和1湯匙水中。另將250克去皮且有大氣孔的白色老麵包撕成大塊，刷上橄欖油燒烤，不時翻面，直到兩面都烤至金黃酥脆變成大塊麵包丁。將麵包丁移到烤箱適用的烤盤中，淋上香檳油醋醬或白酒油醋醬，這款油醋醬是用醋與風味溫和的橄欖油以3：8的比例製作。油醋醬不要混得太均勻，這樣每一口的醬汁風味才會有所不同，並保留一些醬汁備用。接著在烤箱或乾煎鍋中煎烤2湯匙松子。另將2至3個蒜瓣及4枝青蔥（包括一些蔥綠部分）切成薄片，用少許橄欖油炒軟，連同瀝乾的小葡萄乾、松子、大蒜和青蔥加進麵包丁。接著將2湯匙自製雞高湯不均勻地撒在沙拉上，讓沙拉充滿剛剛好的濃郁油滑肉味，並使這道料理具有鮮明的風味深度，在最後5到10分鐘將麵包沙拉放入烤箱與雞肉一起烤。時間到後烤箱關火，取出雞肉，讓沙拉再悶5分鐘，然後將沙拉倒到沙拉盆中。在沙拉上灑些雞肉烤盤上留下的油汁，再加入幾把洗淨瀝乾的沙拉葉（建議使用芝麻葉、紅芥菜和菊苣）和更多的油醋醬，倒在熱盤中與帶骨雞肉塊一起上桌享用。這是天氣熱時可用來取代烤雞

以及用掉碎料的作法，不過你也許會發現自己一整年都想吃這道料理。

核桃和侯克霍藍黴乳酪（**WALNUT & ROQUEFORT**）

不久前，我在倫敦克拉肯威爾（Clerkenwell）的一家法國餐廳裡點了一道菊苣梨子侯克霍藍黴乳酪沙拉。我仔細端看一片又一片的菊苣葉下方，都沒有看到侯克霍藍黴乳酪，於是在心中暗自發誓以後再也不來這家餐廳，並開始吃我無意點到的素食，接著就發現到侯克霍藍黴乳酪的蹤影了。在沙拉醬裡，這樣低調的侯克霍藍黴乳酪，反而讓料理味道更好。侯克霍藍黴乳酪就像你在派對中慢慢才會發現到的惡霸客人一樣。這種乳酪吃得太多，你的嘴巴在用餐快結束時會飄著類似法國康巴魯洞穴（Combalou caves；專產侯克霍藍黴乳酪）裡頭的味道。苦味的菊苣葉可以挫挫侯克霍藍黴乳酪的銳氣，但我支持從一開始就讓它保有細微的滋味。要製作此種風味的醬汁，需要重新調整油醋醬的一般比例，改用 1：2 的醋與油比例，好讓乳酪的油脂味和鹹味可以展現。要製作 2 人份的侯克霍藍黴乳酪油醋醬，我會建議使用 100 克乳酪、2 湯匙白葡萄酒醋、4 湯匙核桃油和少許現磨胡椒來製作。

蛋黃（**YOLK**）

生蛋黃可製成乳狀的美味醬料，讓醬料不會油水分離。這是一種絕對不簡單的沙拉醬：濃稠，充滿風味，最適合搭配能承受其重量的堅固生菜葉，像是紅菊苣、菊苣和菠菜。要製作這款油醋醬，請將 1 顆蛋黃與 3 湯匙白葡萄酒醋、2 湯匙水、2 湯匙糖、1 湯匙鹽、1 湯匙芥末粉、1 湯匙糖蜜、$1/2$ 茶匙伍斯特辣醬油、$1/2$ 茶匙乾燥奧瑞岡、$1/2$ 茶匙香蒜粒（garlic granules）和 $1/2$ 茶匙辣椒粉全部混合。待混合均勻，逐步加入 125 毫升風味溫和的橄欖油快速搖動或攪打，好讓它乳化成醬料。

我的風味筆記

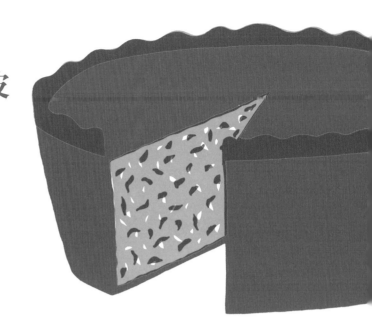

第十二章 | 酥皮／麵皮（Pastry）

簡易千層酥皮
（ROUGH PUFF PASTRY）
第677頁

奶油酥皮、甜味酥皮與板油酥皮
（SHORTCRUST, SWEET & SUET PASTRY）
第666頁

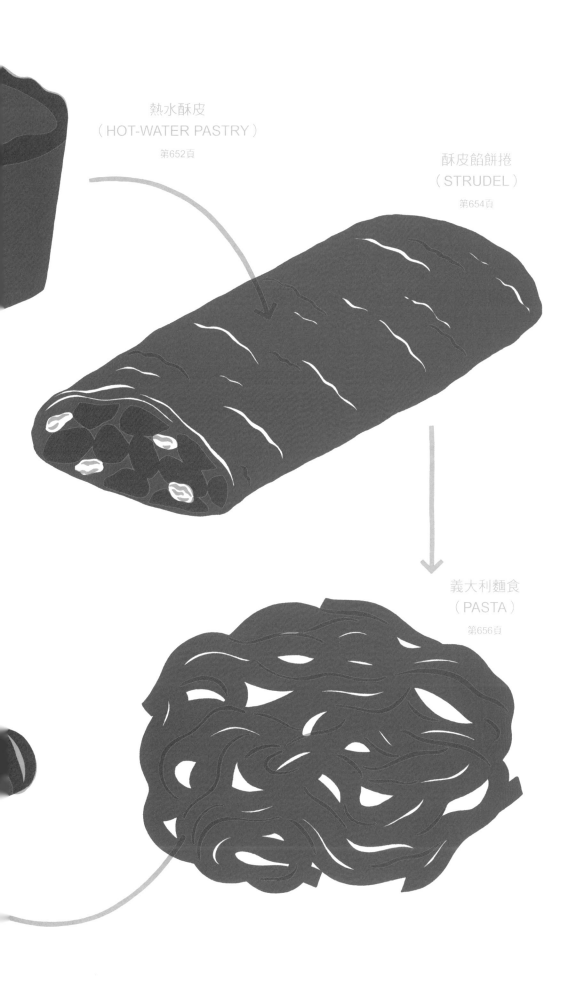

熱水酥皮
（HOT-WATER PASTRY）
第652頁

酥皮餡餅捲
（STRUDEL）
第654頁

義大利麵食
（PASTA）
第656頁

熱水酥皮（HOT-WATER PASTRY）

如果你有很好的手藝，卻從未做過熱水酥皮，那就先放下這本書立刻動手嘗試看看吧。熱水酥皮麵團有著軟中帶韌的特性，也就意味著你可以像揉捏黏土一樣，將它捏成一個具有深度且無需倚靠外力就能撐立起來的派皮外殼，所以它還有個古老的別名「手工立式酥皮點心」。儘管如此，我還是習慣稱它為「度假小屋酥皮點心」，因為當你在鄉間那棟可愛布滿紫藤花的度假小屋度假時，發現廚房中除了三打外賣菜單之外沒有任何的烹飪鍋具，這就是你會製作的那種酥皮糕點了。在熱水酥皮食譜中，熱水、融化豬油和麵粉的重量比例大約為 1：1：3。水和油脂被麵粉吸收後，會與麵粉產生反應而生成一種強韌、略微黏稠的質地，就好像準備玉米粥蛋糕或粗麵粉鬆糕時會出現的那種質地一樣。熱水會拉伸麵粉的筋性，所以最後會做出一個與奶油酥皮效果相反的麵皮。也就是「不酥脆的麵皮」。操作熱水酥皮麵團的過程中會讓人產生極致的滿足感，一方面是由於揉捏軟熱麵團時所產生的愉悅觸感，而另一部分的原因，則在於它是同類酥皮中表現最出色的麵皮之一，兼具了易於揉捏與塑型的兩種特性。

熱水酥皮麵團並非一定得徒手塑型。你可以利用鬆餅模或活底圓形烤模的內部，將麵團壓塑成一個更整齊勻稱的酥皮盒子。我已將這種方式應用在基礎食譜上。或者你也可以如梅爾頓莫布雷（Melton Mowbray）的人們一樣，使用一種木製工具：「豬肉派壓棒」（pork pie dolly）。這個木棒的外型就像一個簡化的大型棋子，麵團是圍套在這個木製壓棒的外部（而不是像烤模那樣壓塑在內部）塑製成一個酥皮盒。使用果醬罐也可以得到相同的效果，只是果醬罐缺了木壓棒上方的手柄，這個手柄有助於讓塑好型的酥皮盒輕鬆脫落。酥皮盒做好後就填入餡料，表面再蓋上擀好的派皮，然後就可以隨心所欲裝飾外表了。至少得在表面邊緣裝飾些均勻捲曲的皺摺，中間還要挖兩個洞讓蒸汽散出。如果有多餘的麵皮，也許還可以多做些葉子，或做成各種紋型盾片或各類的鳴鳥花紋片。養成這個習慣後，你可能會發現，自己彷如帶著派皮顏色的濾鏡，在堆滿葉片花鳥圖騰的維多利亞和艾伯特博物館（the V&A）閒晃呢。

熱水酥皮本身非常堅固，所以需要很有分量的內餡才能相得益彰。像是壯實如約翰牛（John Bull）般的各種豬肉派（Pork pies），其具嚼勁的內餡是由豬絞肉與培根混合而成。而在豬肉加拉派（gala pie）中，還多了不可思議的長

型水煮蛋切面。單人份大小的蘇格蘭派（Scotch pie）就像它自成一格的製作方式一樣，內餡通常是碎羊肉或牛肉。熱水酥皮點心上方的派皮覆蓋時，邊緣要低於兩側派皮的高度，創造出一種類似欄杆的效果，讓派皮裡的馬鈴薯泥、焗豆或濃稠的肉汁不會溢出，因而免除了使用盤子的需求，典型呈現了蘇格蘭人節儉天性下的巧妙心思。

酥皮餡餅捲（STRUDEL）

在酥皮點心系列產品中，酥皮餡餅捲通常不會是第二個介紹的產品。之所以放在這裡先介紹它的主要原因，是由於酥皮餡餅捲的酥皮也是以溫水與麵粉製成（此酥皮的溫水和麵粉比例是 1：2）。在揉搓麵團前，還要加入少許油脂（油或奶油均可）、蛋黃和檸檬汁。從字面上看起來，這些技巧似乎微不足道，然而這些微不足道的小技巧，卻足以創造出一種恰好源自於麵皮強度的美妙滋味。由於麵團本身的黏合力，這種酥皮即使被擀壓並拉得很薄透也不會斷裂。與熱水酥皮一樣，它的筋性來自熱水對麵粉的影響。通常建議使用高筋麵粉（strong flour）或義大利 00 號麵粉（00 flour）來製作酥皮餡餅捲，因為這兩種麵粉的筋性，比一般用來製作派餅麵團的中筋麵粉要高得多。可以運用製作麵包麵團的方式來推揉酥皮餡餅捲的麵團，以便充分出筋。通常食譜上大都會要求添加一些檸檬汁、葡萄酒或醋在麵粉中，這些酸性食材都是為了讓麵團的筋性鬆弛，好使得麵團更容易塑型。我曾試過製作一批不含酸性液體的麵團。結果每次當我把麵團擀平，它都會自動縮回原來的樣子。這是薛西弗斯式永遠完成不了的酥皮餡餅捲啊。

與熱水酥皮一樣，製作酥皮餡餅捲的酥皮需要一定的手工技巧，不過這技巧與製作熱水酥皮的技巧又不太一樣。大多數食譜作家——即使是那些不會因為方便而迎合讀者的作家——都會告訴你不要妄想從零開始製作酥皮餡餅捲的酥皮，還是直接買盒千層薄酥皮（filo）吧。甚至連英國作家克勞迪婭‧羅登（Claudia Roden），在「自製酥皮餡餅捲更為美味」這個最佳藉口之前，都覺得沒有自製酥皮的理由。不過如果你願意接受挑戰，一定要記住，製作酥皮餡餅捲的技巧不在於準備作法簡單明確的麵團，而在於如何巧妙地將適量的麵團推展成一片巨大的半透明麵皮桌布。你需要一張桌子或中島來工作，這樣才能輕輕地將麵皮推展到桌子邊緣。一位匈牙利老奶奶會像一個冠軍撞球（snooker）球員一樣，繞著處理中的酥皮餡餅捲麵團評估審視，以尋找最佳的

切入角度。酥皮麵團在擀薄時很容易和桌面沾黏,所以有些人會在枱面上貼一層烤盤紙來工作,不過傳統上多是在枱面撒一層麵粉來作業。就算你已製成了輕薄透明的薄麵皮,此麵團易沾黏的性質來會為你帶來更多障礙。製作酥皮餡餅捲須將餡料捲包起來,並以將病患從輪床移動到醫院病床的方式,將做好的餡餅捲小心地搬移到烤盤上。就像在教會募捐園遊會裡挑戰線圈遊戲的理由一樣,自製酥皮餡餅捲也是一種令人無法抗拒的挑戰。

　　如果你無法像糕點師父一樣做出外形很棒的酥皮餡餅捲,沒關係不要氣餒。與其他大多數的酥皮點心不同,製作酥皮餡餅捲需要耐心,所以別急,慢慢來。處理奶油酥皮時,手溫最好維持著如爬蟲動物般的低溫狀態。不過手溫對酥皮餡餅捲的麵團卻沒有影響。手上的戒指、指節銅套和指甲貼片才是製作酥皮餡餅捲的大麻煩。推展麵皮時,必須將拳頭置於麵皮下方不停滑動來撐開麵皮且不讓麵皮裂開(我發現木勺是一個代替拳頭的好工具)。多做幾次熟能生巧後,你就會發現所製作的麵團,其易於操作的程度一次次越來越不同,有時還會感覺麵團很有彈性,讓人似乎只需拎起麵皮的一端用力抖一下就能讓它開展得更為薄透,好像將羽絨被單抖開一樣。傳統上,最終的麵皮應該要薄到能被看透。如果在拓展麵皮時產生了一些裂紋和破洞也不用擔心,因為當酥皮餡餅捲做好後,這些破洞都會變得無關緊要了。至於最後成品美觀與否也無需過分在意。德文「strudel」代表著「漩渦」的意思,所以就隨意不羈地捲好酥皮餡餅捲,外觀無須多麼工整妥當。我們做的可不是瑞士捲啊。

550

　　蘋果、櫻桃、杏桃加上磨碎的罌粟籽粉,都是酥皮餡餅捲的經典餡料。酥皮餡餅捲發源於包括奧地利、匈牙利和捷克共和國等國家的前奧匈帝國,除了這些核心成員國家,我們之中很少有人會嘗試除了蘋果以外的其它種類食材。美國劇作家諾拉・艾芙倫(Nora Ephron)經常在曼哈頓第三大道(Manhattan's Third Avenue)上的赫布斯特夫人匈牙利麵包店(Mrs Herbst's Hungarian Bakery)購買甘藍菜酥皮餡餅捲,直到這家店在一九八二年關閉為止,這個舉動似乎帶著一種普魯斯特式追憶過去的含義,不過艾芙倫堅稱她對第一次婚姻已經毫無念想了。等你嚐過這個甘藍菜酥皮餡餅捲之後,應該就不會同情她的前夫了。我試著重新創作這個甘藍菜酥皮餡餅捲食譜:將整顆中等大小的白球甘藍和一顆洋蔥切絲,混合少許的鹽、葛縷子籽和白胡椒,加入 50 克奶油碎塊,用鋁箔覆蓋。然後以 180°C 烘烤一小時,期間不定時地攪拌一下。待餡料冷卻,用酥皮餡餅捲的麵皮(按照我們的基礎食譜製作)包捲好,再以 190°C 繼續烘烤 30 至 40 分鐘,直到酥皮餡餅捲呈現金棕色為止。正如艾芙倫所指出

的，傳統上甘藍菜捲主要搭配以湯品或烤野雞享用，但我喜歡僅以一杯冰鎮綠維特利納白葡萄酒（Grüner Veltliner）和一本《好兵帥克歷險記》（*The Good Soldier Švejk*）來陪我一起享用這道甘藍菜酥皮餡餅捲就好。

如果你的空間不夠，又或者想在比整張桌布還小的空間練習延展麵團的技術，那麼可以把酥皮餡餅捲的麵團拿來當千層薄酥皮使用。將麵團塑成數個方形塊狀，輕撒上一層麵粉，一次處理一個小麵團，其餘麵團用保鮮膜包好放在室溫下備用。當然，這必定是個耗時的過程，但最終你將會獲得足夠的薄酥皮來做製作像土耳其果仁蜜餅（baklava），或是菠菜和乳酪製成的希臘波菜派（spanakopita）一類的千層酥皮點心，又或者是你自己發明的千層酥皮料理。自製的酥皮不會像市售的千層薄酥皮那麼薄。但仍是效果很好的酥皮。記得要在每張麵皮之間都塗上大量的奶油。這樣才能讓客人讚不絕口。

相較於用來製作卡諾里乳酪捲（cannoli）的麵團，無論是酥皮餡餅捲的麵團或千層薄酥皮的麵團，不過是多了一點筋性罷了。卡諾里乳酪捲這道義大利甜點，是將圓形麵皮捲在金屬滾筒狀的模具上，油炸後中間填入瑞可達乳酪（ricotta）和蜜餞等甜味餡料所製成。也許可以運用瑪莎拉酒（Marsala）或白葡萄酒取代水，來製作卡諾里乳酪捲的麵團，我還看過在麵團中添加了一點可可的食譜。與此同時，南美洲也有將卡沙夏酒（cachaça）加入類似卡諾里乳酪捲麵團而做成的各式餡餃（empanada）與餡餅（pastele）。就像卡諾里乳酪捲一樣，這些餡餃與餡餅都以油炸製成，在熱油中浮沉的餡餃與餡餅，有著如青少年般帶著油亮光澤與滿布氣泡疙瘩的表面。

酥皮餡餅捲的麵皮不需要像義大利麵一樣有著嬰兒皮膚般的光滑表面。除了麵皮外表不同，其實義大利麵的麵皮，和酥皮餡餅捲的麵皮有很多共同之處。例如，可以參考葛里格森的小祕訣，將酥皮餡餅捲麵皮剩餘的邊角料冷凍，磨碎後將它們加入湯中就是一道義大利麵湯了。英國名廚雅各·甘迺迪（Jacob Kenedy）的義大利千層麵（lasagne）食譜中就有一道是以蘋果、葡萄乾和糖取代經典肉醬（ragù）和白醬（béchamel），做成的一種層狀酥皮餡餅捲。而在匈牙利料理中，也有在各層麵皮間填入甜味茅屋乳乾酪與雞蛋麵所製成的類似甜點。

義大利麵食（PASTA）

在酥皮／麵皮系列產品中，義大利麵食是介於酥皮餡餅捲和奶油酥皮之間

551

的產物。製作義大利麵的麵團時，可以運用酥皮餡餅捲麵團的製作方式，就是使用水和麵粉，並依自身喜好來添加油或雞蛋。不過只使用麵粉和雞蛋是最常見的義大利麵製作方法，而這也是本書義大利麵基礎食譜的製作方法。義大利麵麵團的製作方式幾乎與酥皮餡餅捲麵團一樣，麵團揉好後在室溫下靜置鬆弛，然後擀成薄麵皮，但麵團中雞蛋與麵粉的比例，則與奶油酥皮中油脂與麵粉的比例相同，都是 1：2。一顆中型雞蛋重約 55 克，一個蛋黃約 25 克，所以大多數食譜規定每 100 克麵粉加入 1 顆雞蛋或 2 個蛋黃即可。

麵團靜置鬆弛一段時間，就可以直接用手工方式把麵團擀開了，尤其是如果你只製作少量麵條時。製麵機能製作出更薄、更細緻的麵條，所以當你需要製作大量麵條時，製麵機肯定更受歡迎。不過要記住的是，光靠機器和精製手工麵粉並不能做出美味的義大利麵，要經常動手製作，才能做出很棒的義大利麵。自己動手製作義大利麵是很有趣的經驗，而且價格低廉，麵條的口感也會比多數市售的麵條要好得多。此外，它能讓人發展出各種令人興奮的創意。義大利麵麵團可以用來製作中式雞蛋麵（Chinese egg noodles）和餃子皮，並且在味道上有著各種無窮變化的潛能。

有些人的確不喜歡調過味的義大利麵條。而我自己對此則抱持著溫和懷疑的態度，就我的觀點來說，喜歡新奇事物其實是一種自我調節的狀態。你也許購買過滑稽如銀行家褲子吊帶的條紋寬扁麵（tagliatelle），或用血／蝦卵／玫瑰露調味的細扁麵（linguine）。然而每當晚餐時刻，卻還是自然地拿出普通的古早味百味來義大利麵（Barilla）來烹煮。我必須說的是，很多時候，眼睛比舌頭更容易偵測到麵條料理的風味。墨魚汁就是一個很好的例子。而帶著淡淡金屬味道的菠菜義大利麵，則會讓人聯想到煮熟的菠菜葉，如果菠菜加得夠多，有時還會出現一絲肉荳蔻的味道。不過費勁將菠菜搗成泥並加入麵團，主要是為了上色和麵條的質地，而不是為了風味。如果你想調味義大利麵團，先問問自己：這樣做值不值得？你的番紅花（saffron）或羅勒（basil）或果凍小軟糖（Jelly Tots）碎片的味道，有沒有可能被醬汁的風味完全掩蓋？麵條煮好之後，像匈牙利人那樣把麵條扔進奶油和葛縷子籽中裹拌，以進行調味，這樣是不是更簡單且效果更好呢？如果你還是決定把調味料加入麵團中做出調味義大利麵，而不是淋在義大利麵上，我建議你先以 50 克麵粉和 1 個蛋黃，小量的分批練習試做看看。法裔美國廚師讓・喬治・馮格里奇頓（Jean-Georges Vongerichten）有一個極適用來搭配淡菜的咖哩寬扁麵食譜，不過這只是少數的例外。在我的經驗中，最有趣的幾種義大利麵變化版都是運用其他穀物而

非純白小麥來製作義大利麵，而且也與調味劑無關。

奶油酥皮（SHORTCRUST）

　　你可以調味奶油酥皮，但必須注意額外的添加物對酥皮質地將產生的不良影響。雖然磨碎的堅果、或像玉米一樣的無麩質穀物可以讓人有驚奇的口感，卻會讓麵團更難處理。添加適量的柑橘皮和香料則是比較安全的作法，這樣既能擁有香料的風味，也無需犧牲你所期待的美妙酥脆度。奶油酥皮的麵粉用量是奶油用量的兩倍，還要加入讓所有食材結合成麵團所需的最少量水或雞蛋。使用的水量越少，就越不會產生無用的筋性。你越能防止出筋，酥皮就會變得更酥脆，更容易入口即化。將油脂徹底揉入麵粉，能讓穀物顆粒變得不透水，這是阻止出筋的另一種方法。我建議你將油脂揉入麵粉的工作交給食物處理機來處理，這樣成果的質地將更細緻也更防水。將充分混合好的麵粉奶油團塊倒入另一個碗中，噴灑剛好足夠製成麵團的適量水分來製成麵團。若混合物仍在食物處理機中就加入水的話，水分很容易過量。

板油酥皮（SUET PASTRY）

　　要使得派皮更為酥脆，可以將奶油換成不含水分的豬油。使用 1：1 比例混合的奶油與豬油來製作，可以讓酥皮的風味和質地達到最佳的平衡狀態。板油是另外一種可以替代奶油的脂肪，能讓毫不美觀的酥皮點心變得美味可口，而且無論用於甜味或鹹味料理的效果都很好，同時還有如同附帶襪子的莫卡辛軟拖鞋般產生讓人感到舒適溫暖的效果。如果你有幸遇到一位販賣板油的屠夫，那麼新鮮板油是最好的選擇。不然市售盒裝的板油也不賴。伊麗莎白・納許（Elizabeth Nash）在一九二六年發表的文章中聲稱，板油酥皮對於兒童的身體健康很有益處，它具有「健康、滋養、易消化」的特點，而且最好是加入自發麵粉或全麥麵粉所製成的板油酥皮。板油酥皮曾經普遍用於製作果醬布丁捲（jam roly-poly）和牛排腰子布丁（steak and kidney pudding）。依照奶油酥皮相同的比例將板油與麵粉混合，這種酥皮經常被做成那種最後 20 分鐘才放入燉肉裡烹煮的餃子。當我沒有時間製做簡易千層酥皮（rough puff）時，我發現板油酥皮很適合拿來做成各類肉餡餅的餅皮，或是當做菜肉餡派的酥皮上蓋。英國廚師傑西・鄧福德・伍德（Jesse Dunford Wood）就是使用板油酥皮做為

他牛肉派（cow pie）的表面派皮，派的中間插入一根含有骨髓的骨頭作為派餅的排氣孔。骨髓會在被牛肉環繞的牛骨中溫熱融化，從骨頭中舀出骨髓的魅力實在讓人難以抵擋啊。這道牛肉派的味道是如此濃郁豐富，即使是絕望的丹（Desperate Dan），也會在角落裡低垂著鬥雞眼著急地把它吃完。

甜味酥皮（SWEET PASTRY）

油酥塔皮（Pâte sablée）是奶油酥皮的另一種變化版本，只是大部分油酥塔皮食譜中的奶油用量均遠高於奶油酥皮的標準奶油用量，還要加入適量的糖，並且以雞蛋或只使用蛋黃結合所有食材做成麵團。油酥塔皮經常以香草或檸檬皮調味，主要用於水果塔、精緻小點心（*petits fours*）和餅乾的製作。沒有其它塔皮比油酥塔皮更適合用來製作草莓塔了，但對於大多數其他甜味餡餅而言，可以在一般奶油酥皮中額外加入奶油重量一半的糖粉。記得要在加入水或雞蛋之前，先將糖粉拌入如麵包粉般的奶油麵粉團塊中。我通常會多做一些麵團，因為多餘的麵團可以切割塑型並烘烤成餅乾：至於材料和製作方法則介於「餅乾」（請參考 404 頁）和「奶油酥餅」（請參考 411 頁）之間。順道一提，在《拉魯斯美食百科》中的油酥塔皮食譜，與我們的餅乾基礎食譜完全相同。也就是說，食材的用量相當節制。所以口味濃郁並不一定最好。我祖母用無糖原味奶油酥皮作成的蘋果派，就讓人無可挑剔。

簡易千層酥皮（ROUGH PUFF）

在你徹底地將奶油揉入麵粉前，也許會認為簡易千層酥皮就只是一種沒什麼新意、讓人感到無聊的奶油酥皮。不過千層酥皮是吸收大量奶油所製成的麵皮，它的奶油含量約為麵粉重量的 75％ 到 100％ 之間。英國體育作家約翰・亨利・沃爾什（John Henry Walsh）指出，千層酥皮點心吸引的是「那些只顧追求口感味覺、而不管食物對他們的身體或錢包是否有益的人」。他還認為，唯有在純奶油製成的千層酥皮中加入少許豬油，才能改善它對身體的影響。

要製作經典且精製的法式千層酥皮，你必須從製作一個含有少量奶油或完全不含奶油、被稱為包覆麵團（détrempe）的基礎麵團開始，接著將冷藏過的奶油擀壓成一張奶油片（法語稱為 beurrage），然後將奶油片放在包覆麵團上摺疊起來。包覆了奶油的麵團擀塑成長方形後，需反覆進行摺疊、翻轉和擀壓

的程序，過程中也須不斷地將麵團放入冰箱冷藏鬆弛，這整個製程在烹飪學校中被稱為「層壓」（lamination）。牛角麵包（請參考 54 頁）就是運用大致相同的方法製作，只是製作牛角麵包的包覆麵團是一種麵包麵團。

在一堂法式糕點（pâtisserie）課程中，我學到如何透過麵團和奶油（détrempe-beurrage）的層壓作用，製作出正宗的千層酥皮，並將其應用在法式千層酥（millefeuille）的製作上。法式千層酥是一道結合了酥皮和鮮奶油霜的經典多層甜品。當我將多餘的糖粉掃除後，要掩飾我那缺了 985 層的法式千層酥，就不再那麼容易了。授課主廚嚴厲地注視著同學們費心完成的作品，然後拍了拍手說：「現在你們再也無需自己動手製作千層酥皮了。超市已能買到現成更好的千層酥皮。」這也許是不爭的事實，但我建議你至少自己做一次試試看，也許你還會意外發現，自己潛藏著將糕點和摺紙技巧怪異結合在一起的天賦呢。

這位帶著獨特傲氣的主廚並沒有教導我們簡易千層酥皮的作法。製作簡易千層酥皮麵團，無需花費力氣將食材先做成包覆麵團與奶油片兩個獨立部分，只需使用大量冷水和一些小心思，將麵粉與奶油混合成一個粗糙麵團。當麵團冷藏完成，就以製作一般千層酥皮的方法將麵團擀壓、摺疊和翻轉。經過四次來回翻摺的麵團，也許就可以用來製作菜肉餡派的派皮上蓋或小餡餅了。但是經過六次來回翻摺的麵團，就能製成蝴蝶酥（palmiers）或看起來有點中空的起酥盒（vols）了。製作幾批酥皮香腸捲（sausage rolls）之後，你可能會發現，一個優質的簡易千層酥皮會比一張好的奶油酥皮更容易操作。我想我所謂「優質」的意思是指，簡易千層酥皮的表現令人印象深刻，將酥皮的美妙質地展現得更加明顯。在這裡我只介紹簡易千層酥皮的製作方法，並在「舉一反三」的附註中列出製作千層酥的皮高難度版本，給愛好手工的讀者嘗試看看。

最後要說的是，泡芙酥皮（choux）並未列在酥皮點心的系列產品中。製作泡芙酥皮麵團的技巧與製作玉米麵包、玉米粥以及義式麵疙瘩等產品的方法有很多共同之處，尤其與義式麵疙瘩最為相近。真的，將泡芙麵團放入擠花袋中，擠出小塊小塊的麵團丁加入沸水烹調，就是一道巴黎式麵疙瘩（gnocchi Parisienne）了。你可以在本書的第 115 頁中找到製作泡芙酥皮的基礎食譜，如果你從未製作過泡芙酥皮，但是已經製作過玉米糊、粗麵粉哈瓦爾糖糕（semolina halva）或者羅馬麵疙瘩（gnocchi alla Romana）這類食品，就會很熟悉這個製作過程了。

熱水酥皮（Hot-water Pastry）

熱水酥皮適用於製作風味濃郁、內部含有如豬肉或野味一類厚重餡料的有蓋餡餅。可以將酥皮麵團鋪入烤模內部壓緊塑型，也可以環套在模具外部或者徒手塑型（因此它的別名是手工立式酥皮點心）。這是一種帶著嚼勁和略微層狀質地的麵皮，並不是完全沒有調味的熱水酥皮。有些麵團中會添加一些磨碎的肉荳蔻或肉豆蔻皮，只是非常罕見罷了，這也意味著在這個章節中，不會出現「風味與變化」段落了。不過，為熱水酥皮增加甜度，卻是普遍的作法：在麵粉中加入一兩湯匙的糖粉一起過篩。

以下基礎食譜可以使用 6 連杯馬芬烤模，做出表面帶著裝飾的 6 人份小餡餅。[AB]

食材
375 克中筋麵粉 [C]

¾ 茶匙鹽

125 克豬油，切丁 [DEF]

125 毫升熱水 [FG]

蛋液攪打均勻，用來塗在食物表面

1. 麵粉篩入碗中，加入鹽混合均勻。在麵粉中間挖出一個洞。
2. 將豬油放入裝有熱水的小鍋中，用中火融化。
3. 熱豬油和水的混合物倒入麵粉中間的洞，並用木勺快速將麵粉與液體攪拌成團，然後輕輕推揉溫熱的麵團一分鐘。不用揉太久，不然它會變得很油膩。
4. 趁著麵團仍然溫熱時進行塑型。如果你還沒準備好，就先用保鮮膜覆蓋在碗上，讓麵團保持柔軟。
5. 將麵團分割成底座、上蓋、裝飾用三個部分（底部約需三分之二的麵團，剩餘三分之一用在頂蓋和裝飾使用），然後將麵團桿壓成一張厚度 0.3 至 0.4 公分厚的麵皮。大片麵皮上切出 6 個圓形小麵皮做為餡餅的底部，將它們壓入塗好油的馬芬烤模中。
   你也可以徒手塑型，或將派壓棒或果醬罐當作模具使用。

6. 填入你喜歡的各種味道濃郁的食材。[H]

7. 將麵皮覆蓋在餡餅上，並在中心處開一個孔洞，讓蒸汽排出。刷上蛋液。555
以 180°C 烘烤，依內餡種類來決定所需的烘烤時間。

豬肉類（或蔬菜類）的小餡餅大約需要烤 50 至 60 分鐘。

舉一反三

A. 將材料數量加倍，可以製成一個表面帶著裝飾的有蓋大餡餅。分出三分之一的麵團做為餡餅蓋和裝飾麵皮使用。先在一個直徑 20 公分的活底圓形烤模內層塗油，之後再將麵皮鋪入烤模當中。通常會在烘烤一段時間後，先輕輕取下圓型活動烤環，將派皮塗上蛋液，然後再放回烤箱中繼續烘烤直到外表呈現棕色為止。雖然這並非必要步驟，但是如果你打算這麼做，請確保派皮都位在圓型活動的烤環內，這樣才可以在不破壞派皮的情況下移除圓型活動烤環。如果派皮上方有烤焦的風險，就在餡餅上方鬆鬆地覆蓋一張鋁箔紙。

B. 熱水酥皮也可以做成塔皮外殼，不過就會有一種古怪耐嚼的質地。

C. 使用高筋白麵粉或義大利 00 號麵粉。

D. 可以使用動物油、植物性起酥油或奶油來代替豬油。因為奶油含有一些水分，所以如果要大量製作一批油酥麵團，除非用的是無水奶油（clarified butter），否則奶油的使用量需多出約 10%，水量則少 10%。

E. 當前有些食譜會要求使用更多的油脂，例如 300 克麵粉中加入 150 克的油脂。

F. 而其他有些食譜則降低了豬油或水的用量，或將兩者都減量，只是多加了一兩顆雞蛋。

G. 在《拉魯斯美食百科》的一份食譜中，以牛奶取代水製成熱牛奶酥皮。

H. 製作豬肉餡餅的步驟如下：先將 350 克肥瘦適中的豬肩肉和 150 克未經煙燻五花培根肉片（streaky bacon）放入食物處理機中，再加入各 1 茶匙切得細碎的鼠尾草和百里香、$1/2$ 茶匙磨碎的肉豆蔻皮、1 茶匙鹽以及 $1/2$ 茶匙白胡椒。運用食物處理機快速將食物切成粗塊後，先取出一半的豬肉，然後將剩餘豬肉攪碎，接著將這兩部分的豬肉攪拌成餡。餡料分別填入各餡餅皮中，覆蓋上麵皮上蓋並根據步驟 7 所述的方式烘烤。烘烤30 分鐘後將餡餅從烤模中移出，並將它們放在烤盤上。在整個餡餅上刷上蛋液，再放回烤箱繼續烘烤 25 至 30 分鐘。

I. 製作蔬食餡餅可以用奶油取代豬油來製作酥皮麵團，並以類似印度咖哩餃（samosa）內餡的混合物做為餡料，這是一種將煮熟的馬鈴薯丁與胡蘿蔔丁、切成絲狀的甘藍菜和豌豆混合在一起，並以香料和辣椒調味的餡料。這些蔬食餡餅只需在烤箱中烘烤 35 至 45 分鐘就夠了。

酥皮餡餅捲（Strudel）

將酥皮餡餅捲的麵皮拉伸延展至約莫如 40 丹（denier）絲襪的厚度，然後填入餡料包捲起來。酥皮餡餅捲麵團這個章節也沒有「風味與變化」的段落，因為這個酥皮點心所有可調整變化的部分，都落在餡料當中。蘋果、櫻桃或杏桃是這個點心的經典內餡材料，通常還會添加少許的水果乾或碎堅果，也會放進一些麵包屑或蛋糕屑來吸收從水果中滲出的果汁。至於常見的鹹味餡料則包括煮熟的甘藍菜或肉醬（ragù）。當麵團擴展完成，應該立刻放入餡料並捲起來，所以如果準備餡料的時間超過麵團鬆弛所需時間的 30 分鐘，就得考慮在製作麵團前先將餡料備好。如果你將麵皮拉伸得慘不忍睹，那就採納匈牙利裔美食品論家埃貢・羅內（Egon Ronay）的建議，將麵皮揉成一團，然後再重新開始。

以下基礎食譜可以製作出 6 至 8 人份的酥皮餡餅捲。[A]

食材
250 克高筋白麵粉或義大利 00 號麵粉 [B]

鹽少許

125 毫升熱水

1 湯匙溫和植物油 [C]

1 茶匙檸檬汁 [D]

1 個蛋黃 [E]

將奶油融化，用來刷在麵皮表面

1. 麵粉篩入碗中並加入鹽混合。在麵粉中間挖出一個洞。
2. 水、油、檸檬汁和蛋黃混合，倒入麵粉的凹洞中。將這些材料全部混合攪拌成一個成略帶黏性的麵團，必要時可以一點一點少量地添加一些水分。
3. 開始揉麵，直到原本黏稠的麵團變得光滑不黏手而且仍然很柔軟。你應該可以在不撒上額外麵粉的狀況下，揉出光滑不黏手的麵團。不過如果有需要，可以在一開始揉麵時就先撒一點麵粉。
4. 將油輕輕刷在麵團上，並讓麵團靜置在溫熱倒扣的大碗中 30 分鐘。

5. 將一塊大平面區域以乾淨的大布巾或烤盤紙覆蓋住（最理想的地方就是廚房的中島或桌子這類至少能讓麵皮邊緣可以往三邊延展的平面），撒上少許麵粉。在布巾或烤盤紙上將麵皮擀壓到很薄，然後用手臂小心地從內側向外推展麵皮（如果可以的話，請取下手上所有的珠寶飾品）。不停推展，直到麵皮被拉伸得很均勻並薄得像一張紙。切掉邊緣較厚的部分。然後塗上一層融化的奶油。

557

6. 至於組裝酥皮餡餅捲的方式，可以將餡料隨意點綴似地撒在麵皮薄片上，或者沿著麵皮較長的一端，將餡料堆鋪成一個鼓鼓的小山脊，麵皮兩邊的邊緣需留下幾公分，進行包捲之前，需先將兩側留出的麵皮翻轉包覆在餡料上。FG

7. 使用布巾或烤盤紙來幫助你包捲酥皮餡餅捲。捲好的酥皮捲小心地搬移到一個抹了一點油的烤盤中，並在酥皮餡餅捲表面刷上更多的融化奶油。如果你喜歡，或者只是為了將就烤盤的尺寸，可以將酥皮捲彎摺成馬蹄形。要確定將麵皮較短的那一邊整齊地塞入酥皮餡餅捲下方。

8. 以 190°C 烘烤大約 30 至 40 分鐘，直到酥皮餡餅捲呈現出金黃色與酥脆的外觀。

   烘烤進行中，需在酥皮餡餅捲表面再刷一次奶油。如果是甜味內餡，就還要撒上一層糖粉。

舉一反三

A. 使用 125 克麵粉、少許鹽、4 湯匙水、1 茶匙油、$1/2$ 茶匙檸檬汁和 1 個蛋黃所作成的麵團，是一個很適當的練習分量。這個麵團可以推展成茶巾大小的麵皮，足以做出 4 人份的配菜、午餐或甜點。

B. 使用中筋麵粉也可以。

C. 融化的奶油可以用來代替麵團中的植物油。

D. 葡萄酒醋、蘋果酒醋或白葡萄酒醋，都可以用來代替檸檬汁。

E. 雖然蛋黃（某些食譜可能會要求使用全蛋）會讓麵團變得更柔軟不好操作，不過烤好後的餡餅捲味道卻更為濃郁、餅皮更酥脆，外表顏色更深沉。儘管如此，還是可以省略蛋黃。

F. 要製作一個經典的蘋果酥皮餡餅捲（apple strudel）的話，先將大約 750 克味道鮮明的可生吃蘋果削皮、去核切成大塊。再將大塊的蘋果切成小塊並加入 1 顆精細磨碎的檸檬皮和檸檬汁、50 至 100 克的糖、25 克麵包粉和 1 茶匙肉桂粉。有些廚師還會添加碎堅果、額外的香料或百香果餡。

G. 至於鹹味餡料（使用白球甘藍）的做法，請參考第 646 頁。

義大利麵（Pasta）

　　我們製作雞蛋麵的基礎食譜相當基本，就只使用麵粉和雞蛋。麵粉和雞蛋的重量比為 2:1，這與製作奶油酥皮所使用的麵粉和奶油比例相同。另外在「舉一反三」的 G 項中還提供了一個無蛋義大利麵選項。而前面所提到的酥皮餡餅捲基礎食譜（請參考第 654 頁），也可用來製作義大利麵。

以下基礎食譜可以製作出以義大利麵為主的 2 人份餐點。[A]

食材
200 克大利 00 號麵粉 [B]

鹽少許 [G]

2 個全蛋或 4 個蛋黃 [DEFGH]

1.　將麵粉過篩至揉麵板上或一個大碗裡，加入鹽混合均勻。在麵粉中間挖出一個凹洞並將雞蛋倒入洞中。用指尖輕輕將麵粉和雞蛋和在一起製作成麵團，然後推揉麵團 5 至 10 分鐘，直到麵團變得非常光滑為止。

2.　用保鮮膜或乾淨的茶巾將麵團包住，在室溫下靜置至少 30 分鐘。如果暫時不會使用麵團，就先放入冰箱冷藏。

3.　使用製麵機來壓擀麵團，或在撒了麵粉的工作枱上用擀麵棍將麵團擀成厚度約 1.5 公分的麵皮，然後根據需求裁切成各式麵條。

　　美食作家約翰・萊特（John Wright）建議在工作枱面上大量地撒上麵粉，彷彿有專人會為你負責清潔打掃一樣。理想的情況下，工作平台上應該撒上像粗麵粉或玉米粉這類的無麩質麵粉，因為它們比較不會沾黏或讓你的義大利麵過硬。

4.　將一大鍋鹽水煮沸。放入義大利麵。緞帶形和薄片狀的義大利麵的烹調時間為 2 至 3 分鐘，但如果你不確定要煮多久，可以先拿一條麵條試煮一下。至於義大利千層麵的烹調時間，有些廚師會先將麵片預煮幾分鐘，再將麵片層層疊放入烤盤。但是如果鋪在麵片之間的醬汁夠濕潤，就無需預煮這道程序了。義大利千層麵至少需要烘烤 30 分鐘。

5.　將剩下的義大利麵在室溫下晾乾，並讓空氣在周圍流動（曬衣架是晾乾緞

帶型義大利麵的理想工具）。

要讓義大利麵徹底乾燥可能需要長達幾天的時間。徹底乾燥後的義大利麵可以放入密封的容器保存，並在 6 個月內使用完畢（這個保存與使用期限只適用於一般的雞蛋麵，對於含有其他成分的各式義大利麵，保鮮期可能會更短）。

舉一反三

A. 100 公克麵粉加上 1 顆雞蛋製成的麵團，用擀麵棍可以擀壓成邊長約 30 公分正方形大小的麵皮。

B. 雖然製作義大利麵通常會指定使用義大利 00 號麵粉，不過也可以使用高筋白麵粉或中筋麵粉來製作義大利麵。有關其他麵粉類型的說明，請請參考「風味與變化」單元。

C. 加鹽來調味麵團：義大利名廚喬治·羅卡特里（Giorgio Locatelli）和《銀匙》（*The Silver Spoon*）的作者們，就是屬於麵團中加鹽調味的一派。而烹飪作家瑪契拉·賀桑（Marcella Hazan）和瓦倫蒂娜·哈里斯（Valentina Harris）就不是了。自己選邊站吧。要注意的是，在煮麵水中加鹽，同樣具有增加義大利麵鹹度的效果。

D. 要讓麵團顏色變得更鮮黃、味道更濃郁，可以在每 200 克麵粉中使用 4 個蛋黃取代 2 顆全蛋。

E. 有些廚師會在雞蛋中補充少許的油：在每 200 克麵粉和 2 顆雞蛋中添加約 1 茶匙的油。

F. 我們的基礎食譜雖然規定雞蛋與麵粉的重量比為 1：2，但你可以在每 200 克麵粉中加入多達 8 個蛋黃。根據英國廚師雅各·甘迺迪（Jacob Kenedy）的說法，這樣會製出一種「過於墮落的麵食」。然而，這種麵團並不適合用來製做含餡的義大利麵食，因為過多的蛋黃會降低麵條的彈性，而變成一種鬆脆的義大利麵。

G. 如果你手邊的雞蛋用完了，那就來做無蛋義大利麵吧：只需要 200 克中筋麵粉、120 毫升溫水以及 2 茶匙橄欖油就可以了。在篩過的麵粉中間挖出一個凹洞，加入水和油做成麵團。推揉麵團 10 分鐘，然後從基礎食譜的步驟 2 繼續往下操作。無論手邊缺不缺雞蛋，如果選擇全麥麵粉來製作麵食，我認為無蛋義大利麵的製作方法才是更適合全麥麵粉的選項。

H. 在伊麗莎白·大衛（Elizabeth David）的卡布里（Caprese）義大利方麵餃食譜中，則使用奶油來製作麵團而不是雞蛋，她說這樣的麵團比雞蛋麵團更容易桿開。將 50 克奶油捏進 225 克麵粉和少許鹽中，慢慢加入足量的沸水讓麵團成型。充分揉麵，然後擀開麵團。

義大利麵→風味與變化

蕎麥（BUCKWHEAT）

在義大利北部的瓦爾泰利納地區（Valtellina），以及瑞士格勞賓登州（Graubünden）邊界的地區，傳統上常用蕎麥來製成義式蕎麥麵（pizzoccheri）。這是一種如緞帶般的短義大利麵條，通常搭配一道以馬鈴薯、甘藍菜、乳酪和鼠尾草做成的同名料理一起享用。按照我們基礎食譜的作法來製作這款義大利麵條，不過麵粉的部分請將 1 份蕎麥麵粉與 2 份小麥麵粉（如果你有義大利 00 號麵粉的話，請使用 00 號麵粉）混合，每 1 顆雞蛋或 2 個蛋黃就需添加 1 湯匙溫水，先將雞蛋與水攪打均勻，再倒入混合好的麵粉中。麵團擀平後，就切成大約長 8 公分、寬 1 公分的緞帶形短麵。將一片片寬條狀的皺葉甘藍和 1 公分厚的馬鈴薯片放入鹽水中煮 5 分鐘，接著加入義式蕎麥麵一起烹煮至麵條彈牙充滿咬勁。所有食材都煮好後瀝乾水分，再將食材和磨碎的乳酪分層疊放在預熱過的烤盤中，最後撒上蒜味奶油、些許切碎的鼠尾草，再加入更多的碎乳酪就完成了。放入烤箱以 180°C 烘烤 20 分鐘。正宗義式蕎麥麵料理中所使用的乳酪，是具有「原產地名稱保護制度」（DOP）認證的瓦爾泰利納卡傑拉乳酪 (Valtellina Casera)，不過將芳汀那乳酪（fontina）與一些格拉娜‧帕達諾乳酪（Grana Padano）或帕馬乾酪（Parmesan）混合在一起，也是非原產地乳酪一種很好的替代品。並不是所有食譜都要求用雞蛋來製作義大利麵，有些簡單的食譜中，麵團就只是加水製成，例如本書第 33 頁的蕎麥麵。

栗子（CHESTNUT）

義大利美食作家安娜‧德爾‧康特（Anna Del Conte）推薦了一道栗子義大利麵佐糖醋兔肉的料理。她將 125 克義大利 00 號麵粉與 100 克栗子麵粉混合，並加入 2 顆大型雞蛋來製作麵條。這個比例與一般義大利麵成分的比例比較起來，雞蛋的比例略高，那是因為栗子粉的吸水性比麵粉低。而喬治‧羅卡特里（Giorgio Locatelli）風味較溫和的版本，就只用了 50 克栗子麵粉與 200 克義大利 00 號麵粉，外加 1 茶匙橄欖油和 7 顆蛋黃。他以野生蘑菇來搭配這道麵食一起享用。如果文字是可以被品嚐的，那麼品嚐這道料理就像享用美國詩人羅伯特‧佛洛斯特（Robert Frost）的詩般，讓人回味無窮。

巧克力（CHOCOLATE）

對喜歡製作食物的人來說，巧克力義大利麵是很完美的麵條，但對於喜歡享用食物的人就很難說了。這是很容易操作的麵團，質地絲滑柔軟並易於裁切成寬扁麵（tagliatelle）。盤捲在白色盤子上的漂亮紅褐色麵條，看起來真的非常優雅，不過樂趣就僅止於此了。因為麵條中的巧克力味道模糊混沌，要到最後像臨別一擊般竄出可可的苦澀味，才能讓人感覺到巧克力的存在。請記住，其實運用麵粉、雞蛋和可可，還能做出許多其他更美味的食物。我那抱持樂觀主義的丈夫，決定給巧克力義大利麵第二次機會，所以嘗試了另一道表面撒了些許糖粉的巧克力麵條。他說「那樣的麵條味道好多了」。這是事實，讓人不愉快的食物只要加了糖，都比可怕又無糖的食物好得多吧。在用量上，每 200 克麵粉需加入 20 克可可粉。

玉米（CORN）

可以使用細磨粗玉米粉、小麥麵粉、雞蛋和少許溫水來製作麵團。其實我從來不曾在義大利食譜中見過加入玉米製作雞蛋麵的狀況。不過不要因此而阻礙你的嘗試。以磨細的粗玉米粉取代基礎食譜中 25% 義大利 00 號麵粉。由於義大利雞蛋麵中經常含有一些無麩質麵粉，因此在雞蛋中加一點水能增加些許黏性，好讓麵團更容易成形。我把擀平的麵團切成條狀，然後用帶凹槽的麵皮切割輪切成邊長 2 至 3 公分的正方形（如果你廚房抽屜裡找不到這種輪刀，可以在小孩的紙粘土切割玩具中找找看）。將麵片放入鹽水中短暫煮沸後，這種甜美厚實如小郵票般的麵片顯然能與濃郁鹹香的醬汁完美搭配。再也沒有什麼菜餚能比黑胡椒乳酪義大利麵（cacio e pepe）更濃郁鹹香了，這道羅馬風格的義大利麵料理讓奶油培根麵（carbonara）看起就像一盆拌好的沙拉。製 1 人份黑胡椒乳酪義大利麵的方法如下：將 1 茶匙的黑胡椒粒放入研缽中以研杵粗略碾碎。再將加了玉米粉製作的單人份義大利麵放入鍋中烹煮 2 分鐘後舀起瀝乾（留下 50 毫升的煮麵水），置於一旁備用。煮麵的鍋中放入一塊奶油以中火加熱融化，同時加入碾碎的胡椒。30 秒後，倒入之前留下的煮麵水繼續煮沸。然後將煮好的義大利麵倒入鍋中均勻攪拌，接著加入 2 湯匙精細磨碎的帕馬乾酪（Parmesan）。將鍋子從爐火上移開，繼續拌入約 4 湯匙精細磨碎的義式佩科里諾羊乳酪（pecorino），一次一湯匙，每湯匙乳酪融化後輕輕攪拌均勻。麵片中的乳酪醬最終應該呈現介於濃稠和微稀之間的一種狀態。料理上桌前再撒上一些現磨的黑胡椒享用。

561

咖哩（**CURRY**）

　　在法裔美國名廚讓・喬治・馮格里奇頓（Jean-Georges Vongerichten）與美食作家馬克・比特曼（Mark Bittman）的著作《簡單到專業》（*Simple to Spectacular*）中，介紹了一道咖哩風味義大利麵的食譜。咖哩是少數幾種能真正有效調味義大利麵的調味料之一。馮格里奇頓和比特曼用來搭配咖哩義大利麵的配菜都很清爽簡單；例如，他們推薦以一種輕爽的番茄醬，加上幾隻明蝦或者味道有點濃郁的棕色雞湯，來佐配咖哩緞帶麵（fettuccine）。我將咖哩緞帶麵扔進微鹹的奶油中攪拌均勻，然後在這堆糾結的麵條上放一顆水波蛋，撒些烤好的小茴香籽就可以上桌享用了。至於咖哩的用量，則每 200 克麵粉使用 2 湯匙咖哩粉。

燒灼粗粉（**GRANO ARSO**）

　　你最後一次看著滿布小麥殘株餘燼的田野，心裡還想著「晚餐吃什麼？」是什麼時候？在義大利南部的普利亞（Puglia）地區，就用這些燃燒過的小麥來製作麵粉，所以製成的麵粉帶著深沉的顏色與煙燻風味。燒灼粗粉（Grano arso）是目前在義大利正重新風行的一種食材。你可能會發現它被製成外型捲曲並佐以乾豌豆醬來享用的小卷麵（cajubi）；或者做成因其小而空洞的眼窩而得名的小盲人麵（cecatelli）；還會做成一種耳朵形狀、傳統上以類似油菜花的薹臺菜花（cime di rapa）或蕪菁葉來搭配的貓耳朵麵（orecchiette）。而看起來有點像南瓜籽的義式小貝殼麵（strascinati），也經常以燒灼粗粉來製作，並搭配櫻桃番茄、櫛瓜花和瑞可達乳酪。在沒有燒灼粗粉的情況下，可以像第 664 頁中烤黑麥粉的操作方式那般，嘗試在你用來製作麵條的麵粉中加入一些烘烤過的麵粉。

蕁麻（**NETTLE**）

　　在你的蕁麻麵團中加入一小撮四川花椒（Sichuan pepper），會讓人有種如

被蜂螫的辣麻感。在調味麵條中，蕁麻義大利麵可媲美菠菜義大利麵，兩者也以相同的方法製成。滿滿一手提袋的蕁麻嫩葉就足以調味 500 克麵粉了。非凡的採集美食家約翰・萊特（John Wright）聲稱，塑膠袋是一種公認用來衡量蕁麻分量的標準方法。不過斤斤計較準確度的人，也許更偏好使用秤子來精準量出 100 克的葉子。製作蕁麻麵團只需使用 4 顆雞蛋而不是 5 顆，這樣就能包容蕁麻葉中無法擠乾的水分。麵粉中加入 $^1/_2$ 茶匙的鹽均勻混合。洗淨蕁麻葉，然後以文火煮 10 分鐘後撈出葉片。盡可能將蕁麻葉中的水分擠出，再將蕁麻葉切得非常細碎。雞蛋放入麵粉中間凹洞時，連同切碎的蕁麻葉一併加入麵粉中。萊特用蕁麻麵團製作義大利方麵餃（ravioli）的麵皮，並將切碎的熟蕁麻葉、炒過的碎山胡桃仁或松子，以及野蒜全部與雞蛋混合在一起，做成麵餃的餡料。

帕馬乾酪與荷蘭芹（**PARMESAN & PARSLEY**）

義大利烹飪史學家羅瑞塔・薩尼尼・德薇塔（Oretta Zanini de Vita）曾描述過一種被稱為「磨碎的粗粒麵粉」（semola battuta）的普利亞地區特產，那是將磨碎的帕馬乾酪和切碎的荷蘭芹加到杜蘭粗粒麵粉和雞蛋中，再混合揉製成麵團。用手掐出如鷹嘴豆（Chickpea）般大小的麵團顆粒，壓捲一下後扔進清湯中小火悶煮。傳統上的復活節清湯是以火雞熬煮而成。德薇塔還指出，可以運用馬鈴薯壓粒器將類似的麵團（只是更柔軟些）壓成顆粒狀，做成義式乳酪蛋花湯（stracciatella）。

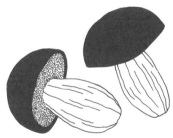

牛肝蕈（**PORCINI**）

位於義大利中部的拉齊奧地區（Lazio），有一種含有牛肝蕈粉、被稱為「老鼠尾巴」（code di topo）的義大利麵。我覺得其中的牛肝蕈粉就是讓麵條呈現老鼠般顏色的元凶。牛肝蕈粉不難買到，但如果你家裡有咖啡或香料研磨機，不妨自己動手將乾燥的牛肝蕈片研磨成粉來使用。有了自製珍藏的牛肝蕈粉，你就可以裝扮成小仙子，雀躍地繞著廚房，盡情地將這種神奇的蕈菇粉撒在所

有食物上。牛肝蕈粉可以作成牛排的調味香料，也可以加入鵝卵石派的麵團中（請參考 40 頁的鵝卵石派）、或用來製作鹹味蛋塔（請參考 548 頁的蛋塔），還能與麵包粉和帕馬乾酪混合，做成富含鮮味的派皮。至於製作牛肝蕈義大利麵的用量，每 200 克麵粉加入約 10 克牛肝蕈粉就夠了。

番紅花（SAFFRON）

在很久以前，番紅花的產量遠遠勝過新鮮雞蛋的產量，廚師們會在他們的麵條中添加番紅花，來複製如蛋黃般的落日橙色。薩丁島的薩丁尼亞麵疙瘩（Malloreddus）是一種形狀像小貝殼的義式麵疙瘩，還有一種外型像小鷹嘴豆的薩丁尼亞鷹嘴豆麵疙瘩（ciciones），這兩種義式麵疙瘩的麵團，是由粗麵粉與浸漬過番紅花的溫水混合製成的。並不是每個人都喜歡以番紅花調味麵食。十七世紀中期，英國駐杜林（Turin）大使館的廚師弗朗切斯科・沙皮索（Francesco Chapusot）就曾抱怨過，番紅花讓拿坡里的義大利麵帶著一股「令人討厭的味道」。沒有把握而猶豫不決的廚師，則可以先在煮麵水中加入幾縷番紅花來烹煮麵條試試看。有些人則以類似製作番紅花麵團的方法，在麵團中加入紅酒做成粉紅色義大利麵。如果你想不出紅酒還有什麼其他更好的用途，這還真是個很棒的用法。每 200 克麵粉約需使用 20 根番紅花絲磨成的粉末。在 1 茶匙溫水中放入番紅花粉末浸泡 30 分鐘，之後再將番紅花水加入雞蛋中攪打。這個番紅花分量已經足以讓你的義大利麵呈現濃烈的黃色，但若想明顯嚐到番紅花的味道，則需要兩倍的番紅花。

斯佩爾特小麥（SPELT）

與一般小麥相比，斯佩爾特小麥的味道更為濃郁，蛋白質含量更高且纖維含量也更多。它堅硬的外殼可以保護穀物免受污染和昆蟲的侵害，這也就意味著在種植過程中，所需的化學肥料與農藥用量比較少。現代小麥在收割時，會直接將小麥外殼留棄在田野中，而斯佩爾特小麥卻將外殼保留至穀粒碾磨之前，以此方式維持穀粒的新鮮並留住更多營養成分。對小麥消化不良的人通常反而可以忍受斯佩爾特小麥。這並不是說斯佩爾特小麥不含麩質，只是它的麩質含量比一般小麥來得低，而且這也是斯佩爾特小麥可以製作出如此美味義大利麵與麵包的原因（斯佩爾特小麥的發酵速度比一般小麥快，因此很適合用來製作單次發酵的麵包）。換句話說，斯佩爾特小麥是烘焙老師們的寵兒。斯佩爾特小麥粉有白麵粉和全麥麵粉兩種形式，兩者都可以代替我們基礎食譜中的

風味達人的文字味覺
——水平思考的廚房事典

662

一般小麥粉，雖然濕潤度越高對全麥類型的麵粉越有利，但我們也只需隨著雞蛋在麵粉中添加 1 茶匙溫和植物油或少量的水就夠了。

菠菜（SPINACH）

我曾經很疑惑，為什麼要自找麻煩讓已經很普通的義大利麵看起來更無吸引力，而且在味道上也沒有明顯的改善呀？後來我自己試著做了一些，感受到了剛做好的新鮮麵條在風味上那種令人相當喜愛的微妙變化。一旦你已經掌握了製做菠菜泥以及將它與麵團充分混合的技巧，則可以嘗試將相同的方式應用在不同的蔬菜上。芝麻菜（rocket）是比較穩妥的變化版食材，時髦的義大利麵製造商歐傑洛（L'Origine）則採用菊苣（radicchio）來做變化。或者還可以試試看一點也不花俏的蕁麻義大利麵（應該剛好相反吧！）。美國廚師作家艾麗莎・格林（Aliza Green）則建議，所有能煮得爛搗成泥的蔬菜，都應該有同樣的效果。如果你喜歡，朝鮮薊、蘆筍或者甚至是白胡桃瓜、蘋果和黑棗的混合果菜泥，都可以拿來嘗試看看。但前提是這些稀奇古怪的變化版食材，也許在某些時候還真與現成的嬰兒食品重疊了呢。先從 4：1 的比例混合麵粉與蔬菜泥開始著手，例如 100 克麵粉使用 25 克菠菜泥，再加入 1 顆雞蛋。如果你想讓你的義大利麵擁有更強烈的顏色與風味，將菠菜量加到 50 克，效果也很好。如果麵團過於濕黏，就額外再加入一點麵粉，讓麵團比較好揉。

烏賊墨魚汁（SQID INK）

564

一些嚴謹的人對墨魚汁義大利麵抱持著負面的看法。電視製作人彼得・卡明斯基（Peter Kaminsky）則認為，這是義大利廚房在其技能無法滿足自身野心時的一種慣用伎倆。義大利烹飪作家瑪契拉・賀桑（Marcella Hazan）認為墨魚麵「糟糕透頂」。但另一方面，在約翰・蘭切斯特（John Lanchester）的著作《愉悅的原罪》（*The Debt to Pleasure*）一書中，毒舌敘述者塔昆・威諾（Tarquin Winot）在他位於劍橋大學的黑色房間中舉辦了一場全黑食物的饗宴。菜單包括了松露墨魚大利麵、法式血腸（boudin noir）佐黑色菊苣，甜點則是染黑的法式烤布蕾，還有黑天鵝絨調酒（Black Velvet）做為佐餐酒。幾乎毫無例外，頭足類動物會釋出黑色墨汁來防禦它的掠食者，模糊其掠食者的視線，並且正如最近已經證實的作用，這個黑色墨汁還可以麻醉螃蟹和鰻魚的嗅覺神經。所以在你享用墨魚麵的當下，也許會認為自己的嗅覺神經已經被麻痺了。墨魚汁的味道通常很難被品嚐出來。食物研究作家科爾曼・安德魯斯（Colman

Andrews）認為，章魚（cuttlefish）墨汁的味道比烏賊墨汁濃郁許多。而且章魚墨汁很谷易找到，烏賊墨汁反而不容易看到，因此你必須想辦法自己去比較一下。請使用 90 毫升水與 30 毫升墨魚汁，按照「舉一反三」G 項所提出的方式來製作無蛋版本的墨魚汁義大利麵。

烤黑麥（TOASTED RYE）

自從在東京開設拉麵店後，紐約伊凡拉麵（Ivan Ramen）的老闆伊凡・奧金（Ivan Orkin）就站上了日本名流的位置。他的拉麵是用烤黑麥麵粉、中筋麵粉和麵包麵粉混合製成的。烤黑麥麵粉佔了麵粉總重量的 10%。運用相同的比例，就可以製出風味口感極佳的義大利雞蛋麵。想想如此少量的黑麥，卻能讓麵條呈現令人訝異的深色外觀，而且還帶著淡淡的烘烤味。完全由黑麥製成的義大利麵會呈現牛奶巧克力的顏色，味道則像德國黑麥麵包。因此這款麵條的配料，通常就是那類你預期會在黑麥三明治中看到的食材。極富創意的廚師懷利・杜弗倫（Wylie Dufresne）就在他的黑麥麵料理中刨入煙燻牛肉。

全麥（WHOLEWHEAT）

在義大利東北部的威尼托地區（Veneto），有一種外觀類似吸管麵（bucatini）被稱為圓粗麵（bigoli）的全麥麵條，吸管麵是因為外觀很像一截中空的電纜而得名。傳統上用來製作圓粗麵的器具，外觀很類似兒童節目製作人奧利弗・波斯蓋特（Oliver Postgate）所設計的木頭山羊。只要扭轉它的羊角，麵條就會從羊鼻穿擠出來。當前廚房中最熱門的話題，就是這部人手一部的鮮紅色復古食物處理機了。通常用來佐拌圓粗麵的醬汁，是由洋蔥、鯷魚和沙丁魚慢慢熬煮而成，若以白醬來佐拌圓粗麵，味道就沒那麼好了。還有一種由全麥麵粉和麩皮製成，被稱為「毛茸茸羊毛」（Lane pelose）的義大利麵，顧名思義就是一種帶著纖維感的緞帶麵。就像大蒜、西班牙辣香腸、義大利粗製香腸或紫色小花椰（purple sprouting broccoli）一樣，全麥義大利麵條也有種濃重質樸的鄉村風味。正如「舉一反三」G 項中的種方式，全麥麵粉會比白麵粉需要更多一點的水或雞蛋。

義大利麵→其他應用

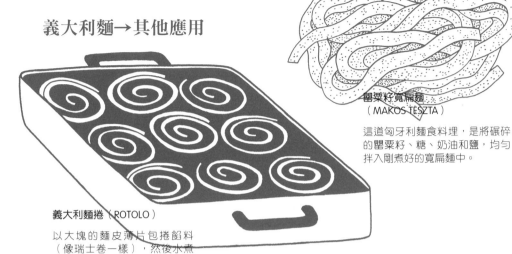

**罌粟籽寬扁麵
（MAKOS TESZTA）**

這道匈牙利麵食料理，是將碾碎的罌粟籽、糖、奶油和鹽，均勻拌入剛煮好的寬扁麵中。

義大利麵捲（ROTOLO）

以大塊的麵皮薄片包捲餡料（像瑞士卷一樣），然後水煮或切片淋上醬汁烘烤。

半月餃（MEZZALUNE）

蜜糖麻花捲（ORIGLIETTAS）

這是一款薩丁尼亞甜點：將麵團製成緞帶形麵片捏扭成團後油炸，再放入蜂蜜中浸漬而成（麵團則用250克麵粉、1湯匙油脂和10顆蛋黃製成）。

**義大利麵烘蛋
（PASTA FRITTATA）**

德國麵疙瘩（SPAETZLE）

除了使用雞蛋，這款麵疙瘩的麵團還需加入少量的水或牛奶。

義大利餛飩（TORTELLONI）

**焗烤鮪魚麵
（TUNA CASSEROLE）**

這是一道由緞帶型義大利麵、鮪魚罐頭、罐頭高湯以及磨碎乳酪製成的料理，這些食材都是美國儲物櫃中儲存的標準食材。

奶油酥皮、甜味酥皮&板油酥皮
（Shortcrust, Sweet & Suet Pastry）

這種味道濃郁酥脆的麵皮，是以最簡單的 1：2 比例將油脂與麵粉混合，加上製成麵團所需的最少量液體（水或雞蛋）製作而成。關於板油酥皮的介紹，請參考「舉一反三」的 D 項。而甜味酥皮的介紹，請請參考「舉一反三」的 I 項。

此一基礎食譜可以製作一個直徑 22 公分淺圓形塔皮，或一個直徑 20 公分的深圓形塔皮。[AB]

食材
200 克中筋麵粉 [CDE]

$^1/_4$ 茶匙鹽

100 克冰無鹽奶油，切片備用 [DEFG]

冷水 [H]

雞蛋（可加可不加）[H]

1. 將麵粉篩入一個大碗中，並加入鹽混合。

2. 麵粉中加入奶油，用刀或酥皮切刀（pastry cutter）將奶油與麵粉切拌混合，或者用指尖輕輕捏搓奶油與麵粉，直到將混合物捏搓成類似麵包粉的樣子。

   這樣可以讓麵粉「不透水」，好防止水分與麵粉接觸因而抑制麵粉出筋。如果你有食物處理機，效果會更好。

3. 分批慢慢加入能讓混合物結合成麵團所需的最少量冷水（或雞蛋，或是水與雞蛋的混合物）。

4. 將麵團塑型成圓餅狀，撫平邊緣出現的裂紋，包上保鮮膜，然後放入冰箱冷藏最少 30 分鐘或最多 3 天。也可將麵團包裹好放入冷凍庫保存，最長可保存 3 個月。

   如果你用的不是圓形烤模，那麼可將麵團做成正方形或長方形，或任何一種你覺得合適的形狀。

5. 將麵團垂直來回擀開，然後將擀成長條狀的麵團打橫，繼續上下推擀，直

到麵團達到理想的厚度（0.3 至 0.5 公分）和寬度為止。你可能需在麵團上撒些細粉，以防止麵團粘黏在擀麵棍上。有些廚師則喜歡把麵團放在兩張保鮮膜中擀平。製作塔皮時，將麵皮小心放入準備好的烤模中，讓突出烤模的麵皮邊緣垂掛在外，無需將塔皮修整得剛剛好。用叉子在塔模底部均勻刺出孔洞，然後放入冰箱冷藏至少 30 分鐘。

冷藏有助於防止麵皮內縮。如果製作的是肉餡餅以及有蓋餡餅（double-crust pies），那麼桿好的餅皮就無需放入冰箱進行第二次冷藏，直接填入餡料烘烤即可。

6. 若要先盲烘（blind-bake）一個塔皮，請將鋁箔紙或烤盤紙覆蓋在麵皮，567上面壓上派石（或乾燥的豆子），放入烤箱以 190°C 烘烤 20 分鐘。移除鋁箔紙或烤盤紙和派石後，將塔皮放回烤箱繼續烘烤 5 至 8 分鐘，然後仔細切除突出於烤模外的麵皮。

如果你的餡料特別濕潤，那就在烤好的塔皮上刷一層蛋液再放進烤箱回烤幾分鐘，讓塔皮表面形成一個隔水層。當塔皮放涼後，就可以填入餡料並再度放到烤箱烘烤，或倒入不需要進一步調理的餡料，例如巧克力甘納許（請參考第 380 頁），或巴伐利亞奶油醬（請參考 575 頁）。

舉一反三

A. 製作一個直徑 15 公分的圓形塔皮，請使用 100 克麵粉和 50 克油脂。250 克麵粉和 125 克油脂可以製作一個直徑 25 公分，深度約 4 公分的圓形塔皮。

B. 這個分量可以製作出 4 個菜肉餡塔的餅皮。

C. 最好能用中筋麵粉製作。必要時也可以使用高筋白麵粉。也能使用自發麵粉，不過麵粉品牌麥克杜格公司（McDougalls）則提示，自發麵粉製作出來的塔皮質地較鬆軟、酥脆。

D. 板油酥皮是用相同比例的材料和相同方法製成的，但是以板油為油脂，並且需要添加足量的水讓油脂和麵粉混合在一起形成柔軟的麵團。最好使用自發麵粉（或在每 100 克中筋麵粉中添加 1 茶匙泡打粉），以防止麵團過於黏稠。

E. 你最多只能減少四分之一的油脂使用量，也就是 200 克麵粉最少要用到 75 克的油脂。伊麗莎白·納許（Elizabeth Nash）建議使用自發麵粉來製作低脂酥皮。

F. 相反的，麵團中的油脂最多可以增加 50% 用量。《拉魯斯美食百科》中有一道特濃郁奶油酥皮的食譜，其中的奶油重量是麵粉重量的四分之三。

G. 大多數食譜都偏愛使用奶油，儘管許多廚師建議以 1：1 的比例混合奶油札豬油，前者是為了調味，後者是為了質地。也可以使用植物性起酥油（vegetable shortenings）、一些全脂人造奶油以及鴨油或鵝油。

H. 使用能讓麵團成型所需的最少量冷水將食材和在一起。可以改用雞蛋來取代冷水，也可以將水和雞蛋混合一起使用。

I. 甜味酥皮有很多變化作法。下面的作法只是稍微調整我們的基礎食譜。在步驟 2 結束時，將四分之三奶油重量的糖粉拌入（在這裡的用量是 75克）。在麵粉中間挖一個凹洞，加入 1 顆大雞蛋將食材和在一起，讓麵團成型，如果需要，可以再加一點鮮奶油、牛奶或水。麵團至少冷藏一個小時後才能擀開，再根據上述方法進行盲烤。

奶油酥皮、甜味酥皮 & 板油酥皮→風味與變化

杏仁（ALMOND）

　　人們常說，千萬不要隨便與動物、兒童或杏仁酥皮打交道。因為即便是混合了大量富含麩質的麵粉以及杏仁粉所製成的麵皮，它的質地仍然非常粗糙易碎，所以將這種麵皮鋪入烤模時會變得很麻煩。其實在甜味酥皮中添加一些杏仁粉是一種相當普遍的作法，只不過杏仁粉分量少得不會在食譜標題中特別提到。成型的麵團可以先放進冰箱中冷凍，這樣麵團就會更容易操作一些。再將麵團散鋪在烤模上，並均勻地推壓入烤模中。或者乾脆將麵團冷藏，然後擀平，並且得有心理準備需要一些必要修補裝飾。所以下次當你駐足在糕點店的櫥窗前，欣賞著其中的奧地利林滋蛋糕（Linzertorte）時，請注意看看其完美無瑕的格子狀表面，是否隱藏了許多額外的接合點與瑕疵。奧地利林滋蛋糕是一種奧地利果醬餡塔，是由內含五香杏仁或榛子的甜味酥皮所製成。有些食譜要求以 1：1 的比例來混合杏仁粉與中筋麵粉，但我發現這種麵團很難操作，所以我更喜歡使用 3：7 的比例。要注意的是，這個塔皮並不會預先進行盲烤。我使用 90 克杏仁粉和 160 克中筋麵粉、125 克無鹽奶油、45 克糖、$^1/_2$ 茶匙肉桂粉以及 ¼ 茶匙丁香粉來製作一個直徑 20 公分的圓形塔皮。加入打好的蛋液（而不是水）讓麵團成型。當麵團冷藏好後，取出能鋪滿一個淺塔模所需的麵團來製作塔皮，其餘的麵團繼續留在冰箱中冷藏。在塔模底部的麵皮上均勻地扎洞，然後放入冰箱冷藏，同時拿出冰箱中剩餘的麵團，擀平後切成緞帶狀的麵片，以備進行格紋裝飾時使用。將果醬填入塔皮內——這裡需要一整罐（450g）的果醬才夠用——然後開始你的格子編織工作。只要發現麵片開始變得沾黏不好操作時，隨時都可以將這些麵片放回冰箱中冷藏一下，然後接著繼續操作。將奧地利林滋蛋糕移到預熱好的烤盤上，放入 180°C 的烤箱中烘烤 30 至 35 分鐘。剩餘的麵皮可以用來製作簡單的果醬塔，就當做一種額外的獎勵吧。

茴香籽和芝麻（ANISEED & SESAME）

　　每年十月，重達近噸的基督聖像「奇蹟之主」（El Señorde los Milagros），在身著紫色衣服的虔誠信徒簇擁下，在利馬（Lima）大街上遊街遶行，伴隨在旁的還有擁擠的人群以及一種被稱為佩帕夫人牛軋糖（turrón de Doña Pepa）的精緻甜點。多娜・佩帕（Doña Pepa）是十七世紀一位重獲自由的安哥拉奴隸，據說在加入遊行隊伍後她癱瘓的手臂就被治好了，於是她創作

出這款牛軋糖（turrón）。不過這個甜食只要吃一片就會甜得癱瘓你的胰臟。佩帕夫人牛軋糖是以長條形奶油酥皮堆疊而成的一種深蛋黃色糕點（奶油酥皮則以洋茴香籽和芝麻調味），堆好後的糕點放入糖漿中浸漬，再用如兒童遊樂中心球池裡的那些彩色塑膠球般五顏六色的糖果球來裝飾。據說這是多娜・佩帕夢中夢到的食譜。如果洋茴香籽的風味讓你做惡夢，你完全可以捨棄不放。在最近的食譜版本中，用來調味糖漿的調味劑有很多不同的變化：它們可能包括糖蜜、檸檬、橙皮與丁香；或者蘋果、萊姆、西梅、肉桂、丁香和多香果粉。在我們的基礎食譜的食材中，多加入 1 湯匙芝麻籽和 $1^1/_2$ 茶匙的洋茴香籽就可以了。

虎皮鸚鵡飼料（BUDGIE FEED）

這就是自己調配香料種籽來調味麵皮的意思。對別名喬伊（Joey）的虎皮鸚鵡來說，能調配自己的飼料未免也太奢侈啦。鹹味和甜味料理都可以使用這種自己調配的香料種籽。而最適合用於這種調味酥皮的餡料，則是像卡士達醬一類光滑簡單的餡料，因為它能呈現出麵皮中香料應有的味道，並且最大程度地突顯食材質地的對比。在 200 克麵粉製成的麵皮中，可以嘗試加入以罌粟籽、芥末籽（各 2 湯匙）和黑種草籽（1 茶匙）混合的綜合香料。若以 2 茶匙芹菜籽取代替黑種草籽，就會成為極佳的禽肉類料理調味品（芹菜籽曾經是製作鹹雞肉派麵皮的一種標準調味料）。

葛縷子（CARAWAY）

葛縷子在烹調過程中會產生一種類似柑橘皮的味道。它可以減輕各種酥皮的沉膩感，不過用在像板油酥皮這類味道濃郁質地強韌的酥皮中則特別受到歡迎。可以嘗試在橘子醬布丁捲中加一些葛縷子。豬肉是葛縷子經典的配對食材之一，這也許就是葛縷子在豬油製成的熱水酥皮（請參考 652 頁）中會如此美味的原因了。烹飪作家傑若米・朗德（Jeremy Round）與英國名廚休伊・芬利－惠廷斯泰爾（Hugh Fearnley-Whittingstall）都曾在標準的奶油酥皮中加入葛縷

子，芬利－惠廷斯泰爾就是用葛縷子奶油酥皮製作葛黎耶和乳酪洋蔥塔（onion and Gruyère tart）。然而先別急著動手，200 克麵粉製成的麵皮，約需加 1 茶匙葛縷子就夠了。

乳酪（CHEESE）

製作乳酪酥皮實在太簡單了。將奶油酥皮麵團擀平，撒上乳酪並摺疊，再重新擀平即可。若要製作乳酪脆條，則先將乳酪酥皮切成條狀，撒上更多的乳酪，然後放入略微上油的烤盤中，以 190°C 烘烤 12 至 15 分鐘。乳酪酥皮除了用在鹹味食物中，傳統上也常用來製作蘋果塔和蘋果派（比較少用在梨派和梨塔上）。我則用乳酪酥皮來做果醬塔，這種甜鹹食材組合所產生的風味令人難以抗拒。英國電視名廚德莉亞・史密斯（Delia Smith）的山羊乳酪紅洋蔥塔就是用乳酪酥皮製作的，而且碎巧達乳酪中還添加了一些芥末粉和辣椒（芥末能強化酥皮中的乳酪味道，就像它在白醬中的作用一樣）。乾燥的百里香也是另一個不錯的添加物，每 200 克麵粉可添加滿滿 1 茶匙百里香。還可以運用靈活的手指把大顆的紅心橄欖用乳酪酥皮包裹起來。先將麵團一個個壓成圓形，放在手掌中塑成小盒子形狀，然後像包裹剛沐浴出來的粉嫩嬰兒一樣，放入橄欖分別包裹好。放入烤箱以溫度 190°C 烘烤 10 至 15 分鐘。按照基礎食譜的步驟操作，不過需多加入奶油重量 $1/2$ 到 $2/3$ 的碎帕馬乾酪，或是混合帕馬乾酪與葛黎耶和乳酪或熟成巧達乳酪的綜合乳酪也行。

巧克力（CHOCOLATE）

最近當我翻閱著自己食譜剪貼簿中那些泛黃的報紙時，突然意識到自己從來沒有嘗試去做過我曾經最想品嚐的一道料理——填滿香草卡士達醬和梨子的巧克力酥皮塔。從不曾嘗試去做這道點心的主要原因，應該是害怕擀平巧克力酥皮麵團過程中的精神折磨。在讀過萊帕德的《簡單與美味》（*Short and Sweet*）一書之後，我終於明白製作巧克力酥皮的訣竅了。因為粉狀調味劑會軟化麵粉的筋性，所以使用高筋白麵粉，才能抵抗這些粉狀調味劑產生的作用。我試做了一批梨子塔，但成果卻連我想像中一半的效果都達不到，我想像中的梨子塔是像剪貼簿中相片所呈現的那樣。大多數的食譜會以可可粉取代 15% 至 20% 的白麵粉，另外你還需添加一些糖來抵消可可苦味。將 250 克高筋白麵粉與 50 克可可粉、50 克糖粉、150 克無鹽奶油、少許鹽、1 個蛋黃，以及剛好能讓麵團成型所需的冰冷水，全部混合揉成麵團。成型的麵團仍然非常柔

570

軟，所以在桿平麵團前，可能需要拉長麵團在冰箱中冷藏的時間。

肉桂（CINNAMON）

　　運用肉桂酥皮來製作蘋果派的派皮，就像農夫格子襯衫外就該套著斜紋軟呢外套那般自然。英國美食作家莎拉・帕斯頓－威廉斯（Sara Paston-Williams）運用肉桂的方法頗不尋常，她用豬油來製作肉桂酥皮，並以豬油肉桂酥皮製成黑醋栗塔（blackcurrant tart）。肉桂酥皮可以用在鹹味菜餚中，或者也可以用在甜鹹味道界限不太明顯的料理中。還能嘗試將肉桂酥皮與像鴿肉和杏仁這類摩爾風格的食材搭配在一起。以堅果粉取代四分之一的麵粉可以增添酥皮的口感與風味了：200 克麵粉製成的麵皮，使用 $1^1/_2$ 茶匙肉桂粉調味就夠了。另外還可以考慮添加一些糖。

玉米（CORN）

　　要在不添加糖的情況下，讓油酥麵皮稍微增加甜度，就用細磨粗玉米粉取代 20％至 30％的麵粉。粗玉米粉能帶來一種令人愉悅的酥爽鬆脆口感，讓人憶起玉米粉製成的奶油酥餅。在義大利，這種玉米麵皮很常應用在義大利水果派（crostate）上，其義大利文原意大約是「開放式的塔」。對於某些義大利人來說，義大利水果派是一種精緻的果醬西點，帶著光澤的果醬被包裹在整齊的格子狀酥皮中。但對於其他人來說，它只是一個中間塞滿水果的簡易圓形塔，高出邊緣的麵皮，則沿著邊緣向內打摺——這就是一種無需塔盤的餡塔。可以想像的是，排列整齊縱橫交錯的義大利水果派，會多麼鄙視它那簡易質樸的同名餡塔了。酥爽鬆脆的義式烤塔同樣適合填入鹹味餡料，儘管它們不如甜味餡塔那麼普遍。可以試試在厚重的普羅旺斯燉菜中加入葛黎耶和乳酪做成餡料，或者將白胡桃瓜、菠菜和藍黴乳酪混合成餡料也行。無論你放的餡料是什麼，都要防止餡料過於濕潤。

奶油乳酪（CREAM CHEESE）

　　奶油乳酪能讓酥皮有一種令人愉悅的風味，以及薄脆而不膨鬆的質地。許多食譜中，油脂相對於麵粉的比例很高，所以你需要在一個低溫的房間製作這款麵皮，並且還得在冰箱中空下一個層架，以應變揉麵過程中隨時需將麵團冷卻的情況。我發現將麵團放在兩張保鮮膜之間來擀壓比較容易。如果你不熟悉這款奶油乳酪風味麵皮的應用方式，那麼就簡單將其對摺，包覆成半圓形或三

角形的餡派（Turnovers）會是一個不錯的開始。對這款餅皮來說，杏桃果醬是一種很難被取代的餡料，它也是猶太奶油乳酪點心魯拉捲（rugelach）的標準餡料。魯拉捲與牛角麵包和丹麥酥皮點心一樣，都是居家常見點心，不過製作起來卻簡單很多。首先，將 2 湯匙糖粉和 $1/2$ 茶匙天然香草精加到 100 克奶油和全脂奶油乳酪中並打發成乳脂狀。拌入 150 克中筋麵粉，將混合物和在一起製成麵團。將麵團分成兩半，分別壓成圓餅狀，用保鮮膜包裹起來，放入冰箱中靜置幾個小時，或最多幾天。將每個圓餅擀成一個直徑 22 公分的圓形麵皮，在麵皮上薄塗一層果醬，麵皮邊緣留白 1 公分，麵皮中間也須留出一個直徑約 5 公分的圓圈不要塗上果醬。然後撒上糖、肉桂粉和碎核桃組成的混合物。接著像切比薩一樣，將麵皮切成 12 個三角形麵片，然後每個麵片從寬的一端往尖的那端捲起來，做好的魯拉捲放到不沾烤盤上，麵片尖端需壓在下方放置。表面塗上蛋液、撒上砂糖後，以 180°C 烘烤 20 至 25 分鐘。而奶油乳酪酥皮製成的迷你塔（tassies）就更美味了。這種小巧精美的迷你塔通常會填滿切碎的甜味山胡桃，但它也非常適合如蟹肉美乃滋一類的鹹味餡料，而且還可以省去糖粉。

榛果（HAZELNUT）

愛爾蘭名廚丹尼斯・卡特（Denis Cotter）使用一種榛果風味奶油酥皮來製作他的雞油菌海菠菜塔。同樣的麵皮中再添加些糖，就可以用來製作甜餡塔了。嘗試以這款麵皮與你手邊可運用的任何一種果醬搭配，製作出變化版的奧地利林滋蛋糕（請參考 669 頁），或者以巧克力甘納許為內餡（請參考第 380 頁）做成甜餡塔也行。請以烤過的榛子粉替換 15％至 25％的麵粉；因為榛果的味道比較強烈，所以榛子使用的比例會低於杏仁使用的比例。

檸檬（LEMON）

就放手讓你的鞋子和手提袋配成一對吧！以檸檬風味酥皮做成的檸檬塔也一樣是滋味絕佳的配對呀。如果覺得這樣做顯得過於刻意，那就按照布魯門索的作法，將香草籽與檸檬皮混合加入麵團中。這種麵皮可以用來製作最奢華的檸檬塔，就是那種填滿如濕透黃色防水帽般亮黃色內餡的檸檬塔。檸檬風味酥皮也很適合用來製作乳酪蛋糕、義式風格的甜味瑞可達乳酪派和蟹肉塔。一個直徑 20 公分的圓形塔皮只需一顆精細磨碎的檸檬皮來調味就很足夠了。不過如果你想讓塔皮的檸檬味更濃重，可以使用兩倍的分量。酸性物質被認為可以

減少塔皮的收縮程度，所以有些廚師會在材料中添加幾滴檸檬汁來黏合麵團。

橄欖油（OLIVE OIL）

　　用瑞士甜菜（Swiss-chard）做成的甜菜甜派（tourte aux blettes）是尼斯（Niçoise）地區的經典美食。這道料理引發很多爭議：例如，綠葉蔬菜與糖混合調理是否恰當、帕馬乾酪是否曾經被製成甜點，以及究竟需要多少數量的甜菜葉才能填滿整個派。也許還會讓人感到怪異的地方是，這道派的酥皮用的油脂是橄欖油而不是固態脂肪。住在希臘的美國美食作家戴安娜・法爾・路易斯（Diana Farr Louis）解釋過，橄欖油製作的油酥麵皮偶爾會出現在西班牙、普羅旺斯和義大利地區，不過在克里特島（Crete）卻司空見慣。這種麵團與酥皮餡餅捲麵團（請參考 654 頁）的製作方式常被拿來做詳細的比較。將麵粉與橄欖油、酒和溫水混合成麵團後，放在室溫下靜置，之後再將麵團擀成薄片。一九八六年的牛津食物與廚藝研討會（Oxford Symposium on Food & Cookery）上，珍妮特・勞倫斯（Janet Laurence）展示了以各種植物油製作油酥麵皮的測試結果。她的發表內容指出，雖然植物油製成的油酥麵皮較不會收縮（固體脂肪製成的麵皮就會出現麵皮收縮現象），不過最好在麵團完成後立即擀成麵皮使用，因為麵團靜置的時間越長，就會變得越油膩。

玫瑰（ROSE）

　　在整個中東與非洲馬格里布地區（Maghreb）地區很普遍的瑪慕爾小酥餅（ma'moul），是一種裡面塞滿果乾和堅果泥的奶油酥餅，也是齋戒月（Ramadan）期間不可或缺的消夜食物。在某些版本的食譜中，它的麵皮是由酵母、馬哈利櫻桃香料（mahleb）和乳香所製成。馬哈利櫻桃香料是一種風味類似杏仁的香料，提取自櫻桃核中，而乳香則是一種用來調味口香糖與酒精性飲料的樹脂，在希臘尤為普遍。下面這個簡單版的麵皮，基本上就是一個由粗粒小麥麵粉、小麥和羊奶奶油，再加上玫瑰露調味所製成的奶油酥皮。如果可能，最好使用 75% 的優質粗粒小麥麵粉和 25% 的中筋麵粉，不過全部使用中筋麵粉也可以。原則上，圓形小酥餅的內餡是椰棗，橢圓形小酥餅則用開心果餡料，半球形小酥餅則塞滿胡桃餡。使用 150 克優質粗粒小麥麵粉、50 克中筋麵粉、100 克奶油、1 湯匙玫瑰露和 2 至 3 湯匙牛奶，再根據製作奶油酥皮相同的方法操作（有些人喜歡添加一些糖）揉成麵團。將麵團分成 20 等份，然後揉滾成胡桃大小的球形。道地的瑪慕爾小酥餅是用一種特殊的模具製成，模

具外觀像一枝深木勺，勺子內部有星形或螺旋狀的刻紋。麵團壓入木模中，並迅速敲擊讓麵團彈出。萬一你沒有製作小酥餅的模具，就運用拇指將麵球壓成一個小杯子的形狀。填入水果乾做成的濃稠果泥。再用麵皮將水果泥完全包裹起來，然後將未烘烤的小甜餅皮接縫處朝下，放置在略微上油的烤盤上，並用叉子的齒尖輕輕按壓每一個小酥餅。以 160°C 烘烤 20 分鐘。酥餅冷卻後撒上糖粉就可上桌享用啦。

薑黃（TURMERIC）

牙買加小餡餅（Jamaican patty）就是一種外皮呈棕黃色的康瓦爾肉餡餅（Cornish pasty）。在牙買加，關於這個餡餅的紀錄並不明確，不過一般都認為是英國殖民者隨身將肉餡餅帶到了加勒比海地區，因為受到非洲和印度的影響，加勒比海地區的小餡餅中包含了讓餡餅呈現金黃燦爛外觀的薑黃粉。正宗小餡餅的酥皮並不像人們有時認為的那樣膨鬆與薄脆，它只是用板油、豬油、奶油或將這些油脂綜合所製成的一種酥皮。也許是因為麵團中所添加的少量泡打粉，才讓人產生膨鬆薄脆的錯覺。這裡添加泡打粉主要目的是為了讓麵皮稍微膨脹並加深麵皮的色澤，不過這種作法在一般的酥皮點心食譜中並不常見。每 200 克麵粉中拌入 $1/2$ 茶匙泡打粉、$1/2$ 茶匙薑黃粉和 $1/2$ 茶匙咖哩粉。小餡餅通常以混合了麵包粉和洋蔥的牛絞肉為內餡，並用辣椒、百里香、青蔥、大蒜和咖哩粉等組成的綜合香料來調味，也許還會添加一些肉荳蔻和辣椒粉。小餡餅表面若沒有事先刷上一層蛋液就進爐烘烤，就會像沒有塗抹卡尼爾琥珀系列防曬乳（Ambre Solaire）就冒險去七哩灘（Seven Mile Beach）海邊一樣，很容易曬傷。所以不建議這麼做喔。

香草（VANILLA）

以香草調味，是一種能讓微甜麵皮嚐起來更香甜的簡單方法。調味 200 克麵粉製成的麵團，需使用一整條香草莢所刮下的香草籽、$1^{1}/_{2}$ 茶匙天然香草精或 1 茶匙香草醬。

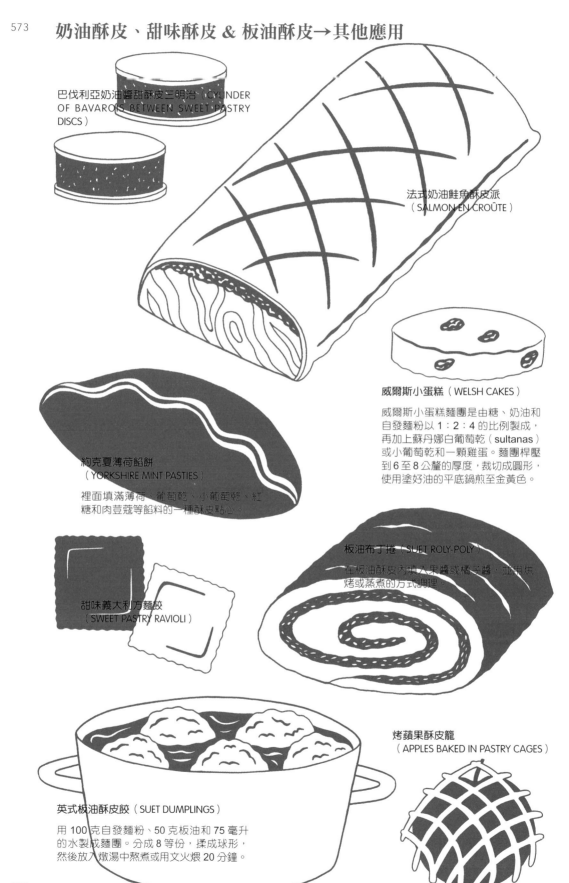

巴伐利亞奶油醬甜酥皮三明治（CYLINDER OF BAVAROIS BETWEEN SWEET PASTRY DISCS）

法式奶油鮭魚酥皮派
（SALMON EN CROÛTE）

威爾斯小蛋糕（WELSH CAKES）

威爾斯小蛋糕麵團是由糖、奶油和自發麵粉以 1：2：4 的比例製成，再加上蘇丹娜白葡萄乾（sultanas）或小葡萄乾和一顆雞蛋。麵團桿壓到 6 至 8 公釐的厚度，裁切成圓形，使用塗好油的平底鍋煎至金黃色。

約克夏薄荷餡餅
（YORKSHIRE MINT PASTIES）

裡面填滿薄荷、葡萄乾、小葡萄乾、紅糖和肉荳蔻等餡料的一種酥皮點心。

板油布丁捲（SUET ROLY-POLY）

在板油酥皮內填入果醬或橘子醬，並用烘烤或蒸煮的方式調理。

甜味義大利方麵餃
（SWEET PASTRY RAVIOLI）

烤蘋果酥皮籠
（APPLES BAKED IN PASTRY CAGES）

英式板油酥皮餃（SUET DUMPLINGS）

用 100 克自發麵粉、50 克板油和 75 毫升的水製成麵團。分成 8 等份，揉成球形，然後放入燉湯中熬煮或用文火煨 20 分鐘。

簡易千層酥皮（Rough Puff Pastry）

這種簡易千層酥皮的奶油和麵粉比例為 4：5，高於奶油酥皮的 1：2。雖然有些人認為簡易千層酥皮需要花更多的功夫製作，其實如果把奶油酥皮成型和盲烤所需的工作都算進去的話，就不是這樣了。雖然我曾看過巧克力風味的簡易千層酥皮食譜，以及一個以植物油取代奶油製作酥皮的版本，不過這個小節中仍然沒有「風味與變化」的段落。有關製作高脂蛋白泡芙的注意事項，請參考第 651 頁關於泡芙酥皮的說明。

以下基礎食譜可以製作出一個邊長大約 30 公分 ×20 公分的長方形麵皮，也就是足夠做成一個大型派的上蓋了。AB

食材

250 克中筋麵粉 C

一小撮鹽

200 克冰無鹽奶油，切丁 DE

100 毫升冰冷水 F

1. 將麵粉篩到一個大碗裡，並加入鹽均勻混合。
2. 加入奶油丁，用刀或酥皮切刀將奶油丁均勻壓切入麵粉中，或者用指尖輕輕揉搓奶油與麵粉，直到混合物變成類似麵包粉的質地為止。此時的麵團仍呈鬆散狀，其中的奶油塊也明顯可見。
3. 將水均勻地倒入鬆散結塊的麵團中，然後將麵團倒在冰冷的工作台面上，用擀麵棍或用手揉捏擀壓，目標是將麵團塑成一個約 1 公分厚、長度大約是寬度的 3 倍的長方形。
   要將麵團塑成具有黏性的方塊可能需要加入更多的水分，並輕輕揉捏。如果發現麵團過於濕黏，也許需要在工作台面、麵皮和擀麵棍上輕輕撒上一些麵粉。
4. 將長方形麵團較窄的兩端分別往中間對摺，兩端麵皮中間留下一條間隙，再繼續將麵皮對摺一次，先前留下的間隙就成為這本厚酥皮書的內脊。用保鮮膜將麵團包裹起來，放入冰箱中冷藏至少 20 分鐘。

5. 重複擀開和摺疊的動作（這個過程稱為「翻摺」）大約三到五次或更多，始終都是將長方形較窄的頂端與末端往中間對折，並注意不要用力按壓而讓麵層太過緊密。每個翻摺之間，麵團至少都得冷藏 20 分鐘。如果麵團已經冷藏超過好幾個小時，那麼從冰箱拿出來的麵團需要一點時間軟化，才能擀成所需的形狀。

575
建議你最好將翻摺完成的次數記錄下來。如果原本時間就不夠（而且廚房其實也很冷），我只會做兩個回合的翻摺，然後就將麵團冷藏起來備用。

6. 麵皮的層壓完成後，將麵團完全包裹在保鮮膜中，放入冰箱冷藏至少 30 分鐘或最多可冷藏 3 天。也可以將麵團冷凍，最長可保存 6 週。

7. 至於派皮上蓋的製作，其步驟如下：將麵團擀壓成直徑略大於派盤的圓片。如果派盤本身已有花邊，就直接在花邊上刷上蛋液，覆蓋上派皮並用手指捏合。如果派盤沒有花邊，就將裁剩的麵皮角料弄濕塑成一條派邊，並黏合在噴濕的派盤邊緣。接著在麵皮花邊上刷上蛋液，並蓋上酥皮上蓋捏合。

8. 放入 200°C 的烤箱烘烤，需耐心預熱，確保烘烤前的烤箱到達適當的烘烤溫度。溫度不夠的話，會導致奶油在酥皮開始膨漲前就融化了。
大約需要烘烤 30 分鐘，派餅皮才會膨脹並變成金棕色。

舉一反三

A. 如果你採用的食譜要求使用市售現成的千層酥皮，請注意這裡列出的食材分量所做成的酥皮，等同於 500 克的市售酥皮。

B. 這個分量足夠做出 6 個果醬千層酥所需要的酥皮。

C. 建議使用中筋麵粉，或以 1：1 的比例混合中筋麵粉和高筋白麵粉。

D. 與製作奶油酥皮一樣，使用奶油，或奶油與豬油混合物來製作簡易千層酥皮，幾乎是種普遍的共識。

E. 製作簡易千層酥皮的奶油與麵粉比例，可以與奶油酥皮 1：2 的比例相同。也有其他食譜會要求使用 1：1 重奶油比例。

F. 在和麵水中加入 1 茶匙檸檬汁，能讓麵團更容易操作。

G. 德莉亞‧史密斯製作了一種沒有經過摺疊的簡易千層酥皮。她先將奶油冷凍，然後將其切碎放入麵粉中，混合捏搓至麵團呈現鬆散蓬鬆的狀態，再加入冷水將全部材料結合在一起。

參考書目（Bibliography）

我們現在生活的時代，是一個美食寫作的黃金時代。這本書的研究提醒了我們，各類食材在廚師的巧手安排下，所呈現出的驚人豐富性與多樣性。本書中引用了許多他人的作品，我非常感謝創作這些作品的廚師和烹飪作家們。而書中所提到的這些食譜，往往都已經過我的重點節錄。想完整查閱食譜的讀者，請參考以下所標示的原始資料。

A

Acton, Eliza. *Modern Cookery for Private Families*. Longmans, 1845.
Adrià, Ferran. *The Family Meal*. Phaidon, 2011.
Albala, Ken. *Beans: A History*. Bloomsbury, 2007.
Albala, Ken. *Cooking in Europe 1250–1650*. Greenwood, 2006.
Albala, Ken. *Nuts: A Global History*. Reaktion Books, 2014.
Amis, Kingsley. *Everyday Drinking*. Bloomsbury, 2009.
Anderson, Robert. *The Miscellaneous Works of Tobias Smollett*. Mundell, 1796.
Anderson, Tim. *Nanban: Japanese Soul Food*. Square Peg, 2015.
Andrews, Colman. *Catalan Cuisine*. Macmillan, 1988.
Ansel, David. *The Soup Peddler's Slow and Difficult Soups*. Ten Speed Press, 2005.
Arndt, Alice. *Seasoning Savvy*. Routledge, 2008.
Artusi, Pellegrino. *The Art of Eating Well*. Translated by Kyle M. Phillips III. Random House, 1996.
Auslander, Shalom. *Hope: A Tragedy*. Picador, 2012.

B

Baker, Jenny. *Simple French Cuisine*. Faber & Faber, 1990.
Baldini, Filippo. *De' Sorbetti*. 1775.
Balzac, Honoré de. *Eugénie Grandet*. Caxton, 1897.
Bareham, Lindsey. *A Celebration of Soup*. Penguin, 2001.
Bareham, Lindsey. *In Praise of the Potato*. Michael Joseph, 1989.
Basan, Ghillie. *The Complete Book of Turkish Cooking*. Hermes House, 2013.
Beard, James. *Love and Kisses and a Halo of Truffles*. Arcade, 1995.
Beard, James. *The Theory and Practice of Good Cooking*. Random House, 1977.
Beckett, Fiona, & Beckett, Will. *An Appetite for Ale*. Camra, 2007.
Beeton, Isabella. *Mrs Beeton's Book of Household Management*. S. O. Beeton, 1861.
Behr, Edward. *The Art of Eating Cookbook*. University of California Press, 2011.
Bender, Aimee. *The Particular Sadness of Lemon Cake*. Windmill, 2011.
Berry, Sophie. *The A–Z of Marzipan Sweets*. Two Magpies, 2013.
Bertinet, Richard. *Dough*. Kyle Books, 2008.
Bertuzzi, Barbera. *Bolognese Cooking Heritage*. Pendragon, 2006.
Besh, John. *My Family Table*. Andrews McMeel, 2011.
Besh, John. *My New Orleans*. Andrews McMeel, 2009.
Blanc, Raymond. *Kitchen Secrets*. Bloomsbury, 2011.
Blumenthal, Heston. *The Fat Duck Cookbook*. Bloomsbury, 2009.
Blumenthal, Heston. *Heston Blumenthal at Home*. Bloomsbury, 2011.
Blumenthal, Heston. *Historic Heston*. Bloomsbury, 2014.

Blythman, Joanna. *What to Eat*. Fourth Estate, 2013.

Bompas, Sam, & Parr, Harry. *Jelly with Bompas & Parr*. Pavilion, 2010.

Boulestin, Marcel. *Boulestin's Round-the-Year Cookbook*. Second edition. Dover, 1975.

Boulud, Daniel, & Greenspan, Dorie. *Daniel Boulud's Café Boulud Cookbook*. Simon & Schuster, 1999.

Boulud, Daniel, & Bigar, Sylvie. *Daniel: My French Cuisine*. Grand Central Publishing, 2013.

Bourdain, Anthony. *The Nasty Bits*. Bloomsbury, 2006.

Boxer, Arabella, & Traegar, Tessa. *A Visual Feast*. Ebury, 1991.

Boyd, Alexandra (ed). *Favourite Food from Ambrose Heath*. Faber & Faber, 1979.

Branston, Thomas F. *The Pharmacist's and Druggist's Practical Receipt Book*. Lindsay & Blakiston, 1865.

Brantt, W.T., & Wahl, W.H. *The Techno-Chemical Receipt Book*. H.C. Baird, 1887.

Bremzen, Anya von, & Welchman, John. *Please to the Table*. Workman, 1990.

Brillat-Savarin, Jean Anthelme. *The Physiology of Taste*. Translated by M.F.K. Fisher. Knopf, 1949.

Brown, Catherine. *Classic Scots Cookery*. Angel's Share, 2006.

Brown, Pete. *Three Sheets to the Wind*. Pan Macmillan, 2006.

Buford, Bill. *Heat*. Jonathan Cape, 2006.

Bull, Stephen. *Classic Bull: An Accidental Restaurateur's Cookbook*. Macmillan, 2001.

Burdock, George A. *Fenaroli's Handbook of Flavor Ingredients*. CRC Press, 1971.

Butcher, Sally. *Veggiestan*. Pavilion, 2011.

c

Calabrese, Salvatore. *The Complete Home Bartender's Guide*. Revised edition. Sterling, 2012.

Calvel, Raymond. *The Taste of Bread*. Translated by Ronald L. Wurtz. Springer, 2001.

Camorra, Frank, & Cornish, Richard. *MoVida*. Murdoch Books, 2007.

Campion, Charles. *Fifty Recipes to Stake Your Life On*. Timewell Press, 2004.

Cappatti, Alberto, & Montinari, Massimo. *Italian Cuisine: A Cultural History*. Columbia University Press, 2003.

Carême, Marie-Antoine. *L'Art de la Cuisine*. 1883.

Carrier, Robert. *Great Dishes of the World*. Nelson, 1963.

Chang, David, & Meehan, Peter. *Momofuku*. Clarkson Potter, 2009.

Chapman, Pat. *India: Food & Cooking*. New Holland, 2007.

Chave, Anna C. *Mark Rothko: Subjects in Abstraction*. Yale University Press, 1989.

Chiffers, Martin, & Marsden, Emma. *Crème de la Crème*. Hodder & Stoughton, 2017.

Christian, Glynn. *Glynn Christian's Contemporary Home Cooking*. Hamlyn, 1986.

Ciesla, William M. *Non-Wood Forest Products From Temperate Broad-Leaved Trees*. Food & Agriculture Organization of the United Nations, 2002.

Claibourne, Craig. *Craig Claibourne's Kitchen Primer*. Random House, 1969.

Clark, Sam & Sam. *Morito*. Ebury, 2014.

Clark, Sam & Sam. *The Moro Cookbook*. Ebury, 2001.

Clermont, B. *The Professed Cook*. 1769.

Coady, Chantal. *Rococo: Mastering the Art of Chocolate*. Weidenfeld & Nicolson, 2012.

Contaldo, Gennaro. *Gennaro: Slow Cook Italian*. Pavilion, 2015.

Corrado, Vicenzo. *Il Credenziere di Buon Gusto*. Saverio Giordano, 1820.

Corrigan, Richard. *The Clatter of Forks and Spoons*. Fourth Estate, 2008.

Cotter, Denis. *Café Paradiso Cookbook*. Atrium Press, 1999.

Curley, William. *Couture Chocolate*. Jacqui Small, 2011.

D

David, Elizabeth. *English Bread and Yeast Cookery*. Allen Lane, 1977.

David, Elizabeth. *French Provincial Cooking*. Michael Joseph, 1960.

David, Elizabeth. *Italian Food*. MacDonald, 1954.

David, Elizabeth. *Spice, Salt and Aromatics in the English Kitchen*. Penguin, 1970.

Davidson, Alan. *The Oxford Companion to Food*. OUP, 1999.

Davidson, Alan & Jane. *Dumas on Food*. Folio Society, 1978.

DeGroff, Dale. *The Essential Cocktail*. Clarkson Potter, 2009.

Del Conte, Anna. *Amaretto, Apple Cake and Artichokes*. Vintage, 2006.

Del Conte, Anna. *The Classic Food of Northern Italy*. Pavilion, 1995.

Dhillon, Kris. *The Curry Secret*. Right Way, 2008.

Deutsch, Jonathan. *They Eat That?: A Cultural Encyclopedia of Weird and Exotic Food from around the World*. ABC-CLIO, 2012.

Dickie, John. *Delizia! The Epic History of the Italians and Their Food*. Free Press, 2007.

Disch, Thomas M. *The Prisoner*. Penguin, 2010.

Ducasse, Alain. *Ducasse Made Simple*. Stewart Tabori Chang, 2008.

Dunford Wood, Jesse. *Modern British Food*. Absolute Press, 2017.

Dunlop, Fuchsia. *Every Grain of Rice*. Bloomsbury, 2012.

E

Early, Eleanor. *New England Sampler*. Waverly House, 1940.

Ellis, Bret Easton. *American Psycho*. Vintage, 1991.

Emy, M. *L'Art de bien faire les glaces d'office*. Chez Le Clerc, 1768.

Ephron, Nora. *I Feel Bad About My Neck*. Knopf, 2006.

Escoffier, Auguste. *Le guide culinaire*. Translated by H.L. Cracknell & R.J. Kaufmann. Second edition. Routledge, 2011.

The Ethicurean. *The Ethicurean Cookbook*. Ebury, 2013.

F

Farmer, Fannie Merritt. *The Boston Cooking-School Cookbook*. Little, Brown, 1896.

Farmer, Fannie Merritt. *Chafing Dish Possibilities*. Little, Brown, 1898.

Farr Louise, Diana. *Feasting and Fasting in Crete*. Kedros, 2001.

Fear, Annette, & Brierty, Helen. *Spirit House: Thai Cooking*. New Holland, 2004.

Fearnley-Whittingstall, Hugh. *Hugh Fearlessly Eats It All*. Bloomsbury, 2006.

Fearnley-Whittingstall, Hugh. *The River Cottage Meat Book*. Hodder & Stoughton, 2004.

Fermor, Patrick Leigh. *Between the Woods and the Water*. John Murray, 1986.

Field, Carol. *The Italian Baker*. Revised edition. Ten Speed Press, 2011.

Fisher, M.F.K. *How to Cook a Wolf*. Duall, Sloan & Pearce, 1942.

Fisher, M.F.K. *With Bold Knife & Fork*. Pimlico, 1993.

Flay, Bobby. *Bobby Flay's Mesa Grill Cookbook*. Clarkson Potter, 2007.

Flottum, Kim. *The Backyard Beekeeper's Honey Handbook*. Crestline, 2009.

Floyd, Keith. *Floyd's American Pie*. BBC Books, 1989.

Forster, E.M. *A Room with a View*. Edward Arnold, 1908.

Foss, Richard. *Rum: A Global History*. Reaktion Books, 2012.

Frederick, J. George. *The Long Island Seafood Cookbook*. The Business Bourse, 1939.

Freud, Clement. *Grimble*. Collins, 1968.

Fussell, Betty Harper. *The Story of Corn*. University of New Mexico Press, 1992.

G

Gilette, F.L., & Zieman, Hugo. *The White House Cookbook*. L. P. Miller, 1887.

Gill, A.A. *Breakfast at the Wolseley*. Quadrille, 2008.

Gill, A.A. *The Ivy: The Restaurant and Its Recipes*. Hodder Headline, 1999.

Glasse, Hannah. *The Art of Cookery Made Plain and Easy*. L. Wangford, 1747.

Goldstein, Darra. *Baking Boot Camp*. John Wiley & Sons, 2007.

Goldstein, Darra. *The Oxford Companion to Sugar and Sweets*. OUP, 2015.

Gordon, Peter. *Fusion: A Culinary Journey*. Jacqui Small, 2010.

Gray, Rose, & Rogers, Ruth. *River Cafe Cookbook Green*. Ebury, 1996.

Gray, Rose, & Rogers, Ruth. *River Cafe Cookbook Two*. Ebury, 1997.

Gray, Rose, & Rogers, Ruth. *River Cafe Two Easy*. Ebury, 2005.

Green, Aliza. *Making Fresh Pasta*. Apple Press, 2012.

Greenspan, Dorrie. *Baking Chez Moi*. Houghton Mifflin Harcourt, 2014.

Grigson, Jane. *English Food*. Penguin, 1992.

Grigson, Jane. *Fish Cookery*. Penguin, 1975.

Grigson, Jane. *Jane Grigson's Fruit Book*. Michael Joseph, 1982.

Grigson, Jane. *Jane Grigson's Vegetable Book*. Michael Joseph, 1978.

Groom, Nigel. *The Perfume Handbook*. Chapman & Hall, 1992.

H

Haroutunian, Arto der. *The Yogurt Cookbook*, Grub Street, 2010.

Harris, Valentina. *The Italian Regional Cookbook*. Lorenz, 2017.

Hazan, Marcella. *Essentials of Classic Italian Cooking*. Knopf, 1992.

Helmuth, Chalene. *Culture and Customs of Costa Rica*. Greenwood, 2000.

Hemingway, Ernest. *Men Without Women*. Charles Scribner's Sons, 1927.

Henderson, Fergus. *The Complete Nose to Tail*. Bloomsbury, 2012.

Hieatt, Constance, & Hosington, Brenda. *Pleyn Delit: Medieval Cookery
    for Modern Cooks*. University of Toronto, 1996.

Hopkinson, Simon. *Roast Chicken and Other Stories*. Ebury, 1996.

Hopkinson, Simon. *Second Helpings of Roast Chicken*. Ebury, 2006.

Hosking, Richard (ed). *Eggs in Cookery: Proceedings of the Oxford Symposium
    on Food and Cookery 2006*. Prospect Books, 2007.

Howard, Philip. *The Square, The Cookbook, Volume 2: Sweet*. Absolute Press, 2013.

Howe, Robin. *German Cooking*. André Deutsch, 1953.

Hudler, George W. *Magical Mushrooms, Mischievous Molds*. Princeton University
    Press, 2000.

Hughes, Robert. *Barcelona*. Vintage, 1992.

Hutton, Wendy. *Green Mangoes and Lemon Grass*. Kogan Page, 2003.

J

Jack, Albert. *What Caesar Did for My Salad*. Penguin, 2012

Janick, Jules, & Moore, James. *Fruit Breeding*. John Wiley, 1996.

Jarrin, W.A. *The Italian Confectioner*. Routledge, 1861.

Jekyll, Agnes. *Kitchen Essays* (1922). Persephone Books, 2008.

Johansen, Signe. *Scandilicious*. Saltyard Books, 2011.

K

Kaneva-Johnson, Maria. *The Melting Pot: Balkan Food and Cookery*.
    Prospect Books, 1995.

Kaplan, David, Fouchald, Nick, & Day, Alex. *Death & Co*. Ten Speed Press, 2014.

Karmel, Elizabeth. *Soaked, Slathered, and Seasoned*. John Wiley, 2009.

Katz, Sandor Ellix. *The Art of Fermentation*. Chelsea Green, 2012.

Keillor, Garrison. *Leaving Home*. Viking Press, 1987.

Keller, Thomas. *The French Laundry Cookbook*. Workman, 1999.

Kenedy, Jacob. *Bocca: Cookbook*. Bloomsbury, 2011.

Kenedy, Jacob. *The Geometry of Pasta*. Boxtree, 2010.

Kennedy, Diana. *Nothing Fancy*. Second edition. University of Texas Press, 2016.

Kerridge, Tom. *Proper Pub Food*. Absolute Press, 2013.

Khoo, Rachel. *The Little Paris Kitchen*. Michael Joseph, 2012.

Kijac, Maria Baez. *The South American Table*. Harvard Common Press, 2003.

Kitchen, Leanne. *Turkey*. Murdoch Books, 2011.

Kochilas, Diane. *The Greek Vegetarian*. St Martin's Press, 1999.

Krause, Robert & Molly. *The Cook's Book of Intense Flavors*. Fair Winds Press, 2010.

Krondl, Michael. *Sweet Invention: A History of Dessert*. Chicago Review Press, 2011.

L

Lanchester, John. *The Debt to Pleasure*. Picador, 1996.

Lane, Frank Walter. *Kingdom of the Octopus*. Sheridan House, 1957.

Lawson, Nigella. *How to be a Domestic Goddess*. Chatto & Windus, 2000.

Lawson, Nigella. *How to Eat*. Chatto & Windus, 2002.

Lawson, Nigella. *Nigellissima*. Chatto & Windus, 2012.

Lean, Lucy. *Made in America*. Welcome Enterprises, 2011.

Lebovitz, David. *The Perfect Scoop*. Ten Speed Press, 2007.

Leiths School of Food and Wine. *Leiths How to Cook*. Quadrille, 2013.

Lepard, Dan. *Short and Sweet*. Fourth Estate, 2011.

Leyel, Mrs C.F. (Hilda) & Hartley, Miss Olga. *The Gentle Art of Cookery* (1925). Quadrille, 2011.

Liddell, Caroline, & Weir, Robin. *Ices*. Grub Street, 1995.

Locatelli, Giorgio. *Made in Italy*. Fourth Estate, 2006.

Locatelli, Giorgio. *Made in Sicily*. Fourth Estate, 2011.

M

Mabey, Richard. *The Full English Cassoulet*. Chatto & Windus, 2008.

Madison, Deborah. *Vegetarian Cooking for Everyone*. Broadway Books, 1997.

Majumdar, Simon. *Eating for Britain*. John Murray, 2010.

Man, Rosamond, & Weir, Robin. *The Mustard Book*. Grub Street, 2010.

Manzano, Nacho (www.ibericarestaurants.com).

Mariani, John F. *Encyclopedia of American Food*. Bloomsbury, 1983.

Marks, Gil. *Encyclopedia of Jewish Food*. John Wiley, 2010.

Martin, James. *Sweet*. Quadrille, 2015.

Martinelli, Candida (ed). *The Anonymous Andalusian Cookbook*. Translated by Charles Perry. CreateSpace, 2012.

Mason, Laura. *Sugar-plums and Sherbet*. Prospect Books, 1998.

Masters, Alexander. *The Genius in my Basement*. Fourth Estate, 2011.

Master-cooks of King Richard II. *The Forme of Cury*, 1390.

Mathiot, Ginette, & Dusoulier, Clotilde. *The Art of French Baking*. Phaidon, 2011.

Maze, Andrée (La Mazille). *La Bonne Cuisine de Périgord*. Flammarion, 1929.

McConnell, Andrew. *Cumulus Inc*. Lantern, 2011.

McGee, Harold. *McGee on Food and Cooking*. Hodder & Stoughton, 2004.

McGrady, Darren. *Eating Royally: Recipes and Remembrances from a Palace Kitchen*. Rutledge Hill Press, 2007.

McLintock, Mrs. *Mrs McLintock's Receipts for Cookery*. 1736.

McWilliams, Mark. *The Story Behind the Dish*. Greenwood, 2012.

Melville, Herman. *Moby-Dick*. Harper & Brothers, 1851.

Mendel, Janet. *My Kitchen in Spain*. William Morrow, 2002.

Merle, Gibbons, & Reich, John. *The Domestic Dictionary and Housekeeper's Manual*. William Strange, 1842.

Mollard, John. *The Art of Cookery*. Whittaker, 1836.

Molokhovets, Elena. *Classic Russian Cooking*. Indiana University Press, 1992.

Montage, Prosper. Larousse Gastronomique (1938). Hamlyn, 2009.

Moore, Victoria. *How to Drink*. Granta Books, 2009.

Morales, Martin. *Ceviche*. Weidenfeld & Nicolson, 2013.

Muir, John. *My First Summer in the Sierra*. Houghton Mifflin, 1911.

N

Nash, S. Elizabeth. *Cooking Craft*. Sir Isaac Pitman & Sons Ltd, 1926.

Nobu Matsuhisa, & Edwards, Mark. *Nobu West*. Quadrille, 2006.

Norman, Jill (ed), *The Cook's Book*. Dorling Kindersley, 2005.

Norrington-Davies, Tom. *Cupboard Love*. Hodder & Stoughton, 2005.

Nutt, Frederick. *The Complete Confectioner*. 1819.

O

Oliver, Garrett. *The Oxford Companion to Beer*. OUP USA, 2011.

Oliver, Jamie. *Jamie at Home*. Michael Joseph, 2007.

Oliver, Jamie. *Jamie's Italy*. Michael Joseph, 2005.

Olney, Richard. *The French Menu Cookbook*. Simon & Schuster, 1970.

O'Neill, Molly. *The New York Cookbook*. Workman, 1993.

O'Neill, Molly. *One Big Table*. Simon & Schuster, 2010.

Ono, Tadashi, & Salat, Harris. *Japanese Soul Cooking*. Jacqui Small, 2014.

Orkin, Ivan. *Ivan Ramen*. Ten Speed Press, 2013.

Ottolenghi, Yotam. *Plenty*. Ebury, 2010.

Ottolenghi, Yotam, & Tamimi, Sami. *Jerusalem*. Ebury, 2012.

Ottolenghi, Yotam, & Tamimi, Sami. *Ottolenghi: The Cookbook*. Ebury, 2008.

P

Paston-Williams, Sara. *Good Old-fashioned Puddings*. National Trust Books, 2007.

Pedroso, Celia, & Pepper, Lucy. *Eat Portugal*. Leya, 2011.

Pellacio, Zakary. *Eat With Your Hands*. Ecco Press, 2012.

Peril, Lynn. *College Girls*. W.W. Norton, 2006.

Perkins, John. *Every Woman her own Housekeeper, or The Ladies' Library*. 1796.

Peter, K.V. *Underutilized and Underexploited Horticultural Crops*. NIPA, 2007.

Peterson, James. *Sauces, Salsas & Chutneys*. Ten Speed Press, 2012.

Philp, Robert Kemp. *The Family Save-all*. 1861.

Pieroni, Andrea, & Price, Lisa Leimar. *Eating and Healing: Traditional Food as Medicine*. Routledge, 2006.

Pintabona, Don. *The Tribeca Grill Cookbook*. Villard, 2000.

Plath, Sylvia. *Collected Poems*. Faber & Faber, 1981.

Potts-Dawson, Arthur. *Eat Your Veg*. Mitchell Beazley, 2012.

Proust, Marcel. *À La Recherche du Temps Perdu*. Grasset & Gillimard, 1913–27.

Puck, Wolfgang. *Wolfgang Puck Makes it Easy*. Thomas Nelson, 2004.

Q

Quinzio, Jeri. *Of Sugar and Snow: A History of Ice Cream Making*. University of California Press, 2009.

R

Ransome, Arthur. *Swallows and Amazons*. Jonathan Cape, 1930.

Rector, George. *The Rector Cookbook*. Rector, 1928.

Reichl, Ruth (ed). *The Gourmet Cookbook*. Houghton Mifflin, 2004.

Reinhart, Peter. *Peter Reinhart's Artisan Breads Every Day*. Ten Speed Press, 2009.

Rhodes, Gary. *New British Classics*. BBC Books, 2001.

Richards, Morfudd. *Lola's Ice Creams & Sundaes*. Ebury, 2009.

Riley, Gillian. *The Oxford Companion to Italian Food*. OUP, 2007.

Roahen, Sara. *Gumbo Tales: Finding My Place at the New Orleans Table*. W.W. Norton, 2008.

Robertson, Chad. *Tartine Book No. 3*. Chronicle, 2013.

Robertson, Chad. *Tartine Bread*. Chronicle, 2010.

Robertson, Robin. *Fresh from the Vegetarian Slow Cooker*. Harvard Common Press, 2012.

Robuchon, Joël. *The Complete Robuchon*. Grub Street, 2008.

Roden, Claudia. *A New Book of Middle Eastern Food*. Penguin, 1985.

Roden, Claudia. *The Food of Italy*. Chatto & Windus, 1989.

Roden, Claudia. *The Food of Spain*. Michael Joseph, 2012.

Rodgers, Judy. *The Zuni Cafe Cookbook*. W.W. Norton, 2003.

Rombauer, Irma S. *The Joy of Cooking*. Bobbs-Merrill, 1936.

Ronay, Egon. *The Unforgettable Dishes of My Life*. Gollancz, 1989.

Root, Waverley. *Food*. Simon & Schuster, 1981.

Root, Waverley. *The Food of France*. Cassell, 1958.

Root, Waverley. *The Food of Italy*. Scribner, 1971.

Roscoe, Thomas. *The Tourist in Spain: Andalusia*. Robert Jennings, 1836.

Rose, Evelyn. *The New Complete International Jewish Cookbook*. Pavilion, 2011.

Rosengarten, Frederic. *The Book of Edible Nuts*. Walker, 1984.

Round, Jeremy. *The Independent Cook*. Barrie & Jenkins, 1989.

Roux, Michel. *Eggs*. Quadrille, 2007.

Roux, Michel. *Sauces*. Quadrille, 2009.

Roux, Michel, Jnr. *Cooking with the Masterchef*. Weidenfeld & Nicolson, 2010.

Rudner, Rita. *I Still Have It… I Just Can't Remember Where I Put It*. Random House, 2008.

Ruhlman, Michael. *Ruhlman's Twenty*. Chronicle, 2011.

Ruhlman, Michael. *The Elements of Cooking*. Scribner, 2007.

Rumble, Victoria R. *Soup Through The Ages*. McFarland, 2009.

Rumpolt, Marx. *Ein new Kochbuch*. 1851.

Rundell, Mrs. *New System of Domestic Cookery*. John Murray, 1806.

S

Savage, Brent. *Bentley Contemporary Cuisine*. Murdoch Books, 2010.

Scappi, Bartolomeo. *Opéra dell'arte del cucinare*. 1570.

Schwabe, Calvin W. *Unmentionable Cuisine*. University of Virginia Press, 1995.

Scotter, Jane, & Astley, Harry. *Fern Verrow*. Quadrille, 2015.

Scully, Terrence, & Scully, D. Eleanor. *Early French Cookery*.
    University of Michigan Press, 1995.

Senn, Charles. *The Book of Sauces*. The Hotel Monthly Press, 1915.

Serventi, Silvano, & Saban, Françoise. *Pasta: The Story of a Universal Food*.
    Translated by Anthony Shugaar. Columbia University Press, 2002.

Shakespeare, Margaret M. *The Meringue Cookbook*. Van Nostrand Reinhold, 1982.

Sheraton, Mimi. *1,000 Foods to Eat Before You Die*. Workman, 2015.

Shopsin, Kenny. *Eat Me: The Food and Philosophy of Kenny Shopsin*. Knopf, 2008.

The Silver Spoon. Phaidon, 2005.

Simmons, Marie. *Taste of Honey*. Andrews McMeel, 2013.

Simon, André. *Guide to Good Food and Wines*. Collins, 1952.

Sinclair, Charles G. *International Dictionary of Food & Cooking*. Routledge, 1998.

Smith, Andrew F. *Food and Drink in American History*. ABC-CLIO, 2013.

Smith, Andrew F. *New York City: A Food Biography*. Rowman & Littlefield, 2013.

Smith, Andrew F. *The Oxford Companion to American Food and Drink*. OUP US, 2009.

Smith, Delia (www.deliaonline.com).

Smith, Delia. *Delia Smith's Complete Illustrated Cookery Course*. BBC Books, 1989.

Smith, Delia. *Delia Smith's Christmas*. BBC Books, 1994.

Smith, Delia. *Delia's Complete How to Cook*. BBC Books, 2009.

Smith, Michael. *Fine English Cookery*. Faber & Faber, 1973.

Speck, Maria. *Ancient Grains for Modern Meals*. Ten Speed Press, 2011.

Spring, Justin. *The Gourmands' Way*. Farrar, Straus & Giroux, 2017.

Spry, Constance, & Hume, Rosemary. *The Constance Spry Cookery Book*.
    Second edition. Grub Street, 2011.

Staib, Walter. *The City Tavern Cookbook*. Running Press, 2009.

Stein, Rick. *Rick Stein's Far Eastern Odyssey*. BBC Books, 2009.

Stein, Rick. *Rick Stein's Spain*. BBC Books, 2011.

Stevens, David. *Bread: River Cottage Handbook No. 3*. Bloomsbury, 2008.

T

This, Hervé. *Molecular Gastronomy*. Columbia University Press, 2002.

Thompson, David. *Thai Food*. Pavilion, 2002.

Thoreau, Henry David. *Walden*. Ticknor & Fields, 1854.

Thorne, John, *The Outlaw Cook*. Prospect Books, 1998.

Todhunter, Andrew. *A Meal Observed*. Knopf, 2004.

Toklas, Alice B. *The Alice B. Toklas Cookbook*. Michael Joseph, 1954.

Toussaint-Samat, Maguelonne. *A History of Food*. Blackwell, 1992.

Tsuji, Shizuo. *Japanese Cooking: A Simple Art*. Kodansha, 1980.

Tucker, Susan. *New Orleans Cuisine*. University Press of Mississippi, 2009.

Tyree, Marion Cabell. *Housekeeping in Old Virginia*. 1879.

U

Ude, Louis Eustache. *The French Cook*. 1815.

Uhlemann, Karl. *Chef's Companion*. Eyre & Spottiswoode, 1953.

V

Villas, James. *Biscuit Bliss*. Harvard Common Press, 2003.

Vongerichten, Jean-Georges, & Bittman, Mark. *Simple to Spectacular*.
    Broadway Books, 2000.

W

Walker, Harlan. *The Fat of the Land: Proceedings of the Oxford Symposium
    on Food and Cookery 2002*. Footwork, 2003.

Wallace, David Foster. *Consider the Lobster and Other Essays*. Little, Brown, 2005.

Walsh, John Henry. *The English Cookery Book*. G. Routledge & Co, 1858.

Wareing, Marcus. *Nutmeg & Custard*. Bantam Press, 2009.

Warner, Valentine. *What to Eat Now*. Mitchell Beazley, 2008.

Waugh, Evelyn. *Brideshead Revisited*. Chapman & Hall, 1945.

Wells, Robert. *The Modern Practical Bread Baker*. Simpkin, Marshall, Hamilton,
    Kent & Co, 1939.

White, Marco Pierre. *Marco Pierre White in Hell's Kitchen*. Ebury, 2007.

Whitley, Andrew. *Bread Matters*. Fourth Estate, 2009.

Willan, Anne. *Reader's Digest Complete Guide to Cookery*. Dorling Kindersley, 1989.

Willan, Anne. *La Varenne Pratique*. Crown, 1989.

Wolfert, Paula. *Paula Wolfert's World of Food*. HarperCollins, 1988.

Wright, Clifford A. *The Best Soups in the World*. John Wiley, 2009.

Wright, Clifford A. *Little Foods of the Mediterranean*. Harvard Common Press, 2003.

Wright, John. *Hedgerow: River Cottage Handbook No. 7*. Bloomsbury, 2010.

Wright, John. *Seashore: River Cottage Handbook No. 5*. Bloomsbury, 2009.

Y

Young, Kay. *Wild Seasons*. University of Nebraska Press, 1993.

Z

Zanini de Vita, Oretta. *Encyclopedia of Pasta*. University of California, 2009.

OTHER SOURCES

Blank, Fritz. 'Cackleberrries and Henfruit: A French Perspective' in *Eggs in Cookery: Proceedings*

of the Oxford Symposium on Food and Cookery 2006.
Prospect Books, 2007.

Brook, Stephen. 'Vin Santo'. *Decanter*, 1 May 2001.

Child, Julia. ' "La Nouvelle Cuisine": A Skeptic's View.' *New York* magazine, 4 July 1977.

Cooper, Derek. *The Listener*. Volume 94, 1975.

The Farmer's Bulletin No. 1236: Corn and Its Uses as Food. US Department
of Agriculture, 1923.

The Food Journal. Volume 4, 1874.

Giornale dell'Imperiale Regio Istituto lombardo di scienze, Volumes 15–16, 1846.

Graff, Vincent. 'Squirrel Salad... You must be nuts!'. *Daily Mail*, 2 August 2010.

Leith, Sam. 'Notebook'. *Daily Telegraph*, 13 February 2004.

Myhrvold, Nathan, & Gibbs, W. Wayt, 'Beer Batter is Better'. *Scientific American*,
1 February 2011.

Prairie Farmer Magazine, Volume 84, 1912.

Root, Waverley. 'The Pistachio – Color It Green'. *The Washington Post*,
6 September 1979.

Skinner, Thomas, M.D. 'The Granulation of Medicines'. *Pharmaceutical Journal:
A Weekly Record of Pharmacy and Allied Sciences.* Second series, Volume III, 1862,
pages 572–6.

www.bbc.com/food
www.bbcgoodfoodshow.com
www.cheflovers.com
www.finedininglovers.com
www.foodandwine.com
www.greatbritishchefs.com
www.theguardian.com/lifeandstyle/food-and-drink
www.independent.co.uk/life-style/food-and-drink
www.nola.com
www.sbs.com.au/food
www.southernfoodways.com
www.telegraph.co.uk/foodanddrink

索引（INDEX）

A

Acton, Eliza　艾麗莎・阿克頓　414-15, 477, 493, 523

Adaniya, Henry　亨利・阿達妮亞　531

Adrià, Ferran　費蘭・阿德里亞　95, 210, 387, 463, 502

aïoli　美乃滋　529-30

aji amarillo chillies 黃辣椒　312

aji de gallina (Peruvian chicken stew)　祕魯辣燉雞（祕魯燉雞）　12, 279, 312

ajo blanco (Spanish garlic & almond soup)　白蒜（西班牙大蒜杏仁湯）　306

ajvar (Serbian red pepper relish)　甜椒醬（塞爾維亞紅椒醬）　81

ajwain seeds　印度藏茴香籽　31

Albala, Ken　肯・阿爾巴拉　95, 205, 249, 297, 420

ale barm　啤酒發泡酵母　148

allemande sauce　蛋黃醬　177, 179

Allen, Woody　伍迪・艾倫　284

allioli de Codony　榅桲蒜泥美乃滋　532

Allsop, Damian　戴米安・歐索波　382-3, 384

ALMOND MILK　杏仁牛奶

almond milk & honey　sabayon　杏仁乳蜂蜜沙巴雍醬　518

Orgeat　杏仁糖漿　435-6

ALMONDS / ALMOND EXTRACT　杏仁/杏仁萃取精

almond & orange cake　杏仁柳橙蛋糕　297

almond & rose angel cake　杏仁玫瑰天使蛋糕　326

amaretti　義大利杏仁餅　290-91

Bakewell tart　貝克維爾塔　298, 299, 303

buckwheat & almond cake　蕎麥杏仁蛋糕　338

calissons d'Aix　卡里頌杏仁餅　282

croissants　牛角麵包/可頌麵包　303

dacquoise　達克瓦茲蛋白餅　426

fig, almond & fennel biscotti　無花果、杏仁茴香脆餅　352

frangipane　杏仁奶油　276-7, 298-9

friands　法式杏仁小蛋糕　300

garlic & almond soup　大蒜杏仁濃湯　306

gingerbread　薑餅　346

honey & crème fraîche cake　蜂蜜法式酸奶油蛋糕　296

ice cream 冰淇淋　492

joconde 喬孔達蛋糕　331-2

lou saussoun　窮人醬　278, 307

orange & almond cake　柳橙杏仁蛋糕　276

orange flower water & almond choux　橙花露杏仁泡芙　103-4

panellets　杏仁松子餅　292-3

pastry　麵皮　568

pesto Trapanese　特拉帕尼青醬　308

picada　皮卡達堅果濃醬　278, 308

praline　果仁糖　416

'Praluline' brioche　玫瑰果仁糖布里歐許麵包　64

romesco sauce　紅椒堅果醬　277

saffron, rose, cinnamon & almond zerde　番紅花、玫瑰、肉桂杏仁布丁　91

spicy chocolate cakes　辣味巧克力蛋糕　302

sticky ginger pudding　薑味布丁　285

torta Santiago　聖地牙哥杏仁蛋糕　275, 276, 294-5

see also Macaroons　請參見馬卡龍；Marzipan

amaretti　義大利杏仁蛋白糖脆餅　290-91

Amaretto chocolate cake　義大利杏仁香甜酒巧克力蛋糕　398

ambergris 茄子　376-7

Amis, Kingsley　金斯利・艾米斯　426

Amis, Martin　馬丁・艾米斯　371 ANCHO VIE S

anchovy & thyme cobbler　鯷魚百里香鵝卵石派　39

anchovy butter　鯷魚奶油醬　178

anchovy sauce　鯷魚醬　182

haricots à l'anchoïade　鯷魚燉豆　206

lou saussoun　法式盧薩森醬　278, 307

Anderson, Tim　提姆・安德森　211

Andrews, Colman　科爾曼・安德魯斯　564

Andrews, Julie　朱莉・安德魯斯 48

ANGEL CAKE　天使蛋糕　318, 319, 324-5

almond & rose　杏仁與玫瑰　326

butterscotch　奶油糖果　326

Clementine　克萊門汀小柑橘　326

'hard boilings'　硬糖果　327

stracciatella　義式乳酪蛋花湯　327

Angostura bitters　安哥斯圖娜苦酒　59, 69, 436, 442, 516

anise　洋茴香　282

ANISEED　洋茴香籽　113, 341, 376, 391, 422

aniseed & sesame　洋茴香籽與芝麻　shortcrust pastry　奶油酥皮　568

aniseed pastry cream　洋茴香籽甜點師蛋奶醬　500

breads　麵包　51, 82

pan de muerto　亡者麵包 65

aniseed liqueur　洋茴香籽利口酒　274, 282, 372

anko (red-bean paste) 紅豆泥　420

Ansel, David　大衛・安塞爾　254

Antico Masetto, Tuscany　義大利托斯卡尼的安蒂科・馬塞托酒店　269 APPLE S

apple & maple syrup　蘋果與楓糖漿

panna cotta　義式鮮奶凍　454

apples with Calvados custard　蘋果佐卡爾瓦多斯蘋果白蘭地卡士達　486

beurre blanc　奶油白醬　536

blackberry & apple jelly　黑莓蘋果果凍　448

bread　麵包　47

Eve's pudding　夏娃布丁蛋糕　343

fritters　油炸餡餅　120,148

Rahmapfelkuchen　奶油蘋果蛋糕　481

strudel　酥皮餡餅捲　557

Arliss, George　喬治・阿里斯　530

Armagnac chocolate mousse　阿瑪涅克白蘭地巧克力慕斯　388

Arola, Sergi　爾吉・阿羅拉　161

arroz con pollo　西班牙雞肉飯　260

Artisan du Chocolat, London　英國倫敦的工匠巧克力　414

Artusi, Pellegrino　佩萊格里諾・亞爾杜吉　297, 468, 517

ASPARAGUS　蘆筍

croquettes　可樂餅　194

risotto　燉飯　201

soup　湯　228

Assaggi, London　英國倫敦的義大利餐廳阿薩吉　307

Asterix, London　英國倫敦的阿斯泰利克斯餐廳　116

atta flour　阿塔麵粉　22,29,37

Au Bon Pain, Beuvron-en-Auge, Normandy　法國諾曼第　奧格地區伯夫龍村的麵包店　47

Au Petit Marguery, Paris　法國巴黎的小瑪格麗餐廳　523

AUBERGINES 茄子

aubergine & cheese béchamel　茄子與乳酪白醬　182

aubergine, chickpea, apricot & pine nut pilaf　茄子、鷹嘴豆、杏桃與松子抓飯　213,260

aubergine chips & Mornay sauce　乳酪奶油白醬炒茄片184

aubergine, walnut & red pepper sauce　茄子、核桃與紅椒醬　306

aubergine with chocolate, rosemary & lemon sauce　茄子佐迷迭香檸檬巧克力醬377-8

burnt aubergine, soy & paprika borlotti　燒茄子、黃豆與辣椒粉紅點豆　206,248-9

Aunt Sally's, New Orleans　美國紐澳良的莎莉大嬸小店　423

avgolemono　希臘檸檬蛋黃醬　203,487

B

BABAS　巴巴蛋糕　26, 27, 66-7, 432

banana & spice　香蕉與香料　68

coconut & brown sugar　椰子與紅糖　68

cornmeal & buttermilk　粗玉米粉與白脫乳　68

lime　萊姆　69

rum　蘭姆酒　26-7, 434

rye & Tokaji　黑麥與托卡依貴腐酒69

saffron & raisin　番紅花與葡萄乾　69

BACON　培根

bacon & cornmeal gravy 培根粗玉米粉肉汁　183

broth　肉湯　221-2

cornbread　玉米麵包　80

Dublin coddle with soda bread　都柏林鵝卵石派佐蘇打麵包　43

mayonnaise　美乃滋　528

quiche Lorraine　法式洛林鹹派　470-71

bagels　貝果　44, 47

baked Alaska　火焰冰淇淋　335,428

Bakewell tart　貝克維爾塔　298, 299, 303

baking powder　泡打粉　16, 22, 23

baklava　土耳其果仁蜜餅　364

bakwan sayer (Indonesian fritters)　印尼香炸雜菜（印尼油炸餡餅）　149

Baldini, Filippo　菲利波・巴迪尼　443

BANANA 香蕉

banana & chocolate 香蕉與巧克力

ice cream 冰淇淋　369

banana & milk chocolate truffles 香蕉與松露狀牛奶巧克力　382

banana & spice baba 香蕉與香料巴巴蛋糕　68

cream pie 鮮奶油派　503

crème brûlée　法式烤布蕾　480

flapjacks　燕麥酥餅　364

pancake　煎餅　129

bánh xèo (Vietnamese pancake)　越南煎餅　125

Bareham, Lindsey　琳賽・巴哈姆　140,229

barfi (Indian fudge) 巴菲糖（印度乳脂軟糖）　420

barley　大麥　30,33

basil pesto 羅勒青醬　308

Batali, Mario　里奧・巴塔利　501,517

batata vada (Indian potato fritters) 馬鈴薯油炸餡餅（印度馬鈴薯油炸餡餅）　146

Bath Olivers　巴斯奧利佛餅乾　47-8

Battenberg cake　巴騰伯格蛋糕　343

Bau, Frédéric　弗雷德里克・巴烏　382

bavarois　巴伐利亞奶油醬　464,488-9

bay-leaf crème caramel　月桂葉焦糖布丁　476

beans see Black, Borlotti, Broad, Butter, Cannellini,Flageolet and Haricot Beans　豆類請參見黑豆、紅點豆、蠶豆、皇帝豆、白腰豆、笛豆以及白扁豆

Beard, James　姆斯・比爾德　124,138,160,189,319, 376

Beard Papa, Osaka　大阪　鬍鬚老爹　470

béarnaise sauce　班尼士濃醬　525

béchamel sauce　（貝夏美)白醬　12, 155, 158, 159, 180-81,569

anchovy　鯷魚　182

aubergine & cheese 茄子與乳酪白醬　182

Beckett, Fiona　歐娜‧貝克特　146

BEEF 牛肉

beef & carrot casserole　胡蘿蔔燉牛肉　39

beef bourguignon　紅酒燉牛肉　242

beef in beer 啤酒燉牛肉　240

bitter ballen　炸肉泥丸　160, 194

croquettes　可樂餅　194

feijoada 巴西燉豆　250

mafe　梅芙燉肉　12, 278, 279, 314

meatloaf　條狀肉餅　429

pot au feu　法式燉肉湯　202, 218-19

stews　燉肉　158, 240

stock　高湯　158-9, 211

tagine　塔吉鍋　245

beef-dripping vinaigrette 牛油油醋醬　542

BEER 牛肉

beef in beer　啤酒燉牛肉　240

beer batter　啤酒麵糊　146

cherry beer櫻桃啤酒516

Beeton, Mrs　比頓夫人　322

BEETROOT 甜菜根

flatbread　麵餅　29

gnocchi　（義式）麵疙　108

beghrir (Moroccan semolina pancakes)　千孔煎
　　餅（摩洛哥粗麵粉煎餅）　73, 134-5

Behr, Edward　愛德華‧貝爾　296

beignets　法式甜甜圈　65, 76, 100, 101

Bellini jellies　貝里尼雞尾酒果凍　448

Bentley Restaurant and Bar, Sydney 澳洲雪梨的
　　賓利餐廳酒吧　113, 430

Bercy, sauce　貝西醬　176

Bertinet, Richard　理查‧貝爾內特　50

besan see Chickpea Flour 鷹嘴豆粉請參見鷹嘴
　　豆粉

Besh, John　約翰‧貝斯　215, 522

BEURRE BLANC　奶油白醬　511, 534-5

apple　蘋果　536

chive　細香蔥　536

green peppercorn　青胡椒粒　536-7

lavender & rosewater　薰衣草和玫瑰露　537

lemongrass & lime leaf　檸檬香茅和萊姆葉537

Muscadet　慕斯卡黛白葡萄酒　537

red mullet liver　紅鯔魚肝　538

red wine　紅酒　538

snail　蝸牛　538

white currant　白醋栗　539

bicarbonate of soda　小蘇打　16, 22, 23, 72

bigarade sauce　苦橙醬　170

bigoli (Venetian wholewheat pasta)　圓粗麵（威
　　尼斯全麥粗麵）　564

Bikila, Abebe　阿貝貝‧比基拉　436

birch syrup　樺樹汁糖漿　125

Birtwhistle, Nancy　南希‧貝特維斯圖　100

biryani　波亞尼肉飯　207, 213

BISCUITS　餅乾　322, 350-51

amaretti　義大利杏仁餅　290-91

Bath Olivers　巴斯奧利佛餅乾　47-8

brutti ma buoni　義大利「醜但好吃」餅乾291

cheese　乳酪　353-4

chocolate 巧克力　350-51, 358

chocolate chip cookies 巧克力脆片餅乾　352

digestive　消化餅乾　355

fig, almond & fennel biscotti　無花果、杏仁與
　　茴香義式脆餅　352

ginger/ gingerbread 薑/薑餅　321-2, 344, 348

hazelnut & chocolate 榛果與巧克力　291

langues de chat　貓舌餅乾　340-41

ma`moul　瑪慕爾小甜餅　572

oatmeal & raisin　燕麥粉和葡萄乾　292

panellets　杏仁松子餅　292-3

Savoy　薩沃伊餐廳　333-4

Turkish Delight　土耳其軟糖　354

see also Flapjacks; Shortbread 同時請參見 燕麥
　　酥餅；奶油酥餅

bitter ballen (Dutch croquettes)　炸肉泥丸（荷
　　蘭可樂餅）　160, 194

Bittman, Mark　馬克‧比特曼　561

BLACK BEANS 黑豆

feijoada　巴西燉豆　250

BLACKBERRIES 黑莓

blackberry & apple jelly　黑莓與蘋果果凍　448

vinegar　醋　543

black-bottom pie　黑底派　473

black pudding, spicy sausage & smoked ham
　　gumbo　血腸、辣味香腸與煙燻火腿什錦濃
　　湯　164

The Blair Witch Project　《厄夜叢林》　48

Blanc, Raymond　蒙德‧布蘭克　254, 301, 302, 517

Blank, Fritz　弗瑞茲‧布朗克　461

blanquette de dinde　白湯醬燉火雞　159, 215

blanquette de veau　白湯醬燉小牛肉　159, 178-9

BLINIS　小薄餅117, 118, 119, 130-31

barley 大麥　132

buckwheat 蕎麥131

caraway　葛縷子　118

potato 馬鈴薯　140

sourdough　酸麵團　135

BLT Steak　美國連鎖餐廳BLT牛排館

BLUEBERRIES 藍莓

porcini & blueberry polenta　牛肝蕈與藍莓玉米
　　糊　97

risotto　燉飯　268

Blumenthal, Heston　赫斯頓‧布魯門索撒　148,
　　172, 209, 357, 411, 447, 450, 451, 453, 571

bobota (Greek cornbread) 博博塔（希臘玉米麵
　　包）　82

bolo de rolo (Brazilian rolled sponge cake) 巴西捲蛋糕（巴西海綿蛋糕捲） 343

Bompas & Parr, London 英國倫敦 果凍風味藝術家邦帕斯與帕爾 410

bone-marrow custard 骨髓卡士達 486

BORLOTTI BEANS 紅點豆

burnt aubergine, soy& paprika 燒茄子、黃豆與辣椒粉 206, 248

Boston baked beans 波士頓焗豆吐司 205, 248

Boston cream pie 波士頓鮮奶油派 498, 503

bougatsa (Greek pastry) 希臘酥皮甜餡餅（希臘酥餅） 503

bouillabaisse 馬賽魚湯 165, 177, 202, 532

Boulestin, Marcel 馬歇爾・布勒斯汀 505

Boulud, Daniel 尼爾・布呂德 171, 218

Bourdain, Anthony 安東尼・波登 178-9

Boxer, Arabella 阿拉貝拉・巴克瑟 222, 230

Bragg, J.L. J.L.布拉格 31

Brando, Marlon 馬龍・白蘭度 25

BRANDY 白蘭地

Brandy Alexander 白蘭地亞歷山大雞尾酒 480

brandy sauce 白蘭地奶油醬 183

brandy snaps 白蘭地捲 347

BREAD 麵包 11, 21-2, 27

bread pakora 印度帕可拉炸菜餅 149

bread salad 麵包沙拉 544-5

brown-bread ice cream 棕麵包冰淇淋 492

see also Brioche; Buns; Cornbread; Flatbreads; Soda Bread; Yeast-risen Bread 同時請參見 布里歐許麵包、餐包、玉米麵包、蘇打麵包、酵母發酵麵包章節

Bremzen, Anya von 安妮亞・馮・布連姆森 91

BRIE 布利乳酪 420

baked Brie in choux 布利乳酪泡芙 105

Brie brioche 布利乳酪布里歐許麵包 62

Brierty, Helen 海倫・布里特 408

Brillat-Savarin, Jean Anthelme 讓・安泰爾姆・布里亞－薩瓦蘭 376

BRIOCHE 布里歐許麵包 25-6, 60-61

beignets 法式甜甜圈 65, 76

bread & butter pudding 麵包奶油布丁 26, 56, 65

Brie 布利乳酪 62

brioche fruit tart 布里歐許水果塔 65

brioche toast 布里歐許烤吐司 65

chocolate & Sichuan pepper 巧克力與花椒 62

orange flower water 橙花露 62

pan de muerto 亡者麵包 65

'Praluline' 堅果糖 64

sausage 香腸 64

sorbet 冰糕 445

sweet bread & butter pudding 甜味麵包奶油布丁 65

sweetcorn 甜玉米 64

yaki-soba pan-brioche 用布里歐許製作炒麵麵包 65

see also Panettone 同時請參見義大利潘娜朵妮水果聖誕麵包

BROAD BEANS 蠶豆

broad bean, onion & dill rice 蠶豆、洋蔥和蒔蘿燉飯 261

Brook, Stephen 斯蒂芬・布魯克 457

BROTH 肉湯 202

bacon 培根 221, 222

bean 豆類 222

chicken 雞肉 220

fish 魚 220-21

gammon/ham 煙燻火腿/火腿 221-2

lentil 扁豆 222

octopus 章魚 222-3

pasta in brodo 義大利湯麵 202, 217, 224, 225

pot au feu 法式燉肉湯 218-19

rabbit 兔肉 223

red braise 紅燒 223-4

sausage 香腸 224-5

vegetable 蔬菜 225

Brown, Catherine 凱薩琳・布朗 422

Brown, Pete 皮特・布朗 516

Brownies 巧克力布朗尼 398

brutti ma buoni (Italian almond biscuits) 醜但好吃餅乾（義大利杏仁餅乾） 291

BUCKWHEAT 蕎麥

blinis 小薄餅 131

buckwheat & almond cake 蕎麥杏仁蛋糕 338

buckwheat & grappa fritters 蕎麥與渣釀白蘭地油炸乳酪 146

flour 麵粉 45

noodles 麵 22, 28, 30-31

pancakes 煎餅 116-17, 124

pasta 義大利麵食 560

polenta 義式玉米糊/玉米糕 75

buffalo milk 水牛乳 420

Buford, Bill 比爾・布福德 75

bujan dalam selimut (Indonesian pandan pancake) 印尼七葉蘭可麗餅（印尼七葉蘭煎餅） 127

Bull, Stephen 史蒂芬・布爾 39-40, 354

bullet de peix (Ibizan fish stew) 魚子彈（西班牙伊維薩鮮魚燉鍋） 221

bumbu kacang (Indonesian peanut dressing) 沙爹醬（印尼花生醬汁） 543

BUNS 餐包 25, 54-5

burger 漢堡包 25, 54-5, 65

Chelsea 倫敦切爾西地區 58-9

choux 泡芙 100, 101

croquembouche 泡芙塔 105

ginger 薑 56-7

風味達人的文字味覺
——水平思考的廚房事典

hazelnut choux 榛果泡芙 103

hot-dog rolls 熱狗麵包捲 54-5

lard choux 豬油泡芙 103

spiral 螺旋麵包捲 58-9

steamed coriander 芫荽蒸餃 53

teacakes 英式茶點 54-5

buñuelos de viento (Spanish choux fritters) 西班牙油炸泡芙 102

burger buns 漢堡包 25, 54-5, 65

burnt aubergine, soy & paprika 燒茄子、黃豆與辣椒粉 206, 248

BUTTER 奶油

anchovy 鯷魚 178

cultured 發酵 358-9

seaweed 海菜 178

snail 蝸牛 68

BUTTER BEANS 皇帝豆

chuckwagon lima beans 炊事馬車利馬豆 249

fabada 西班牙燉豆 164, 205, 246-7

honey, tomato & dill butter beans 蜂蜜、番茄與蒔蘿皇帝豆 222, 251

white beans, clams & cider 白豆、蛤蜊與蘋果酒 251

BUTTERCREAM 奶油糖霜 328, 329, 416

Italian meringue 義式蛋白霜 428, 431

praline 果仁糖 416

BUTTERMILK 白脫乳 16, 138

cornmeal & buttermilk baba 粗玉米粉白脫乳巴巴蛋糕 68

pancakes 煎餅 118, 138

pies 派 473

sopa Paraguaya 玉米粉鹹糕 81

substitutes 替代品 37, 38, 39, 79, 138

see also Cornbread 同時請參見玉米麵包

BUTTERNUT SQUASH 白胡桃瓜

bread 麵包 57

butternut squash & fennel risotto 白胡桃瓜茴香燉飯 268

butternut squash & ricotta gnocchi 白胡桃瓜瑞可達乳酪麵疙 112

butternut squash, feta & chilli cornbread 白胡桃瓜、菲達羊乳酪辣椒玉米麵包 80

risotto 燉飯 207, 268

BUTTERSCOTCH 奶油糖果

angel cake 天使蛋糕 326

pastry cream 糕點師蛋奶醬 500

BUTTER SPONGE CAKE 奶油海綿蛋糕 320, 336-7

Battenberg 巴騰伯格蛋糕 343

bolo de rolo 巴西捲蛋糕 343

buckwheat & almond 蕎麥與杏仁 338

carrot 胡蘿蔔 338

chocolate 巧克力 339

elderflower 接骨木花 339

fruit 水果 340

marble cake 大理石蛋糕 343

panetela borracha 喝醉的玉米糕 343

peanut butter 花生醬 341

pineapple upside-down cake 鳳梨翻轉蛋糕 343

C

CABBAGE 甘藍/高麗菜

pizzoccheri 義式蕎麥麵 560

strudel 酥皮餡餅捲 550

cachapas (Venezuelan sweetcorn pancake) 委內瑞拉煎餅（委內瑞拉玉米煎餅） 141

cacio e pepe 黑胡椒乳酪義大利麵 561

Café de Paris, Monte Carlo 摩納哥蒙地卡羅巴黎咖啡館 127

cajeta (Mexican / Central American fudge) 煉乳焦糖（墨西哥／中美洲乳脂軟糖） 421

CAKES 蛋糕

almond & orange 杏仁柳橙 297

Battenberg 巴騰伯格蛋糕 343

brownies 巧克力布朗尼 398

carrot 胡蘿蔔 338

chocolate 巧克力 327, 339

chocolate & Amaretto 巧克力與義大利杏仁香甜酒 398

chocolate & ginger 巧克力與薑 399

chocolate & hazelnut 巧克力與榛果 399-400

chocolate & lime 巧克力與萊姆 400

chocolate & muscovado 巧克力與慕斯可瓦多黑糖 400-401

chocolate fridge cake 巧克力冰蛋糕 371-2, 392-3

chocolate fridge cake with Rice Krispies 脆米花巧克力冰蛋糕 394-5

chocolate truffle cake 松露狀巧克力蛋糕 369, 385

coffee & cardamom 咖啡與小豆蔻 347

'fallen chocolate' 「塌陷巧克力蛋糕」 373

flourless chocolate 無麵粉巧克力蛋糕 373, 396-7

friands 法式杏仁小蛋糕 300

fruit 水果 340

gâteau Basque 巴斯克蛋糕 503

gingerbread 薑餅 321, 344-5

golden syrup 金黃糖漿 348

hazelnut 榛果 296

honey 蜂蜜 348-9

honey & crème fraîche 蜂蜜法式酸奶油 296

joconde 喬孔達蛋糕 331-2

lardy 豬油蛋糕 57

lime & cassia 萊姆與中國肉桂 296-7

madeleines 瑪德蓮蛋糕 332-3

marble 大理石蛋糕 343

milk chocolate 牛奶巧克力 400

mulled chocolate fridge cake　香甜熱巧克力冰蛋糕　394

nut-meal　堅果粉蛋糕　275

olive oil & chocolate　橄欖油巧克力蛋糕　300-301

raspberry & cassis chocolate　覆盆子與黑醋栗巧克力蛋糕　401

Simnel　復活節水果蛋糕　280, 287

speculoos Rocher　斯派庫魯斯餅乾　395

spicy chocolate　辣味巧克力蛋糕　302

sticky loaf　黏性長條型蛋糕　321, 345

stollen　德國聖誕蛋糕史多倫　59

Swiss roll　瑞士捲　334

tarte Tropézienne　聖卓佩塔　65

tomato soup　番茄湯　349

Tunis　突尼斯蛋糕　385

Victoria sponge　維多利亞海綿蛋糕　318, 341

walnut　核桃蛋糕　297

see also Angel Cake; Butter Sponge Cake; Genoise　同時請參見天使蛋糕、奶油海綿蛋糕、熱那亞蛋糕

Calabrese, Salvatore　薩爾瓦多・卡拉布萊斯　495

calamari stuffed in a bun　炸花枝圈麵包　149

calissons d'Aix (French sweets)　卡里頌杏仁餅（法式甜餅）　282

Calvados custard　卡爾瓦多斯蘋果白蘭地卡士達　486

Calvel, Raymond　雷蒙德・卡爾維爾　62

calzone　披薩餃　53

Camorra, Frank　弗蘭克・卡莫拉　306

Campion, Charles　查爾斯・坎皮恩　57

CANNELLINI BEANS　白腰豆　222

cannellini bean & sage soup　白腰豆鼠尾草濃湯　228-9

white beans, clams & cider 白豆、蛤蜊與蘋果酒　251

cannoli　卡諾里卷（瑞可塔起司捲）　550

The Caprice, London　英國倫敦 隨想曲餐廳 378

CARAMEL　焦糖　404-6, 412-13

custard 卡士達　486-7

salted caramel sauce　鹹味焦糖醬　416-17

sauce 焦糖醬　404-5

Vietnamese caramel sauce 越式焦糖醬　414

CARAWAY 葛縷子

breads　麵包　49, 50

cornbread　玉米麵包　80-81

meringue　蛋白霜甜餅　426

pastry　麵皮　569

Carê me, Marie-Antoine　馬利-安東尼・卡漢姆　69, 103, 154, 179, 410, 455

carne en salsa de almendras (Spanish pork & almond stew) 杏仁醬燉肉（西班牙杏仁燉豬肉）　312-13

Carrier, Robert　羅伯特・卡里爾　525 C ARR O T

beef & carrot casserole　胡蘿蔔燉牛肉　39

cake 蛋糕　338

tomato & carrot soup　馬鈴薯胡蘿蔔濃湯　230-31

Caruso, James Campbell　詹姆斯・坎貝爾・卡魯索　471

casadielles (Asturian pastries)　卡薩迪亞（西班牙阿斯圖里亞斯酥皮點心）　282

cashew nuts　腰果　300

CAULIFLOWER 白花椰菜

cauliflower, caper & raisin polenta　白花椰菜、續隨子與葡萄乾玉米糕　94

cauliflower, cheese & cumin soufflé　白花椰菜、乳酪&小茴香舒芙蕾　188

celery, onion & herb soda bread　芹菜、洋蔥與香草蘇打麵包　39

cerneux (French walnut spread)　舍魯醬（法式榛果抹醬）　307

Ceviche, London　英國倫敦 秘魯餐廳薩維奇 312

chai-spice custard　印度茶香料　480-81

challah　哈拉麵包　56

Champagne sabayon 香檳沙巴雍醬　516

chana dal see Dal 鷹嘴豆泥，請參見印度燉豆

chanfana (Portugese goat stew) 川法納（葡萄牙燉羊肉）　240-41

Chang, David　張大衛　222, 501

Chantilly, raspberry cream　覆盆子香堤伊鮮奶油　103

chapatis　印度薄餅　21, 22, 28, 29, 34

Chapman, Pat　帕特・查普曼　313-14

charcoal　木炭　22, 31

charoset (fruit & nut paste)　猶太泥醬（水果堅果醬）　282-3

Charpentier, Henri　享利・卡本特　127

Chase, Leah　利亞・蔡斯　167

chasseur, sauce 法式獵人醬 173

chawanmushi (Japanese savoury custard)　茶碗蒸（日式鹹味卡士達）　471-2

CHEESE 乳酪

aubergine & cheese béchamel　茄子與乳酪白醬　182

barley pancakes　大麥煎餅　132

biscuits　餅乾　353-4

buffalo milk 水牛乳　420

butternut squash, feta & chilli cornbread 白胡桃瓜、菲達羊乳酪辣椒玉米麵包　80

cacio e pepe　黑胡椒乳酪義大利麵　561

cauliflower, cheese & cumin soufflé 白花椰菜、乳酪&小茴香舒芙蕾 188

cornbread　玉米麵包　81

chocolate & blue cheese truffles 松露狀藍紋乳酪巧克力　382

cream-cheese ice cream 奶油乳酪冰淇淋　493

crespelle　義式可麗餅　13, 116, 129

gnocchi alla Romana　羅馬式麵疙瘩　75-6, 98 0

風味達人的文字味覺
——水平思考的廚房事典

gnocchi Parisienne　巴黎式麵疙瘩　76
gougères　乳酪小泡芙　102
grits　美式乳酪玉米糊/玉米糕　94
mac 'n' cheese pancakes　乳酪通心粉煎餅　140
mayonnaise　美奶滋　528-9
pane al formaggio　義大利乳酪麵包　62
Parmesan & parsley pasta　帕馬乾酪荷蘭芹義大利麵　562
Parmesan ice-cream sandwich 帕馬乾酪冰淇淋三明治　495
parsnip, Parmesan & sage soda bread 歐洲防風草塊根、帕馬乾酪鼠尾草蘇打麵包40
pastry　麵皮　569
pizzoccheri　義式蕎麥麵　560
polenta alla fonduta　玉米糊火鍋　95
popovers　雞蛋泡泡芙　124
prosciutto & pecorino choux fritter　煙燻五香火腿與佩科利諾乳酪油炸泡芙餡餅　104
quiche Lorraine　法式洛林鹹派　470-71
radicchio & Gorgonzola risotto　基奧賈紅菊苣戈根索拉藍黴乳酪燉飯　270-71
sauce　乳酪醬　159,183-4
sciatt　蟾蜍（蕎麥與渣釀白蘭地油炸乳酪）　146
soufflés　舒芙蕾　159-60,186-7
sweetcorn pancakes 甜玉米煎餅　141
vegan cheese　純素乳酪　146
walnut & Roquefort vinaigrette　核桃與侯克霍藍黴乳酪油醋醬　545
walnut, cheese & cayenne macaroons　核桃、乳酪與卡宴辣椒馬卡龍　293
see also Brie; Cottage Cheese; Goat's Cheese;Ricotta 同時請參見布利乳酪、茅屋乳酪、山羊乳酪、瑞可達乳酪
cheesecake 乳酪蛋糕　468-9,571
Chelsea buns　切爾西麵包捲　58-9
Cherrier, Gontran　貢特朗・切利爾　62
CHERRY　櫻桃
cherry & hazelnut bread 櫻桃榛果麵包　48
cherry beer sabayon　櫻桃啤酒沙巴雍醬　516
cherry, liquorice & coriander seed chocolate sauce　櫻桃、甘草與芫荽籽巧克力醬　376
CHESTNUT FLOUR　栗子粉
bread　栗子麵包　48
chestnut & game sauce 栗子野味醬　170
chestnut & red wine polenta　栗子紅酒玉米糊　94-5
crê pes Suzette　蘇澤特橙香可麗餅　126
pancakes　栗子煎餅　125
pasta　栗子義大利麵　560
chestnut pastry cream　栗子甜點師蛋奶醬　500-501
chi ma kuo cha　芝麻粿炸（中式油炸卡士達）　465
CHICKEN 雞肉
aji de gallina　祕魯辣燉雞　12,279,312
arroz con pollo　西班牙雞肉飯　260
broth　肉湯
chicken cacciatore　雞肉砂鍋料理　243
chicken chasseur　雞湯獵人醬　173
chicken with bread salad　雞肉佐麵包沙拉　544-5
chicken with tarragon sauce 雞肉佐龍蒿醬　178
Circassian chicken　土耳其的切爾克西亞雞肉　279,313
coq au vin　紅酒燉雞　241-2
coronation chicken　加冕雞　529
croquettes　雞肉可樂餅　192-3
fesenjan　石榴醬核桃燉肉　12,13,278,310-11
Hainanese chicken rice　海南雞飯　220
hash　雞肉炒馬鈴薯　185
jambalaya　什錦飯　207,261
korma　科爾馬咖哩　314
mafe　梅芙燉肉　12,278,279,314
Poularde Edward VII　愛德華七世雞料理　176
risotto　雞肉燉飯　201
tagine　塔吉鍋　245
chicken liver risotto 雞肝燉飯　268-9
CHICKEN STOCK　雞肉高湯　200-201,217
avgolemono　希臘檸檬蛋黃醬　203,487
brown　褐色雞高湯　208-10
white 白色雞湯　210
CHICKPEA FLOUR 鷹嘴豆
barfi　印度巴菲糖　420
batata vada　馬鈴薯油炸餡餅　146-7
chana dal　鷹嘴豆泥　86
Mysore pak 邁索爾甜點　90
Panelle 鷹嘴豆油炸餅　96-7,161
shortbread　奶油酥餅　358
see also Dhokla 同時請參見(印度鷹嘴豆)蒸糕
CHICKPEAS 鷹嘴豆
aubergine, chickpea, apricot & pine nut pilaf　茄子、鷹嘴豆、杏桃與松子抓飯　213,260
chicken tagine　雞肉塔吉鍋　245
see also Chickpea Flour 同時請參見 鷹嘴豆粉
CHICORY 菊苣根
endives au jambon　法國經典名菜焗烤火腿菊苣　184
Child, Julia　莉亞・柴爾德　155
CHIVES　細香蔥　126
chives & cottage cheese bread　細香蔥茅屋乳酪麵包　56
chive beurre blanc　細香蔥白奶油醬　536
CHOCOLATE 巧克力
baked puddings　烤巧克力布丁　386
banana & milk chocolate truffles 松露狀香蕉牛奶巧克力　382

biscuits 巧克力餅乾　350-51, 352, 358

blonde chocolate 金色巧克力　382

brownies 巧克力布朗尼　398

chocolate & Angostura sorbet 安哥斯圖娜苦酒可可冰糕　442

chocolate & blue cheese truffles 松露狀藍黴乳酪巧克力　382

chocolate & churros 巧克力與吉拿棒　379, 465

chocolate & Sichuan pepper brioche 花椒巧克力布里歐許麵包　62

chocolate chip cookies 巧克力脆片餅乾　352

corn choc chip scones 巧克力豆玉米司康餅　39

crê pes 可麗餅　379

custard 卡士達　488

dark chocolate & ambergris sauce 龍香黑巧克力醬　376-7

dark chocolate & PX sauce 佩德羅希梅內斯雪利酒黑巧克力醬　377

dark chocolate, rosemary & lemon sauce 迷迭香檸檬黑巧克力醬　377-8

egg-yolk chocolate mousse 蛋黃巧克力慕斯　519

fondant 巧克力熔岩小蛋糕　398-9

fondue 巧克力火鍋　379

fudge 巧克力乳脂軟糖　420-21

gingerbread 巧克力薑餅　346

hazelnut & chocolate biscuits 榛果巧克力餅乾　291

ice cream 巧克力冰淇淋　379

Irish coffee 愛爾蘭咖啡　383

melting chocolate 融化巧克力　368

meringue 巧克力蛋白霜甜餅　426

milk chocolate 牛奶巧克力　370

milk chocolate, coconut & nutmeg sauce 肉荳蔻椰奶巧克力醬　378

mint & vodka sauce 薄荷伏特加巧克力醬　376

pancakes 巧克力煎餅　138-9

pasta 巧克力義大利麵　560

pastry 巧克力酥皮　102, 569-70

pastry éclairs 巧克力閃電泡芙　102

peanut, chocolate & raisin bars 花生葡萄乾巧克力棒　365

petits pots au chocolat 巧克力奶油杯　370, 464, 487-8

pine nut & currant petits fours 松子小葡萄乾巧克力小點心　394

potato gnocchi 義式馬鈴薯麵疙瘩　108

Rice Krispies 巧克力脆米花　394-5

sauce 巧克力醬　368-9, 374-5

soufflé 巧克力舒芙雷　188, 397

speculoos Rocher 斯派庫魯斯餅乾　395

sponge pudding 海綿布丁蒸糕　379

stracciatella 義式乳酪蛋花湯　327

syrup 巧克力糖漿　434-5

tart 巧克力塔　369, 380-91

tempering chocolate 巧克力調溫　369-70

toasted white chocolate pastry cream 烤白巧克力甜點師蛋奶醬　502

toffee 巧克力太妃糖　414

truffles 松露狀巧克力　369, 380-81

white chocolate 白巧克力　370

white chocolate custard 白巧克力卡士達　463-4

white chocolate nog 白巧克力蛋酒　384

white chocolate sauce 白巧克力醬　378

white chocolate truffles 松露狀白巧克力　384

see also Cakes; Ganache; 同時請參見蛋糕、巧克力甘納許

Mousse 慕斯

CHORIZO 西班牙辣香腸　205, 227, 244

fabada 西班牙燉豆　246-7

red pepper & chorizo dhokla 紅辣椒西班牙辣香腸蒸糕　87

CHOUX PASTRY 法式泡芙　76, 100, 101, 553

baked Brie in choux 布利乳酪泡芙　105

beignets 法式甜甜圈　65, 76, 100, 101

buns 小餐包　100, 101, 103, 105

buñ uelos de viento 西班牙油炸泡芙　102

croquembouche 泡芙塔　105

fritters 油炸餡餅　102

lard choux buns 法式豬油泡芙　103

olive oil 橄欖油　103

orange flower water & almond 橙花露杏仁泡芙　103-4

Paris-Brest 巴黎-布雷斯特泡芙　105, 416

pommes Dauphines 法式達芙妮炸薯球　104

pommes Elizabeth 伊麗莎白炸薯球　104

profiteroles 巧克力泡芙　76, 100, 101, 379

prosciutto & pecorino choux fritter 煙燻五香火腿與佩科利諾乳酪油炸泡芙餡餅　104

puffs 泡芙　101, 102

religieuse 修女泡芙　105

tulumba 宮殿酥條　105

zeppole 拿坡里聖若瑟泡芙　105, 113

see also Éclairs; Gougères 同時請參見閃電泡芙、乳酪小泡芙

Choron, Alexandre Étienne 亞歷山大·埃蒂安·修隆　173

CHOWDER 總匯濃湯　203-4

clam 蛤蜊　234, 237

fish 魚　232-3

mussel & garlic 貽貝與大蒜　235

potato 馬鈴薯　234

red wine 紅葡萄酒　235-6

sweetcorn, sweet potato & crème fraî che 甜玉米、番薯與法式酸奶油　236

tomato (Manhattan clam chowder) 番茄總匯濃湯（曼哈頓蛤蜊總匯濃湯）　237

風味達人的文字味覺
——水平思考的廚房事典

Christian, Glynn 格林・克里斯提安 443
chuckwagon lima beans 炊事馬車利馬豆 249
CHURROS 吉拿棒 100, 120-21, 144, 150-51
chocolate & churros 吉拿棒佐巧克力醬 379, 465
cider sorbet 蘋果酒冰糕 442-3
Cinc Sentits, Barcelona 西班牙巴塞隆納五感餐廳 516
CINNAMON 肉桂
coffee, citrus & cinnamon jelly 柑橘肉桂咖啡凍 448-9
crème brûlée 法式烤布蕾 481
flatbreads 無發酵麵餅 32
orange & cinnamon croquettes 柳橙肉桂可樂餅 195
pastry 肉桂麵皮 570
saffron, rose, cinnamon & almond zerde 番紅花、玫瑰、肉桂杏仁布丁 91
Circassian chicken 土耳其的切爾克西亞雞肉 313
citrus risotto 柑橘風味燉飯 269
The City Tavern, Philadelphia 美國費城 城市酒館餐廳
clafoutis 法式卡拉芙堤櫻桃派 117
Claiborne, Craig 克雷格・克萊本 188
CLAMS 蛤蜊
clam chowder 蛤蜊總匯濃湯 234
tomato & clam chowder 番茄蛤蜊總匯濃湯 237
white beans, clams & cider 白豆、蛤蜊與蘋果酒 251
Clark, Sam & Sam 莎曼珊與山謬・克拉克 472
Clarke, Sally 莎莉・克拉克 120
Clarke`s Restaurant, London 英國倫敦 克拉克餐廳 120
clementine angel cake 克萊門汀小柑橘天使蛋糕 326
Clift, Montgomery 蒙哥馬利・克利夫特 296
clotted cream 凝脂奶油 358, 471, 482-3
Coady, Chantal 尚塔爾・科蒂 383
COBBLER 鵝卵石派 23, 36, 37, 562
anchovy & thyme 鯷魚與百里香 39
COCKTAILS 雞尾酒 27, 408, 432, 433, 434, 437
Brandy Alexander 白蘭地亞歷山大雞尾酒 480
espresso martini 濃縮咖啡馬丁尼 439
'grasshopper' 「綠色蚱蜢」雞尾酒 494
Mai Tai 邁泰雞尾酒 436
mint julep 薄荷茱莉酒 415
piña colada 鳳梨可樂達雞尾酒 456
COCONUT / COCONUT MILK 椰子／椰奶
bánh xèo 越南煎餅 125
béchamel （貝夏美）白醬 181

chickpea & coconut dhokla 椰蓉鷹嘴豆蒸糕 87
coconut & brown sugar baba 椰蓉紅糖巴巴蛋糕 68
coconut & lime custard tart 萊姆椰子蛋塔 12
coconut & orange fudge 柳橙椰子乳脂軟糖 421
coconut ice 椰絲奶油糖 421
coconut, raisin & cashew dal 椰子、葡萄乾&腰果燉豆 254
custard 椰奶卡士達 488
custard pie 椰奶卡士達派 473
macaroons 椰蓉馬卡龍 291
masala 椰子香料醬 346
meringue 椰蓉蛋白霜甜餅 427
pandan & coconut milk crème caramel 七葉蘭椰奶焦糖布丁 477
pandan crê pes 七葉蘭椰蓉可麗餅 127-8
pol roti 椰子薄餅 32
COFFEE 咖啡
coffee & cardamom loaf 咖啡小豆蔻薑味蛋糕 347
coffee & walnut fudge 咖啡核桃乳脂軟糖 421-2
coffee, citrus & cinnamon jelly 柑橘肉桂咖啡凍 448-9
crème caramel 咖啡焦糖布丁 476
Genoise 熱那亞蛋糕 331
meringue roulade 蛋白霜捲 427
sabayon 沙巴雍醬 517
Cognac chocolate mousse 干邑白蘭地巧克力慕斯 388
Coke float 蘭姆酒可樂漂浮雞尾酒 497
collard greens 羽衣甘藍 217
Comptoir Gascon, London 英國倫敦 加斯康櫃檯餐廳 170
consommé 法式清湯 126, 202, 223
Contaldo, Gennaro 根納羅・康塔爾多 222-3
cookies, chocolate chip 巧克力脆片餅乾 352
Cooper, Derek 德瑞克・庫珀 117
coq au vin 紅酒燉雞 241-2
CORDIAL 果汁糖漿 432, 437
elderflower 接骨木花糖漿 339, 444, 468
lemon 檸檬糖漿 408, 435
rosehip 玫瑰果糖漿 436-7
CORIANDER 芫荽
coriander seed & fennel bread 芫荽籽茴香麵包 48-9
coriander seed custard tart 芫荽籽蛋塔 468
red pepper, sweetcorn & coriander cornbread 紅辣椒甜玉米元荽玉米麵包 83
steamed buns 芫荽蒸餃 53
CORNBREAD 玉米麵包 72, 78-9
bacon 培根玉米麵包 80
butternut squash, feta & chilli 白胡桃瓜、菲達羊乳酪與辣椒玉米麵包 80

caraway　葛縷子玉米麵包　80-81

cheese　乳酪玉米麵包　81

cornbread custard　卡士達玉米麵　81-2

hush puppies　美式金黃玉米球　82

raisin & orange　葡萄乾柳橙玉米麵包　82-3

red pepper, sweetcorn & coriander　紅辣椒甜玉米元菱玉米麵包　83

corndogs　炸熱狗　147

Cornish saffron loaves & buns　康瓦爾番紅花麵包及餐包　69

CORNMEAL　粗玉米粉　22, 45, 72

bacon & cornmeal gravy　培根粗玉米粉肉汁　183

batter　粗玉米粉糊　147

cheese grits　美式乳酪玉米糊/玉米糕　94

corn choc chip scones　巧克力豆玉米司康餅　39

corndogs　炸熱狗　147

cornmeal & buttermilk baba　粗玉米粉白脫乳巴巴蛋糕　68

cornmeal & pineapple cake　粗玉米粉鳳梨蛋糕　341-2

coucou　庫庫　96

hoe cakes　玉米餅　83

'Indian pudding'　印第安布丁　90

pasta　粗玉米粉義大利麵　560-61

scrapple　玉米肉餅　97

sopa Paraguaya　玉米粉鹹糕　81

see also Cornbread; Polenta　同時請參見 玉米麵包、玉米糊/糕

coronation chicken　加冕雞　529

Corrigan, Richard　理查・科里根　222

COTTAGE CHEESE　茅屋乳酪

chives & cottage cheese bread　細香蔥茅屋乳酪麵包　56

dill & cottage cheese bread　蒔蘿茅屋乳酪麵包　56

parsley & cottage cheese bread　荷蘭芹茅屋乳酪麵包　56

proja　普羅亞麵包　81

tarragon & cottage cheese bread　龍蒿茅屋乳酪麵包　56

Cotter, Dennis　丹尼斯・卡特　571

coucou (cornmeal with okra)　庫庫（秋葵玉米糊）　96

courgette & ricotta gnocchi　節瓜瑞可達乳酪麵疙　112

couscous pilaf　庫斯庫斯抓飯　213

CRAB　螃蟹

crab stock　螃蟹高湯　214-15

seafood gumbo　海鮮什錦濃湯　165

CRACKERS　餅乾　21, 22, 28, 29

charcoal　木炭餅乾　22, 31

matzo　逾越節薄餅　22, 33

soda bread　蘇打麵包　43

cranberries　蔓越莓餅乾　543

CRAYFISH　螯蝦

crayfish gumbo　螯蝦什錦濃湯　164-5

seafood gumbo　海鮮什錦濃湯　165

CREAM CHEESE　奶油乳酪

ice cream　奶油乳酪冰淇淋　493

pastry　奶油乳酪酥皮　570-71

crema Catalana　加泰隆尼亞焦糖布丁　481

crema fritta　油炸蛋奶醬　465, 504-5

CRÈME ANGLAISE　英式蛋奶醬　462, 463, 464, 484-5

bavarois　巴伐利亞奶油醬　488-9

bone marrow　骨髓　486

Calvados　卡爾瓦多斯蘋果白蘭地　486

caramel　焦糖　486-7

chocolate　巧克力　487-8

coconut　椰子　488

egg nog　蛋酒　488-9

honey　蜂蜜　489

CRÈME BRÛLÉE　法式烤布蕾　460, 461, 462, 478-9

banana　香蕉　480

brandy Alexander　白蘭地亞歷山大雞尾酒　480

ginger　薑　481

rum　蘭姆酒　482

strawberry　草莓　482

see also Petits Pots de Crème　同時請參烤布丁杯

CRÈME C ARAMEL　焦糖布丁　405, 460, 461, 462, 474-5, 486

bay leaf　月桂葉　476

coffee　咖啡　476

jackfruit　菠蘿蜜　476

orange　柳橙　477

orange flower water　橙花露　477

pandan　七葉蘭　477

Sauternes　法國蘇特恩白葡萄甜酒　477

crème de cacao　白可可甜酒　480

CRÈME DE CASSIS　黑醋栗甜酒

raspberry & cassis chocolate cake　覆盆子黑醋栗巧克力蛋糕　401

vinaigrette　油醋醬　543

crème de menthe jelly　薄荷甜酒凍　449

crème pâ tissière see Pastry Cream　糕餅師蛋奶醬請參見甜點師蛋奶醬

crème pralinée　果仁糖蛋奶醬　416

CRÊ PES　可麗餅　116, 117, 122-3, 126-7

bánh xèo　越南煎餅　125

chocolate　巧克力　379

crê pe aux fines herbes　調味香草可麗餅　126

crê pes Bohemian　波希米亞可麗餅　127

crê pes Suzette　蘇澤特橙香可麗餅　125, 127

crespelle　義式可麗餅　13, 116, 129

ginger　薑　128

風味達人的文字味覺
——水平思考的廚房事典

Gundel palacsinta　匈牙利貢德勒可麗餅　129

lemon　檸檬　127

orange　檸檬　127

pandan　七葉蘭　127-8

vanilla　香草　128

crispbreads, rye　黑麥脆餅　51

CROISSANTS　牛角麵包/可頌麵包　24, 44, 49, 553

almond　杏仁牛角麵包　303

croque monsieur　法式庫克先生三明治　182

croquembouche　泡芙塔　105

CROQUETTES　可樂餅　158, 160-61

asparagus　蘆筍　194

beef　牛肉　194

chicken　雞肉可樂餅　192-3

mushroom & cider　菇蕈類與蘋果酒　194

olive　橄欖　195

orange & cinnamon　柳橙與肉桂　195

saffron, pea & red pepper　番紅花、豌豆與紅椒　195

salt cod　鹽漬鱈魚　195-6

serrano ham　塞拉諾火腿　196

shrimp　蝦子　196-7

sweetbread　小牛或小羊胸腺　197

croutons　麵包丁　43

crumpets　英式烤餅　132

cucumber & yogurt soup　黃瓜優格濃湯　306

cullen skink　卡倫湯　236

cumin-flavoured breads　小茴香風味麵包　49-50

Curley, William　威廉‧卡利　384

CURRANTS　小葡萄乾　539

Chelsea buns　切爾西麵包捲　58-9

fruit loaf　水果麵包　54-5

lardy cake　豬油蛋糕　57

panettone　義大利潘娜朵妮水果聖誕麵包　63-4

pine nut & currant petits fours　松子小葡萄乾巧克力小點心　394

rosemary bread　迷迭香麵包　57-8

white currant beurre blanc　白醋栗白奶油醬　539

see also Raisins 同時請參見 葡萄乾

CURRY　咖哩　156

batter　咖哩糊　147

korma　科爾馬咖哩　313-14

lentilles au curry　扁豆咖哩　254-5

mayonnaise　咖哩美奶滋　529

pasta　咖哩義大利麵　551, 561

potato　馬鈴薯咖哩　34

roti　咖哩捲餅　35

roux　油麵糊　156-7

sauce　咖哩醬　176

CUSTARD　卡士達/蛋奶醬

baked　蛋塔　460, 467, 472

chawanmushi　茶碗蒸　471-2

Chinese fried 中式油炸蛋奶醬　465

chocolate　巧克力蛋奶醬　488

coconut custard pie　椰子卡士達餡派　473

custard powder 卡士達粉　185, 359

custard shortbread　卡士達奶油酥餅　359

Earl Grey　伯爵茶　502

galaktoboureko　希臘酥皮奶凍／卡拉梭穆列苟　12

poor knights of Windsor 溫莎堡貧窮騎士　469-70

white chocolate　白巧克力　463-4

see also Crème Anglaise; Crème Brûlée; Crème Caramel; Custard Tart 同時請參見英式蛋奶醬、法式烤布蕾、焦糖布丁、卡士達餡塔

CUSTARD TART　卡士達餡塔　460-61, 462, 466-7

coconut & lime　椰蓉與萊姆 12

coriander seed　芫荽籽　468

elderflower　接骨木花　468

lemon　檸檬塔　468

saffron　番紅花　471

yogurt　優格　472

see also Quiche　同時請參見法式洛林鹹派

cuttlefish ink　墨魚墨汁　564

D

DACQUOISE　達克瓦茲蛋白餅　275, 426

coconut, raisin & cashew　椰子、葡萄乾與腰果燉豆　254

DAL　印度燉豆　205, 206, 252

makhani　麥卡尼燉豆　255

panchmel　印度拉賈斯坦邦綜合燉豆　256

parippu　印度拉賈斯坦邦綜合燉豆　256-7

tamarind　羅望子燉豆　257

tarka chana　印度香料燉鷹嘴豆　206, 252-3

dashi　日式高湯　211, 471

DATES 椰棗

date & vanilla halva　椰棗香草哈爾瓦酥糖膏　91

date slices　椰棗片　359

date syrup 椰棗糖漿　91

marzipan-stuffed dates　椰棗包杏仁蛋白糖　287

panna cotta　義式鮮奶凍　454

sticky ginger pudding　薑味布丁　285

David, Elizabeth　伊麗莎白‧大衛　22, 49, 51, 57, 67, 76, 111, 112, 132, 148, 159, 202, 212, 222, 269, 270, 296, 308, 470, 476, 559

Davidson, Alan　艾倫‧戴維森　118, 202

da Vinci, Leonardo　李奧納多‧達文西　331

Davis, Miles　邁爾斯‧戴維斯　348

deep-frying　油炸　17

DeGroff, Dale　戴爾‧迪葛洛夫　434

Delacourcelle, Philippe　菲利普‧德拉庫爾

178-9

The Delaunay, London　英國倫敦 德勞內餐廳
486

Del Conte, Anna　安娜・德爾・康特　184, 465,
560

Dell'anima, New York　紐約 靈魂餐廳　486

demi-glace　多蜜醬汁　171

détrempe-beurrage　包覆麵團-奶油片　553

de Vita, Oretta Zanini　羅瑞塔・薩尼尼・德 塔
562

Dhillon, Kris　克里斯・希爾頓　176

DHOKLA　印度蒸糕　72-3, 133

chickpea & coconut　鷹嘴豆椰子蒸糕　87

burnt onion　焦化洋蔥蒸糕　86

garlic, rosemary & black pepper　大蒜迷迭香黑
胡椒蒸糕　87

lemon　檸檬蒸糕　73

red pepper & chorizo　紅椒西班牙辣香腸蒸糕
87

semolina　粗麵粉　87

diable, sauce　魔鬼醬　171-2

Dietrich, Marlene　瑪琳・黛德麗　218

digestive biscuits　消化餅乾　355

DILL 蒔蘿

dill & cottage cheese bread　蒔蘿茅屋乳酪麵包
56

dill hollandaise sauce　蒔蘿荷蘭醬　524

Dinner, London　英國倫敦 晚餐餐廳　172

District 9　〈第9禁區〉　500

Don Alfonso 1890, Sorrento　義大利蘇連多「當
奧豐素1890」餐廳　161

Don't Look Now　《威尼斯癡魂》　244

Dooky Chase, New Orleans　紐奧良 杜奇蔡斯
餐廳　167

dosas　多薩餅　73, 86, 133

Dougal and the Blue Cat　《道格與藍貓》83

drop scones　滴落司康餅　136

Dublin coddle with soda bread　都柏林鵝卵石
派佐蘇打麵包　43

Ducap, Doug　道格・杜卡普　278

Ducasse, Alain　艾倫・杜卡斯　12, 26, 493

DRESSINGS 沙拉醬

green goddess　綠女神醬　530

peanut & lime　花生萊姆沙拉醬　542-3

pineapple & cider vinegar　鳳梨與蘋果酒醋
543

raspberry & hazelnut　覆盆子與榛果沙拉醬
543

Russian　俄式沙拉醬　532

Thousand Island　千島醬　532

see also Vinaigrette 同時請參見 油醋醬

DUCK　鴨

duck à l'orange　香橙鴨胸　170

duck burger　鴨肉漢堡　170

duck with chocolate & Marsala　巧克力馬莎拉
酒鴨　242

fesenjan　石榴醬核桃燉肉　12, 13, 278, 310-11

Vietnamese duck & orange　越南橙汁燉鴨　245

Dufresne, Wylie　懷利・杜弗倫　564

dulce de cacahuate (peanut 'marzipan')　花生
糖 （花生蛋白糖）　283

Dumas, Alexandre　法國名作家大仲馬　48, 62

Dunford Wood, Jesse　傑西・鄧福德・伍德
552

Dunlop, Fuchsia　扶霞・鄧洛普　202

E

Early, Eleanor　埃莉諾・埃里爾　237

ÉCLAIRS　閃電泡芙　76, 100-101, 498

chocolate & coffee　巧克力與咖啡　102

éclair au sésame noir　黑芝麻閃電泡芙　105

'egg cream'　「雞蛋奶油」　434-5

EGGS　雞蛋　16, 17, 461-2

avgolemono　希臘檸檬蛋黃醬　203, 487

egg & dill soufflé　雞蛋蒔蘿舒芙蕾　188-9

egg-nog batter　蛋酒麵糊　148

'eggy bread'　雞蛋麵包　469-70

vinaigrette　油醋醬　545

see also Bavarois; Custard; Meringue 同時請參見
巴伐利亞奶油醬、卡士達、蛋白霜甜餅

ELDERFLOWER　接骨木花

cake　接骨木花蛋糕　339

custard tart　接骨木花卡士達達餡塔　468

fritters　油炸餡餅　149

raspberry & elderflower sorbet　覆盆子接骨木
花冰糕　444

sugar　接骨木花糖　339

Ellie, Lolis Eric　羅利斯・艾瑞克・艾利　165

empanadas　恩潘納達餡餅　309, 550

Emy, M.　M・艾米　492

endives au jambon　法國經典名菜焗烤火腿菊
苣　184

Eno　以羅　73, 85, 87

ensaïmada (Majorcan savoury bread)　茵賽瑪達
麵包（西班牙馬略卡島鹹味麵包）　64

ensaymada (Filipino savoury bread)　茵賽瑪達
麵包（菲律賓鹹味麵包）　64

epazote　土荊芥　278

Ephron, Nora　諾拉・艾芙倫　550

Escoffier, Auguste　奧古斯特・埃斯可菲　127,
154, 176, 179, 240

ESPAGNOLE SAUCE　褐醬　154, 156, 158-9, 168-9,
179

bitter orange (bigarade)　苦橙（苦橙醬）　170

demi-glace　多蜜醬汁　171

tomato, mushroom & white wine (chasseur)　番
茄、蘑菇與白酒（法式獵人醬）　173

sauce diable　魔鬼醬　171-2

mustard, vinegar & onion (Robert)　芥末、醋與洋蔥（羅伯特醬）172

fruit & nut (romaine)　水果與堅果（蘿蔓醬汁）172

espresso martini　濃縮咖啡馬丁尼　439

The Ethicurean, Somerset　英國薩莫賽特郡美食家餐廳　443

Eton mess　伊頓混亂　431

Eve's pudding　夏娃布丁蛋糕343

F

fabada (Asturian bean stew)　西班牙燉豆（西班牙阿斯圖里燉豆）164, 205, 246-7

Fahey, Orese　歐伊斯・費伊　133

falafel in pitta　炸鷹嘴豆丸口袋餅　149

farinata (Ligurian chickpea flatbread)　鷹嘴豆麵餅（利古里亞鷹嘴豆麵餅）87

Farmer, Fannie Merritt　芬妮・美麗特・法默 421, 492

farofa (toasted cassava flour)　烤木薯粉　250

fatayer (Arabic pasties)　中東鹹派（阿拉伯餡絣）24, 53

fattoush　中東蔬菜沙拉　35

The Fatty Crab, New York　紐約肥蟹餐廳　212

Fear, Annette　安涅特・費爾　408

Fearnley-Whittingstall, Hugh 休伊・芬利-惠廷斯泰爾 189, 212, 214, 569

feijoada (Brazilian black-bean stew)　巴西燉豆（巴西黑豆燉肉）250

FENNEL　茴香　41

butternut squash & fennel risotto　白胡桃瓜茴香燉飯　268

choux fritters　油炸泡芙　102

coriander seed & fennel bread　芫荽籽茴香麵包　48-9

fig, almond & fennel biscotti　無花果、杏仁茴香脆餅　352

Fermor, Patrick Leigh 派翠克・弗莫　75

fesenjan (Persian walnut stew) 石榴醬核桃燉肉（波斯核桃燉肉）12, 13, 278, 310-11

Field, Carol　卡羅爾・菲爾德　296

fig, almond & fennel biscotti　無花果、杏仁茴香脆餅　352

filé powder　黃樟樹葉粉　157-8, 163

filo pastry　薄脆派皮　12, 549, 550

fios de ovos (Portuguese dessert)　蜜糖蛋黃絲（葡萄牙甜點）439

FISH　魚　220-21

broth　魚湯　220-21

chowder　鮮魚總匯濃湯　203-4, 232-3

cod with hollandaise sauce　鱈魚佐荷蘭醬　509

fish with beurre blanc　魚佐白奶油醬　536, 538

fish with mustard　魚佐芥末醬　518

katsuo dashi　日式鰹魚高湯　211

romesco de peix　西班牙紅椒堅果醬燉魚　315

sole Marguery　瑪格麗比目魚排　523-4

stock　魚高湯　211-12

Vietnamese fish in caramel sauce　越式紅燒魚 414

see also Haddock, Smoked; Red Mullet; Salmon; Salt Cod 同時請參見黑線鱈、煙燻黑線鱈、紅鯔魚、鮭魚、鹽漬鱈魚

Fisher, M.F.K.　M.F.K・費雪　56, 139, 349

FLAGEOLET BEANS　笛豆

with ricotta gnocchi　笛豆佐瑞可達乳酪麵疙　112

with salt cod　笛豆佐鹽漬鱈魚250-51

FLAPJACKS　燕麥酥餅　323, 362-3

banana　香蕉燕麥酥餅　364

passion fruit　百香果燕麥酥餅　364

peanut, chocolate & raisin　花生巧克力與葡萄乾燕麥酥餅　365

treacle toffee & orange　柳橙糖蜜燕麥酥餅 365

FLATBREADS　麵餅　21-2, 28-9, 44

barley　大麥麵餅　30

cinnamon　肉桂麵餅　32

fattoush　中東蔬菜薄餅沙拉　35

millet　小米薄餅　33

missi roti　米西薄餅　31

pol roti　椰子薄餅　32

Flay, Bobby　巴比・福雷　83

Florentines　佛羅倫汀瓦片脆餅　347

Flowerdew, Bob　鮑勃・弗勞頓　436

Floyd, Keith　凱斯・弗洛伊德　162

focaccia　佛卡夏麵包　44, 48, 50

fondant, chocolate　巧克力熔岩小蛋糕　398-9

Foss, Richard　理查德・福斯　26

fraisier　法式草莓蛋糕　335

FRANGIPANE　杏仁奶油　13, 276-7, 298-9

Bakewell tart　貝克維爾塔　303

galette des rois　國王餅　301-2

Jésuite　杏仁香酥派　303

orange flower water　橙花露　301

pine nut　松子　301

pistachio　開心果　301

Pithiviers　皮蒂維耶派　302, 303

upside-down cake　翻轉蛋糕　303

vine-leaf fritters　葡萄葉油炸餡餅　303

Frederick, J. George　喬治・弗雷德里克　237

French fruit tart　法式水果塔　503

The French Laundry, Napa Valley　美國納帕谷法式洗衣店餐廳　307

French toast　法國吐司　56, 78

Freud, Clement　克萊門特・弗洛伊德　12

friands　法式杏仁小蛋糕　300

FRITTERS　油炸餡餅　117, 119, 120, 144-5

apple　油炸蘋果餡餅　120, 148

batata vada　馬鈴薯油炸餡餅　146-7

索引（INDEX）

701

beer batter　啤酒麵糊　146

buckwheat & grappa　蕎麥與渣釀白蘭地油炸乳酪　146

cola batter　可樂麵糊　147

cornmeal batter　粗玉米粉麵糊　147

curry batter　咖哩麵糊　147

egg-nog batter　蛋酒麵糊　148

fruit　什錦水果油炸餡餅　149

panelle　鷹嘴豆油炸糕　96-7, 161

saffron batter　番紅花麵糊　149

shellfish　蝦貝蟹類　149

sweetcorn, pea & black bean　甜玉米、豌豆與黑豆油炸餡餅　149

vine-leaf　葡萄葉　303

fritto misto　炸物拼盤　119

FRUIT　水果

fritters　什錦水果油炸餡餅　149

poaching　酒浸水果　433

salads　水果沙拉　433

see also specific fruit 同時請參見特別水果

fruit cake　水果蛋糕　340

fruit loaf　水果麵包　54-5

frutto misto　什錦水果油炸餡餅　149

FUDGE　乳脂軟糖　406-7, 416, 418-19

bean　豆類　420

chocolate　巧克力乳脂軟糖　420-21

coconut & orange　椰子柳橙乳脂軟糖　421

coffee & walnut　咖啡核桃乳脂軟糖　421-2

frosting　乳脂軟糖糖霜　339

ful medames (Egyptian bean stew)　富爾梅達梅斯（埃及豌豆燉肉）　206

G

gado-gado　印尼加多加多沙拉　543

Gagnaire, Pierre　大廚皮耶·加尼葉　522

galaktoboureko (Greek custard pastry) 卡拉梭穆列苟（希臘酥皮奶凍）　12

GALETTES　布列塔尼式格雷特薄餅　116-17

galette des rois 301-2

galettes de sarrasin　薩拉森煎餅　124

Galetti, Monica　莫妮卡·加萊蒂　109

GAME　野味

gumbo　野味什錦濃湯　165

pie　野味餡派　170

see also Rabbit　同時請參見兔肉

GANACHE　巧克力甘納許　13, 368, 369, 382-3, 385

dark chocolate & water　黑巧克力與水甘納許　382-3

mendiants　蒙地安巧克力甘納許　385

milk chocolate & passion fruit　百香果牛奶巧克力甘納許　383-4

peanut butter　花生醬巧克力甘納許　384

split chocolates　巧克力脆片　385

tarragon & mustard　龍蒿芥末巧克力甘納許　384

Tunis cake　突尼斯蛋糕　335

GARLIC　大蒜

aïoli　美乃滋　529-30

garlic & almond soup　大蒜杏仁濃湯　306

garlic, rosemary & black pepper dhokla　大蒜迷迭香黑胡椒蒸糕　87

mussel & garlic chowder　貽貝與大蒜總匯濃湯　235

quince & garlic mayonnaise　榲桲蒜泥美乃滋　532

garnaalkroketten　炸蝦可樂餅　(Belgian shrimp croquettes)　（比利時蝦子可樂餅）　160, 196

gastrique (caramel with vinegar)　甜酸醬　（焦糖拌醋）　172

gâteau Basque　巴斯克蛋糕　503

Gault, Henri　亨利·高爾　154

Gayler, Paul　保羅·蓋勒　535

gelatine　吉利丁　410-11, 447, 452, 453

Gelupo, London　英國倫敦 格露波冰淇淋店　442

GENOISE　熱那亞蛋糕　319-20, 328-9, 432

brown butter bay　月桂焦化奶油風味　330

chocolate　巧克力風味　330

coffee　咖啡風味　331

green tea　綠茶風味　331

lemon　檸檬風味　332

orange flower water　橙花露風味　332-3

quince　榲桲　333

Gibbs, W. Wayt　吉布斯　146

GINGER　薑

crème brûlée　法式烤布蕾　481

biscuits　餅乾　321-2

buns　小餐包　56-7

crêpes　可麗餅　126

flourless chocolate cake　無麵粉巧克力蛋糕　399

jelly　果凍　449

soufflé　舒芙蕾　189

sticky pudding　薑味布丁　285

tablet　蘇格蘭「糖錠」　422

GINGERBREAD　薑餅　321, 344-5

almond & ginger　杏仁薑餅　346

biscuits　薑味餅乾　321

chocolate & ginger　巧克力薑餅　346

Grasmere　格拉斯米爾薑餅　353

men/ people　薑餅人　348

Glasse, Hannah　漢娜·格拉塞　125, 126

gluten　麩質　11, 25, 30, 101, 119, 123, 563

GLUTEN-FREE OP TIONS　無麩質　16, 30, 37, 170, 551

cakes　無麩質蛋糕　325, 329, 338

crêpes & pancakes　無麩質可麗餅與煎餅　123,

137

tempura　無麩質天婦羅　142
walnut gnocchi　核桃麵疙瘩　109
GNOCCHI　（義式）麵疙瘩
beetroot　甜菜根風味　108
butternut squash　白胡桃瓜風味　112
chocolate　巧克力風味　108
gnocchi alla Romana　羅馬式麵疙瘩　75-6, 98-9
goat's / sheep's cheese & ricotta　羊乳酪與瑞
　可達乳酪麵疙瘩　112
lemon ricotta　檸檬瑞可達乳酪麵疙瘩　112
parsnip　歐洲防風草塊根麵疙瘩　108
potato　馬鈴薯麵疙瘩　51, 76, 106-7
pumpkin　南瓜風味　109
rice　米飯麵疙瘩　109
ricotta　瑞可達乳酪麵疙瘩　77
spinach & ricotta　菠菜瑞可達乳酪麵疙瘩　77,
　112-13
szilvás gombóc　匈牙利李子馬鈴薯丸　109
vanilla ricotta　香草瑞可達乳酪麵疙瘩　113
walnut　核桃麵疙瘩　109
gnocchi Parisienne see Choux Pastry　巴黎式麵
　疙瘩請參見法式泡芙
GOAT　山羊
chanfana　川法納　240-41
curry roti　咖哩薄餅　35
GOAT'S CHEESE　山羊乳酪　34, 40, 182, 437
goat's cheese & milk panna cotta　山羊乳酪山
　羊乳義式鮮奶凍　454-5
goat's cheese & ricotta gnocchi　山羊乳酪瑞可
　達乳酪麵疙瘩　112
red onion & goat's cheese tarts　山羊乳酪紅洋
　蔥塔　569
GOAT'S CREAM　山羊乳鮮奶油　387, 420, 454, 472
heather honey & goat's cream mousse　石南花
　蜂蜜山羊乳鮮奶油慕斯　388
Goethe, Johann von　歌德　75
golden syrup loaf cake　金黃糖漿長條型蛋糕
　348
Goldstein, Darra　達拉・德斯坦　62
Gonzales, Abel, Jnr　阿貝爾・恭薩雷斯　147
GOOSEBERRY　醋栗
mousse　醋栗慕斯　390
tart　醋栗餡塔　473
Gordon, Peter　彼得・戈登　268, 353
GOUGÈRES　乳酪小泡芙　100, 101, 124
black olive　黑橄欖風味　103
cheese　乳酪風味　102
Graff, Vincent　文森・特格拉夫　166
The Grain Store, London　英國倫敦 糧店餐廳
　51, 64
gram flour see Chickpea Flour　鷹嘴豆粉請參見
　鷹嘴豆粉
Grand Marnier soufflé　金萬利香橙甜酒舒芙蕾

189-90
GRANITAS　義式冰沙　409, 410
strawberry　草莓風味　440-41
grano arso ('burnt grain')　燒灼粗粉（焦麥粉）
　561-2
GRAPE FRUIT 葡萄柚
citrus risotto　柑橘味/檸檬味燉飯　269
GRAPPA　渣釀白蘭地
buckwheat & grappa fritters　蕎麥與渣釀白蘭
　地油炸乳酪　146
panna cotta　渣釀白蘭地 義式鮮奶凍　452-3
grasshopper pie　「綠色蚱蜢」 雞尾酒派
　494
GRAVY　肉汁　155-6
bacon & cornmeal　培根粗玉米粉肉汁　183
Gray, Rose　羅斯・格雷　242, 399
Green, Aliza　艾麗莎・格林　563
green goddess dressing　綠女神醬　530
GREEN TEA　綠茶　30, 389
Genoise　綠茶熱那亞蛋糕　331
pastry cream　綠茶風味甜點師蛋奶醬　501, 502
soba noodles　蕎麥麵　31
Greenspan, Dorie　多麗・格林斯潘　302, 426
gribiche sauce　法式酸黃瓜芥末蛋醬　530-31
griddle pancakes see Pancakes　平底鍋煎餅請
　參見煎餅
Grigson, Jane　珍・葛里格森　148, 170, 182, 206, 257,
　301, 353, 359, 522, 538, 540, 550
grissini (breadsticks)　義大利麵包棒（麵包
　棒）　24, 44
grits, cheese　美式乳酪玉米糊/玉米糕　94
Gruber, Billy　比利・格魯伯　157
Guilbaud, Patrick　帕特里克・吉爾博　411
guinea fowl, Majorcan　西班牙馬略卡島珠雞
　287
gulab jamun　印度玫瑰甜球　26, 432, 439
Gullu, Fatih　法提赫古路　364
GUMBO　什錦濃湯　157, 162-3, 214, 215
black pudding, spicy sausage & smoked ham　血
　腸、辣味香腸與煙燻火腿什錦濃湯　164
crayfish　螯蝦什錦濃湯　164-5
game　野味什錦濃湯　165
seafood　海鮮什錦濃湯　165
smoked haddock, mussel & okra　煙燻黑線鱈貽
　貝秋葵什錦濃湯　165-6
squirrel & oyster　松鼠生蠔什錦濃湯　166
sweet potato, leek, butter bean & filé　番薯韭蔥
　皇帝豆黃樟樹葉粉什錦濃湯　166-7
z'herbes　綜合蔬菜什錦濃湯　167
Gundel palacsinta (Hungarian stuffed crêpes)
　匈牙利貢德勒可麗餅（匈牙利含餡可麗餅）
　129

H

HADDOCK , SMOKED　煙燻黑線鱈
cullen skink　煙燻黑線鱈卡倫湯　**236**
kedgeree　印度雞蛋豌豆飯　**207, 258-9**
smoked haddock, mussel & okra gumbo　煙燻黑
　線鱈貽貝秋葵什錦濃湯　**165-6**
Hainanese chicken rice　海南雞飯　**220**
HALVA　哈爾瓦酥糖糕　**73-4, 88-9**
date & vanilla　香草椰棗酥糖糕　**91**
pomegranate & orange　石榴柳橙酥糖糕　**91**
HAM / GAMMON　火腿／煙燻火腿
black pudding, spicy sausage & smoked ham
　gumbo　血腸、辣味香腸與煙燻火腿什錦濃
　湯　**164**
gammon broth　煙燻火腿肉湯　**221-2**
gnocchi alla Romana　羅馬式麵疙瘩　**76**
stock　煙燻火腿高湯　**217**
jambon persillé　歐芹火腿凍　**451**
prosciutto & pecorino choux fritter　煙燻五香火
　腿與佩科利諾乳酪油炸泡芙餡餅　**104**
serrano-ham croquettes　塞拉諾火腿可樂餅
　196
z'herbes　綜合蔬菜什錦濃湯　**167**
The Hand and Flowers, Marlow　英國馬洛　手
　與花酒吧　**533**
Hank's Haute Dogs, Hawaii　夏威夷　漢克高級
　熱狗專賣店　**531**
harcha (Moroccan semolina breads)　粗麵粉蛋
　（摩洛哥粗麵粉麵包）　**41**
'hard boilings' angel cake　硬糖果天使蛋糕
　327
HARICOT BEANS　白扁豆
Boston baked beans　波士頓焗豆吐司　**205, 248**
haricots à l'anchoïade　鯷魚燉豆　**206**
white beans, clams & cider　白豆、蛤蜊與蘋果
　酒　**251**
harira　哈里拉湯　**213**
Harris, Valentina　瓦倫蒂娜・哈里斯　**559**
hasty pudding　快煮布丁　**90**
Hazan, Marcella　瑪契拉　賀桑　**267, 533, 559, 56**
hazelnut oil　榛果油　**543**
HAZELNUTS　榛果
cherry & hazelnut bread　櫻桃榛果麵包　**48**
choux buns　榛果泡芙麵包　**103**
dacquoise　榛果達克瓦茲蛋白餅　**426**
flourless chocolate cake　無麵粉巧克力蛋糕
　399-400
hazelnut & chocolate biscuits　榛果巧克力餅乾
　291
pastry cream　榛果甜點師蛋奶醬　**501**
picada　皮卡達堅果濃醬　**278, 308**
praline　榛果果仁糖　**416**
'Praluline' brioche　玫瑰果仁糖布里歐許麵包
　64
romesco sauce　紅椒堅果醬　**277**

shortcrust　榛果奶油酥皮　**571**
opooulooo Rochei　斯派庫魯斯餅乾　**395**
sticky ginger pudding　薑味布丁　**285**
torta Santiago　聖地牙哥杏仁蛋糕　**296**
Heath, Ambrose　安布羅斯・希思　**177**
Helmsley, Leona　麗奧娜・漢姆斯利　**471**
Hemingway, Ernest　海明威　**282**
Henderson, Fergus　弗格斯・亨德森　**184**
Henry, Diana　戴安娜・亨利　**524**
Henry VIII, of England　英國國王　亨利八世
　448
Hepburn, Katharine　凱瑟琳・赫本　**118**
Heston, Charlton　查爾頓・赫斯頓　**296**
Hildegard of Bingen　德國女修道院院長赫德
　嘉・賓根　**52**
Hix, Mark　馬克・希克斯　**87, 207, 268, 378, 471**
hoe cakes　玉米餅　**83**
HOLLANDAISE SAUCE　荷蘭醬　**155, 509-10,**
　520-21
blood orange　血橙　**522**
brown butter　焦化奶油　**522-3**
chilli　辣椒　**523**
court bouillon　海鮮清高湯　**523-4**
dill　蒔蘿　**524**
mint　薄荷　**524**
olive oil　橄欖油　**524**
passion fruit　百香果　**524-5**
HONEY　蜂蜜　**408**
almond milk & honey sabayon　杏仁乳與蜂蜜沙
　巴雍醬　**518**
cake　蜂蜜蛋糕　**348-9**
custard　蜂蜜卡士達　**489**
heather honey & goat's cream chocolate mousse
　石南花蜂蜜山羊乳鮮奶油慕斯　**388**
honey & ghee shortbread　蜂蜜印度酥油奶油酥
　餅　**359-60**
honey, tomato & dill butter beans　蜂蜜、番茄
　與蒔蘿皇帝豆　**222, 251**
loukoumades (Greek honey doughnuts)　希臘甜
　甜圈（希臘蜂蜜甜甜圈）　**439**
meringue　蜂蜜蛋白霜甜餅　**407, 428**
Hopkinson, Simon　西門・霍普金森　**155, 477, 525**
horehound　苦薄荷　**422**
hot-dog rolls　熱狗捲　**25**
Howard, Philip　菲利普・霍華德　**190**
huevos rancheros　墨西哥蛋餅　**35**
Hume, Rosemary　羅斯瑪麗・休姆　**529**
humitas (Peruvian corn cakes)　秘魯烏米塔（
　秘魯玉米蛋糕）　**141**
hunkar begendi ('sultan's delight')　蘇丹喜悅
　182
hush puppies　美式金黃玉米球　**82**
Hutton, Wendy　溫蒂・赫頓　**127**

I

Iaccarino, Ernesto　埃內斯托・亞卡利諾　161
ICE CREAM　冰淇淋　320-21, 464, 490-91
almond　杏仁冰淇淋　492
banana & chocolate　香蕉巧克力冰淇淋　369
brown-bread　棕麵包冰淇淋　43, 492
chocolate　巧克力冰淇淋　379
cream-cheese　奶油乳酪冰淇淋　493
ice-cream bombe　冰淇淋炸彈　497
ice-cream cake　冰淇淋蛋糕　497
ice-cream sandwich　冰淇淋三明治　497
ice-cream truffles　松露狀冰淇淋　497
lemon　檸檬冰淇淋　12, 493
loti (Singaporean ice-cream sandwich)　冰淇淋洛堤（新加坡冰淇淋三明治）　497
mastic　乳香冰淇淋　493, 494
mint　薄荷冰淇淋　494
olive oil　橄欖油冰淇淋　495
Parmesan ice-cream sandwich　帕瑪乾酪冰淇淋三明治　495
pastis　茴香酒冰淇淋　495
pistachio　開心果冰淇淋　495-6
sesame　芝麻冰淇淋　12, 496
stracciatella　絲翠西亞冰淇淋　327
sweetcorn　甜玉米冰淇淋　496
idli　蒸米漿糕　73, 86, 133
Iggy Pop　伊吉・帕普　33
'Indian pudding' (sweet cornmeal mush)　印第安布丁（甜粗玉米粉糊）　90
The Inn at Little Washington, Virginia　維吉尼亞州　小華盛頓酒店　443
Inspector Maigret　《梅格雷探長》　157
intxaursalsa (Basque walnut cream)　凱勒式巴斯克核桃醬（西班牙巴斯克核桃醬）　307
Irish coffee　愛爾蘭咖啡　383, 434
Irish stew with soda-bread cobbles　愛爾蘭燉肉蘇打麵包鵝卵石派　43
irmik halva　粗麵粉哈爾瓦酥糖糕　73-4, 88-9
Ivan Ramen, New York　紐約　伊凡拉麵　564
The Ivy, London　倫敦　常春藤餐廳　268, 378

J

jackfruit crème caramel　波蘿蜜焦糖布丁　476
Jacobsen, Arne　阿納・雅各布森　284
jalebi　印度糖漬麵圈　439
jambalaya　什錦飯　207, 261
jambon persillé　歐芹火腿凍　451
Jarrin, W.A.　亞林・W.A.　438, 502
jasmine chocolate ganache　茉莉花風味巧克力甘納許　389
Jefferson, Thomas　湯馬斯・傑佛遜　41
Jekyll, Agnes　艾格妮斯・積克爾　52, 449
JELLY　果凍　409, 410-11, 446-7
Bellini　貝里尼雞尾酒果凍　448

blackberry & apple　黑莓蘋果果凍　448
coffee, citrus & cinnamon　柑橘肉桂咖啡凍　448-9
crème de menthe　薄荷甜酒果凍　449
fruit soup　果汁濃湯軟果凍　451
ginger　薑味果凍　449
kiwi fruit　奇異果　447
lime　萊姆果凍　449-50
milk　鮮奶凍　450
orange　柳橙　446-7
papaya　木瓜　447
Pimm's　皮姆雞尾酒果凍　451
pineapple　鳳梨　447
rhubarb　大黃凍　450
sakura　櫻花果凍　451
Jerusalem artichoke risotto　耶路撒冷洋薊燉飯　269
Jésuite (frangipane-filled pastry)　杏仁香酥派（杏仁奶油內餡酥皮點心）　303
joconde　喬孔達蛋糕　331-2
Johansen, Signe　格娜・喬韓森　437
Johnson, Philip　菲利普・強森　481

K

kachori　卡丘里炸脆餅　35
kalburabasti (Turkish semolina pastry)　土耳其蜜糖果仁酥皮包（土耳其粗麵粉酥皮點心）　439
Kalter Hund (German chocolate fridge cake)　卡特宏蛋糕/冰狗蛋糕（德國巧克力冰蛋糕）　372
Kaminsky, Peter　彼得・卡明斯基　564
Kaneva-Johnson, Maria　瑪麗亞・卡尼瓦-強森　80-81
kapusta (Polish braised cabbage)　波蘭燉甘藍　214
Karakoy Gulluoglu, Istanbul　伊斯坦堡　甜點店卡拉可伊　364
Karmel, Elizabeth　伊麗莎白・卡梅爾　296
kasutera (Japanese cake)　長崎蛋糕　（日本蛋糕）　319
katsuo dashi　日式鰹魚高湯　211
katsuobushi (dried tuna shavings)　柴魚　（乾燥鮪魚刨片）　211, 222
Katz, Sandor　山德爾・卡茨　95, 133
kedgeree　印度雞蛋豌豆飯　207, 258-9
keema　肉醬咖哩　34
Keillor, Garrison　加里森・凱勒　140, 141
keiran somen (Japanese egg threads)　基蘭麵線（日本雞蛋麵線）　439
Keller, Hubert　休伯特・凱勒　188
Keller, Thomas　湯馬斯・凱勒　140, 307, 519
Kenedy, Jacob　雅各・甘迺迪　111, 242, 267, 550, 559

Kennedy, Diana　戴安娜・肯尼迪　228
Kerridge, Tom　湯姆・克里奇　138, 234, 533, 542
Kettner's, London　倫敦 卡特納餐廳　339
key lime pie　礁島萊姆派　473
khaman dhokla　鷹嘴豆蒸糕　72, 84-5
kheer　印度牛奶燉米布丁　262-3
Kijac, Maria Baez　瑪麗亞・貝茲・基亞克　312
Kitchen, Leanne　萊安娜・基欽　305
kitchuri　基奇里扁豆飯　263
kithul treacle　基索糖蜜　32
Knausgård, Karl Ove　卡爾・奧偉・格瑠斯高
　51
Kochilas, Diane　戴安娜・科奇拉斯　251
KOMBU　昆布
bacon broth　培根肉湯　222
dashi　日式昆布高湯　211
shiitake & kombu stock　香菇昆布高湯　215
korma　科爾馬咖哩　313-14
kourabiedes (Greek shortbread)　糖霜杏仁餅乾
　（希臘奶油酥餅）　360-61
Krause, Mollie & Robert　羅伯特・克勞斯和莫
　莉・克勞斯夫婦　537
kroketten (Dutch croquettes)　可樂餅（荷蘭可
　樂餅）　160-61
kromeskies　克羅梅絲基／油炸餡餅　120
Krondl, Michael　麥可・克朗鐸　364
kuromitsu (Japanese sugar syrup)　黑蜜（日式
　糖漿）　434

L

LAMB　羊肉
chanfana　川法納　240-41
hunkar begendi　蘇丹喜悅　182
lamb & vegetable stew　蔬菜燉羊肉　238-9
mafe　梅芙燉肉　12, 278, 279, 314
saag gosht　綠咖哩羊肉　243
stock　羊肉高湯　212-13
tagine　塔吉鍋　245
laminating dough　層壓麵團　24
Lane, Frank Walter　弗蘭克・沃爾特・萊恩
　222
lane pelose (wholewheat fettuccine)　粗紡短毛
　（全麥緞帶麵）　564
Langan's Brasserie, London　倫敦 蘭根小酒館
　190
langues de chat (tuiles)　貓舌餅乾（瓦片餅
　乾）　340-41
Lapérouse, Paris　巴黎 拉佩魯滋餐廳　189
lard choux buns　豬油泡芙麵包　103
lardy cake　豬油蛋糕　57
Laurence, Janet　珍妮特・勞倫斯　571
LAVENDER　薰衣草
lavender & rosewater beurre blanc　薰衣草玫瑰
　露白奶油醬　537

shortbread　薰衣草風味奶油酥餅　360
Lawson, Nigella　奈潔拉，勞森　150, 000, 000, 177
Lebovitz, David　大衛・列柏維茲　500
leche meringada (Spanish milk drink)　牛奶蛋白
　霜（西班牙牛奶飲品）　431
Le Corbusier,　勒・柯比意　207
The Ledbury, London　倫敦 萊德波餐廳　120
Lee, Jeremy　傑瑞米・李　394
LEEKS　韭蔥
leek & oatmeal soup　韭蔥燕麥濃湯　229
leek soup　韭蔥湯　230
Legendre, Philippe　菲利普・勒尚德　179
Leith, Sam 399
Leiths Cookery School　利斯烹飪學校　144, 358
lekach (honey cake)　萊卡蜂蜜蛋糕　348-9
LEMON　檸檬
avgolemono　希臘檸檬蛋黃醬　203, 487
bread　檸檬風味　50
cordial　檸檬果汁糖漿　435
crêpes　檸檬可麗餅　127
dhokla　檸檬風味蒸糕　73
drizzle cake　檸檬糖霜蛋糕　73
egg & lemon sauces　檸檬蛋黃醬　487
Genoise　熱那亞蛋糕　332
honeycomb mould　檸檬蜂巢奶凍　451
ice cream　冰淇淋　493
lemon & ricotta gnocchi　檸檬瑞可達乳酪麵疙
　瘩　112
marzipan　檸檬杏仁蛋白糖　283
meringue　檸檬風味蛋白霜甜餅　430
pastry　酥皮　471
sauce　檸檬醬　176-7
sherbet lemon shortbread　檸檬雪酪奶油酥餅
　361
sorbet　檸檬冰糕　409, 443
tart　檸檬塔　468, 519
toffee　檸檬太妃糖　414-15
lemongrass & lime leaf beurre blanc　檸檬香茅
　萊姆葉白奶油醬　537
Lennon, John　約翰・藍儂　480
LENTILS　扁豆
broth　扁豆湯　222
kitchuri　基奇里扁豆飯　263
lentil, apricot & cumin soup　扁豆、杏桃和小茴
　香濃湯　203, 254
lentilles au curry　扁豆咖哩　254-5
misir wot　衣索比亞燉紅扁豆　255-6
uttapam　烏塔帕姆餅　73, 133
see also Dal　同時請參見印度燉豆
Lepard, Dan　丹・萊帕德　51, 103, 105, 320, 322, 570
Leszczynska, Marie　瑪麗・萊什琴斯卡　69, 120
Lett-Haines, Arthur　亞瑟・萊特-海因斯　59
lettuce soup　長葉萵苣湯　230
Leyel, Hilda　希爾達・萊爾　449

lima beans see Butter Beans　利馬豆請參見皇帝豆

LIME　萊姆

baba　萊姆巴巴蛋糕　69

coconut & lime custard tart　椰子萊姆糖漿卡士達塔　12

flourless chocolate cake　無麵粉巧克力蛋糕　400

jelly　果凍　449-50

key lime pie　礁島萊姆派　473

lime & cassia cake　萊姆肉桂蛋糕　296-7

lime & clove shortbread　萊姆丁香奶油酥餅　353

Linzertorte　奧地利麗滋蛋糕　（林茲蛋糕）　568

Liuzza's by the Track, New Orleans　美國紐澳良　軌道旁的里露薩餐廳　157

Livingston II, Malcolm　馬爾科姆·利文斯頓二世　300

LOBSTER　龍蝦　178, 214, 408, 517, 538

stock　龍蝦高湯　214-15

Locatelli, Giorgio　喬吉歐·羅卡泰利　48, 104, 107, 267, 559, 560

Logan, Andrew　安德魯·羅根 347

loti (Singaporean ice-cream sandwich)　冰淇淋洛堤（新加坡冰淇淋三明治）　497

lou saussoun (French nut spread)　窮人醬（法式堅果抹醬）　278, 307

Louis, Diana Farr　戴安娜·法爾·路易斯　571

Louis XV, of France　法國國王路易十五　69, 120

loukoumades (Greek honey doughnuts)　希臘甜甜圈（希臘蜂蜜甜甜圈）　439

luchi　印度路奇炸脆餅　22, 29

lunu miris (Sri Lankan sambol)　盧紐米里斯辣醬（斯里蘭卡參巴醬）　32

M

Mabey, Richard　理查·馬比　125

MACAROONS　馬卡龍　13, 275, 288-9

almond & raspberry　杏仁覆盆子馬卡龍　290

'Bakewell'　貝克維爾馬卡龍　290

chocolate-decorated　以巧克力點綴裝飾的馬卡龍　385

coconut　椰子馬卡龍　291

macadamia & brown sugar　澳洲堅果/夏威夷豆紅糖馬卡龍　291-2

walnut, cheese & cayenne　核桃、乳酪與卡宴辣椒粉馬卡龍　293

Maccioni, Valter　瓦爾特·麥克喬尼　269

McConnell, Andrew　安德魯·麥康奈爾　278

McGee, Harold　哈洛德·馬基　370

McGrady, Darren　達倫·麥格雷迪　330, 372, 462

McWilliams, Mark　馬克·麥威廉斯　39

madeleines　瑪德蓮蛋糕　332-3

Madison, Deborah　黛博拉·麥迪遜　225

mafe (African groundnut stew)　梅芙燉肉（非洲花生燉肉）　12, 278, 279, 314

Mai Tai　邁泰雞尾酒　436

Maison Kayser　連鎖麵包店「梅森凱瑟」　48

Majumdar, Simon　西門·馬杭達爾　134

makhani dal　麥卡尼燉豆　255

makos teszta　(Hungarian poppy-seed pasta)　罌粟籽寬扁麵（匈牙利罌粟籽寬扁麵）　565

Malouf, Greg　格雷格·馬洛夫　278

malt loaf　麥芽麵包　349

maltaise sauce　血橙荷蘭醬　522

malted-milk pastry cream　麥芽牛奶甜點師蛋奶醬　501

ma'moul (Middle Eastern stuffed biscuits)　瑪慕爾小酥餅（中東地區塞滿果乾和堅果泥的奶油酥餅）　572

Man, Rosamond　羅莎蒙德·曼　518

Mansfield, Jayne　珍·曼斯菲爾德　427

Manzano, Nacho　塞拉諾火腿　196

marble cake　大理石蛋糕　343

Marguery, sauce　瑪格麗比目魚排醬　523-4

Marie Rose sauce　瑪麗羅斯醬　531-2

marmalade, Muscat　蜜思卡麝香葡萄橘子醬　435

Mars, Frank C.　法蘭克·克勞倫斯·馬斯　421

MARSALA　馬莎拉酒

duck with chocolate & Marsala　巧克力馬莎拉酒鴨　242

zabaglione　沙巴雍醬/沙巴雍甜點　517

marshmallow　棉花糖　428-9

Martin, James　詹姆斯·馬丁　32, 356, 518

MARZIPAN　杏仁蛋白糖　13, 274-5, 280-81

casadielles　卡薩迪亞　282

lemon　檸檬味杏仁蛋白糖　283

peanut　花生風味　283

pistachio　開心果風味杏仁蛋白糖　284

poire　梨子風味杏仁蛋白糖　284-5

stollen　德國聖誕蛋糕史多倫　59

tahinov gata　芝麻格塔麵包捲　58

walnut　核桃風味杏仁蛋白糖　285-6

masa harina　特級細磨玉米粉　22, 32-3, 72

Mason, Laura　蘿拉·梅森　327

Masters, Alexander　亞歷山大·馬斯特　430

mastic ice cream　乳香冰淇淋　493, 494

Mathiot, Ginette　吉奈特·馬吉歐　25, 26

Matisse, Henri　亨利·馬諦斯　80

matzo　逾越節薄餅　22, 33, 35

MAYONNAISE　美奶滋　510-11, 526-7

bacon　培根風味　526

Chantilly　香堤伊美乃滋　526

cheese　乳酪美奶滋　528-9

curry　咖哩美乃滋　529

garlic　蒜泥美奶滋　529-30

gribiche 法式酸黃瓜芥末蛋黃醬 530-31
Hellmann's 好樂門美乃滋 510
miso 味噌美乃滋 531
mustard 芥末美乃滋 531
quince & garlic 榲桲蒜泥美乃滋 532
red pepper 紅椒美乃滋 532
remoulade 美乃滋/調味蛋黃醬 530,531
rouille 紅椒醬美奶滋 532
sea urchin 海膽美乃滋 532
seaweed & wasabi 海菜日式芥末美乃滋 533
tartare 塔塔醬 530,531
tuna 鮪魚美乃滋 533
see also Dressings 同時請參見沙拉醬汁
Maze, Andrée (La Mazille) 安德烈·梅茲 296
meatloaf 條狀肉餅 429
melanzane al cioccolato (aubergine with chocolate) 義式油炸茄子巧克力（茄子與巧克力） 377-8
Mendel, Janet 珍妮特·孟德爾 148
mendiants 蒙地安巧克力 385
MERINGUE 蛋白霜甜餅 385, 407, 424-5, 431
almond 杏仁風味 426
caraway 葛縷子風味 426
chocolate 巧克力風味 426
coconut 椰子風味 426-7
coffee 咖啡風味 427
dacquoise 達克瓦茲蛋白餅 426
French 法式蛋白霜甜餅 424, 427, 428
hazelnut 榛果 426
honey 蜂蜜 407, 428
Italian 義式蛋白霜 428, 432
Italian meringue buttercream 義式蛋白奶油甜霜 431
kisses 蛋白霜脆糖 431
lemon 檸檬風味蛋白霜甜餅 430
mustard 芥末蛋白霜 429
pecan 胡桃蛋白霜甜餅 426
rice meringue pudding 蛋白霜米布丁 431
roulade 蛋白霜捲 425, 427
rosewater & pistachio 開心果玫瑰露蛋白霜甜餅 429-30
strawberry 草莓風味蛋白霜甜餅 407, 430
Swiss 瑞士風格蛋白霜 424
The Meringue Girls, London 倫敦 蛋白霜女孩烘焙坊 407
Mesa Grill, New York 紐約 梅薩燒烤餐廳 83
m'hencha (Moroccan marzipan pastries) 摩洛哥瑪哈恰（摩洛哥杏仁蛋白糖酥皮點心） 387
migas de pastor ('shepherd's breadcrumbs') 牧羊人麵包屑 53
milk jelly 鮮奶凍 450
Millau, Christian 克里斯蒂安·米約 154
millefeuille 法式千層酥 498, 503, 553

MILLET 小米 33, 95
fermented millet porridge 發酵小米粥 95-6
polenta 義式玉米糊／玉米糕 95
risotto 燉飯 95
mincemeat shortbread balls 百果甜餡奶油酥球 360
mince pies 甜肉餡餅 303, 360
MINT 薄荷
mint ice cream 薄荷冰淇淋 494
mint julep 薄荷茉莉酒 415
misir wot (Ethiopian lentil stew) 衣索比亞燉紅扁豆 255-6
miso mayonnaise 味增美奶滋 531
missi (chickpea, spinach & nigella) roti 米西（鷹嘴豆、菠菜與黑種草）薄餅 31
Mitchum, Robert 勞勃·密契恩 160
MOLASSES 糖蜜
'Indian pudding' 印第安布丁 90
pomegranate & orange halva 石榴柳橙哈爾瓦酥糖糕 91
mole 墨西哥摩爾醬 278
Mollard, John 約翰·莫拉 502
Molokhovets, Elena 伊蓮娜·莫洛霍韋茨 26
Momofuku 桃福餐廳 222, 501
Monet, Claude 克勞德·莫內 284
Mont Blanc 白朗峰蛋糕 335
Moonraker 《太空城》 139
Moore, Victoria 維多利亞·摩爾 388
Morales, Martin 馬丁·摩拉利斯 312
Morimoto, Masaharu 森本正治 531
Morinaga, Taichiro 森永泰一郎 405
Morito, London 倫敦 莫里托西班牙小酒館 32
Mornay sauce 乳酪奶油白醬 159, 183-4
Moro, London 倫敦 莫洛餐廳 277
Morrison, Jim 吉姆·莫里森 205
Mother's Restaurant, New Orleans 紐約 媽媽餐廳 261
Moulie, Jean-Paul 尚·保羅·穆利 537
mouna (orange flower brioche) 孟納麵包（橙花風味布里歐許麵包） 62
MOUSSE 慕斯
Armagnac & chocolate 阿瑪涅克白蘭地巧克力慕斯 388
chocolate 巧克力慕斯 369, 370-71, 386-7
Cognac & chocolate 干邑白蘭地巧克力慕斯 388
egg-yolk chocolate 蛋黃巧克力醬 519
gooseberry 醋栗慕斯 390
honey & goat's cream chocolate 蜂蜜山羊乳鮮奶油慕斯 388
jasmine & chocolate 茉莉花巧克力 389
Parfait Amour & chocolate 紫羅蘭香甜酒巧克力慕斯 389
strawberry 草莓慕斯 389-90

white chocolate　白巧克力慕斯　390
white chocolate & double malt　白巧克力雙麥芽威士忌慕斯　391
Moyers, Brian　布萊恩・莫耶斯　124
mozzarella di bufala　莫扎瑞拉乳酪　420
Mr Flip　《飛利浦先生》　460
Mulot et Petitjean, Dijon　法國第戎　老牌糕餅名店慕洛與沛緹尚　346
Muscadet beurre blanc　慕斯卡黛白葡萄酒白奶油醬　537
Muscat marmalade　蜜思卡麝香葡萄橘子醬　435
MUSHROOMS　蘑菇
mushroom & chervil soup　菇蕈細葉香芹白湯醬　177
mushroom & cider croquettes　菇蕈蘋果酒可樂餅　194
sauce chasseur　法式獵人醬　173
shiitake & kombu stock　香菇昆布高湯　215
stock　高湯　213
see also Porcini 同時請參見牛肝蕈
MUSSELS　貽貝
mussel & garlic chowder　貽貝大蒜總匯濃湯　235
smoked haddock, mussel & okra gumbo　煙燻黑線鱈貽貝秋葵什錦濃湯　165-6
MUSTARD　芥末
fish with mustard　魚佐芥末醬　518
mayonnaise　芥末美奶滋　531
meatloaf　芥末條狀肉餅　429
sabayon　芥末沙巴雍醬　518
sauce Robert　羅伯特醬汁　172
tarragon & mustard ganache　龍蒿芥末風味巧克力甘納許　384
MUTTON　綿羊肉
chanfana　川法納　240-41
risotto　燉飯　269-70
toffees　烤羊肉風味太妃糖　405
Myhrvold, Nathan　奈森・梅爾福爾德　146
Mysore pak (Indian sweet)　邁索爾甜點　（印度甜點）　90

N

NAAN　饢餅　42
coconut, sultana & almond/ pistachio　椰蓉、蘇丹娜白葡萄乾、杏仁與開心果餅　42
yogurt & nigella seed　黑種草籽優格饢餅　42
Nash, Elizabeth　伊麗莎白・納許　552
natillas de avellanas (Spanish hazelnut dessert)　榛果卡士達（西班牙榛果甜點）　501
Nelson, Sarah　莎拉・尼爾森　353
Nesselrode panna cotta　內塞羅德蛋奶凍　455
NETTLE　蕁麻
pasta　蕁麻義大利麵　562

soup　蕁麻湯　230
The Nevis Bakery, Fort William　蘇格蘭威廉堡奈維斯烘焙坊　322
New York cheesecake　紐約乳酪蛋糕　468-9
ni-hachi soba　二八蕎麥麵　22, 30
NIGELLA SEED　黑種草籽
missi roti　米西薄餅　31
yogurt & nigella seed naan　黑種草籽優格饢餅　42
Nilsson, Harry　哈里・尼爾森　480
nixtamal　灰化法　72
Nobu Matsuhisa　松韭信幸　諾布餐廳　471
nociata (walnut 'marzipan')　諾恰塔（核桃杏仁蛋白糖）　286
noisette, sauce　焦化奶油/榛果醬　522-3
Noma, Copenhagen　丹麥哥本哈根　諾瑪餐廳　300
NOODLES　麵條　211, 215, 222, 434, 551
buckwheat　全麥麵　22, 28, 30-31
ramen　拉麵　214, 564
yaki-soba pan-brioche　炒麵麵包　65
see also Pasta 同時請參見義大利麵食
Norrington-Davies, Tom　湯姆・諾林頓-戴維斯　147
nouvelle cuisine　新式料理　154, 155
nuoc cham (Vietnamese dipping sauce)　越南萬用沾醬　125
Nutella　能多益榛果巧克力醬　58, 124, 138, 400
NUTS　堅果
picada　皮卡達堅果濃醬　278, 308
romesco de peix　西班牙紅椒堅果醬燉魚　315
sauces　堅果醬　277-8
soups　堅果濃湯　203, 306, 307
stews　堅果燉肉　278-9
see also specific nuts　同時請參見特定堅果
Nutt, Frederick　弗雷德里克・努特　495

O

o' bror e purpo (octopus broth)　那不勒斯的章魚湯（章魚湯）　222-3
OATS / OATMEAL　燕麥/燕麥粉
leek & oatmeal soup　韭蔥燕麥濃湯　229
oatcakes　燕麥糕　22, 33-4
oatmeal & raisin macaroons　葡萄乾燕麥馬卡龍　292
Staffordshire oatcakes　斯塔福德郡燕麥餅　133-4
see also Flapjacks 同時請參見燕麥酥餅
octopus broth　章魚肉汁　222-3
oil, cooking　食用油　16
Oistins, Barbados　巴貝多　奧伊斯廷斯　96
OKRA　秋葵　157, 163
coucou　庫庫　96
smoked haddock, mussel & okra gumbo　煙燻黑

線鱈貽貝秋葵什錦濃湯 165-6
Oldenburg, Claes 克萊斯·奧登伯格 427
OLIVE OIL 橄欖油
choux 橄欖油泡芙酥皮 103
ice cream 橄欖油冰淇淋 495
olive oil & chocolate cake 橄欖油巧克力蛋糕 300-301
olive oil & ouzo shortbread 橄欖油希臘茴香烈酒奶油酥餅 360-61
pastry 橄欖油麵皮 571-2
sauce 橄欖油荷蘭醬 524
Oliver, Garrett 嘉瑞特·奧利佛 240
Oliver, Jamie 傑米·奧利佛 267, 375
Oliver, Dr William 威廉·奧利弗博士 47
OLIVES 橄欖
olive croquettes 橄欖可樂餅 195
pastry-encased 塑成盒子狀的酥皮 569
Olney, Richard 理查德·奧爾尼 535
om ali (Egyptian baked custard) 阿里媽媽布丁（埃及烤蛋塔） 471
O'Neill, Molly 莫莉·奧尼爾 185
ONION 洋蔥
boulangère potatoes 馬鈴薯麵包師傅 217
burnt onion dhokla 焦化洋蔥蒸糕 86
celery, onion & herb soda bread 芹菜、洋蔥與香草蘇打麵包 39
clouté 鑲嵌洋蔥 180
French onion soup 法式洋蔥湯 201
hush puppies 美式金黃玉米球 82
onion & thyme tart 洋蔥百里香蛋塔 473
sauce (soubise) 洋蔥醬 184
scones 洋蔥司康餅 40
Ono, Tadashi 小野正志 156
ORANGE FLOWER WATER 橙花露
brioche 橙花露布里歐許麵包 62
crème caramel 橙花露焦糖布丁 477
frangipane 橙花露杏仁奶油 301
orange flower water & almond choux 橙花露杏仁泡芙 103-4
ORANGE 柳橙
almond & orange cake 杏仁柳橙蛋糕 297
bigarade (bitter orange) sauce 苦橙醬 170
blood orange (maltaise) sauce 血橙荷蘭醬 522
blood orange sorbet 血橙風味冰糕 442
crème custard 柳橙焦糖布丁 477
crê pes 柳橙可麗餅 127
orange & cinnamon croquettes 柳橙肉桂可樂餅 195
sabayon 柳橙沙巴雍醬 518
treacle toffee & orange flapjacks 糖蜜太妃糖與柳橙燕麥酥餅 365
Orgeat 杏仁糖漿 435-6
origliettas (Sardinian dessert) 薩丁尼亞蜜糖麻

花（薩丁尼亞甜點） 565
Orkin, Ivan 伊凡·奧金 504
osso buco 燉牛膝 242-3
Ottolenghi, Yotam 尤坦·奧圖蘭吉 8-9, 184, 206, 302, 394, 407
Outlaw, Nathan 奈森·歐特拉 148
ovens 烤箱 14
OYSTER 生蠔 43
crackers 餅乾 36, 232
fritters 油炸餡餅 148
fritters with saffron batter 番紅花麵糊製作的油炸餡餅 148
seafood gumbo 海鮮什錦濃湯 165
squirrel & oyster gumbo 松鼠生蠔什錦濃湯 166

P

paella 西班牙海鮮飯 263-4
pain au cidre 蘋果酒麵包 47
pain au cumin 小茴香麵包 49-50
pain perdu 法國吐司 26, 469-70
pakora, bread 印度帕可拉炸菜餅 149
Palace Hotel, San Francisco 舊金山的皇宮酒店 530
Palmer, Charlie 查理·帕瑪 332
palmiers 蝴蝶酥 274, 309
paloise sauce 巴侖滋醬 524
pan de mais (sweet cornbread) 82
pan de muerto (aniseed & citrus briche) 亡者麵包（洋茴香籽柳橙） 65
pan di ramerino (rosemary bread) 葡萄乾迷迭香橄欖油麵包 57-8
PANCAKES 煎餅 116
banana 香蕉煎餅 129
beghrir 千孔煎餅 73, 134-6
buckwheat 蕎麥煎餅 116-17, 124
buttermilk 白脫乳煎餅 138
chestnut 栗子煎餅 125
Chinese 中式煎餅 22, 32
chocolate 巧克力煎餅 138-9
coconut & turmeric 椰奶薑黃煎餅 125
cream & sherry 鮮奶油雪利酒薄煎餅 125-6
fruit-cake-flavoured 水果蛋糕風味煎餅 139
gluten-free 無麩質煎餅 137
griddle 平底鍋煎餅 78, 116, 118-19, 134, 136-7
mac 'n' cheese 乳酪通心粉煎餅 140
ricotta 瑞可達乳酪煎餅 140
Scotch 蘇格蘭煎餅 137
sweetcorn 甜玉米煎餅 141
veriohukaiset 血煎餅 138
see also Blinis; Crê pes; Dosas; Uttapam; Waffles 同時請參見小薄餅、多薩餅、烏塔帕姆餅、鬆餅
panchmel dal 印度拉賈斯坦邦綜合燉豆 256

風味達人的文字味覺
——水平思考的廚房事典

PANDAN 七葉蘭 127
crème caramel 七葉蘭焦糖布丁 477
crê pes 七葉蘭可麗餅 127-8
pandoro 潘多洛麵包 64
pane al formaggio 義大利乳酪麵包 62
paneer 印度鄉村乳酪 420
panelle (Sicilian chickpea polenta) 鷹嘴豆油炸糕（西西里鷹最豆玉米糕）96-7, 161
panellets (Catalonian macaroons) 杏仁松子餅（加泰隆尼亞馬卡龍）292-3
panetela borracha (Cuban sponge cake) 喝醉的玉米糕（古巴海綿蛋糕）343
panettone 義大利潘娜朵妮水果聖誕麵包 63-4, 469
panisso (Niç oise chickpea polenta) 鷹嘴豆油炸糕（尼斯鷹嘴豆玉米糕）97
PANNA COTTA 義式奶酪 411
apple & maple syrup 蘋果楓糖漿風味 454
date 椰棗風味 454
goat`s cheese & milk 山羊乳酪與山羊乳 454-5
grappa 渣釀白蘭地風味 452-3
Nesselrode 內塞羅德蛋奶凍 455
jelly & panna cotta 果凍與義式鮮奶凍 451
piña colada 鳳梨可樂達 455-6
vanilla 香草風味 405, 411, 456
vin santo 聖酒風味 456-7
pã o de abó bora/ pã o de jerimum (Brazilian pumpkin bread) 南瓜麵包（巴西南瓜麵包）57
pão de queijo (Brazilian cheese puffs) 乳酪麵包球（巴西乳酪泡芙）102
parathas 印度抓餅 22, 34
Parfait Amour chocolate mousse 紫羅蘭香甜酒巧克力慕斯 389
parippu (Sri Lankan dal) 斯里蘭卡燉扁豆（斯里蘭卡燉豆）256-7
Paris-Brest 巴黎-布雷斯特泡芙 105, 416
parkin 鬆糕 319, 345
PARMESAN 帕馬乾酪
ice-cream sandwich 帕馬乾酪冰淇淋三明治 495
pane al formaggio 義大利乳酪麵包 62
Parmesan & parsley pasta 帕馬乾酪荷蘭芹義大利麵 562
parsnip, Parmesan & sage soda bread 歐洲防風草塊根、帕馬乾酪鼠尾草蘇打麵包 40
PARSLEY 荷蘭芹
Parmesan & parsley pasta 帕馬乾酪荷蘭芹義大利麵 562
parsley & cottage cheese bread 荷蘭芹茅屋乳酪麵包 56
sauce 荷蘭芹白醬 184-5
snail butter 蝸牛奶油 538

PARSNIPS 歐洲防風草塊根
parsnip, Parmesan & sage soda bread 歐洲防風草塊根、帕馬乾酪鼠尾草蘇打麵包 40
parsnip gnocchi 歐洲防風草塊根麵疙 108
PASSION FRUIT 百香果
flapjacks 燕麥酥餅 364
hollandaise sauce 荷蘭醬 524-5
milk chocolate & passion fruit ganache 百香果牛奶巧克力甘納許 383-4
sorbet 百香果冰糕 443
PASTA 義大利麵食 22, 551, 558-9
bigoli 圓粗麵 564
buckwheat 蕎麥義大利麵 560
chestnut 栗子義大利麵 560
chocolate 巧克力風味 560
corn 玉米粉義大利麵 560-61
curry-flavoured 咖哩風味義大利麵 561
grano arso 燒灼粗義大利麵 561-2
makos teszta 罌粟籽寬扁麵 565
nettle 蕁麻義大利麵 562
origliettas 薩丁尼亞蜜糖麻花 565
Parmesan & parsley 帕馬乾酪荷蘭芹義大利麵 562
pasta in brodo 義大利湯麵 202, 217, 224, 225
porcini 牛肝蕈義大利麵 562
rotolo 義大利麵捲 565
rye 黑麥義大利麵 564
saffron 番紅花義大利麵 563
spelt 斯佩爾特小麥義大利麵 563
spinach 波菜義大利麵 551, 563
squid ink 烏賊墨汁義大利麵 564
tagliatelle alla bagna brusca 檸檬大蒜鯷魚奶醬寬扁麵 487
wholewheat 全麥義大利麵 564
pastéis de nata (Portuguese custard tarts) 葡式蛋塔 461, 481
pastis ice cream 法國茴香酒冰淇淋 495
Paston-Williams, Sara 莎拉・帕斯頓－威廉斯 570
PASTRY 麵皮
almond 杏仁酥皮 568
brioche dough 布里歐許麵團 25
caraway 葛縷子奶油酥皮 569
cinnamon 肉桂酥皮 570
hot-water 熱水酥皮 548, 554-5
puff 千層酥皮 553
rough puff 簡易千層酥皮 553, 574-5
seed 香料種籽調味麵皮 569
strudel 餡餅捲酥皮 548-50
suet 板油 （羊／牛脂）（動物脂肪）酥皮 552, 567
sweet 甜味酥皮 552-3, 567, 568
see also Choux Pastry; Shortcrust Pastry 同時請參見泡芙酥皮、奶油酥皮

PASTRY CREAM　甜點師蛋奶醬　464-5, 498-9,
　503
aniseed　洋茴香籽風味　500
butterscotch　奶油糖果風味　500
chestnut　栗子風味　500-501
green tea　綠茶風味　501, 502
hazelnut　榛果風味　501
malted milk　麥芽牛奶風味　501
tea　綠茶風味　502
toasted white chocolate　烤白巧克力風味　502
see also Millefeuille　同使請參見法式千層酥
pâte royale　皇家酥皮點心　102
pâte sablée　油酥塔皮／香酥酥皮　552
Paterson, Archie　亞契帕德森　322
patties, Jamaican　牙買加小餡餅　572
pavlova　帕芙洛娃蛋糕　425
PEACHES　甜桃
Bellini jelly　貝里尼雞尾酒凍　448
Peach Melba soufflé　蜜桃梅爾芭舒芙蕾　190
peach sorbet　甜桃冰糕　443-4
PEANUT BUTTER　花生醬
cake　花生醬蛋糕　341
sauce　花生醬　177
tahinov gata　芝麻格塔麵包捲　58
PEANUTS　花生
brittle　薄片花生糖　416
dulce de cacahuate　花生糖　283, 420
marzipan　花生糖　283
peanut & lime dressing　花生萊姆醬汁　542-3
peanut, chocolate & raisin bars　花生葡萄乾巧
　克力棒　365
PEARS　梨子
pear & chicory salad with sherry-vinegar jelly
　佐配雪利酒醋果凍丁的梨與菊苣沙拉　451
pear & walnut soup　梨子核桃濃湯　307
poire　梨子　284-5
PEAS　豌豆
pea pod stock　豌豆莢高湯　213-14
risi e bisi　豌豆燉飯　213-14
saffron, pea & red pepper croquettes　番紅花、
　豌豆與紅椒可樂餅　195
soup　豌豆湯　222, 229
pease pudding　豌豆布丁　257
PECAN NUTS　胡桃仁
meringue　胡桃蛋白霜甜餅　426
pie　胡桃派　297
praline　胡桃果仁糖　416, 423
'sandies'　胡桃餅乾　361
sweet potato & pecan scones　番薯胡桃司康餅
　41
tassies　胡桃迷你塔　571
Pedroso, Celia　西莉亞‧佩德羅索　240
pekmez (fruit-juice syrup)　土耳其水果糖蜜（
　果汁糖漿）　74

Pellacio, Zakary　扎卡里‧佩拉西奧　212
Pepper, Lucy　露西‧佩珀　212
peppercorn beurre blanc　胡椒粒白奶油醬
　536-7
PEPPERS　胡椒
aubergine, walnut & red pepper dip　茄子、核桃
　與紅椒沾醬　306
red pepper & chorizo dhokla　紅辣椒西班牙辣
　香腸蒸糕　87
red pepper, sweetcorn & coriander cornbread
　紅辣椒甜玉米元荽玉米麵包　83
saffron, pea & red pepper croquettes　番紅花、
　豌豆與紅椒可樂餅　195
Perkins, John　約翰‧柏金斯　126
PESTO　青醬　40, 278, 307-8
palmiers　蝴蝶酥　309
pesto Trapanese　特拉帕尼青醬　308
scones　司康餅　40
Peterson, James　詹姆士‧彼得森　536
petits pots au chocolat　巧克力奶油杯　370, 464,
　487-8
PETITS POTS DE CRÈME　烤布丁盅　478
chai spice　印度茶香料　480-81
triple crème　重乳脂鮮奶油　482-3
pheasant　雉雞　165
Philp, Robert Kemp　羅伯特‧肯普‧菲利普
　222
Picada　皮卡達堅果濃醬　278, 308, 313
Pieroni, Andrea　安德里亞‧裴洛尼　94
PIES　派　39, 44
banana cream　香蕉鮮奶油派　503
black-bottom　黑底派　473
Boston cream　波士頓鮮奶油派　498, 503
buttermilk　白脫乳派　473
coconut custard　椰子卡士達派　473
game　野味肉派　170
grasshopper　「綠色蚱蜢」雞尾酒　494
key lime　礁島萊姆派　473
mince　甜肉餡餅　303
pecan　胡桃派　297
pork　豬肉派　548, 555
pumpkin　南瓜派　470
Scotch　蘇格蘭派　548
pikelets　澳洲煎餅　133, 136
pilaf, aubergine, chickpea, apricot & pine nut　茄
　子、鷹嘴豆、杏桃與松子抓飯　213, 260
piña colada panna cotta　鳳梨可樂達義式鮮奶
　凍　455-6
PINE NUTS　松子
aubergine, chickpea, apricot & pine nut pilaf　茄
　子、鷹嘴豆、杏桃與松子抓飯　213, 260
frangipane　杏仁奶油　301
pesto　青醬　308
pine nut & currant petits fours　松子小葡萄乾巧

風味達人的文字味覺
——水平思考的廚房事典

克力小點心 394

sauce romaine 蘿蔓醬汁 172

stuffing 火雞填料 309

PINEAPPLE 鳳梨

pineapple & cider vinegar dressing 鳳梨與蘋果酒醋沙拉醬 543

pineapple upside-down cake 鳳梨翻轉蛋糕 343

polenta & pineapple cake 玉米糊鳳梨蛋糕 341

pipián (Mexican sunflower- seed sauce) 墨西哥的皮皮安醬（墨西哥葵花籽醬） 278

piquante, sauce 辣醬 157

PISTACHIO NUTS 開心果仁 279, 284

frangipane 杏仁奶油 301

ice cream 開心果冰淇淋 495-6

rosewater & pistachio meringue 開心果玫瑰露蛋白霜甜餅 429-30

Pithiviers 皮蒂維耶派 302, 303

pizza 披薩 24, 44, 45

pizzoccheri 義式蕎麥麵 560

plátanos calados 糖煮大蕉 439

Plath, Sylvia 西爾維婭‧普拉斯 349

Platina, Bartolomeo 巴托洛梅奧‧斯卡皮 148

plums 李子 109

poire eau-de-vie 西洋梨白蘭地 284-5

pol (coconut) roti 椰子薄餅 32

POLENTA 義式玉米糊/玉米糕 75, 92-3

cauliflower, caper & raisin 白花椰菜、續隨子與葡萄乾炒玉米糕 94

chestnut & red wine 栗子紅酒玉米糊 94-5

gnocchi alla Romana 羅馬式麵疙瘩 75-6, 98-9

millet 小米 95

polenta alla fonduta 玉米糊火鍋 95

polenta & pineapple cake 玉米糊鳳梨蛋糕 341

polenta incatenata 托斯卡尼綜合玉米糊 94

porcini & blueberry 牛肝蕈與藍莓玉米糊 97

scrapple 玉米肉餅 97

squid ink 墨魚汁 97

POMEGRANATE 石榴

fesenjan 石榴醬核桃燉肉 12, 13, 278, 310-11

pomegranate & orange halva 石榴柳橙哈爾瓦酥糖糕 91

pommes Dauphines 法式達芙妮炸薯球 104

pommes Elizabeth 伊麗莎白炸薯球 104

Le Pont-Neuf (French pastry) 新橋（法式酥皮） 105

poor knights of Windsor 溫莎堡貧窮騎士 469-70

popovers 泡泡芙 117, 122, 123, 124

PORCINI 牛肝蕈

pasta 義大利麵 562

porcini & blueberry polenta 牛肝蕈與藍莓玉米糊 97

PORK 豬肉

carne en salsa de almendras 杏仁醬燉肉 312-13

curry 咖哩豬肉 156

fabada 西班牙燉豆 246-7

feijoada 巴西燉豆 250

pies 豬肉派 548, 555

pork with apple beurre blanc 豬肉佐蘋果白奶油醬 536

red braise 紅燒 223-4

scrapple 玉米肉餅 97

stock 豬肉高湯 214

see also Bacon; Chorizo; Ham/ Gammon; Sausage 同時請參見 培根、西班牙辣香腸、火腿/煙燻火腿、香腸

porridge, millet 小米粥 95-6

porridge oats see Flapjacks 燕麥粥請參見燕麥酥餅

Postgate, Oliver 奧利弗‧波斯蓋特 564

pot au feu 法式燉肉湯 202, 218-19

POTATOES 馬鈴薯 107

batata vada 馬鈴薯油炸餡餅 146-7

blinis 小薄餅 140

boulangère 馬鈴薯麵包師傅 217

bread 馬鈴薯麵包 51

bullet de peix 魚子彈 221

cullen skink 卡倫湯 236

curry 馬鈴薯咖哩 34

farls 愛爾蘭馬鈴薯薄餅 108-9

jacket potato chowder 烤馬鈴薯總匯濃湯 234

panellets 杏仁松子餅 292-3

pizzoccheri 義式蕎麥麵 560

pommes Dauphines 法式達芙妮炸薯球 104

pommes Elizabeth 伊麗莎白炸薯球 104

see also Gnocchi; Sweet Potatoes 同時請參見（義式）麵疙、番薯

Potts-Dawson, Arthur 亞瑟‧波茲-道森 538

PRALINE 果仁糖 416

pecan 胡桃 416, 423

praline brioche 果仁糖布里歐許麵包 64

rose 玫瑰風味果仁糖 64, 416

Pralus, Auguste 奧格斯特‧普拉呂斯 64

PRAWNS & SHRIMPS 明蝦與蝦

potted shrimps 英式小盆蝦料理 178

prawn cocktail 雞尾酒蝦 531-2

prawn risotto 明蝦燉飯 270

seafood gumbo 海鮮什錦濃湯 165

shrimp croquettes 蝦子可樂餅 196-7

shrimp in cornmeal batter 蝦子裹玉米麵糊 147

Prejean's, Lafayette 路易斯安那州拉法葉市普雷卡津餐廳 165

pretzels 椒鹽脆餅 53

Price, Paul　保羅・普萊　510

The Prisoner　《密諜》　525

profiteroles　巧克力泡芙　76, 100, 101, 379

proja (Serbian cornbread)　普羅亞麵包（塞爾維亞玉米麵包）　80, 81

prosciutto & pecorino choux fritter　煙燻五香火腿與佩科利諾乳酪油炸泡芙餡餅　104

Proust, Marcel　馬歇爾・普魯斯特　320, 332

PRUNES　李子　245, 287, 563, 568

mulled chocolate fridge cake　香料調味巧克力巧克力冰蛋糕　394

Puck, Wolfgang　沃爾夫岡・帕克　456, 481, 517

pudim abade de Priscos (Portuguese custard dessert)　布里斯科修道院布丁（葡萄牙卡士達甜點）　462

puff pastry　千層酥皮　105, 553

PUMPKIN　南瓜

bread　南瓜麵包　57

gnocchi　南瓜麵疙　109

pie　南瓜派　470

soup with Thai spice　佐泰式香料的南瓜　229-30

The Punch Bowl Inn, Crosthwaite, Lake District　英國湖區克羅思韋特的龐奇鮑爾飯店　48-9

Punschkrapfen (Austrian rum & apricot cake)　奧地利打孔蛋糕（奧地利蘭姆酒杏桃蛋糕）　335

pupusas, refried bean　豆泥薄餡餅　34

puris　印度普里炸脆餅　22, 29

Q

quail　鵪鶉　165

queen of puddings　布丁女王　431

quesadillas　墨西哥起司餡餅　28, 35

queso blanco (white cheese)　克索布蘭可乳酪（白乳酪）　141

QUICHE　法式鹹派

Lorraine　法式洛林鹹派　470-71

onion & thyme　洋蔥百里香塔　473

tarragon, leek & sour cream　龍蒿韭蔥酸奶油鹹派　472

QUINCE　法式鹹派　333

quince & garlic mayonnaise　榅桲蒜泥美乃滋　532

quince Genoise　榅桲熱那亞蛋糕　333

R

RABBIT　兔肉

broth　兔肉肉汁　223

rabbit cacciatore　砂鍋兔肉砂鍋　243

radicchio & Gorgonzola risotto　基奧賈紅菊苣戈根索拉藍黴乳酪燉飯　270-71

radish-top soup　蘿蔔葉濃湯　230

ragi (Indian millet flour)　龍爪稷（印度小米粉）　33

Rahmapfelkuchen (German apple cake)　奶油蘋果蛋糕（德國蘋果蛋糕）　481

RAISINS　葡萄乾

oatmeal & raisin biscuits　燕麥葡萄乾餅乾　292

peanut, chocolate & raisin bars　花生葡萄乾巧克力棒　365

raisin & orange cornbread　葡萄乾橙汁玉米麵包　82-3

raisin soda bread　葡萄乾蘇打麵包　22, 41

saffron & raisin baba　番紅花葡萄乾巴巴蛋糕　69

sauce romaine　蘿蔓醬汁　172

stollen　德國聖誕蛋糕史多倫　59

ramen noodles　拉麵　214, 564

Ramsay, Gordon　高登・拉姆齊　387

Ransome, Arthur　亞瑟・蘭斯　472

RASPBERRIES　覆盆子

almond & raspberry macaroons　杏仁覆盆子馬卡龍　290

chocolate-filled　填滿白巧克力甘納許的覆盆子　385

raspberry & cassis chocolate cake　覆盆子黑醋栗巧克力蛋糕　401

raspberry & elderflower sorbet　覆盆子接骨木花冰糕　444

raspberry & hazelnut dressing　覆盆子榛果沙拉醬　543

raspberry & hazelnut vinaigrette　富盆子榛果油醋醬　543

raspberry cream Chantilly　覆盆子香緹伊鮮奶油　103

raspberry vinegar　覆盆子醋　436, 543

Ravintola Aino, Helsinki　芬蘭赫爾辛基　艾諾餐廳　539

ravioli Caprese　卡布里方麵餃　559

rebozados (Spanish fritters)　西班牙油炸餡餅　148

red braise　紅燒　223-4, 244

RED MULLET　紅鯔魚　97, 179, 279

red mullet liver beurre blanc　紅鯔魚竿佐白奶油醬　538

Redi, Francesco　弗朗切斯科・雷迪　389

Reichl, Ruth　露絲・雷克爾　349

Reinhart, Peter　彼得・瑞因賀特　62

remoulade　美乃滋/調味蛋黃醬　530, 531

Restaurant Gundel, Budapest　匈牙利布達佩斯貢德勒餐廳　129

retsina　希臘松脂酒　493-4

Rhodes, Gary　加里・羅茲　139

rhubarb jelly　大黃果凍　450

RICE　米飯　16, 207, 213

arroz con pollo　西班牙雞肉飯　260

aubergine, chickpea, apricot & pine nut pilaf　茄

子、鷹嘴豆、杏桃與松子抓飯　213, 260
biryani　波亞尼肉飯　207,
broad bean, onion & dill　蠶豆、洋蔥和蒔蘿燉飯　261
dosas　多薩餅　133
gnocchi　(義式)麵疙　109
jambalaya　什錦飯　207, 261
kedgeree　印度雞蛋豌豆飯　207, 258-9
kheer　印度牛奶燉米布丁　262-3
kitchuri　基奇里扁豆飯　263
meringue pudding　蛋白霜米布丁　431
paella　西班牙海鮮飯　263-4
pudding soufflé　米布丁舒芙蕾　190
risi e bisi　豌豆燉飯　213-14
roasted vegetable spiced rice　烤蔬菜香料飯　264-5
uttapam　烏塔帕姆餅　73, 133
see also Gumbo; Risotto　同時請參見什錦濃湯、燉飯
RICE FLOUR　米粉　101, 119
bánh xèo　越南煎餅　125
halva　哈爾瓦酥糖糕　91
tempura　天婦羅　142-3
RICOTTA　瑞可達乳酪
butternut squash gnocchi　白胡桃瓜麵疙　112
gnocchi　(義式)麵疙　77
goat's/ sheep's cheese & ricotta gnocchi　羊乳酪與瑞可達乳酪麵疙瘩　112
lemon ricotta gnocchi　檸檬瑞可達乳酪麵疙瘩　112
ricotta pancakes　瑞可達乳酪煎餅　140
spinach & ricotta gnocchi　菠菜瑞可達乳酪麵疙瘩　77, 112-13
spinach & ricotta soufflé　菠菜瑞可達乳酪舒芙蕾　190-91
vanilla ricotta gnocchi　香草瑞可達乳酪麵疙瘩　113
risi e bisi　豌豆燉飯　213-14
RISOTTO　燉飯　207
asparagus　蘆筍燉飯　201
blueberry　藍莓燉飯　268
butternut squash　白胡桃瓜燉飯　207, 268
butternut squash & fennel　白胡桃瓜茴香燉飯　268
chicken　雞肉燉飯　201
chicken liver　雞肝燉飯　268-9
citrus　柑橘味/檸檬味燉飯　269
Jerusalem artichoke　耶路撒冷洋薊　269
millet　小米　95
mutton　綿羊肉燉飯　269-70
prawn　明蝦燉飯　270
radicchio & Gorgonzola　基奧賈紅菊苣戈根索拉藍黴乳酪燉飯　270-71
risotto bianco　原味燉飯　266-7

saffron (Milanese)　番紅花（米蘭燉飯）　271
Ristorante Savini, Milan　米蘭　薩維尼餐廳　271
The River Cafe, London　倫敦 河流咖啡　399
Roahen, Sara　莎拉‧羅亞　167
Robert, sauce　羅伯特醬汁　172
Robertson, Chad　查德‧羅勃森　25, 102, 361
Robertson, Robin　羅賓‧羅伯遜　225
Robuchon, Joël　喬爾‧侯布雄　128, 255, 411, 456, 479
rocket pasta　芝麻菜義大利麵　563
Rococo Chocolates, London　倫敦 洛可可巧克力店　383
Roden, Claudia　克勞蒂亞‧羅登　13, 76, 276, 281, 287, 297, 312, 481, 549
Rodgers, Judy　茱蒂‧羅傑斯　112, 267, 269, 544
Roemer, Philip　菲利普‧羅默　530
Rogan, Simon　西蒙‧羅根　95
Roganic, London　倫敦 羅根尼克餐廳　95
Rogers, Ruth　露絲‧羅傑斯　242, 399
Roka, London　倫敦　羅卡餐廳　496
romaine, sauce　蘿蔓醬汁　172
romesco de peix　西班牙紅椒堅果醬燉魚　53, 244, 315
romesco sauce　紅椒堅果醬　277, 315
Ronay, Egon　埃貢‧羅尼　223
Roosevelt, Theodore　老羅斯福總統　236
Root, Waverley　瓦維萊‧魯特　33, 119, 242, 284, 307
Roscoe, Thomas　湯馬斯‧羅斯科　102
Rose, Evelyn　伊芙琳‧羅斯　313
rosehip syrup　玫瑰果糖漿　436-7
ROSEMARY　迷迭香
bread　迷迭香麵包　57-8
chocolate, rosemary & lemon sauce　迷迭香檸檬巧克力醬　377-8
garlic, rosemary & black pepper dhokla　大蒜迷迭香黑胡椒蒸糕　87
Rosengarten, Frederic　菲德列克‧羅森嘉頓　300
ROSEWATER　玫瑰露
lavender & rosewater beurre blanc　薰衣草玫瑰露白奶油醬　537
rosewater & pistachio meringue　開心果玫瑰露蛋白霜甜餅　429-30
Rothko, Mark　馬克‧羅斯科　195
ROTI　薄餅　29
curry　咖哩捲餅　35
missi　米西薄餅　31
pol　椰子薄餅　32
roti jala (Malaysian pancakes)　馬來西亞網煎餅　125
rotolo　義大利麵捲　565
rouille　紅椒醬　532

Round, Jeremy 傑若米・朗德 182, 569
ROUX 油麵糊 154-6
brown 棕色油麵糊 158
dark/'chocolate' roux 「巧克力油麵糊」 157, 158, 159, 162, 166
golden 黃金油麵糊 157, 158, 159
white 白色油麵糊 158, 159
Roux, Michel 米歇爾・魯 181, 290, 532
Roux, Michel, Jnr 米歇爾・魯・二世 39, 101, 127, 170
Roux at the Landau, London 倫敦朗廷酒店的魯餐廳 196
Rudner, Rita 麗塔・羅德納 369
rugelach (cream-cheese pastries) 魯拉捲（奶油乳酪點心） 570-71
Ruhlman, Michael 邁克・魯爾曼 155, 215
RUM 蘭姆酒
babas 蘭姆酒巴巴蛋糕 26-7, 66-7, 434
galette des rois 國王餅 301-2
punch 蘭姆潘趣雞尾酒 69, 455
Punschkrapfen 奧地利打孔蛋糕 335
Rahmapfelkuchen 奶油蘋果蛋糕 481
syrup 蘭姆酒糖漿 66, 67, 408
truffle 蘭姆酒口味小圓杏仁蛋白糖 285
Rumpolt, Marx 馬克斯・魯姆波特 213
Rundell, Mrs 榮道爾夫人 481
Russian dressing 俄式沙拉醬 532
RYE FLOUR 黑麥麵粉 45
crispbread 黑麥脆餅 51
cumin-flavoured bread 茴香風味黑麥麵包 49
hoe cakes 黑麥玉米餅 83
pancakes 黑麥煎餅 134
pasta 黑麥義大利麵 564
potato & rye bread 馬鈴薯黑麥麵包 51
rye & Tokaji baba 托卡依貴腐酒糖漿黑麥巴巴蛋糕 69
sandwich loaf 黑麥三明治麵包 51

s
saag gosht 綠咖哩羊肉 243
SABAYON 沙巴雍醬 508-9, 514-15, 519
almond milk & honey 杏仁乳與蜂蜜沙巴雍醬 418
Champagne 香檳沙巴雍醬 516
cherry beer 櫻桃啤酒沙巴雍醬 516
coffee 咖啡沙巴雍醬 517
ice cream 沙巴雍冰淇淋 519
lemon sabayon tart 檸檬沙巴雍塔 519
mustard 芥末沙巴雍醬 518
orange 柳橙沙巴雍醬 518
sauce 沙巴雍醬 514-15
Sadaharu Aoki, Paris 巴黎 青木定治糕點店 106, 331
SAFFRON 番紅花

Cornish saffron loaves & buns 康瓦爾番紅花麵包及餐包 69
custard tart 番紅花蛋塔 471
fritter batter 番紅花油炸餡餅麵糊 148
jalebi 印度糖漬麵圈 439
pasta 番紅花義大利麵 563
risotto 番紅花燉飯 271
saffron & raisin baba 番紅花葡萄乾巴巴蛋糕 69
saffron, pastis & tomato sauce 番紅花、茴香酒與番茄白湯醬 177
saffron, pea & red pepper croquettes 番紅花、豌豆與紅椒可樂餅 195
saffron, rose, cinnamon & almond zerde 番紅花、玫瑰、肉桂杏仁布丁 91
St John restaurant, London 倫敦聖約翰餐廳 184
Salat, Harris 哈里斯・薩拉特 156
SALMON 鮭魚
chowder/ soup 鮭魚總匯濃湯/湯 212
salmon & apple beurre blanc 鮭魚佐蘋果白奶油醬 536
stock 鮭魚高湯 212
salsa di nocciole (hazelnut pastry cream) 義大利榛果醬（榛果甜點師蛋奶醬） 501
salsa di noci (walnut sauce) 義大利核桃醬 308
salsa verde 綠莎莎醬 543-4
SALT COD 鹽漬鱈魚
croquettes 鹽漬鱈魚可樂餅 195-6
with flageolet beans 鹽漬鱈魚佐笛豆 250-51
fritters 鹽漬鱈魚油炸餡餅 148
Samuelsson, Marcus 馬庫斯・薩繆爾森 138
sanguinaccio (Italian blood-pudding dessert) 義大利血布丁 138
satsivi (Georgian nut stew) 薩斯維香料核桃料理（喬治亞核桃燉肉） 12, 278, 279
SAUCES 醬汁
allemande 蛋黃醬 177, 179
anchovy 鯷魚醬 182
aubergine & cheese 茄子乳酪白醬 182
avgolemono 希臘檸檬蛋黃醬 487
bacon & cornmeal 培根粗玉米粉肉汁 183
béchamel （貝夏美）白醬 12, 154, 155, 158, 159, 180-81
Bercy 貝西醬 176
beurre blanc 白奶油醬 511, 534-5
bitter orange (bigarade) 苦橙醬 170
blood orange (maltaise) 血橙荷蘭醬 522
brandy 白蘭地奶油醬 183
bread 麵包醬 53
brown butter (noisette) 焦化奶油醬 522-3
caramel 焦糖醬 404-5, 416-17
cheese (Mornay) 乳酪奶油白醬 159, 183-4
cherry, liquorice & coriander seed chocolate 櫻

桃、甘草與芫荽籽巧克力醬 376

chestnut & game 栗子野味醬 170

chocolate 巧克力醬 374-5

chocolate mint & vodka 伏特加薄荷巧克力醬 376

Choron 修隆醬 525

court bouillon 海鮮清高湯 523-4

curry 咖哩醬 176

dark chocolate & PX 佩德羅希梅內斯雪利酒黑巧克力醬 377

dark chocolate, rosemary & lemon 迷迭香檸檬黑巧克力醬 377-8

demi-glace 多蜜醬汁 171

diable 魔鬼醬 171-2

dill 蒔蘿醬 524

espagnole 褐醬 154, 156, 158-9, 168-9, 179

fruit & nut (romaine) 水果與堅果（蘿蔓醬汁） 172

hollandaise 荷蘭醬 155, 509-10, 520-21

lemon 檸檬醬 176-7

Marguery 瑪格麗醬 523-4

Marie Rose 瑪麗羅斯醬 531-2

milk chocolate, coconut & nutmeg 肉荳蔻椰奶巧克力醬 378

mint (paloise) 薄荷醬 （巴侖滋醬） 524

mousseline 慕斯琳醬 520

mushroom & chervil 菇蕈細葉香芹白湯醬 177

mustard & onion (sauce Robert) 芥末洋蔥醬（羅伯特醬汁） 172

olive oil 橄欖油沙拉醬 524

onion (soubise) 洋蔥醬 184

parsley 荷蘭芹白醬 184-5

passion fruit 百香果醬 524-5

peanut butter 花生醬 177

picada 皮卡達堅果濃醬 278, 308, 313

piquante 辣醬 157

romesco 紅椒堅果醬 277, 315

roux-based 以油麵糊為基底的醬汁 154-5

sabayon 沙巴雍醬 514-15

saffron, pastis & tomato 番紅花、茴香酒與番茄白湯醬 177

seafood 海鮮醬 178

sherry & cream 雪利酒鮮仙奶油白醬 185

tahini 中東白芝麻醬 543

tarator 塔拉托醬/塔拉托湯 53, 277, 304-5

tarragon 龍蒿白湯醬 178

tarragon & shallot (béarnaise) 龍蒿紅蔥頭班尼士濃醬（班尼士濃醬） 525

tomate, sauce 紅醬 155

tomato, mushroom & white wine (chasseur) 番茄、蘑菇與白酒（法式獵人醬） 173

vanilla 香草味白醬 185

velouté 白湯醬 155, 156, 158, 159, 174-5

Vietnamese fish sauce 越南魚露 405, 414

walnut & cream 核桃鮮奶油醬 308

white chocolate 白巧克力醬 378

white sauce 白醬 158, 159, 180-81

see also Dressings; Mayonnaise; Vinaigrette 同時請參見沙拉醬、美奶滋、油醋醬

saucisson brioche 香腸布里歐許 25, 64

sauerkraut bread 德國酸菜麵包 52

SAUSAGE 香腸

black pudding, spicy sausage & smoked ham gumbo 血腸、辣味香腸與煙燻火腿什錦濃湯 164

brioche 香腸布里歐許 25, 64

broth 香腸肉湯 224-5

corndogs 炸熱狗 147

Dublin coddle with soda bread 都柏林鵝卵石派佐蘇打麵包 43

game gumbo 野味什錦濃湯 165

jambalaya 什錦飯 207, 261

red braise 紅燒 223-4

toad in the hole 蟾蜍在洞 129

z'herbes 綜合蔬菜什錦濃湯 167

see also Chorizo 同時請參見什錦濃湯

Sauternes crème caramel 法國蘇特恩白葡萄甜酒將糖布丁 477

Savage, Brent 布倫特・薩維奇 430

savarins 薩瓦蘭蛋糕 26, 66-7

Savoy biscuits 薩沃伊酥餅乾 333-4

Scappi, Bartolomeo 巴托洛梅奧・斯卡皮 95, 102

Scarpato, Lombardy 義大利倫巴第斯卡爾帕托糕點店 64

Schneider, Maria 瑪麗亞・施耐德 25

Schnuelle, Leona 里歐娜・史奈爾 56

Schwabe, Calvin W. 卡爾文・施瓦比 176

sciatt (Italian buckwheat fritters) 蟾蜍（蕎麥與渣釀白蘭地油炸乳酪） 146

SCONES 司康餅 23, 36, 37, 39-40, 41

corn choc chip 巧克力豆玉米餅乾 39

onion 洋蔥司康餅 40

pesto 義式青醬司康餅 40

sweet potato & pecan 番薯核桃比司吉 41

Scotch pie 蘇格蘭派 548

scrapple 玉米肉餅 97

sea urchins 海膽 473, 532

SEAFOOD 海鮮

sauce 海鮮醬 178

stew 海鮮燉鍋 244

see also Crabs; Clams; Fish; Lobsters; Mussels; Oysters; Prawns; Shellfish; Shrimps 同時請參見 螃蟹、蛤蜊、魚、龍蝦、貽貝、生蠔、明蝦、蝦貝蟹類、蝦

seasoning 調味料 17

SEAWEED 海菜

butter 海藻奶油醬 178

seaweed & wasabi mayonnaise 海菜與日式芥末美乃滋 533

stock 海菜高湯 211

see also kombu 同時請參見昆布高湯

SEMOLINA 粗麵粉

beghrir 千孔煎餅 73, 134-5

dhokla （印度鷹嘴豆）蒸糕 87

gnocchi alla Romana 羅馬式麵疙瘩 75-6, 98-9

halva 哈爾瓦酥糖糕 73-4, 88-9

harcha 粗麵粉蛋 41

kalburabasti 土耳其蜜糖果仁酥皮包 439

saffron, rose, cinnamon & almond zerde 番紅花、玫瑰、肉桂杏仁布丁 91

sooji / rava dhokla 拉瓦蒸糕／粗麵粉蒸糕 73

Senn, Charles 查爾斯・西恩 513

SESAME 芝麻

ice cream 芝麻冰淇淋 496

sesame & soy vinaigrette 麻油醬油油醋醬 544

see also Tahini 同時請參見 中東白芝麻醬

Seuss, Dr 蘇斯博士 17

Seven 《火線追緝令》 147

Seven Brides for Seven Brothers 『七對佳偶』 320

sfogliatella 拿波里千層貝殼 103

sgroppino 普羅賽克雞尾酒 445

The Shake Shack 搖晃搖晃 476

SHELLFISH 蝦貝蟹類

fritters 油炸餡餅 148

stock 高湯 214-15

Sheraton, Mimi 米米・謝爾頓 240

SHERRY 雪利酒

cream & sherry pancakes 鮮奶油雪利酒煎餅 125-6

sherry & cream sauce 雪利酒鮮仙奶油白醬 185

shiitake & kombu stock 香菇昆布高湯 215

Shopsin, Kenny 肯尼・夏普森 140

Shopsin's , New York 紐約肯尼餐廳 140

SHORTBREAD 奶油酥餅 319, 322-3, 356-7

black pepper 黑胡椒奶油酥餅 358

chickpea 鷹嘴豆餅乾 358

chocolate 巧克力餅乾 358

cultured butter 發酵奶油 358-9

custard 卡士達奶油酥餅 359

honey & ghee 印度酥油蜂蜜奶油酥餅 359-60

lavender 薰衣草酥餅 360

lime & clove 萊姆丁香奶油酥餅 353

olive oil & ouzo 橄欖油奶油酥餅與希臘茴香酒 360-61

sherbet lemon 檸檬雪酪風味奶油酥餅 361

SHORTCRUT PASTRY 奶油酥皮/奶油脆餅/奶油脆酥皮/酥脆派皮 23, 25, 549, 551-2, 566-7

aniseed & sesame 以洋茴香籽和芝麻調味的奶油酥皮 568

caraway 葛縷了奶油酥皮 569

cheese 乳酪酥皮 569

chocolate 巧克力酥皮 569-70

hazelnut 榛果風味奶油酥皮 571

rose 以玫瑰露調味的奶油酥皮 572

shrimps see Prawns & Shrimps 蝦請參見 明蝦與蝦

'shrub' (drink) 「酸甜汁」 436

Simmons, Marie 瑪莉西蒙 349

Simnel cake 復活節水果蛋糕 280, 287

Simon, André 安德烈・西蒙 104, 166, 197

The Simpsons 辛普森家庭 332

Skinner, Thomas 湯馬斯・斯金納 31

Slater, Nigel 奈傑・史雷特 51, 462

Smith, Delia 德莉亞・史密斯 40, 59, 183, 240, 371, 372, 397, 467, 473, 508, 517, 569, 575

Smith, Michael 麥克・史密斯 231

Smollett, Tobias 托比亞斯・斯摩萊特 90

SNAIL 蝸牛

beurre blanc 白奶油醬 538

butter 蝸牛奶油 68

soba noodles 蕎麥麵 22, 30-31

sobrassada 西班牙肉泥香腸 64

SODA BREAD 蘇打麵包 22, 36, 37, 38, 43, 72

celery, onion & herb 芹菜、洋蔥與香草蘇打麵包 39

bread & butter pudding 麵包奶油布丁 43

crackers 餅乾 43

croutons 麵包丁 43

parsnip, Parmesan & sage 歐洲防風草塊根、帕馬乾酪鼠尾草蘇打麵包 40

raisin 葡萄乾蘇打麵包 22, 41

treacle 糖蜜蘇打麵包 42

see also Cobbler; Scones 同時請參見鵝卵石派、司康餅

sopa Paraguaya (cornbread soup) 玉米粉鹹糕（玉米麵包濃湯） 81

The Sopranos 《黑道家族》 103

SORBET 雪酪 409-10, 440-41, 445

'Alaska' 火焰冰淇淋 445

blood orange 血橙風味雪酪 442

chocolate & Angostura 安哥斯圖娜苦酒巧克力雪酪 442

cider 蘋果酒雪酪 442-3

lemon 檸檬雪酪 409, 441, 443

passion fruit 百香果雪酪 443

peach 甜桃雪酪 443-4

raspberry & elderflower 覆盆子接骨木花風味雪酪 444

strawberry 草莓雪酪 440-41

watermelon mojito 西瓜莫希多雞尾酒雪酪 444

soubise sauce 洋蔥醬 184

風味達人的文字味覺
——水平思考的廚房事典

SOUFFLÉ 舒芙蕾 158, 159-60, 186-7, 464
cauliflower, cheese & cumin 白花椰菜、乳酪&小茴香舒芙蕾 188
chocolate 巧克力舒芙蕾 188
egg & dill 雞蛋蒔蘿舒芙蕾 188-9
'fallen' chocolate 「塌陷巧克力蛋糕」 373, 397
ginger 薑味舒芙蕾 189
Grand Marnier 金萬利香橙甜酒舒芙蕾 189-90
Peach Melba 蜜桃梅爾芭舒芙蕾 190
praline 果仁糖舒芙蕾 416
rice pudding 米布丁舒芙蕾 190
roulade 舒芙蕾蛋糕捲 187
spinach & ricotta 菠菜瑞可達乳酪舒芙蕾 190-91
SOUP 濃湯 202-204
asparagus 蘆筍濃湯 228
avgolemono 希臘檸檬蛋黃醬濃湯 203, 487
cannellini bean & sage 白腰豆鼠尾草濃湯 228-9
consommé 法式清湯 202
cucumber & yogurt 黃瓜優格濃湯 306, 445
cullen skink 卡倫湯 236
French onion 法式洋蔥湯 201
garlic & almond 大蒜杏仁濃湯 306
leek 韭蔥湯 230
leek & oatmeal 韭蔥燕麥濃湯 229
lentil, apricot & cumin 扁豆、杏桃和小茴香濃湯 254
lettuce 長葉萵苣湯 230
mushroom & chervil 菇蕈細葉香芹白湯醬 177
nettle 230
pea 222, 229
pear & walnut 307
pumpkin soup with Thai spice 229-30
puréed 202-3
radish top 230
tarator 277, 306
tomato & carrot 230-31
turnip with brown bread & browned butter 231
vegetable 226-7
watercress 230
see also Broth; Chowder sourdough 24-5, 135
spaetzle 565
Speck, Maria 95
speculoos Rocher 395 SPELT 45, 52
pasta 563 SPINA CH
saag gosht 243
spinach & ricotta crespelle 菠菜瑞可達乳酪可麗餅 13, 116
spinach & ricotta gnocchi 菠菜瑞可達乳酪麵疙瘩 112-13
spinach & ricotta soufflé 菠菜瑞可達乳酪舒芙蕾 190-91

spinach pasta 菠菜義大利麵 551, 563
spoom 泡沫冰糕 441
Spry, Constance 康斯坦斯·史普里 188, 193
Spurlock, Morgan 摩根·史柏路克 147
The Square, London 倫敦 廣場餐廳 190, 301
SQUID INK 烏賊墨汁 64, 196
pasta 義大利麵 551, 564
polenta 義式玉米糊/玉米糕 75, 97
squirrel & oyster gumbo 松鼠生蠔什錦濃湯 166
Staffordshire oatcakes 斯塔福德郡燕麥餅 133-4
Steadman, Ralph 拉爾夫·斯特德曼 508
steak Diane 黛安娜牛排 171
steamed sponge pudding 海綿布丁蒸糕 343
Stein, Rick 瑞克·史坦 245, 251, 313
STEW 燉鍋 204-5
aji de gallina 祕魯辣燉雞 53, 312
bean 燉豆 205-6, 246-7
beef in beer 啤酒燉牛肉 240
chanfana 川法納燉鍋 240-41
chicken & wine 紅酒燉雞 241-2
Circassian chicken 土耳其的切爾克西亞雞肉 313
duck with chocolate & Marsala 巧克力馬莎拉酒鴨 242
fabada 西班牙燉豆 205, 246-7
fesenjan 石榴醬核桃燉肉 12, 13, 278, 310-11
lamb & vegetable 蔬菜燉羊肉 238-9
mafe 梅芙燉肉 12, 278, 279, 314
nut 堅果燉鍋 278-9
osso buco 燉牛膝 242-3
romesco de peix 西班牙紅椒堅果醬燉魚 53, 244, 315
seafood 海鮮燉鍋 244
Vietnamese duck & orange 越南橙汁燉鴨 245
sticky ginger pudding 薑味布丁 285
STOCK 高湯 200
beef 牛肉高湯 158-9, 211
chicken 雞高湯 200-201, 208-10
clarifying 清澈高湯 209
dashi 日式高湯 211, 471
fish 魚高湯 211-12
game bird 野味高湯 212
lamb 羊高湯 212-13
mushroom 菇蕈高湯 213
pea pod 豌豆莢高湯 213-14
pork 豬高湯 214
pork & chicken 豬與雞高湯 214
salmon 鮭魚高湯 212
shellfish 蝦蟹貝類外殼熬煮的高湯 214-15
shiitake & kombu 香菇昆布高湯 215
turkey 火雞高湯 215
veal 小牛高湯 215-16

vegetable　蔬菜高湯　216

stollen　德國聖誕蛋糕史多倫　59

stracciatella　絲翠西亞冰淇淋　327

STRAWBERRIES　草莓

crème brûlée　法式烤布蕾　482

granita　義式冰沙　440-41

meringue　草莓蛋白霜甜餅　407, 430

mousse　草莓慕斯　389-90

sorbet　草莓冰糕　440-41

A Streetcar Named Desire　《慾望街車》　82

strozzapreti　掐死麵　224, 225

STRUDEL　酥皮餡餅捲　548-50, 556-7

apple　蘋果酥皮捲　557

cabbage　甘藍菜酥皮餡餅捲　550

SUET PASTRY　板油酥皮　552, 567

caraway-flavoured　葛縷子風味酥皮　569

dumplings　英式板油酥皮餃　573

roly-poly　板油布丁捲　573

SUGAR　糖　17

cooking　煮糖　404-5

see also Syrup　同時請參見糖漿

summer pudding　英國夏日布丁　53

Swedish Princesstorte　瑞典公主蛋糕　287

sweetbread croquettes　小牛或小羊胸腺可樂
餅　197

SWEETCORN　甜玉米

brioche　甜玉米布里歐許麵包　64

ice cream　甜玉米冰淇淋　496

pancakes　甜玉米煎餅　141

red pepper, sweetcorn & coriander cornbread
紅辣椒甜玉米元荽玉米麵包　83

sopa Paraguaya　玉米粉鹹糕　81

sweetcorn & polenta　玉米糊/玉米糕　92-3

sweetcorn, pea & black bean fritters　甜玉米、
豌豆與黑豆油炸餡餅　149

sweetcorn, sweet potato & crème fraîche
chowder　甜玉米、番薯與法式酸奶油總匯濃
湯　236

SWEET POTATOES　番薯

sweet potato & pecan scones　番薯胡桃司康餅
41

sweet potato, leek, butter bean & filé gumbo　番
薯韭蔥皇帝豆黃樟樹葉粉什錦濃湯　166-7

sweetcorn, sweet potato & crème fraî che
chowder　甜玉米、番薯與法式酸奶油總匯濃
湯　236

SWISS ROLL　瑞士捲　334

Charlotte royale　皇家夏洛特蛋糕　335

Mont Blanc　白朗峰蛋糕　335

SYRUP　糖漿　407-9, 432-3

brown sugar　紅糖糖漿　434

chocolate　巧克力糖漿　434-5

Muscat marmalade　蜜思卡麝香葡萄橘子醬
436

Orgeat　杏仁糖漿　435-6

raspberry vinegar　覆盆子果醋糖漿　436

rosehip　玫瑰果糖漿　436-7

tamarind　羅望子糖漿　437

violet　紫羅蘭糖漿　437-8

see also Cordial　同時請參見果汁糖漿

Szathmáry, Louis　路易斯‧史詹斯馬瑞　461

szilvás gombó c (Hungarian plum dumplings)　匈
牙利李子馬鈴薯丸　109

T

tablet　「糖錠」　422

taco shells　墨西哥塔可餅　35

tagine　塔吉鍋　238, 244-5

tagliatelle　義大利寬扁麵（義式刀切麵）　487,
551

TAHINI　中東白芝麻醬

halva　哈爾瓦酥糖糕　74

tahini sauce　中東白芝麻醬　543

tahinov gata　芝麻格塔麵包捲　58

Le Taillevent, Paris　巴黎　塔鳳餐廳　179

tamagoyaki (Japanese omelette)　玉子燒（日
式煎蛋捲）　141

tamales　粽　214

TAMARIND　羅望子　437

dal　羅望子燉豆　257

syrup　羅望子糖漿　437

Tamimi, Sami　薩米‧塔米米　302, 407

taragna ('black polenta')　黑色玉米糊　75

tarator　塔拉托醬/塔拉托湯　53, 277-8, 304-5, 306

tarka chana dal　印度香料燉鷹嘴豆　206, 252-3

TARRAGON　龍蒿　56, 126, 227, 244, 530, 531, 544

butter　龍蒿奶油　77

sauce　龍蒿白湯醬　178

tarragon & cottage cheese bread　龍蒿茅屋乳
酪麵包　56

tarragon & mustard ganache　龍蒿芥末風味巧
克力甘納許　384

tarragon & shallot sauce　龍蒿紅蔥頭班尼士濃
醬　525

tarragon, leek & sour cream tart　龍蒿韭蔥酸奶
油鹹派　472

tartare sauce　塔塔醬　530, 531

tarte au citron　檸檬塔　468

tarte Tropézienne　聖卓佩塔　65

Tartine Bakery, San Francisco　舊金山　唐緹烘
焙坊　102, 361

Tasca da Esquina, Lisbon　葡萄牙里斯本「角落
任務」　462

tassies　迷你塔　571

TEA　茶

Earl Grey custard　伯爵茶卡士達　502

ice tea　冰茶　439

see also Green Tea　同時請參見綠茶

teacakes 英式茶點 25

Temple, Shirley 秀蘭・鄧波兒 330

tempura 天婦羅 119, 142-3, 144

Thatcher, Denis 丹尼斯・柴契爾 183

Thatcher, Maggie 柴契爾夫人 183

Thompson, David 大衛・湯普森 476

Thoreau, Henry David 亨利・大衛・梭羅 83

Thorne, John 約翰・索恩 493

Thousand Island dressing 千島沙拉醬 532

THYME 百里香 102, 103, 163, 213, 233, 239, 569

anchovy & thyme cobbler 鯷魚百里香鵝卵石派 39

boulangère potatoes 馬鈴薯麵包師傅 217

pain au vin & aux herbes 香草紅酒麵包 50

pumpkin seed & thyme oat cake 南瓜籽百里香燕麥餅乾 34

toad in the hole 蟾蜍在洞 129

TOFFEES 太妃糖 405, 406-7, 412-13

butter 奶油太妃糖 416

chocolate 巧克力太妃糖 414

lemon 檸檬太妃糖 414-15

treacle 糖蜜太妃糖 417

TOMATO 番茄

honey, tomato & dill butter beans 蜂蜜、番茄與蒔蘿皇帝豆 251

sauce tomate 紅醬 155

soup cake 番茄湯蛋糕 349

tomato & carrot soup 馬鈴薯胡蘿蔔濃湯 230-31

tomato & clam (Manhattan) chowder 番茄蛤蜊（曼哈頓）總滙濃湯 237

torta di grana saraceno (buckwheat & almond cake) 蕎麥鬆糕（蕎麥杏仁蛋糕） 338

torta di nocciole (hazelnut cake) 義大利榛果蛋糕 296

torta Santiago (almond cake) 聖地牙哥杏仁蛋糕 275, 276, 294-5

TORTILLAS 墨西哥薄餅 14, 22, 28

masa harina 特級細磨玉米粉 32-3

refried bean pupusas 豆泥薄餡餅 34

taco shells 墨西哥塔可餅 35

tortilla soup 墨西哥薄餅湯 35

tourte aux blettes (sweet Swiss-chard tart) 甜味瑞士甜菜派 571

TREACLE 糖蜜

soda bread 糖蜜蘇打麵包 42

toffee 糖蜜太妃糖 417

toffee & orange flapjacks 糖蜜太妃糖與柳橙燕麥酥餅 365

trou normand 諾曼第之洞 445

Tribeca Grill, New York 紐約 翠貝卡燒烤餐廳 108

Tru, Chicago 芝加哥 桁架餐廳 400

True Detective 《無間警探》 167

TRUFFLES 松露

chocolate 松露巧克力 369, 380-81

chocolate & blue cheese 松露狀藍黴巧克力 382

ice cream 松露狀冰淇淋 497

white chocolate 松露狀白巧克力 384

Tsuji, Shizuo 辻靜雄 119, 471

tulumba (deep-fried choux in syrup) 宮殿酥條（糖漬油炸泡芙） 105

TUNA 鮪魚

tuna casserole 焗烤鮪魚麵 565

vitello tonnato 鮪魚醬小牛肉（冷盤） 533

Tunis cake 突尼斯蛋糕 385

TURKEY 火雞

blanquette de dinde 白湯醬燉火雞 159, 215

stock 火雞高湯 215

Turkish Delight biscuits 土耳其軟糖餅乾 354

TURMERIC 薑黃 161, 206, 408

coconut & turmeric pancakes 椰奶薑黃煎餅 125

in dal 燉豆中的薑黃 252, 253, 255, 256

Jamaican patties 牙買加小餡餅 572

Turner, Brian 布萊恩・特納 223

turnip, brown bread & browned butter soup 蕪菁與棕色麵包和焦化奶油濃湯 231

Turpin, Ben 賓・杜平 460

turrón de Doña Pepa 佩帕夫人牛軋糖（多彩蛋糕） 568

21 Club, New York 紐約21俱樂部 185

Tyree, Marion Cabell 瑪麗恩・卡貝爾・泰瑞 166

U

Ude, Louis-Eustache 路易斯-尤斯塔切・烏德 69

Uhlemann, Karl 卡爾・烏勒曼 127

upside-down cake 翻轉蛋糕 303, 343

uttapam 烏塔帕姆餅 73, 133

V

vacherin glacé 法式冰淇淋夾心蛋糕 427, 445

vadai 炸豆餅 73

VANILLA 香草

crêpes 香草可麗餅

panna cotta 義式鮮奶凍 405, 411, 456

pastry 香草麵皮 572

sauce 香草醬 185

vanilla & ricotta gnocchi 香草瑞可達乳酪麵疙瘩 113

VEAL 小牛

blanquette de veau 白湯醬燉小牛肉 159

carne en salsa de almendras 杏仁醬燉肉 312-13

osso buco 燉牛膝 242-3

stock　小牛高湯　215-16
vitello tonnato　鮪魚醬小牛肉(冷盤)　533
VEGETABLES　蔬菜
bollito misto　義大利燉鍋　225
'holy trinity'　洋蔥、青椒和芹菜「三位一體」
　　蔬菜丁　158, 207
lamb & vegetable stew　蔬菜燉羊肉　238-9
mafe　梅芙燉肉　12, 278, 279, 314
mirepoix　米爾普瓦/綜合調味蔬菜料　17, 158, 175
in pasta　加入蔬菜泥製做的義大利麵　563
roasted vegetable spiced rice　烤蔬菜香料飯
　　264-5
soup　蔬菜濃湯　226-7
stock　蔬菜高湯　216
see also specific vegetables　同時請參見特定
　　蔬菜
VELOUTÉ SAUCES　白湯醬　155, 156, 158,159, 174-5
allemande　蛋黃醬　177, 179
Bercy　貝西醬　176
curry　咖哩醬　176
lemon　檸檬醬　176-7
mushroom & chervil　菇蕈細葉香芹白湯醬　177
peanut butter　花生醬白湯醬　177
saffron, pastis & tomato　番紅花、茴香酒與番
　　茄白湯醬　177
seafood　海鮮白湯醬　178
tarragon　龍蒿白湯醬　178
veriohukaiset (Finnish blood pancake)　芬蘭血
　　煎餅　138
Victoria sponge　維多利亞海綿蛋糕　318, 341
Villas, James　詹姆斯‧畢拉斯　37
vin santo panna cotta　聖酒義式鮮奶凍　456-7
VINAIGRETTE　油醋醬　512-13, 540-41
balsamic vinegar　巴薩米克香醋　542
beef dripping　牛油　542
cassis　黑醋栗油醋醬　543
peanut & lime　花生萊姆沙拉醬　543
raspberry & hazelnut　覆盆子與榛果沙拉醬
　　543
sesame & soy　麻油醬油油醋醬　544
walnut & Roquefort　核桃與侯克霍藍黴乳酪油
　　醋醬　545
vine-leaf fritters　葡萄葉油炸餡餅　303
VINEGARS　醋　542
balsamic　巴薩米克香醋　542
raspberry　覆盆子醋　436
see also Vinaigrette　同時請參見油醋醬
violet syrup　紫羅蘭糖漿　437-8
vitello tonnato　鮪魚醬小牛肉(冷盤)　533
Vongerichten, Jean-Georges　尚喬治‧馮格里
　　奇頓　120, 551, 561

W
waffles　鬆餅　136, 139

Wainwright, Alfred　阿爾弗雷德‧溫賴特　48
Wallace, David Foster　大衛‧福斯特‧華萊士
　　408
WALNUTS　核桃
aubergine, walnut & red pepper dip　茄子、核桃
　　與紅椒沾醬　306
Circassian chicken　土耳其的切爾克西亞雞肉
　　313
cake　核桃蛋糕　297
coffee & walnut fudge　咖啡核桃乳脂軟糖
　　421-2
fesenjan　石榴醬核桃燉肉　12, 13, 278, 310-11
gnocchi　核桃麵疙　109
Gundel palacsinta　匈牙利貢德勒可麗餅　129
marzipan　杏仁蛋白糖　285-6
pear & walnut soup　梨子核桃濃湯　307
pesto　核桃青醬　307-8
salsa di noci　義大利核桃醬　308
tarator　塔拉托醬/塔拉托湯　277-8, 304-5
walnut & cheese oatcake　核桃和乳酪佐燕麥
　　餅　354-5
walnut & Roquefort vinaigrette　核桃與侯克霍
　　藍黴乳酪油醋醬　545
walnut, cheese & cayenne macaroons　核桃、
　　乳酪與卡宴辣椒馬卡龍　293
Walsh, John Henry　約翰‧亨利‧沃爾什　553
Wareing, Marcus　馬庫斯‧瓦寧　34, 462
WASABI　日式芥末
seaweed & wasabi mayonnaise　海菜與日式芥
　　末美乃滋　533
watercress soup　西洋菜濃湯　230
watermelon mojito sorbet　西瓜莫希多雞尾酒
　　雪酪　444
WD~50, New York　紐約WD～50餐廳　300
weights & measures　重量與秤重　16
Weir, Robin　羅賓‧威爾　518
Welsh cakes　威爾斯小蛋糕　573
wheat flour　麵粉　22, 45
WHISKEY　威士忌
chocolate cream liqueur　巧克力鮮奶油利口酒
　　434
whiskey sour　威士忌沙瓦　433
WHISKY　威士忌
white chocolate & double malt mousse　白巧克
　　力雙麥芽威士忌慕斯　391
White, Marco Pierre　馬可‧皮埃爾‧懷特　177,
　　518
WHITE SAUCE　白醬　180-81
aubergine & cheese　茄子與乳酪白醬　182
bacon & cornmeal　培根粗玉米粉肉汁　183
cheese (Mornay)　乳酪奶油白醬　159, 183-4
parsley　荷蘭芹白醬　184-5
sherry & cream　雪利酒鮮仙奶油白醬　185
vanilla　香草醬　185

風味達人的文字味覺
——水平思考的廚房事典

Whitley, Andrew　安德魯・惠特利　51, 59
Wignall, Michael　麥克・威格納爾　454
Willan, Anne　安妮・維蘭　158, 240, 536, 538
WINE　酒
chestnut & red wine polenta　栗子紅酒玉米糊　94-5
coq au vin　紅酒燉雞　241-2
duck with chocolate & Marsala　巧克力馬莎拉酒鴨　242
Muscadet / white wine beurre blanc　慕斯卡黛白葡萄酒/白酒白奶油醬　537
pain au vin & aux herbes　香草紅酒麵包　50
red wine beurre blanc　紅酒白奶油醬　538
red wine chowder　紅葡萄酒總匯濃湯　235-6
rye & Tokaji baba　托卡依貴腐酒糖漿黑麥巴巴蛋糕　69
see also Sherry　同時請參見雪利酒
Wishart, Martin　馬丁・威沙特　161
Wolfert, Paula　寶拉・沃佛特　278
Wright, Clifford A.　克利福德・萊特　155, 313
Wright, John　約翰・萊特　125, 436, 533

Y
yak milk　氂牛乳　420
'Yankee Doodle'　洋基歌　90
YEAS T-RISEN BREAD　酵母發酵麵包　23-5, 44-6
apple　蘋果麵包　47
bagels　貝果　44, 47
bread rolls　麵包捲　44-5
challah　哈拉麵包　56
cherry & hazelnut loaf　榛果櫻桃乾乳酪麵包　48
chestnut　栗子麵包　48
coriander seed & fennel　芫荽籽茴香麵包　48-9
cumin-flavoured　小茴香風味麵包　49-50
dill & cottage cheese　蒔蘿茅屋乳酪麵包　56
focaccia　佛卡夏麵包　44, 48, 50
fruit loaf　水果麵包　54-5
lemon　檸檬麵包捲　50
pain au vin & aux herbes　香草紅酒麵包　50
pizza bases　披薩餅皮　45
potato　馬鈴薯麵包　51
pumpkin　南瓜麵包　57
rosemary　迷迭香麵包　57-8
round loaf　圓麵包　44-5
rye　黑麥麵包　51
sauerkraut　德國酸菜麵包　52
wholemeal　全麥麵包　52
see also Brioche; Buns; Croissants　同時請參見布里歐許麵包、小餐包、牛角麵包
YOGURT　優格
baked custard　優格蛋塔　472
cake　優格蛋糕　342

cucumber & yogurt soup　黃瓜優格濃湯　306
yogurt & nigella seed naan　黑種草籽優格　餅　42
Yorkshire mint pasties　約克夏薄荷餡餅　573
Yorkshire pudding　約克郡布丁　13, 78, 90, 101, 117, 122, 123, 126, 129
Young, Kay　凱・楊　422
Young, Paul A.　保羅・楊　400
yutangza (steamed coriander buns)　芫荽蒸餃　53

Z
zabaglione　沙巴雍醬／沙巴雍甜點　508, 514-15, 517
zeppole　拿坡里聖若瑟泡芙　105, 113
z'herbes　綜合蔬菜什錦濃湯　167
Zuni Cafe, San Francisco　舊金山祖尼咖啡館　112, 544

歸功於（Credits）

Page 5 *Breakfast at the Wolseley,* by A.A. Gill. Quadrille, 2008.

Page 5 *My First Summer in the Sierra,* by John Muir. Houghton Mifflin, 1911.

Page 12 *Grimble,* by Clement Freud. Collins, 1968.

Pages 39-40 *Classic Bull: An Accidental Restaurateur's Cookbook,* by Stephen Bull. Macmillan, 2001.

Page 47 *Brideshead Revisited,* by Evelyn Waugh. Chapman & Hall, 1945.

Page 49 *English Bread and Yeast Cookery,* by Elizabeth David. Allen Lane, 1977.

Page 52 *Kitchen Essays* (1922), by Agnes Jekyll. Persephone Books, 2008.

Page 59 *English Bread and Yeast Cookery,* by Elizabeth David. Allen Lane, 1977.

Page 75 *Heat,* by Bill Buford. Jonathan Cape, 2006.

Page 75 *Between the Woods and the Water,* by Patrick Leigh Fermor. John Murray, 1986.

Page 83 *Walden,* by Henry David Thoreau. Ticknor & Fields, 1854.

Page 119 *Japanese Cooking: A Simple Art,* by Shizuo Tsuji. Kodansha, 1980.

Page 127 *Green Mangoes and Lemon Grass,* by Wendy Hutton. Kogan Page, 2003.

Page 134 *Eating for Britain,* by Simon Majumdar. John Murray, 2010.

Page 141 *Leaving Home,* by Garrison Keillor. Viking Press, 1987.

Page 146 *An Appetite for Ale,* by Fiona Beckett & Will Beckett. Camra, 2007.

Page 155 *Roast Chicken & Other Stories,* by Simon Hopkinson. Ebury, 1996.

Page 155 *The Best Soups in the World,* by Clifford A. Wright. John Wiley, 2009.

Page 155 *The Elements of Cooking,* by Michael Ruhlman. Scribner, 2007.

Page 158 *La Varenne Pratique,* by Anne Willan. Crown, 1989.

Page 162 *Floyd's American Pie,* by Keith Floyd. BBC Books, 1989.

Page 166 'Squirrel Salad... You must be nuts!' by Vincent Graff. *Daily Mail,* 2 August 2010.

Page 166 *Guide to Good Food and Wines,* by André Simon. Collins, 1952.

Page 170 *Hedgerow: River Cottage Handbook No. 7,* by John Wright. Bloomsbury, 2010.

Page 182 *The Independent Cook,* by Jeremy Round. Barrie & Jenkins, 1989.

Page 189 *Love and Kisses and a Halo of Truffles,* by James Beard. Arcade, 1995.

Page 190 *Hugh Fearlessly Eats It All,* by Hugh Fearnley-Whittingstall. Bloomsbury, 2006.

Page 190 *The Square, The Cookbook, Volume 2: Sweet,* by Philip Howard. Absolute Press, 2013.

Page 195 *Mark Rothko: Subjects in Abstraction,* by Anna C. Chave. Yale University Press, 1989.

Page 197 *Guide to Good Food and Wines,* by André Simon. Collins, 1952.

Page 202 *The Oxford Companion to Food,* by Alan Davidson. OUP, 1999.

Page 212 *The River Cottage Meat Book,* by Hugh Fearnley-Whittingstall. Hodder & Stoughton, 2004.

Page 212 *Italian Food,* by Elizabeth David. MacDonald, 1954.

Page 218 *Daniel: My French Cuisine,* by Daniel Boulud & Sylvie Bigar. Grand Central Publishing, 2013.

Page 222 *The Clatter of Forks and Spoons,* by Richard Corrigan. Fourth Estate, 2008.

Page 223 *The Unforgettable Dishes of My Life,* by Egon Ronay. Gollancz, 1989.

Page 234 *Moby-Dick,* by Herman Melville. Harper & Brothers, 1851.

Page 237 *New England Sampler,* by Eleanor Early. Waverly House, 1940.

Page 240 *Eat Portugal,* by Celia Pedroso & Lucy Pepper. Leya, 2011.

Page 242 *The Food of France,* by Waverley Root. Cassell, 1958.

Page 278 *Paula Wolfert's World of Food,* by Paula Wolfert. HarperCollins, 1988.

Page 282 *Men Without Women,* by Ernest Hemingway. Charles Scribner's Sons, 1927.

Page 283 *The Backyard Beekeeper's Honey Handbook,* by Kim Flottum. Crestline, 2009.

Page 284 *Food,* by Waverley Root. Simon & Schuster, 1981.

Page 285 *Barcelona,* by Robert Hughes. Vintage, 1992.

Page 322 *Short and Sweet,* by Dan Lepard. Fourth Estate, 2011.

Page 327 *Sugar-plums and Sherbet,* by Laura Mason. Prospect Books, 1998.

Pages 348-9 *Taste of Honey,* by Marie Simmons. Andrews McMeel, 2013.

Page 369 *I Still Have It... I Just Can't Remember Where I Put It,* by Rita Rudner. Random House, 2008.

Page 376 *Love and Kisses and a Halo of Truffles,* by James Beard. Arcade, 1995.

Page 377 *Moby-Dick,* by Herman Melville. Harper & Brothers, 1851.

Page 388 *How to Drink,* by Victoria Moore. Granta Books, 2009.

Page 406 *College Girls,* by Lynn Peril. W.W. Norton, 2006.

Page 420 *Beans: A History,* by Ken Albala. Bloomsbury, 2007.

Page 449 *Kitchen Essays* (1922), by Agnes Jekyll. Persephone Books, 2008.

Page 476 *The French Menu Cookbook,* by Richard Olney. Simon & Schuster, 1970.

Page 477 *The Gourmands' Way,* by Justin Spring. Farrar, Straus & Giroux, 2017.

Page 477 *Modern Cookery for Private Families,* by Eliza Acton. Longman, Brown, Green & Longans, 1845.

Page 513 *The Book of Sauces,* by Charles Senn. The Hotel Monthly Press, 1915.

Page 517 *Molecular Gastronomy,* by Hervé This. Columbia University Press, 2002.

Page 550 *Jane Grigson's Fruit Book,* by Jane Grigson. Michael Joseph, 1982.

Page 552 *Cooking Craft,* by S. Elizabeth Nash. Sir Isaac Pitman & Sons Ltd, 1926.

Page 553 *The English Cookery Book,* by John Henry Walsh. G. Routledge & Co, 1858.

Page 564 *Essentials of Classic Italian Cooking,* by Marcella Hazan. Knopf, 1992.

致謝

感謝我的丈夫納特（Nat），他為這本書投入了大量的時間與精力。我不僅得益於他的聰明才智，同時他極具彈性的消化系統也讓我獲益良多。無論多美味的食物，在極大量食用的情況下，可能也相當具有威脅性：像是連續十六個晚上享用義式奶酪，聽起來這應該更像是一種折磨。我也非常感激那個結合了狂野熱情與遠見於一身、並在過去十年中一直非常支持我工作的經紀人，佐伊・沃爾迪（Zoë Waldie）。而就像第一次合作那樣，與理查・阿特金森（Richard Atkinson）共事是一件非常愉快的事情，他是我在布魯姆斯伯里出版社（Bloomsbury）的特約編輯，他具有罕見的玲瓏心思，對於大方向的掌握與小細節具有同等的敏銳度。沒有他的承諾，就不可能有這本書。艾莉森・柯菀（Alison Cowan）也以無與倫比的耐心、淵博的知識以及對測試扁豆或豆類的獨特熱情，完成了本書文字和食譜編輯這項艱鉅無比的任務。同樣謝謝在布魯姆斯伯里工作的亞歷山德拉・普林格（Alexandra Pringle）、娜塔莉・貝洛斯（Natalie Bellos）、麗莎・潘德雷（Lisa Pendreigh）、莉娜・霍爾（Lina Hall）和凱蒂・斯托格登（Kitty Stogdon），他們所提供的寶貴幫助，讓一個偉大的構想轉變成了一本巨著。還要感謝亞曼達・席普（Amanda Shipp）、晞・丁（Thi Dinh）、珍・漢普森（Jen Hampson）和艾琳・亞歷山大（Arlene Alexander），你們以如此精巧與時尚的方式將這本書展現於世人面前。

日常生活設計工作室（A Practice for Everyday Life）為《風味達人的文字味覺》的美編投入了大量的心思與美工，讓這本不尋常的書既美觀又易於使用。我想我每次離開他們的辦公室臉上都帶著笑容。

作為奧圖蘭吉成千上萬的粉絲之一，我邀請他為這本書撰寫前言，因為沒有人比他更能理解廚房裡的創意樂趣，以及在此過程中飲食寫作可能發揮的作用。每次看到他的名字出現在封面上，我都會感到一絲幸福。

肥鴨餐廳（The Fat Duck）的丹尼爾・布里查德（Deiniol Pritchard）和美味締造者（Tastemakers）的露西・湯瑪斯（Lucy Thomas）非常慷慨地幫助我解決了許多食品科學問題。我必須感謝所有我讀過和諮詢過的廚師、大廚、作家和部落客，感謝他們的建議、提示和解釋。在偏執和控制欲的雙重加持下，過去七年半以來，除了那些需要知道本書內容的合作者之外，我拒絕告訴任何人關於這本書的任何細節。我現在必須向那些長久以來總是得不到具體答

案，卻仍然年年喋喋不休關注這本書進展的朋友提出道歉：道迪·阿普爾頓（Dudi Appleton）、波利·亞斯特（Polly Astor）、亞歷克斯·鮑索（Alexei Boltho）、艾瑪·布提（Emma Booty）、彼得·布朗（Pete Brown）、大衛·佛伊（David Foy）、詹姆士·列弗（James Lever）、約翰·羅瑞（John Lowery）、凱瑞·密勒（Kerry Millet）、安東尼雅·庫克（Antonia Quirke）、克萊爾·瑞希（Clare Reihill）和莉茲·華特（Liz Vater）。感謝你們所有人的支持。而在書寫這本書後半段的冗長過程中，感謝布魯納·多斯·雷斯（Bruna Dos Reis）和伊蓮諾·哈迪（Eleanor Hardy）有效地讓我的兩個小孩（通常還包括他們的母親）保持快樂，讓這本書還能繼續書寫下去。

最後，這本書將獻給我特別的朋友莎拉珍·英格蘭姆（Sarah-Jane Ingram）。多年前在法國南部度假時，就是她和她的朋友貝弗利（Beverley）引起我學習烹飪的興趣。誠然，當時努力的動機是為了吸引男孩們的注意，而不是完美做出一個乳酪舒芙蕾，但是隨著時間的流逝，後者帶來的益處早已取代了前一個動機，不但讓我擁有了一個讓日常生活幸福愉悅的愛好，也因而有幸書寫了兩本書。

國家圖書館出版品預行編目資料

風味達人的文字味覺：水平思考的廚房事典 / 妮姬．薩格尼特
(Niki Segnit) 著；蕭秀姍，黎敏中譯 .-- 初版 .-- 臺北市：商周，
城邦文化出版：家庭傳媒城邦分公司發行，民 109.05
　　面；　公分

　　譯自：Lateral cooking
　　ISBN 978-986-477-794-5（精裝）

　　1. 烹飪　2. 食譜

427　　　　　　　　　　　　　　　　　　　109001139

風味達人的文字味覺

原 著 書 名 / LATERAL COOKING
作　　　者 / 妮姬．薩格尼特（Niki Segnit）
譯　　　者 / 蕭秀姍、黎敏中
企 畫 選 書 / 陳思帆
責 任 編 輯 / 陳思帆

版　　　權 / 黃淑敏、翁靜如
行 銷 業 務 / 莊英傑、周丹蘋、黃崇華
總　 編　 輯 / 楊如玉
總　 經　 理 / 彭之琬
事業群總經理 / 黃淑貞
發 行 人 / 何飛鵬
法 律 顧 問 / 元禾法律事務所　王子文律師
出　　　版 / 商周出版
　　　　　　城邦文化事業股份有限公司
　　　　　　臺北市中山區民生東路二段 141 號 9 樓
　　　　　　電話：(02) 2500-7008 傳真：(02) 2500-7759
　　　　　　E-mail：bwp.service@cite.com.tw
發　　　行 / 英屬蓋曼群島商家庭傳媒股份有限公司城邦分公司
　　　　　　臺北市中山區民生東路二段 141 號 2 樓
　　　　　　書虫客服服務專線：02-25007718・02-25007719
　　　　　　24 小時傳真服務：02-25001990・02-25001991
　　　　　　服務時間：週一至週五上午 09:30-12:00；下午 13:30-17:00
　　　　　　郵撥帳號：19863813　戶名：書虫股份有限公司
　　　　　　E-mail：service@readingclub.com.tw
　　　　　　歡迎光臨城邦讀書花園　網址：www.cite.com.tw
香 港 發 行 所 / 城邦（香港）出版集團有限公司
　　　　　　香港灣仔駱克道 193 號東超商業中心 1 樓
　　　　　　電話：(852) 25086231　傳真：(852) 25789337
　　　　　　E-mail：hkcite@biznetvigator.com
馬 新 發 行 所 / 城邦 (馬新) 出版集團【Cité (M) Sdn. Bhd. (458372U)】
　　　　　　41, Jalan Radin Anum, Bandar Baru Sri Petaling,
　　　　　　57000 Kuala Lumpur, Malaysia
　　　　　　電話：(603)90578822　傳真：(603) 90576622
　　　　　　E-mail：cite@cite.com.my

封 面 設 計 / 林芷伊
排　　　版 / 豐禾工作室、游淑萍
印　　　刷 / 高典印刷有限公司
經　 銷　 商 / 聯合發行股份有限公司

■ 2020 年（民 109）4 月 28 日初版　　　　　　Printed in Taiwan
定價 1200 元

ISBN 978-986-477-794-5